动物世界的奥秘

余大为 韩雨江 李宏蕾◎主编

吉林科学技术出版社

软件操作说明

下载"AR 动物世界大揭秘"互动 App，根据屏幕上的提示，进入 App 内开始科普互动。

图书中带有扫一扫标识的页面，通过 App 扫描后就会有扩展的 AR 科普互动。

将图书平摊放置，打开 AR 互动 App，使用摄像头对准图书中的动物，调整动物在屏幕上的大小，以便达到更好的识别效果。

在可见的区域内，进行远近距离的调整，能够多角度地观察 AR 所呈现的立体效果。

选择 App 内的系统提示按钮，能够呈现行走、习性等功能，每种功能按钮都会带来不一样的体验乐趣。

在这广袤无垠的大自然中生活着各种各样的动物，本书以生动的语言对动物们进行了有针对性的讲解。我们将带领读者穿越亚、欧、非大陆，看看老虎和狮子是如何称霸一方的；一起走进神秘的亚马孙丛林，探索那些未知的生命；一起潜入深邃的海洋，找寻海洋生物的秘密；一起飞向广阔的天空，探索鸟类的生存手段；一起去看四面环海的澳大利亚还生存着哪些古老的生物。

本书配有精美的 3D 图像对动物进行全面展示，并通过 AR 技术将平面立体化，让动物在书本中动起来，打造不一样的视觉盛宴，方便读者用手指与神奇的动物亲密接触。

让我们翻开书，一起走进精彩的动物世界吧！

目 录 | CONTENTS

第一章 | 哺乳动物

目 录 | CONTENTS

第二章 | 神奇鸟类

目 录 | CONTENTS

第三章 | 海洋生命

目 录 | CONTENTS

第四章 | 两栖和爬行动物

第一章 哺乳动物

非洲狮

　　谁才是真正的草原霸主？答案一定是非洲狮了。非洲狮是非洲最大的猫科动物，也是世界上第二大的猫科动物。它们体形健壮，四肢有力，头大而圆，爪子非常锋利并且可以伸缩。在非洲狮面前，大多数肉食动物都处于劣势地位。非洲狮长着发达的犬齿和裂齿，是非洲的顶级掠食者，非洲的绝大多数植食动物都是它们的食物。在狮群中，雌狮主要负责捕猎，雄狮则负责保卫领地。和其他猫科动物一样，它们也喜欢在白天睡觉，虽然强壮的狮子在白天也可以捕捉到猎物，但是清晨和夜间捕猎的成功率会更高。

非洲狮	
体长	约300厘米
食性	肉食性
分类	食肉目猫科
特征	身体强壮，雄狮有威风的鬃毛

从幼狮到王者

　　雄狮宝宝在出生6个月后断奶，但是它们不需要马上学习捕食，母狮会将捕来的猎物送到它们嘴边。幼年的雄狮生活幸福，但是两岁后它们会被赶出狮群开始艰苦的生活。从此雄狮就要一切靠自己了，它们要努力地磨炼自己，以便成为一个新的狮群的狮王。

狮王争夺战

　　当一只外来的雄狮想要入侵狮群的领地时，狮群的狮王就会将它赶出领地范围。如果新来的雄狮向狮王发起挑战，这两者之间就会发生激烈的战斗。如果狮王战败，那么它将会被赶出原有的领地，新来的雄狮则会成为新的狮王。

非洲象

　　在非洲的大草原上生存着陆地上最大的哺乳动物——非洲象。对非洲象来说，真正意义上的天敌，除了人类，可能就只有它们自己了。非洲象比亚洲象稍大，有一对扇子般的大耳朵，可以帮它们散发热量。非洲象身高可达4.1米，体重约为4~5吨，厚厚的皮肤帮它们抵御了多种恶劣的环境，使它们可以生存在海平面到海拔5000米的多种自然环境中。一般一个非洲象家族有20~30头象，一头年长的雌象是象群中的首领，象群成员大多是雌象的后代。雄象在象群中是没有地位的，而且到了一定年龄就要离开象群，只有在交配时期才回归。象群成员之间的关系非常亲密，不同象群的成员之间通常也能和谐相处。

非洲象	
体长	约700厘米
食性	植食性
分类	长鼻目象科
特征	有一条长鼻子，耳朵很大

大象的好记性

在大象的脑中存在着与情感和记忆密切相关的海马体，它可以帮助大象把重要信息长期保存。曾有两头大象在同一马戏团表演过，在23年之后它们重逢时，竟还都记得彼此的声音。

鼻子都能干些什么

非洲象的鼻子不仅可以用来呼吸、闻气味，还可以用来喝水、抓东西。它们喜欢用鼻子吸水然后喷到身上，给自己洗澡降温。非洲象的鼻子末端有两个敏感的指状突起，而亚洲象只有一个突起，这是这两种象的区别之一。

扫一扫

扫一扫画面，小动
物就可以出现啦！

猎豹

猎豹看起来有没有一点像猫？你知道吗，猎豹是猫科家族的成员，是猫科动物成员中历史最久、最独特和特异化的品种。猎豹世世代代生活在大草原上，被称为非洲草原上"行走的青铜雕像"。之所以拥有这样的美称，是因为猎豹的身材接近于完美的流线型，它们拥有纤细的身体、细长的四肢、浑圆小巧的头部和小小的耳朵。这样灵活轻盈的身材也赋予了它们高速奔跑的能力，猎豹可是世界上短跑速度最快的哺乳动物。

扫一扫

扫一扫画面，小动物就可以出现啦！

无法长跑的短跑健将

　　猎豹为了最大限度地提高奔跑速度，已经将身体进化成了精瘦细长的样子。但也正因为这样，猎豹只能坚持3分钟左右的高速奔跑，如果持续奔跑太长的时间，它们很有可能会因为体温过高而死去。因此猎豹的每一次追猎都要非常谨慎才行，如果它们连续失败太多次的话，就很有可能由于没有力气继续捕猎而被饿死。

猎豹的尾巴有什么用

　　猎豹的尾巴又粗又长，能够在高速奔跑的时候帮助猎豹保持平衡，使它们在急转弯的时候不会摔倒。

猎豹是哭了吗

　　猎豹与其他豹子最大的区别就是，它们的脸上有两条长长的黑色"泪痕"。这两条"泪痕"的用处可大了，它不仅是猎豹的标志性花纹，还可以帮助它们吸收非洲大草原上刺眼的光线，让它们在正午时分的烈日下也能够清楚地看到远处的猎物。

猎豹	
体长	100～150 厘米
食性	肉食性
分类	食肉目猫科
特征	身体纤细，奔跑速度极快

非洲水牛

听说连狮子都害怕非洲水牛！它们到底是何方神圣？它们有什么了不起的本领？非洲水牛又叫"好望角水牛"，是一种生活在非洲的牛科动物。非洲水牛体长约3米，重达900千克，四肢粗壮，头顶生长着粗壮锋利的角，牛角是它们的武器，也是力量的象征。它们喜欢群居生活，很少单独出现，牛群由最强壮的公牛领导，首领享有吃最好的草粮的权利。它们经常栖息在水源附近，喜欢将身体浸泡在水池或泥潭中给自己降温。每年的雨季是水牛们的繁殖季节，雌水牛5岁左右生下第一胎，之后隔年生产。小水牛出生后几个小时就能自己走动，到了15个月大的时候，就要离开群体，加入其他同龄牛群。

非洲水牛	
体长	210～340 厘米
食性	植食性
分类	偶蹄目牛科
特征	毛发呈黑色或棕黑色，头上的角向左右分开

水牛的坏脾气

别看它们长得跟亚洲水牛差不多，脾气可比亚洲水牛暴躁多了，而且难以驯化。非洲水牛非常好斗，有极高的危险性，尤其是受了伤、落单的水牛或者带着小牛的母牛最有攻击性。由于非洲水牛脾气不可控，所以经常会发生水牛袭击游客的事件，是非洲造成人类被袭击事件最多的动物之一。非洲水牛与大象、狮子、花豹、犀牛并称为非洲五大猛兽。

奇特的中分发型

非洲水牛体形宽阔，头大角长，雄性水牛的体形更大，角也更粗更长。它们的角从头部中间向两边分开，形成两条完美的弧线，就像精心制作的中分发型，可以说是艺术与力量的完美结合。在草原上，非洲水牛凭借着强壮的身体和这对牛角与肉食动物战斗，很少有失败的时候。

狼

　　狼对大家来说并不陌生，在书本和影视作品中我们都能看到它们的形象。狼有着健壮的身体，长长的尾巴，带趾垫的足和宽大弯曲的嘴巴。狼的耐力很强，奔跑速度极快，攻击力强，总是成群结队地在草原上奔跑。狼是肉食性动物，嘴里长有锋利的犬齿，嗅觉和听觉都非常灵敏，它们不仅喜欢吃羊、鹿等有蹄类动物，对兔子、老鼠等小型动物也是来者不拒。狼群的分布非常广泛，它们现在主要生活在苔原、草原、森林、荒漠、农田和一些人口密度较低的地区。

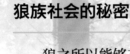

狼族社会的秘密

　　狼之所以能够在生存竞争中获得胜利，是因为它们有着自己独特的社会体系。狼群的等级制度极为严格。家族式的狼群通常由优秀的狼夫妻来领导，而其他的狼群则由最强的狼作为头狼。狼群中狼的数量从几只到十几只不等，狼群内部分工明确，拥有严格的领地范围，互相之间一般不会重叠，也不会入侵其他狼群的领地。

狼	
体长	105 ～ 160 厘米
食性	肉食性
分类	食肉目犬科
特征	有棕色和灰色的皮毛，牙齿非常锋利

狼成功的秘诀是什么

在史前的美洲大陆上，狼曾经与剑齿虎和泰坦鸟等大型掠食者分庭抗礼。然而体形巨大的剑齿虎和泰坦鸟都灭绝了，狼却依旧活跃在食物链的顶端。除了对环境变化的适应力，狼的社会化群体行为和它们团队作战的方式都是它们屹立在食物链顶端的秘诀。

蜜獾

　　大家都知道，迪士尼的小熊维尼最爱吃蜂蜜，它总把小手伸进蜜罐里去偷吃蜂蜜。这世界上还有一种动物也爱偷吃蜂蜜，那就是蜜獾。蜜獾是鼬科蜜獾属的动物，在非洲、西亚和南亚都有它们的身影。它们长着黑色和灰白色的皮毛，身长只有1米左右。这么一种体态小巧轻盈的动物，却是个天不怕地不怕的家伙。闯蜂窝，斗狮虎，从熊和猎豹嘴里夺食，吃鳄鱼和眼镜蛇，凭借勇猛无畏的性情和强壮有力的身躯，蜜獾在大草原上难逢敌手。蜜獾甚至曾经多次以"世界上最无所畏惧的动物"的称号被收录在吉尼斯世界纪录中。

蜜獾	
体长	60～120 厘米
食性	杂食性
分类	食肉目鼬科
特征	身体呈黑色，背部的毛为灰白色

我们蜜獾勇敢着呢

　　蜜獾表面看起来憨厚可爱，实际上却是非常勇猛大胆的动物，能快速准确地判断敌人的弱点。蜜獾不仅能杀死幼年尼罗鳄，还是非常有效率的毒蛇杀手，它们只需要15分钟就可以吃掉一条1.7米长的蛇。蜜獾的凶猛在自然界众所周知，甚至没有哪只豹或狮子愿意与它们搏斗。它们在打斗中异常凶猛，即使是面对比自己强大的对手也丝毫不会畏惧。

合作共赢

　　为了获取更多的蜂蜜，蜜獾会选择与响蜜䴕合作，响蜜䴕自己破不开蜂巢，当发现蜂巢后就引导蜜獾寻找蜂巢，蜜獾用其强壮有力的爪子扒开蜂巢吃蜜，而响蜜䴕也可分得一餐蜂蜜。

大犰狳

　　看，这个动物看起来好像一只大乌龟！原来它是大犰狳。大犰狳也叫"巨犰狳"，是犰狳科中体形最大的一种。它们的身体表面有一个由骨质的鳞甲构成的壳，这是它们用来保护自己免遭肉食动物攻击的法宝。大犰狳的尾巴很长，四肢较短，它们的爪子弯曲而尖锐，十分有力，具有高超的打洞技能，但不适合用来搏斗。大犰狳生活在南美洲的草原上，以及亚马孙河流域靠近水边的地区，它们白天在洞中睡觉，到了晚上才出来活动。大犰狳的食性很杂，蚂蚁、白蚁、甲虫、鸟卵，甚至腐肉都是它们的食物。它们的食量很大，对破坏房屋建筑的白蚁有着非常好的控制作用。对人类来说，大犰狳可是一种有益的动物呢。

大犰狳	
体长	75 ~ 100 厘米
食性	杂食性
分类	贫齿目犰狳科
特征	身上披着铠甲，能够缩成一个球形

挖洞本领有多高强

　　大犰狳具有很强的挖洞能力，能够在坚硬的地面挖洞，甚至能把水泥地面挖开。它们挖洞的速度和力量都非常惊人，当遇到敌人时，它们能在几分钟之内挖出洞，并将自己的全身埋进土里。

难道它们练过柔术

　　大犰狳四肢很短，身上布满厚重的鳞甲，在遇到敌害无法逃跑的时候，就会将身体缩成一个球，把柔软的头、胸、腹和四肢都包裹在坚硬的外壳之内。不过大犰狳坚硬的外壳并不能挡住所有的掠食者，当碰见狼群和猞猁这样咬合力强劲、牙齿也足够锋利的动物的时候，大犰狳就有生命危险了。

穿山甲

穿山甲身材狭长，四肢短粗，嘴也尖又长，全身从头到尾布满了坚硬厚重的鳞片。穿山甲对自己居住条件的要求非常高，夏天，它们会把家建在通风凉爽、地势偏高的山坡上，避免洞穴进水；到了冬季，它们又会把家建在背风向阳、地势较低的地方。洞内蜿蜒曲折、结构复杂，长度可达10米，途中还会经过白蚁的巢，可以用来作储备"粮仓"，洞穴尽头的"卧室"较为宽敞，还会垫着细软的干草来保暖。

白蚁到底有多好吃

白蚁好不好吃，可能只有穿山甲自己才知道。穿山甲的主要食物是白蚁。它们一般会在夜间外出觅食，觅食时，它们将带有黏性唾液的长舌头伸进蚁穴，将白蚁一扫而空。穿山甲是大胃王，它的食量惊人，据记载，一只穿山甲的胃里最多可以容纳500克白蚁。

穿山甲	
体长	34 ~ 92 厘米
食性	肉食性
分类	鳞甲目穿山甲科
特征	全身上下覆盖着鳞片

穿山甲真的无坚不摧吗

穿山甲擅长挖洞，又浑身披满鳞甲，因此被称为"能穿山的鳞甲动物"。传说中穿山甲可以挖穿山壁，实则不然，它们并没有挖穿山壁的本领。就算是挖洞，它们也会选择土质松软的地方，并不是什么都能挖开的。

鳞片是它们的制胜法宝

穿山甲的鳞片由坚硬的角质组成，从头顶到尾巴、从背部到腹部全部长满了如瓦片状厚重坚硬的黑褐色鳞片。这些鳞片大小不一。穿山甲遇到危险时会缩成一团，如果被咬住，它们还会利用肌肉让鳞片进行反复的切割运动，从而割伤敌人。这一锋利的武器会给敌人带来严重的伤害，使其不得不松口放穿山甲逃生。

猞猁

　　猞猁也叫"山猫"，属于猫科动物。它们身材矫健，形态像猫，却比猫要大许多，与猫不同的是它们的尾巴非常短。猞猁是一种中型猛兽，不怕冷，主要生活在北温带的寒冷地区，即使在南部它们也通常生活在较为凉爽的区域，或者是寒冷的高山地带。在自然界中，猞猁的敌人有很多，灰熊和美洲狮一类的大型肉食动物都能够对它们产生威胁，狼群也可能会攻击它们，不过它们最害怕的，还是我们人类。

耳毛有什么用

　　猞猁的耳朵宽厚，耳尖处耸立着长长的黑色毛簇，其中还夹杂着白毛，这一簇毛有4~5厘米长，像两根天线一样直直地向上伸长，很有气势。猞猁的耳毛让它们的听力变得更加灵敏，因为耳毛有寻找声源、接收音波的作用，如果失去了耳毛，它们的听力就会受到严重的影响。

猞猁	
体长	76 ~ 106 厘米
食性	肉食性
分类	食肉目猫科
特征	耳朵尖端有长毛，四肢比较长

犀牛

　　传说犀牛的角上有一个孔能直通心脏，感应灵敏，因此就有了"心有灵犀"这个典故。犀牛是世界上最大的奇蹄目动物，它们身躯粗壮，腿比较短，眼睛很小，鼻子上方有角，长相丑陋。犀牛生活在草地、灌木丛或者沼泽地中，主要以草为食，偶尔也吃水果和树叶。犀牛通常喜欢单独居住，一头成年雄犀牛会占有10平方千米的领地。犀牛虽然皮糙肉厚，但是腰、肩褶皱处的皮肤比较细嫩，容易遭到蚊虫的叮咬。它们身体上常常会有寄生虫，所以在水里打滚对犀牛来说是每天必不可少的娱乐项目，这样做不仅可以赶走讨厌的蚊虫，还能让身体保持凉爽。

扫一扫

扫一扫画面，小动物就可以出现啦！

黑犀牛	
体长	300～375厘米
食性	植食性
分类	奇蹄目犀科
特征	头上有两只尖角，嘴巴较尖

为什么牛椋鸟对犀牛不离不弃

牛椋鸟是犀牛一生的挚友，它们经常相伴而行。因为犀牛身上生有许多寄生虫，这些寄生虫恰好是牛椋鸟的食物，所以牛椋鸟跟着犀牛就永远有享用不尽的美餐。而对犀牛来说，牛椋鸟既可以帮助它们清除寄生虫，还可以在发生危险的时候向它们报警，让视力不好的犀牛尽早发现敌人、逃脱危险。

大块头跑得很快

犀牛的身躯庞大，四肢粗壮笨重，还长着一个大脑袋，全身的皮肤像铠甲一样厚重结实。犀牛是除了大象以外陆地上的第二大陆生生物，尽管它们如此庞大笨重，但仍然能跑得非常快，非洲黑犀牛可以以每小时45千米的速度进行短距离奔跑。

瞪羚

它们是羊吗？它们为什么叫瞪羚？那是因为它们那两只又圆又大的眼睛向外突出，看起来就像在瞪着眼睛，因此取名为瞪羚。瞪羚身披棕色皮毛，下腹为白色，身体两侧各有一条黑线，头上有一对角。瞪羚的身材娇小，体态优美，像是个体操运动员。瞪羚擅长奔跑和跳跃，纵身一跃就能跳出数米远。瞪羚是牛科植食动物，以鲜嫩、易消化的植物根茎为食。它们通常群居生活，是草原肉食动物们最渴望的美餐。在危险临近时，它们会将四条腿直直向下伸，腾空一跃，来警告同伴，有危险。

生死赛跑中的急速转弯

瞪羚遇到危险时会急速奔跑，在事关生死的追逐中，它们的速度可达每小时90千米，但是仍然比不上自己的天敌猎豹。为了能够生存下去，瞪羚在遇到猎豹追杀的时候会使出自己的看家本领——急转弯，几次急转弯过后，就算猎豹的速度再快，也只能眼看着瞪羚从自己眼前扬长而去。

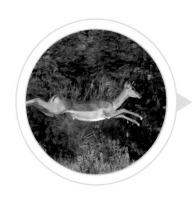

马拉松健将是怎样练成的

瞪羚个个都是赛跑健将。面对强大的肉食动物天敌，它们唯一的办法就是逃跑。瞪羚出生后几分钟就能够站立行走，但是为了安全，它们会隐藏在草丛中，几周以后才会跟着母亲四处活动。为了生存，它们需要不断奔跑，这也练就了它们超强的耐力。在非洲草原上，瞪羚的速度和耐力是它们保命的根本。

扫一扫

扫一扫画面，小动物就可以出现啦！

汤普森瞪羚

体长	80 ~ 120 厘米
食性	植食性
分类	偶蹄目牛科
特征	毛色为棕色和白色，侧腹部有一条黑线

角马

　　角马就是长角的马吗？事实并不是这样的。角马是生活在非洲大草原上的大型牛科动物，它们外形像牛，身体的外貌又介于山羊和羚羊之间，因此也被叫作"牛羚"。角马的头上长有从头顶向两侧弯曲的一对尖角，表面非常光滑，角马就是因此而得名，雄性的角比雌性的更大、更长。角马喜欢群居，一般10～20头组成一个大家庭。在迁徙时，会有好几十万头角马自然而然地聚集在一起，组成一支庞大的迁徙大军。迁徙的队伍中纪律严明，由健壮的公角马领头和殿后，母角马和角马宝宝走在队伍中间。对人类来说角马群是没有什么危险性的，它们不会主动攻击人类，但是落单的角马由于与群体走散，还是会非常急躁的。

斑纹角马	
体长	150～240 厘米
食性	植食性
分类	偶蹄目牛科
特征	头上有角，颈部有黑色鬃毛，身上长有斑纹

非洲草原的四不像

角马头上有角，长相像牛像马又像羊。角马的头粗大，肩部很宽，很像水牛；身体后部比较细，更像马；颈部有黑色鬣毛，远远看去很像羊的胡须。身上的毛色还会根据季节的不同而有所变化，可以说它们就是非洲草原上的"四不像"。

浩浩荡荡的"旅游团"

非洲大草原上的动物每年都在不断地迁徙，角马就是这支浩浩荡荡的迁徙大军当中的主力。角马必须每天大量饮水，这就意味着它们生活的区域必须有充沛的水源，因此它们会追着云彩奔跑。为了追逐湿润的环境，它们不得不穿越各种艰难险阻，每年长途跋涉3000多千米，来获取充足的食物和饮用水。

斑马

　　斑马到底是白底黑条纹，还是黑底白条纹？其实斑马的皮肤是黑色的，所以它们是黑底白条纹。正是因为它们身上这黑白相间的条纹，它们才被人类取了斑马这样一个名字。斑马是由400万年前的原马进化而来的。曾经的斑马条纹并不清晰分明，经过不断的进化才有了现在的条纹。斑马生活在干燥、草木较多的草原和沙漠地带，是植食动物，具有强大的消化系统，树枝、树叶和树皮都能成为它们的食物。斑马是群居生活的动物，一般10匹左右为一群，群体由雄性斑马率领，成员多为雌斑马和斑马幼崽。它们相处得非常融洽，一起觅食，一起玩耍，很少会有斑马被赶出斑马群的事情发生。

斑马	
体长	217～246 厘米
食性	植食性
分类	奇蹄目马科
特征	身上有黑白相间的条纹

想要驯服斑马，那真的是太难了

在欧洲殖民非洲的时代，殖民者们曾经尝试用更加适应非洲气候的斑马来代替原本的马。但是斑马的行为难以预测，非常容易受到惊吓，所以驯服斑马的尝试大多失败了。能够被人类成功驯服的斑马非常少。

斑马的条纹有什么用

黑白条纹是斑马们适应环境的保护色，它们的条纹黑白相间、清晰分明，在阳光的照射下很容易与周围的景物融合，模糊界限，起到自我保护的作用。草原上有种昆虫叫采采蝇，经常叮咬马和羚羊一类的动物。斑马身上的条纹可以迷惑采采蝇的视线，防止被它们叮咬；也可以迷惑天敌的视线，从而逃脱追捕。

长颈鹿

　　长颈鹿生活在非洲稀树草原地带。长颈鹿是世界上现存最高的陆生动物，站立时身高可达6~8米。长颈鹿毛色浅棕带有花纹，四肢细长，尾巴短小，头顶有一对带茸毛的短角。它们性情温和，胆子小，是一种大型的植食动物，以树叶和小树枝为食。为了将血液输送到距心脏2米多高的头部，它们拥有着极高的血压，收缩压要比人类的3倍还高。为了不让血压涨破血管，长颈鹿的血管壁必须有足够的弹性，周围还分布着许多毛细血管。

长颈鹿从何而来

　　长颈鹿是由中新世初期的鹿科动物进化而来的。早期的古鹿脖子有长有短，生活在稀树草原地带。那里的树木多为伞形，树叶都在中上层，矮处的树叶很快就被吃光了，而高处的树叶只有长脖子的鹿才能吃到。脖子短的鹿由于饥饿和不能及时发现天敌而慢慢被淘汰，久而久之，长脖子的鹿就活了下来，逐渐演变成了今天的长颈鹿。

长颈鹿	
体高	600 ~ 800 厘米
食性	植食性
分类	偶蹄目长颈鹿科
特征	脖子和腿非常长，身上有斑块状花纹

长颈鹿一天要睡多久

　　长颈鹿睡觉的时间很少，一天只睡几十分钟到两小时左右。由于脖子太长，它们常常把脖子靠在树枝上站着睡觉。长颈鹿有时也需要躺下休息，但是躺下睡觉对它们来说是件十分危险的事情，因为从睡卧的姿势站起来需要花费一分钟的时间，这一分钟就可能让长颈鹿来不及从肉食动物的口中逃脱。

扫一扫画面，小动物就可以出现啦！

浣熊

　　这只戴着黑眼罩的家伙可以说是家喻户晓的动物了。戴着黑色眼罩，拖着带有环状斑纹的尾巴，这已经成为浣熊的经典形象。再加上浣熊体形较小，行动灵活，还长着圆圆的耳朵和尖尖的嘴巴，真是天生的一副可爱相。浣熊喜欢住在靠近河流、湖泊的森林地区，它们会在树上建造巢穴，也会住在土拨鼠遗留的洞穴中。浣熊是夜行动物，白天在树上或者洞里休息，到了晚上才出来活动。因为总是潜入人类的房屋偷窃食物，浣熊在加拿大也被称为"神秘小偷"。浣熊是不需要冬眠的，但是住在北方的浣熊，到了冬天会躲进树洞中。每年的1～2月是浣熊的交配季节，它们的寿命不长，通常只有几年。已知野生环境中寿命最长的一只浣熊活了12年。

浣熊	
体长	40～70 厘米
食性	杂食性
分类	食肉目浣熊科
特征	眼睛周围有一个面罩状的斑纹

不要做像浣熊一样的破坏王

　　浣熊其实并没有看上去那么温顺、可爱，它们的破坏力极大。浣熊不仅会在木质的家具和墙壁上打洞，还会去垃圾桶里寻找食物，翻倒垃圾桶，把垃圾扔得到处都是。有时还会挖开院子里的草坪，咬伤猫狗和路过的行人。由于私自猎杀野生动物是非法行为，在北美洲，人们甚至成立了专门对付浣熊的公司来处理不断跑进房子里的浣熊。

浣熊真的清洗食物吗

　　浣熊的视觉并不发达，因此需要用触觉来辨别物体。由于浣熊前爪上有一层角质层，有时候需要浸在水里使其软化来提高灵敏度，所以看起来就像是浣熊吃食物前要洗一下。

袋鼠

　　袋鼠的踪迹遍及整个澳大利亚，其中最大也最广为人知的动物是红大袋鼠。雄性红大袋鼠的皮毛为具有标志性的红褐色，下身为浅黄色；雌性上身为蓝灰色，下身呈淡灰色。它们喜欢在草原、灌木丛、沙漠和稀树草原地区蹦蹦跳跳地寻找自己喜欢吃的草和其他植被。红大袋鼠能够广泛分布于澳大利亚这片土地上，自然有其独特的本领。它们能够在植物枯萎的季节找到足够的食物，也能够在缺水的旱季正常生存。在炎热的天气里，它们可以采取多种方式将体温保持在36℃，以此让体内各功能保持正常的状态。

像后腿一样粗壮的尾巴

　　袋鼠的前肢细小，后腿比前肢粗壮许多，强健有力的后腿非常适合跳跃，它们一次可以跳3米高，8米远，它们跳跃着前行的速度可达50千米/时。袋鼠的尾巴和腿一样粗壮，在休息的时候撑在地上，让后腿和尾巴组成一个三脚架，这样一来袋鼠就算不用躺在地上也能很好地休息了。

神奇的育儿袋

　　袋鼠是一种有袋类哺乳动物，它们的大部分发育过程是在母亲的育儿袋里完成的。小袋鼠出生时只有花生大小，尾巴和后腿柔软细小，只有前肢发育较好，身体大部分没有发育完全，所以需要回到妈妈的育儿袋中继续发育。刚开始袋鼠妈妈会在自己的皮毛上舔出一条路，小袋鼠就会顺着这条路爬到妈妈的育儿袋中，接受母乳的滋养。几个月后小袋鼠就长大了，当它长到育儿袋装不下的时候，小袋鼠就可以开始自己找食物了。

扫一扫

扫一扫画面，小动物就可以出现啦！

袋鼠	
体长	约 140 厘米
食性	植食性
分类	双门齿目袋鼠科
特征	尾巴粗壮，腹部有一个育儿袋

老虎

　　不是谁都能当丛林中的百兽之王！只要提到"百兽之王"，我们第一个就会想到威风凛凛的老虎，百兽之王的宝座确实非老虎莫属。为什么只有老虎才称得上是百兽之王呢？因为老虎体态雄伟，强壮高大，是顶级的掠食者，其中东北虎是世界上体形最大的猫科动物。老虎的皮毛大多数呈黄色，带有黑色的花纹，脑袋圆圆的，尾巴又粗又长，生活在丛林之中，从南方的雨林到北方的针叶林中都有分布。

老虎中的"白马王子"

　　老虎的皮毛大多数是黄色并且带有黑色花纹的，不过人们偶尔也会发现全身披着白色皮毛的老虎，这就是白虎。白虎是普通老虎的一种变种，是体色产生基因突变的结果。1951年，人们在印度发现并捕获了一只野生的白色孟加拉虎，它是第一只被捕获的白虎，现在世界各地的白虎几乎都是它的子孙。

老虎	
体长	最长可达 340 厘米
食性	肉食性
分类	食肉目猫科
特征	皮毛上有黑色的斑纹

老虎会爬树吗

　　在传说中，老虎拜猫为师学习本领，在学成之后却想要把猫吃掉。好在猫没有将爬树的方法教给老虎，所以爬到树上躲过了老虎的暗算，老虎也因此没有学会爬树的本事。现实生活中老虎真的不会爬树吗？当然不是的。和大部分猫科动物一样，利用发达的肌肉和钩状的爪子，老虎也能爬到树上去寻找鸟蛋或者其他藏在树上的猎物。不过因为老虎实在是太重了，为了避免损伤自己的爪子就很少爬树，因此才给人们留下了不会爬树的印象。

大熊猫

　　胖胖的身子，圆圆的耳朵，大大的黑眼圈，没错，这就是我们可爱的国宝大熊猫。提起大熊猫，我们都会想到它们圆滚滚的身形和憨态可掬的样子。大熊猫对生存环境可是很挑剔的，只生活在我国四川、陕西和甘肃等省的山区，它们可是我们的重点保护对象，是我们中国的国宝呢！大熊猫的毛色呈黑白色，颜色分布很有规律，白色的身体，黑色的耳朵，黑色的四肢，还有一对大大的黑眼圈，非常有趣。它们走路时壮硕的身体随之左右摆动，可爱极了。

大熊猫也会改善生活

　　大熊猫的祖先以肉食为主，在不断进化和迁徙中，大熊猫越来越适应亚热带的竹林生活，体重逐渐增加，食性也慢慢地从吃肉转变为以吃竹子为主。它们的牙齿进化出了适合咀嚼竹子的臼齿，爪子除了五指之外还长出了适于抓握的拇指，可以更好地握住竹子。虽然我们都知道大熊猫喜欢吃竹子，但是它们偶尔也会捕捉竹鼠之类的小动物来"开个荤"。

让全世界疯狂的"胖子"

　　圆滚滚的大熊猫非常可爱，到哪里都是备受欢迎的明星，所以在很多国家的动物园中也设有熊猫馆。1950年，我国政府开始将可爱的大熊猫作为国礼赠送给其他国家，先后有多个国家接受过中国赠送的大熊猫，这就是著名的"熊猫外交"。可爱的"胖子"大熊猫深受世界人民的喜爱。在国外，为了一睹大熊猫的真容，游客们甚至会排上好几个小时的队呢。

大熊猫	
体长	120～180 厘米
食性	杂食性
分类	食肉目熊科熊猫亚科
特征	黑白的毛色，有两个"黑眼圈"

刺猬

如果你无意间发现一只浑身插满了"牙签"的大老鼠，那很有可能是遇见刺猬了！刺猬没有老鼠那样机灵，它们是一种生活在森林和灌木丛中的小型哺乳动物，身上长着很多尖刺，除了脸部、腹部和四肢以外都有坚硬的刺包裹着。刺猬长着短短的四肢和尖尖的嘴巴，还有一对小耳朵。聪明的刺猬会将有气味的植物咀嚼后吐到自己的刺上，以此来伪装自己。刺猬在睡觉的时候会打呼噜。

冬眠的刺猬

　　刺猬天生胆小，害怕受到惊吓，喜欢住在灌木丛中。每到冬季它们就会冬眠，从秋末开始一直睡到次年春暖花开才会醒来。在冬眠时它们的体温会下降到6℃，新陈代谢处于非常缓慢的状态。刺猬喜欢躲在软软的落叶堆里睡大觉，偶尔也会醒来看看自己是否安全，然后继续睡。所以，在清理院子里的落叶堆时一定要小心，没准里面正有一只小小的刺猬在做着美梦呢。

这个刺球从何而来

　　刺猬身单力薄，行动缓慢，拥有独特的自保本领。刺猬大部分的身体表面长满了坚硬的刺，当它们遇到危险的时候，头马上向腹部弯曲，浑身竖起坚硬的刺包住头和四肢，变成一个坚硬的刺球，使敌人无从下口。

刺猬	
体长	25 厘米左右
食性	杂食性
分类	猬形目猬科
特征	身体大部分覆盖着尖刺

蝙蝠

  蝙蝠是翼手目哺乳动物的统称，可以分为大蝙蝠亚目和小蝙蝠亚目两大类，前者体形较大，主要吃水果，狐蝠就是其中之一；后者体形较小，除了捕捉昆虫外还会捕捉一些小动物，或者取食动物的血液。蝙蝠主要居住在山洞、树洞、古老建筑物的缝隙、天花板和岩石的缝隙中，它们成千上万只一起倒挂在岩石上，场面非常壮观。蝙蝠是需要冬眠的，冬眠时会躲进洞里，体温会降低到与周围环境一致，呼吸和心跳每分钟只有几次，血液流淌的速度也降低了，但是它们不会沉沉地睡去，冬眠期间偶尔也会吃东西，被惊醒后还能正常飞行。蝙蝠的主要天敌有蛇、一些猛禽以及猫科动物。

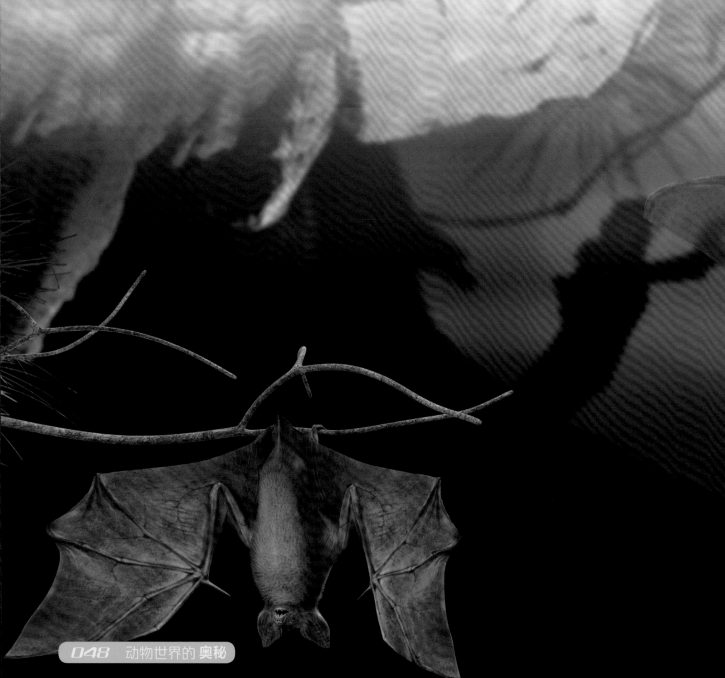

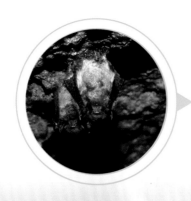

蝙蝠是哺乳动物还是鸟

蝙蝠能像鸟那样展翼飞翔，但它们不是鸟，而是哺乳动物。因为蝙蝠的体表无羽而有毛，口内有牙齿，体内有膈将体腔分为胸腔和腹腔，这些都是哺乳动物的基本特征。更重要的是，蝙蝠的生殖发育方式是胎生哺乳，而不是像鸟那样的卵生，这一特征说明蝙蝠是名副其实的哺乳动物。

什么是回声定位

蝙蝠能够生活在漆黑的山洞里，还经常在夜间飞行，是因为它们并不是靠眼睛来辨别方向的，而是靠耳朵和嘴巴。蝙蝠的喉咙能够发出很强的超声波，超声波遇到物体就会反射回来，反射回来的声波被蝙蝠的耳朵接收。根据接收到的声波，蝙蝠就能判断物体的距离和方向，这种方式叫作"回声定位"。

伏翼（一种常见的蝙蝠）

体长	体长 3.5 ~ 4.5 厘米
食性	肉食性
分类	翼手目蝙蝠科
特征	个头比较小, 翼展大约 19 ~ 25 厘米

猕猴

　　一提到猴子，大家就会想到它们的红屁股，为什么猴子会有个红屁股呢？因为猴子的屁股是血管最集中的地方，而它们"坐"的动作使臀部的毛都退化掉了，所以红屁股就露了出来。猴子的红屁股的一个重要功能是雌性猴子发情的信号，有利于吸引雄性，提高交配的成功率。猕猴是一种非常常见的猴子，它们在同属猴类中属于小巧玲珑型的，脸部消瘦，毛发稀少。猕猴善于攀缘跳跃，行动敏捷，遇到危险可以快速消失得无影无踪。它们喜欢在海拔高、安静并且食物充足的地方，由猴王带领着猴群进行集体生活。它们爱吃的东西很多，如树叶、野菜、小鸟、昆虫、野果等食物。猕猴很聪明，在有人类的地方，它们会模仿人类的动作，非常有趣。

猕猴	
体长	约 50 厘米
食性	杂食性
分类	灵长目猴科
特征	尾巴相对较短，脸上有颊囊

猕猴不应该被当作宠物

虽然偶尔会出现一些饲养小猴子作为宠物的报道，但是猕猴并不适合作为家庭宠物。它们属于国家二级保护动物，若是没有获得许可证，饲养猕猴是违法行为。不仅如此，猕猴很聪明，生性顽皮，模仿力很强，可能会做出玩打火机、开煤气等危险动作。此外，猕猴有着非常长的犬齿，野性很强，一旦发起脾气来很难控制，会对人类造成严重的伤害。最重要的是，猕猴是野生动物，它们属于大自然，不应被关在笼子里。

猴子王国的篡位大战

在猴子王国里，也有领导者。每个猴群都有一个猴王领导着整个猴群，优秀的、强壮的猴王可以一直占有王位。王位争夺是非常残酷的，是一场你死我活的厮杀。如果猴王在竞争中被打败，那么它将被逐出猴群，只能流浪在外自生自灭。

大猩猩

　　大猩猩是灵长目中除了人和黑猩猩以外最聪明的动物。它们大约十几只组成一个小型的群体，在一头背部为银色的雄性大猩猩的带领之下生活在非洲中部的雨林之中。大猩猩和人类基因的相似度高达98%，常常与红毛猩猩和黑猩猩并称为"人类的最直系亲属"。现如今，大部分大猩猩分布在非洲的中部，根据分布地区的不同，人们把现存的大猩猩划分为东部大猩猩和西部大猩猩两种。

西部大猩猩

体长	150 ~ 180 厘米
食性	植食性
分类	灵长目人科
特征	前肢长后肢短，非常强壮

大猩猩的繁殖

　　大猩猩是一种寿命很长的动物，生长和繁殖的周期非常漫长。在野外，雄性猩猩在11~13岁左右成年，雌性要在10~12岁左右成年，雌性猩猩的产崽间隔通常是8年。不管什么时候，只要有机会，雄性猩猩就会试着与能够怀孕的雌性猩猩交配，能够怀孕的雌性猩猩则会选择当地处于统治地位的成年雄性猩猩。这样选择有什么益处仍然是谜，可能它们是在为自己的后代选择优良的基因，也有可能是为了得到有统治地位的雄性猩猩的保护。

狒狒

狒狒的智商是很高的。美国艾奥瓦大学的科学家发现，狒狒具有复杂抽象的推理能力，这种能力是人类智能的基础，或许有一天狒狒的智商可以超过人类。狒狒生活在非洲的沙漠边缘和热带丛林里，是一种社群生活最为严密、有明显的等级秩序和严明的纪律的灵长类动物。狒狒是猴科中体积比较大的一种，群居性很强，每群十几只至百余只，也有200～300只的大群。野生状态下的狒狒群体，每经过一段时间就会发生争战，争战的结果可能导致大群狒狒分群生活，也可能把原本的首领赶走，由新的狒狒首领取而代之。

狒狒平时都干些什么

狒狒栖息于热带雨林、山地、半荒漠草原地带，主要在地面活动，偶尔也会爬到树上觅食，中午最热的时候喜欢在树荫下乘凉休息。狒狒还有一个特别的爱好，就是游泳，所以它们喜欢生活在水源充足的地方。总体来说，狒狒在自然界中的生活是非常惬意的。

狒狒	
体长	51～114 厘米
食性	杂食性
分类	灵长目猴科
特征	身上有棕色的毛发，脸部为红色

狒狒也面临着危机

狒狒的天敌主要是花豹、狮子等猛兽，但是对于狒狒来说，最主要的威胁并不是这两种凶猛的野兽，而是人类。农用地的拓展正在一点一点地向狒狒的栖息地蔓延，使得栖息地减少。不仅这样，狒狒挖掘农作物的根茎，也致使当地的农民非常厌恶它们，认为它们对人类的生产和生活造成了威胁，所以常常驱赶它们，甚至开枪射杀入侵农田的狒狒。现在，阿拉伯狒狒已被世界自然保护联盟列为保护现状近危的动物。

善于交流产生的神奇作用

科学家们在研究狒狒生活的时候发现了一个现象，就是喜欢聚堆交流的雌狒狒养育的孩子比其他的狒狒幼崽生存率要高。狒狒善于交际的能力对它们的种族和基因有什么影响，至今还是一个谜。但有对狒狒的研究数据表明，狒狒之间的交流有助于降低心率、缓和紧张的情绪。当它们遇到危险时，同类之间也会发出求救信号，向同伴呼救，请求支援。

树懒

　　树懒可以说是世界上最懒的动物了，这么懒的动物是怎么在这个世界上活下来的呢？树懒的爪呈钩状，前肢长于后肢，可以长时间吊在树上，甚至睡觉时也是这样倒吊在树上，可以说树就是它们的家。树懒主要以树叶、嫩芽和果实为食，是个严格的素食主义者。它们非常懒而且行动迟缓，爬得比乌龟还要慢，在树上只有每分钟4米的速度，在地面上只有每分钟2米的速度。与它们缓慢的陆地行动能力不同，树懒在水中倒是一个游泳健将，在雨林的雨季，在泛滥的洪水中，树懒经常通过游泳从一棵树转移到另一棵树上。

树懒	
体长	60～70 厘米
食性	植食性
分类	披毛目树懒科
特征	前肢只有 3 个脚趾，身上有粗糙的毛发

生命在于静止的树懒

　　树懒是一种非常懒惰的哺乳动物，平时就挂在树上，懒得动，懒得玩，什么事都懒得做，甚至连吃东西都没什么动力。如果一定要行动的话，树懒的动作也是相当缓慢的。树懒的动作慢，进食和消化也慢，它们需要很久才能把食物彻底消化，因此树懒的胃里面几乎塞满了食物。它们每5天才会爬到树下排泄一次，真是名副其实的懒家伙。

倒挂在树上的一生

　　我们看到的树懒都是倒挂在树上的，那是因为树懒已经进化成树栖生活的动物，丧失了地面生活的能力。树懒在平地走起路来摇摇晃晃，很难保持平衡，而且它们主要依靠两条前肢来拉动身体前进，速度非常缓慢。树懒的爪子很灵活，呈钩状，能够牢固地抓住树枝，把自己吊在树上，即使睡着了也没有关系。

树袋熊

  树袋熊又叫"考拉"，是澳大利亚珍贵的原始树栖动物。虽然它们体态憨厚，长相酷似小熊，但它们并不是熊科动物，而是有袋类动物。树袋熊长着一身软绵绵的灰色短毛，鼻子乌黑光亮，呈扁平状，两只大耳朵上长着长毛，脸上永远挂着一副睡不醒的表情，非常惹人喜爱。树袋熊的四肢粗壮，利爪弯曲，非常适合攀爬。它们一天中做得最多的事就是趴在树上睡觉，每天能睡17~20小时，醒来以后的大部分时间用来吃东西，生活非常悠闲。树袋熊性情温顺，行动迟缓，过着独居的生活，每只树袋熊都有自己的领地，只有在繁殖的季节，雄性树袋熊才会聚集到雌性附近。

树袋熊	
体长	70 ~ 80 厘米
食性	植食性
分类	双门齿目树袋熊科
特征	皮毛呈灰褐色，耳朵较大

吃了有毒的叶子真的不会中毒吗

　　我们一定不要学习树袋熊挑食的坏习惯哦。树袋熊专门吃生长在澳大利亚东部的35种桉树叶，桉树叶的纤维含量很高，营养价值却很低，所以一只树袋熊每天需要吃400克的树叶。对大多数动物来说，桉树叶具有很大的毒性，但是树袋熊的肝脏恰好可以分解这种有毒物质。

育儿袋开口向下有什么好处

　　树袋熊四肢笨拙，清理育儿袋这种事情对它们来说很困难，而开口向下的育儿袋永远都不用担心地面上的沙尘会进去，即使进了脏东西也可以自动掉落出去。

棕熊

　　棕熊是陆地上最大的肉食类哺乳动物之一，有着肥壮的身子和有力的爪子，力气极大。它们的后肢非常有力，能够站在湍急的河水里捕鱼。棕熊的食谱十分广泛，从根茎到大型有蹄类动物都被它们纳入了菜单。虽然有不少棕熊与人类和谐相处的事迹，但它们依旧是非常危险的动物，尤其是带着宝宝的母熊，这些妈妈们甚至会和比自己大两倍的公熊大打出手呢！

扫一扫

扫一扫画面，小动物就可以出现啦！

棕熊	
体长	150～280 厘米
食性	杂食性
分类	食肉目熊科
特征	皮毛为棕色，头大而圆

洄游之路上的拦路杀手

　　对棕熊来说，当秋天的鲑鱼开始洄游的时候，它们的盛宴就开始了。在这段时间内，棕熊们会聚集到这些鱼洄游的必经河段，它们终日游荡在这里，在浅水和瀑布附近埋伏狩猎。洄游期间，即将产卵的鱼十分肥美，每一只棕熊都会在此期间大吃，为接下来的冬眠做充足的准备。棕熊甚至还会为了争夺好的捕鱼位置而爆发冲突呢。

狐狸

狐狸生性多疑、狡猾机警。在动物学上狐狸属于脊索动物门哺乳纲食肉目犬科，体长约为80厘米，尾巴长约45厘米，尾巴比身体的一半还要长。它的皮毛颜色变化很大，大部分是根据季节变化而发生改变的，一般呈赤褐、黄褐、灰褐色等。在狐狸尾巴的根部有一对臭腺，能分泌带有恶臭味的液体，可以扰乱敌人，让它能从天敌手中逃脱。狐狸具有敏锐的视觉和嗅觉，锋利的牙齿和爪子，还有在哺乳动物中数一数二的奔跑速度和灵活的行动力。这些能力使狐狸成长为一个具有敏锐洞察力的丛林中的天才猎手。

喜欢在夜晚偷偷溜出去

狐狸和猫一样，都是白天大部分时间休息，傍晚才出去觅食。狐狸主要以老鼠、兔子、鱼、蚌、虾、蟹、昆虫等小型动物为食，有时也采食一些植物的果实，偶尔还会袭击家禽等。虽然在人们的印象中狐狸总是会偷盗家禽，但从总体上来讲，狐狸对人类的益处是大于害处的。

狐狸	
体长	约 80 厘米
食性	杂食性
分类	食肉目犬科
特征	尾巴大而长

狐狸的尾巴有什么用

狐狸有着长而蓬松的尾巴，不要小瞧这条毛茸茸的粗尾巴，它的用处可不少呢。当狐狸追击猎物时，粗壮的尾巴可以使它保持平衡，便于在较短的时间内捕获猎物。美味享用完毕后，尾巴还可以替它"毁灭证据"，清除地上的足迹与血迹。在冬季，狐狸休息的时候还会把身体蜷缩成一团，用尾巴把自己包裹住来抵御寒冷。

扫一扫

扫一扫画面，小动
物就可以出现啦！

梅花鹿

　　在郁郁葱葱的森林里，隐藏着一群活泼可爱的梅花鹿，据说它们是森林里的精灵，给死气沉沉的森林带来了一丝灵气。梅花鹿属于中型鹿类，四肢修长，善于奔跑，喜欢居住在山地、草原等一些开阔的地区，因为这样有利于它们快速奔跑。它们的眼睛又大又圆，非常漂亮；它们也非常聪明机警，遇到危险可以迅速逃脱。

与生俱来的保护色

　　梅花鹿背上和身体两侧的皮毛上布满白色斑点，形状像梅花一样，梅花鹿的名字就是由此而来的。梅花鹿的毛色会随着季节的变化而变化，夏天毛色为棕黄或者栗红色，冬天的毛色会比夏天的淡，变成烟褐色，身上的白色斑点也随之变得不明显，与枯草的颜色接近。毛色的不断变换让梅花鹿能够更好地隐藏自己，不被掠食者发现。

梅花鹿	
体长	125～145 厘米
食性	植食性
分类	偶蹄目鹿科
特征	背部和身体两侧有白色斑点

鹿角掉了怎么办

　　梅花鹿头上的角非常漂亮。它们的鹿角很像规则的树枝，主干向两侧弯曲，呈半弧形；两边各分出四个叉，角尖稍向内弯曲。梅花鹿的鹿角不是一生只有一对，每年4月份，它们的鹿角会自然脱落，就像换牙一样，在老鹿角的地方长出新的鹿角。所以即使它们的鹿角意外断掉了也不要紧，新的鹿角会随着时间慢慢生长，成为它们的新武器。

雪豹

　　在海拔较高的高原地区，生活着一群大型猫科肉食动物，它们就是大名鼎鼎的高山猎手——雪豹。聪明的雪豹历经千年终于找到了适应生存环境的好办法——长出一身灰白色的皮毛，这样就能够更好地在雪地里掩护自己了。因为它们经常在高山的雪线和雪地中活动，所以就有了"雪豹"这样一个名字。由于雪豹是高原生态食物链中的顶级掠食者，因此有"雪山之王"之称。雪豹喜欢独行，它们生活在高海拔山区，又经常在夜间出没，到现在为止，人类对雪豹的了解都非常有限。

追随雪线的雪山之王

　　雪豹为高山动物，主要生存在高山裸岩、高山草甸和高山灌木丛地区。它们夏季居住在海拔5000米的高山上，冬季追随改变的雪线下降到相对较低的山上。

雪豹	
体长	110～130厘米
食性	肉食性
分类	食肉目猫科
特征	皮毛呈灰白色，有斑点，尾巴较长

雪豹的尾巴有多长

　　雪豹的尾巴粗大，尾巴上的花纹与身体上不大相同。它的身上有黑色的环状和点状斑纹，而尾巴上则只有环形花纹。雪豹的尾巴出奇的长，它体长有110～130厘米，尾巴却有80～90厘米。这条长长的尾巴是它在悬崖峭壁上捕捉猎物时保持平衡的法宝。

小熊猫

　　你知道吗，小熊猫并不是幼小的熊猫，而是一种与熊猫一样有着"活化石"之称的动物，早在900多万年以前就已经出现在地球上了。小熊猫也叫"红熊猫"，体形比猫肥壮，全身红褐色，脸很圆，上面带有白色的花纹，耳朵尖尖的直立向前，毛茸茸的大尾巴又长又粗，带有白色环状花纹，非常好看。我们通常会在树洞里、树枝上或石头缝中见到它们。小熊猫白天的大部分时间都在睡觉，只有早、晚才会出来觅食。它们步履蹒跚，行动缓慢，是一种非常可爱的动物。

小熊猫	
体长	50 ~ 64 厘米
食性	杂食性
分类	食肉目小熊猫科
特征	皮毛红褐色，尾巴上有白色环纹

小熊猫是猫还是熊

　　小熊猫的体形非常小，还长有大大的三角形耳朵和蓬松的长尾巴，因此很多人都觉得小熊猫和猫很像，但小熊猫并不是猫科动物。猫科动物是趾行性动物，它们是用脚趾走路的，而小熊猫却和熊科动物一样是跖行性的，也就是用脚掌走路的。但其实小熊猫既不是猫也不是熊，它"自成一派"，是小熊猫科中的唯一一种动物。

馋嘴的小熊猫最爱吃什么

　　小熊猫就是个小馋猫，什么都吃。它们是杂食性动物，吃树上的小鸟、鸟蛋和其他小型动物、昆虫等，偶尔也换换口味吃一些植物。小熊猫喜欢吃新鲜的竹笋、嫩枝、树叶和野果等，它们最喜欢带有甜味的食物，就像小孩子一样。

北极熊

　　北极的标志是什么？那一定非北极熊莫属了，它们憨厚朴实的模样非常讨小孩子喜欢。北极熊体形庞大，披着一身雪白的皮毛，虽然不能在水中游泳追击海豹，但也是游泳健将，它们的大熊掌就像船桨一样在海里摆动。北极熊的嗅觉非常灵敏，能够闻到方圆1000米内或者雪下1米内猎物的气味。北极熊属于肉食性动物，海豹是它们的主要食物，它们还会捕食海象、海鸟和鱼，对搁浅在海滩上的鲸也不会客气。由于北极的水不是被冰封就是含盐分过多，所以北极熊的主要水分来源是猎物的血液。

北极熊	
体长	约 300 厘米
食性	肉食性
分类	食肉目猫科
特征	全身长有白色的皮毛

夏天和冬天的局部休眠

北极熊的局部休眠并不像其他冬眠动物那样会睡一整个冬天，而是保持似睡非睡的状态，一遇到危险可以立刻醒来。北极熊也会很长一段时间不进食，但不是整个冬季什么都不吃。科学家们发现，北极熊很可能有局部夏眠，就是在夏季浮冰最少的时候，它们很难觅食，于是会选择睡觉。科学家在熊掌上发现的长毛可以说明它们在夏季几乎没有觅食。

北极熊很温顺吗

北极熊位于北极食物链的顶端，在它们生活的环境里，北极熊可是没有任何天敌的。对北极熊来说，除了人类，唯一的危险就是其他同类。雌性北极熊如果遇到雄性北极熊抢夺食物，也会毫不畏惧地拼上一拼。别看北极熊平时一副懒懒的样子，好像很可爱，其实它们是一种非常危险的动物。

北极狐

  北极狐生活在北冰洋的沿岸地带和一些岛屿上的苔原地带。和大多数生活在北极的动物一样，北极狐也有一身雪白的皮毛。在它们的身后，还有一条毛发蓬松的大尾巴。北极狐主要吃旅鼠，也吃鱼、鸟、鸟蛋、贝类、北极兔和浆果等食物，可以说能找到的食物它们都会吃。每年的2~5月是北极狐交配的时期，这一时期雌性北极狐会扬起头嗥叫，呼唤雄性北极狐，交配之后大概50天，可爱的小北极狐就出生了。北极狐的寿命一般为8~10年。

北极狐	
体长	约55厘米
食性	杂食性
分类	食肉目犬科
特征	毛色随季节变化，冬季为白色

北极熊追踪者

　　夏天是食物最丰富的时候，每到这时，北极狐都会储存一些食物在自己的洞穴中。到了冬天，如果洞穴里储存的食物都被吃光了，北极狐就会偷偷跟着北极熊，捡食北极熊剩下的食物，但是这样做也是非常危险的。因为当北极熊非常饥饿却找不到食物时，会把跟在身后的北极狐吃掉。

北极狐会变色吗

　　北极狐有着随季节变化的毛色。在冬季时北极狐身上的毛发呈白色，只有鼻尖是黑色的，到了夏季身体的毛发变为灰黑色，腹部和面部的颜色较浅，颜色的变化是为了适应环境。北极狐的足底有长毛，适合在北极那样的冰雪地面上行走。

北极兔

　　北极兔和家兔有什么不同？北极兔生活在北极地区，是一种兔科哺乳动物。它们的体形较大，脑袋也比一般的兔子大而且长。为了适应北极与山地的环境，北极兔有着敏锐的听觉和嗅觉，还有适应季节的毛色，这些使得毛茸茸的北极兔像雪中精灵一样在寒冷的北极繁衍生息。在冬季，北极兔们或缩成一团抵御寒风，或在雪地里跑跳，白色的绒毛与雪景融为一色，使它们成了冰雪世界里出色的伪装者。

北极兔	
体长	55 ~ 71 厘米
食性	植食性
分类	兔形目兔科
特征	皮毛为白色，腿比较长

天生的好听力

因为要适应北极寒冷的生活环境，避免强风灌进耳朵使体温降低，所以北极兔的耳朵要比正常兔子的耳朵小。但是天生的生存欲望和强大的对环境的适应能力并没有让北极兔的听力随着耳朵的变小而退化，反而更加灵敏。在同类之间，它们还能够根据耳朵的不同位置与姿势传达出不同的信息。

水獭

　　在奔流不息的河流中，有一群活泼可爱的精灵在游玩，它们就是水獭。水獭是一种生活在淡水河流和湖泊中的水生哺乳动物，它们身体细长，有着圆圆的眼睛和一对小耳朵。水獭的四肢很短，身披一层褐色或咖色的皮毛，看上去非常光滑。水獭擅长游泳，它们这一身光滑的皮毛可以有效地减小水下的阻力。水獭的鼻孔和耳道处生有小圆瓣，游泳潜水时可以关闭，防止进水。白天，水獭喜欢在洞中休息，到了晚上才出来捕食。它们喜欢吃鱼，为了吃到更多更新鲜的鱼，它们经常搬家，往往是从一条河搬到另一条河，或从河的上游搬到河的下游。除了鱼以外，水獭也会捕捉蛙类和虾蟹等小动物。

水獭	
体长	50 ~ 80 厘米
食性	肉食性
分类	食肉目鼬科
特征	皮毛光滑，耳朵短小

灵活的身体

　　水獭的身体柔软，尾巴很长。它们的身体使它们在水下受到的阻力非常小，这让它们能够在水里十分灵活。水獭游泳速度极快，听觉、视觉、嗅觉也都非常灵敏，能够迅速地发现猎物并抓住它们。水獭生性调皮，喜欢玩耍，常常把头探出水面，时而观看远方，时而跃出水面，非常可爱。

水獭如何繁衍后代

　　水獭喜欢独来独往，只有在繁殖季节才会成双成对地出现。水獭的繁殖时间很自由，一年四季都可以是繁殖季节。它们也会为了争夺配偶而大打出手。水獭的寿命一般在15～20年，而小水獭在1岁左右就会离开妈妈，自己捕捉食物，开始独自生活。

河马

　　快看，在水面上露出一对小耳朵和一双小眼睛的动物是什么？这个长相有趣的动物就是河马。河马是一种喜欢生活在水中的哺乳动物。河马生活在非洲热带水草丰茂的地区，体形巨大，体重可达3吨，头部硕大，长有一张大嘴，门齿和犬齿呈獠牙状，具有较强的攻击性。它们的皮肤很厚，呈灰褐色，皮肤表面光滑无毛，厚厚的脂肪可以让它们在水中保持体温。它们的趾间有蹼，喜欢待在水里，庞大而沉重的身躯只有在水里才能行走自如。它们平时喜欢将身体没入水中，只露出耳朵、眼睛和鼻孔，这样既能保证正常的呼吸又能起到隐蔽的作用。河马喜欢群居，由成年的雄性河马带领，每群有20~30头，有时可多达百头。

扫一扫

扫一扫画面，小动
物就可以出现啦！

河马	
体长	约 400 厘米
食性	植食性
分类	偶蹄目河马科
特征	外形圆滚滚，有着巨大的嘴巴和獠牙

汗血宝"马"

　　河马的汗腺里能分泌一种红色的液体，用来滋润皮肤，起到防晒的作用，因为很像是流出来的血，所以被称为"血汗"。河马看上去皮糙肉厚，其实它们的皮肤极其敏感。河马必须整天泡在水里，如果离开水太长时间，皮肤就会干裂，需要用水帮助它们滋润皮肤并且调节体温。河马只有在夜间或者阳光并不强烈的时候才会上岸。

山羊

　　山羊是人类早期驯化的家畜之一。野生的山羊主要生活在草原和山地等干燥地区，它们能吃的植物种类比较广泛，觅食能力非常强，即使在荒漠和半荒漠地区，山羊也能找到食物生存下去。

　　早在8000年以前，人类就开始驯化山羊，中国是世界上山羊品种最多的国家，经过了几千年的驯化，现在人们已经培育出了超过40个品质优良又具有特色的山羊品种。山羊和绵羊都是群居动物，只要有一只羊向某个方向走去，其他的羊就会跟在后面，因此人们在放养山羊的时候会训练几只山羊专门作为领头羊。

山羊	
体长	65～130 厘米
食性	植食性
分类	偶蹄目牛科
特征	头上有角，下巴上有胡子一样的毛

山羊的种类

　　山羊分为乳用型、肉用型、绒用型三类。乳用型主要以生产山羊乳为主，与牛奶相比，山羊奶所含的蛋白质、维生素、钙和磷等无机盐都要更高。肉用型的山羊生长较快，肉质也更加细嫩可口。绒用型的山羊则以羊毛作为主要产品，著名的马海毛就是利用安哥拉山羊的毛制成的。

白胡子"小老头"

　　山羊外观上的一大特点就是下巴上长着一撮白胡子，看上去像一个小老头。这是因为山羊世代都生活在山地上，它们需要不断地低头觅食，为了防止下巴被坚硬的植物刺伤，山羊的下巴就长出了体毛，远远看上去就像长了胡子。

猪

　　猪是一种杂食性的哺乳动物。家猪由野猪驯化而来，比起野猪，家猪体形更大，皮毛比较短而且没有獠牙。人类驯化和饲养家猪主要是为了获取它们的肉以食用，在大多数市场上都能够看到猪肉的身影。猪的体形较大，而且很敦实，四肢短小，胖胖的小家伙在行动的时候非常可爱。家猪多以人工饲养为主，性情温顺，繁殖能力强，每胎能够生10只左右的猪宝宝，母猪在生产之后会非常精心地照顾小猪崽，不会让它们受到一点点的伤害，直到小猪崽长大。

拱土觅食的本领

　　拱土觅食是猪获取食物的一种方式，猪的鼻子是高度发达的器官，在拱土觅食时，嗅觉起着决定性的作用。猪就是依靠鼻子拱开土壤，寻找土里面的食物的。在现代猪舍内，每日的食物都会由饲养人准备好，但是猪还是会表现拱土觅食的特征。

猪	
体长	70～200 厘米
食性	杂食性
分类	偶蹄目猪科
特征	耳朵较大，鼻子能够拱地

猪可是很爱干净的

  与我们印象中肮脏的形象不同，猪是很爱干净的，甚至有点达到洁癖的地步。它们大多时候会在低洼潮湿的地方排便，在较高处和干燥的地方睡觉休息，时刻保持清洁的习惯。只是因为以前的饲养条件比较差，猪没有活动的空间，才会把猪圈里弄得脏乱不堪。一般情况下，猪不会在进食和休息的地方排便，所以给猪建造一个舒适、清洁的生活环境，可以使它们较快地生长和繁殖。

扫一扫

扫一扫画面，小动物就可以出现啦！

骆驼

　　骆驼为什么能在沙漠生活呢？在自然条件较好的平原地带，人们驯养的家畜通常是马、牛等，而在炎热干旱的沙漠地带，人们驯养更多的则是骆驼。骆驼是一种神奇的动物，它们可能是最能够适应沙漠环境的动物之一了。在条件严酷的沙漠和荒漠中，骆驼能够适应干旱而缺少食物的沙土地和酷热的天气，而且颇能忍饥耐渴，每喝饱一次水后，连续几天不再喝水，仍然能在炎热、干旱的沙漠地区活动。骆驼还有一个神奇的胃，这个胃分为三室，在吃饱一顿饭之后可以把食物贮存在胃里面，等到需要再进食的时候反刍。可以说，骆驼这种奇妙的动物就是为沙漠而生的。

双峰驼	
体长	约 300 厘米
食性	植食性
分类	偶蹄目骆驼科
特征	身体有厚实的毛发，背部有两个驼峰

走到哪儿都背着两座"山"

　　骆驼的最大特点就是它们背上的驼峰。骆驼分为单峰驼和双峰驼，是骆驼属下仅有的两个物种。看到驼峰就会和它们可以长时间不饮水联想到一起，实际上驼峰并不是骆驼的储水器官，而是用来贮存沉积脂肪的，它是一个巨大的能量贮存库，为骆驼在沙漠中长途跋涉提供了能量消耗的物质保障，这在干旱少食的沙漠之中是非常有利的。

如何防御沙尘

　　在沙土飞扬的沙漠中，骆驼依然能行走自如，不惧怕狂风与沙砾，是因为它们有精良的装备。骆驼耳朵里的长毛能有效地阻挡风沙的进入，而且它们有着双重眼睑，浓密的长长的睫毛也可以防止被风沙迷了眼睛。除此之外，骆驼的鼻子就像有一个自动开合的开关一样，在风沙来临时，能够关闭开关，抵挡沙土。这些装备让骆驼在沙漠中不惧风沙，毫无压力地长途跋涉。

马

　　家马是由野马驯化而来的，中国人很早就开始驯化马，但对马的驯化要晚于狗和牛，科学家在遗址中发现的证据显示距今6000年前，野马就已经被驯化作为家畜了。在古代，马是人类最好的助手，是农业生产、交通运输和军事等活动的主要动力，也是古代最快的交通工具；在现代，马的作用大多为赛马和马术运动，也有少量的军用和畜牧业用途。马对人类非常忠诚，在世界的文化中占有很重要的位置。

视力太差可怎么办

　　马的两眼距离较大，视觉重叠部分只有30%，所以很难通过眼睛判断距离。对500米以外的物体马只能看到模糊的图像，只有比较近的物体才能很好地辨别其形状。但是马的听觉和嗅觉是非常灵敏的，它们靠嗅觉识别外界一切事物，可以凭借嗅觉寻找几千米以外的水源和草地，也可以通过嗅觉找寻同伴，甚至可以嗅到危险的信息，并且及时通知同伴。

马是站着睡觉吗

　　我们通常认为马是站着睡觉的。站着睡觉是马的生活习性，因为在草原上，野马为了能够在遇到危险的时候迅速逃脱，所以不敢躺下睡觉，大多时候只会站着休息。但在没有人打扰的时候马也是可以躺着睡觉的。在一个马群中，一部分马躺下睡觉，而为了安全起见总会有另一部分马站岗放哨。

马	
体长	40～200厘米
食性	植食性
分类	奇蹄目马科
特征	四肢长，骨骼坚实，能在地面上迅速奔驰

第二章 神奇鸟类

伯劳

　　伯劳属于一种肉食的中小型雀鸟，俗称"胡不拉"。伯劳翅膀短圆，呈凸尾状，脚部强健，脚趾有钩。它们生性凶猛，善于捕捉猎物，能用强有力的喙啄死大型昆虫、蜥蜴、鼠和小鸟。伯劳很聪明，它们会将捕获的诱饵挂在尖锐的小灌木上，就像人类将肉挂在钩子上一样，等待猎物自投罗网，因此伯劳鸟又被叫作"屠夫鸟"。它们喜欢生活在开阔的林地，栖息于树顶，只在捕食的时候回到地面上。

棕背伯劳	
体长	23～28 厘米
食性	肉食性
分类	雀形目伯劳科
特征	背部呈红棕色，性情比较凶猛

大嘴的"小猛禽"

　　伯劳属于中小型雀，它有个很大的特征就是嘴巴很大而且很强壮，上嘴尖端带有利钩和缺刻，像鹰嘴一样锋利有劲。伯劳是生性凶猛的肉食动物，利用强有力的嘴捕捉猎物，可以捕捉青蛙、老鼠甚至其他小型鸟，素有"小猛禽"之称。

大山雀

    大山雀是一种观赏鸟，属于中型鸟，身体长12~14厘米，整个头部呈黑色，脸颊上有两块较大的白斑，上背部和两肩呈黄绿色，下背部和尾巴呈蓝灰色，翅膀为蓝灰色，它们的羽毛色彩艳丽，带有光泽，非常漂亮。大山雀分布比较广泛，种群数量非常丰富，是常见的鸟之一。

大山雀	
体长	12~14厘米
食性	肉食性
分类	雀形目山雀科
特征	脸颊上有两块较大的白斑

果园的保卫者

大山雀经常出现在山林和果园中，它们是果园的保卫者。果园里的害虫种类多、数量大，大山雀在果园里绝对不会让这些害虫为非作歹，它们会在果园里执行灭虫任务。它们的灭虫技术非常高超，经常忙碌地在果树与果树之间巡逻，细心地搜寻着。它们有时在树上攀爬，有时紧贴在树枝上，有时甚至倒挂在树干上，无论害虫如何伪装都逃不过它们的眼睛，就连躲在树缝中的害虫都不能逃脱。它们绝对是最称职的果园保卫者。

勇猛的大山雀

在大山雀美丽的外表下隐藏着非常勇猛的天性。大山雀在打斗时非常凶猛，甚至会造成死亡。它们在捕食的时候也非常凶猛，像猛禽一样把猎物的毛全部拔光，不断啄下肉来吃。可见大山雀具有无比勇猛的本性。

绣眼鸟

绣眼鸟常年生活在树上，主要吃昆虫、花蜜和甜软的果实。因为它们眼部周围有明显的白色绒羽环绕，形成一个白眼圈，因此被称为绣眼鸟。绣眼鸟生性活泼好动，羽毛颜色靓丽，歌声委婉动听，所以人们都喜欢饲养它。它们很爱干净，饮水的最大原则就是清洁，所以最好给它们喝凉开水，或者是放置了几个小时的自来水。每当天气晴朗、阳光大好的时候就应该带着小家伙出去享受日光浴，日光浴对小鸟有很大的好处，它们也会觉得晒日光浴很舒服。冬天除了晒太阳，最好不要把它们挂在室外。绣眼鸟的体形较小，自我保护能力较弱，所以要防止猫、鼠的侵害，我们喜欢观赏它们就要保护好它们。

暗绿绣眼鸟

体长	约 11 厘米
食性	杂食性
分类	雀形目绣眼鸟科
特征	眼睛周围有白色的羽毛，看上去像一个白眼圈

爱洗澡的绣眼鸟

　　绣眼鸟非常爱干净，它们喜欢洗澡，即使在气温很低的时候也会洗澡。洗澡时可以把一个浅水盆放在笼子里，水的高度到鸟下腹羽毛即可。天气比较凉时，洗澡的时间应该在午后气温升高的时候，选择在有太阳直射的温暖的室内进行，最好在无风的环境下洗澡，因为鸟儿和我们人类一样，也会感冒。

暗绿绣眼鸟

灰腹绣眼鸟

红胁绣眼鸟

黄鹂

　　黄鹂是属于雀形目黄鹂科的中型鸣禽。黄鹂的喙很长，几乎和头一样长，而且很粗壮，尖处向下弯曲，翅膀尖长，尾巴呈短圆形。它们的羽毛色彩艳丽，多为黄色、红色和黑色的组合，雌鸟和幼鸟的身上带有条纹。黄鹂喜欢生活在阔叶林中，栖息在平原至低山的森林地带或村落附近的高大树木上。巢穴由雌鸟和雄鸟共同建造，它们很是浪漫，鸟巢呈吊篮状悬挂在枝杈间，多以细长植物纤维和草茎编织而成。黄鹂每窝产蛋4~5枚，蛋是粉红色的，有玫瑰色斑纹。孵蛋的任务由雌鸟完成，一般经过半个月的时间小黄鹂就破壳了，这时雌鸟和雄鸟会一起照顾它们，直到幼鸟离开鸟巢。

金黄鹂

体长	约 24 厘米
食性	杂食性
分类	雀形目黄鹂科
特征	身体呈金黄色，翅膀和尾巴为黑色

黄鹂难辨雌雄

雌黄鹂

黄鹂的雌雄很难辨认。以通常的头上黑枕的宽窄来区分雌雄是远远不够的，雌鸟头上的黑枕也可以长到与雄鸟类似。雄鸟看起来十分霸道，有着强健的体魄、犀利的眼，雌鸟羽毛的黑色没有雄鸟的黑色亮丽，雌鸟眼神中缺少雄鸟的霸气。雄黄鹂无时无刻不透露着杀气，而且头顶的黄色会随着年岁的增长而变小。

雄黄鹂

乌鸦

乌鸦披着一身黑色的羽毛，它们的嘴巴、腿、爪也都是纯黑色的，表情严肃、深沉，性情凶猛，浑身充斥着一种神秘的气息。它们通身乌黑，加上灵敏的嗅觉让它们总是能出现在腐烂的尸体旁边，因此人们认为它们是不祥之鸟。其实它们也是很可爱的，它们聪明、活泼、易于交往，是应当受到人类关爱的鸟。其实乌鸦不都是黑色的，还有白化品种。乌鸦的食性比较杂，它们会吃浆果、谷物、昆虫、鸟蛋，甚至是腐烂的肉。

扫一扫

扫一扫画面，小动物就可以出现啦！

乌鸦	
体长	50～60 厘米
食性	杂食性
分类	雀形目鸦科
特征	全身羽毛为黑色，嘴巴比较大

聪明的乌鸦

　　虽然乌鸦的形象我们都不看好，但是它们却是非常聪明的动物。人们通过观察发现，乌鸦可以独立完成很多复杂的动作。比如当它们发现一大块食物时，它们会将无法一次带走的食物分割成小块带走；它们会将散落的饼干精确地整理在一起，然后一起叼走；为了诱导敌人，它们会伪造一个食物仓库。这些例子足以证明乌鸦具有超乎寻常的智商。

痴情鸟

　　在寓言故事中，乌鸦通常都是以负面形象出现的，它们被形容成虚荣心强、自命不凡的家伙，甚至是盗贼。其实乌鸦是很可爱的，它们聪明、好动、性情开朗，并且对爱情非常专一。乌鸦非常忠于爱情，它们求偶的方式也非常特别，雄鸟会朝着中意的对象温柔地叫，雌鸟接受的方式就是张开嘴等待着雄鸟喂食。当它们确定彼此坠入爱河之后，就会相伴终生。

喜鹊

　　古时候人们都希望每天早上一出门就能见到喜鹊，因为在中国喜鹊象征着吉祥、好运。喜鹊的体形较大，体长约50厘米，常见的羽毛颜色为黑白配色，羽毛上带有蓝紫色金属光泽，在阳光的照射下闪闪发光。喜鹊分布范围比较广泛，除南极洲、非洲、南美洲和大洋洲没有分布外，其他地区都可以看到它们的身影。它们可以在许多地方安家，尤其喜欢出没在人类生活的地方。但是喜鹊并没有想象中的那样好脾气，它们属于性情凶猛的鸟，敢于和猛禽抵抗。如果有大型猛禽侵犯它们的领地，喜鹊们会群起围攻，经过激烈的厮杀，使猛禽重伤甚至毙命。

喜鹊的家

　　在气候比较温暖的地区，喜鹊从3月份就开始进入繁殖期。一到繁殖的季节，雌鸟和雄鸟就开始忙着筑巢。喜鹊会选择把巢穴建在高大的乔木上，它们喜欢将巢建在高处，一般巢穴的高度在距离地面7～15米的地方。喜鹊的巢穴似球形，主要由粗树枝组成，其中混合了杂草和泥。为了更加舒适，它们在巢穴中还垫了草根、羽毛等柔软的物质。

喜鹊	
体长	约50厘米
食性	杂食性
分类	雀形目鸦科
特征	颜色为黑色和白色，身上有蓝紫色的金属光泽

鹊桥的故事

　　在传说中，每年的七月初七这一天喜鹊都会不见踪影，那是因为它们都忙着飞到天上去搭鹊桥了。鹊桥是用喜鹊的身体搭成的桥。相传是由于牛郎织女真挚的爱情感动了鸟神，而牛郎和织女被银河隔开，为了能够让他们顺利相会，会飞的喜鹊在银河上用身体搭成桥。此后，"鹊桥"便引申为能够连接男女之间良缘的各种事物。

家燕

　　家燕在生活中很常见，是属于燕科燕属的鸟。家燕的翅膀狭长而且尖，尾部呈叉状，像一把打开的剪刀，也就是我们常说的"燕尾"。它们体态轻盈，反应灵敏，擅长飞行，能够急速转变方向，经常可以看到它们成对地停落在电线上、树枝上，或者张着嘴在捕食昆虫。它们属于候鸟，快到冬天就会成群结队地飞到南方躲避寒冷，等到第二年春天再飞回来。家燕不害怕人类，它们喜欢在有人类居住的环境下栖息，还会在屋檐下建窝。

南来北往的"游牧民族"

　　燕子属于候鸟，每年都需要迁徙。北方的冬天非常寒冷，食物也很少，燕子不得不飞到南方去过冬，等到第二年春暖花开的时候它们又会成群结队地飞回来。燕子喜欢在北方繁殖后代，因为北方地区夏季昼长夜短，这样就有更长的时间可以觅食，哺育后代，而且北方地区的天敌较少，可以减少被捕食的压力。

家燕	
体长	约15厘米
食性	肉食性
分类	雀形目燕科
特征	喉部呈红棕色，尾部呈叉状

飞来飞去捉虫忙

家燕是益鸟，主要以蚊、蝇等各种昆虫为食，它们善于在天空中捕食飞虫，不善于在缝隙中搜寻昆虫。它们所需要的食物量很大，几个月就能吃掉几万只昆虫，一窝家燕灭掉的昆虫相当于20个农民喷药杀死的昆虫，而且还没有污染。所以我们经常能看到燕子在人前飞来飞去，它们那是在忙着捉昆虫呢。

麻雀

　　小小的麻雀，外表并不惊人，可它们却是一直陪伴着人类的好伙伴。麻雀分布广泛，在欧洲、中东、中亚、东亚及东南亚地区都有它们的身影。它们属于杂食性鸟，谷物成熟时，它们会吃一些禾本科植物的种子，在繁殖期时，则主要以昆虫为食。麻雀是非常喜欢群居的鸟，在秋季，人们会发现大群的麻雀，通常数量高达上千只，这种现象被称为"雀泛"。而到了冬季，它们又会组成十几只的小群。它们非常团结，如果发现入侵者，就会一起将入侵者赶走。它们虽然弱小，但却机警聪明而且非常勇敢。

麻雀的繁殖

麻雀的繁殖能力很强。在北方，每年的3～4月份春天就来了，这也是麻雀开始繁殖的季节，对繁忙的麻雀来说，只有冬季不是它们的繁殖期。麻雀每窝可以产下4～6颗卵，每年至少可以繁殖2窝，产下的卵需要雌麻雀孵化14天，幼鸟才可以破壳而出。孵化出来 的幼鸟会被雌鸟细心照顾一个月的时间，然后就离开巢穴。在温暖的南方，麻雀几乎每个月都会繁殖后代，孵化期也要比在北方短一些。

麻雀	
体长	约 14 厘米
食性	杂食性
分类	雀形目雀科
特征	身体大部分为褐色，喉部为黑色，两颊有黑色斑纹

鸳鸯

　　鸳指雄鸟，鸯指雌鸟，合在一起称为鸳鸯。鸳鸯雌雄异色，雄鸟喙为红色，羽毛鲜艳华丽带有金属光泽，雌鸟喙为灰色，披着一身灰褐色的羽毛，跟在雄鸟后面就像是一个灰姑娘跟着一个花花公子。它们喜欢成群活动，有迁徙的习惯，在9月末左右会离开繁殖地向南迁徙，次年春天会陆续回到繁殖地。鸳鸯属于杂食性动物，它们通常在白天觅食，春季主要以青草、树叶、苔藓、农作物及植物的果实为食，繁殖季节主要以白蚁、石蝇、虾、蜗牛等动物性食物为主。鸳鸯生性机警，回巢时，会先派一对鸳鸯在空中侦察，确认没有危险后才会一起落下休息，如果发现有危险则会发出警报，通知小伙伴们迅速撤离。

鸳鸯	
体长	41～49厘米
食性	杂食性
分类	雁形目鸭科
特征	雄性颜色艳丽，有帆状的飞羽，雌性为灰褐色

成双入对的恩爱夫妻

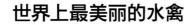

　　我们经常见到鸳鸯成双入对地出现在水面上，相互打闹嬉戏，悠闲自得，所以人们经常把夫妻比作鸳鸯，把它们看作是永恒爱情的象征，认为鸳鸯是一夫一妻制，相亲相爱、白头偕老，一旦结为配偶将陪伴一生，如果一方死去，另一方就会孤独终老。自古以来也有不少以鸳鸯为题材的诗歌和绘画赞颂纯真的爱情。其实在现实中，鸳鸯并非成对生活，配偶也不会一生都不变，这只是人们赋予其的象征意义。

世界上最美丽的水禽

　　在水禽中，鸳鸯的羽毛色彩绚丽，绝无仅有，因此鸳鸯被称作"世界上最美丽的水禽"。雄鸳鸯的头部和身上五颜六色的，看上去温暖和谐，它的两片橙黄色带白边的翅膀，直立向上弯曲，像一张帆。鸳鸯的头上有红色和蓝绿色的羽冠，面部有白色条纹，喉部呈金黄色，颈部和胸部呈高贵的蓝紫色，身体两侧黑白交替，喙通红，脚鲜黄，它用色谱中最美丽的颜色渲染自己的羽毛，并镀了一层金属光泽，在阳光的照射下闪闪发光，非常美丽。

鹈鹕

　　鹈鹕分布于各大温暖水域，主要栖息于湖泊、江河、沿海和沼泽地区。鹈鹕体形较大，属于大型游禽，翼展宽3米，可以以每小时40千米的速度保持长距离飞行。嘴巴长30多厘米，是捕鱼的利器。它们生活在水上，善于游泳，在游泳时，脖子呈"S"形，并伴随着粗哑的叫声。每天除了游泳捕食，就是在岸上晒太阳、梳洗羽毛。鹈鹕的尾羽根部有个黄色的油脂腺，可以分泌大量的油脂，它们经常用嘴往身上的羽毛涂抹这种油脂，使羽毛变得光滑柔软，而且在游泳的时候可以保持滴水不沾。鹈鹕的蛋很奇特，刚产下的时候呈淡蓝色，不久就会变成白色。

白鹈鹕	
体长	140～180厘米（包括嘴）
食性	肉食性
分类	鹈形目鹈鹕科
特征	嘴巴下面带有一个大的喉囊

鹈鹕是如何捕食的

鹈鹕会在游泳的时候捕食猎物，成群的鹈鹕会将鱼群包围，并将鱼群驱赶向岸边水浅的地方，然后将头伸进水里，张开大嘴，连鱼带水都吃进了嘴里，由于这时的嘴巴很沉，所以当它们浮出水面的时候总是尾巴先出现，然后才是身子和大嘴。它们需要先闭上嘴巴，将囊中的水排挤出去，然后才能将鲜美的鱼儿吞进肚子里。

嘴巴像个"大口袋"

鹈鹕的嘴巴长达30多厘米，嘴巴下端有个像口袋一样的可以伸缩的喉囊，那是它们储存食物的地方。当小鹈鹕孵化出来以后，大鹈鹕会将食物吐进巢穴里，给小鹈鹕吃，小鹈鹕再长大一点时，大鹈鹕会把食物储存在"大口袋"里，然后张开大嘴，让小鹈鹕将脑袋伸进它们的"大口袋"里啄取食物。

鸬鹚

　　鸬鹚属于大型食鱼游禽，善于游泳和潜水。它们的锥形喙强壮带钩，是捕鱼的利器。它们常常栖息于海滨、岛屿、湖泊以及沼泽地带。夏天，它们的头、颈和羽冠呈黑色，并带有紫绿色金属光泽，中间夹杂着白色丝状羽毛，下体呈蓝黑色，下肋处有一块白斑。到了冬季，鸬鹚下肋处的白斑消失，头颈也无白色丝状羽毛。它们不具备防水油，所以在潜水后羽毛会湿透导致不能飞翔，需要张开翅膀在阳光下晒干后才能展翅高飞。

鸬鹚文化

　　有学者认为《诗经》中"关关雎鸠，在河之洲"里所说的"雎鸠"就是鸬鹚，它们被看作是美满婚姻的象征。鸬鹚经常结伴而行，从筑巢、产卵到哺育后代，都是共同完成，和睦相处，它们之间的亲密和谐关系让人羡慕。

鸬鹚

体长	约 90 厘米
食性	肉食性
分类	鹈形目鸬鹚科
特征	喙的末端有弯钩，喜欢在水边晾晒羽毛

渔民是如何利用鸬鹚捕鱼的

　　鸬鹚很聪明，并且有着高超的捕鱼本领。很久以前，我国渔民就驯养鸬鹚为他们捕鱼。渔民让训练有素的鸬鹚整齐地站在船头，并在它们的脖子上戴上一个脖套。当渔民发现鱼时发出信号，鸬鹚就会立刻冲进水里捕鱼，由于鸬鹚脖子上戴了脖套，它们不能将鱼吞进肚子里，只能乖乖地把鱼交到主人的手中，然后继续下海捕鱼。当捕鱼行动结束以后，主人会摘下它们的脖套，奖励它们小鱼吃。这种捕鱼方式听起来残酷，但却很有效。

鸬鹚的药用

　　鸬鹚的唾液在中医上被称为"鸬鹚涎"，有很高的药用价值，不仅可以补充人体所需的大量营养元素，还能帮助调理体内各种生理功能，具有化痰止咳的功效，经常用于治疗小儿百日咳。

神·奇·鸟·类

大雁

  大雁是雁属鸟的统称，属于大型候鸟，是国家二级保护动物。大雁是人们熟知的一类需要迁徙的候鸟，它们行动非常有规律，常常在黄昏或者夜晚迁徙，人们经常可以看到大雁们排着"人"字形或"一"字形队伍从天空中飞过。大雁具有很强的适应性，一般栖息于有水生植物的水边或者沼泽地，属于杂食性鸟，以野草、谷类和虾为食。春天组成一小群活动，在冬天，数百只大雁一起觅食、栖息。

灰雁	
体长	80～94 厘米
食性	杂食性
分类	雁形目鸭科
特征	头顶到后颈暗棕褐色，前颈近白色

大雁的飞行队伍

在大雁的长途旅行中，它们常常把队伍排成"人"字形或"一"字形，飞行的过程中还不停地发出叫声，像是在喊口号。科学家发现，大雁的眼睛分布在头的两侧，可以看到前方128°的范围，这个角度与大雁飞行的极限角度一致，也就是说，在飞行中，每个大雁都能看到整个雁群，领队鸟也可以看到每一只大雁，这样能够方便交流和调整。

大雁是空中旅行家

大雁是出色的旅行家，每年都要经历两次长途旅行。它们的飞行速度很快，每小时能飞68~90千米，即使这样，一次的迁徙都要经过1~2个月的时间。从老家西伯利亚地区，成群结队地飞到南方过冬，途中要历经千辛万苦，还要休息和寻找食物，但它们一年又一年地南来北往，就像跟大自然有个秘密约定一样。

海鸥

　　海鸥是一种中等体形的海鸟，它们在海边很常见，喜欢成群出现在海面上，以海中的鱼、虾、蟹、贝为食。在我国，它们每到冬天迁徙的时候会旅经东北地区向海南岛飞行，也会飞往华东和华南地区的内陆湖泊及河流。每年春天海鸥就会集结在内陆湖泊或者海边小岛上，然后开始筑巢、繁殖。虽然海鸥的巢穴分布比较密集，但是它们很好地规划了属于自己的领地，互不侵犯。

海鸥的中空骨髓

　　海鸥能够很准确地预测天气，如果海鸥贴近地面飞行，那就预示着将会有一个大晴天；如果它们不停地在岸边转圈徘徊，那说明天气会变得非常糟糕；如果有海鸥成群结队地从大海远处飞向岸边，或者飞到了沙滩上、躲进了岩石缝隙中，那就预示着暴风雨即将来临。为什么海鸥能够预测天气呢？因为海鸥的骨骼是中空的，骨头中间没有骨髓，而是充满了空气，就连翅膀上也是一根根的空心管，这样的骨骼能够随时感受气压的变化，预测天气。

海鸥	
体长	40 ~ 46 厘米
食性	肉食性
分类	鸻形目鸥科
特征	头颈躯干为白色，翅膀为灰色

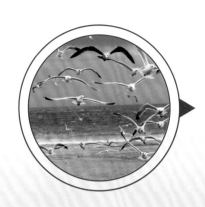

海上航行安全"预报员"

海面广阔无垠，航海者在海上航行，很容易因为不熟悉水域地形而触礁、搁浅，或者因天气的突然变化导致无法返航发生海难，这些事情无法预防还会带来严重的后果。后来经过长期的实践，海员们发现可以将海鸥当作安全"预报员"。海鸥经常落在浅滩、岩石或者暗礁附近，成群飞舞鸣叫，这能够为过往的船只发出预警，及时改变航线避免撞礁。如果天气出现大雾迷失了航线，则可以根据海鸥飞行的方向找到港口，所以说海鸥是海上航行安全"预报员"，也是人类的好朋友。

神·奇·鸟·类

扫一扫

扫一扫画面，小动物就可以出现啦！

贼鸥

　　贼鸥与海鸥长相类似，但它们要比海鸥粗壮，羽毛呈褐色，带有白色花纹。它们的喙黑得发亮，两只眼睛炯炯有神，像是在谋划着什么。因为它们经常偷盗抢劫，所以被叫作贼鸥，给人留下了不好的印象。贼鸥是到达过南极点的第二种生物。到了冬季，贼鸥会飞向大海，南方的贼鸥会飞往北方，在太平洋地区定期跨越赤道，在北方的贼鸥会飞向热带。它们是唯一一种既在南极又在北极繁殖的鸟。在北方，贼鸥类只在大西洋地区繁殖，羽毛呈锈红色，在南方繁殖的贼鸥羽毛颜色从灰白色到浅红色到深褐色都有。

贼鸥	
体长	50～58 厘米
食性	肉食性
分类	鸻形目贼鸥科
特征	羽毛呈褐色，眼睛周围通常呈黑色

生活在最南端的鸟

　　生活在南极的贼鸥是目前在地球上纬度最南方发现的鸟，在南极点上都有它们出现的记载。在南半球有南极贼鸥和亚南极贼鸥两种，南极贼鸥体形相对较小，有白色羽毛。科学家发现，贼鸥可以成对生活，它们生活在海上，以企鹅蛋、海鸟和磷虾为食。它们会成对地合作，目的只有一个——偷盗食物。

残忍的捕食者

　　贼鸥在自然界的口碑并不是很好，因为它们经常侵犯其他小动物，连同为海鸟的三趾鸥和燕鸥都不放过。贼鸥捕猎时穷凶极恶的样子，以及它们用尽各种残忍手段的场面令人生畏。贼鸥会在空中迅速地夹紧三趾鸥的翅膀并拖入水中，还没等三趾鸥反抗，贼鸥就开始拔毛吃肉了，不一会儿海面上又恢复了平静，只留下一片片飘落的羽毛和染红的一片海水。

绿头鸭

　　绿头鸭属于大型鸭，体形与家鸭相似。雌雄异色，雄鸟头部呈绿色，带有金属光泽，胸部呈红褐色，头与胸之间有一圈天然的白色羽毛，像项圈一样将两种颜色分隔开。雌鸟羽毛的颜色就没有雄鸟艳丽了，浑身呈灰褐色，就像是个灰姑娘。绿头鸭主要以野生植物的茎、叶、芽和水藻为食，有时也吃软体动物和水生昆虫，还喜欢在秋收时捡食散落在地上的谷物。

扫一扫

扫一扫画面，小动物就可以出现啦！

翼镜

　　鸭科的鸟有一种特别的结构可以用来作为种类之间辨识的特征，叫作翼镜，这种结构并不是独立存在的，是由次级飞羽和翼上大羽共同组成的一块特定的颜色区域，而每一种鸭科动物的翼镜组成都不相同，在它们展翅飞翔时很容易分辨出来。绿头鸭的翼镜是带有绿色金属光泽的，在它们游泳或者站立时隐约可见一点裸露的颜色就是翼镜。翼镜不分雌雄，同一种类之间的翼镜是一样的，所以通过观察翼镜的颜色来分辨鸭类动物是很有效的方式。

可以控制睡眠

　　美国生物学家经过研究后发现，绿头鸭可以控制睡眠，它们能够在睡觉的时候，控制大脑一部分保持睡眠状态，另一部分保持清醒状态，这是科学家发现动物可以控制睡眠的首例依据。这种"睁一只眼闭一只眼"的睡觉方式，能够让它们在睡觉时发现危险，及时逃离危险的环境。

绿头鸭	
体长	50～65厘米
食性	杂食性
分类	雁形目鸭科
特征	雄性头部呈绿色

鲣鸟

　　鲣鸟属于热带海鸟，分布于世界各大热带海洋。它们浑身羽毛呈白色，带有部分黑色，头上有黄色光泽。嘴大部分为蓝色，两只蓝色的脚上带有大大的蹼。鲣鸟有极强的飞翔能力，也善于游泳和潜水，还可以在陆地上行走。鲣鸟以鱼类为食，特别喜欢吃鱼，也吃乌贼和甲壳类动物。它们经常在天气晴朗的时候盘旋在海面上，脖子伸直，脚向后蹬，低着头专注地望向海面，观察海面上鱼群的一举一动，遇到猎物，就会将双翅向身体两侧收紧，以迅猛的姿势一头扎向海里，在海中将猎物捕获，然后迅速地返回到空中。渔民也经常根据它飞行的方向和聚集的地方寻找鱼群，所以也被称为"导航鸟"。

能装的大嘴

鲣鸟的喉部疏松呈袋状,能够吞下体形相对较大的鱼,还可以长期储存。在台风频发的地带,鲣鸟在台风来临时无法到海上觅食,这时就要靠它们大嘴里储存的食物来生存。鲣鸟经常会遭到军舰鸟的侵袭,为了保命它们不得不放弃自己捕捉的食物,所以鲣鸟养成了一个习惯,就是当它们受到惊吓的时候就会将喉部储存的食物吐出来。

求偶方式

每一种动物都有它们独特的求偶方式,鲣鸟的求偶方式简单有趣。雄鸟和雌鸟首先会面对面展开双翼,然后不停地摇头晃脑,还用嘴相互摩擦,和大多数鸟一样,有一项仪式被保留了下来,那就是彼此用嘴梳理羽毛。最后它们会一起昂首,用嘴指向天空并发出打鼾的声音。

神·奇·鸟·类

蓝脚鲣鸟	
体长	约 80 厘米
食性	肉食性
分类	鹈形目鲣鸟科
特征	胸腹部为白色,脚掌为蓝色

军舰鸟

　　军舰鸟分布于全球的热带、亚热带的海滨和岛屿地区，中国只有西沙群岛有这种鸟。军舰鸟下肢短小，几乎无蹼，翼展达两米，善于飞翔。它们喉部有喉囊，可以用来储存捕到的食物。军舰鸟的羽毛没有防水油，不能下海捕食，所以它们经常抢夺其他海鸟口中的食物。

丽色军舰鸟	
体长	约 100 厘米
食性	肉食性
分类	鹈形目军舰鸟科
特征	羽毛为黑色，雄性有一个红色的喉囊

海上的霸道海鸟

军舰鸟拥有高超的飞行本领，虽然它们不下海捕鱼还是会在海面上观察鱼群，当有鱼跃出海面时，它们会迅速俯冲将鱼咬住。军舰鸟常常在空中突袭嘴里叼着鱼的其他海鸟，它们以非常凶猛的气势冲向目标，受到攻击的海鸟被军舰鸟吓得丢下嘴里的食物仓皇而逃，丢下的食物就成了军舰鸟的口中餐。因为它们常常从其他海鸟的口中抢食，所以又被称为"强盗鸟"。

不能沾水的海鸟

与大部分海鸟不同，军舰鸟是不会游泳而且怕水的海鸟，因为军舰鸟的羽毛上不带油脂，没有防水的功能，一旦它们的羽毛沾到水，就很难再起飞，很可能会被淹死。因为它们的羽毛不能沾水，双腿又短，所以它们从不下海捕食鱼类。

天鹅

  天鹅属于游禽，在生物分类学上是雁形目鸭科中的一个属，是鸭科中体形最大的类群，除了非洲外的各大洲均有分布。天鹅是冬候鸟，群居在沼泽、湖泊等地带，主要以水生植物为食，也捕食软体动物及螺类。觅食的时候，头部扎于水下，身体后部浮在水面上，所以只在浅水捕食。

天鹅的种类

天鹅属分为6种：大天鹅，俗称"白天鹅"，体长可以达到150厘米；小天鹅，比大天鹅稍小些，最简单的区别大、小天鹅的方法是看它们嘴后端的黄颜色是否限于嘴基部的两侧，如果是，那么就是小天鹅无疑了；黑天鹅，顾名思义，身体大部分呈黑褐色或黑灰色；黑颈天鹅，它们的颈部为黑色，同时也是体形最小的天鹅；黑嘴天鹅，它们的嘴部是黑色的，很容易辨识；疣鼻天鹅，它们是天鹅中最美丽的一种，它们有着雪白的羽毛，前额有一块黑色的疣突，如同美人一般。

最忠诚的生灵

天鹅多为一夫一妻制，是世界上最忠诚的生灵，它们在生活中出双入对，形影不离，若一方死亡，另一方会为之"守节"，终生单独生活或不眠不食直至死去，因此人们以天鹅比喻忠贞不渝的爱情。

疣鼻天鹅	
体长	125～155厘米
食性	杂食性
分类	雁形目鸭科
特征	全身为白色，在前额部位有一个疣

帝企鹅

在寒冷的南极生存着一群大腹便便的小可爱——帝企鹅。帝企鹅又称"皇帝企鹅"，是企鹅家族中个头最大的。最大的帝企鹅有120厘米高，体重可达50千克。帝企鹅长得非常漂亮，背后的羽毛乌黑光亮，腹部的羽毛呈乳白色，耳朵和脖子部位的羽毛呈鲜艳的橘黄色，给黑白色的羽毛一丝彩色的点缀。帝企鹅生活在寒冷的南极，它们有着独特的生理结构。帝企鹅的羽毛分为两层，能够阻隔外界寒冷的空气，也能保持体内的热量不散失。它们的腿部动脉能够按照脚部的温度来调节血液流动，让脚部获得充足的血液，使脚部的温度保持在冻结点之上，所以帝企鹅可以长时间站立在冰上而不会被冻住。

扫一扫

扫一扫画面，小动物就可以出现啦！

帝企鹅	
体高	100~120 厘米
食性	肉食性
分类	企鹅目企鹅科
特征	身材矮壮，耳部有橘黄色的斑纹

缺少味道的世界

　　爱吃鱼的企鹅其实并不知道鱼的鲜美。企鹅们早在2000万年前就失去了甜、苦和鲜的味觉，只能感受到酸和咸两种味道。它们的味蕾很不发达，舌头上长满了尖尖的肉刺，这些特征说明它们的舌头主要不是用来品尝味道的，而是用来捕捉猎物的，捉到猎物后一口吞下，似乎并不在意食物的味道。

脚上的摇篮

　　虽然企鹅世代生存在寒冷的南极，但是企鹅蛋不能直接放在冰面上，这样会冻坏企鹅宝宝的。雄企鹅会双脚并拢，用嘴把蛋滚到脚背上，然后用腹部的脂肪层把蛋盖上，就像厚厚的羽绒被一样，为宝宝制造一个温暖的摇篮。

信天翁

　　信天翁是一种大型海鸟，大部分生活在南半球的海洋区域。过去，人们认为它们是上天派来的信使，能够预测天气，因而得名信天翁。信天翁是所有的大型鸟中最会飞行的，也是翅膀最长的。双翅完全张开后，翼展可以达到3~4米。它们的飞行能力特别强，除了在繁殖后代的时候会回到陆地上之外，其他时间基本上都是在海面上盘旋。

航海者的伙伴

　　在所有的鸟当中，能以威严的外表得到人们尊重的恐怕就只有信天翁了。航海者在广阔的海面上航行数月，信天翁早已成为他们亲密的伙伴。

信天翁	
体长	300 ~ 400 厘米
食性	肉食性
分类	鹱形目信天翁科
特征	翅膀极长

一夫一妻制

　　信天翁严格地奉行一夫一妻制。当两只信天翁一旦决定在一起的时候，它们忠贞的爱情故事也就拉开了序幕。"婚后"的信天翁夫妇恩爱有加，彼此照顾，相伴而行。它们一起搭建自己的家，一起哺育后代，不离不弃，白头到老。如果其中的一只信天翁死去，另一只不会再找其他的伴侣，只会孤零零地度过余生。所以信天翁也是忠贞爱情的象征。

滑翔能手

　　海面上的滑翔能手非信天翁莫属了，它们可是鸟类中名副其实的滑翔冠军呢。信天翁的翅膀狭长，头很小，这样的身体结构便于在海面上滑翔。滑翔机就是根据信天翁的这种身体结构发明的。聪明的信天翁会很巧妙地运用气流的变化掌控滑翔的速度和方向，在滑翔时，它们的翅膀可以几个小时不扇动。

神·奇·鸟·类

白鹭

　　白鹭属于鹭科白鹭属，是中型涉禽，喜欢生活在沼泽、稻田、湖泊和河滩等处，分布于非洲、欧洲、亚洲及大洋洲。白鹭体形纤瘦，浑身羽毛洁白，喙部尖长，以各种鱼、虾和水生昆虫为食。它们会成群出发，然后各自捕食、进食，互不打扰，也会成群飞越沿海浅水追寻猎物，晚上回来时排成整齐的"V"形队伍。每年的5～7月是白鹭的繁殖期，它们和大部分种类的鹭一样，都是通过炫耀自己的羽毛来进行求偶的。它们喜欢成群地在海边的树杈上筑巢，巢穴构造简单，由枯草茎和草叶构成，呈碟形，离地面较近，最高的也不超过一米。

白鹭	
体长	约 56 厘米
食性	肉食性
分类	鹳形目鹭科
特征	全身羽毛为白色，在繁殖期头后面有两根长长的羽毛

优美的捕食姿势

　　白鹭喜欢捕食浅水中的小鱼。每次捕鱼时，它们都会走进浅水区，然后把脖子折起来，再将身体的重心放低，身体前倾，保持这个动作等待时机，这是白鹭标准的捕鱼动作。有时候白鹭刚刚准备好还没有下去捕鱼就失去了良机，这时就要放松身体，在水边散散步，换个风水宝地再继续等待。白鹭捕鱼是个漫长的过程，几次尝试中总会有一次捕到鱼的。

白鹭的美

　　白鹭是一种非常美丽的水鸟，古代就有诗句"两个黄鹂鸣翠柳，一行白鹭上青天"来赞美白鹭的优雅与美丽，让后人想象其中的诗情画意。白鹭身体修长，有细长的脖子和腿，全身羽毛洁白无瑕，就像白雪公主，许多经典国画中都能看到白鹭展开翅膀、直冲云霄的美丽画面。

白鹳

　　白鹳又叫"欧洲白鹳""西方白鹳"，属于长途迁徙鸟，分布于欧洲、非洲西北部、亚洲西南部和非洲南部。白鹳的羽毛主要为白色，翅膀处带有黑色羽毛，黑色羽毛上带有绿色或紫色光泽，成鸟的腿为鲜红色。白鹳为肉食动物，喜欢在有低矮植被的浅水区寻找一些鱼、昆虫、小型哺乳动物和鸟，觅食时步伐矫健，边走边啄食，走累了就会把脖子缩成"S"形，单腿站立在沙滩或草地上休息。它们性情温顺，很少鸣叫，属于一种安静的鸟。

"送子鸟"

　　白鹳是欧洲的"送子鸟"。据说白鹳落在谁家屋顶建巢，这家必会喜得贵子并且幸福美满。所以欧洲的人们会在自己家的烟囱上搭一个平台，那是专门为白鹳准备的。被白鹳筑巢的家庭真的会很快生下孩子，千百年来都遵循着这一规律。而科学的解释是，因为家里有人怀孕，烧火取暖的时间就会比一般的家庭长，白鹳喜欢在这样温暖的房顶安家，久而久之，这也成了一种习俗。

白鹳迁徙的特点

　　白鹳是需要迁徙的候鸟，每年的9月末到10月初白鹳会成群结队地离开繁殖地飞往南方过冬。迁徙的途中一般会选择开阔的草原和芦苇沼泽地带休息，有时候会休息40天以上。飞行时为了省力，它们会选择在上午十点到下午三点的时候，利用上升的热气流进行滑翔。迁徙的路线大多沿着平原、河岸和海岸线的上空。令人惊讶的是它们并没有规划好的路线，却从来都不会迷路。

白鹳	
体长	100～130 厘米
食性	肉食性
分类	鹳形目鹳科
特征	喙和腿为红色，全身羽毛为白色，翅膀上有黑色的飞羽

朱鹮

　　朱鹮是国家一级保护动物，被誉为"东方宝石"。它们全身白色，头部、羽冠、背、双翅和尾部均有粉红色羽毛，初级飞羽的粉红色较重，飞翔时清晰可见。它的整个面部都没有羽毛，并且呈现鲜艳的红色，喙呈黑色，尖端有一点红色，脚也呈红色。朱鹮喜欢生活在有湿地、沼泽和水田的地方，在高大的乔木上做窝。它们性格孤僻，属于安静的鸟，除了起飞时鸣叫以外，其他时间一般不叫。朱鹮飞行时翅膀摆动很慢，白天出门觅食，晚上回到树上休息，常常在浅水处或者水田中觅食，主要吃一些鱼、虾、蚯蚓、昆虫等。它们属于候鸟，到了秋季就要飞到中国黄河以南至长江下游过冬，每年春天再回到家乡繁殖。雌鸟和雄鸟共同孵化1个月，小雏鸟就出世了，雏鸟和父母一起生活7个月以后就可以离开了。朱鹮寿命最长的可达37年。

朱鹮的价值

朱鹮鸟非常美丽，具有较高的保护价值和观赏利用价值。朱鹮神态优雅、体态端庄，自古以来就是文学作品中不可缺少的题材。它们的形象还曾出现在中国的邮票和纪念币上。朱鹮除了美学价值和生物学价值以外，其还具有较高的生态价值，它们对自然生态平衡有着十分重要的作用，处于食物链顶端，对控制猎物种群起到了极其重要的作用。

吉祥之鸟

在中国古代，人们认为朱鹮能够给人们带来吉祥，所以把朱鹮和喜鹊作为吉祥如意的象征，认为它们是吉祥之鸟。

朱鹮

体长	70 ~ 80 厘米
食性	肉食性
分类	鹳形目鹮科
特征	全身羽毛为白色略带粉红色，面部没有羽毛，呈红色

丹顶鹤

　　丹顶鹤属于大型涉禽，脖子和腿很长，头顶有红冠，大部分羽毛为白色。栖息于开阔平原、沼泽、湖泊、草地、海边、河岸等处，有时也出现在农田中。它们主要吃鱼、虾、水生昆虫、软体动物，有时也吃一些水生植物。丹顶鹤的鸣管有100厘米长，末端呈卷曲状，盘曲在胸前，这种特殊的发音器官，使丹顶鹤的叫声高亢、洪亮，声音能传出5000米。丹顶鹤的骨骼外部坚硬，内部中空，骨骼的坚硬程度是人类骨骼的7倍。每年入秋迁徙的时候，它们会集结成队，排列成楔形，这样的队形可以让后面的丹顶鹤利用到前面的气流，使飞行更加省力、持久。到了春天它们又会飞回到东北地区开始繁殖后代。

《丹顶鹤的故事》

　　《丹顶鹤的故事》是由解承强谱写的一首歌曲，诉说着一个有关丹顶鹤的真实故事。徐秀娟出身于驯鹤世家，毕业后来到盐城自然保护区担任驯鹤员，创建了江苏省第一家鹤类饲养场。她爱鹤如命，为了拯救丹顶鹤不幸溺水身亡，将年轻的生命奉献给了自己热爱的事业。

丹顶鹤头顶的红色

　　丹顶鹤因为头上的一抹红色而得名。但是你知道吗，那一抹红色并不是羽毛，而是裸露的皮肤。丹顶鹤最大的特点就在于它头顶呈现出的美丽的朱红色，冠子越红，说明年纪越大。

丹顶鹤	
体长	120 ~ 150 厘米
食性	肉食性
分类	鹤形目鹤科
特征	头顶部有一块裸露的红色皮肤

神·奇·鸟·类

火烈鸟

　　火烈鸟这种古老的鸟，早在3000万年前就已经分化出来了。火烈鸟属于红鹳科，体形大小与鹤相似。它们腿长，脖子长，细长的脖子能弯曲呈"S"形，喙短而厚，中间部分向下弯曲，下喙呈槽状。捕食时，将头伸进水里，需要将喙倒转，才能将食物吸进喙里。它们主要栖息于温带及热带的盐水湖泊、沼泽等浅水地带，吃一些小虾、蛤蜊、昆虫和藻类。火烈鸟喜欢结群生活，鸟群数量巨大。就连繁殖时期求偶都是成群结队地去，但是它们可是一夫一妻制的。

火烈鸟的寓意

　　火烈鸟披着粉红色羽毛，高雅地站在水中，给人以不食人间烟火、清新脱俗的感觉。它们象征着爱情、自由、潇洒。

火烈鸟

体长	120 ~ 140 厘米
食性	杂食性
分类	鹳形目红鹳科
特征	全身为粉红色, 有弯曲的喙

像火焰一样的羽毛

　　火烈鸟的羽毛是粉红色的，翅膀基部的羽毛更加光鲜亮丽，从远处看，就像燃烧的火焰，因此叫作火烈鸟。它这一身红色独特又美丽，但这红色羽毛并不是它们原本的色彩，而是因为火烈鸟通过食用小虾、小鱼和浮游生物获得了虾青素，从而使原本洁白的羽毛变成了粉红色。

白头海雕

　　白头海雕又叫"美洲雕"，是美国的国鸟，代表着力量、勇气、自由和不朽。美国国徽的图案就是一只胸前带有盾形图案的白头海雕。白头海雕的翼展可达220厘米，力量非凡，具有锋利的喙部和钩爪，目光敏锐，是海上比较凶猛的大型猛禽。白头海雕脚趾上弯曲的爪是它们最厉害的武器，在捕捉猎物时，它们会将自己锋利的爪深深地插入猎物的身体中，专刺要害，然后牢牢地抓住猎物，让猎物无法逃脱。

扫一扫

扫一扫画面，小动物就可以出现啦！

白头海雕的繁殖

　　白头海雕很专一，它们属于终生配偶制度。每年到了11月份雌鸟就会产卵，有些鸟产卵的时间相差几个月的时间。雌鸟每年会产下2颗卵，孵化期为35天，奇特的是第一只小海雕和第二只小海雕出壳的时间可以相差好几天，小海雕孵出以后，雌鸟和雄鸟会共同抚育它们，会捕捉小鱼撕成碎片喂给小海雕，小海雕会在父母的细心照料下慢慢长大。

白头海雕的巢穴

　　每到繁殖的季节，白头海雕们最重要的一件大事，就是建造它们的家，聪明的白头海雕会选择食物比较丰富的地区。它们不畏艰难，将建巢的地点选在悬崖峭壁上，或者在参天大树的树梢上。它们通常会用树枝建造巢穴，为了让巢穴更加舒适，它们会铺一些鸟的羽毛。白头海雕也有修补旧巢的习惯，它们会让自己的巢穴变得越来越大，越来越舒适。

神·奇·鸟·类

白头海雕	
体长	70～90 厘米
食性	肉食性
分类	隼形目鹰科
特征	羽毛呈黑色，头部为白色，看上去很威武

金雕

　　金雕属于大型猛禽，成鸟翼展可达2米，体长足足有1米，浑身覆盖着褐色的羽毛。它们生活在草原、荒漠、河谷，特别是高山针叶林中，也常常盘旋在海拔4000米以上的悬崖峭壁之间，偶尔也在空旷地区的高大树木上停歇。它们的巢穴通常建造在高大乔木之上，有时也建在悬崖峭壁上。高冷的金雕喜欢独自出行，只有在冬天它们才会聚集在一起。它们善于用滑翔的姿势捕食猎物，两翅向上呈"V"状，用两翼和尾巴来调节方向、速度和高度，看到猎物以后，以每小时300千米的速度滑翔下来，将猎物紧紧抓住。金雕的食物种类很丰盛，如雉鸡、松鼠、鹿、山羊、野兔等。在古代，游牧民族曾经有驯养金雕狩猎和看护羊圈的习俗。

金雕	
体长	约 100 厘米，翼展可达 200 厘米
食性	肉食性
分类	隼形目鹰科
特征	翅膀宽大，头顶的羽毛为金褐色

金雕的繁殖方式

　　金雕的繁殖时间因地而异，在北京地区，2月份就有金雕在天空盘旋追逐求偶，到了2月中旬就能产卵；在东北地区，繁殖期一般为3~5月；在俄罗斯，要4月份才开始产卵。每窝平均产卵2颗，卵为白色或青灰白色，上面带有褐色斑点。雌鸟和雄鸟轮流孵卵，孵化期一般为45天。金雕的幼鸟晚熟，一般要3个月以后才开始生长羽毛，存活率也不是很高。幼鸟出壳后，雌鸟和雄鸟再哺育80天即可离巢。

金雕狩猎

　　金雕除了能看护羊圈、驱赶狼的偷袭，还能够捕捉猎物，给当地人带去很多好处，但是频繁为人类工作也损伤了它们的身体，使它们的寿命大幅度地缩短。人们饲养的金雕寿命要比野生金雕的寿命短很多。

秃鹫

　　秃鹫属于大型猛禽，主要生活在低山丘陵、高山荒原和森林中的荒原草地、山谷溪流地带。它们身披黑褐色羽毛，翅展有200厘米长，善于滑翔。秃鹫的眼神凶狠，喙部锋利，以动物的尸体为食。它们在找不到食物的时候有极强的耐饥力，但只要一有机会就会饱餐一顿。值得一提的是，人们从未见过秃鹫的尸体，当它们预感到自己的死亡来临时，就会一直拼命飞向高空，朝着太阳飞去，直到太阳和气流将自己的身体消融。这就是它们临终的告别，乘风而来又乘风飞去。

西域秃鹫

体长	90 ~ 120 厘米
食性	肉食性
分类	隼形目鹰科
特征	头颈部只有较少的绒羽或者没有羽毛

草原上的"清洁工"

　　秃鹫主要吃动物的尸体和一些腐烂的肉，如乌鸦、豺和鬣狗。秃鹫常常在开阔裸露的山地和平原上空翱翔，有时也可能看不到猎物，这时正在草原上食尸的其他动物会为它们提供目标。它们会降低飞行高度，观察是否还有食物，如果发现食物，它们就会迅速降落，周围几十千米以外的秃鹫也会赶来，以每小时100千米的速度冲向美味，将所有食物扫荡一空，因此秃鹫又被称作"草原上的清洁工"。

会变色的秃鹫

　　秃鹫在抢夺食物的时候，身体的颜色会发生改变。秃鹫的脖子是暗褐色的，当它们啄食食物的时候，脖子会变成鲜红色。这是它们在示威，告诉旁边的秃鹫最好不要靠近，但是等到更加强壮的秃鹫冲上来的时候，它们瞬间就会败下阵来，原来的红色也消退成白色，当它们平静下来就又恢复到了原来的体色。

雪鸮

　　北美洲的冬季，广袤的北温带草原和稀疏的丛林，被皑皑白雪所覆盖，世界一片宁静，雪鸮就生活在这片宁静的土地上。它们是鸱鸮科的一种大型猫头鹰，头圆而小，喙基部长有须状的羽毛，几乎将喙部全部遮住。它们主要以鼠、鸟、昆虫为食，几乎只在白天出来活动。北极的夏季有极昼现象，冬季有极夜现象，因此到了冬天它们就要飞往南方。雪鸮几乎没有天敌，而且是个捕猎能手，它们的眼球不够灵活，但是头部可以转动270°，将狩猎范围尽收眼底。雪鸮的视觉非常灵敏，它们的眼睛含有大量的聚光细胞，可以观察远处极小的物体；它们的听觉也很灵敏，即使在草丛或者厚厚的冰雪下，也可以单凭听觉捕捉到猎物。雪鸮在苔原生态系统中有着重要的地位。

带斑点的羽毛

　　雪鸮最大的特点就是一身白色的羽毛，但它们那一身羽毛并不是洁白无瑕，而是带有黑色斑点。这种带斑点的羽毛是它们在自然环境中的一种伪装，雏鸟的身上分布着非常密集的黑色斑点，随着年龄的增长，斑点会逐渐退去，成年雌性雪鸮的斑纹退去得不明显，而雄性雪鸮退斑明显，会蜕变成雪白色的身体。

雪鸮	
体长	50 ~ 70 厘米
食性	肉食性
分类	鸮形目鸱鸮科
特征	全身为白色，有黑色的斑点

孔雀

孔雀属于鸡形目，雉科，又名"越鸟"，原产于东印度群岛和印度。雄鸟羽毛华丽，尾部有长长的覆羽，羽尖带有彩虹光泽，覆羽可以展开，在阳光的照射下光彩夺目。孔雀的头部有一簇羽毛，更加凸显它们的高贵与美丽。孔雀生性机灵、大胆，常常几十只聚在一起，早晨鸣叫声此起彼伏。它们的翅膀不够发达，脚却强健有力，善于奔走，不善于飞行。行走的姿势与鸡一样，一边走一边头点地。孔雀生活在高山乔木林中，最喜欢生活在水边。它们在地面上筑巢，却喜欢在树上休息。孔雀的食性比较杂，主要以种子、昆虫、水果和小型爬行类动物为食。

白孔雀

白孔雀是由蓝孔雀变异而来，浑身羽毛洁白无瑕，眼睛呈淡红色，开屏时，就像一个穿着婚纱的少女，美丽而高贵。它们的数量较为稀少，极具观赏价值。

蓝孔雀

体长	90～230 厘米
食性	杂食性
分类	鸡形目雉科
特征	有着非常艳丽的羽毛颜色，长长的尾羽能够开屏

美丽的尾巴

孔雀尾羽的图案很奇特，像是一只只眼睛，雄性孔雀的尾巴羽毛很长，展开时就像一把大扇子。在交配的季节，雄性孔雀会展开自己绚丽夺目的尾巴来吸引雌性孔雀，雌性孔雀会根据雄孔雀羽屏的艳丽程度来选择配偶。孔雀尾巴不仅仅能用来求偶，还有很多作用：在飞行时，可以起到保持平衡、控制飞行的作用；在遇到危险时展开尾羽，不断抖动，发出"沙沙"的声音，利用像眼睛一样的斑纹吓唬敌人。

神·奇·鸟·类

鸽子

　　鸽子，是一种生活中常见的鸟，在世界的各个角落都能看到它们的身影，尤其是在各地著名的广场上，它们与游人亲切互动，非常友爱。它们的出现距今已经有五千多年的历史了，陪伴着人类一路走来。鸽子很擅长在天空中自由自在地飞翔，它们的翅膀很大很长，有着强有力的飞行肌肉，所以，它们的飞行速度较快，耐力也比较强。

扫一扫

扫一扫画面，小动物就可以出现啦！

导航能力强

　　半个世纪以来，世界各地的科学家和热衷于研究鸽子的人对鸽子为什么能从很远的地方回到家这个问题，提出了各种各样、五花八门的猜想和假设。牛津大学一份研究报告指出，鸽子可能会利用道路、高速公路等进行导航。还有人认为是因为太阳、磁场等因素。至于原因是什么，至今还没有一个准确的答案。有一点是毋庸置疑的——聪明的鸽子确实是具备从百公里以外回到自己家的能力。

记忆力较强

　　别看鸽子个头不大，外形上在鸟类当中也不是特别出众的，但是它们有惊人的记忆力，谁对它们好，谁对它们不好，心里清楚得很。小家伙对经常悉心照顾它们的人显得格外温顺和亲近，反之，就不会这么温柔啦。和人一样，鸽子也会对一些事物形成习惯，而且习惯一旦形成，要花费好长一段时间才能改变过来。在古代，鸽子还充当着人们的"信使"。

原鸽（驯化后称为"家鸽"）

体长	约 50 厘米
食性	植食性
分类	鸽形目鸠鸽科
特征	身体主要为灰色，家鸽有许多颜色不同的品种

鹌鹑

    鹌鹑是很常见的一种鸟。它们体形较小，羽毛颜色呈深褐色，远远看去就像是一个褐色的毛球，小小的头上点缀着两颗黑亮的眼睛，非常可爱。它们通常生活在有茂密灌木丛或者矮树丛覆盖的地方，因为这些地方可以让它们更好地隐藏自己，有时也会到耕地附近活动。鹌鹑主要以杂草、豆类、谷物、嫩叶为食，有时也吃一些昆虫、幼虫和无脊椎动物。鹌鹑是候鸟，它们会向南迁徙，喜欢气候温暖的地区，但是它们的幼鸟迁徙能力较低，一般不能高飞和久飞。它们迁徙时会聚集成群，多在夜间飞行，白天都躲在草丛中休息，除了迁徙的时候它们几乎很少起飞。

鹌鹑	
体长	16～18 厘米
食性	杂食性
分类	鸡形目雉科
特征	身体上有褐色和黄色的斑纹，是很好的保护色

胆小怕事

　　鹌鹑的性格看上去是胆小怕事，实际上却是明哲保身。它们一般情况下不会成群活动，而是结对进行生活，只有在迁徙的时候才会选择加入群体。鹌鹑通常白天休息，夜晚出来活动觅食，这也是保护自身安全的一个方法。

喜欢温暖的家

　　鹌鹑是一种候鸟，喜欢在温暖的地方生活，所以每年都会进行一场迁徙，但是它们的迁徙能力比较弱，这也是由它的飞行能力决定的。鹌鹑的身形和翅膀决定了其不能够长时间飞行，也不会飞得太高，因为它们的体形小巧，翅膀也不像其他鸟那样发达。

鸵鸟

    鸵鸟最早出现在始新世时期，曾经种类繁多，主要分布于非洲北部和亚欧大陆。鸵鸟是世界上最大的鸟，也是唯一的二趾鸟。它们身材高大，翅膀和尾部披着漂亮的长羽毛，脖子细长，上面覆盖着棕色茸毛，羽毛蓬松而且下垂，就像一把大伞，可以在沙漠中起到绝热的作用。鸵鸟长着一对炯炯有神的大眼睛，而且有非常好的视力，可以看清3~5千米远的物体。它们在群体进食时，不会一直低着头，会轮班抬头张望，这样可以在第一时间发现敌情，并以最快的速度躲避。

鸵鸟	
体长	最大约 270 厘米
食性	杂食性
分类	鸵鸟目鸵鸟科
特征	颈部和腿特别长，有黑色和白色的羽毛

其实不会把头埋进沙子里

人们都认为鸵鸟遇到危险会把头埋进沙子里来躲避危险，这其实是对鸵鸟的误解，这一误解来源于普林尼的一句话："鸵鸟认为当它们把头和脖子戳进灌木丛里时，它们的身体也跟着藏起来了。"后来流言就变成鸵鸟是将头埋进沙子里。其实它们根本不会那样做，那会让它们活活憋死在沙子里的。危险来临时鸵鸟只会逃跑。

不会飞的大鸟

鸵鸟是一种原始的鸟类，长着一对宽大的翅膀，却不会飞行。其实鸵鸟的祖先是会飞的，但是随着生活环境的不断变化，奔跑显得比飞行更加重要，这使它们逐渐向善跑和体形高大的方向进化，飞行的能力随之丧失。

金刚鹦鹉

　　金刚鹦鹉色彩明亮艳丽。它们体长约1米，重约1.4千克，是体形最大的鹦鹉。金刚鹦鹉最有趣的地方是它们的脸，脸上无毛，情绪兴奋时脸上的皮肤会变成红色，非常可爱。它们栖息在海拔450～1000米的热带雨林中，喜欢成对活动，在繁殖时期会成群活动。它们会在中空的树干内或悬崖的洞穴内筑巢。金刚鹦鹉每窝繁殖的后代很少，加上栖息地被破坏、猎捕严重等原因，导致它们的数量在慢慢减少。我们要大力保护它们，不要让这么可爱的金刚鹦鹉消失不见。

绯红金刚鹦鹉

体长	约 100 厘米
食性	植食性
分类	鹦形目鹦鹉科
特征	颜色非常艳丽

口齿伶俐的语言专家

金刚鹦鹉很聪明，它们不仅会"嘎嘎"地叫，还具有超强的模仿能力，能够模仿多种不同的声音。它们较容易接受人类的训练，可以模仿人类说话。除了人类的语言，它们还能模仿小号声、火车鸣笛声、流水声、狗叫声和其他鸟的声音等。八哥、鹩哥等会模仿声音的鸟都不如它们口齿伶俐。

百毒不侵的金刚之身

金刚鹦鹉的食谱是由花朵和果实组成的，其中包括许多有毒的种类，但是金刚鹦鹉却不会中毒。它们百毒不侵的本领源于它们所吃的泥土，当它们吃了有毒的食物之后，要去吃一种特殊的具有神奇治疗效果的黏土，这种黏土就是解毒剂，可以与金刚鹦鹉吃下的毒素中和，防止鹦鹉中毒。

神·奇·鸟·类

啄木鸟

　　在寂静的森林里，总是会传来"笃、笃、笃"的响声，听起来就好像是有人正在敲门一样。这是怎么一回事呢？原来，是一种非常特别的鸟正在用它们坚硬的喙敲打树干，它们就是啄木鸟。啄木鸟是鸟纲䴕形目啄木鸟科鸟的统称。这些鸟的头部比较大，喙部像凿子一样笔直而坚硬。它们用喙敲打树干其实是为了寻找躲藏在树干里面的昆虫。它们把尾巴当作支撑，用锋利的脚爪抓住树干，然后用坚硬的喙啄开树皮，把树干里面躲藏着的幼虫用细长的舌头钩出来吃掉。因为它们的主要食物是危害树木的昆虫，所以人们把啄木鸟叫作"森林医生"。

我的脑袋不怕震

　　啄木鸟敲击树干的速度非常快。经过测算，啄木鸟每秒能啄15～16次，头部摆动的速度可以达到每小时2000多千米！为了避免冲击力伤害到脆弱的大脑，啄木鸟的头骨十分坚固，它们大脑周围的骨骼结构类似海绵，里面含有液体，有着良好的缓冲和减震作用。这样一来，啄木鸟敲击树干所产生的冲击力就会被完美地吸收掉，不会对它们产生任何不利的影响。

每年都要住新房子

　　在繁殖的季节，雄性啄木鸟会大声鸣叫，并且用喙部敲击空树干和金属等东西，发出很大的响声，以此来炫耀自己，吸引啄木鸟姑娘们的目光。如果两只啄木鸟结成了伴侣，它们就会共同寻找一棵树芯已经腐烂的大树，在树干上面啄出一个树洞来当作巢穴。每一年的繁殖季节啄木鸟都会啄一个新的树洞。两只啄木鸟会共同孵卵，大约两周，小啄木鸟就破壳而出啦！

大斑啄木鸟

体长	20～24厘米
食性	杂食性
分类	䴕形目啄木鸟科
特征	肩部和翅膀上有白斑

杜鹃

　　杜鹃是杜鹃科鸟的统称，它们生活在热带和温带地区的丛林中，以虫为食，属于丛林益鸟。杜鹃的种类很多，比较常见的有大杜鹃、三声杜鹃和四声杜鹃。大杜鹃的叫声是"布谷、布谷"，所以又被叫作"布谷鸟"；三声杜鹃的叫声听起来像"米贵阳"，也由此命名；四声杜鹃又被叫作"子归鸟"，它们的叫声似"快快割麦"，好像在督促人们努力工作。杜鹃在古代可是"大明星"，它们深受文人骚客的喜爱，大名经常出现在各种诗词歌赋中。它们的声音清脆短促，能够唤起人们的多种情思。

大杜鹃（布谷鸟）

体长	约35厘米
食性	肉食性
分类	鹃形目杜鹃科
特征	上有比较密集的花纹，叫声类似"布谷"

寄生行为

　　杜鹃鸟自己不筑巢也不孵卵，它们将自己的卵产在其他鸟的巢穴中，并把寄主的蛋移出去几个，这样既能避免被发现蛋的数量增加了，又能减少幼雏的竞争。杜鹃鸟的卵会比其他鸟早破壳，破壳之后就会霸占巢穴，贪婪地享受着"养父母"的爱。大杜鹃可以将自己的卵寄生在125种其他鸟的巢穴中，多为雀形目鸟。它们也是有原则的，一个窝里只产一颗卵。

四声杜鹃

　　四声杜鹃是杜鹃科杜鹃属的一种，常见于中国东部。通常我们很难见到它们的身影，它们喜欢栖息在茂密的树冠里，常常是只叫不动。我们只能听见其鸣叫的声音。它们的名字来源于其叫声，四声为一个小节，声音十分响亮，在丛林中此起彼伏。

戴胜

　　戴胜是一种栖息于温暖干燥地区的鸟，它们通常分布在南欧、非洲、印度、马来西亚等地区，在中国云南地区也能够看到它们的身影。戴胜是以色列国鸟，它们的外形非常美丽，头顶凤冠状五彩羽冠，喙尖长狭窄，羽毛纹路错落有致。它们全身只有黑、白、褐三种颜色，却搭配出华丽之感，令人过目难忘。戴胜在树上做巢，主要以虫类为食，它们生性活泼，经常用长长的喙到处翻动寻找食物。戴胜在遇到危险时，头上的羽冠会张开，恢复平静后，羽冠就闭合起来。

戴胜的家

　　繁殖期间，戴胜会把巢穴建在林中道路两边的天然树洞或啄木鸟的弃洞中。在缺少树洞的地区，它们也会在废弃的房屋墙壁或者悬崖缝隙中建巢，无处可去时也会在地面的枯树枝堆上将就一下。

特殊的繁殖习性

　　戴胜的繁殖期在4～6月，每年繁殖一窝，每窝产卵6～8颗，最多的时候有12颗，卵为椭圆形，呈浅灰色或浅鸭蛋青色。孵化期为18天，由雌鸟单独孵化。雏鸟破壳时体重只有3.5克，全身肉红色，仅有头顶、背中线、尾等几处有少量白色绒羽，通过雌雄双亲的近一个月的喂养，雏鸟便可离巢。

戴胜	
体长	25～32厘米
食性	肉食性
分类	戴胜目戴胜科
特征	喙细长，头顶有一个羽冠

夜鹰

　　夜鹰是夜鹰目中最大的属，它们通体羽毛为暗褐色，喉部有白斑，在飞行时十分明显。它们的鼻孔是管状的，通常在夜晚活动，吃会飞的昆虫。不需要任何的捕食技巧，只要有飞虫的地方，它们就能一边飞翔一边张开喙部进食。夜鹰的羽毛极为轻软，鼓动翅膀的速度缓慢无声。在捕捉昆虫的时候，它们常常飞行一圈之后，再杀个"回马枪"，每次都能进食大量的昆虫。夜鹰的羽毛颜色和树皮的颜色十分相近，它们在树上休息时，身体平贴于树干上，远远看去，仿佛与树皮融合在一起，因此它们在我国的华北地区被叫作"贴树皮"。

夜鹰的保护色

　　夜鹰羽毛的颜色和树皮的颜色非常相近，白天在树林中或者在树枝上休息的时候，人们很难发现它们。在树木众多的森林中，夜鹰的身体颜色能让它们很好地伪装起来。科学家们把这种能融入环境的体色叫作"保护色"。保护色有利于动物隐藏和伪装自己，躲避天敌的攻击，在捕食的时候，猎物也不容易因为被发现追捕而逃脱。

在黑暗中捕食

　　夜鹰是夜行性动物，常在夜晚发出"哒、哒、哒"的类似机关枪的声音，它们的觅食活动都在夜晚进行，因此被叫作"夜鹰"。夜鹰的眼睛很大，在黑暗中闪闪发光，视觉十分敏锐。它们的喙部很短很宽阔，能张开很大，喙部两侧还长着发达的胡须。在空中捕虫时，它们张大的喙部就像一张大网，能一口兜进大量的虫子。如果有虫子粘在它们的硬须上，它们还会用中趾上的"梳子"把小虫送进嘴里。

夜鹰	
体长	约 24 厘米
食性	肉食性
分类	夜鹰目夜鹰科
特征	身体的颜色看上去像树皮

蜂鸟

之所以叫它们为蜂鸟，是因为它们扇动翅膀的声音和蜜蜂"嗡嗡嗡"的声音非常相似。蜂鸟是世界上所有的鸟中体形最小的，所以它们的骨架不易于形成化石保存下来，迄今为止，它们的演化史还是个谜。别看它们的身躯小小的，却蕴藏着惊人的能量。只要有足够的花朵和花蜜，它们在任何的陆地环境下都能够生存，它们的生命力很顽强，是一般的鸟所不能企及的。

蜂鸟	
体长	约几厘米到十几厘米不等
食性	杂食性
分类	雨燕目蜂鸟科
特征	颜色艳丽，有细长的喙，能做出悬停的飞行动作

强烈的好奇心

蜂鸟对花朵情有独钟，对一切色彩鲜艳的事物拥有强烈的好奇心，但这些自己钟爱的花朵也常常令蜂鸟处于危险的境地。蜂鸟有的时候会把车库门口的红色门闩误认为是花朵，然后义无反顾地飞进去并被困在车库里面。当蜂鸟意识到自己可能再也飞不出去了，出于求生的本能，就会向上飞，而且很有可能会在这期间因精力耗尽而死去。

羽毛颜色鲜艳

蜂鸟的体形娇小，身体被鳞状的羽毛所覆盖。它们的羽毛颜色各异，而且非常鲜艳，有蓝色的，有绿色的，有红色的，还有黄色的，等等。其中，雌鸟的羽毛颜色相比雄鸟的要暗淡一点，但也是很漂亮的。

第三章 | 海洋生命

海马

　　海马是一种生活在海藻丛或珊瑚礁中的小型鱼，因为头部的外观看起来和马相似而得名。海马用吸入的方式捕食，一般在白天比较活跃，到了晚上则呈静止状态。

　　海马通常喜欢生活在水流缓慢的珊瑚礁中，大多数海马生活在河口与海的交界处，能够适应不同盐度的水域，甚至在淡水中也能存活。海马游不快，它们的行动非常缓慢，通常用它们卷曲的尾巴缠绕在珊瑚或海藻上以固定自己，以免被水流冲走。

奇特的繁殖方式

　　海马是一种由雄性完成生育过程的动物。雄性海马的腹部长有育子囊，繁殖期时，雌海马会将卵子排到育子囊中，然后由雄海马给这些卵子受精，雄海马会一直将这些受精卵放在育子囊里，等待小海马孵化出来长到可以自立的时候，再把这些幼崽释放到海里。

海马的运动方式

　　海马将身体直立于水中，靠着背鳍和胸鳍以每秒10次的高频率摆动来完成其游泳的动作。不过它游泳的速度非常慢，每分钟只能游1～3米。

扫一扫

扫一扫画面，小动物就可以出现啦！

三斑海马

体长	约15厘米
食性	肉食性
分类	刺鱼目海龙科
特征	头部类似马头，依靠背鳍和胸鳍游泳

叶海龙

在澳大利亚南部和西部浅海的海藻丛中，生活着世界上最高超的伪装大师——叶海龙。它们的整个身体都与海藻丛融为一体，如果不仔细观察的话，你只能看到一丛丛随着海流摇曳的海藻。

叶海龙是海洋世界中最让人惊叹的生物之一，它们拥有美丽的外表和雍容华贵的身姿，主要生活在比较隐蔽和海藻密集的浅水海域，身上布满了海藻形态的"绿叶"。这些"绿叶"其实是其身上专门用来伪装的结构，在海水的带动下，身上的"叶子"随着水流漂浮，泳态摇曳生姿，真可以称得上是世界上最优雅的泳客。

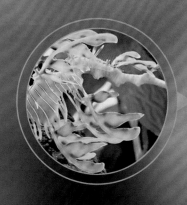

杰出的伪装大师

叶海龙可以说是海洋中当之无愧的伪装大师，它们在保持不动的静止状态下是很难被发现的。其身体上长着许多像海藻一样的附肢，这些附肢在水流的作用下自由地、无拘束地漂荡，与众多海藻融为一体，使掠食者很难发现它们的行踪。

叶海龙	
体长	约45厘米
食性	肉食性
分类	海龙目海龙科
特征	身体上有大量的树叶状结构，非常美丽

雄性生宝宝

　　叶海龙和海马一样,由雄性承担孕育和孵化小叶海龙的职责。每到它们交配的时候,雌性叶海龙就会把排出的卵转移到雄性叶海龙尾部的卵托上,雄性会小心翼翼地保护好自己的卵宝宝。大概6～8周之后,雄性叶海龙将卵孵化成幼体叶海龙。但令人惋惜的是,在残酷的大自然中,只有大约5%的卵能够幸运地存活下来。幼年叶海龙一出生,就完全独立了,它们吃一些小的浮游动物。

海·洋·生·命

蝠鲼

　　蝠鲼也叫"魔鬼鱼"或"毯魟"，它们的身体扁平宽大，呈菱形，最宽可达 8 米，体重可达 1500 千克。蝠鲼的胸鳍肥大如翼，背鳍小，嘴的两边还有一对由胸鳍分化出来的头鳍。蝠鲼的尾巴细长如鞭，它们还有一张宽大的嘴巴，嘴巴里布满了细小的牙齿。蝠鲼的样子就像阿拉丁的飞毯，在水中游泳的姿势也很像是在空中滑翔。因为它们的样子怪异，所以很多人都无法将它们和鱼类联想在一起，其实它们早在中生代侏罗纪时就已经出现在海洋中了，一亿多年间，它们的模样都没有太大的变化。

蝠鲼怎么生宝宝

　　在繁殖季节，蝠鲼会成群结队地游向浅海区。雄性的体形较小，它们会尾随在体形较大的雌性身后。此时雌性的游速比平时快，游过半小时之后，速度减慢，雄性会游到雌性身下完成交配。之后雄性离开，雌性蝠鲼会等待第二个追求者。雌性蝠鲼也是很有原则的，它们最多接受两个追求者，最终留下一两颗受精卵在体内发育。大约需要13个月，小蝠鲼就会从母亲体内产出，不久就可以自力更生了。

什么是"魔鬼鱼"

　　蝠鲼被人们称作"魔鬼鱼"，一方面是因为它们的外表丑陋，个头很大而且力气惊人，一旦发起怒来，巨大的肉翅一拍，就会把人击伤，就连潜水员也会害怕。另一方面是因为蝠鲼的习性非常怪异，它性格活泼，常常搞怪。有时候会故意藏在海中小船的底部，用身体敲打船底，还会调皮地将自己挂在船的锚链上，跟着船游来游去，让渔民以为有"魔鬼"在作怪。

扫一扫画面，小动物就可以出现啦！

海·洋·生·命

双吻前口蝠鲼	
体长	约700厘米
食性	杂食性
分类	燕𫚉目鲼科
特征	身体扁平，嘴巴宽大

鲸鲨

　　鲸鲨在海洋中优雅地游弋了千万年，它们华丽的礼服就像璀璨的群星点亮了深蓝色的海洋。鲸鲨是世界上最大的鱼，它们游得很慢，平均每小时只能游5000米左右。它们体形庞大，性情温和，遇到潜水员也不会主动攻击。鲸鲨有着长达70年的寿命，就让它们惬意地徜徉在广阔的海洋里吧。

大口吞四方

　　在食物丰富的海域，鲸鲨也会聚集成群，例如在菲律宾、澳大利亚和墨西哥的近海海域常常能见到成群的鲸鲨。它们依靠灵敏的嗅觉觅食，主要捕食浮游生物、藻类、磷虾、漂浮的鱼卵以及小型鱼。每次捕食它们都会张开那张如宇宙黑洞般的大嘴，将食物吸入口中，再闭上嘴巴，将多余的海水从鳃片过滤出去。

鲸鲨的繁殖

　　虽然近些年来，人类与鲸鲨频繁接触，但是对它们的繁殖方式和种群数量等都所知甚少。一些现象显示鲸鲨可能在加拉帕戈斯群岛、菲律宾群岛和印度周边海域繁殖。1996年，我国台湾台东地区的渔民意外捕获了一条雌性鲸鲨，在它体内发现了300多条幼鲨和卵壳，才让我们了解到鲸鲨是一种卵胎生的动物。鲸鲨的卵在体内孵化，等到幼鲨长到40～50厘米后才会离开母体。

鲸鲨	
体长	约 1200 厘米
食性	肉食性
分类	须鲨目鲸鲨科
特征	身体表面有白色的斑点，嘴巴宽大

牛鲨

　　牛鲨也叫"公牛鲨"或者"白真鲨"，它们有两个背鳍，第一个背鳍宽大，第二个背鳍较小。幼年时期的牛鲨鳍顶部有黑色标记，会随着年龄的增长而逐渐消失。

　　牛鲨体形较小，却有张大嘴，嘴中密布着锋利如刀的牙齿。它们与大白鲨、沙虎鲨一同被称为最具攻击性、最凶猛、最常袭击人类的鲨鱼，攻击性仅次于大白鲨。牛鲨的胃口非常好，它们从不挑食，喜欢沿着海边或逆流而上捕食鳄鱼或水边生活的动物。牛鲨还有极强的适应力，它们迁移到其他地方过冬时，能够很快适应新的环境。

牛鲨	
体长	约 400 厘米
食性	肉食性
分类	真鲨目真鲨科
特征	有两个背鳍，鼻端扁平

淡水中游弋的牛鲨

牛鲨具有一种其他鲨鱼都不具备的特殊能力，那就是在淡水中生存，它们是唯一可以在淡水和海水两种环境中生存的鲨鱼。牛鲨能够通过调节血液中的盐分和其他物质，利用尾部附近的一个特殊的器官来储存盐分，以此保持自身体内的盐度平衡。因此牛鲨可以自由地穿梭在海洋和淡水区域之间，几乎可以终生生活在淡水里。

残忍的掠食者

虽然牛鲨并没有大白鲨那样庞大的体形，但是牛鲨却有一张大嘴。嘴中布满了恐怖的牙齿。捕猎时，牙齿牢牢地咬住猎物，下排牙齿用来固定住猎物，上排牙齿用来切割。这些锋利的尖牙会把猎物刺穿，撕成碎片，然后吞进肚子里。

海 · 洋 · 生 · 命

大白鲨

　　大白鲨是现存体形最大的捕食性鱼，长达 6 米，体重约 1950 千克，雌性的体形通常比雄性的大。大白鲨广泛分布于全世界水温在 12 ~ 24℃的海域中，从沿岸水域到 1200 米的深海中都能见到它的身影。幼年的大白鲨主要以鱼类为食，长大一些之后开始捕食海豹、海狮、海豚等海洋哺乳动物，也捕食海鸟和海龟，甚至啃噬漂浮在海面上的鲸尸。捕猎时，大白鲨喜欢从正下方或者后方以超过 40 千米 / 时的速度突然袭击猎物，猛咬一口后退开等待，在猎物因失血过多而休克或死亡时，再来大快朵颐。

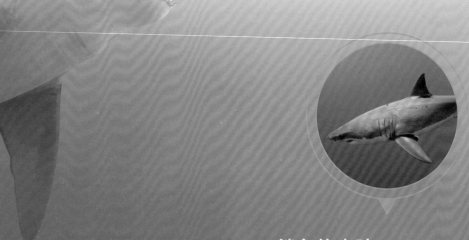

鲨鱼的皮肤

　　鲨鱼的皮肤分泌大量黏液，既可以减少游泳阻力，还能防止寄生虫的侵袭，为鲨鱼的身体提供一定的保护。鲨鱼的皮肤表面布有细小的盾鳞。虽然叫作"鳞"，但盾鳞的结构却与牙齿同源，内部有像牙髓腔一样布满血管的空腔，外表包裹着坚硬的牙本质，表面还有一层牙釉质。因此，说大白鲨"全身都是牙"也不为过。这些细小的"牙齿"使得鲨鱼的皮肤逆向摸起来就像砂纸一样粗糙。

大白鲨	
体长	约 600 厘米
食性	杂食性
分类	鼠鲨目鲭鲨科
特征	体形庞大，牙齿十分锋利

文学艺术作品中的大白鲨

　　小说《大白鲨》于1975年被改编成同名电影，在当时引起了轰动，使得不少游客都害怕去海边游泳。自此之后的影视作品、动画片和电脑游戏都将大白鲨描绘成潜伏在幽暗的深海中，龇牙咧嘴试图将每一个人撕成碎片的恐怖"海怪"。早在1778年的油画《沃特森与鲨鱼》中，也描绘了鲨鱼攻击人类的场景。然而现实中的大白鲨并不喜欢吃人，它们往往因为把人类误认成它们最喜欢的海狮和海豹而造成"误伤"，当大白鲨发现咬到的是骨头多脂肪少的人后，多半会放开并转身离去。

锯鳐

　　在大海之中，有一种身上带着可怕锯子的家伙正潜伏在水底，等待着猎物送上门来。它们长得有点像鲨鱼，但又不是鲨鱼，这就是神秘的锯鳐。

　　锯鳐生活在热带及亚热带的浅水水域，它们经常出没于港湾和河口。顾名思义，锯鳐就是带有锯子的鳐鱼，因为它们的吻部很像锯子而得名。锯鳐除了在水中巡游，其余时间就把自己隐藏在水底。当有小鱼经过的时候，它们就会突然跃起，挥舞着"大锯"砍向猎物。

凶残的捕食者

　　锯鳐的吻部扁平而狭长，边缘带有坚硬的吻齿，像一把锯，它们就使用这巨大的"锯"来翻动海底的沙子，捕食猎物。如果你认为它是一种性格温和、行动缓慢的鱼类，那你就错了。它们可是凶残的捕食者。头上的"锯子"是一种致命武器，具有极强的威力，可以将小鱼砍成两半。锯鳐速度很快，每秒能发动数次横向攻击。

自己也能生宝宝的锯鳐

　　锯鳐属于卵胎生动物，每胎能够生出10多条小锯鳐。刚出生的小锯鳐有一个很大的卵黄囊，吻上的齿很柔软，随着成长慢慢变硬。2015年，科学家们在野外惊奇地发现一些锯鳐是由孤雌生殖而产生的。这是迄今为止，在自然界发现的第一种能进行无性繁殖的脊椎动物。

海·洋·生·命

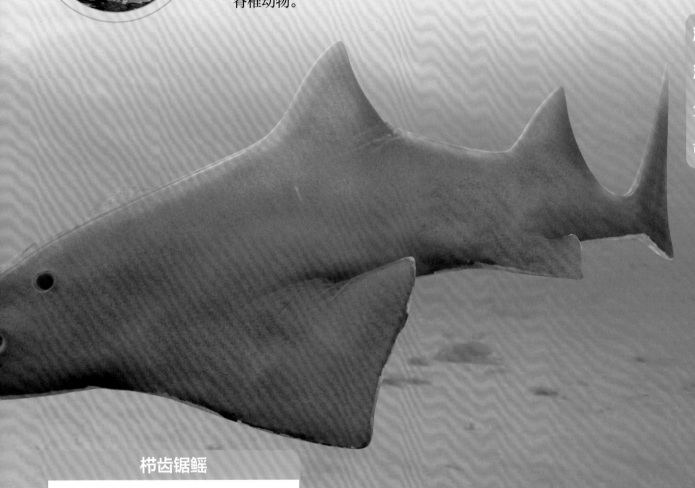

栉齿锯鳐

体长	约700厘米
食性	肉食性
分类	锯鳐目锯鳐科
特征	吻部较长，两侧有锋利的齿

鳕鱼

　　鳕鱼成群结队地悠游在大洋深处的水中，它们是寒冷水域里的精灵。鳕鱼身披细小的鱼鳞，有着一个大头和一张大嘴巴。它们食量大，生长迅速，数量庞大，是人类重要的渔业资源之一。

　　鳕鱼幼年时以小型浮游生物和水生植物为食，随着年龄的增长，逐渐开始捕捉无脊椎动物和小型鱼。它们是贪吃的洄游鱼，会根据食物的变化和水温的改变进行迁徙。

大西洋鳕鱼	
体长	可达 200 厘米
食性	肉食性
分类	鳕形目鳕科
特征	头部较大，嘴很宽，下颌有触须

真真假假的鳕鱼

你知道吗，我们在市场上和超市里面见到的各种"鳕鱼"并不都是鳕鱼。从科学分类的角度上来看，只有大西洋鳕、格陵兰鳕和太平洋鳕这3种鳕鱼能被称为真正意义上的鳕鱼，英国的传统美食"炸鱼和薯条"最初就是用大西洋鳕鱼为原料制作的。此外，有一种叫作裸盖鱼的鱼也被冠以"银鳕"的名称出售，同样被取了一个"冰岛鳕鱼"名字的，还有鲽鱼科的庸鲽。不过在众多"鳕鱼"中，产量最大的还要数太平洋北部出产的黄线狭鳕，我们日常吃到的鱼饼和蟹足棒，甚至朝鲜族的传统美食明太鱼，都属于黄线狭鳕和它们的制品，它们可是世界上商业捕捞规模第二大的鱼类呢！

金枪鱼

  金枪鱼生活在低中纬度海域，在印度洋、太平洋与大西洋中都有它们的身影。金枪鱼体形粗壮，呈流线型，像一枚鱼雷。它们有力的尾鳍呈新月形，为它们在大海中快速冲刺提供了强大的动力，是海洋中游速最快的动物之一，平均速度可达 60 ~ 80 千米 / 时，只有少数几种鱼能够和它们一较高下。鱼类大部分是冷血动物，金枪鱼却可以利用泳肌的代谢使自己的体温高于外界水温。金枪鱼的体温能比周围的水温高出 9℃，它们的新陈代谢十分旺盛，为了能够及时补充能量，金枪鱼必须不停地进食。它们食量很大，乌贼、螃蟹、鳗鱼、虾等各种各样的海洋生物都能成为它们的食物。

蓝鳍金枪鱼

体长	可达 240 厘米
食性	肉食性
分类	鲈形目鲭科
特征	身体呈流线型，有新月形的尾鳍

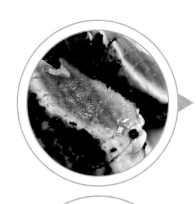

美味的金枪鱼

金枪鱼肉质软嫩鲜美，含有铁、钾、钙、镁、碘等多种微量元素，还有人体中所必需的8种氨基酸。它们的蛋白质含量很高，但脂肪含量很低，因此还被美食爱好者称为"海底鸡"。金枪鱼堪称生鱼片中的佳品，是很多人喜欢的海鲜料理之一。

巨大的金枪鱼

2015年1月，一位女渔民钓到了她一生中遇到的最大的金枪鱼——一条重达411.5千克的太平洋蓝鳍金枪鱼，它的体形足以达到小象的两倍大！她努力了近4小时才将这条金枪鱼拖到船上。据估算，这条巨大的金枪鱼足以做出3000多罐罐头。蓝鳍金枪鱼是世界上最大的金枪鱼，它们的寿命约为40年。

海·洋·生·命

小丑鱼

　　"小丑鱼"是雀鲷科海葵鱼亚科鱼的俗称。小丑鱼的颜色鲜艳明亮，相貌非常俏皮可爱，脸部及身上带有一条或两条白色条纹，好似京剧中的丑角，因此被称作"小丑鱼"。活泼可爱的小丑鱼在珊瑚中穿梭就像是水中的精灵。小丑鱼不仅长相奇特，还是为数不多的可以改变性别的动物，它们中的雄性可以变成雌性，但是雌性不能变成雄性。在小丑鱼的鱼群中，总有一个位居统治者地位的雌性和几个成年的雄性，如果雌性统治者不幸死亡，就会有一个成年雄性转变为雌性，成为新的统治者，周而复始。

眼斑双锯鱼（公子小丑鱼）

体长	约 11 厘米
食性	杂食性
分类	鲈形目雀鲷科
特征	身体橘黄色，有白色的斑纹

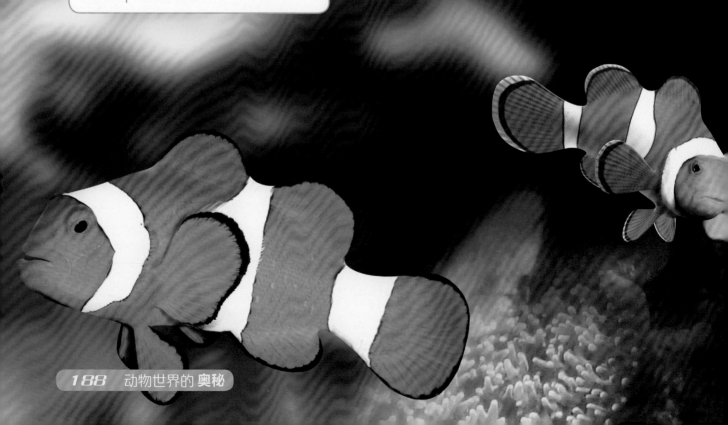

小丑鱼和海葵是如何共生的

在小丑鱼还是幼鱼的时候就会找个海葵来定居，它会很小心地从有毒的海葵触手上吸取黏液，用来保护自己不被海葵蜇伤。海葵的毒刺可以保护小丑鱼不受其他鱼的攻击，同时小丑鱼还能吃到海葵捕食剩下的残渣，这也是在帮助海葵清理身体。

人们都爱小丑鱼

因为小丑鱼颜色鲜艳，活泼可爱，人们都喜欢饲养它作为宠物。饲养小丑鱼非常简单，只需喂一些颗粒料、碎虾肉就可以，在前两个月需要在食物中添加一些虾青素或者螺旋藻粉，这样可以使它的颜色保持鲜艳。

海·洋·生·命

海鳗

　　水下的世界光怪陆离，到处充斥着神秘的气息。在昏暗的海底，凶猛的海鳗可谓是水下的霸王。海鳗有着锋利的牙齿，能够适应不同的海水盐度，在珊瑚礁区域或者红树林中以及河口的低盐度水域都能看到海鳗的身影。它们的身体构造非常适合生活在环境复杂的珊瑚礁或者红树林中，柔软的身体可以自由地在障碍物之间蜿蜒穿行，像蛇一样。它们是凶猛的肉食性鱼类，游速极快，喜欢栖息于洞中，经常在夜间出没捕食，虾、蟹、鱼等都是它的美味。

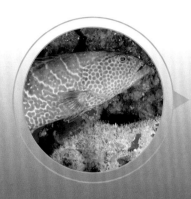

合作捕猎方式

　　有一些记录认为海鳗和石斑鱼是捕猎时的合作伙伴，它们属于两个不同的物种，这在动物界是十分罕见的现象。石斑鱼使用一些肢体语言给海鳗发出信号，如果海鳗接受了石斑鱼的邀请，它们在捕猎中将分担不同的任务，相互沟通从而达成合作。石斑鱼在礁石外围将小鱼逼近礁石的缝隙，海鳗负责捕捉岩缝中的鱼，并且将鱼从缝隙中赶出去，逃出去的鱼就成了石斑鱼的美味。海鳗隐藏在珊瑚礁中，石斑鱼则在外围游荡，它们合作捕猎的成功率要比单独行动时高得多。不过这种合作方式是否存在依然有待研究人员的证实。

海鳗	
体长	约 220 厘米
食性	肉食性
分类	鳗鲡目海鳗科
特征	嘴巴比较大，嘴里有锋利的牙齿

皇带鱼

在太平洋和大西洋的温暖海域深处，游荡着世界上最长的硬骨鱼——皇带鱼。皇带鱼的头比较小，看上去有点像马的头。身上没有鳞片，全身呈亮银色，有着鲜红色的鱼鳍，非常漂亮。皇带鱼呈竖直的姿态游泳，它们捕捉猎物是用吸入的方式，突然张开嘴巴，把磷虾或者其他小动物吸进嘴巴里。

皇带鱼的身体呈长带形，它们的身体最长可达 11 米，所以也常常被渔民和水手们误认为"大海蛇"。因为皇带鱼的出现经常伴随着地震或者海啸，所以人们也把它们叫作"恶魔的使者"。很多人都因为皇带鱼的神出鬼没和奇特的外表而把它看作是横扫海底、摧毁一切的怪兽，它们也曾经被误认为是传说中的"龙"。

古代传说中的"大海蛇"

早在公元前4世纪，就已经有了对皇带鱼这种神秘鱼的记载。亚里士多德在其所著的《动物史》书中就曾经有过比较确切的记载，书中写道："在利比亚，海蛇都很巨大。沿岸航行的水手说在航海途中，也曾经遇到过海蛇袭击。"这里所说的巨大的海蛇，其实就是皇带鱼。

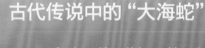

皇带鱼

体长	最长可达 1100 厘米
食性	肉食性
分类	月鱼目皇带鱼科
特征	身体非常长，鳍为红色

世界上最长的硬骨鱼

  我们知道，鱼类主要分为软骨鱼和硬骨鱼两个大类。之前讲到的牛鲨和大白鲨等都属于软骨鱼，皇带鱼则属于硬骨鱼，并且它还是硬骨鱼中身长最长的一种。虽然名字叫作"带鱼"，但皇带鱼与我们平时吃到的带鱼并不是一类。我们在水产市场上看到的带鱼属于鲈形目带鱼科，而皇带鱼则属于月鱼目皇带鱼科。

海·洋·生·命

雷达鱼

印度洋和太平洋的珊瑚礁海域是一片彩色的世界，这里生存着许多美丽的小天使。在美丽的珊瑚礁中就生活着一种可爱的雷达鱼。它们身体呈圆筒形，背鳍一分为二，第一背鳍耸立为丝状，很像雷达的天线，雷达鱼的名字也就是由此得来。雷达鱼的正式名称叫作"丝鳍线塘鳢"，它们的颜色艳丽，吻部为黄色，身体呈白色，尾部为鲜红色，眼睛紧靠身体两端，就像水中的小精灵。雷达鱼是杂食性鱼，主要吃水中漂流的浮游生物和小虫。它们性情温和，喜欢群居，配成一对的雷达鱼不会相互攻击。可以家庭饲养，不过在鱼缸中需要为它们添置一些可以藏身的水草或珊瑚，因为它们的胆子很小。

背上有"天线"

雷达鱼的背鳍"天线"对它们来说是一种报警工具。它们成群生活时，一旦发现危险，就会迅速摆动"天线"向同伴发出信号，通知大家迅速离开。

跳跃的小精灵

雷达鱼喜欢成对地停浮在水面，并且它们非常擅长跳跃，是水中的跳高运动员。它们身体小巧，色彩艳丽，在水面欢快地跳跃，就像一串串彩色的音符，在宁静的水面上敲击出动人的音乐。不过因为雷达鱼太喜欢跳跃了，所以饲养它们的水族箱一定要记得加盖，或者留出20厘米的边儿。

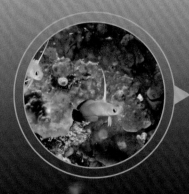

胆小的雷达鱼

雷达鱼名字听起来很威风，但它们是胆小鬼。它们一生都生活在恐慌之中，平时也是一惊一乍的，如果有游速很快的鱼从身边游过，它们就会吓得躲藏起来，所以饲养雷达鱼的人通常会将很多条雷达鱼一起饲养。雷达鱼的胆子非常小，以至于它们很有可能运输的路途中就被吓死了。

丝鳍线塘鳢（雷达鱼）

体长	7～9厘米
食性	杂食性
分类	鲈形目凹尾塘鳢科
特征	身体呈白色，尾部为鲜红色，背部有一根细长的背鳍

海·洋·生·命

镰鱼

　　印度尼西亚及澳大利亚西部的珊瑚礁海域，是一个色彩缤纷的世界，这里住着一种美丽的鱼——镰鱼。镰鱼又叫"神像"或者"海神像"，是镰鱼属的唯一一种鱼。它们非常漂亮，全身由黑、白、黄三大色块组成，加上高昂的背鳍，向人们展现出了一种高贵典雅的气质，是海洋中美丽的观赏鱼。镰鱼们喜欢栖息在干净的珊瑚礁边缘，夜间躲在水底睡觉，体色也会随周围的环境而变暗。

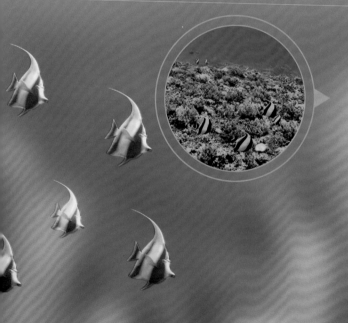

镰鱼吃什么

　　镰鱼经常成群出来觅食。它们的吻部呈管状，适合在礁石上的小洞穴中搜寻无脊椎动物。它们主要以海绵为食，也吃其他动物和植物。镰鱼还非常喜欢吃珊瑚，特别是一些软体珊瑚和脑珊瑚。镰鱼的口中有尖利的牙齿，可以轻松地从石头上咬下珊瑚，它们会很调皮地咬破珊瑚的软体部分，然后撕下一块吃掉，这一举动和它们优雅的外表很不相符。

马夫鱼是镰鱼吗

　　有一种鱼与镰鱼很像，长着黑白相间的花纹，外形也与镰鱼非常相似，它们就是马夫鱼。不过镰鱼属于镰鱼科，马夫鱼则属于蝴蝶鱼科，它们是两种不同的鱼。它们体形都是侧扁状，脊背都是高高隆起，颜色也都是由黑、白和明亮的黄组成，但是马夫鱼的鳞片要比镰鱼大得多，同时镰鱼有一个管状的嘴巴，而马夫鱼的嘴巴虽然尖尖的，但不呈管状。

海·洋·生·命

镰鱼

体长	约 26 厘米
食性	杂食性
分类	鲈形目镰鱼科
特征	嘴巴呈管状，身体主要有黑、白、黄三种颜色

蝴蝶鱼

蝴蝶鱼广泛分布于世界各温带和热带海域，大多数生活在印度洋和西太平洋地区。蝴蝶鱼体形较小，是一种中小型的鱼，其特征是在身体的后部长有一个眼睛形状的斑点。蝴蝶鱼大多有着绚丽的颜色，有趣的是，它们的体色会随着成长而发生变化，即使是同一种蝴蝶鱼，幼年和成年的时候也"判若两鱼"。

蝴蝶鱼一般在白天出来活动，寻找食物、交配，到了晚上就会躲起来休息。它们行动迅速，胆子小，受到惊吓会迅速躲进珊瑚礁中。蝴蝶鱼的食性变化很大，有的从礁岩表面捕食小型无脊椎动物和藻类，有的以浮游生物为食，有的则非常挑食，只吃活的珊瑚虫。

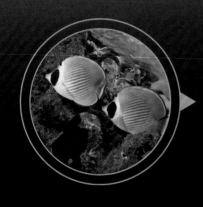

蝴蝶鱼的恋爱史

蝴蝶鱼不像其他鱼那样成群结队地求偶，它们很专注，通常都是一对一地求偶。体形较大的雄鱼会引诱雌鱼离开海底，然后雄鱼会用自己的头和吻部去碰触雌鱼的腹部，再一起游向海面，在海面排卵、受精，然后再返回海底。受精卵一天半就可以孵化，但初生的幼鱼需要在海上漂浮一段时间才会回到海底的家。

三间火箭蝶

体长	约 20 厘米
食性	肉食性
分类	鲈形目蝴蝶鱼科
特征	身体上有橙黄色的条纹，后部有一个黑色斑点

身体后面长了眼睛吗

　　一些种类的蝴蝶鱼身体后半部分长着一个扭曲的眼状斑点，这个斑点和眼睛很像，但却长在和眼睛相反的位置。为了弄清这个斑点的作用，科学家们利用一些肉食鱼进行了实验，结果发现这些肉食鱼通常会主动攻击模型上带有眼斑的一端。因此科学家认为蝴蝶鱼的眼点主要是引诱敌人找错攻击位置的，这样能够增加被攻击后的幸存概率。

石斑鱼

　　石斑鱼的种类繁多，但它们体态基本相似。我们所说的石斑鱼指的是石斑鱼亚科中的各种鱼，它们大部分体形肥硕，有着宽大的嘴巴。有些石斑鱼比较特别，它们的鱼鳞藏在鱼皮下面，被称为"龙趸"。

　　不同种类的石斑鱼体表颜色和花纹也是不一样的，它们的体色可以在不同的年龄和不同的环境条件下发生很大的变化。石斑鱼是肉食性的凶猛鱼，常常捕食甲壳类、小型鱼和头足类。因为石斑鱼喜欢躲藏在安静的洞穴中，所以食物丰富、地形复杂的珊瑚礁区域是它们最喜欢的栖息地了。

大名鼎鼎的"东星斑"

　　在珊瑚礁海域也生活着一些中小型的石斑鱼，它们不仅味道鲜美而且色彩艳丽，体态优雅，除了食用，也常常被当作高贵的观赏鱼。豹纹鳃棘鲈又被叫作"东星斑"，它们身上遍布着美丽的黑边蓝色小斑点，大多体色鲜红，也有橄榄色的品种，不过人们都喜欢喜庆的红色，所以红色的价格相对较高。

石斑鱼的繁殖

  在自然界中，有一些动物可以随着生长而转换性别，石斑鱼就是其中之一。刚刚成熟的石斑鱼都是雌性，而成熟的雌性可以在第二年转换成雄性。不同的石斑鱼有不同的繁殖习性。有的石斑鱼，例如鲑点石斑鱼属于分批产卵型，同一个卵巢中具有不同发育阶段的卵母细胞，在一个繁殖周期内，卵子能分批成熟产出。还有一些石斑鱼则是属于一次产卵类型。

橙点石斑鱼

体长	约 76 厘米
食性	肉食性
分类	鲈形目鮨科
特征	嘴巴宽大，身上有斑点

海·洋·生·命

箱鲀

　　在绚丽多彩的珊瑚丛中，艳丽的色彩让你眼花缭乱，目不暇接。其中有一种鱼叫作箱鲀，因为它们最大的特点就是身体的大部分都包在一个坚硬的箱状保护壳内，所以人们更加形象地称之为"盒子鱼"。它们体形小，速度也不快，整天游荡于错综复杂的珊瑚权和礁石之中，一遇到追捕者还可以在狭小的空间内如同漂移一样，瞬间躲到阴暗地带，让掠食者无迹可寻。

　　在漫长的演化进程中，箱鲀和它的同伴们没有选择飞快的游速和流线型的体态，而是换上了坚固的盔甲和危险的毒素保护自己，用它们自己独特的方式享受着与其他鱼不尽相同的海底生活。

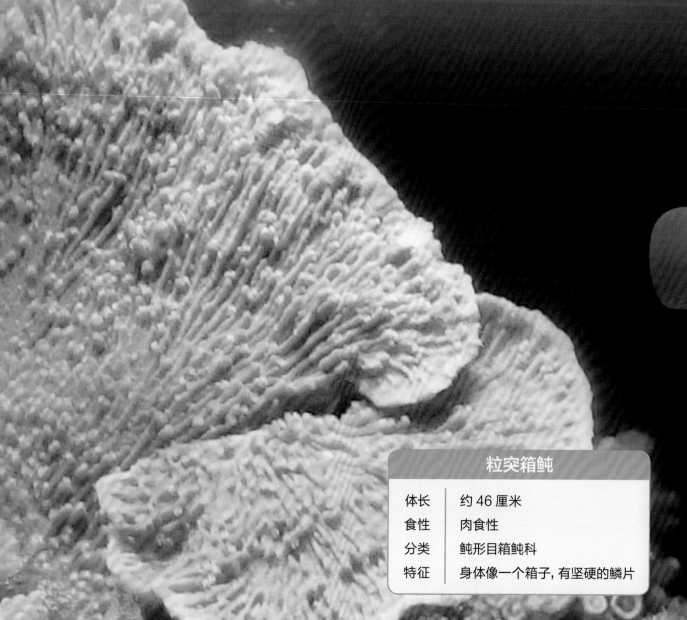

粒突箱鲀	
体长	约 46 厘米
食性	肉食性
分类	鲀形目箱鲀科
特征	身体像一个箱子，有坚硬的鳞片

玉石俱焚的毒素

　　漂亮的东西往往有毒，箱鲀体表色彩明亮艳丽，还带有斑点，这同样是对侵犯者的一种警告。当它们受到伤害，或者感到危险的时候就会迅速释放一种箱鲀科鱼类特有的神经毒素，这种溶血性毒素存在于它们体表的黏液中。毒素一旦被释放出来，那么在这片水域的所有鱼都有可能会中毒甚至死亡，这其中当然也包括它们自己，所以使用超级武器也是有风险的。

笨拙的箱鲀如何控制自己

　　箱鲀没有流线型的身材，也没有迅猛的速度，它们笨得像一块吐司面包，这样的身材要如何在水下保持稳定性和机动性呢？那就要靠它们身上那些不起眼的鱼鳍了。在游泳时，它们会不停地摆动尾鳍和胸鳍，就像小鸟扇动翅膀一样，借此箱鲀可以毫不费力地控制自己的稳定性，还能进行短距离的加速游泳呢！

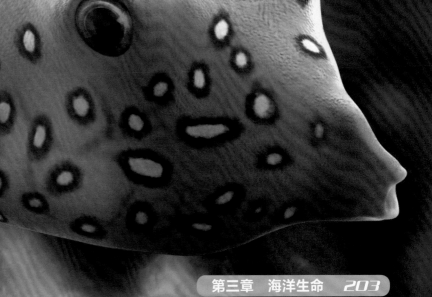

弹涂鱼

　　潮水退去，红树林的泥滩上有一些小鱼在蹦蹦跳跳，有的还在爬行，它们是搁浅了吗？其实它们并没有搁浅，这些小鱼的家就在这里，它们的名字叫作弹涂鱼。

　　弹涂鱼生活在靠近岸边的滩涂地带，它们生命力顽强，能够生存在恶劣的水质中。只要保持湿润，弹涂鱼离开水后也可以生存。在陆地上它的鳍起到了四肢的作用，可以像蜥蜴一样爬行。在急躁或者受到惊吓时，它们还可以用尾巴敲击地面，让自己跳跃起来。每到退潮时就会看到一群弹涂鱼在滩涂地带的泥滩上跳跃、追逐，是非常有趣的。

大弹涂鱼

体长	约20厘米
食性	杂食性
分类	鲈形目虾虎鱼科
特征	身体呈褐色，有蓝色的斑点

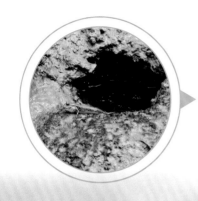

弹涂鱼的洞

　　退潮以后滩涂很快就会干涸，弹涂鱼不能离开水太久，因此它们需要一个洞来帮助呼吸。它们会在滩涂上挖洞，一直挖到水线以下然后再挖上来，整个洞呈"U"字形。这个洞除了可以避难和提供氧气以外，还可以当抚育室。但是当弹涂鱼把卵安放在洞里的时候，常常会发生缺氧的状况，所以成年的弹涂鱼不得不一口一口地往洞中吹气。在退潮时，洞口会被淹没，清理洞口也是非常必要的，因此弹涂鱼为了生存每天要不停地忙碌。

弹涂鱼吃什么

　　除了捕食小鱼小虾，弹涂鱼还会吃泥土中的有机质，小昆虫也是它们喜欢的食物之一。弹涂鱼生活在近海岸的滩涂上，每到退潮以后就会看见它们在滩涂上跳跃觅食。它们会把自己的嘴巴贴在泥滩表面，像耕田似的吸食底栖藻类。在滩涂上成群觅食的弹涂鱼密密麻麻形成一片，场面非常壮观。

旗鱼

　　它们身形似剑，尾巴弯如新月，吻部向前突出像一把长枪，最具标志性的特点就是它们发达的背鳍，高高的背鳍就像是船上扬起的风帆，又像是被风吹起的旗帜。它们是海洋中游泳速度最快的鱼。它们就是旗鱼。

　　旗鱼性情凶猛，游泳敏捷迅速，能够在辽阔的海洋中像箭一般地疾驰。它们是海洋中凶猛的肉食性鱼，常以沙丁鱼、乌贼、秋刀鱼等中小型鱼为食。旗鱼大多分布于大西洋、印度洋及太平洋等水域，属于热带及亚热带大洋性鱼，具有生殖洄游的习性。

大西洋旗鱼

体长	约 300 厘米
食性	肉食性
分类	鲈形目旗鱼科
特征	吻部呈剑形，背鳍像一面旗子

旗鱼的速度有多快

　　天上的雨燕飞得最快，陆地上的猎豹跑得最快，那么海里的什么动物游得最快呢？游泳界的冠军那一定非旗鱼莫属了，它们可是吉尼斯世界纪录中速度最快的海洋动物，最快速度可达每小时190千米！旗鱼的吻部像一把长剑，可以将水向两边分开；背鳍可以在游泳时放下，减少阻力；游泳时用力摆动的尾鳍就好像船上的推进器；加上它们流线型的身躯，这些结构特点使它创造出游速的最高纪录。

沙丁鱼

　　沙丁鱼属于近海暖水性鱼，它们主要分布于南北纬 20°～30°的温带海洋水域中。沙丁鱼是一类细长的银色小鱼，体长约 30 厘米，以浮游生物为食。它们游速飞快，通常栖息于中上层水域，只有冬季气温较低时才会出现在深海。沙丁鱼们冬季向南洄游，春季向近海岸做生殖洄游。它们的产卵量很大，一条成熟的沙丁鱼的总产卵量在 10 万颗左右。但是它们的存活率极低，有些受精卵会在孵化期死亡。

沙丁鱼风暴

　　到了夏季，在靠近非洲大陆南端的大海中，聚集着密集而又庞大的沙丁鱼群，它们沿着海岸线义无反顾地向北进发。包括鲨鱼、海鸟、海豚在内的各种各样的捕食者也蜂拥而至，呈现出一场充满力量和杀戮的视觉盛宴。沙丁鱼群一会儿形成一面十几米高的墙挡住你的去路，一会儿又像龙卷风一样向你袭来。当你置身于数以万计的沙丁鱼风暴中时，你才能身临其境地感受到它们所带来的震撼。因此在沙丁鱼大量聚集的季节，有很多游客会前往当地，一睹沙丁鱼风暴的壮观景象。

对抗毒气的沙丁鱼

　　别看沙丁鱼的体形较小，它们在生态系统中可是起到了巨大的作用。它们可以帮助人类清除海岸附近的大量有毒气体。在纳米比亚地区，近海海域的浮游植物大量繁殖，并且沉入海底腐败放出含有硫化物的有毒气体。但是数百万条饥饿的沙丁鱼吃掉了大量的浮游植物，有效地减少了有毒气体的产生，还能够缓解气候变暖，对整个生态系统都有着深远的影响。

海·洋·生·命

沙丁鱼	
体长	约30厘米
食性	杂食性
分类	鲱形目鲱科
特征	身体银白色

蓝鲸

　　谁才是世界上最大的动物？是恐龙吗？在广阔的海洋里生活着一种体形巨大的动物，它们就是蓝鲸！蓝鲸是地球上体形最巨大的动物，体重可达 200 吨，是这世界上当之无愧的巨无霸！非常幸运的是，体形庞大的它们生活在海里，浮力可以让它们不用像陆地动物那样费力地支撑自己的体重。蓝鲸全身体表均呈淡蓝色或鼠灰色，背部有淡色的细碎斑纹，胸部有白色的斑点，这在海中是很好的保护色。蓝鲸喜欢在温暖海水与寒冷海水的交界处活动，因为那里有丰富的浮游生物和磷虾。蓝鲸的胃口极大，好在它们需要的食物是数量众多的磷虾，偶尔还吃一些小鱼、水母等换换胃口。它们每天要吃掉 4 ~ 8 吨的食物，如果腹中的食物少于 2 吨，就会有饥饿的感觉。

大块头有大嗓门

　　蓝鲸不仅体形庞大，发出的声音也很大。因为蓝鲸发出的是一种低频率的声音，这种低频声音超出了人们的接收范围，所以人们永远也无法感受到蓝鲸的呐喊。经过测算，蓝鲸的声音要比喷气式飞机起飞时发出的声音还要大，可达155~188分贝。

蓝鲸	
体长	约 3000 厘米
食性	肉食性
分类	鲸目鳁鲸科
特征	身体非常巨大，是世界上最大的动物

谁才是世界上最大的鲸

　　蓝鲸是世界上最大的鲸，也是世界上现存最大的动物。蓝鲸到底有多大呢？它们的体长大约30米，有3辆公共汽车连起来那么长。体重能达到200吨，这相当于超过25只的非洲象的重量。它们身体里装着小汽车一样大的心脏，舌头上能够站50个人，就连刚生下来的幼鲸都比一头成年大象还要重！

蓝鲸是如何繁殖的

　　到了寒冷的冬季，陆地上的许多动物都开始进入休眠期，而蓝鲸却要进入繁殖期了。雌鲸每两年才生育一次，每胎只产下一个蓝鲸宝宝。蓝鲸和人类差不多，人类十月怀胎，蓝鲸需要怀宝宝10~12个月。宝宝出生以后需要到水面上呼吸第一口空气，避免窒息而死。

海·洋·生·命

白鲸

　　如果说有什么海洋动物让人们一眼看去就心情舒畅的话，那可能就要数白鲸了。虽然我们很难亲眼见到野生环境下的白鲸，但是海洋馆中的白鲸看上去很友好。

　　白鲸有圆滑突出的额头和完美宽阔的唇线，它们好像永远都在微笑，这很符合它们温顺的性格。白鲸喜欢缓慢地游动，喜欢生活在贴近海面的地方，潜水也是它们的强项。世界上绝大多数白鲸生活在欧洲、美国阿拉斯加和加拿大以北的海域中。

扫一扫

扫一扫画面，小动物就可以出现啦！

爱干净的白鲸

　　白鲸的体态优美，有着洁白光滑的皮肤。它们非常注重自己的外表。当白鲸游到河口三角洲时，身上会附着许多寄生虫，这时白鲸变得不再洁白。它们怎么能忍受自己的外表变得脏兮兮的呢？于是白鲸们纷纷潜入水底，在河床上下不停地翻滚、游动，一些白鲸还会在三角洲和浅水滩的沙砾或砾石上擦身。每天都这样持续几个小时，几天以后，白鲸身上的旧皮肤会蜕掉，换上洁白漂亮的新皮肤。

爱吐泡泡的白鲸

　　白鲸是很聪明的海洋动物，它们的智商很高，几乎与一个四五岁的小孩子相当。可能也是因为如此，白鲸很喜欢亲近孩子，像孩子一样顽皮，会做一些有趣的事，比如吐泡泡。白鲸对吐泡泡这件事情有独钟，它们会从气孔喷出大量气体，这些气体在水中形成环形的泡泡，然后它们会追着泡泡玩耍、旋转、跳跃，就像是在表演水下芭蕾。

海·洋·生·命

白鲸	
体长	最长可达 500 厘米
食性	肉食性
分类	鲸目一角鲸科
特征	全身白色，看上去似乎在微笑

抹香鲸

　　在碧波荡漾的海面之下，一个庞然大物悬浮在那里，看上去就像一根巨大的原木，这就是抹香鲸。抹香鲸是齿鲸中最大的一种，因为它们有个像斧子一样巨大的头，又被叫作"巨头鲸"。它们全身光滑呈棕黑色，没有背鳍，后背上有一串波浪状的凸脊，一直延伸到呈三角状的尾鳍处。抹香鲸的下颚上长着锋利的牙齿，不过上颚却只有安置下牙的牙槽。利用这些牙齿，抹香鲸们经常潜入深海捕捉各种大型的软体动物，例如被渔民视为海怪的大王乌贼。在抹香鲸的身上经常能找到它们与大王乌贼搏斗时留下的伤疤，可以说抹香鲸正是大王乌贼这样的"海怪"最怕的克星了。我们在世界上所有不结冰的海域都有可能见到抹香鲸，它们主要栖息于南北纬 70° 之间的海域中。

可以潜到水下 2200 米

　　海水越深，压力就会越大，能够承受这么大压力的动物很少，不过对抹香鲸来说，深海就像它们的后花园。它们独特的身体构造可以抵抗海水巨大的压力，因此潜水对抹香鲸来说就是小事一桩，它们能潜入水下 1 小时左右，潜水深度可达2200米，真可谓"潜水能手"。

抹香鲸的皮肤有多厚

　　抹香鲸的皮肤厚度可达13~18厘米，别看它们有这么厚的皮肤，在水中它们的热量很容易被水带走，因此需要在水中不停地运动和进食，提高代谢率产生热量来维持体温。

抹香鲸	
体长	1000 ~ 2000 厘米
食性	肉食性
分类	鲸目抹香鲸科
特征	头部巨大,下颚有圆锥形的牙齿

虎鲸

　　虎鲸也叫"逆戟鲸"或者"杀人鲸"，它们黑色的身体上有着白色的花纹。这种鲸类是海洋中当之无愧的顶级掠食者，就连凶猛的大白鲨偶尔也会成为它们的猎物。虎鲸的头部呈圆锥状，牙齿锋利，企鹅、海豚、海豹等动物都能成为它们攻击的对象。

　　虎鲸生活在一个高度社会化的母系社会中，在群体中总有一头年长的雌鲸居于领导地位，这让它们一辈子都生活在母性的光辉中，因此虎鲸们具有非常稳定的母子关系，一般不会发生离群的现象，只有受伤或者迷路时才会出现孤鲸。雌鲸的寿命大概在 80 ~ 90 年，雄鲸就没有那么长寿了，大概能活50 ~ 60 年，不过这在动物界已经算是长寿的了。

鲸鱼中的"语言大师"

　　虎鲸被认为是鲸类中的"语言大师"，虽然它们不能像座头鲸那样发出美妙的歌声，但是却能发出62种不同的声音，这些声音包含不同的意义，它们可以利用这些声音来互相沟通。在捕食时它们会发出类似一种拉扯生锈铁门时发出的声音，其他鱼听到这个声音都吓得魂飞魄散，行动异常，最终成为虎鲸的盘中餐。

虎鲸	
体长	约 1000 厘米
食性	肉食性
分类	鲸目海豚科
特征	头上有两块白色像眼睛的斑纹

虎鲸的狩猎指南

　　虎鲸会成群结队地捕猎，聪明的虎鲸们有自己的语言，会利用超声波相互沟通，研究捕食策略。它们也懂得分享，常常会见到虎鲸群合力将鱼群集中成一个球形，然后轮流钻进去取食。虎鲸还会装死，它们一动不动地浮在海面上，当有乌贼、海鸟、海兽等接近它们的时候，就突然翻过身来，张开大嘴进行捕食，有时也会用尾巴将猎物击晕再食用。

座头鲸

座头鲸拍动着两只巨大的胸鳍优哉游哉地徜徉在广袤的海洋之中，它们虽然称不上是世界上最大的鲸，但也是海洋中当之无愧的巨型生物。座头鲸很喜欢嬉水，并且本领高超。它们以跃水的优美姿态以及超长的胸鳍与复杂的歌声而闻名。座头鲸的胸鳍薄而且狭长，是鲸类中最大的，所以又被称为"大翅鲸"或者"长鳍鲸"。座头鲸经常成双成对地活动，它们性情温顺，头互相触碰来表达感情。庞大的身躯使它们的游速变得很慢，每小时为 8 ～ 15 千米，在海面上，就像一座移动的冰山。

为什么叫座头鲸

座头鲸这个名字听起来有点奇怪，也没有说明它们的特征，那么它们的名字到底从何而来的呢？其实"座头"这个名字是源于日文"座头"，在日文中是"琵琶"的意思。因为鲸鱼的背部呈一条优美的曲线，就像是一把大琵琶，所以人们就用琵琶来给它们命名了。座头鲸也被人们叫作"大翅鲸"，就是指它们那对硕大的胸鳍。

海洋中的歌唱家

座头鲸一年当中有6个月的时间都在唱歌，它们绝对称得上是海洋中的歌唱家。生物学家们发现，座头鲸并不是毫无章法地乱叫，而是带有一定的节奏。人们发现它们的演唱模式和人类十分相似：首先演唱一段旋律，接着变换另一种旋律，最后再变回到稍加修改的原旋律上。它们就是用这些声音来传递信息，进行"艺术交流"的。

扫一扫

扫一扫画面，小动物就可以出现啦！

海·洋·生·命

鲸鱼喷水

座头鲸时常地会露出水面呼吸，每次它们都会从鼻孔里呼出一股短粗并且灼热的油和水蒸气的混合物，把周围的海水也一起卷出海面，形成水柱，同时发出一阵洪亮的类似蒸汽机发出的声音，人们称它们为"喷潮"或"雾柱"。高兴的时候，座头鲸还会一跃而起，跃出高度可达6米，落水的声音震耳欲聋。

座头鲸	
体长	最长可达 1800 厘米
食性	肉食性
分类	鲸目须鲸科
特征	胸鳍非常巨大，头部有瘤状物

儒艮

"南海水有鲛人，水居如鱼，不废织绩，其眼能泣珠。"这是古人对美人鱼的记载。其实传说中的美人鱼并不存在，它们的原型很有可能就是儒艮。儒艮是一种生活在热带海域的大型哺乳动物，主要分布于太平洋西海岸和印度洋的热带、亚热带海域，已经在地球上生存了上千年。儒艮巨大的身体足足有3米长，光滑的皮肤长有稀疏的短毛，嘴巴朝腹面弯曲，尾巴呈"V"形。

儒艮是一种性情温顺、行动缓慢的动物，通常不爱游动，好像在打瞌睡一样。儒艮那双小小的眼睛看起来呆呆的，这也说明了它们的视力不太好，但是它们具有灵敏的听觉，依靠听觉来躲避天敌。

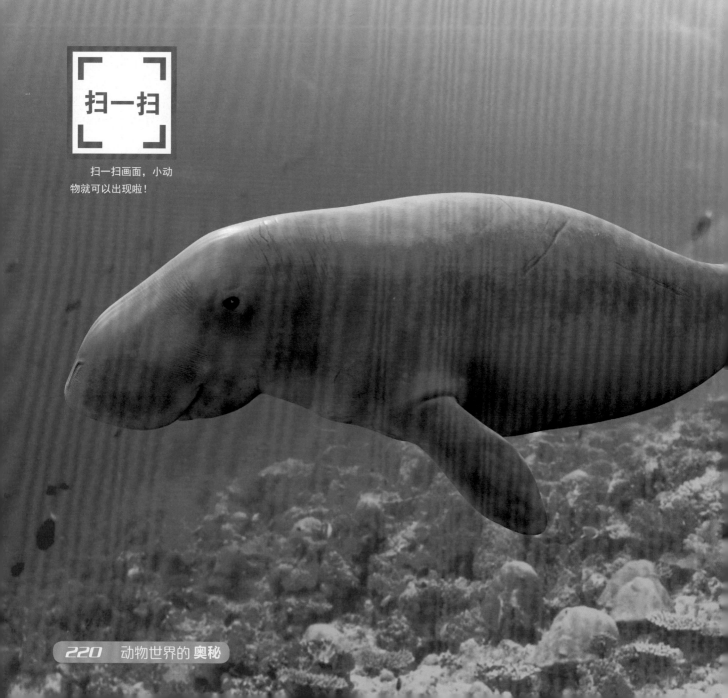

扫一扫

扫一扫画面，小动
物就可以出现啦！

儒艮是如何吃饭的

儒艮的开饭时间与涨潮时间一致，涨潮后，海水将海草都淹没了，这时儒艮就会赶来吃饭。儒艮的门齿很像兔子的牙，雄性较长，可达6厘米，雌性的仅仅接近2厘米。它们通常不会用门牙去切断食物，而是用它们巨大而且具有抓握能力的吻部来取食，将海草从海底拔起来吃掉。进食时，一边咀嚼一边不停地摇摆着头部，动作非常可爱。

美丽的传说

传说中的美人鱼虚幻又缥缈，那现实中的美人鱼到底是什么样子呢？在现实中，人们见到的美人鱼大多都是儒艮这样的哺乳动物。它们在水中每隔半小时左右就会到水面上来透透气，会像人类一样怀抱自己的宝宝喂奶，头上偶尔还顶着海草，远远看去很像一个长发美女，这可能就是美人鱼传说的由来了。

海·洋·生·命

儒艮	
体长	约300厘米
食性	植食性
分类	海牛目儒艮科
特征	尾巴分叉，吻部很厚重

海狮

　　海狮是一种海洋哺乳动物，因为有些种类的脖子上有与狮子相似的鬃毛而得名。它们经常在海边的礁石上晒太阳，用前肢支撑着身体，瞪着圆圆的眼睛望向远方，看上去很是可爱。海狮和海豹都属于哺乳动物中的鳍足类，为了方便在海中活动，四肢都已演化成鳍的模样。聪明的海狮没有固定的生活区域，哪里有食物就待在哪里，各种鱼、乌贼、海蜇和蚌都能让它们美餐一顿，磷虾是它们最爱的食物。有时候它们会吞掉一些石子来帮助消化。海狮是非常社会化的动物，有各种各样的通信方式，它们还具备高超的潜水本领，经常帮助人类，在科学和军事上都起到了重要的作用。

一夫多妻制的海狮

　　海狮的社会实行一夫多妻制，每年的5～8月，一只雄海狮会和10～15只雌海狮组成多雌群体。雄海狮会在海岸选好地点，雌海狮就纷纷赶来，它们互相争抢配偶，身强力壮、本领高强的雄海狮，就会受到更多雌海狮的欢迎。当它们组成群体后不会马上交配，因为这时的雌海狮已经怀孕很久了，它们要先生下肚子里的小海狮，一段时间之后才开始交配。雌海狮受孕以后就会离开群体，等到下一年的繁殖季节再次生产。

海·洋·生·命

加州海狮	
体长	约200厘米
食性	肉食性
分类	食肉目海狮科
特征	四肢像鳍一样，有小小的外耳郭

海象

　　海象被取了这样一个名字主要是由于它们长着一对和大象的象牙非常相似的犬齿。海象的皮很厚，有很多褶皱，它们的身体上还长着稀疏却坚硬的体毛，看上去就像一位年迈的老人。海象的鼻子短短的，耳朵上没有耳郭，看上去十分丑陋。那么，海象和陆地上的大象有什么不同呢？由于常年生活在水中，海象的四肢已经退化成鳍，不能像大象那样在陆地上行走。当海象上岸时，它们只能在地面上缓慢地蠕动。

海象为什么变了颜色

　　海象的表面皮肤在一般情况下是灰褐色或者黄褐色的，但是由于栖息环境的变化，身体皮肤的颜色也会发生改变。在冰冷的海水中浸泡一段时间之后，为了减少能量的消耗，海象的血液流速会减慢，所以皮肤就会变成灰白色，上了岸之后，血管膨胀，体表就变成了棕红色。

海象	
体长	290 ~ 330 厘米
食性	肉食性
分类	食肉目海象科
特征	有一对很长的"象牙"

发达的犬齿有什么用

　　海象的最独特之处就是它的上犬齿非常发达。与其他动物不同，海象的这对"象牙"一直在不停地生长着，就像大象的两个长长的象牙一样。遇到危险的时候，"象牙"可以保护自己和攻击敌人，是它们最便捷的武器；寻找食物的时候，"象牙"还可以帮助它们在泥沙中掘取蚌、蛤、虾、蟹等食物；除此之外，在海象爬上冰面的时候，"象牙"还能支撑身体，把它们庞大的身躯固定在冰面上，就像两根登山手杖一样。

海豚

　　海豚是大海中善良的象征，在人们的心目中，海豚就像孩子一样可爱，脸上总是带着温柔的笑容。在海洋生物中，海豚可以说是人气最高、最受欢迎的一种了，它们是海洋中智力最高的动物，有着非常强大的学习能力，像人类一样成群生活在一起，还能发展出从十几条到上百条的大规模族群，族群里有时候甚至还会混进其他种类的海豚或者鲸。海豚甚至还会使用工具，它们会互相帮助，如果一只海豚受伤昏迷了，其他海豚会一起保护它。

海豚与渔夫

　　渔民捕鱼的时候，海豚经常会跟随在渔船的周围，伺机捕食被渔网驱赶而离群的鱼。在非洲的一些海岸，聪明的海豚甚至和渔夫达成了某种"交易"：海豚们将鱼群驱赶到岸边的网中，帮助渔夫们捕获整群的鱼，而自己则看准时机将那些逃出渔网慌不择路的鱼吃进肚子里。

海豚的智商有多高

　　在海洋馆里，我们经常看到海豚做出各种各样的高难度动作，这足以证明海豚是高智商的海洋动物。海豚的脑部非常发达，不但大而且重，大脑中的神经分布相当复杂，大脑皮质的褶皱数量甚至比人类还多，这说明它们的记忆容量和信息处理能力都与灵长类不相上下。

宽吻海豚

体长	200～400 厘米
食性	肉食性
分类	鲸目海豚科
特征	身体呈流线型，表情看上去像是在微笑

海豚需要睡觉吗

　　海豚属于哺乳动物，它们的祖先最开始栖息于陆地上，后来才变得适应水中生活。海豚始终用肺呼吸，如果长时间在水中保持睡觉的状态，它们就会窒息而死。海豚在游泳时，它们的某一边大脑会处于睡眠状态。它们虽然保持着持续游泳的状态，但左右两边的脑部却在轮流休息。

陆寄居蟹

　　我们在热带地区的沙滩上和岩石缝中常常会见到一些身上背着重重的壳的小家伙，它们的名字叫作寄居蟹。虽然被称为蟹，但是它们和螃蟹有很大的不同。螃蟹的腹部有坚硬的甲壳，而它们的腹部柔软脆弱，需要寻找坚硬的甲壳来保护自己，也正是因为它的这种习性，才有了"寄居蟹"这样形象的名字。寄居蟹的种类有上千种，通常在夜间觅食。到了白天，它们就躲起来寻求安全感。寄居蟹的食性很杂，几乎什么都吃，所以也被称为"海边清道夫"。

被海水滋养的陆寄居蟹

　　虽然陆寄居蟹在陆地上生活，但是它们与大海的关系并未完全割断。它们的鳃部需要有适当的湿度才能够完成呼吸，它们的生命周期中有一部分还是必须在海中完成的，就是由产卵到孵化再到幼体的阶段。产卵的陆寄居蟹会携带着它的卵回到海中，让卵在海水中孵化。等到蟹宝宝们变成幼蟹的模样之后，会寻找一只螺壳返回陆地。它们的一生都无法远离海岸线。

经常搬家的寄居蟹

　　对于不了解寄居蟹的人，从名字上解读似乎它们是充满不安全感且需要外壳保护自己的甲壳类动物，但其实寄居蟹的螺壳并不是它们自己的，而是抢来的！它们会吃掉软体贝类动物的肉，将螺壳占为己有。随着它们身体渐渐长大，原来的螺壳不够住了，就需要寻找更大的螺壳来作为自己的新家。它们会找寻同类，使用武力抢夺螺壳，攻击者推翻对手，使其仰面朝天，并仔细观察是否适合自己居住。如果的确喜欢这"华丽的城堡"，就会顺势把失败者拽出壳，然后自己挤进去，这就是它们的抢夺攻略。

皱纹陆寄居蟹	
体长	5～8厘米
食性	杂食性
分类	十足目陆寄居蟹科
特征	背着坚硬的螺壳来保护柔软的腹部

招潮蟹

　　在退潮之后的红树林泥滩上，有很多小螃蟹在忙碌地寻找食物。它们长相奇特，身体前宽后窄呈梯形，两只眼睛高高竖起，像插在头上的火柴棒，时刻观察着周围的动静。雄性蟹的两只螯大小不一，大的那只重量几乎占了身体的一半，而且颜色鲜艳，有的还带有特别的图案，小的那只主要用来刮取食物并送进嘴巴。这种小螃蟹就是招潮蟹。

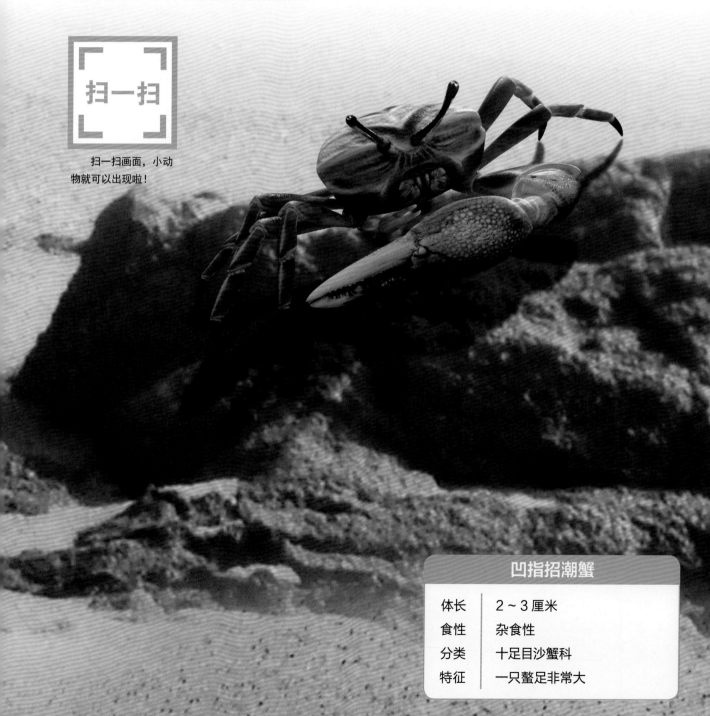

扫一扫

扫一扫画面，小动物就可以出现啦！

凹指招潮蟹	
体长	2～3厘米
食性	杂食性
分类	十足目沙蟹科
特征	一只螯足非常大

不成比例的大螯

　　招潮蟹最显著的特征就是雄蟹大小不成比例的一对螯。在退潮后的泥滩上，雄蟹会挥舞着大螯向其他蟹展示自己，看上去就像是在呼唤潮水，也正因此而被叫作招潮蟹。招潮蟹的大螯也是它们求爱的工具，它们通过大螯发出的声音来吸引雌性。如果两只雄性招潮蟹为了抢地盘而大打出手，大螯也是它们的武器。

招潮蟹的生物钟

　　在不断的进化中，招潮蟹已经形成了自己的生物钟。它们会随着潮水的涨落安排自己的生活节奏，潮退而出，潮涨而归。在退潮的时候来到泥滩上寻找食物和配偶，涨潮时则在自己的洞穴中躲避潮水。它们就这样日复一日、年复一年地过着有规律的生活。

海·洋·生·命

甘氏巨螯蟹

　　世界上现存最大的螃蟹是生活在日本海的甘氏巨螯蟹，它们也是现存节肢动物中个头最大的一种。甘氏巨螯蟹栖息在大陆架、斜坡的沙滩和岩石底部，栖息的深度在 500 ~ 1000 米，常常在海底四处活动，寻找可以吃的东西。这种巨大的螃蟹主要以鱼类为食，别看它们身躯庞大，动作却十分灵敏，长长的蟹钳非常灵活，在它们眼前游过的小鱼，都躲不过它们的巨大螯钳。为了寻找食物，甘氏巨螯蟹会悄无声息地潜伏在海底，等待猎物主动上门自投罗网。当然，如果发现了沉入海底的动物尸体的话，它们也不会拒绝一顿免费的大餐的。

扫一扫

扫一扫画面，小动物就可以出现啦！

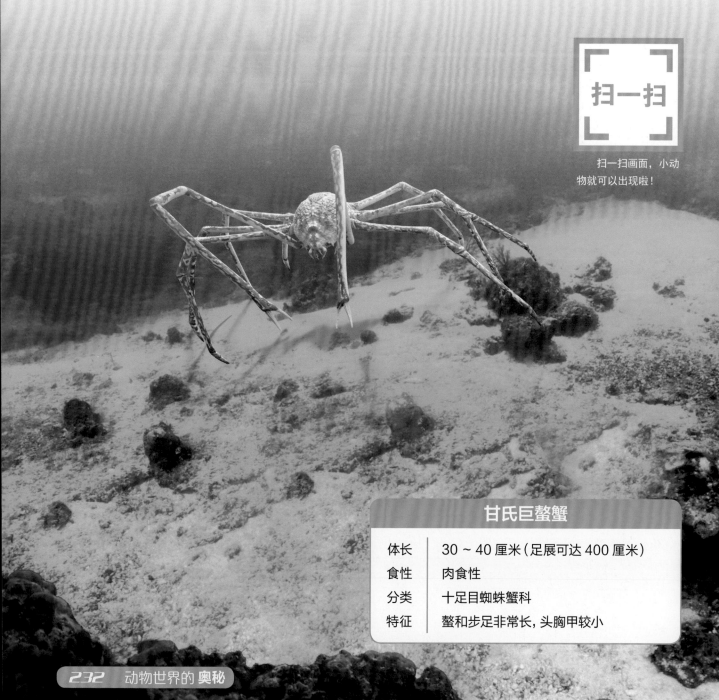

甘氏巨螯蟹	
体长	30 ~ 40 厘米（足展可达 400 厘米）
食性	肉食性
分类	十足目蜘蛛蟹科
特征	螯和步足非常长，头胸甲较小

甘氏巨螯蟹是如何繁殖的

这些生活在深海的甘氏巨螯蟹只有在繁殖的季节才会到浅海来。每年的初春时节是甘氏巨螯蟹们交配的季节，它们会花大部分时间留在浅水区域，不过它们交配的行为很少被人们观测到。到了繁殖季节，一只雌蟹会产出150万颗卵，卵大约10天之后孵化成幼体。虽然数量庞大，但只有少数幼体能够存活下来并最终发育成成年巨螯蟹。

最大的螃蟹有多大

甘氏巨螯蟹是世界上最大的螃蟹，也是现存最大的甲壳动物。它们身体就像篮球一样大，展开脚以后，体长能达到4米以上，就像一辆小汽车那样长。如此巨大的螃蟹，也就只有在浩瀚的海底能有一个安身之所了。

海·洋·生·命

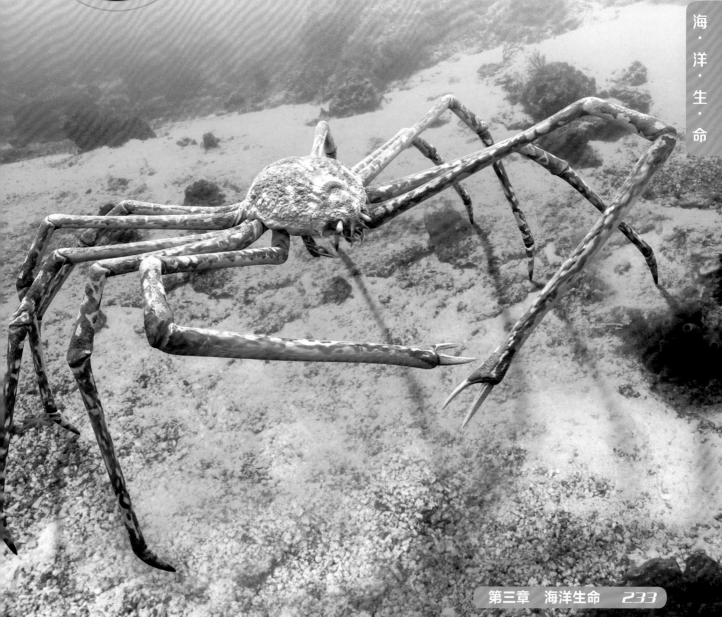

龙虾

　　在热带、亚热带珊瑚和礁石丰富的海域，生活着各种美丽的生物，其中最威武的，可能就要数龙虾了。龙虾们披着坚硬的外壳，头上挥舞着两条长长的带刺的触角，仿佛在向其他生物示威。当遇到危险的时候，它们会通过触角与外骨骼之间摩擦发出一种尖锐的摩擦音来把对手吓走。龙虾的泳足除了可以游泳还可以用来保护自己的卵，雌性龙虾的腹部可以携带 100 万颗卵。龙虾的成长需要经历数次蜕皮的过程，生长周期在 10 年以上。

棘刺龙虾

体长	约 60 厘米
食性	肉食性
分类	十足目龙虾科
特征	身体表面有小刺，触角又粗又长

历尽艰辛的成长历程

　　龙虾从卵孵化之后，叫作叶形幼体。经过十多次的蜕皮，它们才会告别叶形幼体的状态，变成小小的龙虾模样。这个简单的蜕变要经历10个月的漫长时光，这时的幼虾体长约3厘米，整个身体看上去像是透明的。它还要经历数次蜕皮，每年体长会增长3～5厘米，从幼虾长到成年龙虾大约需要10年的时间。这是一个相当长的成长周期。

龙虾的日常生活

　　龙虾只喜欢在夜间活动，它们喜欢群居，有时会成群结队地在海底迁徙。它们大多数时候并不活泼，很安静，喜欢藏身于礁石和珊瑚丛里，有猎物经过的时候才会扑出来捕食。龙虾的食物以贝类和螺类为主。

海·洋·生·命

螺与贝

　　漫步在海边的沙滩上，我们最常见到的就是色彩和形状各异、大小不一的海螺和贝壳。螺与贝是海边最常见的生物，它们都属于软体动物。因为美丽的颜色和复杂多变的外形，螺和贝自古以来就是人们钟爱的收藏品。可以说，被潮水留在沙滩上的各种漂亮的贝壳，就像是一颗颗瑰丽的宝石。

　　螺和贝所属的软体动物是一个庞大的家族，在自然界中它们的物种数量仅次于节肢动物，约有10万种。这一家族的动物从寒武纪时期就出现在地球上了，直到现在依然非常繁盛。

美丽的珍珠是如何形成的

　　在贝壳最里面那一层最光亮的部分叫作珍珠层。有异物进入贝壳与外套膜之间会刺激外套膜不断地分泌珍珠质将异物包裹起来，使其圆滑，形成光彩夺目的珍珠。人工育珠就是利用这个原理，利用人工将一些珍珠核（通常由珍珠贝的壳制成）植入珍珠贝的外套膜中，让外套膜受刺激不断地分泌珍珠质，形成珍珠。由于珍珠质是一层一层分泌出来的，所以受到包裹的珍珠核也会逐渐变大，最终变成圆润的珍珠。

双壳纲（贝类）	
移动方式	依靠斧足挖掘泥沙，或附着在岩石等物体上不进行移动，个别种类依靠贝壳扇动水流进行游泳
特　征	由两片可以闭合的外壳组成，头部退化

听说海螺里会有大海的声音

浪漫的童话故事告诉我们，只要把海螺壳放在耳朵旁边就能听到大海的声音，其实这是一个广为流传的谬误。海螺里听到的声音既不是大海的声音也不是血液循环的声音，而是生活中的白噪声。我们平时被各种声音包围，这些固定频率的背景音被称为白噪声。当我们将海螺这种密闭的空间靠近耳朵时，有些声音会被放大，有些则会被降低，从而形成了一种新的感受，这就是我们在海螺里听到的不一样的声音。

腹足纲（螺、蜗牛、蛞蝓等）	
移动方式	大多利用腹足爬行
特　　征	有一个螺旋形的贝壳, 有些种类贝壳退化

海兔

　　温暖的热带海域水流清澈，海藻丛生，海洋中的动物们都被丰富的养料滋润着，可爱的海兔非常喜欢生活在这里。海兔也叫"海蛞蝓"，是一种软体动物，它们的贝壳已经退化成内壳，因其头上有一对触角很像兔耳而得名。

　　海兔的身体表面光滑，带有许多凸起，配合着艳丽的色彩和各式花纹，就像是水中跳跃的精灵，俏皮可爱。海兔的身体颜色与它们体内共生的虫黄藻有关，也与它的食物有关系。如果遇到了难对付的攻击者，海兔就会引诱攻击者咬自己身上的乳突，因为乳突是可以再生的，而且乳突中的分泌物会让攻击者不再来攻击它们。由于海兔美丽又可爱，许多人喜欢把它们当作宠物来饲养在水族箱里。

海兔	
体长	约 10 厘米
食性	肉食性
分类	后鳃目海兔科
特征	两对触角突出如兔耳

雌雄同体

    海兔是雌雄同体的生物，每只海兔身上都有雌雄两套生殖器官。它们的交配方式也很特殊，在交配时，一只海兔的雄性器官与另一只海兔的雌性器官交配，一段时间以后，彼此交换性器官再进行交配，这种繁殖方式在动物界是很少见的。它们通常几只或十几只为一群，成群交配，时间可以长达数天之久。

有毒的海兔

    有些海兔是带有毒素的。1970年，在太平洋的斐济岛，曾发生一起摄食截尾海兔导致2人食物中毒的事件，这是海兔引起人类食物中毒的首次报道。海兔毒素是海洋生物毒素之一，毒素是在长尾背肛海兔的消化腺中被发现的。还有一些海兔的皮肤和分泌物也含有毒素，这也是它们用来防御的武器。

乌贼

　　乌贼又叫"墨鱼"，它们在世界的各大洋中都有分布，在深海和浅海都有它们的身影。乌贼和鱿鱼、章鱼、鹦鹉螺一样，都属于海洋软体动物，它们不是鱼类。

　　乌贼分为头、足和躯干三部分。头前端是口，口的四周有五对腕，眼睛位于头的两侧。它们的躯干里面有一个石灰质的硬鞘，这是乌贼已经退化了的外壳。在乌贼的腹中有一个墨囊，里面储存着漆黑的汁液，遇到危险时迅速地将墨汁喷出，使周围的海水变得一片漆黑，它们便趁机逃脱。

曼氏无针乌贼

体长	10～20 厘米
食性	肉食性
分类	乌贼目乌贼科
特征	身体呈长圆形,体内有一块硬质骨骼

乌贼吃什么

有些乌贼生活在深海，稳定的肌红蛋白是其生存的必备要素。虾青素是高强度的抗氧化剂，能够保证肌红蛋白的稳定性，因此乌贼主要捕食甲壳类、小鱼、小虾或其他软体动物，从这些小动物身上摄取虾青素。为了争夺食物，有的大型乌贼甚至会从体形庞大的抹香鲸嘴里抢食。

乌贼的药用价值

乌贼具有较高的药用价值。乌贼含有糖类和维生素A、B族维生素、钙、磷、铁等人体必需的物质，有很好的滋补作用。它们的硬骨被叫作"海螵蛸"，是一味中药。乌贼的墨汁中含有一种黏多糖，对小鼠具有一定的抗癌作用。

章鱼

　　在危机四伏的海洋世界里，想要生存下去可不是一件容易的事。章鱼家族凭借着它们独特的聪明头脑在海底悠闲地生活着。章鱼是海洋中的一类软体动物，它们的身体呈卵圆形，头上长着大大的眼睛，最特别的是头上生出8条可以伸缩的腕，每条腕上都有两排肉乎乎的吸盘，这些吸盘能够帮助它们爬行、捕猎以及抓住其他东西。章鱼身为软体动物，浑身上下最硬的地方就是牙齿了，它们口中有一对尖锐的角质腭及锉状的齿舌，可以钻破贝壳取食其肉。除了贝壳，它们也吃虾、蟹等。

扫一扫画面，小动物就可以出现啦！

章鱼会变色吗

　　这个答案是肯定的。章鱼的皮肤表面分布着许多色素细胞，每个细胞中都含有一种天然色素，包括黄色、红色、棕色或黑色。当章鱼将这些色素细胞收紧时，颜色就展现出来了。它们可以收缩同一种色素细胞来变换颜色，从而躲避掠食者，这在水下是一种很好的伪装。

章鱼	
体长	大小不一
食性	肉食性
分类	八腕目章鱼科
特征	有8条腕，头部有比较大的眼睛

章鱼的墨汁

　　为了逃避天敌的追杀，动物们的逃跑技能可谓五花八门。章鱼将水吸入外套膜用来呼吸，在受到惊吓时它们会从体管喷出一股强劲的水流，帮助其快速逃离。如果遇到危险，它们还会喷出类似墨汁颜色的物质，就像是扔了个烟幕弹，用来迷惑敌人。有些种类的章鱼喷出的墨汁还带有麻痹作用，能够麻痹敌人的感觉器官，自己则趁机逃跑。

令人吃惊的高智商

　　章鱼有三个心脏与两个记忆系统。其中一个记忆系统掌控大脑，另一个与吸盘相连。它们复杂的大脑中有5亿个神经元，身上还具备许多敏感的感受器，这些复杂的构造使章鱼具备高于其他动物的智商。经过试验研究发现，章鱼具有独自学习的能力，还具备独自解决复杂问题的思维。作为一种无脊椎动物，章鱼的智商令人十分吃惊。

海·洋·生·命

水母

　　水母属于刺胞动物门，是一种古老的生物，早在 6.5 亿年前就已经存在于地球上了。水母遍布于世界各地的海洋之中，比恐龙出现得还要早。水母通体透明，主要成分是水。它们的外形就像一把透明的伞，根据种类不同，伞状的头部直径最长可达 2 米。头部边缘长有一排须状的触手，触手最长可达 30 米。水母透明的身体由两层胚体组成，中间填充着很厚的中胶层，让身体能够在水中漂浮。它们在游动时，体内会喷出水来，利用喷水的力量前进。有些水母带有花纹，在蓝色海洋的映衬下，就像穿着各式各样的漂亮裙子，在水中跳着优美的舞蹈，灵动又美丽。

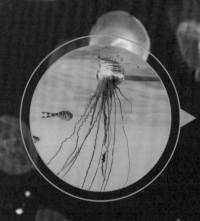

可怕的水母也有朋友吗

　　就像犀牛有犀牛鸟一样，在浩瀚的海洋中，水母也有它们的好朋友。它们是一种被叫作小牧鱼的双鳍鲳，体长不到 7 厘米，小巧灵活，能够在大型水母的毒丝下自由来去。小牧鱼将水母当作保护伞，遇到大鱼就躲到水母的毒丝中，不仅保护了自己，还为水母引来了大量的猎物，从而吃到水母留下的残渣，一举两得。

水母	
体长	大小不一
食性	肉食性
分类	钵水母纲
特征	身体分为伞部和口腕部两个部分

软绵绵没有牙齿，水母吃什么

　　水母属于肉食性动物，主要以水中的小型生物为食，如小型甲壳类、多毛类或小的鱼。水母虽然长得温柔，但是发现猎物后，从来不会手下留情。它们伸长触手并放出丝囊将猎物缠绕、麻痹，然后送进口中。水母口中分泌的黏液可以将食物送进胃腔，胃腔中有大量的刺细胞和腺细胞，它们将猎物杀死并消化，消化后的营养物质通过各种管道送到全身，未消化的食物残渣从口排出。

海·洋·生·命

海葵

　　海葵是中国滨海地区最常见的生物之一，其外表形似一朵艳丽的花，是一种无脊椎的腔肠动物。海葵结构简单，有捕食的能力。它们捕食的范围很广，包括是其他软体动物、甲壳类动物等。海葵喜欢独居，也会与生物产生斗争，能产生毒素，能够很好地保护自己。海葵为单体的两胚层动物，无外骨骼，形态、颜色各异，通常身长2.5～10厘米，有一些甚至可长到180厘米。其辐射对称，桶型躯干，上端有一个开口，开口旁边有触手，触手起保护作用，上面布有微小的倒刺，可以抓紧食物。

构造简单

　　海葵构造十分简单，它没有其他动物的基本构造，连最低级的大脑结构也没有，所以没有攻击性，常常会依靠别的生物。

海葵	
体长	大小不一
食性	杂食性
分类	珊瑚虫纲六放珊瑚亚纲海葵目
特征	外表形似一朵花，软而美丽

长寿

　　海葵的寿命很长，大大超过了具有百年寿命的海龟以及珊瑚等，是世界上最长寿的海洋生物，可谓是真正的长寿者。据科学家研究发现，其寿命可以达到1500～2000岁。

有毒性

　　海葵结构很简单，行动缓慢，身上有很多条触手，其触手上存在一种特殊的带刺的细胞，会释放毒性物质。触手主要起的是保护作用，也可以用于捕食。

珊瑚

　　珊瑚是海底常见的生物，也是被人们所熟知的海底生物之一，常存在于温度高的海底。珊瑚形态多呈树枝状，上面有纵条纹，每个单体珊瑚横断面有同心圆状和放射状条纹，颜色一般呈白色，也有少量蓝色和黑色。珊瑚不仅颜色鲜艳美丽，还可以做装饰品，珊瑚是幼体的珊瑚虫所分泌出的外壳，常以集合体的形式出现。

美丽外表

　　珊瑚有着其他动物不一样的外形，其外形像一样能自由飘动的花草树木一样。而且颜色鲜艳而美丽，可以有不同的颜色，以白色的珊瑚最为常见。

珊瑚	
体长	大小不一
食性	杂食性
分类	珊瑚纲珊瑚目
特征	单个珊瑚放射状条纹，形状像树枝一样，颜色一般为白色

喜爱高温度

    珊瑚喜爱温度在20℃以上的地区，所以常分布于赤道附近的地区的海底的一两百米内。因为它是无脊椎动物，所以珊瑚喜欢在接近热带的海洋里自由飘摇。

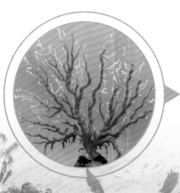

利用价值高

    由于珊瑚有非常好看的外表以及鲜艳的颜色，所以经常被用于工艺品以及装饰品的加工。不仅如此，珊瑚有着很高的药物利用价值，可以作为药物的原材料，治疗疾病，其药物利用价值无可取代。

海·洋·生·命

海星

　　《海绵宝宝》中憨厚的派大星给人们留下了深刻的印象。现实中的海星是一种棘皮动物，身体扁平，通常有 5 条腕，有的特殊种类则多达 50 条腕，在腕下还长有密密麻麻的管足。海星的整个身体是由许多钙质骨板和结缔组织结合而成的，体表有凸出的棘。每只海星的颜色都不相同。大多数海星是雌雄异体，在腕的基部有生殖腺。有些海星会将生殖细胞释放到海水中，另外一些成年海星则会守护着它们的卵直到卵孵化成幼体海星。海星的幼体经过一段时间的浮游生活之后，会发育成成年海星的样子沉到海底生活。还有一小部分海星属于雌雄同体，雄性先成熟，年龄大了变成雌性。

可爱却凶残的捕食者

　　肉食动物往往给人以凶残的印象，很难想象可爱又懒惰的海星竟然是肉食动物。看上去懒洋洋、慢吞吞的海星不像鱼类那样灵活，它们所捕食的对象也是一些行动缓慢的海洋生物，比如贝类、螺类和海胆等。它们会慢慢靠近贝类，用腕上的管足固定住它们，然后将猎物的两片贝壳拉开，并将胃从口中翻出伸进贝壳里，接下来分泌消化酶，将猎物溶解吸收。

海星只有 5 个角吗

    我们最常见的海星有5条腕，但其实海星不全是5条腕的，有一些海星有6~10条腕，或者更多。因为海星属于棘皮动物门，这一门类具有五辐射对称性。它们的祖先曾是左右对称的，海星的幼体也是左右对称的，后来才长出了5条腕。许多较为固定的海洋生物都演化出了辐射对称，这也是与它们的生活环境相适应的结果。

神奇的再生能力

    海星具有强大的再生能力，如果把它撕成几块扔进海里，它的每一块碎片都能再长成一个完整的新海星。海星失去腕、体盘以后都能够再生，截肢对于它们来说只是小事一桩。科学家发现在海星受伤以后，其体内的后备细胞将自动激活，这些细胞可以通过分裂和分化与其他组织合作，重新生长出缺失的部分。

海星	
体长	15 ~ 30 厘米
食性	肉食性
分类	多棘目海星科
特征	身体颜色多样，有细小的棘

第四章

两栖和爬行动物

墨西哥钝口螈

　　野生墨西哥钝口螈分布在墨西哥，它们有光滑的身体和三对明显的外鳃，宽大的脑袋上长了两个小眼睛，很是可爱。这种两栖类的小精灵姿态优美，表情天真，呆呆的样子很惹人喜爱，于是它就成了宠物界的小明星。那些漂亮的白色墨西哥钝口螈都是饲养者精心选育的结果，其实野生的墨西哥钝口螈很少有白色的体色。1863年，有一只白化的雄性钝口螈被运到巴黎植物园，它就是如今所有白化品种的老祖宗了。还有一些白化的变种，都是通过和白化虎蝾螈杂交而来。迄今为止，人们已经培育出了许多种颜色和花纹的墨西哥钝口螈。

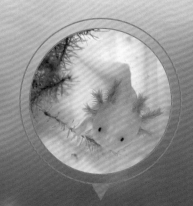

不想长大的钝口螈

　　通常情况下两栖类动物会经历一次完全变态的过程，它们在幼年时就像蝌蚪一样在水中生活，这个时期的它们具备外鳃，用外鳃在水中呼吸。经过一段时间的发育，外鳃消失，形成内鳃，再经过一段时间，逐渐长出四肢，肺也发育完全，最后用肺代替鳃呼吸，登上陆地生活。而墨西哥钝口螈是一种特殊的存在，它们不具备变态过程，外鳃也不会退化消失，更不会离开水生活，它们具有幼态延续的特征。

为什么叫"六角恐龙"

墨西哥钝口螈又叫"六角恐龙"。为什么人们会给它们取一个这样的名字呢？这是因为在它们扁平的头部两侧分布着六根羽状的粉红色外鳃，这些鳃看起来很像龙的犄角，因此被大家叫作"六角恐龙"。其实它们的鳃部皮肤是透明的，呈现出的粉红色是血液流动的颜色，如果它们的鳃部颜色变深甚至萎缩，则说明水质可能出了问题，需要换水了。

特别的宠物

人们饲养墨西哥钝口螈已经有150年的历史，是北美洲乃至世界范围内最常见的宠物之一。墨西哥钝口螈在20世纪80年代被引入日本，人们根据它奇特的叫声为它取名为"鸣帕鲁帕"。它们是一种对人畜无害的宠物，最好不要和鱼、龟混养，不然它娇嫩的皮肤很容易遭到其他动物的啃食。墨西哥钝口螈最爱吃红线虫，但是它们肠胃不好，所以一次也不能吃太多。作为宠物，墨西哥钝口螈怕热不怕冷，如果夏天天气太热还需要为它们降温，是不是很特别？

两·栖·和·爬·行·动·物

墨西哥钝口螈	
体长	25～30 厘米
食性	杂食性
分类	有尾目钝口螈科
特征	头两侧有三对鳃，肢和足甚小，但尾很长

冠欧螈

    冠欧螈是一种长相奇特的两栖类动物。它们身体细长，最大可以长到18厘米。它们皮肤表面粗糙，背部通常呈深棕色或黑色，还有些种类身体两侧会有白色的带状斑点，黄色的腹部上也长着黑斑。到了繁殖季节，雄性冠欧螈就会大变身，从它们的背部会长出高耸的背脊，尾巴两侧也会有白色闪亮的带状纹路。这种神奇的生物主要生活在多瑙河流经的罗马尼亚地区。你有可能在多瑙河平原或是提萨河沿岸低地发现它的踪影。

繁殖期的它们有何不同

    冠欧螈通常在春天进入繁殖期，在交配的季节雄性总要与平时有区别才能吸引雌性的注意。在繁殖期，雄性的背脊开始凸起，从额头至尾尖，凸起的背脊是不规则的锯齿状。背脊上还带有棕色和黑色的斑点。即便不是在繁殖期，冠欧螈的雄性个体也要比雌性个体好看。雌性通常灰灰的，并不怎么吸引人。除此之外，雄性在尾部还会出现一条白蓝色带有珍珠光泽的条纹，极具观赏性。

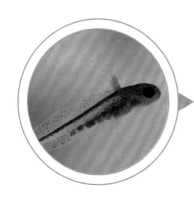

如何发育

　　任何动物的成长都是在不断地突破一道道关卡，冠欧螈的幼体相对来说有着健壮的构造，这也来源于它们的艰辛蜕变。冠欧螈由一颗受精卵发育而来，如果发育不好就会成为死胎。经过15天的发育，幼体就可以破卵而出了。这时它们的前肢还没有长出来，只能用脸颊来保持平衡。发育到第24天，它们的外鳃会变得成熟，眼睛和四肢逐渐形成，消化系统也逐渐形成，出现吞咽行为。发育到第28天的时候平衡肢基本消失，到了第31天，前肢发育完全，这就是冠欧螈幼体的样子。

两·栖·和·爬·行·动·物

冠欧螈

体长	14～18厘米
食性	肉食性
分类	有尾目蝾螈科
特征	背上长有背鳍，尾巴较长

树蛙

　　树蛙可爱极了，就像它们的名字那样，它们是一群生活在树上的绿色的小家伙。它们成年以后基本都会在树上生活，有些种类也会栖息在低矮的灌木或草丛中。树蛙的身体稍扁，四肢细长，指、趾末端带有大吸盘，吸盘腹面呈肉垫状。指、趾间有发达的蹼，可以帮助它们在空中滑翔，很适合树蛙的树栖生活。树蛙的外形、生活习性和雨蛙属很像，但是它们之间并没有亲缘关系。

树蛙有毒吗

　　树蛙一般分为红眼树蛙、斑腿树蛙、红蹼树蛙等。它们通常都具有较强的自愈能力，皮肤表面都带有轻微的毒素，但是它们的毒性都不大，对人类几乎没什么危害，最多对皮肤敏感的人有些轻微的影响，所以我们是不用很害怕树蛙的。

树蛙和青蛙的区别

　　树蛙和青蛙都有绿绿的皮肤，大大的眼睛，长相非常相似。它们两个有什么区别呢？我们要如何区分它们？其中最重要的一点就是树蛙和青蛙的居住环境不同！树蛙常年生活在树上，偶尔也会回到陆地上居住。青蛙不会在树上居住，它们通常生活在水里和陆地上。

马拉巴尔树蛙

体长	约 10 厘米
食性	肉食性
分类	无尾目树蛙科
特征	脚部有吸盘，可以攀附在树皮和枝叶上

箭毒蛙

　　这多姿多彩的大千世界总是让我们感叹造物者的神奇。箭毒蛙绝对是这个世界上奇特的存在。它们外表美丽却身怀剧毒，披着色彩艳丽的衣裳，似乎在炫耀自己的美丽，又仿佛在述说着自己的可怕。除了人类以外，箭毒蛙几乎再没有别的敌人。自然界中的食物是箭毒蛙毒性的主要来源，例如毒树皮或者毒昆虫，毒蜘蛛也是其中之一。食物中的毒性会被箭毒蛙吸收并转化为自身的毒液，所以野生箭毒蛙的毒性是很强的。

草莓箭毒蛙	
体长	15～22 毫米
食性	肉食性
分类	无尾目箭毒蛙科
特征	身体呈艳丽的红色和黄色，腿部为钴蓝色

小身体，大毒素

箭毒蛙的体形大多很小很小，一般都不超过5厘米，但是身上的毒素却不容小觑。曾有科学家在南美研究箭毒蛙的时候，亲身感受到了箭毒蛙的厉害。当时他在丛林里解剖一只小小的箭毒蛙，不小心划破了手指。他赶快挤压伤口，阻断血液循环并吸吮伤部，但仍感到胸口很闷，觉得自己就要死了。经过了两小时，他才慢慢有了好转。好在处理得及时，不然真的会有生命危险。

双亲抚育策略

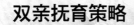

世界上的任何一种生物都摆脱不了一项艰巨的使命，那就是繁衍后代。在漫长的演化过程中，不同的物种形成了适合自己的繁衍模式，这使它们生生不息地生存在大自然中。箭毒蛙也形成了独具特色的亲代抚育策略，它们是称职的父母，不像其他蛙类那样产下大量的卵后就扬长而去。箭毒蛙是不会抛弃自己的后代不管的，并由雌雄双方共同抚育，一夫一妻制的配偶关系会持续整个繁殖期。

林蛙

  林蛙在蛙类中是具有一定地位的，称得上是个名贵品种。林蛙又被称为"哈士蟆""雪蛤"，分布于中国东北地区。它们四肢细长，行动敏捷，跳跃能力极强。它们背部呈土黄色，凸起部位分布有黑色斑点，头部两侧有褐色三角形斑纹，两只后腿上也分布有黑褐色横纹，显得大腿健壮有力。林蛙通常生活在湿润阴凉的环境中，以各种昆虫为食。林蛙的一生分为两个阶段，前半生生活在水中，后半生生活在陆地上，到了九、十月份它们会进入冬眠期，这时会待在安全的地方等待春天的到来。

林蛙油

　　因为林蛙冬天会在冰封的河流、雪地下冬眠100多天，所以又被称为雪蛤。在东北，林蛙是非常珍贵的蛙种。林蛙油取自雌性林蛙身上的输卵管，经过晒干、提取等特殊技术处理加工而成，形态和脂肪很像，主要成分包括游离氨基酸和动物激素等。林蛙油营养价值很高，是上等的补品。林蛙油干需要经过浸泡以后才能食用，浸泡以后颜色雪白，形态膨大，质感松软。

两·栖·和·爬·行·动·物

黑龙江林蛙

体长	4~6厘米
食性	肉食性
分类	无尾目蛙科
特征	眼部后面有黑色的斑纹

中华大蟾蜍

中华大蟾蜍这个名字听起来很洋气，其实它们就是人们常常看到的"癞蛤蟆"！它们身体呈深棕色，皮肤粗糙，皮肤上长有圆形疣粒，圆圆的大眼睛向外突出，对于活动的物体非常敏感，分叉的舌头随时可以吐出来捕捉猎物。中华大蟾蜍分布广泛，适应能力强，能够生活在不同海拔的各种环境中。它们性情温顺，行动迟缓，多栖息在草丛、石下、土穴中，天黑以后才出来觅食。中华大蟾蜍的食性很杂，捕食各种昆虫，有时还吃活的小动物，甚至是小蛇都不放过。在秋冬季节，中华大蟾蜍会躲起来冬眠，次年的惊蛰时分再出来活动。

中华大蟾蜍

体长	10 厘米以上
食性	肉食性
分类	无尾目蟾蜍科
特征	身体表面有很多疣状物，耳后的毒腺能分泌毒液

有毒的皮肤

中华大蟾蜍全身呈深褐色，皮肤表面布满了疣粒，非常粗糙，让人看了以后不愿意接近。它们是民间所说的"五毒"之一，耳朵后部长着一对耳后腺，那是它们分泌毒液的地方，它们的皮肤腺也可以分泌毒液。其毒性直达心脏和神经系统，可致命。虽然中华大蟾蜍身带可怕的剧毒，但是它们性情温和，是不会随便放毒的。

两·栖·和·爬·行·动·物

眼镜蛇

　　毒蛇是长相恐怖又带有毒素的生物，让人又惧又怕。眼镜蛇是其中最让人感到恐怖的毒蛇。眼镜蛇分布较广，在热带和亚热带区域至少生存着25种眼镜蛇，其中有10种可以直接向猎物眼睛中喷射毒液，导致猎物失明，绝对是丛林中最凶狠的捕猎者。眼镜蛇上颌骨较短，前端具有沟牙，能够喷射毒液。即使牙齿被拔掉，也会重新长出来。它们喜欢生活在平原、丘陵、山区的灌木丛或竹林里，也会出现在住宅区附近。它们的食性很广泛，蛇、蛙、鱼、鸟都是它们捕食的对象。

致命的眼镜蛇

　　眼镜蛇具有可怕的毒素，让人感到非常恐惧。眼镜蛇每次释放毒素之前都会做出很明显的动作。它们会将身体前段竖立起来，同时收紧颈部，使两侧颈部膨胀，并且发出"呼呼"的声音。眼镜蛇咬住猎豹，它们会从牙齿注射毒液，麻痹猎物的神经系统，使猎物马上毙命。

舟山眼镜蛇

体长	100～200厘米
食性	肉食性
分类	有鳞目眼镜蛇科
特征	颈部的肋骨可以张开形成一个类似扇子的结构，上面有类似眼镜的花纹

蛇蜕是什么

　　蛇蜕就是蛇在蜕皮时脱下的皮。这种自然蜕皮的能力被人们神化，人们认为这相当于一次重生。在蜕皮时，蛇的外层皮肤会脱落，留下一层薄薄的蛇蜕，蛇蜕上面还可以清晰地看到鳞片的印记。蜕皮后的眼镜蛇浑身泛光，就像擦了一层油。进行一次蜕皮之后，在短期都不会再次蜕皮，直到受到化学或者其他生理因素的影响才会再次蜕皮。

扫一扫

扫一扫画面，小动物就可以出现啦！

两·栖·和·爬·行·动·物

响尾蛇

　　在沙漠中那些被风吹过的松沙地区，常常会听到"沙沙"的声音，那也许不是沙子的声音，而是响尾蛇在附近游荡。响尾蛇的尾部通过振荡可以发出响亮的声音，因为这样它们被人们称为响尾蛇。响尾蛇的大小不一，主要分布在加拿大至南美洲一带的干旱地区。它们主要以其他小型啮齿类动物为食，是沙漠中可怕的杀手。响尾蛇的毒素可以致命，即使是死去的响尾蛇也同样存在危险。响尾蛇有时也会攻击人类，美国是遭受响尾蛇攻击人数最多的国家。人们因为它们的攻击而进行屠杀，简单地屠杀不是最好的办法，而是应该加强对响尾蛇的研究与保护。

毒液

　　所有的响尾蛇都有毒，但是它们的毒液不会对它们自身造成伤害，即使咽下去，也不会中毒。不过在其他动物身上就没有那么幸运了，响尾蛇的毒性很强，它们属于管牙类毒蛇，主要通过牙齿注射毒素。被注入毒液的猎物很快就会晕厥、死亡。

菱背响尾蛇

体长	超过 200 厘米
食性	肉食性
分类	有鳞目蝰蛇科
特征	尾巴上有一个能发出声音的角质环，背部有菱形花纹

会发声的尾巴

　　响尾蛇的尾巴是自身的警报系统，当危险来临，响尾蛇的尾部会发出"沙沙"的响声，那是大自然中最原始的声音。它们尾巴的尖端长着一种角质环，环内部中空，就像是一个空气振荡器，当它们不断摆动尾巴的时候就会发出响声，这样摆动尾巴并不会消耗它们很多的体力。

两·栖·和·爬·行·动·物

竹叶青蛇

　　在海拔150～200米的山区树林里，躲藏着一种树栖蛇，它们被叫作竹叶青蛇。竹叶青蛇浑身翠绿的颜色让你很难在树丛中发现它们，它们两只眼睛的瞳孔呈红色，远远看去就像是翡翠上点缀了两颗红宝石。它们喜欢将自己的身体缠绕在溪边的小乔木上，姿态优美，仿佛是在跳舞。竹叶青蛇的食量很大，各种蛙、蝌蚪、蜥蜴、鸟和小型哺乳动物都会成为它们的盘中餐。长长的管牙标志着它们身带毒液，虽然毒性不大，但也足够保护自己了。

福建竹叶青蛇

体长	约75厘米
食性	肉食性
分类	有鳞目蝰科
特征	全身翠绿，尾巴为红色

翠青蛇和竹叶青蛇的区别

竹叶青蛇和翠青蛇都是绿色的蛇，它们都在树上栖息，利用绿色的树叶作为自己的保护伞，看起来特别相似，那么我们要如何区分它们呢？翠青蛇体形要比竹叶青蛇体形大；竹叶青蛇有个三角形的大头，头顶有细小的鳞片，翠青蛇头呈椭圆形，头部鳞片要比竹叶青蛇大；竹叶青蛇有两只小小的眼睛，瞳孔呈红色椭圆形，翠青蛇眼睛很大，瞳孔呈黑色；竹叶青蛇的尾部较短，而翠青蛇的尾部细长。只要仔细观察，我们就可以发现它们之间细微的差别。

翠青蛇

竹叶青蛇

两·栖·和·爬·行·动·物

海蛇

　　海蛇和陆地上的蛇原本是一家。在很久很久以前，地球上的自然环境发生了变化，形成了大陆和海洋相分离的格局，一部分蛇回到了海洋中生活，成了现在的海蛇。长时间的海洋生活，让海蛇发生了一些变化：海蛇的皮肤较厚而且布满了鲜艳的花纹；海蛇的牙齿要比陆地上的蛇类短小；它们的肺很长，能够储存空气来控制身体的潜浮；最为明显的就是，它们的尾巴不再是细尖的，而是变成了船桨的模样。海蛇的这些变化让它们非常适应海底的生活，它们可以自由地穿梭于海底的珊瑚之间，在傍晚和夜间它们也会到海面上来透透气。不过海蛇到海面上还是有风险的，它们要格外小心在海面猎食的海鸟。

扫一扫

扫一扫画面，小动物就可以出现啦！

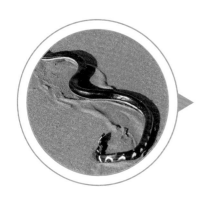

海蛇有天敌吗

虽然海蛇的毒素是动物毒素中最强的，但是并不代表它们在自然界中是最强的动物。尽管有剧毒防御，但海蛇还是会遭到天敌的捕食。比如翱翔在水面上方的各种肉食海鸟，它们一旦发现有海蛇在水面活动，就会俯冲下来将海蛇吃掉，离开了水的海蛇毫无反抗能力。除了天上飞的，还有水里游的庞然大物，例如鲨鱼也是海蛇的天敌，即使在水里海蛇也很难逃脱。

海蛇在水中如何寻找猎物

在陆地上生活的蛇，可以通过不同的感官来感受周围的猎物，通常它们会用舌头感知空气中的分子，会用颊窝感知温度，下颌可以感受到来自地面的震动，但是在海中生活的海蛇要如何寻找猎物呢？在水中，海蛇的舌头依然是灵敏的感受器官，它们也可以通过颊窝和嗅觉来寻找猎物。海蛇的猎物种类繁多，它们会根据自己的体形来选择猎物，脖子细长的海蛇会捕捉洞穴中的鳗鲡，有些海蛇牙齿又细又少，它们通常以鱼卵为食。

长吻海蛇

体长	70 ~ 90 厘米
食性	肉食性
分类	有鳞目眼镜蛇科
特征	背部为黑色，腹部为黄色，尾巴侧扁

青环海蛇

　　青环海蛇又叫"海长虫"，喜欢生活在沿海地区，常存在于海洋或者浅水中，也可以藏在沙泥底部的浑水之中。青环海蛇常以蛇鳗为食，也会捕食海里其他的鱼。青环海蛇以卵胎繁衍，喜欢群居，经常多条集中在一起，喜欢光，如果在夜晚，用灯光来吸引它们，会捕捉到很多。

青环海蛇

体长	150～200 厘米
食性	肉食性
分类	有鳞目蛇亚目海蛇科
特征	身体细而长，身体形状呈偏圆形筒状，全身有黑色环形

释放毒性物质

　　青环海蛇能够分泌毒素，主要是神经毒素和肌肉毒素。它们的毒性非常强烈，甚至比陆地常见的毒蛇毒性还要大。一旦被它们咬伤，不管中毒的是人还是动物，都会因呼吸肌的麻痹而死亡。

潜水者

　　青环海蛇拥有潜水的能力。在浅水地区的，一般潜水时间短，而且在海面停留时间也短；而在深水地区的青环海蛇一般潜水时间较长，能潜水两三个小时。

王蛇

　　王蛇又被叫作"皇帝蛇"，它们分布于广袤的北美大陆。王蛇的种类有很多，相貌也大不相同，它们通常呈黑色或者黑褐色，身上布满各式各样的条纹，有黄色或者白色环纹、条纹，还有一些白化的品种带有罕见的图案。之所以被称为王蛇，是因为它们本身是无毒蛇，却捕食其他蛇，尤其是毒蛇，而且它们对毒素都是免疫的。加州王蛇是王蛇中最普遍的种类，它们的鳞片表面光滑并带有光泽，还有多变的颜色，非常漂亮，在美国的沙漠、沼泽地、农田、草原随处可见。

加州王蛇	
体长	60～120 厘米
食性	肉食性
分类	有鳞目黄颔蛇科
特征	身上有白色和黑色相间的环纹，无毒

牛奶蛇

在众多王蛇中有一种王蛇叫牛奶蛇，它们是一种无毒有益的王蛇，分布范围广。它们被称作牛奶蛇跟它们的颜色无关，而是来源于一个错误的传说。因为牛奶蛇经常出没在农场附近，被人误认为喜欢偷喝牛奶，就被叫成了牛奶蛇，其实它们是在捕捉老鼠和兔子。

温柔的王蛇

虽然王蛇的名字听上去地位崇高，但它们并不是凶狠无比的蛇，它们在蛇类中算是很温顺的种类。它们对生活环境的要求比较低，很少主动攻击人类，可以饲养、把玩。但是如果生命受到了威胁，它们也会绝地反击，有时会卷成球体并以排泄物喷向敌人。

两·栖·和·爬·行·动·物

希拉毒蜥

在美国西南部的洞穴深处居住着一种毒蜥蜴，它们就是希拉毒蜥。它们是这个地区唯一一种毒蜥蜴，也是这片土地上可怕的怪兽。希拉毒蜥的体长60厘米，体色较暗，它们身上的颜色和可怕的花纹用来警告猎物它们身带剧毒。希拉毒蜥有个大脑袋，体态臃肿，行动迟缓，但在捕捉猎物时却格外灵活。通常它们总是懒洋洋地待在洞穴里，依靠储存在尾巴中的能量度日，但在食物匮乏的时候它们还要到地面上补充体力。温暖的夜晚是它们出洞捕猎的最好时机，它们会捕食各种小型哺乳动物、鸟或者各种动物的卵。因为希拉毒蜥的视力较差，所以它们只好像蛇那样用分叉的舌头来探测周围的气味。

如何繁殖

　　希拉毒蜥想要顺利进入繁殖状态可急不得，它们需要准备一整个冬天。它们要经历漫长的冬眠期，如果不经历低温的洗礼它们多半无法正常繁殖。它们从冬眠中苏醒以后，就会马上交配，交配之后雌性毒蜥会将卵产在一个比较安全的洞穴中，每次可产下3～12颗卵。然后经过10个月漫长的孵化期它们才能成为幼蜥，成为幼蜥以后它们就要独立生存。希拉毒蜥是很长寿的，一般情况下可以活到30年以上。

强有力的下颚

　　毒素是希拉毒蜥第一大武器，除了毒素外，它们还有着强有力的下颚。它们的下颚不仅布满了毒牙和毒腺，还具有强大的咬合力。被毒蜥咬住以后，它们不但不会轻易松口，还会更加猛烈地啃咬，从而造成很严重的第二次创伤。

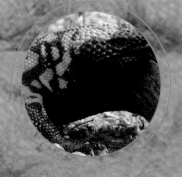

攀爬能手

　　希拉毒蜥常年生存在地下的洞穴中，只有觅食的时候才会到陆地上来。你一定想不到它还是个攀爬小能手吧，它们深藏不露，攀爬的功夫可是一流的。在野外它们不仅会下地打洞，还会爬到树上去捕食幼鸟或者鸟蛋。

希拉毒蜥

体长	约60厘米
食性	肉食性
分类	有鳞目毒蜥科
特征	身体上有黑白相间的花纹，具有毒性

巨蜥

　　巨蜥是现存蜥蜴中最大的种类，它们最大的体长可达300厘米。它们头部窄长，鼻孔靠近吻端，瞳孔呈圆形，长长的舌头尖端分叉，可以像蛇的舌头那样来回伸缩。巨蜥的皮肤粗糙，浑身布满了突起的圆形颗粒，身体背面呈黑色，有部分呈黄色，并且带有黑色斑点，样子很是可怕。它们主要生活在陆地上，常常在水源附近栖息。它们随时行动，不分昼夜，但是在清晨和傍晚活动较为频繁。别看它们身体庞大，行动却很灵活，攀爬和游泳全都不在话下。因此它们的食物也有很多种，比如水中的鱼，树上的鸟和鸟类的卵，还有地上爬的蛇、蛙、鼠等，偶尔也会捡食动物的尸体。

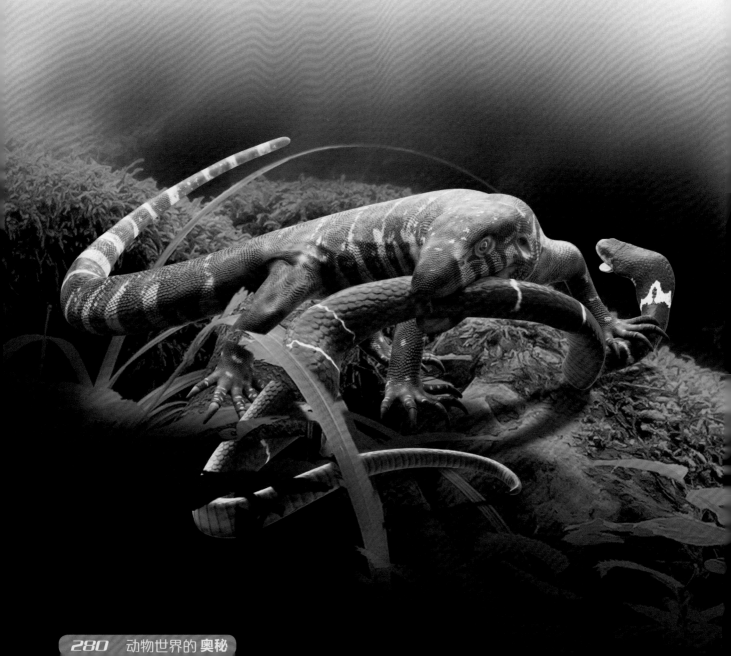

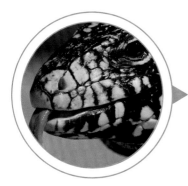

巨蜥之毒

　　大多数的蜥蜴并没有什么危险性，它们宁愿避开人类自己躲起来。但是如果不幸遇到了巨蜥，那就真的要小心了，被巨蜥咬伤不仅会失血过多还会中毒。巨蜥的口腔中有很多毒素，科学家曾在科莫多巨蜥的唾液中发现57种细菌。在被巨蜥咬伤时，它们口腔中的毒素会释放出来，被咬伤者会感染致命的细菌。

科莫多岛

　　科莫多岛与世隔绝，是一个古老而又神秘的岛屿。这里是巨蜥的天堂，体形最大的蜥蜴科莫多龙也生活在这里。这片岛屿的环境封闭，亿万年来它们都过着同样的生活，因此它们保留了最原始的相貌。岛上的生物种类很丰富，因此人类并没有列入巨蜥的食谱中，它们通常是不会主动攻击人类的。

尼罗巨蜥

体长	120～300厘米
食性	肉食性
分类	蜥蜴目巨蜥科
特征	身上有黄色的纹路，性情凶猛

两·栖·和·爬·行·动·物

壁虎

　　壁虎为了逃生会挣断自己的尾巴，那并不是在自寻死路，而是在保护自己。壁虎是蜥蜴目中的一种，它们又被称作"守宫""四脚蛇"等。它们的皮肤上排列着粒鳞，脚趾下方的皮肤带有黏性，可以贴在墙壁或者天花板上迅速爬行。它们喜欢生活在温暖的地区，广泛分布于热带和亚热带的国家和地区，在人们居住的地方总能见到它们的踪影。壁虎属于变温动物，冬季要躲起来冬眠，不然就会死去。壁虎经常昼伏夜出，白天在墙壁的缝隙中躲起来，晚上才出来活动，主要捕食蚊、蝇、飞蛾和蜘蛛等，绝对是有益无害的小动物。

大壁虎

体长	约35厘米
食性	肉食性
分类	蜥蜴目壁虎科
特征	足部有类似吸盘的结构，身上有红色和浅蓝色的斑点

小小的"肉垫"

  壁虎有五个脚趾，每个脚趾下面都有一个"肉垫"。"肉垫"由成千上万根刚毛组成，刚毛的顶端带有上百个毛茸茸的"小刷子"，有强大的吸附力。壁虎在墙壁上的每一步都是靠着脚下的"肉垫"行走，据说壁虎脚上的吸附力能够抓起自身重量上百倍的重物。

变色龙

　　大自然的奇妙让我们不止一次地发出感叹。在撒哈拉以南的非洲和马达加斯加岛上生活着变色龙这种神奇的生物。它们可以通过调节皮肤表面的纳米晶体，来改变光的折射从而改变身体表面的颜色，变色的技能可以让它们在不同环境下伪装自己。变色龙的身体呈长筒状，有个三角形的头，长长的尾巴在身体后方卷曲着。它们是树栖动物，卷曲的尾巴可以缠绕在树枝上。变色龙主要捕食各种昆虫，长长的带有黏液的舌头是它们捕食的利器，舌尖上产生的强大吸力几乎没有一种昆虫能够成功逃脱。变色龙的性格孤僻，除了繁殖期以外都是单独生活。

高冠变色龙

体长	最长可达60厘米
食性	肉食性
分类	蜥蜴目避役科
特征	头部有一个比较高的骨冠

特殊的技能

　　变色龙除了大家熟知的变色技能，还有动眼神功和吐舌绝活。变色龙的两只眼睛分布在头部两侧，眼睑发达，眼球能够分别转动360°，当它们左眼固定在一个方向时，右眼却可以环顾四面八方。它们的舌头很长，以至于在嘴里不能伸展，只能盘卷着。卷曲的舌头是它们捕猎的法宝，当猎物出现时，它们能够第一时间弹出自己的舌头，迅速将猎物卷进嘴里。

两·栖·和·爬·行·动·物

绿鬣蜥

　　绿鬣蜥一副高傲的样子，看起来并不温和，它们那竖起的背刺，碧绿的身体，无一不显示着它们的凶悍。但其实它们并没有人们想象的那样可怕，在美国它们还是比较受欢迎的爬行宠物之一。它们是个不折不扣的素食主义者，在它们的菜单中只包含植物类食物。虽然它们只吃素，却并不单调，在植物生长茂盛的地区，它们可以吃到超过100种植物的花、叶、果实，生活在巴拿马的绿鬣蜥一生独爱野生梅花。它们最喜欢的事就是懒洋洋地趴在树上晒太阳，就像是森林中的守望者。

绿鬣蜥的雄雌

　　蜥蜴看起来都是一个样子，许多人都想知道绿鬣蜥是雄还是雌，那么，绿鬣蜥的雄雌到底要如何分辨呢？在绿鬣蜥小的时候是很难从外表上分辨出它们的雄雌的，等到它们长大才能从外貌特征来分辨雄雌。我们可以从它们大腿上的股孔来区分，一般雄性的股孔要比雌性的大，而且雄性的股孔会分泌出较多的蜡状物。通常雄性会比雌性的面颊更宽阔，背部突起更加明显。

生活习性

　　绿鬣蜥属于树栖动物，它们一生中的大部分时间都是在树上度过的。它们喜欢潮湿高温地带，每天太阳升起后，它们就开始爬上高处寻找最佳的暴晒位置。它们觉得最舒适的温度是32～35℃，不能低于32℃，过低的温度会给它们带来危险。

绿鬣蜥	
体长	可长达 200 厘米
食性	植食性
分类	蜥蜴目避役科
特征	背部有一排脊刺，尾部有环状花纹

两·栖·和·爬·行·动·物

海鬣蜥

　　说到蜥蜴，你可能最先想到它们热带雨林或者沙漠里面的亲戚。不过你知道吗，在大海里，也有一种蜥蜴生活着，这就是海鬣蜥。海鬣蜥生活在加拉帕戈斯群岛的岩石海边，偶尔也能在沼泽和红树林一带见到它们。它们是世界上唯一一种能适应海洋生活的鬣蜥。海鬣蜥的移动速度是由它所处的环境决定的。在陆地上，海鬣蜥的动作非常缓慢，只能慢慢爬行，看上去显得很笨重，但是一进入到海洋里面，它们的表现跟陆地上真的是不可同日而语，有粗壮的尾巴为它们提供动力，使它们能够在海洋中灵活地游动。

扫一扫

扫一扫画面，小动物就可以出现啦！

头上有一顶"小帽子"

礁石上附着的海藻是海鬣蜥的美味，每天享受到这些美味的海鬣蜥会感到非常满足。但是海鬣蜥也有一个小麻烦，就是在它们食用海藻的时候会把一些海水也吃下去，造成它们体内的盐分超标。不过不用担心，海鬣蜥的鼻子和眼睛之间有盐腺，它们会把体内多余的盐分储存起来并且排出体外。有时候我们会看到海鬣蜥在打喷嚏，实际上它们是在排出盐分，而这些排出来的盐分会直接喷到它们的头顶上，凝结成一层白色的晶体，所以看起来像是戴着一顶白色的帽子一样。

吃一堑长一智

与其他动物一样，海鬣蜥也很有自我防范意识。但是这种意识的强烈与否取决它们本身是否经历过一些危险事件。没有经历过危险事件的海鬣蜥对人类或者其他的敌人的警戒程度较低，对危险信号的防范程度不高。但是经历过危险的海鬣蜥有着很高的警惕性，与入侵者的安全距离也会加长。值得一提的是，海鬣蜥还会对其他动物发出的警报做出相应的反应，这也是科学家们第一次发现这种现象。

两·栖·和·爬·行·动·物

海鬣蜥

体长	约 150 厘米
食性	植食性
分类	蜥蜴目美洲鬣蜥科
特征	身体呈黑褐色，头顶有盐的结晶

双冠蜥

　　双冠蜥身体颜色呈鲜艳的绿色，在皮肤上分布有浅蓝色或者黄色花斑，在所有背鳍蜥属中只有双冠蜥的体色是鲜绿色。它们的眼睛内有亮橙色的虹膜，远远看去就像是点缀在绿色翡翠上的宝石。它们的尾巴很长，长长的尾巴能够让它们在爬树和奔跑时保持平衡。双冠蜥拥有粗壮发达的后肢，它们通常用后肢在陆地上奔跑。双冠蜥是标准的热带雨林动物，因此它们喜欢高温潮湿的环境，通常栖息在河流附近的树木上，在尼加拉瓜、哥斯达黎加和巴拿马等地均有分布。

双冠蜥	
体长	约 90 厘米
食性	肉食性
分类	蜥蜴目冠蜥科
特征	头部有两个冠，背部有帆状结构

为什么叫双冠蜥

它们之所以叫双冠蜥是因为在它们的头上有冠状的骨质凸起，就像长了两只角。还有在雄性的双冠蜥背部中线处高高挺立着一排背鳍，就像扬起的风帆，向人们展示着雄风。

"水上漂"绝技

小小的双冠蜥有项独门绝技，那就是"水上漂"。它们是如何练就这项"神功"的呢？这都得益于双冠蜥独特的脚趾。双冠蜥的后腿上长着长长的脚趾，脚趾上的皮可以在水中展开，增加了脚趾与水面接触的表面积，然后以一定的速度摆腿，用力蹬水，在这过程中保持速度不变，那么水面就会产生小气涡，让它们不会沉入水中，能够在水面行走4米甚至更长的距离。

両·栖·和·爬·行·动·物

飞蜥

    飞蜥是蜥蜴中比较奇特的品种，它们分布于南亚和东南亚，其中菲律宾、马来西亚和印度尼西亚的品种最多。它们的头部长有发达的喉囊和三角形颈侧囊，体色多为灰色，常常生活在树上，以各种昆虫为食。飞蜥真的会飞吗？不，它们只会滑翔。飞蜥是蜥蜴界技艺高超的滑翔师，它们可以在仅仅下降2米的同时向前滑翔60米的距离。尾巴在"飞行"过程中起了重要的作用，它们利用尾巴在空中保持平衡和变换姿势，甚至实现空中大翻转。飞蜥对环境的适应能力强，繁殖率高，属于低危物种。

会滑翔的蜥蜴

    想要飞行就一定要有翅膀，没有翅膀的蜥蜴到底是如何飞起来的呢？原来飞蜥的身体构造较为奇特，在它们的身体两侧有5~7对由延长的肋骨支持的翼膜，在林间滑翔时，翼膜向外展开就像翅膀一样。它们只能从高处滑翔到低处，不能由低处飞翔到高处。当它们爬行时不需要翼膜，翼膜就会像折叠扇一样折叠起来。

彩虹飞蜥

　　有一种飞蜥名叫彩虹飞蜥，它们分布于非洲的中部及西部，生活在干燥的环境中，常常出现在人们居住的地方。在夜晚彩虹飞蜥皮肤的颜色是灰色的，但是每当太阳一升起，它们就会变成彩虹般的混合体色，而且雄性的颜色更加明显。橙红色的头部，蓝紫色的四肢，看起来很像电影里蜘蛛侠的配色。它们不仅配色很像蜘蛛侠，也有着像蜘蛛侠一样敏捷的身手。它们虽然也叫飞蜥，却没有其他飞蜥的结构，既不会飞行也不会滑翔。

飞蜥	
体长	约 20 厘米
食性	肉食性
分类	有鳞目鬣蜥科
特征	身体两侧具有能展开的"翅膀"

楔齿蜥

　　楔齿蜥也叫"喙头蜥"，是出现在三叠纪初期的喙头类动物残存的代表，也是唯一现存的喙头目爬虫类动物，可以算是"活化石"了。楔齿蜥非常稀有，目前也只有在新西兰的某些小岛上可以见到它了。它们身体呈橄榄棕色，皮肤上分布着颗粒状鳞片，鳞片上带有黄色斑点，在头骨的前端形成一种悬垂的带齿的"喙"，那是它们最有力的武器。楔齿蜥属于夜行性动物，居住在洞穴中，通常到了晚上才会出洞觅食，经常吃一些昆虫、鸟蛋和小型动物。它们能够抵抗比较寒冷的气候，在低温的环境下依然很活跃，它们的寿命也相当的长。

楔齿蜥	
体长	最长约 80 厘米
食性	肉食性
分类	喙头蜥目楔齿蜥科
特征	体表类似鳄鱼，头顶有"第三只眼睛"

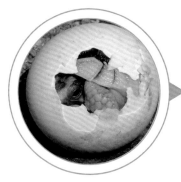

奇特的蛋

　　繁殖期过后，楔齿蜥会在窝中产下8～13枚蛋。楔齿蜥刚刚生下来的蛋是白色的，但是过不了多久它们就会被染成土黄色。当这些蛋快孵出来的时候，会吸收泥土里的水分，水分会使蛋的表面变得浮肿，蜥蜴在破壳时会用喙齿顶破蛋壳，蛋囊会贴在雏蜥身上，几天后便会变干脱落。

拥有三只眼睛

　　楔齿蜥很特别，因为它们像二郎神一样拥有"天眼"。这第三只眼被称为"松果体"，它位于两个正常的眼睛中间，隐藏在皮肤下面，作用不详，科学家们认为这只奇怪的眼与感光作用有关。

两·栖·和·爬·行·动·物

绿蠵龟

　　绿蠵龟是海龟中体形较大的一种，它们分布广泛，主要集中于热带及亚热带海域。绿蠵龟有锯齿形的牙齿，是地地道道的"素食者"，以海草和海藻为主要食物，偶尔也会吃一些水母、节肢动物或鱼。由于以海草和海藻为主要食物，所以它们的脂肪因为植物绿色色素的沉淀而变成淡绿色，这也是它们被叫作绿蠵龟的原因。绿蠵龟终生栖息在海里，只有产卵的时候会到沙滩上，把卵埋在沙子里。在沙子中孵化的小绿蠵龟挣扎着离开蛋壳以后，还要把身上厚厚的沙子都拨开才能爬向海洋。

扫一扫

扫一扫画面，小动物就可以出现啦！

爆炸式呼吸

　　绿蠵龟是用肺部来进行呼吸的，每隔一段时间就要把头伸出海面来呼吸。但是味美的海草和海藻都在水底，为了能顺利地吃到美食，它们便会开始"爆炸式"的呼吸。这种呼吸方式声音特别大，能帮助它们在非常短的时间内把肺部的空气排出去，吸入新的空气。像这种为了吃草或者躲避被猎食的潜水时间一般都比较短，也就几分钟。但是当绿蠵龟要安安心心地睡觉时，它们吸一口气足足能在海底睡一晚。

它们的天敌是谁

　　人们对龟的印象总是行动缓慢的，但其实它们并不像人们想象中的那样行动迟缓，相反，它们的游泳速度是很快的。幼小的绿蠵龟天敌非常多，在陆地上有鸟、蛇、沙蟹等，在海里有各种肉食性鱼类，如鲨鱼、旗鱼等。

绿蠵龟	
体长	80～150厘米
食性	植食性
分类	龟鳖目海龟科
特征	绿色脂肪，体形较大

陆龟

　　人们通常认为乌龟是既能在海里游又能在陆上走的动物，大多数的乌龟的确是这样的。但也有一个特殊的群体，它们是不会游泳只生活在陆地上的乌龟——陆龟。大多数陆龟的背甲又高又圆，像一个圆圆的帽子罩在它们身上。它们的腿很粗壮，看上去很有力量，但是，它们的行动却是比较缓慢的。陆龟是完全陆栖性龟类，最大的特点是不会游泳。它们也是需要水的，可以在非常浅的水中喝水和洗澡。

不会游泳的乌龟

　　陆龟和会游泳的水龟的区别非常明显，从外观就可以分辨。会游泳的水龟大多数具有扁平的背甲，四肢像鳍一样薄扁或者细长。陆龟的四肢是粗壮的圆柱体，前肢上覆盖着硬硬的鳞片。脚趾很短，并且趾间没有蹼。　这样的身体结构特征决定了陆龟不会游泳，因为它们粗壮的四肢即使在陆地上，也是比较笨重的，根本无法在水里自由地滑动。但这绝不代表陆龟是不需要水分的，即使它们能忍受长期的干旱，也是因为它们从食物中摄取到了水分。在水的高度不超过它们身体时，陆龟也会在水里洗澡和休息。

两·栖·和·爬·行·动·物

陆龟	
体长	十几厘米到一米以上不等
食性	植食性
分类	龟鳖目陆龟科
特征	四肢粗壮，背壳高凸

棱皮龟

　　从"龟兔赛跑"的故事中,我们了解到龟是爬行速度很慢的动物。但是你知道吗?有一种海龟它们游泳的速度非常快,是世界上最大的海龟,它们就是棱皮龟。棱皮龟的脑袋很大,相貌可爱,性格温顺,游泳的能力很强。由于它们长时间生活在水中,四肢已经进化成鳍状,不能像陆地上的龟那样将四肢缩回壳里。可爱的棱皮龟主要以鱼、虾、蟹、乌贼和海藻等为食,水母是它们的最爱。目前,棱皮龟的数量还在不断减少,人们正在尽力挽救这一物种,我们希望棱皮龟灭绝的那一天永远都不会到来。

棱皮龟	
体长	200～250 厘米
食性	肉食性
分类	龟鳖目棱皮龟科
特征	背部有棱,甲壳隐藏在皮肤下面

恐怖的嘴巴

棱皮龟一副憨态可掬的样子让人心生欢喜，但是如果你看见它们张开嘴后的样子你就会发现它们的恐怖了。棱皮龟有一张恐怖的大嘴，从口腔到食管分布着数百个类似锯齿的钟乳状组织，这些突起在进食的时候可以起到牙齿的作用。它们主要以水母为食，可为什么却长了一口令人心惊胆战的牙齿呢？原来这也是棱皮龟的一个优势，这些牙齿对各种各样、形态不一的水母都来者不拒，使它们不会因为缺乏食物而被饿死。

棱皮龟到底有多大

棱皮龟是世界上现存最大的龟，那么它们到底有多大呢？在英国的威尔士，人们发现了一只巨大的棱皮龟，它的体重竟达916千克，体长超过了250厘米，无疑是世界上最大的龟。

两·栖·和·爬·行·动·物

红耳龟

　　红耳龟，全名巴西红耳龟，也叫"巴西龟"，是一种水栖性龟类。被叫作红耳龟并不是因为它们长着红色的耳朵，而是因为在它们头颈后方有两条对称的红色粗条纹，看上去就像红耳朵一样，这也是红耳龟最明显的特征。红耳龟刚出生时很小。当它们长到一定的体重时，可以根据体重的不同来分辨它们的性别。通常情况下，体重较重的是雌性龟，体重较轻的是雄性龟，雌性龟的体重一般是雄性龟体重的2~4倍。

红耳龟	
体长	15~30厘米
食性	杂食性
分类	龟鳖目泽龟科
特征	头颈后方有两条对称的红色的粗条纹

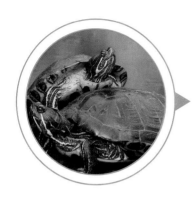

对生态的危害

在新的环境中，红耳龟会掠夺其他生物的生存资源，与新环境中的本土龟类争夺食物和栖息场所，排挤和挤压本土龟的生存空间。很多新环境中的本土龟生存能力和繁殖能力比红耳龟差很多，数量会逐渐减少，而红耳龟因为没有天敌的制衡数量会越来越多，破坏当地的生态平衡。它们还是"沙门氏杆菌"的传播者，这种病菌会传染给猫、狗等恒温动物，也会传染给人类。

草龟

　　草龟，又被叫作"乌龟""墨龟"等，是一种体形较小的龟，主要分布在中国、日本和韩国等地。它们栖息在江河、湖泊之中，也可以在陆地上爬行。最喜欢的食物是小鱼和小虾，也会吃一些玉米、水果等。草龟的生长速度比较缓慢，常常五六年都长不到500克重，成年以后体形也不是很大。

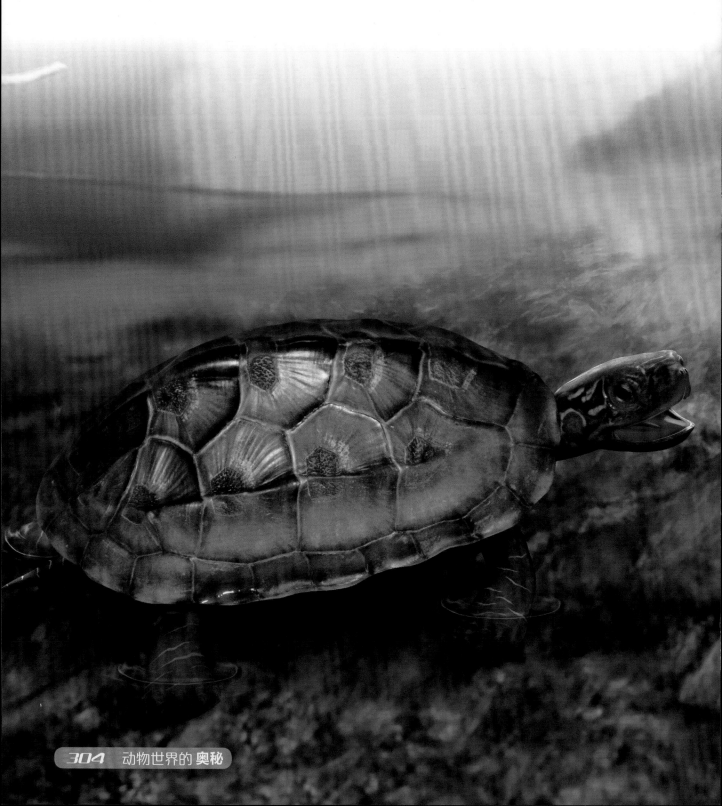

性别的分辨

  草龟的背甲中间有三条竖向隆起的棱，中间一条最长也最高，两边的呈对称分布，略矮短一些。草龟在小的时候，雌性与雄性的外表没有很大的区别，人们只能通过体形大小、尾巴的长短和腹甲处是否有凹陷来分辨它们的性别。通常情况下，体形稍大一些，尾巴较短且腹甲平坦的是雌草龟。成年的草龟分辨性别就很容易了，全身墨黑的一定是雄草龟，雌草龟的体色一般终生不变，体形也比同龄的雄龟稍大。

中华草龟

  中华草龟是我国分布最广的龟，它们体形较小，性格温和，耐饥饿能力强，一个月不进食也不会死亡。中华草龟环境适应能力强，不容易生病。

草龟	
体长	10 ~ 25 厘米
食性	杂食性
分类	龟鳖目龟科
特征	体形很小，生长速度缓慢

两·栖·和·爬·行·动·物

象龟

　　象龟是体形最大的陆龟，被人们称为"龟中巨人"。因为它们的腿粗呈圆柱形，与大象的腿十分相似，所以被称为象龟。象龟不会游泳，喜欢栖息于沼泽和草地之中。它们是植食性动物，常吃野果和青草，最爱吃的是多汁的仙人掌。众所周知，龟是一种寿命较长的动物，因此，很多人们觉得龟代表长寿。但要说龟中的寿星，那一定是象龟，它们平均能活到百岁以上。

储水

　　象龟虽然是陆生龟，不会游泳，但是也需要摄入水分。它们只喝淡水，有时口渴为了找到淡水资源，它们可以爬好几千米。象龟由于体形大，身体笨重，所以行动比较缓慢。当找到可以饮用的水源时，它们会将大量的水储存在体内，在水资源匮乏的时候，体内的水可以帮它们渡过难关。因此，象龟很长时间不喝水也能够生存。

加拉帕戈斯象龟

体长	约 150 厘米
食性	植食性
分类	龟鳖目陆龟科
特征	体形巨大，四肢粗壮

加拉帕戈斯象龟

　　加拉帕戈斯象龟是体形最大的象龟，它们生活在加拉帕戈斯群岛上。两个多世纪以前，生物学家达尔文到达加拉帕戈斯岛，他被岛上各种新奇的物种所吸引。在岛上，达尔文发现了数以万计的巨大的龟。它们生活在不同的小岛上，形态也有所不同，这引发了达尔文的思考，为他后来创作《物种起源》奠定了基础。因为这座岛上有许多巨大的龟，所以被取名为加拉帕戈斯群岛，翻译过来的意思是"龟岛"，而这些巨龟，也就被叫作加拉帕戈斯象龟。

扫一扫

扫一扫画面，小动物就可以出现啦！

两·栖·和·爬·行·动·物

枯叶龟

　　枯叶龟的长相很奇特，它们的背甲和头部从颜色和形状上看，像极了枯萎的黄树叶，因此被叫作枯叶龟。枯叶龟是一种大型的水生龟，通常在浅水区活动。它们是肉食性动物，主要吃蠕虫、小鱼和虾等，偶尔也会吃植物的茎叶。枯叶龟的嘴巴又大又宽，但是眼睛却很小，视力条件不是很好。这就导致了它们虽然是水栖动物，但是游泳速度却很慢，大部分时间都是在水底爬行。这样的游泳技术在水中很难生存下去，迫使它们进化成现在的形态。

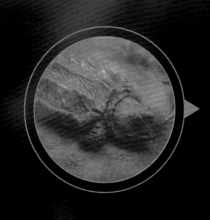

特殊的捕食方式

　　别看枯叶龟视力不好，游泳速度不快，在捕食的时候，它们可是有特殊策略的。枯叶龟非常懂得利用自己的优势条件，它们在捕食的时候，会充分地融入周围的环境中，一动不动地潜伏在水里。一旦小鱼小虾接近时，枯叶龟会突然伸长脖子，张大嘴巴，扩张喉咙。这样的动作起到了抽水的作用，能帮助它们把猎物吸进喉咙里，在吞掉猎物的同时把水排出。枯叶龟会用这样的捕食方式吞掉猎物是因为它们不能咀嚼。

枯叶龟	
体长	40 ~ 60 厘米
食性	肉食性
分类	龟鳖目蛇颈龟科
特征	外形像枯萎的树叶，头部呈扁平的三角形

与众不同的脖子

　　枯叶龟的脖子比较长也比较宽，能随意地收缩捕食猎物，它们的脖子两边对称地长着刺状的突起肉质和触须，形状就像树叶的边缘。枯叶龟脖子上的触须到底有什么作用？这个问题一直是人们争论的焦点。有的观点认为这些触须在水中摆动，模仿小虫子，可以帮助枯叶龟捕食；有的观点认为，这些触须的锯齿形状起到了分流水流的作用，能使枯叶龟更好地探测到周围的事物；还有些观点认为这些触须能帮助枯叶龟和环境融为一体，迷惑被捕食的猎物。

两·栖·和·爬·行·动·物

扬子鳄

扬子鳄属于短吻鳄，是鳄鱼中体形较小的一种。它们大多数体长不超过2米，头部比较扁平，四肢粗短，尾巴上面长有硬鳞。扬子鳄是中国特有的鳄鱼，栖息在长江流域。因为它们栖息的长江下游河段旧称为"扬子江"，所以它们被称为扬子鳄。扬子鳄喜欢栖息在湖泊、沼泽或杂草丛生的安静地带，通常白天在洞穴里休息，夜晚才会出来捕食。

我国国宝

扬子鳄是我国特有的鳄鱼，也是中国唯一的本土鳄鱼种类。它们性情温顺，极少攻击人类，在生存范围内，天敌很少，但是温顺的性格却让它们成了捕猎者的目标，因此扬子鳄的数量减少了许多。现在，它们已经被我国列为国家一级保护动物，和大熊猫一样是我国的国宝。

扫一扫

扫一扫画面，小动物就可以出现喽！

扬子鳄	
体长	90 ~ 180 厘米
食性	肉食性
分类	鳄形目鳄科
特征	体形较小，四肢短粗

扬子鳄的生活习性

　　扬子鳄喜欢生活在洞穴之中，它们有着超强的挖洞穴本领，常常在有需要的时候就挖一个洞口出去，所以它们的洞穴会有多个洞口，洞穴的内部构造像迷宫一样。虽然扬子鳄的体形较小，但是它们的食量却很大。它们忍耐饥饿的能力很强，常常在体内储存大量的营养物质，可以维持很长时间不吃东西。

两·栖·和·爬·行·动·物

凯门鳄

　　凯门鳄是鳄鱼中体形偏小的种类，它们的尾巴较长，是水陆两栖的爬行动物，在水中行动非常灵敏。凯门鳄分布在中美洲和南美洲的江河、湖泊之中，主要捕食昆虫和中小型鱼等。它们攻击力较弱，对环境的适应能力超强，已经成为一些国家的入侵物种。

眼睛凯门鳄

体长	120 ~ 210 厘米
食性	肉食性
分类	鳄形目短吻鳄科
特征	双眼间有肉质突起

捕食策略

　　由于体形较小，凯门鳄只捕食一些小型的鱼、鸟和哺乳动物。它们在捕食的时候，有时会采取"突然袭击"的策略，在水中不动声色，然后对靠近的猎物进行偷袭。有时它们也会采用"驱赶捕鱼"的方法，用身体或尾巴把猎物驱赶到狭窄的地方，猎物无处可逃，它们捕食起来也就容易多了。凯门鳄知道体形小是它们的劣势，所以几乎不会去捕食大型动物，但是有大型动物攻击它们的时候，它们也会顽强地抵抗。

湾鳄

　　湾鳄是目前世界上最大的鳄鱼，因为生活在红树林和海岸附近，所以又被叫作"咸水鳄"。成年的湾鳄一般长3～7米，体重超过1600千克。湾鳄体形巨大，四肢粗壮，常常埋伏在水里，不容易被发现。一旦有它们捕猎的目标靠近时，它们会趁其不备，从水里蹿出来，非常迅速地咬住猎物，然后慢慢地享受自己的战利品。一般被湾鳄捕食的小动物，都难逃被吃掉的命运。

湾鳄	
体长	300～700 厘米
食性	肉食性
分类	鳄形目鳄科
特征	凶猛、庞大、咬合力强

湾鳄的宝贵价值

湾鳄虽然长得庞大凶狠，但是它们是一种很有价值的动物。湾鳄的皮，堪称皮革中的"铂金"，由于质量好，纹路漂亮，常常被人们用于制作皮包。湾鳄的肉，营养价值极高，很利于人们的滋补和保养。由于肉用和皮革制品的需求，现在人工养殖的湾鳄数量越来越多，特别在东南亚的一些国家，尤其盛行饲养湾鳄。

两·栖·和·爬·行·动·物

索引 | 按照拼音顺序

索引｜按照拼音顺序

图书在版编目（CIP）数据

动物世界的奥秘 / 余大为，韩雨江，李宏蕾主编
. -- 长春 ：吉林科学技术出版社，2022.10
ISBN 978-7-5578-9589-1

Ⅰ．①动… Ⅱ．①余… ②韩… ③李… Ⅲ．①动物—
青少年读物 Ⅳ．①Q95-49

中国版本图书馆CIP数据核字(2022)第156974号

动物世界的奥秘

DONGWU SHIJIE DE AOMI

主　　编　余大为　韩雨江　李宏蕾
出 版 人　宛　霞
责任编辑　朱　萌
封面设计　长春美印图文设计有限公司
制　　版　长春美印图文设计有限公司
幅面尺寸　210 mm×280 mm
开　　本　16
印　　张　20
字　　数　320千字
印　　数　20 001-30 000册
版　　次　2022年10月第1版
印　　次　2023年2月第3次印刷

出　　版　吉林科学技术出版社
发　　行　吉林科学技术出版社
地　　址　长春市福祉大路5788号出版大厦A座
邮　　编　130118
发行部电话/传真　0431-81629529　81629530　81629531
　　　　　　　　　　81629532　81629533　81629534
储运部电话　0431-86059116
编辑部电话　0431-81629518
印　　刷　吉林省吉广国际广告股份有限公司

书　　号　ISBN 978-7-5578-9589-1
定　　价　158.00元

国家科学技术学术著作出版基金资助出版

中国维管植物科属志

上 卷

主编 李德铢

副主编 陈之端 王 红 路安民 骆 洋 郁文彬

石松类、蕨类、裸子植物、基部被子植物、
木兰类、金粟兰目和单子叶植物
（石松科 - 禾本科）

中国科学院昆明植物研究所 iFlora 研究计划

科学出版社

北 京

内 容 简 介

《中国维管植物科属志》以被子植物系统发育专家组系统（APG 系统），以及石松类和蕨类系统（PPG 系统）、裸子植物系统（克氏裸子植物系统）为框架，结合《中国植物志》英文修订版（*Flora of China*）的成果，较为全面地反映了 20 世纪 90 年代以来分子系统学和分子地理学研究的进展，以及中国维管植物科属研究现状，是一部植物分类学与系统学专业工作者的工具书。书中记录中国维管植物 314 科 3246 属，其中石松类植物 3 科 6 属，蕨类植物 36 科 156 属，裸子植物 10 科 44 属，被子植物 265 科 3040 属。根据系统学线性排列，分为上、中、下三卷：①上卷，石松类、蕨类、裸子植物、基部被子植物、木兰类、金粟兰目和单子叶植物（石松科-禾本科）；②中卷，金鱼藻目、基部真双子叶、五桠果目、虎耳草目、蔷薇类、檀香目和石竹目（金鱼藻科-仙人掌科）；③下卷，菊类（绣球花科-伞形科）。书后附有：维管植物目级系统发育框架图、维管植物科级系统发育框架图，以及主要参考文献、主要数据库网站、科属拉丁名索引、科属中文名索引。本书依据维管植物系统学研究新成果界定了科属范畴，其中科的排列按照 APG 系统和 PPG 系统的线形排列，属仍按照字母排列。书中提供了科属特征描述、分布概况、科的分子系统框架图、科下的分属检索表、系统学评述、DNA 条形码研究概述和代表种及其用途等信息，重点介绍了传统分类系统和基于分子系统学研究成果的新系统下的各科属概况和变动。读者可以了解新近的中国维管植物科属形态特征和分布信息，亦可获悉最新的分子系统框架下科属系统研究概况及目前可用的 DNA 条形码信息。

本书可供植物学相关专业研究人员和高校师生使用，也可为农业、林业、畜牧业、医药行业、自然保护区和环境保护，以及科技情报工作者提供参考，同时对公众认识我国植物多样性也将有所助益。

图书在版编目（CIP）数据

中国维管植物科属志（全三册）/李德铢主编. —北京：科学出版社，2020.4
ISBN 978-7-03-058843-2

Ⅰ. ①中… Ⅱ. ①李… Ⅲ. ① 维管植物–植物志–中国 Ⅳ. ①Q948.52

中国版本图书馆 CIP 数据核字(2018)第 214155 号

责任编辑：王 静 王海光 王 好 赵小林 白 雪 / 责任校对：郑金红
责任印制：肖 兴 / 封面设计：杨建昆 骆 洋 王 红 刘新新

科 学 出 版 社 出版
北京东黄城根北街 16 号
邮政编码：100717
http://www.sciencep.com

北京通州皇家印刷厂 印刷
科学出版社发行 各地新华书店经销

*

2020 年 4 月第 一 版 开本：787×1092 1/16
2020 年 4 月第一次印刷 印张：155
字数：3 669 000

定价：1248.00 元（全三册）
（如有印装质量问题，我社负责调换）

Supported by the National Fund for
Academic Publication in Science and Technology

THE FAMILIES AND GENERA OF CHINESE VASCULAR PLANTS

Volume I

Editor-in-Chief   LI De-Zhu

Associate Editors-in-Chief

CHEN Zhi-Duan   WANG Hong   LU An-Min   LUO Yang   YU Wen-Bin

Lycophytes, Ferns, Gymnosperms, Basal Angiosperms, Magnoliids, Chloranthales & Monocots (Lycopodiaceae - Taxaceae)

Sponsored by the iFlora Initiative of
Kunming Institute of Botany, Chinese Academy of Sciences

Science Press
Beijing

《中国维管植物科属志》编辑委员会

主　编　李德铢

副主编　陈之端　王　红　路安民　骆　洋　郁文彬

编　委（按姓氏笔画排序）

王　红　王玉金　王青锋　王瑞江　卢金梅

伊廷双　向春雷　李　捷　李　嵘　李德铢

杨　永　何兴金　张书东　陈之端　陈文俐

杭悦宇　郁文彬　金效华　骆　洋　高连明

傅承新　路安民

THE FAMILIES AND GENERA OF CHINESE VASCULAR PLANTS

EDITORIAL COMMITTEE

编著者所属单位

（按姓氏笔画排序）

中国科学院昆明植物研究所：

上官法智　马永鹏　王　红　王凡红　王银环　方　伟　卢金梅　成　晓
任宗昕　伊廷双　向春雷　刘　杰　刘珉璐　刘振稳　刘恩德　孙卫邦
纪运恒　严丽君　李　嵘　李　燕　李苗苗　李德铢　杨　静　杨世雄
杨永平　吴之坤　吴增源　何　俊　何华杰　张　挺　张书东　张玉霄
陈文红　陈亚萍　陈家辉　罗亚皇　周　伟　赵东伟　赵延会　胡国雄
俞　英　姚　纲　骆　洋　高连明　蒋　伟　韩春艳　税玉民　雷立公
谭少林

中国科学院植物研究所：

王　伟　付志玺　向小果　向坤莉　孙　苗　李灵露　李睿琦　杨　永
杨　拓　张　剑　张明理　张彩飞　张景博　陈　闽　陈之端　陈文俐
金伟涛　金效华　周亭亭　徐松芝　高天刚　韩保财　鲁丽敏　路安民

四川大学：

王长宝　王志新　卢　艳　卢利聘　刘建全　孙永帅　李敏洁　杨　梅
杨利琴　杨敬天　何兴金　余　岩　张　琳　周颂东　胡灏禹　温　珺
谢登峰　赖山潘　廖晨阳　谭进波

浙江大学：

李　攀　邱英雄　张永华　陈　楠　赵云鹏　傅承新

江苏省中国科学院植物研究所：

刘启新　孙小芹　李密密　吴宝成　宋春凤　杭悦宇
周　伟　徐增莱　褚晓芳

香港中文大学：

刘大伟　李　明　陈耀文　邵鹏柱　姜丽丽　黄家乐

中国科学院武汉植物园：

　　王青锋　王恒昌　周亚东　胡光万

华东师范大学：

　　李宏庆　张　振　张丽芳　赵晓冰

广西壮族自治区中国科学院广西植物研究所：

　　曹　明　曹小燕　董莉娜

中国科学院华南植物园：

　　王瑞江　邓云飞

山西师范大学：

　　苏俊霞　张林静　武生聘　赵慧玲

中国科学院西双版纳热带植物园：

　　李　捷　郁文彬

中国科学院成都生物研究所：

　　赵雪利　徐　波

杭州植物园：

　　卢毅军　陈　川

上海辰山植物园/中国科学院上海辰山植物科学研究中心：刘艳春

中国林业科学研究院森林生态环境与保护研究所：林若竹

中国科学院新疆生态与地理研究所：张道远

包头医学院：杨美青

兰州大学：王玉金

同济大学：陈士超

昆明医科大学：陆露

国家林业局昆明勘察设计院：董洪进

陕西中医药大学：张明英

南昌大学：李恩香

重庆文理学院：李洪雷

浙江理工大学：祁哲晨

滨州学院：高春明

序

　　植物志是记载一个国家或区域已知植物种类的分类学专著，是植物分类、系统发育与演化研究，以及植物学其他分支学科的基础性典籍。2004 年，我国三代植物学家历时45 年着力完成了《中国植物志》这一划时代的巨著。九年后，我国植物学家与美国、英国、法国、日本和俄罗斯等多国植物学家合作完成了 Flora of China（《中国植物志》英文修订版），这是我国植物学又一里程碑式的重大成果。

　　20 世纪 90 年代，分子系统学和分子地理学悄然兴起，在此基础上逐步建立了被子植物的 APG（被子植物系统发育专家组）系统以及石松类与蕨类植物的 PPG（蕨类植物系统发育专家组）系统。毋庸置疑，对于一些形态性状多变，演化历史复杂（特别是杂交、多倍化和不完全谱系分选）的植物类群，大量 DNA 分子数据与形态学、居群生物学数据的结合，使我们加深了对这些类群的分类和系统发育关系的理解。2012 年，融入 DNA 条形码、新一代测序技术、地理信息数据和计算机信息技术等元素的新一代智能植物志（iFlora）理念也应运而生。

　　《中国维管植物科属志》（上、中、下册）正是在这一背景下，由中国科学院昆明植物研究所李德铢研究员牵头，联合中国科学院植物研究所等 27 家研究机构或高校的 150 位植物学工作者通力协作完成的。该书编委会成员和编著者们结合多年专科专属的研究和实践，根据国际植物系统学研究的新进展，系统总结了中国维管植物分类和系统发育研究的主要研究成果并赋予了新的研究内涵。其作为《中国维管植物科属词典》的姐妹篇，记述了我国维管植物共 314 科 3246 属，包括石松类植物 3 科 6 属，蕨类植物 36 科 156 属，裸子植物 10 科 44 属，被子植物 265 科 3040 属。该书以科为基本条目，在科级水平上采用了 APG 和 PPG 系统，属级水平按字母排列。对中国被子植物的四个大科，即菊科 Asteraceae、禾本科 Poaceae、兰科 Orchidaceae 和豆科 Fabaceae，按系统学排列划分了亚科和族，族下各属仍按字母排列。该书明晰了分子系统发育框架下中国维管植物科属的归属，提供了中国维管植物科属的形态特征集要、属种统计、分布概况、分布区类型、科下的分属检索表、系统学评述、DNA 条形码概述和代表种及其主要用途等信息。

　　新一代植物志的基本特征是在线的、动态的和智能化的。该书的出版，是在《中国植物志》及其英文修订版的基础上，朝着新一代植物志迈出的重要一步。相信在学科快速发展的背景下，该书编委会成员和编著者们将继续努力，择机启动种级水平的研究工作，并加大智能化和便携式设备的研发，为植物学专业工作者、相关学科和行业人员的研究工作，以及公众认知、保护和利用植物多样性提供适时、准确、权威的物种信息，为生态文明和美丽中国建设做出应有贡献。

是为序。

中国科学院院士

2020 年 2 月 18 日于北京

前　言

　　1952 年，我国植物分类学家通力合作，编写了《中国植物科属检索表》，连续刊登在《植物分类学报》第 2 卷第 3-4 期上，从蕨类至被子植物，采用迪尔斯（Diels, 1936）的恩格勒系统第 11 版（*Syllabus der Pflanzenfamilien*）（以下称恩格勒系统）。1958 年，科学出版社出版了《中国种子植物科属词典》（侯宽昭，1958），被子植物依照哈钦松（J. Hutchinson）的《有花植物科志》（*The Families of Flowering Plant*）（第一卷双子叶植物1926 年出版，第二卷单子叶植物 1934 年出版）一书的系统（以下称哈钦松系统）。《中国蕨类植物科属志》（吴兆洪和秦仁昌，1991）基本上按照秦仁昌（1978）系统。上述科属检索表、词典和科属志为《中国植物志》（中文版，拉丁文书名为 *Flora Reipublicae Popularis Sinicae*，缩写为 FRPS）及其英文修订版 *Flora of China*（缩写为 FOC）的编研奠定了坚实基础。《中国植物志》采用恩格勒系统，我国许多地方植物志也多参照《中国植物志》，采用修订了的恩格勒系统第 12 版（Melchior, 1964）；我国南方省区（如海南、广东、广西、云南等）出版的几部重要植物志则采用哈钦松系统。在最近出版的几部专著中，各自采用不同的系统，如《中国高等植物》（傅立国，2012），苔藓植物采用《中国苔藓志》的系统，石松类、蕨类和裸子植物采用《中国植物志》的系统，而被子植物采用了克朗奎斯特系统；《中国被子植物科属综论》（吴征镒等，2003）采用吴征镒等（1998, 2002）八纲系统，《中国高等植物彩色图鉴》（中国高等植物彩色图鉴编委会，2016），裸子植物和被子植物均采用恩格勒系统。然而，从 1959 年开始编研《中国植物志》中文版至 2004 年完成，以及 1998 年启动英文版至 2013 年完成的 54 年间，高等植物的各大门类的分类系统均多次修订，如被子植物中四个著名的系统（Cronquist 系统、Dahlgren 系统、Takhtajan 系统和 Thorne 系统）在 20 世纪 80 年代都做了较大修订，但在我国影响最大、应用最广的仍然是恩格勒系统和哈钦松系统，以及裸子植物的郑万钧系统和蕨类植物的秦仁昌系统。自 20 世纪 90 年代，随着 DNA 测序和生物信息技术的发展，利用分子数据研究生物系统发育的分子系统学悄然兴起。1998 年，被子植物系统发育专家组（Angiosperm Phylogeny Group, APG）根据 DNA 分子序列证据，综合多个大尺度的系统发育分析结果提出了一个被子植物目、科分类阶元的全新系统，简称 APG 系统。随着分子数据的增加，APG 系统经历了 3 次修订（APG II, 2003；APG III, 2009；APG IV, 2016），石松类和蕨类植物分类系统也经过不断修订，蕨类植物系统发育专家组则在最近发表了 PPG I（2016）系统。这些系统已经在本领域国际学术研究和交流中产生了重大影响，在目、科概念和划分方面，与传统的形态分类系统相比有很大变化。为方便读者比较各系统之间的差异，了解植物系统学最新进展和有待进一步探索的问题，我们编纂了这部《中国维管植物科属志》（以下简称《科属志》）。

书中石松类、蕨类植物的分类系统依据 PPG I 系统，裸子植物依据克氏裸子植物系统（Christenhusz et al., 2011），被子植物依据 APG IV 系统。为统一标准，在亚纲及以上水平暂时采纳了 Chase 和 Reveal（2009）的处理，将被子植物处理为木兰亚纲 Magnoliidae，也未保留蕨类植物的松叶蕨亚纲 Psilotidae。基于 *Flora of China* 网址（http://flora.huh.harvard.edu/china/）提供的信息数据，对中国维管植物的科属信息进行整理。*Flora of China*（2-3 卷）蕨类植物部分因为出版的时间较晚，编研中汲取了大量最新分子系统学研究成果，是第一个在科级水平使用分子系统学框架的蕨类植物志（张丽兵，2017）。除了增加了一个最新发表的翼囊蕨科 Didymochlaenaceae，PPG I 系统与 FOC 仅在属的处理上有所不同（Zhang & Zhang, 2015；张丽兵，2017）。在裸子植物中，杉科并入柏科，三尖杉科并入红豆杉科，属级水平上多了长苞铁杉属 *Nothotsuga*（从铁杉属 *Tsuga* 分出）和黄金柏属 *Xanthocyparis*（2013 年发现的新记录属）。被子植物的系统框架变动较大，主体上按照 APG IV 系统，结合被子植物系统发育网站（Angiosperm Phylogeny Website，APW）进行了处理。然而，在科级水平，参考编者观点，未采纳 2016 年出版的 APG IV 新分出的刺果树科 Peraceae 和蓝果树科 Nyssaceae；而大戟科 Euphorbiaceae、山茱萸科 Cornaceae、马兜铃科 Aristolochiaceae、帚灯草科 Restionaceae、刺鳞草科 Centrolepidaceae、胡蔓藤科 Gelsemiaceae、黄杨科 Buxaceae、商陆科 Phytolaccaceae 和粟米草科 Molluginaceae 仍保持了 APG III 中这些科的范畴。另外，本书将节蒴木科 Borthwickiaceae 和斑果藤科 Stixaceae 作为独立的科，而不是并入山柑科 Capparaceae 或木犀草科 Resedaceae。在属级水平，我们采用了相对折中的处理，只采纳一些分类处理较为完善的变动，对一些有争议或存疑的属的变动则根据编写该条目作者的考量来处理。书中科属的范围界定所参考的研究资料截止日期为 2014 年 12 月 31 日（蕨类截止日期为 2016 年 12 月 31 日）。

书中记录了维管植物 314 科 3246 属，其中石松类植物 3 科 6 属，蕨类植物 36 科 156 属，裸子植物 10 科 44 属，被子植物 265 科 3040 属。以科属为条目，在科级水平上采用了新系统的线性排列（按照系统发育关系排列），属级水平按字母排列（中国分布的属数目最多的 4 个科：菊科 Asteraceae、禾本科 Poaceae、兰科 Orchidaceae 和豆科 Fabaceae，其下的亚科和族按系统学排列，族下的属仍按字母排列），进一步提供了中国维管植物科属的形态特征集要、属种统计、分布概况、分布区类型、科下的分属检索表、系统学评述、DNA 条形码概述和代表种及其用途等信息。另外，我们综合最新的分子系统学研究展示了各科的系统发育框架图，国产类群名称（包括亚科、族和属等）给予加粗处理。对于维管植物目级、科级水平的分子系统发育框架，列于书后附图 1 和附图 2，其中目间关系参照了 APG IV，而科间关系参照的是被子植物系统发育网站（APW）。对于科属命名人，采用全称，其拼法，若为国外作者则依据 Brummitt 和 Powell（1992）*Authors of Plant Names* 做了统一，国内作者则根据 *Flora of China* 加以规范。每个条目的主体为科属的形态特征集要，其中重要的鉴别特征用下划线标出。属的形态特征描述后的种数表达的是世界种数量/中国种数量（中国特有种数）。属种数目统计数据主要参照了 *Flora of China* 及最新的研究结果。分布概况为该类群已有的分布地，描述顺序为先国外后国内，其间由分号分隔。国外分布详细到洲、地区或国家，由逗号分隔；国内分布大多详细到地理分区或省级行政区，由顿号分隔。属的分布区类型用加粗数字表示，置于分布区概述之前。种子植物科属的分布区类型参考《种子植物分布区类型及其起源和分化》（吴征镒等，2006）和新的变动；对于重新界定和新建立的科属，以及石松类和蕨类植物科属的分布区类型则根据分布区类型的划分标准进行了划定。在文献方面，除 APW、FPRS 和 FOC 之外的文献均以数字序号在正文中上标引用，并在分科正文后列出。在 DNA 条形码方面，对已有条形码研究的类群的推荐条形码和鉴别率进行概述，对来自 Barcode of Life Data Systems（BOLD Systems，http://www.bodlsystems.org）的条形码数据进行统计（统计截止日期为 2016 年 7 月 10 日），并对来自中国西南野生生物种质资源库（The Germplasm Bank of Wild Species，GBOWS）的条形码数据进行了统计。需要注意的是，BOLD 网站的分类系统并非是维管植物新系统，数据统计也并非网站上的记录而是对网站提供下载的原始数据的分析统计，来自其网站的记录并未做种数目上的修正。代表种及其用途列出具有重要经济和药用价值的物种、需要重点保护的物种及其资源状况。

在《科属志》编研并成书期间，分子系统学新的研究成果仍层出不穷，有关中国维管植物科属的系统学研究和整理工作亦在同步进行。骆洋等（2012）、Zhang 和 Gilbert（2015）均在科级水平上对 FRPS、FOC 和维管植物新系统进行了比较。刘冰等（2015）亦对中国被子植物科属范畴的新变化做了简要介绍，并对外来引入的类群进行了整理。2016 年，陈之端研究组选用了五个分子片段重建了中国被子植物属级水平的生命之树，涵盖了我国 92% 的属，首次在大尺度上揭示了我国维管植物属级水平的演化关系。以上工作之于本书也是一个很好的对照、参考和补充。

植物分类学和系统学正处于一个变革的时代。本书和《中国维管植物科属词典》的参编人员涉及全国研究机构和高等院校的百余位植物分类学工作者，每位作者对形态学和分子系统学成果的理解难于一致，所做的处理也存在差异，编委会力图统一标准和规范，以此来反映本学科的最新动态。尽管如此，仍有不少不尽如人意之处。我们期待读者朋友的批评和建议，以使"后植物志"时代的中国植物分类学能够建立在一个崭新的平台之上，并为物种起源、生物进化等科学问题的研究，为生物多样性保护和生物资源的持续利用，以及生态文明和美丽中国建设做出应有的贡献。

本书编委会特别感谢科技部科技基础性工作专项（2013FY112600）、中国科学院昆明植物研究所"一三五"规划重点部署项目、国家科学技术学术著作出版基金及中国科学院东亚生物多样性与生物地理学重点实验室对出版经费的支持。感谢中国科学院原副院长陈宜瑜院士、中国科学院植物研究所洪德元院士、王文采院士，中国科学院华南植物园吴德邻研究员和中国科学院上海生命科学研究院陈晓亚院士对本书出版的支持。

李德铢

2018 年 3 月 15 日

编著者分工

石松目 Lycopodiales
　石松科 Lycopodiaceae：成晓、卢金梅
水韭目 Isoëtales
　水韭科 Isoëtaceae：成晓、卢金梅
卷柏目 Selaginellales
　卷柏科 Selaginellaceae：成晓、卢金梅
木贼目 Equisetales
　木贼科 Equisetaceae：成晓、卢金梅
松叶蕨目 Psilotales
　松叶蕨科 Psilotaceae：成晓、卢金梅
瓶尔小草目 Ophioglossales
　瓶尔小草科 Ophioglossaceae：成晓、卢金梅
合囊蕨目 Marattiales
　合囊蕨科 Marattiaceae：成晓、卢金梅
紫萁目 Osmundales
　紫萁科 Osmundaceae：卢金梅、成晓
膜蕨目 Hymenophyllales
　膜蕨科 Hymenophyllaceae：成晓、卢金梅
里白目 Gleicheniales
　双扇蕨科 Dipteridaceae：成晓、卢金梅
　里白科 Gleicheniaceae：成晓、卢金梅
莎草蕨目 Schizaeales
　海金沙科 Lygodiaceae：成晓、卢金梅
　莎草蕨科 Schizaeaceae：成晓、卢金梅
槐叶蘋目 Salviniales
　槐叶蘋科 Salviniaceae：成晓、卢金梅
　蘋科 Marsileaceae：成晓、卢金梅
桫椤目 Cyatheales
　瘤足蕨科 Plagiogyriaceae：成晓、卢金梅
　金毛狗蕨科 Cibotiaceae：成晓、卢金梅
　桫椤科 Cyatheaceae：成晓、卢金梅
水龙骨目 Polypodiales
　鳞始蕨科 Lindsaeaceae：成晓、卢金梅
　凤尾蕨科 Pteridaceae：卢金梅、成晓
　碗蕨科 Dennstaedtiaceae：成晓、卢金梅
　冷蕨科 Cystopteridaceae：成晓、卢金梅
　轴果蕨科 Rhachidosoraceae：成晓、卢金梅

　肠蕨科 Diplaziopsidaceae：成晓、卢金梅
　铁角蕨科 Aspleniaceae：成晓、卢金梅
　岩蕨科 Woodsiaceae：卢金梅、成晓
　球子蕨科 Onocleaceae：成晓、卢金梅
　乌毛蕨科 Blechnaceae：卢金梅、成晓
　蹄盖蕨科 Athyriaceae：成晓、卢金梅
　金星蕨科 Thelypteridaceae：卢金梅、成晓
　翼囊蕨科 Didymochlaenaceae：卢金梅、成晓
　肿足蕨科 Hypodematiaceae：成晓、卢金梅
　鳞毛蕨科 Dryopteridaceae：卢金梅、成晓
　肾蕨科 Nephrolepidaceae：成晓、卢金梅
　藤蕨科 Lomariopsidaceae：成晓、卢金梅
　三叉蕨科 Tectariaceae：成晓、卢金梅
　条蕨科 Oleandraceae：成晓、卢金梅
　骨碎补科 Davalliaceae：成晓、卢金梅
　水龙骨科 Polypodiaceae：成晓、卢金梅
苏铁目 Cycadales
　苏铁科 Cycadaceae：杨永
银杏目 Ginkgoales
　银杏科 Ginkgoaceae：赵云鹏
买麻藤目 Gnetales
　买麻藤科 Gnetaceae：杨永
麻黄目 Ephedrales
　麻黄科 Ephedraceae：杨永
松目 Pinales
　松科 Pinaceae：杨永
南洋杉目 Araucariales
　南洋杉科 Araucariaceae：刘杰、高连明
　罗汉松科 Podocarpaceae：杨永
柏目 Cupressales
　金松科 Sciadopityaceae：杨永
　柏科 Cupressaceae：杨永
　红豆杉科 Taxaceae：刘杰、高连明
睡莲目 Nymphaeales
　莼菜科 Cabombaceae：雷立公
　睡莲科 Nymphaeaceae：胡光万、王青锋
木兰藤目 Austrobaileyales

五味子科 Schisandraceae：陈闽、陈之端

胡椒目 Piperales

  三白草科 Saururaceae：雷立公

  胡椒科 Piperaceae：雷立公

  马兜铃科 Aristolochiaceae：李明、邵鹏柱

木兰目 Magnoliales

  肉豆蔻科 Myristicaceae：张明英、王红

  木兰科 Magnoliaceae：孙卫邦、韩春艳

  番荔枝科 Annonaceae：王瑞江

樟目 Laurales

  蜡梅科 Calycanthaceae：卢毅军、傅承新

  莲叶桐科 Hernandiaceae：张明英、王红

  樟科 Lauraceae：李捷

金粟兰目 Chloranthales

  金粟兰科 Chloranthaceae：雷立公

菖蒲目 Acorales

  菖蒲科 Acoraceae：周亚东、王青锋

泽泻目 Alismatales

  天南星科 Araceae：李嵘

  岩菖蒲科 Tofieldiaceae：李嵘

  泽泻科 Alismataceae：周亚东、王青锋

  花蔺科 Butomaceae：周亚东、王青锋

  水鳖科 Hydrocharitaceae：周亚东、王青锋

  冰沼草科 Scheuchzeriaceae：周亚东、王青锋

  水蕹科 Aponogetonaceae：周亚东、王青锋

  水麦冬科 Juncaginaceae：周亚东、王青锋

  大叶藻科 Zosteraceae：周亚东、王青锋

  眼子菜科 Potamogetonaceae：周亚东、王青锋

  波喜荡科 Posidoniaceae：周亚东、王青锋

  川蔓藻科 Ruppiaceae：周亚东、王青锋

  丝粉藻科 Cymodoceaceae：周亚东、王青锋

无叶莲目 Petrosaviales

  无叶莲科 Petrosaviaceae：李嵘

薯蓣目 Dioscoreales

  纳茜菜科 Nartheciaceae：李嵘

  水玉簪科 Burmanniaceae：李宏庆、张振、张丽芳

  薯蓣科 Dioscoreaceae：李密密、杭悦宇

露兜树目 Pandanales

  霉草科 Triuridaceae：杨美青

  翡若翠科 Velloziaceae：杨美青

  百部科 Stemonaceae：李恩香、傅承新

  露兜树科 Pandanaceae：周亚东、王青锋

百合目 Liliales

  白玉簪科 Corsiaceae：祁哲晨、傅承新

  黑药花科 Melanthiaceae：纪运恒

  秋水仙科 Colchicaceae：李嵘

  菝葜科 Smilacaceae：祁哲晨、傅承新

  百合科 Liliaceae：何兴金、周颂东、杨利琴、赖山潘、杨梅

天门冬目 Asparagales

  兰科 Orchidaceae：金效华、李嵘、徐松芝、金伟涛、周亭亭

  仙茅科 Hypoxidaceae：陈士超

  鸢尾蒜科 Ixioliriaceae：陈士超

  鸢尾科 Iridaceae：陈士超

  独尾草科 Asphodelaceae：陈士超

  石蒜科 Amaryllidaceae：何兴金、周颂东、李敏洁、卢艳、卢利聘、杨敬天

  天门冬科 Asparagaceae：陈士超

棕榈目 Arecales

  棕榈科 Arecaceae：任宗昕、李德铢

鸭跖草目 Commelinales

  鸭跖草科 Commelinaceae：骆洋、李德铢

  田葱科 Philydraceae：骆洋、王红

  雨久花科 Pontederiaceae：周亚东、王青锋

姜目 Zingiberales

  兰花蕉科 Lowiaceae：任宗昕、李德铢

  芭蕉科 Musaceae：任宗昕、李德铢、王红

  美人蕉科 Cannaceae：胡光万、王青锋

  竹芋科 Marantaceae：任宗昕、李德铢

  闭鞘姜科 Costaceae：李密密、杭悦宇

  姜科 Zingiberaceae：骆洋、李德铢

禾本目 Poales

  香蒲科 Typhaceae：周亚东、王青锋

  凤梨科 Bromeliaceae：李攀、傅承新

  黄眼草科 Xyridaceae：周亚东、王青锋

  谷精草科 Eriocaulaceae：赵延会、王红

  灯心草科 Juncaceae：赵延会、王红

  莎草科 Cyperaceae：董洪进

  帚灯草科 Restionaceae：赵延会、王红

  刺鳞草科 Centrolepidaceae：赵延会、王红

  须叶藤科 Flagellariaceae：赵延会、王红

  禾本科 Poaceae：陈文俐、刘艳春、李德铢、张玉霄、刘启新、李灵露、周伟、吴宝成、褚晓芳

目　录

·上　卷·

·下　卷·

Lycopodiaceae P. Beauvois ex Mirbel (1802) 石松科

特征描述：土生、附生。植株直立、悬垂或攀援。<u>主茎二歧分枝</u>，原生中柱。<u>叶小，螺旋状排列或不规则轮生，无叶脉或仅具单一小脉</u>。能育叶与不育叶同型或异型，质厚，有时呈龙骨状，线形或钻形，不育叶全缘或有锯齿或龋齿状。<u>孢子囊肾形或近圆球形，叶腋单生，生于茎的中上部</u>，或在枝顶聚生成囊穗，棍棒状、圆柱状或为分枝的下垂线形囊穗。孢子近圆球形至四面体，三裂缝，无叶绿素，外壁具穴状或网状纹饰。原叶体地下生，半腐生或腐生，椭圆形或线形，单一或分枝，具菌根，块状或蝶状。

分布概况：5 属/约 400 种，世界广布，主产泛热带；中国 4 属/67 种，各地广布，主产西南和华南。

系统学评述：石松类植物 Lycophytes 是在古生代植物中占优势的类群之一，其为整个维管植物的基部类群，包括了石松目 Lycopodiales、水韭目 Isoëtales 和卷柏目 Selaginellales 共 3 个目。Rothmaler[1]根据原叶体的不同，将石松科（即广义的石松属 *Lycopodium*）划分为石松科和石杉科 Huperziaceae。该分类系统被 Herter[2]和秦仁昌[3,4]接受，并被 FRPS 和中国各地方植物志采用。Wikström 和 Kenrick[5-7]利用 *rbc*L 对石松科进行系统发育重建及分歧时间估算，研究将石松科划分为小石松属 *Lycopodiella*、石松属和石杉属 *Huperzia*。Yatsentyuk 等[8]利用叶绿体片段的系统发育分析显示石松科可分为 4 或 5 属，即石松属、小石松属、石杉属（若分为 5 属，则可从石杉属再分出 1 属）和 *Phyloglossum*。Field 等[9]对石松科的分子系统学和形态学分析显示，石松科分为石松类 Lycopodioid 和石杉类 Huperzioid 2 个大分支，其中，石松类可再分为石松属（亚科）和小石松属（亚科）2 个亚分支，石杉类（石杉亚科 Huperzioideae）可分为 3 个亚分支。Field 等[9]建议将石杉亚科分为石杉属、马尾杉属 *Phlegmariurus* 和 *Phyloglossum*。PPG I 系统将石松科分为石松亚科 Lycopodioideae（9 属）、小石松亚科 Lycopodielloideae（4 属）和石杉亚科（3 属），共 16 属。目前石松类和小石松类的分子系统学研究取样还不足以代表这 2 个类群，该科的属间划分问题仍需研究。此处暂按照石松科 5 属（石松属、小石松属、石杉属、马尾杉属和 *Phyloglossum*）处理。

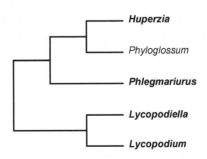

图 1 石松科分子系统框架图（参考 Field 等[9]）

分属检索表

1. 茎短而直立或附生种类的茎柔软下垂或略下垂斜升；孢子囊生于全枝或枝上部叶腋，或在枝顶端形成细长线性的孢子囊穗
    2. 植株较小，土生或附生，茎直立；能育叶仅比不育叶略小；孢子囊未形成明显囊穗；染色体 x=11 ··· **1. 石杉属 Huperzia**
    2. 植株较高大，附生，成熟枝下垂或近直立；能育叶与不育叶明显不同或相似；孢子囊形成明显囊穗；染色体 x=17 ······················ **4. 马尾杉属 Phlegmariurus**
1. 茎长而匍匐状或攀援状；孢子囊生于顶枝或侧生，形成圆柱形或柔荑花序状
    3. 沼泽或湿地植物，气生茎单一；孢子囊穗单生，无柄 ·················· **2. 小石松属 Lycopodiella**
    3. 旱地植物，气生茎稀疏分枝；孢子囊穗多个生于总柄，有柄 ·················· **3. 石松属 Lycopodium**

1. *Huperzia* Bernhardi 石杉属

Huperzia Bernhardi (1801: 126); Ji et al. (2008: 213) [Lectotype: *H. selago* (Linnaeus) Bernhardi ex Schrank & Martius (≡ *Lycopodium selago* Linnaeus)]

特征描述：小型或中型土生蕨类。茎直立或斜生，二叉分枝，茎和小枝上部常有芽苞。小型叶，仅具中脉，一型，线形或披针形，螺旋状排列，常纸质，全缘或具锯齿。能育叶仅比不育叶略小。孢子囊生在全枝或枝上部孢子叶腋，肾形，二瓣开裂。孢子球状四面体，极面观钝三角形，三边内凹，赤道面观扇形。染色体 x=11。

分布概况：约 55/27（18）种，**8** 型；温带和寒带广布；中国主产西南，其他地区有少量分布。

系统学评述：石杉属是澳大利亚分布的 *Phyloglossum* 的姐妹群。Holub[10]认为马尾杉类植物与石杉属的区别在于前者为附生、有独立的孢子囊穗，染色体 x=17，因而将马尾杉属从石杉属中分出。这一观点被 Zhang 和 Iwatsuki 在 FOC 中采用。Wikström 和 Kenrick[11]基于 *rbc*L 序列的系统学研究将石杉属分为新热带分支和旧热带分支。Wikström 和 Kenrick[5-7]建议将澳大利亚分布的 *Phyloglossum* 并入石杉属。Ji 等[12]对中国石杉类的分子系统学研究并不支持马尾杉属独立为属，而是聚入石杉属内部。

DNA 条形码研究：BOLD 网站有该属 39 种 68 个条形码数据；GBOWS 已有 1 种 2 个条形码数据。

代表种及其用途：蛇足石杉（千层塔）*H. serrata* (Thunberg) Trevisan 全草入药，有清热解毒、生肌止血、散瘀消肿的功效；从中可提取石杉碱 A，对治疗阿尔茨海默病等疾病具有特殊的药用价值。

2. *Lycopodiella* Holub 小石松属

Lycopodiella Holub (1964: 20); Zhang & Iwatsuki (2013: 32) [Type: *L. inundata* (Linnaeus) Holub (≡ *Lycopodium inundatum* Linnaeus)]. ——*Palhinhaea* Franco & Vasconcellos (1967: 24)

特征描述：中小型常绿植物，土生、沼泽生。主枝圆柱状，细长，匍匐蔓生于地面，略分枝或直立，侧枝上的小枝一至二回不等二歧分枝，有气生茎。叶一型，钻形。孢子

囊穗生于侧枝或末回小枝的顶端，单生，卵形至椭圆形，无柄，成熟后下垂，浅黄色。孢子叶卵形，上部急尖或尾尖，排列紧密，边缘具锯齿。孢子囊椭圆形，横生，少有圆球状肾形，孢子壁具皱褶，拟网状纹饰。原叶体生地上，片状或条裂状，顶端有由绿色叶片组成的附属物或无，生精子器和颈卵器。染色体 $x=13$。

分布概况：约 40/3 种，**2 型**；热带和亚热带广布，大多种类分布于南美洲和南太平洋岛屿；中国产长江以南。

系统学评述：Vasconcellos 和 Franco[13]根据孢子外壁纹饰的不同，将灯笼草属 *Palhinhaea* 从小石松属中独立出来，而 Pichi-Sermolli[14]认为两者孢子形态和染色体基数一致，灯笼草属应为小石松属下的 1 个亚属。Zhang 和 Iwatsuki 在 FOC 中将灯笼草属并入了石松属。分子系统学研究显示小石松属是石松属的姐妹群。

DNA 条形码研究：BOLD 网站有该属 7 种 12 个条形码数据。

3. *Lycopodium* Linnaeus 石松属

Lycopodium Linnaeus (1753: 1100); Aagaard *et al.* (2009: 835) (Lectotype: *L. clavatum* Linnaeus).
——*Diphasiastrum* Holub (1975: 104); *Lycopodiastrum* Holub (1983: 440)

特征描述：中型或小型常绿植物，土生。主茎圆柱形，粗线形或近扁平形，长而匍匐于地面或攀援树上，侧枝二至多回分枝。叶交互对生、轮生或螺旋状着生于茎上，钻形或披针形，贴生或斜生于茎上，全缘，少有锯齿，纸质、厚纸质至革质。能育叶与不育叶不同形，能育叶阔卵形或阔披针形，基部盾状着生。孢子囊穗圆柱状单生于顶枝，有柄或无柄，有时多个孢子囊穗生于同一穗柄。孢子囊圆球状肾形，黄色，顶端开裂，裂片同形。孢子钝三角形、四面体球形至圆形，壁表面具颗粒状纹饰或网状纹饰。染色体 $x=17, 23, 34$。

分布概况：约 40/15 种，**1 型**；世界广布，少数产北温带；中国主产华南和西南，少数达东北和西北。

系统学评述：分子系统学研究显示石松属是小石松属的姐妹群。Holub[15]依据习性、主茎的形态、孢子壁纹饰和染色体基数，把原置于石松属的部分成员分出，建立了扁枝石松属 *Diphasiastrum* 和藤石松属 *Lycopodiastrum*，后者为单种属，这一观点自 1978 年秦仁昌[16]发表中国蕨类分类系统后逐渐被接受。Aagaard 等[17]基于 5 个叶绿体片段的系统学研究支持广义的石松属。

DNA 条形码研究：BOLD 网站有该属 17 种 41 个条形码数据。

代表种及其用途：石松属孢子可作铸造工业中的脱模剂。石松（伸筋草）*L. japonicum* Thunberg、扁枝石松（地刷子）*L. complanatum* Linnaeus 和藤石松 *L. casuarinoides* Spring 均可全草入药，通筋活络，祛风散寒。

4. *Phlegmariurus* (Herter) Holub 马尾杉属

Phlegmariurus (Herter) Holub (1964: 17); Zhang & Iwatsuki (2013: 13), Field et al. (2016: 635) [Type: *P. phlegmaria* (Linnaeus) Holub (≡ *Lycopodium phlegmaria* Linnaeus)]

特征描述：中型附生蕨类。茎短而簇生，成熟枝下垂或近直立，多回二叉分枝，茎和小枝上部常有芽苞。叶螺旋状排列，披针形、椭圆形、卵形或鳞片状，革质或近革质，全缘。孢子囊穗比不育部分细瘦或为线形。孢子叶与营养叶明显不同或相似。孢子叶较小，孢子囊生在孢子叶腋。孢子囊肾形；二瓣开裂。孢子球状四面体，极面观近三角状圆形，赤道面观扇形。染色体 $x=17$。

分布概况：约 250/22（8）种，**2** 型；热带和亚热带广布；中国产西南、华南和华东。

系统学评述：马尾杉属是石杉属-*Phyloglossum* 分支的姐妹群。Holub[10]从石杉属中分出了马尾杉属和小石松属，认为马尾杉属与石杉属的区别在于前者为附生、有独立的孢子囊穗，染色体 $x=17$。Ji 等[12]对中国石杉类的分子系统学研究不支持马尾杉属独立为属，而是嵌入石杉属内部；石杉类分为 3 个分支，即石杉属、新热带分支和旧热带分支。Field 等[9]建议将石杉亚科划分为石杉属、马尾杉属和澳大利亚分布的 *Phyloglossum*。PPG I 采纳了 Field 等[9]的观点。FRPS 将马尾杉属分为马尾组 *Phlegmariurus* sect. *Phlegmariurus*、拟石杉组 *P.* sect. *Huperzioides* 及龙骨组 *P.* sect. *Carinaturus*，而分子系统学研究则支持该属分为新热带分支和旧热带分支[9,12]。

DNA 条形码研究：BOLD 网站有该属 39 种 68 个条形码数据；GBOWS 已有 1 种 2 个条形码数据。

代表种及其用途：马尾杉 *P. phlegmaria* (Linnaeus) Holub 既可观赏，又可药用，全草入药可治风湿痹痛，跌打损伤，发热咽痛，水肿及荨麻疹等症。

主要参考文献

[1] Rothmaler W. Pteridophyten studien I[J]. Feddes Report, 1944, 54: 55-82.

[2] Herter W. Systema Lycopodiorum[J]. Revista Sudamer Bot, 1949-1950, 8: 67-86, 93-116.

[3] 秦仁昌. 中国石松科的分类(I, II)[J]. 云南植物研究, 1981, 3: 1-9, 291-305.

[4] 秦仁昌. 中国石松科的分类(III, IV)[J]. 云南植物研究, 1982, 4: 119-128, 213-226.

[5] Wikström N, Kenrick, P. Phylogeny of Lycopodiaceae (Lycopsida) and the relationship of *Phylloglossum drumondii* Kunze based on *rbc*L sequence data[J]. Int J Plant Sci, 1997, 158: 862-871.

[6] Wikström N, Kenrick P. Relationships of *Lycopodium* and *Lycopodiella* based on combined plastid *rbc*L gene and *trn*L intron sequence data[J]. Syst Bot, 2000, 25: 495-510.

[7] Wikström N, Kenrick P. Evolution of Lycopodiaceae (Lycopsida): estimating divergence times from *rbc*L gene sequences by use of nonparametric rate smoothing[J]. Mol Phylogenet Evol, 2001, 19: 177-186.

[8] Yatsentyuk SP, et al. Evolution of Lycopodiaceae inferred from spacer sequencing of chloroplast rRNA genes[J]. Russ J Genet, 2001, 37: 1068-1073.

[9] Field AR, et al. Molecular phylogenetics and the morphology of the Lycopodiaceae subfamily Huperzioideae supports three genera: *Huperzia*, *Phlegmariurus* and *Phylloglossum*[J]. Mol Phylogenet Evol, 2016, 94: 635-657.

[10] Holub J. *Lycopodiella*, novy rod radu Lycopodiales[J]. Preslia, 1964, 36: 16-22.

[11] Wikström N, Kenrick P. Phylogeny of epiphytic *Huperzia* (Lycopodiaceae): paleotropical and neotropical clades corroborated by *rbc*L sequences[J]. Nord J Bot, 2000, 20: 165-171.

[12] Ji SG, et al. A molecular phylogenetic study of Huperziaceae based on chloroplast *rbc*L and *psb*A-*trn*H sequences[J]. J Syst Evol, 2008, 46: 213-219.

[13] Vasconcellos IC, Franco JA. Breves notas sobre Licopodiáceas[J]. Bol Soc Brot II, 1967, 41: 23-25.

[14] Pichi-Sermolli REG. Tentamen Pteridophytorum genera in taxonomicum ordinem redigendi[J]. Webbia, 1977, 31: 315-512.

[15] Holub J. *Diphasiastrum*, a new genus in Lycopodiaceae[J]. Preslia. 1975, 47: 97-110.

[16] 秦仁昌. 中国蕨类植物科属的系统排列和历史来源[J]. 植物分类学报, 1978, 16(3): 1-19; 16(4): 16-37.

[17] Aagaard SMD, et al. Resolving maternal relationships in the clubmoss genus *Diphasiastrum* (Lycopodiaceae)[J]. Taxon, 2009, 58: 835-848.

Isoëtaceae Dumortier (1829) 水韭科

特征描述：小型常绿或夏绿植物，水生、两栖生或土生。植株直立。茎较短小，块状，极少似根状茎斜生，肉质，基部具须根，向上丛生螺旋形排列的叶。叶长 2-100cm；宽有时可达 1cm，呈线状或为圆柱形，具 4 条纵行的气孔道和中央背生的维管束，叶基膨大，膜质，两侧扩大成鞘状，生孢子囊部位较肥厚。孢子囊大，卵形或球形，表面有小凹，表皮细胞壁厚，1 室，同形，不开裂，位于叶基膨大的穴内，外轮叶的为大孢子囊，内轮叶的为小孢子囊。大孢子圆球形，成熟时粉白色；小孢子极小，椭圆形。孢壁上有颗粒状及刺状纹饰。

分布概况：1 属/130 余种，世界广布，主产北半球亚热带和温带，极少数分布到热带；中国 1 属/5 种，分布于西南、华南和华东。

系统学评述：水韭科是一个较古老的类群，为单属科，仅包含水韭属 *Isoëtes* Linnaeus。Amstutz[1]基于仅产秘鲁的 *I. andicola* E. Amstutz 建立了 1 个单种属 *Stylites*，但未被采用。

1. *Isoëtes* Linnaeus 水韭属

Isoëtes Linnaeus (1753: 1100); Zhang & Iwatsuki (2013: 35) (Type: *I. lacustris* Linnaeus)

特征描述：小型常绿或夏绿植物，水生、两栖生或土生。植株直立。茎较短小，块状，极少似根状茎斜生，肉质，基部具须根，向上丛生螺旋形排列的叶。叶长 2-100cm；宽有时可达 1cm，呈线状或为圆柱形，具 4 条纵行的气孔道和中央背生的维管束，叶基膨大，膜质，两侧扩大成鞘状，生孢子囊部位较肥厚。孢子囊大，卵形或球形，表面有小凹，表皮细胞壁厚，1 室，同形，不开裂，位于叶基膨大的穴内，外轮叶的为大孢子囊，内轮叶的为小孢子囊。大孢子圆球形，成熟时粉白色；小孢子极小，椭圆形。孢壁上有颗粒状及刺状纹饰。染色体 $x=10$，11。

分布概况：约 130/5 种，**1** 型；世界广布，主要分布于北半球亚热带和温带，极少数达热带；中国产西南、华南和华东。

系统学评述：Gómez[2]在 1980 年依据茎和叶形态及孢子囊着生位置的差异，把水韭属分为 2 个亚属，即 *Isoëtes* subgen. *Isoëtes* 和 *I.* subgen. *Stilites*，但一直未被采用。Hoot 等[3]对全球分布的水韭属进行取样，利用 ITS 和 *atp*B、*rbc*L 进行了分子系统发育分析，结果显示水韭属落入 6 个地理分支，即冈瓦纳分支、南非分支、北半球分支、亚洲/澳大利亚分支、地中海分支和新世界分支。Taylor 等[4]基于核基因构建的水韭属的系统树显示，中国分布的水韭属植物和大洋洲分布的水韭属植物聚为 1 个分支；异源四倍体中华水韭 *I. sinensis* Palmer 的可能亲本为台湾水韭 *I. taiwanensis* de Vol 和云贵水韭 *I. yunguiensis* Q. F. Wang & W. C. Taylor。

　　DNA 条形码研究：BOLD 网站有该属 76 种 153 个条形码数据；GBOWS 已有 4 种 18 个条形码数据。

　　代表种及其用途：水韭属所有种类均为国家 II 级重点保护野生植物。

主要参考文献

[1]　Amstutz E. *Stylites*, a new genus of Isoëtaceae[J]. Ann MO Bot Gard, 1957, 44: 121-123.

[2]　Gómez LD. Vegetative reproduction in a Central American *Isoëtes* (Isoëtaceae): its morphological, systematic and taxonomical significance[J]. Brenesia, 1980, 18: 1-14.

[3]　Hoot SB, et al. Phylogeny and biogeography of *Isoëtes* (Isoëtaceae) based on nuclear and chloroplast DNA sequence data[J]. Syst Bot, 2006, 31: 449-460.

[4]　Taylor WC, et al. Phylogenetic relationships of *Isoëtes* (Isoëtaceae) in China as revealed by nucleotide sequences of the nuclear ribosomal ITS region and the second intron of a LEAFY homolog[J]. Am Fern J, 2004, 94: 196-205.

Selaginellaceae Willkomm (1854) 卷柏科

特征描述：土生或石生。植株直立、斜生或匍匐蔓生，少有攀援；多分枝，大多为二叉合轴分枝，主枝圆柱形或四棱柱状，无背腹性，具原生中柱、管状中柱或分体中柱，主枝下部生圆柱状根托，末端生出细长的多次二叉分枝的根系。单叶，较小，一型或二型，平展或斜展。二型叶螺旋状互生、呈4列；侧面2行叶称背叶，较大；中间2行叶称腹叶，贴生茎上。能育叶穗状。孢子囊穗着生小枝顶端，通常呈四棱形或扁圆形。能育叶分大、小孢子叶，分别产生大、小孢子囊。大孢子囊圆球形，外壁光滑或皱状或疣状，成熟时呈白色、黄色或棕色至黑色，每一大孢子囊内有大孢子1-4枚；小孢子囊肾形或倒卵形，可产生大量粉末状小孢子，囊外壁颗粒状、瘤状、刺状或疣状，极面三裂缝，成熟时呈浅黄色、黄色或橘红色。配子体细小，在孢子壁内发育。

分布概况：1属/750余种，主要分布于热带和亚热带，极少至北极高山；中国1属/72种，南北均产。

系统学评述：卷柏科是一个较古老的类群，为单属科。

1. *Selaginella* P. Beauvois 卷柏属

Selaginella P. Beauvois (1804: 478); Zhang et al. (2013: 37) (Type : *S. spinosa* P. Beauvois)

特征描述：土生或石生。植株直立、斜生或匍匐蔓生，少有攀援；多分枝，大多为二叉合轴分枝，主枝圆柱形或四棱柱状，无背腹性，具原生中柱、管状中柱或分体中柱，主枝下部生圆柱状根托，末端生出细长的多次二叉分枝的根系。单叶，较小，一型或二型，平展或斜展。二型叶通常为螺旋状互生、呈4列；侧面2行叶称背叶，较大；中间2行叶称腹叶，贴生茎上。能育叶穗状。孢子囊穗着生小枝顶端，通常呈四棱形或扁圆形。能育叶分大、小孢子叶，分别产生大、小孢子囊。大孢子囊圆球形，外壁光滑或皱状或疣状，成熟时呈白色、黄色或棕色至黑色，每一大孢子囊内有大孢子1-4枚；小孢子囊肾形或倒卵形，可产生大量粉末状小孢子，囊外壁颗粒状、瘤状、刺状或疣状，极面三裂缝，成熟时呈浅黄色、黄色或橘红色。配子体细小，在孢子壁内发育。染色体 x=7-10。

分布概况：约750/72（23）种，**1型**；近全球分布，主产热带和亚热带，极少至北极高山；中国南北均产。

系统学评述：Hieronymus[1]将该属分为同型叶亚属 *Selaginella* subgen. *Homoeophyllum* 和异型叶亚属 *S.* subgen. *Heterophyllum*。Jermy[2]将该属处理为5个亚属，即 *S.* subgen *Selaginella*、*S.* subgen. *Ericetorum*、*S.* subgen. *Tetragonostachys*、*S.* subgen. *Stachygynandrum*、*S.* subgen. *Heterostachys*。Korall 和 Kenrick[3,4]利用 *rbc*L 和 26S 片段构建的卷柏科的系统树显示 *S.* subgen. *Selaginella* 和 *S.* subgen. *Tetragonostachys* 是单系，而 *S.* subgen. *Stachygy-*

nandrum 和 *S.* subgen. *Heterostachys* 为多系，*S.* subgen. *Ericetorum* 嵌入 *S.* subgen. *Stachygy-nandrum* 内。Zhou 和 Zhang[5]的分子系统发育研究表明，*S. selaginoides* 分支是卷柏属其他种的姐妹群。

DNA 条形码研究：BOLD 网站有该属 121 种 187 个条形码数据。Gu 等[6]对卷柏属 34 种 103 个样品的研究表明，ITS2 条码对该属物种的鉴定率达到 100%。

代表种及其用途：卷柏 *S. tamariscina* (P. Beauvois) Spring、垫状卷柏（九死还魂草）*S. pulvinata* (W. J. Hooker & Greville) Maximowicz 等具清热解毒、活血止血的功效；翠云草 *S. uncinata* (Desvaux ex Poiret) Spring 适于盆栽观赏。

主要参考文献

[1] Hieronymus G. Selaginellaceae[M]//Engler A, Prantl K. Die natürlichen pflanzenfamilien I, 4. Leipzig: Engelmann, 1901: 621-715.

[2] Jermy AC. Selaginellaceae[M]//Kubitzki K. The families and genera of vascular plant, I. Berlin: Springer, 1990: 39-45.

[3] Korall P, Kenrick P. Phylogenetic relationships in Selaginellaceae based on *rbc*L sequences[J]. Am J Bot, 2002, 89: 506-517.

[4] Korall P, Kenrick P. The phylogenetic history of Selaginellaceae based on DNA sequences from the plastid and nucleus: extreme substitution rates and rate heterogeneity[J]. Mol Phylogenet Evol, 2004, 31: 852-864.

[5] Zhou XM, Zhang LB. A classification of *Selaginella* (Selaginellaceae) based on molecular (chloroplast and nuclear), macromorphological, and spore features[J]. Taxon, 2015, 64: 1117-1140.

[6] Gu W, et al. Application of the ITS2 region for barcoding medicinal plants of Selaginellaceae in Pteridophyta[J]. PLoS ONE, 2013, 8: e67818.

Equisetaceae A. Michaux ex de Candolle (1804) 木贼科

特征描述：常绿或夏绿植物，土生或沼泽生。根状茎横走，有节，节上有具齿的鞘，中空，常分枝或单出，分枝轮生于节上，节间有纵棱，棱上有硅质的疣状凸起。叶二型：不育叶退化成细小的鳞片状，轮生于节上，形成筒状或漏斗状并具齿的鞘，先端形成多为膜质的鞘齿；能育叶特化为六角盾状体，密集轮生，排成具尖头或钝头的孢子叶球，生于无色或褐色的能育茎顶端。孢子囊长圆形，5-10 个轮生于能育叶近轴面，成熟时纵裂。孢子同形异性，圆球形，绿色，无裂缝，外面环绕着 4 条十字形弹丝。孢子较大，具薄而透明的周壁，周壁皱褶或不皱褶，表面具不均匀的颗粒状纹饰。

分布概况：1 属/约 15 种，除大洋洲和南极洲外，热带，亚热带和温带广布；中国 1 属/10 种，南北均产。

系统学评述：依据形态解剖特征，一些研究者曾提出木贼科为独立的楔叶蕨亚门或为独立的纲[1]。Pryer 等[2]基于叶绿体基因的研究显示，木贼亚纲 Equisetidae 为合囊蕨亚纲 Marattiidae 的姐妹群，古植物学证据[3]也支持这种观点。

1. *Equisetum* Linnaeus 木贼属

Equisetum Linnaeus (1753: 1061); Zhang & Turland (2013: 67) (Type: *E. fluviatile* Linnaeus). —— *Hippochaete* Milde (1865: 297)

特征描述：常绿或夏绿植物，土生或沼泽生。根状茎横走，有节，节上有具齿的鞘，中空，常分枝或单出，分枝轮生于节上，节间有纵棱，棱上有硅质的疣状凸起。叶二型。不育叶退化成细小的鳞片状，轮生于节上，形成筒状或漏斗状并具齿的鞘，先端形成多为膜质的鞘齿；能育叶特化为六角盾状体，密集轮生，排成具尖头或钝头的孢子叶球，生于无色或褐色的能育茎顶端。孢子囊长圆形，5-10 个轮生于能育叶近轴面，成熟时纵裂。孢子同形异性，圆球形，绿色，无裂缝，外面环绕着 4 条十字形弹丝。孢子较大，具薄而透明的周壁，周壁皱褶或不皱褶，表面具不均匀的颗粒状纹饰。染色体 $x=9$。

分布概况：约 15/10 种，**1** 型；除北极和南极洲及大洋洲外，世界广布；中国主产东北、华东和西南，少数达西北。

系统学评述：木贼属下曾被 Milde[4]分出另外 1 个属 *Hippochaete*，其与木贼属的区别在于：气孔内陷、能育茎与不育茎同形、孢子囊穗具尖头、鞘齿膜质。Hauke[5]认为将属下划分为木贼亚属 *Equisetum* subgen. *Hippochaete* 和问荆亚属 *E.* subgen. *Equisetum* 较为合理。Marais 等[6]基于 *rbc*L 和 *trn*L-F 片段对木贼科进行的系统发育研究显示，木贼属是单系，该研究也支持木贼属的 2 个亚属为单系，但 *E. bogotense* Kuntz 与 2 个亚属间的系统关系没有得到解决。

DNA 条形码研究：BOLD 网站有该属 23 种 154 个条形码数据。

代表种及其用途：问荆 *E. arvense* Linnaeus、木贼 *E. hyemale* Linnaeus 和披散木贼 *E. diffusum* D. Don 等均可入药；问荆可用于金矿的勘探。

主要参考文献

[1] Pichi-Sermolli REG. The higher taxa of the Pteridophyta and their classification[M]//Hedberg O. Systematics of today. Uppsala: Uppsala University Arsskrift, 1958: 70-90.

[2] Pryer KM, et al. Phylogeny and evolution of ferns (monilophytes) with a focus on the early leptosporangiate divergences[J]. Am J Bot, 2004, 91: 1582-1598.

[3] Taylor TN, et al. Paleobotany, the biology and evolution of fossil plants[M]. Burlington and London: Academic Press, 2009.

[4] Milde CAJ. Repräsentiren die Equiseten der gegenwärtigen Schöpfungsperiode ein oder zwei genera?[J]. Bot Zeit, 1865, 23: 297-299.

[5] Hauke RL. A taxonomic monograph of the genus *Equisetum* subgenus *Hippochaete*[J]. Nova Hedw, 1963, 8: 1-123.

[6] Marais DLD, et al. Phylogenetic relationships and evolution of extant horsetails, *Equisetum*, based on chloroplast DNA sequence data (*rbc*L and *trn*L-F)[J]. Int J Plant Sci, 2003, 164: 737-751.

Psilotaceae J. W. Griffith & Henfrey (1855) 松叶蕨科

特征描述：中小型常绿植物，附生或石生。根状气生茎直立、匍匐横走或下垂，无根，下部不分枝，中上部呈二叉分枝，绿色，圆柱状，具棱或扁平，具原生中柱或管状中柱。叶为单叶，细小，无柄，疏生，二型。不育叶鳞片状、近三角状、披针形到狭卵形，无叶脉或有1条叶脉；能育叶二叉，小鳞片状，无叶脉。孢子囊圆球形，2-3枚生于叶腋，通常愈合似1枚2-3室的孢子囊，囊壁由数层细胞构成，无环带，成熟时纵裂。孢子同型，二面体状，椭圆形，单裂缝。配子体为不规则分枝圆柱状，无叶绿素，有菌根。

分布概况：2属/12-15种，分布于热带和亚热带；中国1属/1种，产西南、华南和华东。

系统学评述：松叶蕨科是较古老的类群，现存2属，其中，梅西蕨属 *Tmesipteris* 仅分布于大洋洲和南太平洋岛屿。Bierhorst[1]和 Gensel[2]曾对松叶蕨科2个属的系统分类关系做过详细研究。梅西蕨属和松叶蕨属 *Psilotum* 的染色体基数均为52[3]。Pryer等[4]基于 *rbc*L、*atp*B 和 *rps*4 的分子系统发育分析显示，松叶蕨科为瓶尔小草科的姐妹群。

1. *Psilotum* Swartz 松叶蕨属

Psilotum Swartz (1801: 8); Zhang & Yatskievych (2013: 81) [Lectotype: *P. triquetrum* Swartz, *nom. illeg.* (= *P. nudum* (Linnaeus) Palisot de Beauvois ≡ *Lycopodium nudum* Linnaeus)]

特征描述：草本。根状茎褐色，多回二叉分枝，具菌根。气生茎为具棱角的棱柱状或扁平状，基部匍匐，上部直立或下垂，常为二叉分枝。叶二型，叶片退化，细小，呈鳞片状或钻状，无柄，无叶脉。不育叶三角形，疏生，排列成2-3行；能育叶与不育叶同大，贴生，二叉深齿裂，齿尖，无叶脉，着生于枝条全部。孢子囊圆球形，3枚聚生叶腋，似一个3室的孢子囊，无环带，成熟时各自纵裂。孢子同型，椭圆形，单裂缝，裂缝较长，外壁具不规则的穴状纹饰。染色体 *x*=52。

分布概况：约2/1种，**2**型；分布于热带和亚热带；中国产西南、华南和华东。

系统学评述：松叶蕨属与梅西蕨属为松叶蕨科仅有的2个属，互为姐妹群关系。

代表种及其用途：松叶蕨 *P. nudum* (Linnaeus) P. Beauvois 可作室内盆栽观赏；全株入药可活血止血。

主要参考文献

[1] Bierhorst DW. The systematic position of *Psilotum* and *Tmesipteris*[J]. Brittonia, 1977, 29: 3-13.

[2] Gensel PG. Morphologic and taxonomic relationships of the Psilotaceae relative to evolutionary lines in early land vascular plants[J]. Brittonia, 1977, 29: 14-29.

[3] Brownsey PJ, Lovis JD. Chromosome numbers for the New Zealand species of *Psilotum* and *Tmesipteris*, and the phylogenetic relationships of the Psilotales[J]. New Zeal J Bot, 1987, 25: 439-454.

[4] Pryer KM, et al. Phylogeny and evolution of ferns (monilophytes) with a focus on the early leptosporangiate divergences[J]. Am J Bot, 2004, 91: 1582-1598.

Ophioglossaceae Martinov (1820) 瓶尔小草科

特征描述：常绿或夏绿中小型肉质植物，土生或罕见附生。根状茎短，直立或少有横走，肉质，无鳞片，具肉质粗根。叶明显二型，同生一总柄。不育叶为单叶或复叶，卵形、椭圆形、三角形或五角形，一至多回羽状分裂，叶脉分离或网状；能育叶具柄，自总柄下部或中部生出。孢子囊穗线形或聚成圆锥状，绿色或黄色，生于能育茎顶端。孢子囊大，圆球形，壁厚，无环带，成熟时横裂。孢子四面体，辐射对称，具三裂缝，外壁具网状纹饰或小疣状纹饰。配子体肉质块状，生于地下，无叶绿素，有菌根。

分布概况：10 属/约 112 种，热带、亚热带和温带广布；中国 3 属/22 种，南北均产。

系统学评述：依据叶形、叶脉和孢子囊形态特征，瓶尔小草科下曾被分出七指蕨科 Helminthostachyaceae[1]和阴地蕨科 Botrychiaceae[2]，但两者均未被广泛采用。Hauk 等[3]基于 *rbc*L 和 *mat*K 序列构建的系统树支持瓶尔小草科分为瓶尔小草类和阴地蕨类 2 个分支。Shinohara 等[4]基于 *rbc*L 和 *mat*K 构建的系统树支持将瓶尔小草科分为阴地蕨属 *Botrychium*、七指蕨属 *Helminthostachys*、*Mankyua* 和瓶尔小草属 *Ophioglossum*；*Cheiroglossa* 嵌入广义的瓶尔小草属分支内，没有得到确认。染色体基数和系统学分析都支持 *Mankyua* 为该科中最早分化的类群。PPG I 基于 Shinohara 等[4]的研究，将瓶尔小草科划分为 10 个属，其中，*Botrypus*（仅 2 种）非单系（包括 *Osmundopteris*）[3,4]，*Rhizoglossum* 目前未见分子系统学研究报道。

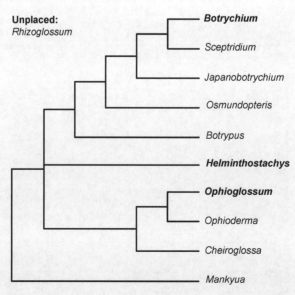

图 2 瓶尔小草科分子系统框架图（参考 Shinohara 等[4]）

分属检索表

1. *Botrychium* Swartz 阴地蕨属

Botrychium Swartz (1801: 8); Zhang et al. (2013: 73) [Type: *B. lunaria* (Linnaeus) Swartz (≡ *Osmunda lunaria* Linnaeus)].——*Botrypus* A. Michaux (1865: 297)

特征描述：小型夏绿植物，土生。根状茎短，直立，无鳞片，具肉质根。叶二型，均出自总柄，基部有鞘状托叶。不育叶为三角形、五角形或阔披针形，少为一回羽状，薄草质或草质，边缘全缘、具粗齿或尖锯齿，叶脉分离。能育叶出自总柄基部、近中部或不育叶的中轴，有柄。孢子囊穗聚生成圆锥状。孢子囊圆球形，无柄，沿囊穗两侧 2 行排列，不陷入托内，横裂。孢子四面体，辐射对称，具三裂缝，无周壁，外壁具小疣状纹饰。染色体 x=44-46。

分布概况：45-55/12 种，**10** 型；分布于温带，极少到热带和南极；中国产东北和长江以南。

系统学评述：依据叶形、孢子囊穗所出部位、染色体基数等特征，阴地蕨属曾被划分为 3-4 属，除阴地蕨属外，还包括小阴地蕨属 *Botrypus* 和假阴地蕨属 *Sceptridium*。该分类系统被秦仁昌 1978 系统[5]采纳，并被 FRPS 和地方植物志采用。Hauk 等[3]的研究表明，广义的阴地蕨属聚为 1 个阴地蕨类分支，其中小阴地蕨属为并系，位于阴地蕨类分支的基部；假阴地蕨属是阴地蕨属的姐妹群。Hauk 等[6]基于 *rbc*L、*trn*L-F 和 *rpl*163 片段构建的狭义的阴地蕨属分子系统树显示，狭义阴地蕨属为单系，其内分为 3 个分支。

DNA 条形码研究：BOLD 网站有该属 31 种 78 个条形码数据。

代表种及其用途：扇羽阴地蕨 *B. lunaria* (Linnaeus) Swartz 作室内绿化，全草入药；蕨萁 *B. virginianum* (Linnaeus) Swartz 入药。

2. *Helminthostachys* Kaulfuss 七指蕨属

Helminthostachys Kaulfuss (1824: 28); Ching (1978: 8); Zhang et al. (2013: 77) [Type: *H. dulcis* Kaulfuss, *nom. illeg.* (= *H. zeylanica* (Linnaeus) W. J. Hooker ≡ *Osmunda zeylanica* Linnaeus)]

特征描述：小型常绿植物，土生。根状茎短，横走，无鳞片，有不分枝肉质粗根。叶二型。不育叶有一总柄，掌状或鸟足状，基部有两片圆形肉质托叶，裂片矩圆状披针形，基部不对称，边缘全缘或浅锯齿，叶脉分离，主脉明显，侧脉羽状，一至二回分叉，达叶边。能育叶长 20-30cm，出自不育叶基部，有柄。孢子囊穗聚生成圆柱状，顶部有鸡冠状的不育附属物，无叶绿素。孢子囊球圆形或卵形，无柄，3-5 枚聚生。孢子四面体，辐射对称，具三裂缝，外壁具网状纹饰。染色体 x=47。

分布概况：1/1 种，**5** 型；亚洲和大洋洲热带广布，向北可达琉球群岛；中国产广东、海南、云南和台湾。

系统学评述：七指蕨属为单种属，仅有七指蕨 *H. zeylanica* (Linnaeus) W. J. Hooker 1 种。Hauk 等[3]基于 *rbc*L 和 *mat*K 片段的系统发育分析表明，七指蕨属为阴地蕨类的姐妹群。Shinohara 等[4]的研究却支持七指蕨属为广义的阴地蕨属+广义瓶尔小草属的姐妹群。上述 3 属之间的系统发育关系仍需进一步研究。

DNA 条形码研究：BOLD 网站有该属 1 种 9 个条形码数据。

代表种及其用途：七指蕨是国家 II 级重点保护野生植物。可药用，幼叶可作蔬菜食用。

3. *Ophioglossum* Linnaeus 瓶尔小草属

Ophioglossum Linnaeus (1753: 1062); Zhang et al. (2013: 77) (Lectotype: *O. vulgatum* Linnaeus). ——*Ophioderma* (Blume) Endliche (1836: 66)

特征描述：小型（仅带状瓶尔小草 *O. pendulum* 为中型带状）夏绿植物，土生，少有附生。根状茎短，直立，肉质，具无根毛的菌根性肉质粗根。叶二型。不育叶和能育叶同生自一总柄。不育叶为单叶，不分裂，披针形、卵形、椭圆形或带形，草质或近肉质，边缘全缘，叶脉网状，中脉不明显。能育叶出自不育叶柄基部，有长柄。孢子囊穗生顶部，短线形，顶端有不育的小突尖。孢子近球圆形，具三裂缝，外壁具明显的网状纹饰。染色体 x=45。

分布概况：25-30/9（2）种，**8** 型；分布于温带，极少在热带；中国主产西南，少数达华南和华中。

系统学评述：依据叶形、生态习性和分布区域，该属的带状瓶尔小草 *O. pendulum* Linnaeus 曾被独立为带状瓶尔小草属 *Ophioderma*，在秦仁昌 1978 系统[5]中采纳，并被 FRPS 和地方植物志采用。Clausen[7]在瓶尔小草科专著中将带状瓶尔小草作为瓶尔小草属下的 1 个亚属处理。Shinohara 等[4]基于 *rbc*L 和 *mat*K 的系统发育研究支持 *Cheiroglossa* 和带状瓶尔小草属的姐妹群关系，它们与狭义瓶尔小草共同构成广义瓶尔小草分支。

DNA 条形码研究：BOLD 网站有该属 22 种 63 个条形码数据。

代表种及其用途：瓶尔小草 *O. vulgatum* Linnaeus、狭叶瓶尔小草（一叶草）*O. thermale* Komarov、带状瓶尔小草 *O. pendulum* Linnaeus 等可入药。

主要参考文献

[1] Ching RC. New family and combinations in ferns[J]. Bull Fan Mem Inst Biol Bot Ser, 1941, 10: 235-256.

[2] Nakai T. Classes, ordines, familiae, subfamiliae, tribus, genera nova quae attinent ad plantas Koreanas[J]. J Jap Bot, 1949, 24: 8-14.

[3] Hauk WD, et al. Phylogenetic studies of Ophioglossaceae: evidence from *rbc*L and *trn*L-F plastid DNA sequences and morphology[J]. Mol Phylogenet Evol, 2003, 28: 131-151.

[4] Shinohara W, et al. The use of *mat*K in Ophioglossaceae phylogeny and the determination of *Mankyua* chromosome number shed light on chromosome number evolution in Ophioglossaceae[J]. Syst Bot, 2013, 38: 564-570.

[5] 秦仁昌. 中国蕨类植物科属的系统排列和历史来源[J]. 植物分类学报, 1978, 16(3): 1-19; 16(4): 16-37.

[6] Hauk WD, et al. A phylogenetic investigation of *Botrychium s.s.* (Ophioglossaceae): evidence from three plastid DNA sequence datasets[J]. Syst Bot, 2012, 37: 320-330.

[7] Clausen RT. A monograph of the Ophioglossaceae[J]. Mem Torrey Bot Club, 1938, 19: 1-177.

Marattiaceae Kaulfuss (1824), *nom. cons.* 合囊蕨科

特征描述：草本，土生。根状茎直立或横走，肉质。<u>叶柄粗大，通常有膨大的关节。</u>叶一至四回羽状复叶，小羽片披针形或卵状长圆形，深绿色，肉质，有短柄或无柄；<u>叶脉分离，单一或二叉状，</u>少有网状。<u>孢子囊群线形、椭圆形或圆形，</u>腹面有纵缝开裂，<u>无囊群盖，</u>沿叶脉两侧排列或散生叶下面小脉连接点。孢子囊船形或圆形，顶端无环带或有不发育的环带。孢子四面体，椭圆形，具单裂缝或三裂缝，周壁有或无。原叶体土表生，扁平，大而厚，有内生菌根。

分布概况：6 属/约 300 种，分布于泛热带；中国 3 属/30 种，产西南、华南和华东。

系统学评述：该类群在科级分类阶元的划分上一直存在争议。秦仁昌[1]根据根状茎、叶脉和孢子囊群等形态性状，将该类群分为 4 个科，被 FRPS 所采用；Christensen[2]认为划分为观音座莲科 Angiopteridaceae 和合囊蕨科 2 个科较为合理；大多数学者采用广义的合囊蕨科概念[3,4]。Murdock[5]利用多个叶绿体片段构建了合囊蕨科的分子系统发育树，结果显示，合囊蕨科是一个演化位置比较孤立的类群，广义的 *Marattia* 是并系，而观音座莲属 *Angiopteris*（包括 *Archangiopteris* 和 *Macroglossum*）为单系。Murdock[6]基于形态学和分子系统学证据，对合囊蕨科进行了修订。合囊蕨科包括 6 个属（传统上定义的合囊蕨属被分为 3 个属），即狭义的 *Marattia*（分布于新热带和夏威夷）、*Eupodium*（分布于新热带）、合囊蕨属 *Ptisana*（分布于旧热带）、观音座莲属（包括 *Archangiopteris*、*Macroglossum*、*Protomarattia* 和 *Protangiopteris*）、*Danaea* 和天星蕨属 *Christensenia*。

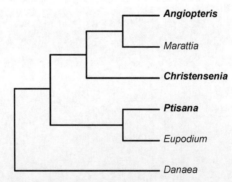

图 3　合囊蕨科分子系统框架图（参考 Murdock[6]）

分属检索表

1. 叶脉网状；孢子囊群圆环形，生于网脉交结点上，星散分布于叶下面⋯⋯ **2. 天星蕨属** *Christensenia*
1. 叶脉分离；孢子囊群线形或椭圆形，沿叶脉着生
　2. 孢子囊群为聚合囊群，孢子囊合生为一整体⋯⋯⋯⋯⋯⋯⋯⋯⋯⋯⋯⋯**3. 合囊蕨属** *Ptisana*
　2. 孢子囊群由两排密生而分离的孢子囊组成⋯⋯⋯⋯⋯⋯⋯⋯⋯⋯⋯⋯ **1. 莲座蕨属** *Angiopteris*

1. *Angiopteris* G. F. Hoffmann 莲座蕨属

Angiopteris G. F. Hoffmann (1796: 29); He & Christenhusz (2013: 83) [Type: *A. evecta* (J. G. Forster) G. F. Hoffmann (≡ *Polypodium evectum* J. G. Forster)].——*Archangiopteris* Christ & Giesenhagen (1899: 77)

特征描述：大型草本，土生。根状茎直立或横卧，肉质。叶柄长而粗壮，基部有托叶状附属物。叶一至二回羽状复叶，小羽片披针形，有短柄或无柄，上面光滑，下面沿中肋常疏被线形小鳞片，边缘有粗齿或具尖锯齿；叶脉分离，单一或分叉，近小羽片边缘常有倒行假脉。孢子囊群圆形或短线形，近小羽片边缘生或生于叶缘与中肋间，无隔丝。孢子四面体球形，辐射对称，具三裂缝，周壁有或无，外壁具瘤状、条形或颗粒状纹饰。染色体 $x=10$。

分布概况：约 200/28（17）种，**6 型**；主要分布于亚洲热带，亚热带及南太平洋诸岛，向北到日本；中国产西南、华南和华东。

系统学评述：依据根状茎性状、叶柄上的关节、孢子囊群着生部位和孢子表面形态等特征，莲座蕨属曾被划分为 2 个属。Christ 和 Giesenhagen[7]以采自云南蒙自的植物为模式，建立了原始莲座蕨属 *Archangiopteris*，并认为原始莲座蕨属是代表莲座蕨目的极原始类型。这一观点被秦仁昌[1]采用。Murdock[5,6]利用多个叶绿体片段构建合囊蕨科的分子系统树，并结合形态性状分析，提出观音座莲属为单系，其中 *Archangiopteris*、*Macroglossum*、*Protomarattia* 和 *Protangiopteris* 被包括在其中；仅分布于新热带和夏威夷的狭义的合囊蕨属为其姐妹群。

DNA 条形码研究：BOLD 网站有该属 19 种 38 个条形码数据；GBOWS 已有 1 种 2 个条形码数据。

代表种及其用途：莲座蕨 *A. evecta* (G. Forester) Hoffmann、二回莲座蕨 *A. bipinnata* (Ching) J. M. Camus 供观赏。

2. *Christensenia* Maxon 天星蕨属

Christensenia Maxon (1905: 239); He & Christenhusz (2013: 83) [Type: *C. aesculifolia* (Blume) Maxon (≡ *Aspidium aesculifolium* Blume)]

特征描述：草本，土生。根状茎横走，肉质；叶近生。叶具肉质粗壮柄，长而粗，基部有两片肉质托叶。叶为三出复叶或五个羽片的掌状复叶，少为单叶，羽片或叶片的中肋粗壮，两面隆起，小脉网状，网孔内有内藏小脉。孢子囊聚合为圆环形的孢子囊群，散生于叶下面小脉的连接点，由 10-15 个肉质孢子囊合成为 1 个中空的圆形钵体，以腹部上方的短纵缝向钵体内开裂放出孢子。孢子椭圆形，两侧对称，具单射线状裂缝，裂缝细而长，不具周壁，外壁表面具细长的刺状纹饰。染色体 $x=10$。

分布概况：约 1/1 种，**7 型**；分布于亚洲热带；中国产云南东南部。

系统学评述：Murdock[5,6]基于多个叶绿体片段构建的合囊蕨科系统树及形态性状分析结果均显示，天星蕨属为观音座莲属+狭义的合囊蕨属的姐妹群。Camus[8]认为天星蕨属仅有一个变异较大的复合种天星蕨 *C. aesculifolia* (Blume) Maxon。

DNA 条形码研究： BOLD 网站有该属 1 种 2 个条形码数据；GBOWS 已有 1 种 2 个条形码数据。

代表种及其用途： 天星蕨为国家 II 级重点保护野生植物。

3. *Ptisana* Murdock 合囊蕨属

Ptisana Murdock (2008:744); He & Christenhusz (2013: 82) [Type: *P. salicina* (Smith) Murdock (≡ *Marattia salicina* Smith)]

　　特征描述： 草本，土生。根状茎直立，肉质球状，被披针形鳞片，具粗壮的根。叶簇生，叶柄具膨大节状的叶枕。叶一至四回羽状复叶，羽片和小羽片通常近对生，光滑或下面被鳞片，小羽片无柄或具短小柄，长圆形或披针形，基部楔形，边缘通常有锯齿，偶尔为小圆齿或全缘；叶脉分离，单一或二叉。孢子囊群生于叶脉背面，由 2 行排列紧密的孢子囊合生成聚合囊群，中生或近叶边生，无柄或有柄，两瓣开裂。孢子椭圆形，单裂缝，外壁表面具颗粒状或刺状纹饰。染色体 x=13。

　　分布概况： 20-25/1 种，**2** 型；泛热带广布；中国产台湾。

　　系统学评述： Murdock[6]将合囊蕨属从传统的合囊蕨属中分出，其聚合囊群不同于合囊蕨属，传统上被划分为合囊蕨属的种大多为该属成员。

　　DNA 条形码研究： BOLD 网站有该属 1 种 1 个条形码数据。

　　代表种及其用途： 合囊蕨 *P. pellucida* (C. Presl) Murdock 供观赏。

主要参考文献

[1]　秦仁昌. 中国蕨类植物科属的系统排列和历史来源[J]. 植物分类学报, 1978, 16(3): 1-19; 16(4): 16-37.

[2]　Christensen C. Filicinae[M]//Verdoorn F. Manual of Pteridology. The Hague: Nijhoff, 1938: 522-550.

[3]　Copeland EB. Genera filicum[M]. Waltham, Massachusetts: Chronica Botanica, 1947: 87-132.

[4]　Holttum RE. A revised flora of Malaya: an illustrated systematic account of the Malayan flora, including commonly cultivated plants. Volume II: Ferns of Malaya[M]. Singapore: Government Printing Office, 1954.

[5]　Murdock AG. Phylogeny of marattioid ferns (Marattiaceae): inferring a root in the absence of a closely related outgroup[J]. Am J Bot, 2008, 95: 626-641.

[6]　Murdock AG. A taxonomic revision of the eusporangiate fern family Marattiaceae, with description of a new genus *Ptisana*[J]. Taxon, 2008, 57: 737-755.

[7]　Christ H, Giesenhagen KFG. Pteridographische notizen[J]. Flora, 1899, 86: 72-85, f.1-5.

[8]　Camus JM. Marattiaceae[M]//Kubitzki K. The families and genera of vascular plants, I. Berlin: Springer, 1990: 174-180.

Osmundaceae Martinov (1820) 紫萁科

特征描述：草本，土生。根状茎直立或斜升，粗壮，无鳞片。叶簇生，幼时被棕色长柔毛，老时脱落。<u>叶柄长</u>，<u>基部膨大</u>，<u>两侧有狭翅</u>，似托叶状。叶大，一至二回羽状分裂，<u>二型或一型</u>，或同一叶片上的羽片为二型；<u>叶脉分离</u>，<u>侧脉二叉</u>。<u>孢子囊大</u>，圆球形，大多有柄，<u>无囊群盖</u>，<u>着生于强烈收缩变态的能育叶的羽片边缘</u>，<u>不形成孢子囊群</u>，顶端有几个增厚的细胞，为不发育的环带，成熟后纵裂为二瓣状。孢子四面体，辐射对称，具两极口，能两极发芽。原叶体土表生，扁平，心脏形。

分布概况：6 属/约 18 种，分布于泛热带；中国 4 属/8 种，产西南、华南和华东。

系统学评述：Yatabe 等[1]利用 *rbc*L 序列重建了紫萁科的系统发育框架，结果表明，广义的紫萁属 *Osmunda* 不是单系，桂皮紫萁属 *Osmundastrum* 也不是单系，*Todea* 和 *Leptopteris* 均嵌入其内。桂皮紫萁 *Osmundastrum cinnamomea* Linnaeus 位于紫萁科最基部。Yatabe 等[2]修订了紫萁属的属下系统，基于绒紫萁 *Osmunda claytoniana* Linnaeus 建立了绒紫萁亚属 *Claytosmunda* subgen. *Claytosmunda*。Metzgar 等[3]对紫萁科所有代表类群进行取样，利用 7 个叶绿体片段构建了该科的分子系统树，结果进一步证实了广义的紫萁属为并系，桂皮紫萁属为该科最基部的类群，*Todea* 和 *Leptopteris* 构成 1 个单系姐妹分支，并构成与紫萁属的姐妹群类群。紫萁属可分为 3 个单系分支（对应绒紫萁亚属 *C.* subgen. *Claytosmunda*、革紫萁亚属 *Plenasium* subgen. *Plenasium* 和紫萁亚属 *Osmunda* subgen. *Osmunda*）。PPG I 基于以上研究，将紫萁属分为绒紫萁属 *Claytosmunda*、革紫萁属 *Plenasium* 和紫萁属。

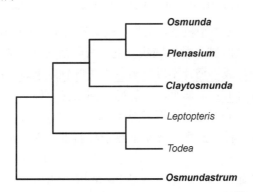

图 4　紫萁科分子系统框架图（参考 Metzgar 等[3]）

分属检索表

1. 不育叶为二回羽状或部分二回羽状；能育叶羽片生于叶片顶部或中部，或能育叶和不育叶分开┈┈
┈┈┈┈┈┈┈┈┈┈┈┈┈┈┈┈┈┈┈┈┈┈┈┈┈┈┈┈┈┈┈┈┈┈ **2. 紫萁属 *Osmunda***

1. 不育叶为一回羽状

2. 一回羽状，羽片以关节着生叶轴，叶革质常绿，分布于热带 ················**4. 革紫萁属** *Plenasium*

2. 羽片羽状分裂，羽片不以关节着生叶轴，叶草质落叶，分布于温带

　　3. 能育叶羽片生于叶片的下半部，绒毛及孢子囊为红棕色 ·············**3. 桂皮紫萁属** *Osmundastrum*

　　3. 能育叶羽片生于叶片的中部，绒毛灰白色或带灰棕色，孢子囊黑棕色················
···**1. 绒紫萁属** *Claytosmunda*

1. *Claytosmunda* (Y. Yatabe, N. Murak & K. Iwatsuki) Metzgar & Rouhan 绒紫萁属

Claytosmunda (Y. Yatabe, N. Murak & K. Iwatsuki); Metzgar & Rouhan (2016: 572); PPG I (2016: 572)
　　[Type: *C. claytoniana* (Linnaeus) Metzgar & Rouhan (≡ *Osmunda claytoniana* Linnaeus)]

特征描述：草本，夏绿中型植物，土生。根状茎直立或斜生。叶簇生，一型（但羽片为二型），幼时密生黏质灰白色或带灰棕色腺状绒毛。叶柄通常禾秆色或棕禾秆色。叶一回羽状复叶，羽片羽状深裂，不以关节着生叶轴；能育叶羽片常生于叶片中下部；叶草质；裂片上的侧脉通常二叉。孢子囊密生于羽轴或中肋两侧的背面，黑棕色。孢子球状四面体，辐射对称，具短棒状纹饰。染色体 *x*=11。

分布概况：1/1 种，**9** 型；东亚-北美间断分布；中国产西南和华南。

系统学评述：PPG I 基于 Yatabe 等[2]和 Metzgar 等[3]的研究，将绒紫萁亚属提升为绒紫萁属，其为革紫萁属-紫萁属分支的姐妹群。

DNA 条形码研究：BOLD 网站有该属 11 种 80 个条形码数据。

代表种及其用途：绒紫萁 *C. claytoniana* (Linnaeus) Metzgar & Rouhan 根茎入药，可舒筋活络，治肋骨疼痛。

2. *Osmunda* Linnaeus 紫萁属

Osmunda Linnaeus　(1753: 1063); Zhang et al. (2013: 91) (Type: *O. regalis* Linnaeus)

特征描述：草本，夏绿中型植物，土生。根状茎斜生，被宿存的叶柄基部。叶簇生，二型，叶柄基部膨大，幼时密生黏质腺状绒毛，成熟后脱落变光滑。不育叶二回羽状，羽片长圆形，羽状，羽片或小羽片不以关节着生于叶轴或羽轴；能育叶羽片生于叶片顶部，或能育叶和不育叶分开；叶脉羽状，侧脉多回二叉分枝。孢子囊密生于紧缩成线形的羽片中肋两侧。孢子球状四面体，具棒状纹饰。染色体 *x*=11。

分布概况：4/2（1）种，**2** 型；分布于热带和温带，主产东亚和东南亚；中国产西南和华南。

系统学评述：紫萁属的热带产成员曾被 Presl[4]依据叶一回羽状、叶革质、羽片以关节着生叶轴的特征，分为另一个属革紫萁属 *Plenasium*，并在《云南植物志》中被采用。Metzgar 等[3]的研究表明，将桂皮紫萁 *O. cinnamomea* Linnaeus 独立为桂皮紫萁属 *Osmundastrum* 后，紫萁属为单系，可划分为 3 个亚属（绒紫萁亚属、革紫萁亚属和紫萁亚属）。PPG I 将紫萁属分为绒紫萁属、革紫萁属和紫萁属 3 个属。

DNA 条形码研究：BOLD 网站有该属 11 种 90 个条形码数据。

代表种及其用途：紫萁 *O. japonica* Thunberg 可作为酸性土壤的指示植物，其嫩叶

可食，根状茎可药用。

3. *Osmundastrum* C. Presl 桂皮紫萁属

Osmundastrum C. Presl (1847: 18); Metzgar et al. (2008: 32) [Type: *O. cinnamomeum* (Linnaeus) C. Presl (≡ *Osmunda cinnamomea* Linnaeus)]

特征描述：草本，夏绿中型植物，土生。根状茎直立或斜生。叶簇生，二型，幼时密生黏质红棕色的腺状绒毛。叶柄通常禾秆色或棕禾秆色。叶一回羽状复叶，羽片羽状深裂，不以关节着生叶轴。能育叶比不育叶短，叶片强度紧缩，裂片缩成线形；叶草质；裂片上的侧脉通常二叉。孢子囊红棕色。孢子球状四面体，辐射对称，具短棒状纹饰。染色体 x=11。

分布概况：1/1 种，**9** 型；分布于亚洲和北美洲；中国产长江以南及东北。

系统学评述：桂皮紫萁属是 Metzgar 等[3]基于分子系统学和形态性状从紫萁属中分立而出，其位于紫萁科的基部。

DNA 条形码研究：BOLD 网站有该属 3 种 18 个条形码数据。

代表种及其用途：桂皮紫萁 *O. cinnamomeum* (Linnaeus) C. Presl 叶型优美，可栽培观赏；根茎入药。

4. *Plenasium* C. Presl 革紫萁属

Plenasium C. Presl (1836: 109) [Lectotype: *P. banksiaefolium* (C. Presl) C. Presl (≡ *Nephrodium banksiaefolium* C. Presl)]

特征描述：常绿中型或树状蕨类植物。根状茎直立，粗壮，树形，高可达 50cm，常密被宿存的叶基，先端簇生叶片，形状如苏铁。叶一型，革质，两面光滑无毛。羽片全缘、波状或有锯齿，线状披针形，以关节着生于叶轴；叶脉羽状分枝，侧脉二叉。能育叶羽片位于叶片的中部或下部。孢子囊密生于紧缩成线形的能育叶羽片的中肋两侧。孢子球状四面体，具棒状纹饰。染色体 x=11。

分布概况：4/4 种，**2** 型；分布于温带和热带；中国产长江以南。

系统学评述：PPG I 基于 Metzgar 等[3]的研究将革紫萁亚属提升为革紫萁属，与紫萁属互为姐妹群。

DNA 条形码研究：BOLD 网站有该属 1 种 1 个条形码数据。

代表种及其用途：华南革叶紫萁 *P. vachellii* (W. J. Hooker) Presl 可作为酸性土壤的指示植物，又是美丽的庭院观赏植物。

主要参考文献

[1] Yatabe Y, et al. Phylogeny of Osmundaceae inferred from *rbc*L nucleotide sequences and comparison to the fossil evidence[J]. J Plant Res, 1999, 112: 397-404.

[2] Yatabe Y, et al. Claytosmunda; a new subgenus of *Osmunda* (Osmundaceae)[J]. Acta Phytotaxonomica et Geobotanica, 2005, 56: 127-128.

[3] Metzgar JS, et al. The paraphyly of *Osmunda* is confirmed by phylogenetic analyses of seven plastid loci[J]. Syst Bot, 2008, 33: 31-36.

[4] Presl CB. Tentamen Pteridographiae, seu genera filicacearum praesertim juxta venarum decursum et distributionem exposita[M]. Pragae: Typis Filiorum Theophili Haase, 1836.

Hymenophyllaceae Martius (1835)　膜蕨科

特征描述：草本，小型或中型常绿植物，大多为附生，少数土生。根状茎大多长而横走，有二列生的叶，少数短而直立。叶通常较小，形态多样；叶膜质，多为一层细胞组成，少数较厚，由3-4层细胞组成，无气孔；叶脉分离，二叉分枝或羽状分枝，末回裂片仅有一条小脉，有时沿叶缘有连续不断或有断续的假脉。孢子囊苞坛状、管状或唇瓣状。孢子囊群近球形，位于末回裂片的顶端或边缘，着生圆柱状囊托周围，不露出或部分露出囊苞外，环带斜生或横生，纵裂。孢子四面体，辐射对称，具三裂缝，不具周壁。原叶体带状或丝状。

分布概况：9 属/约 600 种，分布于热带和温带；中国 7 属/50 余种，产西南、华南和华东。

系统学评述：膜蕨科曾被划分为膜蕨属 *Hymenophyllum* 和瓶蕨属 *Trichmanes*。Copeland[1]在 1938 年对该科进行修订，划分为33 属，并且大多采用了 Presl[2]建立的属。Ebihara 等[3]基于前人的分子系统学研究[4,5]将该科划分为 9 属。Morton[6]将膜蕨属和瓶蕨属划分为多个亚属、组、亚组，并新建了单型属 *Cardiomanes*、*Serpyllopsis*、*Hymeno-glossum* 和 *Rosenstockia*。Hennequin 等[4]基于 *rbc*L、*rps*4 和 *rps*4-*trn*S 片段的分子系统发育分析结果显示，*Cardiomanes*、*Hymenoglossum*、*Serpyllopsis* 和 *Rosenstockia* 嵌入广义的膜蕨属内，*Hymenophyllum* subgen. *Sphaerocionium* 和膜蕨亚属 *H.* subgen. *Hymenophyllum* 的单系性得到一定支持，*Mecodium* 为多系。

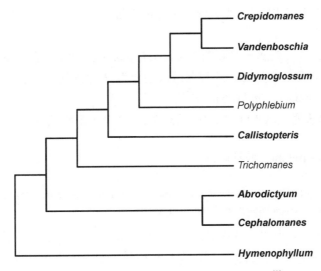

图 5　膜蕨科分子系统框架图（参考 Ebihara 等[3]）

分属检索表

1. 附生；根状茎细长，横走，有 2 列生的叶
  2. 孢子囊群囊苞常为两瓣状 ·· **6. 膜蕨属 *Hymenophyllum***
  2. 孢子囊群囊苞常为管状、喇叭状、漏斗状
    3. 叶为单叶，有假脉
      4. 植株极小，叶全缘或浅裂 ·· **5. 毛边蕨属 *Didymoglossum***
      4. 植株较大，叶多回细裂或条裂 ·· **4. 假脉蕨属 *Crepidomanes***
    3. 叶为羽状复叶，无假脉 ·· **7. 瓶蕨属 *Vandenboschia***
1. 土生（少附生）；根状茎短粗而直立，叶簇生
  5. 叶椭圆形，叶肉细胞长形横生 ·· **1. 长片蕨属 *Abrodictyum***
  5. 叶披针形或长卵形，叶肉细胞长形横生
    6. 叶柄、叶轴被刺毛；叶厚纸质 ·· **3. 厚叶蕨属 *Cephalomanes***
    6. 叶柄、叶轴被长柔毛；叶薄草质 ·· **2. 毛杆蕨属 *Callistopteris***

1. *Abrodictyum* C. Presl 长片蕨属

Abrodictyum C. Presl (1843: 20); Ebihara et al. (2006 : 242) ; Liu et al. (2013: 93) (Type: *A. cumingii* C. Presl). ——*Selenodesmium* (Prantl) Copeland (1938: 80)

    特征描述：附生草本。根状茎直立，短小，密被多细胞的节状毛。叶簇生；有圆柱形短柄，无翅，基部被节状毛；叶椭圆披针形，二回羽状或三回羽裂，细小，下垂；裂片长线形，全缘，薄膜质，半透明；叶脉叉状，末回裂片有一条小脉。孢子囊群生于向轴的短裂片顶端；囊苞漏斗状或管状，口部膨大，全缘；囊托长而突出，纤细，比囊苞长 3-4 倍。染色体 x=12。

    分布概况：约 10/3 种，**2-1 型**；分布于亚洲热带和亚热带至大洋洲；中国主产台湾、西南和华南。

    系统学评述：长片蕨属与厚叶蕨属 *Cephalomanes* 互为姐妹群。基于前人的分子系统学研究[4,5]，结合形态学特征，长片蕨属被划分为 2 个亚属，即 *Abrodictyum* subgen. *Abrodictyum* 和 *A.* subgen. *Pachychaetum*[3]。

    DNA 条形码研究：BOLD 网站有该属 12 种 18 个条形码数据。

2. *Callistopteris* Copeland 毛杆蕨属

Callistopteris Copeland (1938: 49); Ebihara et al. (2006: 248); Liu et al. (2013: 95) [Type: *C. apiifolia* (C. Presl) Copeland (≡ *Trichomanes apiifolium* C. Presl)]

    特征描述：草本，土生。根状茎直立，粗壮。叶簇生；有长柄，圆柱形，被长柔毛；叶长圆形，三回羽状或四回羽状细裂；裂片长线形，全缘，细胞壁薄，质地薄膜质，柔软透明；叶脉单一，末回裂片有一条小脉。孢子囊群生于向轴的短裂片顶端；囊苞倒圆锥形或坛状，口部截形，全缘或浅裂，略成两唇瓣形；囊托长而突出，纤细，比囊苞长 1-2 倍。染色体 x=12。

分布概况：约 5/1 种，**2-1 型**；主要分布于亚洲热带和大洋洲，向北可到琉球群岛；中国产台湾和海南。

系统学评述：毛杆蕨属是膜蕨科中毛杆蕨属-假脉蕨属 *Crepidomanes*-瓶蕨属 *Vandenboschia*-毛边蕨属 *Didymoglossum-Polyphlebium* 分支的基部类群[4]。

DNA 条形码研究：BOLD 网站有该属 1 种 5 个条形码数据。

3. *Cephalomanes* C. Presl 厚叶蕨属

Cephalomanes C. Presl (1843: 17); Ebihara et al. (2006: 248) ; Liu et al. (2013: 95) (Type: *C. atrovirens* C. Presl)

特征描述：草本，土生。根状茎直立或近直立，粗壮，有密生粗根。叶簇生；<u>叶柄坚硬</u>，圆柱形，<u>密被刺毛</u>；叶披针形，一回羽状分裂或罕见羽裂，<u>羽片两侧不对称</u>，<u>向顶一边常为浅裂或撕裂状</u>，多层细胞组成，细胞大，颜色深，<u>厚纸质</u>；叶脉近似扇形分枝，粗壮，小脉突出叶缘以外，形成毛刺状。孢子囊群生于叶片顶端的狭缩裂片上或羽片上侧叶缘；囊苞管状或倒圆锥状，壁较厚；囊托长而突出，粗壮，有时顶端膨大。孢子近圆形，外壁具刺状纹饰。染色体 $x=8$。

分布概况：约 10/1 种，**7 型**；分布于亚洲热带，向南达巴布亚新几内亚；中国产台湾和海南。

系统学评述：Dubuisson 等[7]利用 *rbc*L 构建的分子系统树显示，毛杆蕨属和厚叶蕨属的 2 个种位于 *Trichomanes s.l.* 的基部位置。Ebihara 等[3]的研究进一步表明厚叶蕨属与长片蕨属为姐妹群。

DNA 条形码研究：BOLD 网站有该属 3 种 3 个条形码数据。

4. *Crepidomanes* C. Presl 假脉蕨属

Crepidomanes C. Presl (1851: 258); Ebihara et al. (2006: 237) ; Liu et al. (2013: 96) [Type: *C. Intramarginale* (W. J. Hooker & Greville) C. Presl (≡ *Trichomanes intramarginale* W. J. Hooker & Greville)]. ——*Crepidopteris* Copeland (1938: 57); *Gonocormus* Bosch (1861: 321); *Nesopteris* Copeland (1938: 65)

特征描述：草本，附生，少有土生。根状茎横走，细长，密被短毛，无根。叶远生；<u>叶柄细</u>，<u>两侧常有狭翅</u>；叶多回羽裂或扇状裂，裂片全缘，光滑无毛；叶脉羽状分枝或为扇状分枝，<u>末回裂片有一条小脉</u>，<u>叶脉间有厚壁细胞形成的假脉或无假脉</u>。孢子囊群生于末回裂片的腋间或裂片顶端；<u>囊苞漏斗状或钟状</u>，<u>口部膨大</u>，<u>大多呈两唇状</u>，有的呈喇叭状；囊托突出。孢子四面体，近圆形或钝三角形，外壁具短棒状、疣状或刺状纹饰。染色体 $x=12$。

分布概况：约 30/11 种，**2 型**；主要分布于旧热带和亚热带，向南达波利尼西亚；中国产西南、华南和华东。

系统学评述：传统上，假脉蕨属仅包括叶具真脉外的假脉的种类。其他的种类根据叶形和囊苞的形态，分别被归入团扇蕨属 *Gonocormus*、厚边蕨属 *Crepidopteris* 和球杆

毛蕨属 *Nesopteris*，并且长期被 FRPS 及地方植物志采用。Ebihara 等[3]基于 *rbc*L 构建的膜蕨科的分子系统树显示，以上这些类群（属）聚为 1 个单系分支，假脉蕨属被划分为 2 个亚属，即 *Crepidomanes* subgen. *Crepidomanes* 和 *C.* subgen. *Nesopteris*，前者又可划分为 3 个组，包括 *Crepidomanes* sect. *Crepidomanes*、*C.* sect. *Gonocormus* 和 *C.* sect. *Crepidium*。Dubuisson 等[8]基于 *rbc*L 序列的分子系统发育分析显示，*C. frappieri* (Cordemoy) J. P. Roux-*C. longilabiatum* (Bonaparte) J. P. Roux 是假脉蕨属中最早分化的类群，并基于此建立 1 个新组 *C.* sect. *Cladotrichoma*。

DNA 条形码研究：BOLD 网站有该属 27 种 153 个条形码数据。

代表种及其用途：南洋假脉蕨 *C. bipunctatum* (Poiret) Copeland 可供观赏。

5. *Didymoglossum* Desvaux 毛边蕨属

Didymoglossum Desvaux (1827: 330); Ebihara et al. (2006 : 235); Liu et al. (2013: 106) [Lectotype: *D. muscoides* (Swartz) Desvaux (≡ *Trichomanes muscoides* Swartz)]. ——*Microgonium* C. Presl (1843: t.6)

特征描述：极小型附生或石生植物。根状茎纤细，长而横走，密被短绒毛，常无根。叶远生，极细小，单叶；叶柄短，常被柔毛；叶边缘浅裂或全缘，无毛，卵圆形或线状卵圆形；叶脉单一，二叉，扇形或羽状分枝，叶肉的薄壁组织间常有断续的假脉。孢子囊群生于叶缘或叶片小脉顶端，通常不突出或稍突出于叶缘外；囊苞管状，伸长，口部通常膨大，全缘，或浅裂为两瓣唇状；囊托突出于囊苞口外。染色体 x=17。

分布概况：约 19/5 种，**2-2 型**；主要分布于亚洲和美洲热带，少数产非洲；中国产云南、海南和台湾。

系统学评述：毛边蕨属大部分种类原隶属于单叶假脉蕨属 *Microgonium*。Ebihara 等[3]认为，单叶假脉蕨属的种类与毛边蕨属在形态上无显著区别，而分子证据也支持将 2 个类群合并，并进一步将合并后的毛边蕨属划分为 2 个亚属，即 *Didymoglossum* subgen. *Didymoglossum* 和 *D.* subgen. *Microgonium*。

DNA 条形码研究：BOLD 网站有该属 18 种 23 个条形码数据。

6. *Hymenophyllum* J. E. Smith 膜蕨属

Hymenophyllum J. E. Smith (1793: 418); Liu et al. (2013: 100) [Type: *H. tunbrigense* (Linnaeus) J. E. Smith (≡ *Trichomanes tunbrigense* Linnaeus)]. ——*Mecodium* C. Presl ex Copeland (1938: 17); *Meringium* C. Presl (1843: t.8); *Pleuromanes* C. Presl (1851: 618)

特征描述：草本，附生或石生。根状茎纤细，较长，横走，被短毛或近光滑，下面疏生纤维状根。叶远生；叶柄纤细，有翅或无翅；叶多回羽状分裂，裂片边缘具锯齿或全缘，细胞壁薄或增厚成粗洼点状；叶轴上面通常被毛，少为无毛；叶脉羽状分枝或二叉分枝，无假脉。孢子囊群生于末回裂片的顶端；囊苞深裂或浅裂为两唇瓣状；囊托内藏或突出于囊苞口外。孢子囊大，无柄。孢子近圆形，外壁具短棒状纹饰。染色体 x=11, 13, 18, 21, 22。

分布概况：约 250/22（4）种，**2 型**；主要分布于旧热带和亚热带，向南达波利尼西亚；中国产西南、华南和华东。

系统学评述： Copeland[1]于 1938 年曾对膜蕨属进行修订，把裂片边缘无锯齿的类群划分为籜蕨属 *Mecodium*，叶细胞增厚的种类划分为厚壁蕨属 *Meringium*，小脉两侧具被柔毛的鞘的种类归入毛叶蕨属 *Pleuromames*。Hennequin 等[5]基于叶绿体片段（*rbc*L、*rbc*L-*acc*D 和 *rps*4-*trn*S）构建的分子系统树显示，广义籜蕨属和狭义籜蕨属均为多系，而广义膜蕨属被划分为 8 个得到较高支持的分支。Ebihara 等[3]基于前人的分子系统学研究[4,5]并结合形态学证据，将膜蕨属划分为 10 个亚属，包括 *Hymenophyllum* subgen. *Hymenophyllum*、*H.* subgen. *Sphaerocionium*、*H.* subgen. *Mecodium*、*H.* subgen. *Globosa*、*H.* subgen. *Pleuromanes*、*H.* subgen. *Myrmecostylum*、*H.* subgen. *Hymenoglossum*、*H.* subgen. *Fuciformia*、*H.* subgen. *Diploöphyllum* 和 *H.* subgen. *Cardiomanes*。

DNA 条形码研究： BOLD 网站有该属 94 种 171 个条形码数据。

代表种及其用途： 华东膜蕨 *H. barbatum* (Bosch) Baker 含芹菜素，可化瘀止血。

7. *Vandenboschia* Copeland 瓶蕨属

Vandenboschia Copeland (1938: 51); Ebihara et al. (2006: 241); Liu et al. (2013: 100) [Type: *V. radicans* (Swartz) Copeland (≡ *Trichomanes radicans* Swartz)]

特征描述： 草本，附生或石生，稀土生。根状茎粗壮，坚硬，较长，横走，常被棕色多细胞节状毛，无根，或仅有疏生纤维状根。叶 2 列生；有短柄，有翅或无翅；叶二至五回羽状分裂，卵形至线状卵形，羽片不对称，裂片全缘，细胞壁薄而均匀；叶脉羽状分枝或二叉分枝，上先出，无假脉。孢子囊群生于末回裂片的小脉顶端；囊苞管状或漏斗状或喇叭状，突出叶边；囊托突出于囊苞口外，长而纤细。孢子囊细小，无柄。孢子四面体，辐射对称，外壁具短棒状或小刺状纹饰。染色体 x=36。

分布概况： 约 35/7（2）种，**2 型**；主要分布于泛热带，向北可达北温带；中国产西南、华南和华东。

系统学评述： 长期以来瓶蕨属与 *Trichomanes* 相混淆，Holttum[9]认为瓶蕨属是 *Trichomanes* 的异名，两者应为同一类群。但瓶蕨属的染色体 x=36，而 *Trichomanes* 的染色体 x=32。Ebihara 等[3]基于形态特征和分子证据的研究发现，这 2 个属在形态和分布上差异较大，前者的羽片不对称，分布于泛热带；后者羽片对称，仅分布于新世界热带。中国仅分布有瓶蕨属，无 *Trichomanes*。依据分子系统学研究和形态学证据，瓶蕨属被划分为 *Vandenboschia* subgen. *Vandenboschia* 和 *V.* subgen. *Lacosteopsis*[3]。

DNA 条形码研究： BOLD 网站有该属 16 种 27 个条形码数据。

代表种及其用途： 瓶蕨 *V. auriculata* (Blume) Copeland 全草入药，可治外伤出血及刀伤。

主要参考文献

[1] Copeland EB. Genera Hymenophyllacearum[J]. Philippine J Sci, 1938, 67: 1-110.
[2] Presl CB. Epimeliae botanicae[M]. Prague: Haase, 1851.

[3] Ebihara A, et al. A taxonomic revision of Hymenophyllaceae[J]. Blumea, 2006, 51: 221-280.

[4] Hennequin S, et al. Molecular systematics of the fern genus *Hymenophyllum s.l.* (Hymenophyllaceae) based on chloroplastic coding and noncoding regions[J]. Mol Phylogenet Evol, 2003, 27: 283-301.

[5] Hennequin S, et al. New insights into the phylogeny of the genus *Hymenophyllum s.l.* (Hymenophyllaceae): revealing the polyphyly of *Mecodium*[J]. Syst Bot, 2006, 31: 271-284.

[6] Morton CV. The genera, subgenera, and sections of the Hymenophyllaceae[J]. Contr US Natl Herb, 1968, 29: 139-202.

[7] Dubuisson JY, et al. *rbc*L phylogeny of the fern genus *Trichomanes* (Hymenophyllaceae), with special reference to neotropical taxa[J]. Int J Plant Sci, 2003, 164: 753-761.

[8] Dubuisson JY, et al. New insights into the systematics and evolution of the filmy fern genus *Crepidomanes* (Hymenophyllaceae) in the Mascarene Archipelago with a focus on dwarf species[J]. Acta Bot Gallica, 2013, 160: 173-194.

[9] Holttum RE. Proposal for the conservation of the generic name *Trichomanes* Linn. against *Vandenboschia* Copel[J]. Taxon, 1976, 25: 203-204.

Dipteridaceae Seward ex E. Dale (1901) 双扇蕨科

特征描述：草本，中型土生植物。根状茎粗壮，长而横走，密被刚毛状鳞片或长柔毛。单叶，一型或二型，疏生或远生；叶柄直立，基部与根状茎相连处无关节；叶扇形或卵形，坚纸质或革质，浅裂或全缘；叶脉网状，小脉明显，内藏小脉单一或分叉。孢子囊群小，圆形，无盖，点状或近汇生，布满能育叶叶背面的小脉上。孢子囊球形，具柄，环带垂直或稍斜。孢子椭圆形或三角形，两侧对称或辐射对称，单裂缝或三裂缝。

分布概况：2 属/约 11 种，分布于亚洲热带；中国 2 属/5 种，产西南、华南和台湾。

系统学评述：Copeland[1]和 Holttum[2]将双扇蕨科归在广义的水龙骨科 Polypodiaceae 中，但其形态特征和染色体基数与水龙骨科不一致。Seward 和 Dale[3]将其独立为双扇蕨科。Nakai[4]、Kramer[5]及秦仁昌[6]等认为，双扇蕨科中的二型叶成员燕尾蕨类应独立成为燕尾蕨科 Cheiropleuriaceae，但分子证据却支持 2 个科合并[7-10]。

分属检索表

1. 根状茎被锈棕色长柔毛；叶明显二型，革质，叶二裂形··························· **1. 燕尾蕨属 Cheiropleuria**
1. 根状茎被褐色刚毛状鳞片；叶一型，坚纸质，叶扇形·································· **2. 双扇蕨属 Dipteris**

1. *Cheiropleuria* C. Presl 燕尾蕨属

Cheiropleuria C. Presl (1851: 189); Zhang et al. (2013: 117) [Lectotype: *C. bicuspis* (Blume) C. Presl (≡ *Polypodium bicuspe* Blume)]

特征描述：草本，土生，常生于石缝中。根状茎粗壮，长而横走，密被锈棕色柔毛。叶疏生，二型，单叶；叶柄直立，光滑；不育叶卵形或圆形，顶端分叉呈 2 裂或不分叉，全缘，革质；能育叶阔线形，光滑无毛；叶脉网状，主脉 4-5 条，从叶片基部呈放射状向叶片顶端延伸，内藏小脉单一或分叉。孢子囊群小，圆形，柄长，无盖，布满于能育叶叶背面的小脉上。孢子囊球状梨形，环带斜。孢子三角状，三裂缝，不具周壁。染色体 $x=11$。

分布概况：约 3/2 种，**7** 型；主要分布于亚洲热带，向北可至日本南部；中国产海南和台湾。

系统学评述：燕尾蕨属与双扇蕨属 *Dipteris* 为姐妹群[7-10]。

DNA 条形码研究：BOLD 网站有该属 3 种 9 个条形码数据。

代表种及其用途：燕尾蕨 *C. bicuspe* (Blume) C. Presl 可观赏，为著名的观叶植物。

2. *Dipteris* Reinwardt 双扇蕨属

Dipteris Reinwardt (1825: 3); Zhang et al. (2013: 116) (Type: *D. conjugata* Reinwardt)

特征描述：草本，土生。根状茎粗壮，长而横走，密被刚毛状鳞片。叶为单叶，一型，远生；叶柄直立，光滑，上面有纵沟；叶扇形，坚纸质，多回两歧分叉，裂片浅裂；叶脉网状，小脉明显，网眼内有反折而分叉的内藏小脉。孢子囊群小，圆形，柄短，无盖，点状生，布满于能育叶叶背面的小脉上。孢子囊球状梨形，环带垂直。孢子椭圆形，两侧对称，透明，单裂缝，不具周壁。染色体 $x=11$。

分布概况：约 8/3 种，**2** 型；主要分布于亚洲热带和亚热带，向北可到日本南部；中国产西南和华南。

系统学评述：双扇蕨属为单系，与燕尾蕨属互为姐妹群。

DNA 条形码研究：BOLD 网站有该属 2 种 6 个条形码数据。

代表种及其用途：双扇蕨 *D. conjugata* Reinwardt、中华双扇蕨 *D. chinensis* Christ 可观赏。

主要参考文献

[1] Copeland EB. Genera filicum[M]. Waltham, Massachusetts: Chronica Botanica, 1947.

[2] Holttum RE. A revised flora of Malaya: an illustrated systematic account of the Malayan flora, including commonly cultivated plants. Volume II: Ferns of Malaya[M]. Singapore: Government Printing Office, 1954.

[3] Seward AC, Dale E. On the structure and affinities of *Dipteris*, with notes on the geological history of the Dipteridinae[J]. Phil Trans Roy Soc B, 1901, 194: 487-513.

[4] Nakai T. Notes on Japanese fern VII[J]. Bot Mag Tokyo, 1928, 42: 210-213.

[5] Kramer KU. Cheiropleuriaceae[M]//Kubitzki K. The families and genera of vascular plants, I. Berlin: Springer, 1990: 68-69.

[6] 秦仁昌. 中国蕨类植物科属的系统排列和历史来源[J]. 植物分类学报, 1978, 16(3): 1-19.

[7] Kato M, et al. Taxonomic studies of *Cheiropleuria* (Dipteridaceae)[J]. Blumea, 2001, 46: 513-525.

[8] Hasebe M, et al. *rbc*L gene sequences provide evidence for the evolutionary lineages of leptosporangiate ferns[J]. Proc Natl Acad Sci USA, 1994, 91: 5730-5734.

[9] Hasebe M, et al. Fern phylogeny based on *rbc*L nucleotide sequences[J]. Am Fern J, 1995, 85: 134-181.

[10] Pryer KM, et al. Phylogenetic relationships of extant ferns based on evidence from morphology and *rbc*L sequences[J]. Am Fern J, 1995, 85: 205-282.

Gleicheniaceae (R. Brown) C. Presl (1825) 里白科

特征描述：草本，土生。<u>根状茎长而横走</u>，<u>被鳞片或多细胞节状毛</u>。叶一型，远生，常蔓生；有柄；叶一回羽状，<u>主轴常为多回二歧或假二歧分枝，每一</u>分枝处的腋间有一被毛或鳞片的叶状苞片所包裹的<u>休眠芽</u>；顶生羽片一至二回羽状；末回裂片线形，纸质或革质，下面通常灰白色或灰绿色；叶轴下面常被星状毛或鳞片，鳞片易脱落；叶脉分离，小脉分叉。<u>孢子囊群小</u>，圆形，无盖，生于叶下面的小脉背上，成 1-2 排列于主脉和叶边间。<u>孢子囊陀螺形</u>，有一条横绕的环带。孢子四面体或两面体，不具周壁。原叶体扁平状。

分布概况：6 属/约 150 种，分布于热带和亚热带；中国 3 属/15 种，产南部热带和亚热带。

系统学评述：大多数学者主张将里白科划分为 6 属[1-3]，该分类处理也得到细胞学证据的支持。Perrie 等[4]基于 *trn*L-F 和 *rbc*L 对新西兰分布的里白科植物的分子系统学研究将其划分为 6 个主要分支。李春香等[5]利用 *atp*B、*rbc*L 和 *rps*4 对里白科的分子系统发育分析表明，该科为单系群，可划分为 3 个分支，包括里白属 *Diplopterygium*+*Gleichenia japonica* 分支、芒萁属 *Dicranopteris*+*Gleichenella pectinata* 分支和假芒萁属 *Sticherus*+*Stromatopteris*+*Gleichenia dicarpa* 分支。PPG I 将该科划分为芒萁属、假芒萁属、里白属、*Gleichenella*、*Gleichenia* 和 *Stromatopteris*。

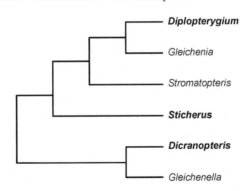

图 6　里白科分子系统框架图（参考 Perrie 等[4]）

分属检索表

1. 主轴一至多回二叉分枝，末回主轴顶端具一对篦齿状小羽片
　2. 主轴两侧通体无小羽片，分叉处两侧下方通常有一对篦齿状托叶；根状茎上被毛；叶脉多次分叉
　　···**1. 芒萁属 *Dicranopteris***
　2. 主轴两侧通体有篦齿状排列的裂片，各回分叉处的两侧下方不具篦齿状托叶；根状茎被鳞片；叶脉一次分叉···**3. 假芒萁属 *Sticherus***
1. 主轴单一，不为二叉状分枝，顶端具一对二回羽状羽片·······················**2. 里白属 *Diplopterygium***

1. *Dicranopteris* Bernhardi 芒萁属

Dicranopteris Bernhardi (1805: 38) [≡ *Mertensia* Willdenow (1804), non Roth (1797)]; Jin et al. (2013: 110)
[Type: *D. dichotoma* (Thunberg) Bernhardi (≡ *Polypodium dichotomum* Thunberg)]

特征描述：中大型土生植物。根状茎长而横走，被鳞片或多细胞红棕色长毛。叶远生，直立或蔓生，一型，具柄；叶一回羽状分裂，主轴均为一回或多回二叉分枝，分枝处有休眠芽；顶生羽片一至二回羽状；末回裂片线形，篦齿状排列，平展，裂片边缘全缘，顶端钝状或微凹；纸质或革质，下面常白色或浅绿色；叶脉分离，二至三回分枝。孢子囊群圆形，较小，无囊群盖，由 6-10 个无柄的孢子囊组成，生于裂片下小脉背面，通常 1 行排列于主脉与叶边之间。孢子囊群托小而不突出。孢子近圆形，四面体，无周壁，白色、透明。染色体 $x=39$。

分布概况：约 12/5（2）种，**2** 型；分布于热带和亚热带；中国产长江以南。

系统学评述：Perrie 等[4]基于 *trn*L-F 和 *rbc*L 序列对新西兰分布的里白科植物的分子系统学研究显示，芒萁属为单系，*Gleichenella* 为其姐妹群。李春香等[5]的研究也支持上述观点。

DNA 条形码研究：BOLD 网站有该属 6 种 14 个条形码数据。

代表种及其用途：芒萁属多为酸性土壤指示植物。铁芒萁 *D. linearis* (N. L. Burman) Underwood、芒萁 *D. pedata* (Houttuyn) Nakaike 可编制手工艺品，也可药用。

2. *Diplopterygium* (Diesl) Nakai 里白属

Diplopterygium (Diesl) Nakai (1950: 47); Jin et al. (2013: 112) [Type: *D. glaucum* (Thunberg ex Houttuyn) Nakai (≡ *Polypodium glaucum* Thunberg ex Houttuyn)]

特征描述：草本，土生。根状茎长而横走，粗壮，被红棕色披针形鳞片。叶远生，蔓生，具长柄；主轴粗壮，单一，仅顶芽一次或多次生出一对二回羽状羽片，分叉点的腋间具大的休眠芽，密被有光泽的厚鳞片，边缘有睫毛，外包有一对羽裂的苞片，两侧下方无篦齿状托叶；顶生羽片通常超过 1m，宽 20-40cm，二回羽状；小羽片多数，披针形，渐尖，基部有短柄或无，先端常微凹；叶脉一次分叉，伸达叶边，基部一组脉的下侧小脉伸达软骨质底部；叶为厚纸质，下面灰绿色或灰白色。孢子囊群圆形，较小，无囊群盖，由 2-4 枚无柄的孢子囊组成，生于裂片下小脉背面，通常 1 行排列于主脉与叶边之间。孢子近圆形，四面体，无周壁，白色透明。染色体 $x=7$。

分布概况：约 25/9（4）种，**3** 型；亚洲和美洲热带和亚热带广布；中国产长江以南，以西南和华南最多。

系统学评述：李春香等[5]基于 *atp*B、*rbc*L 和 *rps*4 片段对里白科进行了系统发育重建，结果显示里白属和 *Gleichenia japonica* Sprengel 构成 1 个分支，建议将 *Gleichenia* 的部分种类归入里白属。

DNA 条形码研究：BOLD 网站有该属 7 种 10 个条形码数据。

代表种及其用途：光里白 *D. laevissimum* (Christ) Nakai 根茎入药，主治胃脘胀痛、跌打骨折。

3. *Sticherus* C. Presl 假芒萁属

Sticherus C. Presl (1836: 51); Jin et al. (2013: 114) [Lectotype: *S. laevigatus* (Willdenow) C. Presl (≡ *Mertensia laevigata* Willdenow)]

特征描述：草本，土生。根状茎较长而横走，被红棕色鳞片。叶远生，蔓生或攀援，有长柄；主轴为假二歧分枝，各回分叉处不具篦齿状托叶，且末回和其下几回的主轴两侧通体有线状裂片，形状同顶生羽片上的裂片；裂片线形，叶脉一次分叉；叶纸质，伸达叶边，下面为灰白色或灰绿色。孢子囊群圆形，较小，无囊群盖，生于每组叶脉的上侧小脉背面，通常 1 行排列于主脉与叶边之间。孢子近圆形，四面体，无周壁。染色体 x=17。

分布概况：约 80/1 种，**2 型**；热带分布，主产南美洲热带和亚热带；中国产云南东南部和海南。

系统学评述：Perrie 等[4]和李春香等[5]的研究均支持假芒萁属为单系，与 *Stromatopteris-Gleichenia dicarpa* 分支构成姐妹群。

DNA 条形码研究：BOLD 网站有该属 6 种 9 个条形码数据。

代表种及其用途：假芒萁 *S. laevigatus* (Willdenow) Presl 供观赏。

主要参考文献

[1] Christensen C. Filicinae[M]//Verdoorn F. Manual of Pteridology. The Hague: Nijhoff, 1938: 522-550.

[2] Ching RC. On natural classification of the family Polypodiaceae[J]. Sunyatsenia, 1940, 5: 201-268.

[3] Copeland EB. Genera filicum[M]. Waltham, Massachusetts: Chronica Botanica, 1947.

[4] Perrie LR, et al. Molecular phylogenetics and molecular dating of the New Zealand Gleicheniaceae[J]. *Brittonia* 2007, 59: 129-141.

[5] 李春香, 等. 里白科植物的系统发育和分歧时间估计——基于叶绿体三个基因序列的证据[J]. 古生物学报, 2010, 49: 64-72.

Lygodiaceae M. Roemer (1840) 海金沙科

特征描述：草本，土生。根状茎长而横走，密被毛，无鳞片。叶远生或近生；叶轴无限生长，细长攀援，有互生的短分枝，顶端具一个被柔毛的休眠芽；羽片一至二回掌状分叉或一至二回羽状，一型或近二型；小羽片或裂片披针形，长圆形或三角状卵形，基部常为心形或圆耳形，有柄；叶脉大多分叉，少为网状，不具内藏小脉；能育叶羽片通常较营养羽片狭，边缘生有流苏状的孢子囊穗。孢子囊生于小脉顶端，椭圆形，有一个反折的小瓣包裹，形如囊群盖，孢子囊具柄，环带位于远基一端，纵缝开裂。孢子四面体，三裂缝，周壁具瘤状或网穴状纹饰。

分布概况：1 属/约 26 种，分布于热带和亚热带；中国 1 属/9 种，产西南和华南。

系统学评述：Kramer[1]认为应将海金沙科降为属，并归于广义的莎草蕨科 Schizeaceae，但两者的生活习性和孢子完全不同。Wikström 等[2]利用 *rbc*L 序列对广义的莎草蕨科进行了研究，支持广义的莎草蕨属 *Schizaea s.l.*和海金沙属 *Lygodium* 均为单系。

1. *Lygodium* Swartz 海金沙属

Lygodium Swartz (1801: 7); Zhang & Hanks (2013: 118) [Type: *L. scandens* (Linnaeus) Swartz (≡ *Ophioglossum scandens* Linnaeus)]

特征描述：草本，土生。根状茎长而横走，密被毛，无鳞片。叶远生或近生；叶轴无限生长，细长攀援，有互生的短分枝，顶端具一个被柔毛的休眠芽；羽片一至二回掌状分叉或羽状，一型或近二型；小羽片或裂片披针形，长圆形或三角状卵形，基部常为心形或圆耳形，有柄；叶脉大多分叉，少为网状，不具内藏小脉；能育叶羽片通常较营养羽片狭，边缘生有流苏状的孢子囊穗。孢子囊生于小脉顶端，椭圆形，有一个反折的小瓣包裹，形如囊群盖，孢子囊具柄，环带位于远基一端，纵缝开裂。孢子四面体，三裂缝，周壁具瘤状或网穴状纹饰。染色体 x=7，8，15，29。

分布概况：26/9 种，**2 型**；分布于热带和亚热带；中国主产西南和华南。

系统学评述：Madeira 等[3]基于 *trn*L 和 *trn*L-F 序列构建的海金沙科的系统树显示，该科分为 3 个分支，其中，*L. palmatum*+*L. articulatum* 位于最基部，*L. reticulatum*+*L. microphyllum* 构成第 2 分支，其余种类构成第 3 分支。

DNA 条形码研究：BOLD 网站有该属 13 种 36 个条形码数据；GBOWS 已有 1 种 11 个条形码数据。

代表种及其用途：海金沙 *L. japonicum* (Thunberg) Swartz、网脉海金沙 *L. merrillii* Copeland 供观赏。

主要参考文献

[1] Kramer KU. Schizaeaceae[M]//Kubitzki K. The families and genera of vascular plants, I. Berlin: Springer, 1990: 258-261.

[2] Wikström N, et al. Schizaeaceae: a phylogenetic approach[J]. Rev Palaeobot Palyno, 2002, 119: 35-50.

[3] Madeira PT, et al. A molecular phylogeny of the genus *Lygodium* (Schizaeaceae) with special reference to the biological control and host range testing of *Lygodium microphyllum*[J]. Biol Control, 2008, 45: 308-318.

Schizaeaceae Kaulfman (1827) 莎草蕨科

特征描述：草本，常绿，土生。根状茎短而匍匐或斜生，被毛。叶簇生或近生；单叶或为一至多回二歧分枝，或顶端为指状分裂；裂片狭线形，能育裂片簇生于裂片顶端，或呈羽状于裂片顶部；叶脉仅一条中脉。孢子囊群布满能育叶下面的中脉两侧。孢子囊较大，梨形，横生，无柄环带位于孢子囊基部的另一端，顶端开裂。孢子椭圆形，两侧对称，单裂缝，无周壁，外壁肋条状纹饰。原叶体丝状，分枝。

分布概况：2 属/约 35 种，分布于泛热带；中国 1 属/2 种，产云南、海南和台湾。

系统学评述：广义的莎草蕨科包括了海金沙科 Lygodiaceae、密藤蕨科 Aneimiaceae 和非洲蕨科 Mohriaceae[1]，狭义的莎草蕨科仅包括莎草蕨属 Schizaea 和 Actinostachys。Wikström 等[2]利用 *rbc*L 对广义莎草蕨科的研究支持广义莎草蕨属 *Schizaea s.l.* 为单系类群。

1. *Schizaea* J. E. Smith 莎草蕨属

Schizaea J. E. Smith (1793: 419), *nom. cons*; Zhang & Mickel (2013: 122) [Type: *S. dichotoma* (Linnaeus) J. E. Smith (≡ *Acrostichum dichotomum* Linnaeus)]

特征描述：草本，常绿土生小型植物。根状茎短而匍匐或斜生，被毛。叶簇生或近生；单叶或为一至多回二歧分枝，或顶端为指状分裂；裂片狭线形，能育裂片簇生于裂片顶端，或呈羽状于裂片顶部；叶脉仅一条中脉。孢子囊群布满能育叶下面的中脉两侧。孢子囊较大，梨形，横生，无柄环带位于孢子囊基部的另一端，顶端开裂。孢子椭圆形，两侧对称，单裂缝，无周壁，外壁具肋条状纹饰。原叶体丝状，分枝。染色体 x=7，8，15，29。

分布概况：约 30/2 种，**2-1** 型；主要分布于热带地区；中国产云南、海南和台湾。

系统学评述：Wikström 等[2]利用 *rbc*L 对广义莎草蕨科的研究支持广义莎草蕨属的单系性，狭义的莎草蕨属和 *Actinostachys* 的单系性也得到很好的支持，此外，*Microschizaea* 与狭义的莎草蕨属构成 1 个单系分支。

DNA 条形码研究：BOLD 网站有该属 9 种 14 个条形码数据。

代表种及其用途：莎草蕨 *S. digitata* (Linnaeus) Swartz 全株供药用，有退热作用。

主要参考文献

[1] Kramer KU. Schizaeaceae[M]//Kubitzki K. The families and genera of vascular plants, I. Berlin: Springer, 1990: 258-261.
[2] Wikström N, et al. Schizaeaceae: a phylogenetic approach[J]. Rev Palaeobot Palyno, 2002, 119: 35-50.

Salviniaceae Martinov (1820) 槐叶蘋科

特征描述: 草本,小型水生浮水植物,常生于水中或沼泽中。根状茎纤细,长而横走,被毛,具须根或有由叶变成的须状假根,原生中柱。单叶,无柄,羽状分枝或3片轮生,全缘或为二深裂;叶主脉明显。孢子囊果簇生于茎下端,内有多数孢子囊,每一个果中仅有大孢子囊或小孢子囊。孢子囊无环带。孢子异型。雌雄配子体分别在大、小孢子内发育。

分布概况: 2属/约17种,分布于热带至温带;中国2属/4种,南北均产。

系统学评述: 因形态特征差异较大,槐叶蘋科与满江红科 Azollaceae 被处理为不同的科。Takhtajan[1]认为该科形态与膜蕨科 Hymenophyllaceae 较近,但有杯状的囊群盖,应分成不同的科。上述观点被广为接受[2-4]。Nagalingum 等[5]基于 *atp*B、*rbc*L 和 *rps*4 的分子系统学研究显示,槐叶蘋科和其下所包含的槐叶蘋属 *Salvinia* 及满江红属 *Azolla* 均为单系。

分属检索表

1. 叶3片轮生于茎上,背面具毛;大孢子囊生于较小的孢子果内 ·························**2. 槐叶蘋属 *Salvinia***
1. 叶2列互生于茎上,背面无毛;大孢子果位于小孢子果下面 ·························**1. 满江红属 *Azolla***

1. *Azolla* Lamarck 满江红属

Azolla Lamarck (1783: 343); Lin et al. (2013: 126) (Type: *A. filiculoides* Lamarck)

特征描述: 草本,小型浮水植物。根状茎纤细,横走,具较多须根。叶覆瓦状排列,呈二裂片,上裂片浮水而覆盖根状茎,肉质,绿色;下裂片沉水中,膜质,透明,不具叶绿素。孢子果有大小之分,成对着生于根状茎分枝基部的沉水裂片上;大孢子果位于小孢子果下面,长卵形,果内1个大孢子囊,囊中大孢子1个,圆形;小孢子果球形,有长柄,每囊内有小孢子64个。大孢子瓶状,三裂缝,不具周壁,外壁有小凹洼;小孢子球形,三裂缝,不具周壁,外壁薄,表面光滑。染色体 x=11,12。

分布概况: 约7/2种,**1型**;世界广布,热带到温带;中国产西南、华南和华东。

系统学评述: Reid 等[6]基于 ITS、*atp*B-*rbc*L 和 *trn*L-F 的分子系统发育分析结果显示,满江红属可划分为4个强烈支持的单系分支,即 MIC-MEX 分支、CAR 分支、FIL-RUB 分支和 PIN-NI 分支。

DNA 条形码研究: BOLD 网站有该属14种46个条形码数据。

代表种及其用途: 满江红 *A. imbricata* (Roxburgh) Nakai 与项圈藻共生固氮,也是良好的绿肥及家禽饲料。

2. *Salvinia* Séguier 槐叶蘋属

Salvinia Séguier (1754: 52); Lin et al. (2013 :125) [Type: *S. natans* (Linnaeus) Allioni (≡ *Marsilea natans* Linnaeus)]

　　特征描述：草本，小型漂浮植物。茎纤细，横走，被毛，无根。<u>叶 3 片轮生</u>，<u>上面 2 片椭圆形</u>，全缘，背面被毛，<u>下面 1 片特化成细裂</u>，似须根状，基部簇生孢子果。<u>大孢子囊生于较小的孢子果内</u>，每个果内 8-10 个<u>大孢子囊</u>，有短柄，每个囊内有大孢子 1 个；小孢子囊生于较大的孢子果内，多数，具长柄，每囊有小孢子 64 个。大孢子瓶状，三裂缝，不具周壁，外壁有很浅的小凹洼；小孢子球形，三裂缝，不具周壁，外壁薄，表面光滑。染色体 x=9。

　　分布概况：约 10/2 种，**1 型**；世界广布，美洲和非洲热带最多；中国南北均产，人厌槐叶蘋 *S. molesta* Mitchell 产台湾。

　　系统学评述：Nagalingum 等[5]基于 *atp*B、*rbc*L 和 *rps*4 对槐叶蘋目的分子系统发育研究支持槐叶蘋属是单系，可划分为欧亚分支和美洲分支 2 个地理分支。

　　DNA 条形码研究：BOLD 网站有该属 6 种 13 个条形码数据。

　　代表种及其用途：槐叶蘋 *S. natans* (Linnaeus) Allioni 可药用。

主要参考文献

[1] Takhtajan AL. Phylogenetic principles of the system of higher plants[J]. Bot Rev, 1953, 19: 1-45.
[2] 秦仁昌. 中国蕨类植物科属的系统排列和历史来源[J]. 植物分类学报, 1978, 16(3): 1-19.
[3] Schneller JJ. Azollaceae[M]//Kubitzki K. The families and genera of vascular plants, I. Berlin: Springer, 1990: 57-59.
[4] Schneller JJ. Salviniaceae[M]//Kubitzki K. The families and genera of vascular plants, I. Berlin: Springer, 1990: 256-258.
[5] Nagalingum NS, et al. Assessing phylogenetic relationships in extant heterosporous ferns (Salviniales), with a focus on *Pilularia* and *Salvinia*[J]. Bot J Linn Soc, 2008, 157: 673-685.
[6] Reid JD, et al. Phylogenetic relationships in the heterosporous fern genus *Azolla* (Azollaceae) based on DNA sequence data from three noncoding sequence regions[J]. Int J Plant Sci, 2006, 167: 529-538.

Marsileaceae Mirbel (1802) 蘋科

特征描述：水生或沼泽生小型浅水植物。根状茎纤细，长而横走，被毛，管状中柱。不育叶为单叶，线形或 2-4 片羽片对生于具长柄的顶端，浮水；叶脉分叉，在顶端连接；能育叶为有柄或无柄的孢子果，球形或椭圆形，坚实，被毛，着生于叶柄上或叶柄基部，常两瓣开裂。孢子囊无环带，异型；大孢子囊内大孢子单生，小孢子囊内小孢子多数。

分布概况：3 属/约 60 种，分布于澳大利亚和非洲热带；中国 1 属/3 种，产各省区。

系统学评述：蘋科的化石从白垩纪到第三纪的地层中均有发现。Nagalingum 等[1]利用 *atp*B、*rbc*L 和 *rps*4 叶绿体片段对槐叶蘋目的系统发育研究显示，蘋科和其下所包含的蘋属 *Marsilea*、*Regnellidium* 和 *Pilularia* 均为单系，其中，蘋属为 *Regnellidium-Pilularia* 的姐妹群。

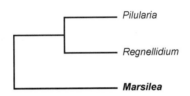

图 7　蘋科分子系统框架图（参考 Nagalingum 等[1]）

1. *Marsilea* Linnaeus　蘋属

Marsilea Linnaeus (1753: 1099); Lin & Johnson (2013: 123) (Type: *M. quadrifolia* Linnaeus)

特征描述：草本，水生或沼泽生小型浅水植物。根状茎纤细，长而横走，被毛，管状中柱。叶具长柄，羽片 4 片，呈十字形排列，基部楔形，顶端楔形或圆形；叶脉从羽片基部呈放射状分叉，伸达叶边。孢子果椭圆状肾形或圆形至长圆形，外壁坚硬，开裂时呈两瓣，果瓣具平行脉。孢子囊线形或椭圆状圆柱形，排列为紧密的 2 行，着生于胶质的囊群托上，成熟时从孢子果中放出而成环形，每个孢子囊群有少数大孢子囊和数个小孢子囊，均无环带；大孢子卵圆形，小孢子近球形。染色体 $x=10$。

分布概况：50-70/3 种，**1 型**；分布于世界各地，以澳大利亚和热带非洲最多；中国产南北各省区。

系统学评述：Nagalingum 等[1]利用 *atp*B、*rbc*L 和 *rps*4 叶绿体片段对槐叶蘋目的系统发育研究显示，蘋属是单系，是 *Regnellidium+Pilularia* 的姐妹群。而该属的属下分类仍需进一步研究。

DNA 条形码研究：BOLD 网站有该属 33 种 142 个条形码数据。

代表种及其用途：蘋 *M. quadrifolia* Linnaeus、南国田字蘋 *M. crenata* Presl 可供药用。

主要参考文献

[1] Nagalingum NS, et al. Assessing phylogenetic relationships in extant heterosporous ferns (Salviniales), with a focus on *Pilularia* and *Salvinia*[J]. Bot J Linn Soc, 2008, 157: 673-685.

Plagiogyriaceae Bower (1926) 瘤足蕨科

特征描述：草本，土生。根状茎粗短而直立，无鳞片。叶簇生，二型；有长柄，基部膨大，三角形，两侧有疣状凸起的气囊体，幼时叶柄基部具密绒毛覆盖；叶一回羽状或羽状深裂达叶轴，顶部羽裂合生或为一顶生分离的羽片；羽片多对，披针形或镰刀形，全缘或至少顶部有锯齿；叶脉分离，达叶边或锯齿，小脉单一或分叉；叶草质或厚纸质，少为革质，光滑；能育叶直立，生于植株的中央，具较长的柄；羽片强烈收缩成线形。孢子囊群近边生，位于分叉叶脉的加厚小脉上，幼时分离，成熟后汇合，布满羽片下面。孢子囊为水龙骨型，但具完整而斜生的环带，由 20-40 个增厚的细胞组成，有长柄。孢子四面体，辐射对称，三裂缝，不具周壁，有瘤状纹饰。

分布概况：1 属/约 10 种，主要分布于东亚和东南亚，1 种达中美洲热带；中国 1 属/8 种，南北均产。

系统学评述：瘤足蕨科是一个较为自然的单属科，在分类上，其外部形态与紫萁科 Osmundaceae 有较多共同处。Korall 等[1]基于 *atp*A、*atp*B、*rbc*L 和 *rps*4 对树蕨类的系统发育重建结果表明，瘤足蕨科是一个单系类群，蚌壳蕨科 Dicksoniaceae 为其姐妹群。

1. *Plagiogyria* (G. Kunze) Mettenius 瘤足蕨属

Plagiogyria (G. Kunze) Mettenius (1858: 265); Zhang & Nooteboom (2013: 128) [Lectotype: *P. euphlebia* (G. Kunze) Mettenius (≡ *Lomaria euphlebia* Kunze)]

特征描述：草本，土生。根状茎粗短而直立，无鳞片。叶簇生，二型；有长柄，基部膨大，三角形，两侧有疣状凸起的气囊体，幼时叶柄基部具密绒毛覆盖；叶一回羽状或羽状深裂达叶轴，顶部羽裂合生或为一顶生分离的羽片；羽片多对，披针形或镰刀形，全缘或至少顶部有锯齿；叶脉分离，达叶边或锯齿，单脉或分叉；能育叶直立，具较长的柄；羽片强烈收缩成线形。孢子囊群近边生，位于分叉叶脉的加厚小脉上，幼时分离，成熟后汇合，布满羽片下面。孢子四面体，辐射对称，三裂缝，不具周壁，有分散大小不等的瘤状纹饰。染色体 $x=11$。

分布概况：约 10/8（1）种，**14 型**；分布于东亚和东南亚，1 种分布达热带美洲；中国产长江以南。

系统学评述：Korall 等[1]基于 *atp*A、*atp*B、*rbc*L 和 *rps*4 的分子系统发育分析表明，瘤足蕨属是一个单系类群，蚌壳蕨科 Dicksoniaceae 为其姐妹群。

DNA 条形码研究：BOLD 网站有该属 10 种 15 个条形码数据。

代表种及其用途：镰羽瘤足蕨 *P. falcata* Copeland 可药用。

主要参考文献

[1] Korall P, et al. Tree ferns: monophyletic groups and their relationships as revealed by four protein-coding plastid loci[J]. Mol Phylogenet Evol, 2006, 39: 830-845.

Cibotiaceae Korall (2006) 金毛狗蕨科

特征描述：木本或草本，大型常绿植物，土生。<u>根状茎粗壮</u>，<u>木质</u>，直立或平卧，<u>密被长柔毛</u>。叶一型，有较长的叶柄，基部无关节；叶卵形，革质或近革质，多回羽状分裂，末回裂片线形，边缘有锯齿；叶脉分离，侧脉羽状。<u>孢子囊群着生于叶边</u>，顶生于小脉上，<u>囊群盖两瓣状</u>，<u>革质</u>，<u>形如蚌壳</u>。孢子囊梨形，有长柄，侧裂。孢子球状四面体，极面观钝三角形，赤面观半圆形，远极面有块状加厚。

分布概况：1 属/约 11 种，分布于亚洲热带和美洲热带，以夏威夷群岛尤盛；中国 1 属/2 种，产西南、华南和华东。

系统学评述：依据形态特征，金毛狗蕨科被置于蚌壳蕨科 Dicksoniaceae[1,2]。Smith 等[3]依据分子系统学证据并结合形态学特征，提出金毛狗蕨类应为 1 个独立的科。但在桫椤目中金毛狗蕨科与蚌壳蕨科、桫椤科 Cyatheaceae、Metaxyaceae 的系统关系尚未解决。

1. *Cibotium* Kaulfuss 金毛狗蕨属

Cibotium Kaulfuss (1820: 53); Zhang & Nishida (2013: 132) (Type: *C. chamissoi* Kaulfuss)

特征描述：木本或草本，大型常绿植物，土生。<u>根状茎粗壮</u>，<u>木质</u>，直立或平卧，<u>密被长柔毛</u>。叶一型，有较长的叶柄，基部无关节；叶卵形，革质或近革质，多回羽状分裂，末回裂片线形，边缘有锯齿；叶脉分离，侧脉羽状。<u>孢子囊群着生于叶边</u>，顶生于小脉上，<u>囊群盖两瓣状</u>，<u>革质</u>，<u>形如蚌壳</u>。孢子囊梨形，有长柄，侧裂。孢子球状四面体，极面观钝三角形，赤面观半圆形，远极面有块状加厚。染色体 x=17。

分布概况：**11/2 种**，**3 型**；分布于亚洲热带和美洲热带，以夏威夷群岛尤盛；中国产西南、华南和华东。

系统学评述：金毛狗蕨属为金毛狗蕨科唯一的属。

DNA 条形码研究：BOLD 网站有该属 9 种 13 个条形码数据；GBOWS 已有 1 种 6 个条形码数据。

代表种及其用途：金毛狗蕨 *C. barometz* (Linnaeus) J. Smith 是国家 II 级重点保护野生植物。其根状茎药用，补肝肾，强腰膝，祛风湿，利尿通淋。

主要参考文献

[1] Kramer KU. Dicksoniaceae[M]//Kubitzki K. The families and genera of vascular plants, I. Berlin: Springer, 1990: 94-99.

[2] 秦仁昌. 中国蕨类植物科属的系统排列和历史来源[J]. 植物分类学报, 1978, 16(3): 1-19.

[3] Smith AR, et al. A classification for extant ferns[J]. Taxon, 2006, 55: 712-713.

Cyatheaceae Kaulfuss (1827) 桫椤科

特征描述：<u>木本</u>，<u>大型陆生树形常绿植物</u>，常有高大而粗的主干或短而平卧。叶一型或二型，<u>叶柄粗壮</u>，<u>基部具鳞片</u>，鳞片坚硬或薄，有或无特化的边缘；<u>叶大</u>，<u>通常二至三回羽状分裂</u>，末回裂片线形，边缘全缘或有锯齿；叶脉分离，单一或二叉。孢子囊群圆形，生于叶下面隆起的囊托上，有盖或无盖，有丝状隔丝；<u>孢子囊梨形</u>，有短柄，环带斜生；孢子球状四面体，辐射对称，三裂缝，周壁具颗粒状、刺状或条纹状纹饰。

分布概况：4 属/600-650 种，分布于热带和亚热带；中国 3 属/15 种，产西南和华南。

系统学评述：Domin[1]、Kramer[2]及 Large 和 Braggins[3]认为桫椤科是一个单属科，所有种类都应包括在 *Cyathea* 下。Holttum[4]对鳞片进行了详细研究，认为该科可分为 3-4 属，其后被 Tryon[5]和秦仁昌系统[6]等采用。Korall 等[7,8]基于叶绿体片段构建的系统树显示，桫椤科包括 4 个分支，即白桫椤属 *Sphaeropteris*、广义的 *Cyathea s.l.*（包括 *Cnemidaria*、*Hymenophyllopsis* 和 *Trichipteris*）、狭义的桫椤属 *Alsophila* 和黑桫椤属 *Gymnosphaera* +*A. capensis* 分支。PPG I 系统提出桫椤科包括 3 属，即 *Cyathea*、白桫椤属和桫椤属，黑桫椤属作为白桫椤属的异名。目前的研究没有提供足够的证据支持这样处理，此处暂按 4 属（*Cyathea*、白桫椤属、桫椤属和黑桫椤属）处理。

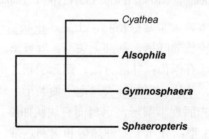

图 8　桫椤科分子系统框架图（参考 Korall 等[8]）

分属检索表

1. 叶柄基部鳞片 1 色，叶柄和叶轴暗黄白色；叶背面灰白色或灰绿色 ··········**3. 白桫椤属 *Sphaeropteris***
1. 叶柄基部鳞片 2 色，红棕色或深棕色至栗黑色；叶背面绿色或深绿色
  2. 孢子囊群有盖；叶柄下面和两侧有硬皮刺····················· **1. 桫椤属 *Alsophila***
  2. 孢子囊群无盖；叶柄下面和两侧平滑或有疣状凸起，无硬皮刺········· **2. 黑桫椤属 *Gymnosphaera***

1. *Alsophila* R. Brown 桫椤属

Alsophila R. Brown (1810: 158); Zhang & Nishida (2013: 135) (Type: *A. australis* R. Brown)

特征描述：大型陆生<u>乔木或灌木</u>，<u>茎干可高达 10 余米</u>，圆柱状，不分枝，顶端生出一丛较大的叶，树冠对称。叶大型，一型或少有二型；<u>叶柄</u>长而粗壮，禾秆色或褐色，

有硬皮刺或疣状凸起，基部鳞片深棕色，坚硬，有特化的、质薄的狭边，通常还具一些深色或同色刚毛；叶大，纸质，通常三回羽状深裂，叶轴上面常被柔毛，末回裂片线状披针形，边缘全缘或有锯齿；叶脉分离，二至三回分叉。孢子囊群圆形，生于叶下面隆起的囊托上，有囊群盖，圆球形或鳞片状，成熟后常被囊群覆盖，有丝状隔丝。孢子囊梨形，有短柄，环带斜生。孢子球形四面体，三裂缝，具颗粒状、刺状或条纹状纹饰。染色体 $x=23$。

分布概况：约 200/6（1）种，**2 型**；热带和亚热带广布；中国产长江以南。

系统学评述：Korall 等[7,8]基于叶绿体片段的分子系统发育研究表明，桫椤属可划分为狭义的桫椤属和 *A. capensis* 2 个分支，其中，狭义的桫椤属为单系，而 *A. capensis* 和 *Gymnosphaera* 聚为 1 个分支。李春香等[9]基于 *trn*L-F 序列构建的系统树支持将中国特有分布的滇南桫椤 *A. austroyunnanensis* S. G. Lu 并入黑桫椤属。

DNA 条形码研究：BOLD 网站有该属 23 种 31 个条形码数据；GBOWS 已有 10 种 64 个条形码数据。

代表种及其用途：桫椤属植物均为国家 II 级重点保护野生植物。园艺观赏价值极高。

2. *Gymnosphaera* Blume 黑桫椤属

Gymnosphaera Blume (1828: 242) (Lectotype: *G. glabra* Blume). ——*Alsophila* subgen. *Gymnosphaera* (Blume) Q. Xia (1989: 1)

特征描述：大型陆生乔木或灌木。茎干直立，圆柱状，或为横卧，先端被棕色鳞片。叶大型，一型或二型；叶柄长而粗壮，乌木色或棕色，基部鳞片 2 色，坚硬或软薄；叶通常为二回羽状，大多革质，叶轴通常与叶柄同色，光滑有光泽，或被鳞片，罕见有柔毛，小羽片有柄或无柄；叶脉分离，小脉单一，少数种有连接。孢子囊群圆形，生于裂片多少狭窄的下面隆起的囊托上，无囊群盖，有隔丝。孢子囊梨形，有短柄，环带斜生。孢子钝三角形，三裂缝，外壁光滑。染色体 $x=23$。

分布概况：约 30/7 种，**7 型**；分布于亚洲热带和亚热带；中国产西南和华南。

系统学评述：大多学者认为黑桫椤属应为桫椤属的异名[5,10,11]，Holttum[12]将其处理为桫椤属的亚属 *Alsophila* subgen. *Gymnosphaera*。但秦仁昌[6]认为根据囊群盖的有无，该属应独立于桫椤属，这一观点得到分子系统学研究的支持[7-9]。

代表种及其用途：黑桫椤属植物为国家 II 级重点保护野生植物。树形美观，园艺观赏价值极高。

3. *Sphaeropteris* Bernhardi 白桫椤属

Sphaeropteris Bernhardi (1801: 122); Zhang & Nishida (2013: 134) [Type: *S. medullaris* (J. G. A. Forster) Bernhardi (≡ *Polypodium medullare* J. G. A. Forster)]

特征描述：大型陆生树状蕨类植物。茎干直立，圆柱状，先端被淡棕色鳞片。叶大型，一型；叶柄长而粗壮，光滑或具疣突，有时被毛，基部鳞片 1 色，质薄而均匀，常为淡棕色，边缘有整齐的深色或同色刚毛；叶常为二回至三回羽状，背面常常白色，小羽片浅羽裂，纸质，被毛；<u>羽轴上面常被柔毛</u>；叶脉分离，小脉二至三回分叉。<u>孢子囊群圆形</u>，背生于裂片的小脉上，囊托隆起，<u>有囊群盖</u>，杯形或球形，有时包裹孢子囊群，成熟时开裂为鳞片状，或无盖。孢子囊梨形，环带斜生。孢子钝三角形，三裂缝，外壁光滑。染色体 $x=23$。

分布概况：约 120/2 种，**5 型**；分布于亚洲热带和大洋洲热带；中国产云南、西藏、海南和台湾。

系统学评述：Windisch[13]根据羽片的分裂度和囊群盖将白桫椤属划分成 5 个组，即 *Sphaeropteris* sect. *Fourniera*、*S.* sect. *Sarcopholis*、*S.* sect. *Schizocaena*、*S.* sect. *Sclephropteris* 和 *S.* sect. *Sphaeropteris*。分子系统学研究显示，*Sphaeropteris* 和 *Fourniera* 均为单系，*Fourniera* 位于该属最基部，是其他所有类群的姐妹群[7,8]。

DNA 条形码研究：BOLD 网站有该属 17 种 20 个条形码数据；GBOWS 已有 2 种 23 个条形码数据。

代表种及其用途：白桫椤属物种多为国家重点保护野生植物。园艺观赏价值极高。

主要参考文献

[1] Domin K. The species of the genus *Cyathea* J. E. Sm[J]. Acta Bot Bohem, 1930, 9: 85-174.

[2] Kramer KU. Cyatheaceae[M]//Kubitzki K. The families and genera of vascular plants, I. Berlin: Springer, 1990: 69-74.

[3] Large MF, Braggins JE. Tree-ferns[M]. Cambridge: Timber Press, 2004: 81-280.

[4] Holttum RE. The tree ferns of the genus *Cyathea* in Borneo[J]. Gar Bull Singapore, 1974, 27: 167-182.

[5] Tryon RM. The classification of the Cyatheaceae[J]. Contrib Gray Herb, 1970, 200: 1-53.

[6] 秦仁昌. 中国蕨类植物科属的系统排列和历史来源[J]. 植物分类学报, 1978, 16(3): 1-19; 16(4): 16-37.

[7] Korall P, et al. Tree ferns: monophyletic groups and their relationships as revealed by four protein-coding plastid loci[J]. Mol Phylogenet Evol, 2006, 39: 830-845.

[8] Korall P, et al. A molecular phylogeny of scaly tree ferns (Cyatheaceae)[J]. Am J Bot, 2007, 94: 873-886.

[9] 李春香, 等. 滇南桫椤的系统位置: 来自叶绿体 *trn*L 内含子和 DNA *trn*L-F 间隔区的证据[J]. 云南植物研究, 2004, 26: 519-523.

[10] Conant DS, et al. Phylogenetic and evolutionary implications of combined analysis of DNA and morphology in the Cyatheaceae[M]//Camus JM, et al. Pteridology in perspective. Richmond: Royal Botanic Gardens, Kew, 1996: 231-248.

[11] Lellinger DB. The disposition of *Trichopteris* (Cyatheaceae)[J]. Am Fern J, 1987, 77(3): 90-94.

[12] Holttum RE. Cyatheaceae[M]//Steenis CG, et al. Flora Malesiana, II. The Hague, Boston, London: M. Nijhoff & W. Junk, 1963: 65-176.

[13] Windisch PG. Synopsis of the genus *Sphaeropteris* (Cyatheaceae) with a revision of the Neotropical exindusiate species[J]. Bot Jahrb Syst, 1977, 98: 176-198.

Lindsaeaceae C. Presl ex M. R. Schomburgk (1848) 鳞始蕨科

特征描述：草本，小型陆生植物，少有附生。<u>根状茎短而横走，或长而蔓生</u>，被鳞片。叶同型，<u>一至多回羽裂</u>；有柄，不以关节与根状茎连接；<u>羽片或小羽片圆形、对开形、线形或三角形</u>；叶脉分离，叉状分枝或网状，网眼为长六角形，无内藏小脉。孢子囊群边沿生，着生于叶脉的结合线上或生顶端，有盖，少为无盖；囊群盖两层，里层膜质，以基部着生于叶肉上，外层反折叶边。孢子囊为水龙骨型，有细长柄，环带较宽，由 14-18 个增厚的细胞组成。孢子多为钝三角形或椭圆形，辐射对称，三裂缝，周壁具颗粒状或瘤状纹饰。

分布概况：7 属/约 200 种，分布于泛热带和亚热带；中国 4 属/18 种，产西南、华南和华东。

系统学评述：鳞始蕨科曾被 Christensen[1]置于骨碎补科 Davalliaceae，Holttum[2]和 Kramer[3]将其归入碗蕨科 Dennstaedtiaceae，直至 1970 年鳞始蕨科才被承认[4]。Lehtonen 等[5]结合形态（55 个形态性状）和分子证据（rpoC1/rps4/trnL-F/rps4-trnS/trnH-psbA）的研究表明，鳞始蕨科为单系，科下可划分为 6 个分支，即 Sphenomeris、Nesolindsaea、乌蕨属 Odontosoria、香鳞始蕨属 Osmolindsaea、达边蕨属 Tapeinidium 和鳞始蕨属 Lindsaea。其中，Sphenomeris 为单系，而大多数曾置于该属内的物种被归入乌蕨属分支；Ormoloma 被并入鳞始蕨属内；达边蕨属是香鳞始蕨属+Nesolindsaea 的姐妹群。

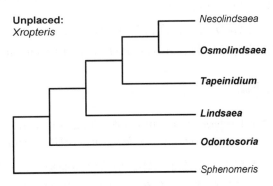

图 9 鳞始蕨科分子系统框架图（参考 Lehtonen 等[5]）

分属检索表

1. 羽片或小羽片为对开形；孢子囊群线形
  2. 根状茎具管状中柱；叶片有香味；孢子单裂缝···················**3. 香鳞始蕨属 Osmolindsaea**
  2. 根状茎具原生中柱；叶片无香味；孢子三裂缝···················**1. 鳞始蕨属 Lindsaea**
1. 羽片或小羽片不为对开形；孢子囊群杯形
  3. 叶二回至四回羽状，末回羽片楔形或线形，无主脉；孢子囊群生于末回羽片顶端·····················
  ·····················**2. 乌蕨属 Odontosoria**

3. 叶一回或二回羽状，末回羽片长线形，有明显主脉；孢子囊群生于末回羽片主脉两侧⋯⋯⋯⋯⋯
⋯⋯⋯⋯⋯⋯⋯⋯⋯⋯⋯⋯⋯⋯⋯⋯⋯⋯⋯⋯⋯⋯⋯⋯⋯⋯⋯⋯**4. 达边蕨属 *Tapeinidium***

1. *Lindsaea* Dryander ex Smith 鳞始蕨属

Lindsaea Dryander ex Smith (1793: 413); Lehtonen & Christenh (2010: 305); Dong et al. (2013: 142) [Lectotype: *L. guianensis* (Aublet) Dryander (≡ *Adiantum guianense* Aublet)]

特征描述：草本，中型或小型陆生植物。根状茎短或长，横走，具原生中柱或管状中柱，被钻状毛。叶近生或远生；叶柄基部不具关节，禾秆色或栗黑色；叶常一回羽状或二回羽状分裂；<u>羽片或小羽片为对开形或扇形</u>，草质，互生或对生；叶脉分离，少有网状联结，不具主脉，无内藏小脉，二叉。<u>孢子囊群近叶缘汇生</u>，生于小脉的结合线上或顶生于小脉端，圆形、长圆形；<u>囊群盖线形</u>，二层，内层膜质，外层为绿的叶边，以基部着生，向叶边开口。孢子囊有柄，纤细，环带由 12-15 个增厚的细胞组成。孢子钝三角形或椭圆形，辐射对称，三裂缝，周壁具颗粒状或小穴状纹饰。染色体 $x=40$，44，47。

分布概况：约 150/13（1）种，**2-1 型**；主要分布于泛热带，向北达日本，向南可至巴西南部，澳大利亚和新西兰；中国产长江以南。

系统学评述：鳞始蕨属是 Dryander 在 1793 年描述的[6]，Kramer[7-10]多次对该属进行了修订，很大程度上扩展了该属，将鳞始蕨属分为 2 亚属 23 组。Lehtonen 等[5]综合形态证据和分子证据的研究显示，将香鳞始蕨属 *Osmolindsaea* 移除后，鳞始蕨属为单系；研究不支持将该属划分为 2 个亚属，即 *Lindsaea* subgen. *Lindsaea* 和 *L.* subgen. *Odontoloma*，且大多数组也不是自然类群。

DNA 条形码研究：BOLD 网站有该属 26 种 27 个条形码数据。

代表种及其用途：团叶鳞始蕨 *L. orbiculata* (Lamarck) Mettenius ex Kuhn 药用。

2. *Odontosoria* Fée 乌蕨属

Odontosoria Fée (1852: 325); Lehtonen et al. (2010: 305); Dong et al. (2013: 139) [Type: *O. Uncinella* (Kunze) Fée (≡ *Davallia uncinella* Kunze)]. ——*Stenoloma* Fée (1852: 330)

特征描述：草本，中型至大型土生植物。根状茎短而横走，密被狭披针形或钻形鳞片。叶近生，一型；叶柄禾秆色或深禾秆色；叶常为二回羽状至四回羽状分裂，光滑无毛，<u>末回小羽片或裂片楔形或线形</u>，<u>对开形</u>，质地膜质至革质；叶脉分离，单一或羽状。<u>孢子囊群叶缘着生</u>，顶生于小脉端；<u>囊群盖卵形或杯形</u>，基部或两侧下部着生，叶缘开口，常不达叶缘。孢子囊具细柄，环带较宽，由 12-24 个增厚的细胞组成。孢子椭圆形，三裂缝，周壁有颗粒状的纹饰，外壁光滑。染色体 $x=47$。

分布概况：约 20/2 种，**2 型**；主要分布于泛热带，向北可至韩国；中国产长江以南。

系统学评述：Presl[11]曾将乌蕨属置于骨碎补属 *Davallia* 的 1 个组，Fée[12]基于 *O. uncinella* (Kunze) Fée 建立了乌蕨属，但当时没有合格发表。秦仁昌[13]将亚洲热带分布的种类分出独立为 1 个属 *Stenoloma* 处理，Kramer[3]把仅分布于美洲热带的 *Sphenomeris* 归入该属。Lehtonen 等[5]综合形态和分子证据分析表明乌蕨属为单系。大多数之前被置于 *Sphenomeris* 内的种重新被归入乌蕨属分支。形态和分子分析都支持将乌蕨属分为 3 个分支，即新热带分支、泛热带分支，以及马达加斯加、马来群岛和新加里多尼亚分支，其中新热带分支是泛热带分支的姐妹群。

DNA 条形码研究：BOLD 网站有该属 4 种 7 个条形码数据。

代表种及其用途：乌蕨 *O. chinensis* (Linnaeus) J. Smith 全草药用，有清热解毒，利湿的作用。

3. *Osmolindsaea* (K. U. Kramer) Lehtonen & Christenhusz 香鳞始蕨属

Osmolindsaea (K. U. Kramer) Lehtonen & Christenhusz (2010: 305); Dong et al. (2013: 140) [Type: *O. odorata* (Roxburg) Lehtonen & Christenh (≡ *Lindsaea odorata* Roxburg)]

特征描述：草本，土生或附生。根状茎短而横卧或横走，具管状中柱，密被狭披针形鳞片。叶近生或远生；叶柄长 10-20cm，禾秆色，光滑无毛；叶常线状披针形，一回羽状，顶端羽裂渐尖，草质，干后有香气；羽片多对，互生或对生，羽片平展，有短小柄，先端钝或急尖，边缘浅裂或全缘；叶脉分离，无主脉，二叉分枝，不达叶边。孢子囊群叶缘着生，顶生于 2-3 条小脉端；囊群盖椭圆形，连续或间断，膜质，基部着生，边缘啮蚀状。孢子椭圆形，单裂缝。染色体 *x*=75。

分布概况：约 2（-6）/2 种，**2-2 型**；主要分布于非洲东部和亚洲热带，向北可达日本，向东达所罗门群岛；中国产长江以南。

系统学评述：香鳞始蕨属曾长期被置于鳞始蕨属，秦仁昌[13]将其处理为鳞始蕨属下的 1 个组，即 *Lindsaea* sect. *Osmolindsaea*。Lehtonen 等[5]综合形态和分子证据的分析结果表明，香鳞始蕨属与 *Nesolindsaea* 互为姐妹群；依据 DNA 证据结合形态特征（根状茎为管状中柱，叶片具香气，孢子单裂缝），香鳞始蕨属的属级地位得到承认。

4. *Tapeinidium* (C. Presl) C. Christensen 达边蕨属

Tapeinidium (C. Presl) C. Christensen (1906: 631); Lehtonen & Christenh (2010: 305); Dong et al. (2013: 141) [Type: *T. pinnatum* (Cavanilles) C. Christensen (≡ *Davallia pinnata* Cavanilles)]

特征描述：草本，中型至大型陆生植物。根状茎短而横卧，具原生中柱或管状中柱，密被棕色钻形鳞片，坚硬，先端仅 1 行细胞。叶近生或远生，具叶柄，禾秆色或深禾秆色；叶轴上面有纵沟，下面为棱角或为圆形；叶常一回羽状分裂或二回羽状分裂，羽片线形，草质至近革质，上部羽片渐狭为单一裂片，互生或对生；叶脉分离，小脉斜生，一至二回分叉。孢子囊群近叶缘着生，顶生于小脉端，圆形；囊群盖杯形，坚硬，以基部及两侧着生，不达边缘。孢子囊环带由 13-16 个增厚的细胞组成。孢子椭圆形或近椭圆形，单裂缝，周壁具颗粒状纹饰。染色体 *x*=75。

分布概况：约 17/1 种，**5 型**；主要分布于大洋洲和亚洲热带，以新加里多尼亚最多；中国产台湾南部。

系统学评述：达边蕨属最初被作为 *Microlepia* 的属下单元[14]，Fée[12]将其作为 1 个独立的属处理（但是其属名 *Wibelia* 是不正确的）。Kramer[15]对该属进行了分类修订。Lehtonen 等[5]基于形态特征和分子证据联合分析显示达边蕨属为单系，是香鳞始蕨属-*Nesolindsaea* 的姐妹群。

DNA 条形码研究：BOLD 网站有该属 3 种 4 个条形码数据。

代表种及其用途：达边蕨 *T. pinnatum* (Cavanilles) C. Christensen 供观赏。

主要参考文献

[1] Christensen C. Filicinae[M]//Verdoorn F. Manual of pteridology. The Hague: Nijhoff, 1938: 522-550.

[2] Holttum RE. A revised classification of Leptosporangiate ferns[J]. Bot J Linn Soc, 1947, 53: 123-158.

[3] Kramer KU. Dicksoniaceae[M]//Kubitzki K. The families and genera of vascular plants, I. Berlin: Springer, 1990: 94-99.

[4] Pichi-Sermolli REG. Fragmenta Pteridologiae-II[J]. Webbia, 1970, 24: 707.

[5] Lehtonen S, et al. Phylogenetics and classification of the pantropical fern family Lindsaeaceae[J]. Bot J Linn Soc, 2010, 163: 305-359.

[6] Dryander JC. *Lindsae*, a new genus of ferns[J]. Trans Linn Soc, 1797, 3: 39-43.

[7] Kramer KU. The Lindsaeoid ferns of the Old World III. Notes on *Lindsaea* and *Sphenomeris* in the Flora Malesiana area[J]. Blumea, 1967, 15: 557-576.

[8] Kramer KU. A revision of the genus *Lindsaea* in the New World with notes on allied genera[J]. Acta Bot Neerlandica, 1957, 6: 97-290.

[9] Kramer KU. Lindsaea-group[M]//Flora Malesiana II, Ferns and fern allies, Leiden: Rijksherbarium/ Hortus Botanicus, 1971: 177-254.

[10] Kramer KU. The Lindsaeoid ferns of the Old World IX Africa and its islands[J]. Bull van de Nationale Plantentuin van Belgie, 1972, 432: 305-345.

[11] Presl CB. Tentamen Pteridographiae, seu, genera filicacearum praesetim juxta venarum decursum et distributionem exposita[M]. Prague: A. Haase, 1836.

[12] Fée ALA. Genera Filicum. Exposition des genres de la famille des Polypodiacées (Classe des Fougères). Mémoires sur les familles des Fougères[M]. Strasburg: Berger-Levrault, 1852: 5.

[13] 秦仁昌. 中国蕨类植物科属的系统排列和历史来源[J]. 植物分类学报, 1978, 16(3): 1-19; 16(4): 16-37.

[14] Presl CB. Epimeliae botanicae[M]. Prague: A. Haase, 1851.

[15] Kramer KU. A revision of *Tapeinidium*[J]. Blumea, 1967, 15: 545-556.

Pteridaceae E. D. M. Kirchner (1831) 凤尾蕨科

特征描述：陆生或附生，偶为水生。根状茎长或短，横走、斜生至直立，被鳞片或很少被毛。叶柄基部常被宿存鳞片，具 1-4 个维管束；叶一型或在少数几个属中为二型；叶为单叶至一至四回羽状分裂，被毛、腺体或鳞片。孢子囊群近叶脉或叶缘着生，囊群盖缺如，或孢子囊群着生于叶脉顶端，为反折的叶所覆盖。孢子囊具长柄，环带垂直或偶斜生，为孢子囊隔断。孢子三裂缝，不具叶绿素。

分布概况：约 53 属/约 1211 种，泛热带分布，主产温带；中国约 19 属/约 233 种，各地广布，主产西南。

系统学评述：凤尾蕨类植物科属概念和类群划分长期存在争议。FRPS 根据秦仁昌系统将铁线蕨类、书带蕨类、车前蕨类、卤蕨类、水蕨类、中国蕨类、裸子蕨类和凤尾

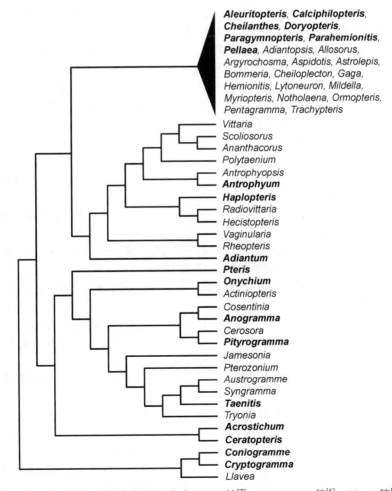

图 10　凤尾蕨科分子系统框架图（参考 Smith 等[2]；Schuettpelz 等[6]；Zhang 等[8]）

蕨类等这些关系近缘的类群分别作为独立的科处理，而 Tryon 等[1]将这些类群均作为广义凤尾蕨科成员。Smith 等[2]提出凤尾蕨科包括约 50 属 900 种。Schuettpelz 等[3]基于 3 个叶绿体片段的分子系统学将凤尾蕨科划分为珠蕨类（CR 分支）、碎米蕨类（CH 分支）、凤尾蕨类（PT 分支）、水蕨类（CE 分支）和铁线蕨类（AD 分支）五大类群。Christenhusz 等[4]在凤尾蕨科内收录了 53 属。Li 等[5]提出了新属 *Gaga*。Schuettpelz 等[6]综合分子、微形态和地理分布数据将书带蕨类划分为 11 属，即 *Ananthacorus*、*Antrophyopsis*、车前蕨属 *Antrophyum*、书带蕨属 *Haplopteris*、*Hecistopteris*、*Polytaenium*、*Radiovittaria*、*Rheopteris*、*Scoliosorus*、*Vaginularia* 和 *Vittaria*，并将一条线蕨属 *Monogramma* 作为书带蕨属的异名。Chen 等[7]建议保留书带蕨属。Zhang 等[8]的分子系统学研究进一步澄清了凤尾蕨类的属间关系。目前 PPG I 收录凤尾蕨科 53 属，碎米蕨类内的属间关系不是很明确，其所包括的 23 属中有至少 6 属不是单系。

分属检索表

1. 孢子囊群沿侧脉着生或布满能育叶下面
  2. 单叶，全缘
    3. 陆生植物，叶片基部心形或戟形，叶柄分化明显 ························· **15. 泽泻蕨属 *Parahemionitis***
    3. 附生或石生植物，叶片基部锥形，下延为分化不明显的叶柄
      4. 叶倒卵形或倒披针形，最宽处为中部以上，偶线形，中肋缺如或仅至叶片下部；孢子囊群多行，沿叶脉着生，多少下陷于叶肉中，偶 2 行，分列中肋两侧；孢子三裂缝 ·· **5. 车前蕨属 *Antrophyum***
      4. 叶丝状至线状或带状，偶披针形，中肋明显，达顶端或上部；孢子囊群 2 行或 1 行，生于叶边缘或近边缘的沟槽中，偶表面生，或沿中肋着生；孢子三裂缝或单裂缝 ·· **12. 书带蕨属 *Haplopteris***
  2. 叶一至三回羽状分裂
    5. 叶下面被白色或黄色粉末 ························· **17. 粉叶蕨属 *Pityrogramma***
    5. 叶下面无白色或黄色粉末
      6. 叶柄基部以上密被长柔毛，旱生 ························· **14. 金毛裸蕨属 *Paragymnopteris***
      6. 叶柄基部以上光滑
        7. 叶长达 15cm，一年生植物，但基部常具宿存配子体 ···················· **4. 翠蕨属 *Anogramma***
        7. 叶长达 1m 以上，多年生植物，无宿存配子体
          8. 叶脉分离或偶在近主脉处网结形成 1-3 行网眼，孢子囊群沿侧脉着生；生林下，海拔可达 3600m ························· **9. 凤了蕨属 *Coniogramme***
          8. 叶脉网结，孢子囊群布满能育叶下面；生于沿海地区或红树林沼泽地 ························· **1. 卤蕨属 *Acrostichum***
1. 孢子囊汇生成不连续的孢子囊群，常近叶片边缘分布
  9. 多汁水生植物 ························· **7. 水蕨属 *Ceratopteris***
  9. 陆生、附生或石生植物，不多汁
    10. 根状茎被刚毛；孢子囊群线形，在中肋和叶缘间形成 1 条窄的纵向条带 ························· **19. 竹叶蕨属 *Taenitis***
    10. 根状茎被鳞片；孢子囊群生于小脉顶端或小脉顶端联结的边脉上
      11. 叶片下面被白色或黄色粉末 ························· **3. 粉背蕨属 *Aleuritopteris***
      11. 叶片成熟时下面不被白色或黄色粉末（有时幼时被粉末）

12. 小羽片明显具柄，常具关节（偶叶退化成单个圆形至肾形的小羽片）；叶柄和叶轴细长，黑色或红棕色，有光泽
    13. 孢子囊群为反折的叶缘裂片所保护；小脉羽状，常不明显；小羽片常戟形或卵状戟形 ·· **16. 旱蕨属** *Pellaea*
    13. 孢子囊群着生于反折的叶缘裂片上；小脉单一或二叉分枝，常辐射状；小羽片无肋脊，卵形、扇形、圆扇形或对开形 ·················· **2. 铁线蕨属** *Adiantum*
12. 小羽片无柄或具不明显柄，不具关节，常羽状半裂；叶柄和叶轴不为有光泽的黑色
  14. 叶五角形
    15. 孢子囊群生于小脉顶端，圆形，分离（成熟时汇合）；根状茎鳞片棕色至深棕色，边缘为淡棕色 ·· **3. 粉背蕨属** *Aleuritopteris*
    15. 孢子囊群沿边脉着生，线形；根状茎鳞片 2 色，具厚的黑色中肋，边缘膜质棕色
      16. 根状茎长而横走；叶常远生 ················· **6. 戟叶黑心蕨属** *Calciphilopteris*
      16. 根状茎短，直立或斜升；叶簇生 ··············· **11. 黑心蕨属** *Doryopteris*
  14. 叶披针形、椭圆披针形或椭圆三角形至三角披针形或三角卵形
    17. 末回裂片宽 1-2mm
      18. 能育叶 4-7cm；根状茎常短而直立，叶簇生（仅 *Cryptogramma stelleri* 的根状茎长而横走，叶远生）················· **10. 珠蕨属** *Cryptogramma*
      18. 能育叶（7-）15-60cm；根状茎常长而横走，叶远生 ··· **13. 金粉蕨属** *Onychium*
    17. 末回裂片大，宽常大于 5mm
      19. 孢子囊沿羽片边脉连续着生；羽片全缘或羽状分裂成裂片，有时不对称 ··· **18. 凤尾蕨属** *Pteris*
      19. 孢子囊离散着生于小脉顶端（至少幼嫩时，后有时汇合）；羽片各种形状，对称且不为篦齿状
        20. 叶片边缘不反折或仅轻微反折，无囊群盖；叶片下面密被黄色至褐色的长毛 ··· **8. 真碎米蕨属** *Cheilanthes*
        20. 叶片边缘反折，形成膜质的假囊群盖；叶片光滑或下面稀疏被毛
          21. 根状茎鳞片披针形或线状披针形，常黑色、深褐色或棕色，半透明，边缘全缘 ································· **8. 真碎米蕨属** *Cheilanthes*
          21. 根状茎鳞片卵状披针形，褐色，半透明，边缘具稀疏锯齿 ········ ·· **3. 粉背蕨属** *Aleuritopteris*

1. *Acrostichum* Linnaeus 卤蕨属

Acrostichum Linnaeus (1753: 1067); Lin et al. (2013: 179) (Lectotype: *A. aureum* Linnaeus)

    特征描述： 草本，<u>海岸沼泽植物</u>。根状茎粗壮、直立，网状中柱、维管束多；鳞片暗褐色至黑色，大，宽披针形，全缘。叶二型，<u>或一型而仅顶部羽片能育</u>，奇数一回羽状；<u>羽片具柄，舌状至狭椭圆形</u>，<u>厚纸质至厚革质或肉质</u>，全缘，顶端钝状或渐尖；中肋上微凹，下面粗而隆起，侧脉网结，无内藏小脉。<u>孢子囊散生于能育叶的羽片下面，有井头状分裂的隔丝</u>，<u>无囊群盖</u>。孢子四面体，周壁乳突状或瘤状，具小棒或稀疏线条。染色体 $x=30$。

分布概况：3/2 种，**2 型**；分布于泛热带海滨及部分亚热带海岸；中国产东部沿海、海南、云南南部。

系统学评述：Prado 等[9]基于 *rbc*L 序列的分子系统发育分析显示，所取样的卤蕨属的 2 个种聚为 1 支，与水蕨分支构成姐妹群。Schuettpelz 等[3]利用 *rbc*L、*atp*B 和 *atp*A 构建的分子系统树中也显示卤蕨属的 2 个种构成 1 个单系分支，卤蕨属和水蕨属 *Ceratopteris* 共同构成水蕨类（CE 分支）。

DNA 条形码研究：BOLD 网站有该属 2 种 8 个条形码数据。

代表种及其用途：卤蕨 *A. aureum* Linnaeus 为浅水湿地杂草。

2. *Adiantum* Linnaeus 铁线蕨属

Adiantum Linnaeus (1753: 1094); Lin & Gilbert (2013: 238) (Lectotype: *A. capillus-veneris* Linnaeus)

特征描述：草本，陆生中小型蕨类。根状茎短而直立或长而横走，被鳞片。叶柄黑色或红棕色，有光泽，通常细圆，坚硬如铁丝；叶多为一至三回以上羽状复叶或一至三回二叉掌状分枝，极少为团扇形单叶，草质或厚纸质，少为革质或膜质，多光滑无毛。孢子囊群着生于叶片或羽片顶部边缘的叶脉上，无盖，而由叶缘反折形成的假囊群盖覆盖；假囊群盖圆形、肾形、半月形、长方形和长圆形等，其上缘呈深缺刻状、浅凹陷或平截。孢子四面体，具三裂缝，孢子周壁皱状、瘤状或光滑。染色体 $x=29$，30。

分布概况：150/34（17）种，**1 型**；世界广布，自寒温带到热带，尤以南美洲为多；中国产温暖地区，西南尤盛。

系统学评述：铁线蕨属是形态学上较为自然的类群，同时也是古老而孤立的属。Schuettpelz 等[3]、Schuettpelz 和 Pryer[10]对凤尾蕨科的系统学研究显示，铁线蕨属与书带蕨类聚在一起构成了 AD 分支，之后的研究将 AD 分支作为书带蕨亚科 Vittarioideae 处理。秦仁昌[11]将铁线蕨属划分为 6 系，即白垩铁线蕨系 *Adiantum* ser. *Gravesiana*、鞭叶铁线蕨系 *A.* ser. *Caudata*、掌叶铁线蕨系 *A.* ser. *Pedata*、细叶铁线蕨系 *A.* ser. *Venusta*、扇叶铁线蕨系 *A.* ser. *Flabellulata* 和铁线蕨系 *A.* ser. *Veneri-Capilliiformia*。林尤兴[12]新增荷叶铁线蕨系 *A.* ser. *Adiantum*。Tryon 和 Tryon[13]将美洲分布的铁线蕨分为 8 个类群。Lu 等[14]的分子系统学研究表明铁线蕨属是单系，所有温带分布的铁线蕨物种在泛热带阶内聚成 1 个分支，中国铁线蕨属植物被划分为 8 个分支。

DNA 条形码研究：BOLD 网站有该属 67 种 182 个条形码数据。目前已获得中国铁线蕨属 29 种 184 个样品的 *rbc*L、*rps*4、*trn*L-F 和 *trn*H-*psb*A 条形码信息，其鉴定率为 *rbc*L＞*trn*L-F=*rps*4-*trn*S＞*trn*H-*psb*A。

代表种及其用途：白垩系类群可作钙质土壤的指示植物。铁线蕨 *A. capillus-veneris* Linnaeus、荷叶铁线蕨 *A. reniforme* Linnaeus var. *sinense* Y. X. Lin 供观赏。荷叶铁线蕨、掌叶铁线蕨 *A. pedatum* Linnaeus 和扇叶铁线蕨 *A. flabellulatum* Linnaeus 可全草入药。

3. *Aleuritopteris* Fée 粉背蕨属

Aleuritopteris Fée (1852: 153); Zhang et al. (2013: 224) [Lectotype: *A. farinosa* (Forsskål) Fée (≡ *Pteris farinosa* Forsskål). ——*Leptolepidium* K.H. Shing & S. K. Wu (1979: 115); *Sinopteris* C. Christensen & Ching (1933: 359)

特征描述：草本，常绿中小型植物，土生或常为岩生。根状茎短而直立或斜升，密被鳞片。叶簇生，多数；叶柄和叶轴黑色、栗色或红棕色，有光泽，圆柱形，偶具沟槽，具管状中柱，无鳞片或稍具鳞片，常被毛；叶一回羽状或羽状分裂至三回羽状分裂，背面被白色、乳黄色或黄色粉末或偶不被粉末；叶轴正面具沟槽；羽片无柄或几无柄，基部羽片常最大，其基部下侧小羽片伸长；叶脉分离，羽状，常具分枝，通常不明显。孢子囊群圆形，生于叶脉顶端。孢子囊彼此分离，成熟后汇合；假囊群盖膜质或草质，边缘全缘或啮蚀状或撕裂状成睫毛状。孢子球状或球状四面体或四面体，具三裂缝，孢子周壁具网状、鸡冠状、刺状、皱状或颗粒状纹饰。染色体 $x=29$，30。

分布概况：约 40/29（14）种，**2** 型；分布于热带和亚热带；中国主产西南，少数达华北和东北。

系统学评述：Zhang 等[15]利用 *rbc*L 和 *trn*L-F 构建的分子系统树中，中国蕨属 *Sinopteris*、薄鳞蕨属 *Leptolepidium*、碎米蕨属 *Cheilosoria* 和 *Mildella* 均聚入粉背蕨属内，支持将这些类群作为粉背蕨属的异名处理。但该属内的系统发育关系仍需综合形态、细胞、分子等多方面研究澄清。

DNA 条形码研究：BOLD 网站有该属 7 种 9 个条形码数据。

代表种及其用途：粉背蕨 *A. anceps* (Blanford) Panigrahi 入药；中国蕨 *A. grevilleoides* (Christ) G. M. Zhang ex X. C. Zhang 可作假山的装饰材料。

4. *Anogramma* Link 翠蕨属

Anogramma Link (1841: 137). Zhang & Ranker (2013: 211) [Lectotype: *A. leptophylla* (Linnaeus) Link (≡ *Polypodium leptophyllum* Linnaeus)]

特征描述：一年生小型陆生或岩生植物。根状茎短而不发达，疏被纤维状小鳞片。叶多数，簇生；有长柄，柄栗色或栗棕色，光滑，草质，上面有纵沟，下面圆形；叶小，卵形、卵状三角形至卵状披针形或披针形，一至三回羽状复叶，薄草质或近膜质，光滑，末回小羽片或裂片小，卵状椭圆形、匙形、倒卵形，全缘或顶端浅裂；叶脉分离，二叉，每裂片有小脉 1 条，远离叶边。孢子囊群线形，沿小脉着生，无盖，无隔丝。孢子四面型，表面微有棱脊。配子体在孢子体长成后仍存活很长时间。染色体 $x=29$，58。

分布概况：6/2 种，**1** 型；热带，亚热带及地中海，沿大西洋的欧洲部分广布；中国产云南、贵州和广西。

系统学评述：Nakazato 和 Gastony[16]基于 *rbc*L 构建的翠蕨属分子系统树显示，翠蕨属为多系。该属及其与近缘属间系统发育关系需进一步研究。

DNA 条形码研究：BOLD 网站有该属 8 种 13 个条形码数据。

5. *Antrophyum* Kaulfuss 车前蕨属

Antrophyum Kaulfuss (1824: 197); Zhang & Gilbert (2013: 250) [Lectotype：*A. plantagineum* (Cavanilles)

Kaulfuss (≡ *Hemionitis plantaginea* Cavanilles)]

特征描述：小型或中型附生植物，附生于树干或岩石上。根状茎直立或横卧；须根及根毛丰富，形成海绵状的吸水结构。叶一型，单叶，肉质或革质，披针形、线形至倒卵形，全缘，具软骨质狭边；主脉缺或不完全，小脉多回二歧分叉，联结成网眼，不具内藏小脉。孢子囊形成汇生囊群，线形，沿小脉延伸，常呈网状或分枝状，多少下陷于叶肉中，无囊群盖，混生有大量细小的隔丝；隔丝顶端细胞膨大，呈头状、带状或丝状。孢子无色透明，球状四面体，三裂缝，表面具乳突，常具散乱的小球和小棒状纹饰。染色体 x=15。

分布概况：40-50/9（1）种，**4** 型；分布于旧热带；中国产长江以南。

系统学评述：Ching[17]和秦仁昌[18]定义的狭义车前蕨属不包括热带美洲的 *Anetium*、*Polytaenium* 和 *Scoliosorus*，这一处理得到分子系统学证据支持[19-21]。依据隔丝形态，旧世界的车前蕨类可分为 3 个类群，即具球杆状隔丝的 *A. obovata* 类群、具带状多螺旋状扭曲隔丝的 *A. henry* 类群和另一群具细丝状螺旋状扭曲隔丝的 *A. callifolium* 类群，其中，球杆状隔丝类群可能是车前蕨属中最先分化的，细丝状螺旋扭曲隔丝类则最后分化。

DNA 条形码研究：BOLD 网站有该属 16 种 36 个条形码数据。

代表种及其用途：车前蕨 *A. henryi* Hieronymus 供观赏。

6. *Calciphilopteris* Yesilyurt & H. Schneider 戟叶黑心蕨属

Calciphilopteris Yesilyurt & H. Schneider (2010: 52); Zhang & Yatskievych (2013：216) [Type: *C. ludens* (Wallich ex W. J. Hooker) Yesilyurt & H. Schneider (≡ *Pteris luden* Wallich ex W. J. Hooker)]

特征描述：草本，土生或石生。根状茎横走；鳞片披针形至狭卵形，多 2 色，中间暗褐色，多少窗格状，边缘淡褐色。叶远生或近生，二型；叶柄有光泽、栗色至黑色，叶柄长于叶片，基部具 1 个维管束，基部被鳞片，近光滑或被稀疏短毛；叶鸟足状分裂至鸟足状二回分裂，掌状分裂或 3 裂，五角形、三角形或戟形，边缘全缘，白色软骨质、纸质至革质，光滑或仅背面基部偶被稀疏腺毛和（或）鳞片；叶脉网状，无内藏小脉。孢子囊群线形，生裂片边缘，囊群盖全缘或具轻微缺刻。孢子球状或球状四面体，表面具刺状或鸡冠状纹饰。染色体 x=29。

分布概况：4/1 种，**5** 型；分布于东南亚至巴布亚新几内亚和大洋洲；中国产云南南部。

系统学评述：分子系统学研究显示黑心蕨属 *Doryopteris* 的多数种类形成 1 个分支，而 *D. ludens* (Wallich ex W. J. Hooker) J. Smith 位于 CH 分支的最基部，是该分支中最早分化出来的类群[3,9,15]。*D. ludens* 及其近缘类群的形态与黑心蕨属其他类群相似，然而其具有长而横走的根状茎和更为肉质的叶，且仅分布于石灰岩地区。Yesilyurt 和 Schneider[22]将其从 *Doryopteris* 中分出，成立了戟叶黑心蕨属。

代表种及其用途：戟叶黑心蕨 *C. ludens* (Wallich ex W. J. Hooker) Yesilyurt & H. Schneider 具观赏价值。

7. *Ceratopteris* A. T. Brongniart 水蕨属

Ceratopteris A. T. Brongniart (1822: 186); Lin & Masuyama (2013: 180) [Lectotype: *C. thalictroides* (Linnaeus) A. T. Brongniart (≡ *Acrostichum thalictroides* Linnaeus)]

特征描述：一年生多汁水生植物。根状茎短而直立，具粗根，顶端疏被鳞片；鳞片为阔卵形至心形、盾形，质薄，全缘，透明。叶簇生；叶柄绿色，多少膨大，半圆柱形，肉质，光滑，疏生鳞片，表面具纵脊，内含许多小的维管束；叶二型，不育叶为卵圆形至披针三角形，绿色，薄草质，单叶或羽状复叶，末回裂片为阔披针形或梨形，全缘，尖头，小脉网结；能育叶与不育叶同形，往往较高，分裂较深而细，在羽片基部上侧的叶腋间常有一个棕色的卵圆形小芽胞，成熟后脱落，行无性繁殖；末回裂片边缘向下反卷达主脉，覆盖孢子囊群。孢子囊群布满能育叶，无囊群盖。孢子大，四面型，具明显的平行肋条状纹饰。染色体 $x=13$（39）。

分布概况：4-7/2 种，**2 型**；分布于热带和亚热带；中国产西南、华南和华东。

系统学评述：Prado 等[9]利用 *rbc*L 序列构建的分子系统树中，所取样的卤蕨属的 2 个种聚为 1 支，与水蕨分支构成姐妹群。Schuettpelz 等[3]基于 3 个叶绿体片段构建的分子系统树显示卤蕨属和水蕨属共同构成水蕨类（CE 分支）。

DNA 条形码研究：BOLD 网站有该属 3 种 12 个条形码数据；GBOWS 已有 1 种 6 个条形码数据。

代表种及其用途：水蕨属植物均为 II 级国家重点保护野生植物。水蕨 *C. thalictroides* (Linnaeus) Brongniart 的嫩叶可食用，全草药用。

8. *Cheilanthes* Swartz 真碎米蕨属

Cheilanthes Swartz (1806: 5); Zhang & Yatskievych (2013: 218) (Type: *C. micropteris* Swartz). —— *Cheilosoria* Trevisan (1877: 579); *Notholaena* Brown (1810: 145)

特征描述：中小型中生植物。根状茎短而直立或少有斜升；鳞片棕色至栗黑色（有时具棕色狭边），披针形，全缘。叶簇生，高约 30cm；叶柄栗色至栗黑色，有光泽，圆柱形或腹面具纵沟，基部具 1 条维管束，幼时基部以上疏被鳞片或毛，后变光滑；叶披针形、长圆状披针形、长圆状或卵状五角形，一至三回羽状或羽状分裂，草质、纸质至革质，通常无毛或有短节状毛或腺毛，末回小羽片或裂片小，无柄或具短柄；叶脉分离，小脉单一或分叉。孢子囊群圆形，生小脉顶端，成熟时往往汇合；囊群盖无或由羽片边缘反折而成，边缘全缘、多少啮蚀状或有锯齿，或有睫毛。孢子球状四面型，不透明，周壁颗粒状、拟网状、鸡冠状，罕具褶皱。染色体 $x=28$，29，30。

分布概况：约 100/17（7）种，**1 型**；世界广布；中国主产西南，少数达华北和东北。

系统学评述：Zhang 等[15]的研究表明，传统的真碎米蕨属不是单系，亚洲（主要为中国）碎米蕨类包括 5 个属（类群），即亚洲真碎米蕨类群、旱蕨属 *Pellaea*、黑心蕨属 *Doryopteris*、泽泻蕨属 *Parahemionitis* 和金毛裸蕨属 *Paragymnopteris*。其中亚洲真碎米蕨属类群包括薄鳞蕨属 *Leptolepidium*、粉背蕨属 *Aleuritopteris*、碎米蕨属 *Cheilosoria*、中国蕨属和之前被错误鉴定为 *Mildella* 的类群。根据分子系统学研究，被错误鉴定为碎米蕨属和隐囊蕨属 *Notholaena* 的亚洲种类应置入粉背蕨属内。

DNA 条形码研究：BOLD 网站有该属 82 种 204 个条形码数据；GBOWS 已有 1 种 2 个条形码数据。

代表种及其用途：毛旱蕨 *C. trichophylla* Baker 可供观赏。

9. *Coniogramme* Fée 凤了蕨属

Coniogramme Fée (1852: 167); Zhang & Ranker (2013: 171) [Type: *C. javanica* (Blume) Fée (≡ *Gymnogramma javanica* Blume)]

特征描述：陆生草本。根状茎横卧或横走，疏被鳞片；鳞片褐棕色，披针形，有窗格状网眼，全缘；叶近生或远生；<u>叶柄禾秆色、棕色或栗棕色</u>，基部以上光滑，维管束断面呈 U 形；<u>羽片一至二回奇数羽状，罕为三出或三回羽状</u>；侧生羽片一般 5 对左右，具柄，<u>羽片披针形或椭圆状披针形</u>，<u>基部圆形或楔形</u>，<u>偶为心形</u>，边缘具软骨质边，有锯齿或全缘；叶脉分离或近中肋处网结，小脉顶端膨大或具水囊。<u>孢子囊群沿侧脉着生</u>，<u>线形</u>，<u>无囊群盖</u>，与短小毛状隔丝混生。孢子四面体，无周壁。染色体 $x=30$。

分布概况：25-30/22（11）种，**2** 型；分布于非洲，东亚，东南亚和北美洲；中国产长江以南和西南亚热带温凉山地。

系统学评述：凤了蕨属物种在形态上分化程度差异不大，仅毛的有无及其形态、叶边全缘或有锯齿，以及叶脉顶端水囊形态和位置等性状较为稳定，可作为分类依据，而某些群的种间特征存在着中间形式，分类比较困难。Metzgar 等[23]的研究表明凤了蕨属为单系，与珠蕨属 *Cryptogramma* 构成姐妹群。

DNA 条形码研究：BOLD 网站有该属 8 种 13 个条形码数据。

代表种及其用途：凤了蕨 *C. japonica* (Thunberg) Diels 作观赏；嫩叶作蔬菜；根茎可提取淀粉；全草入药。

10. *Cryptogramma* R. Brown 珠蕨属

Cryptogramma R. Brown (1823: 767); Zhang et al. (2013: 178) (Type: *C. acrostichoides* R. Brown)

特征描述：小型石生草本。根状茎常短而直立，网状中柱，或细长横走，管状中柱，被细小棕色鳞片。<u>叶簇生或罕为远生</u>，<u>二型</u>，<u>能育叶高于不育叶</u>；叶柄上侧暗褐色，下侧淡褐色至禾秆色，上面具沟槽，被鳞片；不育叶宽卵形或椭圆形，二至四回羽状，光滑；能育叶二至三回羽状；不育裂片的末回裂片卵形、匙形、椭圆形或扇形，<u>每裂片有小脉 1 条</u>，<u>不达叶边</u>，<u>顶端有膨大的水囊</u>；可育裂片线形或长椭圆形；叶脉分离，羽状，单一或分叉。孢子囊群生小脉顶端，圆形或椭圆形，成熟后向两侧扩散；囊群盖由反折变质的叶边形成，几达主脉，<u>能育裂片形如荚果</u>。孢子四面型，黄色、透明，三裂缝，周壁表面具疣状纹饰。染色体 $x=30$。

分布概况：9/3 种，**8** 型；分布于亚洲，欧洲和美洲温带及亚热带的高山地区；中国产西南、西北和台湾。

系统学评述：Metzgar 等[23]利用 *rbc*L、*rbc*L-*acc*D、*rbc*L-*atp*B、*rps*4-*trn*S、*trn*G-*trn*R 和 *trn*P-*pet*G 这 6 个叶绿体片段对珠蕨属的分子系统发育分析显示，珠蕨属为单系，与凤了蕨属构成姐妹群。珠蕨属内的 2 个组 *Cryptogramma* sect. *Homopteris* 和 *C.* sect. *Cryptogramma* 均为单系，稀叶珠蕨 *C. stelleri* (S. G. Gmelin) Prantl 为该属的基部类群。

DNA 条形码研究：BOLD 网站有该属 8 种 39 个条形码数据。

11. *Doryopteris* J. Smith 黑心蕨属

Doryopteris J. Smith (1841: 404); Zhang & Yatskievych (2013: 217) [Lectotype: *D. palmata* (Willdenow) J.
　　Smith (≡ *Pteris palmata* Willdenow)]

特征描述：草本，中型陆生植物。根状茎短而直立或斜生，连同叶柄基部被鳞片；鳞片披针形至狭卵形，多为 2 色，中央栗黑色、无窗格，两侧淡棕色。叶簇生或散生，一型或轻度二型（能育叶具较长叶柄、分裂程度比不育叶高）；叶柄比叶片长，有光泽，红褐色至黑色，圆形或上面有沟槽，基部具 1-2 条维管束，基部以上光滑或偶被稀疏短毛或鳞片；叶小，掌状分裂或三出，有时为单叶，全缘，五角形至心形、戟状、矢状；叶轴、中肋和主脉背面为红褐色至栗黑色；叶脉不明显，分离或少为网状，侧脉分叉。孢子囊群沿边脉着生，线形；囊群盖由反折变质的叶边形成，连续，仅在裂片顶端及基部中断，全缘至轻微啮蚀状。孢子黄色至褐色，球形至球状四面体，有褶皱、刺状和鸡冠状纹饰。染色体 *x*=29，30。

分布概况：约 35/1 种，**4 型**；分布于非洲，亚洲，大洋洲和北美洲，巴西尤盛；中国产广东、广西、海南和台湾。

系统学评述：黑心蕨属的多数种类形成 1 个分支，其姐妹群为 *Cheilanthes viridis*[3,9]。Yesilyurt 和 Schneider[22]根据分子系统学研究将 *D. ludens* (Wallich ex W. J. Hooker) J. Smith 从 *Doryopteris* 中分立出来的，成立了戟叶黑心蕨属[3,9,15]。排除戟叶黑心蕨属的 4 个种，黑心蕨属为单系。

DNA 条形码研究：BOLD 网站有该属 14 种 19 个条形码数据。

代表种及其用途：黑心蕨 *D. concolor* (Langsdorff & Fischer) Kuhn 可药用。

12. *Haplopteris* C. Presl 书带蕨属

Haplopteris C. Presl (1836: 141); Zhang & Gilbert (2013: 252) [Type: *H. scolopendrina* (Bory) C. Presl (≡
　　Pteris scolopendrina Bory)]. ——*Monogramma* Commerson ex Schkuhr (1808: 82); *Vaginularia* Fée
　　(1852: 30)

特征描述：禾草型附生植物。根状茎横走或近直立，密被须根及鳞片。叶近生，单叶；叶狭线形，全缘，无毛；叶脉中脉明显，侧脉羽状或几无侧脉，分离（能育叶的叶脉在近叶缘处联结），无内藏小脉。孢子囊群为线形的汇生囊群，无盖，着生于叶下面中肋两侧叶缘内或生于叶缘双唇状夹缝中，每边 1 条或每叶片 1 枚，具隔丝，具暗色圆锥形头部。孢子椭圆形或梭形，单裂缝或三裂缝，光滑、透明。染色体 *x*=15。

分布概况：约 40/15 种，**7 型**；分布于非洲，印度洋和亚洲热带至大洋洲，太平洋诸岛，主要分布于亚洲热带和亚热带；中国产长江以南。

系统学评述：Crane[20]将曾置于 *Vittaria* 的种划分为 *Vittaria*、*Radiovittaria* 和书带蕨属。Crane 等[19]的研究显示，书带蕨属与 *Radiovittaria*+*Hecistopteris* 构成姐妹群，而 Schuettpelz 等[3]的研究表明，书带蕨属的姐妹群为一条线蕨属 *Monogramma*。Zhang[24]提出了中国书带蕨属的新组合，将之前错误鉴定为 *Vittaria* 的中国类群组合归入书带蕨属。Schuettpelz 等[6]综合分子、微形态和地理分布证据，建议将一条线蕨属作为书带蕨属的异名，Chen 等[7]的研究建议保留书带蕨属。

DNA 条形码研究：BOLD 网站有该属 9 种 15 个条形码数据。

代表种及其用途：书带蕨 *H. flexuosa* (Fée) E. H. Crane 全草入药。

13. *Onychium* Kaulfuss 金粉蕨属

Onychium Kaulfuss (1820: 45); Zhang & Yatskievych (2013: 212) (Type: *O. capense* Kaulfuss)

特征描述：中型土生或岩生植物。根状茎长而横走，或罕有短而横卧，被浅棕色至红棕色鳞片，线状披针形或卵圆披针形、全缘。叶远生或近生，一型或近二型；叶柄光滑，禾秆色或红褐色至深褐色，腹面有阔浅沟，具 2（1）条维管束；叶通常为卵状三角形或卵状披针形，少为狭长披针形，二至五回羽状或羽状细裂，光滑或可育裂片背面被黄色粉末，末回裂片狭小，披针形至狭长披针形，尖头，基部楔形下延；叶脉在不育裂片上单一，在能育裂片上羽状，在沿叶缘反卷处的一条边脉上联结。孢子囊群圆形，生于小脉顶端的连接边脉上，成熟时汇合成线形；囊群盖膜质，由反折的叶边形成，宽几达中脉，形如荚果，全缘或罕为啮蚀状，无隔丝（毛）。孢子球状四面型，三裂缝，透明，表面具疣状、瘤块或网状纹饰。染色体 $x=29$。

分布概况：约 10/8（2）种，**6-1 型**；分布于亚洲，非洲热带及亚热带；中国产长江以南，向北达秦岭。

系统学评述：Pichi-Sermolli[25]建立了珠蕨科 Cryptogrammaceae，包括珠蕨属、金粉蕨属和 *Llavea*，金粉蕨属落入 PT 分支，而另两者落入了 CR 分支。分子系统学研究表明金粉蕨属为单系，与 *Actiniopteris* 互为姐妹群[3,9]。

DNA 条形码研究：BOLD 网站有该属 5 种 8 个条形码数据。

代表种及其用途：野雉尾金粉蕨 *O. japonicum* (Thunberg) Kunze 全草入药，主治食物中毒和烧伤。

14. *Paragymnopteris* K. H. Shing 金毛裸蕨属

Paragymnopteris K. H. Shing (1993: 227); Zhang & Ranker (2013: 235) [Type: *P. marantae* (Linnaeus) K. H. Shing (≡ *Acrostichum marantae* Linnaues)]

特征描述：旱生中型植物。根状茎短而横卧或直立，密被线形或钻形的黄棕色全缘鳞片，并混生细长柔毛。叶簇生；叶柄栗色或栗褐色，有光泽，圆柱形，基部以上密被细长伏生柔毛；叶长圆披针形，一至二回奇数羽状复叶；叶为纸质或革质，柔软，遍体（特别在下面）密被黄棕色（老时变为灰白色）细长绢毛，或透明、全缘、覆瓦状的披针形鳞片；羽片卵形、长圆形或长圆披针形，圆钝头，基部圆形或心脏形，全缘；叶脉分离，羽状，一至二回分叉，间或在近叶边处连接成狭长网眼。孢子囊群线形，沿小脉全部或上部着生，无盖，但隐没在绢毛或鳞片下面，仅成熟时略露出。孢子球状四面型，表面具显著的刺状凸起。染色体 $x=30$。

　　分布概况：5/5（2）种，**10 型**；分布于旧世界温带；中国产西南和西北。

　　系统学评述：Shing[26]建立了金毛裸蕨属，包括 5 个种。Zhang 等[15]利用 *rbc*L 和 *trn*L-F 片段构建的碎米蕨类的分子系统树显示，金毛裸蕨属与 *Hemionitis* 亲缘关系较远，金毛裸蕨属不是单系类群，旱蕨属 *Pellaea* 的 2 个种嵌入其内。该属的系统发育关系仍需要进一步研究。

　　DNA 条形码研究：BOLD 网站有该属 5 种 8 个条形码数据；GBOWS 已有 1 种 1 个条形码数据。

　　代表种及其用途：金毛裸蕨 *P. vestita* (Hooker) K. H. Shing 全草药用。

15. *Parahemionitis* Panigrahi 泽泻蕨属

Parahemionitis Panigrahi (1993: 90); Zhang & Ranker (2013: 235); Mazumda (2015: 91-94) [Type: *P. arifolia* (Burman f.) Panigrahi (≡ *Asplenium arifolium* Burman f.)]

　　特征描述：陆生中小型植物。根状茎短而直立，被蓬松的红棕色钻状小鳞片和细长的节状毛。叶簇生，近二型；叶柄栗色或紫黑色，能育叶的叶柄长为不育叶叶柄的 1-3 倍；叶卵形、长圆形或戟形，背面被小的钻状鳞片，正面光滑，基部为深心脏形，顶端钝圆；叶脉网状，网眼多而密，长六角形，无内藏小脉。孢子囊群沿能育叶的网脉着生，无盖，成熟时布满叶背面。孢子球状四面型，表面有小刺。染色体 $x=30$。

　　分布概况：1/1 种，**7 型**；热带亚洲分布；中国产云南、海南和台湾。

　　系统学评述：泽泻蕨属是 Panigrahi[27]基于分布于印度的原来称为 *Hemionitis arifolia* (N. L. Burman) T. Moore 的种从中南美洲分布的 *Hemionitis* 分立出来的 1 个属；但 *H. arifolia* 的模式被 Alston（1952 年 8 月标注于标本上）认为是 *Acrostichum aureum* Linnaeus 的幼苗（仅有一个叶片）。Morton[28]指出"如果该标本确实为该种模式的话，该种第二个可用异名为 *Hemionitis cordata* Roxburgh ex W. J. Hooker & Greville"。Fraser-Jenkins[29]正式将该名称组合到 *Parahemionitis* 中，即泽泻蕨 *P. cordata* (Roxburgh ex W. J. Hooker & Greville) Fraser-Jenkins (≡ *Hemionitis cordata* Roxburgh ex W. J. Hooker & Greville)；FOC 采纳收录了 *P. cordata*。Mazumda[30]认为引起混淆的标本不适合作为后选模式，将 *Asplenium arifolium* 发表时所依据的图片之一选作了后选模式，同时选定了附加模式。分子系统学研究显示 *P. cordata* 与 *Hemionitis*（研究所取样类群）互为姐妹群[3]。

　　代表种及其用途：泽泻蕨叶形优美，作室内观赏。

16. *Pellaea* Link 旱蕨属

Pellaea Link (1841: 59); Zhang & Yatskievych (2013: 217) [Lectotype: *P. atropurpurea* (Linnaeus) Link (≡ *Pteris atropurpurea* Linnaeus)]

　　特征描述：陆生或岩生植物。根状茎短而横卧或长而横走，密被鳞片；鳞片褐色至近黑色，有极狭的棕色边（少为 1 色，棕色或栗色），狭披针形或钻状披针形，全缘或具齿。叶簇生或远生，一型或微二型；叶柄栗黑色或栗色，有光泽，圆柱形，腹面有沟，基部具 1 条维管束；叶长圆披针形至三角状披针形，一至四回奇数羽状；叶纸质或革质，光滑或有毛或鳞片；末回小羽片或裂片圆头或尖头，全缘；叶脉分离或罕为网结，小脉羽状分叉。孢子囊群小，圆形，生于小脉顶端，成熟时汇合成线形，无隔丝；囊群盖线形，囊群盖边缘全缘或啮蚀状。孢子球状四面体，表面具细颗粒状、鸡冠状、褶皱状或偶为瘤状或疣状纹饰。染色体 $x=29$。

分布概况：约 30/2（1）种，**2-2 型**；主要分布于非洲南部，美洲，亚洲，澳大利亚及周边太平洋岛屿；中国产云南和四川。

系统学评述：Hall 和 Lellinger[31]将该属的部分亚洲种类归入 *Mildella*。FRPS 记载旱蕨属植物 10 种，但 Tryon 等[1]仅将 *P. calomelanos* (Swartz) Link 置于旱蕨属内，其余种均归入真碎米蕨属 *Cheilanthes*。Zhang 等[15]的分子系统学研究显示，*P. calomelanos* 与黑心蕨属的 2 个种构成姐妹群，而与亚洲分布的 *Mildella nitidula* 类群（*Pellaea* sensu Ching）、美洲分布的 *Pellaea* sect. *Pellaea* 和 *P.* sect. *Platyloma* 亲缘关系较远。依据形态特征，*Pellaea connectens* C. Christensen 可能与 *P. calomelanos* 近缘，但目前尚未进行分子系统学研究。

DNA 条形码研究：BOLD 网站有该属 29 种 41 个条形码数据。

17. *Pityrogramma* Link 粉叶蕨属

Pityrogramma Link (1833: 19); Zhang & Ranker (2013: 212) [Lectotype: *P. chrysophylla* (Swartz) Link (≡ *Acrostichum chrysophyllum* Swartz)]

特征描述：陆生中型植物。根状茎短而直立或斜升，被红棕色的钻状全缘薄鳞片，遍体无毛。叶簇生，一型；叶柄紫黑色，有光泽，下部圆形，向顶部有浅沟，基部被鳞片，向上光滑；叶卵形至长圆形，渐尖头，二至三回羽状分裂；叶草质至近革质，上面光滑，下面密被白色至黄色粉末；羽片多数，披针形，多少有柄，斜上；小羽片多数，基部不对称，上先出，往往多少下延至羽轴，边缘有锯齿；叶脉分离，单一或分叉，不明显。孢子囊群沿叶脉着生，不达顶端，无囊群盖，无隔丝。孢子球状四面体，暗色，具不规则脊状隆起的网状周壁。染色体 $x=29$，30。

分布概况：约 20/1 种，**2-2 型**；分布于热带非洲，美洲和亚洲；中国产海南、台湾和云南南部。

系统学评述：Sanchez-Baracaldo[32]的研究显示粉叶蕨属与翠蕨属为姐妹群，Prado 等[9]的研究显示粉叶蕨属落入 Taenitidoideae 内，与翠蕨属部分种形成的分支构成姐妹群关系。仍需进一步增加取样验证该属的单系性及阐明种间系统发育关系。

DNA 条形码研究：BOLD 网站有该属 6 种 11 个条形码数据。

18. *Pteris* Linnaeus 凤尾蕨属

Pteris Linnaeus (1753: 1073); Liao et al. (2013: 181) (Lectotype: *P. longifolia* Linnaeus)

特征描述：陆生草本。根状茎直立或斜升（偶有短而横卧），被坚厚膜质鳞片；鳞片棕色或褐色，狭披针形或线形。叶簇生；叶柄有深纵沟，自基部向上有 1 条 V 形维管束；叶一至二回羽状，罕为三回羽状或掌状，或偶为三叉；羽轴或主脉上面有深纵沟，羽轴基部常有针状刺；叶脉分离，单一或二叉，或罕有沿羽轴（有时沿裂片主脉）两侧联结成狭长网眼，不具内藏小脉；叶干后草质或纸质，有时近革质，光滑或少被毛。孢子囊群线形，沿叶缘连续延伸，通常仅裂片先端及缺刻不育，着生于叶缘内联结小脉上，有囊群盖和隔丝。孢子三裂缝（少数种为单裂缝），灰色或黑色，表面常粗糙或有疣状凸起。染色体 x=29。

分布概况：约 300/78（35）种，**2** 型；热带和亚热带广布；中国产西南、华南和华东。

系统学评述：Prado 等[9]的研究显示 *Pteris vittata* Linnaeus 与 *Platyzoma microphyllum* R. Brown 构成姐妹群，但其与凤尾蕨属剩余物种形成的分支间的姐妹群关系没有得到很好的支持。Schuettpelz 等[3]利用 3 个叶绿体片段构建的分子系统树得到了同样的结果。Bouma 等[33]对新西兰凤尾蕨科的研究支持 Schuettpelz 等[3]的研究结果。FOC 将凤尾蕨属分为网眼凤尾蕨组 *Pteris* sect. *Campteria*、凤尾蕨组 *P.* sect. *Pteris* 和篦形凤尾蕨组 *P.* sect. *Quadriauricula*。Zhang 等[8]的分子系统学研究显示狭义的凤尾蕨属为并系，而包括了 *Afropteris*、*Neurocallis*、*Ochropteris* 和 *Platyzoma* 的广义的凤尾蕨属则是单系，其下可划分为 15 个分支。

DNA 条形码研究：BOLD 网站有该属 61 种 183 个条形码数据。

代表种及其用途：欧洲凤尾蕨 *P. cretica* Linnaeus var. *cretica*、蜈蚣草 *P. vittata* Linnaeus 等全草入药；蜈蚣草可大量富集土壤中砷、铅等重金属；西南凤尾蕨 *P. wallichiana* J. Agardh、三色凤尾蕨 *P. aspericaulis* var. *tricolor* (Linden) T. Moore ex E. J. Lowe 可作盆栽或室外栽培。

19. *Taenitis* Willdenow ex Schkuhr 竹叶蕨属

Taenitis Willdenow ex Schkuhr (1804: 20). Dong & Kato (2013: 211) [Type: *T. pteroides* Willdenow ex Schkuhr, *nom. illeg.* (=*Taenitis blechnoides* (Willdenow) Swartz ≡ *Pteris blechnoides* Willdenow)]

特征描述：陆生植物。根状茎横走，密被暗栗色的刚毛状鳞片。叶柄基部有 1、2 或 4 条维管束，在上部汇合；叶柄上部具沟槽；叶为单叶或一回奇数羽状，顶生羽片 1 枚与侧生羽片相似；羽片不分裂，全缘，披针形，厚纸质至革质，光滑，能育叶羽片较不育叶羽片狭；叶脉网结成网眼，不具内藏小脉。孢子囊为狭长线形，常位于中脉与叶边缘之间，沿叶脉不规则着生，或遍布于收缩的能育叶羽片背面；无囊群盖，隔丝有多行细胞。孢子球状四面体，三裂缝，表面具结节和小棒。染色体 x=11（22）。

分布概况：15/1 种，**7** 型；分布于自斯里兰卡，印度南部至中国，经印度尼西亚和马来亚至昆士兰北部和斐济群岛；中国产海南。

系统学评述：竹叶蕨属的系统位置与分类地位一直存在争论。秦仁昌[18]将其处理为单型科，认为其与鳞始蕨科 Lindsaeaceae 近缘。后来的学者将其处理为凤尾蕨科下的 1

个属，与 *Syngramma* 近缘，这一观点被 Smith 等[2]接受。Sanchez-Baracaldo[32]的研究显示竹叶蕨属为 *Austrogramme-Syngramma* 的姐妹群。

DNA 条形码研究：BOLD 网站有该属 2 种 4 个条形码数据。

主要参考文献

[1] Tryon RM, et al. Pteridaceae[M]//Kubitzki K. The families and genera of vascular plants, I. Berlin: Springer, 1990: 230-256.

[2] Smith AR, et al. A classification for extant ferns[J]. Taxon, 2006, 55: 705-731.

[3] Schuettpelz E, et al. A molecular phylogeny of the fern family Pteridaceae: assessing overall relationships and the affinities of previously unsampled genera[J]. Mol Phylogenet Evol, 2007, 44: 1172-1185.

[4] Christenhusz MJM, et al. A linear sequence of extant families and genera of lycophytes and ferns[J]. Phytotaxa, 2011, 19: 7-54.

[5] Li FW, et al. *Gaga*, a new fern genus segregated from *Cheilanthes* (Pteridaceae)[J]. Syst Bot, 2012, 37: 845-860.

[6] Schuettpelz E, et al. A revised generic classification of vittarioid ferns (Pteridaceae) based on molecular, micromorphological, and geographic data[J]. Taxon, 2016, 65: 708-722.

[7] Chen CW, et al. Proposal to conserve the name *Haplopteris* against *Monogramma* (Pteridaceae)[J]. Taxon, 2016, 65: 884-885.

[8] Zhang L, et al. A global plastid phylogeny of the brake fern genus *Pteris* (Pteridaceae) and related genera in the Pteridoideae[J] Cladistics, 2015, 31: 406-423.

[9] Prado J, et al. Phylogenetic relationships among Pteridaceae, including Brazilian species, inferred from *rbc*L sequences[J]. Taxon, 2007, 56: 355-368.

[10] Schuettpelz E, Pryer KM. Fern phylogeny inferred from 400 leptosporangiate species and three plastid genes[J]. Taxon, 2007, 56: 1037-1050.

[11] 秦仁昌. 中国的铁线蕨属以及邻邦有关种类的研究[J]. 植物分类学报, 1957, 6: 301-355.

[12] 林尤兴. 中国铁线蕨属的新分类群[J]. 植物分类学报, 1980, 4: 71-147.

[13] Tryon RM, Tryon AF. Ferns and allied plants, with special reference to tropical America[M]. New York: Springer, 1982.

[14] Lu JM, et al. Phylogenetic relationships of Chinese *Adiantum* based on five plastid markers[J]. J Plant Res, 2012, 125: 237-249.

[15] Zhang GM, et al, First insights in the phylogeny of Asian cheilanthoid ferns based on sequences of two chloroplast markers[J]. Taxon, 2007, 56: 369-378.

[16] Nakazato T, Gastony GJ. Molecular phylogenetics of *Anogramma*-species and related genera (Pteridaceae: Taenitidoideae)[J]. Syst Bot, 2003, 28: 490-502.

[17] Ching RC. On natural classification of the family Polypodiaceae[J]. Sunyatsenia, 1940, 5: 201-268.

[18] 秦仁昌. 中国蕨类植物科属的系统排列和历史来源[J]. 植物分类学报, 1978, 16(3): 1-19.

[19] Crane EH, et al. Phylogeny of the Vittariaceae: convergent simplification leads to a polyphyletic *Vittaria*[J]. Am Fern J, 1995, 85: 283-305.

[20] Crane EH. A revised circumscription of the genera of the fern family Vittariaceae[J]. Syst Bot, 1997, 22: 509-517.

[21] Ruhfel B, et al. Phylogenetic placement of *Rheopteris* and the polyphyly of *Monogramma* (Pteridaceae *s.l.*): evidence from *rbc*L[J]. Syst Bot, 2008, 33: 37-43.

[22] Yesilyurt JC, Schneider H. *Calciphilopteris*, a new genus of Pteridaceae[J]. Phytotaxa, 2010, 7: 52-59.

[23] Metzgar JS, et al, Diversi cation and reticulation in the circumboreal fern genus *Cryptogramma*[J]. Mol Phylogenet Evol, 2013, 67: 589-599.

[24] Zhang XC. New combinations in *Haplopteris* (Pteridophyta: Vittariaceae)[J]. Ann Bot Fennici, 2003, 40: 459-461.

[25] Pichi-Sermolli REG. Adumbratio florae aethiopicae 9. Cryptogrammaceae[J]. Webbia, 1963, 17: 299-315.

[26] Shing KH. A new genus *Paragymnopteris* Shing separated from *Gymnopteris* Bernh[J]. Indian Fern J, 1993, 10: 226-231.

[27] Panigrahi G. *Parahemionitis*, a new genus of Pteridaceae[J]. Am Fern J, 1993, 83: 90-92.

[28] Morton CV. William Roxburgh's fern types[J]. Contr US Natl Herb, 1974, 38: 283-396.

[29] Fraser-Jenkins CR. New species syndrome in Indian pteridology and the ferns of Nepal[M]. Dehra Dun: International Book Distributors, 1997.

[30] Mazumdar J. Nomenclatural note on *Hemionitis arifolia* (Pteridaceae)[J]. Fern Gaz, 2015, 20: 91-94.

[31] Hall CC, Lellinger DB. A revision of the fern genus *Mildella*[J]. Am Fern J, 1967, 57: 113-134.

[32] Sanchez-Baracaldo P. Phylogenetic relationships of the subfamily Taenitidoideae, Pteridaceae[J]. Am Fern J, 2004, 94: 126-142.

[33] Bouma WLM, et al. Phylogeny and generic taxonomy of the New Zealand Pteridaceae ferns from chloroplast *rbc*L DNA sequences[J]. Austr Syst Bot, 2010, 23: 143-151.

Dennstaedtiaceae Lotsy (1909) 碗蕨科

特征描述：草本，中型或大型陆生植物，少为蔓生。<u>根状茎长而横走</u>，具管状中柱，<u>被多细胞灰白色刚毛或黄色长柔毛</u>。叶同型，远生；叶柄基部无关节，坚硬，粗壮；叶一至四回羽状细裂，卵形或三角形；叶两面被毛或光滑，草质、纸质或革质；叶脉分离，羽状分枝。孢子囊群圆形或线形，生小脉顶端、叶缘或裂片缺刻处；<u>囊群盖有或无，碗状、半杯状，或为膜质叶边反折形成的线状假盖</u>。孢子囊为梨形，有细长柄，环带直立，有线状隔丝。孢子四面体，辐射对称或两侧对称，单裂缝，周壁具颗粒状、刺状或瘤状纹饰。

分布概况：10 属/约 265 种，分布于热带和亚热带；中国 7 属/52 种，产大部分省区。

系统学评述：依据稀子蕨属 *Monachosorum*、蕨属 *Pteridium* 和姬蕨属 *Hypolepis* 的孢子囊群不同于碗蕨科 Dennstaedtiaceae，Ching[1]、秦仁昌[2]在 1940 年和 1975 年分别建立了稀子蕨科 Monachosoraceae、蕨科 Pteridiaceae 和姬蕨科 Hypolepidaceae，并被中国蕨类学者采用。Kramer[3]重新将它们合并到碗蕨科中，得到了分子系统发育分析结果的支持[4]。Perrie 等[5]增加了部分取样，基于 *rbc*L 构建的碗蕨科的系统树显示，*Oenotrichia* 嵌入非单系的碗蕨属 *Dennstaedtia* 内，此外，*Saccoloma* 也嵌入碗蕨科内，但 PPG I 将 *Saccoloma* 独立为科。碗蕨科的界定及科下类群间的系统发育关系需要进一步研究。

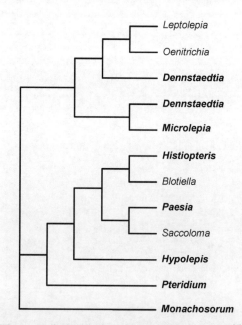

图 11　碗蕨科分子系统框架图（参考 Perrie 等[5]）

分属检索表

1. 孢子囊群沿叶缘生于连接小脉的总脉上，形成一条汇合囊群；囊群盖线形
  2. 根状茎被披针形鳞片；叶脉网状；囊群盖仅有一层 ·················· **2. 栗蕨属** *Histiopteris*
  2. 根状茎被锈黄色绒毛；叶脉分离；囊群盖有内外两层
    3. 叶轴通直，不曲折；孢子辐射对称 ································ **7. 蕨属** *Pteridium*
    3. 叶轴左右曲折，呈之字形；孢子两侧对称 ···················· **6. 曲轴蕨属** *Paesia*
1. 孢子囊群位于小脉顶端，圆形，分离；囊群盖圆形、杯形或碗形
  4. 根状茎短，斜升；叶簇生 ······································ **5. 稀子蕨属** *Monachosorum*
  4. 根状茎长，横走；叶近生或远生
    5. 囊群无囊群盖 ·· **3. 姬蕨属** *Hypolepis*
    5. 囊群盖碗形或杯形
      6. 孢子囊群边生；囊群盖碗形 ······························ **1. 碗蕨属** *Dennstaedtia*
      6. 孢子囊群叶边内生；囊群盖杯形、半圆形或肾形·········· **4. 鳞盖蕨属** *Microlepia*

1. *Dennstaedtia* Bernhardi 碗蕨属

Dennstaedtia Bernhardi (1801: 124); Yan et al. (2013: 154) [Type: *D. flaccida* (J. G. A. Forster) Bernhardi (≡ *Trichomanes flaccidum* J. G. A. Forster)]

    特征描述：草本，中型土生植物。根状茎长而横走，管状中柱，密被多细胞灰色刚毛，不具鳞片。叶一型，具长叶柄，有毛，粗糙，基部不与关节着生；叶纸质或坚纸质，三角形至长圆形，常二至四回羽状分裂，两面和叶轴均被与根状茎相同的短毛，尤以叶轴为多；羽片细裂，基部不对称；叶脉分离，羽状分枝，小脉不达叶边。孢子囊群圆形，着生于叶缘的一条小脉顶端；<u>囊群盖碗形，由两层（内瓣和外瓣）融合而成</u>，质厚。<u>孢子囊具细长柄</u>，环带直立，由 13-15 个增厚的细胞组成，侧面开裂。孢子半圆形或钝三角形，两侧对称，三裂缝，周壁有瘤状或带状纹饰。配子体深绿色，心形。染色体基数多样。

    分布概况：约 45/8（2）种，**2** 型；分布于热带和亚热带，向北可达北美洲；中国产西南、华南和华东。

    系统学评述：碗蕨属中的顶生碗蕨 *D. appendiculata* (Wallich ex W. J. Hooker) J. Smith 曾被分出而建立了烟斗蕨属 *Emodiopteris*[1]。基于 *rbc*L 构建的分子系统树显示碗蕨属为非单系，*Leptolepia*、*Oenotrichia* 和鳞盖蕨属嵌入碗蕨属内部[4,5]。

    DNA 条形码研究：BOLD 网站有该属 7 种 16 个条形码数据。

    代表种及其用途：碗蕨 *D. scabra* (Wallich ex W. J. Hooker) T. Moore、溪洞碗蕨 *D. wilfordii* (T. Moore) Christ 供观赏。

2. *Histiopteris* (J. G. Agardh) J. Smith 栗蕨属

Histiopteris (J. G. Agardh) J. Smith (1875: 294); Yan et al. (2013: 151) [Type: *H. vespertilionis* (Labillardière) J. Smith (≡ *Pteris vespertilionis* Labillardière)]

特征描述：草本，大型土生蔓性植物。根状茎长而横走，管状中柱，密被狭披针形鳞片。叶远生，具长叶柄，栗色，光滑，有光泽，基部有时具瘤状凸起；叶草质或薄革质，卵状三角形，常二至三回羽状分裂，两面光滑；羽片对生，无柄，有托叶状的小羽片；叶脉网结，网眼内无内藏小脉。孢子囊群线形，沿叶缘着生；囊群盖线形，外层叶边反卷成假囊群盖，无真盖，隔丝有或无。孢子囊具长柄，环带由 18 个增厚的细胞组成。孢子两侧对称，椭圆形，单裂缝，周壁有颗粒状纹饰，外壁表面具疣状纹饰。染色体 x=12。

分布概况：约 7/1 种，**2 型**；分布于泛热带；中国产西南、华南和台湾。

系统学评述：栗蕨属的分类系统位置一直存在争议。根据叶柄颜色和孢子囊群的特征，该属曾被归入凤尾蕨科 Pteridaceae。基于 *rbc*L 的分子系统学研究显示，该属位于碗蕨科，与 *Blotiella* 互为姐妹群[4,5]。

DNA 条形码研究：BOLD 网站有该属 1 种 3 个条形码数据。

代表种及其用途：栗蕨 *H. incisa* (Thunberg) J. Smith 供观赏。

3. *Hypolepis* Bernhardi 姬蕨属

Hypolepis Bernhardi (1805: 34); Yan et al. (2013: 152) [Type: *H. tenuifolia* (G. Forster) Bernhardi ex C. Presl (≡ *Lonchitis tenuifolia* G. Forster)]

特征描述：草本，中型或大型土生或石生植物。根状茎长而横走，管状中柱，密被多细胞针状刚毛，无鳞片。叶一型，具长叶柄，粗大，有毛，粗糙，基部不以关节着生，直立，少为蔓生；叶草质或纸质，通常一至三回羽状分裂，两面和叶轴均被与根状茎相同的短毛；羽片细裂，基部不对称；叶脉分离，羽状分枝。孢子囊群圆形，着生于叶缘的一条小脉顶端，位于裂片缺刻处，无囊群盖。孢子囊梨形，有细长柄，环带直立，由 13-15 个增厚的细胞组成，侧面开裂。孢子两侧对称，椭圆形，单裂缝，周壁有刺状纹饰，外壁表面光滑。染色体基数多样。

分布概况：约 40/8（2）种，**2 型**；分布于泛热带，尤以西半球热带较多；中国产西南、华南和华东。

系统学评述：依据囊群盖的类型和孢子形态特征，姬蕨属曾被独立出来为姬蕨科。基于 *rbc*L 的分子系统学研究显示该属为单系类群，嵌入碗蕨科内，构成（栗蕨属-*Blotiella*）-曲轴蕨属分支的姐妹群[4,5]。

DNA 条形码研究：BOLD 网站有该属 6 种 9 个条形码数据。

代表种及其用途：姬蕨 *H. punctata* (Thunberg) Mettenius 药用，可治外伤出血、烫伤。

4. *Microlepia* C. Presl 鳞盖蕨属

Microlepia C. Presl (1836: f. 21); Yan et al. (2013: 158) [Lectotype: *M. speluncae* (Linnaeus) T. Moore (≡ *Polypodium speluncae* Linnaeus)]

特征描述：草本，土生。根状茎长而横走，管状中柱，密被多细胞灰色刚毛，不具鳞片。叶一型，具叶柄，有毛，粗糙，基部不以关节着生，上面有浅纵沟；叶纸质或坚纸质，长圆形至长圆状卵形，常一至四回羽状分裂，小羽片或裂片偏斜，多呈三角形，通常被刚毛或柔毛，尤以叶轴或羽轴为多；叶脉分离，羽状分枝，小脉不达叶边。孢子囊群圆形，着生于叶缘的一条小脉顶端，常近裂片间的缺刻；囊群盖半圆形或肾形，基部着生。孢子囊环带直立，由 16-20 个增厚的细胞组成。孢子钝三角形，两侧对称，三裂缝，周壁有细网状纹饰。染色体 $x=43$。

分布概况：约 45/25（8）种，**5 型**；分布于亚洲和大洋洲热带和亚热带，向北可达日本；中国产长江以南。

系统学评述：基于 *rbc*L 片段的分子系统学研究显示，鳞盖蕨属的部分物种嵌入广义的碗蕨分支内[4,5]。

DNA 条形码研究：BOLD 网站有该属 11 种 17 个条形码数据。

代表种及其用途：粗毛鳞盖蕨 *M. strigosa* (Thungerg) C. Presl 药用。

5. *Monachosorum* Kunze 稀子蕨属

Monachosorum Kunze (1848: 119); Yan et al. (2013: 147) (Type: *M. davallioides* Kunze). ——*Ptilopteris* Hance (1884: 138)

特征描述：草本，中型土生植物。根状茎短而平卧或斜升，光滑，或有时仅有腺状毛，网状中柱。叶簇生，一型，具叶柄，基部无关节；叶草质，通常一至四回羽状分裂，幼时被腺毛；叶轴中部以上常有一个或数个珠芽或叶轴先端鞭状，落地后能长出新植株；叶脉纤细，分离，不达叶边。孢子囊群小，圆形，生叶背面小脉的近顶端，由 20-30 个孢子囊组成，有线状隔丝，无囊群盖。孢子囊梨形，具短柄，环带较宽，由 14-20 个增厚的细胞组成，侧面开裂。孢子四面体，三裂缝，外壁有疣状、瘤状或不明显的网状纹饰。染色体 $x=56$。

分布概况：约 6/3 种，**7 型**；主要分布于亚洲热带和亚热带，向北可达日本；中国产长江以南。

系统学评述：Tagawa[6]建议将该属中一回羽状、叶柄顶部延长成鞭状的种类归入岩穴蕨属 *Ptilopteris*，这一观点被秦仁昌系统[7]采用。分子系统学研究显示，稀子蕨属嵌入入碗蕨科内，独立为 1 个分支[4,5]。

DNA 条形码研究：BOLD 网站有该属 4 种 6 个条形码数据。

代表种及其用途：岩穴蕨 *M. maximowiczii* (Baker) Hayata 作室内观赏，也用于盆景和切叶。

6. *Paesia* Jaume Saint-Hilaire 曲轴蕨属

Paesia Jaume Saint-Hilaire (1833: 381); Yan et al. (2013: 151) (Type: *P. viscosa* Jaume Saint-Hilaire)

特征描述：草本，土生。根状茎长而横走，管状中柱，被长柔毛，无鳞片。叶远生，具长叶柄；叶革质，卵状三角形，常二至四回羽状分裂，上面光滑，背面和幼时密被毛；叶轴常呈之字形左右曲折；叶脉羽状分裂，侧脉多为二叉，伸向叶缘内的一条边脉上。孢子囊群线形，沿叶缘末回裂片边缘着生于叶边一条连接脉上；囊群盖线形，有内外两层，外层为叶边反折的膜质假盖，内层为真盖，着生于囊托下，不明显。孢子囊环带狭，由 17-20 个增厚的细胞组成。孢子两侧对称，三裂缝，外壁光滑。染色体 x=13。

　　分布概况：约 12/1（1）种，**2** 型；分布于美洲，大洋洲和亚洲热带；中国产台湾。

　　系统学评述：基于 *rbc*L 的分子系统发育分析显示，曲轴蕨属与 *Saccoloma* 互为姐妹群[5]。

　　DNA 条形码研究：BOLD 网站有该属 1 种 2 个条形码数据。

　　代表种及其用途：台湾曲轴蕨 *P. taiwanensis* W. C. Shieh 供观赏。

7. *Pteridium* Gleditsch ex Scopoli　蕨属

Pteridium Gleditsch ex Scopoli (1760: 169), *nom. cons.;* Yan et al. (2013: 149) [Type: *P. aquilinum* (Linnaeus) Kuhn (≡ *Pteris aquilina* Linnaeus)]

　　特征描述：草本，土生。根状茎长而横走，管状中柱，被短毛，无鳞片。叶疏生，具长叶柄；叶革质或近革质，卵状三角形，常二至三回羽状分裂，上面光滑，背面和幼时密被绒毛；羽片互生或对生，基部一对最大，有短柄；叶脉羽状，侧脉多为二叉，伸向叶缘内的一条边脉上，下面隆起，不达叶边。孢子囊群线形，沿叶缘内的 1 条边脉生；囊群盖线形，有内外两层，外层为叶边反折的膜质假盖，内层为真盖，着生于囊托下，近退化。孢子囊环带由 13-15 个增厚的细胞组成。孢子辐射或两侧对称，三裂缝，周壁有颗粒状或刺状纹饰。染色体 x=13。

　　分布概况：约 13/6（3）种，**1** 型；世界广布，主要分布于热带；中国南北均产。

　　系统学评述：根据孢子囊群的特征该属曾被归入凤尾蕨科、姬蕨科或独立成蕨科。利用 *rbc*L 构建的系统树显示蕨属嵌入碗蕨科内，位于蕨属-姬蕨属-栗蕨属-*Blotiella*-曲轴蕨属分支的最基部[4,5]。基于 *trn*S-*rp*S4/*rpl*16 片段的分子系统发育分析表明，该属可分为北半球劳亚大陆/非洲分支和南半球澳大利亚/南美分支[8]。

　　DNA 条形码研究：BOLD 网站有该属 6 种 22 个条形码数据。

　　代表种及其用途：蕨 *P. aquilinum* (Linnaeus) Kuhn var. *latiusculum* (Desvaux) Underwood ex A. Heller 的幼嫩叶芽可食用；毛轴蕨 *P. revolutum* (Blume) Nakai 药用。

主要参考文献

[1] Ching RC. On natural classification of the family Polypodiaceae[J]. Sunyatsenia, 1940, 5: 201-268.

[2] 秦仁昌. 蕨类植物的两新科[J]. 植物分类学报, 1975, 13: 96-98.

[3] Kramer KU. Dennstaedtiaceae[M]//Kubitzki K. The families and genera of vascular plants, I. Berlin: Springer, 1990: 89-94.

[4] Wolf PG. Phylogenetic analyses of *rbc*L and nuclear ribosomal RNA gene sequences in Dennstaedtiaceae[J]. Am Fern J, 1995, 85: 306-327.

[5] Perrie LR, et al. An expanded phylogeny of the Dennstaedtiaceae ferns: *Oenotrichia* falls within a non-monophyletic *Dennstaedtia*, and *Saccoloma* is polyphyletic[J]. Aust Syst Bot, 2015, 28: 256-264.

[6] Tagawa M. *Monachosorum* and *Ptilopteris*[J]. Jap J Bot, 1937, 9: 107-120.

[7] 秦仁昌. 中国蕨类植物科属的系统排列和历史来源[J]. 植物分类学报, 1978, 16(3): 1-19.

[8] Der JP, et al. Global chloroplast phylogeny and biogeography of bracken (*Pteridium*; Dennstaedtiaceae)[J]. Am J Bot, 2009, 96: 1041-1049.

Cystopteridaceae Schmakov (2001) 冷蕨科

特征描述：草本，小型或中型土生或石生植物。根状茎细长或短而横走，有时斜生，具网状中柱，被卵形至披针形膜质鳞片，具棕色柔毛或无毛。叶远生、近生或簇生，具长柄，叶柄基部疏被与根状茎上相同的鳞片；叶一至三回羽状分裂，阔披针形、长圆形、卵形三角形或近五角形，先端羽裂渐尖，<u>羽片对生或近对生</u>，有柄或无柄，叶两面被毛或光滑，草质、纸质或薄纸质；<u>叶脉分离</u>，<u>羽状分枝或叉状</u>，小脉单一。<u>孢子囊群小，圆形、短线形或杯形</u>，<u>生小脉背上</u>，<u>囊托略凸起</u>，<u>在小羽片两侧各 1 行</u>；囊群盖有或无，卵形、卵圆形或扁圆形，以基部一点着生于囊托，压于囊群下呈下位鳞片状。孢子椭圆形或圆肾形，表面具刺状、疣状或网状纹饰。

分布概况：3 属/约 30 种，分布于热带高山，温带和寒温带；中国 3 属/20 种，产大部分省区。

系统学评述：冷蕨科最初是 Schmakov[1]依据孢子囊群有盖这一特征，从蹄盖蕨科中分出的新科，包括亮毛蕨属 *Acystopteris*、冷蕨属 *Cystopteris*、羽节蕨属 *Gymnocarpium* 和 *Pseudocystopteris*。Schuettpelz 和 Pryer[2]基于 *atp*A、*atp*B 和 *rbc*L 构建的蕨类植物的分子系统树显示，羽节蕨属+冷蕨属是其他真水龙骨类的姐妹群。Rothfels 等[3]利用 *mat*K、*rbc*L、*trn*G-R 对冷蕨科的研究表明，该科为单系，科下所包含的亮毛蕨属、冷蕨属和羽节蕨属亦均为单系，其中冷蕨属与亮毛蕨属互为姐妹群，羽节蕨属是冷蕨属-亮毛蕨属的姐妹群。Wei 和 Zhang[4]对冷蕨科的分子系统学研究显示光叶蕨 *C. chinensis* (Ching) X. C. Zhang & R. Wei 嵌入冷蕨属内部，不支持其独立为属。

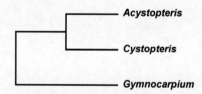

图 12　冷蕨科分子系统框架图（参考 Rothfels 等[3]）

分属检索表

1. 羽片以关节着生于叶轴；孢子囊群无盖 ··**3. 羽节蕨属 *Gymnocarpium***
1. 羽片不以关节着生于叶轴；孢子囊群有盖
　 2. 羽片两面被多细胞有节的长柔毛··**1. 亮毛蕨属 *Acystopteris***
　 2. 羽片两面光滑无毛 ··**2. 冷蕨属 *Cystopteris***

1. *Acystopteris* Nakai 亮毛蕨属

Acystopteris Nakai (1933: 180); Wang & Kato (2013: 260) [Type: *A. japonica* (Luerssen) Nakai (≡ *Cystopteris japonica* Luerssen)]

特征描述：中型土生植物。根状茎长而横走，疏被披针形或卵披针形薄鳞片。叶近生，具长柄，栗褐色或禾秆色，被鳞片和透明的节状长毛和短毛；叶阔卵形或卵状披针形，薄草质，三至四回羽状分裂，渐尖头；羽片多数，近对生，无柄，末回小羽片长方形或长圆形，锐裂或深裂；叶脉分离，羽状分枝，小脉单一或分叉，伸达叶边锯齿。孢子囊群小，圆形，生裂片基部上侧小脉的背部，沿羽轴两侧各成 1 行；囊群盖卵圆形，下位。孢子肾形或半圆形，表面具棒状纹饰。染色体 x=42。

分布概况：约 3/3（1）种，**5 型**；主要分布于东亚和南亚热带及温带，新西兰也产；中国产长江以南。

系统学评述：Blasdell[5]认为亮毛蕨属与冷蕨属在亲缘关系上较为接近，形态特征大多一致，仅分布区和垂直分布带有不同，因而将该属处理为冷蕨属的 1 个亚属。Rothfels 等[3]利用 *mat*K、*rbc*L、*trn*G-R 对冷蕨科进行的分子系统发育重建结果显示，亮毛蕨属为单系，与冷蕨属互为姐妹群。

DNA 条形码研究：BOLD 网站有该属 3 种 9 个条形码数据。

代表种及其用途：亮毛蕨 *A. japonica* (Luerssen) Nakai、禾秆亮毛蕨 *A. tenuisecta* (Blume) Tagawa 可观赏。

2. *Cystopteris* Bernhardi 冷蕨属

Cystopteris Bernhardi (1805: 26); Wei & Zhang (2014: 450) [Type: *C. fragilis* (Linnaeus) Bernhardi (≡ *Polypodium fragile* Linnaeus)]. ——*Cystoathyrium* Ching (1966: 22)

特征描述：中小型土生植物。根状茎细长横走或短而横卧，黑褐色，光滑无毛或被柔毛和棕色鳞片，质薄，卵形至披针形。叶远生、近生或簇生，薄草质或草质，卵状披针形、卵状三角形或近五边形，二回羽裂或二至三回羽状分裂；小羽片与羽轴多少合生，基部多少偏斜至近对称；裂片边缘有小齿；叶脉分离，二叉或羽状，小脉伸达叶缘的锯齿顶端。孢子囊群圆形，生裂片基部上侧小脉的背部；囊群盖卵形或近圆形，膜质，生囊托基部下侧，似下位囊群盖。孢子肾形，单槽，表面具尖刺凸起或皱纹纹饰。染色体 x=42。

分布概况：约 20/12（7）种，**8 型**；主要分布于北温带，寒温带和热带高山；中国产东北、华北、西北、西南高山及台湾山地。

系统学评述：Rothfels 等[3]利用 *mat*K、*rbc*L 和 *trn*G-R 对冷蕨科的系统重建显示该属为单系，是亮毛蕨属的姐妹群。属下可分为 4 个分支，即 *C. montana* (Lamarck) Bernhardi ex Desvaux、sudetica 分支、bulbifer 分支和 fragilis 复合群。秦仁昌[6]将光叶蕨 *C. chinense* Ching 独立为光叶蕨属 *Cystoathyrium*，为中国特有属。但 Wei 和 Zhang[4]对冷蕨科的分子系统学研究显示光叶蕨落入冷蕨属内部，不支持其独立为属。

DNA 条形码研究：BOLD 网站有该属 20 种 52 个条形码数据。

代表种及其用途：冷蕨 *C. fragilis* (Linnaeus) Bernhardi、光叶蕨作观赏。

3. *Gymnocarpium* Newman 羽节蕨属

Gymnocarpium Newman (1851: 371); Wang & Pryer (2013: 257) [Lectotype: *G. dryopteris* (Linnaeus) Newman (≡ *Polypodium dryopteris* Linnaeus)]

特征描述：草本，小型或中型土生植物。根状茎细长而横走，具网状中柱，疏被卵形或阔披针形膜质鳞片；叶远生，具细长柄；叶柄基部以上禾秆色；叶三角状卵形或五角状卵形，先端渐尖，单叶或一至三回羽状分裂，先端羽裂渐尖，草质或薄草质；羽片有柄或无柄，以关节着生于叶轴，羽轴和羽片两面具头状腺体或无；叶脉分离。孢子囊群大，圆形或长圆形，生小脉背上，在主脉或羽轴两侧各成 1 行，无囊群盖。孢子圆肾形，单沟，表面具皱褶状或网状纹饰。染色体 x=40。

分布概况：约 10/5 种，**11** 型；分布于北温带和亚洲亚热带高山；中国产西南、华中、华北和东北。

系统学评述：根据叶片的分裂程度和孢子囊群形状，羽节蕨属常被分为羽节蕨组 *Gymnocarpium* sect. *Gymnocarpium* 和东亚羽节蕨组 *G.* sect. *Currania*。Rothfels 等[3]利用 *mat*K、*rbc*L 和 *trn*G-R 对冷蕨科的系统发育重建结果显示，羽节蕨属是冷蕨属-亮毛蕨属分支的姐妹群，羽节蕨属可划分为 *Disjunctum* 分支、*Robertianum* 分支和 core *Gymnocarpium* 分支。

DNA 条形码研究：BOLD 网站有该属 10 种 28 个条形码数据。

代表种及其用途：羽节蕨 *G. jessoense* (Koidzumi) Koidzumi、东亚羽节蕨 *G. dryopteris* (Linnaeus) Newman 可观赏。

主要参考文献

[1] Schmakov A. Synopsis of the ferns of Russia[J]. Turczaninowia, 2001, 4: 36-72.

[2] Schuettpelz E, Pryer KM. Fern phylogeny inferred from 400 leptosporangiate species and three plastid genes[J]. Taxon, 2007, 56: 1037-1050.

[3] Rothfels CJ, et al. A plastid phylogeny of the cosmopolitan fern family Cystopteridaceae (Polypodiopsida)[J]. Syst Bot, 2013, 38: 295-306.

[4] Wei R, Zhang XC. Rediscovery of *Cystoathyrium chinense* Ching (Cystopteridaceae): phylogenetic placement of the critically endangered fern species endemic to China[J]. J Syst Evol, 2014, 52: 450-457.

[5] Blasdell RF. A monographic study of the fern genus *Cystopteris*[J]. Mem Torrey Bot Club, 1963, 21: 1-102.

[6] 秦仁昌. 蕨类植物的三新属[J]. 植物分类学报, 1966, 11: 17-30.

Rhachidosoraceae X. C. Zhang (2011) 轴果蕨科

特征描述：中型至大型土生植物。根状茎粗壮，长而横走，疏被棕色全缘披针形鳞片。叶远生或近生；叶柄长，基部疏被鳞片，向上光滑；叶阔三角形或卵状三角形，草质，淡绿色，无毛，三回羽状分裂至四回羽裂，先端尾状渐尖，羽片互生，有柄，小羽片渐尖头，基部不对称，边缘有小锯齿；叶脉明显，羽状分裂，侧脉在末回裂片上单一或多少二叉；羽轴具浅纵沟，两侧边稍隆起。孢子囊群线形，或略呈新月形，单生于末回小羽片基部上侧一小脉上，紧靠小羽轴，彼此几并行；囊群盖新月形，厚膜质，全缘，成熟时宿存。孢子椭圆形，两侧对称，周壁明显，表面具疣状凸起纹饰，外壁层次不明显。

分布概况：1 属/约 7 种，分布于亚洲热带和亚热带；中国 1 属/5 种，产西南和华南。

系统学评述：轴果蕨科曾被置于蹄盖蕨科 Athyriaceae 中。基于 *rbc*L、*trn*L-F 的分子系统学研究支持轴果蕨属 *Rhachidosorus* 为 1 个独立分支[1,2]。综合分子证据和形态特征，王玛丽等[3]将轴果蕨属独立为轴果蕨亚科，Christenhusz 等[4]将其提升为科。

1. *Rhachidosorus* Ching 轴果蕨属

Rhachidosorus Ching (1964: 73); He & Kato (2013: 405) [Type: *R. mesosorus* (Makino) Ching (≡ *Asplenium mesosorum* Makino)]

特征描述：中型至大型土生植物。根状茎粗壮，长而横走，疏被棕色全缘披针形鳞片。叶远生或近生；叶柄长，基部疏被鳞片，向上光滑；叶阔三角形或卵状三角形，草质，淡绿色，无毛，三回羽状分裂至四回羽裂，先端尾状渐尖，羽片互生，有柄，小羽片渐尖头，基部不对称，边缘有小锯齿；叶脉明显，羽状分裂，侧脉在末回裂片上单一或多少二叉；羽轴具浅纵沟，两侧边稍隆起。孢子囊群为线形，或略呈新月形，单生于末回小羽片基部上侧小脉上，紧靠小羽轴，彼此几并行；囊群盖新月形，厚膜质，全缘，成熟时宿存。孢子椭圆形，两侧对称，周壁明显，表面具疣状凸起纹饰，外壁层次不明显。染色体 $x=40$。

分布概况：7/5 种，**7** 型；分布于亚洲热带和亚热带；中国产西南和华南。

系统学评述：轴果蕨属曾被置于蹄盖蕨科中。分子系统学研究表明轴果蕨属为 1 个独立的单系分支[2]。

DNA 条形码研究：BOLD 网站有该属 4 种 11 个条形码数据。

代表种及其用途：轴果蕨 *R. mesosorus* (Makino) Ching、喜钙轴果蕨 *R. consimilis* Ching 供观赏。

主要参考文献

[1] Sano R, et al. Phylogeny of the lady fern group, tribe Physematieae (Dryopteridaceae), based on chloroplast *rbc*L gene sequences[J]. Mol Phylogenet Evol, 2000, 15: 403-413.

[2] 王玛丽, 等. 蹄盖蕨科的系统发育：叶绿体 DNA *trn*L-F 区序列证据[J]. 植物分类学报, 2003, 41: 416-426.

[3] 王玛丽, 等. 蹄盖蕨科的亚科划分的修订[J]. 植物分类学报, 2004, 42: 524-527.

[4] Christenhusz MJM, et al. A linear sequence of extant families and genera of lycophytes and ferns[J]. Phytotaxa, 2011, 19: 7-54.

Diplaziopsidaceae X. C. Zhang & Christenhusz (2011) 肠蕨科

特征描述：草本，中型至大型土生植物。根状茎粗短，斜卧或直立，被深棕色披针形全缘厚鳞片。叶簇生，具叶柄，上面有 1 条纵沟，基部不以关节着生，常光滑或基部具鳞片，灰色或暗棕色；叶奇数一回羽状分裂，先端渐尖或短渐尖，草质至薄草质，羽片光滑无毛，1-10 对，全缘，小羽片基部对称；叶脉网状，主脉粗壮，侧脉在主脉两侧各形成 1-4 行网孔，无内藏小脉，近叶边的小脉不达叶边。孢子囊群大多为线形或短线形，单生或双生，沿主脉两侧成 1 行着生，通直或略成新月形，不达叶边，囊群盖灰白色或棕色，膜质，成熟时较厚，腊肠形，全缘，常被紧压于发育中的孢子囊群下。孢子椭圆形或圆肾形，两侧对称，单裂缝，周壁透明并具阔翅状皱褶或网孔，皱褶表面与边缘具小刺状纹饰。

分布概况：2 属/4 种，分布于美洲热带和温带，亚洲热带和亚热带；中国 1 属/3 种，产西南部、南部和台湾。

系统学评述：卫然等[1]基于叶绿体 *rbc*L、*rps*4 和 *rps*4-*trn*S 序列的系统发育分析结果显示，肠蕨属 *Diplaziopsis* 和 *Homalosorus* 构成 1 个单系分支，但它们的姐妹群未得到解决。基于分子系统学证据，Christenhusz 等[2]建立了肠蕨科，包括肠蕨属、*Homalosorus* 和 *Hemidictyum*。Christenhusz 和 Schneider[3]将 *Hemidictyum* 分出，独立为 Hemidictyaceae。但 Rothfels 等[4]的研究中，肠蕨属和 *Hemidictyum* 聚为 1 个分支。因此，肠蕨科的界定及属间关系仍需进一步研究。

1. *Diplaziopsis* C. Christensen 肠蕨属

Diplaziopsis C. Christensen (1906: 227) [≡ *Allantodia* J. Smith (1841), non R. Brown (1810)]; He & Kato (2013: 317) [Type: *D. brunoniana* (Wallich) W. M. Chu. (≡ *Allantodia brunoniana* Wallich)]

特征描述：中型土生植物。根状茎粗短，斜卧或直立，被深棕色披针形鳞片。叶簇生，具草质叶柄，基部被鳞片，向上光滑，上面有深纵沟；叶椭圆形，奇数一回羽状分裂，顶生羽片分离，草质至薄草质，先端渐尖或尾尖，基部圆截形，对称；羽片光滑无毛，1-10 对，全缘或略呈浅波状；叶脉网状，主脉粗壮，侧脉在主脉两侧各形成 1-4 行网孔，六角形，无内藏小脉，近叶边的小脉不达叶边。孢子囊群为粗线形或有时短线形，单生，沿主脉两侧成 1 行着生，通直或略成新月形，不达叶边；囊群盖灰白色或棕色，膜质，成熟时较厚，腊肠形，全缘，常被紧压于发育中的孢子囊群下，背部不规则开裂。孢子椭圆形或圆肾形，两侧对称，单裂缝，周壁透明并具阔翅状皱褶，皱褶表面与边缘具小刺状纹饰，外壁表面光滑。染色体 *x*=41。

分布概况：约 3/3 种，**2** 型；亚洲热带和亚热带广布，西达印度，南至波利尼西亚，东到日本南部；中国产西南、华南和台湾。

系统学评述：肠蕨属、蹄盖蕨科 Athyriaceae 的双盖蕨属 *Diplazium* 和对囊蕨属 *Deparia* 在形态上有许多共同的特征。卫然等[1]的分子系统发育分析显示肠蕨属和 *Homalosorus* 构成 1 个单系，且支持率较高，但与蹄盖蕨科的系统发育关系较远。该属的系统发育关系仍需进一步研究。

DNA 条形码研究：BOLD 网站有该属 3 种 9 个条形码数据；GBOWS 已有 1 种 1 个条形码数据。

代表种及其用途：肠蕨 *D. javanica* (Blume) C. Christensen 具观赏价值。

主要参考文献

[1] 卫然, 等. 肠蕨属和同囊蕨属的系统位置—基于叶绿体 *rbc*L 基因和 *rps*4+*rps*4-*trn*S 基因间隔区序列的证据[J]. 云南植物研究, 2010, 17(Suppl): 46-54.

[2] Christenhusz MJM, et al. A linear sequence of extant families and genera of lycophytes and ferns[J]. Phytotaxa, 2011, 19: 7-54.

[3] Christenhusz MJM, Schneider H. Corrections to phytotaxa 19: linear sequence of lycophytes and ferns[J]. Phytotaxa, 2011, 28: 50-52.

[4] Rothfels CJ, et al. A plastid phylogeny of the cosmopolitan fern family Cystopteridaceae (Polypodiopsida)[J]. Syst Bot, 2013, 38: 295-306.

Aspleniaceae Newman (1840) 铁角蕨科

特征描述：草本，小型或中型附生或石生植物，少为土生植物。根状茎横走，斜卧或直立，网状中柱，密被褐色或深棕色披针形鳞片，透明，基部着生。叶远生，近生或簇生；具叶柄，上面有一条纵沟，基部不以关节着生，通常为栗色、浅绿色或青灰色，光滑或具小鳞片；叶片形式多样，单叶或一至三回羽状分裂，偶为四回羽状，草质至革质或近肉质，羽片或小羽片沿各回羽轴下延，末回小羽片或裂片基部不对称，或有时为对开形的不等四边形；叶脉分离，<u>一至多回二叉状分枝</u>，小脉不达叶边，有时在叶边多少联合。孢子囊群多为线形，有时短线形或近椭圆形，沿小脉上侧着生，通直，单一或偶有双生；<u>囊群盖棕色或灰白色</u>，<u>膜质</u>，<u>全缘</u>，<u>开向上侧叶边</u>。孢子囊为水龙骨型，环带垂直，间断，约由 20 个细胞组成。孢子椭圆形或圆肾形，两侧对称，单裂缝，周壁具皱褶联结成网状或不形成网状，表面具小刺或光滑。

分布概况：2 属/约 700 种，世界广布，主产热带；中国 2 属/108 种，产各省区，以南部和西南部尤盛。

系统学评述：Schneider 等[1]基于 *rbc*L 和 *trn*L-F 构建的铁角蕨科的分子系统树显示，铁角蕨科为单系，膜叶铁角蕨属 *Hymenasplenium* 是其他所有铁角蕨类的姐妹群，该科其余所有类群均聚入铁角蕨属 *Asplenium*。

分属检索表

1. 根状茎短，斜卧或直立；叶近生或簇生；染色体 x=35，36 ·························· **1. 铁角蕨属 *Asplenium***
1. 根状茎长而横走；叶远生或近生；染色体 x=38，39 ···················· **2. 膜叶铁角蕨属 *Hymenasplenium***

1. *Asplenium* Linnaeus 铁角蕨属

Asplenium Linnaeus (1753: 1078); Lin & Viane (2013: 267) (Lectotype: *A. marinum* Linnaeus). ——*Camptosorus* Link (1833: 69); *Ceterach* Willdenow (1804: 578); *Ceterachopsis* (J. Smith) Ching (1940: 8); *Neottopteris* J. Smith (1841: 409); *Phyllitis* Hill (1757: 525); *Sinephropteris* Mickel (1976: 326)

特征描述：草本，小型或中型石生或附生植物，有时为土生。根状茎短，斜卧或直立，密被披针形或卵状披针形小鳞片。叶近生或簇生；<u>具叶柄</u>，<u>多为绿色</u>，<u>少为栗红色或禾秆色</u>，基部不以关节着生，光滑或疏生小鳞片；叶片单叶或一至三回羽状，草质至革质，叶轴顶端或顶部羽片有时生有芽胞，羽片或小羽片沿各回羽轴下延，末回小羽片基部不对称，叶缘有锯齿或撕裂；<u>叶脉分离</u>，<u>一至多回二叉分枝</u>，末回裂片具 1 条小脉，不伸达叶边，偶有网结。<u>孢子囊群通常线形</u>，<u>有时近长圆形</u>，沿侧脉上侧着生，单一，偶双生；囊群盖棕色或灰白色，下开向主脉或有时开向叶边或相向对开。孢子囊具长柄。孢子椭圆形或长椭圆形，单裂缝，周壁具皱褶，表面具小刺状纹饰。染色体 x=35，36。

分布概况：约 700/90（17）种，**1 型**；世界广布，主产热带和亚热带；中国产长江流域各省区，以南部和西南部尤盛。

系统学评述：根据叶形、叶脉和孢子囊群等形态，该属中国分布的种类曾被分成不同的属，并被秦仁昌系统[2]和各地方植物志采用。Schneider 等[1]基于 *rbc*L 和 *trn*L-F 的分子系统发育研究表明，铁角蕨科内除膜叶铁角蕨属外其余所有属均聚入铁角蕨属内。依据叶形特征，铁角蕨属被划分成不同的组，但这一分类较少得到承认。分子证据显示，铁角蕨属内主要包括 3 个温带分支和 5 个热带分支[1]。

DNA 条形码研究：BOLD 网站有该属 210 种 548 个条形码数据；GBOWS 已有 1 种 2 个条形码数据。

代表种及其用途：铁角蕨 *A. trichomanes* Linnaeus、长叶铁角蕨 *A. prolongatum* W. J. Hooker、药蕨 *A. ceterach* Linnaeus、水鳖蕨 *A. delavayi* (Franchet) Copelend 和过山蕨 *A. rhizophyllum* Linnneaus 等可药用；对开蕨 *A. komarovi* Akasawa、鸟巢蕨 *A. nidus* Linneaus 等具观赏价值。

2. *Hymenasplenium* Hayata 膜叶铁角蕨属

Hymenasplenium Hayata (1927: 712); Lin & Viane (2013: 308) [Type: *H. unilaterale* (Lamarck) Hayata (≡ *Asplenium unilaterale* Lamarck)]. ——*Boniniella* Hayata (1927: 709; 1928: 337)

特征描述：草本，小型或中型石生或附生植物，少为土生。根状茎长而横走，被粗筛孔披针形小鳞片。叶远生或近生；具叶柄，多为栗棕色或绿色，基部不以关节着生，光滑或疏生小鳞片；叶一回羽状，少为单叶，纸质、厚纸质或膜质，披针形，先端渐尖；羽片大多为半开式的不等边四边形，彼此密接，基部不对称，下缘全缘，上缘具缺刻或锯齿；叶脉羽状分裂，少有网结，二叉或二回二叉分枝，末回裂片具 1 条小脉，不伸达叶边。孢子囊群通常线形，有时为椭圆形，单一，偶有双生，着生于小脉中部，位于主脉与叶边之间；囊群盖线形，膜质至薄纸质，全缘或啮蚀状，开向主脉或叶边。孢子囊具长柄，环带由 20-28 个厚壁细胞组成。孢子椭圆形或圆肾形，两侧对称，表面光滑。染色体 $x=$（36），38，39。

分布概况：约 30/18（8）种，**2 型**；泛热带广布，尤其东南亚热带为多；中国产长江流域各省区，西南部尤盛。

系统学评述：膜叶铁角蕨属长期以来被置于铁角蕨属内，Hayata[3]依据形态特征建立了该属，但一直没被采用。Mitsuta[4]基于细胞学特征确立了膜叶铁角蕨属的属级地位。Schneider 等[1]基于 *rbc*L 和 *trn*L-F 分子系统发育分析表明，膜叶铁角蕨属可能是铁角蕨属其余所有类群的姐妹群。Murakami[5]的研究支持该属的单系性，但属内种间关系并未彻底解决。

DNA 条形码研究：BOLD 网站有该属 7 种 19 个条形码数据。

代表种及其用途：切边膜叶铁角蕨 *H. excisum* (C. Presl) S. Lindsay、齿果膜叶铁角蕨 *H. cheilosorum* (Kunze ex Mettenius) Tagawa 和细辛膜叶铁角蕨 *H. cardiophyllun* (Hance) Nakaike 具观赏价值。

主要参考文献

[1] Schneider H, et al. Chloroplast phylogeny of asplenioid ferns based on *rbc*L and *trn*L-F spacer sequences (Polypodiidae, Aspleniaceae) and its implications for the biogeography of these ferns[J]. Syst Bot, 2004, 29: 260-274.

[2] 秦仁昌. 中国蕨类植物科属的系统排列和历史来源[J]. 植物分类学报, 1978, 16(3): 1-19.

[3] Hayata B. On the systematic importance to the stelar system in the Filicales, I[J]. The Bot Magaz, 1927, 41: 697-718.

[4] Mitsuta S. A preliminary report on reproductive type of *Cyrtomium* (Dryopteridaceae)[J]. Acta Phytotax Geobot, 1986, 37: 117-122.

[5] Murakami N. Systematics and evolutionary biology of the fern genus *Hymenasplenium* (Aspleniaceae)[J]. J Plant Res, 1995, 108: 257-268.

Woodsiaceae Heter (1949) 岩蕨科

特征描述：小型或中型植物，附生或岩生，少为土生。根状茎短而直立或斜升，网状中柱，密被披针形鳞片，棕色，膜质。叶簇生；叶柄多少被鳞片及节状长柔毛，具关节或无关节；叶长圆披针形至披针形，一回羽状或二回羽裂，草质或纸质；叶轴和羽片多少被节状毛或粗毛，有时被腺毛；叶脉羽状分裂，小脉先端有一水囊，不达叶边。孢子囊群圆形，着生于囊群托上，顶生或背生小脉上；囊群盖下位，膜质，碟形至杯形，边缘有流苏状睫毛，或为球形或膀胱形，顶端有一开口。孢子囊球形，环带纵行，由 16-22 个增厚的细胞组成。孢子长椭圆形，两侧对称，单裂缝，具周壁，表面具颗粒状、小刺状或小瘤状纹饰。

分布概况：1 属/约 50 种，北温带和寒带广布，极少到中南美洲和非洲；中国 1 属/25 种，产东北、西北、华北和西南山区。

系统学评述：岩蕨科的系统位置一直存在争议。Copeland[1]和 Tagawa[2]主张将其归入叉蕨科 Aspidiaceae；Holttum[3]将它并入鳞毛蕨科 Dryopteridaceae；Alston[4]根据染色体基数将它归入蹄盖蕨科 Athyriaceae。直到 1978 年秦仁昌[5]才将其重新独立为科。Rothfels 等[6]的分子系统学研究显示，滇蕨属 *Cheilanthopsis* 和膀胱蕨属 *Protowoodsia* 聚入狭义岩蕨属 *Woodsia* 内。Larsson[7]的研究显示 *Hymenocystis* 也聚入岩蕨属内。Shao 等[8]的研究支持岩蕨科为单系，与蹄盖蕨科互为姐妹群。此外，将 *Physematium*、滇蕨属和膀胱蕨属归入广义的岩蕨属，广义岩蕨属为 1 个单系。

1. *Woodsia* R. Brown 岩蕨属

Woodsia R. Brown (1801: 158); Zhang & Kato (1990: 399) [Lectotype: *W. ilvensis* (Linnaeus) R. Brown (≡ *Acrostichum ilvense* Linnaeus)]. ——*Cheilanthopsis* Hieronymus (1920: 406); *Eriosoriopsis* (Kitagawa) Ching & S. H. Wu (1991: 402); *Protowoodsia* Ching (1945: 36)

特征描述：小型或中型附生或岩生，少为土生植物。根状茎短而直立或斜升，网状中柱，密被披针形鳞片，棕色，膜质。叶簇生；叶柄多少被鳞片及节状长柔毛，具关节或无关节；叶长圆披针形至披针形，一回羽状或二回羽裂，草质或纸质；叶轴和羽片多少被节状毛或粗毛，有时被腺毛；叶脉羽状分裂，小脉先端有一水囊，不达叶边。孢子囊群圆形，着生于囊群托上，顶生或背生小脉上；囊群盖下位，膜质，碟形至杯形，边缘有流苏状睫毛，球形或膀胱形，顶端有一开口。孢子囊为球形，环带纵行，由 16-22 个增厚的细胞组成。孢子长椭圆形，两侧对称，单裂缝，具周壁，表面具颗粒状、小刺状或小瘤状纹饰。染色体 *x*=33，37，38，39，41。

分布概况：约 50/25（9）种，**8 型**；北半球温带和寒带广布，少数到美洲热带高山和南温带及非洲南部；中国产东北、华北、西北和西南山区。

　　系统学评述： Shao 等[8]对岩蕨科的分子系统学研究支持将岩蕨科所有类群作为广义岩蕨属处理，其下划分为 3 个亚属，即岩蕨亚属 *Woodsia* subgen. *Woodsia*（包括约 19 种）、*W.* subgen. *Physematium*（10-15 种）和滇蕨亚属 *W.* subgen. *Cheilanthopsis*（5 种）。

　　DNA 条形码研究： BOLD 网站有该属 13 种 29 个条形码数据。

　　代表种及其用途： 岩蕨 *W. ilvensis* (Linnaeus) R. Brown 作假山盆景配置材料；滇蕨 *C. indusiosa* Christ、膀胱岩蕨 *W. manchuriensis* Hooker 也可点缀于岩石园、建筑物的阴湿角隅。

主要参考文献

[1]　Copeland EB. Genera filicum[M]. Waltham, Massachusetts: Chronica Botanica, 1947.

[2]　Tagawa M. Coloured illustrations of Japanese Pteridophyta[M]. Osaka: Hoikusha, 1959.

[3]　Holttum RE. The classification of ferns[J]. Biol Rev, 1949, 24: 267-296.

[4]　Alston AHG. The subdivision of the Polypodiaceae[J]. Taxon, 1956, 5: 23-25.

[5]　秦仁昌. 中国蕨类植物科属的系统排列和历史来源[J]. 植物分类学报, 1978, 16(3): 1-19.

[6]　Rothfels CJ, et al. A plastid phylogeny of the cosmopolitan fern family Cystopteridaceae (Polypodiopsida)[J]. Syst Bot, 2013, 38: 295-306.

[7]　Larsson A. Systematics of *Woodsia*: ferns, bioinformatics and more[D]. PhD thesis. Uppsala, Sweden: University of Uppsala, 2014.

[8]　Shao YZ, et al. Molecular phylogeny of the cliff ferns (Woodsiaceae: Polypodiales) with a proposed infrageneric classification[J]. PLoS One, 2015, 10: e0136318.

Onocleaceae Pichi-Sermolli (1970) 球子蕨科

特征描述：中型土生植物。根状茎短，斜卧或直立，少长而横走，网状中柱，密被卵状披针形至披针形鳞片。<u>叶簇生或近生</u>，有叶柄，<u>二型</u>；营养叶片长圆披针形至卵状三角形，一回羽状分裂至二回羽裂；羽片线状披针形至阔披针形，互生，无柄；叶脉羽状，分离或联结成网状，无内藏小脉；<u>能育叶长圆形至线形</u>，<u>一回羽状</u>，<u>羽片强度反卷成荚果状或呈分离的小球形</u>，深紫色或黑褐色；叶脉分离，羽状或叉状分枝，小脉先端凸起成囊托。孢子囊群多为圆形，着生于囊托上；囊群盖下位或无盖，外被反卷的变质叶片包被。孢子囊球圆形，有长柄，环带由 36-40 个增厚的细胞组成，纵行。孢子两侧对称，单裂缝，周壁为透明薄膜状，疏松包裹着孢子，略具皱褶，表面具小刺状纹饰或光滑。

分布概况：4 属/约 5 种，北半球温带或亚热带山区广布；中国 3 属/4 种，南北均产，西南部尤盛。

系统学评述：球子蕨类植物曾被置于鳞毛蕨科中，Ching[1]依据其独特形态特征将其独立成科。Gastony 和 Ungerer[2]的分子系统学研究表明，球子蕨科为 1 个单系，其下可分为 3 个主要分支，包括 *Pentarhizidium orientalis-P. intermedia* 分支、*Onoclea sensibilis* 分支和 *Matteuccia struthiopteris-Onocleopsis hintonii* 分支，各分支均得到强烈支持。这一划分也得到形态学证据的支持。

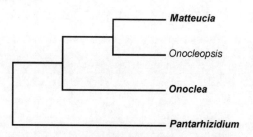

图 13　球子蕨科分子系统框架图（参考 Gastony 和 Ungerer[2]）

分属检索表

1. 根状茎长而横走；叶疏生；不育叶叶脉网状；能育叶羽片呈串珠状 ················· **2. 球子蕨属 *Onoclea***
1. 根状茎短而直立；叶簇生；不育叶叶脉羽状；能育叶羽片呈连珠状
　2. 叶柄和叶轴腹面具深纵沟，不育叶下部羽片缩短成小耳形 ····················· **1. 荚果蕨属 *Matteuccia***
　2. 叶柄和叶轴腹面不具纵沟，不育叶下部羽片不缩短或略缩短（但不缩成耳形） ······················
　·· **3. 东方荚果蕨属 *Pentarhizidium***

1. *Matteuccia* Todaro 荚果蕨属

Matteuccia Todaro (1866: 235), *nom. cons.*; Xing et al. (2013: 408) [Type: *M. struthiopteris* (Linnaeus) Todaro (≡ *Osmunda struthiopteris* Linnaeus)]

特征描述：中型土生植物。根状茎短而直立，网状中柱，密被卵状披针形至披针形鳞片。叶簇生，有叶柄，二型；营养叶长圆披针形至卵状三角形，二回羽裂；羽片线状披针形至阔披针形，互生，无柄，下部羽片缩短成小耳形；叶脉羽状分裂，无内藏小脉；能育叶长圆形至线形，一回羽状，羽片强度反卷成荚果状，深紫色或黑褐色；叶脉分离，羽状或叉状分枝，小脉先端凸起成囊托。孢子囊群多为圆形，着生于囊托上；囊群盖下位或无盖，外被反卷的变质叶片包被。孢子囊球圆形，具长柄，环带由 36-40 个增厚的细胞组成，纵行。孢子两侧对称，单裂缝，周壁为透明薄膜状，疏松包裹着孢子，略具皱褶，表面具小刺状纹饰或光滑。染色体 $x=39$。

分布概况：1/1 种，**8** 型；分布于北半球亚热带和温带；中国产东北、华北、西北和西南。

系统学评述：Gastony 和 Ungerer[2]对球子蕨科的分子系统学研究显示，荚果蕨和 *Onocleopsis hintonii* F. Ballard 互为姐妹群。

DNA 条形码研究：BOLD 网站有该属 2 种 15 个条形码数据。

代表种及其用途：荚果蕨 *M. struthiopteris* (Linnaeus) Todaro 可作为观叶植物露天栽培；其根和根茎可作"贯众"入药；嫩叶可食用。

2. *Onoclea* Linnaeus 球子蕨属

Onoclea Linnaeus (1753: 1062); Xing et al. (2013: 408) (Type: *O. sensibilis* Linnaeus)

特征描述：中型土生植物。根状茎长而横走，黑褐色，密被棕色鳞片。叶疏生，有叶柄，二型；营养叶卵状三角形，草质，一回羽状分裂，先端为羽状半裂，两面光滑；羽片阔披针形，边缘浅裂，基部 1-2 对具短柄，向上无柄并与叶轴合生；叶脉网状，联结成长六角形网眼，无内藏小脉；能育叶强度狭缩，二回羽状，羽片线形，有短柄，与叶轴成锐角而极斜向上，小羽片强度反卷呈分离的小球形，近对生，彼此分离。孢子囊群为圆形，背生囊托上；囊群盖下位，外被反卷的变质叶片包被。孢子囊球圆形，柄细，环带由 36-40 个增厚的细胞组成，纵行。孢子长椭圆形，单裂缝，周壁为透明薄膜状，疏松包裹着孢子，略具皱褶，表面具小刺状纹饰。染色体 $x=37$。

分布概况：1/1 种，**9** 型；东亚-北美间断分布；中国产东北和华北。

系统学评述：Gastony 和 Ungerer[2]的分子系统学研究表明球子蕨属为 1 个单系，北美洲的原变种与东亚的变种为姐妹群。

DNA 条形码研究：BOLD 网站有该属 4 种 20 个条形码数据。

代表种及其用途：球子蕨 *O. sensibilis* Linnaeus 在园林中常作假山石配景，或室内观叶。

3. *Pentarhizidium* Hayata 东方荚果蕨属

Pentarhizidium Hayata (1928: 345); Xing et al. (2013: 409) (Type: *P. japonicum* Hayata)

特征描述：中型土生植物。根状茎短而直立，顶端密被卵状披针形至披针形的棕色鳞片，鳞片膜质、全缘。叶簇生，具叶柄，二型；营养叶褐色、基部膨大，有短而显著的呼吸根，密被鳞片，向上逐渐稀疏，营养叶卵状三角形或椭圆形，二回羽裂，纸质，叶轴上被稀疏的纤维状鳞片，羽片 15-25 对，基部羽片略狭，无柄，顶端尖形；叶脉羽状分裂，小脉单一或偶分歧；能育叶椭圆形，一回羽状，羽片强度反卷成荚果状，深紫色或黑褐色。孢子囊群成熟时为线状的汇生囊群，有囊群盖或无盖。染色体 $x=40$。

分布概况：2/2 种，14 型；分布于东亚和南亚；中国产华北、西北和西南。

系统学评述：Gastony 和 Ungerer[2]的分子系统学研究显示，东方荚果蕨属为 1 个单系类群，其与荚果蕨-*Onocleopsis hintonii* 分支为姐妹群。

DNA 条形码研究：BOLD 网站有该属 2 种 4 个条形码数据。

代表种及其用途：东方荚果蕨 *P. orientale* (Hooker) Hayata 可入药。

主要参考文献

[1] Ching RC. On natural classification of the family Polypodiaceae[J]. Sunyatsenia, 1940, 5: 244.
[2] Gastony GJ, Ungerer MC. Molecular systematics and a revised taxonomy of the onocleoid ferns (Dryopteridaceae: Onocleeae)[J]. Am J Bot, 1997, 84: 840-849.

Blechnaceae Newman (1844) 乌毛蕨科

特征描述：中型或大型土生植物，少攀援。根状茎粗短，直立或偶细而横走，网状中柱，密被鳞片。叶簇生或远生，一型或二型；具叶柄，不具关节；营养叶一回羽状分裂至二回羽裂，厚纸质至厚革质，无毛或被鳞片，顶端具芽胞或无；羽片线状披针形至阔披针形或三角状，全缘或具锯齿；叶脉羽状分裂或联结成网状，无内藏小脉，外侧的叶脉分离达羽片或裂片边缘；二型叶类型的能育叶长线形，一回羽状，边缘稍反折，孢子囊布满羽片下面。孢子囊群多汇生成线形或椭圆形，着生于小脉上或网眼外侧的小脉上，紧近中肋；囊群盖同形，开向中肋，少数无囊群盖。孢子囊大，无隔丝，环带由 12-28 个增厚的细胞组成，纵行。孢子椭圆形，两侧对称，单裂缝，具周壁或无，表面具小瘤状纹饰或光滑。

分布概况：24 属/约 265 种，世界广布，主产南半球热带；中国 7 属/14 种，产长江以南。

系统学评述：秦仁昌[1]根据形态特征建立了光叶藤蕨科 Stenochaenaceae，认为其是 1 个孤立类群。Schuettpelz 和 Pryer[2]的研究表明乌毛蕨科为单系类群，与球子蕨科 Onocleaceae 互为姐妹群，光叶藤蕨属 *Stenochlaena/Salpichlaena* 分支位于该科的基部

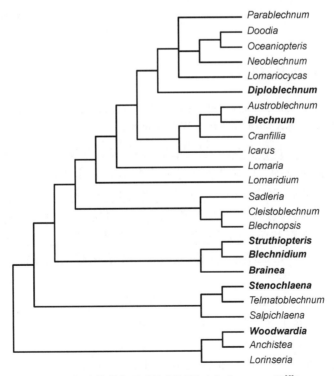

图 14　乌毛蕨科分子系统框架图（参考 Gasper 等[5]）

位置。Shepherd 等[3]利用 *trn*L-F 构建的新西兰乌毛蕨科系统树显示，*Doodia* 的种类聚入了乌毛蕨属 *Blechnum* 内。Gasper 等[4]基于 *rbc*L、*rps*4-*trn*S 和 *trn*L-F 对乌毛蕨科分子系统学研究支持将该科分为 3 个亚科，即狗脊蕨亚科、光叶藤蕨亚科和乌毛蕨亚科，其中，*Salpichlaena*、*Telmatoblechnum* 和光叶藤蕨属为单系；乌毛蕨属为多系；苏铁蕨属 *Brainea*、*Doodia* 和 *Sadleria* 均嵌入乌毛蕨属内。Gasper 等[5]将乌毛蕨科划分为 3 亚科 24 属。

分属检索表

1. 攀援植物；羽片以关节着生于叶轴；孢子囊群布满于能育叶的羽片下面，无隔丝，无囊群盖 ·········
·· **5. 光叶藤蕨属 Stenochlaena**
1. 亚乔木植物；羽片与叶轴着生处无关节；孢子囊群长汇生或椭圆形，有囊群盖或无，如有与囊群同形
  2. 孢子囊群无盖；植株形体如苏铁，有直立而粗壮的圆柱状主轴 ···············**3. 苏铁蕨属 Brainea**
  2. 孢子囊群有盖；植株形体不同上述或偶有圆柱状茎干
    3. 孢子囊群椭圆形或粗线形，不连续，每网眼内有 1 枚孢子囊群·········**7. 狗脊蕨属 Woodwardia**
    3. 孢子囊群长线形，连续不中断
      4. 附生；叶脉网状··**1. 乌木蕨属 Blechnidium**
      4. 土生或石生；叶脉分离
        5. 叶一型；孢子囊群紧靠主脉两侧·······························**2. 乌毛蕨属 Blechnum**
        5. 叶二型；孢子囊群位于主脉与叶边之间
          6. 植株无地上主轴；叶一回羽状，披针形，中部宽 2-8cm；囊群盖着生于叶缘之内········
·· **6. 荚囊蕨属 Struthiopteris**
          6. 植株有细长圆柱形主轴；叶二回羽状，椭圆披针形，中部宽 10cm 左右；囊群盖着生于叶缘··**4. 扫把蕨属 Diploblechnum**

1. *Blechnidium* Moore 乌木蕨属

Blechnidium Moore (1860: 208)；Wang et al. (2013: 411)；PPG I (2016: 583) [Type: *B. melanopus* (W. J. Hooker) T. Moore (≡ *Blechnum melanopus* W. J. Hooker)]

    特征描述：附生中小型草本。根状茎细长而横走，黑褐色，密被鳞片，鳞片披针形，红棕色，覆瓦状排列。叶疏生至近生；叶柄长，乌木色，无光泽，上面有纵沟；叶披针形至阔披针形，两端变狭，一回羽裂深达叶轴，羽片平展或斜展，近篦齿状排列，全缘并有软骨质狭边，干后常反卷；小脉不明显，沿主脉两侧各有 1-3 行多角形的网眼；叶厚纸质至革质。孢子囊群线形，沿主脉两侧各有 1 条；囊群盖线形。孢子椭圆形，具周壁，形成不规则的网状纹饰，上有稀疏的粗颗粒，外壁表面光滑。染色体 x=31。

    分布概况：1/1 种，**7 型**；产印度北部，缅甸北部；中国产西南和台湾。

    系统学评述：Gasper 等[4]基于 *rbc*L、*rps*4-*trn*S 和 *trn*L-F 3 个叶绿体片段对乌毛蕨科的研究支持荚囊蕨属 *Struthiopteris* 与乌木蕨属为姐妹群。

    代表种及其用途：乌木蕨 *B. melanopus* W. J. Hooker 可观赏。

2. *Blechnum* Linnaeus 乌毛蕨属

Blechnum Linnaeus (1753: 1077); Wang et al. (2013: 411) (Lectotype: *B. occidentale* Linnaeus). —— *Blechnidium* Moore (1860: 208); *Diploblechnum* Hayata (1927: 702); *Struthiopteris* Scopoli (1754: 25)

特征描述：中型土生植物。根状茎粗短，直立，网状中柱，密被鳞片或鳞毛，鳞片线形，褐色。叶簇生，一型或二型；有粗叶柄，不具关节；<u>叶一回羽状分裂，通常厚革质</u>，无毛；羽片线状披针形，全缘或具锯齿；<u>叶脉羽状分裂</u>，主脉粗壮，上面有纵沟，下面隆起，小脉单一或二叉。<u>孢子囊群线形</u>，连续，少有中断，<u>着生于主脉两侧小脉上</u>，先端不育；囊群盖与孢子囊群同形，纸质，开向主脉，宿存。孢子囊有柄，环带由 14-28 个增厚的细胞组成。孢子椭圆形，两侧对称，单裂缝，具周壁，表面具皱褶，外壁光滑。染色体 x=31。

分布概况：25-30/3 种，**2** 型；泛热带分布；中国产长江以南。

系统学评述：Moore[6]依据根状茎细长、附生、具二型叶的种，建立了乌木蕨属 *Blechnidium*。Hayata[7]将叶脉分离、叶二型、囊群盖着生于叶缘的类群归入扫把蕨属 *Diploblechnum*。Scopoli[8]建立了荚囊蕨属 *Struthiopteris*。这些分类处理均被秦仁昌系统和 FRPS 采用。Gastony 和 Ungerer[9]对球子蕨科 Onocleaceae 的 4 个属的系统学研究表明，乌毛蕨属不是单系，广义的乌毛蕨属应该包括 *Doodia* 和 *Sadleria*。Gasper 等[4]基于 3 个叶绿体片段对乌毛蕨科的研究显示乌毛蕨属为多系，苏铁蕨属 *Brainea*、*Doodia* 和 *Sadleria* 均聚入其内。为了保持乌毛蕨属的单系性，Gasper 等[5]提出的乌毛蕨科新的分类系统中采用了狭义的乌毛蕨属概念，包括约 25 种。

DNA 条形码研究：BOLD 网站有该属 94 种 136 个条形码数据。

代表种及其用途：乌毛蕨 *B. orientale* Linnaeus 可观赏。

3. *Brainea* J. Smith 苏铁蕨属

Brainea J. Smith (1856: 5); Wang et al. (2013: 414) [Type: *B. insignis* (W. J. Hooker) J. Smith (≡ *Bowringia insignis* W. J. Hooker)]

特征描述：木本，大型土生植物。根状茎粗短，木质，直立，密被线状形鳞片，褐色或红棕色。叶簇生，<u>一型</u>；具粗叶柄；<u>叶一回羽状分裂，椭圆披针形</u>，厚革质，先端渐尖下部略缩短；侧生羽片多对，平展，无柄或略具短柄，狭披针形，渐尖头，边缘具细密锯齿，常向内反卷，<u>基部不对称心脏形，呈圆耳形</u>；叶脉明显网状，沿主脉两侧形成 1 行三角形至多角形网眼，小脉单一或二叉，达叶边。<u>孢子囊群沿小脉着生汇生成孢子囊群</u>；<u>无囊群盖</u>。孢子囊圆形，环带由 16 个增厚的细胞组成。孢子椭圆形，两侧对称，单裂缝，具周壁，表面具皱褶，外壁光滑。染色体 x=33，35。

分布概况：1/1 种，**5** 型；亚洲热带和大洋洲广布；中国产华南、云南和台湾。

系统学评述：苏铁蕨属与乌毛蕨属亲缘关系较近，两者的区别在于是苏铁蕨属为木本植物、叶脉网状和无囊群盖。Gasper 等[4]基于 *rbc*L、*rps*4-*trn*S 和 *trn*L-F 3 个叶绿体片段的研究显示，苏铁蕨属是荚囊蕨属-乌木蕨属分支的姐妹群。

DNA 条形码研究：BOLD 网站有该属 1 种 2 个条形码数据；GBOWS 已有 1 种 4 个条形码数据。

代表种及其用途：苏铁蕨 *B. insignis* (Hooker) J. Smith 体形大而优美，供园艺观赏。

4. *Diploblechnum* Hayata 扫把蕨属

Diploblechnum Hayata (1927: 702); Wang et al. (2013: 413) [Type: *D. integripinnulum* Hayata (≡ *Blechnum integripinnulum* Hayata)]

特征描述：土生，中型草本。根状茎在地面上呈细圆柱形的直立主轴，主轴上部密被鳞片；鳞片披针形，深棕色，质厚，全缘，先端钻形。叶簇生；叶椭圆披针形，渐尖头，向下部渐变狭，二回羽状；羽片多数，披针形，渐尖头，基部以沿叶轴两侧的狭翅相连，翅上有三角形的小凸起，中部羽片深羽裂几达羽轴；叶脉分离，羽状，侧脉二至三叉，小脉不达叶边；叶草质；叶轴和羽轴上具纵沟，彼此不相通；能育叶与不育叶同形，略狭。孢子囊群线形，生于主脉与叶边之间，成熟时覆盖叶片下面；囊群盖边生，干膜质，与小羽片等长，幼时覆盖孢子囊群，以后被成熟的孢囊群推向外边，开向主脉，宿存。孢子肾形。染色体 *x*=27, 28。

分布概况：1/1 种，**7** 型；分布于太平洋岛屿（新西兰），东南亚（加里曼丹，苏门答腊，菲律宾）；中国产台湾。

系统学评述：Gasper 等[4]基于 *rbc*L、*rps*4-*trn*S 和 *trn*L-F 叶绿体片段的研究显示，扫把蕨属为单系，其系统位置位于乌毛蕨亚科内超分支 B 的基部。

代表种及其用途：扫把蕨 *D. fraseri* (A. Cunningham) Luerssen 可观赏。

5. *Stenochlaena* J. Smith 光叶藤蕨属

Stenochlaena J. Smith (1842: 149); Wang et al. (2013: 417) (Lectotype: *S. scandens* J. Smith)

特征描述：大型攀援草本植物。根状茎粗短而粗壮，直立或斜升，顶端具覆瓦状鳞片，分体中柱，维管束多。叶远生，二型，通常羽状；羽片多对，以关节着生于叶轴，顶生羽片圆形，不具关节；不育叶羽片狭，椭圆披针形，有光泽，革质，边缘具软骨质的尖锯齿；叶脉纤细，沿羽轴两侧各有 1 行狭长网眼，外侧叶脉分离，密而斜展，单一；能育叶羽片线形，全缘，边缘反卷。孢子囊群布满羽片背面，无隔丝，无囊群盖。孢子囊环带由 12-20 个增厚的细胞组成。孢子椭圆形，两侧对称，无周壁，外壁表面具小瘤状纹饰。染色体 *x*=37。

分布概况：约 7/1 种，**4-1** 型；分布于亚洲，大洋洲和非洲热带；中国产云南、广东和海南。

系统学评述：Schuettpelz 和 Pryer[2]的研究显示，光叶藤蕨属-*Salpichlaena* 分支位于乌毛蕨科的基部位置。Gasper 等[4]基于 3 个叶绿体片段的研究显示，光叶藤蕨属为单系，与 *Telmatoblechnum* 互为姐妹群。

DNA 条形码研究：BOLD 网站有该属 6 种 11 个条形码数据。

代表种及其用途：光叶藤蕨 *S. palustris* (N. L. Burman) Beddome 幼叶可食用，药用。

6. *Struthiopteris* Scopoli 荚囊蕨属

Struthiopteris Scopoli (1754: 25); Wang et al. (2013: 412) [Lectotype: *S. spicant* (Linnaeus) Weis (≡ *Osmunda spicant* Linnaeus)]

特征描述：中小型草本，石生。根状茎粗短而直立，或长而斜生，被鳞片；鳞片披针形，全缘，棕色，质厚。叶簇生，略呈二型，具柄；叶革质，披针形，向下渐变狭，一回羽状，羽片多数，篦齿状排列，平展，镰状披针形，基部与叶轴合生；能育叶与不育叶同形，略狭；叶脉不明显，小脉分离，二叉，基部常三叉，不达叶边。孢子囊群线形，连续不断，沿羽片主脉两侧各有 1 行，几与羽片等长，仅羽片的喙状先端不育；囊群盖纸质，紧包孢子囊群，与孢子囊群共同着生于主脉与叶缘间的囊托上，成熟时开向主脉。孢子椭圆形，周壁具褶皱，外壁表面光滑。染色体 x=31，34。

分布概况：约 5/1 种，**8 型**；北温带，向南至澳大利亚温带；中国产四川、贵州、广西、湖南和台湾。

系统学评述：Gasper 等[4]对乌毛蕨科的分子系统学研究显示，荚囊蕨属与乌木蕨属互为姐妹群。

代表种及其用途：荚囊蕨 *S. eburneum* Christ 可观赏。

7. *Woodwardia* J. Smith 狗脊蕨属

Woodwardia J. Smith (1793: 411); Wang et al. (2013: 411) [Lectotype: *W. radicans* (Linnaeus) Smith (≡ *Blechnum radicans* Linnaeus)].——*Chieniopteris* Ching (1964: 37)

特征描述：大型土生植物。根状茎粗短而粗壮，直立或斜升，少有长而横走，密被质地较厚的狭披针形鳞片，棕色或深棕色。叶簇生，一型；具粗叶柄；叶椭圆形，三出，一回羽状分裂或二回羽裂，纸质或革质；侧生羽片多对，披针形，渐尖头，裂片边缘具细锯齿，顶端具芽胞或无；叶脉沿羽轴及主脉两侧各有 1 行平行的狭长能育网眼，沿外侧 1-2 行多角形网眼，无内藏小脉，其余的小脉为分离，单一或二叉，直达叶边。孢子囊群长圆形或椭圆形，着生于靠近主脉的网眼外侧小脉上；囊群盖与孢子囊群同形，棕色，厚纸质。孢子囊梨形，有长柄，环带由 18-24 个增厚的细胞组成。孢子椭圆形，具周壁，表面具皱褶，外壁光滑。染色体 x=31，34。

分布概况：约 13/7 种，**8 型**；分布于北温带和亚洲热带；中国产长江以南，向西可达西藏。

系统学评述：裴佩熹[10]将狗脊蕨属分为有芽系 *Woodwardia* ser. *Radicana*（叶轴近先端具一个被棕色鳞片的大芽胞、喜钙植物）和无芽系 *W.* ser. *Egemmiferae*（叶轴近先端不具芽胞的喜酸植物），其中，无芽系又分为 2 个亚系，即 *W.* subser. *Orientales* 和 *W.* subser. *Japonicae*。秦仁昌[11]根据该属的 *W. harlandii* W. J. Hooker 建立了崇澍蕨属 *Chieniopteris*。Cranfill 和 Kato[12]对狗脊类的系统学研究表明，崇澍蕨属隶属于狗脊蕨属，并基于形态学和分子证据将狗脊蕨属划分成了 3 个组，即 *W.* sect. *Chieniopteris*、*W.* sect. *Japonicae*、*W.* sect. *Woodwardia*。Gasper 等[4]基于 3 个叶绿体片段的分子系统学研究显示，崇澍蕨

Chienioperis harlandii (W. J. Hooker) Ching 落入狗脊蕨属内，包含了崇澍蕨的狗脊蕨属为单系，其姐妹群为 *Anchistea*。

DNA 条形码研究：BOLD 网站有该属 16 种 46 个条形码数据。

代表种及其用途：狗脊蕨 *W. japonica* (Linnaeus) Smith 可药用，亦可作为盆栽植物；其根状茎富含淀粉，可酿酒；亦可作土农药。

主要参考文献

[1] 秦仁昌. 中国蕨类植物科属的系统排列和历史来源[J]. 植物分类学报, 1978, 16(3): 1-19.

[2] Schuettpelz E, Pryer KM. Fern phylogeny inferred from 400 leptosporangiate species and three plastid genes[J]. Taxon, 2007, 56: 1037-1050.

[3] Shepherd LD, et al. A molecular phylogeny for the New Zealand Blechnaceae ferns from analyses of chloroplast *trn*L-*trn*F DNA sequences[J]. New Zeal J Bot, 2007, 45: 67-80.

[4] Gasper AL, et al. Molecular phylogeny of the fern family Blechnaceae (Polypodiales) with a revised genus-level treatment[J]. Cladistics, 2017, 33: 429-446.

[5] Gasper AL, et al. A classification for Blechnaceae (Polypodiales: Polypodiopsida): new genera, resurrected names, and combinations[J]. Phytotaxa, 2016, 275: 191-227.

[6] Moore T. The octavo nature-printed British ferns[M]. London: Bradbury & Evans, 1860.

[7] Hayata B. On the systematic importance of the stelar system in the Filicales, I[J]. Bot Mag (Tokyo), 1927, 41: 702.

[8] Scopoli JA. Methodus Plantarum[M]. Vienna: Van Ghelen, 1754.

[9] Gastony GJ, Ungerer MC. Molecular systematics and a revised taxonomy of the onocleoid ferns (Dryopteridaceae: Onocleeae)[J]. Am J Bot, 1997, 84: 840-849.

[10] 裴佩熹. 亚洲大陆狗脊属的分类研究[J]. 植物分类学报, 1974, 12: 237-248.

[11] 秦仁昌. 崇澍蕨属(*Chieniopteris* Ching)——中国蕨类植物的一新属[J].1964, 9: 37-40.

[12] Cranfill R, Kato M. Phylogenetics, biogeography, and classification of the woodwardioid ferns (Blechnaceae)[M]//Chandra S, Srivastava M. Pteridology in the new millennium: NBRI Golden Jubilee Volume. London: Kluwer Academic Publisher, 2003: 25-48.

Athyriaceae Alston (1956) 蹄盖蕨科

特征描述： 中小型陆生植物，少有大型。根状茎细长横走，或粗长横卧，或粗短斜升至直立，内有网状中柱。叶簇生、近生或远生；叶柄上面有 1-2 条纵沟，下端圆，基部有时加厚变尖削呈纺锤形，通常有类似根状茎上的鳞片；基部内有 2 条扁平维管束，向上会合成 V 形；叶草质或纸质，稀革质，一至三回羽状，稀为三出复叶或披针形单叶；叶脉分离，羽状或近羽状，侧脉单一或分叉。孢子囊群圆形、椭圆形、线形、新月形，常生于叶脉背部或上侧，有或无囊群盖；囊群盖圆肾形、线形、新月形、弯钩形或马蹄形。孢子极面观椭圆形，赤道面观肾形或半圆形，单裂缝，外壁纹饰多样，周壁形成褶皱。

分布概况： 5 属/约 600 种，热带至寒温带广布，热带、亚热带山地尤盛；中国 5 属/约 278 种，各地广布。

系统学评述： 蹄盖蕨科的分类关系较为复杂，Copeland[1]、秦仁昌[2]根据孢子囊的形态特征，在科下建立了不同的属。Liu 等[3]对安蕨属 *Anisocampium* 的分子系统学和分类学研究显示，安蕨属是角蕨属 *Cornopteris*-蹄盖蕨属 *Athyrium* 的姐妹群。Wei 等[4]的分子系统学研究显示蹄盖蕨科是 1 个单系类群，可划分为 3 个大分支，即双盖蕨属 *Diplazium*、对囊蕨属 *Deparia* 和蹄盖蕨属。Kuo 等[5]基于 4 个叶绿体片段的研究也将蹄盖蕨科分为 3 个大分支，其中，角蕨属和安蕨属聚入蹄盖蕨类内。虽然 PPG I 提出蹄盖蕨科包括 3 个属，即双盖蕨属、对囊蕨属和蹄盖蕨属，将角蕨属和安蕨属处理为蹄盖蕨属的异名。但基于目前对蹄盖蕨类（蹄盖蕨属、角蕨属和安蕨属）的分子系统学取样的代表性不足，且各类群之间有可以区分的形态性状，此处暂不进行合并处理，而是保留所有 5 个属。

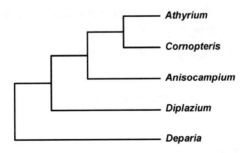

图 15　蹄盖蕨科分子系统框架图（参考 Wei 等[4]）

分属检索表

1. 孢子囊群及囊群盖通常新月形、弯钩形、马蹄形或圆肾形，单生于叶脉上侧或背部（极少双生）

　2. 叶一回羽状，羽片边缘有缺刻状尖锯齿或浅羽裂；囊群盖圆肾形 ········· **1. 安蕨属 *Anisocampium***

　2. 叶二至三回羽状；孢子囊群兼有新月形、弯钩形、马蹄形或无盖

3. 叶柄基部加厚变尖削呈纺锤形·· **2. 蹄盖蕨属 Athyrium**

3. 叶柄基部不加厚变尖削呈纺锤形······································· **4. 对囊蕨属 Deparia**

1. 孢子囊群及囊群盖通常线形，通直或微弯，罕为卵圆形，或多或少成对双生于一脉上下两侧（双盖蕨型）

4. 叶片上面在裂片主脉基部或有时在羽片、各回小羽片中肋基部有一肉质扁平角状凸起；孢子囊群生于叶脉背部，粗短线形、椭圆形或圆形，无囊群盖 ·············· **3. 角蕨属 Cornopteris**

4. 叶片无肉质扁平角状凸起；孢子囊群生于叶脉上侧或一脉上下两侧，通常短线形；有囊群盖····
··· **5. 双盖蕨属 Diplazium**

1. *Anisocampium* C. Presl 安蕨属

Anisocampium C. Presl (1849: 418); Wang & Kato (2013: 447) (Type: *A. cumingianum* C. Presl)

特征描述：常绿中小型土生植物。根状茎横走，细长，先端密被棕色、披针形、全缘的小鳞片，其余部分疏被残留的鳞片或无鳞片；叶近生或远生；叶柄基部疏被与根状茎相同的鳞片，向上近光滑，上面有 1 条纵沟，直通叶轴；叶长卵形、长圆形或卵状三角形，奇数一回羽状或近奇数一回羽状，或为顶部羽裂渐尖的一回羽状；侧生分离羽片2-5 对，镰刀状披针形，先端渐尖或尾状长渐尖，基部多两侧对称；叶脉在裂片上羽状，小脉单一，偶为二叉，分离，或两裂片间相邻的 2-5 条小脉联结成三角形或纵长多边形的网孔；叶干后纸质或薄纸质，叶轴与叶柄同色，羽片中肋下面疏被棕色、线状披针形的小鳞片和灰白色短毛。孢子囊群通常圆肾形或肾形，少见马蹄形及弯钩形，背生于小脉中部，在裂片主脉两侧各排列成 1 行，成熟后圆形；囊群盖与囊群同形，小，膜质，边缘睫毛状，早落。孢子豆形，周壁明显而透明，表面有脊状隆起，有时联结成网状或拟网状。染色体 $x=40$。

分布概况：4/4 种，7 型；分布于亚洲东部和南部热带，亚热带山地，向南达斯里兰卡，向北达日本中部和韩国济州岛；中国主产长江以南。

系统学评述：*Aspidium cuspidatum* Desvaux 曾被置于鳞毛蕨科，Iwatsuki[6]的研究指出其与安蕨属系统发育关系较近缘。Pichi-Sermolli[7]认为其应独立为拟鳞毛蕨属 *Kuniwatsukia*。Liu 等[3]对安蕨属的分子系统学和分类学研究表明安蕨属是单系类群，为角蕨属-蹄盖蕨属的姐妹群。原来被置于蹄盖蕨属 *Athyrium* 或鳞毛蕨属 *Dryopteris* 的 2 种被归入安蕨属。

代表种及其用途：安蕨 *A. cumingianum* C. Presl、华东安蕨 *A. sheareri* (Baker) Ching 供观赏。

2. *Athyrium* Roth 蹄盖蕨属

Athyrium Roth (1800: 58); Wang & Kato (2013: 449) [Lectotype: *A. filix-femina* (Linnaeus) Roth (≡ *Polypodium filix-femina* Linnaeus)]. ——*Pseudocystopteris* Ching (1964: 76)

特征描述：中小型土生常绿或夏绿植物。根状茎短而斜升或直立，较少粗而横卧，或细长横走。叶簇生、近生或远生；叶柄两侧有瘤状气囊体并向下尖削；叶大多卵形、长卵形、长三角形、长圆形、阔披针形或长圆阔披针形，一至三回；叶轴和各回羽轴下面半圆形，上面有 1 条深纵沟；叶脉分离，羽状，侧脉羽状、分叉或单一；叶革质或纸质。孢子囊群马蹄形、弯钩形、新月形、圆肾形、长圆形或短线形，生于小脉上侧，稀见双生于 1 条小脉的两侧；囊群盖与囊群同形，浅棕色至棕色，稀无囊群盖。孢子两面型，极面观椭圆形，赤道面观豆形，周壁表面纹饰多样。染色体 $x=40$。

分布概况：约 170/123（69）种，**1** 型；分布于温带及亚热带山地林下；中国产西南、华东、华北和东北。

系统学评述：秦仁昌[2]提出假冷蕨属 *Pseudocystopteris* 是蹄盖蕨属和冷蕨属 *Cystopteris* 的中间类型，且与后者更为近缘。Kato[8]将假冷蕨属处理为蹄盖蕨属的异名，将蹄盖蕨属划分 2 个类群。Sano 等[9]、王玛丽等[10]对蹄盖蕨类的系统学研究均显示，包括了假冷蕨属的蹄盖蕨属是单系类群。

DNA 条形码研究：BOLD 网站有该属 68 种 142 个条形码数据。

代表种及其用途：中华蹄盖蕨 *A. sinense* Ruprecht、东北蹄盖蕨 *A. brevifrons* Nakai ex Tagawa 幼叶可食用；根状茎药用。

3. *Cornopteris* Nakai 角蕨属

Cornopteris Nakai (1930: 7); He & Kato (2013: 443) [Type: *C. decurrenti-alata* (W. J. Hooker) Nakai_(≡ *Gymnogramma decurrenti-alata* W. J. Hooker)]. ——*Neoathyrium* Ching & Wang (1982: 76)

特征描述：中型常绿或夏绿植物。根状茎多粗而横卧、斜升或直立。叶近生或簇生；叶柄长，近肉质或草质；叶椭圆形至卵状三角形，在羽裂渐尖的顶部以下一至三回羽状，羽片或末回小羽片常羽裂；叶轴和各回羽轴上面有阔纵深沟，两侧有隆起狭边，相交处有一肉质角状扁粗刺或无；叶脉分离，羽状，小脉单一或二叉至羽状，不达叶边；叶干后棕绿色或深棕色至黑棕色，光滑或叶轴及各回羽轴下面被多细胞的短节毛及稀疏的披针形棕色小鳞片，少有被较多单细胞短毛，并混生少数具 2-3 个细胞的短节毛。孢子囊群粗短线形、椭圆形或圆形，背生于小脉上，无囊群盖。孢子两面型，极面观椭圆形，周壁明显，表面不平，具少数褶皱。染色体 $x=40$。

分布概况：约 16/12（6）种，**6** 型；主要分布于亚洲热带和亚热带，向北达亚洲东北部温带，向南到达非洲大陆东部和马达加斯加；中国产长江以南。

系统学评述：分子系统学研究显示角蕨属是蹄盖蕨属的姐妹群[4,5,10]。

DNA 条形码研究：BOLD 网站有该属 5 种 11 个条形码数据。

代表种及其用途：角蕨 *C. decurrenti-alata* (W. J. Hooker) Nakai 供观赏。

4. *Deparia* W. J. Hooker & Greville 对囊蕨属

Deparia W. J. Hooker & Greville (1830: pl.154); M. Kato (1984: 553); He et al. (2013: 418) (Type: *D. macrae* W. J. Hooker & Greville). ——*Athyriopsis* Ching (1964: 63); *Dictyodroma* Ching (1964: 57); *Dryoathyrium* Ching (1941: 79); *Lunathyrium* Koitzumi (1932: 30); *Triblemma* R. Brown ex C. Sprengel (1931: pl.342)

特征描述：中型常绿植物。根状茎横卧、斜升或直立。叶簇生；叶柄常短于叶片，沿两侧边缘各有 1 列瘤状气囊体，被毛；叶椭圆状阔披针形、长卵状阔披针形或长圆状倒披针形，常向基部渐变狭或基部略缩狭；能育叶的羽片通常较多，披针形或狭披针形，先端渐尖或长渐尖，基部截形或阔楔形，无柄；裂片多数，长圆形或长方形，少见急尖，全缘或边缘有浅钝齿，稀较尖的锯齿；叶脉在裂片上羽状，小脉常单一，少见二分叉，罕见三分叉，<u>叶两面常被多细胞节毛</u>，先端略增粗成细纺锤形的水囊。<u>孢子囊群在裂片主脉两侧通常各排列成 1 行，有时每个裂片上仅有 1-3 个，多呈短新月形、短线形或长圆形</u>；囊群盖多为厚膜质，边缘多呈啮蚀状或浅撕裂状。孢子两面型，极面观椭圆形或近圆形，周壁有片状褶皱、瘤状或短棒状凸起。染色体 $x=40$。

分布概况：约 70/53（31）种，**11** 型；主要分布于亚洲大陆；中国产西南和华南。

系统学评述：对囊蕨属曾被分成多个属，Sano 等[9]基于 *rbc*L 片段对蹄盖蕨类的分子系统学研究显示，包括了假蹄盖蕨属 *Athyriopsis*、蛾眉蕨属 *Lunathyrium*、介蕨属 *Dryoathyrium* 和网蕨属 *Dictyodroma* 在内的广义对囊蕨属 *Deparia s.l.*是单系。基于更多片段的分子系统学研究也支持该属为单系[5]。

DNA 条形码研究：BOLD 网站有该属 38 种 135 个条形码数据。

代表种及其用途：翅轴对囊蕨 *D. pterorachis* (Christ) M. Kato、川东对囊蕨 *D. steno-pterum* (Christ) Z. R.Wang、大久保对囊蕨 *D. okuboana* (Makino) M. Kato 供观赏。

5. *Diplazium* Swartz 双盖蕨属

Diplazium Swartz (1801: 4); He & Kato (2013: 499) [Lectotype: *D. plantaginifolium* (Linnaeus) Urb (≡ *Asplenium plantaginifolium* Linnaeus)]. ——*Allantodia* R. Brown (1810: 149); *Callipteris* Bory (1804: 282); *Monomelangium* Hayata (1928: 343)

特征描述：中、大型陆生常绿植物。根状茎直立或斜升，稀为细长横走。叶常簇生或近生，稀远生；叶柄长，浅绿色或灰禾秆色；叶椭圆形，单叶、奇数一回羽状至三回羽裂；羽片一型，披针形、卵状披针形或椭圆形，渐尖头，基部常对称；主脉明显，侧脉羽状，纤细，平行，直达叶边，下面通常明显；叶纸质或近革质，<u>叶下面沿中肋有极稀疏的线形小鳞片或小节毛</u>。<u>孢子囊群线形或椭圆形</u>，多生于每组小脉的基部上出和下出一脉，<u>在叶背面双生于一脉两侧或单生于一脉内侧</u>。孢子囊群与囊群盖同形，膜质，全缘，单生或双生，离小脉的上下两侧张开。孢子囊为水龙骨型，具长柄。孢子赤道面观圆肾形或半圆形，周壁具少数翅状褶皱，褶皱表面具不明显的颗粒状纹饰，或具大的刺状或棒状凸起。染色体 $x=41$。

分布概况：300-400/86（29）种，**2** 型；热带和亚热带广布；中国产长江以南。

系统学评述：Brown[11]在 1810 年建立了短肠蕨属 *Allantodia*，但一直未得到承认，秦仁昌[2]认为短肠蕨属与双盖蕨属除孢子囊群相同外，其他形态特征存在明显区别，并在研究中国的蹄盖蕨科时采用了短肠蕨属。Wei 等[4]基于多基因片段的分子系统学研究显示，短肠蕨属、菜蕨属 *Callipteris* 和毛子蕨属 *Monomelangium* 均落入双盖蕨属内，为了保持类群的单系性，将这 3 个属作为双盖蕨属的异名处理。双盖蕨属可分为 4 个分支 8 个亚支，Wei 等[4]将 4 个分支相应地作为 4 个亚属处理，即 *Diplazium* subgen.

Pseudallantodia、*D.* subgen. *Sibirica*、双盖蕨亚属 *D.* subgen. *Diplazium* 和菜蕨亚属 *D.* subgen. *Callipteris*。

DNA 条形码研究：BOLD 网站有该属 50 种 83 个条形码数据。

代表种及其用途：双盖蕨 *D. donianum* (Mettenius) Tardieu 药用。

主要参考文献

[1]　Copeland EB. Genera filicum[M]. Waltham, Massachusetts: Chronica Botanica, 1947.

[2]　秦仁昌. 关于蹄盖蕨科的一些属的分类问题[J]. 1964, 9: 41-84.

[3]　Liu YC, et al. Molecular phylogeny and taxonomy of the fern genus *Anisocampium* (Athyriaceae)[J]. Taxon, 2011, 60: 824-830.

[4]　Wei R, et al. Toward a new circumscription of the twinsorus-fern genus *Diplazium* (Athyriaceae): a molecular phylogeny with morphological implications and infrageneric taxonomy[J]. Taxon, 2013, 62: 441-457.

[5]　Kuo LY, et al. Historical biogeography of the fern genus *Deparia* (Athyriaceae) and its relation with polyploidy[J]. Mol Phylogenet Evol, 2016, 104: 123-134.

[6]　Iwatsuki K. Taxonomic studies of Pteridophyta. IX[J]. Acta Phytotax Geobot, 1970, 24: 182-188.

[7]　Pichi-Sermolli REG. Fragmenta Pteridologiae IV[J]. Webbia, 1973, 28: 445-477.

[8]　Kato M. Classification of *Athyrium* and allied genera in Japan[J]. Bot Mag (Tokyo), 1977, 90: 23-40.

[9]　Sano R, et al. Phylogeny of the lady fern group, tribe Physematieae (Dryopteridaceae), based on chloroplast *rbc*L gene sequences[J]. Mol Phylogenet Evol, 2000, 15: 403-413.

[10]　王玛丽, 等. 蹄盖蕨科的系统发育：叶绿体 DNA *trn*L-F 区序列证据[J]. 植物分类学报, 2003, 41: 416-426.

[11]　Brown R. Prodromus florae novae Hollandiae et Insulae van Diemen[M]. London: J. Johnson, 1810.

Thelypteridaceae Ching ex Pichi-Sermolli (1970) 金星蕨科

特征描述： 中型至大型土生、稀沼泽生草本。根状茎直立、斜升或长而横走，常疏被毛和鳞片，网状中柱。叶簇生、近生或远生，一型或近二型；<u>叶柄基部无关节，常密被与根状茎上相同的鳞片</u>；叶大多为披针形、椭圆状披针形或倒披针形，少数为卵形或卵状三角状，多数一至多回羽状，少数为单叶；叶脉分离或网状，网脉为各邻近裂片上相对的小脉联结，或为无内藏小脉的六角形网眼，小脉单一或分叉；<u>叶草质、纸质或革质，两面被刚毛、单细胞针状毛、多细胞长毛或星状分枝毛</u>。孢子囊群圆形、椭圆形或粗线形，多数分离，少数汇合；囊群盖圆肾形，常被刚毛，或无盖。孢子椭圆形，两侧对称，单裂缝，表面具褶皱或脊状隆起，或仅具刺状凸起。

分布概况： 8-30 属/1034 种，主要分布于热带和亚热带低海拔地区，仅少数达温带；中国约 10 属/约 197 种。

系统学评述： 金星蕨科长期以来被置于广义鳞毛蕨科，Christensen[1]首先将其作为 1 个自然类群处理，但并未将其从鳞毛蕨科中分立出来。直到 1940 年，Ching[2]首次建

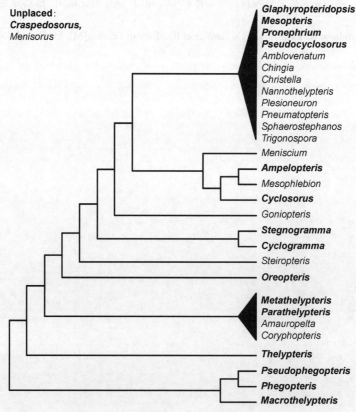

图 16　金星蕨科分子系统框架图（He 和 Zhang[9]；Almeida 等[10]）

立了金星蕨科，并初步确立了各属的范畴。但对于金星蕨科内的属间划分，存在较多争议。Morton[3]将其作为 1 个单属科；Iwatsuki[4,5]将其划分为 3 属；秦仁昌[6]在 1978 年的系统中收录了 20 属，而 Holttum[7]认为该属应包括 23 属。Smith 和 Cranfill[8]利用 $rps4$、trnS 和 trnL 这 3 个叶绿体片段构建的分子系统树显示，金星蕨科为单系，其姐妹群为乌毛蕨类-蹄盖蕨类-球子蕨类-岩蕨类的分支。He 和 Zhang[9]基于 rbcL、$rps4$ 和 trnL-F 片段的分析结果将该科分为 8 属。FOC 记录世界分布 20 属，中国分布 18 属。Almeida 等[10]基于 $rps4$-trnS 和 trnL-F 的研究提出了金星蕨科应包括 16 属。PPG I 基于目前的研究[8-10]提出金星蕨科包括 30 属，中国分布 15 属。其中，卵果蕨亚科的 3 属，星蕨亚科中沼泽蕨属 *Thelypteris*、凸轴蕨属 *Metathelypteris* 和假鳞毛蕨属 *Oreopteris* 均为单系[9,10]。新月蕨属（聚入 christelloid 分支）、假毛蕨属 *Pseudocyclosorus*（聚入 christelloid 分支）和金星蕨属 *Parathelypteris* 非单系；星毛蕨属 *Ampelopteris*、龙津蕨属 *Mesopteris*（两者均为单型属）和方秆蕨属 *Glaphyropteridopsis* 聚入 christelloid 分支[10]，这些属本书不收录。

分属检索表

1. 叶脉联结成网状，为星毛蕨型或星月蕨型 ⋯⋯⋯⋯⋯⋯⋯⋯⋯⋯⋯⋯⋯⋯⋯ **2. 毛蕨属 *Cyclosorus***
1. 叶脉分离，小脉单一、二叉或羽状
  2. 孢子囊群有盖
    3. 沼泽生植物 ⋯⋯⋯⋯⋯⋯⋯⋯⋯⋯⋯⋯⋯⋯⋯⋯⋯⋯⋯⋯ **10. 沼泽蕨属 *Thelypteris***
    3. 陆生植物
      4. 羽轴上面光滑无毛，叶柄基部被很多鳞片，羽轴上面不隆起 ⋯⋯⋯ **5. 假鳞毛蕨属 *Oreopteris***
      4. 羽轴上面密生宿存的针状毛，叶柄基部光滑或有鳞片疏生
        5. 叶脉先端不达叶边，羽片背面通常不具腺体 ⋯⋯⋯⋯⋯⋯ **4. 凸轴蕨属 *Metathelypteris***
        5. 叶脉伸达叶边，羽片背面具球形腺体 ⋯⋯⋯⋯⋯⋯⋯⋯ **6. 金星蕨属 *Parathelypteris***
  2. 孢子囊群无盖
    6. 孢子囊群圆形
      7. 叶披针形，一回羽状；小脉伸达叶边；羽片基部下面有疣状凸起的气囊体 ⋯⋯⋯⋯⋯⋯⋯⋯⋯⋯⋯⋯⋯⋯⋯⋯⋯⋯⋯⋯⋯⋯⋯⋯⋯⋯⋯⋯⋯⋯⋯⋯ **1. 钩毛蕨属 *Cyclogramma***
      7. 叶三角状卵形，三至四回羽状；小脉不伸达叶边；叶片遍体被多细胞长毛 ⋯⋯⋯⋯⋯⋯⋯⋯⋯⋯⋯⋯⋯⋯⋯⋯⋯⋯⋯⋯⋯⋯⋯⋯ **3. 针毛蕨属 *Macrothelypteris***
    6. 孢子囊群长圆形或椭圆形
      8. 孢子囊群线形；小脉单一；裂片全缘 ⋯⋯⋯⋯⋯⋯⋯ **9. 溪边蕨属 *Stegnogramma***
      8. 孢子囊群椭圆形或卵圆形；小脉常分叉；裂片或小羽片通常羽裂
        9. 叶为三角状卵形或狭披针形；侧生羽片基部沿叶轴两侧合生下延；小脉伸达叶边 ⋯⋯⋯⋯⋯⋯⋯⋯⋯⋯⋯⋯⋯⋯⋯⋯⋯⋯⋯⋯⋯⋯⋯⋯⋯⋯⋯⋯ **7. 卵果蕨属 *Phegopteris***
        9. 叶为椭圆形或阔狭披针形；侧生羽片彼此分离，基部也不沿叶轴两侧下延；小脉不伸达叶边 ⋯⋯⋯⋯⋯⋯⋯⋯⋯⋯⋯⋯⋯⋯⋯⋯⋯ **8. 紫柄蕨属 *Pseudophegopteris***

1. *Cyclogramma* Tagawa 钩毛蕨属

Cyclogramma Tagawa (1938: 52); Lin & Iwatsuki (2013: 350) [Type: *C. simulans* (Ching) Tagawa (≡ *Thelypteris simulans* Ching)]

特征描述：土生中型常绿植物。根状茎直立或长而横走。叶簇生、近生或远生，一型；叶柄多少被毛或近光滑；叶阔披针形或椭圆形，一回羽状；羽片基部与叶轴着生处的下面有疣状凸起的气囊体；叶脉分离，小脉单一，均伸达缺刻以上的叶边。孢子囊群圆形，背生于侧脉中部以上，在主脉两侧各成 1 行，无囊群盖。孢子椭圆形，周壁具明显的褶皱或形成刺状凸起，外壁表面光滑。染色体 $x=9$。

分布概况：约 10/9 种，**14 型**；主产亚热带山地；中国产长江流域各省区。

系统学评述：在金星蕨科中，钩毛蕨属与茯蕨属 *Leptogramma* 系统发育关系较近，Holttum[7]曾把它合并到溪边蕨属 *Stegnogramma*。Almeida 等[10]使用 *rps*4-*trn*S 和 *trn*L-F 片段对金星蕨科进行了系统重建，结果显示钩毛蕨属与溪边蕨属互为姐妹群。钩毛蕨属是否应归入溪边蕨属仍需进一步研究。

DNA 条形码研究：BOLD 网站有该属 4 种 4 个条形码数据。

代表种及其用途：耳羽钩毛蕨 *C. auriculata* (J. Smith) Ching、小叶钩毛蕨 *C. flexilis* (Christ) Tagawa 作观赏。

2. *Cyclosorus* Link 毛蕨属

Cyclosorus Link (1833: 128) [Type: *C. gongylodes* (Schkuhr) Link (≡ *Aspidium gongylodes* Schkuhr)]. ——*Ampelopteris* Kunze (1848: 114); *Amphineuron* Holttum (1844: 45); *Craspedosorus* Ching & W. M. Chu (1978: 24); *Dictyocline* Moore (1855: 854); *Leptogramma* J. Smith (1842: 51); *Mesopteris* Ching (1978: 21); *Pronephrium* C. Presl (1851: 618); *Pseudocyclosorus* Ching (1963: 322)

特征描述：中小型土生常绿植物。根状茎横走、斜升或直立，疏被鳞片；鳞片披针形或卵状披针形，常多少被短刚毛，或无毛。叶远生、近生或簇生，草质或厚纸质；叶柄禾秆色至褐色，基部疏被与根状茎上相同的鳞片，通体被单细胞的灰白色针状毛或柔毛；叶椭圆形、阔披针形、长披针形或三角状披针形，先端羽裂渐尖，一回羽状至二回羽裂；羽片 5 至多数，羽状深裂或上部羽片羽状半裂，披针形或线状披针形，基部羽片不缩短或逐渐缩短成小耳状或退化为气囊体；裂片多数，钝头或尖头，全缘或近全缘，基部一对裂片常较长；叶脉在裂片上为羽状或网状，小脉单一或部分联结成网或为星月蕨型。孢子囊群大，圆形，生于侧脉中部；囊群盖圆肾形，质坚厚；盖上常被短毛或柔毛。孢子囊光滑或有毛。孢子椭圆形、圆形或线形，周壁具脊状隆起或表面有小刺状纹饰。染色体 $x=36$。

分布概况：约 280/121（68）种，**2 型**；泛热带分布；中国产长江流域及其以南，北达秦岭。

系统学评述：毛蕨属的属下种间划分长期存在争议，其所包含的种类为 2-300 种，或被划分为多个属。Smith 和 Cranfill[8]的研究显示，金星蕨科内包括卵果蕨类和沼泽蕨类 2 个主要的谱系，毛蕨类包含在沼泽蕨类中。在沼泽蕨类-毛蕨类分支内，形成 3 个亚分支。He 和 Zhang[9]对金星蕨科的系统学研究显示广义的毛蕨属可划分为多个属，其中，新月蕨属 *Pronephrium* 和 *Christella* 为多系，方秆蕨属 *Glaphyropteridopsis*、龙津蕨属 *Mesopteris* 和假毛蕨属 *Pseudocyclosorus* 为单系。为了维持类群的单系性，此处暂将方秆蕨属、龙津蕨属、假毛蕨属和新月蕨属均作为毛蕨属的异名处理。

DNA 条形码研究： BOLD 网站有该属 6 种 9 个条形码数据。

代表种及其用途： 毛蕨 *C. interruptus* (Willdenow) H. Itô 药用；根状茎淀粉可食用。

3. *Macrothelypteris* (H. Itô) Ching 针毛蕨属

Macrothelypteris (H. Itô) Ching (1963: 308)；Lin & Iwatsuki (2013: 339) [Type: *M. oligophlebia* (Baker) Ching (≡ *Nephrodium oligophlebium* Baker)]

特征描述： 中型至大型土生常绿植物。根状茎短粗，直立或斜升，被鳞片。叶簇生；叶柄粗大，禾秆色或浅红色；叶大，卵状三角形，三至四回羽状，各回羽片平展或近平展，一回小羽片沿羽轴两侧以狭翅相连，各回羽轴上面圆而隆起；叶脉分离，小脉单一，不达叶边；叶草质或纸质，干后黄绿色，两面沿各回羽轴多少被灰白色多细胞针状毛和狭披针形厚鳞片，鳞片脱落留下凸起，稀无毛。孢子囊群圆形，小，生于小脉近顶端，无盖或具极小而易早落的盖。孢子椭圆形，周壁透明，具折皱，周壁表面具小刺状或小穴状纹饰，外壁表面具明显或不明显的细网状纹饰。染色体 $x=31$。

分布概况： 约 10/7（1）种，**5** 型；分布于亚洲热带和亚热带，大洋洲东北部和太平洋岛屿；中国产西南、华南、华中和华东。

系统学评述： He 和 Zhang[9] 的研究显示，针毛蕨属是卵果蕨属-紫柄蕨属的姐妹群，3 个属共同组成 1 个单系分支。

DNA 条形码研究： BOLD 网站有该属 4 种 10 个条形码数据。

代表种及其用途： 针毛蕨 *M. oligophlebia* (Baker) Ching 供观赏。

4. *Metathelypteris* (H. Itô) Ching 凸轴蕨属

Metathelypteris (H. Itô) Ching (1963: 305); Lin & Iwatsuki (2013: 334) [Type: *M. gracilescens* (Blume) Ching (≡ *Aspidium gracilescens* Blume)]

特征描述： 中小型陆生草本。根状茎短而横卧、斜升或直立，稀长而横走，被棕色的披针形鳞片和灰白色的短毛，或近光滑。叶近生或簇生；叶柄基部近褐色，向上为禾秆色，光滑或疏被毛；叶长圆形，披针形或卵状三角形，先端渐尖并羽裂，二回羽状深裂，稀三回羽列，若为后者，一回小羽片彼此分离；叶草质或薄草质，干后通常绿色，两面多少被灰白色、单细胞（稀为多细胞）的针状毛，沿叶轴和羽轴的毛较密，羽片下面通常不具腺体，或稀有橙红色的圆球状腺体，羽轴上面圆形隆起；叶脉羽状，侧脉单一，或分叉，斜上，不达叶边。孢子囊群小，圆形，生于侧脉中部以上；囊群盖中等大，圆肾形，以缺刻着生，膜质，通常绿色，干后灰黄色或浅棕色，宿存。孢子两面型，周壁具褶皱，其上常有小穴状纹饰，外壁表面具细网状纹饰。染色体 $x=35$。

分布概况： 约 12/11（5）种，**5** 型；分布于亚洲南部和东部，至马来西亚和马达加斯加；中国产长江流域及其以南。

系统学评述： 分子系统学研究显示凸轴蕨属为单系，与 *Amauropelta*、*Parathelypteris* 和 *Coryphopteris* 共同组成 Amauropeltoid 分支（即 ACMP 分支）[9,10]。

5. *Oreopteris* Holub 假鳞毛蕨属

Oreopteris Holub (1969: 46);Lin & Iwatsuki (2013: 323) [Type: *O. limbosperma* (Allioni) Holub (≡ *Polypodium limbospermum* Allioni)]

特征描述：中型陆生草本。根状茎短，<u>直立或斜升</u>。叶簇生；<u>叶柄深禾秆色，密被大而薄的棕色披针形鳞片</u>，向上渐稀疏；叶长圆状倒披针形，向基部渐变狭，二回羽状深裂下部羽片逐渐缩短，基部的呈三角状耳形，中部羽片披针形，羽状深裂达羽轴两侧的狭翅；<u>叶脉羽状</u>，<u>分离</u>，伸达叶边。<u>孢子囊群圆形，生于侧脉中部以上，远离主脉</u>。孢子囊顶部近环带和囊柄相连处常具有柄的腺体；囊群盖圆肾形，边缘常具腺体。孢子两面型，肾形，周壁不明显，易脱落。染色体 x=34。

分布概况：约 3/2 种，**8** 型；分布于欧洲，亚洲东北部及西部，北美洲；中国产吉林和云南。

系统学评述：分子系统学研究显示假鳞毛蕨属为单系[9,10]，与 cyclosoroid 分支构成姐妹群[10]。

6. *Parathelypteris* (H. Ito) Ching 金星蕨属

Parathelypteris (H. Ito) Ching (1963: 300)；Lin & Iwatsuki (2013: 324) [Type: *P. glanduligera* (Kunze) Ching (≡ *Aspidium glanduligerum* Kunze)]

特征描述：中小型陆生植物，稀生于沼泽、草甸。根状茎细长横走或短而横卧、斜升或直立，光滑或被有鳞片或被锈黄色毛。叶远生、近生或簇生；叶柄基部光滑或被有开展的灰白色、多细胞的针状毛，向上光滑或被有短毛；叶卵状长圆形、长圆状披针形或披针形，先端渐尖并羽裂，向基部变狭或否，二回羽状深裂；侧生羽片多数，狭披针形至线状披针形；下部羽片不缩短或 1 至数对羽片明显缩短，或退化成小耳状，羽状深裂；裂片多数，长圆形、长方形或近方形，先端圆钝，少为尖头或具缺刻状棱角，边缘全缘或有锯齿；<u>叶脉羽状</u>，<u>分离</u>，<u>侧脉单一</u>，<u>均伸达叶边</u>；<u>叶草质或纸质</u>，两面被柔毛或针状毛，稀干后无毛，<u>背面有时被橙黄色或红紫色的腺体</u>；<u>羽轴上面下陷成纵沟，密被短刚毛</u>，下面圆形隆起，<u>常被针状毛或柔毛</u>，稀无毛。<u>孢子囊群圆形，背生于侧脉中部或近顶部，位于主脉和叶边之间或稍近叶边</u>；<u>囊群盖较大，圆肾形</u>，干后为棕色，常宿存。孢子两面形，圆肾形，周壁薄而透明，具皱褶，有时周壁表面或皱褶顶部和网脊上具小刺，外壁表面光滑或具细网状纹饰。染色体 x=8，9，31。

分布概况：约 60/24 种，**2** 型；主要分布于亚洲东南部的热带和亚热带山区；中国主产长江以南。

系统学评述：分子系统学研究显示金星蕨属为多系[9,10]。PPG I 界定的金星蕨属包括 15 种。金星蕨属是否成立及其单系性仍需进一步研究。

7. *Phegopteris* (C. Presl) Fée 卵果蕨属

Phegopteris (C. Presl) Fée (1852: 242); Lin & Smith (2013: 342) [Type: *P. polypodioides* Fée (=*Polypodium phegopteris* Linnaeus)]

特征描述：中小型土生夏绿植物。根状茎细长横走或短而直立，密被鳞片和毛。叶远生或簇生；叶柄纤细，浅禾秆色，基部密被棕色披针形鳞片；叶三角状卵形或狭披针形，一回羽状或二回羽裂，羽片卵状披针形，基部略缩短，对称；裂片多数，椭圆形，圆头或钝头，全缘；叶脉分离，小脉单一或分叉，伸达叶边；羽轴、小羽轴和主脉两面均为圆形隆起，上面有单细胞毛，针状或混生分叉毛，下面被棕色披针形长鳞片，鳞片边缘有疏长睫毛。孢子囊群椭圆形，无囊群盖，生于小脉中部以上或近顶处；孢子囊上往往有少数直立的针状毛。孢子椭圆形，周壁薄而透明，表面具颗粒状纹饰，外壁表面光滑。染色体 $x=15$（30）。

分布概况：约 3/3（1）种，**8 型**；分布于北半球亚热带至温带；中国产长江以南及华北和东北。

系统学评述：He 和 Zhang[9]的研究显示，卵果蕨属与紫柄蕨属 *Pseudophegopteris* 互为姐妹群，两者的区别在于卵果蕨属个体较小，叶柄浅禾秆色，叶通常三角形或狭披针形，小脉达叶边，叶轴上侧疏生疏生纤毛状鳞片；卵果蕨属主产温带和环北极，而紫柄蕨属为热带和亚热带分布，仅限于旧热带。卵果蕨属-紫柄蕨属是针毛蕨属的姐妹群，3 个属共同组成 1 个单系分支。

DNA 条形码研究：BOLD 网站有该属 4 种 13 个条形码数据。

代表种及其用途：卵果蕨 *P. connectilis* (Michaux) Watt 药用，用于烧、烫伤，外伤出血，疖肿，蛔虫病。

8. *Pseudophegopteris* Ching 紫柄蕨属

Pseudophegopteris Ching (1963: 313); Lin & Smith (2013: 344) [Type: *P. pyrrhorachis*(Kunze) Ching (≡ *Polypodium pyrrhorachis* Kunze)]

特征描述：中型土生常绿植物。根状茎短而横卧或长而横走，疏被鳞片。叶近生或簇生；叶柄常为红棕色、栗色或深禾秆色；叶大，椭圆形，二至三回羽状；羽片对生，无柄，不与叶轴合生，羽轴两面圆形隆起，有毛，红棕色，有单细胞的灰白色短毛；叶草质，干后绿色，两面疏被针状毛；叶脉分离，在裂片上羽状，小脉单一，不伸达叶边。孢子囊群椭圆形或卵圆形，无囊群盖，背生于小脉中部以上，成熟时不汇合。孢子椭圆形，周壁薄而透明，表面具网状纹饰，外壁表面光滑。染色体 $x=31$。

分布概况：约 20/12（4）种，**6-1 型**；分布于亚洲热带和亚热带，东达太平洋岛屿，西达非洲西部；中国产西南和华南。

系统学评述：He 和 Zhang[9]的研究显示紫柄蕨属与卵果蕨属互为姐妹群，卵果蕨属-紫柄蕨属又是针毛蕨属的姐妹群，3 个属共同组成 1 个单系分支。

DNA 条形码研究：BOLD 网站有该属 9 种 11 个条形码数据。

代表种及其用途：紫柄蕨 *P. pyrrhorhachis* (Kunze) Ching 供观赏。

9. *Stegnogramma* Blume 溪边蕨属

Stegnogramma Blume (1828: 172); Lin & Iwatsuki (2013: 386) (Type: *S. aspidioides* Blume)

　　特征描述：草本，中型常绿植物，土生。根状茎短，斜升或直立。叶簇生；<u>叶柄深禾秆色</u>，<u>通体被灰白色针状长毛</u>；叶椭圆形或阔披针形，一回羽状，<u>羽片卵状披针形，基部无柄，近对称</u>；叶脉为星毛蕨型，小脉斜向上，相邻侧脉间的下部几对小脉联结成网眼，上部的小脉分离。<u>孢子囊群线形，沿网脉着生</u>，无盖。孢子囊有短柄，顶端有刚毛。孢子椭圆形，外壁表面具刺。染色体 $x=9$。

　　分布概况：约 15/6（5）种，**7** 型；分布于亚洲热带和亚热带；中国产华南和西南。

　　系统学评述：Iwatsuki[4]将溪边蕨属和圣蕨属 *Dictyocline* 均处理为组而归并到溪边蕨属中。分子系统学研究显示圣蕨属和茯蕨属均落入溪边蕨属的分支，支持将圣蕨属和茯蕨属作为溪边蕨属的异名处理[10]。

　　DNA 条形码研究：BOLD 网站有该属 14 种 20 个条形码数据。

　　代表种及其用途：贯众叶溪边蕨 *S. cyrtomioides* (C. Christensen) Ching 根茎可药用。

10. *Thelypteris* Schmidel 沼泽蕨属

Thelypteris Schmidel (1763: 45), *nom. cons.*; PPG I (2016: 586) [Type: *T. palustris* Schott (=*Acrostichum thelypteris* Linnaeus)]

　　特征描述：<u>中小型沼泽或草甸生植物</u>。根状茎长而横走，黑色，光滑，顶端略被鳞片；<u>鳞片卵状披针形，表面及边缘具针状毛和单细胞腺毛</u>。叶远生或近生，有柄；叶柄基部近黑色，略有针状毛，向上为禾秆色，光滑；<u>叶长圆状披针形</u>，先端短渐尖，向基部不变狭或偶略变狭，<u>二回深羽裂</u>；羽片多数，披针形，近平展，顶端急尖或短渐尖，基部平截，对称，深羽裂；裂片卵状三角形或长圆形，短尖头，边缘变薄，全缘或有时浅波状；叶脉分离，在裂片上羽状，<u>小脉二叉或常在能育裂片上单一，伸达叶边</u>；叶厚草质或近革质，幼时两面略被针状毛，老时光滑，羽轴上面有一条纵沟，下面隆起，偶被一二膜质小鳞片。<u>孢子囊群圆形，背生于侧脉上，位于主脉和叶缘之间，在主脉两侧各成 1 列</u>，常被反卷的叶边覆盖；<u>囊群盖膜质，圆肾形，淡绿色，易脱落</u>。孢子囊顶部靠环带处有 1-2 短的头状腺毛。孢子两面型，肾形，周壁透明，具刺状凸起，外壁表面光滑。染色体 $x=35$。

　　分布概况：2/2 种，**8** 型；分布于北温带，可达非洲南部，印度，马达加斯加，巴布亚新几内亚，新西兰，热带和亚热带；中国产河北、黑龙江、河南、吉林、内蒙古、山东、四川和云南。

　　系统学评述：分子系统学研究显示沼泽蕨属为单系（但其取样仅为 1 种 3 变种）[9,10]，系统位置位于金星蕨科中较基部。

　　DNA 条形码研究：BOLD 网站有该属 66 种 88 个条形码数据。

主要参考文献

[1] Christensen C. Index filicum[M]. Copenhagen: Hagerup, 1906.
[2] Ching RC. On natural classification of the family Polypodiaceae[J]. Sunyatsenia, 1940, 5: 201-268.
[3] Morton CV. The classification of *Thelypteris*[J]. Am Fern J, 1963, 53: 149-154.
[4] Iwatsuki K. Taxonomic studies of pteridophyta VII. A revision of the genus *Stegnogramma* emend[J].

Acta Phytotax Geobot,1963, 19: 112-126.

[5] Iwatsuki K. Taxonomy of the thelypteroid ferns, with special reference to the species of Japan and adjacent regions. IV. Enumeration of the species of Japan and adjacent regions[J]. Mem Coll Sci Univ Kyoto, B, 1965, 31: 125-197.

[6] 秦仁昌. 中国蕨类植物科属的系统排列和历史来源[J]. 植物分类学报, 1978, 16(3): 1-19.

[7] Holttum RE. Studies in the family Thelypteridaceae III. A new system of genera in the Old World[J]. Blumea, 1971, 19: 17-52.

[8] Smith AR, Cranfill RB. Intrafamilial relationships of the thelypteroid ferns (Thelypteridaceae)[J]. Am Fern J, 2002, 92: 131-149.

[9] He LJ, Zhang XC. Exploring generic delimitation within the fern family Thelypteridaceae[J]. Mol Phylogenet Evol, 2012, 65: 757-764.

[10] Almeida TE, et al. Towards a phylogenetic generic classification of Thelypteridaceae: additional sampling suggests alterations of neotropical taxa and further study of paleotropical genera[J]. Mol Phylogenet Evol, 2016, 94: 688-700.

Didymochlaenaceae Ching ex L. B. Zhang & L. Zhang (2015) 翼囊蕨科

特征描述：中型土生植物。根状茎短而斜生或直立，连同叶柄基部密被狭长形鳞片。叶簇生；叶柄长，禾秆色，粗壮，叶柄上有纵沟，不具关节，叶柄横切面具 3 或多条维管束围成半圆；叶椭圆至卵圆形，二回羽状，顶端羽状分裂（顶生羽片与侧生羽片同形）；叶轴和羽轴上有纵沟，被狭小鳞片；小羽片近长形，近无柄，（至少基部）具关节，顶端圆形；叶脉分离，羽状分枝，末端增大。孢子囊群椭圆-长圆形，生于小脉顶端，常稍下限于叶片内，叶面微凸起；囊群盖长形。孢子囊具长柄。孢子椭圆形至球形，两侧对称，单裂缝，周壁褶皱，表面具小刺状、瘤状凸起。染色体 $x=41$。

分布概况：1 属/1 种，泛热带广布（澳大利亚除外）；中国 1 属/1 种，产云南。

系统学评述：Tan 等[1]2015 年发现翼囊蕨属 *Didymochlaena* 在中国有分布。Zhang 和 Zhang[2]将翼囊蕨属独立为科。

1. *Didymochlaena* Desvaux 翼囊蕨属

Didymochlaena Desvaux (1811: 303); Zhang & Zhang (2015: 27) (Type: *D. sinuosa* Desvaux)

特征描述：同科描述。

分布概况：1/1 种，**7** 型；泛热带广布（澳大利亚除外）；中国产云南。

系统学评述：翼囊蕨属仅包括 1 种，Tan 等[1]于 2015 年发现翼囊蕨属在中国有分布；同年 Zhang 和 Zhang[2]将翼囊蕨属独立为科。

代表种及其用途：翼囊蕨 *D. sinuosa* Desvaux 可供观赏。

主要参考文献

[1] Tan YH, et al. *Didymochlaena* Desv. (Hypodematiaceae): a newly recorded fern genus to China[J]. Plant Divers, 2015, 37: 135-138.
[2] Zhang LB, Zhang L. Didymochlaenaceae: a new fern family of eupolypods I (Polypodiales)[J]. Taxon, 2015, 64: 27-38.

Hypodematiaceae Ching (1975) 肿足蕨科

特征描述：中型土生或石生草本植物。根状茎横卧或横走，粗壮，连同叶柄基部密被重叠覆盖的鳞片。叶簇生或远生；叶柄禾秆色，粗壮，基部明显膨大呈纺锤形，被鳞片所覆盖，以关节着生于叶足或无关节；叶大，卵状三角形或长卵三角形，三至四回羽状分裂；叶轴和羽轴上有纵沟，基部羽片下侧以狭翅下延于羽轴或小羽轴；叶脉分离，羽状分枝，小脉伸达叶边。孢子囊群圆形，生于小脉顶端；囊群盖圆肾形或阔肾形，膜质，宿存，囊群盖被刚毛或短柔毛。孢子椭圆形，两侧对称，单裂缝，周壁褶皱，表面具小刺状、颗粒状或不规则的疣状纹饰。

分布概况：2 属/约 22 种，旧热带至暖温带广布；中国 2 属/约 13 种，除东北和西北外，各省区均产。

系统学评述：Schuettpelz 和 Pryer[1]基于 *atp*A、*atp*B 和 *rbc*L 3 个叶绿体片段的分析显示，肿足蕨科为单系，包括 3 属，即肿足蕨属 *Hypodematium*、大膜盖蕨属 *Leucostegia* 和翼囊蕨属 *Didymochlaena*。Liu 等[2]基于 6 个叶绿体片段构建的分子系统树亦支持肿足蕨科是单系，其中，肿足蕨属是大膜盖蕨属的姐妹群，翼囊蕨属是肿足蕨属-大膜盖蕨属分支的姐妹群，位于该科的基部位置。Zhang 和 Zhang[3]将翼囊蕨属独立为科。PPG I 承认了翼囊蕨科 Didymochlaenaceae，因而最新界定的肿足蕨科包括肿足蕨属和大膜盖蕨属。

分属检索表

1. 石生植物；根状茎横卧；叶密被灰白色单细胞长柔毛或细长针状毛；囊群盖圆肾形或马蹄形，有刚毛或短柔毛 ·· **1. 肿足蕨属 *Hypodematium***
1. 土生植物；根状茎长而横走；叶光滑无毛，或仅幼时有柔毛；囊群盖圆阔肾形，无毛 ··· **2. 大膜盖蕨属 *Leucostegia***

1. *Hypodematium* Kunze 肿足蕨属

Hypodematium Kunze (1833: 690); Zhang & Iwatsuki (2013: 535) (Type: *H. onustum* Kunze)

特征描述：中小型石生常绿植物。根状茎横卧，粗壮，连同叶柄基部密被重叠覆盖的红棕色大鳞片。叶柄禾秆色，粗壮，基部明显膨大呈纺锤形，宿存，完全被鳞片所覆盖；叶卵状三角形，三至四回羽状分裂；羽片有柄，基部的对生；各回小羽片基部圆形或阔楔形，下侧以狭翅下延于羽轴或小羽轴；叶脉分离，羽状分枝，小脉伸达叶边；叶草质，干后浅绿色，常遍体密被灰白色单细胞长柔毛或细长针状毛。孢子囊群圆形；囊群盖圆肾形或马蹄形，膜质，宿存，有刚毛或短柔毛。孢子囊椭圆形，两侧对称，单裂缝，表面具小刺状或颗粒状纹饰。染色体 *x*=40，41。

　　分布概况：约 18/12 种，**6** 型；分布于亚洲和非洲亚热带；中国除东北和西北外，各省区均产。

　　系统学评述：肿足蕨属与大膜盖蕨属为姐妹群[1,2]，但属下种间关系还需进一步研究。

　　DNA 条形码研究：BOLD 网站有该属 4 种 10 个条形码数据。

　　代表种及其用途：肿足蕨 *H. crenatum* (Forsskål) Kuhn & Decken 入药，用于风湿关节痛，外用治疮毒，外伤出血。

2. *Leucostegia* C. Presl 大膜盖蕨属

Leucostegia C. Presl (1836: 94); Zhang & Iwatsuki (2013: 539) (Type: *L. immersa* C. Presl)

　　特征描述：中型土生草本。根状茎粗健，长而横走，密被鳞片及柔毛。叶远生，光滑；叶柄长，柄基部以关节着生于叶足；叶大，幼时有柔毛，长卵状三角形，多回羽裂，羽片及各回小羽片基部偏斜，末回小羽片阔，具多脉；叶轴和羽轴上有纵沟；叶草质，干后浅绿色，无毛。孢子囊群大，位于小脉顶端；囊群盖大，圆阔肾形，膜质，透明，灰白色，基部着生或两侧下部亦稍附着。孢子囊柄长而纤细，有 3 行细胞，环带由 16 个增厚的细胞组成。孢子椭圆形，不具周壁，孢子外壁具不规则的疣状纹饰。染色体 x=41。

　　分布概况：2/1 种，**7** 型；分布于南亚，东南亚热带到太平洋岛屿；中国产云南、广西和台湾。

　　系统学评述：大膜盖蕨属与肿足蕨属为姐妹群[1,2]。

　　DNA 条形码研究：BOLD 网站有该属 2 种 3 个条形码数据。

　　代表种及其用途：大膜盖蕨 *L. immersa* C. Presl 药用，治跌打损伤，温补肝肾，强腰膝。

主要参考文献

[1] Schuettpelz E, Pryer KM. Fern phylogeny inferred from 400 leptosporangiate species and three plastid genes[J]. Taxon, 2007, 56: 1037-1050.

[2] Liu HM, et al. Towards a phylogenetic classification of the climbing fern genus *Arthropteris*[J]. Taxon, 2013, 62: 688-700.

[3] Zhang LB, Zhang L. Didymochlaenaceae: a new fern family of eupolypods I (Polypodiales)[J]. Taxon, 2015, 64: 27-38.

Dryopteridaceae Herter (1949), *nom. cons.* 鳞毛蕨科

特征描述：草本，小型至大型陆生植物，常绿或落叶，陆生、石生、半附生或附生。根状茎短而直立、斜升、横走或攀援，网状中柱（大多放射状）；密被鳞片，鳞片狭披针形至卵形，基部着生或极少为盾状，常密筛孔状，偶窗格状，全缘或边缘多少具锯齿或睫毛，无针状硬毛。叶簇生或散生，各回羽片上先出或下先出，或有时基部上先出而远轴处下先出；叶柄不具关节或有时基部具关节，叶柄横切面具 3 个或更多的维管束围成半圆形或圆形，上面有纵沟，多少被鳞片，不被毛或有时被毛，叶一型或二型，常椭圆形、三角形、五角形、披针形、卵圆形或线形，一至五回羽状或单叶、偶奇数羽状，被鳞片，具腺体，被毛或光滑；如被鳞片，其水泡状或扁平，有或无腺体；薄纸质、纸质或革质；中轴腹面有纵沟，具或不具珠芽，罕有珠芽生于延长成鞭状的叶轴顶端；叶脉羽状或分离，或各种程度网结、形成 1 至多行网眼，内具（或不具）内藏小脉；能育叶与不育叶同型或多少不同。孢子囊群圆形、圆肾形或卤蕨型，背生于小脉或近顶生，有盖（偶无盖）；囊群盖圆形、肾形，偶为椭圆形，上位，以外侧边中部凹点着生于囊托，或偶下位、无柄或具细长柄，全缘或具齿，有时孢子囊均匀布满能育叶的背面（不形成圆形孢子囊群）。孢子单裂缝，无色，具显著周壁。染色体 x=41。

分布概况：约 26 属/2115 种，世界广布，主产东亚和新世界；中国 12 属/约 500 种，南北均产。

系统学评述：Tryon 和 Tryon[1]将鳞毛蕨科划分为 6 个族，包括柄盖蕨族 Peranemeae、鳞毛蕨族 Dryopterideae、蹄盖蕨族 Physematieae、球子蕨族 Onocleeae、条蕨族 Oleandreae 和实蕨族 Bolbitideae（包括舌蕨类）。Kramer 等[2]采用了广义鳞毛蕨科概念，包括了鳞毛蕨亚科 Dryopteridoideae 和蹄盖蕨亚科 Athyrioideae，包括 Rumohreae、鳞毛蕨族、三叉蕨族 Tectarieae、蹄盖蕨族和球子蕨族共 5 个族，其中，鳞毛蕨族有 14 属。Smith 等[3]提出鳞毛蕨科包括了鳞毛蕨类、舌蕨类、柄盖蕨类和肿足蕨类，将蹄盖蕨类归入岩蕨科 Woodsiaceae 内，而球子蕨类和条蕨类则被单立为科。Liu 等[4]基于 *rbc*L 和 *atp*B 构建的分子系统树显示，传统的鳞毛蕨科均为非单系，去除拟贯众属 *Cyclopeltis*、翼囊蕨属 *Didymochlaena*、肿足蕨属 *Hypodematium* 和大膜盖蕨属 *Leucostegia* 的鳞毛蕨科为单系，可进一步分为 4 个大分支，即鳞毛蕨类分支、耳蕨类分支、肋毛蕨类分支和舌蕨类分支。FOC 根据最新的分子系统学研究将鳞毛蕨科划分为鳞毛蕨亚科 Dryopteridoideae（17 属）和舌蕨亚科 Elaphoglossoideae（8 属）。分子系统学研究显示黄腺羽蕨属 *Pleocnemia* 应置于鳞毛蕨科内[4,5]。Liu 等[6]基于最新的分子系统学研究，确认了毛脉蕨属 *Trichoneuron* 隶属于鳞毛蕨科，并将鳞毛蕨科分为 Polybotryoideae、鳞毛蕨亚科和舌蕨亚科。Moran 等[7]的研究显示符藤蕨属 *Teratophyllum* 是 *Arthrobotrya* 的姐妹群。Moran 和 Labiak[8]对 Polybotryoid 类群的系统学研究显示 *Polybotrya* 是单系，与 *Cyclodium* 互为姐妹群。PPG

I 将鳞毛蕨科处理为 3 亚科 26 属（鳞毛蕨亚科 6 属、舌蕨亚科 11 属、Polybotryoideae 7 属，其余 2 属系统位置未定）。

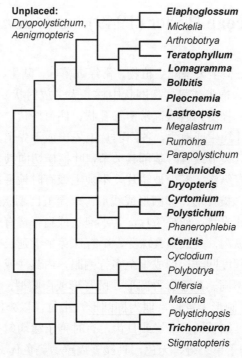

图 17 鳞毛蕨科分子系统框架图（参考 Liu 等[6]；Moran 等[7]；Moran 和 Labiak[8]）

分属检索表

1. 叶或多或少二型；孢子囊覆盖于能育叶背面
 2. 茎攀爬
  3. 不育叶叶脉网结，叶片下先出（或同行）······················**8. 网藤蕨属 Lomagramma**
  3. 不育叶叶脉分离，叶片常上先出 ·····························**11. 符藤蕨属 Teratophyllum**
 2. 茎（根状茎）直立、斜生或横走
  4. 叶柄基部不具关节；叶一回羽状，或偶二回羽状至三回羽裂，如为单叶则具网状脉；叶脉常网状
   5. 小脉及主脉下面不被腺体 ··**2. 实蕨属 Bolbitis**
   5. 小脉及主脉下面疏被黄色或红色的圆柱形腺体····················**9. 黄腺羽蕨属 Pleocnemia**
  4. 叶柄基部具关节（有时不很明显）；叶片单叶；叶脉常分离·············**6. 舌蕨属 Elaphoglossum**
1. 叶一型；如为二型则叶轴顶端延伸成鞭状且具芽胞（*Polystichum* sect. *Cyrtomiopsis*）；孢子囊聚为圆形孢子囊群
 6. 叶常被肋毛蕨型毛
  7. 羽轴及小羽轴上面隆起、不具沟槽
   8. 根状茎常长而横走或斜生；叶远生；叶长宽比接近 1：1；小羽片的叶轴和主脉下常被黄色或红色腺体 ··**7. 节毛蕨属 Lastreopsis**
   8. 根状茎短而直立或斜生；叶簇生；叶长宽比显著大于 1：1；小羽片的叶轴和主脉下常不具腺体

9. 小羽片的上、下表面具不明显叶脉；孢子囊群背生于小脉上；鳞片边缘具纤毛，筛孔状，具有光泽的六角形网眼··········**3. 肋毛蕨属 Ctenitis**

9. 小羽片的上、下表面具明显叶脉；孢子囊群生于小脉近顶端、靠近小羽片边缘；鳞片全缘，筛孔状或无，具无光泽的长形网眼··········**5. 鳞毛蕨属 Dryopteris**

7. 羽轴及小羽轴上具沟槽，小羽片的叶轴和主脉下常密被细针状多细胞长节毛··········**12. 毛脉蕨属 Trichoneuron**

6. 叶不被肋毛蕨型毛

10. 孢子囊群如具囊群盖，大多为肾形、侧生（在囊群盖的凹槽处贴生于叶下表面），偶圆形、下位（肉刺鳞毛蕨组 *Dryopteris* subgen. *Nothoperanema*）；如囊群盖卵圆形，叶四至五回羽裂；如孢子囊群无囊群盖则叶的末回裂片上侧不具耳状凸起；叶脉分离

11. 根状茎短而直立或斜升；叶正面无光泽或有光泽；如为二回以上羽状复叶，除基部一对羽片的二回小羽片为上先出外，其余均为下先出；如小羽片为上先出，则叶为（二）三至四回羽状复叶，末回小羽片基部不对称（假复叶耳蕨组 *Dryopteris* sect. *Acrorumohra*）··········**5. 鳞毛蕨属 Dryopteris**

11. 根状茎长而横走或斜升；如根状茎短则叶为四至五回羽状复叶，且囊群盖为卵圆形（石盖蕨 *Arachniodes superba*）；正面有光泽；各回小羽片上先出··········**1. 复叶耳蕨属 Arachniodes**

10. 孢子囊群如具囊群盖，盖圆形，盾状着生；如无囊群盖，叶的末回裂片的上侧具明显耳状凸起或不明显耳状但较长；叶脉分离或网结

12. 叶一回羽状，顶生羽片的基部有时有一对裂片或羽片（叶偶为单叶）；叶脉常网结形成2至多行网眼··········**4. 贯众属 Cyrtomium**

12. 叶一至三回羽状，顶端羽状分裂，无明显的顶生羽片；叶脉常分离，偶网结形成 1-2 行网眼··········**10. 耳蕨属 Polystichum**

1. *Arachniodes* Blume 复叶耳蕨属

Arachniodes Blume (1828: 241). He et al. (2013: 542) (Type: *A. aspidioides* Blume).——*Leptorumohra* (H. Itô) H. Itô (1939: 118); *Lithostegia* Ching (1933: 2); *Phanerophlebiopsis* Ching (1965: 115)

特征描述： 中型草本，陆生。根状茎粗壮，长而横走或短而斜升（偶直立），密被鳞片；鳞片棕色、褐棕色、黑褐色或黑色，披针形、线状披针形、钻形、卵形，顶部常毛髯状，全缘或边缘有齿（偶流苏状）。叶远生或近生；叶柄基部密被鳞片，腹部具沟槽；叶三角形、五角形、卵形或偶为披针形，多二至四回（或五回）羽状（少数几个种为一回羽状），草质、纸质至革质，光滑或被少数鳞片，偶被毛，上先出；叶轴腹部具沟槽，被鳞片至光滑，或偶被浅灰色单细胞针状毛，鳞片全缘（或边缘具不规则凸起），有时具增大、齿状的基部；羽片有柄，基部一对羽片的下侧小羽片伸长，下侧羽片长于上侧羽片；末回小羽片无柄，上侧具小耳，边缘具锐齿或芒刺；叶脉羽状或叉状，分离，不达末回小羽片边缘，常止于水囊。孢子囊群圆形，顶生或背生于小脉的上侧分枝；囊群盖圆肾形，以深缺刻处着生，宿存或易脱落。孢子囊多，具长柄，环带具 13-16 个增厚的细胞。孢子椭圆状，常具宽皱状周壁。染色体 x=41。

分布概况： 60/40（18）种，**2 型**；热带和亚热带广布，主产东亚和东南亚；中国产长江以南。

系统学评述：复叶耳蕨属是 1 个自然类群。Tryon 和 Tryon[1]将该属分为 2 组（*Arachniodes* sect. *Cavaleria* 和 *A.* sect. *Arachniodes*）、2 亚组（*A.* subsect. *Caudifoliae* 和 *A.* subsect. *Aristatae*）和 11 系，He[9]将中国分布的复叶耳蕨属分为 4 组，即 *A.* sect. *Cavaleria*、*A.* sect. *Globisorae*、*A.* sect. *Amoenae* 和 *A.* sect. *Arachniodes*。FOC 根据分子系统学研究将毛枝蕨属 *Leptorumohra*、黔蕨属 *Phanerophlebiopsis* 和石盖蕨属 *Lithostegia* 作为复叶耳蕨属的异名处理。分子系统学研究显示复叶耳蕨属与鳞毛蕨属 *Dryopteris* 为姐妹群[4,6]。

DNA 条形码研究：BOLD 网站有该属 37 种 49 个条形码数据。

代表种及其用途：复叶耳蕨 *A. exilis* (Hance) Ching 药用；长尾复叶耳蕨 *A. simplicior* (Makino) Ohwi 观赏。

2. *Bolbitis* Schott 实蕨属

Bolbitis Schott (1835: t14); Xing et al. (2013: 713) [Lectotype: *B. serratifolia* (Mertens ex Kaulfuss) Schott (≡ *Acrostichum serratifolium* Mertens ex Kaulfuss)]. ——*Egenolfia* Schott (1836: t16)

特征描述：草本，小型至中型植物，陆生或附生于岩石、河堤或小树。根状茎横走或短而直立，被卵形至线状披针形、褐色或黑色鳞片。叶二型，常绿、单叶、一回羽状，或偶二回羽状；不育叶大多叶状，顶端具珠芽，边缘全缘或具钝齿至深裂，具或不具齿或脊；叶脉分离或不同程度网结，具 3 条或无内藏小脉；能育叶叶柄长于不育叶，叶窄于不育叶。孢子囊群满布于能育叶羽片下面，无囊群盖。孢子球形或近球形，外壁厚。染色体 x=41。

分布概况：约 80/25（12）种，**7** 型；分布于亚洲和太平洋岛屿；中国产华南和西南。

系统学评述：实蕨属有 13 种，董仕勇和张宪春[10]依据孢子周壁特征、叶脉式样和叶片顶部的等形态特征，结合野外调查对中国产实蕨属的分类进行了修订，确定中国有实蕨属植物 20 种和 3 个杂交种。Moran 等[7]利用 *rps*4-*trn*S 和 *trn*L-F 构建的分子系统树显示实蕨属为非单系：新热带的 8 个种聚为 *B. nicotianifolia* 分支，其与舌蕨属 *Elaphoglossum* 构成姐妹群；而狭义的实蕨属（实蕨属的大部分种）是其他所有实蕨类的姐妹群。

DNA 条形码研究：BOLD 网站有该属 6 种 8 个条形码数据。

代表种及其用途：长叶实蕨 *B. hetyeroclita* (Presl) Ching 药用。

3. *Ctenitis* (C. Christensen) C. Christensen 肋毛蕨属

Ctenitis (C. Christensen) C. Christensen (1938: 544); Dong & Christenhusz (2013: 558) [Lectotype: *C. submarginalis* (Langsdorff & Fischer) Ching (≡ *Polypodium submarginale* Langsdorff & Fischer)]

特征描述：陆生植物。根状茎短粗，直立或斜升，有网状中柱，与叶柄基部均密被鳞片。叶簇生；叶椭圆披针形至卵状三角形，一至四回羽状，基部羽片最宽，三角形或阔披针形，基部羽片基部下侧先出小羽片常伸长，末端羽片或小羽片多少贴生于叶轴或中肋，且基部多少下延；叶脉分离，末回小羽片或裂片上的小脉单一或偶分叉成羽状；

叶草质或坚纸质，极少革质，<u>上面被肋毛蕨型（多细胞有关节）毛</u>，下面被短腺毛，或偶叶光滑；<u>小羽片主脉隆起，密被肋毛蕨型（多细胞的）毛</u>。孢子囊群圆形，着生于小脉中部或很少近顶部；囊群盖通常细小，隐于成熟孢子囊后（有时缺如）。孢子细小，卵形至椭圆形，周壁刺状或具疣状凸起。染色体 $x=41$。

分布概况：约 150/10（4）种，**2 型**；分布于热带和亚热带；中国主产西南和华南。

系统学评述：肋毛蕨属自建立之初其系统位置就存在争议。分子系统学研究显示该属聚入鳞毛蕨科内，独立为 1 个分支，是耳蕨类的姐妹群[6,11]。形态学证据（叶脉、囊群盖形状、染色体基数等）也支持该属置于鳞毛蕨科内。

DNA 条形码研究：BOLD 网站有该属 19 种 27 个条形码数据。

代表种及其用途：亮鳞肋毛蕨 *C. subglandulosa* (Hance) Ching 药用。

4. *Cyrtomium* C. Presl 贯众属

Cyrtomium C. Presl (1836: 86); Zhang & Barrington (2013: 561) [Lectotype: *C. falcatum* (Linnaeus f.) C. Presl (≡ *Polypodium falcatum* Linnaeus f.)]

特征描述：陆生草本。根状茎短，直立或斜生，连同叶柄基部，密被鳞片；鳞片深褐色或黑棕色，卵形或披针形，边缘全缘，有齿或流苏状。叶簇生；叶柄腹面有浅纵沟，上被与根状茎相同的鳞片；<u>叶线状披针形至三角卵形，奇数一回羽状，顶生羽叶基部略分裂（偶单叶）</u>；侧生羽片多少上弯成镰状，其基部两侧近对称或不对称，有时上侧或两侧有耳状凸起；主脉明显，侧脉羽状，<u>小脉联结在主脉两侧成 2 至多行网眼，有内藏小脉</u>；叶纸质至革质，少有草质，背面疏生鳞片或秃净。<u>孢子囊群圆形，背生于内含小脉上，在主脉两侧各 1 至多行；囊群盖圆形，盾状着生</u>。染色体 $x=41$。

分布概况：约 35/31（21）种，**11 型**；主要分布于东亚，可达印度南部，非洲大陆东部、南部、西部和马达加斯加，夏威夷；中国产西南。

系统学评述：邢公侠[12]依据形态特征将贯众属分为全缘系（包括心基亚系和圆基亚系）和有齿系（分为羽裂亚系和顶羽亚系）。FRPS 部分地接受了邢公侠的属下分类系统，将中国分布的贯众属分为全缘系和有齿系，但没有再细分亚系。形态学、细胞学与分子系统学研究均表明贯众属的有齿系羽裂亚系［包括斜方贯众 *C. trapezoideum* Ching & Shing、镰羽贯众 *C. balansae* (Christ) C. Christensen、单行贯众 *C. uniseriale* Ching 和尖羽贯众 *C. hookerianum* (Presl) C. Christensen］与柳叶蕨属 *Cyrtogonellum*、鞭叶蕨属 *Cyrtomidictyum*、耳蕨属 *Polystichum* 的系统发育关系更近缘，应从贯众属内分立出去[13,14]。FOC 支持 Zhang[15]的处理，将斜方贯众、镰羽贯众、单行贯众和尖羽贯众从贯众属中排除，归入了耳蕨属假贯众耳蕨组 *Polystichum* sect. *Adenolepia*。

DNA 条形码研究：BOLD 网站有该属 28 种 46 个条形码数据；GBOWS 已有 1 种 4 个条形码数据。目前获得了中国贯众属 44 种的 4 个 DNA 条形码（*rbc*L、*rps*4、*trn*L-F 和 *trn*H-*psb*A）信息。其中 *rps*4 和 *trn*L-F 片段在单独或组合片段中的鉴别率最高。

代表种及其用途：刺齿贯众 *C. caryotideum* (Wallich ex Hooker & Greville) C. Presl、大叶贯众 *C. macrophyllum* (Makino) Tagawa 作观赏；全缘贯众 *C. falcatum* (Linnaeus f.) C.

Presl、*C. fortunei* J. Smith 可入药。

5. *Dryopteris* Adanson 鳞毛蕨属

Dryopteris Adanson (1763: 20), *nom. cons.*; Wu et al. (2013: 571) [Type: *D. filix-mas* (Linnaeus) Schott (≡ *Polypodium filix-mas* Linnaeus)]. ——*Acrorumohra* (H. Itô) H. Itô (1939: 101); *Acrophorus* C. Presl (1836: 93); *Diacalpe* Blume (1828: 241); *Nothoperanema* (Tagawa) Ching (1966: 25); *Peranema* D. Don (1825: 12)

特征描述：陆生中型草本植物。<u>根状茎粗短</u>，<u>直立或斜升（偶为横走）</u>，木质，具网状中柱，<u>顶端密被鳞片</u>。叶簇生或近生，偶远生，有时螺旋状排列，各部分下先出或偶上先出；<u>叶柄无关节</u>，具多个分散的维管束，<u>与根状茎被同样的鳞片或无</u>；叶不同程度羽裂，罕为一回奇数羽状，一回至四回羽状或四回羽裂，除基部 1 对羽片的一回小羽片为上先出外，其余均为下先出，<u>多少被鳞片（罕光滑）</u>；<u>鳞片披针形、线形、泡囊形或扁平，基部心形或截形</u>，<u>顶端钻状</u>，<u>全缘或流苏状</u>；叶轴腹部具纵沟；末回羽片基部圆形对称，罕为不对称的楔形（但基部上侧从不为耳状凸起），边缘通常有锯齿，少有具针状刺头；叶纸质至近革质，少为草质，被毛或不被毛或上面被刚毛，被鳞片，背面光滑或有腺体；各回小羽轴或（或主脉）以锐角斜出，上面具纵沟；叶脉分离，羽状，单一或二至三叉，不达叶边，先端往往有明显的膨大水囊。<u>孢子囊群圆形</u>，生于叶脉背部，或罕有生于叶脉顶部，<u>通常有囊群盖（少为无盖）</u>，宿存，上位或下位，无柄或具一长柄，<u>圆肾形至肾形或圆形</u>，偶马蹄形、球形或近球形，常全缘而光滑（偶有腺体或边缘啮蚀），褐色，质稍厚，有时薄革质，以深缺刻着生于叶脉或小脉。孢子单裂缝，肾形或肾状椭圆形，表面具疣状凸起或阔翅状的周壁。染色体 $x=41$。

分布概况：约 400/167（60）种，**1** 型；世界广布，以亚洲大陆（特别是东亚）尤盛；中国主产西南。

系统学评述：Fraser-Jenkins[16]将鳞毛蕨属分为奇羽亚属 *Dryopteris* subgen. *Pycnopteris*、平鳞亚属 *D.* subgen. *Dryopteris*、泡鳞亚属 *D.* subgen. *Erythrovariae* 和 *D.* subgen. *Nephrocystis*。《中国植物志》将该属分为 3 亚属（奇羽亚属、平鳞亚属和泡鳞亚属）16 组[FRPS,1]。Zhang 等[17]、Zhang 和 Zhang[18]基于 4 个叶绿体片段（*rbc*L、*rps*4-*trn*S、*trn*L 和 *trn*L-F）的分子系统发育分析显示，毛蕨属为非单系，与鱼鳞蕨属 *Acrophorus*、假复叶耳蕨属 *Acrorumohra*、红腺蕨属 *Diacalpe*、轴鳞蕨属 *Dryopsis*、肉刺蕨属 *Nothoperanema* 和柄盖蕨属 *Peranema* 共同构成 1 个单系类群。FOC 将鳞毛蕨属分为 4 亚属（奇羽亚属、平鳞亚属、泡鳞亚属和肉刺鳞毛蕨亚属 *D.* subgen. *Nothoperanema*）22 组，除新收录的肉刺鳞毛蕨亚属及其内的 6 组外，其余分类单元的单系性仍需进一步研究。

DNA 条形码研究：BOLD 网站有该属 170 种 388 个条形码数据；GBOWS 已有 1 种 3 个条形码数据。

代表种及其用途：香鳞毛蕨 *D. fragrans* (Linnaeus) Schott 可用于皮肤病治疗；粗茎鳞毛蕨 *D. crassirhizoma* Nakai 具清热、解毒、抗炎、抑菌、驱虫、止血等功效。

6. *Elaphoglossum* Schott ex J. Smith 舌蕨属

Elaphoglossum Schott ex J. Smith (1841: 148); Xing et al. (2013: 720) [Type: *E. conforme* (Swartz) J. Smith
(≡ *Acrostichum conforme* Swartz)]

特征描述： 小型或中型附生草本植物，偶为陆生。根状茎短至长而横走，被暗色或
淡色鳞片，常心形，边缘具短齿或毛，常为腺状。叶簇生，少为远生，二型，被鳞片或
光滑；叶柄常为圆柱状；叶柄与膨大的叶足间有关节相连或无明显关节；不育叶单叶，
全缘，多为厚革质，边缘变薄，无色至禾秆色；能育叶常较狭，叶柄较长；叶脉明显或
不甚明显，小脉常分叉，斜出，通直，平行，常分离，偶有顶端相连。孢子囊为卤蕨型，
满布于能育叶下面，不具囊群盖，无隔丝。孢子囊环带纵向，为囊柄阻断，约由 12 个
增厚的细胞组成。孢子褐色，椭圆形，单裂缝，具厚的褶皱周壁。染色体 $x=41$。

分布概况： 约 400/6（1）种，**2 型**；分布于热带及温带的潮湿地区，以南美洲安第
斯山脉尤盛；中国产西南和华南。

系统学评述： 舌蕨属的属下分类存在较大争议。Mickel 和 Atehortúa[19]提出将该属
划分为 9 组 21 亚组。Rouhan 等[20]利用 *trn*L-F 和 *rps*4-*trn*S 构建的分子系统树显示舌蕨组不
是单系，可分为 2 个亚组，即 *Elaphoglossum* subsect. *Platyglossa* 和 *E.* subsect. *Pachyglossa*。
Skog 等[21]利用 *rbc*L、*trn*L-F 和 *rps*4-*trn*S 构建的分子系统树显示舌蕨属是单系，可划分
为 Subulate-scaled 分支、Lepidoglossa 分支、Squamipedia 分支、舌蕨分支和 Amygdalifolia
分支，并得到形态性状的支持。其中，舌蕨分支又可分为 Platyglossa 分支和 Pachyglossa
分支。分子系统学研究显示舌蕨属的姐妹群是 Mickelia[6,7]。目前舌蕨属仍缺乏全面的分
子系统学研究。

DNA 条形码研究： BOLD 网站有该属 81 种 104 个条形码数据。

代表种及其用途： 华南舌蕨 *E. yoshinagae* (Yatabe) Makino 药用。

7. *Lastreopsis* Ching 节毛蕨属

Lastreopsis Ching (1938: 157); Dong & Christenhusz (2013: 628) [Type: *L. recedens* (J. Smith ex T. Moore)
Ching (≡ *Lastrea recedens* J. Smith ex T. Moore)]

特征描述： 土生植物。根状茎横走或斜生，与叶柄基部均密被披针形鳞片。叶远生
或少为近生；叶柄褐色至禾秆色，仅基部被鳞片；鳞片披针形，褐色至黑褐色，上面有
浅沟，疏被开展的有关节长毛；叶椭圆至五角形，三至五回羽裂；羽片下先出，基部一
对羽片最大，其下侧一小羽片明显伸长；叶脉分离，小脉单一或很少为分叉，几不达叶
缘；叶纸质，两面均密被毛；叶轴、羽轴、各回小羽轴及主脉两面均密被毛。孢子囊群
圆形，着生于小脉顶端或（和）羽片裂片边缘；囊群盖圆肾形或少为盾形，偶无囊群盖。
孢子球形至椭圆形，表面有膨大的褶皱或瘤状，有时具宽翅。染色体 $x=41$。

分布概况： 35/3（2）种，**2 型**；分布于泛热带，延伸至南温带，主产大洋洲；中国
产云南、海南和台湾。

系统学评述： 分子系统学研究显示节毛蕨属在鳞毛蕨科与舌蕨类聚为 1 个分支[4,6]。

形态学证据（叶脉、囊群盖形状、染色体等）也支持将节毛蕨属置于鳞毛蕨科内。

DNA 条形码研究：BOLD 网站有该属 5 种 6 个条形码数据。

8. *Lomagramma* J. Smith 网藤蕨属

Lomagramma J. Smith (1841: 402); Xing et al. (2013: 723) (Type: *L. pteroides* J. Smith)

特征描述：大型或中型攀援草本植物。<u>根状茎长而横走</u>，<u>粗壮</u>，<u>有腹背之分</u>，腹面生根，背面有叶 2-4 行，横切面呈现许多纤维状维管束，根状茎幼时纤细，上面仅有 2 行不育基生叶，顶生叶不育；鳞片黑色，披针形，筛孔透明。叶远生，二型；叶柄长；<u>叶为一回羽状</u>，<u>侧生羽片以关节着生于叶轴</u>，顶生羽片有时不具关节；羽片或小羽片常相等，披针形，全缘或具锯齿；叶脉网状，在主脉两侧联结成 2-3 行网眼，无内藏小脉，<u>能育叶狭缩</u>（有时不狭缩），线形至线状椭圆形。<u>孢子囊群无盖</u>，<u>满布于能育叶羽片的下面</u>，环带由 14-20 个增厚的细胞组成。孢子椭圆形，透明，光滑至颗粒状，无周壁。染色体 $x=41$。

分布概况：15/2（2）种，**3 型**；分布于南亚，东南亚，波利尼西亚；中国产华南、云南和西藏。

系统学评述：Smith 等[3]将网藤蕨属从藤蕨科 Lomariopsidaceae 分立置入鳞毛蕨科内。Moran 等[7]基于 *trn*L-F 和 *rps*4-*trn*S 的分子系统发育分析表明网藤蕨属为单系。

DNA 条形码研究：BOLD 网站有该属 2 种 2 个条形码数据。

代表种及其用途：网藤蕨 *L. matthewii* (Ching) Holttum 供观赏。

9. *Pleocnemia* C. Presl 黄腺羽蕨属

Pleocnemia C. Presl (1836: 183); Wang et al. (2014: 1) [Type: *P. leuzeana* (Gaudichaud de Beaupré) C. Presl (≡ *Polypodium leuzeanum* Gaudichaud de Beaupré)]

特征描述：中型土生植物。根状茎直立或斜升。叶簇生；叶柄粗壮，上面有浅阔纵沟；叶近五角形，二至三回羽状分裂，基部一对羽片的基部下侧小羽片明显伸长；<u>叶脉网状</u>，<u>沿小羽轴或沿主脉联结成狭长网眼</u>，<u>无内藏小脉</u>，其余小脉分离，小脉及主脉下面疏被黄色圆柱形腺体；<u>叶轴上面及羽轴基部被平展通直的短刚毛</u>；叶纸质。<u>孢子囊群圆形</u>，<u>位于分离的小脉顶端</u>，<u>或少着生于小脉中部或联结的小脉上</u>，<u>隔丝顶部有黄色的圆柱形大腺体</u>；囊群盖圆肾形或无囊群盖。孢子圆形，具周壁。染色体 $x=41$。

分布概况：约 17/2 种，**7 型**；主要分布于亚洲热带，少数达西太平洋群岛；中国产华南和西南。

系统学评述：Liu 等[4,22]的分子系统发育分析显示，黄腺羽蕨属位于鳞毛蕨科内，与舌蕨类聚为 1 支，但 FOC 仍将黄腺羽蕨属收录在三叉蕨科 Tectariaceae 内。Wang 等[5]对叉蕨类的研究表明黄腺羽蕨属应隶属于鳞毛蕨科。

DNA 条形码研究：BOLD 网站有该属 6 种 11 个条形码数据。

代表种及其用途：黄腺羽蕨 *P. winitii* Holttum 供观赏。

10. *Polystichum* A. W. Roth 耳蕨属

Polystichum A. W. Roth (1799: 31), *nom. cons.*; Zhang & Barrington (2013: 629) [Lectotype: *P. lonchitis* (Linnaeus) A. W. Roth (≡ *Polypodium lonchitis* Linnaeus)]. ——*Cyrtogonellum* Ching (1938: 327); *Cyrtomidictyum* Ching (1940: 182); *Sorolepidium* Christ (1911: 350)

特征描述：多年生陆生植物，常绿或夏绿。根状茎短，直立或斜升，连同叶柄基部常被鳞片；鳞片线形至椭圆形，偶被毛。叶簇生，单型或偶近二型；叶柄腹面有浅纵沟，基部以上常被与基部相同而较小的鳞片；叶线状披针形、卵状披针形、披针形、矩圆形、舌状、一回羽状、二回羽裂至二回羽状，少为三或四回羽状细裂，羽片基部上侧常有耳状凸（偶不明显），边缘有芒状锯齿；叶纸质、草质或为薄革质，背面多少有披针形、线形或纤毛状小鳞片；叶轴腹部具纵沟，上部偶具芽胞（有时芽胞在顶端而叶轴先端延生成鞭状）；叶脉羽状，分离或偶联结成 1-2 行网眼。孢子囊群圆形，着生于小脉顶端，少数为背生或近顶生，中脉两侧各 1-2 行；囊群盖（偶缺如）圆形，盾状着生，膜质，全缘、啮蚀状或不规则齿状。染色体 x=41。

分布概况：500/208（139）种，**1** 型；世界广布，主产北半球温带及亚热带山地；中国产西南和华南。

系统学评述：分子系统学研究显示，传统分类系统中的玉龙蕨属 *Sorolepidium*、鞭叶蕨属 *Cyrtomidictyum*、柳叶蕨属 *Cyrtogonellum* 和 *Plecosorus* 均嵌入耳蕨属内部，贯众属的有齿系羽裂亚系也嵌入耳蕨属内[23-27]。Zhang[15]对耳蕨属部分种进行了分类和命名研究，正式将鞭叶蕨属、柳叶蕨属和贯众属的有齿系羽裂亚系组合成为耳蕨属的成员。FOC 将耳蕨属划分为 2 亚属 23 组。

DNA 条形码研究：BOLD 网站有该属 126 种 189 个条形码数据；GBOWS 已有 2 种 4 个条形码数据。

代表种及其用途：耳蕨属植物多数可药用，矛状耳蕨 *P. lonchitis* (Linnaeus) Roth 入药清热解毒，驱虫止痛和凉血止血。

11. *Teratophyllum* Mettenius ex Kuhn 符藤蕨属

Teratophyllum Mettenius ex Kuhn (1870: 296); Dong & Gilbert (2013: 724) [Lectotype: *T. aculeatum* (Blume) Mettenius ex Kuhn (≡ *Lomaria aculeata* Blume)]

特征描述：植株初期陆生，后攀援于树干。根状茎长而横走，粗壮，背面压扁，前侧具根和 2 行叶片，长多刺。根状茎顶端和叶原基密被鳞片；鳞片褐色，盾状，脱落。叶远生，二型（幼叶和成年不育叶差异较大）；叶柄禾秆色，圆柱状，基部膨大，具关节；不育叶一回（或二回）羽状，幼叶椭圆披针形至卵圆三角形，纸质，与下端叶（基生叶）紧贴生于基质，羽片浅裂至羽状分裂，上端的成长叶（顶生叶）远离基质，披针形，以关节与叶轴相连；中肋（有时包括叶脉）被小的披针形或星形鳞片；边缘全缘或锯齿状；叶脉分离，（近）达叶缘；中肋腹面不具沟槽，疏生披针形或星形鳞片。能育叶羽片线形或线状披针形，叶脉网结但常不可见。孢子囊群遍布羽片背面。孢子囊间具小的柄状鳞片。孢子椭圆形至球形，具刺状、网状纹饰或具短的皱褶。

分布概况：13/1 种，**5 型**；分布于东南亚热带，大洋洲；中国产海南。

系统学评述：Moran 等[7]的研究显示符藤蕨属为单系，与 *Arthrobotrya* 构成姐妹群。

DNA 条形码研究：BOLD 网站有该属 1 种 2 个条形码数据。

12. *Trichoneuron* Ching 毛脉蕨属

Trichoneuron Ching (1965: 118) (Type: *T. microlepioides* Ching)

特征描述:土生中型草本。根状茎粗壮而横走，与叶柄基部均密被披针形鳞片。叶近生；叶柄暗禾秆色，密被灰白色、细针状、伏生的多细胞长节毛；叶长卵形，三至四回羽裂；羽片近对生，基部一对羽片最大；叶脉分离，小脉羽状或分叉，不达叶缘；叶坚纸质，叶轴、各回羽轴及叶背面均密被细针状长节毛，上面近无毛。孢子囊群小，圆形，着生于小脉顶端；囊群盖圆肾形，边缘有具小腺体的睫毛，宿存。染色体 $x=41$。

分布概况：1/1 种，**15 型**；特产中国云南。

系统学评述：毛脉蕨属是秦仁昌[28]在 1965 年基于 1 份产自云南的标本发表的新属，被置于金星蕨科内。仅在《中国蕨类植物科属志》中有收录[29]。朱维明和和兆荣[30]依据形态特征认为该种应隶属于节毛蕨属。FOC 根据朱维明和和兆荣[30]的意见将其处理为节毛蕨属的异名。Liu 等[6]基于 3 个叶绿体基因的分子系统学研究表明，该属隶属于鳞毛蕨科，与 *Polystichopsis* 构成姐妹群。

主要参考文献

[1] Tryon RM, Tryon AF. Ferns and allied plants, with special reference to tropical America[M]. New York: Springer, 1982.

[2] Kramer KU, et al. Dryopteridaceae[M]//Kubitzki K. The families and genera of vascular plants, I. Berlin: Springer, 1990: 101-144.

[3] Smith AR, et al. A classification for extant ferns[J]. Taxon, 2006, 55: 705-731.

[4] Liu HM, et al. Molecular phylogeny of the fern family Dryopteridaceae inferred from chloroplast *rbc*L and *atp*B genes[J]. Int J Plant Sci, 2007, 168: 1311-1323.

[5] Wang FG, et al. On the monophyly of subfamily Tectarioideae (Polypodiaceae) and the phylogenetic placement of some associated fern genera[J]. Phytotaxa, 2014, 164: 1-16.

[6] Liu HM, et al. Phylogenetic placement of the enigmatic fern genus *Trichoneuron* informs on the infra-familial relationship of Dryopteridaceae[J]. Plant Syst Evol, 2016, 302: 319-332.

[7] Moran RC, et al. Phylogeny and character evolution of the Bolbitidoid ferns (Dryopteridaceae)[J]. Int J Plant Sci, 2010, 171: 547-559.

[8] Moran RC, Labiak P. Phylogeny of the polybotryoid fern clade (Dryopteridaceae)[J]. Int J Plant Sci, 2015, 176: 880-891.

[9] He H. A taxonomic study of the fern genus *Arachniodes* Blume (Dryopteridaceae) from China[J]. Am Fern J, 2004, 94: 163-182.

[10] 董仕勇, 张宪春. 中国实蕨属的分类修订[J]. 植物分类学报, 2005, 43: 97-115.

[11] 李春香, 陆树刚. 鳞毛蕨科植物的系统发育: 叶绿体 *rbc*L 序列的证据[J]. 植物分类学报, 2006, 44: 503-515.

[12] 邢公侠. 贯众属(*Cyrtomium* Presl)的分类研究[J]. 植物分类学报, 1965, 12(增刊): 1-48.

[13] Lu JM, et al. Paraphyly of *Cyrtomium* (Dryopteridaceae): evidence from *rbc*L and *trn*L-F sequence data[J]. J Plant Res, 2005, 118: 129-135.

[14] Lu JM, et al. Chromosome study of the fern genus *Cyrtomium* (Dryopteridaceae)[J]. Bot J Linn Soc, 2006, 150: 221-228.

[15] Zhang LB. Taxonomic and nomenclatural notes on the fern genus *Polystichum* (Dryopteridaceae) in China[J]. Phytotaxa, 2012, 60: 57-60.

[16] Fraser-Jenkins CR. A classification of the genus *Dryopteris* (Pteridophyta: Dryopteridaceae)[J]. Bull Brit Mus (Bot), 1986, 14: 183-218.

[17] Zhang LB, et al. Molecular circumscription and major evolutionary lineages of the fern genus *Dryopteris* (Dryopteridaceae)[J]. BMC Evol Bio, 2012, 12: 180.

[18] Zhang LB, Zhang L. The inclusion of *Acrophorus, Diacalpe, Nothoperanema*, and *Peranema* in *Dryopteris*: the molecular phylogeny, systematics, and nomenclature of *Dryopteris* subgen. *Nothoperanema* (Dryopteridaceae)[J]. Taxon, 2012, 61: 1199-1216.

[19] Mickel JT, Atehortúa L. Subdivision of the genus *Elaphoglossum*[J]. Am Fern J, 1980, 70: 47-68.

[20] Rouhan G, et al. Molecular phylogeny of the fern genus *Elaphoglossum* (Elaphoglossaceae) based on chloroplast non-coding DNA sequences: contributions of species from the Indian Ocean area[J]. Mol Phylogenet Evol, 2004, 33: 745-763.

[21] Skog JE, et al. Molecular studies of representative species in the fern genus *Elaphoglossum* (Dryopteridaceae) based on cpDNA sequences *rbc*L, *trn*L-F, and *rps*4-*trn*S[J]. Int J Plant Sci, 2004, 165: 1063-1075.

[22] Liu HM, et al. Polyphyly of the fern family Tectariaceae sensu Ching: insights from cpDNA sequence data[J]. Sci China Series C, 2007, 50: 789-798.

[23] Little DP, Barrington DS. Major evolutionary events in the origin and diversification of the fern genus *Polystichum* (Dryopteridaceae)[J]. Am J Bot, 2003, 90: 508-514.

[24] Lu JM, et al. Molecular phylogeny of the polystichoid ferns in Asia based on *rbc*L sequences[J]. Syst Bot, 2007, 32: 26-33.

[25] Liu HM, et al. Inclusion of the Eastern Asia endemic genus *Sorolepidium* in *Polystichum* (Dryopteridaceae): evidence from the chloroplast *rbc*L gene and morphological characteristics[J]. Chinese Sci Bull, 2007, 52: 631-638.

[26] Liu HM, et al. Molecular phylogeny of the endemic fern genera *Cyrtomidictyum* and *Cyrtogonellum* (Dryopteridaceae) from East Asia[J]. Org Divers Evol, 2010, 10: 57-68.

[27] Li CX, et al. Phylogeny of Chinese *Polystichum* (Dryopteridaceae) based on chloroplast DNA sequence data (*trn*L-F and *rps*4-*trn*S)[J]. J Plant Res, 2008, 121: 19-26.

[28] 秦仁昌. 中国蕨类植物的两新属[J]. 植物分类学报, 1965, 10: 115-120.

[29] 吴兆洪, 秦仁昌. 中国蕨类植物科属志[M]. 北京: 科学出版社, 1991.

[30] 朱维明, 和兆荣. 云南蕨类植物小志(二)[J]. 云南植物研究, 2000, 22: 255-262.

Nephrolepidaceae Pichi-Sermolli (1975) 肾蕨科

特征描述：中、大型土生或附生草本植物，少有攀援。根状茎长而横走或短而直立，具管状或网状中柱，匍匐枝横走，并生有许多可发育成新植株的须状小根和侧枝或块茎。叶一型，簇生，或为远生，2 列；叶柄以关节着生于明显的叶足上或蔓生茎上；叶长而狭，披针形或椭圆披针形，一回羽状分裂，羽片多数，基部不对称，无柄，以关节着生于叶轴；叶脉分裂，侧脉羽状，几达叶边，小脉先端具明显水囊，或叶脉少有略成网状。孢子囊群表面生，单一，背生，圆形，近叶边以 1 行排列或远离叶边以多行排列；囊群盖圆肾形或少为肾形或无囊群盖。孢子囊为水龙骨型，不具隔丝。孢子两侧对称，椭圆形或肾形，具单裂缝，周壁有或无，外壁表面具不规则的疣状纹饰。染色体 x=41。

分布概况：1 属/20 余种，热带广布；中国 1 属/5 种，产长江以南。

系统学评述：肾蕨类原为骨碎补科 Davalliaceae 中的 1 个亚科，Pichi-Sermolli[1]在 1974 年将其提升为科。Hennequin 等[2]基于 rbcL、rps4 和 rps4-trnS 叶绿体片段的分子系统学研究显示，肾蕨科为单系，与藤蕨科互为姐妹群，科下仅包含肾蕨属，可划分为 3 个分支。

1. *Nephrolepis* Schott 肾蕨属

Nephrolepis Schott (1834: pl. 3); Xing et al. (2013: 727) [Lectotype: *N. exaltata* (Linnaeus) Schott (≡ *Polypodium exaltatum* Linnaeus)]

特征描述：同科描述。

分布概况：约 30/5（1）种，**2** 型；热带广布；中国主产长江以南。

系统学评述：肾蕨属的系统位置长期存在争议。早期曾被置于骨碎补科，Kramer[3]于 1990 年将其置于条蕨科 Oleandraceae，Smith 等[4]又将期归入藤蕨科。Hennequin 等[2]的分子系统学研究显示，肾蕨科为单系，与藤蕨科互为姐妹群。肾蕨属分为 3 个分支，其中，广布种长叶肾蕨 *Nephrolepis biserrata* (Swartz) Schott 和 *N. abrupta* (Bory) Mettenius 均为单系。

DNA 条形码研究：BOLD 网站有该属 20 种 42 个条形码数据。

代表种及其用途：肾蕨 *N. cordifolia* (Linnaeus) C. Presl 可供栽培观赏，块茎富含淀粉，可食用，块茎和全草供药用。

主要参考文献

[1] Pichi-Sermolli REG. Fragmenta Pteridologia V[J]. Webbia, 1974, 29: 1-16.
[2] Hennequin S, et al. Phylogenetics and biogeography of *Nephrolepis*—a tale of old settlers and young

tramps[J]. Bot J Linn Soc, 2010, 164: 113-127.
[3] Kramer KU. Oleandraceae[M]//Kubitzki K. The families and genera of vascular plants, I. Berlin: Springer, 1990: 190-193.
[4] Smith AR, et al. A classification for extant ferns[J]. Taxon, 2006, 55: 712-713.

Lomariopsidaceae Alston (1956) 藤蕨科

特征描述：大型攀援植物。根状茎攀援树干或斜升，扁平，有腹背之分，叶柄基部下延于根状茎而形成棱脊，具网状中柱；鳞片披针形，黑色，边缘有睫毛。叶远生，质厚，一型或二型，成长叶为一回羽状分裂，稀为二回羽状分裂，羽片基部以关节着生于叶轴，顶生羽片一般不具关节；不育叶羽片较宽，披针形，全缘或有锯齿；叶脉分离，不具内藏小脉，常又可分为基生叶和顶生叶，基生叶羽片一般较小；能育叶羽片狭缩。孢子囊群布满能育叶羽片背面（卤蕨型）或在中肋两侧各排列 1 行，隔丝有或无。孢子囊大，环带由 12-14 个增厚的细胞组成。孢子椭圆形。

分布概况：4 属/约 69 种，分布于泛热带；中国 2 属/4 种，产西南及华南。

系统学评述：Christenhusz[1]将 *Tectaria plantaginea* (Jacquin) Maxon 从三叉蕨属中分立出来，成立了新属 *Christenhusz*。分子系统学研究显示 *Dracoglossum* 与藤蕨属 *Lomariopsis* 互为姐妹群[2,3]。PPG I 界定的藤蕨科包括 4 属，但 *Thysanosoria* 目前尚未有研究。

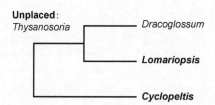

图 18　藤蕨科分子系统框架图（参考 Zhang 等[3]）

分属检索表

1. 中型土生植物；叶一型；羽片基部以关节着生于叶轴；叶脉分离，小脉多回二叉或羽状分裂 ⋯⋯⋯⋯⋯⋯⋯⋯⋯⋯⋯⋯⋯⋯⋯⋯⋯⋯⋯⋯⋯⋯⋯⋯⋯⋯⋯⋯⋯⋯⋯ **1. 拟贯众属 *Cyclopeltis***
1. 大型攀援植物；叶二型；羽片基部无关节着生于叶轴；叶脉分离，小脉单一或二叉 ⋯⋯⋯⋯⋯⋯⋯⋯⋯⋯⋯⋯⋯⋯⋯⋯⋯⋯⋯⋯⋯⋯⋯⋯⋯⋯⋯⋯⋯⋯⋯⋯⋯⋯⋯⋯ **2. 藤蕨属 *Lomariopsis***

1. *Cyclopeltis* J. Smith 拟贯众属

Cyclopeltis J. Smith (1846: 36); Zhang & Barrington (2013: 725) [Lectotype: *C. semicordata* (Swartz) J. Smith (≡ *Polypodium semicordatum* Swartz)]

特征描述：中型土生常绿植物。根状茎粗短，斜生，密被栗色披针形鳞片。叶簇生；叶柄短；叶为一回羽状分裂，羽片多数，基部以关节着生于叶轴，无柄，披针形，基部心形，下侧两片常覆盖叶轴；叶脉分离，多回二叉或羽状，小脉上先出；叶纸质，两面无毛；叶轴被狭线形鳞片。孢子囊群圆形，在主脉两侧各有 1-4 行；囊群盖圆形，盾状着生，膜质。孢子囊大，环带由 14-16 个增厚的细胞组成。孢子椭圆形，周壁具皱褶。染色体 $x=41$。

分布概况：约 6/1 种，**3 型**；分布于亚洲热带和美洲热带；中国产海南。

系统学评述：拟贯众属曾长期被置于鳞毛蕨科内，羽片基部具关节等形态性状支持拟贯众属应隶属于藤蕨科。Liu 等[4]对鳞毛蕨类的分子系统学研究显示，拟贯众属和藤蕨科的藤蕨属互为姐妹群，或与藤蕨属-*Dracoglossum* 分支互为姐妹群[2,3]。因此，拟贯众属在藤蕨科中的系统发育位置仍需进一步研究。

DNA 条形码研究：BOLD 网站有该属 2 种 6 个条形码数据。

代表种及其用途：拟贯众 *C. crenata* (Fée) C. Christensen 可作观赏。

2. *Lomariopsis* Fée 藤蕨属

Lomariopsis Fée (1845: 10); Zhang et al. (2013: 725) [Lectotype: *L. sorbifolia* (Linnaeus) Fée (≡ *Acrostichum sorbifolium* Linnaeus)]

特征描述：大型攀援植物。根状茎粗壮，扁平，有腹背之分，腹面生根，背面有叶多列，顶端密被黑色披针形鳞片。叶二型；叶柄禾秆色，上面有纵沟下延于根状茎上而形成棱脊，被鳞片，不具关节；幼叶为单叶，成长叶一回羽状分裂，侧生羽片基部以关节着生于叶轴，顶生羽片常不具关节，不育叶羽片披针形，能育叶羽片狭缩；叶脉分离，小脉单一或二叉，有时顶端为一软骨质的边脉所连接。孢子囊群布满于能育叶羽片的背面。孢子囊大，环带由 14-22 个增厚的细胞组成。孢子椭圆形，褐色。染色体 $x=41$。

分布概况：约 20/3 种，**6-1 型**；分布于亚洲热带和非洲热带及南太平洋岛屿；中国产云南、海南和台湾。

系统学评述：分子系统学研究显示，藤蕨属与 *Dracoglossum* 为姐妹群[2,3]。Rouhan 等[5]基于 *trn*L-F 的研究显示，藤蕨属可划分成 *Japurensis* 分支和 *Sorbifolia* 分支，这一划分与其不同的异生叶发育类型是一致的。

DNA 条形码研究：BOLD 网站有该属 6 种 12 个条形码数据。

代表种及其用途：藤蕨 *L. cochinchinensis* Fée、美丽藤蕨 *L. spectabilis* (Kunze) Mettenius 为大型攀援植物，可供观赏。

主要参考文献

[1] Christenhusz MJM. *Dracoglossum*, a new neotropical fern genus (Pteridophyta)[J]. Thaiszia, 2007, 17: 1-10.

[2] Christenhusz MJM, et al. Phylogenetic placement of the enigmatic fern genus *Dracoglossum*[J]. Am Fern J, 2013, 103: 131-138.

[3] Zhang L, et al. Circumscription and phylogeny of the fern family Tectariaceae based on plastid and nuclear markers, with the description of two new genera: *Draconopteris* and *Malaifilix* (Tectariaceae)[J]. Taxon, 2016, 65: 723-738.

[4] Liu HM, et al. Molecular phylogeny of the fern family Dryopteridaceae inferred from chloroplast *rbc*L and *atp*B genes[J]. Int J Plant Sci, 2007, 168: 1311-1323.

[5] Rouhan G, et al. Preliminary phylogenetic analysis of the fern genus *Lomariopsis* (Lomariopsidaceae)[J]. Brittonia, 2007, 59: 115-128.

Tectariaceae Panigrahi (1986) 三叉蕨科

特征描述：大型或中型土生草本。根状茎短而直立或斜升，少长而横走，网状中柱。叶簇生，少近生，一型或二型；叶柄基部无关节；叶常为一至数回羽状分裂，少为单叶；叶脉网状或分离，侧脉单一或分叉，或小脉沿小羽轴及主脉两侧联结成无内藏小脉的狭长网眼；主脉两面均隆起；叶薄草质或厚纸质，通常叶面或有时背面被淡棕色毛。孢子囊群圆形，着生于小脉顶端或中部，成熟时汇合并满布于狭缩的能育叶背面；囊群盖圆肾形或圆盾形，膜质，或无盖。孢子囊球形，环带由 12-16 个增厚的细胞组成；孢子两侧对称，椭圆形，具单裂缝，周壁有皱褶或刺状纹饰。

分布概况：7 属/250 余种，泛热带广布；中国 3 属/39 种，产西南及华南热带和亚热带。

系统学评述：三叉蕨科曾被划分为 20 余属，并长期得到公认。Liu 等[1]基于 *rbc*L 和 *atp*B 构建的分子系统树显示，秦仁昌定义的三叉蕨科 Tectariaceae 不是单系，其中所包括的肋毛蕨属 *Ctenitis*、轴鳞蕨属 *Dryopsis* 和节毛蕨属 *Lastreopsis* 应置于鳞毛蕨科 Dryopteridaceae。Liu 等[2]基于 6 个叶绿体片段构建的分子系统树显示，爬树蕨属 *Arthropteris* 为单系，与三叉蕨科互为姐妹群，因而提出将爬树蕨属提升为科。Wang 等[3]基于 *atp*A、*rbc*L 和 *trn*L-F 片段的分析结果重新定义的三叉蕨科包括 6 属，即 *Aenigmopteris*、*Hypoderris*、*Triplophyllum*、爬树蕨属、牙蕨属 *Pteridrys* 和叉蕨属 *Tectaria*。而 Zhang 等[4]的分子系统发育分析表明三叉蕨属不是单系，应划分为狭义的叉蕨属，中南美分布的 *Draconopteris*（新属）和马来西亚分布的 *Malaifilix*（新属）；*Draconopteris*-*Malaifilix* 与牙蕨属构成 1 个得到强烈支持的单系分支，为三叉蕨科其他类群的姐妹群；而爬树蕨属是三叉蕨属- *Hypoderris* -*Triplophyllum* 分支的姐妹群。PPG I 采纳了 Zhang 等[4]的建议，将三叉蕨科分为 7 属，包括三叉蕨属（*Aenigmopteris* 和 *Amphiblestra* 均作为三叉蕨属异名）、牙蕨属、爬树蕨属、*Draconopteris*、*Hypoderris*、*Malaifilix* 和 *Triplophyllum*。

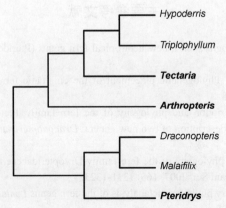

图 19　三叉蕨科分子系统框架图（参考 Zhang 等[4]）

分属检索表

1. 附生；根状茎攀援；叶柄以关节着生于叶柄状的叶足上 ······························ **1. 爬树蕨属 *Arthropteris***
1. 陆生；根状茎短而横走或直立、斜生；叶柄不以关节着生于叶柄状的叶足上
  2. 根状茎短而横走或直立；叶草质或近膜质；叶脉联结为多数方形或近六角形网眼，有或无内藏小脉 ·· **3. 叉蕨属 *Tectaria***
  2. 根状茎圆柱形，斜升；叶厚纸质；叶脉分离（或裂片基部的小脉偶有联结），羽状，小脉二至三叉 ·· **2. 牙蕨属 *Pteridrys***

1. *Arthropteris* J. Smith 爬树蕨属

Arthropteris J. Smith (1854: 53); Xing et al. (2013: 730) [Type: *A. tenella* (G. Forster) J. Smith ex J. D. Hooker (≡ *Polypodium tenellum* G. Forster)]

特征描述：附生草本植物。根状茎攀援，鳞片盾状着生。叶远生，2 列，有短柄；叶一回羽状至一回羽状分裂（偶二回羽状），单型；叶柄以关节着生于叶柄状的叶足上，叶轴和羽轴腹面具沟槽；羽片以关节着生于叶轴上；叶脉单一或叉状或偶有网结。孢子囊群圆形，着生于叶背面；囊群盖肾形至圆形或缺如。孢子球形或椭圆形，单裂缝，表面具不规则的翅状褶皱。染色体 *x*=41。

分布概况：约 20/1 种，**2 型**；多分布于南半球邻近热带，南到新西兰，新加里多尼亚及马达加斯加尤盛；中国产华南和西南南部。

系统学评述：Liu 等[2]基于 6 个叶绿体片段的系统发育分析显示，爬树蕨属是单系，与三叉蕨科互为姐妹群，结合形态特征，Liu 等[2]提出将爬树蕨属提升为科。Zhang 等[4]的研究显示爬树蕨属嵌入三叉蕨科内部，是三叉蕨属-*Hypoderris-Triplophyllum* 分支的姐妹群。因此，建议将爬树蕨属归入三叉蕨科内。PPG I 采纳了 Zhang 等[4]的建议。

DNA 条形码研究：BOLD 网站有该属 6 种 11 个条形码数据。

代表种及其用途：爬树蕨 *A. palisotii* (Desvaux) Alston 供观赏。

2. *Pteridrys* C. Christensen & Ching 牙蕨属

Pteridrys C. Christensen & Ching (1934: 129); Dong & Christenhusz (2013: 732); Wang et al. (2014: 1) [Type: *P. syrmatica* (Willdenow) C. Christensen & Ching (≡ *Aspidium syrmaticum* Willdenow)]

特征描述：中型至大型土生植物。根状茎圆柱形，斜升。叶簇生或近生；叶柄长，上面有纵沟，光滑无毛；叶椭圆形至卵形，顶部深羽裂，向下部二回羽裂，具柄或近无柄，线状披针形，羽状深裂，裂片多数，镰刀形或披针形，基部有 1 枚三角形尖齿；叶脉分离（或裂片基部的小脉偶有联结），羽状，小脉二至三叉；叶厚纸质，两面均无毛；叶轴及羽轴常光滑或被有关节的毛。孢子囊群小，圆形，顶生或背生，位于主脉与叶缘之间；囊群盖小，圆形，膜质，在主脉两侧各有 1 行。孢子囊环带约由 12 个增厚的细胞组成。孢子椭圆形。染色体 *x*=41。

分布概况：约 8/3（1）种，**7-2 型**；分布于亚洲热带；中国产西南和华南。

系统学评述：Wang 等[3]对三叉蕨科的分子系统学研究显示，牙蕨属是 *Triplophy-llum*-三叉蕨属分支的姐妹群。

DNA 条形码研究：BOLD 网站有该属 5 种 6 个条形码数据。

代表种及其用途：毛轴牙蕨 *P. australis* Ching 全草入药。

3. *Tectaria* Cavanilles 叉蕨属

Tectaria Cavanilles (1799: 115); Wang et al. (2014: 1) [Type: *T. trifoliata* (Linnaeus) Cavanilles (≡ *Polypodium trifoliatum* Linnaeus)]. ——*Ctenitopsis* Ching (1938: 86); *Hemigramma* Christ (1907: 170)

特征描述：中型至大型土生植物。根状茎短而横走至直立。叶簇生；叶柄禾秆色、棕色或栗褐色至乌木色；<u>叶常三角形</u>，一回至二回羽状分裂，少为单叶；叶脉联结为多数方形或近六角形网眼，有或无内藏小脉；叶草质或近膜质，叶面光滑或疏被有关节的毛；<u>叶轴及羽轴上面被有关节的短毛或光滑</u>。孢子囊群圆形，位于网眼联结处或内藏小脉的顶部或中部，在两侧脉之间有 2 列或多列，少为 1 列。<u>囊群盖盾形或圆肾形</u>，宿存或脱落，或少无盖。孢子囊环带约由 14 个增厚的细胞组成。孢子椭圆形，周壁具刺状纹饰或褶皱形成网。染色体 $x=40$。

分布概况：约 230/35（6）种，**2** 型；分布于热带及亚热带，东南亚尤盛；中国产西南、华南和台湾。

系统学评述：Wang 等[3]基于 *atp*A、*rbc*L 和 *trn*L-F 构建的三叉蕨科的分子系统树显示，叉蕨属可分为 3 个分支。*Cionidium*、*Fadyenia*、轴脉蕨属 *Ctenitopsis*、沙皮蕨属 *Hemigramma* 和地耳蕨属 *Quercifilix* 均落入三叉蕨属内，单系的三叉蕨属需要包括以上各属。*T. brauniana* (H. Karsten) C. Christensen 是 *Hypoderris* 的姐妹群，应归入 *Hypoderris*。

DNA 条形码研究：BOLD 网站有该属 58 种 99 个条形码数据。

代表种及其用途：三叉蕨 *T. subtriphylla* (W. J. Hooker & Arnott) Copeland 可入药。

主要参考文献

[1] Liu HM, et al. Polyphyly of the fern family Tectariaceae sensu Ching: insights from cpDNA sequence data[J]. Sci China Ser C, 2007, 50: 789-798.

[2] Liu HM, et al. Towards a phylogenetic classification of the climbing fern genus *Arthropteris*[J]. Taxon, 2013, 62: 688-700.

[3] Wang FG, et al. On the monophyly of subfamily Tectarioideae (Polypodiaceae) and the phylogenetic placement of some associated fern genera[J]. Phytotaxa, 2014, 164: 1-16.

[4] Zhang L, et al. Circumscription and phylogeny of the fern family Tectariaceae based on plastid and nuclear markers, with the description of two new genera: *Draconopteris* and *Malaifilix* (Tectariaceae)[J]. Taxon, 2016, 65: 723-738.

Oleandraceae Ching ex Pichi-Sermolli (1965) 条蕨科

特征描述：中小型附生或土生草本植物。根状茎长而横走或少为直立，网状中柱，具坚硬的细长气生根。叶足螺旋排列于根状茎上；叶常为一型，单叶，疏生，有时簇生；叶披针形或线状披针形；叶脉明显，中脉隆起，侧脉分离，单一或二叉，平展，密而平行。孢子囊群背生，圆或近圆形，着生于小脉近基部，成单行排列于中脉的两侧；囊群盖大，肾形或圆肾形，膜质，以缺刻着生。孢子囊为水龙骨型，具由 3 列细胞组成的长柄，环带由 12-14 个增厚的细胞组成。孢子两侧对称，椭圆形，具单裂缝，周壁表面具颗粒状或刺状纹饰。染色体 x=41。

分布概况：1 属/40 余种，分布于热带及亚热带山地，自波利尼西亚北达日本，东至墨西哥，西到非洲；中国 1 属/5 种，主产秦岭以南。

系统学评述：条蕨科是一个较为自然的单属科，在形态与地理分布上，与骨碎补科 Davalliaceae 有密切的联系。分子系统学研究显示条蕨科是骨碎补科-水龙骨科 Polypodiaceae 分支的姐妹群，其姐妹群关系得到了强烈支持[1,2]。

1. *Oleandra* Cavanilles 条蕨属

Oleandra Cavanilles (1799: 115); Zhang & Hovenkamp (2013: 747) (Type: *O. neriiformis* Cavanilles)

特征描述：同科描述。

分布概况：约 40/5 种，**2 型**；分布于热带及亚热带山地，自波利尼西亚北达日本，东至墨西哥，西到非洲；中国产秦岭以南。

系统学评述：条蕨属是条蕨科下唯一的属，Tryon[3,4]曾对该属进行过修订。分子系统学研究证实该属是骨碎补科-水龙骨科分支的姐妹群。

DNA 条形码研究：BOLD 网站有该属 6 种 9 个条形码数据。

代表种及其用途：华南条蕨 *O. cumingii* J. Smith、高山条蕨 *O. wallichii* (W. J. Hooker) C. Presl 和圆基条蕨 *O. intermedia* Ching 可观赏。

主要参考文献

[1] Liu HM, et al. Polyphyly of the fern family Tectariaceae sensu Ching: insights from cpDNA sequence data[J]. Sci China Ser C, 2007, 50: 789-798.

[2] Schuettpelz E, Pryer KM. Fern phylogeny inferred from 400 leptosporangiate species and three plastid genes[J]. Taxon, 2007, 56: 1037-1050.

[3] Tryon R. Systematic notes on *Oleandra*[J]. Rhodora, 1998, 99: 335-343.

[4] Tryon R. Systematic notes on the Old World fern genus *Oleandra*[J]. Rhodora, 2000, 102: 428-438.

Davalliaceae M. R. Schomburgk (1848) 骨碎补科

特征描述：中型附生草本植物，少为土生。根状茎横走或少为直立，有网状中柱。叶远生；叶柄基部以关节着生于根状茎上；叶常为三角形，二至四回羽状分裂，草质至坚革质；羽片不以关节着生于叶轴；叶脉分离。孢子囊群为叶缘内生或叶背生，着生于小脉顶端，具囊群盖；囊群盖为半管形、杯形、圆形、半圆形或肾形，基部着生或同时多少以两侧着生，仅口部开向叶边。孢子囊圆形，囊柄细长，环带由 12-16 个增厚的细胞组成。孢子两侧对称，椭圆形或长椭圆形，具单裂缝，通常不具周壁。

分布概况：1 属/约 65 种，主要分布于亚洲热带及亚热带，少数到非洲和欧洲；中国 1 属/17 种，主产西南及南部，少数到东部，仅有 1 种达华北和东北。

系统学评述：Tsutsumi 等[1]、Tsutsumi 和 Kato[2]及 Kato 和 Tsutsumi[3]对骨碎补科的形态学和分子系统学研究显示骨碎补科可划分为 6 个分支，但所取样的属（除阴石蕨属 *Humata* 外）均为非单系。基于分子系统学研究，Tsutsumi 等[1]将该科划分为 5 个属，包括骨碎补属 *Davallia*、阴石蕨属、钻毛蕨属 *Davallodes*、*Wibelia* 和新命名的 *Araiostegiella*。Christenhusz 等[4]认为该科仅包括骨碎补属和钻毛蕨属 2 个属。Tsutsumi 等[5]联合叶绿体和核基因片段对骨碎补科的系统发育重建结果显示，骨碎补科分为 7 个分支，其中 6 个分支分别与 Kato 和 Tsutsumi[3]界定的属相对应，但叶绿体和核基因片段构建的系统树拓扑结构均不一致，联合数据分析也未能解决各分支间关系，且各分支缺乏形态共衍征支持。基于该研究，Tsutsumi 等[5]建议骨碎补科仅包括骨碎补属，属下划分为 7 组。

1. *Davallia* J. Smith 骨碎补属

Davallia J. Smith (1793: 414) [Lectotype: *D. canariensis* (Linnaeus) Smith (≡ *Trichomanes canariense* Linnaeus)]. ——*Araiostegia* Copeland (1927: 240); *Davallodes* (Copeland) Copeland (1908: 33); *Humata* Cavanilles (1802: 272); *Paradavallodes* Ching (1966: 18)

特征描述：中型附生草本植物。根状茎横走、攀援或少直立。叶远生；叶柄基部以关节着生于根状茎上；叶三角形、五角形至卵形，一型或少为近二型，通常为多回羽状分裂；叶脉分离，小脉分叉，有时达到软骨质叶缘，叶脉之间有时具假脉。孢子囊群生于小脉顶端；囊群盖呈管状，杯状，圆形，半圆形或阔肾形，以基部及两侧着生于叶面，边缘外侧常有 1 个角状凸起。孢子囊柄长而纤细，环带由 14 个增厚的细胞组成。孢子椭圆形，不具周壁，孢子外壁具疣状纹饰。染色体 $x=40$，41。

分布概况：约 65/17（4）种，**2** 型；分布于热带和亚热带，亚洲南部达马来西亚，北达日本，以马来西亚尤盛；中国主产南部和西南部，少数到东部，仅有 1 种到河北及辽东半岛。

系统学评述：骨碎补属为骨碎补科下唯一的属，Tsutsumi 等[5]依据形态和分子证据将属下划分为 7 组，即 *Davallia* sect. *Araiostegiella*、*D.* sect. *Davallia*（仅包括 *D. canariensis*）、*D.* sect. *Davallodes*、*D.* sect. *Humata*（包括 *Pachypleuria* 和 *Parasorus*）、*D.* sect. *Scyphularia*、*D.* sect. *Trogostolon* 和 *D.* sect. *Cordisquama*。

DNA 条形码研究：BOLD 网站有该属 25 种 38 个条形码数据。

代表种及其用途：骨碎补 *D. trichomanoides* Blume、大叶骨碎补 *D. divaricate* Blume 可药用。

主要参考文献

[1] Tsutsumi C, et al. Molecular phylogeny of Davalliaceae and implications for generic classification[J]. Syst Bot, 2008, 33: 44-48.

[2] Tsutsumi C, Kato M. Evolution of epiphytes in Davalliaceae and related ferns[J]. Bot J Linn Soc, 2006, 151: 495-510.

[3] Kato M, Tsutsumi C. Generic classification of Davalliaceae[J]. Acta Phytotax Geobot, 2008, 59: 1-14.

[4] Christenhusz MJM, et al. A linear sequence of extant families and genera of lycophytes and ferns[J]. Phytotaxa, 2011, 19: 7-54.

[5] Tsutsumi C, et al. Phylogeny and classification of Davalliaceae on the basis of chloroplast and nuclear markers[J]. Taxon, 2016, 65: 1236-1248.

Polypodiaceae J. Presl & C. Presl (1822) 水龙骨科

特征描述： 小型至中大型附生植物，少为土生草本植物。根状茎长而横走，直立或有时斜升，网状中柱。叶一型或二型，2 列生于根状茎的前部，以关节着生，单叶而全缘、多少深裂或为羽状分裂，草质、纸质或为革质，被各式的毛或无毛；<u>叶脉为各式的网状，槲蕨型或少羽状分裂</u>，网眼内通常有分叉的内藏小脉。孢子囊群着生于叶面或陷入叶肉内，通常为圆形、椭圆形、线形或有时满布于能育叶背面的全部或部分，着生于分离小脉的先端或近先端，或着生于网脉的交结点，或聚生成线形的汇生囊群（常与主脉或侧脉平行或斜生）；<u>无囊群盖，隔丝有或无。孢子囊圆形或倒卵形</u>，柄长，有 1 或 3 行细胞，由（11）14-16 个增厚的细胞组成。孢子两侧对称，椭圆形、长椭圆形或球形，具单裂缝或三裂缝，周壁或外壁有各种纹饰或光滑。

分布概况： 约 65 属/1652 余种，世界广布，主产热带或亚热带；中国 36 属/270 余种，主产长江以南。

系统学评述： 水龙骨科复杂的叶脉结构和多样的孢子囊群形态，使得一些属的划分存在相当大的分歧。Ching[1]、秦仁昌[2]在 1940 年和 1978 年从原来的水龙骨科中分别独立出了几个科，即禾叶蕨科 Grammitidaceae、Gymnogrammitidaceae、剑蕨科 Loxogrammaceae、槲蕨科 Drynariaceae 和鹿角蕨科 Platyceriacea。而 Nayar[3]倾向于把水龙骨科分成 5 个亚科，并得到大多学者的认同，认为是较为合理的分类。分子系统学研究也支持 Nayar 的观点。Schneider 等[4]基于 *rbc*L、*rps*4、*rps*4-*trn*S 对水龙骨-禾叶蕨类进行了系统重建，结果显示该类群分为 4 个主要的分支，即剑蕨类、两个旧热带分支（一个包括槲蕨类 Drynarioids 和修蕨类 Selligueoids，另一个包括鹿角蕨类 Platycerioids、瓦韦类 Lepisoroids、星蕨类 Microsoroids 和其近缘类群）和新热带分支（包括禾叶蕨科），其中剑蕨类为最早分化的分支，是其他分支的姐妹群。传统分类中的星蕨属 *Microsorum* 和多足蕨属 *Polypodium* 均为多系。Schuettpelz 和 Pryer[5]对薄囊蕨类的系统重建显示水龙骨科分为 5 个主要分支，其中剑蕨类分支位于整个水龙骨类的基部位置，禾叶蕨类聚入水龙骨科内部。Wang 等[6]利用多个叶绿体片段构建了瓦韦族（即星蕨亚科 Microsoroideae）的系统树，结果显示该属分为 7 个具较高支持的分支。扇蕨属 *Neocheiropteris* 和毛鳞蕨属 *Tricholepidium* 为单系，*Paragramma* 聚入瓦韦属 *Lepisorus* 中。Wang 等[7]对盾蕨属 *Neolepisorus*、伏石蕨属 *Lemmaphyllum* 和鳞果星蕨属 *Lepidomicrosorium* 进行了重新定义，将 *Caobangia* 处理为伏石蕨属的异名。Christenhusz 等[8]根据最近的分子系统学研究提出将水龙骨科分 5 个亚科，即剑蕨亚科 Loxogrammoideae、槲蕨亚科 Drynarioidae、鹿角蕨亚科 Platycerioideae、星蕨亚科和水龙骨亚科 Polypodioideae，FOC 采纳了这样的分类观点。Parris 和 Sundue 在 PPG I 系统中新建立了禾叶蕨亚科 Grammitidoideae，水龙骨科包括 6 亚科 65 属约 1652 种。在该系统中，某些类群（如锡金假瘤蕨属 *Himalayopteris* 处

理为修蕨属 *Selliguea* 的异名）的处理并没有分子系统学研究的支持，某些属（如修蕨属和星蕨属 *Microsorum*）不是单系类群。此处没有采纳 PPG I 和 FOC 的处理，共收录 36 属。

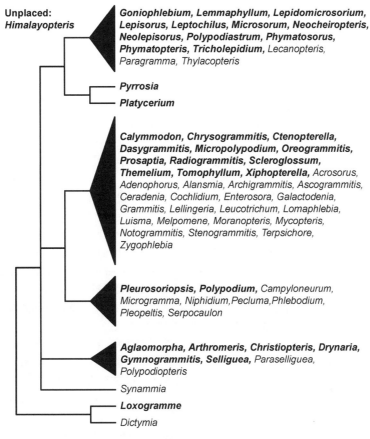

图 20　水龙骨科分子系统框架图（参考 Schuettpelz 和 Pryer[5]）

分属检索表

1. 植株具腐殖质积聚叶或叶片基部膨大成阔耳形
　　2. 叶掌状二歧深裂，如鹿角状；孢子囊群有隔丝 ·· **24. 鹿角蕨属 *Platycerium***
　　2. 叶一回深裂或羽状；孢子囊群无隔丝
　　　　3. 叶二型，不育叶为槲叶状，较小，枯棕色，覆盖根状茎上以积聚腐殖质···· **8. 槲蕨属 *Drynaria***
　　　　3. 叶一型，仅叶基部扩大以积聚腐殖质 ·· **1. 连珠蕨属 *Aglaomorpha***
1. 植株不具腐殖质积聚叶或叶片基部不膨大成阔耳形
　　4. 叶柄基部以关节着生于根状茎上；叶光滑或具多细胞粗毛
　　　　5. 叶三至四回羽状细裂；孢子囊群无盾状隔丝 ···························· **10. 雨蕨属 *Gymnogrammitis***
　　　　5. 叶为单叶或一回羽状；孢子囊群至少幼时具盾状隔丝
　　　　　　6. 叶密被星状毛 ··· **29. 石韦属 *Pyrrosia***
　　　　　　6. 叶不具星状毛，仅有单毛
　　　　　　　　7. 叶脉分离或在羽轴两侧各有 1 行网眼，内有 1 条不分叉的内藏小脉
　　　　　　　　　　8. 叶一回羽状分裂，两面光滑无毛或被柔毛
　　　　　　　　　　　　9. 羽片以关节着生于叶轴 ································· **9. 棱脉蕨属 *Goniophlebium***

9. 羽片不以关节着生于叶轴
    10. 叶一回羽状分裂，叶轴两侧无翅 ························· **26. 拟水龙骨属** *Polypodiastrum*
    10. 叶深羽裂
        11. 无毛或有短柔毛 ·················· **27. 多足蕨属** *Polypodium*
        11. 两面密被多细胞柔毛 ·················· **11. 锡金假瘤蕨属** *Himalayopteris*
8. 叶二回羽状分裂，两面被多细胞短毛，边缘有密睫毛 ······ **25. 睫毛蕨属** *Pleurosoriopsis*
7. 叶脉网结成复杂网眼，内有 1-3 条分叉的内藏小脉
    12. 叶二型；孢子囊布满能育叶下面
        13. 叶掌状至戟形，革质 ······························ **4. 戟蕨属** *Christiopteris*
        13. 叶披针形、椭圆形至卵形，草质或纸质 ··············· **15. 薄唇蕨属** *Leptochilus*
    12. 叶一型或亚二型；孢子囊群圆形或线形，位于叶背面
        14. 孢子囊群圆形、椭圆形或长椭圆形，极少两端接合
            15. 叶鸟足状深裂 ···················· **19. 扇蕨属** *Neocheiropteris*
            15. 叶通常为单叶，孢子囊群幼时具盾状或伞状隔丝
                16. 叶为单叶，偶有不规则分裂
                    17. 侧脉明显；根状茎鳞片具簇生的柔毛或刚毛
                        18. 根状茎鳞片具簇生柔毛；叶卵形或长披针形，下面疏被小鳞片
                        ··························· **20. 盾蕨属** *Neolepisorus*
                        18. 根状茎鳞片具簇生刚毛；叶披针形或带状，光滑 ····· **35. 毛鳞蕨属** *Tricholepidium*
                    17. 侧脉不明显；根状茎鳞片上无毛
                      19. 叶革质或肉质；孢子囊群大，在主脉两侧各排成 1 行 ·······
                        ································· **14. 瓦韦属** *Lepisorus*
                      19. 叶纸质；孢子囊群小，通常密而散生在叶背面 ·············
                        ····················· **13. 鳞果星蕨属** *Lepidomicrosorium*
                16. 叶通常为羽裂或羽状，有时为单叶；孢子囊群幼时具线状隔丝
                    20. 孢子囊群较小，不规则地布满叶下面，偶成 1 行 ·············
                    ·························· **18. 星蕨属** *Microsorum*
                    20. 孢子囊群较大，有规则地在主脉两侧排成 1 行
                      21. 羽片以关节着生于叶轴 ········· **2. 节肢蕨属** *Arthromeris*
                      21. 羽片不以关节着生于叶轴
                        22. 根状茎粗，肉质，具透明的大筛孔卵形鳞片 ···············
                        ····················· **23. 瘤蕨属** *Phymatosorus*
                        22. 根状茎细长，不为肉质，具不透明狭长筛孔的披针形鳞片 ···
                        ··················· **22. 假瘤蕨属** *Phymatopteris*
    14. 孢子囊群线形
        23. 叶肉质；网状脉，网眼大而稀疏
        24. 叶柄以关节着生于根状茎上；叶倒卵形、卵形或椭圆形 ···········
            ················· **12. 伏石蕨属** *Lemmaphyllum*
        24. 叶柄不以关节着生于根状茎上；叶线形、披针形或倒披针形 ···········
            ····················· **16. 剑蕨属** *Loxogramme*
        23. 叶纸质或革质；网状脉，网眼小而明显
        25. 根状茎鳞片薄而透明；叶纸质，披针形；孢子囊群圆形或椭圆形 ···········
            ························· **14. 瓦韦属** *Lepisorus*

25. 根状茎鳞片厚而不透明；叶革质，卵状披针形；孢子囊群线形 ··············
·· **32. 修蕨属 *Selliguea***

4. 叶柄和（或）叶边缘被针状刚毛；叶表面常具分叉毛或腺毛；孢子绿色

26. 单叶

27. 孢子囊群线形，2 行，着生于叶缘与中肋之间的深纵沟内····· **31. 革舌蕨属 *Scleroglossum***

27. 孢子囊群圆形至狭椭圆形，斜向中肋，常表面生或稍下陷于叶肉内（偶深陷）

28. 根状茎背腹生 ·· **21. 滨禾蕨属 *Oreogrammitis***

28. 根状茎放射状 ·· **30. 辐禾蕨属 *Radiogrammitis***

26. 叶羽状分裂至二回羽状分裂

29. 羽片的小脉简单或分叉，孢子囊群每羽片 1（或 2）枚；根状茎放射状

30. 孢子囊群为折叠的羽片包被 ······························ **3. 荷包蕨属 *Calymmodon***

30. 孢子囊群不为折叠的羽片包被

31. 叶上被红棕色至暗红棕色毛，毛简单，大多数长于 0.5mm，短于 1.8mm··········
··· **17. 锯蕨属 *Micropolypodium***

31. 叶上被灰白色毛，简单或一至二叉，短于 0.5mm ······ **36. 剑羽蕨属 *Xiphopterella***

29. 羽片的小脉羽状分枝，孢子囊群每羽片 1 至几枚；根状茎放射状或背腹生

32. 叶柄和叶（有时根状茎鳞片）上被淡黄棕色毛，毛 0.1-0.2mm，为简单的腺毛或分叉
的、具腺状分枝的毛，无其他类型的毛·················· **5. 金禾蕨属 *Chrysogrammitis***

32. 叶柄和叶（有时根状茎鳞片）上不被淡黄棕色、0.1-0.2mm 长的简单的腺毛或分叉的、
具腺状分枝的毛，而被其他类型的毛

33. 孢子囊群近边缘或边缘生，或满布于叶表面，常深陷于叶肉内，有时生于叶表面
或稍陷于叶下面；根状茎背腹生，叶柄与根状茎处具关节，具叶足；根状茎上的
鳞片窗格状或近窗格状，边缘被毛 ···················· **28. 穴子蕨属 *Prosaptia***

33. 孢子囊群满布于叶表面，生于叶表面或稍陷于叶下面；根状茎辐射状或背腹生，
叶柄与根状茎处有时具关节，有时具叶足；根状茎上的鳞片近窗格状至窗格状，
有时边缘被毛

34. 根状茎背腹生，根状茎上被光滑鳞片

35. 叶柄上的毛长至 0.4mm ·························· **6. 小蒿蕨属 *Ctenopterella***

35. 叶柄上的毛长至 2mm ····························· **33. 蒿蕨属 *Themelium***

34. 根状茎辐射状，鳞片顶端和（或）边缘被毛

36. 叶上面的小脉末端无水囊，叶上被暗红棕色鳞片·····························
·· **7. 毛禾蕨属 *Dasygrammitis***

36. 叶上面的小脉末端具水囊，叶上被淡红棕色至红棕色鳞片·····················
·· **34. 裂禾蕨属 *Tomophyllum***

1. *Aglaomorpha* Schott 连珠蕨属

Aglaomorpha Schott (1835: pl.19) (Type: *A. meyeniana* Schott). ——*Photinopteris* J. Smith (1842: 115);
Pseudodrynaria C. Christensen (1938: 548)

特征描述：大型附生草本植物。<u>根状茎粗肥横走</u>，肉质，被狭鳞片。<u>叶一型</u>，<u>簇生</u>，
<u>呈鸟巢状</u>，无柄，基部不以关节着生于根状茎上；叶片基部扩大，干膜质，中部较大，
近革质，深羽裂，裂片阔披针形或卵状披针形，<u>叶脉明显</u>，网状，有规则地多次联<u>结成</u>
<u>大小四方形网眼</u>，内有单一或二叉的内藏小脉（<u>槲蕨型脉系</u>）；叶片上部能育，羽裂，

能育叶羽片狭披针形或线形。孢子囊群椭圆形或肾形，着生于叶脉交叉处，呈汇生囊群；无囊群盖，无隔丝。孢子囊为水龙骨型，环带由 10-16 个增厚的细胞组成。孢子椭圆形或肾形，具脊或球状纹饰。染色体 x=36，37。

分布概况：32/3 种，**7 型**；分布于亚洲热带；中国产云南和台湾。

系统学评述：Janssen 和 Schneider[9]的研究显示连珠蕨属为单系，但其与槲蕨属 *Drynaria* 的关系未得到解决。Schneider 等[10]提出将槲蕨类的所有种并为连珠蕨属 *Aglaomorpha*。Christenhusz 等[8]将顶育蕨属 *Photinopteris* 处理为连珠蕨属的异名，FOC 承认其独立为属。PPG I 将槲蕨属和戟蕨属 *Christiopteris* 均处理为连珠蕨属的异名，因分子系统学研究取样有限，而这几个类群均有明显的形态特征可以区分，此处将连珠蕨属、槲蕨属和戟蕨属各自独立为属。

DNA 条形码研究：BOLD 网站有该属 13 种 17 个条形码数据。

代表种及其用途：连珠蕨 *A. meyeniana* Schott 广泛栽培，是良好的观赏植物。崖姜蕨 *A. coronans* (Wallich ex Mettenius) Copeland 可药用。

2. *Arthromeris* (T. Moore) J. Smith 节肢蕨属

Arthromeris (T. Moore) J. Smith (1875: 110); Lu & Hovenkamp (2013: 768) [Type: *A. juglandifolia* J. Smith, *nom. illeg.* (≡ *Polypodium juglandifolium* D. Don (1825), non Humboldt & Bonpland ex Willdenow (1810); =*A.wallichiana* (Spragner) Ching (≡ *Polypodium wallichianum* Spragner)]

特征描述：中型土生或附生植物。根状茎长而横走，粗壮，肉质，密被覆瓦状鳞片。叶一型，远生；叶柄基部以关节着生于根状茎；叶奇数一回羽状，侧生羽片同形，对生，与叶轴连接处具关节，披针形，边缘软骨质或阔膜质；侧脉明显，并行，从主脉几直达叶边，小脉不明显，网状，网眼不整齐，具单一或分叉的内藏小脉；叶纸质或近革质，无毛或偶被柔毛。孢子囊群圆形，分离，着生于小脉的交结点，不具隔丝。孢子囊环带由 14-16 个增厚的细胞组成。孢子椭圆形，周壁具疣状纹饰。染色体 x=12，（36）。

分布概况：约 20/17（8）种，**7 型**；分布于亚洲热带；中国产西南、华中、华南和台湾。

系统学评述：分子系统学研究显示节肢蕨属与修蕨属 *Selliguea* 互为姐妹群[5,9]，或节肢蕨属是雨蕨属 *Gymnogrammitis*-修蕨属的姐妹群[10]。因而，该属的系统位置及属下种间划分仍需进一步研究。

DNA 条形码研究：BOLD 网站有该属 6 种 17 个条形码数据。

代表种及其用途：节肢蕨 *A. lehmannii* (Mettenius) Ching 和龙头节肢蕨 *A. lungtauensis* Ching 可药用。

3. *Calymmodon* C. Presl 荷包蕨属

Calymmodon C. Presl (1836: 203); Moore & Parris (2013: 843) [Type: *C. cucullatus* (Nees & Blume) C. Presl (≡ *Polypodium cucullatum* Nees & Blume)]

特征描述：小型附生植物。根状茎斜生，密被鳞片。叶簇生；叶柄短，紧贴根状茎，基部不具关节；叶线形，软纸质，被柔毛或近无毛，单叶呈羽状深裂或一回羽状分裂；叶脉单一，少分叉，常不明显，在羽片或裂片上的叶脉为一枚小脉。孢子囊群圆形或椭圆形，生于叶片上部，每羽片或裂片一枚，着生于小脉中部或顶部，在主脉两侧各成 1 行，裂片基部一半反卷包被孢子囊群；无囊群盖，无隔丝。孢子囊柄除近顶部外为 1 行细胞组成。孢子囊环带由 12-17 个增厚的细胞的组成。孢子球形，较小，不具周壁。染色体 x=37。

分布概况：约 25/2 种，**7 型**；分布于亚洲热带；中国产华南和台湾。

系统学评述：Ranker 等[11]对禾叶蕨类的研究表明荷包蕨属 2 个种聚为 1 个亚分支，与 *Ctenopteris* spp.和 *Scleroglossum* spp.共同聚为 1 个分支。

DNA 条形码研究：BOLD 网站有该属 5 种 5 个条形码数据。

代表种及其用途：短叶荷包蕨 *C. asiaticus* Copeland 可观赏。

4. *Christiopteris* Copeland 戟蕨属

Christiopteris Copeland (1917: 331); Lu & Hovenkamp (2013: 773) [Type: *C. varians* (Mettenius) Copeland (≡ *Acrostichum varians* Mettenius)]

特征描述：中型附生或土生植物。根状茎长而横走，粗壮，密被鳞片。叶二型，远生；叶柄基部以关节着生于根状茎上；不育叶掌状 3 裂或羽状半裂，边缘全缘；能育叶掌状三深裂，裂片收缩，狭窄；侧脉明显，纤细，小脉网状，不明显，有单一或分叉的内藏小脉；叶革质，两面光滑无毛，不育叶幼时背面有盾形鳞片。孢子囊群圆形，布满于能育叶的背面，具短隔丝，单一或分枝。孢子囊柄细长，3 行细胞。孢子圆形，周壁具颗粒、刺状纹饰。

分布概况：约 2/1 种，**7 型**；分布于亚洲热带；中国产海南。

系统学评述：Schneider 等[12]的研究显示戟蕨属为槲蕨类成员。二型叶、网结脉等形态特征也支持戟蕨属与槲蕨类间的近缘关系。PPG I 系统中将戟蕨属处理为连珠蕨属的异名。

DNA 条形码研究：BOLD 网站有该属 1 种 1 个条形码数据。

代表种及其用途：戟蕨 *C. tricuspis* (Hooker) Christ 可观赏。

5. *Chrysogrammitis* Parris 金禾蕨属

Chrysogrammitis Parris (1998: 909); Moore & Parris (2013: 845) [Type: *C. glandulosa* (J. Smith) Parris (≡ *Ctenopteris glandulosa* J. Smith)]

特征描述：小型附生植物。根状茎具背腹性，叶柄分 2 列着生；上被红褐色或黄褐色鳞片，鳞片光滑或边缘具腺状毛。叶柄不具关节，无叶足；叶深度羽裂成沿叶轴分布的狭翅；羽片上的叶脉羽状分枝，叶脉分离；叶脉末端具水囊。孢子囊群生于羽片表面，每羽片多个。孢子囊光滑。毛淡黄棕色，具简单腺体和一至二回分叉。

分布概况：约 2/1 种，**7 型**；分布于亚洲热带地区及太平洋岛屿；中国产台湾。

系统学评述：Parris[13,14]基于腺状隔丝和其他羽片毛的特征，提出金禾蕨属和夏威

夷分布的 *Adenophorus* 近缘。Ranker 等[11]对禾叶蕨类的研究显示，金禾蕨属与 *Adenophorus* 亲缘关系较远，但该属的系统位置并没有得到很好解决，其与 IVa 分支间的姐妹群关系仅得到微弱支持，且金禾蕨属并不具有 IVa 分支所共有的水囊结构。金禾蕨属的系统位置需要进一步研究明确[15]。

DNA 条形码研究：BOLD 网站有该属 2 种 3 个条形码数据。

6. *Ctenopterella* Parris 小蒿蕨属

Ctenopterella Parris (2007: 234); S. J. Moore & Parris (2013: 848) [Type: *C. blechnoides* (Greville) Parris (≡ *Grammitis blechnoides* Greville)]

特征描述：小型至中型附生植物。根状茎具背腹性，叶柄分 2 列着生；被红褐色至淡褐色的鳞片，鳞片不为窗格状，光滑。叶柄不具关节，无叶足；叶羽状至深度羽裂成沿叶轴分布的狭翅；叶脉羽状分枝，分离；叶脉末端具水囊，有时不明显。每羽片具多个孢子囊群，圆形至卵形，着生于叶表面或多少下陷于叶肉中。孢子囊光滑，毛不分枝或一至二回分叉、分枝，无腺体。

分布概况：约 12/1 种，**6** 型；分布于非洲至太平洋岛屿；中国产台湾。

系统学评述：Ranker 等[11]对禾叶蕨类的研究显示旧热带分布的禾叶蕨类落入 4 个分支，从根状茎的形态、根状茎上鳞片类型及毛被类型来看，小蒿蕨属可能与禾叶蕨类分支 Ia 或分支 II 较近缘，但其具体系统位置仍需进一步研究。

DNA 条形码研究：BOLD 网站有该属 2 种 2 个条形码数据。

7. *Dasygrammitis* Parris 毛禾蕨属

Dasygrammitis Parris (2007: 238); Moore & Parris (2013: 849) [Type: *D. mollicoma* (Nees & Blume) Parris (≡ *Polypodium molliconum* Nees & Blume)]

特征描述：小型至中型附生植物。根状茎呈放射状，叶柄螺旋着生；上被中红褐色至暗红褐色鳞片，鳞片不为窗格状，边缘具毛。叶柄不具关节，无叶足；叶深度羽裂成沿叶轴分布的狭翅；叶脉羽状分枝，分离；叶脉末端无水囊。每羽片多个孢子囊群，圆形至卵形，着生于叶表面或多少下陷于叶肉中。孢子囊光滑。

分布概况：约 6/1 种，**7** 型；分布于斯里兰卡至太平洋岛屿；中国产台湾。

系统学评述：依据根状茎的形态和毛被类型，毛禾蕨属可能与同具放射状根状茎的 *Tomophyllum*、革舌蕨属 *Scleroglossum* 和荷包蕨属共同隶属于禾叶蕨类分支 III[11,15]。

DNA 条形码研究：BOLD 网站有该属 5 种 7 个条形码数据。

8. *Drynaria* (Bory) J. Smith 槲蕨属

Drynaria (Bory) J. Smith (1841: 60); Zhang & Gilbert (2013: 766) [Type: *D. quercifolia* (Linnaeus) J. Smith (≡ *Polypodium quercifolium* Linnaeus)]

特征描述：中或大型附生草本。根状茎粗、横走，肉质，密被鳞片。叶二型：不育叶短而基生，为腐殖质叶，无叶绿素，无柄，干膜质或硬革质，棕色，宿存，边缘浅裂，基部心脏形，覆盖于根状茎上；<u>能育叶为大而正常的营养叶</u>，<u>绿色</u>，具柄，羽状深裂（偶有羽状分裂），裂片或羽片披针形，基部扩大，以不明显的关节与叶轴合生；<u>叶脉明显隆起，有规则地多次联结成大小四方形网眼，内有单一或二叉的内藏小脉（槲蕨型脉系）</u>。孢子囊群圆形，着生于叶脉交叉处，生于叶面，不具囊群盖，无隔丝；孢子囊环带由 13 个增厚的细胞组成。孢子椭圆形，周壁薄而透明，具刺状纹饰，外壁表面具疣状纹饰或纹饰模糊。染色体 x=37。

分布概况：约 15/9（1）种，**2 型**；分布于泛热带和亚热带；中国产长江以南，向西达西藏，向北到秦岭。

系统学评述：研究显示槲蕨属为非单系类群[PPG I,12]。Schneider 等[12]提出将槲蕨类的所有种并入连珠蕨属。PPG I 将槲蕨属处理为连珠蕨属的异名。该属的系统位置及划分仍需进一步研究澄清。

DNA 条形码研究：BOLD 网站有该属 12 种 23 个条形码数据。

代表种及其用途：槲蕨 *D. roosii* Nakaike、川滇槲蕨 *D. delavayi* Chris、石姜莲槲蕨 *D. propinqua* (Wallich ex Mettenius) J. Smith 的根状茎均可入药。

9. *Goniophlebium* (Blume) C. Presl 棱脉蕨属

Goniophlebium (Blume) C. Presl (1836: 185); Lu & Hovenkamp (2013: 797) [Type: *G. piloselloides* (Linnaeus) J. Smith (≡ *Polypodium piloselloides* Linnaeus)]. ——*Schellolepis* J. Smith (1866: 82)

特征描述：中型至大型附生植物。根状茎长而横走，黑色，通常被白粉，具网状中柱，密被粗筛孔状鳞片。<u>叶远生</u>，<u>具长柄</u>，<u>基部以关节着生于叶足上</u>；叶大，椭圆形，奇数一回羽状，<u>羽片多数</u>，彼此分离，<u>以关节着生于叶轴</u>，披针形或线形，草质；<u>叶脉明显，在侧脉间网结成</u>（1）2-3 个<u>网眼</u>，<u>各具分离的内藏小脉 1 条</u>，网眼以外的小脉分离，或有时形成 1 个不具内藏小脉的小网眼。<u>孢子囊群圆形</u>，在羽轴两侧各成 1 行，生于近羽轴的 1 行网眼的内藏小脉顶端，通常<u>多少陷入穴孔内</u>并在叶上面形成 1 个乳状凸起；隔丝伞形，具粗筛孔，边缘具粗齿。孢子囊环带由 12 个增厚的细胞组成。孢子椭圆形，具透明周壁，外壁具小疣状纹饰。染色体 x=37。

分布概况：约 20/2 种，**5 型**；分布于亚洲热带和大洋洲；中国产云南和海南。

系统学评述：Hennipman 等[16]研究提出棱脉蕨属与水龙骨属亲缘关系较远。分子系统学研究支持 Rödllinder[17]提出的广义的棱脉蕨属，其中，*Goniophlebium percussum* group（包括 *Schellolepis*）是拟水龙骨 *Polypodiastrum*-水龙骨属 *Polypodioides* 的姐妹群。PPG I 将拟水龙骨属、篦齿蕨属 *Metapolypodium* 和水龙骨属均作为棱脉蕨的异名处理。

DNA 条形码研究：BOLD 网站有该属 7 种 11 个条形码数据。

代表种及其用途：棱脉蕨 *G. persicifolium* (Desvaux) Beddome、穴果棱脉蕨 *G. subauriculatum* (Blume) C. Presl 供观赏。

10. *Gymnogrammitis* Griffith 雨蕨属

Gymnogrammitis Griffith (1849: 608); Zhang & Nooteboom (2013: 786) [Type: *G. dareiformis* (W. J. Hooker)

Ching ex Tardieu & C. Christensen (≡ *Polypodium dareiforme* W. J. Hooker)]

特征描述： 小型附生植物。根状茎横走，圆柱形，辐射对称，坚挺，灰蓝色，具网状中柱，密被鳞片。<u>叶远生</u>，螺旋状排列，草质；<u>叶柄圆柱形</u>，栗褐色或深禾秆色，光滑无毛，有浅沟，<u>基部以关节着生于叶足上</u>；叶卵状三角形，渐尖头，基部近心脏形，三至四回羽状分裂，末回小羽片深裂，圆头或近尖头，全缘；小脉单一，不达叶边，叶轴栗褐色。<u>孢子囊群小</u>，<u>圆形</u>，<u>无囊群盖</u>，生于裂片背面，位于小脉顶端以下，成熟时较宽于裂片。孢子两侧对称，椭圆形，透明，具单裂缝，无周壁，外壁表面具细长的棒状纹饰（似腺毛）和不明显细网。

分布概况： 1/1 种，**14** 型；分布于东亚和东南亚；中国产西南和华南。

系统学评述： 分子系统发育研究表明，雨蕨属或修蕨属互为姐妹群[10]，或与节肢蕨属、修蕨属及 *Polypodiopteris* 共同构成 1 个强烈支持的单系分支[4]，因而，雨蕨属的系统发育位置仍需进一步研究。

DNA 条形码研究： BOLD 网站有该属 1 种 6 个条形码数据。

代表种及其用途： 雨蕨 *G. dareiformis* (W. J. Hooker) Ching ex Tardieu & C. Christensen 供观赏。

11. *Himalayopteris* W. Shao & S. G. Lu 锡金假瘤蕨属

Himalayopteris W. Shao & S. G. Lu（2011: 91）；Lu & Gilbert (2013: 804) [Type: *H. erythrocarpa* (Mettenius ex Kuhn) W. Shao & S. G. Lu (≡ *Polypodium erythrocarpum* Mettenius ex Kuhn)]

特征描述： 小型附生植物。根状茎长而横走，被 2 色鳞片，中间栗色，边缘褐色，顶端渐尖，边缘具短纤毛。叶远生；<u>叶柄禾秆色</u>；<u>叶羽状深裂或基部全裂</u>，叶轴具狭翅或下部无翅；裂片椭圆披针形，顶端尖，主脉和侧脉明显，小脉不明显，网结成 1-2 行网眼，每网眼末端具一水囊；最下侧的裂片稍下延，边缘具明显的小缺刻或凹痕；<u>叶薄革质</u>，<u>两面密被多细胞柔毛</u>，叶顶端部分可育。孢子囊群圆形，在裂片中脉两侧的下方网眼内各 1 行。孢子囊被刚毛。染色体 x=37。

分布概况： 1/1 种，**7** 型；分布于不丹，印度北部，尼泊尔；中国产西藏。

系统学评述： 锡金假瘤蕨属为 Shao 和 Lu[18]基于 *H. erythrocarpa* (Mettenius ex Kuhn) W. Shao & S. G. Lu 发表的新属。PPG I 将其处理为修蕨属的异名。目前该属尚无分子系统学研究，其是否成立及其系统位置有待进一步研究确认。

12. *Lemmaphyllum* C. Presl 伏石蕨属

Lemmaphyllum C. Presl (1851: 517); Lin et al. (2013: 824) (Lectotype: *L. spatulatum* C. Presl). —— *Caobangia* A. R. Smith & X. C. Zhang (2002: 546); *Lepidogrammitis* Ching (1940: 258)

特征描述： 小型附生植物。根状茎细长而横走，密被鳞片。单叶，疏生；叶柄与根状茎之间有关节；<u>叶一型或二型</u>：<u>不育叶倒卵形、卵形或椭圆形</u>，全缘，<u>近肉质</u>，无毛或近无毛，或略被披针形小鳞片；<u>能育叶线形或线状披针形</u>；叶脉网状，主脉明显，无明显侧脉，内藏小脉常朝向主脉。<u>孢子囊群椭圆形或线形</u>，与主脉平行，叶顶端通常不育；隔丝盾状，具粗筛孔，边缘有齿。孢子囊环带约由 14 个增厚的细胞组成。孢子椭圆形，不具周壁，外壁较厚，轮廓线呈波纹或锯齿状，正面观形成不规则的云块状纹饰。染色体 *x*=12，（36）。

分布概况：约 6/5（2）种，**7** 型；分布于东亚，东南亚至俄罗斯远东地区；中国产长江以南。

系统学评述：骨牌蕨属 *Lepidogrammitis* 被 Hennipman 等[16]处理为伏石蕨属的异名。Wang 等[6]的分子系统学研究显示，伏石蕨属、骨牌蕨属、*Weatherby* 和 *Caobangia* 共同组成 1 个单系分支。但伏石蕨属和骨牌蕨属并没有分开，两者聚成的分支也没有得到强烈支持。据此，提出可将所有 4 个属归入伏石蕨属。Christenhusz 等[8]在其分类系统里将骨牌蕨属、*Weatherby* 和 *Caobangia* 均处理为伏石蕨属的异名，FOC 将骨牌蕨属处理为伏石蕨属的异名，*Caobangia* 则独立为 1 个属。

DNA 条形码研究：BOLD 网站有该属 7 种 11 个条形码数据。

代表种及其用途：肉质伏石蕨 *L. carnosum* C. Presl 可药用。

13. *Lepidomicrosorium* Ching & K. H. Shing 鳞果星蕨属

Lepidomicrosorium Ching & K. H. Shing (1983: 11); Zhang & Nooteboom (2013: 829) [Type: *L. subhastatum* (Baker) Ching (≡ *Polypodium subhastatum* Baker)]

特征描述：中小型附生植物，攀援树干或石壁上。根状茎铁线状，顶部呈鞭状，密被鳞片。叶疏生，纸质，披针形或戟形，基部楔形或心脏形，边缘全缘或有时为波状或撕裂，近一型，有柄；除主脉下面偶有狭披针形的粗筛孔状小鳞片外，其余光滑；侧脉不明显，曲折，网状，有内藏小脉。孢子囊群小，圆形，密而星散，少有在主脉两侧呈不规则的 1-2 行；隔丝盾状，近无柄，具透明粗筛孔，幼时覆盖孢子囊群，随孢子囊群的发育而早落。孢子圆肾形，单裂缝，周壁具网状纹饰。

分布概况：3/3 种，**14** 型；分布于越南北部，印度北部，不丹，缅甸北部，日本；中国产西南和华中。

系统学评述：鳞果星蕨属的范围界定长期存在争议，Nooteboom[19]仅承认 1 种，FRPS 收录了 19 种，FOC 则收录 3 种。Wang 等[6]的分子系统学研究显示鳞果星蕨属的 3 种聚为 1 个单系分支，与扇蕨属 *Neocheiropteris* 构成姐妹群。

DNA 条形码研究：BOLD 网站有该属 2 种 4 个条形码数据。

代表种及其用途：鳞果星蕨 *L. buergerianum* (Miquel) Ching & K. H. Shing ex S. X. Xu 供观赏。

14. *Lepisorus* (J. Smith) Ching 瓦韦属

Lepisorus (J. Smith) Ching (1933: 56); Qi et al. (2013: 808) [Type: *L. nudus* (W. J. Hooker) Ching (≡ *Pleopeltis nuda* W. J. Hooker)]. ——*Belvisia* Mirbel (1802: 473); *Drymotaenium* Makino (1901: 102)

特征描述：小型附生植物。根状茎粗短，横走，密被鳞片。单叶，革质，少为草质，两面均无毛，或下面有时疏被早落的小鳞片；疏生或近生，一型；叶披针形或线状披针形，向两端渐狭，基部下延于较短的叶柄，全缘或呈波状；<u>主脉明显，小脉联结成多数网眼</u>，具分叉的内藏小脉（顶端稍呈棒状）。孢子囊群圆形或椭圆形，分离，少汇生，在主脉与叶缘之间排成 1 行，幼时为隔丝覆盖，<u>隔丝圆盾形</u>，深褐色，具长柄。孢子囊梨形，具长柄，环带纵行，由 14 个增厚的细胞组成。孢子椭圆形，不具周壁，外壁轮廓线为不整齐的波纹状，具模糊的云块状纹饰，较密时则融合呈拟网状或穴状。染色体数目多样。

分布概况：约 80/49（23）种，**6 型**；主要分布于东亚，少数到非洲；中国南北均产。

系统学评述：Hennipman 等[16]将 *Paragramma* 作为瓦韦属的异名处理，分子系统学研究显示 *Paragramma* 应作为 1 个独立属[7,20]。Wang 等[7]对瓦韦属的分子系统学研究显示，瓦韦属为并系，丝带蕨属 *Drymotaenium*、宽带蕨属 *Platygyria* 和尖嘴蕨属 *Belvisia* 均嵌入瓦韦属内，广义的瓦韦属可分为 9 个主要分支。

DNA 条形码研究：BOLD 网站有该属 60 种 93 个条形码数据；GBOWS 已有 2 种 4 个条形码数据。

代表种及其用途：瓦韦 *L. thunbergianus* (Kaulfuss) Ching、大瓦韦 *L. macrosphaerus* (Baker) Ching 和网眼瓦韦 *L. clathratus* (C. B. Clarke) Ching 均可全草入药。

15. *Leptochilus* Kaulfuss 薄唇蕨属

Leptochilus Kaulfuss (1824: 147); Zhang & Nooteboom (2013: 833) [Type: *L. axillaris* (Cavanilles) Kaulfuss (≡ *Acrostichum axillare* Cavanilles)]. ——*Colysis* C. Presl (1851: 506); *Dendroglossa* C. Presl (1851: 509); *Paraleptochilus* Copeland (1947: 198)

特征描述：中小型附生植物。根状茎长而横走或攀援，先端被鳞片，具网状中柱。单叶，<u>远生</u>，一型或二型，无柄或有柄，叶柄与根状茎的关节不明显；不育叶披针形或卵状长圆形，纸质，无毛，先端急尖或渐尖，基部楔形；叶脉网状，侧脉几达叶边，小脉联结成不规则的网眼，内藏小脉分叉或单一，先端有水囊；<u>能育叶狭线形</u>，成熟时叶缘略反卷，叶柄较长。<u>孢子囊群线形，在每对侧脉间有一条和侧脉平行，或成熟时布满能育叶背面</u>，不具隔丝。孢子椭圆形或长椭圆形，不具周壁，外壁光滑或具有较短的刺状纹饰。染色体 $x=12$（36）。

分布概况：约 33/13（2）种，**7 型**；分布于亚洲热带；中国主产西南、华南和台湾。

系统学评述：Dong 等[21]基于 *rbc*L、*rps*4 和 *rps*4-*trn*S 的分子系统发育分析结果显示，薄唇蕨属（含似薄唇蕨属 *Paraleptochilus*）与线蕨属构成 1 个支持率很高的单系分支，但薄唇蕨属的成员位于线蕨属的不同支系内，因而支持线蕨属和薄唇蕨属合并为 1 个属。Schneider 等[4]的研究则显示星蕨类 Microsoroid（包括薄唇蕨属、似薄唇蕨属、线蕨属、瘤蕨属 *Phymatosorus* 和星蕨属 *Microsorum*）共同聚为 1 个分支，各属间关系并未得到有效解决。此处将薄唇蕨属作为独立属处理。

DNA 条形码研究：BOLD 网站有该属 2 种 6 个条形码数据。

代表种及其用途：似薄唇蕨 *L. decurrens* Blume、断线蕨 *L. hemionitideus* (C. Presl) Nooteboom 供观赏。

16. *Loxogramme* (Blume) C. Presl 剑蕨属

Loxogramme (Blume) C. Presl (1836: 214); Zhang & Gilbert (2013: 761) [Lectotype: *L. lanceolata* (Swartz) C. Presl (≡ *Grammitis lanceolata* Swartz)]

特征描述：小型或中型附生、稀土生，常绿植物。根状茎长而横走或短而横卧，网状中柱具穿孔，密被鳞片。<u>单叶，一型</u>，少有二型，不以关节着生于根状茎上，簇生或散生，具短柄或无柄；<u>叶常为线形、披针形或倒披针形</u>，多少呈肉质，干后为柔软革质；中肋粗壮，多少隆起，侧脉不明显；小脉网状，网眼大而稀疏，长而斜展，呈六角形，通常不具内藏小脉。<u>孢子囊群线形</u>，略下陷于叶肉中，斜出，彼此相并行，<u>位于中肋两侧</u>，几达叶边；无囊群盖及隔丝。孢子囊为水龙骨型，具长柄。孢子两侧对称或辐射对称，具单裂缝或三裂缝，外壁表面具有小瘤块或疣状纹饰。染色体 $x=7$，（35）。

分布概况：约 33/12（1）种，**2 型**；分布于热带及亚热带，东至墨西哥，西到非洲；中国产秦岭以南。

系统学评述：剑蕨类曾被处理为 1 个独立的科[6,22]，Schneider 等[4]的研究显示剑蕨类是水龙骨-禾叶蕨类中最早分化出来的分支，为其他分支的姐妹群。Schuettpelz 和 Pryer[5]对薄囊蕨类的系统重建也显示剑蕨类分支位于整个水龙骨类的基部位置。此外，分子系统学研究显示，曾长期被处理为星蕨类的 *Dictymia* 应置于剑蕨类内[4,5]。

DNA 条形码研究：BOLD 网站有该属 7 种 14 个条形码数据。

代表种及其用途：匙叶剑蕨 *L. grammitoides* (Baker) C. Christensen 切叶作装饰材料；中华剑蕨 *L. chinensis* Ching 可入药。

17. *Micropolypodium* Hayata 锯蕨属

Micropolypodium Hayata (928: 341); Moore & Parris (2013: 844) [Type: *M. pseudotrichomanoides* (Hayata) Hayata (≡ *Polypodium pseudotrichomanoides* Hayata)]

特征描述：小型附生植物。根状茎斜生或直立，密被鳞片。叶簇生，软纸质，无柄；<u>叶线形，羽状深裂或一回羽状分裂</u>，<u>裂片基部贴生、彼此相连</u>，<u>被柔毛或近无毛</u>；叶脉通常单一，小脉不分叉或分叉，常不明显，每羽片或裂片上小脉 1。<u>孢子囊群长圆形或圆形</u>，生叶片上部，<u>每羽片或裂片 1 枚</u>；无囊群盖，无隔丝。孢子囊柄除近顶部外为 1 行细胞组成。孢子囊环带由 12-17 个增厚的细胞组成。孢子圆球形，较小，不具周壁。染色体 $x=37$。

分布概况：约 30/3 种，**3 型**；主要分布于南美洲，亚洲热带和亚热带也产；中国产华南、西南和台湾。

系统学评述：Ranker 等[11]对禾叶蕨类的分子系统学研究表明，锯蕨属隶属于 IVa 分支，其中，Smith[23]所划分的 *Terpsichore* 第 5 类群的 2 个种也嵌入锯蕨属内部。

DNA 条形码研究：BOLD 网站有该属 2 种 7 个条形码数据。

代表种及其用途：锯蕨 *M. okuboi* (Yatabe) Hayata、锡金锯蕨 *M. sikkimense* (Hieronymus) X. C. Zhang 供观赏。

18. *Microsorum* Link 星蕨属

Microsorum Link (1833: 110); Zhang & Nooteboom (2013: 830) (Type: *M. irregulare* Link)

特征描述：中型至大型附生植物，或偶为土生。根状茎粗而横生，肉质，被鳞片。叶远生；叶草质至革质，无毛或很少被毛，无鳞片；叶柄与叶足连接处有关节；叶全缘，单叶或为羽状深裂，罕为一回羽状；叶脉网状，侧脉明显或不明显，小脉联结为不整齐的网眼，有内藏小脉，顶端具水囊。孢子囊群圆形，着生于网脉联结处，通常细小而不规则散布，在主脉两侧各有不整齐的多行或偶为 1 行，不具隔丝；孢子囊环带由 14-16 个增厚的细胞组成；孢子椭圆形，不具周壁，外壁具瘤块状纹饰，或形状不规则，有时融合形成拟网状、穴状或小沟。染色体 x=36。

分布概况：约 60/5 种，**6 型**；分布于亚洲热带，少数达非洲；中国分布于秦岭以南，秦岭南坡为分布北限。

系统学评述：Dong 等[21]基于 *rbc*L、*rps*4 和 *rps*4-*trn*S 对线蕨属及其近缘类群的系统发育关系重建显示，星蕨属是 1 个多系类群。PPG I 将瘤蕨属作为星蕨属的异名处理，但其定义的星蕨属依然为非单系。此处暂时将瘤蕨属作为独立属处理。

DNA 条形码研究：BOLD 网站有该属 22 种 48 个条形码数据。

代表种及其用途：江南星蕨 *M. fortunei* (Moore) Ching 可室外栽培观赏，也可药用。

19. *Neocheiropteris* Christ 扇蕨属

Neocheiropteris Christ (1905: 21) [≡ *Cheiropteris* Christ (1898), non *Chiropteris* J. G. Kurr ex H. G. Bronn (1858)]; Zhang & Nooteboom (2013: 804) [Type: *N. palmatopedata* (Baker) Christ (≡ *Polypodium palmatopedatum* Baker)]

特征描述：中型土生植物。根状茎长而横走，密被鳞片。单叶，远生；叶柄与根状茎相连处有不明显关节，坚硬，光滑无毛；叶为鸟足状深裂，基部楔形，两侧呈蝎尾二歧状，裂片较短小，中央裂片较长，长披针形，裂片全缘；叶脉网状，主脉明显而略隆起，两侧的小脉联结为六角形网眼，有分枝的内藏小脉；叶纸质，干后绿色，表面光滑，背面疏被易脱落的褐色小鳞片。孢子囊群椭圆形，覆盖有盾状或伞状的隔丝，无囊群盖。孢子囊柄长，有 3 行细胞，环带由 18 个增厚的细胞组成。孢子椭圆形，不具周壁，外壁表面具很稀疏的小瘤，纹饰模糊。染色体 x=36。

分布概况：2/2（2）种，**15 型**；特产中国西南部。

系统学评述：Hennipman 等[16]将盾蕨属 *Neolepisorus* 作为扇蕨属的异名，中国学者支持将盾蕨属作为独立属处理[24,FOC]。Ching[1]认为扇蕨属隶属于瓦韦蕨类，而 Hovenkamp 等[25]将扇蕨属作为星蕨属的异名处理。Wang 等[7]的分子系统学研究支持扇蕨属为 1 个独立的属，位于瓦韦类中。

DNA 条形码研究：BOLD 网站有该属 2 种 14 个条形码数据；GBOWS 已有 1 种 4 个条形码数据。

代表种及其用途：扇蕨 *N. palmatopedata* (Baker) Christ 叶形奇特，供观赏，根茎亦入药。

20. *Neolepisorus* Ching 盾蕨属

Neolepisorus Ching (1940: 11); Zhang & Nooteboom (2013: 806) [Type: *N. ensatus* (Thunberg) Ching (≡ *Polypodium ensatum* Thunberg)]

特征描述：小型至中型陆生或石生植物。根状茎长而横走，密被鳞片；鳞片假盾状或盾状着生，卵形至披针形，偶圆形，边缘全缘或具小齿。单叶，疏生，纸质或草质，被鳞片；叶柄长一般等于或超过叶片长度，有时浅裂或畸状羽裂，少为戟形。主脉下面隆起，侧脉明显，小脉网状，网眼内有单一或分叉的内藏小脉。孢子囊群圆形，在主脉两侧排成 1-2 行，或在两侧脉间呈 1 行，汇生成椭圆或球形，偶线形或不规则散布；隔丝盾状。染色体 x=12（36）。

分布概况：约 7/5（1）种，**7-2 型**；分布于印度东北部至日本，菲律宾群岛；中国产长江以南。

系统学评述：秦仁昌和邢公侠[24]认为盾蕨属的系统位置介于星蕨属和线蕨属之间，不同于这 2 个属在于其具有盾状隔丝，而孢子囊群排列方式又不同于瓦韦属。主要种类分布于亚洲，非洲仅有 1 种。

代表种及其用途：盾蕨 *N. ensatus* (Thunberg) Ching 入药；卵叶盾蕨 *N. ovatus* (Wallich ex Beddome) Ching 作观赏。

21. *Oreogrammitis* Copeland 滨禾蕨属

Oreogrammitis Copeland (1917: 64); Moore & Parris (2013: 840) (Type: *O. clemensiae* Copel)

特征描述：小型附生植物，偶石生。根状茎背腹生，叶柄分 2 列着生；被褐色或红褐色鳞片，鳞片不为窗格状，光滑。叶柄具关节或不具关节，叶足有或无；叶全缘或偶稍具小圆齿；主脉明显，小脉分离，通常二叉或偶多回分叉，末端有时具水囊。孢子囊群生于叶表面或多少下陷于叶肉，偶深陷叶肉中，在主脉两侧各成 1 行，无囊群盖。首次发育的孢子囊常在邻近环带处的顶端具 1-4 不分枝的毛，偶光滑；后发育的孢子囊光滑。毛常不分枝、无腺体，单生或簇生，偶具无腺体的一至二叉分枝。

分布概况：约 110/7/2 种，**5 型**；分布于斯里兰卡，中国至澳大利亚和太平洋岛屿；中国产台湾、海南、浙江。

系统学评述：Sundue 等[26]对禾叶蕨类的研究显示滨禾蕨属与辐禾蕨属 *Radiogrammitis* 和蒿蕨属 *Themelium* 有较近的亲缘关系，聚为 1 个分支。

DNA 条形码研究：BOLD 网站有该属 8 种 9 个条形码数据。

22. *Phymatopteris* Pichi Sermolii 假瘤蕨属

Phymatopteris Pichi Sermolii (1973: 460) [Type: *P. palmata* (Blume) Pichi-Sermolli (≡ *Polypodium palmatum* Blume)]

特征描述：附生或土生植物。根状茎长或短而横走，细长，密被鳞片。单叶，叶纸质至革质，边缘全缘，或具缺刻或锯齿；3 裂或深羽裂，远生或近生，一型，亚二型或二型；叶柄常禾秆色或棕色；<u>主脉两侧有明显侧脉</u>，<u>小脉联结成多数不规则的网眼</u>，具有单一或分叉内藏小脉。<u>孢子囊群圆形或椭圆形</u>，分离，少近汇生，<u>在主脉与叶缘之间排成 1 行</u>，有时多少下陷于叶肉内。孢子椭圆形，具周壁，上具短的刺状纹饰或小瘤状纹饰。染色体 $x=36$。

分布概况：约 60/47（29）种，**7 型**；分布于亚洲热带和亚热带山地；中国产西南、南部和台湾，少数达华北和西北。

系统学评述：Li 等[27]基于 4 个叶绿体片段 *rbc*L、*trn*L-F、*rps*4 和 *rps*4-*trn*S 的分子系统发育分析表明，秦仁昌[28]所定义的假瘤蕨属 *Phymatopteris* sensu Ching 为非单系类群，雨蕨属和节肢蕨属均嵌入其中；假瘤蕨属可分为 5 个分支，并得到形态证据的支持。FOC 将假瘤蕨属处理为修蕨属的异名。假瘤蕨属的属下划分仍需进一步研究。

DNA 条形码研究：BOLD 网站有该属 22 种 46 个条形码数据。

代表种及其用途：大果假瘤蕨 *P. griffithiana* (Hooker) Pichi-Sermolli 可入药。

23. *Phymatosorus* Pichi Sermolii 瘤蕨属

Phymatosorus Pichi-Sermolii (1973: 457); Zhang & Nooteboom (2013: 827) [Type: *P. scolopendria* (N. L. Burman) Pichi-Sermolli (≡ *Polypodium scolopendria* N. L. Burman)]. ——*Phymatodes* C. Presl (1836: 195)

特征描述：中型附生或土生植物。根状茎长而横走，粗肥，肉质被鳞片。叶革质至纸质，有光泽，远生；<u>叶柄基部有关节</u>；<u>叶通常为具少数裂片的羽状深裂</u>，或为指状 3 裂，少为单叶或一回羽状，裂片全缘；侧脉不明显，小脉联结成网状，多数具内藏小脉。<u>孢子囊群圆形或长卵形</u>，大而分离，在主脉两侧各成 1 行或为不规则的 2 行，<u>多少下陷于叶肉内</u>，<u>不具隔丝</u>。孢子椭圆形，外壁较厚，上具很小的颗粒状或刺状纹饰。染色体 $x=36，37$。

分布概况：约 10/6（1）种，**4 型**；分布于亚洲，大洋洲及非洲的热带；中国产华南和西南。

系统学评述：Dong 等[21]基于 *rbc*L、*rps*4 和 *rps*4-*trn*S 的分析结果显示，瘤蕨属单独形成 1 个单系分支。但 Schneider 等[4]的研究则显示星蕨类（包括薄唇蕨属、似薄唇蕨属、线蕨属、瘤蕨属和星蕨属）聚为 1 个分支。PPG I 将瘤蕨属处理为星蕨属的异名，但星蕨类内部关系非常复杂，还需要进一步研究。此处暂时将瘤蕨属作为独立属处理。

DNA 条形码研究：BOLD 网站有该属 5 种 6 个条形码数据。

代表种及其用途：瘤蕨 *P. scolopendria* (N. L. Burman) Pichi-Sermolli 全草可入药。

24. *Platycerium* Desvaux 鹿角蕨属

Platycerium Desvaux (1827: 213); Zhang & Gilbert (2013: 796) [Lectotype: *P. alcicorne* Desvaux (≡ *Acrostichum alcicorne* Swartz (1801), *nom. illeg.* non Willemet 1796)]

特征描述：中大型附生草本植物。根状茎短而粗肥，分枝，具网状中柱，幼时外被阔鳞片。叶呈 2 列生于根状茎上；叶二型：不育叶为鸟巢状直立，无柄，具宽阔的圆形叶片，基部心脏形，质厚且呈肉质，边缘多少全缘或略呈浅二歧分裂；能育叶直立或下垂，近革质，被具柄的星毛（老时脱落），多回掌状二歧分枝，裂片全缘；叶脉网结，在主脉两侧具大而偏斜的多角形长网眼，具内藏小脉。孢子囊群为卤蕨型，生于圆形、增厚的小裂片背面，或生于特化的裂片背面。孢子囊为水龙骨型，环带由 18-20 (-24) 个增厚的细胞组成；隔丝星状，具长柄。孢子两侧对称，透明，具单裂缝。染色体 $x=37$。

分布概况：15/1 种，**2-2 型**；分布于东南亚，非洲大陆和马达加斯加，仅 1 种分布于南美洲秘鲁；中国产云南盈江。

系统学评述：分子系统学研究显示鹿角蕨属与石韦属 *Pyrrosia* 互为姐妹群，两者共同构成水龙骨类中的 1 个主要分支[4,5]。Christenhusz 等[8]将其归入 *Platycerioideae* 亚科内，FOC 接受了该处理。

DNA 条形码研究：BOLD 网站有该属 21 种 25 个条形码数据；GBOWS 已有 1 种 2 个条形码数据。

代表种及其用途：绿孢鹿角蕨 *P. wallichii* Hooker 是国家 II 级重点保护野生植物。叶形优美可供观赏。

25. *Pleurosoriopsis* Fomin 睫毛蕨属

Pleurosoriopsis Fomin (1930: 8); Xing et al. (2013: 839) [Type: *P. makinoi* (Maximowicz ex Makino) Fomin (≡ *Gymnogramma makinoi* Maximowicz ex Makino)]

特征描述：小型附生或石生草本植物。根状茎纤细，长而横走，表面密生长而开展的红棕色单细胞线状毛，近顶部有狭长的线形鳞片。叶草质，远生，两面均密生棕色节状睫毛，边缘密生睫毛；叶柄纤细，无关节，禾秆色，密生被单细胞线状毛，具圆柱形维管束 1 条；叶披针形，二回羽状，羽片深羽裂；裂片近舌形，钝头，全缘或近全缘；叶脉羽状分裂，每裂片有小脉 1 条，不达叶边。孢子囊群粗线形，沿叶脉着生，不达叶脉先端；无囊群盖。孢子囊具短柄，环带纵行，由 14 (-16) 个增厚的细胞组成。孢子肾形，两侧对称，透明，平滑，不具周壁。染色体 $x=36$。

分布概况：1/1 种，**14 型**；分布于亚洲东部至东北部；中国产东北和西南。

系统学评述：Schneider 等[4]的研究显示睫毛蕨属和新世界及北温带分布的多足蕨属 *Polypodium* 在水龙骨类中聚为 1 个亚分支。

DNA 条形码研究：BOLD 网站有该属 1 种 3 个条形码数据。

26. *Polypodiastrum* Ching 拟水龙骨属

Polypodiastrum Ching (1978: 27); Lu & Hovenkamp (2013: 798) [Type: *P. argutum* (Wallich ex J. D. Hooker) Ching (≡ *Polypodiun argutum* Wallich ex J. D. Hooker)]

特征描述：小型附生草本植物。根状茎长而横走，幼时密被具粗筛孔的小鳞片，被白粉。叶散生，草质或薄草质；叶柄以关节着生于叶足上；叶一回羽状，羽片不以关节着生于叶轴上，披针形或线形，下部羽片分离，无柄，向上的羽片多少与叶轴合生，顶部的下延于叶轴；<u>叶脉明显</u>，<u>在羽轴两侧各形成 1 行椭圆形大网眼</u>，<u>有能育的内藏小脉 1 条</u>，<u>网眼外侧的叶脉分离</u>。孢子囊群圆形，在羽轴两侧各 1 行，表面生于网眼内的小脉顶端，有不规则的盾状隔丝覆盖，隔丝三角形，有粗筛孔，早落。孢子椭圆形，不具周壁，外壁具疣状纹饰。染色体 x=37。

分布概况：约 8/3 种，**5 型**；分布于南亚，中南半岛，日本及大洋洲；中国产西南、华南和台湾。

系统学评述：形态上，拟水龙骨属、水龙骨属和 *Schellolepis* 均与狭义棱脉蕨属 *Goniophlebium* s.s.很相近。Schneider 等[4]对水龙骨-禾叶蕨类的分子系统学研究支持 Rödllinder[17]提出的广义的棱脉蕨属 *Goniophlebium*。*Goniophlebium percussum* group（包括 *Schellolepis*）是拟水龙骨属-水龙骨属的姐妹群。Christenhusz 等[8]和 PPG I 的分类系统均将拟水龙骨属处理为棱脉蕨属的异名，而 FOC 则保留了拟水龙骨属。

DNA 条形码研究：BOLD 网站有该属 1 种 1 个条形码数据。

代表种及其用途：川拟水龙骨 *P. dielseanum* (C. Christensen) Ching 可药用。

27. *Polypodium* Linnaeus 多足蕨属

Polypodium Linnaeus (1753: 1082) (Lectotype: *P. vulgare* Linnaeus). ——*Metapolypodium* Ching (1978: 28); *Polypodiodes* Ching (1978: 26)

特征描述：中小型石生或土生植物。根状茎长而横走，幼时密被鳞片。叶草质，无毛或有短柔毛，<u>远生</u>或疏生，一型；<u>叶柄以关节着生于叶足</u>；叶椭圆形至披针形，一回羽状深裂达叶轴两侧的狭翅；羽片（或裂片）对生，线状披针形，羽状深裂达羽轴或在叶轴两侧各成一狭翅；<u>叶脉分离或羽轴两侧形成 1 行椭圆形网眼</u>，<u>有 1 条能育的分离内藏小脉</u>，或无网眼。孢子囊群圆形或椭圆形，在羽轴两侧各排成 1 行，中等大小，着生于小脉顶端，叶面生或略陷于浅凹穴内，羽片上面不明显或稍隆起，幼时有盾状小隔丝覆盖；隔丝形状不规则。孢子椭圆形，不具周壁，外壁具疣状纹饰。染色体 x=37。

分布概况：约 30/15 种，**8 型**；广布亚洲大陆亚热带山地，欧洲和北美洲；中国南北均产。

系统学评述：Schneider 等[4]的研究显示，传统定义的多足蕨属（Polypodioid ferns）是多系，分为3个主要的亚分支。其中，新世界、北温带的多足蕨属和睫毛蕨属 *Pleurosoriopsis* 聚为 1 支，这个亚分支中的多足蕨属为 1 个单系类群，应为狭义的多足蕨属，而 *Pleopeltis* 应包括多足蕨属中叶片被鳞片的种，以及 *Dicranoglossum* 和 *Neurodium*。陆树刚和李春香[29]的研究支持多足蕨属、篦齿蕨属 *Metapolypodium*、水龙骨属、拟水龙骨属和 *Schellolepis* 为独立的类群。PPG I 将拟水龙骨属，篦齿蕨属和水龙骨属均作为棱脉蕨的异名处理。

DNA 条形码研究：BOLD 网站有该属 56 种 87 个条形码数据。

代表种及其用途：多足蕨 *P. vulgare* Linnaeus 根茎可药用。

28. *Prosaptia* C. Presl 穴子蕨属

Prosaptia C. Presl (1836: 165); Moore & Parris (2013: 846) [Lectotype: *P. contigua* (G. Forster) C. Presl (≡

Trichomanes contiguum G. Forster)]

特征描述： 小型或中型附生植物。根状茎短，横走或直立，密被狭鳞片，深褐色，有睫毛。叶簇生；叶柄与根状茎处有假关节；叶披针形，单叶呈篦齿状羽裂至羽状深裂，肉质至革质，被刚毛或近无毛；叶脉在裂片上为羽状，小脉常单一。孢子囊群圆形或椭圆形，无囊群盖，着生于顶生小脉顶端，深陷于叶肉的穴内，向叶缘开口或接近且朝向叶缘，无隔丝。孢子囊柄为 1 行细胞组成。孢子囊环带通常由 11 个增厚的细胞组成。孢子近球形，三裂缝，不具周壁，外壁表面具颗粒状或小瘤状纹饰。染色体 *x*=37。

分布概况： 约 20/3 种，**3 型**；分布于亚洲热带，从印度洋南部至波利尼西亚；中国产云南、华南和台湾。

系统学评述： Ranker 等[11]对禾叶蕨类的研究显示，*Ctenopteris podocarpa* (Maxon) Copeland 聚入穴子蕨属，共同组成亚分支 Ib，并且形态学共衍征支持将 *C. podocarpa* 和 *C. nutans* (Blume) J. Smith 置入穴子蕨属。加入了 *C. podocarpa* 和 *C. nutans* 的穴子蕨属可能为单系。

DNA 条形码研究： BOLD 网站有该属 9 种 13 个条形码数据。

代表种及其用途： 缘生穴子蕨 *P. contigua* (G. Forster) C. Presl 供观赏。

29. *Pyrrosia* Mirbel 石韦属

Pyrrosia Mirbel (1802: 471); Lin et al. (2013: 786) (Type: *P. chinensis* Desv). ——*Drymoglossum* C. Presl (1836: 227); *Saxiglossum* Ching (1933: 5)

特征描述： 中型附生或石生草本植物。根状茎长或短横走，网状中柱，密被鳞片。单叶，革质，一型或稍呈二型；叶线形至披针形或长卵形，或很少为戟形或掌状分裂；散生或近生；叶背面密被宿存星芒状毛，毛一型或二型，棕色或灰白色，毛为一型时在短轴上以星芒状着生，毛为二型时，下层的毛则颜色较淡而呈柔毛状或有卷发状的细星芒；叶柄长或近无柄，基部以关节着生于根状茎上；主脉明显，侧脉斜展，明显或隐没于叶肉中，小脉常不明显，联结成各式网眼，有内藏小脉。孢子囊群圆形，生于内藏小脉顶端，成熟时多少汇合，在主脉和叶缘之间有 1-3 或多行；无囊群盖，隔丝星芒状。孢子囊环带由 14-18 个增厚的细胞组成。孢子椭圆形，周壁上有较密的小瘤状纹饰，外壁上偶具不明显小穴。染色体 *x*=37。

分布概况： 约 51/32（6）种，**4 型**；主要分布于亚洲热带和亚热带，少数达非洲及大洋洲；中国主产秦岭以南，少数达华北和东北。

系统学评述： 分子系统学研究显示石韦属和鹿角蕨属互为姐妹群，两者共同构成水龙骨类中的 1 个主要分支[4,5]。Christenhusz 等[8]将石韦属与鹿角蕨属归入 *Platycerioideae* 亚科，FOC 接受了该处理。

DNA 条形码研究： BOLD 网站有该属 28 种 35 个条形码数据；GBOWS 已有 1 种 1 个条形码数据。

代表种及其用途： 石韦 *P. lingua* (Thunberg) Farwell 可药用。

30. *Radiogrammitis* Parris 辐禾蕨属

Radiogrammitis Parris (2007: 240); Moore & Parris (2013: 842) [Type: *R. setigera* (Blume) Parris (≡ *Polypodium setigerum* Blume)]

特征描述：小型附生植物，偶为石生。根状茎呈放射状，叶柄螺旋着生；上被淡红褐色至暗红褐色、黄褐色鳞片，鳞片不为窗格状，光滑（偶鳞片缺如）。叶柄不具关节，无叶足；叶全缘或偶稍具小圆齿；叶脉不分枝或一至二叉，分离，末端有时具水囊或无。孢子囊群生于羽片表面或多少下陷于叶肉中，在主脉两侧各成 1 行。首次发育的孢子囊一般在邻近环带处的顶端具 1-3 不分枝的毛，偶光滑；后发育的孢子囊具光滑毛，毛不分枝、无腺体、单生或簇生。

分布概况：约 28/4（2）种，**4 型**；分布于斯里兰卡，澳大利亚和太平洋岛屿；中国产台湾。

系统学评述：辐禾蕨属的属下分类修订仍需进一步研究。

DNA 条形码研究：BOLD 网站有该属 4 种 4 个条形码数据。

代表种及其用途：无鳞辐禾蕨 *R. alepidota* (M. G. Price) Parris、刚毛辐禾蕨 *R. setigera* (Blume) Parris 供观赏。

31. *Scleroglossum* Alderwerelt 革舌蕨属

Scleroglossum Alderwerelt (1912: 37); Moore & Parris (2013: 839) [Lectotype: *S. pusillum* (Blume) Alderw (≡ *Vittaria punilla* Blume)]

特征描述：小型附生植物。根状茎斜升或直立，密被棕色鳞片。叶簇生，近无柄，叶柄基部通常不具关节；单叶（有时分叉），狭线形，全缘，肉质至革质，无毛或疏被单生或成对的早落刺毛；叶脉通常不明显，偶有联结。孢子囊群汇生，线形，着生于叶缘与中肋之间的深纵沟内，在主脉两侧各成 1 行，通常仅生于叶片上部而不达顶端；无囊群盖，无隔丝或隔丝极不明显。孢子囊光滑，孢子囊柄除近顶部外为 1 行细胞组成。孢子囊环带由 10-12 个增厚的细胞组成。孢子球形，较小，无周壁，外壁表面具小瘤状纹饰。

分布概况：约 8/1 种，**5 型**；分布于亚洲热带及澳大利亚；中国产云南、海南和台湾。

系统学评述：Ranker 等[11]对禾叶蕨类的研究显示，革舌蕨属（仅取了 1 个种）与 *Ctenopteris repandula* Kuntze 构成姐妹群，但该属是否为单系，还需要进一步取样进行研究。

DNA 条形码研究：BOLD 网站有该属 3 种 5 个条形码数据。

32. *Selliguea* Bory 修蕨属

Selliguea Bory (1824: 587). Lu et al. (2013: 773) (Type: *S. feei* Bory)

特征描述：小型附生植物。根状茎长或短而横走，木质，粗壮，密被鳞片。叶远生或近生，一型或亚二型；叶柄基部以关节着于生根状茎；叶片单叶不分裂，革质，两面无毛，卵状披针形，全缘；主脉两侧有明显侧脉，小脉网状，具多数不规则网眼，具单一内藏小脉。孢子囊群长条形或线形，在两侧脉之间排成 1 行，连续或有间断。孢子囊环带由 14 个增厚的细胞组成。孢子椭圆形，无周壁，具明显的刺状纹饰或小瘤状颗粒纹饰。染色体 x=37。

分布概况：约 15/1 种，**4 型**；分布于亚洲热带，太平洋岛屿，澳大利亚和非洲南部；中国产长江以南。

系统学评述：Li 等[27]利用 4 个叶绿体片段构建了修蕨类的分子系统树，结果表明 *Selliguea* sensu Hovenkamp 不是单系类群，所取样的修蕨属 10 个种落入 4 个分支，其与修蕨类其他类群（假瘤蕨属、雨蕨属和节肢蕨属）形成并系。FOC 将假瘤蕨属处理为修蕨属的异名。该属是否为单系及其系统位置仍需进一步研究。

DNA 条形码研究：BOLD 网站有该属 16 种 18 个条形码数据。

33. *Themelium* (T. Moore) Parris 蒿蕨属

Themelium (T. Moore) Parris (1997: 737); Moore & Parris (2013: 848) [Type: *T. tenuisectum* (Blume) Parris (≡ *Polypodium tenuisectum* Blume)]

特征描述：小型至中型附生植物。根状茎具背腹性，叶柄分 2 列着生；上被红褐色或暗红褐色、暗褐色或暗灰色鳞片，鳞片窗格状或不为窗格状，光滑。叶柄不具关节，无叶足；叶羽裂成二回羽状；叶脉羽状分枝，叶脉分离；叶脉末端具水囊。孢子囊群每羽片多于 1 个，圆形至卵形，着生于叶表面或多少下陷于叶肉中。孢子囊光滑，毛不分枝、无腺体。

分布概况：约 20/2 种，**7 型**；分布于印度尼西亚至太平洋岛屿；中国产台湾。

系统学评述：Ranker 等[11]对禾叶蕨类的研究显示旧热带分布的禾叶蕨类落入 4 个分支，*Grammitis*、*Xiphopteris* 和蒿蕨属共同构成 Ia 分支，其中，蒿蕨属和 *Xiphopteris* 互为姐妹群。

DNA 条形码研究：BOLD 网站有该属 2 种 2 个条形码数据。

34. *Tomophyllum* (E. Fournier) Parris 裂禾蕨属

Tomophyllum (E. Fournier) Parris (2007: 245); Moore & Parris (2013: 850) [Type: *T. subsecundodissectum* (Zollinger) Parris (≡ *Poylpodium subsecundodissectum* Zollinger)]

特征描述：小型至中型附生植物。根状茎呈放射状，叶柄螺旋着生；上被红褐色鳞片，鳞片不为窗格状，光滑或顶端和（或）边缘具毛。叶柄不具关节，无叶足；叶深度羽裂至三回羽状分裂；叶脉羽状分枝，分离；叶脉末端具水囊。孢子囊群生于羽片表面，每羽片多于 1 个。孢子囊光滑，毛不分枝、无腺体，或一至三回分叉的毛具无腺体的分枝，或偶有腺体。

分布概况：约 20/1 种，**5 型**；分布于印度，尼泊尔，斯里兰卡至澳大利亚和太平洋岛屿；中国产安徽、贵州、湖南、四川、云南、西藏和台湾。

系统学评述：Ranker 等[11]对禾叶蕨类的分子系统学研究显示，裂禾蕨属（取样为

Ctenopteris repandula Kuntze）位于 III 分支，与革舌蕨属构成姐妹群。

DNA 条形码研究：BOLD 网站有该属 3 种 3 个条形码数据。

35. *Tricholepidium* Ching 毛鳞蕨属

Tricholepidium Ching (1978: 41); Zhang & Nooteboom (2013: 805) [Type: *T. normale* (D. Don) Ching (≡ *Polypodium normale* D. Don)]

特征描述：中型攀援植物。根状茎被鳞片。单叶，膜质、草质或纸质，无毛；多数，散生；有短柄或近无柄，或为无柄，短柄下部被鳞片；叶披针形或带状，中部最宽，两端渐狭，全缘或波状；主脉不明显，网脉明显，在主脉两侧形成 2-3 行不规则网眼，具内藏小脉，叶边小脉分离。孢子囊群圆形，位于主脉两侧，排列为不整齐的 1-3 行，或满布于叶背面；隔丝盾状，质薄，棕色，具粗筛孔，幼时覆盖孢子囊群。孢子椭圆形，不具周壁，外壁具瘤块状纹饰。

分布概况：约 1/1 种，**7-2** 型；分布于亚洲热带；中国产云南、西藏和广西。

系统学评述：Wang 等[7]的分子系统学研究支持毛鳞蕨属为独立属。

DNA 条形码研究：BOLD 网站有该属 2 种 3 个条形码数据。

36. *Xiphopterella* Parris 剑羽蕨属

Xiphopterella Parris (2007: 249); Moore & Parris (2013: 845) [Type: *X. hieronymusii* (C. Christensen) Parris (≡ *Polypodium hieronymum* C. Christensen)]

特征描述：小型附生植物。根状茎呈放射状，叶柄螺旋着生；鳞片不为窗格状，淡红褐色，光滑。叶柄不具关节，无叶足；叶片羽裂，侧脉在能育叶上一回分枝，分离，叶脉末端具水囊。孢子囊群生于羽片表面，每羽片 1 个。孢子囊光滑，毛不分枝、无腺体或一至二回分叉，具无腺体的分枝。

分布概况：约 7/1 种，**7** 型；分布于加里曼丹，印度尼西亚，马来西亚，巴布亚新几内亚，越南；中国产福建、广东、广西、浙江和台湾。

系统学评述：剑羽蕨属目前尚缺乏分子系统学研究。依据根状茎的形态和毛被类型，剑羽蕨属可能隶属于禾叶蕨类 III 分支[15]。

DNA 条形码研究：BOLD 网站有该属 2 种 2 个条形码数据。

主要参考文献

[1] Ching RC. On natural classification of the family Polypodiaceae[J]. Sunyatsenia, 1940, 5: 201-268.

[2] 秦仁昌. 中国蕨类植物科属的系统排列和历史来源[J]. 植物分类学报, 1978, 16(3): 1-19.

[3] Nayar BK. A phylogenetic classification of homosporous ferns[J]. Taxon, 1970, 19: 229-236.

[4] Schneider H, et al. Unraveling the phylogeny of polygrammoid ferns (Polypodiaceae and Grammitidaceae): exploring aspects of the diversification of epiphytic plants[J]. Mol Phylogenet Evol, 2004, 31: 1041-1063.

[5] Schuettpelz E, Pryer KM. Fern phylogeny inferred from 400 leptosporangiate species and three plastid genes[J]. Taxon, 2007, 56: 1037-1050.

[6] Wang L, et al. A molecular phylogeny and a revised classification of tribe Lepisoreae (Polypodiaceae) based on an analysis of four plastid DNA regions[J]. Bot J Linn Soc, 2010, 162: 28-38.

[7] Wang L, et al. Phylogeny of the paleotropical fern genus *Lepisorus* (Polypodiaceae, Polypodiopsida) inferred from four chloroplast DNA regions[J]. Mol Phylogenet Evol, 2010, 54: 211-225.

[8] Christenhusz MJM, et al. A linear sequence of extant families and genera of lycophytes and ferns[J]. Phytotaxa, 2011, 19: 7-54.

[9] Janssen T, Schneider H. Exploring the evolution of humus collecting leaves in drynarioid ferns (Polypodiaceae, Polypodiidae) based on phylogenetic evidence[J]. Plant Syst Evol, 2005, 252(3-4): 175-197.

[10] Schneider H, et al. *Gymnogrammitis dareiformis* is a polygrammoid fern (Polypodiaceae) - resolving an apparent conflict between morphological and molecular data[J]. Plant Syst Evol, 2002, 234(1-4): 121-136.

[11] Ranker TA, et al. Phylogeny and evolution of grammitid ferns (Grammitidaceae): a case of rampant morphological homoplasy[J]. Taxon, 2004, 53: 415-428.

[12] Schneider H, et al. Phylogenetic relationships of the fern genus *Christiopteris* shed new light onto the classification and biogeography of drynarioid ferns[J]. Bot J Linn Soc, 2008, 157: 645-656.

[13] Parris BS. Receptacular paraphyses in Asian, Australasian and Pacific islands taxa private of Grammitidaceae (Filicales)[M]. Johns RJ. Holttum Memorial Volume. Richmond: Royal Botanic Gardens, Kew, 1997: 81-90.

[14] Parris BS. *Chrysogrammitis*, a new genus of Grammitidaceae[J]. Kew Bulletin, 1998, 53: 909-918.

[15] Parris BS. Five new genera and three new species of Grammitidaceae (Filicales) and the re-establishment of *Oreogrammitis*[J]. The Gardens' Bulletin Singapore, 2007, 58: 233-274.

[16] Hennipman E, et al. Polypodiaceae[M]//Kubitzki K. The families and genera of vascular plants, I. Berlin: Springer, 1990: 203-230.

[17] Rödllinder G. A monograph of the fern genus *Goniophlebium* (Polypodiaceae)[J]. Blumea, 1990, 34: 277-343.

[18] Shao W, Lu SG. *Himalayopteris*, a new fern genus from India and the adjacent Himalayas (Polypodiaceae, Polypodioideae)[J]. Novon, 2011, 21: 90-93.

[19] Nooteboom HP. The microsoroid ferns[J]. Blumea, 1997, 42: 261-395.

[20] Kreier HP, et al. The microsoroid ferns: inferring the relationships of a highly diverse lineage of Paleotropical epiphytic ferns (Polypodiaceae, Polypodiopsida)[J]. Mol Phylogenet Evol, 2008, 48: 1155-1167.

[21] Dong XD, et al. Molecular phylogeny of *Colysis* (Polypodiaceae) based on chloroplast *rbc*L and *rps*4-*trn*S sequences[J]. J Syst Evol, 2008, 46: 658-666.

[22] Pichi-Sermolli REG. Tentamen *Pteridophytorum* genera in taxonomicum ordinem redigendi[J]. Webbia, 1977, 31: 313-512.

[23] Smith AR. *Terpsichore*, a new genus of Grammitidaceae (Pteridophyta)[J]. Novon, 1993, 3: 478-489.

[24] 秦仁昌, 邢公侠. 中国盾蕨属的订正研究[J]. 植物分类学报, 1983, 21: 266-276.

[25] Hovenkamp PH, et al. Polypodiaceae[M]//Kalkman C, et al. Flora Malesiana, ser. II, Ferns and fern allies. Leiden: Rijksherbarium/Hortus Botanicus, 1998, 3: 90-131.

[26] Sundue MA, et al. Systematics of grammitid ferns (Polypodiaceae): using morphology and plastid sequence data to resolve the circumscriptions of *Melpomene* and the polyphyletic genera *Lellingeria* and *Terpsichore*[J]. Syst Bot, 2010, 35: 701-715.

[27] Li CX, et al. From the Himalayan region or the Malay Archipelago: molecular dating to trace the origin of a fern genus *Phymatopteris* (Polypodiaceae)[J]. Chinese Sci Bull, 2012, 57: 4569-4577.

[28] 秦仁昌. 关于假莁蕨属和隐子蕨属的分类问题[J]. 植物分类学报, 1964, 9: 179-197.

[29] 陆树刚, 李春香. 用叶绿体 *rbc*L 和 *rps*4-*trn*S 区序列确定亚洲特有单型属——篦齿蕨属的系统位置[J]. 植物分类学报, 2006, 44: 494-502.

Cycadaceae Persoon (1807), *nom. cons.* 苏铁科

特征描述：<u>乔木，棕榈状</u>。茎直立或为地下茎，不分枝，或二叉分枝。叶有鳞叶和一至多回分裂的羽状营养叶；叶基宿存；幼叶拳卷。雌雄异株；雄球花生于茎顶，由多数扁平的小孢子叶组成，每一小孢子叶下面有多数球形的小孢子囊，小孢子囊常 3-5 个聚生；雌球花单生于树干顶部羽状叶与鳞叶之间，由 1 束扁平的大孢子叶组成；<u>大孢子叶叶状，边缘呈裂片或有齿</u>，每个大孢子叶着生胚珠 2-10 枚，胚珠直立。<u>种子两侧对称</u>；子叶 2 枚。花粉粒无气囊，单沟，穿孔状纹饰。染色体 2*n*=22。

分布概况：1 属/100 种，主要分布于大洋洲和中南半岛，马来西亚，日本，印度，延伸至新加里多尼亚，汤加，密克罗尼西亚，波利尼西亚和非洲东部；中国 1 属/24 种，产西南和华南。

系统学评述：传统上，现存苏铁类植物被划分为苏铁科、托叶铁科 Stangeriaceae 和泽米铁科 Zamiaceae。Stevenson 建立了波温铁科 Boweniaceae，但随后又将该科作为托叶铁科的 1 个亚科[1,2]。分子系统学研究表明，现存苏铁类可划分为苏铁科和泽米铁科[3-7]，托叶铁科和波温铁科均应作为泽米铁科的异名[8]。苏铁科与泽米铁科共同构成现存种子植物最基部分支，也有研究支持苏铁类与银杏类共同构成现存种子植物最基部类群[2]。形态上，苏铁类植物的幼叶拳卷、精子有鞭毛、茎干不分枝或二叉分枝、大孢子叶叶片状、吸器状花粉管多分枝等特征常见于蕨类植物和早期的种子蕨，表明苏铁类植物的原始特性[9,10]。真花学说、生花植物学说都将苏铁类植物作为种子蕨类和被子植物的近缘类群[11,12]，偶尔也有分子系统学研究支持苏铁类和被子植物的近缘关系[13-15]。

在我国，苏铁科仅含 1 属 24 种，其中 13 种为特有。*Epicycas* de Laubenfels 应并入苏铁属中[16]。苏铁类植物起源于古生代中二叠纪以前，全球繁盛于中生代侏罗纪至白垩纪，之后开始衰落。最近，基于核基因（PHYP）和叶绿体基因（*rbc*L 和 *mat*K）的分子系统学研究表明，苏铁类植物现代种类起源年代并不久远，而几乎都是在晚中新世（距今 1160 万-530 万年）左右形成，典型的快速辐射分化，其现代分布于东南亚，非洲，大洋洲和中美洲一带是由长距离扩散形成[4]。

1. *Cycas* Linnaeus 苏铁属

Cycas Linnaeus (1753: 1188); Chen & Stevenson (1999: 1) (Type: *C. circinalis* Linnaeus)

特征描述：同科描述。

分布概况：100/24（8）种，**5** 型；分布于大洋洲，中南半岛，马来西亚，日本，印度，并延伸至新加里多尼亚，汤加，密克罗尼西亚，波利尼西亚和马达加斯加；中国产云南、广西、四川、贵州、广东、福建、海南和台湾，云南东南部和广西西南部尤盛。

系统学评述：苏铁属为单系[4]，*Epicycas* 被并入苏铁属[16]。属下亚属间的划分还存

在争议[17,18]，王定跃[17]将其划分为攀枝花苏铁亚属 *Cycas* subgen. *Panzhihuaenses* 和拳叶苏铁亚属 *C.* subgen. *Cycas*，而 de Laubenfels 和 Adema[18]则认为应划分为 4 亚属，包括拳叶苏铁亚属、篦齿苏铁亚属 *C.* subgen. *Pectinata*、苏铁亚属 *C.* subgen. *Revoluta* 和 *C.* subgen. *Truncata*。属下包含 6 组，即苏铁组 *C.* sect. *Asiorientales*、攀枝花苏铁组 *C.* sect. *Panzhihuaenses*、叉叶苏铁组 *C.* sect. *Stangerioides*、暹罗苏铁组 *C.* sect. *Indosinenses*、拳叶苏铁组 *C.* sect. *Cycas* 和韦德苏铁组 *C.* sect. *Wadeae*[19,20]。王定跃[17]将中国产苏铁属 25 种划分为攀枝花苏铁亚属和拳叶苏铁亚属，其中，攀枝花苏铁亚属包含攀枝花苏铁组（叉叶苏铁亚组、攀枝花苏铁亚组和台湾苏铁亚组）和暹罗苏铁组，拳叶苏铁亚属中国仅产刺叶苏铁组。而 Hill[19]将国产 22 种归入 4 组，即苏铁组、攀枝花苏铁组、叉叶苏铁组和暹罗苏铁组。由于假基因的存在、不完全趋同进化和不完全谱系分选等原因[21,22]，苏铁属目前为止还没有较好的系统发育树，前人基于形态学的分类方案也未得到分子系统学研究的验证。

DNA 条形码研究：GBOWS 已有 19 种 237 个条形码数据。

代表种及其用途：苏铁属植物具重要的园林观赏价值。攀枝花苏铁 *C. panzhihuaensis* L. Zhou & S. Y. Yang、苏铁 *C. revoluta* Thunberg 茎干含淀粉可食用。

主要参考文献

[1] Johnson LAS, Wilson KL. Cycadaceae[M]//Kubitzki K, et al. The families and genera of vascular plants, I. Berlin: Springer, 1990: 370.

[2] Rai HS, et al. Inference of higher-order relationships in the cycads from a large chloroplast data set[J]. Mol Phylogenet Evol, 2003, 29: 350-359.

[3] Chaw SM, et al. A phylogeny of cycads (Cycadales) inferred from chloroplast *mat*K gene, *trn*K intron, and nuclear rDNA ITS region[J]. Mol Phylogenet Evol, 2005, 37: 214-234.

[4] Hill KD, et al. The families and genera of cycads: a molecular phylogenetic analysis of Cycadophyta based on nuclear and plastid DNA sequences[J]. Int J Plant Sci, 2003, 164: 933-948.

[5] Salas-Leiva DE, et al. Phylogeny of the cycads based on multiple single-copy nuclear genes: congruence of concatenated parsimony, likelihood and species tree inference methods[J]. Ann Bot, 2013, 112: 1263-1278.

[6] Treutlein J, Wink M. Molecular phylogeny of cycads inferred from *rbc*L sequences[J]. Naturwissenschaften, 2002, 89: 221-225.

[7] Gatesy JM, et al. The rapid accumulation of consistent molecular support for intergeneric crocodylian relationships[J]. Mol Phylogenet Evol, 2008, 48: 1232-1237.

[8] Christenhusz MJM, et al. A new classification and linear sequence of extant gymnosperms[J]. Phytotaxa, 2011, 19: 55-70.

[9] Ran JH, et al. Fast evolution of the retroprocessed mitochondrial *rps*3 gene in conifer II and further evidence for the phylogeny of gymnosperms[J]. Mol Phylogenet Evol, 2010, 54: 136-149.

[10] Gifford EM, Foster AS. Morphology and evolution of vascular plants[M]. New York: W. H. Freeman, 1989.

[11] Crane PR. Phylogenetic analysis of seed plants and the origin of angiosperms[J]. Ann MO Bot Gard, 1985, 72: 716-793.

[12] Doyle JA, Donoghue MJ. Seed plant phylogeny and the origin of angiosperms: an experimental cladistic approach[J]. Bot Rev, 1986, 52: 321-431.

[13] Rai HS, et al. Inference of higher-order conifer relationships from a multi-locus plastid data set[J].

Botany, 2008, 86: 658-669.

[14] Stefanoviac S, et al. Phylogenetic relationships of conifers inferred from partial 28S rRNA gene sequences[J]. Am J Bot, 1998, 85: 688-697.

[15] Rydin C, et al. Seed plant relationships and the systematic position of Gnetales based on nuclear and chloroplast DNA: conflicting data, rooting problems, and the monophyly of conifers[J]. Int J Plant Sci, 2002, 163: 197-214.

[16] Nagalingum NS, et al. Recent synchronous radiation of a living fossil[J]. Science, 2011, 334: 796-799.

[17] 王定跃. 中国苏铁属的分类研究[M]//王发祥，等. 中国苏铁. 广州：广东科技出版社，1996: 19-142.

[18] de Laubenfels J, Adema F. A taxonomic revision of the genera *Cycas* and *Epicycas* gen. nov. (Cycadaceae)[J]. Blumea, 1998, 43: 351-400.

[19] Hill K. The genus *Cycas* (Cycadaceae) in China[J]. Telopea, 2008, 12: 71-118.

[20] Lindstrom A, et al. The genus *Cycas* (Cycadaceae) in The Philippines[J]. Telopea, 2008, 12: 119-145.

[21] Xiao LQ, et al. High nrDNA ITS polymorphism in the ancient extant seed plant *Cycas*: incomplete concerted evolution and the origin of pseudogenes[J]. Mol Phylogenet Evol, 2010, 55: 168-177.

[22] 肖龙骞, 朱华. 苏铁nrDNA ITS区的序列多态性:不完全致同进化的证据[J]. 生物多样性, 2009, 17: 476-481.

Ginkgoaceae Engler (1897), *nom. cons.* 银杏科

特征描述：落叶乔木，分枝繁茂。枝分长枝与短枝。叶扇形，具长柄；叶脉二歧状分叉，在长枝上螺旋状排列散生，在短枝上成簇生状。球花单性，雌雄异株，生于短枝顶部鳞片状叶的腋内，呈簇生状；雄球花具梗，柔荑花序状，雄蕊多数，螺旋状着生，排列较疏，具短梗，花药 2；雌球花具长梗，梗端常分二叉，稀不分叉或分成三至五叉，叉顶生珠座，各具 1 枚直立胚珠。种子核果状，具长梗，下垂，外种皮肉质，中种皮骨质，内种皮膜质，胚乳丰富；子叶常 2 枚，发芽时不出土。花粉粒舟形，远极面具 1 远极槽。风媒传粉。染色体 $2n=24$。

分布概况：1 属/1 种，世界广泛栽培；中国华东和西南可能有野生居群，全国各地栽培。

系统学评述：银杏科属于银杏亚纲 Ginkgoidae 银杏目 Ginkgoales。银杏亚纲的系统位置长期存在争议，但多数学者认为银杏亚纲与苏铁亚纲 Cycadidae 互为姐妹群，基于叶绿体基因组建立的分子系统树也支持这一观点[1]。

1. *Ginkgo* Linnaeus 银杏属

Ginkgo Linnaeus (1771: 313); Fu et al. (1999: 100) (Type: *G. biloba* Linnaeus)

特征描述：同科描述。

分布概况：1 属/1 种，世界广泛栽培；中国华东和西南可能有野生居群，存在东、西两个冰期"避难所"居群，分别以浙江天目山和西南的重庆金佛山、贵州务川、三峡库区等地为代表，全国各地栽培。

系统学评述：基于叶绿体基因组的分析支持银杏属与苏铁亚纲互为姐妹群[1]。

DNA 条形码研究：GBOWS 已有 1 种 8 个条形码数据。

代表种及其用途：银杏 *G. biloba* Linnaeus 是广泛应用的园林、绿化和材用树种；种仁"白果"为食用干果，药食同源；银杏叶提取物（银杏内酯、银杏黄酮）常用于预防心脑血管疾病。

主要参考文献

[1] Wu CS, et al. Chloroplast phylogenomics indicates that *Ginkgo biloba* is sister to Cycads[J]. Genome Biol Evol, 2013, 5: 243-254.

Gnetaceae Blume (1833), *nom. cons.* 买麻藤科

特征描述：常绿木质大藤本，稀为直立灌木或乔木。茎分节，节部膨大。单叶对生，有叶柄，无托叶；叶具羽状叶脉。雌雄异株，稀同株；球花伸长成细长穗状，具多轮合生环状总苞；雄球花穗单生或数穗组成顶生及腋生聚伞花序；雌球花穗单生或数穗组成聚伞圆锥花序，常侧生于老枝上，每轮总苞腋生雌性生殖单位 4-12，雌性生殖单位具 2 层囊状外盖被和 1 层珠被；珠被的顶端延长成珠孔管。种子核果状，包于红色或橘红色肉质假种皮中；子叶 2 枚。花粉粒无萌发孔，具刺。染色体 $2n=22$。

分布概况：1 属/35 种，泛热带分布；中国 1 属/9 种，产长江以南。

系统学评述：买麻藤科与百岁兰科 Welwitschiaceae 互为姐妹群，两者共同与麻黄科 Ephedraceae 构成现存买麻藤亚纲 Gnetidae[1,2]。

1. *Gnetum* Linnaeus 买麻藤属

Gnetum Linnaeus (1767: 637); Fu et al. (1999: 102) (Type: *G. gnemon* Linnaeus)

特征描述：同科描述。

分布概况：35/9（6）种，**2 型**；泛热带分布，产亚洲，非洲与南美洲等热带亚热带，亚洲南部及东南部较多；中国产福建、广东、广西、贵州、云南、江西和湖南。

系统学评述：买麻藤属为单系[3]，属下可划分为买麻藤组 *Gnetum* sect. *Gnetum* 和柱穗组 *G.* sect. *Cylindrostachys*；买麻藤组可再分为 3 个亚组，即 *G.* subsect. *Eugnemones*、*G.* subsect. *Micrognemones* 和 *G.* subsect. *Araeognemones*，柱穗组可分为有柄亚组 *G.* subsect. *Stipitati* 和无柄亚组 *G.* subsect. *Sessiles*[4]。分子系统学研究表明，该属可划分为 4 个明显的地理分支，其中，南美分支位于最基部，随后是非洲分支，亚洲种类构成的分支包含 2 个互为姐妹群的亚洲分支 I 和亚洲分支 II，但这一划分并未得到形态证据的支持[4]。

DNA 条形码研究：GBOWS 已有该属 4 种 18 个条形码数据。

代表种及其用途：多数种类的茎中纤维丰富，捶打可编草鞋，种子炒熟可食。

主要参考文献

[1] Ran JH, et al. Fast evolution of the retroprocessed mitochondrial *rps*3 gene in conifer II and further evidence for the phylogeny of gymnosperms[J]. Mol Phylogenet Evol, 2010, 54: 136-149.

[2] Zhong B, et al. The position of Gnetales among seed plants: overcoming pitfalls of chloroplast phylogenomics[J]. Mol Biol Evol, 2010, 27: 2855-2863.

[3] Won H, Renner SS. Dating dispersal and radiation in the gymnosperm *Gnetum* (Gnetales)-clock calibration when outgroup relationships are uncertain[J]. Syst Biol, 2006, 55: 610-622.

[4] Price RA. Systematics of the Gnetales: a review of morphological and molecular evidence[J]. Int J Plant Sci, 1996, 157(Suppl. 6): 40-49.

Ephedraceae Dumortier (1829), *nom. cons.* 麻黄科

特征描述：小乔木、灌木、亚灌木、藤本或草本。二歧分枝，具节和节间，节部常膨大；小枝节间具细纵条纹。叶交互对生或轮生，条形，离生至基部合生为鞘状，具 2 条平行脉。雌雄异株，稀同株；雄球花生枝顶或具短梗至无梗在节上对生或簇生，具多对（轮）苞片；雌性生殖单位单生或组成复轴型雌球花，生枝顶或具短梗至无梗而生于节上；复轴型的雌球果 2 或 3 基数，1 至多轮。种子具 1 层外盖被和 1 层珠被，珠被先端延伸形成珠孔管。花粉粒无萌发孔，具 5-18 条纵肋。染色体 $2n=14$，28。

分布概况：1 属/55 种，分布于欧洲，非洲北部，温带亚洲，北美洲和南美洲；中国 1 属/16 种，产西北、华北和西南。

系统学评述：麻黄科隶属于裸子植物门 Gymnospermae 买麻藤亚纲 Gnetidae 麻黄目 Ephedrales，现存仅麻黄属 *Ephedra*[1]。少量研究认为买麻藤类不是单系群[2,3]，但是，绝大多数人都支持买麻藤类是 1 个单系群。买麻藤类分支在种子植物中的系统位置目前仍未确定。由于买麻藤类的独特的形态、胚胎、解剖学等方面的特征，如买麻藤属类似双子叶的阔叶，买麻藤科和百岁兰科缺颈卵器和双受精现象，以及 3 个科次生木质部有导管，与被子植物十分类似。因此，长期以来一直是被子植物起源研究中的重点关注类群，如真花学说、假花学说、生殖茎节学说、生花植物学说、新假花学说等[4]。分子系统学也没能确定买麻藤类的位置，主要有几种观点：一是其为松杉类的姐妹群[5-7]；二是其为种子植物的姐妹群[8,9]；三是其为被子植物的姐妹群[10]；四是其为裸子植物松科的姐妹群，即买麻藤松假说[11,12]。也有少数系统做出不同的处理，如 Kubitzki[13]将买麻藤类与苏铁类同置于苏铁亚门，而将银杏类和松杉类置于松杉亚门下。

大多数分子系统学支持麻黄科为现存买麻藤类的基部类群，买麻藤科和百岁兰科 Welwitschiaceae 组成的分支与麻黄科互为姐妹群[8]，这也得到胚胎学证据的支持，如麻黄科有颈卵器，百岁兰和买麻藤均缺颈卵器构造[14,15]。尽管早期一些分子系统学研究也有过不同的拓扑关系，如麻黄科和买麻藤科为姐妹群，它们组成的分支与百岁兰科互为姐妹群[5]。

1. *Ephedra* Linnaeus 麻黄属

Ephedra Linnaeus (1753: 1040); Fu et al. (1999: 97) (Type: *E. distachya* Linnaeus)

特征描述：同科描述。

分布概况：55/16 种，**2** 型；分布于欧洲地中海区，北非，温带亚洲，北美洲和南美洲安第斯山脉；中国产西北、华北和西南。

系统学评述：Stapf[16]依据雌球果成熟时苞片质地将麻黄属分为 3 个组，即膜苞组 *Ephedra* sect. *Alatae*、革苞组 *E.* sect. *Asarca* 和肉苞组 *E.* sect. *Ephedra*。Musaev[17]基于形

态特征和地理分布又从肉苞组分出单子麻黄组 *E.* sect. *Monospermae* 和藤麻黄组 *E.* sect. *Scandentes*。但分子系统学研究并不支持传统的属下划分观点，系统树显示的地理分布格局，原始种类均分布于旧世界，1 个单系的美洲分支嵌入其中，美洲分支中又包含了 1 个单系的南美分支[18-21]。麻黄属仍需进一步研究。

DNA 条形码研究：ITS2 可以作为麻黄中药材鉴定的分子标记[22]。GBOWS 已有 5 种 26 个条形码数据。

代表种及其用途：草麻黄 *E. sinica* Stapf、中麻黄 *E. intermedia* Schrenk & C. A. Meyer、木贼麻黄 *E. equisetina* Bunge 含麻黄碱，是传统中药；也用于荒漠地区固沙；北美洲的麻黄用于茶饮。

主要参考文献

[1] Christenhusz MJM, et al. A new classification and linear sequence of extant gymnosperms[J]. Phytotaxa, 2011, 19: 55-70.

[2] Meyen SV. Basic features of gymnosperm systematics and phylogeny as evidenced by the fossil record[J]. Bot Rev, 1984, 50: 1-111.

[3] Nixon KC, Crepet WL. A reevaluation of seed plant phylogeny[J]. Ann MO Bot Gard, 1994, 81: 484-533.

[4] 杨永, 等. 被子植物花的起源: 假说和证据[J]. 西北植物学报, 2004, 24: 2366-2380.

[5] Chaw SM, et al. Molecular phylogeny of extant gymnosperms and seed plant evolution: analysis of nuclear 18S rRNA sequences[J]. Mol Biol Evol, 1997, 14: 56-68.

[6] Chaw SM, et al. The phylogenetic positions of the conifer genera *Amentotaxus*, *Phyllocladus*, and *Nageia* inferred from 18S rRNA sequences[J]. J Mol Evol, 1995, 41: 224-230.

[7] Ran JH, et al. Fast evolution of the retroprocessed mitochondrial *rps*3 gene in conifer II and further evidence for the phylogeny of gymnosperms[J]. Mol Phylogenet Evol, 2010, 54: 136-149.

[8] Rai HS, et al. Inference of higher-order conifer relationships from a multi-locus plastid data set[J]. Botany, 2008, 86: 658-669.

[9] Reeves PA. Inference of higher-order relationships in the cycads from a large chloroplast data set[J]. Mol Phylogenet Evol, 2003, 29: 350-359.

[10] Rydin C, et al. Seed plant relationships and the systematic position of Gnetales based on nuclear and chloroplast DNA: conflicting data, rooting problems, and the monophyly of conifers[J]. Int J Plant Sci, 2002, 163: 197-214.

[11] Gugerli F, et al. The evolutionary split of Pinaceae from other conifers: evidence from an intron loss and a multigene phylogeny[J]. Mol Phylogenet Evol, 2001, 21: 167-175.

[12] Zhong B, et al. The position of gnetales among seed plants: overcoming pitfalls of chloroplast phylogenomics[J]. Mol Biol Evol, 2010, 27: 2855-2863.

[13] Kubitzki K. Ephedraceae[M]//Kubitzki K. The families and genera of vascular plants, I. Berlin: Springer, 1990: 379-382.

[14] Pearson HHW. Gnetales[M]. Cambridge: Cambridge University Press, 1929.

[15] Gifford EM, Foster AS. Morphology and evolution of vascular plants[M]. New York: W. H. Freeman and Company, 1989.

[16] Stapf O. Die arten der gattung *Ephedra* (Monograph)[J]. Denkschr Kaiserl Akad Wiss Wien Math Naturwiss Kl, 1889, 56: 1-112.

[17] Musaev IF. On geography and phylogeny of some representatives of the genus *Ephedra* L.[J]. Bot Zhur, 1978, 63: 523-543.

[18] Huang JL, Price RA. Estimation of the age of extant *Ephedra* using chloroplast *rbc*L sequence data[J].

Mol Biol Evol, 2003, 20: 435-440.

[19] Huang J, et al. Phylogenetic relationships in *Ephedra* (Ephedraceae) inferred from chloroplast and nuclear DNA sequences[J]. Mol Phylogenet Evol, 2005, 35: 48-59.

[20] Ickertbond SM, Wojciechowski MF. Phylogenetic relationships in *Ephedra* (Gnetales): evidence from nuclear and chloroplast DNA sequence data[J]. Syst Bot, 2004, 29: 834-849.

[21] Ickert-Bond SM, et al. A fossil-calibrated relaxed clock for *Ephedra* indicates an Oligocene age for the divergence of Asian and New World clades and Miocene dispersal into south America[J]. J Syst Evol, 2009, 47: 444-456.

[22] 庞晓慧, 等. 应用 ITS2 条形码鉴定中药材麻黄[J]. 中国中药杂志, 2012, 37: 1118-1121.

Pinaceae Sprengel ex F. Rudolphi (1830), *nom. cons.* 松科

特征描述：<u>常绿或落叶乔木</u>，稀为灌木。仅长枝，或兼有长、短枝。<u>叶条形或针形，基部不下延生长</u>；条形叶扁平，稀呈四棱形；针形叶 2-5 针（稀 1 针或多至 81 针）成一束，着生于极度退化的短枝顶端，基部包有叶鞘。雌雄同株；球花单性；雄球花腋生或单生枝顶，或多数集生于短枝顶端；<u>雌球花球果直立或下垂</u>；种鳞宿存或成熟后脱落；<u>苞鳞与种鳞离生（仅基部合生）</u>；种鳞的腹面基部有 2 粒种子。种子常上端具一膜质翅。花粉粒 2 个气囊或无气囊。染色体 $2n$=24，44。

分布概况：11 属/225 种，北半球广布；中国 11 属/102 种，其中引种栽培 24 种，广布。

系统学评述：Pilger[1]系统中，松柏目包含 7 个科，顺序为红豆杉科 Taxaceae、罗汉松科 Podocarpaceae、南洋杉科 Araucariaceae、三尖杉科 Cephalotaxaceae、松科、杉科 Taxodiaceae 和柏科 Cupressaceae，反映雌球果由简单到复杂再逐渐简化的顺序，松科作为松柏目的成员介于三尖杉科和杉科之间，是典型球果中的原始类型。Chamberlain[2]的经典裸子植物教科书中，将具典型球果的科排列在前，而非典型球果的罗汉松科和红豆杉科排列在后，松科是松杉类裸子植物最原始的科。Keng[3]在对伪叶竹柏属 *Phyllocladus* 研究的基础上，提出 1 个新的分类方案，将松杉目下分 2 个亚目：红豆杉亚目 Taxineae（伪叶竹柏科 Phyllocladaceae、红豆杉科、罗汉松科和三尖杉科）和松亚目 Pinineae（南洋杉科、松科、杉科和柏科），松科是松亚目中介于南洋杉科和杉科的成员。郑万钧和傅立国[FRPS]对 Pilger[1]的系统做了调整，其松杉纲 Coniferopsida 包含松杉目 Pinales（南洋杉科、松科、杉科和柏科）、罗汉松目 Podocapales（罗汉松科）、三尖杉目 Cephalotaxales（三尖杉科）和红豆杉目 Taxales（红豆杉科），南洋杉科作为松杉纲松杉目中的第 1 个科。Fu 等[4]基于裸子植物的苞鳞-种鳞复合体演化理论和可能存在的多脉演化线认为，南洋杉科、银杏科 Ginkgoaceae、竹柏科、麻黄科 Ephedraceae、买麻藤科 Gnetaceae 和百岁兰科 Welwitschiaceae 构成 1 支，它们可能均与古生代科达类裸子植物 Cordaitopsida 的关系密切，具非典型雌球果的红豆杉科、罗汉松科和三尖杉科组成 1 支，而由典型雌球果的松科和柏科组成的 1 支则成为非典型球果支的姐妹群。分子系统学研究比较流行的买麻藤松假说支持松科和买麻藤类关系最为密切[5-7]。Hart[8]基于形态特征的分支分析认为松科是其他松杉类裸子植物的姐妹群，基本反映了传统典型球果向非典型球果演化趋势，而这一观点也得到 Rai 等[9]和 Chaw 等[10]的分子系统学研究的支持。

对于科下的划分，Price[11]基于免疫学特征将松科划分为冷杉类（包括雪松属 *Cedrus*、油杉属 *Keteleeria*、冷杉属 *Abies*、铁杉属 *Tsuga* 和金钱松属 *Pseudolarix*）和松类（包括落叶松属 *Larix*、黄杉属 *Pseudotsuga*、云杉属 *Picea* 和松属 *Pinus*）两大支。而基于形态或分子证据，不同学者分别将松科划分为 2 或 3 个主要分支或亚科[10,12-15]。Ran 等[16]重建了裸子植物的系统发育关系，其中松科内的关系为（（黄杉属+落叶松属）（金钱松属

（铁杉属+长苞铁杉属）（油杉属（冷杉属（雪松属（松属（云杉属+银杉属）)))))。Lin
等[14]基于叶绿体基因组数据重建的松科各属间的系统发育关系为(雪松属(冷杉属+油杉属)
（落叶松属+黄杉属）（云杉属（银杉属+松属))），这一结果支持基于形态特征将松科划
分为 4 个亚科的观点，即冷杉亚科 Abietoideae（雪松属、油杉属和冷杉属）、落叶松亚
科 Laricoideae（落叶松属和黄杉属）、云杉亚科 Piceoideae（云杉属）和松亚科 Pinoideae
（银杉属和松属）。

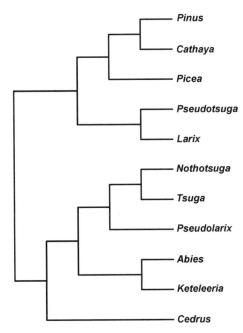

图 21　松科分子系统发育框架图（参考 Lin 等[14]；Gernandt 等[17]）

分属检索表

1. 针叶（1-）2-5（-8）针一束 ···**8. 松属 *Pinus***
1. 针叶单生，或 10 个以上在短枝上假轮生
  2. 种子无树脂；种鳞基部阔，宿存
    3. 种子易与翅分离，翅相对较大而窄；枝条上叶枕非常发达；雌球果苞鳞常退化（或小），成熟
      时下垂 ··**7. 云杉属 *Picea***
    3. 种子与翅不分离，翅相对较小而较宽；枝条上叶枕缺或不发达；雌球果具明显苞鳞，梗上有叶，
      成熟时直立、开展或下垂
      4. 枝二型；叶在长枝上螺旋状着生，在短枝上假轮生，落叶；球果直立 ·····**5. 落叶松属 *Larix***
      4. 枝一型或不明显二型；叶常绿，螺旋状着生；雌球果下垂或开展
        5. 枝一型；叶间距近相当；雌球果苞鳞大，外露，先端 3 裂 ·········**10. 黄杉属 *Pseudotsuga***
        5. 枝不明显二型；雌球果苞鳞较小，内藏，先端不分裂 ··················**2. 银杉属 *Cathaya***
  2. 种子具树脂；种鳞基部窄，叶柄状，宿存或早落
    6. 雌球果下垂 ···**11. 铁杉属 *Tsuga***
    6. 雌球果直立
      7. 雄球花簇生；雌球果生于长而具叶的果梗上；雌球果主轴分裂

8. 枝二型；叶在长枝上螺旋状着生，在短枝上密集假轮生，落叶；种鳞由于球果主轴分裂而早落 ·· **9. 金钱松属 *Pseudolarix***

8. 枝一型或不明显二型；叶常绿，在长枝上螺旋状着生；种鳞宿存

  9. 种鳞大，通常 6cm 长，3cm 宽以上；叶基部收缩、扭转，2-4.5mm 宽，叶枕不发达，有环状叶痕 ···················· **4. 油杉属 *Keteleeria***

  9. 球果小，通常 2.5-5×1.5-2.5cm；叶具叶柄，1-2mm 宽，叶枕发达，叶脱落后无明显叶痕 ···················· **6. 长苞铁杉属 *Nothotsuga***

7. 雄球花单生；雌球果具短梗或无梗；雌球果主轴宿存

  10. 枝二型；叶螺旋状疏散排列于长枝上，短枝上密集假轮生；雌球果二年成熟，熟后种鳞脱落 ···················· **3. 雪松属 *Cedrus***

  10. 枝一型；叶螺旋状排列于长枝上；雌球果一年成熟，苞鳞和种鳞一起脱落 ···················· **1. 冷杉属 *Abies***

1. *Abies* Miller 冷杉属

Abies Miller (1754: v.1); Fu et al. (1999: 44) [Type: *A. alba* Miller (=*Pinus picea* Linnaeus (1753), non *Abies picea* Miller (1768)]

特征描述：<u>常绿乔木</u>。枝条轮生，叶脱落后枝上留有圆形或近圆形的吸盘状叶痕；冬芽常具树脂，顶芽 3 个排成一平面。叶螺旋状着生；<u>叶条形，扁平，具短柄，上面中脉凹下，下面中脉隆起，每边有 1 条气孔带</u>。雌雄同株；雄球花成穗状圆柱形，小孢子叶多数，螺旋状着生；雌球花卵状圆柱形至短圆柱形，直立；<u>种鳞腹面有 2 粒种子，背面托一基部结合而生的苞鳞。种子上部具宽大的膜质长翅；种翅稍较种鳞为短，下端边缘包卷种子，不易脱离</u>。球果成熟后种鳞与种子一同从宿存的中轴上脱落。花粉粒具 2个气囊，穿孔状纹饰。染色体 $2n=24$。

分布概况：47/20（14）种，**8 型**；分布于亚洲，欧洲，北美洲，中美洲及非洲北部；中国产东北、华北、西北、西南和华东。

系统学评述：冷杉属为单系，与油杉属 *Keteleeria* 系统发育关系近缘[9,11,14,17,18]。Xiang 等[19]基于核 ITS 序列的系统发育分析将冷杉属划分为 7 个分支，但支持率较低，且多数分支间的关系未解决。Xiang 等[20]基于 ITS 序列对冷杉属 31 种的系统发育关系分析结果支持将该属划分为 9 组，包括 *Abies* sect. *Abies*、*A.* sect. *Amabilis*、*A.* sect. *Balsamea*、*A.* sect. *Bracteata*、*A.* sect. *Grandis*、*A.* sect. *Momi*、*A.* sect. *Nobilis*、*A.* sect. *Piceaster* 和 *A.* sect. *Pseudopiced*，并指出，北美洲西部种类构成 1 个单系分支，欧洲种类与亚洲种类系统发育关系可能较近缘，但是支持率较低。结合分子系统学研究，Farjon[15]将冷杉属划分为 10 个组，即 *A.* sect. *Abies*、*A.* sect. *Piceaster*、*A.* sect. *Bracteata*、*A.* sect. *Momi*（包括 *A.* subsect. *Homolepide*、*A.* subsect. *Firmae*、*A.* subsect. *Holophyllae*）、*A.* sect. *Amabilis*、*A.* sect. *Pseudopicea*（包括 *A.* subsect. *Delavayianae*、*A.* subsect. *Squamatae*）、*A.* sect. *Balsamea*（包括 *A.* subsect. *Laterales*、*A.* subsect. *Medianae*）、*A.* sect. *Grandis*、*A.* sect. *Oiamel*（包括 *A.* subsect. *Religiosae*、*A.* subsect. *Hickelianae*）和 *A.* sect. *Nobilis*。

DNA 条形码研究：BOLD 网站有该属 55 种 347 个条形码数据；GBOWS 已有 20

种 265 个条形码数据。

  代表种及其用途：冷杉属各种均可用于提取冷杉树脂，木材可用于房屋建筑、板材、家具、器具、火柴杆、牙签及木纤维工业原料。

2. *Cathaya* Chun & Kuang 银杉属

Cathaya Chun & Kuang (1962: 245); Fu et al. (1999: 37) (Type: *C. argyrophylla* Chun & Kuang)

  特征描述：<u>常绿乔木</u>；冬芽无树脂。<u>叶条形</u>，<u>微曲或直</u>，<u>螺旋状着生呈辐射伸展</u>，<u>在枝节间的顶端排列紧密</u>，<u>成簇生状</u>，<u>上面中脉凹陷</u>，下面中脉隆起，每边有一条粉白色气孔带。雌雄同株；雄球花基部围有数列覆瓦状排列的膜质鳞片状苞片，穗状，小孢子叶多数，螺旋状着生；<u>雌球果当年成熟</u>，<u>常多年不脱落</u>，<u>成熟时卵圆形</u>，<u>无梗</u>，<u>起初直立</u>，<u>逐渐下垂</u>；种鳞远较苞鳞为大，<u>初时覆瓦状紧贴</u>，<u>熟时张开</u>，<u>木质</u>，<u>较坚硬</u>，<u>不脱落</u>。种子卵形，<u>有膜质翅</u>。花粉粒 2 个气囊，在近极端有显著的帽冠。染色体 2*n*=24。

  分布概况：1/1（1）种，**15 型**；中国产广西、湖南、重庆和贵州。

  系统学评述：银杉属被置于冷杉亚科[FRPS]，Farjon[15]认为应将其归入松亚科。银杉属与云杉属和松属均具近缘关系，但三者之间的相互关系尚未解决[14,15,17,18]。因而，银杉属的系统位置仍需进一步研究澄清。

  DNA 条形码研究：BOLD 网站有该属 1 种 13 个条形码数据；GBOWS 已有 1 种 6 个条形码数据。

  代表种及其用途：银杉 *C. argyrophylla* Chun & Kuang 木材可用于制造家具及作建筑用材。

3. *Cedrus* Trew 雪松属

Cedrus Trew (1757: 6), *nom. cons.*; Fu et al. (1999: 52) [Type: *C. libani* A. Richard (≡ *Pinus cedrus* Linnaeus)]

  特征描述：<u>常绿乔木</u>。<u>枝有长枝及短枝</u>，枝条基具宿存的芽鳞。叶针状，三棱形，或背脊明显呈四棱形，<u>在长枝上螺旋状排列</u>、<u>辐射伸展</u>，<u>在短枝上呈簇生状</u>。雌雄同株；雄球花具多数螺旋状着生的小孢子叶，花丝极短，小孢子囊 2 个；雌球花具多数螺旋状着生的珠鳞，珠鳞背面托短小苞鳞，腹面基部有 2 枚胚珠；<u>球果第二年（稀第三年）成熟</u>，<u>直立</u>，顶端及基部的种鳞无种子；<u>种鳞木质</u>，<u>宽大</u>，<u>排列紧密</u>，<u>腹面具种子 2</u>，<u>鳞背密生短绒毛</u>；苞鳞短小，<u>成熟时与种鳞一同从宿存的中轴上脱落</u>。种子具宽大膜质的种翅；子叶 6-10 枚。花粉粒具 2 个气囊，穿孔状纹饰。染色体 2*n*=24。

  分布概况：3/1 种，**10-2 型**；间断分布于非洲北部，亚洲西部及喜马拉雅山脉西部；中国河北、河南、湖北、安徽、江苏、福建、广东、广西引种栽培。

  系统学评述：雪松属为单系，其在松科中的系统位置还存在争论[9,11-14,17,18]，可能与冷杉属及油杉属的系统发育关系更近缘[9,12-14]。Wang 等[18]曾将该属作为松科的基部类群，但 Ran 等[16]的分子系统发育分析结果支持雪松属是松属-银杉属-云杉属分支的姐妹群。Farjon[15]认为雪松属作为松科基部类群证据不足，仍将其归入冷杉亚科。雪松属的系统位置仍需进一步研究明晰。

DNA 条形码研究：BOLD 网站有该属 3 种 34 个条形码数据。

代表种及其用途：雪松 *C. deodara* (Roxburgh ex Lambert) G. Don 作园林观赏。

4. *Keteleeria* Carrière 油杉属

Keteleeria Carrière (1866: 449); Fu et al. (1999: 42) [Type: *K. fortunei* (A. Murray) Carrière (≡ *Picea fortunei* A. Murray)]

　　特征描述：常绿乔木。树皮纵裂，粗糙。小枝基部具宿存芽鳞；冬芽无树脂。叶条形或条状披针形，扁平，螺旋状着生，在侧枝上排列成 2 列，下面有 2 条气孔带。雌雄同株；雄球花单生叶腋，小孢子叶多数，螺旋状着生；雌球果当年成熟，直立，圆柱形，成熟时种鳞张开；种鳞木质，宿存，上部边缘内曲或向外反曲；苞鳞长及种鳞的 1/2-3/5，常外露。种子上端具宽大的厚膜质种翅，种翅几与种鳞等长。花粉粒具 2 个气囊。染色体 2*n*=24。

　　分布概况：3/3（2）种，**7-4** 型；分布于老挝，越南；中国产秦岭以南、雅砻江以东、长江下游以南和台湾、海南等地。

　　系统学评述：油杉属为单系，与冷杉属系统关系近缘[9,11,14,17,18]。该属目前尚缺乏分子系统学研究。

　　DNA 条形码研究：BOLD 网站有该属 7 种 22 个条形码数据；GBOWS 已有 5 种 22 个条形码数据。

　　代表种及其用途：油杉属植物木材可作建材及木纤维工业原料等用；树皮可提栲胶。

5. *Larix* Miller 落叶松属

Larix Miller (1754: ed.4 vol 2); Fu et al. (1999: 33) [Type: *L. decidua* Miller (≡ *Pinus larix* Linnaeus)]

　　特征描述：落叶乔木。枝二型，有长枝和由长枝上的腋芽长出而生长缓慢的距状短枝；近球形。叶在长枝上螺旋状散生，在短枝上呈簇生状，倒披针状窄条形，扁平，稀呈四棱形，柔软，下面中脉隆起，两侧各有数条气孔线。雌雄同株；雄球花具多数小孢子叶，药室纵裂；球果当年成熟，直立，具短梗，熟时球果的种鳞张开；种鳞革质，宿存；苞鳞短小，不露出或微露出，或苞鳞较种鳞长，显著露出，露出部分直伸或向后弯曲或反折，背部常有明显的中肋，中肋常延长成尖头；种鳞腹面有种子 2，种子上部有膜质长翅。花粉粒无气囊。染色体 2*n*=24。

　　分布概况：15/11（4）种，**8** 型；分布于北半球的亚洲，欧洲及北美洲的温带；中国产东北、华北、西北和西南，引种栽培 2 种。

　　系统学评述：落叶松属为单系，与黄杉属系统发育关系近缘[9,11-14,17,18]，两者共同构成落叶松亚科[15]。依据苞鳞与种鳞的相对长度，Patschke[21]将该属划分为 2 组，即 *Larix* sect. *Larix* (or *Pauciserialis*)，该组的苞鳞多短于或近等长于种鳞；*L*. sect. *Multiserialis* 的苞鳞显著长于种鳞。Schorn[22]虽然不同意这种划分，但他提出的 2 个群的分类方案也基本依据苞鳞的形态及长度，群 I（*Aristatus*）具相对长的苞鳞，3 裂的苞鳞中间裂片显著伸长出侧裂片，因此，苞鳞先端呈戟形，群 II 又划分 2 亚群，群 IIa（*Laminatus*）的苞鳞略长于种鳞，而群 IIb（*Laminatus*）的苞鳞则短于种鳞。

Tang 等[23]基于叶绿体序列的分析不支持 2 个组的划分观点。Gernandt 和 Liston 基于 ITS 的分析结果将叶松属北美分支和欧亚大陆分支[24]，这 2 个分支也得到等位酶分析的支持[25]。Wei 和 Wang[26]基于叶绿体 *trn*T-*trn*F 序列的系统发育分析将落叶松属划分为 3 个主要分支，分支 I 包含 2 个北美种类；另外 2 个分支均由欧亚大陆分布的种类组成，其中一个是短苞鳞分支，另一个是长苞鳞分支（具短苞鳞的 *L. sibirica* Ledebour 是该分支的例外）；但这项研究还没有能确定这 3 个分支间的关系，可能是由于 3 个分支发生的时间非常接近所致。同年，Semerikov 等[27]基于 RFLP、AFLP 和 nrDNA 序列 ITS 的系统发育重建表明，北美种类构成 1 个单系群，南亚种类和欧亚大陆北部种类也构成 1 个单系群，*L. sibirica* 除外，如果包含该种，则核基因和叶绿体基因均支持北美洲群和旧世界群互为姐妹群；欧亚大陆北部分支的基部群是 *L. decidua* Miller，南亚分支的基部群是 *L. griffithiana* J. D. Hooker，北美分支的基部群是 *L. lyallii* Parlatore。此外，Wei 和 Wang[26]的研究指出落叶松属中一些种类的分类地位还需要进一步确定，如 Farjon[28]承认的 *L. czekanowskii* Szafer，却没有得到等位酶分析的支持[25]。Wei 和 Wang[26]认为 *Larix kongboensis* Mill 是 *L. griffithii* J. D. Hooker 的异名。Semerikov 等[27]的系统发育树所显示的属内关系较 Wei 和 Wang[26]的关系更加清晰，其包含的北美分支、欧亚北部分支和亚洲南部分支分别对应着 Wei 和 Wang[26]的分支 I、分支 II 和分支 III。

DNA 条形码研究：BOLD 网站有该属 13 种 61 个条形码数据；GBOWS 已有 6 种 29 个条形码数据。

代表种及其用途：落叶松属植物均可作建筑及木纤维工业原料等用，树皮可提栲胶，种子可榨油，亦可栽培作庭院树种。

6. *Nothotsuga* Hu ex C. N. Page 长苞铁杉属

Nothotsuga Hu ex C. N. Page (1989: 390) [Type: *N. longibracteata* (W. C. Cheng) C. N. Page (≡ *Tsuga longibracteata* W. C. Cheng)]

特征描述：常绿乔木。树皮暗褐色，纵向撕裂。叶条形，具叶柄，针叶光滑，叶上面气孔带 7-12 条，背面 10-16 条。雌雄同株；雄球花伞状簇生；雌球果淡紫色或红色，成熟时暗褐色，或多或少直立，整体脱落或分散脱落；种鳞宿存，中部种鳞宽菱形或近圆形，基部盾形至耳形，先端截圆形；苞鳞近匙形，先端尖头锐尖或渐尖。种子三角状卵形，种翅卵形至长圆形，先端圆形。花粉粒具 2 个气囊。染色体 2*n*=24。

分布概况：1/1（1）种，**15 型**；中国产贵州东北部、湖南西南部、广东北部、广西东北部和福建南部。

系统学评述：长苞铁杉属与铁杉属、金钱松属的系统发育关系近缘[12,13,17,18]，曾被处理为铁杉属下的 1 个种[FOC]；形态特征和分子证据均表明该属应独立于铁杉属，与铁杉属构成姐妹群[15,29]，与后者不同在于叶螺旋状排列、叶两面都有气孔带、直立球果的苞鳞长于种鳞而不同。

DNA 条形码研究：BOLD 网站有该属 1 种 9 个条形码数据。

代表种及其用途：长苞铁杉 *N. longibracteata* (W. C. Cheng) Hu ex C. N. Page 的木材用于建筑和家具；也是造林树种。

7. *Picea* A. Dietrich 云杉属

Picea A. Dietrich (1824: 794); Fu et al. (1999: 25) [Type: *P. rubra* A. Dietrich, *nom. illeg.* (=*Picea abies* (Linnaeus) H. Karsten ≡ *Pinus abies* Linnaeus)]

特征描述：常绿乔木。小枝上有显著的叶枕，叶生于叶枕之上；小枝基部有宿存的芽鳞。叶螺旋状着生，四棱状条形或条形，无柄，两面中脉隆起，仅上面中脉两侧有气孔线，树脂道常 2 个。雌雄同株；雄球花椭圆形或圆柱形，单生叶腋，稀单生枝顶，小孢子叶多数，螺旋状着生；雌球果下垂；种鳞多数，螺旋状着生，腹面基部生 2 枚胚珠；种鳞宿存；苞鳞短小，不露出。种子有膜质长翅；种翅为种子 3 倍长，易脱落，常倒卵形。花粉粒（1）2（3）个气囊。染色体 $2n=24$。

分布概况：38/18（7）种，**8** 型；北半球广布；中国产东北、华北、西北、西南和台湾，引种栽培 2 种。

系统学评述：云杉属为单系，与松属和银杉属系统发育关系近缘[9,11-14,17,18]，两者共同构成松亚科[15]。属下分类长期存在争议[15,30-34]：Willkomm[30] 将云杉属划分为 *Picea* sect. *Eupicea* 和 *Picea* sect. *Omorika*；Liu[33] 主要依据营养器官特征将该属划分为 *Picea* subgen. *Omorika*（包含 *P.* sect. *Omorika* 和 *P.* sect. *Morinda*）和云杉亚属 *P.* subgen. *Picea*（包含 *P.* sect. *Picea* 和 *P.* sect. *Casicta*）；Schmidt[34] 也将云杉属划分为 2 亚属 4 组，即 *P.* subgen. *Casicta*（包含 *P.* sect. *Sitcha* 和 *P.* sect. *Pungens*）和 *P.* subgen. *Picea*（包含 *P.* sect. *Picea* 和 *P.* sect. *Omorika*）。Farjon[13,15] 基本接受 Schmidt 的观点，但认为亚属间的差异很小，因此将亚属降级为组，组降为亚组。Ran 等[35] 的分子系统发育分析显示，北美洲的 *P. breweriana* S. Watson 位于该属最基部，北美洲西部的 *P. sitchensis* (Bongard) Carrière 位于次基部，其余种构成 3 个分支。Lockwood 等[36] 的最新的分子系统学研究将云杉属划分为 3 个主要分支，其中，*P. breweriana* 被归入分支 III，而 *P. sitchensis* 被归入分支 II。

DNA 条形码研究：Ran 等[37] 发现 *mat*K、*rbc*L、*rpo*B、*rpo*C1、*atp*F-*atp*H、*psb*A-*trn*H 和 *psb*K-*psb*I 对于云杉属的鉴定意义并不大，提出 LEAFY 可能是较好的条形码。BOLD 网站有该属 51 种 496 条形码数据；GBOWS 已有 15 种 228 个条形码数据。

代表种及其用途：材质优良，可供木纤维工业原料等用材和作造林的主要树种；树皮可提栲胶。

8. *Pinus* Linnaeus 松属

Pinus Linnaeus (1753: 1000); Fu et al. (1999: 11) (Type: *P. sylvestris* Linnaeus)

特征描述：常绿乔木，稀为灌木。冬芽显著，芽鳞多数，覆瓦状排列。叶二型：鳞叶单生，螺旋状着生；针叶（次生叶）螺旋状着生，辐射伸展，常 2 针、3 针或 5 针一束，基部包被叶鞘，针叶具 1-2 个维管束。雌雄同株；<u>雄球花生于新枝下部的苞片腋部</u>，<u>多数聚集成穗状花序状</u>，<u>无梗</u>，<u>斜展或下垂</u>；<u>雌球果单生或 2-4 个生于新枝近顶端</u>；种鳞木质，宿存，上部露出部分为"鳞盾"，具瘤状凸起的"鳞脐"。<u>种鳞具 2 粒种子</u>。<u>种子上部具长翅</u>，<u>种翅与种子结合而生</u>。花粉粒 2 个气囊，皱波或穿孔状纹饰。染色体 2*n*=24。

分布概况：113/39（7）种，**8 型**；主要分布于北半球，南至北非，中美洲及中南半岛至苏门答腊赤道以南；中国广布。

系统学评述：松属为单系，与云杉属和银杉属系统发育关系近缘[9,11-14,17,18]，共同构成松亚科[15]。Price 等[38]将该属划分为 2 亚属 4 组和 17 亚组。Gernandt 和 López[39]利用叶绿体基因 *mat*K 和 *rbc*L 对松属进行了系统发育分析，结合形态学证据，将松属划分为双维管束亚属 *Pinus* subgen. *Pinus*（或硬木松亚属）和单维管束亚属 *P.* subgen. *Strobus*（或软松木亚属）。其中，双维管束亚属包含 3 个组，即 *P.* sect. *Pinus*、*P.* sect. *Trifoliae* 和 *P.* sect. *Contortae*；单维管束亚属包含 2 个组，即 *P.* sect. *Parrya* 和 *P.* sect. *Quinquefoliae*。Farjon[15]基于形态和分子证据对松属的划分与 Gernandt 和 López[39]研究结果基本一致，只是在 *P.* sect. *Trifoliae* 下增加了 *P.* subsect. *Rzedowskianae*。

DNA 条形码研究：BOLD 网站有该属 167 种 1906 个条形码数据；GBOWS 已有 21 种 253 个条形码数据。

代表种及其用途：松属是世界上木材和松脂生产的主要树种。木材可用作建筑、家具及木纤维工业原料等；树木可用以采脂，树皮、针叶、树根等可综合利用，制成多种化工产品，种子可榨油或供食用；多数种类为森林更新、造林、绿化及庭院树种。

9. *Pseudolarix* Gordon 金钱松属

Pseudolarix Gordon (1858: 292), *nom. cons.*; Fu et al. (1999: 41) [Type: 'Herb. George Gordon' (K 0003455), *typ. cons.*]

特征描述：<u>落叶乔木</u>。<u>枝有长枝与短枝</u>。<u>叶条形</u>，<u>柔软</u>，在长枝上螺旋状散生，叶枕下延，矩状短枝之叶呈簇生状，叶脱落后有密集成环节状的叶枕。雌雄同株，球花生于短枝顶端；雄球花穗状，多数簇生；<u>雌球果当年成熟</u>；<u>种鳞木质</u>，<u>苞鳞小</u>，<u>基部与种鳞结合而生</u>，<u>成熟时与种鳞一同脱落</u>，发育的种鳞各有 2 粒种子。种子具宽大种翅，<u>种子连同种翅几与种鳞等长</u>。花粉粒具 2 个气囊，穿孔状纹饰。染色体 2*n*=44。

分布概况：1/1（1）种，**15 型**；中国产华中和东南。

系统学评述：金钱松属隶属于冷杉亚科[15]，是铁杉属和长苞铁杉属所构成分支的姐妹群[9,12,13,17,18]。

DNA 条形码研究：BOLD 网站有该属 2 种 6 个条形码数据；GBOWS 已有 1 种 13 个条形码数据。

代表种及其用途：金钱松 *P. amabilis* (J. Nelson) Rehder 为优良的用材树种及庭院树种。

10. *Pseudotsuga* Carrière 黄杉属

Pseudotsuga Carrière (1867: 256); Fu et al. (1999: 37) [Type: *P. douglasii* (Sabine ex D. Don) Carrière (≡

Pinus douglasii Sabine ex D. Don)]

特征描述：<u>常绿乔木</u>。小枝具微隆起的叶枕。冬芽卵圆形或纺锤形，无树脂。<u>叶条形</u>，<u>扁平</u>，<u>螺旋状着生</u>，下面中脉隆起，有 2 条白色或灰绿色气孔带。雌雄同株；<u>雄球花圆柱形</u>，<u>单生叶腋</u>；<u>雌球果下垂</u>，具柄，成熟时褐色或黄褐色；<u>种鳞木质</u>、<u>坚硬</u>、<u>蚌壳状</u>，<u>宿存</u>；<u>苞鳞显著露出</u>；<u>先端 3 裂</u>，<u>中裂窄长渐尖</u>，<u>侧裂较短</u>，先端钝尖或钝圆。种子连翅较种鳞短。花粉粒无气囊。染色体 $2n=24$，26。

分布概况：5/3（3）种，**9** 型；分布于亚洲东部及北美洲；中国产台湾、福建、浙江、安徽、湖北、湖南、四川、西藏、云南、贵州和广西，引种栽培 2 种。

系统学评述：形态和分子系统学分析均表明黄杉属是 1 个单系[24,40,41]，与落叶松属系统发育关系近缘[9,14,15,17,18]。Wei 等[41]将黄杉属划分为东亚分支和北美分支，两者互为姐妹群，然而东亚分支内的关系叶绿体基因和核基因分析出现分歧，核基因构建的系统发育树上东亚分支包含 2 个分支，一支为 *P. japonica* (Shirasawa) Beissner、*P. sinensis* Dode 和 *P. gaussenii* Flous，一支为 *P. brevifolia* W. C. Cheng & L. K. Fu 和 *P. forrestii* Craib；而在叶绿体基因系统发育树上 *P. japonica* 是其他亚洲种类的姐妹群。

DNA 条形码研究：BOLD 网站有该属 7 种 16 个条形码数据；GBOWS 已有 3 种 22 个条形码数据。

代表种及其用途：黄杉属植物木材供房屋建筑、桥梁、枕木等用材。

11. *Tsuga* (Endlicher) Carrière 铁杉属

Tsuga (Endlicher) Carrière (1855: 185); Fu et al. (1999: 39) [Type: *T. sieboldii* Carrière (≡ *Abies tsuga* Siebold & Zuccarini)]

特征描述：<u>常绿乔木</u>。小枝有隆起的叶枕。冬芽无树脂。<u>叶条形</u>、<u>扁平</u>，<u>稀近四菱形</u>，螺旋状着生，辐射伸展或基部扭转排成 2 列，有短柄，上面中脉凹下、平或微隆起。雌雄同株；<u>雄球花单生叶腋</u>；<u>花粉有气囊或气囊退化</u>；<u>雌球果当年成熟</u>，<u>直立或下垂</u>，或初直立后下垂，卵圆形、长卵圆形或圆柱形，有短梗或无梗；<u>种鳞薄木质</u>，<u>成熟后张开</u>，<u>不脱落</u>；苞鳞短小不露出，稀较长而露出。<u>种子上部有膜质翅</u>，<u>种翅连同种子较种鳞短</u>，<u>种子腹面有油点</u>。花粉粒具 2（3）个气囊或无气囊。染色体 $2n=24$。

分布概况：9/4（3）种，**9** 型；分布于亚洲东部及北美洲；中国产秦岭以南及长江以南。

系统学评述：铁杉属为单系，与长苞铁杉属和金钱松属的系统发育关系近缘，是长苞铁杉属的姐妹群[9,12,13,17,18]。基于核基因 ITS 和叶绿体片段的分子系统学研究表明，铁杉属包含 2 个分支：一个分支包括了北美洲西部的 2 种，即 *T. heterophylla* (Rafinesque) Sargent 和 *T. mertensiana* (Bongard) Carrière；另一个亚洲分支也包含了北美洲东部的 *T. caroliniana* Engelmann，而北美洲东部的 *T. canadensis* (Linnaeus) Carrière 则是这个亚洲分支的姐妹群，喜马拉雅分布的 *T. dumosa* (D. Don) Eichler 可能是杂交起源[29]。Farjon[15]将该属划分为 2 组，即 *Tsuga* sect. *Hesperopeuce* 仅包含 *T. mertensiana*；*T.* sect. *Tsuga* 包含其余种类。这个划分将 Havill 等[29]系统发育分析中北美洲西部分支的 2 种分别划入 2

个组中。

DNA 条形码研究：BOLD 网站有该属 9 种 173 个条形码数据；GBOWS 已有 3 种 14 个条形码数据。

代表种及其用途：铁杉属植物木材可供建材及木纤维工业原料等用；树皮可提栲胶；可作森林更新或荒山造林的树种。

主要参考文献

[1] Pilger R. Gymnospermae[M]//Engler A. Die natürlichen pflanzenfamilien. Leipzig: W. Engelmann, 1926.

[2] Chamberlain CJ. Gymnosperms: structure and evolution[M]. New York: Johnson Reprint Corporation, 1935.

[3] Keng H. A new scheme of classification of the conifers[J]. Taxon, 1975, 24: 289-292.

[4] Fu DZ, et al. A new scheme of classification of living gymnosperms at family level[J]. Kew Bull, 2004, 59: 111-116.

[5] Chaw SM, et al. Seed plant phylogeny inferred from all three plant genomes: monophyly of extant gymnosperms and origin of Gnetales from conifers[J]. Proc Natl Acad Sci USA, 2000, 97: 4086-4091.

[6] Gugerli F, et al. The evolutionary split of Pinaceae from other conifers: evidence from an intron loss and a multigene phylogeny[J]. Mol Phylogenet Evol, 2001, 21: 167-175.

[7] Zhong BJ, et al. The position of gnetales among seed plants: overcoming pitfalls of chloroplast phylogenomics[J]. Mol Biol Evol, 2010, 27: 2855-2863.

[8] Hart JA. A cladistic analysis of conifers: preliminary results[J]. J Arn Arb, 1987, 68: 269-307.

[9] Rai HS, et al. Inference of higher-order conifer relationships from a multi-locus plastid data set[J]. Botany, 2008, 86: 658-669.

[10] Chaw SM, et al. The phylogenetic positions of the conifer genera *Amentotaxus*, *Phyllocladus*, and *Nageia* inferred from 18S rRNA sequences[J]. J Mol Evol, 1995, 41: 224-230.

[11] Price RA, et al. Relationships among the genera of Pinaceae: an immunological comparison[J]. Syst Bot, 1987, 12: 91-97.

[12] Frankis MP. Generic inter-relationships in Pinaceae[J]. Notes R Bot Gard Edinb, 1989, 45: 527-548.

[13] Farjon A. Pinaceae: drawings and descriptions of the genera *Abies, Cedrus, Pseudolarix, Keteleeria, Nototsuga, Tsuga, Cathaya, Pseudotsuga, Larix,* and *Picea*[M]. Germany: Koeltz Scientific Books Königstein, 1990.

[14] Lin CP, et al. Comparative chloroplast genomics reveals the evolution of Pinaceae genera and subfamilies[J]. Genome Biol Evol, 2010, 2: 504-517.

[15] Farjon A. A handbook of the world's conifers[M]. Leiden-Boston: Brill, 2010.

[16] Ran JH, et al. Fast evolution of the retroprocessed mitochondrial *rps*3 gene in conifer II and further evidence for the phylogeny of gymnosperms[J]. Mol Phylogenet Evol, 2010, 54: 136-149.

[17] Gernandt DS, et al. Use of simultaneous analyses to guide fossil-based calibrations of Pinaceae phylogeny[J]. Int J Plant Sci, 2008, 169: 1086-1099.

[18] Wang XQ, et al. Phylogeny and divergence times in Pinaceae: evidence from three genomes[J]. Mol Biol Evol, 2000, 17: 773-781.

[19] Xiang Q, et al. Phylogenetic relationships in *Abies* (Pinaceae): evidence from PCR-RFLP of the nuclear ribosomal DNA internal transcribed spacer region[J]. Bot J Linn Soc, 2015, 145: 425-435.

[20] Xiang QP, et al. Phylogeny of *Abies* (Pinaceae) inferred from nrITS sequence data[J]. Taxon, 2009, 58: 141-152.

[21] Patschke W. Über die extratropischen ostasiatischen coniferen und ihre bedeutung für die pflanzengeographische gliederung ostasiens[J]. Bot Jahrb Syst, 1913, 48: 626-776.

[22] Schorn HE. A preliminary discussion of fossil larches (*Larix,* Pinaceae) from the arctic[J]. Quat Int,

1994, 22-23: 173-183.

[23] Tang Q, et al. Genetic relationships among larch species based on analysis of restriction fragment variation for chloroplast DNA[J]. Canad J For Res, 1995, 25: 1197-1202.

[24] Gernandt DS, Liston A. Internal transcribed spacer region evolution in *Larix* and *Pseudotsuga* (Pinaceae)[J]. Am J Bot, 1999, 86: 711-723.

[25] Semerikov VL, Lascoux M. Genetic relationship among Eurasian and American *Larix* species based on allozymes[J]. Heredity, 1999, 83: 62-70.

[26] Wei XX, Wang XQ. Phylogenetic split of *Larix*: evidence from paternally inherited cpDNA *trn*T-*trn*F region[J]. Plant Syst Evol, 2003, 239: 67-77.

[27] Semerikov VL, et al. Conflicting phylogenies of *Larix*, (Pinaceae) based on cytoplasmic and nuclear DNA[J]. Mol Phylogenet Evol, 2003, 27: 173-184.

[28] Farjon A. World checklist and bibliography of conifers[M]. Richmond: Royal Botanic Gardens, Kew, 1998.

[29] Havill NP, et al. Phylogeny and biogeography of *Tsuga* (Pinaceae) inferred from nuclear ribosomal ITS and chloroplast DNA sequence data[J]. Syst Bot, 2008, 33: 478-489.

[30] Willkomm M. Forstliche flora von deutschland und oesterreich[M]. Leipzig: Winter, 1887.

[31] Lacassagne M. Etude morphologique, anatomique et systématique du genre *Picea*[J]. Trav Lab For Toulouse, 1934, 2: 1-291.

[32] Bobrow EG. Generis *Picea* historia et systematica[J]. Nov Syst Pl Vasc, 1970, 7: 7-39.

[33] Liu TS. A new proposal for the classification of the genus *Picea*[J]. Acta Phyto Geobot, 2017, 33: 227-245.

[34] Schmidt PA. Beitrag zur systematik und evolution der gattung *Picea* A. Dietr.[J]. Flora, 1989, 182: 435-461.

[35] Ran J, et al. Molecular phylogeny and biogeography of *Picea* (Pinaceae): implications for phylogeographical studies using cytoplasmic haplotypes[J]. Mol Phylogenet Evol, 2006, 41: 405-419.

[36] Lockwood JD, et al. A new phylogeny for the genus *Picea* from plastid, mitochondrial, and nuclear sequences[J]. Mol Phylogenet Evol, 2013, 69: 717-727.

[37] Ran JH, et al. A test of seven candidate barcode regions from the plastome in *Picea* (Pinaceae)[J]. J Integr Plant Biol, 2010, 52: 1109-1126.

[38] Price RA, et al. Phylogeny and systematics of *Pinus*[M]//Richardson, DM. Ecology and biogeography of *Pinus*. Cambridge: Cambridge University Press, 1998: 49-68.

[39] Gernandt DS, López GG. Phylogeny and classification of *Pinus*[J]. Taxon, 2005, 54: 29-42.

[40] Strauss SH, et al. Evolutionary relationships of douglas-fir and its relatives (genus *Pseudotsuga*) from DNA restriction fragment analysis[J]. Can J Bot, 1990, 68: 1502-1510.

[41] Wei XX, et al. Molecular phylogeny and biogeography of *Pseudotsuga* (Pinaceae): insights into the floristic relationship between Taiwan and its adjacent areas[J]. Mol Phylogenet Evol, 2010, 55: 776-785.

Araucariaceae Hemkel & W. Hochst (1865), *nom. cons.* 南洋杉科

特征描述：常绿乔木，<u>富含树脂</u>。<u>枝条轮生或近轮生</u>。单叶，全缘，螺旋状排列或对生。<u>球花单性</u>，雌雄同株或异株；<u>雄球花圆柱形</u>，<u>具多数螺旋状排列的小孢子叶</u>，球果单生，多少直立；<u>珠鳞多数</u>，<u>螺旋状排列</u>，<u>扁平</u>，<u>线形至盾形</u>，<u>每个珠鳞具 1 枚胚珠</u>；<u>苞鳞比珠鳞略长</u>，<u>与珠鳞合生</u>；<u>发育的苞鳞具 1 粒种子</u>；<u>子叶 2 枚</u>，偶深裂，近似 4 裂。花粉粒无气囊。

分布概况：3 属/32 种，分布于南半球，从东南亚到澳大利亚，新西兰和南美洲南部；中国 2 属/4 种，引种栽培于长江以南。

系统学评述：现存南洋杉科包括 3 属，是一个单系类群[1-4]。基于 *rbc*L 片段的分子系统发育分析表明，*Wollemia* 最先分化，贝壳杉属 *Agathis* 与南洋杉属 *Araucaria* 互为姐妹群[2]。基于 *rbc*L[1] 及多基因片段联合分析结果则显示南洋杉属在南洋杉科中最先分化出来，*Wollemia* 和贝壳杉属互为姐妹群[3]。

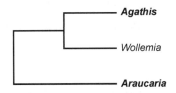

图 22　南洋杉科分子系统框架图（参考 Gilmore 和 Hill[1]；Setoguchi 等[2]；Liu 等[3]；Biffin 等[4]）

分属检索表

1. 种子和苞鳞合生，无翅或两侧有与苞鳞合生的翅；叶鳞形、钻形、针状鳞形、披针形或卵状三角形 ··· **2. 南洋杉属 *Araucaria***
1. 种子和苞鳞离生，仅一侧具翅；叶矩圆状披针形或椭圆形 ······························ **1. 贝壳杉属 *Agathis***

1. *Agathis* R. A. Salisbury 贝壳杉属

Agathis R. A. Salisbury (1807: 311), *nom. cons.*; Fu et al. (1999: 10) [Type: *A. loranthifolia* R. A. Salisbury *nom. illeg.* (≡ *Agathis dammara* (Lambert) Richard & A. Richard ≡ *Pinus dammara* Lambert)]

特征描述：常绿大乔木，多树脂。幼树时枝条轮生，成年树枝条不规则着生。<u>叶在干枝上螺旋状着生</u>，叶脱落后枝上面留有枕状叶痕。常雌雄异株；雄球花硬直，雄蕊排列紧密，单生叶腋；<u>球果单生枝顶</u>，圆球形或宽卵圆形，<u>苞鳞排列紧密</u>，扇形，顶端增厚，熟时脱落。<u>种子生于苞鳞的下部</u>，<u>离生</u>，<u>一侧具翅</u>，<u>另一侧具一小凸起物</u>，稀发育成翅；<u>子叶 2 枚</u>。花粉粒无气囊。

分布概况：21/1 种，（**5**）型；分布于印度尼西亚，马来西亚，巴布亚新几内亚，菲律宾，澳大利亚，新西兰和太平洋西南群岛；中国引种栽培于南方。

系统学评述：分子系统学研究表明贝壳杉属是单系类群[1-4]，但属下种间关系目前尚缺乏分子系统学研究。

DNA 条形码研究：BOLD 网站有该属 17 种 52 个条形码数据。

代表种及其用途：贝壳杉属植物木材可供建筑用；树干富含丰富的树脂。

2. *Araucaria* Jussieu 南洋杉属

Araucaria Jussieu (1789: 413); Fu et al. (1999: 9) [Type: *A. imbricata* Pavón, *nom. illeg.* (=*Araucaria araucana* (Molina) K. Koch ≡ *Pinus araucana* Molina)]

特征描述：常绿乔木，有树脂。枝条轮生或近轮生。叶螺旋状排列。雌雄异株，稀同株；雄球花大而球果状；雌球花椭圆形或近球形，单生枝顶，有多数螺旋状着生的苞鳞及珠鳞组成，两者基部合生，先端离生，每珠鳞上具 1 胚珠，珠鳞与胚珠合生；球果成熟时苞鳞木质化并脱落。种子无翅或有与苞鳞结合而生的翅；子叶 2 枚，稀 4 枚。花粉粒无气囊。

分布概况：19/3 种，（**3**）型；分布于南半球巴布亚新几内亚，澳大利亚，新加里多尼亚和南美洲；中国引种栽培于南方。

系统学评述：南洋杉属是单系类群[1-3]，属下分为 4 个系，包括 *Araucaria* ser. *Araucaria*、*A.* ser. *Bunya*、*A.* ser. *Eutacta* 和 *A.* ser. *Intermedia*[2]。这一划分也得到形态学证据和基于 AFLP 分析结果的支持[5]。

DNA 条形码研究：Hollingsworth 等[6]利用 7 个叶绿体 DNA 条形码片段对南洋杉属19 种进行分析，研究表明无论是单个条形码还是条形码组合对该属物种的鉴别率均较低。BOLD 网站有该属 22 种 151 个条形码数据。

代表种及其用途：一些种类作木材用；也可作景观或庭院栽培。

主要参考文献

[1] Gilmore S, Hill KD. Relationships of the wollemi pine (*Wollemia nobilis*) and a molecular phylogeny of the Araucariaceae[J]. Telopea, 1997, 7: 275-291.

[2] Setoguchi H, et al. Phylogenetic relationships within Araucariaceae based on *rbc*L gene sequences[J]. Am J Bot, 1998, 85: 1507-1516.

[3] Liu, N, et al. Phylogenetic relationships and divergence times of the family Araucariaceae based on the DNA sequences of eight genes[J]. China Sci Bull, 2009, 54: 2648-2655.

[4] Biffin E, et al. Did Kauri (*Agathis*: Araucariaceae) really survive the Oligocene drowning of New Zealand[J]. Syst Biol, 2010, 59: 594-602.

[5] Stefenon VM, et al. Phylogenetic relationship within genus *Araucaria* (Araucariaceae) assessed by means of AFLP fingerprints[J]. Silvae Genet, 2006, 55: 45-52.

[6] Hollingsworth ML, et al. Selecting barcoding loci for plants: evaluation of seven candidate loci with species-level sampling in three divergent groups of land plants[J]. Mol Ecol Resour, 2009, 9: 439-457.

Podocarpaceae Endlicher (1847), *nom. cons.* 罗汉松科

特征描述：<u>常绿乔木或灌木，稀寄生</u>。<u>叶条形、披针形、椭圆形、钻形、鳞形、或退化成叶状枝</u>，螺旋状散生、近对生或交叉对生。雌雄异株，稀同株；雄球花穗状，单生或簇生叶腋，或生枝顶；雌球花单生，稀穗状，具多数至少数螺旋状着生的苞片，部分或全部或仅顶端苞片腋生 1 枚倒转生或半倒转生、直立或近直立的胚珠，胚珠包被辐射对称或近于辐射对称的囊状或杯状的套被，稀无套被。<u>种子核果状或坚果状，全部或部分为肉质或包被较薄而干的假种皮，或苞片与轴愈合发育成肉质种托。花粉具气囊，稀无气囊</u>。染色体 2n=20，22，24，26，30，34，36，38。

分布概况：19 属/180 种，分布于热带非洲，日本至澳大利亚和新西兰，太平洋西南部，南美洲，中美洲和加勒比群岛；中国 4 属/12 种，产长江以南。

系统学评述：传统上该科与具非典型球果的红豆杉科 Taxaceae、三尖杉科 Cephalotaxaceae 等关系密切[1-3]。分子系统学研究表明罗汉松科与同分布于南半球的南洋杉科 Araucariaceae 系统发育关系最近缘，而与红豆杉科等关系较远[4]。传统分类系统中罗汉松科只包含 7 属，即 *Podocarpus*、*Dacrydium*、*Phyllocladus*、*Acmopyle*、*Microcachrys*、*Saxegothaea* 和 *Pherosphaera*。根据叶的解剖结构特征，Buchholz[5]将罗汉松属划分为 8 组，包括 *Podocarpus* sect. *Afrocarpus*、*P.* sect. *Dacrycarpus*、*P.* sect. *Eupodocarpus*、*P.* sect. *Mirocarpus*、*P.* sect. *Nageia*、*P.* sect. *Polypoopsis*、*P.* sect. *Sundacarpus* 和 *P.* sect. *Stachycarpus*。Quinn[6]基于胚胎学、配子体发育、雌球果结构和细胞学特征，将这 8 组提升为属。de Laubenfels[7,8]、de Laubenfels[9]和 David 及 Page[10]将部分组提升为属，包括 *Afrocarpus*、*Nageia*、*Retrophyllum*（*P.* sect. *Polypodiopsis*）、*Sundacarpus*、*Dacrycarpus* 和 *Parasitaxus*。分子系统发育分析表明，*Saxegothaea* 可能位于罗汉松科的最基部，其余属构成 1 个大分支，可进一步划分为 2 个次级分支，即 *Phyllocladus* 分支和 *Podocarpus* 分支[11]，或 *Saxegothaea* 与 *Podocarpus* 分支构成姐妹群[12]。各分支间的关系还需要进一步深入研究[12-14]。

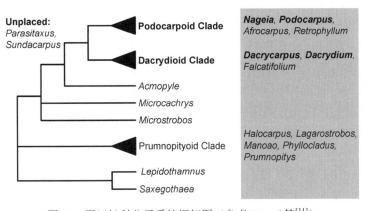

图 23　罗汉松科分子系统框架图（参考 Knopf 等[11]）

分属检索表

1. *Dacrycarpus* de Laubenfels 鸡毛松属

Dacrycarpus de Laubenfels (1969: 315); Fu et al. (1999: 79) [Type: *D. dacrydioides* (A. Richard) de Laubenfels (≡ *Podocarpus dacrydioides* A. Richard)]

特征描述：常绿乔木或灌木。叶和球果中有树脂道。叶二型，小鳞叶、刺叶和扁平的条形叶，螺旋状排列，基部下延；叶两面生气孔。雌雄异株，稀同株；雄球花单个或成对生于腋生短枝上；雌球果单生于腋生短枝上；短枝上有鳞叶，常由总苞状刺叶包围；种鳞复合体螺旋状排列，仅顶部 1 枚可育并发育出 1 粒倒生的种子，其余种鳞合生，膨大，形成具疣状隆起的种托，成熟时红色或紫色，肉质。花粉粒具 2 个气囊。染色体 2n=20。

分布概况：9/1 种，**7-4 型**；分布于中南半岛，马来西亚，新加里多尼亚，瓦努阿图，斐济，新西兰；中国产广西、云南和海南。

系统学评述：鸡毛松属为单系，隶属于罗汉松属分支，与 *Falcatifolium* 和 *Dacrydium* 系统发育关系最近，共同构成 1 个小分支[11-13]。

DNA 条形码研究：BOLD 网站有该属 11 种 62 个条形码数据；GBOWS 已有 1 种 2 个条形码数据。

代表种及其用途：鸡毛松 *D. imbricatus* (Blume) de Laubenfels 是重要用材（制作家具和纸浆）和观赏树种。

2. *Dacrydium* Solander ex G. Forster 陆均松属

Dacrydium Lambert (1807: 93); Fu et al. (1999: 78) (Type: *D. cupressinum* Solander ex G. Forster)

特征描述：常绿乔木或灌木。叶和树皮中有树脂道。树皮硬，具大量皮孔。叶二型，鳞状或刺形，常内弯，具龙骨，螺旋状排列，两面具气孔。雌雄异株，稀同株；雄球花单生或数个聚生；小孢子叶基部具 2 个小孢子囊；雌球果在小枝上顶生，由螺旋状排列的鳞片状或叶状的种鳞复合体构成，可育种鳞腹面着生 1 至多枚倒生的胚珠，多数种类的种鳞膨大变为红色形成种托。每个种鳞有种子 1-2。花粉粒具 2 个气囊，皱波纹饰。染色体 2n=20。

分布概况：22/1 种，**2-1 型**；分布于中南半岛（缅甸除外），马来西亚，所罗门群岛，新加里多尼亚，斐济，新西兰；中国产海南。

系统学评述：陆均松属可能为单系，与 *Falcatifolium* 系统发育关系最近缘[11,12]。属下划分为 2 个分支，即 Melanesian 分支和 New Caledonian 分支[12]。

DNA 条形码研究：BOLD 网站有该属 13 种 64 个条形码数据；GBOWS 已有 1 种 2 个条形码数据。

代表种及其用途：陆均松 *D. pectinatum* de Laubenfels 为濒危种，木材用于建筑和造船。

3. *Nageia* Gaertner 竹柏属

Nageia Gaertner (1788: 191); Fu et al. (1999: 79) [Type: *N. japonica* Gaertner, *nom. illeg.* (=*Nageia nagi* (Thunberg) Kuntze ≡ *Myrica nagi* Thunberg)]

特征描述：常绿乔木，稀灌木。不规则分枝，营养枝条顶部具小芽。叶具多条树脂道，螺旋状排列或近对生，叶柄扭转，叶大，扁平，阔卵状椭圆形至披针形，无中脉，具多条平行脉。雌雄异株或同株；雄球花单生，或 2-6 个组成穗状，卵状圆柱形，基部具小鳞片；小孢子叶基部具 2 个近球形的小孢子囊；雌球果单生，具长梗，仅顶部 1 个种鳞复合体可育，胚珠倒转，由种托包被；种托显著膨大，形成核果状，肉质，红色或紫色。种子球形。花粉粒具 2 个气囊。染色体 2*n*=26。

分布概况：5/3 种，**7** 型；分布于印度，日本，中南半岛，马来西亚；中国产长江以南。

系统学评述：竹柏属应独立为属，还是提升为科，或者并入罗汉松属长期存在争议[11-13,15-17]。王艇和黄超[16]基于 RAPD 分析认为竹柏属应为罗汉松属下的 1 个组，Kelch[17]依据形态特征的分支分类学分析将竹柏属归入罗汉松科。分子系统学研究表明，竹柏属为单系，与非洲罗汉松属 *Afrocarpus* 和 *Retrophyllum* 构成 1 个单系分支[11-13]。依据肉质种托的有无，傅德志[15]将该属划分为竹柏组 *Nageia* sect. *Nageia* 和肉托竹柏组 *N.* sect. *Wallichiana*。

DNA 条形码研究：BOLD 网站有该属 8 种 51 个条形码数据；GBOWS 已有 1 种 1 个条形码数据。

代表种及其用途：竹柏 *N. nagi* Thunberg 可作为优良的建筑、造船、家具、器具及工艺材用；长叶竹柏 *N. fleuryi* (Hickel) de Laubenfels 与竹柏等的种子可榨油供食用或作工业用油。

4. *Podocarpus* L'Héritier ex Persoon 罗汉松属

Podocarpus L'Héritier ex Persoon (1807: 580), *nom. cons.*; Fu et al. (1999: 81) [Type: *P. elongata* (Aiton) L'Héritier ex Persoon, *typ. cons.* (≡ *Taxus elongatus* Aiton)]

特征描述：常绿乔木或灌木。叶扁平，条状披针形或条状椭圆形，螺旋状排列至近对生，无柄或有短柄，具一条中脉，叶背面常具 2 条气孔带。雌雄异株，稀同株；雄球花腋生，单生或簇生，球花柔黄花序状，小孢子叶螺旋状排列于纤细的主轴上，基部具 2 个小孢子囊；雌球果腋生，具总梗，具 2-5 枚贴生的苞鳞，仅上部 1-2 枚可育；不育的苞鳞愈合并显著膨大形成光滑、肉质、绿色或红色至蓝色的种托。种子 1，偶 2，斜向着生于种托上，倒转，核果状。花粉粒具 2（3）个气囊。染色体 $2n=24$，34，38。

分布概况：约 97/7（3）种，**2-1 型**；分布于热带，亚热带和南温带；中国产长江以南。

系统学评述：罗汉松属是单系，与 *Retrophyllum-Afrocarpus-Nageia* 分支互为姐妹群[11,13,14,18]。分子系统学和形态学等证据均支持属下划分 2 亚属，即罗汉松亚属 *Podocarpus* subgen. *Podocarpus* 和 *P.* subgen. *Foliolatus*。根据地理分布，罗汉松亚属下划分为 6 个分支（包括非洲分支、*Salignus* 分支、澳大利亚分支 I、澳大利亚分支 II、亚热带南美洲分支和热带美洲分支），*P.* subgen. *Foliolatus* 下划分为 5 个分支（新加里多尼亚分支、斐济分支、南马来分支、*Neriifolius* 分支和中南半岛分支）[11]。

DNA 条形码研究：BOLD 网站有该属 108 种 520 个条形码数据；GBOWS 已有 2 种 3 个条形码数据。

代表种及其用途：百日青 *P. nerrifolius* D. Don、罗汉松 *P. macrophyllus* (Thunberg) Sweet 等可供家具、乐器、文具、雕刻等用材；罗汉松、短叶罗汉松 *P. brevifolius* (Stapf) Foxworthy 等为普遍栽培的庭院树种。

主要参考文献

[1] Pilger R. Gymnospermae[M]//Engler A. Die natürlichen pflanzenfamilien. Leipzig: W. Engelmann, 1926.

[2] Chamberlain CJ. Gymnosperms: structure and evolution[M]. New York: Johnson Reprint Corporation, 1935.

[3] Keng H. A new scheme of classification of the conifers[J]. Taxon, 1975, 24: 289-292.

[4] Chaw SM, et al. The phylogenetic positions of the conifer genera *Amentotaxus, Phyllocladus*, and *Nageia* inferred from 18S rRNA sequences[J]. J Mol Evol, 1995, 41: 224-230.

[5] Buchholz JT. Generic and subgeneric distribution of the Coniferales[J]. Bot Gaz, 1948, 110: 80-91.

[6] Quinn CJ. Generic boundaries in the Podocarpaceae[J]. Proc Linn Soc NSW, 1970, 94: 166-172.

[7] de Laubenfels DJ. Revision of the Malesian and Pacific rainforest conifers. I. Podocarpaceae[J]. Arnold Arboretum J, 1969, 50: 274-369.

[8] de Laubenfels DJ. Flore de la Nouvelle-Calédonie et Dépendances. Vol. 4. Gymnospermes[M]. Paris: Muséum National d'Histoire Naturelle, 1972.

[9] de Laubenfels DJ, David J. The genus *Prumnopitys* (Podocarpaceae) in Malesia[J]. Blumea, 1978, 24: 189-190.

[10] Page CN. New and maintained genera in the conifer families Podocarpaceae and Pinaceae[J]. Notes R Bot Gard Edinb, 1989, 45: 377-395

[11] Knopf P, et al. Relationships within Podocarpaceae based on DNA sequence, anatomical, morphological, and biogeographical data[J]. Cladistics, 2012, 28: 271-299.

[12] Biffin E, et al. Leaf evolution in southern Hemisphere conifers tracks the angiosperm ecological radiation[J]. Proc BioSci, 2012, 279: 341-348.

[13] Conran JG, et al. Generic relationships within and between the gymnosperm families Podocarpaceae and Phyllocladaceae based on an analysis of the chloroplast gene *rbc*L[J]. Austr J Bot, 2000, 48: 715-724.

[14] Barker NP, et al. A yellowwood by any other name: molecular systematics and the taxonomy of Podocarpus and the Podocarpaceae in southern Africa[J]. S Afr J Sci, 2004, 100: 629-632.

[15] 傅德志. 裸子植物一新科——竹柏科[J]. 植物分类学报, 1992, 30: 515-528.

[16] 王艇, 黄超. 竹柏类植物的 RAPD 分析[J]. 植物分类与资源学报, 1999, 21: 144-148.

[17] Kelch DG. The phylogeny of the Podocarpaceae based on morphological evidence[J]. Syst Bot, 1997, 22: 113-131.

[18] Biffin E, et al. Leaf evolution in Southern Hemisphere conifers tracks the angiosperm ecological radiation[J]. Proc Bio Sci, 2012, 279: 341-348.

Sciadopityaceae Luerssen (1877) 金松科

特征描述：<u>常绿乔木</u>。单轴分枝；树皮薄，鳞片状。叶二型；<u>鳞叶小</u>，<u>膜质苞片状</u>，<u>螺旋状着生</u>，<u>散生于枝上或在枝顶成簇生状</u>；<u>合生叶（由二叶合生而成）条形</u>，<u>扁平</u>，<u>革质</u>，<u>两面中央有一条纵槽</u>，<u>生于鳞状叶的腋部</u>，<u>着生于不发育的短枝的顶端</u>，<u>辐射开展、在枝端呈伞形</u>。雌雄同株；<u>雄球花簇生枝顶</u>；<u>雌球花单生枝顶</u>，<u>珠鳞螺旋状着生</u>，<u>腹面基部有 5-9 枚胚珠排成一轮</u>，<u>苞鳞与珠鳞结合而生</u>，<u>仅先端分离</u>。球果具短柄；种鳞木质，种子扁，有窄翅，5-9。花粉粒无气囊。染色体 $2n=20$。

分布概况：1 属/1 种，特产日本；中国引种栽培。

系统学评述：传统上将金松属 *Sciadopitys* 置于杉科 Taxodiaceae，但其染色体基数为 10，与杉科明显不同。分子系统学研究表明，金松科是柏科 Cupressaceae-红豆杉科 Taxaceae 分支的姐妹群[1]。

1. *Sciadopitys* Siebold & Zuccarini 金松属

Sciadopitys Siebold & Zuccarini (1842: 1); Fu et al. (1999: 53) [Type: *S. verticillata* (Thunberg) Siebold & Zuccarini (≡ *Taxus verticillata* Thunberg)]

特征描述：同科描述。

分布概况：1/1 种，**14SJ** 型；原产日本；中国引种栽培。

系统学评述：同科评述。

DNA 条形码研究：BOLD 网站有该属 1 种 15 个条形码数据。

代表种及其用途：金松 *S. verticillata* (Thunberg) Siebold & Zuccarini 树形优美，作为庭院树种；木材用于建筑。

主要参考文献

[1] Ran JH, et al. Fast evolution of the retroprocessed mitochondrial *rps*3 gene in conifer II and further evidence for the phylogeny of gymnosperms[J]. Mol Phylogenet Evol, 2010, 54: 136-149.

Cupressaceae Gray (1822), *nom. cons.* 柏科

特征描述：多为乔木，稀灌木，常绿或落叶。树皮常为红棕色，脱落时为竖条形。叶螺旋状排列。雌雄同株，稀异株，球花的小孢子叶及具胚珠的种鳞复合体螺旋状着生或交互对生，偶三个轮生，雄球花的小孢子叶具 2-6 个小孢子囊；雌球花种鳞常具有 1 至多枚胚珠，苞鳞和种鳞结合；雌球果卵形或圆球形；果实干燥开裂，或为浆果；种鳞木质扁平或盾形，可育种鳞具 1 至多粒种子。花粉粒无气囊。染色体 $2n$=22，44，66。

分布概况：30 属/130 种，世界广布；中国 17 属/49 种，广布。

系统学评述：传统分类中的杉科多为孑遗植物，现存属多为单型属或寡型属。Pilger 的系统[1]记载当时已知杉科 8 属，即金松属 *Sciadopitys*、北美红杉属 *Sequoia*、落羽杉属 *Taxodium*、水松属 *Glyptostrobus*、柳杉属 *Cryptomeria*、密叶杉属 *Athrotaxis*、台湾杉属 *Taiwania* 和杉木属 *Cunninghamia*。巨杉属 *Sequoiadendron* 和水杉属 *Metasequoia* 当时尚未建立。FRPS 记载杉科现存 10 属 16 种，即金松属、杉木属、台湾杉属、水松属、柳杉属、落羽杉属、水杉属、巨杉属、北美红杉属和密叶杉属，而 FOC 中记载杉科 9 属 12 种，将金松属独立为金松科。Page[2]记载杉科 9 属 16 种，也将金松属单列 1 科。多学科证据均支持杉科和柏科合并。形态特征的表型分析[3]、分支分类学研究[4]、蛋白质免疫反应的免疫学研究[5]，以及分子系统学研究[6-12]均表明传统的杉科 Taxodiaceae 的属下划分较为复杂，金松属与杉科其他类群关系较远，应独立为金松科，杉科其余 9 属构成 1 个并系群，将柏科包含在内才构成 1 个单系群。细胞学特征也是杉科和柏科分类的

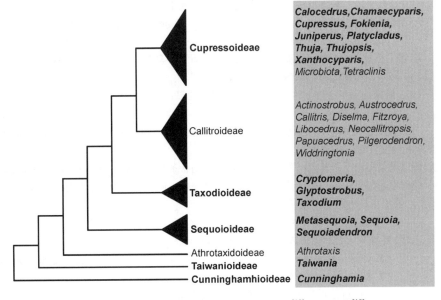

图 24　柏科分子系统框架图（参考 Yang 等[18]；Mao 等[19]）

一个重要证据。金松科的染色体基数为 10，而杉科和柏科的染色体基数均为 11[2,13,14]。因此，进入 21 世纪以来的裸子植物分类系统，通常将杉科与柏科合并构成广义柏科[15,16]，柏科学名 Cupressaceae 与杉科学名 Taxodiaceae 均为保留名，Cupressaceae 发表最早，有优先权，因此，合并后应采用柏科 Cupressaceae。

分子系统学研究表明，柏科与金松科 Sciadopityaceae 和红豆杉科 Taxaceae 共同构成 1 个分支，即柏目 Cupressales[15]，其中柏科和红豆杉科互为姐妹群[6,17]。根据分子系统学研究[18,19]，广义柏科包含 7 个主要分支，其中，杉木属 Cunninghamia、台湾杉属 Taiwania 和 Athrotaxis 各成 1 支，位于最基部；其后依次为水杉属 Metasequoia、红杉属 Sequoia 和巨杉属 Sequoiadendron 分支；柳杉属 Cryptomeria、水松属 Glyptostrobus 和落羽杉属 Taxodium 分支；柏木亚科 Cupressoideae 和柏松亚科 Callitroideae 互为姐妹群，最晚分化。

分属检索表

1. 叶条状披针形，边缘有小锯齿；球果宽 15mm 以上；种鳞螺旋状排列，革质；种子 2-3 ·· **4. 杉木属 Cunninghamia**
1. 叶不为条状披针形，条形叶边缘全缘；种鳞如为螺旋状排列，则宽小于 15mm；2 粒种子
  2. 着生于侧生小枝上的叶全为条形、扁平、全缘
    3. 叶生于侧生小枝上；种鳞交互对生 ·················· **9. 水杉属 Metasequoia**
    3. 叶生于侧生小枝上；种鳞螺旋状排列
      4. 叶在主枝上为鳞形，侧生小枝上为条形、扁平，侧生小枝宿存；球果全部生于带叶小枝的末端或近末端 ·················· **11. 红杉属 Sequoia**
      4. 叶全为条形、扁平或 1 列为刺形至钻形；雌球果常簇生于较粗的枝条上 ·· **14. 落羽杉属 Taxodium**
  2. 着生于侧生小枝上的叶至少部分为鳞片状或钻形，或鳞状叶与条形叶在成熟植株上混生
    5. 球果种鳞螺旋状排列
      6. 侧生小枝上的叶鳞形和条形，小枝早落 ·················· **7. 水松属 Glyptostrobus**
      6. 侧生小枝上的叶鳞形或钻形或披针形，侧生小枝不脱落
        7. 侧生小枝上的叶多鳞形；球果卵球形，长于 30mm，盾形种鳞 30 枚或更多；树干的树皮厚，软纤维状 ·················· **12. 巨杉属 Sequoiadendron**
        7. 侧生小枝上的叶鳞形，贴伏，或钻形或披针形；球果短于 30mm，种鳞数量少于 30 枚；树皮相对较薄且鳞片状剥落
          8. 雌株的侧生小枝上的叶全为钻形，龙骨明显；种鳞盾形，苞鳞以上有小齿 ·· **3. 柳杉属 Cryptomeria**
          8. 幼树的叶钻形，最后转变为鳞形；种鳞在苞鳞以上无小齿 ·················· **13. 台湾杉属 Taiwania**
    5. 球果种鳞交互对生或轮生
      9. 雌球果浆果状，不开裂；种鳞全部愈合；叶刺状条形或鳞形 ·················· **8. 刺柏属 Juniperus**
      9. 雌球果非浆果状，开裂；种鳞至少部分没有合生；侧枝上叶为鳞形，稀刺形或条形
        10. 侧生小枝上的叶交互对生，二型
        10. 侧生小枝上的叶交互对生或 3-4 枚轮生，一型
          11. 雌球果闭合时球形或近球形；种鳞等长或近等长
            12. 雌球果种鳞 4（-6）枚交互对生 ·················· **17. 黄金柏属 Xanthocyparis**
            12. 雌球果种鳞 8 枚以上交互对生
              13. 叶上面绿色，无光泽，下面气孔带浅绿白色；雌球果短于 12mm ·· **2. 扁柏属 Chamaecyparis**

13. 叶上面绿色，有光泽，下面气孔带白色，显著；雌球果长于 11mm

    14. 雌球果可育种鳞较大，2（-3）对，另有 2-3 对退化种鳞；叶厚 ┈┈┈┈┈┈
    ┈┈┈┈┈┈┈┈┈┈┈┈┈┈┈┈┈┈┈┈┈┈┈┈┈┈┈ **15. 罗汉柏属** *Thujopsis*

    14. 雌球果可育种鳞较大，盾形，至少 4 对，仅上部 1-2 对退化；叶薄┈┈┈┈
    ┈┈┈┈┈┈┈┈┈┈┈┈┈┈┈┈┈┈┈┈┈┈┈┈┈┈ **6. 福建柏属** *Fokienia*

11. 雌球果闭合时长圆形；种鳞不等长

  15. 雌球果种鳞 3 对，交互对生，基部一对退化，中部一对开展、可育，顶部一对愈
    合、不育 ┈┈┈┈┈┈┈┈┈┈┈┈┈┈┈┈┈┈┈┈┈┈┈ **1. 翠柏属** *Calocedrus*

  15. 雌球果具种鳞 2 对或 3-6 对，交互对生；中部和顶部种鳞开展、可育，或底部一
    对退化、不育

    16. 种子无翅┈┈┈┈┈┈┈┈┈┈┈┈┈┈┈┈┈┈┈┈┈ **10. 侧柏属** *Platycladus*

    16. 种子有翅

      17. 雌球果第二年成熟；种鳞盾形 ┈┈┈┈┈┈┈┈┈┈┈ **5. 柏木属** *Cupressus*

      17. 雌球果当年成熟；种鳞薄，不为盾形 ┈┈┈┈┈┈┈┈┈ **16. 崖柏属** *Thuja*

1. *Calocedrus* Kurz 翠柏属

Calocedrus Kurz (1873: 196); Fu et al. (1999: 64) (Type: *C. macrolepis* Kurz)

特征描述：常绿乔木。生鳞叶的小枝直展、扁平，排成一平面，两面异形，下面的鳞叶微凹，具气孔点。鳞叶二型，交叉对生。雌雄同株；球花单生枝顶；雄球花具 6-8 对交叉对生的小孢子叶，每小孢子叶具 2-5 个下垂的小孢子囊；雌球果种鳞 3 对，木质，扁平，外部顶端下具短尖头，成熟时张开，最下面一对形小，微向外反曲，不生种子，中间一对各具 2 粒种子，最上面一对结合而生，无种子。种子上部具一长一短的翅；子叶 2 枚。花粉粒无气囊。染色体 2*n*=22。

分布概况：4/2（2）种，**7-3** 型；分布于东亚，北美洲；中国产云南、贵州、广东、广西、海南和台湾。

系统学评述：分子系统学研究表明，翠柏属为单系，隶属于柏木亚科，与刺柏属 *Juniperus*、柏木属 *Cupressus*、黄金柏属 *Xanthocyparis* 等组成的分支互为姐妹群[18,20]。李春香和杨群[12]的分子系统发育分析显示，翠柏属是侧柏属 *Platycladus*、*Microbiota* 和 *Tetraclinis* 等构成的分支的姐妹群。

DNA 条形码研究：BOLD 网站有该属 5 种 25 个条形码数据；GBOWS 已有 2 种 20 个条形码数据。

代表种及其用途：翠柏 *C. macrolepis* Kurz 是优良的用材及观赏树种；北美翠柏 *C. decurrens* (Torrey) Florin 的木材是制造铅笔的主要用材。

2. *Chamaecyparis* Spach 扁柏属

Chamaecyparis Spach (1841: 329); Fu et al. (1999: 67) [Type: *C. sphaeroidea* (Sprengel) Spach, *nom. illeg.* (≡ *Thuia sphaeroidea* Sprengel, *nom. illeg.* =*C. thyoides* (Linnaeus) N. L. Britton, Sterns et Poggenburg ≡ *Cupressus thyoides* Linnaeus)]

特征描述：<u>常绿乔木</u>。生鳞叶的小枝扁平。叶鳞形，常二型，稀一型，交叉对生，小枝上面中央的叶卵形或菱状卵形，下面的叶被白粉或无，侧面的叶对折呈船形。雌雄同株；球花单生于短枝顶端；雄球花具小孢子叶 3-4 对，交叉对生；<u>雌球果圆球形，少矩圆形</u>，<u>当年成熟</u>，种鳞 3-6 对，<u>木质</u>，<u>盾形</u>，顶部中央有小尖头，<u>发育种鳞具种子 1-5（常 3）枚</u>。花粉粒无气囊。染色体 2n=22。

分布概况：6/2 种，**9** 型；分布于北美洲，日本；中国产台湾。

系统学评述：分子系统发育分析结果表明，扁柏属与福建柏属 *Fokienia* 互为姐妹群[18]。Li 等[21]基于 ITS 序列的分析结果将扁柏属划分为两大分支，其中，东亚分布的 *C. pisifera* (Siebold & Zuccarini) Endlicher 和 *C. formosensis* Matsumura 构成一支；另一个分支中，北美洲东部的 *C. thyoides* (Linnaeus) Britton, Sterns & Poggenburg 和东亚的 *C. obtusa* (Siebold & Zuccarini) Endlicher 互为姐妹关系，两者共同构成北美洲西部的 *C. lawsoniana* (A. Murray) Parlatore 的姐妹群。Wang 等[22]基于叶绿体 *trn*V 和 *pet*G-*trn*P 序列的系统发育分析亦将该属划分为 2 个分支。Liao 等[23]基于 *mat*K 和基于 *rbc*L 与 ITS 分析所得的系统发育拓扑结构分别与 Wang 等[22]、Li 等[21]的结果一致，认为双亲遗传的 ITS 为多拷贝，基于该序列建立的系统发育树不可信，因此，倾向于 *mat*K 的分析结果。扁柏属的属下种间划分还需进一步研究明确。

DNA 条形码研究：BOLD 网站有该属 10 种 48 个条形码数据；GBOWS 已有 2 种 7 个条形码数据。

代表种及其用途：台湾扁柏 *C. obtusa* var. *formosana* (Hayata) Rehder 是重要的造林树种，可作建筑、家具及木纤维工业原料等用材。

3. *Cryptomeria* D. Don 柳杉属

Cryptomeria D. Don (1838: 233); Fu et al. (1999: 56) [Type: *C. japonica* (Thunberg ex Linnaeus f.) D. Don (≡ *Cupressus japonica* Thunberg ex Linnaeus f.)]

特征描述：<u>常绿乔木</u>。树皮红褐色，裂成长条片脱落。冬芽小。<u>叶螺旋状排列成 5 列</u>，<u>腹背隆起呈钻形</u>，<u>两侧略扁</u>，<u>先端尖</u>，<u>直伸或向内弯曲</u>，<u>有气孔线</u>，<u>基部下延</u>。雌雄同株；雄球花单生小枝上部叶腋，常密集成短穗状花序，无梗，具多数螺旋状排列的小孢子叶；雌球果近球形，无梗，单生枝顶，<u>种鳞不脱落</u>，<u>木质</u>，<u>盾形</u>，上部边缘具 3-7 裂齿，<u>背面中部或中下部具一个三角状分离的苞鳞尖头</u>，<u>球果顶端的种鳞小</u>，<u>无种子</u>。种子边缘有极窄的翅。花粉粒无气囊，具 1 个乳头状凸起。染色体 2n=22。

分布概况：1/1 种，**14SJ** 型；分布于日本；中国产福建、江西、四川、云南和浙江。

系统学评述：柳杉属与落羽杉属及水松属共同聚为 1 个分支，其中，柳杉属是水松属-落羽杉属分支的姐妹群[9,12,18]。

DNA 条形码研究：BOLD 网站有该属 2 种 26 个条形码数据；GBOWS 已有 2 种 9 个条形码数据。

代表种及其用途：柳杉 *C. japonica* (Linnaeus f.) D. Don 可作房屋建筑、造船、桥梁、家具用材；也是优美的园林树种。

4. *Cunninghamia* R. Brown ex Richard & A. Richard 杉木属

Cunninghamia R. Brown ex Richard & A. Richard (1826: 149); Fu et al. (1999: 55) [Type: *C. sinensis* R. Brown, *nom. illeg.* (=*C. lanceolata* (Lambert) W. J. Hooker ≡ *Pinus lanceolata* Lambert)]

特征描述：<u>常绿乔木</u>；冬芽圆卵形。<u>叶螺旋状着生</u>，<u>披针形或条状披针形</u>，<u>基部下延</u>，<u>边缘有细锯齿</u>，<u>上下两面均具气孔线</u>。雌雄同株；雄球花多数簇生枝顶；<u>雌球果单生或 2-3 枚簇生枝顶</u>，种鳞复合体螺旋状排列；<u>苞鳞革质</u>；<u>种鳞小</u>，<u>着生于苞鳞的腹面中下部与苞鳞合生</u>，<u>上部分离、3 裂</u>，<u>裂片先端具不规则的细缺齿</u>，<u>种鳞腹面着生 3 粒种子</u>。种子扁平，<u>两则边缘具窄翅</u>。花粉粒无气囊。染色体 $2n=22$。

分布概况：2/2（1）种，**15** 型；分布于越南，老挝北部；中国产秦岭以南和台湾。

系统学评述：杉木属是广义柏科的最基部分支[12,18]。

DNA 条形码研究：BOLD 网站有该属 2 种 19 个条形码数据；GBOWS 已有 1 种 6 个条形码数据。

代表种及其用途：杉木 *C. lanceolata* (Lambert) W. J. Hooker 为重要用材树种，可供建筑、桥梁、造船、枕木、电杆、板材、家具、用具及木纤维原料等用材；树皮可提栲胶；其生长速度快，是我国长江以南重要的造林树种，也是春秋至汉朝的很多古墓中的棺木原材料。

5. *Cupressus* Linnaeus 柏木属

Cupressus Linnaeus (1753: 1002); Fu et al. (1999: 65) (Type: *C. sempervirens* Linnaeus)

特征描述：<u>常绿乔木，稀灌木状</u>。生鳞叶的小枝四棱形或圆柱形。<u>叶鳞形</u>，<u>交叉对生</u>，<u>排列成 4 行</u>，<u>一型或二型</u>，<u>叶背具明显或不明显的腺点</u>，<u>边缘具极细的齿毛</u>，<u>仅幼苗或萌生枝上的叶为刺形</u>。<u>雌雄同株</u>；<u>球花单生枝顶</u>；雄球花具多数小孢子叶，雌球果第二年夏初成熟，球形或近球形；<u>种鳞 4-8 对</u>，<u>成熟时张开</u>，<u>木质</u>，<u>盾形</u>，<u>顶端中部常具凸起的短尖头</u>，<u>能育种鳞具 5 至多粒种子</u>。种子稍扁，<u>有棱角</u>，<u>两侧具窄翅</u>。染色体 $2n=22$。

分布概况：8/5（4）种，**10-2** 型；分布于亚洲东部，喜马拉雅山及地中海；中国产秦岭以南及长江以南。

系统学评述：柏木属隶属于柏木亚科，与 *Hesperocyparis* 和黄金柏属系统发育关系近缘[18,24]。柏木属的系统位置和属下划分长期存在争论[25-28]。分子系统学研究表明，传统的广义柏木属为多系群[24-29]。Little[26]结合形态和分子证据提出美洲的柏木属成员及黄金柏 *X. vietnamensis* Farjon & T. H. Nguyên 应该归入 *Callitropsis*。Adams 等[27]基于核 DNA 的分子系统学研究将柏木属分开，并建立 *Hesperocyparis*。de Laubenfels[29]的研究支持该划分。Farjon[30]将 *Callitropsis nootkatensis* (D. Don) Florin 并入黄金柏属。de Laubenfels 等[28]讨论了柏木属和近缘属的分类问题，结合分子系统学研究，赞同 *C. nootkatensis* 和 *C. vietnamensis* 构成的 1 支归入 *Callitropsis*，同时基于子叶发育证据将柏木 *Cupressus funebris* Endlicher 也归入 *Callitropsis*，这样后者现在包含 3 种，美洲 1 种，即 *Callitropsis nootkatensis*；亚洲 2 种，即 *Callitropsis vietnamensis* 和 *C. funebris*。Terry 等[31]综合前人

的研究，现在可以肯定的是，柏木属美洲的成员独立 1 属，黄金柏可独立 1 属（含东亚和北美洲各 1 种）[30]，另外旧世界的柏木属其他成员应留在狭义的柏木属中。

DNA 条形码研究：BOLD 网站有该属 14 种 78 个条形码数据；GBOWS 已有 5 种 81 个条形码数据。

代表种及其用途：柏木 *C. funebris* Endliche 可供建筑、桥梁、造船、家具等用材，枝叶可提芳香油或作线香，亦可栽培作园林绿化及观赏树种；巨柏 *C. gigantea* Cheng & L. K. Fu 是藏香的主要原料。

6. *Fokienia* A. Henry & H. H. Thomas 福建柏属

Fokienia A. Henry & H. H. Thomas (1911: 67); Fu et al. (1999: 69) [Type: *F. hodginsii* (Dunn) A. Henry & H. H. Thomas (≡ *Cupressus hodginsii* Dunn)]

特征描述：常绿乔木。生鳞叶的小枝扁平，三出羽状分枝，排成一平面。鳞叶交叉对生，二型，小枝上下中央之叶紧贴，两侧之叶对折、瓦覆于中央之叶的边缘，小枝下面中央之叶及两侧之叶的背面具粉白色气孔带。雌雄同株；球花单生于小枝顶端；雌球果种鳞 6-8 对，成熟时张开，木质，盾形，基部渐窄，顶部中央微凹，有一凸起的小尖头，能育的种鳞各具 2 粒种子。种子卵形，具明显的种脐及大小不等的薄翅。花粉粒无气囊。染色体 2n=22。

分布概况：1/1 种，**7-4 型**；分布于越南；中国产浙江、福建、江西、湖南、广东、贵州、云南和四川。

系统学评述：福建柏属隶属于柏木亚科，与扁柏属互为姐妹关系[18]。

DNA 条形码研究：BOLD 网站有该属 1 种 8 个条形码数据；GBOWS 已有 1 种 4 个条形码数据。

代表种及其用途：福建柏 *F. hodginsii* (Dunn) A. Henry & H. H. Thomas 可作造林树种；根可提炼芳香油。

7. *Glyptostrobus* Endlicher 水松属

Glyptostrobus Endlicher (1847: 69); Fu et al. (1999: 57) [Type: *G. heterophyllus* (Brongniart) Endlicher (≡ *Taxodium japonicum* var. *heterophyllum* Brongniart) = *G. pensilis* (Staunton ex D. Don) K. Koch (≡ *Thuja pensilis* Staunton ex D. Don)]

特征描述：半常绿性乔木；冬芽形小。叶螺旋状着生，基部下延，分 3 种类型：鳞状叶较厚；条形叶扁平，薄，常成二列状；条状钻形叶辐射伸展列成三列状；鳞状叶宿存，条形或条状钻形叶均于秋后连同侧生短枝一同脱落。雌雄同株；雄球花椭圆形，小孢子叶 15-20 枚，螺旋状着生；雌球果直立，苞鳞与种鳞几全部合生，仅苞鳞的先端与种鳞分离，三角状，向后反曲，位于种鳞背面的中部或中上部；中部种鳞的上部边缘具 6-10 个三角状尖齿，顶部的种鳞多棱、长条形，能育种鳞具 2 粒种子。种子椭圆形。染色体 2n=22。

　　分布概况：1/1 种，**7-4 型**；分布于老挝，越南；中国产广东、广西、福建、江西、四川、重庆、贵州、湖南、浙江和云南。

　　系统学评述：分子系统学研究表明水松属与落羽杉属聚为 1 个分支，柳杉属是该分支的姐妹群[9,18,19]。水松属现存 1 种，即水松，分布于中国东南部和越南，但在第三纪时已广布[32]。

　　DNA 条形码研究：BOLD 网站有该属 2 种 15 个条形码数据；GBOWS 已有 1 种 7 个条形码数据。

　　代表种及其用途：水松 *G. pensilis* (Staunton ex D. Don) K. Koch 木材可用作建筑、桥梁、家具等用材；根部可作救生圈、瓶塞等软木用具；根系发达，可栽于河边、堤旁，作固堤护岸和防风之用；亦可作庭院观赏树种。

8. *Juniperus* Linnaeus 刺柏属

Juniperus Linnaeus (1753: 1038); Fu et al. (1999: 71) (Type: *J. communis* Linnaeus)

　　特征描述：常绿乔木或灌木。小枝近圆柱形，四棱形或六棱形。冬芽显著。叶交互对生排成 4 列，或 3 叶轮生；刺形或鳞形。雌雄同株或异株；球花单生叶腋；雄球花卵圆形或矩圆形，小孢子叶 3-7 对生或轮生；雌球花近圆球形至卵球形；球果闭合；种鳞宿存，1-5 对或轮；常被白粉，厚肉质或纤维状至木质。种子常 1-3，卵圆形，具棱脊，有树脂槽，无翅；子叶 2-6 枚。花粉粒无气囊。染色体 2n=22。

　　分布概况：67/23（10）种，**8 型**；主要分布于北半球，沿东非裂谷进入南半球；中国产西北部、西部及西南部的高山地区。

　　系统学评述：分子系统学研究表明刺柏属隶属于柏木亚科，与柏木属、黄金柏属等构成 1 个较大的分支，与狭义柏木属系统发育关系近缘[18]。Adams[33]将属下划分 3 组，即 *Juniperus* sect. *Caryocedrus*、*J.* sect. *Juniperus* 和 *J.* sect. *Sabina*。该属可分为两大分支，包括 8 个次级分支[24]，但目前还缺少基于分子证据的属下分类系统。

　　DNA 条形码研究：BOLD 网站有该属 78 种 320 个条形码数据；GBOWS 已有 11 种 150 个条形码数据。

　　代表种及其用途：各地广泛栽植为庭院和行道树；木材可作建筑、家具用材。以欧刺柏 *J. communis* Linnaeus 浆果为调味料所制造出的酒被翻译成"杜松子酒"，是种在欧洲非常受欢迎的酒。

9. *Metasequoia* Hu & W. C. Cheng 水杉属

Metasequoia Hu & W. C. Cheng (1948: 154), *nom. cons.*; Fu et al. (1999: 61) (Type: *M. glyptostroboides* Hu & W. C. Cheng)

　　特征描述：落叶乔木；冬芽有 6-8 对交叉对生的芽鳞。叶交叉对生，基部扭转排成 2 列，羽状，条形，扁平，柔软，无柄或几无柄，上面中脉凹下，下面中脉隆起，每边各有 4-18 条气孔带，冬季与侧生小枝一同脱落。雌雄同株；球果下垂，球花基部有交叉对生的苞片；雄球花单生叶腋或枝顶，有短梗，球花枝呈总状花序状或圆锥花序状；

雌球花有短梗，单生于去年生枝顶或近枝顶，梗上有交叉对生的条形叶，珠鳞 11-14 对，交叉对生，每珠鳞有 5-9 枚胚珠。种子扁平，周围有窄翅，先端有凹缺。花粉粒无气囊。染色体 $2n=22$。

分布概况：1/1（1）种，**15** 型；特产中国重庆东部（石柱）、湖北西南部（利川）和湖南西北部（龙山及桑植）。

系统学评述：分子系统学研究表明水杉属与红杉属 *Sequoia* 及巨杉属 *Sequoiadendron* 系统发育关系近缘[6,9,18,19,34]。李春香和杨群[12]基于叶绿体 *mat*K 基因的系统发育分析结果显示，水杉属和红杉属构成姐妹分支，但支持率较低。水杉属原产湖北西南部、湖南西北部和重庆东部，地质历史上曾经是北半球广布，但是现在仅为中国特有[32]。该属属名的建立早于中国中部活植物发现之前[34]，是根据产自日本的化石而建立。

DNA 条形码研究：BOLD 网站有该属 1 种 14 个条形码数据；GBOWS 已有 1 种 5 个条形码数据。

代表种及其用途：水杉 *M. glyptostroboides* Hu & W. C. Cheng 树形优美，生长速度快，为速生造林树种及园林树种，是全球重要的庭院植物。

10. *Platycladus* Spach 侧柏属

Platycladus Spach (1841: 333); Fu et al. (1999: 64) [Type: *P. stricta* Spach, *nom. illeg.* (=*P. orientalis* (Linnaeus) Franco ≡ *Thuja orientalis* Linnaeus)]

特征描述：常绿乔木。生鳞叶的小枝直展或斜展，排成一平面，扁平，两面同型。叶鳞形，二型，交叉对生，排成 4 列，背面具腺点。雌雄同株；球花单生于小枝顶端；雄球花具 6 对交叉对生的小孢子叶，小孢子囊 2-4 个；雌球花具 4 对交叉对生的珠鳞，仅中间 2 对珠鳞各生 1-2 枚直立胚珠，最下一对珠鳞短小；球果当年成熟，成熟时开裂；种鳞 4 对，木质，近扁平，背部顶端的下方有一弯曲的钩状尖头。种子无翅，稀有极窄翅；种脐浅褐色。花粉粒无气囊。染色体 $2n=22$。

分布概况：1/1 种，**14SJ** 型；分布于朝鲜半岛，俄罗斯远东地区；中国南北均产。

系统学评述：分子系统学表明侧柏属隶属于柏木亚科，与 *Microbiota* 和 *Tetraclinis* 共同聚为 1 个分支，其中，*Microbiota* 是侧柏属的姐妹群[12,18]。

DNA 条形码研究：BOLD 网站有该属 2 种 18 个条形码数据；GBOWS 已有 1 种 3 个条形码数据。

代表种及其用途：侧柏 *P. orientalis* (Linnaeus) Franco 可供建筑、器具等用材和作庭院树种，种子与生鳞叶的小枝可入药，滋补健胃利尿。

11. *Sequoia* Endlicher 红杉属

Sequoia Endlicher (1847: 197); Fu et al. (1999: 60) [Type: *S. sempervirens* (D. Don) Endlicher (≡ *Taxodium sempervirens* D. Don)]

特征描述：常绿大乔木；冬芽尖，鳞片多数，覆瓦状排列。叶二型，螺旋状着生，鳞状叶贴生或微开展，上面具气孔线；条形叶基部扭转列成 2 列，无柄。雌雄同株；雄球花单生枝顶或叶腋，有短梗，小孢子叶多数，螺旋状排列；雌球果下垂，当年成熟，卵状椭圆形或卵圆形；种鳞木质，盾形，发育种鳞具 2-5 粒种子。种子两侧具翅。花粉粒无气囊，具 1 个乳头状凸起。染色体 2n=66。

分布概况：1/1 种，（**9**）型；原产美国；中国引种栽培。

系统学评述：分子系统学研究表明红杉属和巨杉属系统发育关系近缘[6,9,18,19,34]。李林初[35,36]认为红杉属是一个异源多倍体，可能是杂交起源，其亲本是水杉属和巨杉属；但是该假设尚未得到验证。

DNA 条形码研究：BOLD 网站有该属 1 种 6 个条形码数据。

代表种及其用途：加州红杉 *S. sempervirens* (D. Don) Endlicher 木材可制作家具和工艺品。加州红杉已在中国一些省市成功引种，成为中美友谊的象征。

12. *Sequoiadendron* J. Buchholz 巨杉属

Sequoiadendron J. Buchholz (1939: 536); Fu et al. (1999: 60) [Type: *S. giganteum* (Lindley) J. Buchholz (≡ *Wellingtonia gigantea* Lindley)]

特征描述：常绿大乔木；冬芽裸露。叶鳞状钻形，螺旋状着生，贴生小枝或微伸展，两面有气孔线。雌雄同株；雄球花单生短枝枝顶，无梗，雌球花顶生，珠鳞 25-40 枚，每珠鳞有 3-12 枚直立胚珠，排列 2 行；球果椭圆状，下垂，第二年成熟，宿存树上多年；种鳞木质，盾形，顶部有凹槽，发育种鳞具 3-9 粒种子，排成 1 行或 2 行。种子两侧有宽翅。花粉粒无气囊，具 1 个乳头状凸起。染色体 2n=22。

分布概况：1/1 种，（**9**）型；原产美国；中国引种栽培。

系统学评述：分子系统学研究表明巨杉属与红杉属聚为 1 个分支，水杉属是它们的姐妹群[6,9,18,19]。

DNA 条形码研究：BOLD 网站有该属 11 种 82 个条形码数据；GBOWS 已有 1 种 8 个条形码数据。

代表种及其用途：巨杉 *S. giganteum* (Lindley) J. Buchholz 材质优良，用于建筑；也作为庭院观赏树种。

13. *Taiwania* Hayata 台湾杉属

Taiwania Hayata (1906: 330); Fu et al. (1999: 56) (Type: *T. cryptomerioides* Hayata)

特征描述：常绿乔木；冬芽形小。叶二型，螺旋状排列，基部下延；老树之叶鳞状钻形，在小枝上密生，并向上斜弯，先端尖或钝，横切面三角形或四棱形，背腹面均有气孔线。雌雄同株；雄球花数个簇生于小枝顶端，小孢子叶多数，螺旋状排列；雌球果形小，种鳞革质，扁平，鳞背尖头的下方具明显或不明显的圆形腺点，露出部分有气孔线，边缘近全缘，微内弯，发育种鳞各有 2 粒种子。种子扁平，两侧具窄翅，上下两端有凹缺。花粉粒无气囊，具 1 个乳突状凸起。染色体 2n=22。

分布概况：1/1 种，**14SH** 型；分布于缅甸，越南；中国产西藏东南部、云南西部、四川东南部、湖北西南部、贵州东南部和台湾。

系统学评述：台湾杉属在广义柏科中处于仅次于杉木属的第 2 个分支[12,18]。

DNA 条形码研究：BOLD 网站有该属 2 种 293 个条形码数据；GBOWS 已有 1 种 12 个条形码数据。

代表种及其用途：台湾杉 *T. cryptomerioides* Hayata 的木材可作建筑、桥梁、家具及造纸原料等用材。

14. *Taxodium* Richichard 落羽杉属

Taxodium Richard (1810: 298); Fu et al. (1999: 58) [Type: *T. distichum* (Linnaeus) Richard (≡ *Cupressus disticha* Linnaeus)]

特征描述：落叶或半常绿性乔木。主枝宿存，侧生小枝冬季脱落。叶螺旋状排列，基部下延生长，异型；钻形叶在主枝上斜上伸展，或向上弯曲而靠近小枝，宿存；条形叶在侧生小枝上排列成 2 列，冬季与枝一同脱落。雌雄同株；雄球花卵圆形，在球花枝上排成总状花序状或圆锥花序状，生于小枝顶端；雌球果球形或卵圆形，具短梗或几无梗；种鳞木质，盾形，顶部呈不规则的四边形；苞鳞与种鳞合生，仅先端分离，向外凸起呈三角状小尖头；发育的种鳞各有 2 粒种子。种子呈不规则三角形，有明显锐利的棱脊。花粉粒无气囊，具 1 个圆锥形乳头状凸起。染色体 2n=22。

分布概况：3/3 种，（**9**）型；原产北美洲及墨西哥；中国各地均已引种。

系统学评述：落羽杉属为单系，与水松属聚为 1 个分支，柳杉属为该分支的姐妹群[9,18,19]。现存 3 个种之间的系统发育关系目前尚未明确解决[32]。

DNA 条形码研究：BOLD 网站有该属 3 种 23 个条形码数据；GBOWS 已有 1 种 3 个条形码数据。

代表种及其用途：落羽杉 *T. distichum* (Linnaeus) Richard、池杉 *T. distichum* var. *imbricatum* (Nuttall) Croom 作庭院观赏及造林树种。

15. *Thujopsis* Siebold & Zuccarini ex Endlicher 罗汉柏属

Thujopsis Siebold & Zuccarini ex Endlicher (1842: 24), *nom. cons.*; Fu et al. (1999: 62) [Type: *T. dolabrata* (Thunberg ex Linnaeus f.) Siebold & Zuccarini (≡ *Thuja dolabrata* Thunberg ex Linnaeus f.)]

特征描述：常绿乔木。生鳞叶的小枝扁平，排成一平面，上下两面异形，下面有白粉带。鳞叶交叉对生，二型。雌雄同株；球花单生于短枝顶端；雄球花椭圆形，小孢子叶 6-8 对，交叉对生；球果近圆球形，种鳞 3-4 对，木质，扁平，在顶端的下方有一短尖头，中间的两对种鳞各具 3-5 粒种子。种子近圆形，两侧具窄翅；子叶 2 枚。花粉粒无气囊。染色体 2n=22。

分布概况：1/1 种，（**14SJ**）型；原产日本；中国引种栽培。

系统学评述：罗汉柏属隶属于柏木亚科，与崖柏属 *Thuja* 互为姐妹群[18]。

DNA 条形码研究：BOLD 网站有该属 1 种 9 个条形码数据。

代表种及其用途：罗汉柏 *T. dolabrata* (Thunberg ex Linnaeus f.) Siebold & Zuccarini 作庭院树种。

16. *Thuja* Linnaeus 崖柏属

Thuja Linnaeus (1753: 1002); Fu et al. (1999: 63) (Type: *T. occidentalis* Linnaeus)

特征描述：常绿乔木或灌木。生鳞叶的小枝排成平面，扁平。鳞叶二型，交叉对生，排成 4 列，两侧的叶呈船形，中央叶倒卵状斜方形，基部不下延生长。雌雄同株；球花生于小枝顶端；雄球花具多数小孢子叶，每小孢子叶具 4 个小孢子囊；雌球花具 3-5 对交叉对生的珠鳞，仅下面的 2-3 对的腹面基部具 1-2 枚直生胚珠；球果矩圆形或长卵圆形；种鳞薄，革质，扁平，近顶端有凸起的尖头，仅下面 2-3 对种鳞各具 1-2 粒种子。种子扁平，两侧具翅。花粉粒无气囊。染色体 $2n=22$。

分布概况：6/2 种，**9** 型；分布于美国，加拿大及亚洲东部；中国产吉林长白山和重庆大巴山，另引种栽培 3 种。

系统学评述：崖柏属为单系，隶属于柏木亚科，与罗汉柏属互为姐妹群[18]。

DNA 条形码研究：BOLD 网站有该属 5 种 45 个条形码数据；GBOWS 已有 1 种 12 个条形码数据。

代表种及其用途：朝鲜崖柏 *T. koraiensis* Nakai 可作建筑、农具等用材；叶可提取芳香油。

17. *Xanthocyparis* Farjon & Hiep 黄金柏属

Xanthocyparis Farjon & Hiep (2002: 179) (Type: *X. vietnamensis* Farjon & Hiep)

特征描述：常绿乔木。叶三型：刺形叶、过渡型叶及鳞状叶，具过渡型叶的小枝条不育；鳞状叶长于成年树上，交互对生，具鳞状叶的枝条常可育。叶沟槽内具腺点。雌雄异株；雄球单生于侧枝顶端，小孢子叶 10-16 枚，交互对生，盾形；雌球果单生于侧枝顶端，2 季成熟，开裂释放种子，不宿存；种鳞复合体 2-4 对，每个种鳞复合体具 1-5 粒种子。种子具 2 薄翅。花粉粒无气囊。

分布概况：2/1 种，**9** 型；分布于北美洲西北部和东亚；中国产广西。

系统学评述：黄金柏属隶属于柏木亚科，与 *Hesperocyparis* 和柏木属关系近缘，共同聚为 1 个分支[18]。分子系统学研究显示黄金柏 *X. nootkatensis* (D. Don) Farjon & Harder 和北美洲的 *Cupressus nootkatensis* D. Don 聚为 1 支，Farjon[30]将 *C. nootkatensis* 归入黄金柏属，并认为该属包含 2 种。Little[26]及 de Laubenfels 等[28]认为这 1 支应该归入 *Callitropsis*，de Laubenfels 等[28]根据子叶特征将柏木也归入该属。由于在 Little[26]和 Yang 等[18]的系统发育分析中，柏木与旧世界的柏木属成员构成 1 个完整分支，de Laubenfels 等[28]将该种并入 *Callitropsis* 没有得到分子系统学证据的支持。

DNA 条形码研究：BOLD 网站有该属 1 种 4 个条形码数据。

代表种及其用途：黄金柏 *X. nootkatensis* (D. Don) Farjon & Harder 的木材耐用，可用于制造造船和军事设施。黄金柏的木材纹理细，淡黄褐色，材质硬，有芳香味，但是越南山脊上的树，树干小且扭曲，不适合建筑和加工。

主要参考文献

[1] Pilger R. Gymnospermae[M]//Engler A. Die natürlichen pflanzenfamilien. Leipzig: W. Engelmann, 1926.

[2] Page CN. Cupressaceae[M]//Kubitzki K. The families and genera of vascular plants, I. Berlin: Springer, 1990: 302-316.

[3] Eckenwalder, JE. Re-evaluation of cupressaceae and taxodiaceae: a proposed merger[J]. Madroño, 1976, 23: 237-256.

[4] Hart JA. A cladistic analysis of conifers: preliminary results[J]. J Arn Arb, 1987, 68: 269-307.

[5] Price RA, Lowenstein JM. An immunological comparison of the Sciadopityaceae, Taxodiaceae, and Cupressaceae[J]. Syst Bot, 1989, 14: 141-149.

[6] Ran JH, et al. Fast evolution of the retroprocessed mitochondrial *rps*3 gene in conifer II and further evidence for the phylogeny of gymnosperms[J]. Mol Phylogenet Evol, 2010, 54: 136-149.

[7] Brunsfeld SJ, et al. Phylogenetic relationships among the genera of Taxodiaceae and Cypressaceae: evidence from *rbc*L sequences[J]. Syst Bot, 1994, 19: 253-262.

[8] Gadek PA, et al. Relationships within Cupressaceae *sensu lato*: a combined morphological and molecular approach[J]. Am J Bot, 2000, 87: 1044-1057.

[9] Kusumi J, et al. Phylogenetic relationships in Taxodiaceae and Cupressaceae *sensu stricto* based on *mat*K gene, *chl*L gene, *trn*L-*trn*F IGS region, and *trn*L intron sequences[J]. Am J Bot, 2000, 87: 1480-1488.

[10] Chaw SM, et al. Seed plant phylogeny inferred from all three plant genomes: monophyly of extant gymnosperms and origin of Gnetales from conifers[J]. Proc Natl Acad Sci USA, 2000, 97: 4086-4091.

[11] Gugerli F, et al. The evolutionary split of Pinaceae from other conifers: evidence from an intron loss and a multigene phylogeny[J]. Mol Phylogenet Evol, 2001, 21: 167-175.

[12] 李春香, 杨群. 广义柏科主要分类群起源时间的推测[J]. 植物分类学报, 2002, 40: 323-333.

[13] 李林初. 杉科的细胞分类学和系统演化研究[J]. 植物分类与资源学报, 1989, 11: 113-131.

[14] 李林初. 柏科的细胞分类学研究[J]. 植物分类与资源学报, 1998, 20: 197-203.

[15] Christenhusz MJM, et al. A new classification and linear sequence of extant gymnosperms[J]. Phytotaxa. 2011, 19: 55-70.

[16] Fu DZ, et al. A new scheme of classification of living gymnosperms at family level[J]. Kew Bull, 2004, 59: 111-116.

[17] Rai HS, et al. Inference of higher-order conifer relationships from a multi-locus plastid data set[J]. Botany, 2008, 86: 658-669.

[18] Yang ZY, et al. Three genome-based phylogeny of Cupressaceae *s.l.*: further evidence for the evolution of gymnosperms and Southern Hemisphere biogeography[J]. Mol Phylogenet Evol, 2012, 64: 452-470.

[19] Mao K, et al. Distribution of living Cupressaceae reflects the breakup of Pangea[J]. Proc Natl Acad Sci USA, 2012, 109: 7793-7798.

[20] Chen CH, et al. Phylogeny of *Calocedrus* (Cupressaceae), an eastern Asian and western North American disjunct gymnosperm genus, inferred from nuclear ribosomal nrITS sequences[J]. Bot Stud, 2009, 50: 425-433.

[21] Li, J, et al. Phylogeny and biogeography of *Chamaecyparis* (Cupressaceae) inferred from DNA sequences of the nuclear ribosomal its region[J]. Rhodora, 2003, 105: 106-117.

[22] Wang WP, et al. Historical biogeography and phylogenetic relationships of the genus *Chamaecyparis* (Cupressaceae) inferred from chloroplast DNA polymorphism[J]. Plant Syst Evol, 2003, 241: 13-28.

[23] Liao PC, et al. Reexamination of the pattern of geographical disjunction of *Chamaecyparis* (Cupressaceae) in North America and East Asia[J]. Bot Stud, 2010, 51: 511-520.

[24] Mao K, et al. Diversification and biogeography of *Juniperus* (Cupressaceae): variable diversification rates and multiple intercontinental dispersals[J]. New Phytol, 2010, 188(1): 254-272.

[25] Little D, et al. The circumscription and phylogenetic relationships of *Callitropsis* and the newly described genus *Xanthocyparis* (Cupressaceae)[J]. Am J Bot, 2004, 91: 1872-1881.

[26] Little DP. Evolution and circumscription of the true Cypresses (Cupressaceae: *Cupressus*)[J]. Syst Bot, 2006, 31: 461-480.

[27] Adams RP, et al. A new genus, *Hesperocyparis*, for the cypresses of the western hemisphere (Cupressaceae)[J]. Phytologia, 2009, 91: 160-185.

[28] de Laubenfels DJ, et al. Further nomenclatural action for the Cypresses (Cupressaceae)[J]. Novon, 2012, 22: 8-15.

[29] de Laubenfels DJ. Nomenclatural actions for the New World Cypresses (Cupressaceae)[J]. Novon, 2009, 19: 300-306.

[30] Farjon A. A handbook of the world's conifers[M]. Leiden-Boston: Brill, 2010.

[31] Terry RG, et al. Phylogenetic relationships among the New World Cypresses (*Hesperocyparis*; Cupressaceae): evidence from noncoding chloroplast DNA sequences[J]. Plant Syst Evol, 2012, 298: 1987-2000.

[32] Manchester SR, et al. Eastern Asian endemic seed plant genera and their paleogeographic history throughout the Northern Hemisphere[J]. J Syst Evol, 2009, 47(1): 1-42.

[33] Adams RP. Junipers of the world: the genus *Juniperus*[M]. Vancouver: Trafford Publishing, 2008.

[34] 李春香, 杨群. 杉科、柏科的系统发生分析—来自 28SrDNA 序列分析的证据[J]. 遗传, 2003, 25: 177-180.

[35] 李林初. 从核型看北美红杉的起源[J]. 云南植物研究, 1987, 9: 187-192

[36] 李林初. 杉科的细胞分类学和系统演化研究[J]. 云南植物研究, 1989, 11: 113-131.

Taxaceae Gray (1822), *nom. cons.* 红豆杉科

特征描述：常绿乔木或灌木。木材无树脂道。单叶，宿存多年，条形或披针形，螺旋状排列或交叉对生，常扭转呈 2 列，下面沿中脉两侧各有 1 条气孔带。球花单性，雌雄异株，稀同株；雄球花具 6-14 枚小孢子叶；每个小孢子叶具 2-9 个小孢子囊，围绕小孢子叶辐射排列或仅分布于远轴面；胚珠单生，无球果。种子核果状，具坚硬的外被，与肉质、色彩鲜艳的假种皮合生；胚乳丰富；子叶 2 枚。花粉粒无气囊。染色体 $n=11$，12。

分布概况：6 属/28 种，主要分布于北温带，从欧亚大陆到马来西亚，北非，新加里多尼亚，北美洲到中美洲；中国 5 属/21 种，除新疆、宁夏和青海外，各地均产。

系统学评述：传统的分类系统中，红豆杉科和三尖杉科 Cephalotaxaceae 被处理为 2 个独立的科，而红豆杉属被认为是比较特化的类群，为此有古植物学研究者提出应成立红豆杉纲 Taxopsida[1,2]。分子系统学研究表明广义的红豆杉科（包括穗花杉属 *Amentotaxus*、*Austrotaxus*、三尖杉属 *Cephalotaxus*、白豆杉属 *Pseudotaxus*、红豆杉属 *Taxus* 和榧树属 *Torreya*）是 1 个单系类群[3-7]，这也得到形态学证据的支持[8]。其中，三尖杉属是 1 个单系，位于该科的基部；穗花杉属和榧树属聚为 1 支，各自为 1 个单系；*Austrotaxus*、白豆杉属和红豆杉属聚为 1 支，红豆杉属与白豆杉属互为姐妹群[3,4,7]。

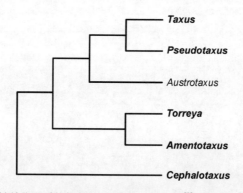

图 25　红豆杉科分子系统框架图（参考 Cheng 等[3]；Hao 等[5]；Liu 等[7]）

分属检索表

1. 叶交互对生或近对生，在侧枝上扭转排列成 2 列；雌球花具有长梗，每个苞片的腋部有 2 枚直立胚珠 ·· **2. 三尖杉属 *Cephalotaxus***
1. 叶螺旋状着生或交叉对生，基部扭转排列成 2 列；雌球花几乎无梗，胚珠直立并单生于总花轴上部侧生短轴之顶端的苞腋
　2. 叶上部中脉不明显，叶内有树脂道；雌球花成对生于叶腋，无梗；种子全部包被于肉质假种皮中 ·· **5. 榧树属 *Torreya***
　2. 叶上面有明显中脉；雌球花单生叶腋或苞腋；种子生于杯状或囊状的假种皮上

3. 叶交叉对生，叶内有树脂道；雄球花多数，组成穗状花序，雄蕊的花药辐射排列或向外一边排列，有背腹面区别；雌球花有长梗；种子包被于囊状肉质假种皮中，仅顶端尖头露出 ············
··**1. 穗花杉属** *Amentotaxus*

3. 叶螺旋状着生，叶内无树脂道；雄球花单生叶腋，不组成穗状花序，雄蕊的花药辐射排列；雌球花单生叶腋，有短梗或几乎无梗；种子生于杯状假种皮中，上部露出

    4. 小枝不规则互生；叶下面有 2 条淡黄色或淡灰绿色的气孔带；种子成熟时肉质假种皮呈红色 ···**4. 红豆杉属** *Taxus*

    4. 小枝近对生或近轮生；叶下面有 2 条白色气孔带；种子成熟时肉质假种皮呈白色 ·············
··**3. 白豆杉属** *Pseudotaxus*

1. *Amentotaxus* Pilger 穗花杉属

Amentotaxus Pilger (1916: 41); Fu et al. (1999: 92) [Type: *A. argotaenia* (Hance) Pilger (≡ *Podocarpus argotaenia* Hance)]

    特征描述： 常绿小乔木或灌木。小枝对生。叶交叉对生，基部扭转排成 2 列，厚革质，条状披针形、披针形或椭圆状条形，边缘微向下反曲，下延生长，上面中脉明显，下面有 2 条气孔带。雌雄异株；雄球花多数，组成穗状花序，对生于穗上；雌球花单生于新枝上的苞片腋部或叶腋，扁四棱形或下部扁平；胚珠 1 枚，直立，着生于花轴顶端的苞腋，为一漏斗状珠托所托。种子当年成熟，核果状，具长柄，椭圆形或倒卵状椭圆形，几全为囊状鲜红色肉质假种皮所包被。花粉粒具 2-4 个气囊。染色体 2n=36。

    分布概况： 6/3 种，**14SH（7-4）型**；分布于越南北部，印度东北部；中国产华南、华中、西部和台湾。

    系统学评述： 分子系统学研究表明穗花杉属是 1 个单系，与榧树属互为姐妹群[5,7,9]，但属下种间系统发育关系尚未解决。

    DNA 条形码研究： 目前已开展了穗花杉属 4 个种（包括中国产的所有种）的 DNA 条形码片段（ITS、*rbc*L、*mat*K 和 *trn*H-*psb*A）的分析，其中，ITS 物种鉴别率可达 100%，而 *rbc*L 仅能鉴别出其中 1 个种，*mat*K 和 *trn*H-*psb*A 可分别鉴定其中的 2 个种。BOLD 网站有该属 4 种 56 个条形码数据；GBOWS 已有 4 种 62 个条形码数据。

    代表种及其用途： 穗花杉 *A. argotaenia* (Hance) Pilger 木材为器具、雕刻等优良用材；也作庭院树种。

2. *Cephalotaxus* Siebold & Zuccarini ex Endlicher 三尖杉属

Cephalotaxus Siebold & Zuccarini ex Endlicher (1842: 27); Fu et al. (1999: 85) [Lectotype: *C. pedunculata* Siebold & Zuccarini ex Endlicher, *nom. illeg.* (*T. harringtonia* Knight ex Forbes ≡ *Cephalotaxus harringtonia* (Knight ex Forbes) K. Koch)]

    特征描述： 常绿乔木或灌木，髓心中部具树脂道。叶条形或披针状条形，稀披针形，在侧枝上基部扭转排列成 2 列，上面中脉隆起，下面有 2 条宽气孔带。球花单性；雌雄异株，稀同株；雄球花 6-11 枚聚生成头状花序；雌球花具长梗，生于小枝基部（稀近枝顶）苞片的腋部；胚珠生于珠托之上。种子第二年成熟，核果状，全部包被于由珠托发

育成的肉质假种皮内，外种皮质硬，内种皮薄膜质，具胚乳；<u>子叶 2 枚</u>，发芽时出土。<u>花粉粒无气囊</u>。染色体 $2n=24$。

分布概况：8-11/6（3）种，**14** 型；分布于日本，印度，泰国，缅甸，越南；中国产秦岭以南和台湾。

系统学评述：分子系统学研究表明三尖杉属为 1 个单系[5,7]。基于多个分子片段的系统发育分析显示，宽叶粗榧 *C. latifolia* W. C. Cheng & L. K. Fu 为该属基部类群，西双版纳粗榧 *C. mannii* J. D. Hooker 和篦子三尖杉 *C. oliveri* Master 互为姐妹群，三尖杉 *C. fortunei* Hooker 和贡山三尖杉 *C. lanceolata* K. M. Feng 聚为 1 支[5]。

DNA 条形码研究：基于 4 个 DNA 条形码片段（ITS、*rbc*L、*mat*K 和 *trn*H-*psb*A）对三尖杉属 5 种的分析显示，ITS 和 *mat*K 可以鉴别出其中 3 个种，而 *rbc*L 和 *trn*H-*psb*A 仅能鉴别出 1 个种，任何 3 个 DNA 条形码片段组合均可以将 5 个种区分开[10]。BOLD 网站有该属 15 种 172 个条形码数据；GBOWS 已有 5 种 146 个条形码数据。

代表种及其用途：三尖杉属植物木材可作器具、家具及细木工用材；可药用；树皮可提取栲胶；种子可榨油供工业用。

3. *Pseudotaxus* Cheng 白豆杉属

Pseudotaxus Cheng (1947: 1); Fu et al. (1999: 91) [Type: *P. chienii* (Cheng) Cheng (≡ *Taxus chienii* Cheng)]

特征描述：常绿灌木。枝条常轮生。<u>叶条形</u>，<u>螺旋状着生</u>，<u>基部扭转排成 2 列</u>，先端凸尖，基部近圆形，两面中脉隆起，<u>下面有 2 条白色气孔带</u>，具短柄，叶内无树脂道。<u>雌雄异株</u>；球花单生叶腋，无梗；雄球花圆球形，基部具 4 对交叉对生的苞片；<u>雌球花基部具 7 对交叉对生的苞片</u>，花轴顶端的苞腋具 1 枚直立胚珠着生于圆盘状珠托上，受精后珠托发育成肉质、杯状、白色的假种皮。种子坚果状，当年成熟，<u>生于杯状、肉质假种皮内</u>，卵圆形。染色体 $2n=24$。

分布概况：1/1（1）种，**15** 型；中国产广东、广西、湖南、江西和浙江。

系统学评述：分子系统学研究表明白豆杉属和红豆杉属互为姐妹群[5,7,9]。

DNA 条形码研究：DNA 条形码可有效对白豆杉属进行鉴定[10]，已有可用于该属的 DNA 条形码报道[11]。BOLD 网站有该属 4 种 56 个条形码数据；GBOWS 已有 4 种 62 个条形码数据。

代表种及其用途：白豆杉 *P. chienii* (W. C. Cheng) W. C. Cheng 木材可作雕刻及器具用材；亦可作为庭院观赏树种。

4. *Taxus* Linnaeus 红豆杉属

Taxus Linnaeus (1753: 1040); Fu et al. (1999: 89) (Lectotype: *T. baccata* Linnaeus)

特征描述：常绿乔木或灌木。<u>叶条形</u>，<u>螺旋状着生</u>，<u>基部扭转排成 2 列</u>，上面中脉隆起，<u>下面有 2 条气孔带</u>，叶内无树脂道。雌雄异株；<u>球花单生叶腋</u>；雄球孢子圆球形，具梗，基部具覆瓦状排列的苞片；<u>雌球花几无梗</u>，基部具多数覆瓦状排列的苞片；<u>胚珠直立</u>，<u>基部托以圆盘状的珠托</u>，<u>受精后珠托发育成肉质、杯状、红色的假种皮</u>。种子坚果状，当年成熟，<u>生于杯状、肉质的假种皮内</u>，种脐明显；<u>子叶 2 枚</u>，发芽时出土。花粉粒无气囊。染色体 2n=24。

分布概况：12/7 种，**8** 型；分布于北半球温带和亚热带；中国主产长江以南，东北也有。

系统学评述：分子系统学研究表明红豆杉属是 1 个单系类群[5,7,9]。基于 ITS 的系统发育分析表明，分布于新世界的 3 个种，即 *T. brevifolia* Nuttall、*T. floridana* Nuttallex-Chapman 和 *T. globosa* Schlechtendal 聚为 1 支，位于该属基部位置，而分布于旧世界的物种聚为 1 支[9]。基于 1 个叶绿体基因和 3 个核基因片段的分析结果则显示，新世界的 3 个种所构成的分支与喜马拉雅红豆杉 *T. wallichiana* Zuccarini、苏门答腊红豆杉 *T. sumatrana* (Miquel) de Laubenfels 和南方红豆杉 *T. mairei*(Lemée & H. Léveillé) S.Y. Hu 所构成的分支互为姐妹群，此外，欧洲红豆杉 *T. baccata* Linnaeus 和密叶红豆杉 *T. contorta* Griffith 互为姐妹关系[5]。

DNA 条形码研究：利用 5 个 DNA 条形码片段对欧亚地区红豆杉属的研究表明，组合条形码比单一条形码具更高的物种鉴别率，ITS（或 ITS1）和 *trn*L-F 单独或组合可作为红豆杉属快速准确鉴定的 DNA 条形码[12]。BOLD 网站有该属 18 种 428 个条形码数据；GBOWS 已有 9 种 162 个条形码数据。

代表种及其用途：红豆杉属植物木材为建筑、桥梁、家具等优良用材；可作行道树或庭院树种；种子可榨油；提取物紫杉醇用于治疗癌症。

5. *Torreya* Arnott 榧树属

Torreya Arnott (1838: 130); Fu et al. (1999: 94) (Type: *T. taxifolia* Arnott)

特征描述：常绿乔木。<u>枝轮生</u>。叶交叉对生或近对生，<u>基部扭转排列成 2 列</u>，条形或条状披针形，坚硬，先端有刺状尖头，基部下延生长，上面微拱凸，<u>下面有 2 条较窄的气孔带</u>。雌雄异株，<u>稀同株</u>；雄球花单生叶腋，椭圆形或短圆柱形；雌球花无梗，2 个成对生于叶腋，<u>胚珠 1 枚</u>，<u>直立</u>，<u>生于漏斗状珠托上</u>，常仅一个雌球花发育，<u>受精后珠托增大发育成肉质假种皮</u>。种子第二年秋季成熟，<u>核果状</u>，<u>全部包于肉质假种皮内</u>。发芽时子叶不出土。花粉粒无气囊。染色体 2n=22。

分布概况：6/4 种，**9** 型；分布于亚洲和北美洲；中国主产秦岭以南，日本榧树 *Torreya nucifera* (Linnaeus) Siebold & Zuccarini 为引种栽培。

系统学评述：分子系统学研究表明，榧树属为是 1 个单系类群[5,7,9,13]。基于 ITS 的系统发育分析表明，来自新世界的佛罗里达榧树 *T. taxifolia* Arnott 和加州榧树 *T. californica* Torrey 互为姐妹群；而分布于旧世界的种聚为 1 个单系分支，其中榧树 *T. grandis* Fortune ex Lindley 和长叶榧树 *T. jackii* Chun 所构成的分支与巴山榧树 *T. fargesii* Franchet 和日本榧树构成的分支互为姐妹群[11]。

DNA 条形码研究：BOLD 网站有该属 8 种 81 个条形码数据；GBOWS 已有 4 种 50 个条形码数据。基于 4 个 DNA 条形码片段（ITS、*rbc*L、*mat*K 和 *trn*H-*psb*A）对巴山榧树和云南榧树 *T. yunnanensis* C.Y. Cheng & L.K. Fu 的分析结果显示，这些条码单独或组合均不能有效区分这 2 个种[10]。

    代表种及其用途：榧树 *T. grandis* Fortune ex Lindley 木材可为土木建筑及家具用材；种子"香榧"为著名的干果，可榨油食用。

主要参考文献

[1] Florin R. On Jurassic taxads and conifers from north-western Europe and eastern Greenland[J]. Acta Horti Berg, 1958, 17: 257-410.

[2] Miller CN. Implications of fossil conifers for the phylogenetic relationships of living families[J]. Bot Rev, 1999, 65: 239-277.

[3] Cheng Y, et al. Phylogeny of taxaceae and Cephalotaxaceae genera inferred from chloroplast *mat*K gene and nuclear rDNA ITS region[J]. Mol Phylogenet Evol, 2000, 14: 353-365.

[4] 汪小全，舒艳群. 红豆杉科及三尖杉科的分子系统发育—兼论竹柏属的系统位置[J]. 植物分类学报, 2000, 38: 201-210.

[5] Hao DC, et al. Phylogenetic relationships of the genus *Taxus* inferred from chloroplast intergenic spacer and nuclear coding DNA[J]. Biol Pharm Bull, 2008, 31: 260-265.

[6] Burleigh JG, et al. Exploring diversification and genome size evolution in extant gymnosperms through phylogenetic synthesis[J]. J Bot, 2012, 2012: 1-6.

[7] Liu J, et al. DNA barcoding for the discrimination of Eurasian yews (*Taxus* L. Taxaceae) and the discovery of cryptic species[J]. Mol Ecol Resour, 2011, 11: 89-100.

[8] Ghimire B, Heo K. Cladistic analysis of Taxaceae *s.l.*[J]. Plant Syst Evol, 2014, 300: 217-223.

[9] Li J, et al. Phylogeny and biogeography of *Taxus* (Taxaceae) inferred from sequences of the internal transcribed spacer region of nuclear ribosomal DNA[J]. Harv Pap Bot, 2001, 6: 267-274.

[10] Li DZ, et al. Comparative analysis of a large dataset indicates that internal transcribed spacer (ITS) should be incorporated into the core barcode for seed plants[J]. Proc Natl Acad Sci USA, 2011, 108: 19641-19646.

[11] Li Y, et al. High universality of *mat*K, primers for barcoding gymnosperms[J]. J Syst Evol, 2011, 49: 169-175.

[12] Liu J, et al. Geological and ecological factors drive cryptic speciation of yews in a biodiversity hotspot[J]. New Phytol, 2013, 199: 1093-1108.

[13] Li J, et al. Phylogenetic relationships of *Torreya* (Taxaceae) inferred from sequences of nuclear ribosomal DNA its region[J]. Harv Pap Bot, 2001, 6: 275-281.

Cabombaceae Richard ex A. Richard (1822), *nom. cons.* 莼菜科

特征描述：多年生水生草本。茎纤细，分枝，有根状茎，匍匐；节间在早期时伸长并且顶部漂浮，后期的直立，具叶，并且缩短。叶二型；沉水叶（限水盾草属 *Cabomba*），对生或轮生，掌状分裂；漂浮叶互生，盾形，全缘。花单生，从远轴的节上腋生，两性，下位，辐射对称；花被宿存；萼片 3，分离或近分离；花瓣 3，与萼片离生，互生；雄蕊 3-36（-51），花药纵裂；雌蕊 3-18，离生；子房 1 室，胚珠 1-3，倒生，花柱短，柱头头状或线形下延。瘦果状或蓇葖状，革质，不裂。花粉粒单沟，具刺或条纹状饰。

分布概况：2 属/6 种，分布于温带东亚至印度，非洲，澳大利亚，热带及亚热带美洲；中国 2 属/2 种，产江苏、浙江、江西、湖南、四川和云南。

系统学评述：莼菜科被置于睡莲超目 Nymphaeanae，Takhtajan[1]将其放入睡莲亚纲 Nymphaeidae。该科的水盾草属 *Cabomba* 和莼菜属 *Brasenia* 也曾是广义睡莲科 Nymphaeaceae *s.l.*的成员。Thorne[2,3]则把莼菜科与睡莲科分开。分子系统学研究明确了莼菜科（含水盾草属和莼菜属）与睡莲科（含萍蓬草属 *Nuphar*、*Barclaya*、睡莲属 *Nymphaea*、芡属 *Euryale* 和 *Victoria*）的姐妹群关系[4-7]。

分属检索表

1. 叶互生，全缘，盾状着生，浮水；雄蕊 12-36（-51）；植株沉水部分有很厚的黏液覆盖·· **1. 莼菜属 Brasenia**
1. 叶对生，深裂，并沉水，但花期时也互生，微小，盾状着生，并浮水；雄蕊 3-6；植株沉水部分无明显的黏液覆盖·· **2. 水盾草属 Cabomba**

1. *Brasenia* Schreber 莼菜属

Brasenia Schreber (1789: 372); Fu & Wiersema (2001: 120) (Type: *B. schreberi* J. F. Gmelin)

特征描述：水生草本。根状茎小，匍匐。叶漂浮互生，具长叶柄，盾状，脉序辐射状。沉水部分有胶质物。花序梗常较长；花被不艳丽，紫色；萼片 3，线形长圆形到狭卵形；花瓣 3，狭长圆形；雄蕊 12-36（-51），与萼片和花瓣均对生；雌蕊 6-18，胚珠（1-）2，柱头线形下延。果纺锤形。种子卵球形，缺乏小瘤。花粉粒单沟，具小刺。风媒。染色体 2n=72，80。

分布概况：1/1 种，**1** 型；分布于温带和山地热带；中国产安徽、湖南、浙江、江苏、江西、四川、台湾和云南。

系统学评述：莼菜属曾是广义睡莲科的成员。Thorne[2,3]把莼菜科与睡莲科分开；分子系统学研究表明莼菜属与水盾草属为姐妹群[4,5,7]。

DNA 条形码研究：BOLD 网站有该属 1 种 15 个条形码数据；GBOWS 已有 1 种 11

个条形码数据。

代表种及其用途：莼菜 *B. schreberi* J. F. Gmelin 嫩茎叶可作蔬菜。

2. *Cabomba* Aublet 水盾草属

Cabomba Aublet (1775: 321); Fu & Wiersema (2001: 119) (Type: *C. aquatica* Aublet)

特征描述：水生草本。叶浸没和漂浮；沉水叶明显，对生，叶片轮廓心形，掌状多裂至二歧（三歧）裂片；浮水叶不明显，互生，盾状，基部全缘或具缺刻。花具短花梗；花被艳丽；萼片 3，花瓣状，倒卵形；花瓣 3，椭圆形，基部有橙色腺斑、两侧耳形；雄蕊 3-6，与花瓣对生；雌蕊具（1-）2-6 心皮，离生，胚珠（1-）3（-5），柱头头状。果长梨形，顶部渐狭。种子卵球形（至近球形），具瘤。花粉粒单沟，条状纹饰。虫媒。染色体 2*n*=25-104。

分布概况：5/1 种，（**2**）型；分布于美洲中部、北部和南部；中国已归化于江苏、上海和浙江。

系统学评述：分子系统学研究表明莼菜属与水盾草属为姐妹群[4,5,7]。

DNA 条形码研究：BOLD 网站有该属 5 种 49 个条形码数据。

代表种及其用途：竹节水松 *C. caroliniana* A. Gray 常用于水族箱配置。

主要参考文献

[1] Takhtajan AL. Systema Magnoliophytorum[M]. Lenningrad: Nauka, 1987.
[2] Thorne RF. Classification and geography of the flowering plants[J]. Bot Rev, 1992, 58: 225-348.
[3] Thorne RF. The classification and geography of the flowering plants: dicotyledons of the class Angiospermae[J]. Bot Rev, 2000, 66: 441-647.
[4] Borsch T, et al. Phylogeny of *Nymphaea* (Nymphaeaceae): evidence from substitutions and microstructural changes in the chloroplast *trn*T-*trn*F region[J]. Int J Plant Sci, 2007, 168: 639-671.
[5] Les DH, et al. Phylogeny, classification and floral evolution of water lilies (Nymphaeaceae; Nymphaeales): a synthesis of non-molecular, *rbc*L, *mat*K, and 18S rDNA data[J]. Syst Bot, 1999, 24: 28-46.
[6] 刘艳玲, 等. 睡莲科的系统发育: 核糖体 DNA ITS 区序列证据[J]. 植物分类学报, 2005, 43: 22-30.
[7] Löhne C, et al. Phylogenetic analysis of Nymphaeales using fast-evolving and noncoding chloroplast markers[J]. Bot J Linn Soc, 2007, 154: 141-163.

Nymphaeaceae Salisbury (1805), *nom. cons.* 睡莲科

特征描述：水生草本，具根状茎。单叶互生，具长柄，叶片常盾状，沉水、浮水或挺水。花两性，单生长花梗顶端，花托具环带状维管束；花被离生至合生，覆瓦状排列；萼片 4-6（-12）；花瓣多数，向中心逐渐过渡成雄蕊；雄蕊多数，花丝离生，花药内向，纵裂；心皮 5 至多数，合生成多室子房，胚珠 1 至多数，柱头离生，形成辐射状柱头盘。果实浆果状，常不规则开裂。种子多数，常有假种皮。花粉粒单沟或带状萌发孔，刺状、颗粒或疣状纹饰。染色体 x=10，12，14-18，29。

分布概况：6 属/70 种，广布热带到温带；中国 3 属/8 种，南北均产。

系统学评述：传统的睡莲科包括 3 个亚科，即睡莲亚科 Nymphaeoideae、莲亚科 Nelumboideae 和莼亚科 Cabomboideae。近年来，形态和分子证据显示，莼亚科可以单独处理为莼菜科 Cabombaceae[1-4]；而莲亚科尽管与睡莲科植物有相似的表型，但其具有 3 沟花粉和多数离生心皮，且心皮下沉于膨大的花托之中，已独立为莲科 Nelumbonaceae，并归入真双子叶植物[2]。目前，睡莲科包括 6 个属，即合瓣莲属 *Barclaya*、芡属 *Euryale*、萍蓬草属 *Nuphar*、睡莲属 *Nymphaea*、*Ondinea* 和王莲属 *Victoria*。其中，*Ondinea* 曾被认为是睡莲属的一个形态特异的种[5]；王莲属和芡属互为姐妹群，且与睡莲属近缘[6,7]。

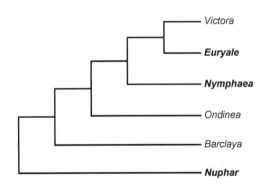

图 26　睡莲科分子系统框架图（参考 Taylor[1]; Les 等[3]; Borsch[8]）

分属检索表

1. 初级叶脉羽状；萼片 4-7，黄色至橙色，花瓣状；子房上位；种子无假种皮······ **2. 萍蓬草属 Nuphar**
1. 初级叶脉掌状或辐射状；萼片 4，绿色，非花瓣状；子房半下位或下位；种子具假种皮
　2. 一年生草本；叶和果具刺；叶片盾状着生；子房下位························ **1. 芡属 Euryale**
　2. 多年生草本；叶和果无刺；叶柄着生于叶片基部弯缺顶端；子房半下位····· **3. 睡莲属 Nymphaea**

1. *Euryale* Salisbury 芡属

Euryale Salisbury (1805: 73); Fu & Wiersema (2001: 115) (Type: *E. ferox* Salisbury ex K. D. Koenig & Sims)

特征描述：水生草本，常具尖刺。根状茎直立，不分枝。叶二型；浮水叶盾状，叶脉分支处有尖刺；沉水叶小，无刺。花梗粗壮，具刺；花单生；萼片 4，披针形，外面绿色被硬刺，内面略紫色；花瓣多数，紫色，呈多轮排列，向内渐变成雄蕊；雄蕊较萼片和花瓣短，嵌生于子房顶部，花丝线形；子房下位，无花柱，柱头盘凹入，心皮 8，8 室，每室胚珠少许。浆果球形，不整齐开裂。种子多数，有白色假种皮。花粉粒单沟，具小刺。染色体 2n=58。

分布概况：1/1 种，**14** 型；分布于东亚；中国大部分省区均产。

系统学评述：形态证据显示芡属和王莲属系统关系最近，分子证据支持睡莲属是芡属+王莲属分支的姐妹群[1,3,8]。

DNA 条形码研究：BOLD 网站有该属 1 种 17 个条形码数据；GBOWS 已有 1 种 23 个条形码数据。

代表种及其用途：芡实 *E. ferox* Salisbury ex K. D. Koenig & Sims 可作园艺观赏；其种子富含淀粉，可作为食物或酿酒用，也可入药，有补脾益肾、涩精之功效；全株可作猪饲料和绿肥。

2. *Nuphar* Smith 萍蓬草属

Nuphar Smith (1809: 361), *nom. cons.*; Fu & Wiersema (2001: 115) [Type: *N. lutea* (Linnaeus) Smith (≡ *Nymphaea lutea* Linnaeus)]

特征描述：多年生水生草本，具横生根状茎。叶二型；浮水叶革质，全缘，圆心形或窄卵形，基部箭形；沉水叶膜质，常较浮水叶大。花杯状，挺出或浮于水面；萼片 4-7，常 5，花瓣状；花瓣 7-24，雄蕊状，黄色；雄蕊多数，轮生，花丝短，花药内向，开花时，花丝外曲，使花药外向而朝花瓣；子房卵形到球形，上位，心皮多数，柱头辐射状，形成柱头盘，胚珠多数。浆果不规则开裂。种子多数，有胚乳。花粉粒单沟，具长刺。染色体 x=17。

分布概况：10-25/2 种，**8** 型；广布北半球温带；中国大部分省区均产。

系统学评述：形态证据显示萍蓬草属位于睡莲科的基部，并得到分子证据的强烈支持[1,3,8]。Padgett 等[9]利用形态证据、叶绿体基因 *mat*K 与核基因 ITS 综合研究了世界萍蓬草属的属下系统关系，得到了 2 个明显的分支，即新世界分支和旧世界分支，其中，分布在中国的萍蓬草 *N. pumila* (Timm) de Candolle 和欧亚萍蓬草 *N. lutea* (Linnaeus) Smith 属于旧世界分支。

DNA 条形码研究：BOLD 网站有该属 13 种 39 个条形码数据；GBOWS 已有 2 种 8 个条形码数据。

代表种及其用途：该属全部种类可用于园艺观赏，如萍蓬草和欧亚萍蓬草。

3. *Nymphaea* Linnaeus 睡莲属

Nymphaea Linnaeus (1753: 510), *nom. cons.*; Fu & Wiersema (2001: 115) (Type: *N. alba* Linnaeus, *typ. cons.*)

特征描述：多年生水生草本；有根状茎。叶浮水或稀沉水，圆形或卵圆形，有时呈盾状，基部心形；有托叶；叶缘全缘到具锯齿。花大，浮水或挺出水面；萼片 4；花瓣 8 至多数，多轮，嵌生于子房侧面，常向内渐变成雄蕊；雄蕊多数，嵌生于子房侧边顶部；心皮多数，环生于肉质的花托内，上部延伸形成离生放射状花柱，下部愈合形成子房。果实不规则开裂。种子坚硬，有假种皮。花粉粒具带状萌发孔，疣状或颗粒状纹饰。染色体 $x=14$。

分布概况：40-50/5 种，**1 型**；广布温带及热带；中国南北均产。

系统学评述：依据对植株和叶片的研究，睡莲属被划分为 5 个亚属，即 *Nymphaea* subgen. *Nymphaea*、*N.* subgen. *Hydrocallis*、*N.* subgen. *Lotos*、*N.* subgen. *Brachyceras* 和 *N.* subgen. *Anecphya*[1]。Borsch[8]根据叶绿体片段 *trn*L-F 的研究结果将这 5 个亚属分为 3 个分支，即 *Nymphaea* 分支、*Hydrocallis-Lotos* 分支和 *Brachyceras-Anecphya* 分支，其中 *Nymphaea* 分支是其他 2 个分支的姐妹分支。

DNA 条形码研究：BOLD 网站有该属 21 种 69 个条形码数据；GBOWS 已有 1 种 4 个条形码数据。

代表种及其用途：该属植物花大而美丽，几乎全部种类都可用于园艺观赏，是水体装饰花卉，花也作鲜切花。在中国有分布的野生种类睡莲 *N. tetragona* Georgi 的花相对较小，是良好的育种材料。

主要参考文献

[1] Taylor DW. Phylogenetic analysis of Cabombaceae and Nymphaeaceae based on vegetative and leaf architectural characters[J]. Taxon, 2008, 57: 1082-1095.

[2] Soltis DE, et al. Angiosperm phylogeny inferred from 18S rDNA, *rbc*L, and *atp*B sequences[J]. Bot J Linn Soc, 2000, 133: 381-461.

[3] Les DH, et al. Phylogeny, classification and floral evolution of water lilies (Nymphaeaceae; Nymphaeales): a synthesis of non-molecular, *rbc*L, *mat*K, and 18S rDNA data[J]. Syst Bot, 1999, 24: 28-46.

[4] Ito M. Phylogenetic systematics of the Nymphaeales[J]. Bot Mag (Tokyo), 1987, 100: 17-35.

[5] Löhne C, et al. The unusual *Ondinea*, actually just another Australian water-lily of *Nymphaea* subg. *Anecphya* (Nymphaeaceae) [J]. Willdenowia, 2009, 39: 55-58.

[6] Löhne C, et al. Phylogenetic analysis of Nymphaeales using fast-evolving and noncoding chloroplast markers[J]. Bot J Linn Soc, 2007, 154: 141-163.

[7] Borsch T, et al. Phylogeny and evolutionary patterns in Nymphaeales: integrating genes, genomes and morphology[J]. Taxon, 2008, 57: 1052-1081.

[8] Borsch T, et al. Phylogeny of *Nymphaea* (Nymphaeaceae): evidence from substitutions and microstructural changes in the chloroplast *trn*T-*trn*F region[J]. Int J Plant Sci, 2007, 168: 639-671.

[9] Padgett DJ, et al. Phylogenetic relationships in *Nuphar* (Nymphaeaceae): evidence from morphology, chloroplast DNA, and nuclear ribosomal DNA[J]. Am J Bot, 1999, 86: 1316-1324.

Schisandraceae Blume (1830), *nom. cons.* 五味子科

特征描述：乔木、灌木或木质藤本。常绿或落叶，有芳香气味。单叶互生，常有透明腺点，纸质或革质，常全缘；有叶柄；无托叶。有限花序，腋生；花单性同株或异株或两性，常单生于叶腋，各部呈螺旋状或轮状排列，辐射对称；花被片多数，无萼片与花瓣的分化，常成数轮；雄蕊4-80，离生，花药纵裂；心皮12-300，离生，每心皮胚珠1-5；具花托。蓇葖聚合果或肉质聚合果；每果种子1-5。花粉粒3（合）沟和6合沟，网状纹饰。染色体 $2n=26$，28。

分布概况：3属/约70种，分布于亚洲东南部和北美东南部；中国3属/54种，主产西南至华东，华北及东北较少见。

系统学评述：传统上五味子科仅包含五味子属 *Schisandra* 和南五味子属 *Kadsura*，并被认为与木兰科 Magnoliaceae 近缘[1]，也曾被作为族或亚科置于木兰科[FRPS]。Smith[2] 建立了单型的八角科 Illiciaceae，认为其与五味子科关系最近。Hu[3]建立的八角目 Illiciales 包含了八角科和五味子科，被很多学者采用。分子系统学研究发现五味子属、南五味子属和八角属 *Illicium* 均为被子植物早期演化的类群，隶属于基部 ANITA 阶中的第3支木兰藤目 Austrobaileyales，八角属与五味子属和南五味子属构成姐妹群[4]，因此 APG 系统将八角属归入五味子科。

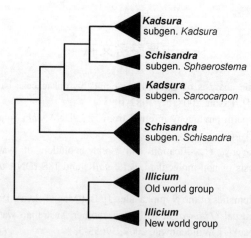

图 27　五味子科分子系统框架图（参考 Liu 等[5]; Fan 等[6]; Morris 等[7]）

分属检索表

1. 乔木或灌木；花两性；果实为星状聚合蓇葖果 ·· **1. 八角属 *Illicium***
1. 木质藤本；花单性，雌雄异株或同株；成熟心皮为肉质小浆果
　2. 雌蕊群的花托倒卵形圆或椭圆体形，发育时不伸长；聚合果球状或椭圆体状··········
　·· **2. 南五味子属 *Kadsura***

2. 雌蕊群的花托圆柱形或圆锥形，发育时明显伸长；聚合果长穗状 ··········**3. 五味子属 *Schisandra***

1. *Illicium* Linnaeus 八角属

Illicium Linnaeus (1759: 1050); Xia & Saunders (2008: 32) (Type: *I. anisatum* Linnaeus)

特征描述：常绿乔木或灌木。全株无毛，具油细胞及黏液细胞，有芳香气味。叶互生，常聚集生在枝顶；单叶，全缘，叶片具透明油点；无托叶。有限花序，花 1-3，腋生；花两性，辐射对称，具花托；花被片多数，离生，覆瓦状排列；雄蕊 7 至多数，花丝短而粗，与花药不易分开；心皮 7 至多数，离生，单轮排列；每心皮胚珠 1。星状的聚合蓇葖果；每蓇葖果种子 1。种子椭圆状或卵状，有光泽。花粉粒 3（合）沟，网状纹饰。染色体 $2n=26, 28$。

分布概况：约 40/27（18）种，**9** 型；分布于亚洲东部和东南部，美洲；中国产西南至华东。

系统学评述：Smith[2]根据花被的形态将八角属分为薄被组 *Illicium* sect. *Badiana*（≡ *I.* sect. *Illicium*）和厚被组 *I.* sect. *Cymbostemon*，前者花被片狭长而膜质，后者则近圆形而肉质。张本能接受了这种划分，但将这 2 个组提升为亚属，并将薄被亚属 *I.* subgen. *Illicium* 又分为凸脉组 *I.* sect. *Illicium* 和凹脉组 *I.* sect. *Impressicosta*[FRPS]；Lin[8]支持 Smith 对组的处理。Hao 等[9]基于 ITS 序列的分析表明，新世界和旧世界的类群聚为支持率很高的单系，不支持依据花被类型划分属下系统；Morris 等[7]通过更全面的类群取样，并增加了 2 个叶绿体片段得出相同的结论，同时发现新、旧世界的薄被组各自成 1 个单系，新世界的厚被组也为 1 个单系。

DNA 条形码研究：BOLD 网站有该属 11 种 82 个条形码数据；GBOWS 已有 11 种 65 个条形码数据。

代表种及其用途：八角 *I. verum* J. D. Hooker 的果实为调味香料；叶和果实可提取八角茴香油。地枫皮 *I. difengpi* B. N. Chang 为中药材。

2. *Kadsura* Jussieu 南五味子属

Kadsura Jussieu (1810: 340); Saunders (1998: 11); Xia et al. (2008: 39) [Type: *K. japonica* (Linnaeus) Dunal (≡ *Uvaria japonica* Linnaeus)]

特征描述：木质藤本。叶互生，全缘或有锯齿，有油腺点。花单性同株或异株，单生或 2-4 聚生于叶腋，花各部螺旋状排列；花被片 7 至多数；雄蕊 13 至多数，分离或连合成球状的蕊柱，药隔圆形或棒状；心皮 20 至多数；雌蕊 20 至多数，离生，每心皮胚珠 2-5，极少 11。果皮肉质，每浆果种子 2-5；浆果聚集于一短棒状的花托上成一圆头状或椭圆状聚合果。种脐凹入，种皮光滑。花粉粒 6 沟为主，网状纹饰。染色体 $2n=28$。

分布概况：约 16/8（4）种，**（7a/c）** 型；分布于亚洲的热带和亚热带地区；中国产西南至东南。

系统学评述：根据形态特征，南五味子属下分类分歧不大。Smith[2]基于雄蕊群特征分为 3 个组，即离蕊南五味子组 *Kadsura* sect. *Cosbaea*、南五味子组 *K.* sect. *Eukadsura*（≡ *K.* sect. *Kadsura*）和肉蕊组 *K.* sect. *Sarcocarpon*，并推测该属最接近祖征的雄蕊群类型存在于离蕊南五味子组中；刘玉壶对国产种类进行了划分，观点基本与 Smith 一致，只是将组提升至亚属，由于中国没有肉蕊组的种类，故只划分了 2 个亚属[FRPS]。Saunders[10]则综合了前人的结果，保留了 2 个亚属，同时将南五味子亚属 *K.* subgen. *Kadsura* 分为南五味子组和肉蕊组；林祁[11]支持 Saunders 的观点。分子系统学研究表明该属是 1 个并系类群，其中南五味子组和肉蕊组聚成支持率很高的单系，五味子属的团蕊五味子亚属 *K.* subgen. *Sphaerostema* 包含在南五味子属中[5,6]。

DNA 条形码研究：BOLD 网站有该属 4 种 15 个条形码数据；GBOWS 已有 9 种 107 个条形码数据。

代表种及其用途：该属多数种类可药用，其根、茎、果实含木质素及三萜类化合物，能行气活血，消肿止痛。

3. *Schisandra* Michaux 五味子属

Schisandra Michaux (1803: 218), *nom. cons.*; Saunders (2000: 1); Lin (2000: 532); Xia et al. (2008: 41)
(Type: *S. coccinea* Michaux)

特征描述：木质藤本或披散灌木。叶长枝上互生，短枝上密集，边缘常有小齿，叶肉具透明腺点。花单性同株或异株，腋生或多数聚生；花各部螺旋状排列，花被片 5 至多数，2-3 轮；雄蕊 4 至多数，离生于雄蕊柱上或结成一扁平的五角状体；心皮 12 至多数，离生，每心皮胚珠 2-3，心皮密聚成一头状体。果皮肉质，浆果椭圆形或倒卵形，聚合果长穗状，每浆果种子 2；浆果排列于延长的花托上。种皮光滑，或具皱纹或瘤状凸起。花粉粒 6 沟为主，网状纹饰。主要依靠瘿蚊、甲虫等传粉。染色体 $2n=26$。

分布概况：约 22/19（12）种，**9 型**；分布于亚洲东部和东南部，美国东南部仅见 1 种；中国南北均产，主产西南至华东。

系统学评述：五味子属中重瓣五味子 *S. plena* A. C. Smith 和合蕊五味子 *S. propinqua* (Wallich) Baillon 与南五味子属的类群聚为 1 支。形态学上，五味子属因其雌花的花托在果期伸长形成长穗状聚合果而区别于南五味子属。五味子属下主要依据雄蕊群类型进行划分。Smith[2]将该属分为 4 个组，即五味子组 *Schisandra* sect. *Euschisandra*（≡ *S.* sect. *Schisandra*）、团蕊五味子组 *S.* sect. *Sphaerostema*、少蕊五味子组 *S.* sect. *Maximowiczia* 和多蕊五味子组 *S.* sect. *Pleiostema*；刘玉壶将重瓣五味子从团蕊五味子亚属中分出，将大花五味子 *S. grandiflora* (Wallich) J. D. Hooker & Thomson 等从多蕊五味子组分出，并将 6 个类群提升为亚属等级[FRPS]；Saunders[12]则把重瓣五味子和合蕊五味子合并为团蕊五味子组，同少蕊五味子组和五味子组一并放到五味子亚属 *S.* subgen. *Schisandra* 中，成为 3 亚属 3 组；林祁和杨志荣[13]则分为 2 亚属，即五味子亚属和团蕊五味子亚属，前者包含多蕊五味子组、少蕊五味子组、团蕊五味子组和五味子组。Liu 等[5]和 Fan 等[6]对该属的分子系统发育研究支持按照雄蕊群类型划分属下等级，并指出重瓣五味子和合蕊五味子的系统位置需要重新界定。

DNA 条形码研究：ITS 序列被用于鉴定药用植物华中五味子 *S. sphenanthera* Rehder & E. H. Wilson 及其混淆品绿叶五味子 *S. viridis* A. C. Smith[14]。BOLD 网站有该属 8 种 33 个条形码数据；GBOWS 已有 22 种 254 个条形码数据。

代表种及其用途：该属为重要药用植物，其中五味子 *S. chinensis* (Turczaninow) Baillon 和华中五味子分别为《中华人民共和国药典》收录的药材五味子和南五味子的基原植物；其茎皮纤维柔韧，可作绳索；茎、叶、果实可提取芳香油。

主要参考文献

[1]　Blume CL. Flora Javae[M]. Brussels, 1830.

[2]　Smith AC. Families Illiciaceae and Schisandraceae[J]. Sargentia, 1947, 7: 1-224.

[3]　Hu HH. A polyphyletic system of classification of angiosperms[J]. Sci Rec, 1950, 1: 243-253.

[4]　Qiu YL, et al. The earliest angiosperms: evidence from mitochondrial, plastid and nuclear genomes[J]. Nature, 1999, 402: 404-407.

[5]　Liu Z, et al. Phylogeny and androecial evolution in Schisandraceae, inferred from sequences of nuclear ribosomal DNA ITS and chloroplast DNA *trn*L-F regions[J]. Int J Plant Sci, 2006, 167: 539-550.

[6]　Fan JH, et al. Pollination systems, biogeography, and divergence times of three allopatric species of *Schisandra* in North America, China and Japan[J]. J Syst Evol, 2011, 49: 330-338.

[7]　Morris AB, et al. Phylogeny and divergence time estimation in *Illicium* with implications for new world biogeography[J]. Syst Bot, 2007, 32: 236-249.

[8]　Lin Q. Taxonomy of the genus *Illicium* Linn.[J]. Bull Bot Res, 2001, 21: 161-174, 322-334.

[9]　Hao G, et al. A phylogenetic analysis of the Illiciaceae based on sequences of internal transcribed spacers (ITS) of nuclear ribosomal DNA[J]. Plant Syst Evol, 2000, 223: 81-90.

[10]　Saunders RMK. Monograph of *Kadsura* (Schisandraceae)[J]. Syst Bot Monogr, 1998, 54: 1-106.

[11]　林祁. 南五味子属(五味子科)一些种类的分类学订正[J]. 植物研究, 2002, 22: 399-411.

[12]　Saunders RMK. Monograph of *Schisandra* (Schisandraceae)[J]. Syst Bot Monographs, 2000, 58: 1-146.

[13]　林祁, 杨志荣. 五味子属(五味子科)分类系统的初步修订[J]. 植物研究, 2007, 27: 6-15.

[14]　高建平, 等. 中药南五味子及其混淆品绿叶五味子果实的 ITS 序列分析[J]. 中国中药杂志, 2003, 28: 706-710.

Saururaceae Richard ex T. Lestiboudois (1826), *nom. cons.* 三白草科

特征描述：多年生草本，芳香。<u>茎直立，或匍匐，节明显</u>。单叶互生；托叶与叶柄合生，或者贴生叶柄基部形成托叶鞘。<u>花序为密集的穗状花序或总状花序</u>，苞片显著或很小而不明显，<u>花两性</u>；<u>无花被</u>；<u>雄蕊3、6或8</u>，<u>离生或者贴生于子房基部</u>，花药2室，纵裂；<u>雌蕊由（2-）3-4心皮组成，心皮离生或合生</u>，离生者每心皮具2-4胚珠，合生者子房1室，具侧膜胎座，每胎座具6-13胚珠，花柱离生。果为分果片或顶端开裂的蒴果。种子1或多数，具少量胚乳和丰富的外胚乳，胚小。花粉粒单沟或三歧沟，穴状或皱穴状纹饰。

分布概况：4属/6种，分布于亚洲东部和南部，北美洲；中国3属/4种，产西南、华中至台湾。

系统学评述：该科各属的界限清楚，因其环状散生维管束、花序常与叶对生及无被花而与胡椒科 Piperaceae 的关系较密切[1-4]。传统上，三白草属 *Saururus* 因心皮离生或合生程度最低而被认为是早期分化出的类群，而裸蒴属 *Gymnotheca* 则因心皮合生且子房半下位被认为是最进化的类群[5-8]。分子系统学研究表明该科明显分为 2 支，三白草属和裸蒴属为 1 支，心皮数以 4 为主；而蕺菜属 *Houttuynia* 和假银莲花属 *Anemopsis* 为 1 支，心皮数为 3，这 2 支互为姐妹群[9,10]。较早分化出的类群的染色体 *x*=11。该科是研究东亚-北美间断分布较经典的类群。

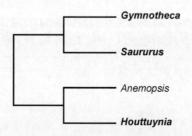

图 28　三白草科分子系统框架图（参考 Meng 等[9,10]）

分属检索表

1. 匍匐草本，先端节部常生不定根；子房半下位；雄蕊短于花柱；叶柄近等长或长于叶片 ··················
··· **1. 裸蒴属 Gymnotheca**
1. 直立或斜升草本；子房上位；雄蕊长于花柱；叶柄短于叶片
  2. 密集穗状花序，基部具 4 总苞状的似花瓣的苞片，稀 6 或 8；雄蕊 3，稀 4，花丝约 3 倍长于花药；雌蕊 3 心皮合生而成；果为开裂蒴果；叶片阔卵圆形或卵圆状心形··················
··· **2. 蕺菜属 Houttuynia**
  2. 总状花序，无总苞状的似花瓣的苞片；雄蕊 6 或 8，稀 3，花丝约等长或略长于花药；雌蕊 3-4 心皮，离生活基部合生；果为分果；叶片卵圆形至卵圆状披针形 ············ **3. 三白草属 Saururus**

1. *Gymnotheca* Decaisne 裸蒴属

Gymnotheca Decaisne (1845: 100); Xia & Brach (1999: 109) (Type: *G. chinensis* Decaisne)

特征描述：多年生匍匐草本，无毛，具根状茎。茎具沟槽。叶柄与叶片近等长；托叶膜质，与叶柄基部边缘合生成鞘，先端游离；叶纸质，全缘或具不明显圆齿，基部心形，先端急尖；基出脉 5-7。总状花序与叶对生；花小，白色；雄蕊通常 6，短于花柱，花丝与花药近等长，花药长圆形，纵裂；雌蕊由（2-3）4 心皮合生而成，子房半下位，1 室，侧膜胎座 4，每胎座具 9-13 胚珠，花柱 4，线形，外弯。蒴果纺锤形，顶端开裂。花粉粒近球形至长球形，远极单沟，具穴状至皱穴状纹饰。染色体 $2n=18$。

分布概况：2/2（1）种，**15** 型；分布于越南北部；中国产西南和华中。

系统学评述：依据分子系统学研究，裸蒴属与三白草属源于早期分化出来的具 4 心皮的 1 支[9,10]，但其心皮结合程度最高，并且子房半下位，染色体 $x=8$[5,6]。

DNA 条形码研究：BOLD 网站有该属 2 种 5 个条形码数据；GBOWS 已有 1 种 8 个条形码数据。

代表种及其用途：裸蒴 *G. chinensis* Decaisne 全株药用，可消积食、解毒、排脓。

2. *Houttuynia* Thunberg 蕺菜属

Houttuynia Thunberg (1783: 149), "*Houtuynia*" *nom. & orth. cons.*; Xia & Brach (1999: 109) (Type: *H. cordata* Thunberg)

特征描述：多年生草本，具根状茎。茎下部伏地，上部直立，无毛或节被柔毛，有时紫色，茎有纵向的棱和槽。托叶膜质，与叶柄基部合生成鞘，先端游离；叶柄具槽；叶片基部心形，先端渐尖，边缘全缘，叶脉掌状基出 5（7）脉，无毛或脉腋有时具毛，背面常紫色。穗状花序顶生或与叶对生，基部有 4（6 或 8）白色花瓣状的苞片呈总苞状；花小，白色；雄蕊 3，稀 4，长于花柱；花丝下部与子房合生，花药长圆形；雌蕊由 3 基部合生的心皮组成；子房 1 室；侧膜胎座 3，每胎座具 6-9 胚珠；花柱 3，外弯。蒴果近球形，顶端开裂，花柱宿存。花粉粒单沟或三歧沟，穴状纹饰。染色体 $2n=24$。

分布概况：1/1 种，**14** 型；分布于亚洲东部及东南部；中国产华东、华南、华中、西南、甘肃和陕西。

系统学评述：依据分子系统学的研究，蕺菜属与北美的假银莲花属源于 3 心皮的 1 支[9,10]，心皮合生，但其染色体 $x=12$，为科内最高。

DNA 条形码研究：BOLD 网站有该属 1 种 12 个条形码数据；GBOWS 已有 1 种 21 个条形码数据。

代表种及其用途：蕺菜 *H. cordata* Thunberg 全株药用，清热、解毒、利尿，治肺脓肿、肠炎、痢疾、肾炎水肿、白带、痈疖等；根茎及嫩苗可食。

3. *Saururus* Linnaeus 三白草属

Saururus Linnaeus (1753: 341); Xia & Brach (1999: 108) (Type: *S. cernuus* Linnaeus)

特征描述：草本，直立，具根状茎。茎有纵向的棱和槽。叶全缘；叶柄短于叶片；托叶膜质，与叶柄合生成托叶鞘。总状花序，与叶对生或顶生；苞片小，贴生于花梗基部；花小，绿白色；雄蕊 6 或 8，稀 3，长于花柱，花丝与花药近等长或稍长，花药长圆形；雌蕊常由（3）4 离生心皮组成，或者心皮基部合生，子房上位，每心皮（2-）4 胚珠散生边缘胎座，花柱 4，离生，外弯。果为分果，分果片（3）4。花粉粒单沟，穴状纹饰。染色体 $2n=22$。

分布概况：2/1 种，**9 型**；东亚-北美间断分布；东亚 1 种，三白草 *S. chinensis* (Loureiro) Baillon；北美 1 种，蜥尾草 *S. cernuus* Linnaeus；中国产黄河流域及其以南。

系统学评述：依据分子系统学的研究，三白草属源于早期分化出来的具 4 心皮的 1 支[9,10]，心皮结合程度最低，且染色体 $x=11$[5-7]。该属东亚-北美间断分布，产生隔离的种对。

DNA 条形码研究：BOLD 网站有该属 2 种 14 个条形码数据；GBOWS 已有 1 种 10 个条形码数据。

代表种及其用途：三白草全株药用，内服治尿路感染及结石，外敷治痈疮疔肿等。

主要参考文献

[1] Nishimura SY, et al. Wood and stem anatomy of Saururaceae with reference to ecology, phylogeny, and origin of the Monocotyledons[J]. IAWA J, 1995, 16: 133-150.

[2] Cronquist A. An integrated system of classification of flowering plants[M]. New York: Columbia University Press, 1981.

[3] Hutchinson J. The families of flowering plants. 2nd ed.[M]. Oxford: Clarendon Press, 1959.

[4] Takhtajan A. Diversity and classification of flowering plants[M]. New York: Columbia University Press, 1997.

[5] 雷立功，等. 中国特有植物裸蒴属及其近缘属的叶片表皮特征[J]. 西北植物学报，1990，10: 280-288.

[6] 梁汉兴. 裸蒴属的核型及三白草科四属间系统关系的探讨[J]. 植物分类与资源学报，1991，13: 303-307.

[7] Okada H. Karyomorphology and relationships in some genera of Saururaceae and Piperaceae[J]. Bot Mag (Tokyo), 1986, 99: 289-299.

[8] Tucker SC, et al. Utility of ontogenetic and conventional characters in determining phylogenetic relationships of Saururaceae and Piperaceae (Piperales) [J]. Syst Bot, 1993, 18: 614-641.

[9] Meng SW, et al. Phylogeny of Saururaceae based on mitochondrial *mat*R, gene sequence data[J]. J Plant Res, 2002, 115: 71-76.

[10] Meng SW, et al. Phylogeny of Saururaceae based on morphology and five regions from three plant genomes[J]. Ann MO Bot Gard, 2003, 90: 592-602.

Piperaceae Giseke (1792), *nom. cons.* 胡椒科

特征描述：草本、灌木或攀援藤本，稀为乔木，常有香气；维管束多少散生。叶互生，稀对生或轮生，单叶，两侧常不对称，具掌状脉或羽状脉；托叶与叶柄联生或否，或无托叶。<u>花小，两性、单性雌雄异株或间有杂性</u>；密集成穗状花序或由穗状花序再排成伞形花序，极稀成总状花序，<u>花序与叶对生或腋生</u>，少有顶生；苞片小，常盾状或杯状，少有勺状；<u>花被无</u>；<u>雄蕊 1-10</u>，花丝离生，花药 2 室，分离或汇合，纵裂；<u>雌蕊由2-5 心皮组成</u>，连合，<u>子房上位</u>，<u>1 室</u>，<u>胚珠 1</u>，柱头 1-5，无或有极短的花柱。<u>浆果小，具肉质、薄或干燥的果皮</u>。种子具少量的内胚乳和丰富的外胚乳。花粉粒单沟或无萌发孔。

分布概况：5（或 8-15）属/3600 余种，分布于热带和亚热带温暖地区，主产热带美洲；中国 3 属/68 种，产台湾。

系统学评述：胡椒科曾有 11 属[1]或 16 属[2]被广泛认可。Airy Shaw[3]将该科分成草胡椒科 Peperomiaceae（含草胡椒属 *Peperomia*、*Verhuellia*、*Manekia* 和 *Piperanthera*，1000 余种）和胡椒科 Piperaceae（含胡椒属 *Piper*、*Trianaeopiper*、*Ottonia* 和 *Pothomorphe*，约 2000 种）。最近的分子系统学[4-6]和形态学[7]研究将胡椒科划分为 3 亚科 5 属：① *Verhuellia*（3 种；Verhuelliodeae 亚科）；②胡椒属（约 2000 种；胡椒亚科 Piperoideae）；③草胡椒属（约 1600 种；胡椒亚科 Piperoideae）；④*Manekia*（8 种；齐头绒亚科 Zippelioideae）；⑤齐头绒属 *Zippelia*（1 种；齐头绒亚科 Zippelioideae）。*Verhuellia* 作为1 个独特的谱系最早分化，是胡椒科其余属的姐妹群[4-7]。*Zippelia* 与 *Manekia* 系统关系最近[5,6,8]。

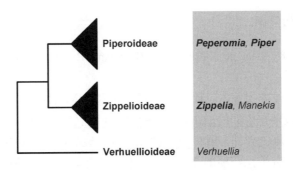

图 29　胡椒科分子系统框架图（参考 Samain 等[4]；Wanke 等[5,6]；Samain 等[7]）

分属检索表

1. 花无花梗，成密集穗状花序；浆果无刺毛
　2. 一年生或多年生草本；茎叶多呈肉质；先出叶不存在，节部无环痕；叶互生、对生或轮生；花两性；雄蕊 2；雌蕊 1，柱头 1，稀 2 裂 ·············· **1. 草胡椒属 *Peperomia***

2. 乔木、灌木或木质藤本；先出叶存在，常与叶柄贴生，在茎节上留下显著的环痕；叶互生；花两性或单性，雌雄同株或异株；雄蕊 2-6；雌蕊 1，具（2-）3（-4）心皮，柱头 3-5，稀 2 ······ **2. 胡椒属 *Piper***

1. 花具花梗，成疏散总状花序；蒴果密被锚状刺毛 ······ **3. 齐头绒属 *Zippelia***

1. *Peperomia* Ruiz & Pavon 草胡椒属

Peperomia Ruiz & Pavon (1794: 8); Tseng et al. (1999: 129) (Type: *P. secunda* Ruiz & Pavon)

特征描述：一年生或多年生草本。茎矮小，肉质，常附生于树上或石上；维管束分离，散生。叶互生、对生或轮生，全缘；无托叶。花序单生、双生或簇生；苞片圆形、近圆形或长圆形，盾状或否；花极小，两性，常与苞片同着生于花序轴的凹陷处，排成顶生、腋生或与叶对生的细弱穗状花序；雄蕊 2，花药圆形、椭圆形或长圆形，有短花丝；子房 1 室，胚珠 1，柱头球形，顶端钝、短尖、喙状或画笔状，侧生或顶生，不分裂或稀有 2 裂。浆果小，不开裂。花粉粒无萌发孔，疣状纹饰。

分布概况：约 1600/7 种，**2 型**；广布热带和亚热带；中国产东南至西南。

系统学评述：草胡椒属相关的属级名称约 13 个，普遍接受的有 *Peperomia* Ruiz & Pavon、*Piperanthera* A. C. de Candolle (=*Peperomia* Ruiz & Pavon)、*Verhuellia* Miquel。分子系统学研究把 *Verhuellia* 分出[4]，其余的都被处理为 *Peperomia* 属下等级[9]。Dahlstedt[10] 划分了 9 亚属 7 组 4 亚组，然而，仅 *Peperomia* subgen. *Micropiper* 的单系性得到了分子系统学研究的支持，关于属下关系仍需要进一步研究[11]。

DNA 条形码研究：BOLD 网站有该属 115 种 262 个条形码数据；GBOWS 已有 4 种 23 个条形码数据。

代表种及其用途：豆瓣绿 *P. tetraphylla* (G. Forster) Hooker & Arnott 可作园艺观赏，全草亦可药用。

2. *Piper* Linnaeus 胡椒属

Piper Linnaeus (1753: 28); Tseng et al. (1999: 111) (Lectotype: *P. nigrum* Linnaeus). ——*Pothomorphe* Miquel (1839: 447)

特征描述：灌木或攀援藤本，稀有草本或小乔木。茎、枝有膨大的节，揉之有香气；维管束外面的联合成环，内面的成 1 或 2 列散生。叶互生，全缘；托叶多少贴生于叶柄上，早落。花单性，雌雄异株，或稀有两性或杂性，聚集成与叶对生或腋生或稀有顶生的穗状花序，花序常宽于总花梗的 3 倍以上；苞片离生，少有与花序轴或与花合生，盾状或杯状；雄蕊 2-6，着生于花序轴上，稀着生于子房基部，花药 2 室，2-4 裂；子房离生或有时嵌生于花序轴中而合生，胚珠 1，柱头 3-5，稀 2。浆果倒卵形、卵形或球形，稀长圆形，红色或黄色，无柄或具长短不等的柄。花粉粒单沟或无萌发孔，光滑、穿孔或皱穴状纹饰，具刺。

分布概况：约 2000/60 种，**2 型**；主产热带地区；中国产台湾，经东南至西南各省区。

　　系统学评述：胡椒属为胡椒科中最大的属，与之相关的属级名称达 44 个[1-3]，被广泛认可的有：*Piper* Linnaeus、*Anderssoniopiper* Trelease (=*Piper* Linnaeus)、*Arctottonia* Trelease、*Discipiper* Trelease & Stehle (=*Piper* Linnaeus)、*Lepianthes* Rafinesque (=*Piper* Linnaeus)、*Lindeniopiper* Trelease (=*Piper* Linnaeus)、*Macropiper* Miquel、*Manekia* Trelease (=*Piper* Linnaeus)、*Ottonia* Sprengel (=*Piper* Linnaeus)、*Pleistachyopiper* Trelease (=*Piper* Linnaeus)、*Pothomorphe* Miquel、*Sarcorhachis* Trelease、*Trianaeopiper* Trelease [APW]。分子系统学研究将 *Manekia* Trelease 确立为独特的属（谱系）外，其他均被处理为属下等级[4-9]。

　　DNA 条形码研究：BOLD 网站该属有 158 种 379 个条形码数据；GBOWS 已有 13 种 86 个条形码数据。

　　代表种及其用途：胡椒 *P. nigrum* Linnaeus 是重要的香料。蒌叶 *P. betle* Linnaeus 亦作为香料，南方少数民族用其叶裹生石灰及槟榔嚼食；其茎、叶药用。石南藤 *P. wallichii* (Miquel) Handel-Mazzetti，即"丁公藤"，供药用。

3. *Zippelia* Blume 齐头绒属

Zippelia Blume (1830: 1614); Tseng et al. (1999: 110) (Type: *Z. begoniifolia* Blume)

　　特征描述：直立草本，无毛。维管束外面的联合成环，内面的成 1 或 2 列散生。节部隆起。叶互生；叶柄基部与托叶合生成鞘；叶片长圆形或卵状长圆形，密生透明腺点，掌状叶脉 5-7，基出，基部心形，两侧稍不对称。疏散总状花序与叶对生；苞片贴生于花序轴；花两性，具短梗；雄蕊 6，花丝离生，肥厚而短，花药直立，长圆形，药室内向，平行纵裂；雌蕊由 4 心皮组成，子房表面多疣状凸起，胚珠 1，自基部直生，花柱肉质，粗壮，柱头 4，分离。果球形，不开裂，表面密生锚状刺毛。种子 1。花粉粒单沟，疣状纹饰。染色体 $2n=38$。

　　分布概况：1/1 种，**7-1 型**；分布于亚洲热带地区；中国产华南及西南。仅有齐头绒 *Zippelia begoniaefolia* Blume。

　　系统学评述：具疏散的总状花序、密被锚状刺毛的果实、四孢的 Drusa 型胚囊[13-15]，染色体 $x=19$[12]，均表明齐头绒属为胡椒科的 1 个独特的谱系。分子系统学研究表明，齐头绒属与 *Manekia* 聚为 1 支[1,5,6]。

　　DNA 条形码研究：BOLD 网站该属有 1 种 8 个条形码数据；GBOWS 已有 1 种 7 个条形码数据。

主要参考文献

[1] Brummitt RK. Vascular plant families and genera[M]. Richmond: Royal Botanic Gardens, Kew, 1992.

[2] Mabberley DJ. The plant book-a portable dictionary of the higher plants[M]. Cambridge: Cambridge University Press, 1987.

[3] Airy-Shaw HK. Diagnoses of new families, new names etc. forthe seventh edition of Willis' Dictionary[J]. Kew Bull, 1966, 18: 249-273.

[4] Samain MS, et al. Verhuellia revisited-unravelling its intricate taxonomic history and a new subfamilial

classification of Piperaceae[J]. Taxon, 2008, 57: 583-587.

[5] Wanke S, et al. Evolution of Piperales–*mat*K gene and *trn*K intron sequence data reveal lineage specific resolution contrast[J]. Mol Phylogenet Evol, 2007, 42: 477-497.

[6] Wanke S, et al. From forgotten taxon to a missing link? The position of the Genus *Verhuellia* (Piperaceae) revealed by molecules[J]. Ann Bot, 2007, 99: 1231-1238.

[7] Samain MS, et al. *Verhuellia* is a segregate lineage in Piperaceae: more evidence from flower, fruit and pollen morphology, anatomy and development[J]. Ann Bot, 2010, 105: 677-688.

[8] Malejandra J, et al. A Phylogeny of the tropical genus *Piper* using ITS and the chloroplast intron *psb*J-*pet*A [J]. Syst Bot, 2008, 33: 647-660.

[9] Jaramillo MA, et al. Phylogenetic relationships of the perianthless piperales: reconstructing the evolution of floral development[J]. Int J Plant Sci, 2004, 165: 403-416.

[10] Dahlstedt H. Studien über süd-und central-Amerikanische: Peperomien mit besonderer berücksichtigung der Brasilianischen Sippen[M]. Kongliga Svenska Vetenskaps–Akademiens handlingar, Stockholm, 1900.

[11] Wanke S, et al. Phylogeny of the genus *Peperomia* (Piperaceae) inferred from the *trn*K/*mat*K region (cpDNA)[J]. Plant Biol, 2006, 8: 93-102.

[12] Okada H. Karyomorphology and relationships in some genera of Saururaceae and piperaceae[J]. Bot Mag (Tokyo), 1986, 99: 289-299.

[13] 雷立公. 裸蒟属的核型及其演化关系[J]. 西北植物学报, 1991, 11: 41-46.

[14] Lei LG, et al. Embryology of *Zippelia begoniaefolia* (Piperaceae) and its systematic relationships[J]. Bot J Linn Soc, 2002, 140: 49-64.

[15] Tucker SC, et al. Utility of ontogenetic and conventional characters in determining phylogenetic relationships of Saururaceae and Piperaceae (Piperales)[J]. Syst Bot, 1993, 18: 614-641.

Aristolochiaceae Jussieu (1789), *nom. cons.* 马兜铃科

特征描述：草本、藤本或稀灌木。单叶互生，叶片全缘或 3-5 裂，基部常心形。花两性，单生、簇生，或排成总状、聚伞状或伞房花序，花色通常艳丽，有腐肉臭味；花被片通常 3 裂合生，花被管钟状或瓶状；雄蕊 6-36，常离生或与花柱合生；花药 2 室；子房通常下位或半下位，4-6 室；胚珠多数，中轴胎座或侧膜胎座内侵。蒴果或为浆果状。种子扁平而薄，三角形或扇形，多由风散布。花粉粒无萌发孔，稀单沟。蝇类传粉。含马兜铃酸。

分布概况：4-7 属 / 450-600 种，分布于热带及温带地区；中国 4 属/86 种，除华北和西北干旱地区外，各地均产。

系统学评述：传统上马兜铃科分为细辛亚科 Asaroideae 和马兜铃亚科 Aristolochioideae，但对亚科下的分类则有较大争议，其中包括线果兜铃属 *Thottea* 应归入细辛亚科还是马兜铃亚科[FRPS,1]。依据形态学研究，细辛属 *Asarum* 和马蹄香属 *Saruma* 形成一个单系类群，而线果兜铃属及马兜铃属 *Aristolochia* 则在另一群中[2]。分子证据表明细辛属及马蹄香属互为姐妹关系[3]，同属于细辛亚科[APW]。马兜铃属及线果兜铃属则构成另一分支[3]，这 2 个属应归入马兜铃亚科[APW]。马兜铃科在中国分布的类群分为 4 个分支，即马兜铃族 Aristolochieae、细辛族 Asareae、马蹄香族 Sarumeae 和线果兜铃族 Bragantieae。

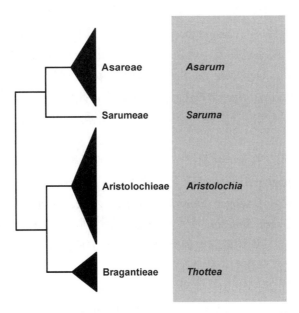

图 30　马兜铃科分子系统框架图（参考 APW; Neinhuis 等[3]; Huber[4]; Wanke 等[5]）

分属检索表

1. 花被两侧对称，花被管常弯曲，裂片常偏斜或单侧；藤本、亚灌木或小乔木 ·················
··· **1. 马兜铃属** *Aristolochia*
1. 花被辐射对称，裂片整齐；草本，稀亚灌木或灌木
  2. 花被 1-2 轮；心皮仅基部合生；蒴果蓇葖状，成熟时腹缝开裂 ············· **3. 马蹄香属** *Saruma*
  2. 花被 1 轮；心皮全部合生；蒴果浆果状或长角果状
    3. 雄蕊 12，2 轮；花单生；蒴果浆果状；多年生草本 ····················· **2. 细辛属** *Asarum*
    3. 雄蕊 6-36，1-2 轮；总状、聚伞、伞房或蝎尾状聚伞花序；蒴果长角果状；灌木或亚灌木······
·· **4. 线果兜铃属** *Thottea*

1. *Aristolochia* Linnaeus 马兜铃属

Aristolochia Linnaeus (1753: 960); Huang et al. (2003: 5) (Lectotype: *A. rotunda* Linnaeus)

特征描述：<u>藤本</u>、<u>稀亚灌木或小乔木</u>，常具块状根。叶互生，全缘或 3-5 裂，基部常心形。<u>花总状花序</u>；花被 1 轮，<u>两侧对称</u>，<u>花被管通常弯曲</u>，<u>裂片常偏斜或单侧</u>，常边缘 3 裂，颜色艳丽，常带有腐肉味；<u>雄蕊 6</u>，<u>围绕合蕊柱排成一轮</u>，与合蕊柱裂片对生，花丝缺；花药外向，纵裂；子房下位，常 6 室，合蕊柱肉质，顶端 3-6 裂。蒴果。种子多数，扁平或背面凸起，胚乳肉质。花粉粒无萌发孔或单沟（孔），光滑、穿孔或网状纹饰。染色体为 2*n*=12 或 14。部分种类含马兜铃酸。

分布概况：约 400/ 45（33）种，**2 型**；分布于热带和温带地区；中国南北均产，以西南和华南较多。

系统学评述：传统上，马兜铃属被置于马兜铃科马兜铃亚科马兜铃族[FRPS]。我国产马兜铃族仅有马兜铃属。在 Huber[4] 的分类系统中，该属被置于马兜铃亚族 Aristolochiinae，该亚族还包括多个国外属，如 *Pararistolochia*、*Einomeia*、*Euglypha*、*Holostylis* 及 *Howardia*。Gonzalez 和 Stevenson[6] 把多个属归入马兜铃属，即马兜铃亚族只包括马兜铃属和 *Pararistolochia*。目前，部分属的合并仍存在争议[APW]。Neinhuis 等[3] 和 Wanke 等[5] 将马兜铃族内各属并入马兜铃属，分子系统学研究显示合并后的马兜铃属为 1 个单系。

传统分类中，利用花被管、合蕊柱、花药和果实的形态将中国产马兜铃属划分为马兜铃亚属 *Aristolochia* subgen. *Aristolochia*（马兜铃组 *A.* sect. *Aristolochia* 和具柄花被组 *A.* sect. *Podantherum*）、管花亚属 *A.* subgen. *Siphisia*（分环檐组 *A.* sect. *Nepenthesia*、圆筒檐组 *A.* sect. *Pentodon* 和管花组 *A.* sect. *Siphisia*）[FRPS]。黄思霖等[7] 利用 ITS 片段对我国台湾产 6 种马兜铃进行了研究。国产马兜铃属其他种类的分子系统学有待进一步研究。

DNA 条形码研究：台湾产 6 种马兜铃的 ITS 序列已见报道[7]，这些序列的相似度有很大差异。另外，部分药用种类，如马兜铃 *A. debilis* Siebold & Zuccarini、北马兜铃 *A. contorta* Bunge，或部分中药伪品，如广防己 *A. fangchi* Wu ex Chow & Hwang、关木通 *A. manshuriensis* Komarov 和寻骨风 *A. mollissima* Hance 的 DNA 条形码有报道[8-10]。国外有研究利用 *trn*K、 *mat*K、*trn*L 内含子和 *trn*L-F 序列对马兜铃种类进行分析[3,11,12]，其中，*trn*K/*mat*K+indels 及 *trn*K+*mat*K+*trn*L 内含子+*trn*L-F+indels 组合具较高物种鉴别率，值得参考。BOLD 网站有该属 133 种 300 个条形码数据；GBOWS 已有 14 种 67 个条形码数据。

代表种及其用途：该属多种可供药用，如马兜铃和北马兜铃的果均用作"马兜铃"，茎、叶等其他地上部分用作"天仙藤"。背蛇生 *A. tuberosa* Liang & Hwang、耳叶马兜铃 *A. tagala* Chamisso、通城虎 *A. fordiana* Hemsley 和广西马兜铃 *A. kwangsiensis* Chun & How ex Liang 等的块根亦为民间常用中草药。

2. *Asarum* Linnaeus 细辛属

Asarum Linnaeus (1753: 442); Huang et al. (2003: 5) (Lectotype: *A. europaeum* Linnaeus)

特征描述：<u>多年生草本</u>。<u>根状茎长而匍匐横生</u>；根常稍肉质，有芳香气和辛辣味。叶 1-4，基生、互生或对生，常心形。<u>花单生于叶腋，花被整齐，辐射对称，1 轮</u>；子房以上分离或形成花被管，<u>花被裂片 3</u>；<u>雄蕊常 12，2 轮</u>，或具 1-3 不育雄蕊，花药常外向纵裂；子房常下位或半下位，6 室，<u>心皮全部合生</u>，中轴胎座，胚珠多数。<u>蒴果浆果状</u>，近球形，果皮革质；种子多数，椭圆状，有肉质附属物。花粉粒无萌发孔或 2、3 至多个萌发孔，颗粒纹饰。染色体 2*n*=24 或 26。多数种类含挥发油。

分布概况：约 90/39（34）种，**8 型**；主产亚洲东部和南部；中国南北均产。

系统学评述：细辛属的系统位置争议较少，传统上该属被置于马兜铃科的细辛亚科细辛族[FRPS]。形态及分子证据表明，细辛属和马蹄香属互为姐妹群[3,13,14]，同属于细辛亚科[APW]。

传统分类利用花被管、雄蕊、花柱的形态特征将国产细辛属划分为细辛亚属 *Asarum* subgen. *Asarum*（细辛组 *A*. sect. *Asarum*：细辛系 *A*. ser. *Calidasarum*、反被细辛系 *A*. ser. *Japonasarum* 和短管组 *A*. sect. *Brevituba*）及杜衡亚属 *A*. subgen. *Heterotropa*（华细辛组 *A*. sect. *Asiasarum*、杜衡组 *A*. sect. *Heterotropa* 和长花组 *A*. sect. *Longiflora*，杜衡组又分为顶柱细辛系 *A*. ser. *Aschidasarum* 和杜衡系 *A*. ser. *Bicorne*）[FRPS]。Kelly[13,14]依据形态特征及 ITS 序列对 36 个细辛品种进行了分析，其结论基本支持上述分类系统。目前缺乏对国产细辛属分子系统学研究。

DNA 条形码研究：Kelly[14]利用 ITS 序列对 36 种细辛（9 个国产种）进行分子系统学分析，其结果显示亚洲种类间的 ITS 序列差异较大（0.8%-4.6%）。因此，ITS 序列可作为细辛属条形码。另外，部分药用细辛品种的 ITS 条形码亦有见报道[15]。BOLD 网站有该属 85 种 317 个条形码数据；GBOWS 已有 14 种 141 个条形码数据。

代表种及其用途：该属多数种类为药用植物。细辛 *A. heterotropoides* Schmidt、汉城细辛 *A. sieboldii* Miquel 的根及根茎用作中药"细辛"。

3. *Saruma* Oliver 马蹄香属

Saruma Oliver (1889: 1895); Huang et al. (2003: 5) (Type: *S. henryi* Oliver)

特征描述：<u>多年生直立草本</u>；地下部分气味芳香。叶心形互生。花单生，具花梗；

花被片 6，<u>2 轮</u>，<u>辐射对称</u>；萼片 3，卵圆形，花萼基部与子房合生；花瓣 3；雄蕊 12，2 轮，花药较花丝短，先端膨大内曲，花药内向纵裂；子房半下位，心皮 6，<u>仅基部合生</u>。蒴果蓇葖状，<u>成熟时腹缝开裂</u>，花萼宿存。种子背侧面圆凸，具横皱纹。花粉粒无萌发孔或单沟。染色体 2n=24，26，52。

分布概况：1/1（1）种，**15 型**；中国产甘肃、贵州、湖北、江西、陕西和四川。

系统学评述：马蹄香属的分类地位一直存在着争议，即将其作为 1 个独立的马蹄香族，或与细辛属同属于细辛族[16,17]。依据形态特征分析显示，该属与细辛属构成 1 个并系类群[6]。而李思锋和应俊生[18]利用花粉母细胞染色体数目和核型的研究，支持马蹄香属为 1 个独立的族。另外，结合形态及分子系统发育的研究表明，单系的细辛属与马蹄香属互为姐妹关系，亦支持马蹄香属为 1 个独立的类群[3,5,14]。

DNA 条形码研究：BOLD 网站有该属 1 种 7 个条形码数据；GBOWS 已有 1 种 12 个条形码数据。

代表种及其用途：马蹄香 *S. henryi* Oliver 被世界自然保护联盟（IUCN）列为濒危物种；其根状茎和根可药用。

4. *Thottea* Rottboell 线果兜铃属

Thottea Rottboell (1783: 529); Huang et al. (2003: 5) (Type: *T. grandiflora* Rottboell)

特征描述：<u>亚灌木</u>。<u>茎直立</u>。叶互生，全缘；有叶柄；无托叶。<u>花辐射对称</u>，<u>排成总状、聚伞、伞房或蝎尾状聚伞花序</u>；花常与苞片对生；<u>花被 1 轮</u>，宽钟状，檐部 3 裂，裂片等大；<u>雄蕊 6-36</u>，<u>1-2 轮</u>，花丝部分与花柱合生，花药外向纵裂；子房下位，<u>4 室</u>，<u>心皮全部合生</u>，胚珠多，花柱短而粗，顶端 5-20 裂。<u>蒴果长角果状</u>，常四棱形。种子椭圆形或三棱形，种皮具横皱纹或瘤状凸起。花粉粒无萌发孔，穿孔状纹饰。染色体 2n=26 或 39。

分布概况：约 25/1（1）种，**7 型**；分布于印度，越南，马来西亚，菲律宾，印度尼西亚；中国产海南。

系统学评述：传统上，线果兜铃属被置于细辛亚科线果兜铃族[FRPS]，而 Huber[1,4] 认为线果兜铃属应归入马兜铃亚科。Gonzalez 和 Stevenson[6]根据形态分析支持线果兜铃属置于马兜铃亚科线果兜铃族。形态和分子系统发育研究均显示线果兜铃属与马兜铃属的姐妹关系[3,5,12,19]，因此将线果兜铃属纳入马兜铃亚科的划分得到支持。分子系统学研究表明线果兜铃属是 1 个单系类群[19]。

DNA 条形码研究：国产海南线果兜铃 *T. hainanensis* (Merrill & Chun) Hou 未见条形码数据报道。Oelschlägel[19]利用 *trn*K 内含子、*mat*K 和 *trn*K-*psb*A 对国外产 16 种线果兜铃进行分析，结果显示全部均能被区分开，值得参考。BOLD 网站有该属 18 种 25 个条形码数据。

主要参考文献

[1] Huber H. Samenmerkmale und gliederung der Aristolochiaceen[J]. Bot Jahrb Syst, 1985, 107: 277-320.
[2] Kelly LM, González F. Phylogenetic relationships in Aristolochiaceae[J]. Syst Bot, 2003, 28: 236-249.

[3] Neinhuis C, et al. Phylogeny of Aristolochiaceae based on parsimony, likelihood, and Bayesian analyses of *trn*L-*trn*F sequences[J]. Plant Syst Evol, 2005, 250: 7-26.

[4] Huber H. Aristolochiaceae[M]//Kubitzki K. The families and genera of vascular plants, II. Berlin: Springer, 1993: 129-137

[5] Wanke S, et al. Evolution of Piperales-*mat*K gene and *trn*K intron sequence data reveal lineage specific resolution contrast[J]. Mol Phylogenet Evol, 2007, 42: 477-497.

[6] González F, Stevenson DW. A phylogenetic analysis of the subfamily Aristolochioideae (Aristolochiaceae)[J]. Rev Acad Colomb Cienc, 2002, 26: 25-60.

[7] 黄思霖, 等. 以核内的内转录区间序列探讨台湾马兜铃属之亲缘关系[J]. 特有生物研究, 2007, 9: 19-27.

[8] Li M, et al. Identification of Baiying (Herba Solani Lyrati) commodity and its toxic substitute Xungufeng (Herba Aristolochiae Mollissimae) using DNA barcoding and chemical profiling techniques[J]. Food Chem, 2012, 135: 1653-1658.

[9] Li M, et al. *Cardiocrinum* seeds as a replacement for *Aristolochia* fruits in treating cough[J]. J Ethnopharmacol, 2010, 130: 429-32.

[10] Ming L, et al. Molecular identification and cytotoxicity study of herbal medicinal materials that are confused by *Aristolochia* herbs[J]. Food Chem, 2014, 147: 332-339.

[11] Ohitoma T, et al. Molecular Phylogeny of *Aristolochia sensu lato* (Aristolochiaceae) based on sequences of *rbc*L, *mat*K, and *phy*A genes, with special reference to differentiation of chromosome numbers[J]. Syst Bot, 2006, 31: 481-492.

[12] Wanke S, et al. Systematics of Pipevines: combining morphological and fast-evolving molecular characters to investigate the relationships within subfamily Aristolochioideae (Aristolochiaceae)[J]. Int J Plant Sci, 2006, 167: 1215-1227.

[13] Kelly L. A cladistic analysis of *Asarum* (Aristolochiaceae) and implications for the evolution of herkogamy[J]. Am J Bot, 1997, 84: 1752-1765.

[14] Kelly L. Phylogenetic relationships in *Asarum* (Aristolochiaceae) based on morphology and ITS sequences[J]. Am J Bot, 1998, 85: 1454-1467.

[15] 刘春生, 等. 基于核 DNA ITS 序列的细辛药材基源及分子鉴定研究[J]. 中国中药杂志, 2005, 30: 329-332.

[16] Gregory MP. A phyletic rearrangement in the Aristolochiaceae[J]. Am J Bot, 1956, 43: 110-122.

[17] 马金双. 马兜铃科的地理分布及其系统[J]. 植物分类学报, 1990, 28: 345-355.

[18] 李思锋, 应俊生. 马蹄香属的核型及其系统学意义[J]. 西北植物学报, 1994, 14: 143-146.

[19] Oelschlägel B, et al. Implications from molecular phylogenetic data for systematics, biogeography and growth form evolution of *Thottea* (Aristolochiaceae)[J]. Gard Bull Singapore, 2011, 63: 259-275.

Myristicaceae R. Brown (1810), *nom. cons.* 肉豆蔻科

特征描述：<u>常绿乔木或灌木</u>。<u>叶互生</u>，<u>常二裂叶</u>，<u>单叶</u>，全缘，羽状脉，<u>具透明腺点</u>；<u>无托叶</u>。腋生圆锥状、总状、头状或聚伞花序；小花总状排列或聚合成团，苞片早落，小苞片着生于花梗和花被基部；<u>花小</u>，<u>单性</u>，花被片合生，2 或 3-5 裂，镊合状；花丝合生，聚药雄蕊，<u>花药 2 室</u>，外向，纵裂；<u>子房上位</u>，<u>无柄</u>，<u>1 室</u>，<u>近基生倒生 1 胚珠</u>，花柱短或缺，柱头合生。<u>种子 1</u>，<u>具假种皮</u>。花粉粒具远极单沟，皱穴状至网状纹饰。昆虫传粉。染色体 *n*=20，22，25，26。

分布概况：约 20 属/500 余种，分布于热带亚洲，太平洋诸岛，非洲及热带美洲；中国 3 属/11 种，产台湾、广东、海南、广西南部和云南南部。

系统学评述：形态学和分子系统学的综合研究表明，肉豆蔻科位于木兰目 Magnoliales 最基部，是木兰目其余 5 科的姐妹群[1-3]。科下各属分别为南美洲和中美洲（6 属），非洲大陆（5 属），马达加斯加（4 属），以及东南亚至西太平洋（6 属）4 个地区特有[3,4]。

肉豆蔻科下各类群间的系统发育关系目前还未得到较好解决。Warburg[5]基于雄蕊和花丝特征提出 *Mauloutchia* 位于肉豆蔻科最基部，Walker J 和 Walker A[6]根据孢粉学研究也支持这一观点，但并未得到分子系统学研究的支持。分子系统学及形态学（包括孢粉学）研究结果均支持肉豆蔻科下划分为 3 个分支，即 pycnanthoids、myristicoids 和

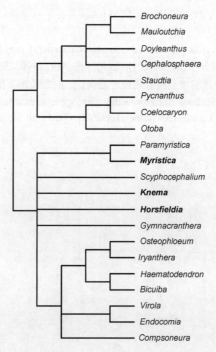

图 31　肉豆蔻科分子系统框架图（参考 Sauquet 等[4]；Sauque 和 Le Thomas[7]）

mauloutchioids，其中 myristicoids 为 pycnanthoids 和 mauloutchioids 的姐妹群[3,7]，然而各分支下的关系需进一步研究明确[3]。

分属检索表

1. 花梗不具小苞片；雄花序为复合圆锥花序；假种皮完整或顶端微撕裂状······**1. 风吹楠属 *Horsfieldia***
1. 花梗具小苞片；雄花序小花密集排列成总状花序或假伞状排列；假种皮完整，顶端撕裂或深裂至基部
　　2. 花序不分枝（或分叉）；花丝合生成盾状盘，花药短；柱头盘状，浅裂或边缘锯齿状条裂；假种皮完整或顶端撕裂 ······**2. 红光树属 *Knema***
　　2. 花序二歧分枝；花丝合生成柱状，花药细长；柱头浅 2 裂；假种皮条裂几至基部······**3. 肉豆蔻属 *Myristica***

1. *Horsfieldia* Willdenow 风吹楠属

Horsfieldia Willdenow (1806: 872); Li & Wilson (2008: 99) (Type: *H. odorata* Willdenow)

特征描述：常绿乔木。叶分散或二裂，纸质或薄革质，常无毛。雌雄同株或异株；雄花序腋生，常呈复合的圆锥状；花常聚集成簇；苞片早落，小苞片缺；具花梗；花被 2（3-5）裂；花药 4-30，花丝联合成球形或棒状无柄或具柄的聚药雄蕊；子房卵状，花柱缺。果皮较厚，外面近光滑。假种皮完整，稀顶端微撕裂状。花粉粒单沟，网状纹饰。染色体 *n*=26。

分布概况：约 100/3 种，**5 型**；分布于南亚，从印度到菲律宾，巴布新几内亚；中国产广东、广西和云南。

系统学评述：风吹楠属位于 myristicoids 分支，关于其在肉豆蔻科内的系统位置，形态学与分子系统学研究都没有得出明确的结论[3]。目前属下缺乏全面的分子系统发育研究。

DNA 条形码研究：BOLD 网站有该属 7 种 12 个条形码数据；GBOWS 已有 1 种 22 个条形码数据。

代表种及其用途：该属植物种子含油量高，可作为工业用油，如风吹楠 *H. amygdalina* (Wallich) Warburg 等。

2. *Knema* Loureiro 红光树属

Knema Loureiro (1790: 604); Li & Wilson (2008: 96) (Type: *K. corticosa* Loureiro)

特征描述：常绿乔木。叶坚纸质至革质，背面通常被白粉或锈色绒毛。花单性，雌雄异株；花序短，总花梗粗壮，花梗脱落后留有疤痕；花密，总状或假伞形排列；苞片早落，小苞片着生于花梗上；花丝合生成盾状的盘，花药 8-20，短；子房被短柔毛，花柱短而肥厚，柱头合生成具 2 浅裂、边缘牙齿状或撕裂状的盘。果皮肥厚，常被绒毛；假种皮完整或先端撕裂。花粉粒单沟（孔），皱穴状或网状纹饰。染色体 *n*=22。

分布概况：约 85/6 种，（**7d**）型；分布于南亚，从印度东部到菲律宾，巴布新几内亚；中国产云南南部和西南部。

系统学评述：红光树属位于 myristicoids 分支。分子系统学研究表明，在去除相关

类群的情况下，红光树属与肉豆蔻属 *Myristica* 互为姐妹群[3]。该属目前仍缺乏全面的分子系统学研究。

DNA 条形码研究： BOLD 网站有该属 2 种 2 个条形码数据；GBOWS 已有 1 种 6 个条形码数据。

代表种及其用途： 该属植物种子含油量较高，可作重要工业用油，如小叶红光树 *K. globularia* (Lamarck) Warburg 等。

3. *Myristica* Gronovius 肉豆蔻属

Myristica Gronovius (1755:141), *nom. cons.*; Li & Wilson (2008: 99) (Type: *M. fragrans* Houttuyn)

特征描述： 常绿乔木。有时基部有少量气根。叶坚纸质，背面通常被白色或锈色毛。花序腋生或从落叶腋生出；花梗瘤状或光滑，顶端为二歧或三歧分枝；花在花梗顶端成假伞形或总状排列；苞片早落；小苞片少脱落，具花梗；花被 2 至 3 裂，花丝合生，花药细长，合生，聚药雄蕊长于雄蕊柱的基生板；花柱几缺，柱头 2 裂。果皮肥厚革质；假种皮红色，撕裂至基部。花粉粒单沟，皱穴状或网状纹饰。昆虫传粉。染色体 $n=25$。

分布概况： 约 150/2 种，**5** 型；分布于南亚，从印度东部到菲律宾，新几内亚岛，太平洋诸岛；中国产台湾南部和云南。

系统学评述： 肉豆蔻属位于 myristicoids 分支，形态学研究认为 *Paramyristica* 可能是肉豆蔻属的姐妹群，但并未得到分子证据的支持。分子系统发育分析结果表明，在去除相关类群的情况下，红光树属与肉豆蔻属互为姐妹群[3]。肉豆蔻属缺乏全面的分子系统学研究。

DNA 条形码研究： BOLD 网站有该属 8 种 23 个条形码数据；GBOWS 已有 1 种 3 个条形码数据。

代表种及其用途： 该属一些种类具重要经济用途，如肉豆蔻 *M. fragrans* Houttuyn 为著名的香料和药用植物，其假种皮富含香料，种子供药用。

主要参考文献

[1] Soltis DE, et al. Angiosperm phylogeny inferred from 18S rDNA, *rbc*L, and *atp*B sequences[J]. Bot J Linn Soc, 2000, 133: 381-461.

[2] Soltis DE. A 567-taxon data set for angiosperms: the challenges posed by Bayesian analyses of large data sets[J]. Int J Plant Sci, 2007, 168: 137-157.

[3] Massoni J, et al. Increased sampling of both genes and taxa improves resolution of phylogenetic relationships within Magnoliidae, a large and early-diverging clade of angiosperms[J]. Mol Phylogenet Evol, 2014, 70: 84-93.

[4] Sauquet H, et al. Phylogenetic analysis of Magnoliales and Myristicaceae based on multiple data sets: implications for character evolution[J]. Bot J Linn Soc, 2015, 142: 125-186.

[5] Warburg O. Monographie der Myristicaceen[J]. Nova Acta Acad Caes Leop-Carol, 1897, 68: 1-680.

[6] Walker J, Walker A. Comparative pollen morphology of the Madagascan genera of Myristicaceae (*Mauloutchia*, *Brochoneura*, and *Haematodendron*)[J]. Grana, 1981, 20: 1-17.

[7] Sauquet H, Le Thomas A. Pollen diversity and evolution in Myristicaceae (Magnoliales)[J]. Int J Plant Sci, 2003, 164: 613-628.

Magnoliaceae Jussieu (1789), *nom. cons.* 木兰科

特征描述：乔木或灌木。芽为盔帽状托叶所包围。单叶互生，具托叶痕。花单生，顶生或腋生，稀 2-3（聚生）成聚伞花序；花被下具 1 或多数佛焰苞状苞片；花被片 6 至多数；雄蕊多数，离生，螺旋状排列在花托下部；花药 2 室，纵裂，药隔常伸出成尖头；心皮对折；子房上位，侧膜胎座。聚合果背轴面开裂，或为翅果。种子具红色至橙色肉质种皮（除鹅掌楸属 *Liriodendron*），常悬挂于细丝上。花粉粒单沟。虫媒传粉。染色体 $x=19$。

分布概况：17 属/300 种，分布于亚洲东部及东南部，中美洲，北美东部和南部，南美北部；中国 13 属/112（66）种。

系统学评述：Dandy[1]将该科分为木兰族 Magnolieae 和鹅掌楸族 Liriodendreae，包括 12 属，该系统被广泛接受。刘玉壶系统[2]在 Dandy 的基础上将木兰科划分为木兰亚科 Magnolioideae 和鹅掌楸亚科 Liriodendroideae，并将木兰亚科进一步划分为木兰族和含笑族 Michelieae。根据 Kim 等[3]的分子系统学研究，Figlar 和 Nooteboom[4]仅保留了木兰属 *Magnolia* 和鹅掌楸属，而将木兰族所有的属都归入木兰属，并在其下建立了 3 亚属 12 组。Kim 和 Suh[5]基于分子系统发育分析将木兰科分为木兰亚科和鹅掌楸亚科，并将木兰亚科分为 11 个分支。夏念和同样将木兰科划分为木兰亚科和鹅掌楸亚科，包括 17 属，其中木兰亚科包括木兰族和含笑族[6]。

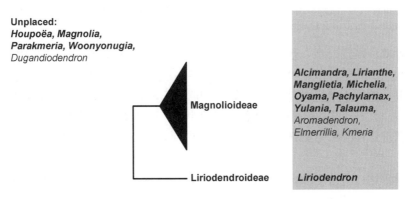

图 32　木兰科分子系统框架图（参考 Kim 和 Suh[5]）

分属检索表

1. 叶 4-10 裂；药室外向开裂；成熟心皮翅果状，不开裂，全部脱落，果轴宿存；外种皮薄，附着于果皮···**4. 鹅掌楸属 *Liriodendron***

1. 叶片不开裂或稀顶端 2 裂；药室内向开裂或侧向开裂；成熟心皮非翅果状，为形式各样的球形、卵球形、椭圆形或圆柱形，通常由于部分心皮不发育而扭曲，开裂或周裂；外种皮肉质，与果瓣分离

  2. 果为长圆柱形；花托在果期通常伸长

3. 花顶生于侧生短枝上··**7. 含笑属 _Michelia_**

3. 花顶生

  4. 常绿植物；珠芽不存在；花药内向开裂 ···**1. 长蕊木兰属 _Alcimandra_**

  4. 落叶植物；珠芽存在；花药内侧向开裂 ···**13. 玉兰属 _Yulania_**

2. 果为圆球形、卵球形或椭球形，花托在果期不伸长

  5. 幼叶在芽中开展

    6. 成熟心皮沿腹缝线开裂 ··**9. 厚壁木属 _Pachylarnax_**

    6. 成熟心皮沿背缝线开裂 ··**10. 拟单性木兰属 _Parakmeria_**

  5. 幼叶在芽中对折

    7. 成熟心皮周裂 ··**11. 盖裂木属 _Talauma_**

    7. 成熟心皮沿腹缝线或背缝线开裂

      8. 花单性 ···**12. 焕镛木属 _Woonyonugia_**

      8. 花两性

        9. 每心皮具 4 至多数胚珠 ··**6. 木莲属 _Manglietia_**

        9. 每心皮具 2 胚珠

          10. 花顶生，花梗细长；叶成二列排列···································**8. 天女花属 _Oyama_**

          10. 花着生于顶生短枝上，花梗与短枝节间无明显区别；叶互生，多少簇生或假轮生

            11. 叶假轮生 ···**2. 厚朴属 _Houpoëa_**

            11. 叶簇生或互生

              12. 果实卵球形，基部宽，顶端渐尖；分布于美洲········**5. 木兰属 _Magnolia_**

              12. 果实椭球形，两端尖；分布于亚洲·················**3. 长喙木兰属 _Lirianthe_**

1. _Alcimandra_ Dandy 长蕊木兰属

Alcimandra Dandy (1927: 259); Xia et al. (2008: 70) [Type: _A. cathcartii_ (J. D. Hooker & Thomson) Dandy (≡_Michelia cathcartii_ J. D. Hooker & Thomson)]

特征描述：常绿乔木。托叶与叶柄离生，叶柄上无托叶痕，幼叶在芽中对折。花两性，单生枝顶；花被片 9，近相等；雄蕊 35-40，花药伸长，内向纵裂，药隔伸出成舌状；雌蕊群具柄，不超出雄蕊群，心皮约 30，离生或合生，每心皮具胚珠 2-5。蓇葖沿背缝线开裂，具种子 1-4。花粉粒单沟，穿孔状纹饰。蜜蜂和甲虫传粉。染色体 $2n=38$。

分布概况：1/1 种，**14SH 型**；分布于不丹，印度东北部，缅甸北部，越南北部；中国产西南。

系统学评述：传统上长蕊木兰属被置于木兰族，Kim 等[3]根据 _ndh_F 序列分析发现，含笑属 _Michelia_、木兰属的 _Magnolia_ sect. _Maingola_ 和长蕊木兰属关系密切，Kim 和 Suh[5]提出含笑属、南洋含笑属 _Elmerrillia_、_Magnolia_ sect. _Maingola_、长蕊木兰组 _Alcimandra_ sect. _Alcimandra_ 和香木兰组 _Aromadendron_ sect. _Aromadendron_ 聚到 Michelia 分支；根据 Kim 等[3]的分子系统学研究，Figlar 和 Nooteboom[4]将长蕊木兰属归入木兰属含笑组 _Magnolia_ sect. _Michelia_ 的 _M._ subsect. _Maingola_；而吴征镒等[7]建立的长蕊木兰族 Alcimandreae 包括了长蕊木兰属和香木兰属 _Aromadendron_；夏念和将长蕊木兰属作为 1 个属处理[6]。

DNA 条形码研究：GBOWS 有该属 1 种 6 个条形码数据。

代表种及其用途：长蕊木兰 *A. cathcartii* (J. D. Hooker & Thomson) Dandy 可作园林观赏。

2. *Houpoëa* N. H. Xia & C. Y. Wu 厚朴属

Houpoëa N. H. Xia & C. Y. Wu (2008: 64); Xia et al. (2008: 64) [Type: *Houpoëa tripetala* (Linnaeus) Sima, S. G. Lu, N. H. Xia & C. Y. Wu (≡ *Magnolia virginiana* Linnaeus var. *tripetala* Linnaeus)]

特征描述：落叶乔木或灌木。小枝具环状托叶痕。<u>叶膜质或厚纸质</u>，互生，<u>假轮生</u>，全缘，<u>稀先端 2 浅裂</u>；<u>托叶膜质</u>，贴生于叶柄，<u>叶柄具托叶痕</u>；<u>幼叶在芽中直立</u>，对折。花单生枝顶，两性；花被片 9-12；雄蕊早落，花丝扁平，<u>药隔延伸成短尖</u>；无雌蕊群柄，心皮分离，多数或少数，<u>每心皮具胚珠 2</u>（很少在下部心皮 3-4）。<u>聚合果圆柱形</u>，<u>蓇葖互相分离</u>，<u>沿背缝线开裂</u>。花粉粒单沟，穿孔或皱穴状纹饰。染色体 *2n*=38。

分布概况：9/3（1）种，**9** 型；分布于北美东部及亚洲东南部温带地区；中国产西北、华中、西南。

系统学评述：在 Dandy 系统[8]中，厚朴属被置于厚朴组 *Houpoëa* sect. *Rytidospermum* 中；Figlar 和 Nooteboom[4]也将其作为 1 个组置于木兰属中，分为厚朴亚组 *H.* subsect. *Rytidospermum* 和天女花亚组 *H.* subsect. *Oyama*；吴征镒等则认为这 2 个亚组均应作为组处理[7]；夏念和则将厚朴组提升为厚朴属[6]；司马永康从厚朴属中又分出拟木兰属 *Paramagnolia* 和异木兰属 *Metamagnolia*[9]。

DNA 条形码研究：GBOWS 有该属 2 种 28 个条形码数据。

代表种及其用途：该属一些种类作为我国常用中药"厚朴"入药，如长喙厚朴 *H. rostrata* (W. W. Smith) N. H. Xia & C. Y. Wu、厚朴 *H. officinalis* (Rehder & E. H. Wilson) N. H. Xia & C. Y. Wu 和日本厚朴 *H. obovata* (Thunberg) N. H. Xia & C. Y. Wu。

3. *Lirianthe* Spach 长喙木兰属

Lirianthe Spach (1839: 485); Xia et al. (2008: 62) [Type: *L. grandiflora* grandiflora (Roxburgh) Spach, *nom. illeg.* (=*Magnolia pterocarpa* Roxburgh)]

特征描述：乔木或灌木，常绿。小枝具环状的托叶痕。<u>托叶膜质</u>，贴生于叶柄，叶柄具托叶痕；<u>叶膜质或厚纸质</u>，互生，全缘；<u>幼叶在芽中直立</u>，对折。花洁白芳香，<u>单生于顶生短枝</u>，两性；花被片 9-12；雄蕊早落，花丝扁平，<u>药隔延伸成短尖</u>；无雌蕊群柄，心皮分离，每心皮胚珠 2 (-4)。<u>聚合果椭球形</u>，两端尖，<u>成熟蓇葖互相分离</u>，沿背缝线开裂。花粉粒单沟，穿孔状纹饰。甲虫和蜂类传粉。染色体 *2n*=38。

分布概况：约 12/8（5）种，**7** 型；分布于亚洲东南部温带及热带；中国产华南和西南。

系统学评述：在 Dandy 系统[8]中，长喙木兰组 *Magnolia* sect. *Lrianthe* 在木兰属中；Figlar 和 Nooteboom[4]将长喙木兰组并入常绿木兰亚组 *M.* subsect. *Gwillimia*；吴征镒等将长喙木兰组仍置于木兰属[7]；夏念和将其作为长喙木兰属处理[6]；司马永康也将其作为 1 个独立的长喙木兰属[9]。

DNA 条形码研究：GBOWS 有该属 3 种 21 个条形码数据。

代表种及其用途：该属一些种类为珍贵的庭园观赏树种，如山玉兰 *L. delavayi* (Franchet) N. H. Xia & C. Y. Wu，又名优昙花，为佛教圣花。夜合花 *L. coco* (Franchet) N. H. Xia & C. Y. Wu 在华南栽培，花可提取香精或熏制茶叶。

4. *Liriodendron* Linnaeus 鹅掌楸属

Liriodendron Linnaeus (1753: 535); Xia et al. (2008: 90) (Type: *L. tulipifera* Linnaeus)

特征描述：落叶乔木。冬芽卵形，为 2 片黏合的托叶所包围；幼叶在芽中对折，向下弯垂；叶互生，叶片先端平截或微凹，近基部具 1 对或 2 对侧裂；托叶与叶柄离生。花无香气，单生枝顶，与叶同时开放，两性；花被片 9；药室外向开裂；雌蕊群无柄，心皮多数分离，最下部不育，每心皮具胚珠 2，自子房顶端下垂。聚合果纺锤状，成熟心皮木质，顶端延生成翅状。种子 1-2。花粉粒单沟，穿孔状、皱穴状或网状纹饰。主要由蜜蜂、蚂蚁和食蚜蝇传粉。染色体 $2n=38$。

分布概况：2/1 种，**9 型**；分布于亚洲东部和北美东部；中国产安徽、河南、福建、广西、贵州和云南。

系统学评述：鹅掌楸属位于鹅掌楸亚科。形态学上，该属因具聚合翅果、不开裂的翅果状心皮，以及叶片形状而明显区别于木兰科其他属，Dandy 系统[1]将木兰科分为木兰族和鹅掌楸族，鹅掌楸族中仅包括鹅掌楸属；其后，Kim 等[3]的分子系统发育分析表明，鹅掌楸属的鹅掌楸 *L. chinense* (Hemsley) Sargent 和北美鹅掌楸 *L. tulipifera* Linnaeus 聚在 1 支；Kim 和 Suh[5]也发现，无论是形态特征还是分子证据，均显示鹅掌楸属与木兰科能明显区分；Figlar 和 Nooteboom[4]根据分子系统学分析，将木兰科划分为木兰属和鹅掌楸属；夏念和建立鹅掌楸亚科，仅包括鹅掌楸属[6]。

DNA 条形码研究：BOLD 网站有该属 3 种 31 个条形码数据；GBOWS 已有 1 种 8 个条形码数据。

代表种及其用途：鹅掌楸 *L. chinense* (Hemsley) Sargent 为珍贵的园林树种；材质优良，为装修、家具、造船等优良用材。

5. *Magnolia* Linnaeus 木兰属

Magnolia Linnaeus (1753: 535.); Xia et al. (2008: 61) (Type: *M. virginiana* Linnaeus)

特征描述：常绿乔木或灌木。小枝具环状托叶痕。叶互生，全缘；托叶膜质，叶柄具托叶痕或无；幼叶在芽中对折，直立。花单生枝顶，两性；花通常洁白芳香，花被片 9-12；雄蕊早落，药隔延伸成短尖或长尖；无雌蕊群柄，心皮分离，每心皮胚珠 2（或下部心皮具胚珠 3-4）。聚合果卵球形，蓇葖互相分离，沿背缝线开裂；每室 1 或 2 种子。外种皮橙红色或亮红色，油质。花粉粒单沟，穿孔或皱穴状纹饰。甲虫和蜂类传粉。染色体 $2n=38$，76，114。

分布概况：约 20/1 种，**9 型**；分布于美洲中部，北美东部和南部，包括墨西哥和安的列斯群岛；中国产长江以南。

系统学评述： 木兰属为木兰科种类最多的属，在形态学上与木兰科其他属有很多交叉，其主要特征，如顶生花，每心皮 2 胚珠存在一定程度的变异。Kim 等[3]发现木兰属荷花玉兰组 *Magnolia* sect. *Theorhodon* 的加勒比海种类与盖裂木亚属 *Talauma* subgen. *Talauma* 关系密切，而皱种木兰组 *M.* sect. *Rytidospermum* 和盖裂木亚属则均为并系类群；王亚玲等[10]基于 *matK* 基因序列对木兰科 57 种研究表明，木兰亚属 *M.* subgen. *Magnolia* 和玉兰亚属 *Magnolia* subgen. *Yulania* 关系较远，建议将木兰亚属作为木兰属，建立玉兰属归入含笑族；在 Dandy 系统[1]中，木兰属包含拟单性木兰属 *Parakmeria*；根据分子系统学研究，Figlar 和 Nooteboom[4]将木兰科除鹅掌楸属以外的所有属都归入木兰属，在木兰属下建立 3 亚属 12 组；而吴征镒等认为若采用大属概念，看不出以形态-地理为主的进化脉络和扩散迁移路线[7]；夏念和根据分子和形态证据对木兰属重新修订，建立木兰亚科，分为 2 族 16 属[6]。

DNA 条形码研究： BOLD 网站有该属 130 种 398 个条形码数据。

代表种及其用途： 荷花玉兰 *M. grandiflora* Linnaeus 为著名园林观赏植物。

6. *Manglietia* Blume 木莲属

Manglietia Blume (1823: 149); Xia et al. (2008: 52) (Lectotype: *M. glauca* Blume)

特征描述： 常绿乔木。稀阔叶，托叶包着幼芽，叶柄具托叶痕；叶革质，全缘，幼叶在芽中对折。花两性，单生枝顶；花被片常 9-13，外轮 3 常较薄，近革质，常带绿色或红色；花药线形，内向开裂，药隔伸出呈短尖；雌蕊群无柄，心皮多数，离生，腹面与花托愈合，每心皮具胚珠 4 或多数。聚合果圆柱形、卵球形或球形，蓇葖沿背缝线开裂或同时沿腹缝线开裂，每果实有 1-10 以上种子。花粉粒单沟，穿孔状纹饰。染色体 $2n=38$。

分布概况： 约 40/27（或 29）种，**7 型**；分布于亚洲热带和亚热带；中国主产长江以南。

系统学评述： 传统上木莲属作为 1 个独立的属，Figlar 和 Nooteboom[4]根据分子系统学研究结果将其并入木兰属；而 Kim 等[3]对 99 个现存木兰科分类群的 *ndhF* 序列分析表明，木莲属形成 1 个独立的分支；王亚玲等[10]基于 *matK* 基因序列对木兰科 57 种的分析结果支持木莲属为单系类群；夏念和将木莲属作为 1 个独立的属，置于木兰亚科木兰族中，包括木莲亚属 *Manglietia* subgen. *Manglietia* 和华木莲亚属 *M.* subgen. *Sinomnglietia*，木莲亚属下包括木莲组 *M.* sect. *Manglietia* 和长柄组 *M.* sect. *Coniferae*[6]。

DNA 条形码研究： BOLD 网站有该属 1 种 1 个条形码数据；GBOWS 已有 10 种 58 个条形码数据。

代表种及其用途： 该属一些种类木材供家具、建筑及胶合板等用，如厚叶木莲 *M. pachyphylla* Hung T. Chang、大果木莲 *M. grandis* Hu & W. C. Cheng 和红花木莲 *M. insignis* Blume 等；巴东木莲 *M. patungensis* Hu 和川滇木莲（古蔺厚朴）*M. duclouxii* Finet & Gagnepain 等的树皮为厚朴代用品。

7. *Michelia* Linnaeus 含笑属

Michelia Linnaeus (1753: 536); Xia et al. (2008: 77) (Type: *M. champaca* Linnaeus). ——*Paramichelia* Hu (1940: 142); *Tsoongiodendron* Chun (1963: 281)

特征描述：常绿乔木或灌木。小枝具环状托叶痕。叶革质，互生，全缘；托叶盔帽状两瓣裂，与叶柄贴生或离生，如贴生则叶柄上亦留有托叶痕；幼叶在芽中直立，对折。花顶生于腋生短枝，具 2-4 佛焰苞状苞片；花两性，花被片 6-21；雄蕊多数，药室伸长，侧向或近侧向开裂，药隔伸出成长尖或短尖，很少不伸出；雌蕊群有柄，心皮多数或少数，腹面基部着生于花轴，上部分离，常部分不发育，每心皮具胚珠 2 至多数。果实圆柱形，背缝线或背缝线和腹缝线同时开裂。每心皮种子 2 至多数。花粉粒单沟，光滑、穿孔状、皱穴状或网状纹饰。主要由蜂类和甲虫传粉。染色体 2n=38。

分布概况：约 70/37-39（18-20）种，**7** 型；分布于亚洲热带和亚热带；中国产西南至华东。

系统学评述：传统上含笑属被置于木兰族，吴征镒等[7]建立了含笑族，将其置于含笑族；Kim 等[3]研究发现含笑属、木兰属的 *Maingola* 组与南洋含笑属、长蕊木兰属及香木兰属关系密切，且含笑属及相关类群与玉兰亚属和拟单性木兰属聚在一起；Kim 和 Suh[5]也发现含笑属、南洋含笑属、*M.* sect. *Maingola*、长蕊木兰组及香木兰组 *Aromadendron* sect. *Aromadendron* 聚为 1 支；Figlar 和 Nooteboom[4]依据 Kim 等[3]的分子系统学研究，设立玉兰亚属含笑组，含笑属成为含笑亚组；夏念和恢复了含笑属，并将合果木属 *Paramichelia* 和观光木属 *Tsoongiodendron* 并入含笑属，属下成立含笑亚属 *Michelia* subgen. *Michelia* 和异被含笑亚属 *M.* subgen. *Anisochlamys*，含笑亚属下又分为含笑组、肖含笑组 *M.* sect. *Micheliopsis* 和双被含笑组 *M.* sect. *Dichlamys*[6]。

DNA 条形码研究：BOLD 网站有该属 3 种 7 个条形码数据；GBOWS 已有 10 种 49 个条形码数据。

代表种及其用途：该属许多种类为著名的园林植物，如白兰 *M. alba* Candolle、黄兰 *M. champaca* Linnaeus、紫花含笑 *M. crassipes* Y. W. Law、含笑 *M. figo* (Loureiro) Sprengel；含笑和白兰等可提取芳香油，制作花茶。

8. *Oyama* (Nakai) N. H. Xia & C. Y. Wu 天女花属

Oyama (Nakai) N. H. Xia & C. Y. Wu. (2008: 66); Xia et al. (2008: 66) [Type: *Magnolia parviflora* Siebold & Zuccarini] . ——*Magnolia* sect. *Oyama* Nakai (1933: 117)

特征描述：落叶乔木或灌木。小枝具环状托叶痕。叶膜质或纸质，互生，全缘；托叶膜质，贴生于叶柄，叶柄具托叶痕；幼叶在芽中对折，直立。花洁白芳香，单生枝顶，两性，花被片 9-12；花梗细长；药室内向开裂，药隔不延伸；雌蕊群和雄蕊群相连接，无雌蕊群柄；心皮分离，多数或少数，每心皮胚珠 2。聚合果椭球形；蓇葖沿背缝线开裂。花粉粒单沟。主要由蜜蜂和蚜科昆虫传粉。染色体 2n=38。

分布概况：4/4 种，**14** 型；分布于亚洲东部及东南部温带地区；中国产吉林、辽宁、华东和华南。

系统学评述：天女花属长期作为 1 个组置于木兰属中，Dandy 系统[8]将其作为天女花组 *Magnolia* sect. *Oyama*，而 Figlar 和 Nooteboom[4]则将其置于木兰属、木兰亚属、皱种木兰组中的 1 个亚组，夏念和将其提升为属[6]。

DNA 条形码研究：GBOWS 有该属 5 种 318 个条形码数据。

代表种及其用途：西康天女花 *O. wilsonii* (Finet & Gagnepain) N. H. Xia & C. Y. Wu 和天女花 *O. sieboldii* (J. D. Hooker & Thomson) N. H. Xia & C. Y. Wu 为著名园林观赏植物。

9. *Pachylarnax* Dandy 厚壁木属

Pachylarnax Dandy (1927: 259, 260); Xia et al. (2008: 68) (Type: *P. praecalva* Dandy). ——*Manglietiastrum* Law (1979: 12)

特征描述：常绿乔木。叶互生，全缘；<u>幼叶不对折，平展紧贴幼芽</u>；<u>托叶与叶柄离生，无托叶痕</u>。花单生枝顶，两性；花被片 9，排成 3 轮，外轮最大；雄蕊多数，花丝短，花药线形，<u>药隔伸出成长尖头</u>；<u>雌蕊群下部心皮基部延长，形成粗短柄；心皮 2 至多数</u>，互相连着，受精后全部合生，<u>每心皮胚珠 3-5</u>。<u>聚合果倒卵球形或椭球形</u>；蓇葖厚木质，<u>沿腹缝全裂及顶端开裂</u>；每心皮种子 1-3。花粉粒单沟，网状纹饰。染色体 2*n*=38。

分布概况：3/1 种，**7** 型；分布于印度东北部，马来西亚，越南；中国产云南。

系统学评述：Kim 等[3]发现厚壁木属与华盖木属 *Manglietiastrum* 及拟单性木兰属形成 1 支；Nooteboom[11]除了厚壁木属外，其余均归入木兰属；Figlar 和 Nooteboom[4]根据分子系统学研究，结合形态特征将厚壁木属并入木兰属的雌柄亚属 *Magnolia* subgen. *Gynoposim* 华盖木组；Kim 和 Suh[5]认为，厚壁木属、华盖木组和雌柄组 *M.* sect. *Gynoposium* 均聚到 1 个分支上，表明三者关系密切；夏念和将华盖木属并入厚壁木属[6]。

DNA 条形码研究：GBOWS 有该属 1 种 6 个条形码数据。

代表种及其用途：华盖木 *P. sinica* (Y. W. Law) N. H. Xia & C. Y. Wu 为珍稀极度濒危植物，是优良的材用树种和园林观赏植物。

10. *Parakmeria* Hu & W. C. Cheng 拟单性木兰属

Parakmeria Hu & W. C. Cheng (1951: 1); Xia et al. (2008: 69) (Lectotype: *P. omeiensis* Hu & Cheng)

特征描述：常绿乔木，<u>全株无毛</u>。<u>小枝节间密而呈竹节状</u>。<u>顶芽鳞分裂为 2 瓣</u>；叶全缘，<u>具骨质半透明边缘下延至叶柄</u>；托叶不连生于叶柄，<u>叶柄上无托叶痕</u>；<u>幼叶在芽中不对折而抱住幼芽</u>。花单生枝顶，<u>两性或杂性</u>（雄花两性花异株）；花被片 9-12；雄花：雄蕊 10-75，<u>两药室分离</u>，内向开裂，<u>药隔伸出成短尖头</u>；两性花：雄蕊与雌花同而较少，雌蕊 10-20，<u>具明显的雌蕊群柄</u>，心皮发育时全部互相愈合，每心皮具 2 胚珠。<u>聚合果椭圆形或倒卵形，雌蕊群柄形成短果梗</u>；<u>蓇葖沿背缝及顶端开裂</u>；种子 1-2。花粉粒单沟，穿孔状纹饰。染色体 2*n*=114。

分布概况：5/5（3）种，**15** 型；分布于缅甸北部；中国产西南至东南。

系统学评述：拟单性木兰属位于木兰族，Kim 等[3]基于 *ndh*F 序列分析表明，该属和含笑属及相关类群与玉兰亚属聚在一起，而厚壁木属与华盖木属和拟单性木兰属形成 1 支；王亚玲等[10]也发现拟单性木兰属、华盖木属和单性木兰属形成 1 个单系群，与玉兰亚属和含笑属关系较近；Kim 和 Suh[5]发现厚壁木属、华盖木属和雌柄组聚成 1 个分支，表明这三者关系较近。根据分子系统学研究，Figlar 和 Nooteboom[4]将拟单性木兰属归入木兰属雌柄亚属雌柄组中；夏念和恢复了拟单性木兰属[6]。

DNA 条形码研究：GBOWS 有该属 3 种 18 个条形码数据。

代表种及其用途：云南拟单性木兰 *P. yunnanensis* Hu、峨眉拟单性木兰 *P. omeiensis* W. C. Cheng 和乐东拟单性木兰 *P. lotungensis* (Chun & C. H. Tsoong) Y. W. Law 是优良的绿化及造林树种。

11. *Talauma* Jussieu 盖裂木属

Talauma Jussieu (1789: 281); Xia et al. (2008: 66) [Type: *T. plumieri* (Swartz) de Candolle (≡ *Magnolia plumierii* Swartz)]

特征描述：常绿乔木或灌木。托叶连生于叶柄，叶柄上具托叶痕；幼叶在芽中对折。花两性，单生于枝顶，花被片 9-15，近相等；药隔伸出成短尖头；雌蕊群无柄，心皮多数或少数，至少在几部合生。蓇葖木质或骨质，周裂，上部分单一或不规则块状脱落，每成熟蓇葖悬垂 1-2 种子。花粉粒单沟，光滑或穿孔状纹饰。染色体 2*n*=38。

分布概况：约 60/1 种，**3 型**；分布于亚洲东南部及热带美洲；中国产云南和西藏。

系统学评述：Kim 等[3]对 99 个木兰科分类群的 *ndh*F 序列分析表明，木兰亚属的皱种木兰组和盖裂木亚属是并系类群；王亚玲等[10]基于 *mat*K 基因序列对木兰科 57 种的分析表明，盖裂木属可以成立，而其分布于亚洲的 *Blumiana* 组可归入木兰属；Kim 和 Suh[5]以 10 个 DNA 序列对木兰科研究发现，盖裂木组 *Talauma* sect. *Talauma* 和华丽木兰组 *M.* sect. *Splendentes* 聚为 1 个分支；传统上，Dandy 系统[1]将该属置于木兰族中；吴征镒等[7]建立了盖裂木族，包括盖裂木属和南美盖裂木属 *Dugandiodendron*；Figlar 和 Nooteboom[4]将盖裂木属并入木兰属，建立盖裂木组，盖裂木属成为 1 个亚组；夏念和恢复了盖裂木属[6]。

代表种及其用途：盖裂木 *T. hodgsonii* J. D. Hooker & Thomson 可作为园林观赏。

12. *Woonyoungia* Y. W. Law 焕镛木属

Woonyoungia Y. W. Law (1997: 354); Xia et al. (2008: 68) [Type: *W. septentrionalis* (Dandy) Law (≡ *Kmeria septentrionalis* Dandy)]. ——*Kmeria* Dandy (1960: 260)

特征描述：乔木。托叶贴生于叶柄，叶柄具托叶痕；幼叶在芽中对折，直立。雌雄异株；花单生枝顶，单性；佛焰苞片 1，花被片 6 或 7；雄花雄蕊药隔伸出成短尖，花药内向开裂；雌花雌蕊群无柄，心皮 6-15，合生，每心皮具胚珠 2。聚合果近球形，成熟心皮木质，沿背缝线开裂；每心皮具种子 1-2。花粉粒单沟，穿孔状至皱穴状纹饰。主要由花蓟马传粉。染色体 2*n*=38。

　　分布概况：3/1 种，**7 型**；分布于柬埔寨，泰国北部，越南；中国产广西和云南。

　　系统学评述：焕镛木（单性木兰）*W. septentrionalis* (Dandy) Y. W. Law 原置于单性木兰属 *Kmeria* 中，刘玉壶将其从单性木兰属分离出来，单独成立属，但分子系统学研究并不支持该属的成立[12]，Kim 和 Suh[5]的分析结果显示焕镛木与柬单性木兰 *M. duperreana* (Pierre) Dandy 聚为 1 支，且支持率非常高。

　　DNA 条形码研究：GBOWS 有该属 1 种 7 个条形码数据。

　　代表种及其用途：焕镛木可作为园林观赏树木或用材树种栽培应用。

13. *Yulania* Spach 玉兰属

Yulania Spach (1839: 462); Xia et al. (2008: 71) (Type: *non designatus*)

　　特征描述：<u>落叶乔木或灌木</u>。<u>叶膜质或厚纸质</u>，<u>互生</u>，全缘；<u>托叶膜质</u>，贴生于叶柄，<u>具托叶痕</u>；<u>幼叶在芽中直立</u>，对折。花单生枝顶，两性，<u>叶前开放或与叶同时开放</u>；花被片 9-15（45），<u>有时外轮花被片较小</u>，<u>呈萼片状</u>；<u>药隔延伸成短尖或长尖</u>，<u>内侧向或侧向开裂</u>；无雌蕊群柄；心皮分离，多数或少数，每心皮具胚珠 2 (-4)。聚合果长圆状圆柱形，<u>常因心皮不育而偏斜弯曲</u>，蓇葖沿背缝线开裂。花粉粒单沟，具穿孔状纹饰。主要由蜂类、甲虫和蚁类传粉。染色体 $2n$=38，76，114。

　　分布概况：约 25/18 种，**9 型**；分布于亚洲东南部温带和亚热带地区，北美洲；中国主产东北、秦岭以南和南岭以北各地。

　　系统学评述：玉兰属的系统位置长期存在争议，传统上其作为木兰属的 1 个亚属中[8]，包括玉兰组 *Magnolia* sect. *Yulania*、望春玉兰组 *M.* sect. *Buergeria* 和紫玉兰组 *M.* sect. *Tulipastrum*。Figlar 和 Nooteboom[4]建立玉兰亚属 *M.* subgen. *Yulania*、玉兰组（包括玉兰亚组 *M.* subsect. *Yulania* 和紫玉兰亚组 *M.* subsect. *Tulipastrum*）和含笑组；吴征镒等[7]认为应将玉兰亚属从木兰属中分出，建立玉兰属；王亚玲[10]基于 *mat*K 片段的研究发现，木兰亚属和玉兰亚属关系较远，支持将后者从木兰属中分出建立玉兰属，且玉兰亚属为 1 个单系群，与含笑属及华盖木属、拟单性木兰属的关系较近；Kim 和 Suh[5]也发现玉兰组、望春玉兰组、*Cylindrica* 组和紫玉兰组聚到玉兰分支；夏念和根据分子和形态证据，确立了玉兰属的属级地位，包括玉兰组和紫玉兰组[6]。

　　DNA 条形码研究：GBOWS 有该属 13 种 371 个条形码数据。

　　代表种及其用途：该属植物多数种类花色艳丽多姿，是重要的庭院观赏植物，如玉兰 *Y. denudata* (Franchet) N. H. Xia & C. Y. Wu、紫玉兰 *Y. liliflora* (Desrousseaux) D. L. Fu，望春玉兰 *Y. biondii* (Pampanini) D. L. Fu 的花蕾作为传统中药辛夷，在我国栽培已 2000 多年。

主要参考文献

[1]　Dandy JE. Magnoliaceae[M]//Hutchinson J. The general of flowering plants. Oxford: Clarendon Press, 1964: 50-57.

[2]　刘玉壶. 木兰科分类系统的初步研究[J]. 中国科学研究生院学报, 1984, 22: 89-109.

[3]　Kim S, et al. Phylogenetic relationships in family Magnoliaceae inferred from *ndh*F sequences[J]. Am J

Bot, 2001, 88: 717-728.

[4] Figlar RB, Nooteboom HP. Notes on Magnoliaceae IV[J]. Blumea, 2004, 49: 87-100.

[5] Kim S, Suh Y. Phylogeny of Magnoliaceae based on ten chloroplast DNA regions[J]. J Plant Biol, 2013, 56: 290-305.

[6] Xia NH. A new classification system of the family Magnoliaceae[C]//Xia NH, et al. Proceedings of the second international symposium on the family Magnoliaceae, May 5-8, 2009, Guangzhou, China. Wuhan: Huazhong University of Science & Technology Press, 2012: 12-38.

[7] 吴征镒, 等. 中国被子植物科属综论[M]. 北京: 科学出版社, 2003.

[8] Dandy JE. A revised survey of the genus *Magnolia* together with *Manglietia* and *Michelia*[M]//Treseder NG. Magnolias. London: Faber and Faber, 1978: 29-37.

[9] Sima YK, Lu SH. A new system for the family Magnoliaceae[C]//Xia NH, et al. Proceedings of the second international symposium on the family Magnoliaceae, May 5-8, 2009, Guangzhou, China. Wuhan: Huazhong University of Science & Technology Press, 2012: 55-71.

[10] 王亚玲, 等. 用 *mat*K 序列分析探讨木兰属植物的系统发育关系[J]. 植物分类学报, 2006, 44: 135-147.

[11] Nooteboom HP. Different looks at the classification of the Magnoliaceae[C]//Liu YH, et al. Proceedings of the international symposium on the family Magnoliaceae, May 18-22, 1998, Guangzhou, China. Beijing: Science Press, 2000: 26-37.

[12] Liu YH. Studies on the phylogeny of Magnoliaceae[C]//Liu YH, et al. Proceedings of the international symposium on the family Magnoliaceae, May 18-22, 1998, Guangzhou, China. Beijing: Science Press, 2000: 3-13.

Annonaceae Jussieu (1789), *nom. cons.* 番荔枝科

特征描述：乔木，灌木或攀援灌木。叶互生，2 列，单叶，全缘；具短的小叶柄。花序团伞状、圆锥状、聚伞状或单花；花常两性，辐射对称；萼片常 3，有时基部合生；花瓣常 6，2 轮，每轮 3，覆瓦状或镊合状排列；雄蕊多数，螺旋状着生，药隔凸出，花药 2 室；心皮 1 至多数，离生或合生，每心皮有胚珠 1 至多数，排成 1-2 列；柱头顶端全缘或 2 裂。心皮离生或聚合成浆果。种子有时具假种皮。花粉单粒或四合体，无萌发孔或单沟（孔），光滑、穿孔状、皱穴状或网状纹饰。染色体 x=7-9。

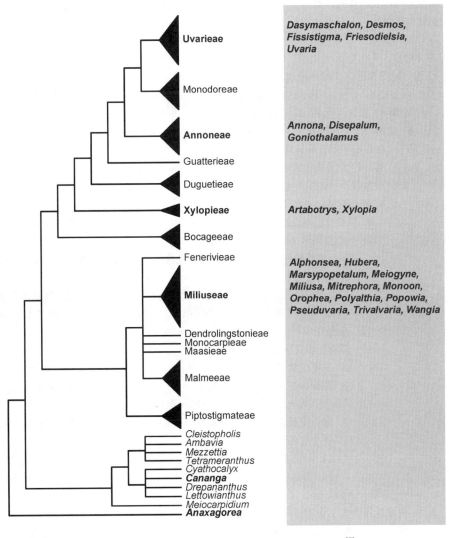

图 33　番荔枝科分子系统框架图（参考 Chatrou 等[7]）

分布概况：约 110 属/2440 种，广布热带和亚热带地区，尤以东半球为多；中国 25 属/120 种，产西南至华南和华东。

系统学评述：Rafinesque[1]最早将番荔枝科分为番荔枝亚科 Annonoideae、紫玉盘亚科 Uvariodeae 和木瓣树亚科 Xylopioideae。番荔枝科也曾被划分为 3、6 或 8 个族[2-4]，或仅承认番荔枝亚科和单兜亚科 Monodoroideae 2 个亚科[5,6]。分子系统学研究支持将番荔枝科分为蒙篙子亚科 Anaxagoreoideae（包括蒙蒿子属 *Anaxagorea*，约 30 种）、Ambavioideae（9 属，约 57 种）、番荔枝亚科（7 族，约 1631 种）和 Malmeoideae（5 族，约 726 种），共 4 个亚科；并与帽花木科 Eupomatiaceae 互为姐妹群[7]。

分属检索表

1. 成熟心皮合生为多室的聚合果 ·· **3. 番荔枝属 Annona**
1. 成熟心皮离生
  2. 花瓣在芽内覆瓦状排列，具星状毛 ··· **23. 紫玉盘属 Uvaria**
  2. 花瓣镊合状排列，不具星状毛
    3. 花序轴弯钩状 ·· **4. 鹰爪花属 Artabotrys**
    3. 花序轴直，不为弯钩状
      4. 内外轮花瓣近等大或外轮较大
        5. 花瓣 2-3，1 轮，边缘靠合呈尖帽状 ························· **6. 皂帽花属 Dasymaschalon**
        5. 花瓣 6，2 轮，每轮 3，花蕾时即张开
          6. 成熟心皮呈念珠状 ·································· **7. 假鹰爪属 Desmos**
          6. 成熟心皮球形、椭球形、柱状、卵球形等
            7. 萼片较大，呈叶状 ·························· **8. 异萼花属 Disepalum**
            7. 萼片较小，不呈叶状
              8. 每心皮胚珠不多于 2
                9. 每心皮胚珠 2；成熟心皮开裂 ··········· **2. 蒙蒿子属 Anaxagorea**
                9. 每心皮胚珠 1；成熟心皮不开裂
                  10. 花瓣外轮有时向内弯，内轮总是内弯 ········· **13. 囊瓣花属 Marsypopetalum**
                  10. 花瓣近等长，直立或平展
                    11. 种脊平或稍凸起，胚乳刺状，或近片状 ········· **12. 网脉木属 Hubera**
                    11. 种脊凹槽状，胚乳分为四部分，呈片状 ········· **17. 独子木属 Monoon**
              8. 每心皮胚珠多于 2
                12. 药隔顶端圆锥形、尖头状
                  13. 花瓣线状披针形 ························· **5. 依兰属 Cananga**
                  13. 花瓣常基部囊状而向内弯 ················· **1. 藤春属 Alphonsea**
                12. 药隔顶端截形、近圆形、三角形或菱形
                  13. 每心皮胚珠 1 ························· **17. 独子木属 Monoon**
                  13. 每心皮胚珠超过 2
                    14. 每心皮胚珠多于 10 ············· **14. 鹿茸木属 Meiogyne**
                    14. 每心皮胚珠 2-6 ················· **19. 暗罗属 Polyalthia**
      4. 内外轮花瓣有明显差异
        15. 内外轮花瓣大小有差异，但不异形
          16. 内轮花瓣比外轮大，开展 ················· **22. 海岛木属 Trivalvaria**
          16. 外轮花瓣比内轮大，内外轮或仅内轮花瓣常靠合

1. *Alphonsea* J. D. Hooker & Thomson 藤春属

Alphonsea J. D. Hooker & Thomson (1855: 152); Li & Gilbert (2011: 699) [Lectotype: *A. ventricosa* (Roxburgh) J. D. Hooker & Thomson (≡ *Uvaria ventricosa* Roxburgh)]

特征描述：灌木或乔木。花单生或多朵簇生，花序与叶对生、腋生或腋上生；花两性；萼片 3，较花瓣小很多，芽时镊合状排列；花瓣 6，2 轮，每轮 3，芽时镊合状排列，彼此等大或内轮的稍小，常基部囊状而向内弯；雄蕊多数，药室外向，药隔顶端短尖而延伸于药室外；离生心皮多数，胚珠多数，2 列。心皮圆球状，种子与果壁不分开。花粉粒无萌发孔，疣状纹饰。染色体 2n=18。

分布概况：约 23/6（4）种，（**7ab**）型；分布于亚洲南部和东南部；中国产西南至华南。

系统学评述：该属是个单系类群，隶属野独活族 Miliuseae。在对印度第三纪晚渐新世地层发现的叶片化石的分析表明，该属植物是在印度板块与欧亚大陆接触后开始向现有分布区域扩散的[8]。

DNA 条形码研究：BOLD 网站有该属 5 种 11 个条形码数据；GBOWS 已有 2 种 6 个条形码数据。

2. *Anaxagorea* A. Saint-Hilaire 蒙蒿子属

Anaxagorea A. Saint-Hilaire (1825: 91); Li & Gilbert (2011: 673) [Type: *A. prinoides* (Dunal) A. de Candolle

(≡ *Xylopia prinoides* Dunal)]

特征描述：乔木或灌木。花单生或数花簇生；花梗短；花萼裂片 3，基部合生；花瓣 6，2 轮，每轮 3，镊合状排列，<u>内外轮花瓣近等大</u>，<u>或外轮比内轮大</u>；雄蕊多数，<u>药隔顶端短尖</u>，<u>突出于药室外</u>；心皮离生，<u>每心皮有 2 胚珠</u>，基生，<u>直立</u>；柱头近圆球状或长圆状。成熟心皮蓇葖状，<u>开裂</u>，有棒状的柄；种子黑色，无假种皮。花粉单粒，舟形，具沟，表面光滑。甲虫传粉。染色体 $2n=16$。

分布概况：26/1 种，**3** 型；主要分布于美洲和亚洲热带地区；中国产海南和广西。

系统学评述：Maas 和 Westra[9,10]对该属进行了分类学修订；Scharaschkin 和 Doyle[11]的研究表明，该属植物的一些形态特征与木兰类植物相似。基于分子系统学和形态证据的分析表明，该属为单系，位于番荔枝科最基部，是其余属的姐妹群[12]。

DNA 条形码研究：BOLD 网站有该属 5 种 9 个条形码数据。

3. *Annona* Linnaeus 番荔枝属

Annona Linnaeus (1753: 536); Li & Gilbert (2011: 711) (Lectotype: *A. muricata* Linnaeus). —— *Rollinia* A. Saint-Hilaire (1825: 23)

特征描述：灌木或乔木，<u>被单毛或星状毛</u>。花单生或数花成束，顶生或与叶对生；萼片 3，镊合状排列；花瓣 6，2 轮，每轮 3，<u>内轮覆瓦状排列</u>，<u>有时退化成鳞片状或完全消失</u>，外轮基部或全部内凹，镊合状排列；雄蕊多数，<u>药隔膨大</u>，<u>顶端截形或凸尖</u>；心皮多数，合生，<u>每心皮有 1 胚珠</u>，基生，<u>直立</u>。<u>心皮愈合成一肉质而大的聚合果</u>；种子嵌生于果肉中。松散四合花粉或单粒，萌发孔无或具沟，穿孔状纹饰。染色体 $x=7, 8$；$2n=14, 16, 28, 42$。

分布概况：约 100/7 种，（**2**）型；主要分布于热带美洲，热带非洲也产；中国均为引种。

系统学评述：娄林果属 *Rollinia* 曾被作为 1 个独立的属[FOC]，但分子系统学研究支持将其归到番荔枝属[13]，隶属于番荔枝族 Annoneae。

DNA 条形码研究：BOLD 网站有该属 22 种 60 个条形码数据；GBOWS 已有 4 种 16 个条形码数据。

代表种及其用途：番荔枝 *A. squamosa* Linnaeus 约 400 年前引入中国，其果实含有丰富的蛋白质、碳水化合物和维生素，为著名热带水果，因其果皮凸起形似佛头，因此别名"释迦果"。

4. *Artabotrys* R. Brown 鹰爪花属

Artabotrys R. Brown (1820: t. 423); Li & Gilbert (2011: 701) [Type: *A. odoratissimus* R. Brown, *nom. illeg.* (=*A. hexapetalus* (Linnaeus f.) Bhandari ≡ *Annona hexapetala* Linnaeus f.)]

特征描述：攀援灌木或木质藤本。单花或数花簇生；<u>总花梗弯曲呈钩状</u>，<u>木质</u>，<u>宿存</u>；花萼裂片 3，基部合生；花瓣 6，2 轮，每轮 3，镊合状排列，扩展或稍向内弯，<u>在雄蕊之上收缩</u>，<u>外轮花瓣与内轮花瓣等大或较大</u>；雄蕊多数，药隔顶端突出或截平，有时外围有退化雄蕊；心皮多数，<u>每心皮有 2 胚珠</u>，基生。<u>心皮浆果状</u>，椭圆状倒卵形或圆球状，离生，肉质，聚生于坚硬的果托上。花粉粒无萌发孔或沟状，具不明显疣状凸起。染色体 2*n*=16。

分布概况：约 100/8（4）种，**4**（**6**）型；分布于热带、亚热带亚洲和非洲地区；中国产西南至华南。

系统学评述：该属在传统分类系统中同木瓣树属 *Xylopia* 等均被置于同 1 个亚科、族或亚族，表明两者在形态特征上具有较高的相似性。分子系统学研究表明，其与木瓣树属两者形成木瓣树族 Xylopieae，并隶属于番荔枝亚科[7]。

DNA 条形码研究：BOLD 网站有该属 4 种 11 个条形码数据；GBOWS 已有 2 种 9 个条形码数据。

代表种及其用途：鹰爪花 *A. hexapetalus* (Linnaeus f.) Bhandari 的花极香，富含芳香油，可用作高级香水和香精的原料。

5. *Cananga* (A. de Candolle) J. D. Hooker & Thomson 依兰属

Cananga (A. de Candolle) J. D. Hooker & Thomson (1855: 129), *nom. cons.*; Li & Gilbert (2011: 700) [Type: *C. odorata* (Lamarck) J. D. Hooker & Thomson (≡ *Uvaria odorata* Lamarck)]

特征描述：灌木或乔木。花序聚伞状、总状，或数花簇生于总花梗上，腋生或腋上生；萼片 3，镊合状排列；花瓣 6，2 轮，每轮 3，镊合状排列，<u>内外轮花瓣近相等或内轮的较小</u>；雄蕊多数，<u>药室外向</u>，药隔延伸为披针形的尖头；心皮多数，离生，<u>每心皮有胚珠多数</u>，<u>2 列</u>；柱头花期时粘连在一起。成熟心皮浆果状，有柄或无柄；种子多数，灰黑色，有斑点。松散四合花粉，具沟，穴状纹饰。染色体 2*n*=16。

分布概况：2/1 种，（**5**）型；分布于热带亚洲和大洋洲；中国引种栽培。

系统学评述：分子系统学研究表明依兰属与 *Cyathocalyx*、*Drepananthus* 和 *Lettowianthus* 共同组成番荔枝科 Ambavioid 分支中的 Canangoids 分支[14]。

DNA 条形码研究：BOLD 网站有该属 3 种 16 个条形码数据；GBOWS 已有 1 种 6 个条形码数据。

代表种及其用途：依兰 *C. odorata* (Lamarck) J. D. Hooker & Thomson 的花可提取芳香精油，作为化妆品、香水等原料。

6. *Dasymaschalon* (J. D. Hooker & Thomson) Dalla Torre & Harms 皂帽花属

Dasymaschalon (J. D. Hooker & Thomson) Dalla Torre & Harms (1901: 174); Li, Wang & Saunders (2011: 682) [Lectotype: *D. dasymaschalum* (Blume) I. M. Turner (≡ *Unona dasymaschala* Blume)]

特征描述：小乔木，<u>被单细胞毛</u>。单花，腋生；花两性；萼片 3，镊合状排列；花瓣（2-）3，1 轮，镊合状排列，与花萼互生，<u>顶端边缘黏合呈尖帽状覆盖于雌蕊和雄蕊上面</u>，<u>基部瓣片之间常有小孔</u>；雄蕊多数，药室外向，药隔顶端盘状或稍凸起；心皮多数，离生；子房被粗毛，<u>每心皮有胚珠 1 至多数</u>，<u>1-2 列</u>，着生于侧膜胎座上。单心皮具柄，<u>念珠状</u>，顶端较尖。种子圆球形或椭球形。花粉粒无萌发孔或具沟，表面具刺突。

分布概况：约 30/6（2）种，**（7a）型**；分布于亚洲热带和亚热带地区；中国产西南至华南。

系统学评述：皂帽花属隶属紫玉盘族 Uvarieae。分子系统学研究表明，皂帽花属与假鹰爪属 *Desmos*、尖花藤属 *Friesodielsia* 和 *Monanthotaxis* 近缘，并共同构成假鹰爪类 Desmoid 分支；然而皂帽花属并非单系，属下划分为 2 个分支，其中 1 支与 *Friesodielsia* 聚在一起[15]。

DNA 条形码研究：BOLD 网站有该属 22 种 51 个条形码数据；GBOWS 已有 1 种 6 个条形码数据。

7. *Desmos* Loureiro 假鹰爪属

Desmos Loureiro (1790: 329); Li, Ng & Saunders (2011: 681) (Lectotype: *D. cochinchinensis* Loureiro)

特征描述：灌木，被单细胞毛。花序具 1-2 花，腋生、腋上生或与叶对生；花两性；花萼裂片 3，镊合状排列；花瓣 6，2 轮，镊合状排列，<u>近等大或外轮常较内轮大，内轮花瓣基部收缩成一个覆盖于雌蕊和雄蕊之上的小室</u>；雄蕊多数，药室外向，药隔顶端近圆形或截形；心皮多数，离生，子房被毛，每室具胚珠 1-8；柱头弯曲。心皮多数，具短柄，肉质，<u>呈念珠状</u>。种子近球形或椭球形。花粉粒无萌发孔或有沟，具刺突。染色体 2n=16，20。

分布概况：23-28/3 种，**7 型**；分布于亚洲热带和亚热带地区；中国产广东、广西、云南、海南和贵州等。

系统学评述：假鹰爪属隶属紫玉盘族。假鹰爪属的一些种类被并到了皂帽花属或文采木属 *Wangia*[16]。分子系统学研究表明，假鹰爪属与皂帽花属、尖花藤属和 *Monanthotaxis* 近缘，共同构成假鹰爪类 Desmoid 分支[17]。

DNA 条形码研究：BOLD 网站有该属 10 种 21 个条形码数据；GBOWS 已有 2 种 6 个条形码数据。

代表种及其用途：假鹰爪 *D. chinensis* Loureiro 的根和叶均可入药，具祛风止痛、化气健脾之功效。

8. *Disepalum* J. D. Hooker 异萼花属

Disepalum J. D. Hooker (1860: 156); Li & Gilbert (2011: 697) (Type: *D. anomalum* J. D. Hooker)

特征描述：乔木或灌木，<u>被单毛</u>。花序具 1-3 花，顶生或与叶近对生；花萼（2 或）3，<u>较大呈叶状</u>，镊合状排列，<u>开始将花芽包被</u>，<u>最后呈反卷状</u>；花瓣（4-）6，（1 或）2 轮，<u>近等大</u>，常离生，偶合生成杯状，顶端在幼时常为覆瓦状；<u>花托常宽大于高，在果期膨大</u>；雄蕊多数，药隔垫状；心皮多数，被毛，<u>每心皮有胚珠 2</u>，侧生胎座；花柱顶端常被毛，花期时明显增长。心皮不开裂，心皮生于由花托发育而成的长果柄上，椭球形，肉质。种子表面光滑，近椭球形。花粉粒八分体，具沟，穿孔状纹饰。染色体 2n=16。

分布概况：9/2 种，**（7a）型**；分布于亚洲东南部；中国产广东、广西、海南、贵州和云南。

系统学评述：Johnson[17]对该属进行了分类修订，认为 *Enicosanthellum* 除花被片形态与该属植物不同外，其他形态特征几无差别，因而将两者归并，置于番荔枝族。

DNA 条形码研究：BOLD 网站有该属 3 种 4 个条形码数据；GBOWS 已有 1 种 2 个条形码数据。

9. *Fissistigma* Griffith 瓜馥木属

Fissistigma Griffith (1854: 706); Li & Gilbert (2011: 704) (Type: *F. scandens* Griffith)

特征描述：攀援灌木，常被单毛。花单生或数花组成密伞、团伞或圆锥花序，常与叶对生或顶生；萼片 3，被毛；花瓣 6，2 轮，镊合状排列，外轮稍大于内轮，外轮的通常扁平三角形或外面扁平而内面凸起，内轮的上部三角形，下部较宽而内面凹陷；雄蕊多数，药隔卵形或三角形；心皮多数，分离，常被毛，每心皮有胚珠 1-14，着于腹缝线的胎座上；柱头顶端 2 裂或全缘。心皮卵圆状或圆球状或长圆状，被短柔毛或绒毛，有柄。种子光滑。花粉粒无萌发孔。染色体 2n=16。

分布概况：约 75/23（8）种，**5（7）型**；分布于亚洲，非洲，大洋洲热带和亚热带地区；中国产西南至华南。

系统学评述：分子系统学研究认为该属隶属于紫玉盘族 Uvarieae，而不是传统的 Unoneae 族，并且与紫玉盘属 *Uvaria* 等关系较近[7]。

DNA 条形码研究：BOLD 网站有该属 7 种 9 个条形码数据；GBOWS 已有 4 种 18 个条形码数据。

代表种及其用途：瓜馥木 *F. oldhamii* (Hemsley) Merrill 根和藤茎入药，能活血散瘀、消炎止痛等作用。

10. *Friesodielsia* Steenis 尖花藤属

Friesodielsia Steenis (1948: 458); Li & Gilbert (2011: 703) [Type: *F. cuneiformis* (Blume) Steenis (≡ *Guatteria cuneiformis* Blume)]

特征描述：木质藤本，具单毛。单花，与叶对生、腋外生或腋上生；花两性；萼片 3，镊合状排列；花瓣 6，2 轮，离生，镊合状排列，外轮花瓣扁平或具 3 脊，窄长，革质，基部加宽并收缩形成小室；内轮的短而小，基部狭窄并常在瓣片之间具缝隙，形成的小室覆盖于雌蕊和雄蕊之上；雄蕊多数，花药外向，药隔截形，顶端膨大并遮住药室；心皮多数，胚珠每室 1-5，侧生。心皮离生，具柄，当种子多数时呈念珠状。花粉粒无萌发孔或具沟，疣状纹饰。染色体 2n=16。

分布概况：50-60/1（1）种，**6 型**；分布于非洲和亚洲热带地区；中国产海南。

系统学评述：尖花藤属隶属紫玉盘族。尖花藤属与仅产西太平洋群岛的 *Richella* 之间的关系复杂。分子系统学研究表明，*Richella* 和哥纳香属 *Goniothalamus* 在同 1 分支中，并得到形态证据的支持，因此将两者归并[18]。我国海南仅有尖花藤 *F. hainanensis* Tsing & P. T. Li，但因仅有的模式标本无花部特征，其分类学地位还需要进一步澄清。分子系统学研究表明，目前界定的尖花藤属是 1 个多系类群，产于非洲的尖花藤属种类与同域的 *Monanthotaxis* 近缘，却与亚洲种类关系较远[15]。

DNA 条形码研究：BOLD 网站有该属 6 种 12 个条形码数据。

11. *Goniothalamus* (Blume) J. D. Hooker & Thomson 哥纳香属

Goniothalamus (Blume) J. D. Hooker & Thomson (1855: 105); Li & Gilbert (2011: 684) [Type: *G. macrophyllus* (Blume) J. D. Hooker & Thomson (≡ *Unona macrophylla* Blume)]

特征描述：小乔木或直立灌木。花单生或数花簇生，腋生或腋外生；花萼裂片 3，镊合状排列；花瓣 6，2 轮，每轮 3，镊合状排列，外轮较厚，扁平，内轮比外轮小，具短爪，彼此黏合成一帽状体而覆盖着雌雄蕊；雄蕊多数，药室外向，药隔三角形、长圆形、棍棒状、截形或圆形；心皮多数，每心皮有胚珠 1-10，侧生、基生或近基生，1-2 列；柱头顶端全缘或 2 裂。心皮长椭圆形或卵圆形。松散四合花粉，具沟，穴状纹饰。染色体 $x=7$, 8；$2n=16$。

分布概况：130-140/11（5）种，（**7d**）型；分布于亚洲热带及亚热带地区；中国产西南、华南至台湾。

系统学评述：哥纳香属隶属于番荔枝族。*Richella*（中名原为尖花藤属[FRPS]）仅包括 2 种，分子系统学研究表明，其和哥纳香属是同属，应合并[18]。*Richella* 在命名上有优先权[18]。如果严格依据命名法规的相关条款，则近 130 种要进行新的组合，为了保护命名上的稳定，*Goniothalamus* 被建议作为保留名[19]，并获得支持[20]。

DNA 条形码研究：BOLD 网站有该属 23 种 28 个条形码数据；GBOWS 已有 2 种 11 个条形码数据。

代表种及其用途：该属植物的化学成分主要有苯乙烯内酯类、番荔枝乙酰精宁类和生物碱类，对癌细胞具有杀伤和抑制作用。

12. *Hubera* Chaowasku 网脉木属

Hubera Chaowasku (2012: 46) [Type: *H. cerasoides* (Roxburgh) Chaowasku (≡ *Uvaria cerasoides* Roxburgh)]

特征描述：灌木或乔木。花序常枝生和腋生，多单花，偶 2 花，极少茎生并多花，两性；花萼 3；花瓣 6，2 轮，近等长，直立或平展，干后常具黄色粉点；雄蕊多数，药隔顶端平截形；心皮多数，胚珠每室 1，近基生。成熟心皮具柄，极少无柄，球状、椭圆状或圆柱状，顶端有时稍尖。种子近球形、椭圆状或圆柱形；种皮平滑，种脊平或稍凸起，胚乳刺状，或近片状。花粉单粒，无萌发孔或萌发孔隐生，皱波状或窝孔状纹饰。染色体 $2n=18$。

分布概况：约 27/2 种，**4** 型；分布于非洲大陆东部，马达加斯加至南亚，东南亚，马来西亚，太平洋西南部群岛；中国产海南。

系统学评述：基于分子系统学、孢粉学和形态学的分析，该属从暗罗属 *Polyalthia* 中独立了出来，隶属于野独活族，并且与野独活属 *Miliusa* 较为近缘[21]。

DNA 条形码研究：BOLD 网站有该属 7 种 15 个条形码数据。

代表种及其用途：细基丸 *H. cerasoides* Roxburgh 树皮中的韧皮纤维非常坚韧，可制麻绳和麻袋。

13. *Marsypopetalum* Scheffer 囊瓣花属

Marsypopetalum Scheffer (1870: 342) [Type: *M. ceratosanthes* Scheffer, *nom. illeg.* (= *M. pallidum* (Blume) Kurz ≡ *Guatteria pallida* Blume)]

特征描述：乔木。<u>叶缘有时反卷</u>。<u>花单生</u>，<u>腋外生</u>；花<u>两性</u>；花萼 3，镊合状排列；<u>花瓣 6，2 轮</u>，<u>镊合状排列</u>，<u>厚</u>，<u>肉质</u>，<u>外轮有时向内弯</u>，<u>内轮总是内弯</u>，覆盖雌雄蕊；雄蕊多数，<u>药隔顶端截形或退化</u>；心皮多数，<u>每心皮有胚珠 1</u>，基生；柱头头状，被毛。成熟心皮离生，卵球形至椭球形。种子卵球形、椭球形或纺锤形。<u>花粉萌发孔隐生于两沟中</u>。染色体 x=9；$2n$=16。

分布概况：6/1 种，**7 型**；分布于亚洲南部和东南部；中国产海南。

系统学评述：该属隶属野独活族，与海岛木属 *Trivalvaria* 和暗罗属 *Polyalthia* 较近[22]。

DNA 条形码研究：BOLD 网站有该属 2 种 4 个条形码数据。

代表种及其用途：陵水暗罗 *M. littorale* (Blume) B. Xue & R. M. K. Saunders 的根茎入药，俗称土黄芪，具补气壮阳、固精强肾的功效。

14. *Meiogyne* Miquel 鹿茸木属

Meiogyne Miquel (1865: 12); Li & Gilbert (2011: 690) [Type: *M. virgata* (Blume) Miquel (≡ *Unona virgata* Blume)].——*Chieniodendron* Tsiang & P. T. Li (1964: 374)

特征描述：乔木或灌木，被单细胞毛。花序具 1-3 花，腋生；花两性；花萼 3，镊合状排列，裂片基部合生；花瓣常 6 (-12)，2 轮，镊合状排列，<u>较内轮花瓣稍长或近等长</u>；雄蕊多数，药室截形，<u>药隔顶端菱形</u>；心皮 2-12，常被毛，每心皮有胚珠多数，2 列，柱头无柄，近头状。成熟心皮 1-5，常无柄，卵球状或椭球状，外果皮有缢缩横纹。花粉单粒，无萌发孔。

分布概况：24/1 (1) 种，**(7a) 型**；分布于亚洲南部和东南亚部，经太平洋群岛至澳大利亚；中国产海南。

系统学评述：分子系统学研究支持将 *Fitzalania* 与鹿茸木属合并[23, 24]，修订后的鹿茸木属为单系。此外，尽管 *Oncodostigma* 的大部分种类已经被归并至鹿茸木属，但由于其模式种的认定尚未确定[25]，因此，其分类学和系统学问题还有待研究。

DNA 条形码研究：BOLD 网站有该属 24 种 52 个条形码数据；GBOWS 已有 1 种 3 个条形码数据。

15. *Miliusa* Leschenault ex A. de Candolle 野独活属

Miliusa Leschenault ex A. de Candolle (1832: 213); Li & Gilbert (2011: 679) (Type: *M. indica* Leschenault ex A. de Candolle).——*Saccopetalum* J. J. Bennett (1840: 165)

特征描述： 乔木或灌木。花单生、簇生或集成密伞花序，腋生或腋上生；花单性或两性；花萼裂片 3，镊合状排列；花瓣 6，2 轮，镊合状排列，<u>外轮小</u>，<u>萼片状</u>，<u>内轮大</u>，<u>卵状长圆形</u>，<u>顶端通常反曲</u>，初时边缘黏合，<u>基部囊状</u>，<u>有短爪</u>；雄蕊多数，药室毗连，外向，药隔顶端急尖或有小尖头；心皮多数，<u>每心皮有胚珠 1-5</u>，着生于侧膜胎座或基部，1 列；柱头顶端常全缘。成熟心皮圆球状或圆柱状，具柄。花粉单粒，无萌发孔，疣状纹饰。染色体 $n=9$；$2n=18$。

分布概况： 约 50/7（3）种，**5（7）**型；分布于亚洲南部至东南部，澳大利亚北部的热带及亚热带地区；中国产西南和华南。

系统学评述： 分子系统学研究表明，野独活属为单系类群，与网脉木属互为姐妹群[21]。

DNA 条形码研究： BOLD 网站有该属 15 种 28 个条形码数据；GBOWS 已有 3 种 10 个条形码数据。

代表种及其用途： 该属植物在民间多用于治胃脘痛、肾虚腰痛。

16. *Mitrephora* J. D. Hooker & Thomson 银钩花属

Mitrephora J. D. Hooker & Thomson (1855: 112); Li, Weerasooriya & Saunders (2011: 687) [Lectotype: *M. obtusa* (Blume) J. D. Hooker & Thomson (≡ *Uvaria obtusa* Blume)]

特征描述： 乔木。花单生或数花集成总状花序，腋生或与叶对生；花常两性，有时单性；萼片 3；花瓣 6，2 轮，镊合状排列，<u>外轮花瓣大于内轮花瓣</u>，<u>外轮花瓣卵形或倒卵形</u>，<u>内轮花瓣箭头形或铁铲形</u>，<u>基部有长爪</u>，<u>上部卵形或披针形</u>，<u>向内弯拱而边缘稍黏合呈圆球状</u>；雄蕊多数，药室外向，药隔顶端截形；心皮常多数，<u>每心皮有胚珠 4 至多数</u>，2 列。成熟心皮圆球状或卵球状，有柄或近无柄。四合花粉，无萌发孔，疣状纹饰。染色体 $2n=16$。

分布概况： 约 47/3 种，（**7ab**）型；分布于亚洲热带及亚热带地区；中国产西南至华南。

系统学评述： Weerasooriya 和 Saunders[26]基于分类学研究表明该属为单系，隶属野独活族。然而其与番荔枝科其他类群的系统关系未得到很好解决，属下系统关系需要进一步研究。

DNA 条形码研究： BOLD 网站有该属 6 种 10 个条形码数据；GBOWS 已有 3 种 12 个条形码数据。

17. *Monoon* Miquel 独子木属

Monoon Miquel (1865: 15) [Lectotype: *M. lateriflorum* (Blume) Miquel (≡ *Guatteria lateriflora* Blume)]

特征描述： 乔木。花单生或数花簇生，<u>腋生或生于老枝</u>、<u>块茎</u>、<u>近地面的主干上</u>；花萼 3，覆瓦状或镊合状排列；<u>花瓣 6，2 轮</u>，<u>覆瓦状或镊合状排列</u>，开展或直立，线形、条形、披针形或卵圆形，有时肉质；雄蕊多数，药隔顶端截形；<u>心皮多数</u>，<u>每心皮含 1</u><u>胚珠</u>，基生。成熟心皮椭球状、长球形或柱形，常具柄。种子椭球状，皱缩或平滑，<u>种脊凹槽状</u>，<u>胚乳分为四部分</u>，<u>呈片状</u>。花粉单粒，无萌发孔，表面具不明显疣状凸起。染色体 2*n*=18。

分布概况：60/6 种，**5** 型；分布于亚洲东南部和澳大利亚；中国产海南和云南。

系统学评述：独子木属隶属野独活族。该属植物大多从暗罗属 *Polyalthia* 组合而来，其系统关系与 *Neo-uvaria* 近缘[23]。

DNA 条形码研究：BOLD 网站有该属 24 种 50 个条形码数据。

代表种及其用途：海南暗罗 *M. laui* (Merrill) B. Xue & R. M. K. Saunders 木材通直，适于作家具和建筑用材。

18. *Orophea* Blume 澄广花属

Orophea Blume (1825: 18); Li & Gilbert (2011: 677) (Lectotype: *O. hexandra* Blume).——*Mezzettiopsis* Ridley (1912: 389)

特征描述：乔木或灌木。花单生或为聚伞花序，腋生或腋上生；花萼裂片 3，比外轮花瓣小，镊合状排列；花瓣 6，2 轮，离生，镊合状排列，<u>外轮花瓣通常较内轮花瓣</u><u>小</u>，<u>且与萼片相似</u>，<u>外轮花瓣阔卵形</u>，<u>内轮花瓣上部卵状三角形</u>，<u>边缘黏合成一帽状体</u>，<u>基部有爪</u>；雄蕊 6-14，药室外向，药隔顶端急尖；心皮 3-15，离生，<u>每心皮有胚珠 1-4</u>，侧膜胎座。成熟心皮具短果柄，球形或长圆柱形。种子间有缢痕。花粉单粒或为四合花粉，无萌发孔，表面光滑或具疣状凸起。染色体 2*n*=18。

分布概况：约 36/6（3）种，**7** 型；分布于亚洲热带及亚热带地区；中国产海南、广西和云南。

系统学评述：该属植物隶属野独活族。Kessler [27]对该属进行了分类修订，划分为澄广花亚属 *Orophea* subgen. *Orophea* 和 *O.* subgen. *Sphaerocarpon*。

DNA 条形码研究：BOLD 网站有该属 11 种 19 个条形码数据；GBOWS 已有 1 种 3 个条形码数据。

19. *Polyalthia* Blume 暗罗属

Polyalthia Blume (1830: 68); Li & Gilbert (2011: 691) [Lectotype: *P. subcordata* (Blume) Blume (≡ *Unona subcordata* Blume)]

特征描述：乔木。叶常不对称。花单生或数花成簇，<u>枝生或茎生</u>，腋生或与腋外生；花常两性，有时单性；萼裂片 3，镊合状排列；花瓣 6，2 轮，每轮 3，镊合状排列，<u>内</u><u>外轮花瓣几等大</u>，<u>少数为内轮比外轮的长</u>，扁平或内轮的内面凹陷；雄蕊多数，药室外向，<u>药隔扩大而顶端近圆形</u>；心皮多数，<u>每心皮有胚珠 2-6</u>，侧生，1 列。成熟心皮近球状、短柱状、椭球形或卵形。种子卵球形或平凸状，表面光滑或有皱纹，具纵向环绕沟槽。花粉单粒，<u>无萌发孔</u>，表面具疣状凸起。染色体 2*n*=18。

分布概况：约 86/8（6）种，**4（6）型**；分布于热带亚洲，非洲至太平洋群岛；中国产海南。

系统学评述：暗罗属隶属野独活族。Huber[28]依据形态学将广义的暗罗属被分成三大类群。分子系统学研究支持该属为多系类群[22,23]。依据形态学研究，囊瓣花属、独子木属和网脉木属等应从暗罗属中独立出来，但有些类群的位置还不明确，仍然保留在暗罗属中[21]。

DNA 条形码研究：BOLD 网站有该属 30 种 85 个条形码数据；GBOWS 已有 4 种 18 个条形码数据。

代表种及其用途：该属植物在民间习惯作为抗菌、退热药等使用。

20. *Popowia* Endlicher 嘉陵花属

Popowia Endlicher (1839: 831); Li & Gilbert (2011: 698) [Type: *P. pisocarpa* (Blume) Endlicher (≡ *Guatteria pisocarpa* Blume)]

特征描述：乔木或灌木。花单生或数花簇生，与叶对生或腋外生，少数互生；花两性；萼片 3，镊合状排列；花瓣 6，2 轮，每轮 3，镊合状排列，外轮花瓣比内轮花瓣大，似萼片状，内轮花瓣质厚，凹陷，黏合，顶端内弯而覆盖于雌雄蕊群上；雄蕊多数，药室外向，药隔突出于药室外，顶端截形；心皮多枚，每心皮有胚珠 1-2，胚珠基生或近基生；柱头直立或外弯。成熟心皮圆球状或卵状，有柄。花粉单粒，无萌发孔，具不明显的疣状凸起。有效传粉者为蓟马类。染色体 2*n*=18。

分布概况：约 50/1 种，**5（7）型**；分布于热带非洲，亚洲，大洋洲；中国产广东和香港。

系统学评述：该属植物隶属野独活族，并与澳大利亚特有属 *Haplostichanthus* 近缘[24]。

DNA 条形码研究：BOLD 网站有该属 3 种 6 个条形码数据。

21. *Pseuduvaria* Miquel 金钩花属

Pseuduvaria Miquel (1858: 32); Li, Su & Saunders (2011: 689) [Type: *P. reticulata* (Blume) Miquel (≡ *Uvaria reticulata* Blume)]

特征描述：灌木或乔木。花单生或数花簇生，常生于幼枝上，偶茎生、腋生，花序合生轴节间常紧缩；花雌雄同株、雌雄异株、雄性-两性花同株或两性花。萼片 3，镊合状排列；花瓣 6，2 轮，镊合状排列，外轮花瓣比内轮小很多，比萼片略大，基部无爪；内轮花瓣上部卵状三角形，顶端边缘黏合成帽状体，有时具腺体，基部具窄长的爪；雄花雄蕊多数，常生有一轮退化雄蕊，药隔顶端截形，花药外向；雌花具退化雄蕊，心皮 1 至多数，离生，每心皮有胚珠 1 至多数，排成 1-2 列。心皮成熟时球状或椭球形，常具纵向沟槽。种子光滑或有皱纹。两性花和雄花中的花粉形态变异较大；四合花粉，无萌发孔，疣状纹饰。染色体 2*n*=18。

分布概况：约 56/1 种，**5（7）型**；分布于亚洲热带和亚热带地区；中国产云南。

系统学评述：该属花粉粒之间的黏丝可能有助于传粉[29]。许多种在结构上为雄花-单性花或雄花-两性花，雌蕊先熟的花其传粉者为昼行性的甲虫。在一些种中，为了防止同株异花传粉，结构上为两性花的花粉囊往往会在花瓣脱落后延迟开裂，因此在功能上表现为单性花[30]。Su 和 Saunders[31]对该属做了分类修订。分子系统学研究表明该属为单系类群，隶属野独活族，与暗罗属互为姐妹群，并与 *Monocarpia* 等近缘[32,33]。

DNA 条形码研究：BOLD 网站有该属 54 种 121 个条形码数据。

22. *Trivalvaria* (Miquel) Miquel 海岛木属

Trivalvaria (Miquel) Miquel (1865: 19); Li & Gilbert (2011: 696) (Type: *G. brevipetala* Miquel).

特征描述：灌木至乔木，被单细胞毛或无，枝条常黑色。花序有花 1-2，腋外生或与叶对生，有时聚生于小枝或带有老花的枝干上；花常杂性或两性，花芽宽卵球形至柱形，花梗短；花萼 3，覆瓦状排列；花瓣 6，2 轮，多少不等大，花瓣明显或稍微覆瓦状排列，外轮花瓣较小，内轮花瓣大，开展或基部收缩成小室；雄花雄蕊多数，药隔顶端盾状至舌状；雌花雄蕊退化至近无，子房多数，密被毛，每室有胚珠 1，基生、直立；两性花雄蕊和子房多数。成熟心皮离生，数枚至多数，具短柄，椭球形至长圆球或卵球形。种子椭球形至长圆球形，光滑，具周缘纵向沟槽。花粉粒 2 沟，或具散沟。

分布概况：4/1 种，**7** 型；分布于亚洲南部和东南部；中国产海南。

系统学评述：该属为单系类群，隶属野独活族。van Heusden[34]进行了较全面的分类学修订。分子系统学研究表明该属与网脉木属和暗罗属较近[22]。

DNA 条形码研究：BOLD 网站有该属 2 种 3 个条形码数据。

23. *Uvaria* Linnaeus 紫玉盘属

Uvaria Linnaeus (1753: 536); Li & Gilbert (2011: 674) (Lectotype: *U. zeylanica* Linnaeus).
——*Cyathostemma* Griffith (1854: 707)

特征描述：攀援灌木，全株常被星状毛。花单生或集成密伞花序或短总状花序，常与叶对生或腋生、顶生或腋外生，少数生于茎上或老枝上；花两性；萼片 3，镊合状排列；花瓣 6，2 轮，覆瓦状排列，有时基部合生；雄蕊多数，药隔扩大呈多角形或卵状长圆形，顶端圆形或截形；心皮少至多数，离生，每心皮有胚珠 2 至多数，1-2 列；柱头 2 裂，内卷。成熟心皮多数，长圆形或卵圆形或近圆球形，有长柄。种子有时具假种皮。花粉单粒，无萌发孔，稀具沟，表面皱波或具穿孔。染色体 $x=9$；$2n=16$、22。

分布概况：约 150/9（1）种，**4** 型；分布于热带亚洲和非洲；中国产华南、西南和华东。

系统学评述：紫玉盘属隶属紫玉盘族。杯冠木属 *Cyathostemma* 因具有球形的花芽和较小且不完全扩展的花瓣而得到承认[FOC,35]，但分子系统学研究表明，杯冠木属与该属种类聚在同 1 分支中，因此将杯冠木属归并至修订后的紫玉盘属，与皂帽花属、假鹰爪属、瓜馥木属、尖花藤属等有较近缘的关系[36,37]。

DNA 条形码研究：BOLD 网站有该属 54 种 116 个条形码数据；GBOWS 已有 4 种 15 个条形码数据。

代表种及其用途：紫玉盘 *U. microcarpa* Champ. ex Benth. 根可药用，具散瘀止痛、壮筋强骨之功效。

24. *Wangia* X. Guo & R. M. K. Saunders 文采木属

Wangia X. Guo & R. M. K. Saunders (2014: 10) [Type: *W. saccopetaloides* (W. T. Wang) X. Guo & R. M. K. Saunders (≡ *Phaeanthus saccopetaloides* W. T. Wang)]

特征描述：小乔木。花序具花 1-4，与叶对生；花两性；萼裂片 3，卵状三角形，稍合生；花瓣 6，2 轮，每轮 3，外轮花瓣卵状三角形，萼片状，较内轮小；内轮花瓣囊状，基部具腺细胞；雄蕊多数，药隔顶端膨大，截形或平头状；心皮 12-20，子房密被毛，每心皮有胚珠 5-10，排成 1 列，柱头球形。成熟心皮具柄，近念珠状，具缢痕。种子扁椭球形，单列。花粉萌发孔为 2 个隐形矩形双沟。

分布概况：1/1（1）种，**15 型**；特产中国云南。

系统学评述：该属仅 1 种。曾被作为亮花木属的囊瓣亮花木 *Phaeanthus saccopetaloides* W. T. Wang 发表[38]，随后又被归入假鹰爪属 *Desmos saccopetaloides* (W. T. Wang) P. T. Li[39]。分子系统学和形态学研究表明，该种因其花序与叶对生、外轮花瓣萼片状、囊状内轮花瓣基部具腺体、成熟心皮念珠状、花粉萌发孔隐生等特征而与其他属不同，在系统关系上与独子木属等近缘，隶属于野独活族[16]。

DNA 条形码研究：BOLD 网站有该属 1 种 4 个条形码数据。

25. *Xylopia* Linnaeus 木瓣树属

Xylopia Linnaeus (1759: 1241), *nom. cons.*; Li & Gilbert (2011: 689) (Type: *X. muricata* Linnaeus, *typ. cons.*)

特征描述：乔木。花单生或数花簇生，腋生；花萼裂片 3，镊合状排列，基部或几全部合生成杯状；花瓣 6，2 轮，每轮 3，镊合状排列，闭合或很少打开，近木质，外轮花瓣比内轮长且大，里面基部内凹，彼此靠合或略为张开，内轮花瓣线状披针形，内凹，边缘靠合成三棱形；雄蕊多数，药室外向，有横隔纹，药隔三角形或截形；心皮少至多数，离生，每心皮有胚珠 2-6，侧生。成熟心皮长椭球形。种子间有缢缩痕，具柄。四合花粉或多个四合花粉合生，具沟，穴状纹饰。染色体 $2n=16$。

分布概况：约 160/1 种，**2 型**；分布于热带及亚热带地区；中国产广西南部。

系统学评述：木瓣树属同鹰爪花属 *Artabotrys* 关系较近，分子系统学研究将这 2 属组成木瓣树族[7]。传粉生物学研究表明，象鼻虫科的 *Endaeus weevil* 为斯里兰卡的 *X. championii* J. D. Hooker & Thomson 的传粉者[40]

DNA 条形码研究：BOLD 网站有该属 16 种 27 个条形码数据；GBOWS 已有 1 种 3 个条形码数据。

主要参考文献

[1] Rafinesque CS. Analyse de la nature[M]. Palermo: aux dépens de l'auteur, 1815.

[2] Endlicher S. Genera plantarum secundum ordines naturales disposita, Vol. 1 and 2 Suppl.[M]. Vienna: Fr. Beck. Universitatis Bibliopolam, 1839.

[3] Hooker JD, Thomson T. Flora Indica, Vol. 1[M]. London: W. Pamplin, 1855, 86-153.

[4] Prantl K. Anonaceae[M]//Engler A, Prantl K. Die natürlichen pflanzenfamilien III, Teil, 2. Leipzig: W. Engelmann, 1891: 23-39.

[5] Hutchinson J. The genera of flowering plants (Angiospermae) I: Dicotyledones[M]. Oxford: Clarendon Press, 1964.

[6] Fries RE. Annonaceae[M]//Engler A, Prantl K. Die natürlichen pflanzenfamilien, 2 Aufl. Band Duncker & Humblot, 1959: 1-171.

[7] Chatrou LW, et al. A new subfamilial and tribal classification of the pantropical flowering plant family Annonaceae informed by molecular phylogenetics[J]. Bot J Linn Soc, 2012, 169: 5-40.

[8] Srivastava G, Mehrotra RC. First fossil record of *Alphonsea* Hk. f. & T. (Annonaceae) from the Late Oligocene sediments of Assam, India and comments on its phytogeography[J]. PLoS One, 2013, 8: e53177.

[9] Maas P, Westra L. Studies in Annonaceae, II: a monograph of the genus *Anaxagorea* A. St. Hil, Part 1[J]. Bot Jahrb Syst, 1985, 105: 73-134.

[10] Maas P, Westra L. Studies in Annonaceae, II: a monograph of the genus *Anaxagorea* A. St. Hil, Part 2[J]. Bot Jahrb Syst, 1985, 105: 145-204.

[11] Scharaschkin T, Doyle JA. Character evolution in *Anaxagorea* (Annonaceae)[J]. Am J Bot, 2006, 93: 36-54.

[12] Scharaschkin T, Doyle JA. Phylogeny and historical biogeography of *Anaxagorea* (Annonaceae) using morphology and non-coding chloroplast sequence data[J]. Syst Bot, 2005, 30: 712-735.

[13] Rainer H. Monographic studies in the genus *Annona* L. (Annonaceae): inclusion of the genus *Rollinia* A. St.-Hil[J]. Ann Naturhist Mus Wien B, 2007, 108: 191-205.

[14] Surveswaran S, et al. Generic delimitation and historical biogeography in the early-divergent 'ambavioid' lineage of Annonaceae: *Cananga*, *Cyathocalyx* and *Drepananthus*[J]. Taxon, 2010, 59: 1721-1734.

[15] Wang J, et al. A plastid DNA phylogeny of *Dasymaschalon* (Annonaceae) and allied genera: evidence for generic non-monophyly and the parallel evolutionary loss of inner petals[J]. Taxon, 2012, 61: 545-558.

[16] Guo X, et al. Reassessing the taxonomic status of two enigmatic *Desmos*, species (Annonaceae): morphological and molecular phylogenetic support for a new genus, Wangia[J]. J Syst Evol, 2014, 52: 1-15.

[17] Johnson DM. Revision of *Disepalum* (Annonaceae)[J]. Brittonia, 1989, 41: 356-378.

[18] Nakkuntod M, et al. Molecular phylogenetic and morphological evidence for the congeneric status of *Goniothalamus* and *Richella* (Annonaceae)[J]. Taxon, 2009, 58: 127-132.

[19] Saunders RMK. Proposal to conserve the name *Goniothalamus* against *Richella* (Annonaceae)[J]. Taxon, 2009, 58: 302-303.

[20] Brummitt RK. Report of the nomenclature committee for vascular plants: 63[J]. Taxon, 2011, 60: 226-232.

[21] Chaowasku T, et al. Characterization of *Hubera* (Annonaceae), a new genus segregated from *Polyalthia* and allied to *Miliusa*[J]. Phytotaxa, 2012, 69: 33-56.

[22] Xue B, et al. Further fragmentation of the polyphyletic genus *Polyalthia* (Annonaceae): molecular phylogenetic support for a broader delimitation of *Marsypopetalum*[J]. Syst Biodivers, 2011, 9: 17-26.

[23] Saunders RMK, et al. Pruning the polyphyletic genus *Polyalthia* (Annonaceae) and resurrecting the

genus *Monoon*[J]. Taxon, 2012, 61: 1021-1039.

[24] Saunders RMK, et al. Molecular phylogenetics and historical biogeography of the *Meiogyne-Fitzalania* clade (Annonaceae): generic paraphyly and late Miocene-Pliocene diversification in Australasia and the Pacific[J]. Taxon, 2012, 61: 559-575.

[25] Van Heusden ECH. Revision of *Meiogyne* (Annonaceae)[J]. Blumea, 1994, 38: 487-511.

[26] Weerasooriya AD, Saunders RMK. Monograph of *Mitrephora* (Annonaceae)[J]. Syst Bot Monogr, 2010, 90: 1-167.

[27] Kessler PJA. Revision der Gattung *Orophea* Blume[J]. Blumea, 1988, 33: 1-80.

[28] Huber H. Annonaceae[M]//Dassanayake MD, Fosberg FR. A revised handbook to the Flora of Ceylon, 5. New Delhi: Amerind Publishing Co., 1985: 1-75.

[29] Su YCF, Saunders RMK. Pollen structure, tetrad cohesion and pollen-connecting threads in *Pseuduvaria* (Annonaceae)[J]. Bot J Linn Soc, 2003, 143: 69-78.

[30] Pang CC, et al. Functional monoecy due to delayed anther dehiscence: a novel mechanism in *Pseuduvaria mulgraveana* (Annonaceae)[J]. PLoS One, 2013, 8: e59951.

[31] Su YCF, Saunders RMK. 2006. Monograph of *Pseuduvaria* (Annonaceae)[J]. Syst Bot Monographs 79: 1-204.

[32] Su YCF, et al. Phylogeny of the basal angiosperm genus *Pseuduvaria* (Annonaceae) inferred from five chloroplast DNA regions, with interpretation of morphological character evolution[J]. Mol Phylogenet Evol, 2008, 48: 188-206.

[33] Su YCF, et al. An extended phylogeny of *Pseuduvaria* (Annonaceae) with descriptions of three new species and a reassessment of the generic status of *Oreomitra*[J]. Syst Bot, 2010, 35: 30-39.

[34] Van Heusden ECH. Revision of the Southeast Asian genus *Trivalvaria* (Annonaceae)[J]. Nord J Bot, 1997, 17: 169-180.

[35] Utteridge TMA. Revision of the genus *Cyathostemma* (Annonaceae)[J]. Blumea, 2000, 45: 377-396.

[36] Zhou LL, et al. Molecular phylogenetic support for a broader delimitation of *Uvaria* (Annonaceae), inclusive of *Anomianthus*, *Cyathostemma*, *Ellipeia*, *Ellipeiopsis* and *Rauwenhoffia*[J]. Syst Biodivers, 2009, 7: 249-258.

[37] Zhou LL, et al. Molecular phylogenetics of *Uvaria*, (Annonaceae): relationships with *Balonga*, *Dasoclema*, and Australian species of *Melodorum*[J]. Bot J Linn Soc, 2010, 163: 33-43.

[38] 吴征镒, 王文采. 云南热带亚热带地区植物区系研究的初步报告 I[J].植物分类学报, 1957, 6: 183-254.

[39] 李秉滔. 亚洲番荔枝科植物新资料[J]. 广西植物, 1993, 13: 311-315.

[40] Ratnayake RMCS, et al. Pollination ecology and breeding system of *Xylopia championii* (Annonaceae): curculionid beetle pollination, promoted by floral scents and elevated floral temperatures[J]. Int J Plant Sci, 2007, 168: 1255-1268.

Calycanthaceae Lindley (1819), *nom. cons.* 蜡梅科

特征描述：落叶或常绿灌木。单叶对生，全缘或近全缘，羽状脉；有叶柄；无托叶。花两性，辐射对称，单生枝顶或腋生，常芳香，黄色、黄白色或褐红色或粉红白色；花梗短；花被片多数，螺旋状着生，未明显地分化成花萼和花瓣；雄蕊两轮，外轮能育，5-20，内轮败育，10-25，花丝短而离生，药室外向，2 室，纵裂，药隔伸长或短尖；心皮少数至多数，离生，子房上位，1 室，倒生胚珠2，或 1 枚不发育，花柱丝状，伸长；花托杯状。聚合瘦果着生于坛状的果托之中。种子无胚乳，胚大；具 2 旋卷状子叶。花粉粒 2 沟。甲虫、蜂类和蝇类传粉。染色体 2n=22。瘦果含蜡梅碱，有毒性。

分布概况：3 属/10 种，分布于亚洲东部，美洲北部和澳大利亚昆士兰；中国 2 属/7 种，主产华东至西南；蜡梅属 *Chimonanthus* 为中国特有。

系统学评述：传统的蜡梅科包括蜡梅属、夏蜡梅属 *Calycanthus*、*Sinocalycanthus* 和椅子树属 *Idiospermum*[FRPS]。但蜡梅属和椅子树属的系统位置一直有争议。目前分子证据表明，*Sinocalycanthus* 与 *Calycanthus* 内的物种形成姐妹关系，前者应归并于后者[1]；而椅子树属是继续置于蜡梅科内，还是单独成立为椅子树科[2]，观点不一，更多倾向于前者。因此蜡梅科下为 3 个分支，即蜡梅属、夏蜡梅属和椅子树属。

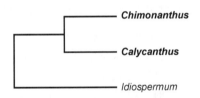

图 34　蜡梅科分子系统框架图（参考 Zhou 等[1]）

分属检索表

1. 叶柄下芽；花红褐色、粉红色、淡黄色；可育雄蕊多于 10；花期 5-7 月·····················
···**1. 夏蜡梅属 Calycanthus**
1. 鳞芽不包于叶柄基部；花黄色；可育雄蕊 4-7；花期 10 月至翌年 2 月·····························
···**2. 蜡梅属 Chimonanthus**

1. *Calycanthus* Linnaeus 夏蜡梅属

Calycanthus Linnaeus (1759: 1053), *nom. cons.*; Li & Bartholomew (2008: 94) (Type: *C. floridus* Linnaeus)

特征描述：落叶灌木。小枝二歧分枝；叶柄内芽或鳞芽。叶对生，全缘或具稀疏浅锯齿。花单生枝顶，无香气，花梗明显；花被片多数，二型，覆瓦状排列；雄蕊多数，花丝短，退化雄蕊多数；心皮多数，有丝状毛。成熟果托钟状，基部狭缩窄如长柄；瘦

果暗褐色，长圆形。花粉粒 2 沟，稀单沟，穿孔状、皱穴状或网状纹饰。花期 5-7 月；果期 9-10 月。蜂类和蝇类传粉。染色体 2n=22。

分布概况：3/1（1）种，**9** 型；分布于北美的亚热带地区；中国产浙江临安和天台。

系统学评述：夏蜡梅属在我国仅 1 种，即夏蜡梅 *C. chinensis* Cheng & S. Y. Chang[3]。鉴于其花较大，无香气，花被片二型等特征与北美种类不同，曾建立了单型属 *Sinocalycanthus*，但 Nicely[4] 认为该属的分类位置待研究。李秉滔[FRPS] 提出该种的特征与北美种类相近，至于花无香气及花被片颜色不同仅是种间区别。FOC 已将其归并入该属。基于 ITS 和 *trn*L-F 和 *trn*C-D 片段的分子系统学研究表明，夏蜡梅与该属 2 种美国夏蜡梅是很好的单系，为东亚-北美间断分布的姐妹种[1]。

DNA 条形码研究：BOLD 网站有该属 4 种 27 个条形码数据；GBOWS 已有 1 种 7 个条形码数据。

代表种及其用途：该属植物花大而美丽，并于夏初开花可供观赏。中国分布的夏蜡梅为国家 II 级重点保护野生植物。

2. *Chimonanthus* Lindley 蜡梅属

Chimonanthus Lindley (1819: 404), *nom. cons.*; Li & Bartholomew (2008: 92) [Type: *C. fragrans* Lindley, *nom. illeg.* (=*C. praecox* (Linnaeus) Link ≡ *Calycanthus praecox* Linnaeus)]

特征描述：落叶、常绿或半常绿灌木。小枝四方柱形至近圆柱形；鳞芽裸露。叶纸质或近革质，对生。花腋生，芳香，直径 0.7-4cm；花被片 10-27，黄色、黄白色，有紫红色条纹；雄蕊 5-6，着生于杯状花托边缘，花丝丝状，基部宽而连生，常被毛；不育雄蕊少数至多数，长圆形，被微毛；心皮 5-15，离生，每心皮有胚珠 2 或 1 败育。果托坛状，被毛。花粉粒 2 沟，穿孔状、皱穴状或网状纹饰。花期 10 月至翌年 2 月；果期 5-6 月。甲虫、蜂类和蝇类传粉。染色体 2n=22。

分布概况：6/6（6）种，**15** 型；中国特有，分布于华东至西南，并广泛栽培。

系统学评述：蜡梅属下分类一直存在争议。周世良等[1] 基于分子证据提出蜡梅属是单系，6 个种在 100 万-200 万年前分成 2 支，蜡梅 *C. praecox* (Linnaeus) Link 和西南蜡梅 *C. campanulatus* R. H. Chang & C. S. Ding 聚为一支，其余 4 个种（浙江蜡梅 *C. zhejiangensis* M. C. Liu、山蜡梅 *C. nitens* Oliver、柳叶蜡梅 *C. salicifolius* S. Y. Hu 和突托蜡梅 *C. grammatus* M. C. Liu）为另一支。郑朝宗[5] 基于形态特征将浙江蜡梅并入山蜡梅。Zhou 等[6] 基于 AFLP 分子标记分析认为浙江蜡梅与山蜡梅存在一定差异，不主张合并。李响[7] 提出将浙江蜡梅、突托蜡梅和山蜡梅合并为山蜡梅复合群。卢毅军[8] 基于 ITS、cpDNA 序列和 AFLP 研究表明，蜡梅和西南蜡梅是姐妹种，支持将浙江蜡梅并入山蜡梅，提出突托蜡梅亚种应置于山蜡梅，即蜡梅属包括 4 种 1 亚种。

DNA 条形码研究：BOLD 网站有该属 3 种 8 个条形码数据；GBOWS 已有 3 种 12 个条形码数据。

代表种及其用途：蜡梅是中国传统的观赏植物，山蜡梅、柳叶蜡梅嫩叶在江南农村常作茶饮用，有清凉解毒作用，也用作防治感冒。

主要参考文献

[1] Zhou S, et al. Molecular phylogeny and intra- and intercontinental biogeography of Calycanthaceae[J]. Mol Phylogenet Evol, 2006, 39: 1-15.

[2] 逄洪波. 蜡梅科植物的分子系统学研究[D]. 大连: 辽宁师范大学硕士学位论文, 2006.

[3] 郑万钧, 章绍尧. 蜡梅科的新属——夏蜡梅属[J]. 中国科学院大学学报, 1964, 9: 135-138.

[4] Nicely KAA. Monographic study of the Calycanthaceae[J]. Castanea, 1965, 30: 38-81.

[5] 郑朝宗. 浙江种子植物检索鉴定手册[M]. 杭州: 浙江科学技术出版社, 2005.

[6] Zhou MQ, et al. Genetic diversity of Calycanthaceae accessions estimated using AFLP markers[J]. Sci Hort, 2007, 112: 331-338.

[7] 李响, 等. 山蜡梅复合体的遗传多样性和居群遗传分化研究[J]. 北京林业大学学报, 2012, 34: 111-117.

[8] 卢毅军. 蜡梅属系统发育及蜡梅栽培起源研究[D]. 杭州: 浙江大学博士学位论文, 2013.

Hernandiaceae Blume (1826), *nom. cons.* 莲叶桐科

特征描述：乔木、灌木，或攀援藤本。单叶或掌状复叶，具叶柄，部分卷曲攀援，无托叶。花两性或单性或杂性，花辐射对称，排列成腋生或顶生的伞房花序或聚伞状圆锥花序；花萼基部管状，萼片 3-5；花瓣与萼片相同；雄蕊 5-3，花药 2 室，瓣裂；子房下位，1 室，胚珠 1，垂生。核果，具纵肋，有 2-4 阔翅或无翅包藏于膨大的总苞内。种子 1，无胚乳，外种皮革质。花粉粒无萌发孔。昆虫传粉（莲叶桐属 *Hernandia* 及青藤属 *Illigera* 有花蜜）或风媒传粉（*Sparattanthelium* 和 *Gyrocarpus*）。染色体 n=15，17，18，20。

分布概况：约 5 属/62 种，分布于亚洲东南部，大洋洲东北部，美洲中部和南部，非洲东西部的热带地区；中国 2 属/约 16 种，产西南、华南及东南至台湾。

系统学评述：根据形态特征莲叶桐科被划分为 2 个亚科，即莲叶桐亚科 Hernandioideae（包括 *Hazomalania*、莲叶桐属和青藤属）和 Gyrocarpoideae（包括 *Gyrocarpus* 和 *Sparattanthelium*），与早期的莲叶桐科及 Gyrocarpaceae[1]分别对应，这种划分也得到了分子证据的支持[2]。分子系统学研究表明，莲叶桐科与樟科 Lauraceae、杯轴花科 Monimiaceae 共同构成 1 个单系分支，称为"HLM"分支，但三者之间的关系目前还存在不同观点[3]，即①杯轴花科是莲叶桐科与樟科的姐妹群[4,5]；②樟科是莲叶桐科与杯轴花科的姐妹群[6,7]；③莲叶桐科是樟科与杯轴花科的姐妹群[3,8]。因此，关于莲叶桐科在木兰目中的系统位置仍需进一步研究明确。

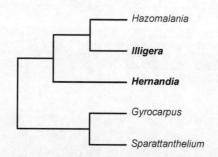

图 35　莲叶桐科分子系统框架图（参考 Michalak 等[2]; Renner[9]）

分属检索表

1. 乔木；单叶盾状或否；果实包藏于膨大的总苞内；花单性 ·············· **1. 莲叶桐属 *Hernandia***
1. 藤本；具 3 小叶；果具 2-4 翅；花两性 ················ **2. 青藤属 *Illigera***

1. *Hernandia* Linnaeus 莲叶桐属

Hernandia Linnaeus (1753: 981); Li *et al.* (2008: 255) (Type: *H. sonora* Linnaeus)

特征描述：<u>常绿乔木</u>。<u>单叶互生</u>，<u>具叶柄</u>，叶片宽卵形、盾形或近圆形，侧脉 3-7 对。雌雄同株；<u>花单性</u>，具梗，有总苞，生于圆锥花序的分枝顶端，<u>中央的为雌花</u>，<u>基部具 1 杯状小总苞</u>，<u>侧生的为雄花</u>，<u>具短梗</u>；小总苞苞片 4-5，在芽中近镊合状；雄花：花萼裂片 6-8，成 2 轮，近镊合状，雄蕊与萼裂片同数，对生，花丝具 1-2 腺体或腺体合生，花药外向，药室纵裂；雌花：萼裂片 8-10，成 2 轮，近镊合状，花柱短，被 4 或更多腺体包围，柱头扩大成不规则的锯齿状或裂片，<u>无退化雄蕊</u>。<u>果实包藏于膨大的肉质总苞内</u>。种子圆球形或卵球形，种皮厚而硬，具棱；胚厚，分裂或嚼烂状。花粉粒无萌发孔，具刺。昆虫传粉。染色体 n=20。

分布概况：<u>22-24/1 种，**2 型**</u>；分布于亚洲东南部，美洲中部，非洲西部；中国产台湾南部、海南东部及东北部。

系统学评述：莲叶桐属隶属于莲叶桐亚科，分子证据表明莲叶桐属与青藤属和 *Hazomalania* 构成 1 个三歧分支，但其内部关系没得到很好解决，Michalak 等[2]的研究认为莲叶桐属可能是青藤属与 *Hazomalania* 的姐妹群，但支持率较低。属下尚缺少较为全面的分子系统学研究。根据果实和叶的形态特征，Kubitzki[10]曾将核心莲叶桐属（不包括 *H. voyronii* Jumelle 和 *H. albiflora* Kubitzki）划分为 3 个种组（species groups），并推测这 3 个种组从波利尼西亚到达中美洲，随后分化为中美洲和大安的列斯群岛上的 8 个种，但该划分未得到分子证据的支持。

DNA 条形码研究：BOLD 网站有该属 5 种 10 个条码数据。

代表种及其用途：该属植物含有多种生物碱；叶提取物可作无痛脱毛剂；有些种类木材做独木舟或行道树。

2. *Illigera* Blume 青藤属

Illigera Blume (1826: 1153); Li *et al.* (2008: 255) (Lectotype: *I. appendiculata* Blume)

特征描述：<u>常绿藤本</u>。<u>叶互生</u>，<u>有 3 小叶（稀 5 小叶）</u>，具叶柄，有的卷曲攀援；<u>小叶全缘</u>，<u>具小叶柄</u>。花序为腋生的聚伞花序组成的圆锥花序；<u>花 5</u>，<u>两性</u>；萼片长圆形或长椭圆形，稀卵状椭圆形，具 3-5 脉；花瓣 5，与萼片同形，具 1-3 脉，镊合状排列；雄蕊 5，<u>花丝基部有 1 对附属物</u>，膨大，膜质；<u>子房下位</u>，<u>1 室</u>，1 胚珠，<u>花盘上有腺体 5</u>，小。<u>果具 2-4 翅</u>。花粉粒无萌发孔，具刺。昆虫传粉。染色体 n=18。

分布概况：约 30/15（7）种，**6 型**；分布于亚洲和非洲热带地区；中国产云南、四川、贵州、广西、广东、湖南、福建和台湾。

系统学评述：青藤属隶属于莲叶桐亚科，与莲叶桐属和 *Hazomalania* 构成 1 个三歧分支，可能与 *Hazomalania* 构成姐妹关系，但未得到很好支持[2]。青藤属缺乏较全面的分子系统学研究。

DNA 条形码研究：BOLD 网站有该属 2 种 2 个条形码数据；GBOWS 已有 4 种 16 个条形码数据。

代表种及其用途：该属一些种类的根茎具药用价值，如心叶青藤 *I. cordata* Dunn var. *cordata* 有祛风祛湿，散瘀止痛之效。

主要参考文献

[1] Shutts CF. Wood anatomy of Hernandiaceae and Gyrocarpaceae[J]. Trop Woods, 1960, 113: 85-123.

[2] Michalak I, et al. Trans-Atlantic, Trans-Pacific and Trans-Indian Ocean dispersal in the small Gondwanan Laurales family Hernandiaceae[J]. J Biogeogr, 2010, 37: 1214-1226.

[3] Massoni J, et al. Increased sampling of both genes and taxa improves resolution of phylogenetic relationships within Magnoliidae, a large and early-diverging clade of angiosperms[J]. Mol Phylogenet Evol, 2014, 70: 84-93.

[4] Doyle JA, Endress PK. Morphological phylogenetic analysis of basal angiosperms: comparison and combination with molecular data[J]. Int J Plant Sci, 2000, 161(Suppl): 121-153.

[5] Doyle JA, Endress PK. Integrating early Cretaceous fossils into the phylogeny of living angiosperms: Magnoliidae and eudicots[J]. J Syst Evol, 2010, 48: 1-35.

[6] Qiu YL, et al. Reconstructing the basal angiosperm phylogeny: evaluating information content of mitochondrial genes[J]. Taxon, 2006, 55: 837-856.

[7] Soltis DE, et al. Angiosperm phylogeny: 17 genes, 640 taxa[J]. Am J Bot, 2011, 98: 704-730.

[8] Renner SS. What is the relationship among Hernandiaceae, Lauraceae, and Monimiaceae, and why is this question so difficult to answer?[J]. Int J Plant Sci, 2000, 161: S109-S119.

[9] Renner SS. Variation in diversity among Laurales, early Cretaceous to present[J]. Biol Skr, 2005, 55: 441-458.

[10] Kubitzki K. Monographie der Hernandiaceen[J]. Bot Jahrb Syst, 1969, 89: 78-148.

Lauraceae Jussieu (1789), *nom. cons.* 樟科

特征描述：常绿或落叶的乔木或灌木，稀缠绕的寄生草本。叶互生，偶有对生、近对生或轮生，为羽状脉，或离基三出脉或三出脉，叶下面常为粉绿色；无托叶。花常腋生，亦有近顶生，圆锥状、总状或假伞形花序，其下承有总苞片。花两性或单性，雌雄同株或异株，常 3 基数，亦有 2 基数；花被片 6 或 4 呈两轮排列，或为 9 而呈三轮排列，等大或外轮花被片较小，脱落或宿存坚硬；花被筒或脱落，或呈一果托包围果实的基部，亦有果实或完全包藏于花被筒内或子房与花被筒贴生；雄蕊着生于花被筒喉部，排列呈4 轮，每轮 3，最内一轮败育成退化雄蕊，第三轮的花丝基部常有一对腺体；花药 4 室或 2 室，花药 4 室时，常 2 室在上，2 室在下，药室自基部向顶部瓣裂；第一、二轮花药药室常内向，第三轮外向，有时全部或部分顶向或侧向药室；子房上位；胚珠单一；花柱明显，柱头盘状，扩大或开裂。浆果或核果，由增大的花被筒所包藏，或生于一裸柄上，基部有坚硬而紧抱于果的花被片，或基部或大部分陷于果托中，有时基部有一扁平的盘状体，若有果托时，果托边缘全缘、波状或具齿裂；果托常肉质，具疣点；果梗或为圆柱形或为肉质且有艳色。种子具大的直胚，无胚乳。花粉粒无萌发孔，具小刺状纹饰。

分布概况：约 45 属/2000-2500 种；分布于热带至亚热带地区，东南亚和美洲热带地区尤盛；中国 25 属/445 种，产长江以南。

系统学评述：尽管樟科植物起源古老、分布广泛、生态及经济价值显著，但对该类群植物系统演化关系的认识却十分匮乏，目前仍然缺乏一个被广泛接受，并反映其系统演化的分类系统，尤其是至今已发表的诸多分类系统都基于对形态特征的不同认识。Kostermans[1]基于长期的樟科野外考察和大量的形态学研究，于 1957 年发表了一个在过去 40 年间被广为接受的樟科分类系统。在此分类系统中，4 个族被确立：花序具有总苞的木姜子族 Litseae；完全无杯状果托的鳄梨族 Perseae；多少具有杯状果托的樟族Cinnamomeae；具有下位子房、果实被包藏于增大的花被筒内的厚壳桂族Cryptocaryeae[1]。然而，近期的研究指出，该分类系统对属级分类群的界定与分类有待进一步澄清[2-4]。基于以往的樟科分类系统研究，花序形态与类型扮演着举足轻重作用，有学者将樟科划分为 2 大类群，即花序不具有总苞的鳄梨族和花序具有总苞的月桂族Laureae [2]。在此基础上，有学者将不具有总苞的花序类型进一步细分，形成严格对生的圆锥状聚伞花序和非对生的圆锥状聚伞花序，并依据 2 种花序形态上的不同重新确立了鳄梨族和厚壳桂族[3,5]。

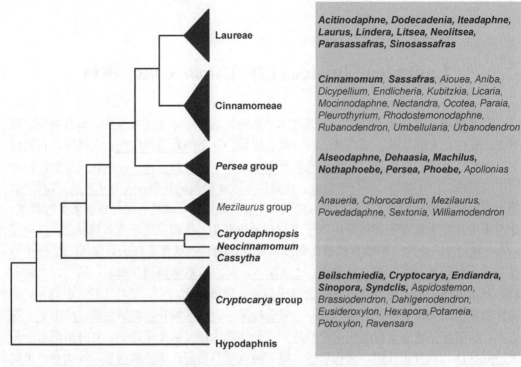

图 36 樟科分子系统框架图（Chanderbali 等[4]; Rohwer[6]; Li 等[7];
Rohwer 和 Rudolph[8]; Li 等[FOC]; Wang 等[9]; Li 等[10]）

分属检索表

1. 缠绕寄生草本 ·· **5. 无根藤属 Cassytha**
1. 有叶乔木或灌木
  2. 花单性，很少两性，假伞形花序或簇状，稀为单花；总苞片大，形成一个总苞
    3. 花 2 基数；花被裂片 4
      4. 雄花：雄蕊 12，3 轮，全部雄蕊或第二和第三轮的雄蕊具腺体，花药 2 室；雌花：退化雄
        蕊 4 ··· **12. 月桂属 Laurus**
      4. 雄花：雄蕊 6，3 轮，仅第三轮雄蕊具腺体，花药 4 室；雌花：退化雄蕊 6 ··················
      ·· **17. 新木姜子属 Neolitsea**
    3. 花 3 基数；花被裂片 6
      5. 苞片覆瓦状排列于总苞中，易脱落或脱落
        6. 落叶；叶互生，不裂或 2 或 3 浅裂；总状花序 ·············· **22. 檫木属 Sassafras**
        6. 常绿；叶通常轮生，很少对生或互生，不裂；伞形花序 ······· **1. 黄肉楠属 Actinodaphne**
      5. 苞片在总苞中交互对生，宿存或迟落
        7. 花药 4 室
          8. 花序有多花 ··· **14. 木姜子属 Litsea**
          8. 花序仅有一花 ····································· **9. 单花木姜子属 Dodecadenia**
        7. 花药 2 室
          9. 花功能上为单性；多数为多花的伞形花序 ··············· **13. 山胡椒属 Lindera**
          9. 花单性或杂性；单花的为假伞形花序 ············· **11. 单花山胡椒属 Iteadaphne**
  2. 花两性，很少雌单性，形成圆锥花序或簇，很少成假伞形花序；苞片小，不形成总苞

10. 花药（1 或）2 室

  11. 果被增大的花被筒包被 ·· **7. 厚壳桂属 Cryptocarya**

  11. 果不被花被筒包被

    12. 花 2 基数；花被裂片 4；可育雄蕊 4 ························· **25. 油果樟属 Syndiclis**

    12. 花 3 基数；花被裂片 6；可育雄蕊 3 或 9

      13. 花在功能上为单性，形成假伞状花序 ··········· **24. 华檫木属 Sinosassafras**

      13. 花两性，形成圆锥花序。

        14. 可育雄蕊 3 ··· **10. 土楠属 Endiandra**

        14. 可育雄蕊 6 或 9

          15. 花被片长于雄蕊；花被将雄蕊包含在内；花药药室横向开口，狭缝状 ····
          ··· **3. 琼楠属 Beilschmiedia**

          15. 花被片短于雄蕊；雄蕊伸出花外；花药药室顶端有一小的圆形开口 ········
          ··· **23. 孔药楠属 Sinopora**

10. 花药 4 室

  16. 果期花被筒形成一个杯状托

    17. 花排列成伞形 ··· **19. 拟檫木属 Parasassafras**

    17. 花为圆锥花序或团伞花序

      18. 花为圆锥花序；花药药室成对排列在花药上；果期花被裂片脱落或宿存但不加厚；叶互生或近对生，具羽状脉、三出脉或离基三出脉 ········· **6. 樟属 Cinnamomum**

      18. 花为团伞花序；花药药室排成一行或成对排列在花药上，2 室较大且侧外向；果期花被片宿存且膨大；叶互生，离基三出脉 ········· **16. 新樟属 Neocinnamomum**

  16. 果期花被筒不形成杯状托

    19. 果时花被片宿存

      20. 宿存花被裂片柔软，长，反卷或展开，但不紧抱果实基部· **15. 润楠属 Machilus**

      20. 宿存花被片持久，短，直立或坚硬，紧抱果实基部

        21. 花被片等长，有时外面 3 稍小；花丝长 ··········· **21. 楠属 Phoebe**

        21. 花被片不等长，外面 3 明显小于内部 3；花丝短 ················
        ··· **18. 赛楠属 Nothphoebe**

    19. 果时花被片脱落

      22. 果梗增粗，肉质，常着艳色；花药 2 室 ············· **8. 莲桂属 Dehaasia**

      22. 果梗很少或不增粗；如果果梗增粗，则花药 4 室

        23. 叶对生，三出脉或离基三出脉；花被片不等大，外面 3 较小 ················
        ··· **4. 檬果樟属 Caryodaphnopsis**

        23. 叶互生，羽状脉；花被片等大或近等大

          24. 花被大；果肉质，大型；栽培种 ··········· **20. 鳄梨属 Persea**

          24. 花被小或中等大；果稍肉质，小至中型；原生种······ **2. 油丹属 Alseodaphne**

1. *Actinodaphne* Nees 黄肉楠属

Actinodaphne Nees (1831: 61); Huang & van der Werff (2008: 161) (Type: *A. pruinosa* Nees)

    特征描述：常绿乔木或灌木。<u>叶簇生或近轮生</u>，少数互生或对生，羽状脉，少为离基三出脉。花单性；<u>雌雄异株</u>；<u>假伞形花序单生或簇生，或组成圆锥状或总状</u>；<u>苞片覆瓦状排列，早落</u>。花被裂片 6，排成 2 轮，每轮 3，近相等，少宿存。雄花：能育雄蕊 9，

每轮 3，排成 3 轮，花药 4 室，内向瓣裂，第一、二轮花丝无腺体，第三轮花丝基部有 2 腺体；退化雌蕊细小或无。雌花：退化雄蕊 9，每轮 3，排成 3 轮，子房上位，柱头盾状。果着生于浅或深的杯状或盘状果托内。花粉粒无萌发孔，网状纹饰，被刺。

分布概况：100/17（13）种，**7 型**；分布于亚洲热带至亚热带地区；中国产西南、华南和华东。

系统学评述：被置于月桂族[1,2]或木姜子属群中[7,11-13]。Li 等的分子系统学研究表明，黄肉楠属是 1 个复系类群，存在有短枝型与有限花序 2 大花序类型，属下的大部分种类与新木姜子属 *Neolitsea* 亲缘关系密切[13-15]。

DNA 条形码研究：BOLD 网站有 16 种 21 个条形码数据；GBOWS 有 6 种 52 个条形码数据。

代表种及其用途：该属树种木材结构细密，纹理清晰，材质优良，如思茅黄肉楠 *A. henryi* Gamble、毛尖树 *A. forrestii* (C. K. Allen) Kostermans。

2. *Alseodaphne* Nees 油丹属

Alseodaphne Nees (1831: 61); Li et al. (2008: 227) (Lectotype: *A. semecarpifolia* Nees)

特征描述：常绿乔木。叶互生，常聚生于近枝顶，羽状脉。花序腋生，圆锥状或总状；苞片及小苞片脱落。花两性；花被裂片 6，近相等或外轮 3 较小，花后稍增厚，但果时消失；能育雄蕊 9，排列成 3 轮，第一、二轮花丝无腺体，第三轮花丝基部有一对腺体，花药 4 室，第一、二轮药室内向，第三轮药室外向或上方 2 室侧向，下方 2 室外向；退化雄蕊 3；子房有部分陷入浅的花被筒中，花柱与子房等长，柱头小，盘状。果卵球形、长圆形或近球形，肉质，多浆，常具疣。花粉粒无萌发孔，具刺或小颗粒。

分布概况：50/10（7）种，**7 型**；分布于亚洲热带地区；中国产云南东南至华南及海南。

系统学评述：油丹属传统上被置于鳄梨族[1]，或目前油丹属与鳄梨属 *Persea*、楠属 *Phoebe*、润楠属 *Machilus*、赛楠属 *Nothaphoebe* 和莲桂属 *Dehaasia* 等类群共同组成单系的鳄梨属群 *Persea* group[4,10,16]。Li 等[10]应用核基因 ITS 和 LEAFY intron II 序列作为分子标记，对包含油丹属在内的鳄梨属群开展了分子系统学研究，结果表明油丹属为复系类群，部分种类与赛楠属系统关系近缘。

DNA 条形码研究：BOLD 网站有 12 种 15 个条形码数据；GBOWS 有 1 种 5 个条形码数据。

代表种及其用途：油丹 *A. hainanensis* Merrill 木材纹理通直，结构细致均匀，材质硬重，具韧性而耐腐，是优质木材。

3. *Beilschmiedia* Nees 琼楠属

Beilschmiedia Nees (1831: 61); Li et al. (2008: 232) (Lectotype: *B. roxburghiana* Nees)

特征描述：常绿乔木或灌木。叶对生、近对生或互生，羽状脉，网脉明显。花两性。

花序短, 成聚伞状圆锥花序, 有时为腋生的近总状花序; 总梗及花梗花后增大或不增大。花被裂片 6, 近相等; 能育雄蕊 9, 第一、二轮花丝无腺体, 第三轮花丝基部常有 2 个腺体, 花药 2 室, 第一、二轮花药内向, 第三轮外向; 子房先端渐狭成花柱。果浆果状, 椭圆形、卵状椭圆形、圆柱形、倒卵形或近球形; 果梗膨大或不膨大; 花被筒果时完全脱落。花粉粒无萌发孔, 有时具刺。

分布概况: 300/39(33)种, **2 型**; 分布于非洲, 东南亚, 澳大利亚和美洲的热带地区; 中国产西南至台湾, 以广东、广西和云南为多。

系统学评述: 分子系统学支持琼楠属与土楠属 *Endiandra*、厚壳桂属 *Cryptocarya*、*Aspidostemon*、*Eusideroxylon*、*Potamia* 及 *Potoxylon* 等类群共同归入厚壳桂族[4,6], 但各类群间的系统关系仍需进一步研究。

DNA 条形码研究: BOLD 网站有 46 种 74 个条形码数据; GBOWS 有 7 种 36 个条形码数据。

4. *Caryodaphnopsis* Airy Shaw 檬果樟属

Caryodaphnopsis Airy Shaw (1940: 74); Li et al. (2008: 225) [Type: *C. tonkinensis* (Lecomte) Airy Shaw (≡ *Nothaphoebe tonkinensis* Lecomte)]

特征描述: 灌木或乔木。叶对生或近对生, 三出脉或离基三出脉。花两性, 排列成横出、狭而细长的腋生圆状花序。花被裂片 6, 外轮细小, 内轮大得多, 脱落; 能育雄蕊 9, 棒状长圆形而花丝不明显, 或花药呈正方形而花丝明显呈扁平状, 花药 4 室, 偶有 2 室, 或仅第一、二轮花药 2 室, 内向, 第三轮药室外向或侧外向; 退化雄蕊 3; 花柱短, 柱头不明显地 2-3 裂。果大, 梨果状, 坚硬, 外果皮薄膜质, 中果皮肉质, 内果皮软骨质; 果梗多少增厚, 顶端膨大。花粉粒无萌发孔, 瘤状凸起。

分布概况: 14/3(1)种, **3 型**; 6 种分布于热带亚洲地区, 其余 8 种分布于中美洲至南美洲的热带地区; 中国产云南东南部至南部。

系统学评述: 檬果樟属曾被置于鳄梨属群[2,4,10]。分子系统学研究显示檬果樟属与鳄梨属群亲缘关系较远[6,16]; Wang 等[9]综合分子系统学、形态学和木材与树皮解剖的证据, 提出檬果樟属是新樟属 *Neocinnamomum* 的姐妹群。

DNA 条形码研究: BOLD 网站有 5 种 8 个条形码数据; GBOWS 有 3 种 25 个条形码数据。

5. *Cassytha* Linnaeus 无根藤属

Cassytha Linnaeus (1753: 35); Li et al. (2008: 254) (Type: *C. filiformis* Linnaeus)

特征描述: 多黏质的寄生缠绕草本, 借吸盘状吸根攀附于寄生植物上。叶退化为很小的鳞片。花两性, 生于鳞片状苞片之间, 每花下有紧贴于花被下方的 2 小苞片, 排成穗状、头状或总状花序。花被筒花后顶端紧缩, 花被片 6, 排成 2 轮, 外轮 3 很小; 能育雄蕊 9, 花药 2 室, 第一、二轮内向, 第三轮外向; 最内轮的退化雄蕊 3; 子房被花后增大的花被筒所封闭, 柱头小或头状。果包藏于花后增大的肉质花被筒内, 顶端开口,并有宿存的花被片。花粉粒无萌发孔，光滑或微粗糙。

分布概况：200/1 种，**2**（**5**）型；主产澳大利亚，少数到非洲和亚洲，1 种为泛热带分布；中国产长江流域及其以南。

系统学评述：寄生性的无根藤属系统位置较为孤立，传统上将其列为无根藤亚科 Cassythoideae[1,FRPS]。分子系统学研究中所推断的无根藤属与新樟属的姐妹群关系明显是受到长枝吸引的影响[4,6,8,9]。无根藤属的系统位置仍有待进一步研究。

DNA 条形码研究：BOLD 网站有 4 种 8 个条形码数据；GBOWS 有 1 种 11 个条形码数据。

代表种及其用途：无根藤 *C. filiformis* Linnaeus 全草可入药，有化湿消肿，通淋利尿的功效。

6. *Cinnamomum* Schaeffer 樟属

Cinnamomum Schaeffer (1760: 74), *nom. cons.*; Li et al. (2008: 166) (Type: *C. zeylanicum* Blume)

特征描述：常绿乔木或灌木，枝、叶具芳香。叶互生或近对生，离基三出脉或三出脉或羽状脉。圆锥花序腋生，或近顶生，由 3 至多花的聚伞花序组成。花两性；花被筒杯状或钟状，花被裂片 6，近等大，脱落，或下部留存；能育雄蕊 9，排成 3 轮，第一、二轮花丝无腺体，第三轮基部有一对腺体，花药 4 室，第一、二轮内向，第三轮外向；退化雄蕊 3；花柱与子房等长，柱头头状或盘状。果肉质，有果托；果托杯状、钟状或圆锥状，截平或边缘波状，或有不规则小齿。花粉粒无萌发孔，穿孔-刺状纹饰。

分布概况：350/49（30）种，**3** 型；主要分布于亚洲的热带和亚热带地区，极少分布到澳大利亚和太平洋岛屿，中南美洲也有；中国产长江流域及其以南。

系统学评述：樟属传统上被置于樟族 Cinnamomeae[1]，或与美洲分布的 *Mocinnodaphne*、*Aiouea* 及 *Ocotea* 部分种类构成樟属群 *Cinnamomm* group[4]。属下包含有以互生叶、羽状脉为主的樟组 *Cinnamomum* sect. *Camphora* 和以对生叶、三出脉为主的肉桂组 *C.* sect. *Cinnamomum*[FRPS]。分子系统学的研究显示，亚洲分布的樟属种类与美洲分布的樟属种类各自形成 1 个单系分支[4,6]。

DNA 条形码研究：BOLD 网站有 52 种 186 个条形码数据；GBOWS 有 16 种 155 个条形码数据。

代表种及其用途：该属许多种类的树干及枝叶富含芳香油，是著名的香料植物，如肉桂 *C. cassia* (Linnaeus) D. Don、锡兰肉桂 *C. verum* J. Presl、天竺桂 *C. japonicum* Siebold、香桂 *C. subavenium* Miquel 等。

7. *Cryptocarya* R. Brown 厚壳桂属

Cryptocarya R. Brown (1810: 402); Li et al. (2008: 247) (Lectotype: *C. glaucescens* R. Brown)

特征描述：常绿乔木或灌木。叶互生，少近对生，羽状脉，少离基三出脉。花两性，组成腋生或近顶生短的圆锥花序。花被筒陀螺形或卵形，宿存，花后顶端收缩，花被裂片 6，近相等；能育雄蕊 9，花药 2 室，第一、二轮花药内向，花丝基部无腺体，第三轮花药外向，花丝基部有一对腺体；退化雄蕊位于最内轮；<u>子房无柄</u>，<u>为花被筒包藏</u>，花柱近线形，柱头小。<u>果核果状</u>，<u>球形、椭圆形或长圆形</u>，<u>外面平滑或有数条纵棱</u>，<u>全部包藏于肉质或硬化并增大的花被筒内</u>，<u>顶端有一小开口</u>。花粉粒无萌发孔，皱穴状纹饰，有时被刺。

分布概况：200-250/21（15）种，**2** 型；分布于热带至亚热带地区，但非洲中部未见，主产马来西亚，南至澳大利亚和智利；中国产东南、华南及西南。

系统学评述：分子系统学研究支持该属与土楠属、琼楠属、*Aspidostemon*、*Eusideroxylon*、*Potamia* 和 *Potoxylon* 等同属于厚壳桂族[4,6]，但属下各类群间的系统关系仍需进一步研究。

DNA 条形码研究：BOLD 网站有 34 种 131 个条形码数据；GBOWS 有 3 种 22 个条形码数据。

代表种及其用途：该属不少种类木材纹理通直，结构均匀细致，材质重，是家具的优质用材，如丛花厚壳桂 *C. densiflora* Blume、厚壳桂 *C. chinensis* (Hance) Hemsley 等。

8. *Dehaasia* Blume 莲桂属

Dehaasia Blume (1836: 372), *nom. & orth. cons.*; Li et al. (2008: 224) (Lectotype: *D. microcarpa* Blume)

特征描述：灌木至小或中乔木。<u>树皮白色</u>，<u>光滑</u>，<u>易脱落</u>。<u>枝条白色</u>，纤细而坚硬，<u>叶痕明显</u>。叶聚生于小枝梢端，羽状脉，网脉细致而近蜂窝状。<u>圆锥花序腋生</u>，<u>苞片及小苞片脱落</u>。花两性；<u>花被片常不相等</u>，<u>外轮常较小</u>；能育雄蕊 9，花药 2 室，第一、二轮花药药室内向，第三轮外向，第三轮花丝基部有一对腺体；退化雄蕊小，无柄，三角形；子房卵珠形，花柱短，柱头小。果卵球形，黑色光亮，中果皮肉质；<u>果梗肉质膨大</u>，<u>深红色</u>，<u>具疣</u>，<u>顶端近扁平</u>。花粉粒无萌发孔，被刺。

分布概况：35/3（2）种，**7** 型；分布于缅甸，老挝，泰国，柬埔寨，越南，马来西亚，印度尼西亚，菲律宾；中国产海南、广东和台湾。

系统学评述：莲桂属传统上被置于鳄梨族[1]，或鳄梨属群[2,4,10]。Li 等[10]以核基因 ITS 和 LEAFY intron II 序列作为分子标记，对包含莲桂属在内的鳄梨属群开展了分子系统学研究，确定莲桂属为复系类群，与油丹属系统亲缘关系近缘，但由于对该属与油丹属物种的取样代表有限，有待开展更为深入的系统学研究。

DNA 条形码研究：BOLD 网站有 6 种 6 个条形码数据。

9. *Dodecadenia* Nees 单花木姜子属

Dodecadenia Nees (1831: 61); Huang et al. (2008: 141) (Type: *D. grandiflora* Nees)

特征描述：常绿乔木。叶互生，羽状脉。<u>假伞形花序单独或簇生于叶腋</u>，<u>仅包含一花</u>，<u>4 或 5 总苞片覆瓦状排列</u>。花单性；花被片 6，近相等，排列成 2 轮；雄花：雄蕊 12，排列成 4 轮，每轮 3，第一、二轮雄蕊没有腺体，第三、四轮雄蕊花丝基部有 2 个腺体，花药 4 室，内向瓣裂；雌花：具退化雄蕊 12，子房上位，花柱伸长，柱头膨大。果实着生于盘状果托上。

分布概况：1/1 种，**7** 型；分布于喜马拉雅南部地区；中国产四川西部、西藏东南部和云南。

系统学评述：单花木姜子属被置于月桂族[1,2]或木姜子属群中[2,4,6,7,11-13]，由于其假伞形花序里仅生一花而较为特殊，但与同样花单生、具 2 药室的单花山胡椒属 *Iteadaphne* 并无系统发育关系，可能是趋同演化的结果[7,11-13]。

DNA 条形码研究：BOLD 网站有 1 种 2 个条形码数据；GBOWS 有 1 种 4 个条形码数据。

10. *Endiandra* R. Brown 土楠属

Endiandra R. Brown (1810: 402); Li et al. (2008: 231) (Type: *E. glauca* R. Brown)

特征描述：乔木。叶互生，羽状脉，细脉呈蜂巢状小窝穴。圆锥花序腋生，生于小枝基部，具梗，多花，或退化成一聚伞花序。花两性，细小；花被裂片 6，近相等或外轮稍大；能育雄蕊 3，属于第三轮，花药稍增厚，无柄，在中部或顶端下方有外向的 2 药室，第一、二轮的 6 雄蕊不存在或退化成腺体，最内轮的退化雄蕊无或稀为 3；子房无柄，花柱短，柱头小。果长圆形、圆柱形或卵珠形；果梗几不增大；花被全部脱落或为盘状，或近于宿存而不变形。花粉粒无萌发孔，刺状纹饰。

分布概况：30/3（2）种，**5** 型；分布于印度经东南亚至澳大利亚和太平洋岛屿；中国产台湾、海南和广西。

系统学评述：依据分子系统学研究，将土楠属与琼楠属、厚壳桂属、*Aspidostemon*、*Eusideroxylon*、*Potamia* 及 *Potoxylon* 等类群共同归入厚壳桂族[4,6]，各类群间的系统关系仍需进一步研究。

DNA 条形码研究：BOLD 网站有 13 种 33 个条形码数据；GBOWS 有 1 种 3 个条形码数据。

11. *Iteadaphne* Blume 单花山胡椒属

Iteadaphne Blume (1851: 365); Li et al. (2008: 159) (Type: *I. confusa* Blume, *nom. illeg.*)

特征描述：小乔木或灌木，常绿。叶互生，明显的三出脉或离基三出脉。2-8 个仅有一花的假伞形花序生于腋生短枝上呈总状；每个假伞形花序有苞片 1，总苞片 2。花单性或杂性；花被筒短，花被片 6，近相等；雄花：具雄蕊 6-9，第三轮花丝基部有 2 圆肾形近无柄的腺体，花药 2 室，药室内向；雌花：子房卵形或近球形，花柱纤细，柱头裂膨大，盾状。核果状果实生于盘状果托上。

分布概况：3/1 种，**7** 型；分布于印度，缅甸，老挝，泰国，越南，马来西亚；中国产云南南部和广西西部。

系统学评述：单花山胡椒属被置于月桂族[1,2]或木姜子属群中[11,12]，由于其假伞形花序里仅生一花而较为特殊，与同样花单生、具 4 药室的单花木姜子属并无系统发育关系，两者之间的相似性可能是趋同演化的结果[7,11-13]。

DNA 条形码研究：BOLD 网站有 1 种 1 个条形码数据；GBOWS 有 1 种 30 个条形码数据。

代表种及其用途：该属植物种子、果皮和枝叶含有芳香油，可供制润滑油，如香面叶 *I. caudate* (Nees) H. W. Li。

12. *Laurus* Linnaeus 月桂属

Laurus Linnaeus (1753: 369); Li et al. (2008: 105) (Type: *L. nobilis* Linnaeus)

特征描述：常绿小乔木。叶互生，革质，羽状脉。花雌雄异株，组成具梗的假伞形花序；花序在开花前由 4 交互对生的总苞片包裹，腋生。花 2 基数，花被裂片 4，近等大；雄花：雄蕊 8-14，通常 12，排列成 3 轮，第一轮花丝无腺体，第二、三轮花丝中部有一对无柄的肾形腺体，花药 2 室，药室内向；雌花：退化雄蕊 4，与花被片互生，花丝顶端有成对无柄腺体，子房 1 室，花柱短，柱头钝三棱形，胚珠 1。果卵球形；花被筒不或稍增大，完整或撕裂。花粉粒无萌发孔，具刺。

分布概况：2/1 种，分布于地中海沿岸地区，大西洋的加那利群岛和马德拉群岛；中国引种栽培 1 种。

系统学评述：月桂属被置于月桂族[1,2]或木姜子属群 *Litsea* complex[2,4,6,7,11-13]中，由于其具 2 基数的花而较为特殊。属下包含 2 种，曾被建议为 2 亚种[2]。

DNA 条形码研究：BOLD 网站有 3 种 118 个条形码数据。

代表种及其用途：该属植物叶和果含芳香油，用于食品和香精，尤其叶片可作调味香料，如月桂 *L. nobilis* Linnaeus。

13. *Lindera* Thunberg 山胡椒属

Lindera Thunberg (1783: 64), *nom. cons.*; Cui & van der Werff (2008: 142) (Type: *L. umbellata* Thunberg)

特征描述：常绿或落叶的乔木、灌木。叶互生，全缘或三裂，羽状脉或离基三出脉。花单性，雌雄异株；假伞形花序在叶腋单生或在腋生缩短短枝上 2 至多个簇生；总苞片 4，交互对生。花被片 6，近等大或外轮稍大，脱落；雄花：能育雄蕊 9，排列成 3 轮，花药 2 室，内向瓣裂，第三轮的花丝基部着生有 2 具柄的腺体；雌花：退化雄蕊 9，第三轮退化雄蕊两侧具 2 无柄腺体。浆果或核果呈圆形或椭圆形；花被筒稍膨大成果托于果实基部，或膨大成杯状包被果实基部以上至中部。花粉粒无萌发孔，穿孔-刺状纹饰。

分布概况：100/38（23）种，**3** 型；分布于亚洲温带至热带地区，北美有 2 种，澳大利亚 1 种；中国主产长江以南。

系统学评述：山胡椒属被置于月桂族[1,2]或木姜子属群中[2,4,6,7,11-13]。Tsui 所建立的山胡椒属下系统中有 8 个组，即杯托组 *Lindera* sect. *Cupuliformes*、山胡椒组 *L.* sect. *Lindera*、长梗组 *L.* sect. *Aperula*、多蕊组 *L.* sect. *Polyadenia*、球果组 *L.* sect. *Sphaerocarpae*、掌脉

组 *L.* sect. *Palminervia*、单花伞序组 *L.* sect. *Uniumbellae* 和三出脉组 *L.* sect. *Daphnidium*
[FRPS]。Li 等利用叶绿体 *mat*K、核核糖体 ETS 和 ITS 对包含山胡椒属在内的木姜子属群
开展了较为深入的分子系统学研究，发现花药药室数目（4 药室和 2 药室）这一性状不
具有系统学价值，仅依据药室数目的不同与木姜子属的划分不自然，山胡椒属并不是 1
个单系类群，且属下划分的各个组也并非自然类群，提出花序类型是解决木姜子属群系
统学问题的关键性状[7,11-13]。

DNA 条形码研究：BOLD 网站有 21 种 58 个条形码数据；GBOWS 有 13 种 170 个
条形码数据。

代表种及其用途：该属不少种类芳香油，可做香料及药用，如团香果 *L. latifolia* J. D.
Hooker、山胡椒 *L. glauca* (Siebold & Zuccarini) Blume 和香叶树 *L. communis* Hemsley；有
的乔木树种可作木材，如黑壳楠 *L. megaphylla* Hemsley 和三桠乌药 *L. obtusiloba* Blume。

14. *Litsea* Lamarck 木姜子属

Litsea Lamarck (1792: 574), *nom. cons.*; Huang et al. (2008: 118) (Type: *L. chinensis* Lamarck)

特征描述：落叶或常绿，乔木或灌木。叶互生，鲜对生或轮生，羽状脉。花单性，
雌雄异株；假伞形花序排成聚伞状或圆锥状，簇生于叶腋；苞片 4-6，交互对生，迟落。
花 3 基数；花被裂片常 6，排成 2 轮，每轮 3，早落；雄花：能育雄蕊 9 或 12，每轮 3，
外 2 轮花丝常无腺体，内轮花丝两侧有腺体 2，花药 4 室，内向瓣裂；雌花：退化雄蕊
与雄花中的雄蕊数目相同，花柱明显。果着生于多少增大的浅盘状或深杯状的果托上，
或无盘状或杯状果托。花粉粒无萌发孔，穿孔-刺状纹饰。

分布概况：200/74（47）种，**3** 型；主要分布于亚洲热带至亚热带地区，少数种类
可见澳大利亚和太平洋岛屿，以及北美至南美的亚热带地区；中国产长江流域及其以南
和西南温暖地区。

系统学评述：木姜子属被置于月桂族[1,2]或木姜子属群中[2,4,6,7,11-13]。属下划分为落叶
组 *Litsea* sect. *Tomingodaphne*、木姜子组 *L.* sect. *Litsea*、平托组 *L.* sect. *Conodaphne* 和杯
托组 *L.* sect. *Cylicodaphne* [FRPS]。Li 等利用叶绿体 *mat*K、核核糖体 ETS 和 ITS 对包含木
姜子属在内的木姜子属群开展了较为深入的分子系统学研究，发现仅依据药室数目（4
药室和 2 药室）的不同与山胡椒属 *Iteadaphne* 的划分不客观，木姜子属并不是 1 个单系
类群，且属下划分的各个组也并非自然类群，提出花序类型是解决木姜子属群系统学问
题的关键性状[7,11-13]。

DNA 条形码研究：BOLD 网站有 42 种 82 个条形码数据；GBOWS 有 17 种 208 个
条形码数据。

代表种及其用途：该属一些种类的果实、枝和叶均可提取芳香油，为食品和医药制
品的原料，如山鸡椒 *L. cubeba* (Loureiro) Persoon 和木姜子 *L. pungens* Hemsley 等。

15. *Machilus* Rumphius ex Nees 润楠属

Machilus Rumphius ex Nees (1831: 61); Wei & van der Werff (2008: 201) [Lectotype: *M. odoratissimus* Nees,

Laurus indica Loureiro (1790), *non* Linnaeus (1753)]

特征描述：常绿乔木或灌木。叶互生，全缘，羽状脉。圆锥花序顶生或近顶生。花两性，小或较大；花被筒短；花被裂片 6，近等大或外轮的较小，花后宿存不脱落，排列成 2 轮；能育雄蕊 9，排成 3 轮，花药 4 室，第一、二轮雄蕊无腺体，药室内向，第三轮雄蕊有腺体，药室外向或侧向，第四轮为退化雄蕊，箭头状；子房无柄，柱头小、盘状或头状。果肉质，球形，果下有宿存、反曲的花被裂片；果梗不增粗或略微增粗。花粉粒无萌发孔，穴状或穿孔状纹饰，被刺。

分布概况：100/82（63）种，**7** 型；分布于亚洲热带至亚热带地区；中国产西南、南部至东部的亚热带地区。

系统学评述：润楠属曾被置于鳄梨属下的 1 个亚属[1,2]。目前樟科分类系统尚未确立，与油丹属、莲桂属、楠属、赛楠属、鳄梨属等类群一起组成 1 个单系类群，即鳄梨属群[2,4,10]。Li 等[10]应用核基因 ITS 和 LEAFY intron II 序列作为分子标记，对包含润楠属在内的鳄梨属群开展了分子系统学研究，确定润楠属为单系类群，证实宿存花被片是界定润楠属的关键形态学性状。曾有学者将润楠属划分为 6 个组，包括滇藏组 *Machilus* sect. *Machilus*、光花组 *M.* sect. *Glabriflorae*、滇黔桂组 *M.* sect. *Multinerviae*、绒毛组 *M.* sect. *Tomentosae*、毛花组 *M.* sect. *Pubiflorae* 和大果组 *M.* sect. *Megalocarpae*[FRPS]，由于分子标记的局限，在润楠属单系分支的内部，多个分支间的系统演化关系均未得到解决，这些属下类群的系统位置有待进一步研究[10]。

DNA 条形码研究：BOLD 网站有 44 种 169 个条形码数据；GBOWS 有 30 种 345 个条形码数据。

代表种及其用途：该属有许多优良用材树种，如滇润楠 *M. yunnanensis* Lecomte、宜昌润楠 *M. ichangensis* Rehder & E. H. Wilson 和华润楠 *M. chinensis* (Bentham) Hemsley 等。

16. *Neocinnamomum* H. Liu 新樟属

Neocinnamomum H. Liu (1932: 82); Li et al. (2008: 187) (Type: *non designatus*)

特征描述：灌木或小乔木。叶互生，全缘，排成左右两列，三出脉或离基三出脉。由 1 至多花组成的团伞花序。花小，两性，具梗；花被裂片 6，近等大；能育雄蕊 9，第三轮花丝基部有一对腺体，花药 4 室，上 2 室内向（第一、二轮雄蕊）或外向（第三轮雄蕊）或全部侧向，下 2 室较大，侧向；退化雄蕊具柄；子房梨形，柱头盘状。果为浆果状核果，椭圆形或圆球形；果托大而浅，肉质增厚，高脚杯状，花被片宿存而略增大；果梗纤细。花粉粒无萌发孔，外壁光滑。

分布概况：7/5（3）种，**7** 型；分布于尼泊尔，不丹，印度，缅甸，泰国，越南，印度尼西亚；中国产海南、广西、云南、四川和西藏。

系统学评述：新樟属传统上被置于樟族 Cinnamomeae[1]。Wang 等[9]综合分子系统学、形态学和木材与树皮解剖的证据，确认新樟为单系类群，与檬果樟属 *Caryodaphnopsis* 构成姐妹群。

DNA 条形码研究：BOLD 网站有 4 种 8 个条形码数据；GBOWS 有 2 种 10 个条形

码数据。

代表种及其用途：该属植物枝、叶含芳香油，用于香料与医药，如新樟 *N. delavayi* (Lecomte) H. Liu。

17. *Neolitsea* (Bentham & J. D. Hooker) Merrill 新木姜子属

Neolitsea (Bentham & J. D. Hooker) Merrill. (1906: 56), *nom. cons.*; Huang & van der Werff (2008: 105) [Type: *N. zeylanica* (Nees & T. F. L. Nees) Merrill (≡ *Litsea zeylanica* Nees & T. F. L. Nees)]. —— *Litsea* sect. *Neolitsea* Bentham

特征描述：常绿乔木或灌木。叶互生或簇生成轮生状，离基三出脉，少数为羽状脉或近离基三出脉。花单性，雌雄异株，假伞形花序单生或簇生，无总梗或有短总梗；花苞片大，交互对生，迟落。花 2 基数，花被裂片 4，内外轮各 2 片；雄花：能育雄蕊 6，排成 3 轮，每轮 2，花药 4 室，均内向瓣裂，第一、二轮花丝无腺体，第三轮花丝基部有 2 枚腺体；雌花：退化雄蕊 6，花柱明显，柱头盾状。果着生于稍扩大的盘状或内陷的果托上，果梗略增粗。花粉粒无萌发孔，被刺。

分布概况：约 100/45 种，**7 型**；主要分布于马来西亚地区，仅 3 种产澳大利亚；中国产西南、华南至华东。

系统学评述：新木姜子属被置于月桂族[1,2]或木姜子属群[2,4,6,7,11-13]，由于其具 2 基数的花而较为特殊。Li 等[13,15]利用 ITS 和 ETS 开展了分子系统学研究，确定新木姜子属为 1 个单系类群，并发现由于花序类型一致与黄肉楠属 *Actinodaphne* 的大部分种类有亲缘关系密切，否定新木姜子属以离基三出脉和羽状脉作为属内亚类群的划分，提出以球形果与椭圆和卵形果特征可以将新木姜子属划分为 2 个亚类群。

DNA 条形码研究：BOLD 网站有 24 种 103 个条形码数据；GBOWS 有 17 种 197 个条形码数据。

代表种及其用途：团花新木姜子 *N. homilantha* C. K. Allen 叶可提芳香油；鸭公树 *N. chuii* Merrill 果核含油量高，供制润滑油用；毛果新木姜子 *N. ellipsoidea* C. K. Allen、钝叶新木姜子 *N. obtusifolia* Merrill 和长圆叶新木姜子 *N. oblogifolia* Merrill & Chun 等木材纹理通直，结构均匀细致。

18. *Nothaphoebe* Blume 赛楠属

Nothaphoebe Blume (1851: 328); Li et al. (2008: 200) [Lectotype: *N. umbelliflora* (Blume) Blume (≡ *Ocotea umbelliflora* Blume)]

特征描述：灌木或乔木。叶互生，羽状脉。花序为聚伞状圆锥花序，腋生或顶生，具梗。花两性，具梗；小苞片细小；花被筒短，花被片 6，不等大，外轮 3 小得多；能育雄蕊 9，第一、二轮花丝无腺体，第三轮花丝近基部有一对具短柄的圆状肾形腺体，花药 4 室，第一、二轮雄蕊药室内向，第三轮药室外向或侧向；退化雄蕊 3，位于最内轮，三角状心形，具短柄；子房卵球形，花柱纤细，柱头头状。浆果状核果椭圆形或圆球形。花粉粒无萌发孔，被刺。

分布概况：40/2（2）种，**3 型**；分布于东南亚，北美；中国产四川、贵州、云南和台湾。

系统学评述：该属中国分布的 2 个种的划分存在较大分歧，有学者认为赛楠 *N. cavaleriei* (H. Léveillé) Yen C. Yang 应归于楠属，台湾赛楠 *N. konishii* (Hayata) Hayata 应置于润楠属[FOC]，且前一观点得到分子系统学研究的支持[10,FOC]。

DNA 条形码研究：BOLD 网站有 2 种 4 个条形码数据。

19. *Parasassafras* D. G. Long 拟檫木属

Parasassafras D. G. Long (1984: 513); Huang & van der Werff (2008: 166) [Type: *P. confertiflorum* (Meisner) D. G. Long (≡ *Actinodaphne confertiflora* Meisner)]

特征描述：常绿乔木。叶互生，离基三出脉，幼叶有时先端开裂。假伞形花序簇生叶腋；总苞片小，互生，早落。花单性；花被筒短；花被片 6，每轮 3，排成 2 轮；雄花：能育雄蕊 9，每轮 3，排成 3 轮，第一、二轮花丝基部无腺体，第三、四轮花丝基部有两枚腺体，花药 4 室，内向瓣裂，退化雌蕊细小；雌花：子房上位，球形，花柱粗壮，柱头盾形。果实生于浅盘状果托上。

分布概况：1/1 种，**14SH 型**；分布于不丹，印度，缅甸；中国产云南西部至西南部。

系统学评述：拟檫木属被置于月桂族[1,2]，或木姜子属群中[7,11-13]，但其具体的系统位置尚未明确，除花药 4 药室外，与华檫木属 *Sinosassafras* 系统关系近缘[7,11-13]。

DNA 条形码研究：BOLD 网站有 1 种 1 个条形码数据；GBOWS 有 1 种 3 个条形码数据。

20. *Persea* Miller 鳄梨属

Persea Miller (1754: 1030); Li et al. (2008: 226) [Type: *P. americana* Miller (≡ *Laurus persea* Linnaeus)]

特征描述：常绿乔木或灌木。叶羽状脉。聚伞状圆锥花序，腋生或近顶生，具苞片及小苞片。花两性，具梗；花被筒短，花被裂片 6，近相等或外轮 3 枚略小；能育雄蕊 9，排成 3 轮，花丝丝状，第三轮花丝基部有一对腺体，花药 4 室，第一、二轮内向，第三轮外向或上 2 室侧向，下 2 室外向，最内轮有退化雄蕊 3，箭头形，具柄；子房卵球形，花柱纤细，柱头盘状。果为肉质核果，小而球形，或硕大至卵球形或梨形；果梗多少增粗呈肉质，或圆柱形。花粉粒无萌发孔，具刺。

分布概况：90/1 种，**3 型**；主要分布于北美至南美洲，少数见于亚洲；中国仅有 1 种引种栽培。

系统学评述：鳄梨属传统上被置于鳄梨族[1]，或与油丹属、楠属、润楠属、赛楠属、莲桂属等类群共同组成单系的鳄梨属群[4,10,16]。Li 等[10]应用核基因 ITS 和 LEAFY intron II 序列作为分子标记，对包含鳄梨属在内的鳄梨属群开展了研究，结果显示鳄梨属为并系类群，与分布于 Macaronesia 群岛的 *Apollonias barbujana* Bornmüller 的亲缘关系密切；Kopp 对鳄梨属所包含的 2 个亚属 *Persea* subgen. *Persea* 和 *P.* subgen. *Eriodaphne* 的划分得到分子证据与叶角质层的微形态证据支持[10,17,18]。

DNA 条形码研究：BOLD 网站有 47 种 124 个条形码数据；GBOWS 有 1 种 3 个条形码数据。

代表种及其用途：鳄梨 *P. americana* Miller 果实是营养价值极高的热带水果。

21. *Phoebe* Nees 楠属

Phoebe Nees (1836: 98); Wei & van der Werff (2008: 189) [Lectotype: *P. lanceolata* (Nees) Nees (≡ *Ocotea lanceolata* Nees)]

特征描述：常绿乔木或灌木。叶常聚生于枝顶，互生，羽状脉。聚伞花序圆锥状或近总状花序。花两性；花被裂片 6，等大或外轮略小，花后变为革质或木质；能育雄蕊 9，排成 3 轮，花药 4 室，第一、二轮雄蕊药室内向，第三轮外向，基部具 2 有柄或无柄的腺体；退化雄蕊三角形或箭头形；子房为卵珠形及球形，柱头盘状或头状。果实卵珠形、椭圆形及球形，极少长圆形，基部为宿存的花被片包围；果梗不增粗或显著增粗。花粉粒无萌发孔，被刺。

分布概况：100/5（27）种，**7** 型；分布于亚洲热带至亚热带地区；中国产长江流域及其以南，以云南、四川、湖北、贵州、广西和广东为多。

系统学评述：楠属传统上被置于鳄梨族[1]，或与油丹属 *Alseodaphne*、莲桂属 *Dehaasia*、润楠属 *Machilus*、赛楠属 *Nothaphoebe*、鳄梨属 *Persea* 等类群一起组成 1 个单系的鳄梨属群 *Persea* group [2,4,10]。Li 等[10]应用核基因 ITS 和 LEAFY intron II 序列作为分子标记，对包含楠属在内的鳄梨属群开展了研究，确定楠属为单系类群，证实宿存花被片特征是界定楠属的关键形态性状。

DNA 条形码研究：BOLD 网站有 20 种 49 个条形码数据；GBOWS 有 9 种 95 个条形码数据。

代表种及其用途：该属许多种类为高大乔木，木材坚实，材质细密，不易变形和开裂，是优质木材，如楠木 *P. zhennan* S. K. Lee & F. N. Wei、紫楠 *P. sheareri* (Hemsley) Gamble、白楠 *P. neurantha* (Hemsley) Gamble 和滇楠 *P. nanmu* Oliver 等。

22. *Sassafras* J. Presl 檫木属

Sassafras J. Presl (1825: 30); Li et al. (2008: 159) [Type: *S. officinarum* J. Presl (≡ *Laurus sassafras* Linnaeus)]

特征描述：落叶乔木。顶芽大，具鳞片。叶互生，集聚枝顶，具羽状脉或离基三出脉，不分裂或 2-3 浅裂。总状花序，顶生，具梗，基部有迟落且互生的总苞片。花雌雄异株，单性，或功能上单性；花被裂片 6，近相等，排成 2 轮；雄花：能育雄蕊 9，呈 3 轮排列，近相等，第三轮花丝基部有一对具柄腺体，花药 4 室或 2 室，均为内向；雌花：退化雄蕊 6，排成 2 轮，或为 12，排成 4 轮，子房卵珠形，花柱纤细，柱头盘状增大。核果，卵球形，基部有浅杯状的果托；果梗伸长。花粉粒无萌发孔，穿孔状-刺状纹饰。

分布概况：3/2 种，**9** 型；亚洲东部和北美东部间断分布；中国长江流域及其以南均产，1 种产台湾中南部。

系统学评述：分子系统学研究证实檫木属不属于月桂族成员或木姜子属群成员[7,11-13]。基于核基因 ITS 和叶绿体片段 *rpl*16、*trn*L-F 和 *psb*A-*trn*H 的系统学分析表明，该属为 1 个单系，其中台湾檫木 *S. randaiense* (Hayata) Rehder 与檫木 *S. tzumu* (Hemsley) Hemsley 互为姐妹群[19]。

DNA 条形码研究：BOLD 网站有 1 种 1 个条形码数据；GBOWS 有 1 种 3 个条形码数据。

代表种及其用途：檫木的木材材质优良、细致，用于造船和家具；其根和树皮可入药，活血散瘀，祛风去湿。

23. *Sinopora* J. Li, N. H. Xia & H. W. Li 孔药楠属

Sinopora J. Li, N. H. Xia & H. W. Li (2008: 199); Li et al. (2008: 243) [Type: *S. hongkongenesis* (N. H. Xia, Y. F. Deng & K. L. Yip) J. Li, N. H. Xia & H. W. Li (≡ *Syndiclis hongkongensis* N. H. Xia, Y. F. Deng & K. L. Yip)]

特征描述：中等乔木。树皮红褐色，片状脱落。小枝纤细，具皮孔。叶互生。9 或 12 花组成的圆锥花序腋生。花小，两性；花被筒很短；花被裂片 6，等大，短于雄蕊；雄蕊 6，具腺体，花药 2 室，筒状，药室细小，圆形，顶部微孔开裂；退化雄蕊 6，位于第三、四轮，和能育雄蕊等大；子房椭圆状，稀疏被毛，顶部渐狭成短的花柱，柱头小。果圆球形；果梗圆柱形。

分布概况：1/1（1）种，**15** 型；中国香港特有。

系统学评述：该属药室顶部微孔开裂的方式，在樟科中极为罕见[20, FOC]。

DNA 条形码研究：BOLD 网站有 1 种 1 个条形码数据。

24. *Sinosassafras* H. W. Li 华檫木属

Sinosassafras H. W. Li (1985: 134); Li et al. (2008: 230) [Type: *S. flavinervium* (C. K. Allen) H. W. Li (≡ *Lindera flavinervia* C. K. Allen)]

特征描述：常绿乔木。叶互生，离基三出脉。3 至多个假伞形花序着生于叶腋内具有不发育顶芽的短枝上；总苞片小，互生且早落。花单性；花被裂片 6，排成 2 轮，且外轮较小；雄花：能育雄蕊 9，排列成 3 轮，花药 2 室，第一、二轮药室内向，第三轮的侧向，退化雄蕊细小；雌花：退化雄蕊 9，外方 3 退化雄蕊花丝无腺体，花药菱状宽卵形，内方 6 退化雄蕊花丝基部有 2 腺体，退化花药呈棍棒状，子房球形，柱头盾形。果实近球形。

分布概况：1 / 1（1）种，**15** 型；中国云南西部和西藏东南部特有。

系统学评述：华檫木属隶属于月桂族[1,12]，或目前属于木姜子属群[2,4,6,7,11-13]中，除花药 2 药室外，其余特征与拟檫木属相近[7,13]，但尚未明确其系统位置。

DNA 条形码研究：BOLD 网站有 1 种 1 个条形码数据；GBOWS 有 1 种 3 个条形码数据。

25. *Syndiclis* J. D. Hooker 油果樟属

Syndiclis J. D. Hooker (1886: 16); Li et al. (2008: 244) (Type: *S. paradoxa* J. D. Hooker)

特征描述：常绿乔木。叶近对生或互生，或集生于枝顶，羽状脉。圆锥花序，腋生，具总梗；苞片及小苞片钻形，早落。花小，两性，具花梗；花被筒倒圆锥形；花被裂片常为 4，宽卵状三角形或横向长圆形，花被整个脱落；能育雄蕊通常 4，与花被片对生，并伸出于花被，花丝短，花药宽卵圆形，2 室，内向；退化雄蕊 4，微小，线形或披针形，芽时呈穹形包住子房；子房卵状圆锥形，向上渐狭成花柱，柱头小。果大，陀螺形或偏球形或球形；果梗增粗。花粉粒无萌发孔，被刺。

分布概况：10/9（9）种，**7 型**；除 1 种产不丹外，其余分布于中国云南、贵州西南部、广西南部和海南。

系统学评述：该属系统位置一直存有争议，有学者认为油果樟属与马达加斯加特有的 *Potameia* 有系统关系近缘，除具 4 退化雄蕊外，两者较为相似，故将油果樟属并入 *Potameia* 中[6,FRPS]。

DNA 条形码研究：BOLD 网站有 4 种 5 个条形码数据；GBOWS 有 17 种 6 个条形码数据。

代表种及其用途：该属果实均较大，果仁含油量高，油质佳，如乐东油果樟 *S. lotungensis* S. K. Lee。

主要参考文献

[1] Kostermans AJGH. Lauraceae[J]. Pengum Balai Besar Penjel Kehut Indonesia, 1957, 57: 1-64.

[2] Rohwer JG. Lauraceae[M]//Kubitzki K et al. The families and genera of vascular plants, II. Berlin: Springer, 1993: 366-391.

[3] van der Werff H. An annotated key to the genera of Lauraceae in the flora Malesiana region[J]. Ann MO Bot Gard, 2001, 46: 125-140.

[4] Chanderbali AS. Phylogeny and historical biogeography of Lauraceae: evidence from the chloroplast and nuclear genomes[J]. Ann MO Bot Gard, 2001, 88: 104-134.

[5] van der Werff H, Richter HG. Toward an improved classification of Lauraceae[J]. Ann MO Bot Gard, 1996, 83: 409-418.

[6] Rohwer JG. Toward a phylogenetic classification of the Lauraceae: evidence from *mat*K sequences[J]. Syst Bot, 2000, 25(1):60-71.

[7] Li J, et al. Phylogenetic relationships within the 'core' Laureae (*Litsea* complex, Lauraceae) inferred from sequences of the chloroplast gene *mat*K and nuclear ribosomal DNA ITS regions[J]. Plant Syst Evol, 2004, 246: 19-34.

[8] Rohwer JG, Rudolph B. Jumping genera: the phylogenetic positions of *Cassytha*, *Hypodaphnis*, and *Neocinnamomum* (Lauraceae) based on different analyses of *trn*K intron sequences[J]. Ann MO Bot Gard, 2005, 92: 153-178.

[9] Wang ZH, et al. Phylogeny of the Southeast Asian endemic genus *Neocinnamomum* H. Liu (Lauraceae)[J]. Plant Syst Evol, 2010, 290: 173-184.

[10] Li L, et al. Molecular phylogenetic analysis of the *Persea* group (Lauraceae) and its biogeographic implications on the evolution of tropical and subtropical Amphi-Pacific disjunctions[J]. Am J Bot, 2011, 98: 1520-1536.

[11] Li J, Christophel DC. Systematic relationships within the *Litsea* complex (Lauraceae): a cladistic

analysis on the basis of morphological and leaf cuticle data[J]. Aust Syst Bot, 2000, 13: 1-13.

[12] Li J. Systematic relationships within the *Litsea* complex (Lauraceae)[D]. PhD thesis. Adelaide: University of Adelaide, 2001.

[13] Li J, et al. Phylogenetic relationships of the *Litsea* complex and core Laureae (Lauraceae) using ITS and ETS sequences and morphology[J]. Ann MO Bot Gard, 2008, 95: 580-599.

[14] Li ZM, et al. Polyphyly of the genus *Actinodaphne* (Lauraceae) inferred from the analyses of nrDNA ITS and ETS sequences[J]. Acta Phytotax Sin, 2006, 44: 272-285.

[15] Li L, et al. Phylogeny of *Neolitsea*, (Lauraceae) inferred from Bayesian analysis of nrDNA ITS and ETS sequences[J]. Plant Syst Evol, 2007, 269: 203-221.

[16] Rohwer JG, et al. Is *Persea* (Lauraceae) monophyletic? Evidence from nuclear ribosomal ITS sequences[J]. Taxon, 2009, 58: 1153-1167.

[17] Kopp LE. Taxonomic revision of the genus *Persea* in the Western Hemisphere (*Persea*-Lauraceae)[J]. Mem N Y Bot Gard, 1966, 14: 1-120.

[18] 郭莉娟, 等. 美洲鳄梨属植物的叶表皮微形态特征及其分类学意义[J]. 云南植物研究, 2010, 32: 189-203.

[19] Nie ZL, et al. Phylogeny and biogeography of *Sassafras*, (Lauraceae) disjunct between Eastern Asia and Eastern North America[J]. Plant Syst Evol, 2007, 267: 191-203.

[20] Li J, et al. *Sinopora*, A new genus of Lauraceae from South China[J]. Novon, 2008, 18: 199-201.

Chloranthaceae R. Brown ex Sims (1820), *nom. cons.*
金粟兰科

特征描述：草本、灌木或小乔木。单叶对生，具羽状叶脉，边缘有锯齿；叶柄基部常合生；托叶小。花小，两性或单性，排成穗状花序、头状花序或圆锥花序，无花被或在雌花中有浅杯状 3 齿裂的花被（萼管）。两性花：雄蕊 1 或 3，着生于子房的一侧，花丝不明显，药隔发达，有 3 雄蕊时，药隔下部互相结合或仅基部结合或分离，花药 2 室或 1 室，纵裂；雌蕊 1，由 1 心皮所组成，子房上位或半下位，1室，含 1 下垂的直生胚珠，无花柱或有短花柱。单性花：雄花多数，雄蕊 1；雌花少数，具与子房贴生的 3 齿萼状花被。核果卵形或球形，外果皮多少肉质，内果皮硬。种子含丰富的胚乳和微小的胚。花粉粒无萌发孔或 1 至多数不等，为孔、沟或合沟状，粗网状纹饰。

分布概况：4 属/约 75 种，分布于热带和亚热带（不含非洲大陆）及马达加斯加（仅 *Ascarina*）；中国 3 属/15 种，南北均产。

系统学评述：传统上把该科归于胡椒目 Piperales，而 Leroy [1]将其提升为独立的金粟兰目 Chloranthales；Wu 等[2]将其提升为金粟兰亚纲 Chloranthidae。通常认为雪香兰属 *Hedyosmum* 和 *Ascarina* 为一个属对，主要为木本，雌雄同株或异株；金粟兰属 *Chloranthus* 和草珊瑚属 *Sarcandra* 为另一个属对，为草本或半灌木，花两性。分子系统学研究确认了该科的属间系统关系[3,4]。

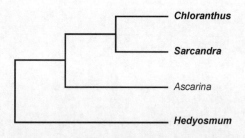

Chloranthus

Sarcandra

Ascarina

Hedyosmum

图 37 金粟兰科分子系统框架图（参考 Zhang 和 Renner [4]）

分属检索表

1. 花两性，花被缺乏；雄蕊 1 或 3，着生在子房的一侧（远轴侧）
  2. 雄蕊 3（稀 1），基部多少合生，中央花药 2 室，两侧花药 1 室；多年生草本或半灌木⋯⋯⋯⋯⋯
  ⋯⋯⋯⋯⋯⋯⋯⋯⋯⋯⋯⋯⋯⋯⋯⋯⋯⋯⋯⋯⋯⋯⋯⋯ **1. 金粟兰属 Chloranthus**
  2. 雄蕊 1，棒状或卵形，花药 2 室，稀 3 室；半灌木⋯⋯⋯⋯⋯⋯⋯⋯⋯ **3. 草珊瑚属 Sarcandra**
1. 花单性，雌花具一贴生于子房的 3 齿状的杯状花被；雄花具 1 雄蕊⋯⋯ **2. 雪香兰属 Hedyosmum**

1. *Chloranthus* Swartz 金粟兰属

Chloranthus Swartz (1787: 359); Xia & Jérémie (1999: 133) (Type: *C. inconspicuus* Swartz)

特征描述：多年生草本或半灌木。叶对生或呈轮生状，边缘有锯齿；叶柄基部相连接；托叶微小。花序穗状或分枝排成圆锥花序状，顶生或腋生。花小，两性，无花被；雄蕊 3，稀 1，着生于子房的上部一侧，药隔下半部互相结合，或仅基部结合，或分离而基部相接或覆叠，卵形、披针形，有时延长成线形，花药 1-2 室；如为 3 雄蕊，则中央的花药 2 室或偶无花药，两侧的花药 1 室，如为 1 雄蕊，则花药 2 室；子房 1 室，有下垂、直生的胚珠 1，常无花柱，少有具明显的花柱，柱头截平或分裂。核果球形、倒卵形或梨形。花粉粒 4、5、6 或 7 沟（孔），有时被刺。染色体 *x*=15。

分布概况：约 17/13 种，**2 型**；分布于亚洲温带和热带；中国产西南至东北

系统学评述：Solms-Laubach[5]把广义金粟兰属（含草珊瑚属）分成 2 亚属，即 *Chloranthus* subgen. *Fruticosus*（含 *C.* sect. *Triandrus* 和 *C.* sect. *Monandrus*）和 *C.* subgen. *Herbaceus*（含 *C.* sect. *Brachyurus* 和 *C.* sect. *Macronurus*）。Bentham 和 Hooker[6]将该属划分为 3 组，即 *C.* sect. *Euchloranthus*、*C.* sect. *Tricercandra* 和 *C.* sect. *Sarcandra*。Nakai[7]把 Bentham 和 Hooker 的 3 组提升为 3 属，即狭义金粟兰属 *Chloranthus s.s.*、*Tricercandra* 和草珊瑚属 *Sarcandra*。分子系统学研究则确定了 Bentham 和 Hooker 近似的 2 个组 *C.* sect. *Euchloranthus* 和 *C.* sect. *Tricercandra* 的 2 个主要分支[4,8]。

DNA 条形码研究：BOLD 网站有该属 11 种 15 个条形码数据；GBOWS 已有 2 种 13 个条形码数据。

代表种及其用途：该属多数种类的根、根状茎或全株可供药用，如金粟兰 *C. spicatus* (Thunberg) Makino、银线草 *C. japonicus* Siebold 和 *C. serratus* (Thunberg) Roemer & Schultes 等。有些种类的根状茎可提取芳香油。

2. *Hedyosmum* Swartz 雪香兰属

Hedyosmum Swartz (1788: 84); Xia & Jérémie (1999: 138) (Lectotype: *H. nutans* Swartz)

特征描述：乔木或直立半灌木，枝有结节。叶对生，边缘常有锯齿，叶柄基部合生成一鞘。花有香气，单性，雌雄同株或异株。花序腋生或近顶生。雄花聚集成穗状花序，雄蕊 1，几无花丝，花药 2 室，线形或长圆形，平排，纵裂，药隔顶部有短附属物。雌花组成各式的头状花序或圆锥花序；萼状花被管 3 齿裂，与子房贴生，花柱极短或无。核果小，球形或卵形，有时为三棱形，外果皮薄，肉质，内果皮常坚硬。花粉粒单沟或多沟，具刺。染色体 *x*=8。

分布概况：约 45/1 种，**3 型**；分布于热带美洲，仅雪香兰 *H. orientale* Merrill & Chun 产越南，马来西亚和印度尼西亚；中国产广东南部和海南。

系统学评述：Todzia[9]将该属划分为 2 亚属和 5 组。雪香兰亚属 *Hedyosmum* subgen. *Hedyosmum* 包括雪香兰组 *H.* sect. *Hedyosmum*（2 种，分布于西印度群岛和中美洲）和

东方雪香兰组 *H.* sect. *Orientale*（4 种，其中 3 种分布于西印度群岛，1 种分布于东南亚）2 组；*H.* subgen. *Taffalla* 由 *H.* sect. *Microcarpa*（24 种，分布于中南美洲和西印度群岛）、*H.* sect. *Macrocarpa*（9 种，分布于安第斯高原）和 *H.* sect. *Artocarpoides*（仅 *H. mexicanum* C. Cordemoy 分布于中美洲）组成。分子系统学研究基本支持 Todzia[9]的划分。

DNA 条形码研究：BOLD 网站有该属 31 种 66 个条形码数据。

3. *Sarcandra* Gardner 草珊瑚属

Sarcandra Gardner (1845: 348); Xia & Jérémie (1999: 132) (Type: *S. chloranthoides* Gardner)

特征描述：半灌木，无毛。叶对生，常多对，椭圆形、卵状椭圆形或椭圆状披针形，边缘具锯齿，齿尖有一腺体；叶柄短，基部合生；托叶小。穗状花序顶生，分枝，多少成圆锥花序状；花两性，无花被亦无花梗；苞片 1，三角形，宿存；雄蕊 1，肉质，棒状至背腹压扁，花药 2 室（稀 3 室），药室侧向至内向，纵裂；子房卵形，含 1 下垂的直生胚珠，无花柱，柱头近头状。核果球形或卵形；种子含丰富胚乳，胚微小。花粉粒无萌发孔或多孔，外壁近光滑。染色体 x=15。

分布概况：3/1 种，**7** 型；分布于东南亚，印度；中国产长江以南和西南。

系统学评述：Bentham 和 Hooker[6]曾将该属并入广义金粟兰属，Nakai[7]再次把金粟兰属的草珊瑚组 *Chloranthus* sect. *Sarcandra* 独立为属。

DNA 条形码研究：BOLD 网站有该属 5 种 17 个条形码数据；GBOWS 已有 2 种 36 个条形码数据。

代表种及其用途：草珊瑚 *S. glabra* (Thunberg) Nakai 的根、茎或全株可供药用；叶常用于制茶；亦为庭园观赏植物。

主要参考文献

[1] Leroy JF. The origin of angiosperms: an unrecognized ancestral dicotyledon, *Hedyosmum* (Chloranthales), with a strobiloid flower is living today[J]. Taxon, 1983, 32: 169-175.

[2] 吴征镒, 等. 被子植物的一个"多系-多期-多域"新分类系统总览[J]. 植物分类学报, 2002, 40: 289-322.

[3] Antonelli A, Sanmartín I. Mass extinction, gradual cooling, or rapid radiation? Reconstructing the spatiotemporal evolution of the ancient angiosperm genus *Hedyosmum* (Chloranthaceae) using empirical and simulated approaches[J]. Syst Biol, 2011, 60: 596-615.

[4] Zhang LB, Renner S. The deepest splits in Chloranthaceae as resolved by chloroplast sequences[J]. Int J Plant Sci, 2003, 164: 383-392.

[5] Solms-Laubach HA. Chloranthaceae[M]//de Candolle A. Prodromus systematis naturalis regni vegetabilis, Vol. 16. Paris: Victoris Masson & Filii, 1869: 474-477.

[6] Bentham G, Hooker JD. Gen plant 3 Vols[M]. London: Reeve & Co., 1880.

[7] Nakai T. Flora Sylvatica Koreana[M]. Keijyo: Forest Experiment Station, 1930.

[8] Kong HZ, et al. Phylogeny of *Chloranthus* (Chloranthaceae) based on nuclear ribosomal ITS and plastid *trn*L-F sequence data[J]. Am J Bot, 2002, 89: 940-946.

[9] Todzia CA. Chloranthaceae: *Hedyosmum*[M]//Flora Neotropica, 48. New York: New York Botanical Garden, 1986: 1-138.

Acoraceae Martinov (1820) 菖蒲科

特征描述: 多年生芳香草本, 肉质根状茎横生。叶二列, 基生, 套折生长, 剑形; 无柄; 具叶鞘。花序柄贴生于佛焰苞鞘上, 形成具有两个维管系统的叶状花序梗; 肉穗花序单生于花梗侧边, 圆锥形、指状圆柱形或细长鼠尾状; 花密生, 两性; 花被片 6, 2 轮, 离生, 拱形, 宿存; 雄蕊 6, 2 轮, 离生, 花丝长线形, 花药内曲; 雌蕊倒圆锥状长圆形, 子房 2-3 室, 每室多胚珠。浆果长圆形至倒卵球形。种子长圆形。花粉粒单沟, 穴状纹饰。染色体 n=9, 11, 12。

分布概况: 1 属/2-4 种, 分布于亚洲温带、亚热带及热带地区, 欧洲和北美有引种; 中国 1 属/2 种, 南北均产。

系统学评述: 传统的形态分类将菖蒲属 *Acorus* 作为天南星科 Araceae 的 1 个族, 最新的分子系统学和形态学综合证据, 支持将其独立成菖蒲科[1-3]。与天南星科相比, 菖蒲科虽然具有类似的佛焰苞结构, 但其单面叶, 花序梗中有 2 个明显的维管系统, 细胞中缺少针状晶体等特征, 与天南星科区别显著[1]。分子证据显示, 菖蒲科植物是所有的其他单子叶植物的姐妹群[3], 这也表明了它与天南星科有较远的亲缘关系。

1. *Acorus* Linnaeus 菖蒲属

Acorus Linnaeus (1753: 324); Li et al. (2010: 1) (Type: *A. calamus* Linnaeus)

特征描述: 同科描述。

分布概况: 2/2 种, **9** 型; 分布于亚洲温带、亚热带及热带地区, 欧洲和北美有引种; 中国南北均产。

系统学评述: Ohwi[4]根据叶片的中肋将该属分为 2 种, 即中肋的菖蒲 *A. calamus* Linnaeus 和无中肋的金钱蒲 *A. gramineus* Solander ex Aiton。李恒则根据叶片中肋以及叶状佛焰苞与肉穗花序的长度比等特征将该属分为 4 种, 即菖蒲、金钱蒲、石菖蒲 *A. tatarinowii* Schott 和长苞菖蒲 *A. rumphianus* S. Y. Hu[FRPS]。FOC 亦认可该属有菖蒲和金钱蒲 2 种。

DNA 条形码研究: BOLD 网站有该属 9 种 187 个条形码数据; GBOWS 已有 2 种 9 个条形码数据。

代表种及其用途: 该属植物根茎均可入药, 能辟秽开窍, 宣气逐痰, 解毒杀虫。

主要参考文献

[1] Grayum MH. A summary of evidence and arguments supporting the removal of *Acorus* from the Araceae[J]. Taxon, 1987, 36: 723-729.

[2] Buzgo M, Endress PK. Floral structure and development of Acoraceae and its systematic relationships with basal angiosperms[J]. Int J Plant Sci, 2000, 161: 23-41.

[3] Doyle JA, Endress PK. Morphological phylogenetic analysis of basal angiosperms: comparison and combination with molecular data[J]. Int J Plant Sci, 2000, 161: S121-S153.

[4] Ohwi J. Flora of Japan[M]. Tokyo: Shibundo, 1956.

Araceae Jussieu (1789), *nom. cons.* 天南星科

特征描述: 陆生至水生草本。叶互生,螺旋排列或成2列,常单生,全缘时羽状至掌状深裂,基部具鞘。无限花序,常顶生,很多小花密集着生于肉质的花序轴上,形成佛焰花序,花序顶端可能无花,被佛焰苞包裹;花两性至单性,辐射对称;花被片4-6;雄蕊1-12;心皮常2-3,合生,柱头1,点状或头状,胚珠1至多数,倒生或直立。果实常为浆果。花粉粒单沟和2沟,带状或无萌发孔。

分布概况: 117属/4095种,世界广布,热带和亚热带地区尤盛;中国30属/190种,南北均产,主产西南和华南。

系统学评述: 分子系统学研究表明天南星科应包括原浮萍科 Lemnaceae 的紫萍属 *Spirodela*、浮萍属 *Lemna*、兰氏萍属 *Landoltia*、无根萍属 *Wolffia* 和 *Wolffiella*[1]。在天南星科内部可分为 8 个分支(亚科),即 Gymnostachyoideae、Orontioideae、浮萍亚科 Lemnoideae、石柑亚科 Pothoideae、龟背竹亚科 Monsteroideae、刺芋亚科 Lasioideae、Zamioculcadoideae 和 Aroideae,其中 Gymnostachyoideae 与 Orontioideae 是基部分支[2]。

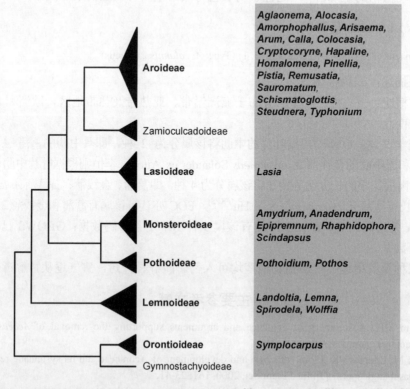

图 38　天南星科分子系统框架图(参考 Cabrera 等[1]; Nauheimer 等[2]; Cusimano 等[3])

分属检索表

1. 陆生、附生植物（稀水生），但绝不漂浮在水面上
  2. 花两性
    3. 花具花被
      4. 攀援植物
        5. 子房 3 室··**20. 石柑属 *Pothos***
        5. 子房 1 室···**19. 假石柑属 *Pothoidium***
      4. 直立草本，不攀援
        6. 植株无刺；叶脱落·································**28. 臭菘属 *Symplocarpus***
        6. 植株有刺；叶常绿······································**15. 刺芋属 *Lasia***
    3. 花无花被
      7. 水生草本；佛焰苞宿存·································**8. 水芋属 *Calla***
      7. 陆生攀援植物；佛焰苞脱落
        8. 浆果相互分离
          9. 花序单一或最多 3 个松散聚焦；成熟果实白色·········**4. 雷公连属 *Amydrium***
          9. 花序多个聚焦；成熟果实红色················**5. 上树南星属 *Anadendrum***
        8. 浆果相互黏合
          10. 种子多数，直立，较小················**22. 崖角藤属 *Rhaphidophora***
          10. 种子少数，弯曲，较大
            11. 叶羽状分裂；每果实含种子 2-4·········**11. 麒麟叶属 *Epipremnum***
            11. 叶全缘；每果实含种子 1·················**25. 藤芋属 *Scindapsus***
  2. 花单性
    12. 水生植物···**18. 大漂属 *Pistia***
    12. 陆生植物
      13. 草本植物具本质化根·······················**1. 广东万年青属 *Aglaonema***
      13. 草本植物不具本质化根
        14. 根生于水下；雌花联合；果实由浆果聚合············**10. 隐棒花属 *Cryptocoryne***
        14. 根不生于水下；雌花分离；果实分离
          15. 雄花的雄蕊完全联合成一体
            16. 佛焰苞未分成檐部和管部
              17. 佛焰苞鲜艳，雌花具假雄蕊；根状茎匍匐或近直立上升······
              ··**27. 泉七属 *Steudnera***
              17. 佛焰苞白色，雌花不具假雄蕊；匍匐枝生于土中··**12. 细柄芋属 *Hapaline***
            16. 佛焰苞分成檐部和管部，中间明显收缩
              18. 植株具芽条，上面着生瘤状鳞芽··········**21. 岩芋属 *Remusatia***
              18. 植株无芽条
                19. 成熟果序下垂，侧膜胎座·················**9. 芋属 *Colocasia***
                19. 成熟果序直立，基底胎座·················**2. 海芋属 *Alocasia***
          15. 雄花的雄蕊分离，或仅花丝联合（稀天南星属的花药也联合）
            20. 肉穗花序无附属器
              21. 佛焰苞整体果期宿存，与肉穗花序分离·······**13. 千年健属 *Homalomena***
              21. 佛焰苞檐部花期脱落，管部果期宿存，肉穗花序雌花与佛焰苞合生······
              ··**24. 落檐属 *Schismatoglottis***

1. *Aglaonema* Schott 广东万年青属

Aglaonema Schott (1829: 892); Li & Boyce (2010: 22) [Type: *A. oblongifolium* Schott, *nom. illeg.* (*A. integrifolium* (Link) Schott ≡ *Arum integrifolium* Link)]

特征描述：草本，不分枝。<u>叶柄具长鞘</u>，基部不对称。花序柄短于叶柄；佛焰苞直立，管部和檐部分异不明显；肉穗花序近无梗，或有时具短梗；<u>雌雄同序</u>；雌花序在下，少花；雄花序紧接雌花序，花密，<u>花单性</u>，无花被；雄花具雄蕊 2；雌花心皮 1，子房 1室。浆果深黄色或朱红色。种子<u>直立</u>，种皮薄，近平滑，内种皮不明显，胚具长柄，无胚乳。花粉粒无萌发孔，外壁光滑。

分布概况：21/2 种，**7** <u>型</u>；分布于亚洲热带和亚热带地区；中国产广东、广西、贵州和云南。

系统学评述：根据叶绿体片段的分子系统学研究表明，广东万年青属被置于 Aroideae 亚科的 Aglaonemateae 支内[2,3]。该属的种间界限存在较大争议，Nicolson[4]承认 21 种，Bailey 等[5]承认 10 种，Jervis[6]承认 17 种。其中，*A. commutatum* Schott 的起源是争论的焦点。

DNA 条形码研究：BOLD 网站有该属 2 种 4 个条形码数据；GBOWS 已有 2 种 7个条形码数据。

2. *Alocasia* (Schott) G. Don 海芋属

Alocasia (Schott) G. Don (1839: 631), *nom. cons.*; Li & Boyce (2010: 75) [Type: *A. cucullata* (Loureiro) G. Don, *typ. cons.* (≡ *Arum cucullatum* Loureiro)]

特征描述：多年生草本。茎粗厚，短缩。叶具长柄，下部具长鞘，幼时盾状，成年箭状心形，边缘全缘。佛焰苞管部卵形，檐部长圆形；肉穗花序短于佛焰苞；雌花序短，锥状圆柱形；中性花序明显变狭，能育雄花序圆柱形，附属器圆锥形；花单性，无花被；雄蕊 3-8，花药线状长圆形；雌花具心皮 3-4，子房卵形，柱头扁头状，先端 3-4 裂。浆果红色。花粉粒无萌发孔，刺状或疣状纹饰。

分布概况：113/8 种，**7 型**；分布于热带亚洲及马来西亚；中国长江以南广布。

系统学评述：根据叶绿体片段的分子系统学研究表明，海芋属被置于 Aroideae 亚科的 Pistia 支内[2,3]，是个多系类群。利用核基因与叶绿体片段研究表明，核基因树与叶绿体基因树不一致，核基因树分为 4 支，与形态学更为关联；叶绿体基因树分为 6 支，与地理分布更为关联[7]。

DNA 条形码研究：BOLD 网站有该属 71 种 141 个条形码数据；GBOWS 已有 1 种 15 个条形码数据。

代表种及其用途：海芋 *A. odora* (Roxburgh) K. Koch 药用，对腹痛、霍乱、疝气等有良效。

3. *Amorphophallus* Blume ex Decaisne 蘑芋属

Amorphophallus Blume ex Decaisne (1834: 366), *nom. cons.*; Li & Hetterscheid (2010: 23) (Type: *A. campanulatus* Blume ex Decaisne)

特征描述：多年生草本。块茎扁球形。叶 1，叶片常 3 全裂，裂片羽状分裂；叶柄光滑或粗糙具疣。花序 1，具长柄；佛焰苞宽卵形或长圆形，檐部多少展开；肉穗花序直立，下部雌花序，上接能育雄花序，最后为附属器，附属器增粗或延长；花单性；雄花有雄蕊 1-6；雌花具心皮 1-4，子房近球形，柱头头状，2-4 裂。浆果。种子无胚乳，种皮光滑。花粉粒无萌发孔，光滑、疣状、网状、穴状或条纹纹饰。

分布概况：200/16（7）种，**4 型**；分布于旧世界热带；中国产长江以南。

系统学评述：蘑芋属被置于 Aroideae 亚科的 Thomsonieae 支内[2,3]，是个单系类群。基于核基因与叶绿体基因片段研究表明，蘑芋属内分为 3 支，显示了大陆亚洲、东南亚、非洲紧密的地理关联性[8]。

DNA 条形码研究：BOLD 网站有该属 71 种 128 个条形码数据；GBOWS 已有 2 种 8 个条形码数据。

代表种及其用途：花蘑芋 *A. konjac* K. Koch 可食用。

4. *Amydrium* Schott 雷公连属

Amydrium Schott (1863: 127); Li & Boyce (2010: 10) (Type: *A. humile* Schott)

特征描述： 攀援藤本。叶常远离；叶柄基部鞘状；叶片全缘，<u>具穿孔或羽状分裂</u>，圆形或卵形。花序柄单生；<u>佛焰苞卵形</u>，<u>反折</u>；肉穗花序具长梗或无梗；花两性，无花被；雄蕊 4-6，花丝短，与花丝等长或稍短；雌蕊倒金字塔形或倒圆锥形，子房 1 室，胚珠 2，珠柄短，着生于隆起的侧膜胎座的中部以下，柱头小。浆果近球形。种子近球形，无胚乳。花粉粒带状萌发孔，穿孔状纹饰。

分布概况： 5/2 种，**7 型**；分布于印度至马来西亚；中国产长江以南。

系统学评述： 雷公连属被置于龟背竹亚科 Monsteroideae 的 Rhaphidophora 支内[2,3]。

DNA 条形码研究： BOLD 网站有该属 1 种 2 个条形码数据。

代表种及其用途： 雷公连 *A. sinense* (Engler) H. Li 可药用。

5. *Anadendrum* Schott 上树南星属

Anadendrum Schott (1857: 45); Li & Boyce (2010: 9) [Lectotype: *A. montanum* Schott, *nom. illeg.* (=*A. microstachyum* (de Vriese & Miquel) Backer & Alderwerelt ≡ *Scindapsus microstachyus* de Vriese & Miquel)]

特征描述： 攀援藤本。叶二列；<u>叶柄具鞘几达顶部</u>，叶鞘宿存或早落；叶片偏斜。花序腋生和顶生，<u>常呈短缩的扇状聚伞花序</u>；花序柄长；<u>佛焰苞长圆状卵形</u>，<u>舟形</u>，<u>纯白色</u>，上部具喙；肉穗花序具梗，圆柱形；<u>花全为两性</u>，花被膜质，壶形、环状；雄蕊 4，花丝短，基部宽，花药纵裂；子房倒圆锥形或倒金字塔形。浆果卵圆形。种子 1。

分布概况： 9/2 种，**7 型**；分布于印度至马来西亚；中国产云南和海南。

系统学评述： 上树南星属被置于龟背竹亚科 Monsteroideae 的 Rhaphidophora 支内[2,3]。

DNA 条形码研究： BOLD 网站有该属 1 种 2 个条形码数据。

6. *Arisaema* Martius 天南星属

Arisaema Martius (1831: 459); Li, Zhu & Murata (2010: 43) [Lectotype: *A. nepenthoides* (Wallich) Martius ex Schott & Endlicher (≡ *Arum speciosum* Wallich)]

特征描述： 多年生草本，具块茎。<u>叶柄多少具长鞘</u>，<u>常与花序柄具同样的斑纹</u>；<u>叶片 3 浅裂、3 全裂或 3 深裂，有时鸟足状或放射状全裂</u>。<u>佛焰苞管部席卷</u>，<u>圆筒形或喉部开阔</u>，喉部边缘有时具宽耳；檐部拱形，常长渐尖；雌花序花密；雄花序大都花疏；附属器仅达佛焰苞喉部；花单性；雄花有雄蕊 2-5；雌花密集，子房 1 室。浆果倒卵圆形。花粉粒无萌发孔，具刺。

分布概况： 180/78（45）种，**8 型**；分布于亚洲热带、亚热带和非洲温带、热带，少数到中美和北美；中国南北均产，西南尤盛。

系统学评述： 天南星属被置于 Aroideae 亚科的 Pistia 支内[2,3]，是 1 个单系类群。基于叶形态的研究，Engler[9]最早对该属开展属下组的划分，之后 Murata[10,11]、Gusman 和 Gusman[12]根据叶、茎、花序的解剖学及形态学特征对 Engler 的分类系统[9]进行了修订，国产种类隶属 13 个组[FRPS]。对叶绿体基因片段研究虽然一定程度上支持 Murata[10,11]、Gusman 和 Gusman[12]等关于天南星属内组的界定，但各分支缺乏统计分析的支持[13]。

DNA 条形码研究：BOLD 网站有该属 20 种 116 个条形码数据；GBOWS 已有 9 种 69 个条形码数据。

代表种及其用途：山珠南星 *A. yunnanense* Buchet 可药用。

7. *Arum* Linnaeus 疆南星属

Arum Linnaeus (1753: 964); Li & Boyce (2010: 33) (Type: *A. maculatum* Linnaeus)

特征描述：多年生草本。块茎圆形。叶柄具鞘；叶片戟状箭形。佛焰苞管部长圆形，喉部略收缩，檐部卵状披针形；肉穗花序比佛焰苞短；雌花序无柄，圆柱形；雌雄花序之间生不育中性花，雄花序上部有中性花，附属器暗紫色；花单性，无花被；雄花有雄蕊 3-4；中性花基部多少增粗；雌花心皮 1，子房长圆形，侧膜胎座。浆果倒卵圆形。种子多数。花粉粒无萌发孔，具刺。

分布概况：28/1 种，**12** 型；分布于欧洲，地中海地区至中亚地区；中国产新疆和西藏。

系统学评述：疆南星属被置于 Aroideae 亚科的 Pistia 支内[2,3]，是 1 个单系类群。基于块茎的形态、生长期、花序的形态、不育花的结构等，疆南星属被划分为 2 亚属，即 *Arum* subgen. *Gymnomesium* 和疆南星亚属 *A.* subgen. *Arum*。疆南星亚属又包括 2 个组，即疆南星组 *A.* sect. *Arum* 及 *A.* sect. *Dioscoridea*，后者又划分为 6 个亚组 *A.* subsect. *Alpina*、*A.* subsect. *Discroochiton*、*A.* subsect. *Tenuifila*、*A.* subsect. *Hygrophila*、*A.* subsect. *Poeciloporphyrochiton* 和 *A.* subsect. *Cretica*[14-17]，但基于叶绿体片段的分子系统学研究并不支持这一属下分类[18]。

DNA 条形码研究：BOLD 网站有该属 28 种 163 个条形码数据。

8. *Calla* Linnaeus 水芋属

Calla Linnaeus (1753: 968); Li, Boyce & Bogner (2010: 16) (Type: *C. palustris* Linnaeus)

特征描述：水生草本。根茎平卧。一年生多数的二列叶；叶柄具长鞘，鞘于先端分离；叶片心形、宽卵形，骤狭锐尖。佛焰苞自基部展开，宿存；肉穗花序具梗，与佛焰苞分离，圆柱形，钝，顶端具不育雄花；花两性，无花被；雄蕊 6，花丝扁，花药短；子房短卵圆形，柱头无柄。浆果头状圆锥形。种子圆柱状长圆形。花粉粒 2 萌发孔，穿孔状纹饰。

分布概况：1/1 种，**8** 型；分布于北温带及亚北极地区；中国产内蒙古、黑龙江、吉林和辽宁。

系统学评述：水芋属虽被置于 Aroideae 亚科的 Philonotion 支内[2,3]，但其位置仍具有较大争议。

DNA 条形码研究：BOLD 网站有该属 1 种 4 个条形码数据。

9. *Colocasia* Schott 芋属

Colocasia Schott (1832: 18), *nom. cons.*; Li & Boyce (2010: 73) [Type: *C. antiquorum* Schott, *typ. cons.* (≡ *Arum colocasia* Linnaeus)]

特征描述：多年生草本植物。具块茎。叶柄延长，下部鞘状；<u>叶片盾状着生，卵状心形</u>。花序柄常多数；佛焰苞管部短，卵圆形，檐部长圆形；<u>肉穗花序短于佛焰苞</u>；雌花序短，中性花序短而细，雄花序长圆柱形，不育附属器直立；<u>花单性，无花被</u>；能育雄花为合生雄蕊；不育雄花合生假雄蕊扁平；雌花心皮 3-4，子房卵圆形，柱头扁头状。浆果绿色。花粉粒无萌发孔，光滑或刺状纹饰。

分布概况：20/6 种，**7 型**；分布于亚洲热带及亚热带地区；中国产长江以南。

系统学评述：芋属被置于 Aroideae 亚科的 Pistia 支内[2,3]。

DNA 条形码研究：BOLD 网站有该属 11 种 68 个条形码数据；GBOWS 已有 2 种 4 个条形码数据。

代表种及其用途：芋 *C. esculenta* (Linnaeus) Schott 栽培供食用。

10. *Cryptocoryne* Fischer ex Wydler 隐棒花属

Cryptocoryne Fischer ex Wydler (1830: 428); Li & Jacobsen (2010: 20) [Type: *C. spiralis* (Retzius) Fischer ex Wydler (≡ *Arum spirale* Retzius)]

特征描述：多年生草本。<u>根茎常分枝</u>。叶柄具长鞘；叶片心形，椭圆形。花序柄短；<u>佛焰苞管部藏于地下或水中，管内花序上方有一钟形隔片覆盖着雄花序</u>；檐部披针形；肉穗花序极纤细，附属器短，与佛焰苞管隔片相连；雌花序常具少花；雄花序具多花；花单性，无花被；雄花有雄蕊 1-2；雌花心皮 1，轮生，彼此靠合。果由浆果合生而成。花粉粒无萌发孔，外壁光滑。

分布概况：50/1 种，**7 型**；分布于印度至马来西亚；中国产广东、广西、贵州和云南。

系统学评述：隐棒花属被置于 Aroideae 亚科的 Cryptocoryneae 支内[2,3]。

DNA 条形码研究：BOLD 网站有该属 18 种 36 个条形码数据；GBOWS 已有 1 种 4 个条形码数据。

11. *Epipremnum* Schott 麒麟叶属

Epipremnum Schott (1857: 45); Li & Boyce (2010: 14) (Type: *E. mirabile* Schott)

特征描述：<u>藤本，生于石上或树上</u>。叶大，<u>全缘或羽状分裂，沿中肋两侧常有小孔</u>；叶柄具鞘，上端有关节。花序柄粗壮；佛焰苞卵形，多少渐尖；肉穗花序无柄，全部具花；<u>花两性，无花被</u>；雄蕊 4-6；子房顶部截平，多边形，1 室，胚珠 2-4，着生于侧膜胎座的基部，倒生，珠孔朝向基底。浆果小。种子肾形，多数者有棱，种皮厚，壳状，胚弯曲。花粉粒带状萌发孔，穿孔状到穴状纹饰。

分布概况：20/1 种，**5 型**；分布于印度至马来西亚；中国产广东、广西、海南、云南和台湾。

系统学评述：麒麟叶属被置于龟背竹亚科的 Rhaphidophora 支内[2,3]，是 1 个并系类群[19]。

DNA 条形码研究：BOLD 网站有该属 2 种 24 个条形码数据；GBOWS 已有 1 种 2 个条形码数据。

代表种及其用途：麒麟叶 *E. pinnatum* (Linnaeus) Engler 药用。

12. *Hapaline* Schott 细柄芋属

Hapaline Schott (1858: 44), *nom. cons.*; Li & Boyce (2010: 22) [Type: *H. bentamiana* (Schott) Schott (≡ *Hapale benthamiana* Schott)]

特征描述：纤弱矮小草本。块茎小。叶和花序同时出现，叶片长，心状箭形。花序柄常比叶柄长；佛焰苞狭窄，管部短，席卷；檐部线状披针形，比管长，反折；肉穗花序纤细，下部雌花序紧贴于佛焰苞上；雄花序与雌花序以不育花序相间，花密；花单性，无花被；雄蕊 3；子房 1 室，花柱短，柱头扁圆形，胚珠单生，倒生，珠孔朝向基底。花粉粒无萌发孔，刺状纹饰。

分布概况：6/1（1）种，**7 型**；分布于亚洲东南部；中国产云南。

系统学评述：细柄芋属被置于 Aroideae 亚科的 Caladieae 支内[2,3]。

DNA 条形码研究：BOLD 网站有该属 2 种 5 个条形码数据；GBOWS 已有 1 种 3 个条形码数据。

13. *Homalomena* Schott 千年健属

Homalomena Schott (1830: 20); Li & Boyce (2010: 17) [Lectotype: *H. cordata* Schott (≡ *Dracontium cordatum* Houttuyn (1779), *non* Aublet (1775))]

特征描述：亚灌木状草本。具地上茎。叶柄大都比叶片长，下部具鞘；叶片膜质或纸质，披针形、椭圆形，基部心形，渐尖。花序柄比叶柄短，佛焰苞直立，浅绿色，下部席卷，上部展开，向上收缩，渐过渡为渐尖的檐部；肉穗花序下部雌花序圆柱形，上部雄花序与雌花序紧接，全部花能育；花单性，无花被；雄蕊 2-4；心皮 2-4。浆果。种子椭圆形。花粉粒单沟，颗粒纹饰。

分布概况：110/4（2）种，**3 型**；分布于热带亚洲和美洲；中国产广东、广西、海南、云南和台湾。

系统学评述：千年健属被置于 Aroideae 亚科的 Philodendron 支内[2,3]。形态学研究将千年健属划分为 5 个组，即 *Homalomena* sect. *Curmeria*、*H.* sect. *Homalomena*、*H.* sect. *Cyrtocladon*、*H.* sect. *Chamaecladon* 和 *H.* sect. *Geniculatae*[20]。Yeng 等[21]基于 ITS 序列对亚洲产千年健属的研究表明，亚洲的种类是 1 个单系，但并不完全支持属内组的划分。

DNA 条形码研究：BOLD 网站有该属 39 种 98 个条形码数据；GBOWS 已有 1 种 5 个条形码数据。

代表种及其用途：千年健 *H. occulta* (Loureiro) Schott 可药用。

14. *Landoltia* Les & D. J. Crawford 兰氏萍属

Landoltia Les & D. J. Crawford (1999: 532); Li & Landolt (2010: 81) [Type: *L. punctata* (G. Meyer) Les & D. J. Crawford (≡ *Lemna punctata* G. Meyer)]

  特征描述：<u>漂浮草本</u>。根 2-7，基部被管状鞘包裹，顶端具圆形或尖形帽状结构。<u>茎不发育，以叶状体形式存在</u>，叶状体扁平或凸起，<u>上表面绿色</u>，<u>下表面红色</u>；<u>在叶状体边缘的侧囊中形成小的叶状体及花</u>，囊的基部被膜质鳞片包裹。新叶状体与母体通过白色条带联在一起。花被囊状膜质鳞片包裹，与母体在一侧分离；雄蕊 2，4 室。种子具纵肋。花粉粒单孔，刺状纹饰。

  分布概况：1/1 种，**5** 型；分布于热带亚洲至热带大洋洲；中国产福建、河南、湖北、四川、台湾、西藏、云南和浙江。

  系统学评述：兰氏萍属被置于浮萍亚科内[2,3]。

  DNA 条形码研究：BOLD 网站有该属 1 种 16 个条形码数据。

15. *Lasia* Loureiro 刺芋属

Lasia Loureiro (1790: 64); Li & Boyce (2010: 17) (Type: *L. aculeata* Loureiro)

  特征描述：<u>湿生草本</u>。茎粗壮，匍匐于地下。<u>叶柄长</u>，<u>基部具鞘</u>，<u>疏具皮刺</u>；<u>幼叶箭形</u>，<u>不裂</u>，<u>成年叶鸟足至羽状分裂</u>。<u>花序柄具皮刺</u>；<u>佛焰苞伸长</u>，<u>下部张开</u>，<u>内含短肉穗花序</u>；肉穗花序短圆柱形，钝，无柄，花密；花两性，花被片 4，拱形，早花期覆瓦状，先端近截平；雄蕊 4-6；子房卵圆形，渐狭为粗短的花柱，1 室。浆果。胚乳缺。花粉粒无萌发孔，网状纹饰。

  分布概况：2/1 种，**7** 型；分布于热带亚洲；中国产广东、广西、海南、云南、台湾和西藏。

  系统学评述：刺芋属被置于刺芋亚科内[2,3]。

  DNA 条形码研究：BOLD 网站有该属 1 种 19 个条形码数据；GBOWS 已有 1 种 3 个条形码数据。

  代表种及其用途：刺芋 *L. spinosa* (Linnaeus) Thwaites 可作蔬菜食用。

16. *Lemna* Linnaeus 浮萍属

Lemna Linnaeus (1753: 970); Li & Landolt (2010: 81) (Lectotype: *L. minor* Linnaeus)

  特征描述：<u>漂浮或悬浮水生草本</u>。根 1，无维管束。<u>叶状体扁平</u>，<u>两面绿色</u>，具 1-5 脉，基部两侧具囊，囊内生营养芽和花芽。营养芽萌发后，新的叶状体常脱离母体，也有数代不脱离的。<u>佛焰苞膜质</u>；花单性，雌雄同株；每花序有雄花 2，雄蕊花丝细，花药 2 室；雌花 1，子房 1 室，胚珠 1-6，直立或弯生。果实卵形。种子 1，具肋突。花粉粒单孔，刺状纹饰。

  分布概况：13/5-6 种，**1** 型；世界广布；中国南北均产。

系统学评述：浮萍属被置于浮萍亚科内[2,3]，是个单系类群。基于分子系统学研究，浮萍属内可分为 4 支，相应的可划分为 4 个组，即 *Lemna* sect. *Lemna*、*L.* sect. *Alatae*、*L.* sect. *Biformes* 和 *L.* sect. *Uninerves*[22]。

DNA 条形码研究：BOLD 网站有该属 15 种 132 个条形码数据。

17. *Pinellia* Tenore 半夏属

Pinellia Tenore (1839: 69); Li & Bogner (2010: 39) [Type: *P. tuberifera* Tenore , *nom. illeg.* (= *Arum subulatum* Desfontaines)]

特征描述：多年生草本。具块茎。叶柄下部或上部、叶片基部常有珠芽；叶片全缘，3 深裂或鸟足状分裂。花序柄单生，与叶柄等长；佛焰苞宿存，管部席卷，檐部长圆形，舟形；肉穗花序下部雌花序与佛焰苞合生达隔膜，单侧着花，内藏于佛焰苞管部；雄花序位于隔膜之上；花单性，无花被；雄花有雄蕊 2；子房卵圆形，1 室。浆果长圆状卵形。花粉粒无萌发孔，刺状纹饰。

分布概况：9/9（7）种，**14 型**；分布于亚洲东部；中国南北均产。

系统学评述：半夏属被置于 Aroideae 亚科的 Pistia 支内[2,3]。

DNA 条形码研究：BOLD 网站有该属 7 种 81 个条形码数据；GBOWS 已有 2 种 10 个条形码数据。

代表种及其用途：半夏 *P. ternata* (Thunberg) Tenore ex Breitenbach 可供药用。

18. *Pistia* Linnaeus 大漂属

Pistia Linnaeus (1753: 963); Li & Boyce (2010: 79) (Type: *P. stratiotes* Linnaeus)

特征描述：水生草本，漂浮。叶螺旋状排列，淡绿色；叶鞘托叶状，几从叶的基部与叶分离，极薄，干膜质。花序具极短的柄；佛焰苞小，叶状，白色，内面光滑，外面被毛，管部卵圆形，檐部卵形，近兜状；肉穗花序背面与佛焰苞合生，花单性同序；下部雌花序具单花，上部雄花序有花 2-8，无附属器；花无花被；雄蕊 2；子房卵圆形。浆果卵圆形。花粉粒无萌发孔，条纹或具褶纹饰。

分布概况：1/1 种，**2 型**；广布热带和亚热带地区；中国产福建、广东、广西、台湾和云南。

系统学评述：大漂属被置于 Aroideae 亚科的 Pistia 支内[2,3]。

DNA 条形码研究：BOLD 网站有该属 3 种 37 个条形码数据；GBOWS 已有 1 种 3 个条形码数据。

代表种及其用途：大漂 *P. stratiotes* Linnaeus 可供药用。

19. *Pothoidium* Schott 假石柑属

Pothoidium Schott (1856: 26); Li & Boyce (2010: 8) (Type: *P. lobbianum* Schott)

特征描述：攀援灌木。叶二列；叶柄极伸长；叶状平展，扩大，全部脉平行，叶片短三角状披针形，脉与叶柄脉相连。花序柄单生叶腋和苞腋；佛焰苞短或不存在；肉穗花序圆柱形，生于花序柄顶端，花两性和雌性；花被片 6，先端拱状内弯；两性花：雄蕊 3，雌蕊扁球状，无花柱；雌花：假雄蕊 3，子房 1 室，无花柱。浆果卵圆形。种子长圆形。花粉粒单沟。

分布概况：1/1 种，**7** 型；分布于印度至马来西亚；中国产台湾。

系统学评述：假石柑属被置于石柑亚科的 Potheae 支内[2,3]。

DNA 条形码研究：BOLD 网站有该属 1 种 2 个条形码数据。

20. *Pothos* Linnaeus 石柑属

Pothos Linnaeus (1753: 968); Li & Boyce (2010: 6) (Type: *P. scandens* Linnaeus)

特征描述：附生、攀援灌木或亚灌木。叶柄叶状，平展，上端呈耳状；叶片线状披针形，多少不等侧。花序柄腋生，劲直、反折或弯曲，基部苞片 5-6；佛焰苞卵形；肉穗花序具长梗，球形、卵形或倒卵形；花两性，花被 6，先端拱形内弯；雄蕊 6，花丝短，花药短；子房 3 室，每室有胚珠 1，无花柱。浆果椭圆状，红色。种子扁椭圆形。花粉粒单沟，穿孔状、网状或皱波纹饰。

分布概况：75/4 种，**5** 型；分布于印度至太平洋诸岛，西南至马达加斯加；中国产长江以南，华南和西南尤甚。

系统学评述：石柑属被置于石柑亚科的 Potheae 支内[2,3]。

DNA 条形码研究：BOLD 网站有该属 2 种 4 个条形码数据；GBOWS 已有 1 种 3 个条形码数据。

代表种及其用途：石柑子 *P. chinensis* (Rafinesque) Merrill 可药用。

21. *Remusatia* Schott 岩芋属

Remusatia Schott (1832: 18); Li & Boyce (2010: 71) [Type: *R. vivipara* (Roxburgh) Schott (≡ *Arum viviparum* Roxburgh)].——*Gonatanthus* Klotzsch (1841: 33)

特征描述：多年生草本。具块茎。块茎上芽条直立或匍匐，具多数瘤状鳞芽。叶柄长；叶片盾状，心状卵形。花序柄短；佛焰苞管部席卷，喉部收缩；肉穗花序雌雄同株；雌花序在下，近圆柱形；不育雄花序细圆柱形；能育雄花序在上，椭圆状；无不育附属器；花单性，无花被；能育雄花为合生雄蕊柱；心皮 2-4。浆果内藏于佛焰苞管内。种子多数。花粉粒无萌发孔，刺状纹饰。

分布概况：4/4（1）种，**4** 型；分布于东南亚及热带非洲西部；中国产西藏、云南和台湾。

系统学评述：岩芋属被置于 Aroideae 亚科的 Pistia 支内[2,3]。根据胎座类型，李恒和Hay[23]将岩芋属划分为 2 组，即 *Remusatia* sect. *Remusatia* 和 *R.* sect. *Gonatanthus*。然而，近来的分子系统学研究并不支持岩芋属属下分类，且其单系也未得到支持，岩芋 *R. vivipara* (Roxburgh) Schott、云南岩芋 *R. yunnanensis* (H. Li & A. Hay) A. Hay 与曲苞芋 *R. pumila* (D. Don) H. Li & A. Hay 聚为 1 支，早花岩芋 *R. hookeriana* Schott 未与前三者聚

在一起[24]。

DNA 条形码研究：BOLD 网站有该属 4 种 28 个条形码数据；GBOWS 已有 2 种 9 个条形码数据。

代表种及其用途：岩芋 *R. vivipara* (Roxburgh) Schott 可供药用。

22. *Rhaphidophora* Hasskarl 崖角藤属

Rhaphidophora Hasskarl (1842: 11); Li & Boyce (2010: 10) [Type: *L. lacera* Hasskarl, *nom. illeg.* (*R. pertusa* (Roxburg) Schott ≡ *Pothos pertusa* Roxburgh)]

特征描述：<u>藤本</u>。<u>茎匍匐或攀援</u>。叶二列；叶柄长，具关节，多少具鞘；叶片披针形，多少不等侧，全缘，羽状深裂或全裂，上部的裂片较宽，常镰状渐狭。<u>花序顶生</u>；<u>佛焰苞舟形</u>；肉穗花序无梗；花密集，两性，<u>无花被</u>；雄蕊 4，花丝线形，药室线状椭圆形；子房长，截平，角柱状，不完全 2 室，每室胚珠多数。浆果红色。种子长圆形。花粉粒带状萌发孔，网状纹饰。

分布概况：120/12（2）种，**6 型**；分布于印度至马来西亚；中国产华东、华南和西南。

系统学评述：崖角藤属被置于龟背竹亚科的 Rhaphidophora 支内[2,3]。分子系统学研究表明，崖角藤属是 1 个并系类群，与上树南星属 *Anadendrum*、藤芋属 *Scindapsus*、麒麟叶属 *Epipremnum*、龟背竹属 *Monstera*、雷公连属 *Amydrium* 和麒麟叶 *Epipremnum pinnatum* (Linnaeus) Engler 聚为 3 个不同的分支[19]。

DNA 条形码研究：BOLD 网站有该属 4 种 6 个条形码数据；GBOWS 已有 4 种 15 个条形码数据。

代表种及其用途：毛过山龙 *R. hookeri* Schott 可药用。

23. *Sauromatum* Schott 斑龙芋属

Sauromatum Schott (1832: 17); Li & Hetterscheid (2010: 36) [Lectotype: *S. guttatum* (Wallich) Schott (≡ *Arum guttatum* Wallich)]

特征描述：多年生草本。叶柄圆柱形；<u>叶片鸟足状全裂或深裂</u>。花序柄短；佛焰苞管部长圆形，<u>檐部长披针形</u>，<u>内面深紫色</u>；肉穗花序比佛焰苞短，下部雌花序，上部雄花序，<u>雌雄花序之间存在中性花序</u>；附属器远长于肉穗花序；<u>花单性</u>，<u>无花被</u>；雄花雄蕊少数，花药无柄；雌花子房 1 室，柱头盘状；中性花柄棒状。浆果倒圆锥状。种子球形。花粉粒无萌发孔，刺状纹饰。

分布概况：8/7（2）种，**6 型**；分布于非洲，东南亚至大洋洲；中国南北均产。

系统学评述：斑龙芋属被置于 Aroideae 亚科的 Pistia 支内[2,3]，是 1 个单系类群。基于分子系统学研究表明，斑龙芋属内可分为 3 支[25]，即毛犁头尖 *S. hirsutum* (S. Y. Hu) Cusimano & Hetterscheid、*S. tentaculatum* (Hetterscheid) Cusimano & Hetterscheid 和独角莲 *S. giganteum* (Engler) Cusimano & Hetterscheid 聚为 1 支；短柄斑龙芋 *S. brevipes* (J. D. Hooker) N. E. Brown 和斑龙芋 *S. venosum* (Aiton) Kunth 聚为 1 支；西南犁头尖 *S.*

horsfieldii Miquel、贡山斑龙芋 *S. gaoligongense* Z. L. Wang & H. Li 和高原犁头尖 *S. diversifolium* (Wallich ex Schott) Cusimano & Hetterscheid 聚为 1 支。

DNA 条形码研究：BOLD 网站有该属 1 种 1 个条形码数据；GBOWS 已有 2 种 10 个条形码数据。

24. *Schismatoglottis* Zollinger & Moritzi 落檐属

Schismatoglottis Zollinger & Moritzi (1846: 83); Li & Boyce (2010: 19) [Type: *S. calyptrata* (Roxburgh) Zollinger & Moritzi (≡ *Calla calyptrata* Roxburgh)]

特征描述：草本。根茎匍匐。叶柄长于叶片，下部具鞘；叶片纸质，表面绿色，背面苍白色至粉绿色，披针形。花序柄短于叶柄；佛焰苞管部席卷，檐部较狭；肉穗花序雌雄同序；雌花序下部一侧与佛焰苞合生；雄花序紧接雌花序；花单性；能育雄花具雄蕊 2-3，不育雄花的假雄蕊比能育雄蕊小；雌花有心皮 2-4，柱头盘状。浆果长圆形。种子短椭圆状。花粉粒无萌发孔，刺状纹饰。

分布概况：120/2（1）种，**3 型**；热带亚洲与热带美洲间断分布；中国产广西、海南和台湾。

系统学评述：落檐属被置于 Aroideae 亚科的 Schismatoglottideae 支内[2,3]，是 1 个并系类群。分子系统学研究表明[26]，新世界的落檐属种类与旧世界的 Schismatoglottideae 及 Cryptocoryneae 构成姐妹群；*Schismatoglottis acuminatissima* Schott 与 Schismatoglottideae 的余下种类互为姐妹关系；旧世界的落檐属并不支持其单系性。

DNA 条形码研究：BOLD 网站有该属 44 种 61 个条形码数据。

代表种及其用途：广西落檐 *S. calyptrata* (Roxburgh) Zollinger & Moritzi 可药用。

25. *Scindapsus* Schott 藤芋属

Scindapsus Schott (1832: 21); Li & Boyce (2010: 15) [Lectotype: *S. officinalis* (Roxburgh) Schott (≡ *Pothos officinalis* Roxburgh)]

特征描述：藤本植物，以气生根攀援。茎常粗壮。叶柄长，具鞘，上部有关节；叶片长圆状披针形，渐尖。花序柄短；佛焰苞舟状，脱落；肉穗花序多少具梗，圆柱状；花密，两性，无花被；雄蕊 4，花丝宽，花药 2 室；子房近 4 边形，顶部平，1 室，1 胚珠，胚珠倒生，株柄短，生于室腔的基底，柱头无柄，纵长。浆果多浆。种子圆形。花粉粒带状萌发孔，穿孔状到穴状纹饰。

分布概况：36/1 种，**7 型**；分布于印度至马来西亚；中国产海南。

系统学评述：藤芋属被置于龟背竹亚科的 Rhaphidophora 支内[2,3]。

DNA 条形码研究：BOLD 网站有该属 2 种 4 个条形码数据。

26. *Spirodela* Schleiden 紫萍属

Spirodela Schleiden (1839: 391); Li & Landolt (2010: 80) [Type: *S. polyrrhiza* (Linnaeus) Schleiden (≡ *Lemna polyrhiza* Linnaeus)]

特征描述：水生漂浮草本。叶状体盘状，具 3-12 脉，背面的根多数，束生，具薄的根冠和 1 维管束。花序藏于叶状体的侧囊内；佛焰苞袋状，含 2 雄花和 1 雌花；雄花花药 2 室；雌花子房 1 室，胚珠 2，倒生。果实球形，边缘具翅。花粉粒单孔，刺状纹饰。

分布概况：2/1 种，**1** 型；世界广布；中国南北均产。

系统学评述：紫萍属被置于浮萍亚科 Lemnoideae 内[2,3]，是个单系类群。

DNA 条形码研究：BOLD 网站有该属 3 种 54 个条形码数据。

代表种及其用途：紫萍 *S. polyrrhiza* (Linnaeus) Schleiden 可药用。

27. *Steudnera* K. Koch 泉七属

Steudnera K. Koch (1862: 114); Li & Boyce (2010: 69) (Type: *S. colocasiifolia* K. Koch)

特征描述：多年生草本。茎匍匐。叶柄长；叶片盾状，凹陷，卵形，先端渐尖。佛焰苞变黄色或内面多少带紫红色，基部席卷；肉穗花序花密；雌花序圆柱形；雄花序倒卵形，花序大都贴生佛焰苞上，无不育附属器；花单性，无花被；雄花为棱柱状的合生雄蕊柱，有雄蕊 3-6，花药长圆形；雌花有心皮 2-5，假雄蕊 2-5，花柱短，柱头星状 2-5裂。浆果卵形。花粉粒无萌发孔，条纹状纹饰。

分布概况：9/4 种，**7** 型；分布于印度，缅甸，泰国，老挝和越南；中国产广西和云南。

系统学评述：泉七属被置于 Aroideae 亚科的 Pistia 支内[2,3]。

DNA 条形码研究：BOLD 网站有该属 4 种 12 个条形码数据；GBOWS 已有 1 种 6个条形码数据。

代表种及其用途：泉七 *S. colocasiifolia* K. Koch 可供药用。

28. *Symplocarpus* Salisbury ex W. P. C. Barton 臭菘属

Symplocarpus Salisbury ex W. P. C. Barton (1817: 124), *nom. cons.*; Li et al. (2010: 5) [Type: *S. foetidus* (Linnaeus) W. P. C. Barton (≡ *Dracontium foetidum* Linnaeus)]

特征描述：根茎粗壮。叶柄具长鞘；叶片宽大，浅心形。花序柄短；佛焰苞厚，基部席卷，中部肿胀，先端渐尖，下弯成喙状；肉穗花序具长梗，圆球形，远短于佛焰苞；花有臭味，两性，具花被；花被片 4，向上渐扩大，拱状，顶部凸起如尖塔，蕾时覆瓦状排列；雄蕊 4，花丝扩大，稍扁，花药短；子房伸长，下部沉陷于花序轴上，1 室，胚珠 1。花粉粒单沟，网状纹饰。

分布概况：4-5/2 种，**9** 型；东亚-北美间断分布；中国产黑龙江。

系统学评述：臭菘属被置于 Orontioideae 亚科内[2,3]，是个单系类群。分子系统学研究表明，北美的 *S. foetidus* (Linnaeus) W. P. C. Barton 与臭菘 *S. renifolius* Schott ex Tzvelev聚为 1 支，两者与日本臭菘 *S. nipponicus* Makino 互为姐妹群[27]。

DNA 条形码研究：BOLD 网站有该属 1 种 11 个条形码数据。

代表种及其用途：臭菘 *S. renifolius* Schott ex Tzvelev 可药用。

29. *Typhonium* Schott 犁头尖属

Typhonium Schott (1829: 732); Li & Hetterscheid (2010: 34) [Lectotype: *T. trilobatum* (Linnaeus) Schott (≡ *Arum trilobatum* Linnaeus)]

特征描述：多年生草本。块茎小。叶多数，<u>叶片箭状戟形或 3 裂或鸟足状分裂</u>。<u>花序柄短</u>；佛焰苞管部席卷，喉部收缩；檐部后仰，卵状披针形，紫红色；肉穗花序两性，雌花序短，与雄花序之间有一段较长的间隔，附属器具短柄；花单性，无花被；雄花具雄蕊 1-3；雌花子房卵圆形，1 室，无花柱；中性花下部与雌花相邻。浆果卵圆形。种子球形。花粉粒无萌发孔，刺状纹饰。

分布概况：50/9（4）种，**5 型**；分布于印度至马来西亚；中国南北均产。

系统学评述：犁头尖属被置于 Aroideae 亚科的 Pistia 支内[2,3]。基于花粉形态、染色体数目等，Sriboonma 等[28]将犁头尖属划分为 5 组，即 *Typhonium* sect. *Typhonium*、*T.* sect. *Gigantea*、*T.* sect. *Hirsuta*、*T.* sect. *Diversifolia* 和 *T.* sect. *Pedata*。分子系统学研究表明该属是 1 个并系类群，各个分支与传统分类基本吻合；广义犁头尖属分为 5 属，即犁头尖属 *Typhonium s.s.*、斑龙芋属 *Sauromatum*、*Diversiarum*、*Hirsutiarum* 和 *Pedatyphonium*[29]。

DNA 条形码研究：BOLD 网站有该属 60 种 103 个条形码数据；GBOWS 已有 1 种 3 个条形码数据。

30. *Wolffia* Horkel ex Schleiden 无根萍属

Wolffia Horkel ex Schleiden (1844: 233); Li & Landolt (2010: 83) (Type: *W. michelii* Schleiden)

特征描述：<u>漂浮草本</u>。植物体细小如沙。<u>叶状体具 1 侧囊</u>，从中孕育新的叶状体，背面强裂凸起，单 1 或 2 个相连。花生长于叶状体上面的囊内，<u>无佛焰苞</u>；<u>花序含 1 雄花和 1 雌花</u>；雄蕊 1，花药 2 室；花柱短，子房具 1 <u>直立胚珠</u>。果实圆球形，光滑。花粉粒单孔，刺状纹饰。

分布概况：11/1 种，**1 型**；世界广布；中国南北均产。

系统学评述：无根萍属被置于浮萍亚科内[2,3]，是个单系类群。综合形态学、解剖学、植物化学、等位酶及 DNA 序列的系统学研究表明[22]，无根萍属内 *Wolffia* sect. *Wolffia* 和 *W.* sect. *Pseudorrhizae* 是单系；*W.* sect. *Pigmentatae* 是并系。*W. australiana* (Bentham) Hartog & Plas 应从 *W.* sect. *Wolffia* 中移出。

DNA 条形码研究：BOLD 网站有该属 11 种 64 个条形码数据。

主要参考文献

[1] Cabrera LI, et al. Phylogenetic relationships of aroids and duckweeds (Araceae) inferred from coding and noncoding plastid DNA[J]. Am J Bot, 2008, 95: 1153-1165.

[2] Nauheimer L, et al. Global history of the ancient monocot family Araceae inferred with models accounting for past continental positions and previous ranges based on fossils[J]. New Phytol, 2012, 195: 938-950.

[3] Cusimano N, et al. Relationships within the Araceae: comparison of morphological patterns with

molecular phylogenies[J]. Am J Bot, 2011, 98: 654-668.

[4]   Nicolson DH. Revision of the genus *Aglaonema* (Araceae)[J]. Smithsonian Contr Bot, 1969, 1: 1-69.

[5]   Bailey LH, et al. Hortus Third: a concise dictionary of plants cultivated in the United States and Canada[M]. New York: Macmillan, 1976.

[6]   Jervis RN. Chinese evergreens: aglaonema grower's notebook[M]. Clearwater: R. Jervis, 1980.

[7]   Nauheimer L, et al. Giant taro and its relatives: a phylogeny of the large genus *Alocasia*, (Araceae) sheds light on Miocene floristic exchange in the Malesian region[J]. Mol Phylogenet Evol, 2012, 63: 43-51.

[8]   Sedayu A, et al. Morphological character evolution of *Amorphophallus* (Araceae) based on a combined phylogenetic analysis of *trn*L, *rbc*L and LEAFY second intron sequences[J]. Bot Stud, 2010, 51: 473-490.

[9]   Engler A. Araceae[M]//de Candolle A, de Candolle C. Monographieae Phanerogamarum, Vol. 2. Munich: Wolf and Sons, 1879: 1-681.

[10] Murata J. An attempt at an infrageneric classification of the genus *Arisaema* (Araceae)[J]. J Fac Sci Univ Tokyo, 1984, 13: 431-482.

[11] Murata J. Developmental patterns of pedate leaves in tribe Areae (Araceae-Aroideae) and their systematic implication[J]. Bot Mag (Tokyo), 1990, 103: 371-382.

[12] Gusman G, Gusman L. The genus *Arisaema*: a monograph for botanists and nature lovers[M]. Ruggell: Ganter Verlag, 2006.

[13] Renner SS, et al. A chloroplast phylogeny of *Arisaema* (Araceae) illustrates tertiary floristic links between Asia, North America, and East Africa[J]. Am J Bot, 2004, 91: 881-888.

[14] Boyce PC. The genus *Arum*: a kew magazine monograph[M]. Richmond: Royal Botanic Gardens, Kew, 1993.

[15] Boyce PC. The genus *Arum* (Araceae) in Greece and Cyprus[J]. Ann Mus Goulandris, 1994, 9: 27-38.

[16] Boyce PC. *Arum*–a decade of change [J]. Aroideana, 2006, 29: 132-139.

[17] Bedalov M, Küpfer P. Studies on the genus *Arum* (Araceae)[J]. Bull Soc Neuchatel Sci Nat, 2005, 128: 43-70.

[18] Espíndola A, et al. New insights into the phylogenetics and biogeography of *Arum* (Araceae): unravelling its evolutionary history[J]. Bot J Linn Soc, 2010, 163: 14-32.

[19] Tam S, et al. Intergeneric and infrafamilial phylogeny of subfamily Monsteroideae (Araceae) revealed by chloroplast *trn*L-F sequences[J]. Am J Bot, 2004, 91: 490-498.

[20] Mayo SJ, et al. The Genera of Araceae[M]. Richmond: Royal Botanic Gardens, Kew, 1997.

[21] Yeng WS, et al. Phylogeny of Asian *Homalomena* (Araceae) based on the ITS region combined with morphological and chemical data[J]. Syst Bot, 2013, 38: 589-599.

[22] Les DH, et al. Phylogeny and systematics of Lemnaceae, the duckweed family[J]. Syst Bot, 2002, 27: 221-240.

[23] 李恒, Hay A. 天南星科岩芋属和曲苞芋属的分类问题[J]. 植物分类与资源学报, 1992, 15: 27-33.

[24] Li R, et al. Is *Remusatia* (Araceae) monophyletic? Evidence from three plastid regions[J]. Int J Mol Sci, 2012, 13: 71-83.

[25] Cusimano N, et al. A phylogeny of the Areae (Araceae) implies that *Typhonium*, *Sauromatum*, and the Australian species of *Typhonium* are distinct clades[J]. Taxon, 2010, 59: 439-447.

[26] Wong SY, et al. Molecular phylogeny of tribe Schismatoglottideae (Araceae) based on two plastid markers and recognition of a new tribe, Philonotieae, from the Neotropics[J]. Taxon, 2010, 59: 117-124.

[27] Nie ZL, et al. Intercontinental biogeography of subfamily Orontioideae (*Symplocarpus*, *Lysichiton*, and *Orontium*) of Araceae in Eastern Asia and North America[J]. Mol Phylogenet Evol, 2006, 40: 155.

[28] Sriboonma D, et al. A revision of *Typhonium* (Araceae)[J]. J Fac Sci Univ Tokyo Bot, 1994, 15: 255-313.

[29] Ohi-Toma T, et al. Molecular phylogeny of *Typhonium sensu lato* and its allied genera in the tribe Areae of the subfamily Aroideae (Araceae) based on sequences of six chloroplast regions[J]. Syst Bot, 2010, 35: 244-251.

Tofieldiaceae Takhtajan (1994) 岩菖蒲科

特征描述：多年生草本，具匍匐根状茎。叶基生，线形，螺旋状排列，基部互相套折，二列，两侧压扁。总状花序顶生；花小，两性，具花梗或无花梗，花梗基部具 1 苞片，花被基部具分离或联合成杯状小苞片；花被片 6，2 轮，离生，宿存；雄蕊 6，花药基着或背着；心皮 3，花柱离生至全部合生，柱头头状。蒴果菁葖果状。种子椭圆形至梭形。花粉粒 2 沟，多为网状纹饰。

分布概况：5 属/31 种，北温带广布，少数延伸至南美洲北部；中国 1 属/3 种，产东北、华东和西南。

系统学评述：岩菖蒲科的系统位置变化较大，Hutchinson[1]将其放在广义百合科 Liliaceae *s.l.*；Dahlgren 等[2]将其放在黑药花科 Melanthiaceae；Tamura[3]将其放在纳茜菜科 Nartheciaceae；Takhtajan[4,5]将其独立成科。岩菖蒲科内部，*Pleea* 与该科余下的属构成姐妹群，*Isidrogalvia* 与 *Harperocallis*、岩菖蒲属 *Tofieldia* 与 *Triantha* 分别互为姐妹群[6,7]。

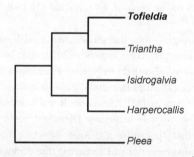

图 39　岩菖蒲科分子系统框架图（参考 Azuma 等[6]; Iles 等[7]）

1. *Tofieldia* Hudson 岩菖蒲属

Tofieldia Hudson (1778: 157); Chen & Tamura (2000: 76) [Type: *T. palustris* Hudson, *nom. illeg.* (*T. calyculata* (Linnaeus) Wahlenberg ≡ *Anthericum calyculatum* Linnaeus)]

特征描述：多年生草本。叶基生，二列，基部套叠，剑形，两侧压扁。总状花序具多花；花两性，花梗基部具 1 苞片，花被基部还有 1 或 3 小苞片；花被片 6，离生或基部合生，宿存；雄蕊 6，离生，有时基部合生或生于花被片基部，花药卵形，内向纵裂；子房上位，上部 3 裂，花柱 3，短，柱头内曲。蒴果不规则开裂。种子线形至椭圆形。花粉粒 2 沟，网状纹饰，稀具孔、疣或颗粒。染色体 $x=15$，稀为 14 或 16。

分布概况：20/3（2）种，**8 型**；分布于北半球亚热带，温带及近北极；中国产安徽、吉林、贵州、四川和云南。

系统学评述：根据分子系统学研究表明岩菖蒲属是个单系，并与 *Triantha* 互为姐妹群[6,8]。Tamura 等[8]将岩菖蒲属划分为 3 个主要分支，即长白岩菖蒲 *T. coccinea* Richardson、*T. nuda* Maximowicz、叉柱岩菖蒲 *T. divergens* Bureau & Franchet 和岩菖蒲 *T. thibetica* Franchet 聚为 1 支；*T. calyculata* Wahlenberg 为 1 支；*T. okuboi* Makino、*T. glabra* Nuttall 和 *T. pusilla* Persoon 聚为 1 支。

DNA 条形码研究：BOLD 网站有该属 21 种 66 个条形码数据；GBOWS 已有 3 种 32 个条形码数据。

主要参考文献

[1] Hutchinson J . The families of flowering plants, Vol. 2. 2nd ed.[M]. Oxford: Clarendon Press, 1959.

[2] Dahlgren RMT, et al. The families of the monocotyledons: structure, evolution, and taxonomy[M]. Springer: Berlin, 1985.

[3] Tamura MN. Nartheciaceae[M]//Kubitzki K. The families and genera of vascular plants, III. Berlin: Springer, 1998: 381-392.

[4] Takhtajan A. New families of the monocotyledons[J]. Botaničnyi Žurnal, 1994, 79: 65-66.

[5] Takhtajan A. Diversity and classification of flowering plants[M]. New York: Columbia University Press, 1997.

[6] Azuma H, Tobe H. Molecular phylogenetic analyses of Tofieldiaceae (Alismatales): family circumscription and intergeneric relationships[J]. J Plant Res, 2011, 124: 349-357.

[7] Iles W, et al. A well-supported phylogenetic framework for the monocot order Alismatales reveals multiple losses of the plastid NADH dehydrogenase complex and a strong long-branch effect[M]//Wilkin P, et al. Early events in monocot evolution. Cambridge: Cambridge University Press, 2013: 1-28.

[8] Tamura MN, et al. Biosystematic studies on the family Tofieldiaceae II: phylogeny of species of *Tofieldia* and *Triantha* inferred from plastid and nuclear DNA sequences[J]. Acta Phytotax Geobot, 2010, 60: 131-140.

Alismataceae Ventenat (1799), *nom. cons.* 泽泻科

特征描述：<u>水生或沼生草本，具根茎</u>。<u>单叶基生，基部具鞘</u>；叶片形态多样，全缘，<u>平行脉或掌状弧形脉</u>。总状、圆锥或呈圆锥状聚伞花序；<u>花在花轴上轮生</u>，具梗，单性、两性或杂性，<u>常具苞片</u>；<u>萼片 3</u>，宿存；<u>花瓣 3</u>，常白色；<u>雄蕊 3 至多数</u>，轮生，花丝细长，<u>花药 2 室</u>，纵裂；<u>心皮 3 至多数</u>，<u>离生</u>，胚珠 1 至多数，<u>花柱宿存</u>。<u>瘦果</u>、<u>小核果或蓇葖果</u>簇生。种子弯曲，胚马蹄形，无胚乳。花粉粒散孔，穿孔状、刺状或颗粒纹饰。染色体 $x=$（5-）7-8（-13）。

分布概况：16 属/100 种，世界广布，北半球热带和温带地区尤盛；中国 6 属/18 种，南北均产。

系统学评述：长期以来，黄花蔺科 Limnocharitaceae、花蔺科 Butomaceae 和水鳖科 Hydrocharitaceae 这 3 科同泽泻科被认为有较近的亲缘关系[1,2]，黄花蔺科曾被处理为泽泻科中的黄花蔺族 Limnocharitinae[3]，1954 年由 Takhtajian 将其独立为科[4]，但随后的形态学和分子证据也支持将黄花蔺科归入泽泻科[5-8]。近年来，基于分子证据泽泻科各个属间关系得到了不同的结果[2,5-10]。Chen 等[11]综合核基因 ITS 和叶绿体基因 *rbc*L、*mat*K 和 *psb*A 构建了比较完整的泽泻科系统进化树，显示该科分成了 2 个分支（clade A 和 clade B）。

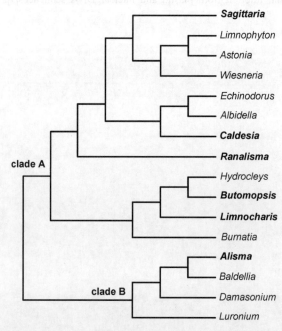

图 40　泽泻科分子系统框架图（参考 Chen 等[10,11]）

分属检索表

1. 花单生或聚生成伞形花序；雄蕊 8、9 或多数，多数者最外轮退化不育，花丝扁平；心皮 6-9 或多数，密集排列成头状，无花柱或花柱不明显，胚珠多数
　2. 雄蕊 8 或 9 ·· **2. 拟黄蔺属 *Butomopsis***
　2. 雄蕊多数，最外轮退化 ·· **4. 黄花蔺属 *Limnocharis***
1. 具总状、圆锥状或伞形花序；雄蕊 3 至多数；心皮少数至多数，具花柱，宿存，胚珠 1
　3. 花单性或杂性；雄蕊多数 ··· **6. 慈姑属 *Sagittaria***
　3. 花两性；雄蕊 6-12，极少多数
　　4. 雄蕊 6；心皮一轮排列 ·· **1. 泽泻属 *Alisma***
　　4. 雄蕊（6-）9 至多数；心皮多螺旋状排列，有时一轮排列
　　　5. 花序不分枝，花单生或至多 3 花组成花序；小果瘦果状，两侧压扁 ···· **5. 毛茛泽泻属 *Ranalisma***
　　　5. 花序多分枝，常圆锥状；小果核果状，常鼓胀 ························· **3. 泽苔草属 *Caldesia***

1. *Alisma* Linnaeus 泽泻属

Alisma Linnaeus (1753: 342); Wang et al. (2010: 87) (Lectotype: *A. plantago-aquatica* Linnaeus)

　　特征描述：水生或沼生草本，常具块茎。叶基生，沉水、浮水或挺水；叶片线形至卵形，全缘，先端渐尖。圆锥花序，稀伞形花序，多分枝，分枝（1-）2 至多数轮生，具 3 苞片及多数小苞片；花两性；萼片 3，宿存；花瓣 3，较萼片大；雄蕊 6；心皮多数，离生，扁平，轮生于花托上，每心皮具胚珠 1。瘦果扁平，背部具 1-2 浅沟，或具深沟，顶端具喙。种子直立，马蹄形。花粉粒散孔，穿孔状到刺状纹饰。染色体 $x=7$；$2n=10$，12，14，26，28，42。

　　分布概况：11/6（1）种，**8 型**；广布北半球温带和亚热带地区；中国南北均产。

　　系统学评述：Lehtonen[2]基于形态特征构建的系统树显示，泽泻属和 *Damasonium* 构成姐妹分支，然而大多数分子证据却显示泽泻属和 *Baldellia* 有很近的亲缘关系[5-10]，Chen 等[11]基于核基因 ITS 和叶绿体基因 *rbc*L、*mat*K 和 *psb*A 的结果显示，泽泻属、*Baldellia*、*Damasonium* 及 *Luronium* 构成了 clade B，与该科其他类群形成姐妹分支。目前该属的系统学关系仍缺乏分子证据。

　　DNA 条形码研究：BOLD 网站有该属 7 种 44 个条形码数据；GBOWS 已有 5 种 77 个条形码数据。

　　代表种及其用途：泽泻 *A. plantago-aquatica* Linnaeus 的球茎可入药，治小便不利、水肿胀满、呕吐、泻痢等；园林上可用于水体造景。

2. *Butomopsis* Kunth 拟花蔺属

Butomopsis Kunth (1841: 164); Wang et al. (2010: 89) [Lectotype: *B. latifolia* (D. Don) Kunth (≡ *Butomus latifolius* D. Don)].——*Tenagocharis* Hochstetter (1841: 369)

　　特征描述：一年生沼生草本，有乳汁。叶基生，椭圆形到披针形；具柄。花茎直立，伞形花序顶生，基部具苞片 3；花两性，花梗纤细；萼片 3，绿色，边缘膜质，

宿存；花瓣 3，白色；雄蕊常 8 或 9，离生；心皮 6-9，1 轮；胚珠多数。蓇葖果沿腹缝线开裂。种子呈钩状弯曲；胚马蹄形。花粉粒散孔，颗粒状到具微刺纹饰。染色体 2n=14。

分布概况：1/1 种，**10** 型；分布于澳大利亚，亚洲及非洲北部的热带地区；中国产云南南部。

系统学评述：拟花蔺属、水罂粟属 *Hydrocleys* 和黄花蔺属 *Limnocharis* 曾被放在花蔺科 Butomaceae 中[FRPS]。基于形态学构建的系统树显示，拟花蔺属位于整个泽泻科的基部；然而，分子证据显示，上述 3 属能较好地聚在 1 支，并嵌于泽泻科中[10]，拟花蔺属并非泽泻科的基部类群。目前该属的系统学关系仍缺乏分子证据。

DNA 条形码研究：BOLD 网站有该属 1 种 4 个条形码数据。

代表种及其用途：拟花蔺 *B. latifolia* (D. Don) Kunth 在园林上可用于水体造景。

3. *Caldesia* Parlatore 泽苔草属

Caldesia Parlatore (1860: 598); Wang et al. (2010: 87) [Type: *C. parnassifolia* (Bassi ex Linnaeus) Parlatore (≡ *Alisma parnassifolium* Bassi ex Linnaeus)]

特征描述：水生或沼生草本。叶基生，沉水、浮水或挺水，卵形到椭圆形；沉水叶较小，淡绿色；浮水叶较大，深绿色；挺水叶叶柄直立，叶片近革质。总状或圆锥花序，多分枝，分枝 3-6 轮生，基部具 3 披针形苞片；花两性，具柄；萼片 3；花瓣 3，白色，较萼片大；雄蕊 6-12，1 轮；心皮 2-9（-20），离生，每心皮具胚珠 1。瘦果具脊或不明显，有短喙。花粉粒散孔，穿孔状、刺状纹饰。染色体 x=11；2n=22。

分布概况：3/2 种，**4** 型；分布于非洲，欧洲，亚洲和大洋洲；中国南北均产。

系统学评述：Hutchinson[12]曾将 *Albidella* 仅有的 1 种 *A. nymphaeifolia* (Grisebach) Pichon 并入泽苔草属，然而，基于形态证据，Lehtonen[2]建议将 *C. oligococca* (F. Mueller) Buchenau 并入 *Albidella*。分子证据显示泽苔草属、*Albidella* 和 *Echinodorus* 有较密切的亲缘关系，且泽苔草属的 3 种能够较好地聚在 1 支[11]。

DNA 条形码研究：BOLD 网站有该属 4 种 12 个条形码数据；GBOWS 已有 1 种 3 个条形码数据。

代表种及其用途：泽苔草 *C. parnassifolia* (Bassi ex Linnaeus) Parlatore 用于园林水景绿化。

4. *Limnocharis* Bonpland 黄花蔺属

Limnocharis Bonpland (1807: 116); Wang et al. (2010: 89) [Type: *L. flava* (Linnaeus) Buchenau (≡ *Alisma flava* Linnaeus)]

特征描述：水生草本。挺水叶丛生，叶片卵形至圆形；具柄。花茎直立，伞形花序顶生，基部具苞片；花两性；萼片 3，绿色，宿存；花瓣 3，黄色，质薄易落；雄蕊多数，外围一轮为不育的退化雄蕊，花丝扁平；心皮多数，扁平，离生，无花柱。果多环形，聚集成头状，背壁厚。种子多数，强烈弯曲，马蹄形。花粉粒散孔，颗粒纹饰，有时穿孔状。染色体 2*n*=20。

　　分布概况：1/1 种，**3** 型；分布于北美南部到南美热带和亚热带地区，以及马来群岛，东南亚；中国产云南（西双版纳）和广东沿海岛屿。

　　系统学评述：同拟花蔺属类似，黄花蔺属曾被置于花蔺科[FRPS]或黄蔺科[4]，基于形态学构建的系统树显示，拟花蔺属、黄花蔺属和水罂粟属这 3 属构成了泽泻科的基部类群[7]。近年来分子证据表明黄花蔺属和水罂粟属有很近的亲缘关系[1,6,8,9,11]，或显示拟花蔺属、黄花蔺属和水罂粟属聚在 1 支[10]。

　　DNA 条形码研究：BOLD 网站有该属 1 种 7 个条形码数据；GBOWS 已有 1 种 4 个条形码数据。

　　代表种及其用途：黄花蔺 *L. flava* Bonpland 用于水体园艺布景；嫩花序可食用，可作野生蔬菜。

5. *Ranalisma* Stapf 毛茛泽泻属

Ranalisma Stapf (1900: 2652); Wang et al. (2010: 86) [Type: *Ranalisma rostrata* Stapf]

　　特征描述：水生或沼生草本，具匍匐茎。叶基生，直立，叶片卵形至卵状椭圆形，基部心形或楔形；具长柄。花茎直立，1-3 花生于花茎顶端，膜质苞片 2；花两性，具柄；萼片 3，果期反折；花瓣 3，较萼片大，白色；雄蕊 9，花丝线形；心皮多数，螺旋排列，离生，每心皮含 1 胚珠；花柱直立，宿存。瘦果两侧压扁，先端具长喙。染色体 *x*=11；2*n*=22。

　　分布概况：2/1 种，**6** 型；分布于亚洲，和非洲热带和亚热带地区；中国产湖南、江西和浙江。

　　系统学评述：毛茛泽泻属在果实形态上和慈姑属 *Sagittaria* 几乎没有区别[13]，以形态和细胞学综合证据构建的泽泻科系统树显示，毛茛泽泻属和慈姑属聚在一起[2]。然而，近年来分子证据却显示毛茛泽泻属和 *Helanthium* 有较近的亲缘关系[7]，或当 *Helanthium* 没有包括在分析数据中时，毛茛泽泻属单独聚在 1 支[5-8,10]。Chen 等[11]基于核基因 ITS 和叶绿体基因 *rbc*L、*mat*K 和 *psb*A 片段的分析显示，毛茛泽泻属位于 clade A 较为基部的位置，同 *Helanthium* 近缘。

　　DNA 条形码研究：BOLD 网站有该属 2 种 7 个条形码数据。

　　代表种及其用途：长喙毛茛泽泻 *R. rostratum* Stapf 用于水体园艺造景。

6. *Sagittaria* Linnaeus 慈姑属

Sagittaria Linnaeus (1753: 993); Wang et al. (2010: 84) (Lectotype: *S. sagittifolia* Linnaeus).
　　——*Lophotocarpus* Durand (1888)

　　特征描述：水生或沼生草本。具根状茎、匍匐茎、球茎、珠芽。叶沉水、浮水或挺水，线形、披针形、心形或箭形。总状或圆锥花序；花和分枝常 3 数轮生，具 3 苞片；花单性或杂性：上部为具细长柄的雄花，下部为具短粗柄的雌花或两性花；花萼 3，绿色，反折；花瓣 3，比萼片大，常白色；雄蕊（6-）9 至多数；心皮多数，螺旋排列，每心皮含 1 胚珠。瘦果具翅。种子马蹄形。花粉粒散孔，穿孔状到刺状纹饰。染色体 $x=11$；$2n=16$，20，22。

分布概况：30/7（2）种，**8-4 型**；广布世界各地，主产北温带，少数达热带或近北极圈；中国除西藏外，南北均产。

系统学评述：慈姑属在形态分类上具有诸多困难[2,14]。根据雌花有无雄蕊等特征，曾将慈姑属分为 2 亚属，即 Sagittaria subgen. Sagittaria 和 S. subgen. Lophotocarpus[15,16]，然而，综合分子证据[17]和形态证据[2]均不支持亚属的划分，因此该属的系统学关系有待深入研究。

DNA 条形码研究：BOLD 网站有该属 21 种 100 个条形码数据；GBOWS 已有 6 种 61 个条形码数据。

代表种及其用途：该属植物有些种类有很高的利用价值，如慈姑 S. sagittifolia 球茎可蔬食，也可入药，慈姑性微寒，有解毒利尿、防癌抗癌、散热消结、强心润肺之效，再如冠果草 S. guayanensis subsp. lappula (D. Don) Bogin 由于叶和花大，花瓣基部有紫色斑点，体形漂亮，色泽鲜艳，常用于园艺水体造景。

主要参考文献

[1] Soltis DE, et al. Phylogeny and evolution of angiosperms[M]. Massachusetts: Sinauer Associates, 2005.

[2] Lehtonen S. Systematics of the Alismataceae—a morphological evaluation[J]. Aquatic Bot, 2009, 91: 279-290.

[3] Pichon, M. Sur les Alismatacées et les Butomacées[J]. Notulae Syst, 1946, 12: 170-183.

[4] Takhetajan A. Origins of angiospermous plants (English trans I., 1958). Washington, DC: AIBS, 1954.

[5] Les DH. Phylogenetic studies in Alismatidae, II: evolution of marine angiosperms (seagrasses) and hydrophily[J]. Syst Bot, 1997, 22: 443-463.

[6] Chen JM, et al. Evolution of apocarpy in Alismatidae using phylogenetic evidence from chloroplast rbcL gene sequence data[J]. Bot Bull Acad Sin, 2004, 45: 33-40.

[7] Lehtonen S, Myllys L. Cladistic analysis of Echinodorus (Alismataceae): simultaneous analysis of molecular and morphological data[J]. Cladistics, 2008, 24: 218-239.

[8] Li X, Zhou Z. Phylogenetic studies of the core Alismatales inferred from morphology and rbcL sequences[J]. Prog Nat Sci, 2009, 19: 931-945.

[9] Davis JI, et al. Are mitochondrial genes useful for the analysis of monocot relationships[J]. Taxon, 2006, 55: 871-886.

[10] Chen LY, et al. Eurasian origin of Alismatidae inferred from statistical dispersal-vicariance analysis[J]. Mol Phylogenet Evol, 2013, 67: 38-42.

[11] Chen LY, et al. Generic phylogeny and historical biogeography of Alismataceae, inferred from multiple DNA sequences[J]. Mol Phylogenet Evol, 2012, 63: 407-416.

[12] Hutchinson J. The families of flowering plants[M]. Oxford: Clarendon Press, 1959.

[13] Haggard K, Tiffney B. The flora of the early Miocene Brandon Lignite[J]. Am J Bot, 1997, 84: 239-252.

[14] Rogers GK. The genera of Alismataceae in the Southeastern United States[J]. J Arnold Arbor, 1983, 64: 383-420.

[15] Bogin C. Revision of the genus Sagittaria[J]. Mem N Y Bot Gard, 1955, 9: 179-233.

[16] Haynes RR, et al. Ruppiaceae[M]//Kubitzki K. The families and genera of vascular plants, IV. Berlin: Springer, 1998: 445-448.

[17] Keener BR. Molecular systematics and revision of the aquatic monocot genus Sagittaria (Alismataceae)[D]. PhD thesis. Tuscaloosa, Alabama: The University of Alabama, 2005.

Butomaceae Mirbel (1840), *nom. cons.* 花蔺科

特征描述：多年生水生或沼生草本，粗壮根茎横生，植株常有白色乳汁。叶基生，互生条形扭曲三棱状，挺出水面；基部具鞘。聚伞状伞形花序着于花葶顶端，苞片 3，离生；花两性，多数；花被 6，两轮，外轮 3，萼片状，宿存，内轮 3，花瓣状，脱落；雄蕊 9，离生；花药 2 室，纵裂；心皮 6，胚珠多数。蓇葖果顶端具喙。种子多数，无胚乳；胚直立。花粉粒单沟，网状纹饰。染色体 $n=7$，8，10，11，12 等。

分布概况：1 属/1 种，分布于欧亚大陆的温带地区，北美引种；中国 1 属/1 种，南北均产。

系统学评述：传统上花蔺科包括花蔺属 *Butomus*、拟花蔺属 *Butomopsis*、黄花蔺属 *Limnocharis* 和水罂粟属 *Hydrocleys*[1]，但由于它们在形态上与花蔺属区别明显，而与泽泻科成员更为接近，故而被归入了泽泻科中，并且成为黄花蔺族 Limnocharitinae[2]，或单独成立 1 个新科——黄花蔺科 Limnocharitaceae[3]。来自 *rbc*L 和 *mat*K 的分子证据也证实花蔺科和拟花蔺科的亲缘关系较远，而与水鳖科 Hydrocharitaceae 关系较近[4]。

1. *Butomus* Linnaeus 花蔺属

Butomus Linnaeus (1753: 372); Wang et al. (2010: 90) (Type: *B. umbellatus* Linnaeus)

特征描述：同科描述。

分布概况：1/1 种，**10** 型；分布于欧亚大陆的温带地区，北美有引种；中国南北均产。

系统学评述：同科评述。

DNA 条形码研究：BOLD 网站有该属 1 种 9 个条形码数据；GBOWS 已有 1 种 8 个条形码数据。

代表种及其用途：花蔺 *B. umbellatus* Linnaeus 用于水体园艺造景。

主要参考文献

[1] Richard M. Proposition d'une nouvelle famille de plantes: les Butomees (Butomeae)[J]. Mem Mus D'Hist Natur Paris, 1815, 1: 364-374.

[2] Pichon M. Sur les Alismatacees et les Butamacees[J]. Notulae Syst, 1946, 12: 170-183.

[3] Takhetajan A. Origins of angiospermous plants (English trans I., 1958)[M]. Washington, DC: AIBS, 1954.

[4] Kato Y, et al. Phylogenetic analyses of *Zostera* species based on *rbc*L and *mat*K nucleotide sequences: implications for the origin and diversification of seagrasses in Japanese waters[J]. Genes Genet Syst, 2003, 78: 329-342.

Hydrocharitaceae Jussieu (1789), *nom. cons.* 水鳖科

特征描述： 水生草本，常具根状茎和通气组织。叶基生或茎生，互生、对生或轮生；无托叶；基部常具鞘。聚伞花序，有时单生，腋生，包藏于 2 合生或对生苞片内；花单性或两性，雌雄同株或异株；萼片 3，离生；花瓣 3，离生，有时缺失；雄蕊（0-）1 至多数，1 至多轮，内轮常退化，花药 1-4 室；子房下位，1 室，心皮 2-15，合生，胚珠少至多数。浆果或瘦果。种子多数，小，无胚乳，胚直立。花粉粒无萌发孔，光滑、皱波状、刺状或网状纹饰。染色体数目变化很大。

分布概况： 18 属/140 种，世界广布；中国 11 属/34 种，南北均产。

系统学评述： 传统上，水鳖科被置于沼生目 Helobiae[1, FRPS]，或和花蔺科 Butomaceae 一起构成花蔺目 Butomales[2]，甚至自成水鳖目 Hydrocharitales[3,4]。随后，形态和分子证据支持将其归于泽泻目 Alismatales[5-11]，同时，Shaffer-Fehre[12,13]根据种皮形态研究，建议将茨藻科并入水鳖科，并得到了分子证据的支持[5,6]。基于形态特征的水鳖科科下分类系统一直以来存在分歧[2,13-15]。Les 和 Moody[16]基于核基因 ITS 和叶绿体基因 *rbc*L、*mat*K 和 *trn*K 构建了水鳖科系统发育树，将其分为 4 亚科，即水鳖亚科 Hydrocharitoideae、Stratiotoideae、Anacharidoideae 和黑藻亚科 Hydrilloideae，并得到了更多的分子证据支持[6,11,17,18]，但各亚科之间的关系存在争议。Chen 等[10] 综合了 8 个核基因和质粒基因

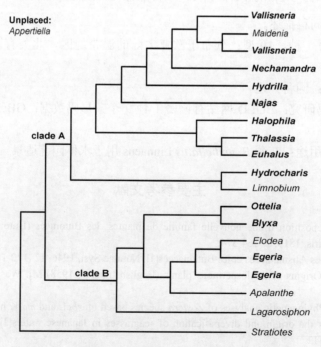

图 41　水鳖科分子系统框架图（参考 Chen 等[10]）

片段，构建了最新的水鳖科系统树，结果显示以泽泻属 *Alisma* 和花蔺属 *Butomus* 等为外类群，水鳖科分为 2 个大分支（clade A 和 clade B）；*Stratiotes* 位于该科最基部同 clade A-clade B 分支构成姐妹分支；clade A 包括黑藻亚科和水鳖亚科，显示了 2 个亚科的亲缘关系；clade B 仅由 Anacharidoideae 构成。

分属检索表

1. 一年生沉水草本；叶无柄；花被二唇形；果为瘦果，椭圆形 ···**7. 茨藻属 *Najas***
1. 一年生或多年生水生草本，沉水至漂浮；叶具柄或无；花被片离生，1-2 轮，每轮 3，外轮花萼状，内轮花瓣状；果肉质，浆果或为不规则至星状开裂的蒴果
  2. 海水生草本；花粉线状
    3. 植株纤细；叶常对生，非二列排列，线形至卵形，常具柄 ·················**4. 喜盐草属 *Halophila***
    3. 植株粗壮，叶互生，二列排列，带状，无柄
      4. 叶小型，略呈镰钩状；雌花序柄短 ·································**10. 泰来藻属 *Thalassia***
      4. 叶较大，不呈镰钩状；雌花序具长柄 ·····························**3. 海菖蒲属 *Enhalus***
  2. 淡水生草本；花粉非线状
    5. 叶全基生；茎很短
      6. 叶线形，带状，无柄；果狭圆柱状
        7. 雄蕊 3-9；子房先端渐狭成长喙；雌花花梗较短 ···········**1. 水筛属 *Blyxa***
        7. 雄蕊 1-3；子房无喙；雌花花梗很长 ·····················**11. 苦草属 *Vallisneria***
      6. 叶披针形至圆形，常具柄；果实近球形或长椭圆形
        8. 无根状茎；叶沉水；佛焰苞常具翅 ·····················**9. 海菜花属 *Ottelia***
        8. 具根状茎；叶浮水；佛焰苞不具翅 ·····················**6. 水鳖属 *Hydrocharis***
    5. 叶茎生；茎伸长
      9. 叶轮生
        10. 叶缘锯齿明显，肉眼可察 ·······························**5. 黑藻属 *Hydrilla***
        10. 叶缘锯齿极细，需放大镜方可观察 ·····················**2. 水蕴草属 *Egeria***
      9. 叶互生，有时螺旋状排列，或对生
        11. 中脉在叶面突出；花常两性；萼片线状至披针形，短于花瓣 ·········**1. 水筛属 *Blyxa***
        11. 叶无突出中脉；花单性；萼片卵形，与花瓣近相等 ·······**8. 虾子菜属 *Nechamandra***

1. *Blyxa* Noronha ex Thouars 水筛属

Blyxa Noronha ex Thouars (1806: 4); Wang et al. (2010: 98) (Type: *B. aubertii* Richard)

特征描述：<u>沉水草本</u>。<u>叶基生或茎生</u>；无柄，基部具鞘；<u>叶缘有细锯齿</u>。<u>佛焰苞管状</u>，具纵棱，<u>先端 2 裂</u>，佛焰苞内有 1 花或多花；<u>花单性或两性</u>；<u>雄花萼片 3</u>，宿存，线形或披针形，<u>花瓣 3，比萼片长</u>，<u>雄蕊 3-9</u>，花丝细，<u>花药 4 室</u>；<u>雌花或两性花萼片和花瓣与雄花相似</u>，<u>子房下位</u>，线形，先端伸长成喙，<u>花柱 3</u>，<u>胚珠多数</u>。果实线形到长圆柱形。<u>种子多数</u>，椭圆形或梭形，平滑或有突刺。花粉粒无萌发孔，刺状纹饰。染色体 $2n=16$，32，72。

分布概况：11/5 种，**4 型**；广布热带和亚热带地区；中国产华东、华南、华中和西南。

系统学评述：基于形态学分析显示，水筛属和海菜花属 *Ottelia* 没有聚在 1 支[16]，分子证据均显示两者都属于 Anacharidoideae 亚科，且有很近的亲缘关系[6,10,11,16-18]。

DNA 条形码研究：BOLD 网站有该属 3 种 7 个条形码数据；GBOWS 已有 2 种 8 个条形码数据。

代表种及其用途：水筛 *B. japonica* (Miquel) Maximowicz ex Ascherson & Gürke 全株可作为鱼的饵料；也可用于水体园艺布景。

2. *Egeria* Planchon 水蕴草属

Egeria Planchon (1849: 79); Wang et al. (2010: 102) (Lectotype: *E. densa* Planchon)

特征描述：多年生沉水草本。无根状茎和匍匐茎；茎细长，直立。叶 3-6 轮生于茎上，无柄，线形或披针形。佛焰苞无柄，内含 1 花；花单性，雌雄异株，雄花和雌花漂浮于水面，借助水流传粉；雄花萼片 3，花瓣 3，白色，花丝明显，花药线形；雌花子房 1 室，花柱 3，不二裂。果实卵形，平滑，不规则开裂。种子梭形，有黏液。花粉粒无萌发孔，刺状纹饰。染色体 2*n*=46。

分布概况：3/1 种，（**3d**）型；原产南美；欧洲，南非，亚洲，澳大利亚及北美等为入侵物种；中国产广东。

系统学评述：基于形态学研究表明水蕴草属、*Elodea* 和 *Apalanthe* 聚在 1 支[16]，分子证据显示了相同的拓扑结构[6,10,11,16]。同时，Chen 等[10]的研究显示水蕴草属（*E. densa* Planchon 和 *E. najas* Planchon）并非单系，但这一结论需要更多的证据证实。

DNA 条形码研究：BOLD 网站有该属 2 种 23 个条形码数据。

3. *Enhalus* Richard 海菖蒲属

Enhalus Richard (1811: 64); Wang et al. (2010: 97) [Type: *E. koenigii* Richard, *nom. Illeg.* (*E. acoroides* (Linnaeus f.) Steudel ≡ *Stratiotes acoroides* Linnaeus f.)]

特征描述：海生沉水草本。根茎粗壮，常被有纤维状残存叶鞘。叶 2-6，窄线形或带形，基部具鞘。花单性，雌雄异株。雄花序具短梗，藏于 2 佛焰苞内；雄花多数，花小，具短花梗，早断落，成熟花浮在水面开放，花萼 3，花瓣 3，雄蕊 3，与花瓣互生，花药 2 室。雌花序具长梗，花后呈螺旋状扭曲，包藏于互相叠抱的 2 佛焰苞片内；雌花 1，萼片窄椭圆形，花瓣线形，心皮 6，合生，花柱 6，2 裂。果实卵形，不规则开裂。种子少。花粉粒无萌发孔，网状纹饰。

分布概况：1/1 种，**4** 型；广布印度洋和西太平洋海岸；中国产海南。

系统学评述：海菖蒲属、泰来藻属 *Thalassia* 和喜盐草属 *Halophila* 构成了水鳖科中的海生植物类群。分子证据也显示这 3 属有很近的亲缘关系[6,10,11,16-18]。

DNA 条形码研究：BOLD 网站有该属 1 种 5 个条形码数据。

代表种及其用途：海菖蒲 *E. acoroides* (Linnaeus f.) Royle 的果实可蔬食。

4. *Halophila* Thouars 喜盐草属

Halophila Thouars (1806: 2); Wang et al. (2010: 101) (Type: *H. madagascariensis* Doty & Stone)

特征描述：海生沉水草本。具茎匍匐，节生须根并具鳞片 2。叶常对生，有柄，叶片线形、披针形或椭圆形。花单性，雌雄同株或异株；佛焰苞由 2 膜质苞片组成，无梗，常含 1 花；雄花具柄，花被片 3，雄蕊 3，无花丝，花药 2-4 室；雌花无柄或近无柄，子房 1 室，顶端伸长成喙，上面生有 3 极小的退化花被片，胚珠 2 至多数，花柱（2 或)3-5，丝状。果实顶端具喙，果皮膜质。种子少到多数，球形或近球形。花粉粒无萌发孔，外壁近于无。染色体 2*n*=18。

分布概况：9/4 种，**2** 型；分布于印度洋和西太平洋沿岸；中国产广东、海南和台湾。

系统学评述：传统上喜盐草属常被独立成喜盐草亚科 Halophiloideae[2,13-15]。然而分子证据显示，其与海菖蒲属和泰来藻属有较近的亲缘关系[6,10,11,16-18]。

DNA 条形码研究：BOLD 网站有该属 11 种 27 个条形码数据。

5. *Hydrilla* Richard 黑藻属

Hydrilla Richard (1811: 9); Wang et al. (2010: 100) [Type: *H. ovalifolia* Richard, *nom. illeg.* (=*H. verticillata* (Linnaeus f.) C. Presl ≡ *Serpicula verticillata* Linnaeus f.)]

特征描述：沉水草本。茎细长。叶 3-8 轮生，近基部偶有对生，无柄，叶缘具锯齿。花单性，腋生，雌雄异株或同株。雄花序佛焰苞近无柄，膜质，近球形，顶端平截，具数个短凸刺，内含 1 雄花；雄花具短梗，萼片 3，花瓣 3，雄蕊 3，成熟时与佛焰苞脱离浮于水面。雌花序佛焰苞管状，无柄，先端 2 裂，内含 1 雌花；萼片和花瓣与雄花相似，子房柱形，顶端伸长成喙，花柱（2）3，胚珠少数。果实圆柱形或线形。种子 2-6。花粉粒无萌发孔，刺状纹饰。染色体 2*n*=16。

分布概况：1/1 种，**5** 型；广布温带、亚热带和热带地区；中国产华北、华东、华南和西南。

系统学评述：黑藻属为单种属，位于黑藻亚科。近来各种证据显示，其和虾子菜属 *Nechamandra* 和苦草属 *Vallisneria* 有较近的亲缘关系[6,10,11,17,18]，然而 Les 和 Moody[16]基于叶绿体片段和核基因 ITS 构建的系统树显示黑藻属和茨藻属 *Najas* 聚在 1 支。

DNA 条形码研究：BOLD 网站有该属 1 种 9 个条形码数据；GBOWS 已有 1 种 8 个条形码数据。

代表种及其用途：黑藻 *H. verticillata* (Linnaeus f.) Royle 可作为鱼、河蟹等的饵料；同时，也是园艺水体布景的较好材料；也可以用于水污染治理。

6. *Hydrocharis* Linnaeus 水鳖属

Hydrocharis Linnaeus (1753: 1036); Wang et al. (2010: 97) (Type: *H. morsus-ranae* Linnaeus)

特征描述：多年生淡水草本。具横生匍匐茎。叶基生，具柄和托叶；叶片卵形、圆形或肾形，全缘，常在叶背面具有广卵形的垫状贮气组织，叶脉弧形，5 或 5 以上。花单性，雌雄同株。雄花序具梗，佛焰苞 2，内含雄花多数；萼片 3，花瓣 3，白色，雄蕊 6-12，花药 2 室，纵裂。雌花序无梗，佛焰苞内生 1 花；萼片 3，花瓣 3，白色，较大，子房椭圆形，胚珠多数，花柱 6，2 裂。果实椭圆形至圆形，有 6 肋。种子多数。花粉粒无萌发孔，刺状纹饰。染色体 2n=16。

分布概况：3/1 种，**4-1 型**；分布于欧洲，北美，亚洲，大洋洲和非洲中部；中国南北均产。

系统学评述：如前所述，水鳖属和 *Limnobium* 这 2 属组成了水鳖亚科。基于形态特征分析显示 2 属聚在 1 支[16]，并得到了分子证据的支持[6,10,11,16-18]。但是水鳖亚科在水鳖科中的地位至今没有定论。Chen 等[10]基于 8 个基因片段构建的系统树显示，水鳖属和 *Limnobium* 位于 clade A 分支基部。由于该属仅 3 种，且分布区几乎没有重叠，对于基于居群取样的谱系地理学值得进一步研究。

DNA 条形码研究：BOLD 网站有该属 2 种 10 个条形码数据；GBOWS 已有 1 种 4 个条形码数据。

代表种及其用途：水鳖 *H. dubia* (Blume) Backer 的幼茎可蔬食；全株可作饲料；浮水植物，花白色，可用于水体园艺布景。

7. *Najas* Linnaeus 茨藻属

Najas Linnaeus (1753: 1015); Wang et al. (2010: 91) (Type: *N. marina* Linnaeus)

特征描述：一年生沉水草本，生淡水或盐水。茎细长、脆弱，茎节下部至基部生根。叶近对生或假轮生，线形，具有 1 中脉，叶缘具锯齿或全缘；无柄，叶基部具鞘，常具叶耳。雌雄同株或异株；花小，单性，单生或簇生于叶腋；雄花具匙状佛焰苞，稀无，花被膜质，先端 2 裂，雄蕊 1，花药无柄，1-4 室，顶端开裂；雌花无柄，佛焰苞常缺失，花被宿存，雌蕊 1，花柱短，柱头 2-4，子房 1 室，胚珠 1。瘦果。种子无胚乳。花粉粒无萌发孔，外壁近无。染色体 2n=12，24，36，48，60，72。

分布概况：40/11（1）种，**1 型**；世界广布；中国南北均产。

系统学评述：如前所述，茨藻属现在已被置于黑藻亚科中。分子证据显示，茨藻属能很好地聚在 1 支，与 *Vallisneria-Maidenia-Nechamandra-Hydrilla* 分支构成姐妹分支[10]。对于属内系统关系，目前还没有较为全面的分子证据，仅见 Moody 等[19]利用 ITS 和 *mat*K、*rbc*L 和 *trn*K 对北美 8 种进行了系统发育分析。

DNA 条形码研究：BOLD 网站有该属 24 种 273 个条形码数据；GBOWS 已有 1 种 6 个条形码数据。

代表种及其用途：茨藻 *N. marina* Linnaeus 可用于水体园艺以净化水质。

8. *Nechamandra* Planchon 虾子菜属

Nechamandra Planchon (1849: 11); Wang et al. (2010: 100) [Type: *N. roxburghii* Planchon, *nom. illeg.* (=*N.*

alternifolia (Roxburgh) Thwaites ≡ *Vallisneria alternifolia* Roxburgh)]

特征描述：沉水草本。茎细长，多分枝。叶互生，基部常对生，侧枝顶端叶丛生，叶片线形，叶脉平行，叶缘有细锯齿；基部稍具鞘。花单性，雌雄异株。雄花序佛焰苞卵形，膜质，先端 2 裂；雄花序具梗；雄花多数，小，萼片 3，花瓣状，卵形，白色，花瓣 3，雄蕊 2 或 3，与花瓣对生，花丝短，纤细。雌花序佛焰苞椭圆形，内含 1 雌花；雌花与雄花相似，子房椭圆形，1 室，顶端伸长成喙，花柱 3。果实卵状椭圆形或线形。种子多数。花粉粒无萌发孔，外壁光滑。染色体 2*n*=14。

分布概况：1/1 种，**7 型**；分布于南亚和东南亚；中国产华南。

系统学评述：虾子菜属为单种属，形态特征和分子证据均显示，虾子菜属和苦草属 *Vallisneria* 有很近的亲缘关系[6,10,11,16-18, 20]。

DNA 条形码研究：BOLD 网站有该属 1 种 3 个条形码数据。

9. *Ottelia* Persoon 海菜花属

Ottelia Persoon (1805: 400); Wang et al. (2010: 95) [Type: *O. alismoides* (Linnaeus) Persoon (≡ *Stratiotes alismoides* Linnaeus)]

特征描述：一年生或多年生淡水草本。根茎短，呈球状。叶基生，沉水或浮水，叶片线形至宽卵形，叶脉 3-11，平行或弧形；具长柄，基部常呈鞘。花两性，或单性且雌雄异株；雄花具有长花梗，两性花和雌花具短柄或无柄；萼片 3，花瓣 3，比萼片大 2-3 倍；雄蕊 3-15，花丝线形，扁平；雌花中常有退化雄蕊（缺失或 1-）3，子房 3、6 或 9 心皮，胚珠多数，花柱 3、6、9，2 深裂。果实具纵棱或翅。种子多数。花粉粒无萌发孔，刺状纹饰。染色体 2*n*=22，44。

分布概况：21/5（2）种，**2 型**；广布热带到温带；中国产广东、海南、广西、四川、贵州和云南，个别种类可分布至东北、西北。

系统学评述：基于分子证据表明，Anacharidoideae 亚科内部系统关系明晰，*Lagarosiphon* 位于 Anacharidoideae 基部；海菜花属同水筛属 *Blyxa* 有较近的亲缘关系；*Apalanthe*+（*Egeria*+*Elodea*）聚在 1 支[6,10,11,16-18]。

DNA 条形码研究：BOLD 网站有该属 6 种 13 个条形码数据；GBOWS 已有 1 种 4 个条形码数据。

代表种及其用途：海菜花 *O. acuminata* (Gagnepain) Dandy 叶大，花白色，可作为水体园艺布景；同时，花茎和花苞可蔬食，营养丰富。

10. *Thalassia* Banks ex K. D. Koenig 泰来藻属

Thalassia Banks ex K. D. Koenig (1805: 96); Wang et al. (2010: 98) (Lectotype: *T. testudinum* Banks & Solander ex K. D. Koenig)

特征描述：海生沉水草本。根状茎细长，横生，被有膜质鳞片。叶 2-6，二列着生于膜质的鞘内，叶片带形，具 9-15 平行叶脉，叶缘生细锯齿。花序具梗，由鞘内抽出，佛焰苞苞片 2，内有花 1；花单性，雌雄异株；雄花具长柄，花被 3，卵形，花瓣状，雄蕊 3-12，花丝极短，花药 2-4 室，花粉粒球形，初时包在胶质团内，后形成念珠状，常在接触柱头前即已萌发；雌花子房 1 室，花柱 6，2 裂。果球形，平滑或有小凸刺，由顶部开裂为多个果片；种子多数。花粉粒无萌发孔，光滑纹饰，稀穿孔状或颗粒。

分布概况：2/1 种，**2 型**；分布于印度洋，西太平洋和加勒比海沿岸；中国仅 1 种，产台湾和海南。

系统学评述：泰来藻属、海菖蒲属和喜盐草属构成了水鳖科中的海生植物类群。分子证据也显示这 3 属有很近的亲缘关系[6,10,11,16-18]。

DNA 条形码研究：BOLD 网站有该属 2 种 7 个条形码数据。

11. *Vallisneria* Linnaeus 苦草属

Vallisneria Linnaeus (1753: 1015); Wang et al. (2010: 99) (Type: *V. spiralis* Linnaeus)

特征描述：沉水草本，具匍匐茎，无直立茎。叶基生，线形或带形，平行叶脉 3-9；无柄，基部稍呈鞘状。花单性，雌雄异株。雄花序佛焰苞扁平，具短梗，内含极多雄花；雄花小，具短柄，成熟后断裂并浮于水面，萼片 3，花瓣 2 或 3，小，雄蕊 1-3。雌花序佛焰苞管状，先端 2 裂，具长梗，受精后螺旋收缩；雌花单生，萼片 3，花瓣 3，子房下位，胚珠多数，花柱 3，2 裂。果实圆柱形或三角柱形。种子多数。花粉粒无萌发孔，皱波状到条纹纹饰，稀具颗粒。染色体 $2n=20$。

分布概况：18/3（1）种，**2 型**；广布热带和亚热带地区；中国南北均产。

系统学评述：分子证据显示，茎具条纹的 *Maidenia* 属（*M. rubra* Rendle）嵌于苦草属中[10, 20]。基于形态学和分子证据，Les 等将 *Maidenia* 归并到苦草属中，并构建了苦草属的系统发育树[20]。苦草属同虾子菜属有很近的亲缘关系[6,10,11,16-18]。

DNA 条形码研究：基于 Les 等的研究表明 ITS 能将物种进行很好的区分[20]。而综合 ITS、*rbc*L 和 *trn*K 所构建的系统树则有更高的支持率。BOLD 网站有该属 18 种 74 个条形码数据；GBOWS 已有 2 种 21 个条形码数据。

代表种及其用途：苦草 *V. natans* (Loureiro) H. Hara 常为鱼、鸭、猪等家养动物的饲料；可入药，清热解毒，止咳祛痰，养筋和血；也可用于园艺水体布景。

主要参考文献

[1] Engler A. Syllabus der pflanzenfamilien. 4ed. [M]. Leipzig: W. Engelmann, 1904.

[2] Hutchinson J. The families of flowering plants[M]. Oxford: Clarendon Press, 1959.

[3] Takhtajan A. Systema et phylogenia Magnoliophytorum[M]. Nauka, 1966.

[4] Tomlinson PB. Anatomy of the Monocotyledons, VII: Helobiae (Alismatidae)[M]. Oxford: Clarendon Press, 1982.

[5] Tanaka N, et al. Phylogeny of the family Hydrocharitaceae inferred from *rbc*L and *mat*K gene sequence data[J]. J Plant Res, 1997, 110: 329-337.

[6] Les DH. Phylogenetic studies in Alismatidae, II: evolution of marine angiosperms (seagrasses) and hydrophily[J]. Syst Bot, 1997, 22: 443-463.

[7] Chen JM, et al. Evolution of apocarpy in Alismatidae using phylogenetic evidence from chloroplast *rbc*L

gene sequence data[J]. Bot Bull Acad Sin, 2004, 45: 33-40.

[8] Li X, Zhou Z. Phylogenetic studies of the core Alismatales inferred from morphology and *rbc*L sequences[J]. Progr Nat Sci, 2009, 19: 931-945.

[9] Chen LY, et al. Generic phylogeny and historical biogeography of Alismataceae, inferred from multiple DNA sequences[J]. Mol Phylogenet Evol, 2012, 63: 407-416.

[10] Chen LY, et al. Generic phylogeny, historical biogeography and character evolution of the cosmopolitan aquatic plant family Hydrocharitaceae[J]. BMC Evol Biol, 2012, 12: 1-12.

[11] Chen LY, et al. Eurasian origin of Alismatidae inferred from statistical dispersal-vicariance analysis[J]. Mol Phylogenet Evol, 2013, 67: 38-42.

[12] Shaffer-Fehre M. The endotegmen tuberculae: an account of little-known structures from the seed coat of the Hydrocharitoideae (Hydrocharitaceae) and *Najas* (Najadaceae)[J]. Bot J Linn Soc, 1991, 107: 169-188.

[13] Shaffer-Fehre M. The position of *Najas* within the subclass Alismatidae (Monocotyledones) in the light of new evidence from seed coat structures in the Hydrocharitoideae (Hydrocharitales)[J]. Bot J Linn Soc, 1991, 107: 189-209.

[14] Ascherson P, Gurke M. Hydrocharitaceae[M]//Engler A, Prantl K. Die natürlichen pflanzenfamilien, II. Leipzig: W. Engelmann, 1889: 238-258.

[15] Dahlgren RMT, et al. The families of the monocotyledons[M]. Berlin: Springer, 1985.

[16] Les DH, et al. A reappraisal of phylogentic relationships in the monocotyledon family Hydrocharitaceae (Alismatidae)[J]. 2006, 22: 211-230.

[17] Davis JI, et al. Are mitochondrial genes useful for the analysis of monocot relationships[J]. Taxon, 2006, 55: 871-886.

[18] Les DH, Tippery NP. In time and with water ... the systematics of alismatid monocotyledons[M]//Wilkin P, et al. Early events in monocot evolution. Cambridge: Cambridge University Press, 2013: 118-164.

[19] Moody ML, Les DH. Systematics of the aquatic angiosperm genus *Myriophyllum* (Haloragaceae)[J]. Syst Bot, 2010, 35: 736-744.

[20] Tippery NP, Les DH. Phylogenetic analysis of the internal transcribed spacer (ITS) region in Menyanthaceae using predicted secondary structure[J]. Mol Phylogenet Evol, 2008, 49: 526-537.

Scheuchzeriaceae Rudolphi (1830), *nom. cons.* 冰沼草科

特征描述：多年生沼生草本，具匍匐根茎。叶线形，互生；基部具开放的鞘，鞘内生多数长毛；叶舌显著。总状花序顶生，花少；花两性，花梗基部有苞片，3数；宿存花被片6，离生，排列成相似的2轮；雄蕊6，离生，2轮，花丝细长，花药外向，纵裂；雌蕊群由3或6心皮组成，每心皮含2（-5）胚珠，基部稍合生，柱头与心皮同数，干乳头状。蓇葖果。种子1或2（或3），无胚乳。花粉二合体，无萌发孔，网状纹饰。染色体 x=11。

分布概况：1属/1种，广布北半球温带到寒带地区；中国1属/1种，产西北、华北和东北。

系统学评述：冰沼草属早期被置于水麦冬科或与其他属组成冰沼草科[1-3]，后来独立成单属种的冰沼草科被大多数学者所接受[4-7]。Les等[8]利用叶绿体基因 *rbc*L 构建了泽泻亚纲的系统发育，得到了2个大的分支，冰沼草科和水蕹科位于第二分支的基部，这个结果得到了形态学和分子证据的支持[9-11]。

1. *Scheuchzeria* Linnaeus 冰沼草属

Scheuchzeria Linnaeus (1753: 338); Guo et al. (2010: 103) (Type: *S. palustris* Linnaeus)

特征描述：同科描述。

分布概况：1/1种，**8-1**型；广布北半球温带到寒带地区；中国产河南、吉林、宁夏、青海和四川。

系统学评述：同科评述。

DNA条形码研究：BOLD 网站有该属1种2个条形码数据；GBOWS 已有1种4个条形码数据。

代表种及其用途：冰沼草 *S. palustris* Linnaeus 为国家 II 级重点保护野生植物。

主要参考文献

[1] Micheli M. Juncagineae[M]//de Candolle A, de Candolle C. Monographieae phanerogamarum, Vol. 3. Munich: Wolf and Sons, 1881: 94-112.

[2] Buchenau F, Hieronymus G. Fossile Juncaginaceen[M]//Engler A, Prantl K. Die natürlichen pflanzenfamilien, II. Lepzig: W. Engelmann, 1889: 222-227.

[3] Buchenau F. Scheuchzeriaceae[M]//Engler A. Das pflanzenreich IV. 14 ed. Leipzig: W. Engelmann, 1903: 1-20.

[4] Hutchinson J. The families of flowering plants[M]. Oxford: Clarendon Press, 1959.

[5] Dahlgren RMT, et al. The families of the Monocotyledons[M]. Berlin: Springer, 1985.

[6] Takhtajan A. Diversity and classification of flowering plants[M]. New York: Columbia University Press,

1997.

[7] Haynes RR, et al. Ruppiaceae[M]//Kubitzki K. The families and genera of vascular plants, IV. Berlin: Springer, 1998: 445-448.

[8] Les DH. Phylogenetic studies in Alismatidae, II: evolution of marine angiosperms (seagrasses) and hydrophily[J]. Syst Bot, 1997, 22: 443-463.

[9] Chen JM, et al. Evolution of apocarpy in Alismatidae using phylogenetic evidence from chloroplast *rbc*L gene sequence data[J]. Bot Bull Acad Sin, 2004, 45: 33-40.

[10] Li X, Zhou Z. Phylogenetic studies of the core Alismatales inferred from morphology and *rbc*L sequences[J]. Progr Nat Sci, 2009, 19: 931-945.

[11] Chen LY, et al. Eurasian origin of Alismatidae inferred from statistical dispersal-vicariance analysis[J]. Mol Phylogenet Evol, 2013, 67: 38-42.

Aponogetonaceae Planchon (1856), *nom. cons.* 水蕹科

特征描述：多年生<u>水生草本</u>，具块状根茎和纤细的根。<u>叶基生</u>，沉水或漂浮；<u>具长叶柄</u>，柄基具鞘；叶片宽椭圆形至线形，<u>具有数条平行主脉和多数次级横脉</u>。<u>穗状花序单一或二叉状分枝</u>，佛焰苞早落；<u>花两性或单性</u>，无花梗；<u>花被片 1-3 或缺失</u>，离生，花瓣状，宿存；<u>雄蕊 6 至多数</u>，离生，宿存；<u>子房上位</u>，<u>心皮 3-6 (-8)</u>，<u>离生或基部联合</u>，每心皮具 2-8 胚珠。<u>蓇葖果革质</u>。<u>种子无胚乳</u>，胚直立，子叶顶生。花粉粒单沟，网状纹饰，网脊具微刺。染色体 x=12，16，19 等。

分布概况：1 属/50 种，分布于亚洲，非洲和大洋洲，非洲热带地区尤盛；中国 1 属/1 种，南北均产。

系统学评述：一直以来，水蕹科被认为与水麦冬科 Juncaginaceae 和冰沼草科 Scheuchzeriaceae 较为近缘，这 3 科在 Les[1]依据叶绿体基因 *rbc*L 构建的泽泻亚纲系统发育树中，处于其中 1 个大分支的基部。这得到了很多依据形态特征和分子证据的相关研究的支持[2-4]，并被 APG III 系统所接受。但由于在不同的研究中水蕹科位置有变化，还需要更加深入的研究。

1. *Aponogeton* Linnaeus 水蕹属

Aponogeton Linnaeus (1782: 214), *nom. cons.*; Guo et al. (2010: 104) [Type: *A. monostachyon* Linnaeus f. (=*A. natans* (Linnaeus) Engler & Krause ≡ *Saururus natans* Linnaeus)]

特征描述：同科描述。

分布概况：50/1 种，**4-1 型**；分布于亚洲，非洲和大洋洲，非洲热带地区尤盛；中国南北均产。

系统学评述：依据花部的形态特征，Camus[5]曾将水蕹属分为 2 组：*Aponogeton* sect. *Aponogeton* 和 *A.* sect. *Pleuranthus*，每组又细分为 2 亚组[6]。依据核基因和叶绿体基因序列，Les 等[7]对水蕹属的系统发育进行了研究，将分布于大洋洲、非洲和亚洲的 18 种分为 4 组，即 *Aponogeton* sect. *Aponogeton*、*A.* sect. *Flavida*、*A.* sect. *Pleuranthus* 和 *A.* sect. *Viridis*，同时，认为水蕹属起源于大洋洲，并扩散分布到了非洲和亚洲。然而，这一观点需要更多的证据确认。

DNA 条形码研究：BOLD 网站有该属 37 种 95 个条形码数据。

代表种及其用途：水蕹 *A. lakhonensis* A. Camus 的块茎可食用。

主要参考文献

[1] Les DH. Phylogenetic Studies in Alismatidae, II: evolution of marine angiosperms (seagrasses) and hydrophily[J]. Syst Bot, 1997, 22: 443-463.

[2] Chen JM, et al. Evolution of apocarpy in Alismatidae using phylogenetic evidence from chloroplast *rbc*L gene sequence data[J]. Bot Bull Acad Sin, 2004, 45: 33-40.

[3] Li X, Zhou Z. Phylogenetic studies of the core Alismatales inferred from morphology and *rbc*L sequences[J]. Progr Nat Sci, 2009, 19: 931-945.

[4] Chen LY, et al. Eurasian origin of Alismatidae inferred from statistical dispersal-vicariance analysis[J]. Mol Phylogenet Evol, 2013, 67: 38-42.

[5] Camus MA. Le genre *Aponogeton* L. f.[J]. Bull Soc Bot France, 1923, 70: 670-676.

[6] Bruggen HWV. Monograph of the genus *Aponogeton* (Aponogetonaceae)[M]. Stuttgart: E. Schweizerbart'sche Verlasbuchhandlung, 1985.

[7] Les DH, et al. Phylogeny and systematics of *Aponogeton* (Aponogetonaceae): the Australian species[J]. Syst Bot, 2005, 30: 503-519.

Juncaginaceae Richard (1808), *nom. cons.* 水麦冬科

特征描述：多年生或一年生草本，水生或沼生。具根茎、块茎或稀有球茎。叶基生，无叶柄，条形，基部具鞘，鞘缘膜质。总状花序；花两性或单性，雌雄同株或异株；花被片2-6（-8），常6，离生，两轮；雄蕊6，3或4，离生，常附生于花被片基部，花药2室，向外，纵裂，几无花丝；心皮6，3或4，离生或部分合生，每心皮1胚珠。离心皮果或合心皮果。种子无胚乳，胚直立。花粉粒无萌发孔，网状纹饰。染色体 $n=6$，8，9等。

分布概况：3 属/25-35 种，世界广布，主产寒温带沿海地区，热带地区较少；中国1 属/2 种，产东北及西南。

系统学评述：传统上，水麦冬科包括4属，即水麦冬属 *Triglochin*、*Lilaea*、*Maundia* 和 *Tetroncium*[1-3]，也有将 *Lilaea* 提升为科 Lilaeaceae[4,5]，或将水麦冬属 *Triglochin* 置于眼子菜科 Potamogetonaceae[FRPS]。依据最新分子证据重建的该科系统发育，将该科重新界定为3属，即 *Tetroncium*、*Cycnogeton* 和水麦冬属 *Triglochin*，并将原科中的 *Maundia* 独立成科 Maundiaceae[5,6-8]。

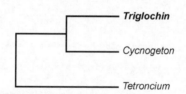

图 42　水麦冬科分子系统框架图（参考 von Mering[8]）

1. *Triglochin* Linnaeus 水麦冬属

Triglochin Linnaeus (1753: 338); Guo et al. (2010: 105) (Lectotype: *T. palustris* Linnaeus)

特征描述：草本。茎短，根茎密生须根。叶基生，条形，具叶鞘。总状花序生于花茎顶端。花两性；花被片6；雄蕊6；心皮6，合生，有时3不育。合心皮果，成熟时3或6瓣开裂。种子无胚乳，胚直立。花粉粒无萌发孔，网状纹饰。染色体 $n=6$，8，9等。

分布概况：25-30/2 种，**1 型**；分布于南北半球的温带和寒带地区；中国产东北及西南。

系统学评述：水麦冬属是水麦冬科的大属，包括 25-30 种[8-10]。传统上，水麦冬属被分为3个组或亚属[1,2]。von Mering 和 Kadereit[7]重新界定了该属，将 *T. procera* 复合体[11]独立成 *Cycnogeton* [FRPS,4,5]，并将 *Lilaea scilloides* (Poiret) Hauman 移至水麦冬属，作为该属的1个种 *T. scilloides* (Poiret) Mering & Kadereit。von Mering[8]根据核基因和叶绿体基因重建了水麦冬属的系统发育，结果显示，水麦冬属明显分为2个大的分支，即

Mediterranean/African *T. bulbosa* complex 和 American *T. scilloides*（来自 *Lilaea*）聚成 1 个分支，与该属其他物种形成姐妹分支。

DNA 条形码研究：BOLD 网站有该属 11 种 38 个条形码数据；GBOWS 已有 2 种 72 个条形码数据。

代表种及其用途：该属植物有毒，能引起呼吸麻痹，严重可致死。

主要参考文献

[1] Micheli M. Juncagineae[M]//de Candolle A, de Candolle C. Monographieae phanerogamarum, Vol. 3. Munich: Wolf and Sons, 1881: 94-112.

[2] Buchenau F, Hieronymus G. Fossìle Juncaginaceen[M]//Engler A, Prantl K. Die natürlichen pflanzen-familien, II. Lepzig: W. Engelmann, 1889: 222-227.

[3] Haynes RR, et al. Juncaginaceae[M]//Kubitzki K. The families and genera of vascular plants, IV. Berlin: Springer, 1998: 260-263.

[4] Hutchinson J. The families of flowering plants[M]. Oxford: Clarendon Press, 1959.

[5] Takhtajan A. Diversity and classification of flowering plants[M]. New York: Columbia University Press, 1997.

[6] Nakai T. Juncaginaceae[M]//Nakai T. Ordines, familiae, tribi, genera, sectiones, species, varietates, formae et combinationes novae a Prof. Nakai-Takenosin adhuc ut novis edita. Appendix. Tokyo: Imperial University, 1943: 213.

[7] von Mering S, Kadereit JW. Phylogeny, systematics and recircumscription of Juncaginaceae–a cosmopolitan wetland family[M]//Seberg O, et al. Diversity, phylogeny, and evolution in the monocotyledons. Aarhus: Aarhus University Press, 2010: 55-79.

[8] von Mering S. Systematics, phylogeny and biogeography of Juncaginaceae[D]. PhD thesis. Mainz: Die Johannes Gutenberg Universität, 2013.

[9] Köcke AV, et al. Revision of the Mediterranean and Southern African *Triglochin bulbosa* complex (Juncaginaceae)[M]. Edinb J Bot, 2010, 67: 353-398.

[10] Aston HI. Juncaginaceae[M]//Wilson A. Flora of Australia, 39. Australia: ABRS/CSIRO, 2011: 53-84.

[11] Aston HI. New Australian species of *Triglochin* L. (Juncaginaceae) formerly included in *T. procerum* R. Br[J]. Muelleria, 1993, 8: 85-97.

Zosteraceae Dumortier (1829), *nom. cons.* 大叶藻科

特征描述：<u>海生</u>，多年生草本，稀一年生。<u>根状茎单轴分枝</u>；<u>直立茎有或极度缩短。叶互生</u>，线形，沉水，无柄；<u>叶鞘多脉，腐烂后常于植株基部形成丛状纤维束</u>。花序为单1或数枚佛焰苞组成的复合花序，具梗。<u>肉穗花序生于佛焰苞内，无柄；雌雄同株或异株，花单性；花被缺失；雄花具1雄蕊</u>，花药2室，纵裂；<u>雌花有1雌蕊</u>，花柱短，柱头2。<u>瘦果</u>。<u>种子1</u>。花粉无萌发孔，丝状。染色体 n=6，9，10，12，18。

分布概况：3-4 属/18 种，广布温带到亚热带海域；中国2属/7种，产辽宁、河北和山东等沿海地区。

系统学评述：在传统的分类系统中，大叶藻科常作为眼子菜科 Potamogetonaceae 下的属[FRPS]，或大叶藻族 Zostereae[1]，或大叶藻亚科 Zosteroideae[2]。目前该科的科下分类还存在争论，有的研究认为该科包括3属，即 *Heterozostera*、虾海藻属 *Phyllospadix* 和大叶藻属 *Zostera* [3,4]。然而，根据形态和发育证据，又将其分为4属，即 *Heterozostera*、*Nanozostera*、虾海藻属和大叶藻属[5]，且得到了分子证据的支持[6]。

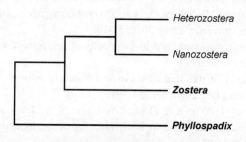

图43 大叶藻科分子系统框架图（参考 Coyer 等[6]）

分属检索表

1. 雌雄异株；果实常弯曲 ··· **1. 虾海藻属 *Phyllospadix***
1. 雌雄同株；果实常卵形 ··· **2. 大叶藻属 *Zostera***

1. *Phyllospadix* W. J. Hooker 虾海藻属

Phyllospadix W. J. Hooker (1838: 171); Guo et al. (2010: 107) (Type: *P. scouleri* Hooker)

特征描述：<u>海生</u>，多年生沉水草本。根茎单轴分枝，<u>皮层维管2束</u>。叶丛生状，2列；<u>具叶耳和叶舌</u>，叶鞘腐烂后常于植株基部呈丛状深色纤维束；<u>叶片线形</u>，常革质，叶缘有细锯齿。<u>花序腋生</u>，佛焰苞扁平，苞内有1无柄<u>肉穗花序</u>；<u>花单性</u>，雌雄异株，花小；<u>雄花雄蕊1</u>，无花丝，花药2室；<u>雌花雌蕊1</u>，常有退化雄蕊，柱头2。<u>果实弯曲</u>，外果皮柔软，内果皮硬纤维质。<u>种子椭圆形</u>。花粉无萌发孔，丝状，外壁近无。

分布概况：5/2 种，**9** 型；广布太平洋北部海岸；中国产辽宁、山东及河北沿海地区。

系统学评述：早期分类系统将虾海藻属作为眼子菜科的 1 个属[FRPS]，分子系统学研究显示其与大叶藻属聚在 1 支，因而被归为大叶藻科[7]；该属为大叶藻科的基部类群，与该科其他类群成姐妹分支[6-10]。

DNA 条形码研究：BOLD 网站有该属 5 种 14 个条形码数据。

2. *Zostera* Linnaeus 大叶藻属

Zostera Linnaeus (1753: 968); Guo et al. (2010: 106) (Type: *Z. marina* Linnaeus)

特征描述：海生，多年生沉水草本。具根茎，单轴分枝，皮层维管 2 束。营养枝短，着生数枚叶片；生殖枝较长，合轴式分枝，每分枝上各生佛焰苞数枚。叶线形，平行叶脉 3-11，叶缘全缘或稀有细齿；叶鞘膜质或近革质，有叶耳和叶舌。肉穗花序无柄，生佛焰苞鞘内；花单性，雌雄同株；花小，分别简化为单一的雌蕊和雄蕊；花药 2 室；花柱短，柱头 2。果实卵形，具短喙。种子卵形，无胚乳。花粉无萌发孔，丝状，外壁近于无。染色体 2n=12，24。

分布概况：12/5 种，**1** 型；世界广布，尤以北半球温带沿海水域种类较多；中国产辽宁、河北和山东等沿海一带。

系统学评述：早期的研究将大叶藻属分为 2 亚属，即 *Zostera* subgen. *Zostera* 和 *Z.* subgen. *Zosterella*[3]。Tanaka 等[8]分析了该属 11 种及 *Heterozostera tasmanica* (Martens ex Aschers) Hartog、*Phyllospadix iwatensis* Makino 的系统关系，结果显示 *Zostera* subgen. *Zosterella* 并非单系，指出大叶藻科 Zosteraceae 包括 3 个分支，即 *Phyllospadix*、*Zostera* subgen. *Zosterella-Heterozostera* 和 *Z.* subgen. *Zostera*。这一结果得到了 Kato 等[9]基于叶绿体 *rbc*L 和 *mat*K 的研究的支持。Coyer 等[6]根据对核基因 ITS1 和叶绿体基因 *mat*K、*rbc*L 和 *psb*A-*trn*H 的综合分析，指出大叶藻属可能只包含 *Z.* subgen. *Zostera* 的种类。同时，李渊等[10]研究了大叶藻属 5 个种（*Z.* subgen. *Zostera* 的大叶藻 *Z. marina* Linnaeus、丛生大叶藻 *Z. caespitosa* Miki、具茎大叶藻 *Z. caulescens* Miki 和宽叶大叶藻 *Z. asiatica* Miki；*Z.* subgen. *Zosterella* 的矮大叶藻 *Z. japonica* Ascherson & Graebner）的系统发育，结果显示矮大叶藻与该属其他 4 个种形成姐妹分支。

DNA 条形码研究：BOLD 网站有该属 18 种 96 个条形码数据。

代表种及其用途：大叶藻在我国沿海有大量人工种植，可食用；也可药用，味咸、性寒，有清热化痰、软坚散结、利水之效。

主要参考文献

[1] Eckardt A. Monocotyledoneae. 1. Reihe. Helobiae[M]//Engler A. Engler's syllabus der pflanzenfamilien. 12th ed. Berlin: Grebruder Borntraeger, 1964: 499-512.

[2] den Hartog C. The seagrasses of the world[M]. Amsterdam: North-Holland, 1970: 1-275.

[3] Inglis G J, Waycott M. Methods for assessing seagrass seed ecology and population genetics[M]//Short FT, Coles RG. Global seagrass research methods, Volume 33. Elsevier, 2001: 123-140.

[4] den Hartog C, Kuo J. Taxonomy and biogeography of seagrasses[M]//Larkum WD, et al. Seagrasses:

biology, ecology and conservation. Berlin: Springer, 2006: 1-23.

[5] Tomlinson PB, Posluzny U. Generic limits in the seagrass family Zosteraceae[J]. Taxon, 2001, 50: 429-437.

[6] Coyer JA, et al. Phylogeny and temporal divergence of the seagrass family Zosteraceae using one nuclear and three chloroplast loci[J]. Syst Biodivers, 2013, 11: 271-284.

[7] Les DH. Phylogenetic studies in Alismatidae, II: evolution of marine angiosperms (seagrasses) and hydrophily[J]. Syst Bot, 1997, 22: 443-463.

[8] Tanaka N, et al. Phylogenetic relationships in the genera *Zostera* and *Heterozostera* (Zosteraceae) based on *mat*K sequence data[J]. J Plant Res, 2003, 116: 273-279.

[9] Kato Y, et al. Phylogenetic analyses of *Zostera* species based on *rbc*L and *mat*K nucleotide sequences: Implications for the origin and diversification of seagrasses in Japanese waters[J]. Genes Genet Syst, 2003, 78: 329-342.

[10] 李渊, 等. 基于 *mat*K、*rbc*L 和 ITS 序列的 5 种大叶藻系统发育研究[J]. 水产学报, 2011, 35: 183-191.

Potamogetonaceae Berchtold & Presl (1823), *nom. cons.*
眼子菜科

特征描述：多年生或一年生草本，生淡水或咸水，<u>沉水或叶浮水</u>。具根状茎或缺失，<u>茎短或细长</u>，圆形到扁平。<u>叶基生或互生茎上</u>，偶对生或近对生；<u>托叶离生或贴生于叶基并抱茎</u>。花常聚生成穗状花序或聚伞花序，<u>稀单生</u>，<u>顶生或腋生</u>；花小，<u>两性或单性</u>，具离生的苞片状花被或缺失；<u>雄蕊（1-）4，花药 2（或 1）室</u>；<u>心皮（1-）4（-9）</u>，离生，<u>胚珠 1</u>。果肉质或非肉质，聚合状。<u>种子无胚乳</u>。花粉粒无萌发孔，网状纹饰。染色体 *n*=7，12，14-18。

分布概况：4 属/102 种，世界广布，温带地区尤盛；中国 3 属/25 种，南北均产。

系统学评述：一直以来，根据形态特征对于眼子菜科的界定存在较多争议，一些以前置于该科的属被独立出来组成新科或移至其他科中，如川蔓藻属 *Ruppia*（川蔓藻科 Ruppiaceae）、大叶藻属 *Zostera* 和虾海藻属 *Phyllospadix*（大叶藻科 Zosteraceae）、二药藻属 *Halodule* 和针叶藻属 *Syringodium*（丝粉藻科 Cymodoceaceae）、角果藻属 *Zannichellia*（角果藻科 Zannichelliaceae）等[1,2,FRPS]。Les 等[3]基于叶绿体基因 *rbc*L 构建的泽泻亚纲系统树显示角果藻科和眼子菜科中的 *Groenlandia*、*Coleogeton*（*Stuckenia*）和 *Potamogeton* 这 3 个属有较近的亲缘关系，角果藻科-眼子菜科分支同大叶藻分支构成姐妹分支。这得到了 Lindqvist 等[4]基于非编码核基因和叶绿体基因研究的支持，并把角果藻属重新置于眼子菜科。

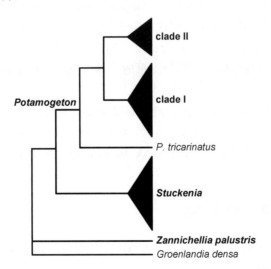

图 44　眼子菜科分子系统框架图（参考 Lindqvist 等[4]）

分属检索表

1. 花单性；雄花单生，无花被，雄蕊 1（或 2），具纤细花丝；雌花聚生成聚伞花序，具杯状花被，心皮 1-9 ·· **3. 角果藻属 *Zannichellia***
1. 花两性；聚生成穗状花序；花被片 4，离生，雄蕊 4，无花丝，心皮（1-）4（或 5）
  2. 叶沉水和浮水或全部沉水；沉水叶托叶与叶基部常分离，若结合则结合部分少于托叶长度的 1/2；沉水叶叶片透明，扁平，不具槽；花序梗粗壮，花序沉水或被托出水面 ··· **1. 眼子菜属 *Potamogeton***
  2. 叶全部沉水；托叶与叶基部结合，结合部分常在托叶长度的 2/3 以上，并形成显著的叶鞘；叶片不透明，具槽；花序梗柔弱，不将花序托出水 ················· **2. 蓖齿眼子菜属 *Stuckenia***

1. *Potamogeton* Linnaeus 眼子菜属

Potamogeton Linnaeus (1753: 126); Guo et al. (2010: 108) (Lectotype: *P. natans* Linnaeus)

特征描述：草本，生淡水或咸水。茎短或细长。叶互生，偶有对生，单型或两型：沉水叶有柄或无柄，常透明，浮水叶具柄，叶片革质，披针形至宽椭圆形；托叶膜质。穗状花序顶生或腋生；花被 4，离生，苞片状；雄蕊 4，与花被片对生，无花丝，花药 2 室；心皮（1-）4（或 5），离生，花柱短，柱头膨大呈头状或盾状，胚珠 1。果实核果状。种子无胚乳。花粉粒无萌发孔，网状纹饰。染色体 2n=26，28，38，42，52。

分布概况：75/20 种，**1** 型；世界广布；中国南北均产。

系统学评述：眼子菜属由于种类多、世界广布、多倍化及种间杂交等特点，一直是传统分类学处理的难点[4]。传统上，眼子菜属被分为 2 亚属，即 *Potamogeton* subgen. *Potamogeton* 和 *P.* subgen. *Coleogeton*[5]，而 *P.* subgen. *Coleogeton* 在后来的研究中被提升为蓖齿眼子菜属 *Stuckenia*[6-8]，同时，*P.* subgen. *Potamogeton* 根据宽叶和线形叶被分为 2 个组[9]. 基于非编码核基因 *5S-NTS* 构建的眼子菜属分子系统树显示，2 个大的分支 clade I 和 clade II 分别同之前以叶片形态区分的 2 个组对应，而 *P. tricarinatus* F. Mueller & A. Bennett 位于基部，同 clade I-clade II 分支形成姐妹分支，从而推测叶异形可能经历了多次演化[5]。

DNA 条形码研究：ITS 具有最好的物种鉴别率，可作为眼子菜属的鉴定条码[11]。BOLD 网站有该属 64 种 453 个条形码数据；GBOWS 已有 11 种 183 个条形码数据。

代表种及其用途：眼子菜 *P. distinctus* A. Bennett 为常见稻田杂草；入药，清热解毒、利尿、消积。

2. *Stuckenia* Börner 蓖齿眼子菜属

Stuckenia Börner (1912: 258); Guo et al. (2010: 114) [Type: *S. pectinata* (Linnaeus) Börner (≡ *Potamogeton pectinatus* Linnaeus)]

特征描述：多年生沉水草本，生淡水或咸水。有根状茎；茎细长，圆形。叶沉水，互生，无柄，不透明，线形，全缘，顶端钝圆到急尖，叶脉 1-5；托叶不呈管状，大部分与叶片基部贴生，形成显著的叶鞘。穗状花序呈头状或柱状，沉水；花梗柔软；心皮4，离生。果实具短喙或无。种子无胚乳。花粉粒无萌发孔，网状纹饰，网脊具微刺。染色体 2*n*=78，88。

分布概况：7/4 种，**1** 型；世界广布；中国南北均产。

系统学评述：传统上篦齿眼子菜属的种类被置于眼子菜属内，归为鞘叶亚属 *Potamogeton* subgen. *Coleogeton*[5]。形态学和分子系统学研究将鞘叶亚属提升为篦齿眼子菜属 *Stuckenia*[6-8]。Lindqvist 等[4]基于核基因非编码区 5S-NTS 所构建的眼子菜科系统树显示，所有篦齿眼子菜属的种聚在 1 支且和眼子菜属构成姐妹分支。

DNA 条形码研究：已报道中国篦齿眼子菜属 2 个物种的 DNA 条形码（ITS、*rbc*L、*mat*K 和 *trn*H-*psb*A）信息，其中 ITS 具有最好的物种鉴别率，可作为篦齿眼子菜属的鉴定条码 [10]。BOLD 网站有该属 9 种 49 个条形码数据；GBOWS 已有 1 种 16 个条形码数据。

代表种及其用途：篦齿眼子菜 *S. pectinata* (Linnaeus) Börner 可入药，清热解毒，用于治疗肺炎；藏医用于治疗风热咳喘；熬膏外用于疮疖。

3. *Zannichellia* Linnaeus 角果藻属

Zannichellia Linnaeus (1753: 969); Guo et al. (2010: 114) (Type: *Z. palustris* Linnaeus)

特征描述：沉水草本，生淡水、咸水或海水。根状茎匍匐，纤细，茎节具须根。叶互生，近对生或丛生于节上，线形，具明显的中脉；基部具鞘。雌雄同株；花单性，小，腋生，单生或聚生成聚伞花序；雄花单生，具柄，花被缺失，雄蕊 1（或 2），花丝纤细，花药 2 室；雌花无柄，具一杯状花被，心皮 1-9，离生，胚珠 1，花柱纤细，柱头斜盾形。瘦果肾形略扁，先端具喙。种子无胚乳。花粉粒无萌发孔，网状纹饰。染色体 *x*=6。

分布概况：7/1 种，**1** 型；世界广布；中国南北均产。

系统学评述：形态学上，角果藻属不具有穗状花序且离生心皮具明显的柄，显著区别于眼子菜科的其他类群。早期，曾将其置于茨藻科[FRPS]，目前大多数学者主张其独立成角果藻科[11,12]。然而，分子证据显示角果藻属与眼子菜科有很近的亲缘关系 [3,4]，主张将其置于眼子菜科[4]。基于细胞核型、解剖学和生态学等研究，Talavera 等 [11]将该属分为 2 组，即 *Zannichellia* sect. *Zannichellia* 和 *Z.* sect. *Monopus*，但目前还缺乏更有力的分子证据。

DNA 条形码研究：BOLD 网站有该属 1 种 16 个条形码数据。

主要参考文献

[1] Haynes RR. The Potamogetonaceae in the Southeastern United States[J]. J Arnold Arboretum, 1978, 59: 170-191.

[2] Les DH, Haynes RR. Systematics of subclass Alismatidae: a synthesis of approaches[M]//Rudall PJ. Monocotyledons: systematics and evolution, Vol. 2. Richmond: Royal Botanic Gardens, Kew, 1995: 353-377.

[3] Les DH. Phylogenetic studies in Alismatidae, II: evolution of marine angiosperms (seagrasses) and

hydrophily[J]. Syst Bot, 1997, 22: 443-463.

[4]   Lindqvist C, et al. Molecular phylogenetics of an aquatic plant lineage, Potamogetonaceae[J]. Cladistics, 2006, 22: 568-588.

[5]   Raunkiær C. De danske blomsterplanters naturhistorie I, Helobieae[M]. København: Gyldendalske Boghandels Forlag, 1896.

[6]   Les DH, Haynes RR. *Coleogeton* (Potamogetonaceae), a new genus of pondweeds[J]. Novon, 1996, 6: 389-391.

[7]   Holub J. *Stuckenia* Börner 1912: the correct name for *Coleogeton* (Potamogetonaceae)[J]. Preslia, 1997, 69: 361-366.

[8]   Haynes RR, et al. Two new combinations in *Stuckenia*, the correct name for *Coleogeton* (Potamogetonaceae)[J]. Novon, 1998, 8: 241.

[9]   Fernald ML. The linear-leaved North American species of *Potamogeton*, section *Axillares*[J]. Mem Gray Herb Harvard Univ, 1932, 17: 1-183.

[10] Du ZY, et al. Testing four barcoding markers for species identification of Potamogetonaceae[J]. J Syst Evol, 2011, 49: 246-251.

[11] Talavera S, et al. Sobre el género *Zannichellia* L. (Zannichelliaceae)[J]. Lagascalia, 1986, 14: 241-272.

[12] Haynes RR, et al. Zannichelliaceae [M]//Kubitzki K. The families and genera of vascular plants, IV. Berlin: Springer, 1998: 470-474.

Posidoniaceae Vines (1895), *nom. cons.* 波喜荡科

特征描述：多年生海生草本，沉水。具匍匐根状茎，圆柱形到扁平，藏于老叶鞘的纤维状残留物中。叶互生，叶片线性，扁平到圆柱形；基部具很长的叶鞘，完全或部分抱茎，叶耳和叶舌明显。小的穗状花序总状排列，顶生于一个长而扁平的花序梗上；苞片叶状。花辐射对称，两性，无花被或具早落的 3 鳞片；雄蕊 3，无花丝，花药 2 室，外向纵裂；心皮 1，子房上位。浆果不裂。种子无胚乳，胚直立。花粉丝状，无萌发孔。染色体 n=10。

分布概况：1 属/9 种，间断分布于地中海和大洋洲南部温带海域；中国 1 属/1 种，产海南三亚。

系统学评述：传统上波喜荡科被处理为眼子菜科下的 1 个属，即波喜荡属 *Posidonia*[FRPS]。分子证据显示在泽泻目中，丝粉藻科 Cymodoceaceae、波喜荡科和川蔓藻科 Ruppiaceae 系统关系较近，波喜荡科与丝粉藻科-川蔓藻科分支形成姐妹分支[1,2]。该科仅包含 1 个属，即波喜荡属。郑凤英等[3]研究了采自我国三亚的波喜荡 *P. australis* J. D. Hooker 标本，发现其应该是海菖蒲 *Enhalus acoroides* (Linnaeus f.) Royle；此外，在我国海域没有发现另外有波喜荡科植物的活体和标本，再结合该科的分布区系资料，从而推测我国实际上可能并无波喜荡科植物的分布。因此，波喜荡科在我国是否有分布还需进行更为广泛的标本查阅和野外调查才能确定，现仍将该科记录于此。

1. *Posidonia* K. D. Koenig 波喜荡属

Posidonia K. D. Koenig (1805: 95), *nom. cons.*; Guo et al. (2010: 117) [Type: *P. caulinii* K. D. Koenig, *nom. illeg.* (=*P. oceanica* (Linnaeus) Delile ≡ *Zostera oceanica* Linnaeus)]

特征描述：同科描述。

分布概况：9/1 种，**4 型**；主要间断分布于地中海和大洋洲南部温带海域；中国仅分布于海南三亚。

系统学评述：同科评述。

DNA 条形码研究：BOLD 网站有该属 3 种 9 个条形码数据。

代表种及其用途：波喜荡 *P. australis* J. D. Hooker 是生长在海洋和完全盐水环境的一类开花植物，是海草的主要组成部分。

主要参考文献

[1] Waycott M, Les DH. An integrated approach to the evolutionary study of seagrasses[M]//Kuo J. The proceedings of the international seagrass workshop. Perth: University of Western Australia,

1996: 71-78.

[2] Les DH. Phylogenetic studies in Alismatidae, II: evolution of marine angiosperms (seagrasses) and hydrophily[J]. Syst Bot, 1997, 22: 443-463.

[3] 郑凤英, 等. 中国海草的多样性、分布及保护[J]. 生物多样性, 2013, 21: 517-526.

Ruppiaceae Horaninow (1834), *nom. cons.* 川蔓藻科

特征描述：一年生或多年生沉水草本。根纤细，常分枝。茎细，圆形，常二型；下部横生根状茎；上部直立。叶互生到近对生，无柄，狭线形；基部叶鞘离生或抱茎，无叶舌。穗状花序腋生或顶生，具梗，初时包藏于 2 片近对生的苞叶内，果时伸长。花小，两性，辐射对称，花被缺失；雄蕊 2，无花丝，花药 2 室，外向，纵裂；心皮（2）4 (-16)，离生，胚珠 1。瘦果不开裂。种子无胚乳。花粉中部稍弯曲呈弓形，无萌发孔，网状纹饰。染色体 *n*=8-12，15。

分布概况：1 属/1-10 种，世界广布，主产温带及亚热带海域；中国 1 属/1-3 种，沿海均产。

系统学评述：川蔓藻属是否应该单独成科，一直存在争议[1,2]。郭友好和李清义将川蔓藻科处理为眼子菜科下的 1 个属[FRPS]。而分子系统学研究支持川蔓藻科的独立性，并且显示川蔓藻科、波喜荡科 Posidoniaceae 和丝粉藻科 Cymodoceaceae 系统关系较近，波喜荡草科与丝粉藻科-川蔓藻科分支形成姐妹分支[3,4]。该科仅包含川蔓藻属。

1. *Ruppia* Linnaeus 川蔓藻属

Ruppia Linnaeus (1753: 127); Guo et al. (2010: 118) (Lectotype: *R. maritima* Linnaeus)

特征描述：同科描述。

分布概况：1-10/1-3 种，**1 型**；分布于温带及亚热带海域；中国沿海均产。

系统学评述：目前还没有对该属的系统做全面研究，甚至种类数量至今还没有确切报道。FRPS 和 FOC 都只收录了 1 种，即川蔓藻 *R. maritima* Linnaeus。于硕[5]利用分子和形态证据研究了我国川蔓藻属 20 个居群，得出 5 个单倍型，并鉴定为 3 种，即 *R. maritima* Linnaeus、*R. cirrhosa* (Petagna) Grande 和 *R. megacarpa* R. Mason。

DNA 条形码研究：BOLD 网站有该属 8 种 29 个条形码数据；GBOWS 已有 1 种 4 个条形码数据。

代表种及其用途：川蔓藻 *R. maritima* Linnaeus 是海草的重要组成部分。

主要参考文献

[1] Brock MA. Biology of the salinity tolerant genus *Ruppia* L. in saline lakes in South Australia, I: morphological variation within and between species and ecophysiology[J]. Aquat Bot, 1982, 13: 219-248.

[2] Dahlgren RMT, et al. The families of the monocotyledons[M]. Berlin: Springer, 1985.

[3] Waycott M, Les DH. An integrated approach to the evolutionary study of seagrasses[M]//Kuo J. The

proceedings of the international seagrass workshop. Perth: University of Western Australia, 1996: 71-78.

[4] Les DH. Phylogenetic studies in Alismatidae, II: evolution of marine angiosperms (seagrasses) and hydrophily[J]. Syst Bot, 1997, 22: 443-463.

[5] 于硕. 中国沿海川蔓藻（*Ruppia*）的分布及其影响因素[D]. 上海: 华东师范大学硕士学位论文, 2010.

Cymodoceaceae Taylor (1909), *nom. cons.* 丝粉藻科

特征描述：多年生海生草本，具单轴或合轴分枝的<u>根状茎</u>。<u>根常分枝</u>，具根毛。<u>叶无柄，基部具鞘</u>，<u>互生至近对生</u>，或簇生于节间，<u>线形</u>，<u>中脉显著</u>。花小，单性，单一或形成聚伞花序，具叶状苞片。<u>雄花具梗</u>；<u>被片 3（或缺失）</u>，小鳞片状；<u>雄蕊 1-3</u>，花药联合，纵裂。<u>雌花无梗</u>；<u>被片 3（或缺失）</u>；<u>心皮 2</u>，<u>离生</u>，花柱单一或顶端裂成 2（-4）丝状柱头，<u>胚珠 1</u>。<u>瘦果不裂</u>。<u>种子无胚乳</u>。花粉丝状，无萌发孔，外壁近无。染色体 n=7，8，10，12，14-16。

分布概况：5 属/16 种，广布热带到亚热带海域；中国 3 属/4 种，产东南沿海。

系统学评述：丝粉藻科的各个属被置于不同的科，如丝粉藻属 *Cymodocea* 放在茨藻科 Najadaceae[FRPS]，二药藻属 *Halodule* 和针叶藻属 *Syringodium* 则放在眼子菜科 Potamogetonaceae[FRPS]。目前该科包括 5 个属，即丝粉藻属、二药藻属、针叶藻属、*Amphibolis* 和 *Thalassodendron*[1-3]。Les 等[3]利用叶绿体基因 *rbc*L 研究了泽泻目的系统关系，得出丝粉藻科同川蔓藻科 Ruppiaceae 系统关系很近，这 2 个科形成的分支同波喜荡科 Posidoniaceae 构成姐妹分支，但其并没有很好的区分丝粉藻科和川蔓藻科。Kuo[4]研究了该科的染色体数目，结果显示属间差异很大，而属内基本一致。

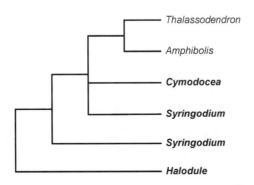

图 45 丝粉藻科分子系统框架图（参考 Les 等[3]）

分属检索表

1. 聚伞花序；叶钻形到圆柱状 ·· **3. 针叶藻属 *Syringodium***
1. 花单生；叶线形，扁平
  2. 叶 1-4，互生，平行脉 3；雄花 2，花药高低不一；雌花花柱不裂·········· **2. 二药藻属 *Halodule***
  2. 叶 2-7，簇生于<u>直立短枝</u>上，平行脉 7-17；雄花 2，花药高低一致；雌花花柱二裂成 2 丝状柱头·· **1. 丝粉藻属 *Cymodocea***

1. *Cymodocea* K. D. Koenig 丝粉藻属

Cymodocea Koenig (1805: 96), *nom. cons.*; Guo et al. (2010: 119) (Type: *C. aequorea* K. D. Koenig)

特征描述：海生沉水草本。根状茎单轴分枝，节上生 1-5 分枝状的根和 1 短缩的直立茎，茎上生 2-7 叶。叶扁平，线形，全缘或微锯齿，具 7-17 平行叶脉。花单性，雌雄异株；花单生于茎顶，无花被；雄花具梗，花药 2，花粉丝状；雌花无梗或近无梗，柱头 2 裂，丝状。果实侧扁，椭圆形，外果皮骨质，具喙。染色体 $2n=14$，28，30。

分布概况：4/1 种，**2** 型；广布东半球的热带和亚热带海域；中国产海南。

系统学评述：该属有 4 种，即 *C. angustata* Ostenfeld、*C. nodosa* Ascherson、*C. rotundata* Ascherson & Schweinfurth 和 *C. serrulata* (R. Brown) Ascherson & Magnus [2,4,5]，只有其中的 2 种 *C. nodosa* 和 *C. serrulata* 具有分子证据 [3,5]，研究显示该属和 *Amphibolis-Thalassodendron* 分支形成姐妹分支[3]。同时，丝粉藻属的染色体 $x=7$，$2n=14$，28[4]。等位酶和次级代谢产物分析显示，澳大利亚特有种 *C. angustata* 和另外 2 个同域分布种 *C. serrulata* 和 *C. rotundata* 存在显著差异[6]。

DNA 条形码研究：BOLD 网站有该属 3 种 22 个条形码数据。

代表种及其用途：丝粉藻 *C. rotundata* Ascherson & Schweinfurth 可药用，具有调节油脂分泌、去除皮肤皱纹及防止粉刺和暗疮的作用。

2. *Halodule* Endlicher 二药藻属

Halodule Endlicher (1841: 1368); Guo et al. (2010: 119) [Type: *H. tridentata* (Steinheil) Endlicher ex Unger (≡ *Diplanthera tridentata* Steinheil)]

特征描述：海生沉水草本。根状茎单轴分枝，节生数须根；直立茎短，基部 2 鳞片，茎上着生 1-4 叶。叶互生，扁平，线形，全缘或尖端具齿，具 3 平行脉。雌雄异株，花单生茎顶或侧枝顶端，幼时常藏于叶内；雄花具梗，雄蕊 2，无花丝，花药 2 室，纵裂；雌花无梗，心皮 2，离生，花柱不裂。果实侧扁，椭圆形，外果皮骨质，具喙。花粉丝状，无萌发孔，外壁近无。染色体 $2n=16$，44。

分布概况：6/2 种，**2** 型；广布热带海域；中国产海南和台湾。

系统学评述：二药藻属的染色体数目是丝粉藻科中最多的，达 $2n=44$，这显示了该属与丝粉藻科其他属的差异性[4]，同时也得到基于叶绿体基因构建的系统树的证实[3]。该属下全面的系统发育关系尚未见报道，仅见 Waycott[5]利用 ITS 和 *trn*L 对该属 3 种的系统发育研究，然而核基因和叶绿体基因分析显示了不同的结果，可见对中国海南和台湾沿海产的羽叶二药藻 *H. pinifolia* (Miki) Hartog 和二药藻 *H. uninervis* (Forsskål) Ascherson 的研究，需要扩大取样范围，在居群水平加以研究。

DNA 条形码研究：BOLD 网站有该属 4 种 35 个条形码数据。

代表种及其用途：二药藻 *H. uninervis* (Forsskål) Ascherson 生于海湾和红树林下，对维持海洋生态系统平衡有重要作用。

3. *Syringodium* Kützing 针叶藻属

Syringodium Kützing (1860: 462); Guo et al. (2010: 120) (Lectotype: *S. filiforme* Kützing)

　　特征描述：多年生海生沉水草本。根状茎分枝，茎节上具 1 至数条须根；直立茎着生 2-3 叶。叶互生，叶片钻形，外围有 1 到数条维管束；具叶耳和叶舌。雌雄异株，聚伞花序顶生于直立茎；雄花有梗，雄蕊 2，无花丝；雌花无梗，心皮离生，花柱短，2 裂成丝状柱头。果实长椭圆形或斜倒卵形，外果皮骨质，具喙。染色体 2*n*=20。

　　分布概况：2/1 种，**3 型**；1 种见于加勒比海，1 种产西太平洋至印度洋；中国产广东、东沙群岛、硇洲岛等附近海域。

　　系统学评述：该属有 2 种，分布于印度洋和太平洋的针叶藻 *S. isoetifolium* (Ascherson) Dandy 和分布于加勒比海的 *S. filiforme* Kützing。染色体均为 2*n*=20，并且在形态特征上也具有极高的相似性[1,4]。但在等位酶分析中，两者具有一定差异[6]；Les 等[3]的研究显示，该属的 2 种并非单系。因此，针叶藻和 *S. filiforme* 在分子水平上有变异；而在形态和染色体上变化不大[4]。

　　DNA 条形码研究：BOLD 网站有该属 2 种 10 个条形码数据。

　　代表种及其用途：针叶藻 *S. isoetifolium* (Ascherson) Dandy，为我国热带近海海草，对维持海洋生态系统平衡有重要作用。

主要参考文献

[1] Tomlinson PB. Anatomy of the monocotyledons, VII: Helobiae (Alismatidae)[M]. Oxford: Clarendon Press, 1982.

[2] Kuo J, Mccomb A. Zosteraceae[M]//Kubitzki K. The families and genera of vascular plants, IV. Berlin: Springer, 1998: 133-140.

[3] Les DH. Phylogenetic studies in Alismatidae, II: evolution of marine angiosperms (seagrasses) and hydrophily[J]. Syst Bot, 1997, 22: 443-463.

[4] Kuo J. Chromosome numbers of the Australian Cymodoceaceae[J]. Plant Syst Evol, 2013, 299: 1443-1448.

[5] Waycott M, et al. Seagrass evolution, ecology and conservation: a genetic perspective[M]//Larkum AWD, et al. Seagrasses: biology ecology and conservation. Berlin: Springer, 2006: 25-50.

[6] Mcmillan C, et al. The status of an endemic australian seagrass, *Cymodocea angustata* Ostenfeld[J]. Aqua Bot, 1983, 17: 231-241.

Petrosaviaceae Hutchinson (1934), *nom. cons.* 无叶莲科

特征描述：植株光滑。<u>茎细弱</u>，<u>直立</u>，<u>不分枝</u>。叶退化成鳞片状，螺旋状排列于根状茎上。花小；花被片 6，2 轮，外轮 3 片较小；雄蕊 6，离生，着生于花被基部；子房上位至半下位，由 3 片或多或少离生的心皮组成，<u>具 4 或多数胚珠</u>，<u>花柱分离</u>，<u>柱头近头状或下延</u>。果实室间开裂。种子偏斜，有翅或无翅。花粉粒单沟，颗粒、穴状到网状纹饰。染色体 x=12，13，15。

分布概况：2 属/4 种，分布于日本，缅甸，越南，印度尼西亚和马来西亚西部；中国 1 属/2 种，产广西、四川和台湾。

系统学评述：无叶莲科的系统位置变化较大，Dahlgren 等[1]将其放在黑药花科 Melanthiaceae；Tamura[2]将其独立成科，但该科也包括岩菖蒲科 Tofieldiaceae 及纳茜菜科 Nartheciaceae 的成员。Takhtajan[3]的无叶莲科仅包括无叶莲属 *Petrosavia*，并被置于霉草亚纲 Triurididae，该亚纲也包括单型的樱井草科 Japonoliriaceae。无叶莲科内部的无叶莲属与樱井草属 *Japonolirion* 互为姐妹群[4]。

1. *Petrosavia* Beccari 无叶莲属

Petrosavia Beccari (1871: 7); Chen & Tamura (2000: 77) (Type: *P. stellaris* Beccari)

特征描述：<u>腐生草本</u>。常有细长的、覆盖着鳞片的根状茎；<u>茎细弱</u>，<u>直立</u>，<u>不分枝</u>。<u>叶退化成鳞片状</u>，互生。总状花序或伞状花序顶生。花小，两性；花被片 6，2 轮，基部联合，宿存；雄蕊 6，花丝贴生于花被片基部，花药内向纵裂；心皮 3，从基部联合至中部，子房上位或半下位，花柱短，柱头头状或轻微 2 裂。蒴果内缝开裂。种子有翅或无翅。花粉粒单沟，穴状到网状纹饰。

分布概况：3/2（1）种，**7 型**；分布于东亚至东南亚；中国产四川、广西和台湾。

系统学评述：分子系统学研究表明，无叶莲属 *Petrosavia* 与樱井草属 *Japonolirion* 互为姐妹群[4]，但近年研究表明岩菖蒲科的 *Isidrogalvia schomburgkiana* (Oliver) Cruden 与无叶莲科的无叶莲属构成姐妹群[5]，Azuma 和 Tobe[6]认为这可能是因为 DNA 污染或标本错误鉴定所致。

DNA 条形码研究：BOLD 网站有该属 2 种 3 个条形码数据。

主要参考文献

[1] Dahlgren RMT, et al. The families of the monocotyledons: structure, evolution, and taxonomy[M]. Berlin: Springer, 1985.

[2] Tamura MN. Nartheciaceae[M]//The families and genera of vascular plants, III. Berlin: Springer, 1998:164-172, 343-353, 369-380, 381-391, 444-451.

[3] Takhtajan A. Diversity and classification of flowering plants[M]. New York: Columbia University Press, 1997.

[4] Cameron KM, et al. Recircumscription of the monocotyledonous family Petrosaviaceae to include *Japonolirion*[J]. Brittonia, 2003, 55: 214-225.

[5] Chen LY, et al. Eurasian origin of Alismatidae inferred from statistical dispersal-vicariance analysis[J]. Mol Phylogenet Evol, 2013, 67: 38-42.

[6] Azuma H, Tobe H. Molecular phylogenetic analyses of Tofieldiaceae (Alismatales): family circumscription and intergeneric relationships[J]. J Plant Res, 2011, 124: 349-357.

Nartheciaceae Fries ex Bjurzon (1846) 纳茜菜科

特征描述：多年生草本。叶基生，线形至卵形，向基部渐狭成鞘状。<u>花序顶生，穗状或总状</u>，<u>或组成复总状花序</u>。花小，两性，<u>具苞片和小苞片</u>；花被片 6，2 轮，<u>离生或多少联合成管状</u>，贴生于子房下部，<u>宿存</u>；雄蕊 6，2 轮，花丝生于花被片基部，无毛或具软毛；心皮 3，合生，花柱 3 裂，子房上位至半下位。蒴果室背开裂。种子椭圆形至梭形。花粉粒单沟，穿孔状、疣状、穴状、颗粒状或网状纹饰。染色体 $x=13$，稀为 12、21 或 22。

分布概况：5 属/41 种，北温带广布，少数种类延伸至南美洲北部和马来群岛西部；中国 1 属/16 种，南北均产，主产西南。

系统学评述：纳茜菜科的系统位置变化较大，Dahlgren 等[1]将其放在黑药花科 Melanthiaceae；Tamura[2]则放在无叶莲科 Petrosaviaceae。纳茜菜科内部 *Metanarthecium* 最先分出，粉条儿菜属 *Aletris*、*Lophiola*、*Nietneria* 和 *Narthecium* 依次分出[3]。

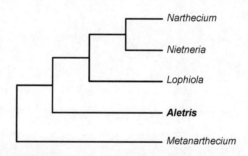

图 46　纳茜菜科分子系统框架图（参考 Fuse 等[3]）

1. *Aletris* Linnaeus 粉条儿菜属

Aletris Linnaeus (1753: 319); Liang & Turland (2000: 77) (Type: *A. farinosa* Linnaeus)

特征描述：多年生草本。根状茎短，簇生纤维根。<u>叶基生</u>，<u>成簇</u>，披针形至线形，具明显中脉。<u>花葶具苞片状叶</u>，顶生总状花序。花两性，花梗短或近无，<u>从花梗基部至上端具 2 苞片</u>；花被 6 裂，花被管与子房合生，裂片直立，反卷；雄蕊 6，花丝短；子房半下位，3 室，柱头不明显 3 裂。蒴果室背开裂。种子梭形。花粉粒单沟，穿孔状、疣状、穴状、颗粒状或网状纹饰。

分布概况：21/16（10）种，**9 型**；东亚-北美间断分布；中国南北均产，主产西南。

系统学评述：分子系统学研究表明，粉条儿菜属是 1 个单系[3,4]。Zhao 等[4]基于叶绿体片段的研究，将粉条儿菜属划分为 2 个主要分支，北美的 *A. farinosa* Linnaeus、*A. lutea* Samll 与东亚的无毛粉条儿菜 *A. glabra* Bureau & Franchet 形成 1 支，余下的亚洲种形成 1 支。

DNA 条形码研究：BOLD 网站有该属 22 种 63 个条形码数据；GBOWS 已有 6 种 38 个条形码数据。

主要参考文献

[1] Dahlgren RMT, et al. The families of the monocotyledons: structure, evolution, and taxonomy[M]. Berlin: Springer, 1985.

[2] Tamura MN. Nartheciaceae[M]//The families and genera of vascular plants, III. Berlin: Springer, 1998:164-172, 343-353, 369-380, 381-391, 444-451.

[3] Fuse S, et al. Biosystematic studies on the family Nartheciaceae (Dioscoreales) I, phylogenetic relationships, character evolution and taxonomic re-examination[J]. Plant Syst Evol, 2012, 298: 1575-1584.

[4] Zhao YM, et al. Delimitation and phylogeny of *Aletris* (Nartheciaceae) with implications for perianth evolution[J]. J Syst Evol, 2012, 50: 135-145.

Burmanniaceae Blume (1827), *nom. cons.* 水玉簪科

特征描述：<u>小型腐生无色菌根异养植物</u>，少数自养。<u>具根茎或块茎</u>；花茎纤细，不分枝。<u>单叶</u>，茎生或基生，全缘，或常退化成鳞片状。花两性，<u>辐射对称</u>，单生或簇生于茎顶，或为穗状、总状或二歧蝎尾状聚伞花序；花被基部连合呈管状，<u>花被裂片 6（-8）</u>，<u>2 轮</u>，内轮的常较小或无，或特化为环状附属物；<u>雄蕊 6 或 3</u>，<u>着生于花被管上</u>，花丝短，药隔宽，具附属物；<u>子房下位</u>，<u>3 室</u>，具中轴胎座，<u>或 1 室而具侧膜胎座</u>，花柱 1，柱头（2-）3。<u>蒴果</u>，有时肉质。<u>种子多数而小</u>，具膜质外种皮，有胚乳。花粉单粒，稀四合体，单沟，1 或 2 孔，稀多孔或无萌发孔。染色体 x=6，8，9。

分布概况：15 属/147 种，分布于热带，亚热带地区；中国 3 属/15 种，产长江以南。

系统学评述：该科存在多种科下等级划分观点。Bentham 和 Hooker[1] 将水玉簪科分为水玉簪族 Burmannieae、水玉杯族 Thismieae 及白玉簪族 Corsieae。Hutchinson[2] 将此 3 个族分别提升为科。按照 Jonker[3] 及 Maas[4] 的观点，水玉簪科可划分为 2 个族，水玉簪族 Burmannieae（含 Euburmannieae 和 Apterieae）和水玉杯族 Thismieae（含 Euthismieae 和 Oxygyneae），白玉簪族被排除出去。Takhtajan[5] 则持水玉簪族 Burmannieae

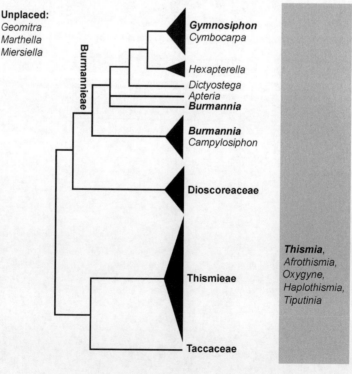

图 47　水玉簪科分子系统框架图（参考 Merckx 等[8]）

和水玉杯族 Thismieae 应独立成科的观点。根据 Caddick [6,7]对薯蓣目的研究，水玉杯族保留在水玉簪科[APG III]。但最新的分子系统学研究[8-10]表明，水玉杯族或许可以提升为水玉杯科[APW]。

分属检索表

1. 花被管口部无明显的环；花柱与花被管近等长；雄蕊 3
  2. 花被在花后宿存；子房 3 室，中轴胎座··**1. 水玉簪属 *Burmannia***
  2. 花被在花后脱落；子房 1 室，侧膜胎座··**2. 腐草属 *Gymnosiphon***
1. 花被管口部有明显的环；花柱短；雄蕊 6 ···**3. 水玉杯属 *Thismia***

1. *Burmannia* Linnaeus 水玉簪属

Burmannia Linnaeus (1753: 287); Wu et al. (2010: 121) (Lectotype: *B. disticha* Linnaeus)

特征描述：小草本，无色菌根异养或绿色植物。有时具根茎；茎极少分枝。叶无色而成鳞片状，或绿色而常莲座状排列。花被裂片 6，外轮 3 片较大，内轮 3 片较小或有时无，花后宿存，花被管有 3 棱、3 翅或无；雄蕊 3，近无花丝，生于花被管的喉部内轮花被裂片的下方，药隔宽，顶端常有 2 个鸡冠状附属物，药室横裂；子房三棱形，3 室，中轴胎座，胚珠多数，花柱线形，藏于花被裂片之内，顶端具 3 短分枝，柱头 3。蒴果具 3 棱或 3 翅，不规则开裂；种子多数。花粉粒 1-2 孔，偶多孔，光滑。染色体 x=6，8。

分布概况：57/10（1）种，**2（9，3）**型；泛热带分布；中国产华南、西南及华东。自养种类生于草地；腐生种类生于低地雨林中。

系统学评述：水玉簪属是水玉簪科中最大的属。分子系统学研究表明该属为并系，与 *Apteria*、*Dictyostega*、*Hexapterella*、*Cymbocarpa* 及 *Gymnosiphon* 共同构成 1 个具高度支持率的单系。营菌物异养生活的 *B. congesta* Jonker 和 *B. densiflora* Schlechter 处于该单系分支的基部，水玉簪属的其余种类与该分支的其他属构成姐妹群关系[8]。

DNA 条形码研究：BOLD 网站有该属 6 种 7 个条形码数据；GBOWS 已有 2 种 6 个条形码数据。

代表种及其用途：水玉簪 *B. disticha* Linnaeus 全草、根茎或根作草药。三品一枝花 *B. coelestis* D. Don 根可药用。

2. *Gymnosiphon* Blume 腐草属

Gymnosiphon Blume (1827: 29); Wu et al. (2010: 123) (Type: *G. aphyllus* Blume)

特征描述：一年生纤细草本，腐生无色菌根异养植物。叶小，退化呈鳞片状。花 3 至多数于茎顶排成单歧或二歧聚伞花序，稀单花；花被管管状，花被裂片 6，外轮的花被裂片较内轮的大，花后沿雄蕊着生处连同雄蕊、花柱一齐脱落，其余则残留于蒴果上；雄蕊 3，着生于花被管的喉部或以下，无花丝，药隔无附属物，药室横裂；子房 1 室，侧膜胎座 3，每胎座的顶部两侧有一个球形腺体，花柱具 3 分枝，柱头上常有附属物。蒴果纵裂。种子具网纹。花粉粒无萌发孔，外壁光滑。

分布概况：27/1 种，**2-2** 型；分布于热带亚洲，热带非洲，热带美洲及新几内亚地区；中国产台湾。

系统学评述：通常将腐草属置于水玉簪科水玉簪族。分子系统学研究显示该属为并系，与 *Cymbocarpa* 关系密切，共同构成 1 个具高度支持率的单系[8]。

DNA 条形码研究：BOLD 网站有该属 1 种 1 个条形码数据。

3. *Thismia* Griffith 水玉杯属

Thismia Griffith (1844: 221); Wu et al. (2010: 124) (Type: *T. brunonis* Griffith)

特征描述：一年生小型腐生菌根异养植物。茎不分枝或分枝。叶退化成鳞片状，少数。花单生或 2-4 生于茎顶；花被管辐射对称或辐射状两侧对称，圆柱状、坛状或钟状，花被管口部具有明显的环；花被片 6，外轮 3 和内轮 3 等大或比内轮的小，内轮的花被片有时会靠合在一起成僧帽状或者直立斜生；雄蕊 6，倒悬于花被管内；子房下位，倒圆锥形或倒卵状形的，1 室，（2）3 心皮组成的侧膜胎座式，柱头（2）3，不分裂或 2裂。果肉质；种子多数。花粉单孔或 2 孔，穿孔状纹饰。

分布概况：48/4（3）种，**2-1（5，9）**型；分布于热带地区；中国产台湾、香港和云南。

系统学评述：水玉杯属常被置于水玉簪科水玉杯族 Thismieae[3,4]，James 等亦将该属保留在水玉簪科内[APG III]。然而分子系统学研究发现，该属是 1 个并系类群，与 *Afrothismia, Haplothismia* 及 *Oxygyne* 等关系紧密，共同构成 1 个单系，并与蒟蒻薯科 Taccaceae 构成姐妹群，与水玉簪族关系较远[8,10]。

DNA 条形码研究：BOLD 网站有该属 1 种 1 个条形码数据。

代表种及其用途：该属大多数种类记录产地极其有限，有些种类除模式标本外再未被发现过。由于适宜生境的减少或消失，部分种类可能已经灭绝。贡山水玉杯 *T. gongshanensis* H. Q. Li & Y. K. Bi 发现于云南贡山县独龙江乡马库村海拔 2200 多米的原始森林中。

主要参考文献

[1] Bentham G, et al. Ordo Burmanniaceae[M]//Bentham G, Hooker JD. Genera plantarum, Vol. 3. London: Reeve & Co., 1883: 455-460.

[2] Hutchinson J. Families of flowering plants: monocotyledons[M]. Oxford: Clarendon Press, 1934.

[3] Jonker FP. A monograph of the Burmanniaceae[J]. Meded Bot Mus Herb Rijks Univ Utrecht, 1938, 51: 1-279.

[4] Maas PJM, et al. Burmanniaceae[M]//Flora neotropica monograph 42. New York: New York Botanical Garden, 1986: 1-189.

[5] Takhtajan A. Diversity and classification of flowering plants[M]. New York: Columbia University Press, 1997.

[6] Caddick LR, et al. Phylogenetics of Dioscoreales based on combined analyses of morphological and

molecular data[J]. Bot J Linn Soc, 2002, 138: 123-144.

[7]　Caddick LR, et al. Yams reclassified: a recircumscription of Dioscoreaceae and Dioscoreales[J]. Taxon, 2002, 51: 103-114.

[8]　Merckx V, et al. Phylogeny and evolution of Burmaniaceae (Dioscoreales) based on nuclear and mitochondrial data[J]. Am J Bot, 2006, 93: 1684-1698.

[9]　Merckx V, et al. Diversification of myco-heterotrophic angiosperms: evidence from Burmanniaceae[J]. BMC Evol Biol, 2008, 8: 178.

[10]　Merckx V, et al. Bias and conflict in phylogenetic inference of myco-heterotrophic plants: a case study in Thismiaceae[J]. Cladistics, 2009, 25: 64-77.

Dioscoreaceae R. Brown (1810), *nom.cons.* 薯蓣科

特征描述：草质或木质缠绕藤本。<u>有块状或根状的地下茎</u>；地上茎直立，平滑或有刺。叶互生或在上部对生，单叶或掌状复叶，中脉和侧脉由叶基发出，<u>掌状脉或网脉</u>。<u>雌雄异株</u>；雄花雄蕊 6 或 3；雌花具退化雄蕊，子房下位，3 室。果实为蒴果、浆果或翅果，有 3 个翅状的棱，<u>顶端开裂</u>。种子有翅或无翅，有胚乳，胚细小。花粉粒 2 沟，稀单沟。

分布概况：4 属/约 870 种，广布热带和亚热带地区；中国 2 属/58 种，产长江以南。

系统学评述：传统的薯蓣科包括薯蓣属 *Dioscorea*、*Stenomeris* 和 *Tricopus*。Caddick 等[1,2]的研究认为蒟蒻薯属 *Tacca*（蒟蒻薯科 Taccaceae）与薯蓣科中的 *Stenomeris* 和 *Tricopus* 形成姐妹群，应该列入薯蓣科。然而，近年的研究认为水玉簪科与薯蓣科，蒟蒻薯属与水玉杯属 *Thismia* 具有更近的亲缘关系，同时薯蓣科中的 *Trichopus* 的系统位置也难以确定[3-5]。

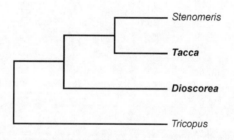

图 48 薯蓣科分子系统框架图（参考 Caddick 等[1,2]）

分属检索表

1. 缠绕藤本；叶互生或近对生；果实为蒴果 ···················**1. 薯蓣属 *Dioscorea***
1. 多年生草本；叶全部基生；果实为浆果 ·················**2. 蒟蒻薯属 *Tacca***

1. *Dioscorea* Linnaeus 薯蓣属

Dioscorea Linnaeus (1753: 1032), *nom. cons.*; Ting & Michael (2000: 276) (Type: *D. sativa* Linnaeus, *typ. cons.*)

特征描述：<u>缠绕藤本</u>。<u>地下有根状茎或块茎</u>。单叶或掌状复叶，互生，或中部以上对生，基出脉，侧脉网状。<u>叶腋有珠芽</u>（或叫零余子），或无。花单性，<u>雌雄异株</u>，稀同株；雄蕊 6，3 退化；雌花有退化雄蕊 3-6 或无。蒴果三棱形，棱翅状，顶端开裂。<u>种子有膜质翅</u>。花粉粒 2 沟，稀单沟，穿孔状、条纹、网状、颗粒或皱波状纹饰。染色体 $x=9$ 或 10，倍性有 2，4，6，8，10。根状茎组含薯蓣皂苷。

分布概况： 350-800/52（21）种，**2** 型；泛热带分布；中国产长江以南。

系统学评述： 薯蓣属是薯蓣科中最大的属，对于其属下组的分类一直存在不同观点。Knuth[6]认为薯蓣属分为 58 组；Prain 和 Burkill 在 Kunth 对薯蓣属分组的基础上又增加了几个新组[7,8]；Prain 和 Burkill[9]对分布于旧世界的种类进行了修订，认为薯蓣属应该分为 23 组。最近的分子系统研究结合形态证据显示薯蓣属包括 *Borderea*、*Epitetrum*、*Nanarepenta*、*Rajania* 和 *Tamus*[1,2]。Hsu 等[10]利用 *trn*L-F、*mat*K、*rbc*L 及 *atp*B-*rbc*L 对世界薯蓣属 7 组进行分子系统重建，结果支持 Prain 和 Burkill[9]对薯蓣属的部分分组处理。但由于取样的限制，分子系统学研究未对世界薯蓣属分组情况进行更深入地探讨。中国薯蓣属分为 8 组，即周生翅组 *Dioscorea* sect. *Enantiophyllum*、"丁"字形毛组 *D.* sect. *Combilium*、复叶组 *D.* sect. *Botryosicyos*、白薯莨组 *D.* sect. *Lasiophyton*、基生翅组 *D.* sect. *Opsophyton*、宽果薯蓣组 *D.* sect. *Stenocorea*、根状茎组 *D.* sect. *Stenophora* 和顶生翅组 *D.* sect. *Shannicorea*。

DNA 条形码研究： 已报道中国薯蓣属 38 种 7 变种 1 亚种 DNA 条形码（*rbc*L、*mat*K 和 *trn*H-*psb*A）信息[11]，其中 *mat*K 具有 23.26% 的物种鉴别率，可作为该属的鉴定条码。BOLD 网站有该属 214 种 1141 个条形码数据；GBOWS 已有 29 种 489 个条形码数据。

代表种及其用途： 很多种类在食用、医药和工业等方面具有重要的价值，如薯蓣 *D. polystachya* Turczaninow 可食用；黄独 *D. bulbifera* (Linnaeus) Kunth 药用；*D. cirrhosa* Loureiro 提取栲胶。

2. *Tacca* J. R. Forster & G. Forster 蒟蒻薯属

Tacca J. R. Forster & G. Forster (1775: 35); Ting & Larsen (2000: 274) (Type: *T. pinnatifida* J. R. Forster & G. Forster). ——*Schizocapsa* Hance (1881: 292)

特征描述： 多年生草本。具圆柱形或球形的根状茎或块茎。叶基生，全缘或羽状分裂至掌状分裂，叶脉羽状或掌状。顶生伞形花序；总苞片 2-6（-12），小苞片线形或缺；花被钟状，上部 6 裂，裂片近相等或不相等，宿存或脱落；雄蕊 6，花丝短，顶部兜状或勺状；子房下位，侧膜胎座，花柱短，柱头 3 瓣裂，常反折而覆盖花柱。浆果或蒴果。种子肾形、卵形至椭圆形，有条纹。花粉单沟，皱波状纹饰。染色体 2*n*=30。

分布概况： 12/6（2）种，**2** 型；泛热带分布；中国产长江以南。

系统学评述： 蒟蒻薯属的系统位置和分类标准存在很大争议，传统上蒟蒻薯属一直被置于蒟蒻薯科，同薯蓣科一同位于薯蓣目中。Caddick 等[1,2]利用 *rbc*L、*atp*B 和 18S 分子片段并结合形态证据发现，该属与薯蓣科的成员形成 1 个分支，因此将其归入薯蓣科。

DNA 条形码研究： 已报道蒟蒻薯属 6 种 DNA 条形码（ITS、*rbc*L、*mat*K 和 *trn*H-*psb*A）信息[12]，其中片段组合则是 *rbc*L+*mat*K 正确鉴定率最高，具有 100% 的物种鉴别率，可作为薯蓣属的鉴定条码。BOLD 网站有该属 12 种 158 个条形码数据；GBOWS 已有 6 种 213 个条形码数据。

代表种及其用途： 箭根薯 *T. chantrieri* André 根状茎有清热解毒、消炎止痛的功效，可用于治疗刀伤、胃及十二指肠溃疡等。

主要参考文献

[1] Caddick LR, et al. Phylogenetics of Dioscoreales based on combined analyses of morphological and molecular data[J]. Bot J Linn Soc, 2002, 138: 123-144.

[2] Caddick LR, et al. Yams reclassified: a recircumscription of Dioscoreaceae and Dioscoreales[J]. Taxon, 2002, 51: 103-114.

[3] Merckx V, et al. Bias and conflict in phylogenetic inference of myco-heterotrophic plants: a case study in Thismiaceae[J]. Cladistics, 2009, 25: 64-77.

[4] Merckx V, et al. Cretaceous origins of mycoheterotrophic lineages in Dioscoreales[M]//Seberg O, et al. Diversity, phylogeny and evolution in the monocotyledons. Århus: Århus University Press, 2010: 39-53.

[5] Merckx VSFT, Smets EF. *Thismia americana*, the 101st anniversary of a botanical mystery[J]. Int J Plant Sci, 2014, 175: 165-175.

[6] Knuth R. Dioscoreaceae[M]//Engler A. Das pflanzenreich, 87 (IV. 43). Leipzig: W. Engelmann, 1924: 1-387.

[7] Burkill IH. The organography and the evolution of Dioscoreaceae, the family of the Yams[J]. Bot J Linn Soc, 1960, 56: 319-412.

[8] Prain D, Burkill IH. An account of the genus *Dioscorea* in the East, Part 1: the species which twine to the left[M]. Alipore: Bengal Government Press, 1939.

[9] Prain D, Burkill IH. An account of the genus *Dioscorea* in the East, Part 2: the species which twine to the right[M]. Alipore: Bengal Government Press, 1938.

[10] Hsu KM, et al. Molecular phylogeny of *Dioscorea* (Dioscoreaceae) in East and Southeast Asia[J]. Blumea, 2013, 58: 21-27.

[11] Sun XQ, et al. DNA barcoding the *Dioscorea* in China, a vital group in the evolution of Monocotyledon: use of *mat*K gene for species discrimination[J]. PLoS One, 2012, 7: e32057.

[12] 赵月梅, 张玲. 蒟蒻薯属（薯蓣科）植物 DNA 条形码研究[J].植物分类与资源学报, 2011, 33: 674-682.

Triuridaceae Gardner (1843), *nom. cons.* 霉草科

特征描述：以菌根营养的腐生草本。植物体呈淡红色、紫色或黄色，高常为 3-18cm。根茎生 1 至数条直立茎。叶退化，鳞片状，无叶绿素；互生。花小，单性，少为完全花（如喜荫草属中的某些种）；雌雄同株或异株（少数为杂株），下位，顶生总状花序或近聚伞花序；花梗向下弯曲，每花下有一小苞；花被片 3-10（6 最常见）镊合状排列的被片组成单轮，并常在基部合生，在先端延长为髯毛或其他状态，于花后反折；雄蕊（2-）4 或 6，着生在花托上或花被基部，花药 2-4 室，外向，2 药室常于尖端融合为 1，药隔常延伸为纤细的顶端附属物；雌蕊具 6-50 分离心皮，具单生胚珠。果实为小而厚壁的蓇葖果。种子具丰富的蛋白质和油质胚乳；胚小，无分化。花粉粒无萌发孔，稀单沟，刺状、颗粒状、疣状或具棒纹饰。染色体 x=9，11，12（-16）。

分布概况：9 属/50 种，泛热带分布；中国 1 属/5 种，产台湾和华南沿海。

系统学评述：该科包含 3 族，非洲分布的 Kupeaeae（*Kihansia* 和 *Kupea*），泛热带分布的喜荫草族 Sciaphileae（喜荫草属 *Sciaphila*、*Seychellaria* 和 *Soridium*）和新热带分布的 Triurideae（*Peltophyllum*、*Triuridopsis*、*Triuris* 和 *Lacandonia*）[1]。形态学研究认为 *Kupea* 是该科其他所有属的姐妹群，Sciaphileae 是并系（未包括 *Kihansia*）[2]。Mennes 等[3]对该科的分子系统学研究表明，这 3 个族都是单系。然而，在扩大取样后，利用 3 个基因片段所构建的系统发育树显示喜荫草族是并系，尤其是喜荫草属，之前的研究也得到相似的结论[4]。科下族间系统发育关系如图所示，Kupeaeae 是其余族的姐妹群，Triurideae 和喜荫草族互为姐妹群[3]。分子系统学发育关系也得到形态证据的支持，Kupeaeae 花无梗，果实具 2 双侧对称的种子，而其他 2 个族花具梗，

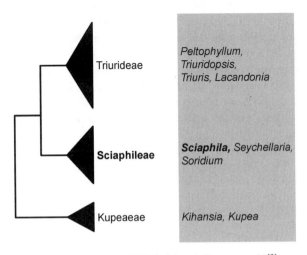

图 49　霉草科分子系统框架图（参考 Mennes 等[3]）

果实具 1 单侧对称的种子[1]。*Lacandonia* 具有雄蕊被雌蕊包围的独特特征，因此，Vergara-Silva 等[5]建议将其作为 1 个单独的属处理，但 *Triuris* 为并系，此结论未得到最新研究的确认[3]。该属花的独特结构也需要进一步的研究。

1. *Sciaphila* Blume 喜荫草属

Sciaphila Blume (1825: 514); Guo & Martin (2010: 125) (Type: *S. tenella* Blume)

特征描述：根具疏柔毛。茎短小，纤细，直立，常左右弯曲。花序总状；花单性或两性，少有杂性；单性花雌雄同株或异株；花具梗；花被片 3-8（-10），顶端具髯毛或无；雄蕊 2-3 或 6，无花丝或花丝极短，陷入花托内，花药 3-4 室，药隔不延伸；心皮多数，离生，花柱侧生或基生，柱头形态多样；无退化雄蕊或退化雌蕊。蓇葖果纵裂。种子梨形或椭圆形。花粉粒无萌发孔或不明显的沟，疣状到颗粒状纹饰。染色体 x=11，12 或 14。

分布概况：约 50/5 种，**4 或 2（3）型**；分布于热带，亚热带地区；中国产台湾、香港、广西和海南。

系统学评述：该属非单系类群，其分别与 *Seychellaria*、*Triuris* 和 *Lacandonia* 聚在 1 支，亚洲种分散分布于非洲/新热带种分支中[1,3]。但由于取样有限，属内系统发育关系需要进一步研究。

DNA 条形码研究：BOLD 网站有该属 1 种 1 个条形码数据。

代表种及其用途：多枝霉草 *S. ramosa* Fukuyama & Suzuki 为稀有植物，对了解腐生植物的生物学特征、代谢方式和植物区系等有研究价值。

主要参考文献

[1] Cheek M. Kupeaeae, a new tribe of Triuridaceae from Africa[J]. Kew Bull, 2003, 58: 939-949.

[2] Rudall PJ, Bateman RM. Morphological phylogenetic analysis of Pandanales: testing contrasting hypotheses of floral evolution[J]. Syst Bot, 2006, 31: 223-238.

[3] Mennes CB, et al. New insights in the long-debated evolutionary history of Triuridaceae (Pandanales)[J]. Mol Phylogenet Evol, 2013, 69: 994-1004.

[4] Yamato M, et al. Arbuscular mycorrhizal fungi in roots of non-photosynthetic plants, *Sciaphila japonica,* and *Sciaphila tosaensis,* (Triuridaceae)[J]. Mycoscience, 2011, 52: 217-223.

[5] Vergara-Silva F, et al. Inside-out flowers characteristic of *Lacandonia schismatica* evolved at least before its divergence from a closely related taxon, *Triuris brevistylis*[J]. Int J Plant Sci, 2003, 164: 345-357.

Velloziaceae J. Agardh (1858), *nom. cons.* 翡若翠科

特征描述：草本或灌木，旱生。茎疏生分枝，具叶鞘和不定根，叶三列或轮生，从几厘米到近 1 米长，位于分枝顶端。花序顶生或丛生，1 至数花；两性花或单性同株，很少雌雄异株。花常大而艳丽，辐射对称；常管状隐头花序长于子房，光滑或具腺毛或非腺毛；花被片 6；雄蕊 6，花丝离生；子房下位，长扁形，很少半球，中轴胎座，室间隔蜜腺突出，柱头盾形。蒴果沿背缝线开裂，种子小，多数。花粉多为单粒，稀四合体，单沟或无萌发孔，皱波、疣状、颗粒状或网状纹饰。染色体 *x*=7，8，17，19，24，26。

分布概况：5 属/240 种，分布于南美，非洲大陆，马达加斯加，阿拉伯半岛；中国 1 属/1 种，分布于四川西部和西藏东部。

系统学评述：芒苞草属 *Acanthochlamys* 曾被置于芒苞草科。分子系统学研究表明该属是翡若翠科其他属的姐妹群[1-4]，因此将芒苞草科归并于翡若翠科。翡若翠科传统上分为 2 亚科，分别为 Vellozioideae 和 Barbacenioideae，但是两者所包含的属在不同的分类系统中存在差异[5,6]，最新分子系统学研究并不支持上述分类系统，这 2 亚科并不能同时被支持为单系[7]，但是科下属间的系统发育关系得到解决。

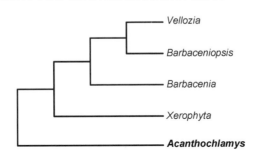

图 50　翡若翠科分子系统框架图（参考 Mello-Silva 等[7]）

1. *Acanthochlamys* P. C. Kao 芒苞草属

Acanthochlamys P. C. Kao (1980: 1); Ji & Meerow (2000: 273) (Type: *A. bracteata* P. C. Kao)

特征描述：根状茎短，具成簇的根。叶基生，近圆柱状，近基部具鞘。花茎直立，比叶片稍短。聚伞花序缩短成头状，常具 2-5 花；苞片 8-18，均具鞘，叶状。花两性，辐射对称；花梗短；花被花冠状，基部合生成筒，内轮略小于外轮；雄蕊 6，与花被片对生，外轮 3 略大，花丝短，花药 2 室，平行；子房下位，胚珠多数，花柱圆柱状，柱头（2 或）3 浅裂。果实为蒴果，斜披针形，略三棱形，具喙。种子多数，椭圆形。花粉粒单沟，疣状到网状纹饰。

分布概况：1/1（1）种，15型；特产四川和西藏。

系统学评述：芒苞草属 *Acanthochlamys* 曾被置于芒苞草科。分子系统学研究表明该属是翡若翠科其他属的姐妹群[1-4]，因此将芒苞草科归并于翡若翠科。

DNA 条形码研究：BOLD 网站有该属 1 种 3 个条形码数据；GBOWS 已有 1 种 4 个条形码数据。

主要参考文献

[1] Behnke HD, et al. Systematics and evolution of Velloziaceae, with special reference to sieve element plastids and *rbc*L sequence data[J]. Bot J Linn Soc, 2000, 134: 93-129.

[2] Salatino A, et al. Phylogenetic inference in Velloziaceae using chloroplast *trn*L-F sequences[J]. Syst Bot, 2001, 26: 92-103.

[3] Mello-Silva R. Morphological analysis, phylogenies and classification in Velloziaceae[J]. Bot J Linn Soc, 2005, 148: 157-173.

[4] Chase MW, et al. Multigene analyses of monocot relationships:a summary[J]. Aliso, 2006, 22: 63-75.

[5] Menezes ND. New taxa and new combinations in Velloziaceae[J]. Ci & Cul, 1971, 23: 421-422.

[6] Smith LB, Ayensu ES. A revision of American Velloziaceae[J]. Smithsonian Contr Bot, 1976, 30: 1-172.

[7] Mellosilva R, et al. Five vicarious genera from Gondwana: the Velloziaceae as shown by molecules and morphology[J]. Ann Bot, 2011, 108: 87-102.

Stemonaceae Caruel (1878), *nom. cons.* 百部科

特征描述：<u>多年生草本或半灌木</u>，攀援或直立。<u>常具肉质块根，少具横走根状茎</u>。叶轮生、对生或互生，具柄或无柄。花单生叶腋或数花呈总状，或花序梗与叶片中脉部分合生；花两性，<u>花被片 4，2 轮</u>；<u>雄蕊 4</u>，生于花被片基部，短于或几等长于花被片，花丝极短，离生或基部多少合生成环，花药线形，内向纵裂，<u>顶端具附属物或无</u>，药隔附属物呈钻状线形或线状披针形；雌蕊 2 心皮合生，<u>子房上位或近半下位，花柱不明显</u>，柱头不裂或 2-3 浅裂，胚珠 2 至多数。<u>蒴果卵圆形，稍扁，熟时 2 瓣裂</u>。种子卵形或长圆形，具丰富胚乳，种皮厚，具多数纵槽纹。花粉粒单沟型。

分布概况：4 属/约 32 种，分布于热带亚洲及热带大洋洲，部分为东亚-北美间断分布，主产亚洲东部和南部至澳大利亚，以及北美洲东南部；中国 2 属/7 种，主产华中、华东至西南。

系统学评述：百部科的系统地位一直以来存在争议[1]，传统的百部科常被置于百合目[2]或薯蓣目中[3]，现有分子证据支持百部科置于露兜树目[4-5,APG III]。百部科包含百部属 *Stemona*、黄精叶钩吻属 *Croomia*、*Stichoneuron* 和鳞百部属 *Pentastemona*。由于属间差异较大，百部科是否为 1 个自然的类群存在疑问，一些属被作为独立的科，如 *Pentastemona* 花为 5 基数，有学者将其上升为 Pentastemonaceae[6]；也有将 *Croomia* 和 *Stichoneuron* 分离出来成为独立的科 Croomiaceae[7,8]。现有分子证据支持百部科包含 4 个属，为单系类群。

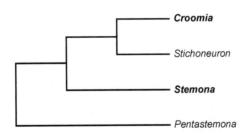

图 51　百部科分子系统框架图（参考 Rudall 等[9]）

分属检索表

1. 常攀援；根常为纺锤形；药隔延伸成附属物；胚珠和种子多数，基生 ·············**2. 百部属 *Stemona***
1. 直立草本；根不为纺锤形，增大；花药不具附属物，着生于肥短的花丝上；胚珠和种子少数，顶生
···**1. 黄精叶钩吻属 *Croomia***

1. *Croomia* J. Torrey 黄精叶钩吻属

Croomia J. Torrey (1840: 663); Ji & Duyfjes (2000: 73) [Type: *C. pauciflora* (T. Nuttall) J. Torrey (≡ *Cissampelos pauciflora* T. Nuttall)]

特征描述：草本。具横走根状茎，根稍肉质。茎直立，不分枝，基部被膜质鞘，具数叶。叶互生，主脉弧形，侧脉不明显，网状或近于平行。花小，腋生，单花或 2-4 花排成总状花序；花梗丝状，中部具关节；花被片 4，2 轮，大小近相等或最外 1 枚较大；雄蕊 4，生于花被片基部，比花被片短，花丝粗短，花药无药隔附属物；雌蕊 2，心皮 1 室，子房上位，胚珠数枚悬垂于室顶，柱头无柄，头状。蒴果卵圆形，稍扁，顶端具钝喙，2 瓣裂。种子近球形，具纵皱纹，一端丛生增厚的流苏状附属物。花粉粒单沟，网状纹饰。染色体 2n=24。

分布概况：3/1 种，**9** 型；东亚-北美东南部间断分布；中国产浙江和江西。

系统学评述：黄精叶钩吻属为百部科 1 个小属。Nakai[10] 及 Airy[11] 曾将该属和 *Stichoneuron* 从百部科分出建立 Croomiaceae。现有的分子证据支持该属为单系类群，与百部属、*Stichoneuron* 和 *Pentastemona* 组成单系的百部科[12]。该属植物为东亚-北美间断的古老分布型，现有的居群数量和个体数量均较少。由于居群隔离明显，群体间（尤其是金刚大 *Coomia japonica* Miquel）存在显著分化[12]；日本学者从中分离发表了 2 个新种[13]。基于叶绿体和核基因 ITS 研究表明，虽然分布中国-日本的 *C. japonica* 群体间的变异明显，但它们为 1 个单系类群[12,14]；而仅分布于日本的 *C. heterosepala* (Baker) Okuyama 是后期分化形成的[15]。

DNA 条形码研究：ITS、*trn*L-F、*trn*D-E 具有很高的物种鉴别率[12,14,15]，可作为黄精叶钩吻属的鉴定条形码。BOLD 网站有该属 3 种 5 个条形码数据；GBOWS 已有 1 种 3 个条形码数据。

代表种及其用途：金刚大的根入药，有祛风解毒之效，治跌打损伤。

2. *Stemona* Loureiro 百部属

Stemona Loureiro (1790: 401); Ji & Duyfjes (2000: 70) (Type: *S. tuberosa* Loureiro)

特征描述：块根肉质，纺锤状，成簇。茎多缠绕，少数直立。叶常轮生或对生，少数互生，主脉基出，3-13，横脉细密而平行。花单生或数花排成总状花序；花柄或花序柄常不同程度贴生于叶柄和叶片中脉上；花被片 4，近相等；雄蕊 4，花丝短，花药与花丝等长，顶端具长附属物；子房上位，花柱不明显，柱头极小，胚珠 2 至多数。蒴果卵形至宽卵形，2 瓣裂。种子具多数纵纹，一端丛生有膜质附属物。花粉粒单沟，网状、皱波、小槽状、光滑或颗粒纹饰。染色体 2n=14。

分布概况：27/7（5）种，**5** 型；分布于亚洲东部、东南部至大洋洲；中国主产长江以南及西南，少数达山东、河南。

系统学评述：百部属是百部科最大的属，形态上因具纺锤状块根，药隔具附属物而与其他属明显区别，分类地位明确。分子证据也显示百部属为单系类群[12]。百部属内一些物种的地位存在争议[16]，李恩香和傅承新[17]认为山东百部 *S. shandongensis* D. K. Zhang 应为直立百部 *S. sessilifolia* (Miquel) Miquel 的异名，但由于该属很多种分布于东南亚至大洋洲的一些岛屿上，样品采集比较困难，尚无该属较全面的系统发育研究。

DNA 条形码研究：ITS、*trn*L-F 具有很高的物种鉴别率[12]，可作为百部属的鉴定条形码。BOLD 网站有该属 9 种 24 个条形码数据；GBOWS 已有 2 种 6 个条形码数据。

代表种及其用途：该属植物的块根含有丰富的生物碱，具有温润肺气、止咳、杀虫功效，其中蔓生百部 *S. japonica* (Blume) Miquel、大百部 *S. tuberosa* Loureiro 和直立百部为传统中药。

主要参考文献

[1] Burkill IH. The organography and the evolution of Dioscoreaceae, the family of the yams[J]. Bot J Linn Soc, 1960, 56(367): 319-412.

[2] Cronquist A. The evolution and classification of flowering plants. 2nd ed.[M]. New York: New York Botanical Garden, 1988.

[3] Dahlgren RMT, et al. The families of the Monocotyledons: structure, evolution and taxonomy[M]. Berlin: Springer, 1985.

[4] Chase MW, et al. Higher-level systematics of the monocotyledons: an assessment of current knowledge and a new classification[M]//Wilson KL, Morrison DA. Monocots: systematics and evolution. Melbourne: CSIRO, 2000: 3-16.

[5] Soltis DE, et al. Angiosperm phylogeny inferred from 18S rDNA, *rbc*L, and *atp*B sequences[J]. Bot J Linn Soc, 2000, 133: 381-461.

[6] Duyfjes BEE. Formal description of the family Pentastemonaceae with some additional notes on Pentastemonaceae and Stemonaceae[J]. Blumea, 1992, 36: 551-552.

[7] Rogers G K. The Stemonaceae in the Southeastern United States[J]. J Arn Arb, 1982, 63: 327-336.

[8] Duyfjes BEE. Stemonaceae and Pentastemonaceae; with miscellaneous notes on members of both families[J]. Blumea, 1991, 36: 239-252.

[9] Rudall PJ, et al. Evolution of dimery, pentamery and the monocarpellary condition in the monocot family Stemonaceae (Pandanales)[J]. Taxon, 2005, 54: 701-711.

[10] Nakai T. Iconographia plantarum Asiae Orientalis[J]. Shunyodo Shoten, 1937, 2: 159.

[11] Willis JC. A dictionary of the flowering plant and ferns. 8th[M]. Cambridge: Cambridge University Press, 1973.

[12] 李恩香. 黄精叶钩吻属的亲缘地理学及其近缘类群的系统进化研究[D]. 杭州: 浙江大学博士学位论文, 2006.

[13] Kadota Y, Saito M. Two new species of *Croomia* (Stemonaceae) from Miyazaki prefecture, Kyushu, Southern Japan[J]. J Jap Bot, 2010, 85: 277-288.

[14] 付晨熙. 黄精叶钩吻属遗传结构和亲缘地理学研究[D]. 南昌: 南昌大学硕士学位论文, 2013.

[15] Li EX, et al. Phylogeography of two East Asian species in *Croomia* (Stemonaceae) inferred from chloroplast DNA and ISSR fingerprinting variation[J]. Mol Phylogenet Evol, 2008, 49: 702-714.

[16] 付晨熙, 等. 直立百部遗传多样性的 ISSR 分析[J]. 西北植物学报, 2012, 8: 1553-1559.

[17] 李恩香, 傅承新. 直立百部的一个新异名[J]. 植物分类学报, 2007, 3: 399-402.

Pandanaceae Brown (1810), *nom. cons.* 露兜树科

特征描述：常绿<u>乔木</u>、灌木，<u>或木质藤本</u>。常具支柱根。<u>叶常聚生于茎或枝顶端</u>，<u>带状</u>，革质，有锐刺，<u>叶基具鞘</u>。<u>花单性</u>，雌雄异株。<u>雄花序多分枝</u>，总状或圆锥状，末端常呈<u>肉穗状</u>；<u>雄花常无梗，花被缺失，雄蕊多数</u>，簇生成束。<u>雌花序穗状、总状或头状</u>，有时单花，果期下垂；<u>子房上位</u>，1 至多室，<u>胚珠 1 至多数</u>，花柱极短或无，柱头 1 或多数。<u>聚花果卵球形或圆柱状</u>。<u>种子 1 至多数</u>，极小。花粉粒单孔，网状、小槽状、刺状或光滑纹饰。染色体 n=25，28，30。

分布概况：5 属/约 700 种，分布于非洲西部，亚洲南部和大洋洲北部；中国 2 属/7 种，产华南和西南，其中藤露兜树属 *Freycinetia* 仅产台湾。

系统学评述：早期分类系统中，露兜树目 Pandanales 仅包括露兜树科[1,2]，或还包含了黑三棱科 Sparganiaceae 和香蒲科 Typhaceae [FRPS]。近年来，形态学和分子系统学研究表明环花草科 Cyclanthaceae、露兜树科、百部科 Stemonaceae、霉草科 Triuridaceae 和翡若翠科 Velloziaceae 这 5 科构成了现代的露兜树目[3-6,APG III]。最新的分类系统将露兜树科分为 5 属，即 *Benstonea*、藤露兜树属、*Martellidendron*、露兜树属 *Pandanus* 和 *Sararanga*[7-10]，Buerki 等[11]基于 3 个叶绿体基因（*mat*K+*trn*Q-*rps*16+*trn*L-F）构建了该科系统发育，结果显示 *Sararanga* 位于基部，藤露兜树属和 AMcp clade 构成姐妹分支，*Martellidendron*、*Benstonea* 和露兜树属构成了 AMcp clade。

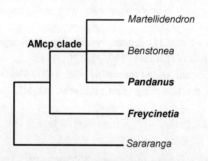

图 52　露兜树科分子系统框架图（参考 Buerki 等[11]）

分属检索表

1. 具明显的茎；具气生根，无支柱根；雄肉穗花序常 2-5，排列成伞状或总状，很少单生；雄花花丝被疣点，药隔先端不尖；雌花具退化雄蕊，子房 1 室，侧膜胎座，胚珠多数；浆果 ··· **1. 藤露兜树属 *Freycinetia***
1. 具明显的茎或无茎；常具支柱根和气生根；雄肉穗花序常单生；雄花花丝光滑，药隔先端尖；雌花无退化雄蕊，子房 1-12 室，基底胎座，胚珠 1；核果 ·······················**2. 露兜树属 *Pandanus***

1. *Freycinetia* Gaudichaud-Beaupré 藤露兜树属

Freycinetia Gaudichaud-Beaupré (1824: 509); Sun & DeFilipps (2010: 127) (Lectotype: *F. arborea* Gaudichaud-Beaupré)

特征描述：攀援藤本或灌木，稀草本。具气生根。叶线形或披针形，基部具膜质叶鞘，叶片全缘或有锯齿，叶脉平行，中脉突出。花序顶生或腋生，由 2-5 具柄的肉穗花序组成，排成伞状或总状，佛焰苞数枚，肉质，常具颜色；花单性，稀两性，花被缺失；雄花由多数具短花丝的雄蕊组成；雌花有退化雄蕊，子房成束，1 室，胚珠多数，花柱 2 或多数，离生或聚合。浆果。种子多数。花粉粒单孔，光滑或具颗粒纹饰。染色体 *n*=25，28，30。

分布概况：180/1 种，**5 型**；分布于斯里兰卡，非洲东南部，大洋洲和太平洋岛屿；中国产台湾。

系统学评述：形态学上，心皮内胚珠多数及花有时为两性特征的藤露兜树属被认为是露兜树科中较早起分化的类群[12-14]，并得到了最新分子证据的支持[11]。Buerki 等[11]基于叶绿体基因（*mat*K+*trn*Q-*rps*16+*trn*L-F）构建了部分物种的系统树，显示该属所有种能够较好的聚在 1 个分支，与 AMcp clade 形成姐妹分支，属下又分为了 2 个分支，但没有较高的支持率。

DNA 条形码研究：BOLD 网站有该属 18 种 25 个条形码数据。

2. *Pandanus* Parkinson 露兜树属

Pandanus Parkinson (1773: 76); Sun & DeFilipps (2010: 128) (Type: *P. tectorius* Parkinson)

特征描述：攀援藤本或灌木，稀草本。常具支持根和具气生根。叶线形或披针形，基部具膜质叶鞘，叶片全缘或有锯齿，叶脉平行，中脉突出。花序顶生或腋生，由 2-5 具柄的肉穗花序组成，排成伞状或总状，佛焰苞数枚，肉质，常具颜色；花单性，稀两性，花被缺失；雄花由多数具短花丝的雄蕊组成；雌花有退化雄蕊，子房成束，1 室，胚珠多数，花柱 2 或多数，离生或聚合。浆果。种子多数。花粉粒单孔，光滑、刺状、疣状、穿孔状到网状纹饰。染色体 *n*=25，28，30。

分布概况：650/6（1）种，**4 型**；主要分布于东半球热带，个别至亚热带；中国主产华南、东南和西南。

系统学评述：基于形态学特征，在早期分类系统中，露兜树属被分为 8 亚属[11,15-17]，Stone[15]将这 8 亚属又分为 4 个类群，然而，Callmander 等[7]基于分子证据将 *Pandanus* subgen. *Martellidendron* 提升为属，Callmander 等[9]随后又将 *P.* subgen. *Acrostigma* 中的 1 个组 *P.* sect. *Acrostigma* 提升为属 *Benstonea*。分子证据显示，在独立出 *Martellidendron* 和 *Benstonea* 后，剩下的成员组成了核心露兜树分支（core *Pandanus* clade），该分支又分为 2 个大的亚支 subclade I 和 subclade II[13]。

DNA 条形码研究：BOLD 网站有该属 97 种 167 个条形码数据；GBOWS 已有 2 种 14 个条形码数据。

代表种及其用途： 露兜树 *P. tectorius* Parkinson 叶片柔长坚韧，常作编织材料；叶、根和果实可入药，清热解毒；另外，该种常绿，根系发达，可以作为海滨绿化植物，起到防风固沙的作用。

主要参考文献

[1] Dahlgren RMT, et al. The families of the monocotyledons: structure, evolution, and taxonomy[M]. Berlin: Springer, 1985.

[2] Cronquist A. The evolution and classification of flowering plants. 2nd[M]. New York: New York Botanical Garden, 1988.

[3] Chase MW, et al. Molecular phylogenetics of Lilianae[M]//Rudall PJ, et al. Monocotyledons: systematics and evolution. Richmond: Royal Botanic Gardens, Kew, 1995: 109-137.

[4] Chase MW, et al. Higher-level systematics of the monocotyledons: an assessment of current knowledge and a new classification[M]//Wilson KL, Morrison DA. Monocots: systematics and evolution. Melbourne: CSIRO, 2000: 3-16.

[5] Davis JI, Gandolfo M. A phylogeny of the monocots, as inferred from *rbc*L and *atp*A sequence variation, and a comparison of methods for calculating jackknife and bootstrap values[J]. Syst Bot, 2004, 29: 467-510.

[6] Carol A, et al. Comparative structure and development of pollen and tapetum in Pandanales[J]. Int J Plant Sci, 2006, 167: 331-348.

[7] Callmander MW, et al. Recognition of *Martellidendron*, a new genus of Pandanaceae, and its biogeographic implications[J]. Taxon, 2003, 52: 747-762.

[8] Martin W, et al. *Benstonea* Callm. & Buerki (Pandanaceae): characterization, circumscription, and distribution of a new genus of screw-pines, with a synopsis of accepted species[J]. Candollea, 2012, 67: 323-345.

[9] Martin W, et al. Update on the systematics of *Benstonea* (Pandanaceae): when a visionary taxonomist foresees phylogenetic relationships[J]. Phytotaxa, 2013, 112: 57-60.

[10] Nadaf A, Zanan R. Indian Pandanaceae-an overview[M]. New Delhi: Springer India, 2012.

[11] Buerki S, et al. Straightening out the screw-pines: a first step in understanding phylogenetic relationships within Pandanaceae[J]. Taxon, 2012, 61: 1010-1020.

[12] Takhtajan A. Flowering plants: origin and dispersal[M]. Edinburg: Oliver & Boyd, 1969.

[13] Huynh KL, Cox PA. Flower structure and potential bisexuality in *Freycinetia reineckei* (Pandanaceae), a species of the Samoa Islands[J]. Bot J Linn Soc, 1992, 110: 235-265.

[14] Rudall PJ, Bateman RM. Morphological phylogenetic analysis of Pandanales: testing contrasting hypotheses of floral evolution[J]. Syst Bot, 2006, 31: 223-238.

[15] Stone BC. Towards an improved infrageneric classification in *Pandanus* (Pandanaceae)[J]. Bot Jahrb Syst, 1974, 94: 459-540.

[16] Callmander MW, Laivao MO. The natural history of Madagascar[M]//Goodman SM, Benstead JP. The natural history of Madagascar. Chicago: University of Chicago Press, 2003: 460-467.

[17] Laivao MO, et al. The species of *Pandanus* (Pandanaceae) with protuberant stigmas from Eastern Madagascar[J]. Adansonia, 2006, 28: 267-285.

Corsiaceae Beccari (1878), *nom. cons.* 白玉簪科

特征描述：多年生无绿叶腐生草本。植株可达 40cm，呈白色、粉红色或肉色。具根状茎或块茎；茎直立，不分枝，基部常具膜质叶鞘。叶互生，3-7 主脉。花单生，两性或单性，两侧对称；花被片 6，两轮，外轮 1 片呈心形、阔披针形、囊状结构，直立或反卷，另 2 片及内轮 3 片特化成线形或狭披针形；雄蕊 6，花丝短；3 心皮合生子房，下位，柱头 3；侧膜胎座，胚珠多数。蒴果 3 瓣裂或孔裂。种子纺锤形，多而细小。花粉粒单沟，网状纹饰。

分布概况：3 属/28 种，间断分布于南美洲，巴布亚新几内亚-澳大利亚；中国 1 属/1 种，仅在中国广东封开有发现。

系统学评述：Beccari[1]确立了白玉簪科 Corsiaceae。Engler 系统[2]则将其置于水玉簪科 Burmanniaceae 的 1 个族。此后的系统多将其单独成科[3-5]，认为其与水玉簪科和水玉杯科 Thismiaceae 近缘，均置于水玉簪目中。然而，分子系统学研究支持将白玉簪科归于百合目，位于该目系统树的基部[6,7,APG III]。但另有研究认为白玉簪科的系统位置及其单系性仍有异议。Neyland 和 Hennigan[8]基于 26S 片段序列分析结果显示是多系的，*Corsia* 位于百合目内，而 *Arachnitis* 位于薯蓣目内；Kim 等[9]通过叶绿体基因的研究也支持 *Arachnitis* 与薯蓣目有更近的亲缘关系；而白玉簪属 *Corsiopsis* 缺乏分子证据。

1. *Corsiopsis* D. X. Zhang, R. M. K. Saunders & C. M. Hu 白玉簪属

Corsiopsis D. X. Zhang, R. M. K. Saunders & C. M. Hu (1999: 313); Zhang & Saunders (2010: 131) (Type: *C. chinensis* D. X. Zhang, R. M. K. Saunders & C. M. Hu)

特征描述：多年生腐生草本，全株白色。具根状茎；茎单生，不分枝。叶互生，膜质，卵状三角形、鞘状，抱茎，多脉，先端锐尖。花单生，单性，具对生苞片；花被片 2 轮，外轮中间 1 花被片椭圆形，囊状，直立，基部无胼胝质，另 2 下垂，内轮 3 花被片下垂，与外轮 2 同形；雄花 6 雄蕊，花丝短，花药近卵状，药室 2，外向开裂，药隔具一钝状顶端附属体；雌花具 3 愈合的柱头，无花柱，子房下位，侧膜胎座，胚珠多数。果实、种子未见。

分布概况：1/1（1）种，**15 型**；中国特有单种属，仅见于广东封开。

系统学评述：白玉簪属为单型属，在白玉簪科内的系统位置尚不明确。该属由 Zhang 等[10]在广东发现，目前为止仅发现中华白玉簪 *C. chinensis* D. X. Zhang, R. M. K. Saunders & C. M. Hu 1 种。中华白玉簪花单性，雌雄异株，外轮有 1 花被片为囊状，基部无胼胝质，是区别于科内其他 2 个属的主要特征。分子系统学方面未见报道。

主要参考文献

[1]   Beccari O. Descrizione di una nuova e singolare pianta parassita-Burmanniaceae[J]. Malesia, 1878, 1: 238-254.

[2]   Engler A. Burmanniaceae[M]//Engler A, Prantl K. Die natürlichen pflanzenfamilien, II. Leipzig: W. Engelmann, 1889: 44-51.

[3]   Takhtajan A. Diversity and classification of flowering plants[M]. New York: Columbia University Press, 1997.

[4]   Cronquist A. The evolution and classification of flowering plants. 2nd ed.[M]. New York: New York Botanical Garden, 1988.

[5]   Hutchinson J. Families of flowering plants[M]. Oxford: Clarendon Press, 1973.

[6]   Fay MF, et al. Phylogenetics of liliales: summarized evidence from combined analyses of five plastid and one mitochondrial loci[J]. Aliso, 2006, 22: 559-565.

[7]   Petersen G, et al. Phylogeny of the Liliales (Monocotyledons) with special emphasis on data partition congruence and RNA editing[J]. Cladistics, 2013, 29: 274-295.

[8]   Neyland R, Hennigan M. A phylogenetic analysis of large-subunit (26S) ribosome DNA sequences suggests that the Corsiaceae are polyphyletic[J]. New Zeal J Bot, 2003, 41: 1-11.

[9]   Kim, et al. Familial relationships of the monocot order Liliales based on a molecular phylogenetic analysis using four plastid loci: *mat*K, *rbc*L, *atp*B and *atp*F-H[J]. Bot J Linn Soc, 2013, 172: 5-21.

[10] Zhang DX, et al. *Corsiopsis chinensis* gen. et sp. nov. (Corsiaceae): first record of the family in Asia[J]. Syst Bot, 1999, 24: 311-314.

Melanthiaceae Batsch ex Borkhausen (1802), *nom. cons.*
黑药花科

特征描述：多年生或一年生（少）草本，自养或附生。具根状茎或球茎。叶互生或轮生，单叶。总状花序、圆锥花序或单花。花两性或雌雄异株；花被片6（或多数，如重楼属 *Paris*），离生，2轮，辐射对称；雄蕊1-4轮，3基数（或不定，如重楼属）；子房3心皮，上位或半上位，胚珠多数，单室，稀多室。蒴果开裂，稀不开裂的浆果。种子具胚乳；胚乳油性；胚小，卵形或球形。花粉粒单沟，稀为4孔和无萌发孔，多为网状纹饰，稀为刺状、皱波状、颗粒状、疣状和棒状。根状茎、球茎含生物碱或甾体皂贰。

分布概况：11-16属/154-201种，主要分布于北半球的温带和寒温带，少数到南美；中国7属/49种，产华中、华南和西南。

系统学评述：传统的黑药花科仅包括4个属，即 *Melanthium*、藜芦属 *Veratrum*、*Helonias* 和 *Narthecium* [1]。Dahlgren 系统将广义百合科的部分属纳入了黑药花科，科下划分为6个族，即 Chionographideae、Heloniadeae、Melanthieae、Xerohylleae、Narthecieae 和 Tofieldieae[2,3]；分子证据和形态学分支分析表明，Tofieldieae 和 Narthecieae 这2个族应分别调整到泽泻目 Alismatales 和薯蓣目 Dioscoreales 中[4,5]；原独立的延龄草科 Trilliaceae（包括重楼属 *Paris* 和延龄草属 *Trillium*）与 Xerohylleae 为姐妹群，应作为1个族 Parideae 并入黑药花科中[6,APG III]，族间系统发育关系如图。与黑药花科亲缘关系较近的科为 Petermanniaceae[7]。

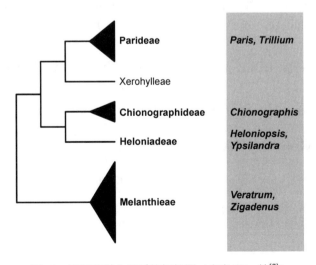

图53　黑药花科分子系统框架图（参考 Kim 等[7]）

分属检索表

1. *Chionographis* Maximowicz 白丝草属

Chionographis Maximowicz (1867: 534), *nom. cons.*; Chen & Tamura (2000: 88) [Type: *C. japonica* (Willdenow) Maximowicz (≡ *Melanthium japonicum* Willdenow)]

特征描述：多年生草本。根状茎粗短。<u>叶基生</u>，<u>近莲座状</u>，矩圆形、披针形或椭圆形。<u>花葶从叶丛中央抽出</u>，<u>常具几枚苞片状叶</u>。花杂性同序，两侧对称；花被片 3-6，不等大；雄蕊 6，较短，花药基着，2 室，两侧开裂，较少顶端汇合为一室；<u>子房球形</u>，<u>3 室</u>，<u>每室 2 胚珠</u>，花柱 3，离生，柱头位于内侧。蒴果室背开裂。<u>种子近梭形</u>，<u>一边有短尾</u>。花粉粒 4 孔，棒状纹饰。

分布概况：5/3 种，**14-2 型**；分布于日本，朝鲜，韩国；中国产广西、广东和台湾。

系统学评述：传统上白丝草属被放在百合科，Dahlgren 系统[2,3]将其置于黑药花科白丝草族 Chionographideae，分子证据表明该属为单系类群，其近缘属为分布于北美洲的 *Chamaelirium*[8]。

DNA 条形码研究：BOLD 网站有该属 3 种 10 个条形码数据；GBOWS 已有 1 种 6 个条形码数据。

代表种及其用途：白丝草 *C. japonica* (Willdenow) Maximowicz 的根状茎含有甾体皂甙。

2. *Heloniopsis* A. Gray 胡麻花属

Heloniopsis A. Gray (1858: 416), *nom. cons.*; Chen & Tamura (2000: 87) (Type: *H. pauciflora* A. Gray)

特征描述：多年生草本。根状茎粗短。<u>叶基生</u>，<u>近莲座状</u>，矩圆形至倒披针形，向基部渐狭成柄。<u>花葶从叶簇中央抽出</u>，<u>具膜质的苞片</u>；顶端为总状花序或伞形花序，稀单花。花被片 6，2 轮，离生，宿存；雄蕊 6，2 轮，比花被片长，花药背着，近两侧开裂；子房 3 裂，胚珠多数，花柱生于子房顶端凹缺中央，单一，细长，柱头头状。<u>蒴果 3 深裂</u>，<u>在裂片末端的缝线开裂</u>。种子细小，多数，狭条形，两端有尾。花粉粒 4 孔，棒状纹饰。染色体 2*n*=34。

分布概况：4/2 种，**14-2 型**；分布于日本，朝鲜，韩国；中国产台湾。

系统学评述：传统上胡麻花属放在百合科，Dahlgren 系统[2,3]将其置于黑药花科胡麻花族 Heloniadeae。分子证据表明该属为单系类群，其近缘属为丫蕊花属 *Ypsilandra*[6]。

DNA 条形码研究：BOLD 网站有该属 8 种 35 个条形码数据。

3. *Paris* Linnaeus 重楼属

Paris Linnaeus (1753: 367); Liang & Soukup (2000: 88) (Type: *P. quadrifolia* Linnaeus)

特征描述：多年生草本。根状茎短粗或细长；茎直立，常单出。叶 4（稀 3）至多数，轮生，叶脉网状。花 1，顶生于叶轮中央；花被片 2 轮，离生，外轮花被片为萼片，内轮为花瓣；萼片叶状，宽长，多为绿色；花瓣狭长，与萼片互生，或缺；雄蕊 2-6 轮，花药基着，2 室，侧向纵裂，药隔突出或不突出；子房心皮多数，为 3 室以上的中轴胎座，或 1 室的侧膜胎座，或上部 1 室、下部多室的不完全的中轴胎座，胚珠多数，倒生。浆果或开裂的蒴果。种子多数，具干燥的角质种皮或肉质外种皮或不完全的假种皮，子叶 1。花粉粒单沟，光滑、穴状、颗粒状和网状纹饰，稀为皱波状。染色体 2*n*=10，20，40。

分布概况：27/21 种，**8 型**；分布于欧洲和亚洲的温带和亚热带地区；中国广布，以云贵高原至四川邛崃山区尤盛。

系统学评述：Dahlgren 系统[3]将重楼属归属于黑药花科重楼族 Parideae，与延龄草属为姐妹群。基于 ITS 及 *psb*A-*trn*H 及 *trn*L-F 的系统发育分析表明重楼属是 1 个单系类群，可分为北重楼亚属 *Paris* subgen. *Paris* 和蚤休亚属 *P.* subgen. *Daiswa*；前者包括日本重楼组 *P.* sect. *Kinugasa* 和北重楼组 *P.* sect. *Paris*；后者包括五指莲组 *P.* sect. *Axiparis*、黑籽组 *P.* sect. *Thibeticae* 和蚤休组 *P.* sect. *Thibeticae*[9]。

DNA 条形码研究：ITS2 可用于准确鉴定重楼属植物，鉴别成功率可达到 100%[10]。BOLD 网站有该属 39 种 307 个条形码数据；GBOWS 已有 20 种 380 个条形码数据。

代表种及其用途：滇重楼 *P. polyphylla* Smith var. *yunnanensis* (Franchet) Handel-Mazzetti、华重楼 *P. polyphylla* var. *chinensis* (Franchet) H. Hara 以根状茎入药，为《中华人民共和国药典》中收录的药材"重楼"的基源植物，以根状茎入药，是"云南白药""宫血宁"等中成药的主要原料，其活性成分为以薯蓣皂甙和偏诺皂甙为主的甾体皂甙。

4. *Trillium* Linnaeus 延龄草属

Trillium Linnaeus (1753: 339); Liang & Soukup (2000: 95) (Lectotype: *T. cernuum* Linnaeus)

特征描述：多年生草本。根状茎短粗；茎直立，常单出。叶 3，轮生，叶脉网状。花 1，顶生于叶轮中央；花被片 6，2 轮，离生；萼片叶状，宽长，多为绿色；雄蕊 6，2 轮，花药基着，2 室，侧向纵裂；子房心皮 3，为 3 室的中轴胎座，胚珠多数，倒生。浆果。种子多数，子叶 1。花粉粒球状，无萌发孔，刺状、颗粒状、疣状或网状纹饰。

染色体 2n=10，20。

分布概况：30/5 种，**9** 型；分布于北美洲和东亚；中国从东北到西南均有。

系统学评述：延龄草属曾被放入百合科和延龄草科 Trilliaceae，APG 系统将重楼属归属于黑药花科 Melanthiaceae，置于重楼族 Parideae，与之亲缘关系最近的姐妹群为重楼属。分子系统学研究表明该属为单系类群[6,11]。

DNA 条形码研究：BOLD 网站有该属 49 种 190 个条形码数据；GBOWS 已有 1 种 8 个条形码数据。

代表种及其用途：该属植物根状茎含有具免疫调节活性的甾体皂甙。

5. *Veratrum* Linnaeus 藜芦属

Veratrum Linnaeus (1753: 1044); Chen & Takahashi (2000: 82) (Lectotype: *V. album* Linnaeus)

特征描述：多年生草本。具稍肉质、成束的须根。根状茎粗短；茎直立，圆柱形，从基部至上部具叶，上部有毛，基部为叶鞘所包围。叶互生，椭圆形至条形，在茎下部的较宽，向上逐渐变狭，并过渡为苞片状，基部常抱茎。圆锥花序具许多花。雄性花和两性花同株，极少仅为两性花；花被片 6，离生，内轮较外轮长，宿存；雄蕊 6，花丝比花被片短或稍长，花药近肾形，背着；子房 3 室，每室有多数胚珠，花柱 3，较短，宿存，柱头小。蒴果椭圆形或卵圆形，具三钝棱，室间开裂，种子多数。种子扁平，种皮薄，周围具膜质翅。花粉粒单沟，网状纹饰。

分布概况：40/13 种，**8（14）**型；分布于亚洲，欧洲和北美洲；中国南北均产。

系统学评述：Engler 系统将藜芦属归属于百合科，Batsch[1]、Dahlgren 系统[2,3]将其置于黑药花科的黑药花族 Melanthieae。分子系统学研究表明该属为 1 个单系类群，其系统关系与 *Amianthium* 和 *Schoenocauton* 较近[8,12]。

DNA 条形码研究：BOLD 网站有该属 40 种 166 个条形码数据；GBOWS 已有 6 种 32 个条形码数据。

代表种及其用途：该属植物根状茎和地上部分均可供药用，有催吐、祛痰、杀虫之功效

6. *Ypsilandra* Franchet 丫蕊花属

Ypsilandra Franchet (1888: 93); Chen & Tamura (2000: 86) (Type: *Y. thibetica* Franchet)

特征描述：多年生草本。根状茎细长。叶基生，线状披针形或狭匙形。花葶覆以膜质的鞘；总状花序，无小苞片。花被钟状，宿存，花被片 6，2 轮，分离；雄蕊 6，2 轮，着生于花被片的基部，花丝长于花被，花药马蹄状，易脱落，1 室，内向，横裂；子房 3 裂，3 室，胚珠多数，花柱延长，柱头小头状。蒴果 3 深裂，种子多数。花粉粒单沟，刺状纹饰。染色体 2n=34。

分布概况：5/4 种，**14** 型；分布于缅甸；中国产西南和华南。

系统学评述：传统上丫蕊花属被置于百合科中，Dahlgren 系统[2,3]将其置于黑药花科

胡麻花族 Heloniadeae。基于叶绿体 *mat*K 序列的系统发育分析表明，其近缘属为胡麻花属 *Heloniopsis* [6]。目前尚缺乏丫蕊花属的分子系统学研究。

DNA 条形码研究：BOLD 网站有该属 4 种 6 个条形码数据；GBOWS 已有 4 种 40 个条形码数据。

代表种及其用途：丫蕊花 *Y. thibetica* Franchet 全株含有具较强止血活性的甾体皂贰。

7. *Zigadenus* Michaux 棋盘花属

Zigadenus Michaux (1803: 213); Chen & Tamura (2000: 85) (Type: *Z. glaberrimus* Michaux)

特征描述：多年生草本。有鳞茎或根状茎；茎具叶。叶线形。花排成顶生的圆锥花序或总状花序。花两性或单性，淡绿色或黄白色，花被枯存，与子房的下部离生或合生，裂片披针形或卵形，近基部有腺体 1-2；雄蕊 6，花药小，肾状；子房 3 室，花柱 2。蒴果 3 裂；种子多数。花粉粒单沟，网状纹饰。

分布概况：约 10/1 种，**9 型**；分布于北美洲；中国产东北至西南。

系统学评述：传统上棋盘花属被放在百合科，Dahlgren 系统[2,3]将其置于黑药花科黑药花族 Melanthieae。基于核基因组 ITS 和叶绿体基因组 *trn*L-F 序列的分子系统学分析表明，该属是 1 个多系属[8]。应将原属独立的 *Anticlea*，后并入棋盘花属作为 1 个组（*Zigadenus* sect. *Anticlea*）的种类；原纳入独立的 *Toxicoscordion*，后并入棋盘花属作为 1 个组（*Zigadenus* sect. *Chitonia*）的种类，分别恢复其属（*Anticlea* 和 *Toxicoscordion*）的地位[8]。将 *Zigadenus densus* (Desrousseaux) Fernald 及 *Z. leimanthoides* (A. Gray) A. Gray 调整到 *Stenanthium*[8]。棋盘花属仅包含剩余种类，但并未进行进一步的分类学处理，上述研究仅涉及北美种类。分布于我国的棋盘花 *Zigadenus sibiricus* (Linnaeus) A. Gray 究竟应归入那个属，尚不明确。调整后的狭义棋盘花属位于黑药花族的基部位置[8]。

DNA 条形码研究：BOLD 网站有该属 2 种 4 个条形码数据。

代表种及其用途：该属植物全株含藜芦型生物碱。

主要参考文献

[1] Batsch AJ. Tabula affinitatum regni vegetabilis[M]. Weimar: Landes-Industrie-Comptior, 1802.

[2] Dahlgren BRMT, Clif HT. The monocotyledons: a comparative study[M]. London and New York: Academic Press, 1982.

[3] Dahlgren A, et al. The families of the monocotyledons: structure, evolution and taxonomy[M]. Berlin: Springer, 1985.

[4] Zomlefer WB. The genera of Tofieldiaceae in the Southeastern United States[J]. Harv Pap Bot, 1997, 2: 179-194.

[5] Zomlefer WB. Advances in angiosperm systematics: examples from the Liliales and Asparagales[J]. J Torr Bot Soc, 1999, 126: 58-62.

[6] Fuse S, Tamura MN. A phylogenetic analysis of the plastid *mat*K gene with emphasis on Melanthiaceae *sensu lato*[J]. Plant Biol, 2000, 2: 415-427.

[7] Kim JS, et al. Familial relationships of the monocot order Liliales based on a molecular phylogenetic analysis using four plastid loci: *mat*K, *rbc*L, *atp*B and *atp*F-H[J]. Bot J Linn Soc, 2013, 172: 5-21.

[8] Zomlefer WB, et al. Generic circumscription and relationships in the tribe Melanthieae (Liliales,

Melanthiaceae), with emphasis on *Zigadenus*: evidence from ITS and *trn*L-F sequence data[J]. Am J Bot, 2001, 88: 1657-1669.

[9]   Ji Y, et al. Phylogeny and classification of *Paris* (Melanthiaceae) inferred from DNA sequence data[J]. Ann Bot, 2006, 98: 245-256.

[10] 朱英杰, 等. 重楼属药用植物 DNA 条形码鉴定研究[J]. 药学学报, 2010, 45: 376-382.

[11] Farmer SB, Schilling EE. Phylogenetic analyses of Trilliaceae based on morphological and molecular data[J]. Syst Bot, 2002, 27: 674-692.

[12] Zomlefer WB, et al. An overview of *Veratrum s.l.* (Liliales: Melanthiaceae) and an infrageneric phylogeny based on ITS sequence data[J]. Syst Bot, 2003, 28: 250-269.

Colchicaceae de Candolle (1805), *nom. cons.* 秋水仙科

特征描述： 草本。具球茎。叶互生，螺旋状排列，全缘，具平行脉，基部常具鞘。无限花序或有限花序，有时退化成一个单花，顶生或腋生。花两性，辐射排列；花被片 6，离生至合生，"U"形，覆瓦状排列；雄蕊 6，花丝分离，贴生于花瓣上；心皮 3，合生，子房上位，柱头 3，胚珠多数。果实蒴果。种子有棱角至球形，有时具假种皮。花粉粒单沟，稀为 2 沟、4 沟到多孔，网状纹饰。染色体 x=6，7，8，9，10，11，13 等。

分布概况： 15 属/246 种，广布北美洲，非洲，欧洲，亚洲，澳大利亚和新西兰；中国 3 属/17 种，南北均产。

系统学评述： Dahlgren 等[1]将百合科 Liliaceae 内由 Buxbaum 界定的亚科 Wurmbeoideae 转入秋水仙科。Nordenstam[2]根据根、叶、果实及生物碱的类型分为 2 个亚科，即 Wurmbeoideae 和 Uvularioideae。Vinnersten 和 Manning[3]根据分子系统学研究将该科划分为 6 个族：Colchiceae、Iphigenieae、Anguillarieae、Burchardieae、Uvularieae 和 Tripladenieae。Nguyen 等[4]基于分子系统学研究，划分为 2 个亚科，即 Wurmbeoideae 和 Uvularioideae，并支持 *Uvularia-Disporum* 为该科的最基部分支。

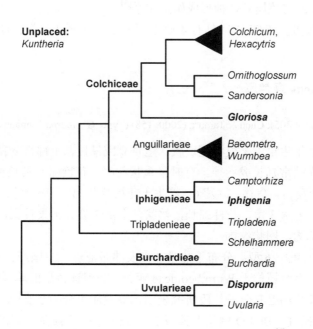

图 54　秋水仙科分子系统框架图（参考 Nguyen 等[4]）

<h3 style="text-align:center">分属检索表</h3>

1. *Disporum* Salisbury 万寿竹属

Disporum Salisbury (1812: 331); Liang & Tamura (2000: 154) [Type: *D. pullum* Salisbury, *nom. illeg.* (=*D. chinense* (Ker-Gawler) Kuntze ≡ *Uvularia chinensis* Ker-Gawler]

特征描述：多年生草本。纤维根肉质。具根状茎；茎下部各节有鞘，上部常有分枝。叶互生，叶柄短或无。伞形花序具 1 至数花，着生于茎和分枝顶端，无苞片。花被狭钟形或近筒状，多少俯垂；花被片 6，离生，基部囊状或距状；雄蕊 6，着生于花被片基部，花丝扁平，花药矩圆形；子房 3 室。浆果，熟时黑色。种子近球形。花粉粒单沟，网状纹饰。染色体 x=6，7，8，9。

分布概况：21/15（9）种，**14** 型；分布于东亚，向南到中南半岛；中国南北均产。

系统学评述：根据叶绿体基因的分子系统学研究表明，万寿竹属位于 Uvularioideae 亚科[4]，并支持 *Uvularia-Disporum* 为秋水仙科的最基部分支。近来基于不完全取样的分子系统学研究表明，山东万寿竹 *D. smilacinum* A. Gray 和宝珠草 *D. viridescens* (Maximowicz) Nakai 与该属其余种形成姐妹关系[5]。

DNA 条形码研究：BOLD 网站有该属 17 种 59 个条形码数据；GBOWS 已有 7 种 24 个条形码数据。

2. *Gloriosa* Linnaeus 嘉兰属

Gloriosa Linnaeus (1753: 305); Chen & Tamura (2000: 158) (Type: *G. superba* Linnaeus)

特征描述：多年生草本。根状茎块状；茎直立或攀援，上部常分枝。叶互生、对生或轮生，无柄，先端常延长成卷须。有时呈伞状花序。花艳丽，具长梗，花被片 6，离生，平展或向背面反折，宿存；雄蕊 6，着生于花被片基部，花丝丝状，花药背着，"丁"字状，外向开裂；子房 3 室，花柱细长，丝状，上部 3 裂。蒴果较大，室间开裂。种子近球形。花粉粒单沟，网状纹饰。

分布概况：5/1 种，**6** 型；分布于热带非洲及热带亚洲；中国产云南南部。

系统学评述：嘉兰属位于 Wurmbeoideae 亚科，为保证该属的单系性，*Littonia* 也应归入嘉兰属[4]。基于 *trn*L-F 分子片段研究表明，嘉兰属可分为 3 支[6]。

DNA 条形码研究：BOLD 网站有该属 2 种 15 个条形码数据；GBOWS 已有 1 种 3 个条形码数据。

代表种及其用途：嘉兰 *G. superba* Linnaeus 可供观赏。

3. *Iphigenia* Kunth 山慈菇属

Iphigenia Kunth (1843: 212); Chen & Tamura (2000: 158) [Type: *I. indica* (Linnaeus) Kunth (≡ *Melanthium indicum* Linnaeus)]

特征描述：多年生草本。球茎小，<u>具膜质外皮</u>；茎直立，叶状。叶散生，线形，无柄。花小，单花或多花排成顶生伞状花序；花梗较长；苞片叶状；花被 6，离生，<u>外向展开</u>，<u>较狭</u>，<u>基部具爪</u>，早落；雄蕊 6，着生于花被片基部，花丝较短，稍扁平；子房 3 室，每室具多数胚珠，花柱短，上部 3 裂。蒴果室背开裂。种子小，近球形。花粉粒单沟，穴状、刺状和网状纹饰。染色体 x=10，11，13 等。

分布概况：10/1 种，**4 型**；分布于非洲，大洋洲至亚洲热带地区；中国产云南、海南。

系统学评述：山慈菇属位于 Wurmbeoideae 亚科内[4]。

DNA 条形码研究：BOLD 网站有该属 1 种 3 个条形码数据。

主要参考文献

[1] Dahlgren RMT, et al. The families of the monocotyledons: structure, evolution and taxonomy[M]. Berlin: Springer, 1985.

[2] Nordenstam B. Colchicaceae[M]//Kubitzki K. The families and genera of vascular plants, III. Berlin: Springer, 1998: 175-185.

[3] Vinnersten A, Manning J. A new classification of Colchicaceae[J]. Taxon, 2007, 56: 171-178.

[4] Nguyen TPA, et al. Molecular phylogenetic relationships and implications for the circumscription of Colchicaceae (Liliales)[J]. Bot J Linn Soc, 2013, 172: 255-269.

[5] Tamura M, et al. Molecular phylogeny and taxonomy of the genus *Disporum* (Colchicaceae)[J]. Acta Phytotax Geobot, 2013, 64: 137-147.

[6] Maroyi A. Use of traditional veterinary medicine in Nhema communal area of the Midlands province, Zimbabwe[J]. Afri J Biotechnol, 2012, 9: 315-322.

Smilacaceae Ventenat (1799), *nom. cons.* 菝葜科

特征描述：攀援木本，少草本和小灌木。根状茎粗壮富含淀粉；茎圆柱形或具棱，常有刺，或疣状凸起或刚毛。单叶互生，主脉弧形 3-7，具细网脉；叶柄具宽鞘或窄鞘，或无鞘，鞘上方常具一对卷须。伞形花序单一，或有时 2 至多个呈圆锥状或穗状；单性异株。花小，花被 6，多呈绿色黄绿色，离生或合生；雄蕊 6（3，-18），有时花丝联合；雌花常具退化雄蕊，花柱短，柱头 3 裂，3 心皮子房上位，中轴胎座，每室具 1-2 枚胚珠。浆果球形。种子 1-3。花粉粒无萌发孔，少数拟孔沟，具刺状或疣状纹饰。染色体 n=13，15，16，少数 4-8 倍体。

分布概况：1 属/210 种，泛热带分布，除南极洲，各大陆都有分布，主产热带与亚热带地区，少数到温带地区；中国 1 属/92 种，除新疆、内蒙古外，南北均产，西南尤盛。

系统学评述：传统分类中菝葜科常置于广义百合科[1,FRPS]，含 3-5 属，即菝葜属 *Smilax*、肖菝葜属 *Heterosmilax*、*Ripogonum*，以及多雄蕊的 *Pleiosmilax* 和 *Pseudosmilax*。Koyama[2]将 *Pleiosmilax* 降为菝葜属的 1 个组，FRPS 认为 *Pseudosmilax* 即肖菝葜属的多蕊肖菝葜组。现该类植物独立成科已被许多系统所接受[3,4]。分子系统学研究也支持菝葜科的独立地位[5,APG III]，并支持将大洋洲分布的 *Ripogonum* 提升为 Ripogonaceae[APG III]。近年 Judd[6]、Cameron 和 Fu[7]、Qi 等[8]的研究表明肖菝葜属的地位并没有得到支持，提出修订将肖菝葜置于菝葜属下的 1 个组 *Smilax* sect. *Heterosmilax* [7,9]。因此，最新研究提出菝葜科仅包括菝葜属，含 5 亚属 21 组[10]。菝葜科在百合目内的系统位置早期也一直存在争议[1,3,11]，但分子系统学研究表明它与百合科有着更近的亲缘关系[12,13,APG III]。

1. *Smilax* Linnaeus 菝葜属

Smilax Linnaeus (1753: 1028); Chen et al. (2000: 96) (Type: *S. aspera* Linnaeus). ——*Heterosmilax* Kunth (1850: 270)

特征描述：同科描述。

分布概况：约 210/92（60）种，**2 型**；泛热带间断分布；中国除新疆、内蒙古外，南北均产。

系统学评述：de Candolle 和 Kunth 等将菝葜属分为 4 组。Koyama[2]在前人基础上，根据形态特征提出将菝葜属分为 8 组。近年来的分子系统学研究认为菝葜属是单系类群，含肖菝葜属，而属下分组是多系的[7,8,10]。分子证据显示菝葜属的系统发育关系与支系的地理分布有着非常紧密的联系，提出将菝葜属分为 5 亚属，即美洲亚属 *Smilax* subgen. *Americana*、穗菝葜亚属 *S.* subgen. *Smilax*、喜马拉雅亚属 *S.* subgen. *Elegans*、泛草本亚属 *S.* subgen. *Pan-herbacea* 和菝葜亚属 *S.* subgen. *China*，以及 21 组[11]。

DNA 条形码研究：已研究菝葜科 75 个种的 DNA 条形码[14]，表明 ITS+*rbc*L+*mat*K 或 ITS+*rbc*L 组合具有 69.4%的物种鉴别率，可作为菝葜属的鉴定条码。ITS 片段物种鉴别率为 59.7%，其种间变异率在 3 个条形码中最高。BOLD 网站有该属 118 种 612 个条形码数据；GBOWS 已有 116 种 1618 个条形码数据。

代表种及其用途：菝葜 *S. china* Linnaeus 根状茎提取物富含菝葜醇，菝葜皂苷等成分，具有抗炎、镇痛、抗菌，降血糖，抗肿瘤等作用，其中土茯苓 *S. glabra* Roxburg 的根状茎为常用中药。另外，民间常将菝葜的根状茎泡酒食用，美洲部分种类也被当地制作成沙士根啤酒，如 *S. ornata* Lemaire 等。

主要参考文献

[1] Krause K. Liliaceae[M]//Engler A, Prantl K. Die naturlichen pflanzerfamilien, Vol. 15a. 2nd ed. Leipzig: W. Engelmann, 1930: 227-386.

[2] Koyama T. Materials toward a monograph of the genus *Smilax*[J].Quarterly J Taiwan Museum, 1960, 29: 1-61.

[3] Takhtajan AL. Outline of the classification of flowering plants (Magnoliophyta)[J]. Bot Rev, 1980, 46: 225-359.

[4] Hutchinson J. Families of flowering plants[M]. Oxford: Clarendon Press, 1973.

[5] Fay MF, et al. Phylogenetics of Liliales: summarized evidence from combined analyses of five plastid and one mitochondrial loci[J]. Aliso, 2006, 22: 559-565.

[6] Judd WS. The Smilacaceae in the Southeastern United States[J]. Harv Pap Bot, 1998, 3: 147-169.

[7] Cameron KM, Fu CX. A nuclear rDNA phylogeny of *Smilax* (Smilacaceae)[J]. Aliso, 2006, 22: 598-605.

[8] Qi ZC, et al. Phylogenetics, character evolution, and distribution patterns of the greenbriers, Smilacaceae (Liliales), a near-cosmopolitan family of monocots[J]. Bot J Linn Soc, 2013, 173: 535-548.

[9] Qi ZC, et al. New combinations and a new name in *Smilax* for species of *Heterosmilax* in Eastern and Southeast Asian Smilacaceae (Liliales)[J]. Phytotaxa, 2013, 117: 58-60.

[10] 祁哲晨. 世界菝葜科 (百合目) 的分子系统发育及其生物地理学研究[D]. 杭州: 浙江大学博士学位论文, 2013.

[11] Dahlgren RMT, et al. The families of the monocotyledons[M]. Berlin: Springer, 1985.

[12] Vinnersten A, Bremer K. Age and biogeography of major clades in Liliales[J]. Am J Bot, 2001, 88:1695-1703.

[13] Patterson TB, Givnish TJ. Phylogeny, concerted convergence, and phylogenetic niche conservatism in the core Liliales: insights from *rbc*L and *ndh*F sequence data[J]. Evolution, 2002, 56: 233-252.

[14] 邵仲达. 菝葜科 DNA 条形码研究及数据库构建[D]. 杭州: 浙江大学硕士学位论文, 2013.

Liliaceae Jussieu (1789), *nom. cons.* 百合科

特征描述：多年生草本。<u>具鳞茎或根状茎</u>。叶基生或茎生，茎生叶多为互生，有时对生或轮生；叶片全缘，通常具弧形<u>平行脉</u>，较少具网状脉；无托叶。单花顶生或排成总状、伞形花序；<u>花被片6，分离</u>，基部具蜜腺；<u>雄蕊6，花药基着或"丁"字状着生，药室2，纵裂；心皮3，合生，子房上位</u>，中轴胎座，<u>柱头1，3裂</u>。浆果或蒴果背缝开裂或室间开裂。种子扁平、盘状或球状。花粉粒单沟，稀2沟或3沟，多为网状纹饰，稀为负网状、状疣或颗粒状。虫媒传粉。染色体 2n=14，16，24，26，28，32。

分布概况：15-17 属/635 种，世界广布，主要分布于北半球的温带；中国 13 属/148 种，南北均产，以西南尤盛。

系统学评述：早期的学者所界定的百合科范围非常广，包含 280 属约 4000 种，是 1 个庞杂的类群[1]。Dahlgren 等[2]提出了狭义的百合科，包含 14 属，即顶冰花属 *Gagea*、洼瓣花属 *Lloydia*、猪牙花属 *Erythronium*、郁金香属 *Tulipa*、大百合属 *Cardiocrinum*、假百合属 *Notholirion*、贝母属 *Fritillaria*、百合属 *Lilium*、豹子花属 *Nomocharis* 和 *Medeola*，其余 4 属（*Eduardoregelia*、*Giraldiella*、*Korolkowia* 和 *Rhinopetalum*）已被归并[FRPS]。Takhtajan[3,4]关于狭义百合科的范围与 Dahlgren 等[2]相似，包含 9 属 3 族：洼瓣花族 Lloydieae，包括洼瓣花属和顶冰花属；郁金香族 Tulipeae，包括郁金香属和猪牙花属；

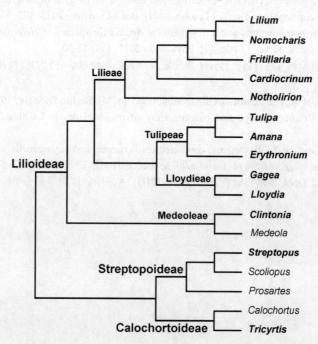

图 55　百合科分子系统框架图（参考 Patterson 和 Givnish[5]）

百合族 Lilieae，包括假百合属、大百合属、贝母属、百合属和豹子花属。近期研究显示百合科为单系类群，分为百合亚科 Lilioideae、Calochortoideae 和扭柄花亚科 Streptopoideae[APG III]。其中百合亚科包含百合属、豹子花属、贝母属、大百合属、假百合属、猪牙花属、郁金香属、顶冰花属、洼瓣花属、七筋姑属和 *Medeola*；Calochortoideae 包含 *Calochortus* 和油点草属；扭柄花亚科包含扭柄花属、*Prosartes* 和 *Scoliopus*[5]。Calochortoideae 和扭柄花亚科互为姐妹群。

分属检索表

1. 植株具根状茎
  2. 叶基生，全缘；总状花序从基生叶丛中央抽出；花较小 ···
    ·· **3. 七筋姑属 *Clintonia***
  2. 叶互生于茎上，抱茎；花单生或簇生；花被片离生
    3. 花通常 1-4，腋生，绝不排成总状花序或圆锥花序；内外轮花被片基部决无囊或距；浆果球形
    ·· **11. 扭柄花属 *Streptopus***
    3. 花常排成顶生和生于上部叶腋的二歧聚伞花序；外轮花被片基部具囊；蒴果狭矩圆形，具三棱
    ·· **12. 油点草属 *Tricyrtis***
1. 植株具鳞茎
  4. 叶具网状脉，心形，基生和互生于茎上；花序总状；花狭喇叭形 ······· **2. 大百合属 *Cardiocrinum***
  4. 叶具平行脉
    5. 叶 2，对生于茎上；花单朵顶生，俯垂；花被片上部强烈反折············ **4. 猪牙花属 *Erythronium***
    5. 叶常多于 2，对生或互生于茎上；花被片不为强烈反折
      6. 鳞茎由白粉质的鳞片组成，鳞片或 2-3 而呈贝壳状，或多数而呈米粒状；花被片基部有蜜腺窝··· **5. 贝母属 *Fritillaria***
      6. 鳞茎常不具白粉质鳞片，如有也是单个球形鳞片；花被片基部无蜜腺窝
        7. 植物较高大，一般高 40cm 以上；花 1 至多数，通常平展或斜出；花药"丁"字状着生
          8. 鳞茎稍膨大，外具淡褐色的膜质鳞茎皮；须根上具许多珠状小鳞茎；茎生和基生叶同时存在·· **10. 假百合属 *Notholirion***
          8. 鳞茎明显膨大，由多数稍展开的鳞片组成；须根上不具小鳞茎；在花期只具茎生叶
            9. 内外轮花被片近相似，通常无彩色斑块，基部无垫状隆起 ········· **8. 百合属 *Lilium***
            9. 内轮花被片比外轮大，且边缘常有锯齿，两轮花被片都有彩色斑块，基部有垫状隆起·· **9. 豹子花属 *Nomocharis***
        7. 植株较矮小，一般高 10-30cm；花通常单朵顶生；花药基着生
          10. 花较大，通常单花顶生，仰立；花被片通常长约在 2cm 以上；叶有时近基生，但非发自鳞茎内，而是生于鳞茎上方的茎上；鳞茎较大，宽 1cm 以上
            11. 叶常 2-4 互生，极少 2 叶对生；无苞片；花柱不明显；果实不具喙·············
            ·· **13. 郁金香属 *Tulipa***
            11. 叶常 2 对生；有苞片；花柱明显；果实具明显的喙············ **1. 老鸦瓣属 *Amana***
          10. 花较小，通常平展或斜出；花被片长不及 2cm；叶有基生和茎生两种，基生叶直接自鳞茎内部发出；鳞茎较小，很少宽达 5mm 以上，最大也不超过 1cm
            12. 花被片在果期宿存，并明显增大和变厚，常变为中部绿色、边缘白色，通常比蒴果长一倍以上，至少长半倍 ·· **6. 顶冰花属 *Gagea***
            12. 花被片在果期枯萎，皱缩，绝不增大或变厚，通常短于蒴果，极少可与蒴果等长或稍长于蒴果··· **7. 洼瓣花属 *Lloydia***

1. *Amana* Honda 老鸦瓣属

Amana Honda (1935: 19); Tan et al. (2005: 262) [Type: *A. edulis* (Miquel) Honda (≡ *Orithyia edulis* Miquel)]

特征描述： 多年生草本。鳞茎外有多层干的纸质或薄纸质鳞茎皮，外层色深，褐色或暗褐色，内层色浅，褐色，上端有时上延抱茎，内面有密绒毛或光滑无毛。茎分枝或不分枝，直立或斜卧，无毛。叶 2 对生，稀 3 轮生，条形、长卵圆形、披针形或倒披针形，伸展。花较小，漏斗状，单花顶生或 2-5 生于分枝的花梗上，下部有线状苞片；花白色或淡粉色；花被片 6，离生；雄蕊 6，3 长 3 短，生于花被片基部；子房三棱形，3 室，胚珠多数，花柱明显，与子房近等长。蒴果椭球形或球形，具明显的喙。种子近三角形，褐色。染色体 2n=24。

分布概况： 4/3（2）种，**14** 型；分布于日本，朝鲜半岛；中国产浙江和安徽。

系统学评述： 该属是东亚特有类群，形态与郁金香属植物相似，长期以来，有关老鸦瓣属是否隶属郁金香属一直存在争论。吴征镒等[6]根据其形态特征和地理分布，认为老鸦瓣属应处理为 1 个独立的属，同时指出该类群在中国、日本和朝鲜半岛的隔离分布更显示出其古老性。谭敦炎[7]通过广泛的标本室和野外形态观察，以及分子系统学研究认为老鸦瓣属应从广义郁金香属中独立出来，恢复其分类地位。

DNA 条形码研究： BOLD 网站有该属 1 种 2 个条形码数据；GBOWS 已有 1 种 4 个条形码数据。

代表种及其用途： 老鸦瓣 *A. edulis* (Miquel) Honda 鳞茎可供药用，又可提取淀粉。

2. *Cardiocrinum* (Endlicher) Lindley 大百合属

Cardiocrinum (Endlicher) Lindley (1846: 205); Liang & Tamura (2000: 134) (Type: *non designatus*)

特征描述： 多年生草本。鳞茎由基生叶的叶柄基部膨大而成；小鳞茎数个，卵形，具纤维质的鳞茎皮，无鳞片。茎高大，无毛。叶基生和茎生，通常卵状心形，向上渐小，叶脉网状，具叶柄。花序总状，有花 3-16；花狭喇叭形，白色，具紫色条纹；花被片 6，离生，条状倒披针形；雄蕊 6，花丝扁平，花药背着，"丁"字状；子房圆柱形，柱头微 3 裂。蒴果矩圆形。种子扁平，红棕色，有窄翅。花粉粒单沟，网状纹饰。染色体 2n=24。

分布概况： 3/2（1）种，**14** 型；分布于日本；中国产秦岭以南。

系统学评述： 大百合属曾被置于百合属内，作为百合属下的 1 个组或亚属。但根据该类群具长叶柄、叶形卵状、叶脉网状，以及鳞茎是由基生叶的叶柄基部膨大而成等性状与百合属不同，大百合属作为 1 个独立的属。大百合属是东亚地区的特有属，与假百合属、贝母属等互为姐妹群，是百合族的重要成员[5]。

DNA 条形码研究： BOLD 网站有该属 5 种 11 个条形码数据；GBOWS 已有 3 种 22 个条形码数据。

代表种及其用途： 该属植物花大而美丽，常栽培供观赏。大百合 *C. giganteum* (Wallich) Makino 的果实和鳞茎供药用；荞麦叶大百合 *C. cathayanum* (Wilson) Stearn 蒴果可供药用。

3. *Clintonia* Rafinesque 七筋菇属

Clintonia Rafinesque (1818: 266); Chen & Tamura (2000: 151) [Type: *C. borealis* (W. Aiton) Rafinesque (≡ *Dracaena borealis* W. Aiton)]

特征描述：多年生草本。根状茎短。叶基生，全缘。花葶直立；顶生的总状花序或伞形花序，较少具单花；花序轴和花梗在后期显著伸长；花被片 6，离生；雄蕊 6，着生于花被片基部，花丝丝状，花药背着，半外向开裂；子房 3 室，每室有多数胚珠，花柱明显，柱头浅 3 裂。浆果或蒴果状开裂。种子棕褐色，胚细小。花粉粒单沟，网状纹饰。染色体 2*n*=14, 28。

分布概况：5/1 种，**9** 型；东亚-北美洲西部-北美洲东部间断分布；中国产东北和西南。

系统学评述：七筋菇属曾被置于 Uvulariaceae、Medeolaceae 和秋水仙科 Colchicaceae 等科，但分子系统学研究表明七筋菇属为单系群，与 *Medeola* 近缘，是百合科的重要类群[8]。七筋菇属的 5 种形成了东亚、北美 2 支，系统发育关系可能与地理分布格局吻合。

DNA 条形码研究：BOLD 网站有该属 5 种 27 个条形码数据；GBOWS 已有 1 种 7 个条形码数据。

4. *Erythronium* Linnaeus 猪牙花属

Erythronium Linnaeus (1753: 305); Chen & Tamura (2000: 126) (Type: *E. dens-canis* Linnaeus)

特征描述：多年生草本。具圆筒状的鳞茎。茎不分枝。叶 2 对生，叶卵形、椭圆形至宽披针形，或多或少有网状脉，具柄。花两性，俯垂，单花顶生或几花排成疏松的总状花序；花被片 6，离生，排成 2 轮，披针形，具多脉，反折，基部靠合呈杯状；雄蕊 6，短于花被片，花丝常不等长，钻形，有时在基部或中部扁平或多少加宽；花药矩圆形至条形，基着，2 室，向两侧开裂；子房 3 室，花柱丝状或向上端增粗，柱头 3 裂。蒴果近球形或椭圆形，有 3 棱，具多数种子。花粉粒单沟，网状纹饰。染色体 2*n*=24。

分布概况：30/2 种，**8** 型；分布于北半球温带地区，主产北美地区；中国产东北、新疆。

系统学评述：猪牙花属与郁金香属近缘，是郁金香族的重要成员。分子系统学研究表明猪牙花属为单系，系统发育树分为 3 支，与欧亚-东亚-北美西部间断分布的地理分布格局一致[9]。

DNA 条形码研究：BOLD 网站有该属 19 种 65 个条形码数据；GBOWS 已有 1 种 4 个条形码数据。

代表种及其用途：猪牙花属为哈萨克族食用和药用历史悠久的植物。哈药配方中提到的"别克"或"别克参"是新疆猪牙花 *E. sibiricum* (Fischer & Mey) Krylov 的多年生鳞茎。

5. *Fritillaria* Linnaeus 贝母属

Fritillaria Linnaeus (1753: 303); Chen & Mordak (2000: 127) (Lectotype: *F. meleagris* Linnaeus)

特征描述： 多年生草本。鳞茎外有鳞茎皮，通常由 2（-3）白粉质鳞片组成，较少由多鳞片及周围许多米粒状小鳞片组成，前者鳞茎近卵形或球形，后者常多少呈莲座状。茎直立，不分枝。基生叶有长柄；茎生叶对生、轮生或散生，先端卷曲或不卷曲，基部半抱茎。花较大或略小，通常钟形，俯垂，辐射对称，少有稍两侧对称，单花顶生或多花排成总状花序或伞形花序，具叶状苞片；花被片矩圆形、近匙形至近狭卵形，常靠合，内面近基部有一凹陷的蜜腺窝；雄蕊 6，花药近基着或背着，2 室，内向开裂；子房 3 室，中轴胎座。蒴果具 6 棱，室背开裂。种子多数，扁平，边缘有狭翅。花粉粒单沟，网状纹饰。染色体 2n=24。

分布概况： 140/24（15）种，**8** 型；分布于北半球温带地区，以地中海，北美洲和亚洲中部尤盛；中国南北均产，以四川和新疆尤盛。

系统学评述： 贝母属属下分类系统经历了复杂的变动。Baker[10]将贝母属划分为 10 亚属；Turrill 和 Sealy[11]将贝母属分为 4 组，北美所有种包含于 *Fritillaria* sect. *Liliorhiza*；Rix[12]将贝母属分为 8 亚属，即 *F.* subgen. *Davidii*（仅包括 *F. davidii* Franchet）、*F.* subgen. *Liliorhiza*、*F.* subgen. *Japonica*（包括 *F. japonica* Miquel 和 *F. amabili* Koidzumi）、*F.* subgen. *Fritillaria*（包括 *Olostyleae* 和 *Fritillaria*）、*F.* subgen. *Rhinopetalum*、*F.* subgen. *Petilium*，以及 2 个单种亚属 *F.* subgen. *Theresia* 和 *F.* subgen. *Korolkowia*。分子系统学研究表明贝母属是单系群，与百合属互为姐妹群，并支持 Rix 的贝母属分类系统[13]。

DNA 条形码研究： BOLD 网站有该属 112 种 190 个条形码数据；GBOWS 已有 2 种 5 个条形码数据。

代表种及其用途： 药材"贝母"为该属植物的干燥鳞茎，在我国有悠久的使用历史，通常用于清热润肺、化痰止咳。平贝母 *F. ussuriensis* Maximowicz 有悠久的栽培历史，是药材"平贝"的唯一来源；浙贝母 *F. thunbergii* Miguel 是药材"浙贝"的来源，苦寒，多用于外感咳嗽；川贝母 *F. cirrhosa* D. Don 为药材"川贝"的主要来源之一，苦甘微寒，多用于虚劳咳嗽。

6. *Gagea* Salisbury 顶冰花属

Gagea Salisbury (1806: 555); Chen & Turland (2000: 117) (Type: *non designatus*)

特征描述： 多年生草本。鳞茎常卵球形，较小，在鳞茎皮基部内外常有几至多数小鳞茎（珠芽）；鳞茎皮不延伸或上端延伸成筒状，抱茎。茎常不分枝。叶基生或互生。花常排成伞房花序、伞形花序或总状花序，凡伞房花序和伞形花序的基部都有 1 叶状总苞片；每花梗中部或近基部通常都有 1 小苞片，最外面 1 小苞片较大，常与总苞片相似而略小；花被片 6，黄色或绿黄色，离生，在果期花被片宿存，增大，变厚，中部常变为绿色或污紫色，边缘白色而膜质；雄蕊 6，花药卵形或矩圆形，基着；子房 3 室，柱头头状或 3 裂。蒴果倒卵形至矩圆形，室背开裂。种子多数，卵形或狭椭圆形，扁平。花粉粒单沟，网状纹饰。染色体 2*n*=24。

分布概况： 90/17（1）种，**8** 型；分布于欧洲和亚洲温带地区；中国产东北及新疆。

系统学评述： Pascher[14,15] 将顶冰花属分为顶冰花亚属 *Gagea* subgen. *Gagea* 和 *G.* subgen. *Hornungia*，尽管没有囊括顶冰花属的大部分种类，但当时许多植物志采用了该分类系统；Levichev 的分类系统则没有采用亚属的概念，而把顶冰花属分为 10 组，随后又增加了 3 个组[16,17]。基于核基因片段 ITS 和叶绿体片段 *trn*L-F 和 *psb*A-*trn*H 的研究结果支持 Levichev 的系统，但指出顶冰花属不是单系群，而顶冰花属与洼瓣花属联合则成为 1 个单系 [18]。Zarrei 等[19]也认为顶冰花属应包含洼瓣花属。

DNA 条形码研究： BOLD 网站有该属 89 种 307 个条形码数据；GBOWS 已有 2 种 8 个条形码数据。

代表种及其用途： 小顶冰花 *G. hiensis* Pascher 的鳞茎可供药用。

7. *Lilium* Linnaeus 百合属

Lilium Linnaeus (1753: 302); Liang & Tamura (2000: 135) (Lectotype: *L. candidum* Linnaeus)

特征描述： 多年生草本。鳞茎卵形或近球形；<u>鳞片多数，肉质</u>，卵形或披针形，<u>无节或有节</u>。茎圆柱形，具小乳头状凸起或无，有的带紫色条纹。叶散生，较少轮生，<u>全缘或边缘有小乳头状凸起</u>。花单生或排成总状花序，<u>苞片叶状</u>；花常有鲜艳色彩，有时有香气；花被片 6，离生，喇叭形、钟形或反卷，<u>基部有蜜腺</u>；雄蕊 6，花丝钻形，有毛或无毛，花药椭圆形，"丁"字状着生；子房圆柱形，花柱一般较细长，柱头膨大，3 裂。蒴果矩圆形，室背开裂。种子多数，扁平，周围有翅。花粉粒单沟，稀 2 沟，网状纹饰。染色体 2*n*=24。

分布概况： 110/55（35）种，**9** 型；分布于北温带；中国南北均产，尤以西南和华中最多。

系统学评述： 百合属与近缘属的界定长期存在争议。Wilson 认为百合属包含 4 亚属，即 *Lilium* subgen. *Notholirion*、*L.* subgen. *Cardiocrinum*、*L.* subgen. *Eulirion* 和 *L.* subgen. *Lophophorum* [20]；Comber 把百合属分为 7 组[21]；Liang 把百合属分为 8 组，并把 *Cardiocrinum*、*Nomocharis* 和 *Notholirion* 从百合属中分离成独立的属[FRPS]。基于核基因 ITS 和叶绿体 *mat*K 将百合属划分为 7 个分支，即 *Archelirion* 和 *Leucolirion* 分支、*L. duchartrei* 和 *L. lankongense* 分支、*Lophophorum* 分支、*Pseudolirium* 分支、*Martagon* 和 *Sinomartagon* 分支、*Lilium* 分支、*Nomocharis* 和 *Liriotypus* 分支[22]。近年来新种亚坪百合 *L. yapingense* Y. D. Gao & X. J. He 被发现[23]。

DNA 条形码研究： BOLD 网站有该属 118 种 501 个条形码数据；GBOWS 已有 27 种 545 个条形码数据。

代表种及其用途： 川百合 *L. davidii* Duchartre 鳞茎含淀粉，质量优，栽培产量高，可供食用。卷丹 *L. lancifolium* Thunberg 鳞茎富含淀粉，供食用，亦可作药用；花含芳香油，可作香料。野百合 *L. brownie* F. E. Brown ex Miellez、青岛百合 *L. tsingtauense* Gilg

等具极高的观赏价值。

8. *Lloydia* Salisbury ex Reichenbach 洼瓣花属

Lloydia Salisbury ex Reichenbach (1830:102), *nom. cons.*; Chen & Turland (2000: 121) [Type: *L. serotina* (Linnaeus) H. G. L. Reichenbach (≡ *Anthericum serotinum* Linnaeus)]. ——*Huolirion* F. T. Wang & Tang (1976: 360)

特征描述：多年生草本。鳞茎常狭卵形，上端延长成圆筒状。茎不分枝。叶 1 至多数基生，韭叶状或更狭，长的可超过花序；在茎上有较短的互生叶，向上逐渐过渡成苞片。单花顶生或 2-4 花排成近二歧的伞房状花序；花被片 6，离生，近基部常有凹穴、毛或褶片；雄蕊 6，短于花被片，花药基着；子房 3 室，具多数胚珠，花柱与子房近等长或较长，柱头近头状或短 3 裂。蒴果狭倒卵状矩圆形至宽倒卵形，室背上部开裂。种子多数，三角形至狭卵状条形。花粉粒单沟，网状纹饰。染色体 $2n$=24。

分布概况：20/8（2）种，**8 型**；分布于北半球温带地区；中国产西南、西北、华北和东北。

系统学评述：洼瓣花属与顶冰花属在形态上十分相近。Peterson 等[24]研究发现 *Lloydia serotina* (Linnaeus) Salisbury ex Reichenbach 嵌入顶冰花属，首次质疑洼瓣花属是否为 1 个独立的属。基于核基因 ITS 和叶绿体片段 *trn*L-F 和 *psb*A-*trn*H 的研究发现，顶冰花属不是单系，而顶冰花属与洼瓣花属联合则成为 1 个单系群[18]。Zarrei 等[19]也认为顶冰花属和洼瓣花属应该归为同一类群。在此处暂保留。

DNA 条形码研究：BOLD 网站有该属 6 种 13 个条形码数据；GBOWS 已有 5 种 60 个条形码数据。

代表种及其用途：西藏洼瓣花 *L. tibetica* Baker ex Oliver 的鳞茎供药用，内服祛痰止咳，外用治痈肿疮毒及外伤出血。

9. *Nomocharis* Franchet 豹子花属

Nomocharis Franchet (1889: 113); Liang & Tamura (2000: 149) (Type: *N. pardanthina* Franchet)

特征描述：多年生草本。鳞茎卵形，白色，干时褐色。茎高 25-100（-150）cm，无毛或有乳头状凸起。叶散生或轮生。花单生或数花排列成总状花序，张开；花被片 6，离生，外轮的较狭，有细点或斑块，全缘，内轮的较宽大，有斑块或斑点，全缘或边缘具不整齐的锯齿，内面基部具紫红色的肉质的垫状隆起；雄蕊 6，花丝下部呈肉质的圆筒状的膨大或不膨大，上部丝状，花药椭圆形，"丁"字状着生；子房圆柱形，柱头头状，3 浅裂。蒴果矩圆状卵形，褐色。花粉粒单沟，网状纹饰。染色体 $2n$=24。

分布概况：7/6（2）种，**14 型**；分布于印度，缅甸；中国产西南。

系统学评述：豹子花属和百合属很相近，内轮花被片基部有肉质垫状隆起的种类属于豹子花属，没有该特征的种类则属于百合属。但分子系统学研究表明豹子花属嵌入百合属，可能是百合属内的 1 个组[22]。近年来新种贡山豹子花 *N. gongshanensis* Y. D. Gao & X. J. He 被发现[25]，该种可能是豹子花属与百合属的中间过渡类群。

DNA 条形码研究：BOLD 网站有该属 11 种 35 个条形码数据；GBOWS 已有 6 种 91 个条形码数据。

代表种及其用途：豹子花 *N. pardanthina* Franchet、多斑豹子花 *N. meleagrina* Franchet 的形态奇异艳丽，可供观赏。

10. *Notholirion* Wallich ex Boissier 假百合属

Notholirion Wallich ex Boissier (1882: 190); Liang & Tamura (2000: 133) [Lectotype: *N. thomsonianum* (Royle) Stapf (≡ *Fritillaria thomsoniana* Royle)]

特征描述：多年生草本。鳞茎窄卵形或近圆筒形，由基生叶的基部增厚套叠而成，外具黑褐色的膜质鳞茎皮；须根较多，其上生有小鳞茎；小鳞茎卵形，几至几十，成熟后有稍硬的外壳，内有多数白色肉质的鳞片。茎高 20-150cm，无毛。叶基生和茎生，后者散生，条形或条状披针形，无柄。花序总状有花 2-24；苞片条形；花梗短，稍弯；花钟形，淡紫色、蓝紫色、红色至粉红色；花被片 6，离生；雄蕊 6，花药"丁"字状着生；子房圆柱形或矩圆形，柱头 3 裂，裂片钻状，稍反卷。蒴果矩圆形。种子多数，扁平，有窄翅。花粉粒单沟，网状纹饰。染色体 2*n*=24。

分布概况：5/3 种，**14** 型；分布于喜马拉雅及邻近地区；中国产西南和西北。

系统学评述：假百合属曾是百合属内的 1 个亚属，后来被认为是单独成立的属[FRPS]。分子系统学研究表明，假百合属与大百合属、贝母属等近缘，是百合族的重要成员，并且可能是百合族较古老的类群之一[26]。

DNA 条形码研究：BOLD 网站有该属 3 种 9 个条形码数据；GBOWS 已有 3 种 23 个条形码数据。

代表种及其用途：假百合 *N. bulbuliferum* (Lingelsheim) Stearn 小鳞茎可入药，俗称"太白米"。大叶假百合 *N. macrophyllum* (D. Don) Boissier 全草可供药用。

11. *Streptopus* Michaux 扭柄花属

Streptopus Michaux (1803: 18); Chen & Tamura (2000: 154) [Lectotype: *S. distortus* Michaux, *nom. illeg.* (=*S. amplexifolius* (Linnaeus) de Candolle ≡ *Uvularia amplexifolia* Linnaeus)]

特征描述：多年生草本。根状茎横走。茎直立，不分枝或中部以上分枝。叶互生，薄纸质，卵形、披针形或卵状矩圆形，无柄，常抱茎。花常 1-2，腋生，由于总花梗与邻近的茎愈合，少有 3-4 花排成花序生于茎或枝条的顶端；花被片离生；雄蕊 6，花药近基着，内向纵裂，顶端具小尖头，花丝扁，基部变宽；子房近球形，3 室，柱头存在或几无，圆盾状或 3 裂。浆果球形，熟时红色。种子几或更多，具沟槽。花粉粒单沟，网状纹饰。染色体 2*n*=16，24，32。

分布概况：10/5（2）种，**8** 型；分布于北温带；中国产东北和西南。

系统学评述：Fassett 根据花的形状，花梗与叶片和茎的相对位置，花梗扭曲程度，柱头形状，叶片特征和果实颜色等性状将 *Streptopus* 分为 7 种 16 变种[27]。扭柄花属曾被归入黄精族 Polygonateae、Uvulariaceae 及 Calochortaceae，但基于叶绿体片段 *rbc*L 分

析发现该属与 *Prosartes* 近缘，是百合科的重要成员[5]。

DNA 条形码研究：BOLD 网站有该属 7 种 24 个条形码数据；GBOWS 已有 4 种 29 个条形码数据。

代表种及其用途：腋花扭柄花 *S. simplex* D. Don 花单生于叶腋，粉红色或白色，具紫色斑点，可供观赏。

12. *Tricyrtis* Wallich 油点草属

Tricyrtis Wallich (1826: 61), *nom. cons.*; Chen & Takahashi (2000: 151) (Type: *T. pilosa* Wallich)

特征描述：多年生草本。根状茎短或稍长，横走。茎直立，圆柱形，有时分枝。叶互生，近无柄，抱茎。花单生或簇生，常排成顶生和生于上部叶腋的二歧聚伞花序；花被片 6，离生，绿白色、黄绿色或淡紫色，开放前钟状，开放后花被片直立、斜展或反折，通常早落，外轮 3 在基部囊状或具短距；雄蕊 6，花丝扁平，下部常多少靠合成筒；花药矩圆形，背着，2 室，外向开裂；柱头 3 裂，子房 3 室，胚珠多数。蒴果直立或点垂，狭矩圆形，具三棱，上部室间开裂。种子小而扁，卵形至圆形。花粉粒单沟，网状纹饰。染色体 2*n*=26。

分布概况：18/9（6）种，**14** 型；分布于亚洲东部；中国产华北和秦岭以南。

系统学评述：Masamune 将油点草属分为 2 亚属，即 *Tricyrtis* subgen. *Brachycyrtis* 和 *T.* subgen. *Eutricyrtis*[28]；Takahashi 将油点草属分为 4 组，即 *T.* sect. *Brachycyrtis*、*T.* sect. *Flavae*、*T.* sect. *Hirtae* 和 *T.* sect. *Tricyrtis*[29]；叶绿体片段 *rps*16 分析显示油点草属分为 2 大支：*Flavae* 和余下的 3 个组（*T.* sect. *Brachycyrtis*、*T.* sect. *Hirtae* 和 *T.* sect. *Tricyrtis*），并估算油点草属起源于 1996 万年前。该属与 *Calochortus* 为姐妹群[30]。

DNA 条形码研究：BOLD 网站有该属 8 种 11 个条形码数据；GBOWS 已有 2 种 23 个条形码数据。

代表种及其用途：油点草 *T. macropoda* Miquel 花被片绿白色或白色，内面具多数紫红色斑点，开放后自中下部向下反折，可供观赏。

13. *Tulipa* Linnaeus 郁金香属

Tulipa Linnaeus (1753: 305); Chen & Mordak (2000: 123) (Lectotype: *T. sylvestris* Linnaeus)

特征描述：多年生草本。鳞茎外有多层干的薄革质或纸质的鳞茎皮。茎少分枝，直立，下部常埋于地下。叶常 2-4，少有 5-6，有的种最下面 1 叶基部有抱茎的鞘状长柄，其余的在茎上互生，彼此疏离或紧靠，极少 2 叶对生。花较大，常单花顶生而多少呈花葶状，直立，少数花蕾俯垂，无苞片或少数种有苞片；花被钟状或漏斗形钟状；花被片 6，离生，易脱落；雄蕊 6，等长或 3 长 3 短，花药基着，内向开裂，花丝在中部或基部扩大；子房长椭圆形，3 室，柱头 3 裂。蒴果椭圆形或近球形，室背开裂。种子扁平，近三角形。花粉粒单沟，稀无萌发孔或 3 沟，穿孔-皱波状、疣状、负网状和网状纹饰。染色体 2*n*=24。

分布概况：150/13（1）种，**12** 型；分布于亚洲，欧洲及北非，以地中海至中亚地区尤盛；中国产新疆。

系统学评述：郁金香属与猪牙花属近缘，是郁金香族的重要成员。Veldkamp 和 Zonneveld[31]将郁金香属分为 4 亚属，即 *Tulipa* subgen. *Tulipa*、*T.* subgen. *Clusianae*、*T.* subgen. *Eriostemones* 和 *T.* subgen. *Orithyia*；Christenhusz 等[32]研究表明郁金香属是单系，但 4 亚属之间的关系仍需进一步研究。

DNA 条形码研究：BOLD 网站有该属 38 种 59 个条形码数据；GBOWS 已有 1 种 10 个条形码数据。

代表种及其用途：郁金香属植物具极高的观赏价值，经过近百年人工杂交，品种达 8000 个，现已广泛引种栽培。郁金香 *T. gesneriana* Linnaeus 鳞茎及根亦可供药用。

主要参考文献

[1] Cronquist A. An integrated system of classification of flowering plants[M]. New York: Columbia University Press, 1981.

[2] Dahlgren RMT, et al. The families of the monocotyledons[M]. Berlin: Springer, 1985.

[3] Takhtajan A. Systema Magnoliophytorum[M]. Leningrad: Nauka, 1987: 287-309.

[4] Takhtajan A. Diversity and classification of flowering plants[M]. New York: Columbia University Press, 1997.

[5] Patterson TB, Givnish TJ. Phylogeny, concerted convergence, and phylogenetic niche conservatism in the core Liliales: insights from *rbc*L and *ndh*F sequence data[J]. Evolution, 2002, 56: 233-52.

[6] 吴征镒, 等. 中国被子植物科属综论[M]. 北京: 科学出版社, 2003.

[7] 谭敦炎, 等. 老鸦瓣属 (百合科) 的恢复: 以形态性状的分支分析为依据[J]. 植物分类学报, 2005, 43: 262-270.

[8] Hayashi K, et al. Molecular systematics in the genus *Clintonia* and related taxa based on *rbc*L and *mat*K gene sequence data[J]. Plant Spec Biol, 2001, 16: 119-137.

[9] Clennett JCB, et al. Phylogenetic systematics of *Erythronium* (Liliaceae): morphological and molecular analyses[J]. Bot J Linn Soc, 2012, 170: 504-528.

[10] Baker JG, et al. Revision of the genera and species of Tulipeae[J]. J Linn Soc Bot, 1874, 14: 211-310.

[11] Turrill WB, Sealy JR. Studies in the genus *Fritillaria* (Liliaceae)[M]//Hooker WJ. Hooker's Icones Plantarum. Richmond: Royal Botanic Gardens, Kew, 1980: 251-261

[12] Rix EM, et al. *Fritillaria*: a revised classification, together with an updated list of species[M]. Edinburgh: Fritillaria Group of Alpine Garden Society, 2001.

[13] Rønsted N, et al. Molecular phylogenetic evidence for the monophyly of *Fritillaria*, and *Lilium*, (Liliaceae; Liliales) and the infrageneric classification of *Fritillaria*[J]. Mol Phylogenet Evol, 2005, 35: 509-527.

[14] Pascher AA. Ubersicht uber die arten der gattung *Gagea*[J]. Lotos (N. F.), 1904, 24: 109-131.

[15] Pascher AA. Conspectus gagearum Asiae[J]. Bull Soc Nat Moscou Nouv Ser, 1907, 19: 353-375.

[16] Levichev IG. The synopsis of the genus *Gagea* (Liliaceae) from the Western Tian-Shan[J]. Bot Zhurn, 1990, 75: 225-232.

[17] Levichev IG. The review of the genus *Gagea* (Liliaceae) in the flora of the Far East[J]. Bot Zhurn, 1997, 82: 77-92.

[18] Peterson A, et al. Systematics of *Gagea* and *Lloydia* (Liliaceae) and infrageneric classification of *Gagea* based on molecular and morphological data[J]. Mol Phylogenet Evol, 2008, 46: 446-465.

[19] Zarrei M, et al. Molecular systematics of *Gagea* and *Lloydia* (Liliaceae; Liliales): implications of analyses of nuclear ribosomal and plastid DNA sequences for infrageneric classification[J]. Ann Bot,

2009, 104: 125-142.

[20] Wilson EH. The Lilies of Eastern Asia: a monograph[M]. London: Dulau & Company, 1925.

[21] Comber HF. A new classification of the genus Lilium[M]//Lily yearbook, Vol. 13. London: The Royal Horticultural Society, 1949: 85-105.

[22] Gao YD, et al. Evolutionary events in *Lilium* (including *Nomocharis*, Liliaceae) are temporally correlated with orogenies of the Q-T plateau and the Hengduan Mountains[J]. Mol Phylogenet Evol, 2013, 68: 443-460.

[23] Gao YD, et al. *Lilium yapingense* (Liliaceae), a new species from Yunnan, China, and its systematic significance relative to *Nomocharis*[J]. Ann Bot Fennici, 2013, 50: 187-194.

[24] Peterson A, et al. A molecular phylogeny of the genus *Gagea* (Liliaceae) in Germany inferred from non-coding chloroplast and nuclear DNA sequences[J]. Plant Syst Evol, 2004, 245: 145-162.

[25] Gao YD, et al. A new species in the genus *Nomocharis* Franchet (Liliaceae): evidence that brings the genus *Nomocharis* into *Lilium*[J]. Plant Syst Evol, 2012, 298: 69-85.

[26] Hayashi K, Kawano S. Molecular systematics of *Lilium* and allied genera (Liliaceae): phylogenetic relationships among Lilium and related genera based on the *rbc*L and *mat*K gene sequence data[J]. Plant Spec Biol, 2000, 15: 73-93.

[27] Fassett NC. Notes from the herbarium of the University of Wisconsin-xii, a study of *Streptopus*[J]. Rhodora, 1935, 37: 88-113.

[28] Masamune G. Contribution to our knowledge of the flora of the southern part of Japan[J]. J Soci Trop Agricul, 1930, 2: 38-47.

[29] Takahashi H. A taxonomic study on the genus *Tricyrtis*[J]. Sci Rep Fac Educ Gifu Univ (Nat Sci), 1980, 6: 583-635.

[30] Hong WP, Jury SL. Phylogeny and divergence times inferred from *rps*16 sequence data analyses for *Tricyrtis* (Liliaceae), an endemic genus of North-East Asia[J]. Aob Plants, 2011, 2011: plr025.

[31] Veldkamp JF, Zonneveld BJM. The infrageneric nomenclature of *Tulipa* (Liliaceae)[J]. Plant Syst Evol, 2012, 298: 87-92.

[32] Christenhusz MJM, et al. Tiptoe through the tulips — cultural history, molecular phylogenetics and classification of *Tulipa* (Liliaceae)[J]. Bot J Linn Soc, 2013, 172: 280-328.

Orchidaceae Jussieu (1789), *nom. cons.* 兰科

特征描述： 多年生草本，稀为藤木。根与菌类形成共生菌根，地生种类常具块茎，附生类型常具假鳞茎。叶互生。总状或圆锥花序；稀单花，两性，两侧对称；花被片6，2轮；中央1花瓣常特化为唇瓣，花梗和子房常扭转或弯曲；子房下位，1室，常侧膜胎座；雌蕊和雄蕊合生（蕊柱）；雄蕊常1可育，花粉黏合成团块（花粉团），常具花粉团柄和黏盘；可育柱头位于由1-2柱头形成的蕊喙下；蕊柱基部有时延伸成蕊柱足，侧萼片有时与蕊柱足形成萼囊。常为蒴果。种子小，无胚乳，极多。

分布概况： 750属/28,500种，世界广布（除南极洲），主产热带和亚热带地区；中国171属/约1350种，南北均产，主产西南和华南。

系统学评述： 兰科一直被认为是被子植物最为进化的类群之一，形态学和分子系统学研究表明，兰科位于天门冬目 Asparagales，其姐妹群为仙茅科 Hypoxidaceae。兰科可分为5亚科，即拟兰亚科 Apostasioideae、香荚兰亚科 Vanilloideae、杓兰亚科 Cypripedioideae、红门兰亚科 Orchidoideae 和树兰亚科 Epidendroideae [1-3]。拟兰亚科为其他亚科的姐妹群，树兰亚科包括约80%的种类，可被划分为20-30个族；基于形态学研究的绥草亚科包括在红门兰亚科中；鸟巢兰亚科为1个多系，部分类群属于树兰亚科，部分类群属于红门兰亚科[2,4-6]。

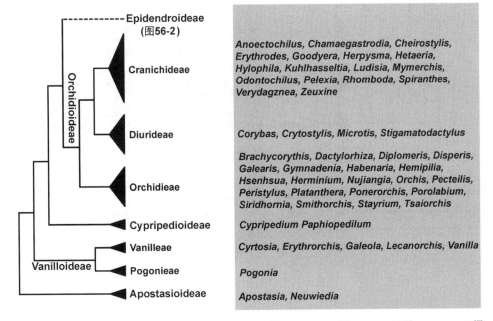

图 56-1　兰科分子系统框架图（参考 Freudenstein 等[4]; Górniak 等[5]; Xiang 等[6]; Cameron 等[7]）

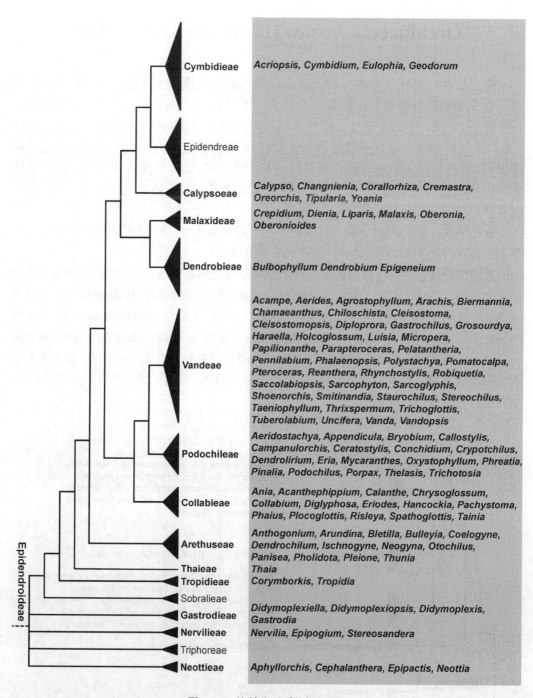

图 56-2　兰科分子系统框架图

分属检索表

Key 1

1. 可育雄蕊 2-3, 若 2 时位于蕊柱两侧, 与花瓣对生, 通常具柄

 2. 花近辐射对称, 唇瓣与花瓣相似 ·· **Key 2 (I. 拟兰亚科 Apostasioideae)**

 2. 花两侧对称, 唇瓣凹陷呈囊状或倒盔状 ··· **Key 4 (III. 杓兰亚科 Cypripedioideae)**

1. 可育雄蕊 1, 若 2 时位于蕊柱前后侧, 与中萼片和唇瓣对生

 3. 植株通常攀援或直立; 花粉粒大部分情况下松散成粉质, 极少形成裸露的花粉团; 蒴果或果肉质果不开裂; 种子常具厚的黑色种皮

   ·· **Key 3 (II. 香荚兰亚科 Vanilloideae)**

 3. 植株通常直立; 花粉粒形成花粉团; 蒴果; 种子不具黑色种皮

  4. 植株通常地生; 叶不为折扇状, 花药直立到反折, 花粉团通常由粒粉质小团块组成 ············ **Key 5 (IV. 红门兰亚科 Orchidoideae)**

  4. 植株地生或附生; 叶折扇状, 花药通常平卧, 花粉团通常蜡质, 极少由粒粉质小团块组成 ······ **Key 6 (V. 树兰亚科 Epidendroideae)**

Key 2 (I. 拟兰亚科 Apostasioideae; 一, 拟兰族 Apostasieae)

1. 可育雄蕊 2; 花序通常外弯或下垂, 分枝 ··· 1. 拟兰属 *Apostasia*

1. 可育雄蕊 3; 花序直立, 不分枝 ··· 2. 三蕊兰属 *Neuwiedia*

Key 3 (II. 香荚兰亚科 Vanilloideae)

1. 自养植物

 2. 攀缘大型草本; 茎和叶都肥厚, 肉质 (三, 香荚兰族 Vanilleae) ··· 8. 香荚兰属 *Vanilla*

 2. 小型直立草本 (二, 朱兰族 Pogonieae) ··· 3. 朱兰属 *Pogonia*

1. 腐生植物 (三, 香荚兰族 Vanilleae)

 3. 花瓣与萼片之间具 1 杯状附属物 ··· 7. 孟兰属 *Lecanorchis*

 3. 花瓣与萼片之间无杯状附属物

  4. 果实肉质, 不开裂; 种子无翅或周有环状狭翅, 翅狭于种子本身 ·· 4. 肉果兰属 *Cyrtosia*

  4. 果实干燥, 开裂, 翅 (一侧) 宽于种子本身

   5. 茎粗壮; 花序轴, 子房, 萼片背面具锈色短毛, 蕊柱长不及子房一半 ································· 6. 山珊瑚属 *Galeola*

   5. 茎纤细; 花序与花无毛, 蕊柱长超过子房的一半 ·· 5. 倒吊兰属 *Erythrorchis*

Key 4 （III. 杓兰亚科 Cypripedioideae; 四, 杓兰族 Cypripedieae）

1. 幼叶卷叠方式为席卷，叶常茎生; 果期花宿存 ·········· 9. 杓兰属 *Cypripedium*
1. 幼叶卷叠方式为对折，叶常基生; 果期花脱落 ·········· 10. 兜兰属 *Paphiopedilum*

Key 5 （IV. 红门兰亚科 Orchidoideae）

1. 植株具各种类型的块茎
　2. 黏盘单一，花粉团粒粉质或否，通常无黏盘柄，蕊柱通常在花药基部收狭 （六, 双尾兰族 Diurideae）
　　3. 基生; 花序数较多
　　　4. 叶圆柱形，无明显叶柄; 植株具许多球形的块茎 ·········· 32. 葱叶兰属 *Microtis*
　　　4. 叶扁平，具明显的叶柄; 植株根肉质 ·········· 31. 隐柱兰属 *Cryptostylis*
　　3. 茎生; 花 1-2
　　　5. 花苞片叶形，唇瓣无距 ·········· 33. 指柱兰属 *Stigmatodactylus*
　　　5. 花苞片非叶形，唇瓣具 2 距 ·········· 30. 铠兰属 *Corybas*
　2. 黏盘 2，花粉团粒粉质，具黏盘柄，蕊柱通常在花药基部花基部不收狭 （五, 红门兰族 Orchideae）
　　6. 花药倒立或俯卧
　　　7. 植株叶长大于 5cm; 唇瓣在花的上部，具 2 距 ·········· 28. 鸟足兰属 *Satyrium*
　　　7. 植株叶长约 2cm; 唇瓣在花的下部，1 距或无 ·········· 14. 双袋兰属 *Disperis*
　　6. 花药直立
　　　8. 植株具根状茎，不具各种类型的块茎或发达膨大根束 ·········· 15. 盔花兰属 *Galearis*
　　　8. 植株不具根状茎，但具各种类型的块茎或发达膨大根束
　　　　9. 根束具发达膨大根束
　　　　　10. 根束肉质，指状或手掌状分裂
　　　　　　11. 柱头 1 ·········· 12. 掌裂兰属 *Dactylorhiza*
　　　　　　11. 柱头 2 ·········· 17. 手参属 *Gymnadenia*
　　　　　10. 根束不具根状，但不分裂; 柱头 1-2 ·········· 25. 舌唇兰属 *Platanthera*
　　　　9. 植株具各种类型的块茎
　　　　　12. 柱头 1
　　　　　　13. 花苞片叶状 ·········· 11. 苞叶兰属 *Brachycorythis*
　　　　　　13. 花苞片非叶状

14. 蕊喙非常发达，通常长达蕊柱的 1/2
   15. 叶 1，通常具紫色斑点；唇瓣基部通常具 2 胼胝体 ············ 19. 舌喙兰属 *Hemipilia*
   15. 叶 1-2，通常无紫色斑点；唇瓣基部通常无胼胝体 ············ 29. 长喙兰属 *Tsaiorchis*
14. 蕊喙不发达
   16. 两个黏盘包于一个共同的黏囊中 ············ 22. 红门兰属 *Orchis*
   16. 两个黏盘包于各自的黏囊中
      17. 叶 1，基生，具紫色斑点；花序具粗糙的毛 ············ 27. 毛轴兰属 *Sirindhornia*
      17. 叶 1-2，基生或茎生，具紫色斑点或否；花序无毛 ············ 26. 小红门兰属 *Ponerorchis*

12. 柱头 2
   18. 黏盘包藏在蕊喙末端的筒状囊内 ············ 23. 白蝶兰属 *Pecteilis*
   18. 黏盘裸露
      19. 黏盘通常卷成角状，柱头 2，通常位于距口的上方药隔 ············ 21. 角盘兰属 *Herminium*
      19. 黏盘不卷成角状，柱头 2，位于距口的上方或远离距口 ············ 24. 阔蕊兰属 *Peristylus*
      20. 蕊喙短，柱头 2 从距口伸出，贴生唇瓣基部，花较小 ············ 13. 合柱兰属 *Diplomeris*
      20. 蕊喙长，柱头不贴生唇瓣基部，花较大
         21. 花序具 1-2 花，花瓣远大于萼片 ············ 16. 怒江兰属 *Gennaria*
         21. 花序具 1-2 或多花，花瓣通常小于萼片
            22. 萼片基部与花瓣合生，退化雄蕊丝状伸长 ············ 20. 先骕兰属 *Hsenhsua*
            22. 萼片基部与花瓣离生，退化雄蕊不丝状伸长
               23. 距包于花苞片中，药隔具凸起，柱头任距喙下面凸起 ············ 18. 玉凤花属 *Habenaria*
               23. 药隔无凸起，柱头任距口两侧隆起成两枝

1. 植株不具各种类型的块茎，但具肉质化的根状茎或束状根系（七、**药粉兰族 Cranichideae**）
24. 植株具各种类型的根状茎
   25. 蕊柱具柱头 1
      26. 唇瓣与蕊柱分离，不分前唇和后唇，前部不 2 裂
         27. 唇瓣舟形，基部凹陷呈舟形或囊形 ············ 39. 斑叶兰属 *Goodyera*
         27. 唇瓣袋形，花粉团具长柄，花粉团无柄 ············ 42. 袋唇兰属 *Hylophila*
      26. 唇瓣与蕊柱多少合生，分前唇和后唇，前部 2 裂
         28. 蕊柱扭转，蕊喙又丝状 2 裂，唇瓣基部囊状 ············ 44. 血叶兰属 *Ludisia*

28. 蕊柱不扭转，蕊喙叉状 2 裂，唇瓣基部具距
  29. 距长 7-10mm，唇盘具 1 褶片和 2 胼胝体 ·············· **40. 爬兰属 *Herpysma***
  29. 距长 4-5mm，唇盘不具褶片和胼胝体 ·············· **38. 钳唇兰属 *Erythrodes***
25. 蕊柱柱头 2(*Odontochilus tortus* 具 1 柱头)
 30. 萼片部分合生成萼片筒
  31. 萼片合生部分超过中部，蕊柱具 2 直立的臂状附属物 ·············· **36. 叉柱兰属 *Cheirostylis***
  31. 萼片合生部分不超中部，蕊柱不具臂状附属物 ·············· **43. 旗唇兰属 *Kuhlhasseltia***
 30. 萼片离生
  32. 叶长 4-15mm；花序具 1-3 花 ·············· **45. 全唇兰属 *Myrmechis***
  32. 叶长 20mm；花序具多花
   33. 花不倒置，唇瓣在上部，通常无中唇 (*H. anomala* 除外) ·············· **41. 翻唇兰属 *Hetaeria***
    34. 绿色植物，无绿叶
    34. 菌类寄生植物，无绿叶 ·············· **35. 叠鞘兰属 *Chamaegastrodia***
   33. 花倒置，唇瓣在下部，通常具中唇
    35. 唇瓣具距
     36. 距圆锥形或纺锤形
      37. 蕊柱无翅，唇瓣无中唇，基部有 2 具柄胼胝体 ·············· **50. 二尾兰属 *Vrydagzynea***
      37. 蕊柱具翅，唇瓣具明显的中唇，基部无具柄胼胝体 ·············· **34. 金线兰属 *Anoectochilus***
     36. 距鱼鳔状 ·············· **37. 鳔唇兰属 *Cystorchis***
    35. 唇瓣无距
     38. 唇瓣基部具 1 隆起的中脊 ·············· **48. 菱兰属 *Rhomboda***
     38. 唇瓣无隆起的中脊
      39. 中唇边缘梳齿状到全缘，蕊柱扭转，柱头裂片顶生 ·············· **46. 齿唇兰属 *Odontochilus***
      39. 中唇短，蕊柱不扭转，柱头裂片侧生
       40. 唇瓣先端不裂，蕊喙分裂 ·············· **51. 线柱兰属 *Zeuxine***
       40. 唇瓣先端 3 裂，蕊喙不裂 ·············· **52. 拟线柱兰属 *Zeuxinella***
24. 植株不具各种类型的根状茎
 41. 植株花叶同期，叶多数，根束肥厚，基生 ·············· **49. 绶草属 *Spiranthes***
 41. 植株花期无叶 ·············· **47. 肥根兰属 *Pelexia***

Key 6 (V. 树兰亚科 Epidendroideae)

1. 腐生植物
   2. 植株具块茎
      3. 萼片基部合生（九、天麻族 Gastrodieae）
         4. 萼片或多或少合生
            5. 花粉团 2, 萼片和花瓣合生成花被筒，顶端 5 裂，唇瓣完全被包裹 …… **60. 天麻属 Gastrodia**
            5. 花粉团 4, 萼片和花瓣仅部分合生，唇瓣没有被包裹
               6. 蕊柱无翅，基部具 1 短足 …… **59. 双唇兰属 Didymoplexis**
               6. 蕊柱具 1 对镰形翅，基部无足
                  …… **57. 锚柱兰属 Didymoplexiella**
                  …… **58. 拟锚柱兰属 Didymoplexiopsis**
         4. 萼片离生
      3. 萼片基部分离（十、芋兰族 Nervilieae）
         7. 唇瓣无距，花药具 1 花丝，花粉团 1 …… **63. 肉药兰属 Stereosandra**
         7. 唇瓣有距，花粉团 2 …… **62. 虎舌兰属 Epipogium**
   2. 植株不具块茎，通常具根状茎或假鳞茎（八、鸟巢兰族 Neottieae）
      8. 花粉团粒粉质，菌类寄生植物
         9. 菌类寄生植物
            10. 唇瓣分为前后唇 …… **53. 无叶兰属 Aphyllorchis**
            10. 唇瓣不分为前后唇，通常先端会又状分裂 …… **56. 鸟巢兰属 Neottia**
         9. 自养植物
            11. 叶 2, 对生 …… **56. 鸟巢兰属 Neottia**
            11. 叶互生
               12. 花同色，唇瓣基部具距或凹陷 …… **54. 头蕊兰属 Cephalanthera**
               12. 花各部分颜色变化，唇瓣分为前后唇 …… **55. 火烧兰属 Epipactis**
      8. 花粉团蜡质（十七、吻兰族 Collabieae）…… **106. 紫茎兰属 Risleya**
1. 自养植物
   13. 花药直立，黏盘顶生（十一、竹茎兰族 Tropidieae）
      14. 花序不分枝，萼片长达 3cm，唇瓣基部狭于先端 …… **64. 管花兰属 Corymborkis**
      14. 花序分枝，萼片长约 1cm，唇瓣基部宽于先端 …… **65. 竹茎兰属 Tropidia**
   13. 花药弯曲，背部着生，黏盘无或非顶生（常腹面着生）

15. 地生植物；根无根被，植株无鳞茎或假鳞茎（十、芋兰族 Nervilieae）..........102. 芋兰属 *Nervilia*
15. 地生或附生植物；根有根被，植株有鳞茎或假鳞茎
  16. 植株有鳞茎
    17. 花粉团 4；根被为虾脊兰型（十三、布袋兰族 Calypsoeae）
      18. 菌类寄生植物；无绿叶
        19. 花粉团蜡质 ....69. 珊瑚兰属 *Corallorhiza*
        19. 花粉团粉质
          20. 唇瓣凹陷呈舟状，距宽阔；种皮膜质 ....74. 宽距兰属 *Yoania*
          20. 唇瓣基部具 1 "Y" 形胼胝体；种皮肉质 ....71. 丹霞兰属 *Danxiaorchis*
      18. 自养植物；有绿叶
        21. 花序具 1 花
          22. 萼片小于 2cm，唇瓣具 1 水平方向的囊 ....67. 布袋兰属 *Calypso*
          22. 萼片长于 2cm，唇瓣具 1 弯曲的距 ....68. 独花兰属 *Changnienia*
        21. 花序具多花
          23. 花通常俯垂 ....70. 杜鹃兰属 *Cremastra*
          23. 花不俯垂
            24. 唇瓣具圆筒形距 ....73. 筒距兰属 *Tipularia*
            24. 唇瓣基部无距或囊 ....72. 山兰属 *Oreorchis*
    17. 花粉团 2；根被为虾脊兰型（十二、泰兰族 Thaieae）..........66. 泰兰属 *Thaia*
  16. 植株具有假鳞茎或茎
    25. 花粉团不具各种附属结构或黏盘较小
      26. 根被石斛兰型-石豆兰型；蕊柱具足（十六、石斛族 Dendrobieae）
        27. 花序从假鳞茎的基部长出 ....94. 石豆兰属 *Bulbophyllum*
        27. 花序从假鳞茎或根状茎的上部顶部长出
          28. 每个假鳞茎具 1 节间 ....96. 厚唇兰属 *Epigeneium*
          28. 每个假鳞茎具 2 或多个节间，或呈茎状 ....95. 石斛属 *Dendrobium*
      26. 根被沼兰型；蕊柱无足（十五、沼兰族 Malaxideae）
        29. 叶侧面压扁，有时圆柱形 ....92. 鸢尾兰属 *Oberonia*
        29. 叶正常扁平

30. 蕊柱长而弯曲, 花倒置 ······90. 羊耳蒜属 *Liparis*
30. 蕊柱短而直, 花常不倒置
　31. 叶 1-2, 无突出的脉纹 ······91. 原沼兰属 *Malaxis*
　31. 叶 2 或多数, 具突出的脉纹
　　32. 蕊柱两侧无指状附属物, 药隔宽, 药室分开, 唇瓣侧裂片合抱蕊柱 ······93. 小沼兰属 *Oberonioides*
　　32. 蕊柱两侧具指状附属物, 药隔窄
　　　33. 唇瓣全缘或不明显分裂, 边缘常具齿, 无胛脉体 ······88. 沼兰属 *Crepidium*
　　　33. 唇瓣 3 裂, 基部具 1 横向的胛脉体 ······89. 无耳沼兰属 *Dienia*
25. 花粉团具各种附属结构或黏盘柄较大
　34. 花粉块有黏盘柄
　　35. 植株通常单轴分枝, 无假鳞茎 (二十, 万代兰族 **Vandeae**)
　　36. 植株合轴分枝
　　　37. 植株无假鳞茎; 花序头状 ······133. 禾叶兰属 *Agrostophyllum*
　　　37. 植株具假鳞茎; 花序分枝, 非头状 ······152. 多穗兰属 *Polystachya*
　　36. 植株单轴分枝
　　　38. 植株叶子退化或不明显的鳞片状, 根通常绿色 ······165. 带叶兰属 *Taeniophyllum*
　　　38. 植株叶子正常
　　　　39. 花序直立, 长约 2cm, 光滑
　　　　39. 花序悬垂, 长约 10cm, 多毛 ······137. 异型兰属 *Chiloschista*
　　　　40. 茎短, 几乎不可见; 根通常扁平 ······151. 蝴蝶兰属 *Phalaenopsis*
　　　　40. 茎长; 根通常圆柱形
　　　　　41. 花粉团 4, 相互分离
　　　　　41. 花粉团 2, 有时会分裂
　　　　　　42. 花序腋生; 叶片线性, 宽 1.5-1.8cm ······160. 肉兰属 *Sarcophyton*
　　　　　　42. 花序与叶对生 ······146. 小囊兰属 *Micropera*
　　　　　　43. 花粉团无裂隙或裂孔
　　　　　　　44. 蕊柱具明显蕊柱足
　　　　　　　　45. 花序无毛; 茎长 2-12cm ······148. 虾尾兰属 *Parapteroceras*
　　　　　　　　45. 花序具毛; 茎长不足 1cm ······142. 火炬兰属 *Grosourdya*

44. 蕊柱不具蕊柱足
　46. 唇瓣侧裂片大，边缘齿状或流苏状……………………………………150. 巾唇兰属 *Pennilabium*
　46. 唇瓣侧裂片不明显，边缘不具齿或流苏
　　47. 花序不具槽，蕊柱鼓槌状，黏盘柄线形至匙形，前端急剧扩大………157. 寄树兰属 *Robiquetia*
　　47. 花序具槽，蕊柱短粗，黏盘柄线形……………………………………168. 管唇兰属 *Tuberolabium*
43. 花粉团具裂隙或裂孔，有时会裂成 2 个部分
　48. 花粉团顶端具裂孔
　　49. 唇瓣基部无距具囊
　　　50. 叶狭圆柱形……………………………………………………………145. 钗子股属 *Luisia*
　　　50. 叶片正常
　　　　51. 花序 0.5-1.5cm，唇瓣 3 裂，蕊柱足而明显……………………135. 胼胝体兰属 *Biermannia*
　　　　51. 花序 2cm，唇瓣中部缢收，蕊柱足短而明显……………………143. 香兰属 *Haraella*
　　49. 唇瓣基部具距或囊
　　　52. 唇瓣不裂，形成前后唇，后唇袋装或囊状，无侧裂片……………141. 盆距兰属 *Gastrochilus*
　　　52. 唇瓣 3 裂，距两侧具侧裂片……………………………………………144. 槽舌兰属 *Holcoglossum*
　48. 花粉团顶端无裂孔
　　53. 花粉团顶端裂隙，有时会裂成 2 个部分
　　　54. 唇瓣具明显蕊柱足
　　　　55. 唇瓣圆柱形……………………………………………………………147. 凤蝶兰属 *Papilionanthe*
　　　　55. 叶片正常
　　　　　56. 唇瓣无距，唇瓣可动……………………………………………136. 低药兰属 *Chamaeanthus*
　　　　　56. 唇瓣有距
　　　　　　57. 距通常角状，弯曲，中裂片大而平……………………………132. 指甲兰属 *Aerides*
　　　　　　57. 距通常椭圆形至圆柱形，中裂片肉质但小……………………154. 长足兰属 *Pteroceras*
　　　54. 唇瓣不具蕊柱足
　　　　58. 黏盘柄短而宽，短或略长于花粉团，黏盘近圆形或倒椭圆形………170. 万代兰属 *Vanda*
　　　　58. 黏盘柄长而窄，长于花粉团
　　　　　59. 植株较大；根粗大；叶长 20-40cm……………………………156. 钻喙兰属 *Rhynchostylis*
　　　　　59. 植株中型；根不粗大；叶长 4-20cm

60. 黏盘柄线性，呈 "S" 形弯曲，内弯 ...... **169. 叉喙兰属 Uncifera**
60. 黏盘柄非上述特征
61. 植株茎较长；距内部具附属物 ...... **157. 寄树兰属 Robiquetia**
61. 植株茎较短；距内部不具附属物
62. 花小，花序具多花，中裂片小或缺失，距呈囊形 ...... **158. 拟囊唇兰属 Saccolabiopsis**
62. 花较大，花序花少，中裂片大，距圆柱形 ...... **170. 万代兰属 Vanda**
53. 花粉团分成 2 个部分，每个部分都不为球形
63. 唇瓣具明显蕊柱足，花苞片宿存 ...... **166. 白点兰属 Thrixspermum**
63. 唇瓣蕊柱足不明显或无 ...... **134. 蜘蛛兰属 Arachnis**
64. 唇瓣可动
64. 唇瓣固定
65. 唇瓣基部无距或囊，有时略凹陷
66. 花序粗大，无翅，唇瓣先端圆钝 ...... **171. 拟万代兰属 Vandopsis**
66. 花序具翅，唇瓣前端具又状附属物 ...... **140. 蛇舌兰属 Diploprora**
65. 唇瓣基部具距或囊
67. 距内部具纵向的隔膜或脊
68. 花序长约 1cm，蕊柱顶端具 2 线形、内弯的附属物 ...... **149. 钻柱兰属 Pelatantheria**
68. 花序长约 10cm，蕊柱顶端不具附属物
69. 蕊喙小，花粉团柄缺失，黏盘柄较短，不弯曲 ...... **138. 隔距兰属 Cleisostoma**
69. 蕊喙大，有花粉团柄，黏盘柄较长而弯曲
70. 叶先端不等 2 裂，黏盘柄剧烈弯曲 ...... **159. 大喙兰属 Sarcoglyphis**
70. 叶先端略 2 裂，黏盘柄略弯曲 ...... **164. 坚唇兰属 Stereochilus**
67. 距内部不具纵向的隔膜或脊
71. 距内壁具各种类型附属物
72. 叶圆柱形，内壁具 "Y" 形胼胝体 ...... **139. 拟隔距兰属 Cleisostomopsis**
72. 叶非圆柱形，内壁具舌形胼胝体
73. 距内壁具直立舌状舌状物，蕊柱无毛 ...... **153. 鹿角兰属 Pomatocalpa**
73. 距内壁可动的具毛的舌状物，蕊柱有齿，被毛

74. 花序 0.5-1cm，远短于叶，花密集或单花 ……………………… 167. 毛舌兰属 *Trichoglottis*

74. 花序 5-45cm，与叶近等长，花疏生 ……………………… 163. 掌唇兰属 *Staurochilus*

71. 距内壁不具各种类型附属物

75. 花不倒置，唇瓣在上部 ……………………… 131. 脆兰属 *Acampe*

75. 花倒置，唇瓣在下部

76. 花直径 3-5cm，唇瓣小于花瓣 ……………………… 155. 火焰兰属 *Renanthera*

76. 花直径小于 1cm，唇瓣与花瓣近等大

77. 唇瓣在距的入口处具一横向肉质的附属物 ……………………… 162. 盖喉兰属 *Smitinandia*

77. 唇瓣在距的入口处无横向肉质的附属物 ……………………… 161. 匙唇兰属 *Schoenorchis*

35. 植株通常合轴分枝，具假鳞茎（十九、兰族 Cymbidieae）

78. 侧萼片合生形成合萼片，花序分枝 ……………………… 127. 合萼兰属 *Acriopsis*

78. 侧萼片分离，花序不分枝

79. 唇瓣基部无距和囊；叶不具长柄也不形成假茎 ……………………… 128. 兰属 *Cymbidium*

79. 唇瓣基部具距或囊；叶具长柄且形成假茎

80. 花序直立，药帽具 2 个暗色的凸起，唇瓣明显 3 裂 ……………………… 129. 美冠兰属 *Eulophia*

80. 花序弯垂，药帽不具凸起，唇瓣不裂或不明显 3 裂 ……………………… 130. 地宝兰属 *Geodorum*

34. 花粉块状无药盘柄

树兰族 Epidendreae（1 属，外来属）

81. 根被和种子为树兰型

81. 根被肟脊三型或贝母兰型，种子非树兰型

82. 花粉团 2，通常地生（十七、吻兰族 Collabieae）

83. 花粉团 2

84. 唇瓣基部具爪，萼囊距状，圆柱形，长 4-6mm ……………………… 101. 吻兰属 *Collabium*

84. 唇瓣基部无爪，萼囊非距状

85. 唇瓣 3 裂，萼囊明显，长约 2mm ……………………… 100. 金唇兰属 *Chrysoglossum*

85. 唇瓣不裂，萼囊不明显 ……………………… 102. 密花兰属 *Diglyphosa*

83. 花粉团 8

86. 假鳞茎中部具节；萼片合生成筒，蕊柱足长于蕊柱 ……………………… 98. 坛花兰属 *Acanthophippium*

86. 假鳞茎节不在中部；萼片离生，蕊柱足不长于蕊柱 ┈┈┈┈┈ **105. 粉口兰属 Pachystoma**

  87. 植株花期无叶；根状茎肥厚

  87. 植株花期有叶

    88. 叶 1

      89. 叶柄与假鳞茎相似

        90. 花序通常具 1 花，唇瓣具 1 长距，蕊柱无足，无萼囊 ┈┈┈ **104. 滇兰属 Hancockia**

        90. 唇瓣具短距或无，蕊柱具足，并形成萼囊 ┈┈┈ **108. 带唇兰属 Tainia**

      89. 叶柄不同于假鳞茎 ┈┈┈ **97. 安兰属 Ania**

    88. 叶 2 至多数

      91. 附生植物，具粗大假鳞茎；唇瓣可动，蕊柱足明显 ┈┈┈ **103. 毛梗兰属 Eriodes**

      91. 地生植物，唇瓣不可动，蕊柱足不明显

        92. 叶线形至披针形或披针形；中裂片具长爪和加厚的附属物 ┈┈ **107. 苞舌兰属 Spathoglottis**

        92. 叶椭圆形或椭圆形至披针形；中裂片无爪和附属物 ┈┈ **99. 虾脊兰属 Calanthe**

82. 花粉团 2、4 或 8，蜡质或松软

  93. 蕊柱无足，顶端扩大、黏盘柄较大（十四、贝母兰族 Arethuseae）

    94. 植株不具假鳞茎，鳞茎；茎圆柱形；叶子通常 10 余

      95. 地生，唇瓣无距 ┈┈┈ **76. 竹叶兰属 Arundina**

      95. 地生，唇瓣有距 ┈┈┈ **87. 笋兰属 Thunia**

    94. 植株具假鳞茎，鳞茎；叶通常 1-2

      96. 植株具鳞茎

        97. 花萼片合生成筒状 ┈┈┈ **75. 筒瓣兰属 Anthogonium**

        97. 花萼片离生 ┈┈┈ **77. 白及属 Bletilla**

      96. 植株具假鳞茎

        98. 萼片凹陷，基部囊状 ┈┈┈ **82. 新型兰属 Neogyna**

        98. 萼片不凹陷，基部不为囊状

          99. 唇瓣具距

            100. 每个假鳞茎顶端具 2 叶；花多数 ┈┈┈ **78. 蜂腰兰属 Bulleyia**

            100. 每个假鳞茎顶端具 1 叶；单花顶生 ┈┈┈ **81. 瘦房兰属 Ischnogyne**

          99. 唇瓣无距，有时会凹陷

101. 唇瓣基部凹陷
  102. 蕊柱细长，一般与唇瓣等长 ············ **83. 耳唇兰属 *Otochilus***
  102. 蕊柱粗短，一般短于唇瓣 ············ **85. 石仙桃属 *Pholidota***
101. 唇瓣基部不凹陷
  103. 唇瓣基部呈 "S" 形弯曲 ············ **84. 曲唇兰属 *Panisea***
  103. 唇瓣基部不呈 "S" 形弯曲
    104. 总状花序具 20-30 花，蕊柱两侧各具 1 臂状附属物··· **80. 足柱兰属 *Dendrochilum***
    104. 总状花序具 1-10 花，蕊柱两侧无臂状附属物
      105. 植株具宿存的叶，花期具叶 ············ **79. 贝母兰属 *Coelogyne***
      105. 植株叶当年脱落，花期具幼叶或无 ············ **86. 独蒜兰属 *Pleione***
93. 蕊柱通常具足，常形成萼囊（十八、**柄唇兰族 Podochileae**）
  106. 花粉团 8
    107. 植株茎、叶、花序等被棕褐色毛 ············ **126. 毛鞘兰属 *Trichotosia***
    107. 植株茎、叶通常无毛
      108. 花粉团通过共同的黏盘柄连接于黏盘
        109. 蕊柱无蕊柱足，无萼囊，花药顶端尖 ············ **125. 矮柱兰属 *Thelasis***
        109. 蕊柱具蕊柱足，形成萼囊，花药顶端钝 ············ **121. 馥兰属 *Phreatia***
      108. 花粉团直接连于黏盘，极少情况下具单独的黏盘柄
        110. 蕊柱无明显的蕊柱足
          111. 茎通常具 1 圆柱形或背腹压扁的叶，中裂片先端肿大 ············ **114. 牛角兰属 *Ceratostylis***
          111. 茎通常具多叶
            112. 茎短，被叶鞘所包；花序具密集的花 ············ **121. 馥兰属 *Phreatia***
            112. 茎长，叶沿茎生长 ············ **119. 拟毛兰属 *Mycaranthes***
        110. 蕊柱具明显的蕊柱足
          113. 萼片合生成近圆柱状或囊状
            114. 花序长 4-10cm，具 10-40 花；假鳞茎不呈网状 ············ **116. 宿苞兰属 *Cryptochilus***
            114. 花序短，具 1-2 花；假鳞茎表面呈网状 ············ **124. 盾柄兰属 *Porpax***
          113. 萼片离生
            115. 假鳞茎或具 1 个明显节间

116. 幼叶卷叠方式为旋转，假鳞茎圆锥形，具 2 叶；花序多花 ……118. 毛兰属 *Eria*
116. 幼叶卷叠方式为对折
  117. 萼片背面被密毛 ……113. 钟兰属 *Campanulorchis*
  117. 萼片背面无毛 ……115. 蛤兰属 *Conchidium*
115. 假鳞茎或茎具多个明显节间
  118. 叶圆柱形；花序通常具 1 花，萼片背面密被密绒毛……119. 拟毛兰属 *Mycaranthes*
  118. 叶扁平
    119. 蕊柱具 2 直立的臂状附属物；茎不形成假鳞茎；叶 1 ……114. 牛角兰属 *Ceratostylis*
    119. 蕊柱不具臂状附属物；茎形成假鳞茎；叶 2 至多枚
      120. 唇瓣全缘，花序不呈试管刷状，蕊柱足与蕊柱形成直角 ……112. 美柱兰属 *Callostylis*
      120. 唇瓣 3 裂，不裂时花序不呈试管刷状
        121. 花苞片大而明显，颜色鲜艳，花通常 2 ……117. 绒兰属 *Dendrolirium*
        121. 花苞片小，颜色不鲜艳
          122. 花序具密集多花，呈试管刷状，花小 ……109. 气穗兰属 *Aeridostachya*
          122. 花序非上述
            123. 假鳞茎沿根状茎有序排列，长约为叶 1/4；叶 2-3，在茎顶端或近顶端着生 ……111. 藓兰属 *Bryobium*
            123. 假鳞茎沿根状茎聚生，长约为叶 1/2；叶 2-6，在茎上部着生 ……122. 苹兰属 *Pinalia*

106. 花粉团 4-6
  124. 叶两侧压扁，茎短 ……120. 拟石斛属 *Oxystophyllum*
  124. 叶片正常
    125. 花粉团 4 ……123. 柄唇兰属 *Podochilus*
    125. 花粉团 6 ……110. 牛齿兰属 *Appendicula*

I. Apostasioideae 拟兰亚科

一、Apostasieae 拟兰族

1. *Apostasia* Blume 拟兰属

Apostasia Blume (1825: 423); Chen et al. (2009: 20) (Type: *A. odorata* Blume)

特征描述：亚灌木状草本。具根状茎。茎较纤细，具多叶。叶较密集，折扇状，一般先端有由边缘背卷而成的管状长芒。花序总状或具侧枝而呈圆锥状；花苞片较小；花近辐射对称；蕊柱直立或弯曲，具 2 能育雄蕊，花粉不黏合成团块；子房 3 室，花柱圆柱状，柱头顶生，小头状。种子成熟时黑色，有坚硬的外种皮。

分布概况：8/3（2）种，**5** 型；分布于亚洲热带地区至澳大利亚，北到日本南部和琉球群岛；中国产西南和华南。

系统学评述：形态和分子证据均支持拟兰属和三蕊兰属 *Neuwidia* 为姐妹群，两者构成拟兰亚科，是其余 4 亚科的姐妹群[8,9]。

DNA 条形码研究：BOLD 网站有该属 8 种 17 个条形码数据。

2. *Neuwiedia* Blume 三蕊兰属

Neuwiedia Blume (1883: 12); Chen et al. (2009: 21) (Type: *N. veratrifolia* Blume)

特征描述：亚灌木状草本，直立。具根状茎和气生根。茎较短。叶折扇状。总状花序顶生；花近辐射对称；花被片稍靠合，不完全展开；花瓣 3 亦大致相似，但中央的 1（唇瓣）常稍大或形态略有不同；能育雄蕊 3，侧生 2 雄蕊的药室有时不等长，花丝明显，花粉不黏合成团块；子房 3 室。果实或为浆果状，成熟时果皮腐烂，或为蒴果，成熟时开裂。种子成熟时黑色，有坚硬的外种皮。

分布概况：约 10/1 种，**7** 型；分布于东南亚至新几内亚岛和太平洋岛屿；中国产华南。

系统学评述：形态和分子证据均支持三蕊兰属和拟兰属 *Apostasia* 为姐妹群，二者构成拟兰亚科，是其余 4 个亚科的姐妹群 [8-10]。

DNA 条形码研究：BOLD 网站有该属 5 种 16 个条形码数据。

II. Vanilloideae 香荚兰亚科

二、Pogonieae 朱兰族

3. *Pogonia* Jussieu 朱兰属

Pogonia Jussieu (1789: 65); Chen et al. (2009: 172) [Type: *P. ophioglossoides* (Linnaeus) Ker-Gawler (≡ *Arethusa ophioglossoides* Linnaeus)]

　　特征描述：地生兰。茎直立，约在基部具 1 叶。叶常为狭椭圆形或矩圆状披针形，基部抱茎。花顶生，1-3；唇瓣边缘常有流苏状锯齿；蕊柱长，有明显的花丝；花粉团 2，粒粉质；无附属物。

　　分布概况：约 4/3 种，**9 型**；分布于东亚，北美；中国产华东和西南。

　　系统学评述：朱兰属位于香荚兰亚科内[11]。朱兰属为单系，姐妹群为 *Isotria*[7]。

　　DNA 条形码研究：BOLD 网站有该属 3 种 11 个条形码数据。

三、Vanilleae 香荚兰族

4. *Cyrtosia* Blume 肉果兰属

Cyrtosia Blume (1825: 396); Chen & Cribb (2009: 168) (Type: *C. javanica* Blume)

　　特征描述：菌类寄生植物。具肉质根膨大而成的块根。茎肉质，黄褐色至红褐色，无绿叶，节上具鳞片。花序轴被短毛或粉状毛；花中等大，不完全开放；萼片与花瓣靠合，萼片背面常多少被毛；唇瓣直立，基部多少与蕊柱合生，两侧近于围抱蕊柱；蕊柱上部扩大，无蕊柱足；花药生于蕊柱顶端背侧；花粉团 2，粒粉质。果实肉质，不裂。种子具厚的外种皮。

　　分布概况：约 5/3 种，**7 型**；分布于东南亚和东亚，西至斯里兰卡和印度；中国产华南和云南东南部。

　　系统学评述：肉果兰属置于香荚兰亚科香荚兰族[11]。该属可能为 1 个并系类群，山珊瑚属 *Galeola* 应与其合并，其姐妹群为倒吊兰属 *Erythorchis* 和 *Pseudovanilla*[7]。

　　DNA 条形码研究：BOLD 网站有该属 1 种 2 个条形码数据。

5. *Erythrorchis* Blume 倒吊兰属

Erythrorchis Blume (1837: 200); Chen et al. (2009: 171) [Type: *E. altissima* (Blume) Blume (≡ *Cyrtosia altissima* Blume)]

　　特征描述：菌类寄生草本。茎攀援，多分枝，红褐色或淡黄褐色，无绿叶。总状花序或圆锥花序顶生或侧生，具有多数花；唇瓣中央有 1 肥厚的纵脊，纵脊两侧有许多横向伸展的、由小乳突组成的条纹；蕊柱基部具短蕊柱足；花粉团 2，粒粉质，无附属物；柱头大，凹陷；蕊喙小。果实圆筒状蒴果，干燥，开裂。种子具厚的外种皮，周围有宽翅。

　　分布概况：约 3/1 种，**5 型**；主要分布于东南亚，自越南、柬埔寨、泰国、缅甸、马来西亚、印度尼西亚至菲律宾，向北可达琉球群岛，向西可达印度东北部；中国产海南南部和台湾。

　　系统学评述：倒吊兰属位于香荚兰亚科香荚兰族[11]。倒吊兰属为 1 个单系类群，其姐妹群为 *Pseudovanilla*[7]。

　　DNA 条形码研究：BOLD 网站有该属 2 种 3 个条形码数据。

6. *Galeola* Loureiro 山珊瑚属

Galeola Loureiro (1790: 520); Chen & Cribb (2009: 169) (Type: *G. nudifolia* Loureiro)

特征描述：菌类寄生植物，多年生草本，直立。根状茎粗厚，具褐色鳞片。茎红褐色，具卵状或卵状披针形鳞片。圆锥花序由总状或复总状花序组成，具多数花；花黄或白色；花粉团粒粉质，裸露。果实荚果状，开裂。种子具厚的假种皮，周围有宽翅。

分布概况：约 10/4 种，**5 型**；分布于印度洋岛屿，南亚，东南亚；中国产热带和亚热带地区。

系统学评述：山珊瑚属位于香荚兰亚科香荚兰族[11]。该属应与肉药兰属合并[7]。

7. *Lecanorchis* Blume 盂兰属

Lecanorchis Blume (1856: 188); Chen et al. (2009: 171) (Lectotype: *L. javanica* Blume)

特征描述：菌类寄生草本。茎疏生鳞片状鞘，无绿叶。总状花序顶生，具几至 10 余花；花苞片小，膜质；花小或中等大，常扭转；在子房顶端和花序基部之间具 1 杯状物（副萼），杯状物上方靠近花被基部处有离层；唇瓣基部有爪，爪的边缘与蕊柱合生成管，罕有不合生，上部 3 裂或不裂；唇盘上常被毛或具乳头状凸起，无距；蕊柱较细长，向顶端稍扩大，略呈棒状；花药顶生，2 室，花粉团 2，粒粉质，无花粉团柄，亦无明显的黏盘。

分布概况：约 10/5 种，**（7e）型**；分布于东南亚至太平洋岛屿，北到日本；中国产湖南、福建、云南和台湾

系统学评述：盂兰属被置于香荚兰亚科香荚兰族[11]。盂兰属为单系类群，与 *Eriaxis* 和 *Clematepistephium* 互为姐妹群[7]。

DNA 条形码研究：BOLD 网站有该属 1 种 1 个条形码数据。

8. *Vanilla* Plumier ex Miller 香荚兰属

Vanilla Plumier ex Miller (1754); Chen & Cribb (2009: 167) (Lectotype: *Vanilla maxicana* Miller)

特征描述：攀援植物。茎每节生 1 叶。叶大，肉质，有时退化为鳞片状。总状花序生于叶腋；花大，扭转，离生；唇瓣下部边缘常与蕊柱边缘合生，因而唇瓣常呈喇叭状，有时 3 裂；唇盘上有附属物；蕊柱长；花粉团 2 或 4，粒粉质或十分松散，不具花粉团柄或黏盘；蕊喙较宽阔。果实为荚果状，肉质，不开裂或开裂。种子具厚的外种皮，常呈黑色，无翅。

分布概况：70/3（2）种，**2-2 型**；分布于热带地区；中国产西南、华南和华东。

系统学评述：香荚兰属位于香荚兰亚科 [11]。香荚兰属为 1 个单系类群，其姐妹群为肉果兰属 *Cyrtosia*、*Erythorchis* 及 *Pseudovanilla* 的分支[7]。

DNA 条形码研究：BOLD 网站有该属 38 种 68 个条形码数据。

代表种及其用途：香荚兰 *V. fragrans* (Salisbury) Ames 被广为栽培供香料用。

III. Cypripedioideae 杓兰亚科

四、Cypripedieae 杓兰族

9. *Cypripedium* Linnaeus 杓兰属

Cypripedium Linnaeus (1753: 951); Chen & Cribb (2009: 21) (Lectotype: *C. calceolus* Linnaeus)

特征描述：地生草本。叶 2 至多数，叶片常椭圆形至卵形。花序常具单花或少数具 2-3 花；中萼片直立或俯倾于唇瓣之上，2 侧萼片合生，仅先端分离，极罕完全离生；唇瓣为深囊状，球形、椭圆形或其他形状，一般有宽阔的囊口；蕊柱短，常下弯，具 2 侧生的能育雄蕊，1 位于上方的退化雄蕊，1 位于下方的柱头；花药 2，具很短的花丝，花粉粉质或带黏性；柱头不明显的 3 裂，表面有乳突。

分布概况：约 50/32（26）种，**8** 型；分布于东亚，北美，欧洲等温带地区和亚热带山地，向南可达喜马拉雅和中美洲的危地马拉；中国产东北至西南山地和台湾高山。

系统学评述：形态和分子证据表明，杓兰属是 1 个单系类群，与兜兰属 *Paphiopedilum*、*Phragmipedium* 和 *Selenipedium* 等构成单系的杓兰亚科；Li 等[12]的分子系统学研究表明杓兰属可分为 8 个单系组和 2 个并系组。

DNA 条形码研究：BOLD 网站有该属 30 种 95 个条形码数据；GBOWS 已有 4 种 11 个条形码数据。

代表种及其用途：该属大多数种类均可供观赏，如杓兰 *C. calceolus* Linnaeus、西藏杓兰 *C. tibeticum* King ex Rolfe 等。

10. *Paphiopedilum* Pfitzer 兜兰属

Paphiopedilum Pfitzer (1886: 11), *nom. cons.*; Chen et al. (2009: 33) [Type: *P. insigne* (Wallich ex Lindley) Pfitzer, *typ. cons.* (≡ *Cypripedium insigne* Wallich ex Lindley)]

特征描述：地生草本。具短或长的横走根状茎和许多较粗厚的纤维根。叶 2 至多数，叶片带形，多少肉质，基部叶鞘相互套叠。花大；中萼片直立或俯倾于唇瓣之上，2 侧萼片合生而成合萼片；唇瓣为深囊状，球形、椭圆形或其他形状，一般有宽阔的囊口；蕊柱具 2 侧生的能育雄蕊、1 位于上方的退化雄蕊和 1 位于下方的柱头，退化雄蕊扁平；柱头肥厚，下弯。

分布概况：约 50/32（12）种，（**7a-d**）型；产亚洲热带地区；中国产西南山区。

系统学评述：兜兰属是单系，兜兰属内可分为 3 亚属，即 *Paphiopedilum* subgen. *Parvisepalum*、宽瓣亚属 *P.* subgen. *Brachypetalum* 和兜兰亚属 *P.* subgen. *Paphiopedilum*，其中兜兰亚属包括 5 组，即 *Paphiopedilum* sect. *Paphiopedilum*、*P.* sect. *Barbata*、*P.* sect. *Pardalopetalum*、*P.* sect. *Cochlopetalum* 和 *P.* sect. *Coryopedilum*[13,14]。

DNA 条形码研究：BOLD 网站有该属 105 种 353 个条形码数据；GBOWS 已有 4

种 28 个条形码数据。

代表种及其用途：该属绝大多数种类可供观赏，如杏黄兜兰 *P. armeniacum* S. C. Chen & F. Y. Liu、秀丽兜兰 *P. venustum* (Wallich ex Sims) Pfitzer。

IV. Orchidoideae 红门兰亚科

五、Orchidieae 红门兰族

11. *Brachycorythis* Lindley 苞叶兰属

Brachycorythis Lindlley (1838: 363); Chen et al. (2009: 100) (Type: *B. ovata* Lindley)

特征描述：地生草本。块茎椭圆形或近球形，肉质，不裂，颈部生数条细长的根。茎具多枚叶。叶互生，常密生呈覆瓦状。花序常具多花，苞片叶状；花上举或弓曲，直立伸展或少为斜展；萼片离生，中萼片直立，多少凹陷；唇瓣前伸或反折，基部舟状，具囊或距，先端 2 裂或 3 裂，边缘全缘；蕊喙较大；柱头 1 个；花粉团 2，为具小团块的粒粉质，具短的花粉团柄和大而裸露的黏盘。

分布概况：约 32/2（2）种，**6** 型；分布于热带非洲，南非和热带亚洲，主产南非及马达加斯加；中国产西南。

系统学评述：苞叶兰属是形态特征极为明显的属，分子系统学研究表明该属可能是狭义红门兰亚族 Orchidinae *s.s.*的姐妹群[1,15,16]。

DNA 条形码研究：BOLD 网站有该属 2 种 2 个条形码数据。

12. *Dactylorhiza* Necker ex Nevski 掌裂兰属

Dactylorhiza Necker ex Nevski (1935: 697); Chen et al. (2009: 114) (Lectotype: *Orchis umbrosus* Karelin). ——*Coeloglossum* Hartman (1820: 323)

特征描述：地生草本。块茎掌状分裂。总状花序；中萼片直立，常凹陷，侧萼片展开或反折；花瓣常与中萼片靠合呈盔状；唇瓣全缘，或 3-4 裂，基部具距；距圆柱状、圆锥状或囊状，短于子房或等长；蕊柱粗短；花药直立，2 室，平行或叉状；花粉团 2，粒粉质，基部具细长花粉团柄，黏盘位于花粉团柄末端；具黏囊；柱头裂片黏合，凹陷，位于蕊喙下方。

分布概况：约 50/6 种，**8 型**；主要分布于欧洲和俄罗斯，向东延伸至韩国，日本和北美洲，向南至亚洲亚热带的高寒地区；中国产西南和西北。

系统学评述：掌裂兰属及其近缘属的界定一直有争议，掌裂兰属是并系，应将凹舌兰属 *Coeloglossum* 并入该属[17-20]。

DNA 条形码研究：BOLD 网站有该属 27 种 71 个条形码数据；GBOWS 已有 2 种 8 个条形码数据。

13. *Diplomeris* D. Don 合柱兰属

Diplomeris D. Don (1825: 26); Chen et al. (1999: 162) (Type: *D. pulchella* D. Don)

特征描述：地生草本。植株具块茎，块茎 1 或 2，肉质。花葶顶生 1-2 花；花大，白色；花瓣较萼片宽大，唇瓣极宽，不裂，具长距；距贴生于蕊柱基部；蕊柱极短；蕊喙大，膜质；花粉团 2，粒粉质，具极长而细的花粉团柄和黏盘，裸露；柱头 2，极为伸长，在唇瓣的基部上面向下和向前突出，其下半部合生，上部分离；子房被毛。染色体 2n=42。

分布概况：4/2 种，**7 型**；分布于东南亚和南亚；中国产西南、华东等。

系统学评述：传统分类将合柱兰属放在红门兰亚科红门兰族[1]。目前无分子系统学的研究。

代表种及其用途：合柱兰 *D. pulchella* D. Don 可作药用。

14. *Disperis* Swartz 双袋兰属

Disperis Swartz (1800: 218); Chen et al. (2009: 164) [Lectotype: *D. capensis* (Linnaeus) Swartz (≡ *Arethusa capensis* Linnaeus)]

特征描述：地生草本。地下具根状茎和块茎。茎纤细，基部有 2-3 鳞片状鞘。叶很小。单花或 2-3 花生于茎端叶腋；中萼片常直立，较狭窄，与宽阔的花瓣合生或靠合而呈盔状，侧萼片基部合生，中部向外凹陷呈袋状或距状；唇瓣基部有爪，上部常 3 裂；花药 2 室，药室分开；花粉团 2，粒粉质，由小团块组成，每花粉团各具 1 花粉团柄和黏盘；柱头 2；蕊喙较大，两侧各具 1 臂状物。

分布概况：74/1 种，**4 型**；主要分布于热带非洲和南非，少见于热带亚洲，澳大利亚和太平洋岛屿；中国产香港和台湾南部。

系统学评述：双袋兰属原位于红门兰亚科的 Diseae 族双袋兰亚族 Coryciinae[1]。根据 Waterman 等[21]的研究，支持其为红门兰族 Brownleeinae 亚族的成员，然而其与 *Brownleea* 的姐妹群关系支持率低。Kurzweil 和 Manning[22]根据形态学的研究，成立了 2 亚属，即 *Disperis* subgen. *Dryorkis* 和 *D.* subgen. *Dispesris*。

DNA 条形码研究：BOLD 网站有该属 25 种 29 个条形码数据。

15. *Galearis* Rafinesque 盔花兰属

Galearis Rafinesque (1833: 71); Chen et al. (2009: 90) (Type: *non designatus* ≡). ——*Aceratorchis* Schlechter (1922: 328)

特征描述：地生草本。根状茎较短。叶生于基部或茎生，1-2，互生，罕对生，基部收缩成抱茎的鞘。总状花序具少数花；侧萼片与花瓣常与中萼片靠合呈盔状；唇瓣全缘或 3 浅裂；蕊柱粗短；花药直立，紧密贴生于蕊柱顶端，具 2 室，平行或叉状；花粉团 2，粒粉质，具细长的花粉团柄，柄的末端具黏盘；黏盘具黏囊；柱头凹陷，位于蕊喙下方；蕊喙略凸，蕊喙臂 2；退化雄蕊 2，翅状，位于蕊柱两侧。

分布概况：约 10/5（2）种，**9** 型；主要分布于北温带，延伸至亚洲亚热带的高寒地区和北美洲；中国产西南、华北。

系统学评述：该属从广义红门兰属 *Orchis s.l.*中划分出来，盔花兰属为单系，远东兰属 *Neolindleya* 应并入该属[20,23]。

DNA 条形码研究：BOLD 网站有该属 5 种 32 个条形码数据；GBOWS 已有 3 种 15 个条形码数据。

16. *Gennaria* Parlatore 怒江兰属

Gennaria Parlatore (1860: 404); Jin et al. (2015: 240) [Lectotype: *G. diphylla* (Link) Parlatore (≡ *Satyrium diphyllum* Link)]. ——*Dithrix* Schlechter ex Brummitt (1993: 366); *Nujiangia* X. H. Jin & D. Z. Li (2012: 68)

特征描述：地生草本。块茎圆球形，肉质。最下面 1 叶常最大，往上具 2 至几数苞片状小叶。花序具几至 10 余花，花常偏向一侧；花绿白色；萼片和花瓣基部合生；唇瓣和萼片近等长，常向前伸展且向下弯，3 裂，基部具距；花药直立，花粉团 2，具小团块的粒粉质；柱头 1，大，隆起；蕊喙臂较长；退化雄蕊 2，具长柄，线形、长方形、卵圆形或倒卵形，大，位于花药的基部两侧。

分布概况：1/1 种，**10（1）**型；分布于印度东北部，阿富汗和巴基斯坦；中国产云南。

系统学评述：怒江兰属是个区别特征明显的属[24]。

DNA 条形码研究：BOLD 网站有该属 1 种 3 个条形码数据。

17. *Gymnadenia* R. Brown 手参属

Gymnadenia R. Brown (1813: 191); Chen et al. (2009: 133) [Type: *G. conopsea* (Linnaeus) R. Brown (≡ *Orchis conopsea* Linnaeus)]

特征描述：地生草本。块茎 1 或 2，肉质，下部呈掌状分裂，裂片细长。茎具 3-6 互生的叶。花序顶生；花较小；萼片离生，中萼片凹陷呈舟状，侧萼片反折；花瓣与中萼片多少靠合；唇瓣宽菱形或宽倒卵形，明显 3 裂或几乎不裂，基部凹陷，具距；花药先端钝或微凹，2 室；花粉团 2，为具小团块的粒粉质，具花粉团柄和黏盘，黏盘裸露；退化雄蕊 2，位于花药基部两侧，近球形。

分布概况：约 10/5（3）种，**10** 型；分布于欧洲与亚洲温带及亚热带山地；中国产西南。

系统学评述：Sundermann[25]将 *Nigritella* 归并到手参属，并得到分子系统学的支持[16,18]，其姐妹群为掌裂兰属 *Dactylorhiza*[19]。

DNA 条形码研究：BOLD 网站有该属 6 种 41 个条形码数据；GBOWS 已有 2 种 32 个条形码数据。

18. *Habenaria* Willdenow 玉凤花属

Habenaria Willdenow (1805: 44); Chen & Cribb (2013: 144) [Lectotype: *H. macroceratitis* Willdenow (≡

Orchis habenaria Linnaeus)

特征描述：地生草本。块茎肉质，椭圆形或长圆形。茎直立。花序具少数或多数花；中萼片常与花瓣靠合呈兜状；唇瓣一般 3 裂，基部常有长或短的距，有时为囊状或无距；花粉团 2，粒粉质，常具长的花粉团柄，柄的末端具黏盘；黏盘裸露，较小；柱头 2，分离，凸出或延长，成为"柱头枝"，位于蕊柱前方基部；蕊喙有臂，厚而大，臂伸长的沟与药室伸长的沟相互靠合成管围抱着花粉团柄。染色体 2*n*=28-168。

分布概况：600-800/54（19）种，**1** 型；分布于热带，亚热带至温带地区；中国主产长江流域及其以南、以西南，特别是横断山脉为多。

系统学评述：目前定义的玉凤花属为 1 个多系类群，由于种类多，世界分布，如何进行玉凤花属复合体属的划分，尚无确定的结论[1,16,26-29]。

DNA 条形码研究：BOLD 网站有该属 239 种 738 个条形码数据；GBOWS 已有 11 种 73 个条形码数据。

代表种及其用途：毛亭玉凤花 *H. ciliolaris* Kraenzlin 可作药用；澄黄玉凤花 *H. rhodocheila* Hance 可作观赏。

19. *Hemipilia* Lindley 舌喙兰属

Hemipilia Lindley (1835: 296); Chen et al. (2009: 98) (Type: *H. cordifolia* Lindley). ——*Hemipiliopsis* Y. B. Luo & S. C. Chen (2003: 450)

特征描述：地生草本。具块茎。茎常具 1 叶。叶心形或卵状心形。总状花序具数花或 10 余花；中萼片与花瓣靠合呈兜状，侧萼片斜歪；唇瓣在基部近距口处具 2 胼胝体；距内面常被小乳突；蕊柱明显；花药近兜状，药隔宽阔；蕊喙甚大，3 裂，中裂片舌状，长可达 2mm，侧裂片三角形；花粉团 2，粒粉质；黏盘着生于蕊喙的侧裂片顶端并被由侧裂片前部延伸出的膜片所包；柱头 1，稍凹陷，前部稍突出。

分布概况：约 13/9（8）种，**14SH** 型；分布于尼泊尔，不丹，缅甸，泰国；中国产西南山区。

系统学评述：舌喙兰属被置于红门兰亚科红门兰族[1]。舌喙兰属与无柱兰属 *Amitostigma* 的关系较近[16,23,27]。

DNA 条形码研究：BOLD 网站有该属 5 种 15 个条形码数据；GBOWS 已有 3 种 12 个条形码数据。

20. *Hsenhsua* X. H. Jin, Schuiteman & W. T. Jin 先骕兰属

Hsenhsua X. H. Jin, Schuiteman & W. T. Jin (2014: 41) [Type: *H. chrysea* (W. W. Smith) X. H. Jin, Schuiteman, W. T. Jin & L. Q. Huang (≡ *Habenaria chrysea* W. W. Smith)]

特征描述：地生草本。块茎球形，肉质。叶位于基部，近对生，基部收缩成抱茎的鞘。花序无毛；花苞片极大；子房扭转；花瓣常与中萼片靠合呈盔状；距常与子房等长；子房具长的花梗，蕊柱粗短；花药直立，基部紧密贴生于蕊柱顶端，2 室，平行；花粉团 2，粒粉质，具细长的花粉团柄与黏盘；柱头凹陷，位于蕊喙下方；蕊喙明显，蕊喙

臂 2；退化雄蕊 2，位于蕊柱两侧，常明显。

分布概况：约 1/1 种，**13（2）型**；分布于喜马拉雅地区；中国产云南和西藏。

系统学评述：先骕兰 *H. chrysea* 原置于小红门兰属 *Ponerorchis*，然而 Jin 等[27]的研究表明该种在分子和形态证据上有别于小红门兰属，而提出将该种独立成 1 个新属。

21. *Herminium* Linnaeus 角盘兰属

Herminium Linnaeus (1758: 251); Chen et al. (2009: 119) [Type: *H. monorchis* (Linnaeus) R. Brown (≡ *Ophrys monorchis* Linnaeus)]. ——*Androcorys* Schlechter (1919: 52); *Bhutanthera* Renz (2001: 99); *Frigidorchis* Z. J. Liu & S. C. Chen (2007: 14); *Porolabium* Tang & F. T. Wang (1940: 36)

特征描述：地生草本。块茎球形或椭圆形，不分裂。花序顶生；萼片离生，近等长；花瓣较萼片狭小，一般增厚而带肉质；唇瓣贴生于蕊柱基部，前部 3 裂（罕 5 裂）或不裂，基部多少凹陷，常无距；花药生于蕊柱顶端，2 室，药室并行或基部稍叉开；花粉团 2，为具小团块的粒粉质，裸露；蕊喙较小；柱头 2，隆起而向外伸，分离，几为棍棒状；退化雄蕊 2，较大，位于花药基部两侧。

分布概况：约 40/30（20）种，**10 型**；主要分布于东亚，少数见于欧洲和东南亚；中国产西南。

系统学评述：角盘兰属及其近缘属的界定一直非常困难[16,20,23]，分子系统学研究表明角盘兰属应该扩大，包括兜蕊兰属 *Androcorys* 等一些属或种类[16,27]。

DNA 条形码研究：BOLD 网站有该属 8 种 47 个条形码数据；GBOWS 已有 5 种 50 个条形码数据。

22. *Orchis* Linnaeus 红门兰属

Orchis Linnaeus (1753: 939); Chen et al. (2009: 90) (Lectotype: *O. militaris* Linnaeus)

特征描述：地生草本。基部具细、指状、肉质的根状茎或具 1-2 肉质块茎。叶基生或茎生，互生，罕近对生，1-5。总状花序顶生，具 1 至多花，子房扭转，无毛或被短柔毛；花倒置；唇瓣 3 裂至 4 裂，基部有距，距圆筒状或囊状；花粉团 2，为具小团块的粒粉质，具花粉团柄和黏盘；黏盘 2，突出于蕊柱前面距口之上方；柱头 1，凹陷，位于蕊喙之下的凹穴内；退化雄蕊 2，位于花药基部两侧。

分布概况：约 20/1 种，**8 型**；分布于北温带，亚洲亚热带山地及非洲北部的温暖地区；中国产新疆。

系统学评述：红门兰属及其近缘属界限的划分争议较多，不同学者之间的观点差异很大[16,17,20,23,26,30-35]。目前研究表明传统定义的红门兰属及其近缘属必须进行重新划分，而营养体性状（如地下器官类型等）在属的划分上具有重要的意义[16,17,20,23,26,30-35]。

DNA 条形码研究：BOLD 网站有该属 7 种 17 个条形码数据；GBOWS 已有 2 种 20 个条形码数据。

23. *Pecteilis* Rafinesque 白蝶兰属

Pecteilis Rafinesque (1836: 37); Chen et al. (2009: 136) [Lectotype: *P. susannae* (Linnaeus) Rafinesque (≡ *Orchis susannae* Linnaeus)]

特征描述：地生草本。块茎长圆形、椭圆形或近球形，肉质，不裂。总状花序顶生；花苞片叶状，较大；花大；萼片宽阔；唇瓣3裂，侧裂片外侧具细的裂条或小齿或全缘，中裂片线形或宽的三角形；距比子房长很多；花粉团2，为具小团块的粒粉质，具花粉团柄和黏盘，黏盘包藏于蕊喙臂末端筒内；蕊喙较低，具长的蕊喙臂；柱头2，凸出。

分布概况：约7/3种，（**7a**）型；分布于亚洲热带至亚热带地区，从日本，马来西亚，印度尼西亚，中南半岛至喜马拉雅；中国产西南、华南和华东。

系统学评述：白蝶兰属应并入玉凤花属 *Habenaria*[27]。

DNA 条形码研究：BOLD 网站有该属3种10个条形码数据。

24. *Peristylus* Blume 阔蕊兰属

Peristylus Blume (1825: 404); Chen et al. (1999: 137) (Type: *P. grandis* Blume)

特征描述：地生草本。块茎肉质，圆球形或长圆形。总状花序常具多数花；花瓣与中萼片相靠呈兜状；唇瓣3深裂或3齿裂，基部具距；距常很短，囊状或圆球形，罕为圆筒状，常短于萼片和较子房短很多；花粉团2，粒粉质，具短的花粉团柄和黏盘；蕊喙小；柱头2，隆起而凸出；退化雄蕊2，位于花药基部两侧。蒴果长圆形，常直立。

分布概况：70/10（5）种，**7**（**4**）型；分布于从亚洲东部、南部和东南部到新几内亚，澳大利亚东北部和太平洋西南部岛屿；中国产西南、华南和华东等。

系统学评述：阔蕊兰属位于红门兰亚科红门兰族玉凤花亚族 Habenarinae[1,36]，但此属的范围争议很大，与近缘属，如玉凤花属 *Habenaria*、角盘兰属 *Herminium* 等的界限仍然不清[37]。Seidenfaden[38]基于花的形态特征将该属分为4组。

DNA 条形码研究：BOLD 网站有该属10种70个条形码数据；GBOWS 已有3种11个条形码数据。

25. *Platanthera* Richard 舌唇兰属

Platanthera Richard (1817: 20), *nom. cons.*; Chen et al. (2009: 101) [Type: *P. bifolia* (Linnaeus) Richard (≡ *Orchis bifolia* Linnaeus)]. ——*Diphylax* J. D. Hooker (1889: 1865); *Smithorchis* Tang & F. T. Wang (1936: 139); *Tulotis* Rafinesque (1833: 70)

特征描述：地生草本。根棒状和纺锤状。叶互生。唇瓣常为线形或舌状，肉质，基部两侧无耳，罕具耳，下方具距；蕊柱粗短；花药直立，药隔明显；花粉团2，为具小团块的粒粉质，棒状，具明显的花粉团柄和裸露的黏盘；柱头有3种类型：柱头1，由3裂片联合成1垫状加厚的平面，或联合成1凸面且被蕊喙包围，或2柱头裂片离生，拉伸，位于距口的前方两侧。

分布概况：约200/51（19）种，**8**（←**2**（**3**））型；主要分布于北温带，遍及欧洲和非洲北部，马来群岛和新几内亚及北美洲中部；中国产西南、华东等。

系统学评述：舌唇兰属的界定和系统学研究一直比较困难[1,16,20,23,35,39]。郎楷永[40]根据柱头和萼片边缘是否有睫毛状齿建立了舌唇兰亚属（*Platanthera* subgen. *Platanthera*）和显柱舌唇兰亚属（*P.* subgen. *Stigmatosae*）。Hapeman 和 Inoue[32]根据核基因 ITS 的分子系统学研究认为舌唇兰属为并系，应包括蜻蜓兰属 *Tulotis* 等 7 属，并将舌唇兰属分为 5 个分支。Bateman 等[23]继续扩大舌唇兰属的界定，并将该属分为 7 组，即 *Platanthera* sect. *Limnorchis*、*P.* sect. *Lacera*、*P.* sect. *Tulotis*、*P.* sect. *Lysias*、*P.* sect. *Lysiella*、*P.* sect. *Piperia* 和 *P.* sect. *Platanthera*。Jin 等[27]认为舌唇兰属需要重新界定。

DNA 条形码研究：BOLD 网站有该属 50 种 205 个条形码数据；GBOWS 已有 7 种 37 个条形码数据。

26. *Ponerorchis* H. G. Reichenbach 小红门兰属

Ponerorchis H. G. Reichenbach (1852: 227); Chen et al. (2009: 92) (Type: *P. graminifolia* H. G. Reichenbach). ——*Amitostigma* Schlechter (1919: 91); *Neottianthe* Schlechter (1919: 290)

特征描述：地生草本。块茎球形、卵形或椭圆形不分裂，肉质。叶片位于基部或茎生，基部收缩成抱茎的鞘。花倒置；子房扭转；花瓣常与中萼片靠合呈盔状；蕊柱粗短；花药直立，基部紧密贴生于蕊柱顶端，2 室，平行；花粉团 2，粒粉质，具细长的花粉团柄与黏盘；柱头凹陷，位于蕊喙下方；蕊喙明显，蕊喙臂 2；退化雄蕊 2，位于蕊柱两侧，常明显。

分布概况：约 40/35（30）种，**14**（**1**）型；分布从喜马拉雅到日本；中国产西南、华东等。

系统学评述：该属从广义红门兰属中划分而来，分子系统学研究表明小红门兰属与无柱兰属 *Amitostigma* 等较近[16,23,27,35]。

DNA 条形码研究：BOLD 网站有该属 6 种 20 个条形码数据；GBOWS 已有 2 种 15 个条形码数据。

27. *Sirindhornia* H. A. Pedersen & Suksathan 毛轴兰属

Sirindhornia H. A. Pedersen & Suksathan (2002: 293); Jin et al. (2014: 48) [Type: *S. monophylla* (Collett & Hemsley) H. A. Pedersen & Suksathan (≡ *Habenaria monophylla* Collett & Hemsley)]

特征描述：地生草本。块茎球形、卵形或椭圆形，肉质。叶 1-2，位于基部，肉质，具紫色斑点。花序轴被毛；花倒置；子房扭转，被毛；花瓣常与中萼片靠合呈盔状；蕊柱短；花药直立，2 室，平行；花粉团 2，粒粉质，具细长的花粉团柄与黏盘；柱头凹陷，位于蕊喙下方；退化雄蕊 2，位于蕊柱两侧。

分布概况：约 3/2 种，**7**（**3**）型；分布于亚洲热带山地；中国产西南。

系统学评述：Pedersen 等[41]发现了泰国北部的 2 新种，并进一步确立了该属。FOC 将其纳入小红门兰属 *Ponerorchis* 之内。Jin 等[27]发现其与小红门兰属-舌喙兰属 *Hemipilia*-长喙兰属 *Tsaiorchis* 分支成姐妹群，但支持率低。

DNA 条形码研究：BOLD 网站有该属 1 种 3 个条形码数据。

28. *Satyrium* Swartz 鸟足兰属

Satyrium Swartz (1800: 214), *nom. cons.*; Kurzweil & Linder (1998: 101); Chen et al. (2009: 165). [Type: *S. bicorne* (Linnaeus) Thunberg, *typ. cons.* (≡ *Orchis bicornis* Linnaeus)]

特征描述：地生草本。地下具块茎。叶稍肥厚。总状花序顶生，常具多花；花苞片常多少叶状，反折；花梗极短；花两性或罕有单性，不扭转；萼片与花瓣离生；唇瓣位于上方，贴生于蕊柱基部，兜状，基部有 2 距或囊状距，极罕距或囊完全消失；花药生于蕊柱背侧，基部与蕊柱完全合生；花粉团 2，粒粉质，由小团块组成，每花粉团具 1 花粉团柄和 1 黏盘；柱头大，伸出。染色体 2n=42。

分布概况：约 100/3 种，6 型；分布于非洲，主产南部非洲，仅 3 种见于亚洲；中国产西南。

系统学评述：鸟足兰属位于红门兰亚科，但在红门兰亚科的系统位置仍不清楚，通常被放在 Diseae 族的不同亚族。分子系统学研究发现该属与红门兰族关系更近，属内系统有待进一步研究[22,42,43]。

DNA 条形码研究：BOLD 网站有该属 72 种 219 个条形码数据；GBOWS 已有 1 种 11 个条形码数据。

29. *Tsaiorchis* Tang & F. T. Wang 长喙兰属

Tsaiorchis Tang & F. T. Wang (1936: 131); Chen et al. (2009: 135) (Type: *T. neottianthoides* Tang & F. T. Wang)

特征描述：地生草本。根状茎指状，肉质。茎直立。花序顶生具偏向一侧的花；唇瓣基部与蕊柱贴生，具距，中部稍缢缩，前部扩大，3 裂；花药向顶部延伸成芒状；药室平行；花粉团 2，为具小团块的粒粉质，具极短的花粉团柄和黏盘，藏于由唇瓣和蕊柱形成的穴内；蕊喙扁而伸长，鸟喙状，中部两侧各具 1 枚齿；柱头 2，离生，线形，贴生于唇瓣；退化雄蕊 2，伸长，高于花药，贴生于花药基部两侧。

分布概况：1/1 种，7（4）型；分布于泰国；中国产云南、广西。

系统学评述：Pridgeon 等[20]认为长喙兰属是无柱兰属 *Amitostigma* 的异名，Jin 等[27]的研究发现该属为舌喙兰属 *Hemipilia* 的姐妹群。

DNA 条形码研究：BOLD 网站有该属 1 种 2 个条形码数据；GBOWS 已有 1 种 4 个条形码数据。

六、Diurideae 双尾兰族

30. *Corybas* Salisbury 铠兰属

Corybas Salisbury (1807: 83); Chen et al. (2009: 86) (Type: *C. aconitiflorus* Salisbury)

特征描述：地生小草本。地下有块茎和细长根状茎。叶 1。单花，顶生，扭转；中萼片有爪，爪的边缘内卷并围抱唇瓣基部形成管状，侧萼片和花瓣狭小或丝状；唇瓣基部有深槽并与中萼片联合成管状，上部扩大，展开或反折，内表面常有小乳突或毛；距 2，角状，或无距而具 2 耳状物；花粉团 4 或 2 而又 2 裂，粒粉质，无花粉团柄，有黏质物或黏盘。

分布概况：100/5（4）种，**5（7e）型**；主要分布于大洋洲和热带亚洲；中国产长江以南。

系统学评述：分子和形态证据均支持将铠兰属置于红门兰亚科双尾兰族针花兰亚族 Acianthinae，姐妹群可能为 *Cyrtostylis*[1,20,44,45]。

DNA 条形码研究：BOLD 网站有该属 2 种 4 个条形码数据。

31. *Cryptostylis* R. Brown 隐柱兰属

Cryptostylis R. Brown (1810: 317); Chen et al. (2009: 88) [Lectotype: *C. longifolia* R. Brown, *nom. illeg.* (=*C. subulata* (Labillardière) H. G. Reichenbach ≡ *Malaxis subulata* Labillardière)]

特征描述：地生草本。叶基生，1-2 或多数，具长柄。花葶直立，总状花序顶生，常具多数密生的花；花不倒置；萼片和花瓣均甚狭窄，近相似，张开；花瓣常较萼片稍短小；唇瓣直立，不裂，上部收狭，基部无距，宽阔，围抱蕊柱；蕊柱极短，具侧生的耳；柱头 1，凸出，肉质；蕊喙直立，宽而厚，渐尖；花药直立，位于蕊柱的背面；花粉团 4，成 2 对，粒粉质。

分布概况：约 20/1 种，**5（7e）型**；分布于大洋洲和热带亚洲；中国产台湾、广东和广西。

系统学评述：分子和形态证据均支持隐柱兰属位于红门兰亚科双尾兰族，隐柱兰属为单系，姐妹群为 *Coilochilus*[1,20,44-46]。

DNA 条形码研究：BOLD 网站有该属 3 种 4 个条形码数据。

32. *Microtis* R. Brown 葱叶兰属

Microtis R. Brown (1810: 320); Chen et al. (2009: 89) (Lectotype: *M. rara* R. Brown)

特征描述：地生小草本。具小块茎。茎具 1 叶。叶片圆筒状，近轴面具纵槽，细长。总状花序具数至多花；花小，常扭转；萼片与花瓣离生，中萼片与侧萼片相似或较大；花瓣小于萼片；唇瓣贴生于蕊柱基部，常不裂，较少分裂，基部有时有胼胝体，无距；蕊柱肉质，很短，常有 2 耳状物或翅；花药前倾；花粉团 4，成 2 对，粒粉质，具短的花粉团柄黏盘。

分布概况：约 14/1 种，**5（7a）型**；主要分布于澳大利亚，仅 1 种见于亚洲热带与亚热带地区；中国产华东和华南。

系统学评述：形态学和分子系统学研究均支持成立红门兰亚科双尾兰族葱叶兰亚族 *Prasophyllinae*，葱叶兰属为 1 个单系类群，与 *Prasophyllum* 和 *Genoplesium* 关系较近[1,44,46]。

DNA 条形码研究：BOLD 网站有该属 17 种 32 个条形码数据。

33. *Stigmatodactylus* Maximowicz ex Makino 指柱兰属

Stigmatodactylus Maximowicz ex Makino (1891: 81); Chen et al. (2009: 88) (Type: *S. sikokianus* Maximowicz ex Makino)

特征描述：地生小草本。根状茎近直生，末端连接球茎状的小块茎。茎纤细，中部具 1 叶。叶很小，基部无柄，多少抱茎。总状花序具 1-3 花；萼片离生，但侧萼片略斜歪且较短；唇瓣宽阔，基部具 1 肉质的、2 深裂的附属物；蕊柱直立，上部向前弯，两侧边缘有狭翅，无蕊柱足；柱头凹陷，下方有指状附属物；花粉团 4，成 2 对，粒粉质，无花粉团柄和黏盘。

分布概况：约 4/1 种，**7** 型；分布于日本，印度，印度尼西亚；中国产福建、湖南和台湾。

系统学评述：形态学和分子系统学研究将指柱兰属置于红门兰亚科双尾兰族针花兰亚族，可能为单系，姐妹群可能为 *Acianthus* 的部分种类[1,20,44-46]。

DNA 条形码研究：BOLD 网站有该属 1 种 1 个条形码数据。

七、Cranichideae 药粉兰族

34. *Anoectochilus* Blume 金线兰属

Anoectochilus Blume (1825: 411); Chen et al. (2009: 76) (Type: *A. setaceus* Blume)

特征描述：地生兰。叶基部常偏斜。总状花序；唇瓣基部延伸成圆锥状的距，伸出于侧萼片基部之外；唇瓣前部多明显扩大成 2 裂，中部收狭成爪，其两侧多具流苏状细裂条或具锯齿，稀全缘，其内面中央具褶片，两侧具胼胝体；花粉团 2，粒粉质，具长或短的花粉团柄；柱头 2，位于蕊喙基部前方或基部的两侧，较大的 1 个位于蕊喙前面的正中央。

分布概况：约 40/20（11）种，**5** 型；分布于亚洲热带地区至大洋洲；中国产西南至华南。

系统学评述：分子系统学研究将金线兰属置于红门兰亚科药粉兰族斑叶兰亚族 Goodyerinae[2,4,45]。

DNA 条形码研究：BOLD 网站有该属 8 种 19 个条形码数据；GBOWS 已有 2 种 6 个条形码数据。

35. *Chamaegastrodia* Makino & F. Maekawa 叠鞘兰属

Chamaegastrodia Makino & F. Maekawa (1935: 596); Chen et al. (2009: 69) (Type: *C. shikokiana* Makino & F. Maekawa)

特征描述：菌类寄生植物，矮小。根肥厚、肉质，排生于根状茎上。茎无绿色叶，

具多数鞘状膜质鳞片，鞘状鳞片彼此多少套叠。总状花序具几至 10 余花；子房不扭转；花较小；唇瓣前部扩大，2 裂，呈 "T" 形，罕前部不扩大不裂，基部多少扩大并凹陷呈囊，而其中脉两侧近基部处各具 1 突出的胼胝体；蕊柱前面两侧各具 1 三角状镰形的附属物；柱头 2，离生，隆起，位于蕊前面两侧。

分布概况：约 5/4（1）种，**14（7-4）型**；分布于日本至亚洲热带地区；中国产湖北、四川、云南和西藏东南部。

系统学评述：依据分子系统学研究将叠鞘兰属置于红门兰亚科药粉兰族斑叶兰亚族[2,4,45]。

DNA 条形码研究：BOLD 网站有该属 1 种 5 个条形码数据。

36. *Cheirostylis* Blume 叉柱兰属

Cheirostylis Blume (1825: 413); Chen et al. (2009: 57) (Type: *C. montana* Blume)

特征描述：草本。根状茎呈莲藕状或毛虫状。茎下部互生 2-5 叶。叶片卵形或心形，具柄。总状花序顶生；萼片膜质，在中部或以上合生成筒状；唇瓣基部扩大呈囊状，囊内侧脉上具胼胝体，少数基部平坦而无胼胝体，中部收狭成爪，前部扩大，常 2 裂，边缘具流苏状裂条或锯齿或全缘；蕊柱短，顶部前侧具 2 臂状直立的附属物，其多数几与叉状的蕊喙等高；柱头 2，离生，较大，位于蕊喙的基部两侧。

分布概况：约 20/17（10）种，**4（6）型**；分布于热带非洲，热带亚洲和太平洋岛屿；中国产西南。

系统学评述：分子系统学研究将叉柱兰属置于红门兰亚科药粉兰族斑叶兰亚族[2,4,45]。

37. *Cystorchis* Blume 鳔唇兰属

Cystorchis Blume (1858: 173); 羊海军等(2013: 177) (Lectotype: *C. variegata* Blume)

特征描述：自养或菌类寄生植物。具肉质根膨大而成的块根。花序轴被短毛；花小，不完全开放；萼片与花瓣靠合；唇瓣基部凹陷呈鱼鳔状，内部各具 1 胼胝体；花粉团 2，粒粉质。

分布概况：约 29/1 种，**7 型**；分布于东南亚；中国产海南和云南南部。

系统学评述：分子系统学研究将鳔唇兰属置于红门兰亚科药粉兰族斑叶兰亚族[2,4,45]。羊海军等[47]于 2013 年发表了该属在中国分布新记录。

DNA 条形码研究：BOLD 网站有该属 4 种 9 个条形码数据。

38. *Erythrodes* Blume 钳唇兰属

Erythrodes Blume (1825: 410); Chen et al. (2009: 56) (Type: *E. latifolia* Blume)

特征描述：地生草本。叶稍肉质，互生，具柄。总状花序顶生，直立，具多数密生的花；花倒置；萼片离生，侧萼片张开；唇瓣基部常多少贴生于蕊柱，上部张开或向下反曲，基部具距；距圆筒状，向下伸出于侧萼片基部之外，不裂或 2 浅裂，内面无胼胝体或毛；花粉团 2，每个纵裂为 2，为具小团块的粒粉质，具花粉团柄，共同具 1 黏盘；蕊喙直立，2 裂；柱头 1，位于蕊喙之下。

分布概况：约 100/1 种，**3 型**；主要分布于南美洲和亚洲热带地区，也见于北美洲，中美洲，新几内亚和太平洋岛屿；中国产台湾、广东、广西和云南。

系统学评述：分子系统学研究将钳唇兰属置于红门兰亚科药粉兰族斑叶兰亚族[2,4,45]。

DNA 条形码研究：BOLD 网站有该属 3 种 7 个条形码数据。

39. *Goodyera* R. Brown 斑叶兰属

Goodyera R. Brown (1813: 197); Chen et al. (2009: 45) [Lectotype: *G. repens* (Linneaus) R. Brown (≡ *Satyrium repens* Linnaeus)]

特征描述：地生草本。根状茎常伸长。叶互生，上面常具斑纹。萼片离生，中萼片直立，与较狭窄的花瓣黏合呈兜状；花瓣较萼片薄，膜质；唇瓣倒置，围绕蕊柱基部，不裂，无爪，基部凹陷呈囊状，前部渐狭，先端多少向外弯曲，囊内常有毛；花粉团 2，狭长，每个纵裂为 2，为具小团块的粒粉质，无花粉团柄，共同具 1 或大或小的黏盘；蕊喙直立，长或短，2 裂；柱头 1，较大，位于蕊喙之下。蒴果直立，无喙。

分布概况：约 40/29（13）种，**8-4（3，5）型**；主要分布于东南亚，大洋洲，非洲马达加斯加也有；中国南北均产。

系统学评述：传统上斑叶兰属被置于绶草亚科 Spiranthoideae 药粉兰族斑叶兰亚族，但分子系统学研究表明绶草亚科应并入红门兰亚科[4,45]，亚洲斑叶兰属有系统学研究[48]。

DNA 条形码研究：BOLD 网站有该属 18 种 184 个条形码数据；GBOWS 已有 4 种 24 个条形码数据。

代表种及其用途：该属部分种类的全草民间作药用，如斑叶兰 *G. schlechtendaliana* Reichenbach f.。

40. *Herpysma* Lindley 爬兰属

Herpysma Lindley (1833: 1618); Chen et al. (2009: 56) (Type: *H. longicaulis* Lindley)

特征描述：地生草本。叶互生于整个茎上，叶片纸质。总状花序密生多数花；花倒置；中萼片与花瓣黏合呈兜状；唇瓣较萼片短，贴生于蕊柱两侧，呈提琴形，中部反折，基部具狭长的距；距从两侧萼片之间基部伸出，与子房（连花梗）近等长，末端稍 2 裂，内侧无胼胝体和毛，近末端处具少数不规则的小瘤；蕊柱短，无附属物；蕊喙短，直立，2 裂；柱头 1，位于蕊喙之下。

分布概况：2/1 种，**7-2（7ab）型**；分布于喜马拉雅至菲律宾；中国产云南和海南。

系统学评述：爬兰属被置于红门兰亚科药粉兰族斑叶兰亚族[2,4,45]。

41. *Hetaeria* Blume 翻唇兰属

Hetaeria Blume (1825: 409), *nom. & orth. cons.*; Chen et al. (2009: 65) (Type: *H. oblongifolia* Blume, *typ. cons.*)

特征描述：地生草本。根状茎伸长。叶上面绿色或沿中肋白色条纹。花茎直立，常被毛；花序顶生，具多数花；子房不扭转；花不倒置；萼片离生，侧萼片包围唇瓣基部的囊；唇瓣基部凹陷，呈囊状或杯状，内面基部具各种形状的胼胝体；蕊柱短，前面两侧具翼状附属物；花药2室；花粉团2，为具小团块的粒粉质，具花粉团柄，呈短棒状，共同具1黏盘；蕊喙叉状2裂；柱头2，突出，位于蕊喙之基部两侧。

分布概况：约 20/5 种，**2（5）型**；主要分布于亚洲热带地区，也见于大洋洲；中国产东南至西南。

系统学评述：翻唇兰属被置于红门兰亚科药粉兰族斑叶兰亚族[2,4,45]。

DNA 条形码研究：BOLD 网站有该属 6 种 10 个条形码数据。

42. *Hylophila* Lindley 袋唇兰属

Hylophila Lindley (1833: 1618); Chen et al. (2009: 54) (Type: *H. mollis* Lindley)

特征描述：地生草本。根状茎伸长，茎状，匍匐，肉质，具节，节上生根。叶在茎上互生，具柄，柄基部扩大成抱茎的鞘。花序总状，顶生，具多数较密生的花；花倒置（唇瓣位于下方）；萼片离生，中萼片和花瓣黏合呈兜状，侧萼片斜歪，围抱唇瓣；唇瓣几乎呈囊状；蕊柱短，有时具2平行的狭翅，在中部呈臂状伸出；花药长，披针形；花粉团2，为具小团块的粒粉质，具长的花粉团柄，共同具1长的黏盘；蕊喙直立，2裂；柱头1，隆起，位于蕊喙之下。

分布概况：约6/1（1）种，**（7d）型**；分布于亚洲热带；中国产台湾。

系统学评述：分子系统学研究将袋唇兰属置于红门兰亚科药粉兰族斑叶兰亚族[2,4,45]。

DNA 条形码研究：BOLD 网站有该属 1 种 3 个条形码数据。

43. *Kuhlhasseltia* J. J. Smith 旗唇兰属

Kuhlhasseltia J. J. Smith (1910: 301); Chen et al. (2009: 63) (Lectotype: *K. javacia* J. J. Smith). —— *Vexillabium* Maekawa (1935: 457)

特征描述：地生小草本。叶小。花小，倒置；萼片在中部以下或多或少合生，钟状；唇瓣呈"T"形或"Y"形，基部扩大成具2浅裂的囊状距，中部爪细长；距内具隔膜，分隔为2室，每室中具1突出的胼胝体；蕊喙叉状2裂，裂片不等大；柱头2，具细乳突，位于蕊喙之下。

分布概况：约10/1种，**14SJ（7b）型**；分布于印度尼西亚，马来西亚，新几内亚，菲律宾，日本，韩国；中国产西南。

系统学评述：分子系统学研究将旗唇兰属置于红门兰亚科药粉兰族斑叶兰亚族[2,4,45]。

DNA 条形码研究：BOLD 网站有该属 1 种 7 个条形码数据。

44. *Ludisia* A. Richard 血叶兰属

Ludisia A. Richard (1825: 437); Chen et al. (2009: 55) [Type: *L. discolor* (Ker Gawler) A. Richard (≡ *Goodyera discolor* Ker Gawler)]

  特征描述：地生兰。根状茎伸长，匍匐，肉质，肥厚。叶上面常黑绿色或暗紫红色，常具金红色或金黄色的脉，具柄。花小或较小，倒置；萼片与花瓣黏合呈兜状；花瓣较萼片狭；唇瓣扭转，顶部往往扩大成横长方形，下部与蕊柱的下部合生成短的小管，基部具 2 浅裂的囊，囊内具 2 较大的胼胝体；蕊柱在花药下收缩成为 1 蕊柱柄，以顺时针方向扭转；蕊喙不为 2 裂，扭曲，把黏盘卷起来；柱头 1，位于蕊喙之下。

  分布概况：约 4/1 种，（**7a**）**型**；分布于印度，缅甸，中南半岛至印度尼西亚；中国产广东、广西、海南和云南。

  系统学评述：分子系统学研究将血叶兰属置于红门兰亚科药粉兰族斑叶兰亚族[2,4,45]。

  DNA 条形码研究：BOLD 网站有该属 1 种 7 个条形码数据。

45. *Myrmechis* (Lindley) Blume 全唇兰属

Myrmechis (Lindley) Blume (1859: 76); Chen et al. (2009: 63) [Type: *M. gracilis* (Blume) Blume (≡ *Anoectochilus gracilis* Blume)]

  特征描述：地生小草本。茎具数叶。叶小，互生，长不及 2cm，具短柄。花倒置；萼片离生，中萼片与花瓣黏合呈兜状，侧萼片基部斜歪而凹陷；花瓣较狭；唇瓣基部扩大成为球形的囊，与蕊柱基部贴生，囊内两侧各具 1 胼胝体；前部扩大且 2 裂，或仅稍扩大；蕊柱很短，具浅的药床；花药卵形，2 室；蕊喙短而直立，2 裂；柱头 2，突出，具细乳突，位于蕊喙基部两侧。

  分布概况：约 7/5（3）种，**7a（14）型**；分布于亚洲高山地区；中国产西藏、云南、四川、湖北至台湾。

  系统学评述：分子系统学研究将全唇兰属置于红门兰亚科药粉兰族斑叶兰亚族[2,4,45]。

  DNA 条形码研究：GBOWS 已有 1 种 3 个条形码数据。

46. *Odontochilus* Blume 齿唇兰属

Odontochilus Blume (1858: 66); Chen et al. (2009: 80) (Type: *non designatus*)

  特征描述：地生草本。叶片偏斜。花瓣常紧贴中萼片，线状舌形至卵形，膜质；唇瓣 3 裂，距为囊状，为两个侧萼片所包，后唇近球形，中唇长；蕊柱膨大，前侧具 2 个片状附属物；花粉团 2，倒卵球状倒梨形或棒状，常收缩为花粉团柄附着于 1 小黏盘；蕊喙三角形，浅或深 2 裂；柱头裂片融合，位于蕊喙之上。

  分布概况：约 40/11（2）种，**7 型**；分布于印度北部和喜马拉雅地区，穿过东南亚北至日本，东至太平洋西南部岛屿；中国产西南。

系统学评述：分子系统学研究将齿唇兰属置于红门兰亚科药粉兰族斑叶兰亚族内 [2,4,45]。

DNA 条形码研究：GBOWS 已有 1 种 4 个条形码数据。

47. *Pelexia* Poiteau ex Lindley 肥根兰属

Pelexia Poiteau ex Lindley (1826: 985); Chen et al. (2009: 86) [Type: *P. spiranthoides* Lindley, *nom. illeg.* (=*P. adnata* (Swartz) Sprengel ≡ *Satyrium adnatum* Swartz)]

特征描述：地生植物。具成簇的肉质根。叶基生。中萼片常凹陷呈兜状，与花瓣靠合呈盔状，侧萼片与蕊柱足合生，常形成明显的萼囊；花瓣基部常斜歪；唇瓣基部常呈戟形或偶见具耳，边缘与蕊柱边缘黏合；蕊柱延长，前方表面常有细短柔毛或疏柔毛，基部有蕊柱足；柱头 2；蕊喙狭长圆形至舌状；花粉团 2，近棒状或狭卵形，花粉团，粒粉质，花粉团柄不甚明显，具粗厚的黏盘。

分布概况：约 67/1 种，**3 型**；产美洲热带至亚热带地区；中国产华南。

系统学评述：形态学和分子系统学研究将肥根兰属置于红门兰亚科药粉兰族绶草亚族 Spiranthinae，可能与 *Odontorrhynchus* 互为姐妹群，但属内和近缘属间的关系有待进一步研究[1,44,49]。

DNA 条形码研究：BOLD 网站有该属 6 种 8 个条形码数据。

48. *Rhomboda* Lindley 菱兰属

Rhomboda Lindley (1857: 181); Chen et al. (2009: 67) (Type: *R. longifolia* Lindley)

特征描述：根状茎匍匐。叶常簇生在茎顶端，上面绿色，沿中肋具 1 白色条纹。花不倒置；中萼片与花瓣黏合呈盔状，常明显膨大；唇瓣贴生于蕊柱的腹部边缘；后唇囊状，内部具 2 枚纵向褶片沿中脉延伸至下唇顶端，在其两侧囊内近基部处各具 1 肉质，不裂的胼胝体；蕊柱短，顶端急剧膨大，具 2 大且平行的蕊柱齿；蕊喙三角形，短且宽，2 裂；柱头 2，分离，位于蕊柱基部两侧，突出。

分布概况：约 25/4（1）种，（**5**）型；自喜马拉雅和印度东北部，到日本南部，东南亚到新几内亚和太平洋西南部岛屿；中国产西南。

系统学评述：菱兰属曾被分别置于翻唇兰属 *Hetaeria*、线柱兰属 *Zeuxine* 或齿唇兰属 *Odontochilus*，分子系统学研究把菱兰属置于红门兰亚科药粉兰族斑叶兰族[2,4,45]。

DNA 条形码研究：GBOWS 已有 1 种 4 个条形码数据。

49. *Spiranthes* Richard 绶草属

Spiranthes Richard (1817: 20), *nom. cons.*; Chen et al. (2009: 84) [Type: *S. autumnalis* Richard, *nom. illeg.* (*S. spiralis* (Linnaeus) Chevallier, *typ. cons.* ≡ *Ophrys spiralis* Linnaeus)]

特征描述：地生草本。叶基生。总状花序顶生，具多数密生的小花，常多少呈螺旋状扭转；萼片离生，中萼片常与花瓣靠合呈兜状；唇瓣基部凹陷，常有 2 胼胝体，边缘常呈皱波状；蕊柱短或长，圆柱形或棒状，无蕊柱足或具长的蕊柱足；花粉团 2，粒粉质，具短的花粉团柄和狭的黏盘；蕊喙直立，2 裂；柱头 2，位于蕊喙的下方两侧。

分布概况：约 50/3（2）种，**8-4（3，9）型**；分布于南美洲；中国南北均产。

系统学评述：绶草属被置于绶草亚科[1]。分子系统学研究将绶草亚科并入红门兰亚科，并将绶草属分为 2 组[44,50,51]。

DNA 条形码研究：BOLD 网站有该属 11 种 44 个条形码数据；GBOWS 已有 1 种 18 个条形码数据。

50. *Vrydagzynea* Blume 二尾兰属

Vrydagzynea Blume (1858: 59); Chen et al. (2009: 76) [Type: *V. albida* (Blume) Blume (≡ *Hetaeria albida* Blume)]

特征描述：地生草本。总状花序顶生，而具多数密生的花；花倒置；中萼片与花瓣黏合呈兜状；唇瓣短，不裂，与蕊柱并行；距从两侧萼片之间伸出，距内壁近基部有 2 具细柄的胼胝体；柱头 2，分离，隆起，位于蕊喙前面基部的两侧。

分布概况：约 40/1 种，**5（7e）型**；分布于印度东北部至东南亚和至太平洋一些岛屿；中国产台湾、海南和香港。

系统学评述：分子系统学研究将二尾兰属置于红门兰亚科药粉兰族斑叶兰亚族[2,4,45]。

DNA 条形码研究：BOLD 网站有该属 2 种 4 个条形码数据。

51. *Zeuxine* Lindley 线柱兰属

Zeuxine Lindley (1826: 9), *nom. & orth. cons.*; Chen et al. (2009: 101) [Type: *Z. sulcata* (Roxburgh) Lindley (≡ *Pterygodium sulcatum* Roxburgh)]

特征描述：地生草本。总状花序顶生；花倒置；萼片离生；唇瓣基部与蕊柱贴生，凹陷呈囊状，囊内近基部两侧各具 1 胼胝体；花药 2 室；花粉团 2，为具小团块的粒粉质，具很短的花粉团柄，共同具 1 黏盘；蕊喙常显著，直立，叉状 2 裂；柱头 2，凸出，位于蕊喙的基部两侧。

分布概况：约 50/13（5）种，**4（6）型**；分布从非洲热带地区至亚洲热带和亚热带地区；中国产长江流域及其以南。

系统学评述：分子系统学研究将线柱兰属置于红门兰亚科药粉兰族斑叶兰亚族[2,4,45]。

DNA 条形码研究：BOLD 网站有该属 3 种 6 个条形码数据；GBOWS 已有 1 种 4 个条形码数据。

52. *Zeuxinella* Averyanov 拟线柱兰属

Zeuxinella Averyanov (2003: 96); Huang et al. (2012: 132) (Type: *Z. vietnamica* Averyanov)

特征描述：地生草本。根状茎匍匐，肉质。总状花序顶生；花倒置；萼片离生；唇瓣基部与蕊柱贴生，凹陷成具圆锥形距；唇瓣先端 3 裂；距内近基部两侧各具 1 胼胝体；

花药 2 室；<u>花粉团 2</u>，<u>为具小团块的粒粉质</u>，<u>具很短的花粉团柄</u>，<u>共同具 1 黏盘</u>；蕊喙小，2 裂，前面具 2 片状肧胝体；<u>柱头 2</u>，凸出，<u>位于蕊喙的基部两侧</u>；<u>蕊喙不裂</u>。

分布概况：约 1/1 种，**7-4 型**；分布于亚洲热带区；中国产广西。

系统学评述：该属的系统位置有待进一步研究[52]。

V. Epidendroideae 树兰亚科

八、Neottieae 鸟巢兰族

53. *Aphyllorchis* Blume 无叶兰属

Aphyllorchis Blume (1825: 77); Chen & Gale (2009: 177) (Type: *A. pallida* Blume). ——*Sinorchis* Chen (1978: 82)

特征描述：<u>菌类寄生草本</u>，<u>无绿叶</u>。茎常呈浅褐色。花小或中等大，扭转，常具较长的花梗和子房；花瓣与萼片相似或稍短小，质地较薄；<u>唇瓣常可分为前后唇</u>；<u>蕊柱较长</u>；<u>花粉团 2</u>，<u>每个又多少纵裂为 2</u>，<u>粒粉质</u>，<u>不具花粉团柄</u>，<u>亦无黏盘</u>。

分布概况：约 20/5 种，**5（7d）型**；分布于亚洲热带地区至澳大利亚，向北到喜马拉雅及日本；中国产华东、华南和西南。

系统学评述：无叶兰属为单系，属于树兰亚科鸟巢兰族，姐妹群为 *Limodorum*[1,2,53]。

DNA 条形码研究：BOLD 网站有该属 3 种 3 个条形码数据。

54. *Cephalanthera* Richard 头蕊兰属

Cephalanthera Richard (1817: 21); Chen et al. (2009: 174) [Type: *C. damasonium* (Miller) Druce (≡ *Serapias damasonium* Miller)]. ——*Tangtsinia* S. C. Chen (1965: 193)

特征描述：地生或菌类寄生草本。<u>叶互生</u>，<u>折扇状</u>，菌类寄生种类则退化为鞘。总状花序顶生，具数花；花两侧对称，近直立或斜展，多少扭转，常不完全开放；萼片离生，相似；花瓣有时与萼片合成筒状；<u>唇瓣基部凹陷呈囊状或有短距</u>；<u>蕊柱直立</u>，<u>近半圆柱形</u>；退化雄蕊 2；<u>花粉团 2</u>，<u>粒粉质</u>，<u>不具花粉团柄</u>，<u>亦无黏盘</u>；柱头凹陷，位于蕊柱前方近顶端处；蕊喙短小，不明显。

分布概况：约 16/9（3）种，**9（10）型**；主产欧洲，北美，少数向南到北非，印度（锡金），缅甸和老挝；中国南北均产。

系统学评述：头蕊兰属为单系，被置于树兰亚科鸟巢兰族，是鸟巢兰族的基部类群[1,2,53]。

DNA 条形码研究：BOLD 网站有该属 13 种 81 个条形码数据；GBOWS 已有 3 种 18 个条形码数据。

55. *Epipactis* Zinn 火烧兰属

Epipactis Zinn (1757: 85); Chen et al. (2009: 179) [Type: *E. helleborine* (Linnaeus) Crantz (≡ *Serapias helleborine* Linnaeus)]

特征描述：地生植物。叶茎生，多数。总状花序顶生，具多数常俯垂或多少下倾的花；<u>花梗较长</u>，<u>弯曲</u>；花瓣与萼片张开；唇瓣分为前后唇，基部无距；<u>蕊柱短</u>；<u>花粉团2或每个又纵裂为2</u>，粒粉质，<u>不具花粉团柄</u>。

分布概况：约 20/7 种，**8-4（9-10）**型；分布于北非，亚洲，欧洲；中国南北均产。

系统学评述：火烧兰属为单系，位于树兰亚科鸟巢兰族内，姐妹群为 *Limodorum* 和无叶兰属 *Aphyllorchis*[1,2,54]。

DNA 条形码研究：BOLD 网站有该属 20 种 81 个条形码数据；GBOWS 已有 2 种 18 个条形码数据。

56. *Neottia* Guettard 鸟巢兰属

Neottia Guettard (1754: 374), *nom. cons.*; Chen et al. (2009: 184) [Type: *N. nidus-avis* (Linnaeus) Richard (≡ *Ophrys nidus-avis* Linnaeus)]. —— *Diplandrorchis* S. C. Chen (1979: 2); *Holopogon* Komarov & Nevski (1935: 750); *Listera* R. Brown (1813: 201)

特征描述：<u>地生小草本</u>。<u>叶对生或无</u>。总状花序顶生，多花；花较小；<u>唇瓣顶端常2裂</u>，<u>呈叉状</u>，基部多少变狭；蕊柱较长，有时极短；花药直立或向前俯倾；蕊喙大，直立或平展；柱头凹陷或呈唇形而伸出；<u>花粉团2</u>，每个又多少纵裂为2，粒粉质；<u>无附属物</u>。

分布概况：约 50/35 种，**10（14）**型；主要分布于东亚，部分在欧洲和北美；中国产西南、华北、东北和台湾。

系统学评述：鸟巢兰属被置于树兰亚科鸟巢兰族，广义鸟巢兰属为单系，与 *Limodorum*、无叶兰属 *Aphyllorchis* 和火烧兰属 *Epipactis* 聚成的分支互为姐妹群[1,2,53]。

DNA 条形码研究：BOLD 网站有该属 6 种 13 个条形码数据；GBOWS 已有 3 种 10 个条形码数据。

九、Gastrodieae 天麻族

57. *Didymoplexiella* Garay 锚柱兰属

Didymoplexiella Garay (1954:33); Chen et al. (2009: 206) [Type: *D. ornata* (Ridley) Garay (≡ *Leucolena ornata* Ridley)]

特征描述：菌类寄生草本。<u>根状茎块茎状</u>，<u>肉质</u>，具少数根。茎无绿叶，具少数鳞片状鞘。总状花序具几数或更多的花；花梗明显伸长；萼片和花瓣多少合生成浅杯状或管状；唇瓣贴生于蕊柱基部，具胼胝体；<u>蕊柱长</u>，<u>上端扩大并具 2 长的、镰刀状的翅</u>，貌似锚的一侧，<u>无明显的蕊柱足</u>；花药药帽具乳突；<u>花粉团 4</u>，2 对，<u>无花粉团柄</u>，着生于 1 黏质物上。

分布概况：约 20/1 种，**6 型**；分布于亚洲热带地区；中国产华南。

系统学评述：锚柱兰属位于树兰亚科天麻族内[1,2,5]。

58. *Didymoplexiopsis* Seidenfaden 拟锚柱兰属

Didymoplexiopsis Seidenfaden (1997: 13); Chen et al. (2009: 207) (Type: *D. khiriwongensis* Seidenfaden)

特征描述：菌类寄生草本。根状茎块茎状，肉质，具少数根。茎无绿叶，具少数鳞片状鞘。总状花序具几数或更多的花；花梗在花后明显伸长；萼片和花瓣分离；唇瓣贴生于蕊柱基部，具胼胝体；蕊柱长，上端扩大并具 2 长的、镰刀状的翅，貌似锚的一侧，无明显的蕊柱足；花药药帽具乳突；花粉团 4，2 对，无花粉团柄，着生于 1 黏质物上。

分布概况：约 3/1 种，**6 型**；分布于亚洲热带地区；中国产海南和云南。

系统学评述：拟锚柱兰属位于树兰亚科天麻族[1,2,5]，但其系统位置不清楚，可能与锚柱兰属 *Didymoplexiella* 为同 1 个属。

59. *Didymoplexis* Griffith 双唇兰属

Didymoplexis Griffith (1843: 383); Chen et al. (2009: 205) (Type: *D. pallens* Griffith)

特征描述：菌类寄生草本，较矮小。地下具根状茎，肉质。茎纤细，无绿叶。总状花序具 1 或数花；花梗在果期常延长；花小；萼片和花瓣在基部合生成浅杯状；唇瓣基部着生于蕊柱足上，常有疣状凸起或胼胝体；蕊柱长，上端有时扩大而具 2 短耳，基部有短的蕊柱足；花粉团 4，成 2 对，粒粉质，无花粉团柄，附着于黏质物上。

分布概况：约 20/1 种，**6 型**；分布于亚洲热带地区；中国产华南。

系统学评述：双唇兰属位于树兰亚科天麻族[1,2,5]。

DNA 条形码研究：BOLD 网站有该属 1 种 1 个条形码数据。

60. *Gastrodia* R. Brown 天麻属

Gastrodia R. Brown (1810: 330); Chen et al. (2009: 201) (Type: *G. sesamoides* R. Brown)

特征描述：菌类寄生草本。地下具根状茎，根状茎块茎状、圆柱状或有时多少呈珊瑚状。茎常为黄褐色，无绿叶，一般在花后延长。总状花序顶生；花近壶形、钟状或宽圆筒形；萼片与花瓣合生成筒，仅上端分离；花被筒基部有时膨大成囊状，偶见 2 侧萼片之间开裂；唇瓣贴生于蕊柱足末端，藏于花被筒内；蕊柱长，具狭翅；花粉团 2，粒粉质，无花粉团柄和黏盘。

分布概况：约 30/20 种，**5（7）型**；分布于东亚，东南亚至大洋洲；中国南北均产。

系统学评述：天麻属位于树兰亚科天麻族，但系统位置不明确 [1,2,5]。

DNA 条形码研究：BOLD 网站有该属 2 种 3 个条形码数据。

代表种及其用途：天麻 *G. elata* Blume 为传统名贵中药。

十、Nervilieae 芋兰族

61. *Nervilia* Commerson ex Gaudichaud 芋兰属

Nervilia Commerson ex Gaudichaud (1829: 421), *nom. cons.*; Chen & Gale (2009: 197) (Type: *N. aragoana* Gaudichaud)

特征描述：地生植物。块茎圆球形或卵圆形，肉质。叶 1，在花凋谢后长出。花先于叶；蕊柱细长，棍棒状，无翅；花粉团 2，2 裂或 4 裂，粒粉质，由可分的小团块组成；花粉团柄极短或无，无黏盘；蕊喙短；柱头 1，位于蕊喙之下。

分布概况：约 50/8 种，**4（5）型**；分布于亚洲，大洋洲和非洲的热带与亚热带地区；中国产长江流域及其以南，尤以台湾为多。

系统学评述：传统上，芋兰属位于鸟巢兰亚科 Neottioideae 芋兰族 Nervilieae[1]；目前的各种证据表明，鸟巢兰亚科属于树兰亚科，芋兰属为单系，但系统学关系不清[1,3,5]。

DNA 条形码研究：BOLD 网站有该属 13 种 181 个条形码数据。

62. *Epipogium* J. G. Gmelin ex Borkhausen 虎舌兰属

Epipogium J. G. Gmelin ex Borkhausen (1792: 139); Chen et al. (2009: 207) [Type: *E. aphyllum* Swart (≡ *Satyrium epipogium* Linnaeus)]

特征描述：菌类寄生草本。地下具珊瑚状根状茎或肉质块茎。茎无绿叶，常黄褐色，疏被鳞片状鞘。总状花序具几数或多数花；花常下垂；萼片与花瓣相似；唇瓣较宽阔，凹陷，基部具宽大的距；唇盘上常有带疣状凸起的纵脊或褶片；花药向前俯倾，肉质；花粉团 2，有裂隙，松散的粒粉质，由小团块组成，各具 1 纤细的花粉团柄和 1 共同的黏盘。

分布概况：3/3 种，**4（10）型**；分布于欧洲，亚洲的温带及热带地区，大洋洲和非洲热带地区；中国产华南、西南和华东。

系统学评述：虎舌兰属位于树兰亚科芋兰族，但系统学关系有待进一步研究[1,2,5]。

DNA 条形码研究：BOLD 网站有该属 1 种 2 个条形码数据；GBOWS 已有 1 种 1 个条形码数据。

63. *Stereosandra* Blume 肉药兰属

Stereosandra Blume (1856: 176); Chen et al. (2009: 207) (Type: *S. javanica* Blume)

特征描述：菌类寄生草本。具纺锤状块茎。茎无绿叶，中下部被数枚鳞片状或圆筒状鞘。总状花序具几数至 10 余花；子房膨大，明显宽于花梗；花不甚张开；萼片与花瓣离生；唇瓣凹陷，基部具 2 胼胝体；蕊柱近圆柱形，无蕊柱足；花药生于蕊柱背面基部；花粉团 2，粒粉质，由可分的小团块组成，具 1 共同的花粉团柄，无黏盘；柱头生于蕊柱顶端，无明显蕊喙。

分布概况：约 1/1 种，**7d（7-2，14SJ）型**；分布于东南亚，向东南至新几内亚，北至泰国，琉球群岛；中国产华南。

    系统学评述：肉药兰属位于树兰亚科芋兰族，但系统学关系有待进一步研究[1,2,5]。

十一、Tropidieae 竹茎兰族

64. *Corymborkis* Thouars 管花兰属

Corymborkis Thouars (1809: 318); Chen et al. (2009: 197) (Type: *C. corymbis* Thouars)

    特征描述：地生草本。茎长 2-3m，不分枝。叶多数，折扇状折叠式，基部收狭成抱茎的鞘。圆锥花序生于叶腋，短于叶；花 2 列；萼片与花瓣较狭长，基部靠合；花瓣稍宽于萼片；蕊柱细长；花粉团 2，粒粉质，由许多可分的小团块组成；黏盘存在，近盾状。

    分布概况：约 10/1 种，**2（3）**型；广布热带地区；中国产西南。

    系统学评述：管花兰属位于树兰亚科竹茎兰族[3,5]。该属未开展分子系统学研究。

    DNA 条形码研究：BOLD 网站有该属 3 种 3 个条形码数据。

65. *Tropidia* Lindley 竹茎兰属

Tropidia Lindley (1833: 1618); Chen et al. (2009: 195) (Type: *T. curculigoides* Lindley)

    特征描述：地生草本。茎如细竹茎，下部节上具鞘，上部具几数或多数叶。叶疏散地生于茎上或较密集地聚生于茎上端，折扇状。花 2 列，互生；花瓣离生；唇瓣不裂，基部凹陷呈囊状或有距；蕊柱较短；花药生于背侧；花粉团 2，粒粉质，具细长的花粉团柄和盾状黏盘。

    分布概况：约 20/5 种，**3**型；分布于热带亚洲和中美洲及北美洲南部；中国产西南和华东。

    系统学评述：竹茎兰属位于树兰亚科竹茎兰族[3,5]。

    DNA 条形码研究：BOLD 网站有该属 3 种 5 个条形码数据；GBOWS 已有 1 种 3 个条形码数据。

十二、Thaieae 泰兰族

66. *Thaia* Seidenfaden 泰兰属

Thaia Seidenfaden (1975: 73); Xiang et al. (2012: 45) (Type: *T. saprophytica* Seidenfaden)

    特征描述：地生草本。具鳞茎，鳞茎多节。叶 1-4，叶鞘基部包住鳞茎，上部形成假茎；叶片折扇状。花葶侧生于鳞茎上部，较细长；总状花序具多花；花小；萼片相似；花瓣略小于萼片；唇瓣不裂，着生于蕊柱基部；蕊柱多少弯曲，在柱头区域的下部具 1 舌状附属物，具 1 短蕊柱足，与侧萼片形成萼囊；花药直立，药帽先端收狭为钻状；花

粉团 2，粉质。蒴果较小。

分布概况：约 1/1 种，**5** 型；分布于亚洲热带地区；中国产云南南部。

系统学评述：泰兰属介与高等树兰类和低等树兰类之间，成为单独的 1 个族[2,53]。

DNA 条形码研究：BOLD 网站有该属 1 种 2 个条形码数据。

十三、Calypsoeae 布袋兰族

67. *Calypso* Salisbury 布袋兰属

Calypso Salisbury (1807: 89); Chen et al. (2009: 251) [Type: *C. borealis* Salisbury, *nom. illeg.* (=*C. bulbosa* (Linnaeus) Oakes ≡ *Cypripedium bulbosum* Linnaeus)]

特征描述：地生草本。地下具假鳞茎或珊瑚状根状茎。叶 1，生于假鳞茎顶端，具较长的叶柄。花葶生于假鳞茎近顶端处；单花；唇瓣深凹陷而呈囊状，多少 3 裂；中裂片基部有毛；蕊柱有翅，多少呈花瓣状，倾覆于囊口之上；花粉团 4，成 2 对，蜡质，黏盘柄很小，有 1 方形的黏盘。

分布概况：约 2/1 种，**8-2** 型；分布于亚洲亚热带至北温带山地；中国产东北至四川西部和西藏湿润地区。

系统学评述：布袋兰属被置于树兰亚科布袋兰族，可能是该族其他属的姐妹群[1-3,5]。

DNA 条形码研究：BOLD 网站有该属 1 种 7 个条形码数据；GBOWS 已有 1 种 4 个条形码数据。

68. *Changnienia* S. S. Chien 独花兰属

Changnienia S. S. Chien (1935: 89); Chen et al. (2009: 252) (Type: *C. amoena* S. S. Chien)

特征描述：地生植物。具假鳞茎，顶端生 1 叶及花葶。叶大，纸质。单花；花瓣比萼片略短而宽；唇盘上具 5 纵褶片，基部有粗大、角状的距；蕊柱长，无蕊柱足；花粉团 4，成 2 对，蜡质，黏着于方形黏盘上。

分布概况：约 2/2（2）种，**15** 型；中国产华东到西南。

系统学评述：独花兰属被置于树兰亚科布袋兰族[1-3,5]。

69. *Corallorhiza* Gagnebin 珊瑚兰属

Corallorhiza Gagnebin (1755: 61); Chen et al. (2009: 252) [Type: *C. trifida* Châtelain (≡ *Ophrys corallorhiza* Linnaeus)]

特征描述：菌类寄生草本。肉质根状茎常呈珊瑚状分枝。茎无绿叶。总状花序具数至 10 余花；花小；侧萼片稍斜歪，基部合生而形成短的萼囊并多少贴生于子房上；唇瓣贴生于蕊柱基部，无距；蕊柱无蕊柱足；花药顶生；花粉团 4，分离，蜡质，近球形，无明显的花粉团柄，附着于 1 黏质物或黏盘上。

分布概况：7/1 种，**8** 型；主要分布于北美洲和中美洲，也见于欧亚温带地区；中

国产东北、华北、西北和西南。

    系统学评述：珊瑚兰属被置于树兰亚科布袋兰族，姐妹群可能为山兰属 *Oreorchis*[1-3,5]。

    DNA 条形码研究：BOLD 网站有该属 14 种 342 个条形码数据。

70. *Cremastra* Lindley 杜鹃兰属

Cremastra Lindley (1833: 172); Chen et al. (2009: 249) [Type: *C. wallichiana* Lindley, *nom. illeg.* (=*C. appendiculata* (D. Don) Makino ≡ *Cymbidium appendiculatum* D. Don)]

    特征描述：地生草本。假鳞茎，鳞茎球茎状或近块茎状，基部密生根。叶 1-2，生于鳞茎顶端，基部收狭成叶柄。花葶从假鳞茎上部一侧节上发出；唇瓣下部或上部 3 裂，基部有爪并具浅囊；蕊柱较长，上端略扩大，无蕊柱足；花粉团 4，成 2 对，两侧稍压扁，蜡质，共同附着于黏盘上。

    分布概况：约 5/4（2）种，**14 型**；分布于东亚；中国产华东到西南。

    系统学评述：杜鹃兰属被置于树兰亚科布袋兰族[1-3]。

    DNA 条形码研究：BOLD 网站有该属 3 种 16 个条形码数据；GBOWS 已有 1 种 18 个条形码数据。

    代表种及其用途：杜鹃兰 *C. appendiculata* (D. Don) Makino 可作药用。

71. *Danxiaorchis* J. W. Zhai, F. W. Xing & Z. J. Liu 丹霞兰属

Danxiaorchis J. W. Zhai, F. W. Xing & Z. J. Liu (2013: e60371) (Type: *D. singchiana* J. W. Zhai, F. W. Xing & Z. J. Liu)

    特征描述：菌类寄生草本。根状茎块状。无叶。总状花序具少花；花黄色；唇瓣 3 裂，唇盘基部具囊和 1 "Y" 形的胼胝体；花粉团 4，成 2 对，粒粉质。种子肉质。

    分布概况：约 1/1（1）种，**15 型**；特产中国广东。

    系统学评述：丹霞兰属被置于树兰亚科布袋兰族[55]。该属为 Zhai 等[55]于 2013 年发表的新属。

72. *Oreorchis* Lindley 山兰属

Oreorchis Lindley (1858: 26); Chen et al. (2009: 245) (Type: *non designatus*)

    特征描述：地生草本。具球茎状的假鳞茎；假鳞茎基部疏生纤维根。叶 1-2，生于假鳞茎顶端，具柄。花葶从假鳞茎侧面节上发出；花小至中等大；2 侧萼片基部有时多少延伸成浅囊状；唇瓣基部有爪，上面常有纵褶片或中央有具凹槽的胼胝体；蕊柱基部有时膨大并略凸出而呈蕊柱足状，但无蕊柱足；花药俯倾；花粉团 4，近球形，蜡质，具 1 共同的黏盘柄和小黏盘。

    分布概况：16/11（7）种，**14 型**；分布于喜马拉雅至日本和西伯利亚；中国产华东和西南。

    系统学评述：山兰属位于树兰亚科布袋兰族，其姐妹群可能是珊瑚兰属 *Corallorhiza*[1,2,5]。

DNA 条形码研究：BOLD 网站有该属 8 种 35 个条形码数据；GBOWS 已有 1 种 4 个条形码数据。

73. *Tipularia* Nuttall 筒距兰属

Tipularia Nuttall (1818: 195); Chen et al. (2009: 250) [Type: *T. discolor* (Pursh) Nuttall (≡ *Orchis discolor* Pursh)]

特征描述：地生草本。地下具假鳞茎。假鳞茎球茎状或圆筒状。叶 1，生于假鳞茎顶端，基部骤然收狭成柄。花葶自假鳞茎近顶端处发出，明显长于叶，基部有鞘；总状花序疏生多花；萼片与花瓣离生；唇瓣基部有长距；距圆筒状，较纤细；蕊柱近直立，中等长；花粉团 4，蜡质，有明显的黏盘柄和不甚明显的黏盘。

分布概况：约 7/4（2）种，**9 型**；分布于北美，日本，印度（锡金）；中国产台湾、四川和西藏。

系统学评述：筒距兰属被置于树兰亚科布袋兰族，系统学关系有待进一步研究[1-3]。

DNA 条形码研究：BOLD 网站有该属 2 种 5 个条形码数据。

74. *Yoania* Maximowicz 宽距兰属

Yoania Maximowicz (1872: 68); Chen et al. (2009: 210) (Type: *Y. japonica* Maximowicz)

特征描述：菌类寄生草本。地下具肉质根状茎。茎肉质，无绿叶，具多数鳞片状鞘。花肉质；萼片与花瓣离生，花瓣常较萼片宽而短；唇瓣凹陷呈舟状，在唇盘下方具 1 个宽阔的距；距向前方伸展，顶端钝；蕊柱顶端两侧各有 1 臂状物，具短的蕊柱足；花粉团 4，成 2 对，粒粉质，由可分的小团块组成，无明显的花粉团柄，具黏盘。

分布概况：约 2/1 种，**14（7a/5）型**；分布于日本，印度北部；中国产华东。

系统学评述：宽距兰属被置于树兰亚科布袋兰族[1-3]。

十四、Arethuseae 贝母兰族

75. *Anthogonium* Wallich ex Lindley 筒瓣兰属

Anthogonium Wallich ex Lindley (1840: 425); Chen & Wood (2009: 311) (Type: *A. gracile* Wallich ex Lindley)

特征描述：地生草本。具鳞茎，鳞茎扁球形，顶生少数叶。叶具折扇状脉。花葶侧生于假鳞茎顶端；总状花序疏生数花；花具细长的花梗；萼片下半部联合而形成窄筒状；唇瓣基部具长爪，贴生于蕊柱基部；蕊柱具翅，无蕊柱足；花粉团 4，蜡质，扁卵圆形，近等大，每 2 成一对，无花粉团柄和黏盘。

分布概况：1/1 种，**14SH（7-3）型**；分布于热带喜马拉雅经缅甸，越南，老挝，泰国；中国产西南。

系统学评述：分子系统学研究表明，筒瓣兰属位于树兰亚科贝母兰族的 Arethusinae

亚族，与 *Calopogon*、*Arethusa* 和 *Eleorchis* 关系较近[3,5]。

DNA 条形码研究：BOLD 网站有该属 1 种 2 个条形码数据；GBOWS 已有 1 种 8 个条形码数据。

代表种及其用途：筒瓣兰 *A. gracile* Lindley 可作观赏。

76. *Arundina* Blume 竹叶兰属

Arundina Blume (1825: 401); Chen & Gale (2009: 314) (Lectotype: *A. speciosa* Blume)

特征描述：<u>地生草本。具粗壮的根状茎。茎常簇生，具多叶。叶二列，禾叶状。</u>花序具少花；花大；唇瓣基部无距；唇盘上有纵褶片；蕊柱上端有狭翅，基部无明显的蕊柱足；花药俯倾；<u>花粉团 8，4 个成簇，蜡质，具短的花粉团柄，多少附着于黏性物质上。</u>

分布概况：5-6/1 种，**7ab（14）**型；分布于热带亚洲，自东南亚至南亚和喜马拉雅，向北到琉球群岛，向东南到塔希堤岛；中国产西南、华南和华东。

系统学评述：竹叶兰属位于树兰亚科贝母兰族[3,5]。

DNA 条形码研究：BOLD 网站有该属 2 种 12 个条形码数据；GBOWS 已有 1 种 9 个条形码数据。

代表种及其用途：竹叶兰 *A. graminifolia* (D. Don) Hochreutiner 可作观赏。

77. *Bletilla* H. G. Reichenbach 白及属

Bletilla H. G. Reichenbach (1853: 246); Chen et al. (2009: 209) [Type: *B. gebina* (Lindley) H. G. Reichenbach (≡ *Bletia gebina* Lindley)]

特征描述：地生植物。<u>茎基部具膨大的假鳞茎；假鳞茎，肉质，</u>生数条细长根。叶互生，叶柄互相卷抱成茎状。总状花序常具数花；唇瓣位于下方；萼片与花瓣相似，近等长，离生；蕊柱细长，两侧具翅；<u>花粉团 8，成 2 群，每室 4，成对而生，粒粉质，多颗粒状，具不明显的花粉团柄，无黏盘。</u>

分布概况：6/4 种，**14** 型；分布于东亚；中国产西南和华东。

系统学评述：白及属位于树兰亚科贝母兰族贝母兰亚族 Coelogyninae[3,5,54]。

DNA 条形码研究：BOLD 网站有该属 1 种 16 个条形码数据；GBOWS 已有 2 种 9 个条形码数据。

代表种及其用途：该属大多种类都能作药用，如白及 *B. striata* (Thunberg) H. G. Reichenbach。

78. *Bulleyia* Schlechter 蜂腰兰属

Bulleyia Schlechter (1912: 108); Chen & Wood (2009: 341) (Type: *B. yunnanensis* Schlechter)

特征描述：附生草本。假鳞茎狭卵形。叶 2，近披针形，先端长渐尖。总状花序具 10 余花，<u>有 2 不育苞片；花苞片密集；花白色；</u>中萼片卵状长圆形；侧萼片近狭卵状披针形，基部近圆形，<u>互相靠合并多少呈囊状</u>；花瓣近线形，<u>具 3 脉</u>；<u>唇瓣淡褐色，中部</u><u>皱缩而多少呈提琴形</u>，先端微缺；距向前上方弯曲；<u>药帽红褐色</u>。蒴果近倒卵状椭圆形。

分布概况：1/1 种，**14** 型；分布于喜马拉雅东部；中国产云南。

系统学评述：蜂腰兰属位于树兰亚科贝母兰族贝母兰亚族[3,5]。

代表种及其用途：蜂腰兰 *B. yunnanensis* Schlechter 可观赏。

79. *Coelogyne* Lindley 贝母兰属

Coelogyne Lindley (1821: 33); Chen & Clayton (2009: 315) (Lectotype: *C. cristata* Lindley)

特征描述：附生草本。假鳞茎顶生 1-2 叶。叶长圆形，具柄。总状花序直立或俯垂；<u>花苞片舟状</u>；萼片相似，背面有龙骨状凸起；花瓣线形，<u>唇瓣具斑纹</u>，<u>基部着生于蕊柱</u><u>基部</u>，<u>3 裂</u>，<u>侧裂片直立并围抱蕊柱</u>，<u>唇盘上有纵褶片</u>；蕊柱较长，上端两侧具翅，翅围绕蕊柱顶端；柱头凹陷；花药内倾，花粉团 4，成 2 对，蜡质，附着于 1 黏质物上。

分布概况：200/31（6）种，**7** 型；分布于亚洲热带，亚热带南缘至大洋洲；中国产西南和华南。

系统学评述：贝母兰属位于树兰亚科贝母兰族贝母兰亚族[3,5]。基于唇瓣基部及花瓣的形态、花的数目等性状，提出 2 个主要的属下分类系统[56,57]。

DNA 条形码研究：BOLD 网站有该属 54 种 112 个条形码数据；GBOWS 已有 3 种 13 个条形码数据。

代表种及其用途：该属植物大都作观赏，如流苏贝母兰 *C. fimbriata* Lindley。

80. *Dendrochilum* Blume 足柱兰属

Dendrochilum Blume (1825: 398); Chen & Wood (2009: 334) (Lectotype: *D. aurantiacum* Blume)

特征描述：附生草本。<u>假鳞茎顶生 1 叶</u>。叶近革质，具柄。总状花序具二列排列的花；萼片离生，<u>侧萼片着生于蕊柱基部</u>；花瓣小于萼片；唇瓣基部无爪并略肥厚，不裂或 3 裂而具很小的侧裂片，<u>上面有 2-3 肥厚的短纵脊</u>；<u>蕊柱短</u>，<u>多少弓曲</u>，<u>两侧边缘具</u><u>翅</u>；<u>翅围绕蕊柱顶端并在两侧各伸出 1 臂状物</u>；花药俯倾；黏盘很小；柱头凹陷；蕊喙舌状。

分布概况：270/1 种，**7** 型；分布于东南亚至新几内亚，以菲律宾和印度尼西亚为多；中国产台湾。

系统学评述：足柱兰属位于树兰亚科贝母兰族贝母兰亚族[3,5,58]。根据花部形态性状，足柱兰属被分为 4 亚属 13 组，即 *Dendrochilum* subgen. *Acoridium*、*D.* subgen. *Pseudoacoridium*、*D.* subgen. *Dendrochilum* 和 *D.* subgen. *Platyclinis*[59]。

DNA 条形码研究：BOLD 网站有该属 5 种 17 个条形码数据。

81. *Ischnogyne* Schlechter 瘦房兰属

Ischnogyne Schlechter (1913: 106); Chen & Wood (2009: 342) [Type: *I. mandarinorum* (Kränzlin) Schlechter

(≡ *Coelogyne mandarinorum* Kränzlin)]

特征描述：附生草本。假鳞茎下部平卧，上部直立，顶生 1 叶。花单一；萼片离生，侧萼片基部延伸成囊状；花瓣与萼片相似，狭于萼片；唇瓣狭倒卵形，近顶端 3 裂，基部有短距，距一部分包藏于 2 侧萼片基部之内；蕊柱细长，无蕊柱足，两侧边缘具翅，翅自下向上渐宽；花药向前倾；柱头凹陷，位于蕊柱前上方；蕊喙较大，宽舌状。

分布概况：1/1（1）种，**15 型**；中国产亚热带地区。

系统学评述：分子系统学研究表明，瘦房兰属位于树兰亚科贝母兰族贝母兰亚族[3,5]。

82. *Neogyna* H. G. Reichenbach 新型兰属

Neogyna H. G. Reichenbach (1852: 931); Chen & Wood (2009: 341) [Type: *N. gardneriana* (Lindley) H. G. Reichenbach (≡ *Coelogyne gardneriana* Lindley)]

特征描述：附生草本。假鳞茎顶生 2 叶。叶纸质，基部收狭成柄。总状花序下垂；花苞片较大；花下垂，不扭转，花被片几不张开；萼片离生，背面多少有龙骨状凸起，基部呈囊状；花瓣较萼片短而狭，基部无囊；唇瓣顶端 3 裂，围抱蕊柱，基部有囊，包藏于 2 侧萼片基部囊内；蕊柱较长，两侧具翅，无蕊柱足；花药内倾；柱头凹陷；蕊喙甚大。

分布概况：1/1 种，**14 型**；分布于老挝，泰国，缅甸，印度，尼泊尔，不丹；中国产西藏和云南。

系统学评述：新型兰属位于树兰亚科贝母兰族贝母兰亚族[3,5]。

DNA 条形码研究：BOLD 网站有该属 1 种 1 个条形码数据。

83. *Otochilus* Lindley 耳唇兰属

Otochilus Lindley (1830: 35); Chen & Wood (2009: 339) (Lectotype: *O. porrectus* Lindley)

特征描述：附生草本。假鳞茎相连，顶生 2 叶。花葶生于叶中央；总状花序下垂；花苞片草质；萼片离生，背面常有龙骨状凸起；花瓣比萼片小；唇瓣近基部上方 3 裂，基部凹陷成囊，侧裂片耳状，位于囊的两侧，直立并围抱蕊柱，中裂片基部收狭，囊内常有脊；蕊柱较长，顶端两侧有翅，翅一般围绕蕊柱顶端；花药俯倾；花粉团 4，成 2 对，蜡质。

分布概况：4/4 种，**14 型**；分布于喜马拉雅至中南半岛；中国产西藏和云南。

系统学评述：耳唇兰属位于树兰亚科贝母兰族贝母兰亚族[3,5]。

DNA 条形码研究：BOLD 网站有该属 6 种 10 个条形码数据；GBOWS 已有 4 种 15 个条形码数据。

84. *Panisea* (Lindley) Lindley 曲唇兰属

Panisea (Lindley) Lindley (1854: 1); Chen & Wood (2009: 333) [Type: *P. parviflora* (Lindley) Lindley (≡

Coelogyne parviflora Lindley)]

特征描述：附生草本。假鳞茎密集着生于根状茎上，顶生 1-3 叶。总状花序；花苞片基部围绕花序轴；萼片离生，侧萼片常斜歪；花瓣与萼片相似；唇瓣不裂或有 2 小侧裂片，基部有爪并呈 "S" 形弯曲，具或不具附属物；蕊柱两侧边缘具翅；花药俯倾，花粉团 4 个，成 2 对，蜡质；柱头凹陷，位于前方近顶端处；蕊喙较大，伸出于柱头穴之上方。

分布概况：7/5（1）种，**7 型**；分布于喜马拉雅至泰国；中国产西南。

系统学评述：曲唇兰属位于树兰亚科贝母兰族贝母兰亚族[3,5]。

DNA 条形码研究：BOLD 网站有该属 2 种 2 个条形码数据。

85. *Pholidota* Lindlley ex Hooker 石仙桃属

Pholidota Lindley ex Hooker (1825: 138); Chen & Wood (2009: 335) (Type: *P. imbricata* Hooker)

特征描述：附生草本。假鳞茎顶生 1-2 叶。总状花序弯曲；花苞片 2 列；萼片相似，常凹陷，侧萼片背面有龙骨状凸起；花瓣小于萼片；唇瓣凹陷或基部凹陷呈浅囊状，不裂或罕有 3 裂，唇盘上有粗厚的脉或褶片，无距；蕊柱短，上端有翅，翅常围绕花药，花药前倾；花粉团 4，蜡质，成 2 对，共同附着于黏质物上；蕊喙较大，拱盖于柱头穴之上。

分布概况：30/12（2）种，**5 型**；分布于亚洲热带和亚热带南缘地区，南至澳大利亚和太平洋岛屿；中国产西南、华南。

系统学评述：石仙桃属位于树兰亚科贝母兰族贝母兰亚族[3,5]。石仙桃属内可分为 9 组[9]，即 *Pholidota* sect. *Acanthoglossum*、*P.* sect. *Advena*、*P.* sect. *Articulatae*、*P.* sect. *Camelostalix*、*P.* sect. *Chelonanthera*、*P.* sect. *Chinenses*、*P.* sect. *Crinonia*、*P.* sect. *Pholidota* 和 *P.* sect. *Repentes*，该属可能为并系。

DNA 条形码研究：BOLD 网站有该属 6 种 24 个条形码数据；GBOWS 已有 2 种 13 个条形码数据。

86. *Pleione* D. Don 独蒜兰属

Pleione D. Don (1825: 36); Chen et al. (2009: 325) [Lectotype: *P. praecox* (J. E. Smith) D. Don (≡ *Epidendrum praecox* J. E. Smith)]

特征描述：附生或地生草本。假鳞茎顶生 1-2 叶。叶纸质，具折扇状脉。萼片离生；花瓣与萼片等长；唇瓣不裂或不明显 3 裂，基部常多少收狭，贴生于蕊柱基部而呈囊状，上部边缘啮蚀状或撕裂状，上面具纵褶片或流苏状毛；蕊柱细长，稍向前弯曲，两侧具狭翅；花粉团 4，蜡质，每 2 成一对。

分布概况：26/23（12）种，**7 型**；分布于喜马拉雅，南至缅甸，老挝和泰国的亚热带和热带凉爽地区；中国产西南、华中、华东、广东、广西北部和台湾山地。

系统学评述：独蒜兰属位于树兰亚科贝母兰族贝母兰亚族[3,5]，是 1 个单系类群。

基于开花时间、习性、花的大小等性状，有 4 个属下分类系统被提出，Pfitzer 和 Kraenzlin[60] 承认 2 组，即 *Pleione* sect. *Eupleione* 和 *P.* sect. *Dictyopleione*；Torelli 和 Riccaboni[61]将其划分为 4 亚属，即 *P.* subgen. *Dictyopleione*、*P.* subgen. *Saxicola*、*P.* subgen. *Scopulorum* 和 *P.* subgen. *Pleione*；Zhu 和 Chen[5]承认 2 组：*P.* sect. *Humile* 和 *P.* sect. *Pleione*；Torelli 将其划分为 4 亚属，即 *P.* subgen. *Pleione*、*P.* subgen. *Saxicolae*、*P.* subgen. *Scopulorum* 和 *P.* subgen. *Humiles*。近年来分子系统学研究没有完全支持早期的属下分类，基于独蒜兰属的系统发育分析，建议相应的 3 个分支，可作为 3 组，即 *P.* sect. *Pleione*、*P.* sect. *Saxicola* 和 *P.* sect. *Humiles*[57]。

DNA 条形码研究：BOLD 网站有该属 21 种 36 个条形码数据；GBOWS 已有 2 种 8 个条形码数据。

代表种及其用途：独蒜兰 *P. bulbocodioides* (Franchet) Rolfe 可作观赏。

87. *Thunia* H. G. Reichenbach 笋兰属

Thunia H. G. Reichenbach (1852: 764); Chen & Wood (2009: 315) [Type: *T. alba* (Lindley) H. G. Reichenbach (≡ *Phaius albus* Lindley)]

特征描述：地生或附生草本。常数茎簇生，具多叶。叶薄纸质，基部具关节和抱茎的鞘。总状花序顶生具数花；萼片与花瓣离生；唇瓣基部具囊状短距；唇盘上常有 5-7 纵褶片；蕊柱顶端两侧具狭翅；花粉团 8 或 4，前者每 4 为一群，其中 2 较大，后者每 2 为一群，等大，蜡质，无明显的花粉团柄，但向下方渐狭，共同附着于黏性物质上。

分布概况：4/2 种，**7a（14SH）**型；分布于亚洲热带地区；中国产西南。

系统学评述：笋兰属位于树兰亚科贝母兰族贝母兰亚族 Coelogyninae 内[3,5]。

DNA 条形码研究：BOLD 网站有该属 1 种 25 个条形码数据。

代表种及其用途：笋兰 *T. alba* (Lindley) H. G. Reichenbach 可作观赏。

十五、Malaxideae 沼兰族

88. *Crepidium* Blume 沼兰属

Crepidium Blume (1825: 387); Chen & Wood (2009: 229) (Lectotype: *C. rheedei* Blume)

特征描述：地生。常具多节的肉质茎，外面常被有膜质鞘。叶基部收狭成明显的柄。总状花序具数或数十花；萼片离生；花瓣一般丝状或线形；唇瓣常位于上方，基部常有一对向蕊柱两侧延伸的耳；蕊柱短，直立，顶端常有 2 齿；花粉团 4，成 2 对，蜡质，无明显的花粉团柄和黏盘。

分布概况：约 280/17（5）种，**1** 型；广布热带和亚热带地区，少数见于北温带；中国产西南和华南。

系统学评述：广义沼兰属 *Malaxis s.l.* 是多系，该属是否成立有待进一步研究[1,4,5,62]。

DNA 条形码研究：BOLD 网站有该属 4 种 34 个条形码数据。

89. *Dienia* Lindlley 无耳沼兰属

Dienia Lindley (1824: 825); Chen & Wood (2009: 234) (Type: *D. congesta* Lindley)

特征描述：地生草本。具肉质茎，<u>肉质茎圆柱形</u>，<u>在叶枯萎后多少外露</u>。叶基部收狭成柄；叶柄鞘状。花葶长具很窄的翅；总状花序具数十或更多的花；<u>花密集</u>，<u>较小</u>；<u>花瓣线形</u>；<u>唇瓣近宽卵形</u>，<u>凹陷</u>。

分布概况：约 19/2 种，**5 型**；分布于大洋洲和亚洲；中国产华南和西南。

系统学评述：广义沼兰属是多系，该属是否成立有待进一步研究[1,2,5,62]。

DNA 条形码研究：BOLD 网站有该属 1 种 11 个条形码数据。

90. *Liparis* Richard 羊耳蒜属

Liparis Richard (1817: 30), *nom. cons.*; Chen et al. (2009: 211) [Type: *L. loeslii* (Linnaeus) Richard (≡ *Ophrys loeselii* Linnaeus)]. —— *Ypsilorchis* Z. J. Liu, S. C. Chen & L. J. Chen (2008: 623)

特征描述：地生或附生草本。具假鳞茎或有时具多节的肉质茎。叶 1 至多数。花葶顶生；总状花序疏生或密生多花；花扭转；萼片相似平展，反折或外卷；<u>蕊柱一般较长</u>，<u>多少向前弓曲</u>，罕有短而近直立的，上部两侧常多少具翅，无蕊柱足；花药俯倾；<u>花粉团 4</u>，<u>成 2 对</u>，蜡质，<u>无明显的花粉团柄和黏盘</u>。

分布概况：约 250/60 种，**1（8-4）型**；广布热带与亚热带地区，少数见于北温带；中国南北均产。

系统学评述：羊耳蒜属位于树兰亚科沼兰族，是 1 个多系[1,2,5,62]。

DNA 条形码研究：BOLD 网站有该属 46 种 187 个条形码数据；GBOWS 已有 6 种 22 个条形码数据。

91. *Malaxis* Solander ex Swartz 原沼兰属

Malaxis Solander ex Swartz (1788: 119); Chen & Wood (2009: 229) (Type: *M. spicata* Swartz)

特征描述：<u>地生</u>。<u>具假鳞茎</u>，<u>外面常被有膜质鞘</u>。叶草质或膜质，近基生，基部收狭成明显的柄。总状花序具数十花；花瓣一般丝状或线形；唇瓣位于上方；蕊柱一般很短，<u>直立</u>，顶端常有 2 齿；<u>花粉团 4</u>，<u>成 2 对</u>，蜡质，<u>无明显的花粉团柄和黏盘</u>，<u>仅在基部黏合</u>。

分布概况：约 1/1 种，**9 型**；分布于北温带；中国南北均产。

系统学评述：广义沼兰属是多系，该属是否成立有待进一步研究[1,2,5,62]。

DNA 条形码研究：BOLD 网站有该属 28 种 51 个条形码数据；GBOWS 已有 1 种 16 个条形码数据。

92. *Oberonia* Lindley 鸢尾兰属

Oberonia Lindley (1830: 15), *nom. cons.*; Chen et al. (2009: 236) [Type: *O. iridifolia* Lindley, *nom. illeg.* (=O.

ensiformis (Smith) Lindley), *typ. cons.* ≡ *Malaxis ensiformis* Smith]

特征描述：附生草本，常丛生，直立或下垂。茎常包藏于叶基之内。叶二列，常两侧压扁。花葶从叶丛中央或茎的顶端发出；总状花序一般具多数或极多花；花常多少呈轮生状；花瓣常比萼片狭；唇瓣3裂；蕊柱短，直立，无蕊柱足，近顶端常有翅状物；花粉团4，成2对，蜡质，无花粉团柄。

分布概况：约200/33（11）种，**4型**；主要分布于热带亚洲，也见于热带非洲大陆至马达加斯加，澳大利亚和太平洋岛屿；中国产西南、华南和华东。

系统学评述：鸢尾兰属为单系，其姐妹群为热带附生的羊耳蒜属 *Liparis*[1,2,5,62]。

DNA 条形码研究：BOLD 网站有该属 16 种 106 个条形码数据；GBOWS 已有 3 种 10 个条形码数据。

93. *Oberonioides* Szlachetko 小沼兰属

Oberonioides Szlachetko (1995: 134); Chen & Wood (2009: 235) [Type: *O. oberoniiflora* (Seidenfaden) Szlachetko (≡ *Malaxis oberoniiflora* Seidenfaden)]

特征描述：地生草本。假鳞茎小，外被白色的薄膜质鞘。叶1，接近铺地；叶柄鞘状。花葶纤细，两侧具很窄的翅；总状花序长具多花；花很小；唇瓣基部两侧有一对横向伸展的耳；蕊柱粗短。

分布概况：约2/1（1）种，**14型**；分布于泰国；中国产华东。

系统学评述：广义沼兰属为多系，该属是否成立有待进一步研究[1,2,5,62]。

十六、Dendrobieae 石斛族

94. *Bulbophyllum* Thouars 石豆兰属

Bulbophyllum Thouars (1822: 3), *nom. cons.*; Chen & Vermeulen (2009: 404) (Type: *B. nutans* Thouars, *typ. cons.*). —— *Cirrhopetalum* Lindley (1830: 45); *Ione* Lindley (1853: 1); *Monomeria* Lindley (1830: 61); *Sunipia* Lindley (1826: 14); *Trias* Lindley (1830: 60)

特征描述：附生草本。假鳞茎具1节间。叶常1，少有2，顶生于假鳞茎，若无则从根状茎上发出。花葶侧生于假鳞茎基部或从根状茎的节上抽出，具总状或近伞状花序；侧萼片基部贴生于蕊柱足两侧而形成囊状的萼囊；唇瓣肉质，基部与蕊柱足末端连接而形成关节；蕊柱短，具翅，基部延伸为足；蕊柱翅在蕊柱中部或基部以不同程度向前扩展，向上伸延为形状多样的蕊柱齿；花粉团蜡质，4个成2对。

分布概况：约2400/124（45）种，**2（6）型**；主要分布于亚洲，美洲，非洲等热带和亚热带地区，大洋洲也有；中国产长江流域及其以南。

系统学评述：石豆兰属是兰科最大的属之一，置于树兰亚科石斛族石豆兰亚族 Bulbophyllinae[1,63]；分子系统学研究表明广义石豆兰属为单系[64]。

DNA 条形码研究：BOLD 网站有该属 110 种 194 个条形码数据；GBOWS 已有 4 种 14 个条形码数据。

95. *Dendrobium* Swartz 石斛属

Dendrobium Swartz (1799: 82), *nom. cons.*; Chen et al. (2009: 367) [Type: *D. moniliforme* (Linnaeus) Swartz, *typ. cons.* (≡ *Epidendrum moniliforme* Linnaeus)]. —— *Flickingeria* Hawkes (1961: 451)

特征描述：附生草本。茎丛生，具节，有时节间膨大。叶互生，基部有关节和具抱茎的鞘。总状花序或伞形花序，生于茎的中部以上节上；萼片近相似，离生；侧萼片宽阔的基部着生在蕊柱足上，与唇瓣基部共同形成萼囊；唇瓣着生于蕊柱足末端，3 裂或不裂，基部收狭为短爪或无爪；蕊柱粗短，顶端两侧各具 1 蕊柱齿，基部具蕊柱足；花粉团蜡质，4 个，离生，每 2 为一对；几无附属物。

分布概况：约 1000/85（20）种，**5（7e）**型；广布亚洲热带和亚热带地区至大洋洲；中国产秦岭以南，云南南部尤盛。

系统学评述：传统上，石斛属被置于树兰亚科石斛族石斛亚族 Dendrobiinae[1]。Xiang 等[65]采用 5 个分子片段研究了亚洲大陆的石斛属 109 种，表明石斛属为并系，金石斛属 *Flickingeria* 应归入石斛属，石斛属大部分的组是并系。

DNA 条形码研究：BOLD 网站有该属 309 种 1644 个条形码数据；GBOWS 已有 68 种 827 个条形码数据。

代表种及其用途：该属国产种类中具细茎而花小的类群，如细茎石斛 *D. moniliforme* (Linnaeus) Swartz、黄石斛 *D. catenatum* Lindley、梳唇石斛 *D. strongylanthum* H. G. Reichenbach、美花石斛 *D. loddigesii* Rolfe、钩状石斛 *D. aduncum* Lindley、霍山石斛 *D. huoshanense* C. Z. Tang & S. J. Cheng 等是中药"石斛"的原植物；茎粗而花大的种类均可作花卉供观赏。

96. *Epigeneium* Gagnepain 厚唇兰属

Epigeneium Gagnepain (1932: 593); Chen & Wood (2009: 400) [Type: *E. fargesii* (Finet) Gagnepain (≡ *Dendrobium fargesii* Finet)]

特征描述：附生草本。根状茎匍匐，密被栗色或淡褐色鞘。假鳞茎单节间，顶生 1-2 叶。叶革质，基部收狭，有关节。花单生于假鳞茎顶端或总状花序具少数至多数花；侧萼片基部歪斜，贴生于蕊柱足，与唇瓣形成明显的萼囊；唇瓣贴生于蕊柱足末端，中部缢缩而形成前后唇或 3 裂；侧裂片直立，中裂片伸展，唇盘上面常有纵褶片；蕊柱短，具蕊柱足，两侧具翅；蕊喙半圆形，不裂；花粉团蜡质，4 个成 2 对。

分布概况：约 35/7（5）种，**（7d）**型；分布于亚洲热带地区；中国产西南。

系统学评述：传统上，厚唇兰属被置于树兰亚科石斛族石斛亚族[1]。Clements[66,67]主张将厚唇兰属提升为厚唇兰亚族 Epigeneiinae；Schuiteman[68]建议厚唇兰属并入石斛属 *Dendrobium*。

DNA 条形码研究：BOLD 网站有该属 6 种 12 个条形码数据；GBOWS 已有 1 种 4 个条形码数据。

十七、Collabieae 吻兰族

97. *Ania* Lindley 安兰属

Ania Lindley (1831: 129); Xiang et al. (2014: e87625) (Lectotype: *A. angustifolia* Lindley)

特征描述：地生草本。根状茎具密布灰白色长绒毛的肉质根。假鳞茎肉质，圆锥状球形或球形，具单节间，顶生 1 叶。叶具长柄。花葶侧生于假鳞茎基部；唇瓣贴生于蕊柱足末端，直立，基部具短距或浅囊，不裂或前部 3 裂；中裂片上面具脊突或褶片；蕊柱向前弯曲，两侧具翅，基部足；蕊喙不裂；花粉团 8，蜡质，倒卵形至压扁的哑铃形，每 4 为一群，其中 2 较小，无明显的花粉团柄和黏盘。

分布概况：7/4 种，5（7）型；分布于从热带喜马拉雅东至印度尼西亚；中国产热带和南亚热带地区。

系统学评述：广义的带唇兰属 *Tainia* 属于吻兰族，是多系，应处理为 2 个不同的属，其中之一为安兰属[54]。

DNA 条形码研究：BOLD 网站有该属 1 种 1 个条形码数据。

98. *Acanthophippium* Blume 坛花兰属

Acanthophippium Blume (1825: 353); Chen et al. (2009: 309) (Type: *A. javanicum* Blume)

特征描述：地生草本。假鳞茎卵形或卵状圆柱形，具少数节间，顶生 1-4 叶。叶具折扇状脉。花葶侧生于近假鳞茎顶端；总状花序；萼片除上部外彼此联合成偏胀的坛状筒；侧萼片基部与蕊柱足合生而形成宽大的萼囊；唇瓣具狭长的爪，以活动关节与蕊柱足末端连接，3 裂；蕊柱长，具翅，基部具长而弯曲的蕊柱足；蕊喙不裂；花粉团 8，蜡质，近倒卵形，每 4 为一群，其中 2 较小，共同附着于 1 黏质物上。

分布概况：11/3 种，（7e）型；分布于热带亚洲至新几内亚和太平洋岛屿；中国产长江流域及其以南。

系统学评述：坛花兰属位于吻兰族[1,5,54,69]。

DNA 条形码研究：BOLD 网站有该属 1 种 3 个条形码数据。

99. *Calanthe* R. Brown 虾脊兰属

Calanthe R. Brown (1821: 573), *nom. cons.*; Chen et al. (2009: 292) [Type: *C. veratrifolia* R. Brown, *nom. illeg.* (=*Limodorum veratrifolium* Willdenow, *nom. illeg.* = *C. triplicata* (Willemet) Ames ≡ *Orchis triplicata* Willemet)]. ——*Cephalantheropsis* Guillaumin (1960: 188); *Phaius* Guillaumin (1790: 529)

特征描述：地生草本。根密被淡灰色长绒毛。具假鳞茎。叶基部收窄为长柄或近无柄，折扇状。总状花序具少数至多数花；唇瓣常比萼片大而短，基部与部分或全部蕊柱翅合生而形成长度不等的管，或与蕊柱分离；蕊柱粗短，两侧具翅；花粉团 8，蜡质，每 4 为一群，近相等或不相等；花粉团柄明显或不明显，共同附着于 1 黏质物上。

分布概况：150/51（21）种，**2（3）**型；分布于亚洲热带和亚热带地区，新几内亚，澳大利亚，热带非洲和中美洲；中国产华南、西南和华东。

系统学评述：虾脊兰属被置于树兰亚科吻兰族，是 1 个并系类群，其他一些属，如鹤顶兰属 *Phaius* 等，应并入虾脊兰属[1,2,5,54,69]，广义的虾脊兰属为单系。

DNA 条形码研究：BOLD 网站有该属 37 种 87 个条形码数据；GBOWS 已有 11 种 67 个条形码数据。

代表种及其用途：该属大部分种类用于观赏，如三褶虾脊兰 *C. triplicata* (Willemet) Ames。

100. *Chrysoglossum* Blume 金唇兰属

Chrysoglossum Blume (1825: 337); Chen & Wood (2009: 313) (Lectoype: *C. ornatum* Blume)

特征描述：<u>地生草本</u>。<u>具圆柱状假鳞茎</u>。<u>叶 1</u>，<u>具长柄和折扇状脉</u>。花葶从根状茎上发出；总状花序疏生多数花，唇瓣基部两侧具耳，中部 3 裂；中裂片凹陷；唇盘上面具褶片；<u>蕊柱基部具粗短的蕊柱足</u>，<u>内侧具 1 胼胝体</u>，<u>两侧具翅</u>；翅具 2 向前伸展的臂；<u>蕊喙短而宽</u>；<u>花粉团 2</u>，<u>蜡质</u>，<u>圆锥形</u>，<u>附着于松散的黏质物上</u>。

分布概况：5/2 种，（**7e**）型；分布于热带亚洲和太平洋岛屿；中国产华南和西南。

系统学评述：金唇兰属被置于树兰亚科吻兰族，其姐妹群可能为紫茎兰属 *Risleya*[1-3,5,54]。

代表种及其用途：该属大部分种类用于观赏。

101. *Collabium* Blume 吻兰属

Collabium Blume (1825: 357); Chen & Wood (2009: 311) (Type: *C. nebulosum* Blume). —— *Collabiopsis* S. S. Ying (1977: 112)

特征描述：<u>地生草本</u>。<u>具假鳞茎</u>。<u>假鳞茎细圆柱形或貌似叶柄</u>，<u>具 1 节</u>，<u>顶生 1 叶</u>。叶基部具关节。总状花序疏生数花；<u>侧萼片基部彼此连接</u>，<u>并与蕊柱足合生而形成狭长的萼囊或距</u>；唇瓣贴生于蕊柱足末端；唇盘上具褶片；<u>蕊柱基部具长的蕊柱足</u>，<u>两侧具翅</u>；<u>花粉团 2</u>，蜡质，近圆锥形，<u>附着于较松散的黏质物上</u>。

分布概况：11/3（1）种，（**7d**）型；分布于热带亚洲和新几内亚；中国产华南和西南。

系统学评述：吻兰属被置于树兰亚科吻兰族，姐妹群为紫茎兰属 *Risleya* 和金唇兰属 *Chrysoglossum*[1,2,5,54,63]。

DNA 条形码研究：BOLD 网站有该属 4 种 5 个条形码数据。

代表种及其用途：该属大部分种类用于观赏。

102. *Diglyphosa* Blume 密花兰属

Diglyphosa Blume (1825: 336); Chen et al. (2009: 314) (Type: *D. latifolia* Blume)

特征描述：地生草本。具假鳞茎，<u>假鳞茎狭长</u>，<u>顶生 1 叶</u>。叶具长柄和折扇状的脉。

总状花序密生许多花；侧萼片下弯，基部贴生于蕊柱足而形成萼囊；唇瓣稍肉质，具 2 褶片或龙骨状凸起；<u>蕊柱两侧具翅</u>，<u>基部蕊柱足</u>；<u>药帽顶端呈圆锥状凸起</u>，<u>前缘先端 2 尖裂</u>；<u>花粉团 2</u>，蜡质，压扁的三角形。

分布概况：2/1 种，（**7d**）型；分布于热带喜马拉雅至东南亚和新几内亚；中国产云南。

系统学评述：密花兰属位于树兰亚科吻兰族，但其系统位置有待进一步研究[1,3,5,54,70]。

代表种及其用途：该属大部分种类用于观赏。

103. *Eriodes* Rolfe 毛梗兰属

Eriodes Rolfe (1915: 327); Chen & Wood (2009: 285) [Type: *E. barbata* (Lindley) Rolfe (≡ *Tainia barbata* Lindley)]. —— *Tainiopsis* Schlechter (1915: 10)

特征描述：附生草本。<u>假鳞茎在根状茎上近聚生</u>，<u>近球形</u>，<u>顶生 2-3 叶</u>。叶折扇状。花葶侧生于假鳞茎的基部，密布短柔毛；萼片背面密布长柔毛，<u>侧萼片基部较宽而歪斜</u>，<u>贴生于蕊柱足上而形成明显的萼囊</u>；花瓣比萼片狭；唇瓣舌形或卵状披针形；<u>蕊柱上端扩大</u>，<u>具翅</u>，<u>基部具近直角弯曲的蕊柱足</u>；<u>花粉团 8</u>，蜡质，<u>近球形</u>，<u>等大</u>，<u>每 4 为一群</u>，<u>无明显的黏盘和黏盘柄</u>。

分布概况：1/1 种，**7-2**（**14SH**）型；分布于热带喜马拉雅，缅甸，泰国，老挝，越南；中国产华南和西南。

系统学评述：毛梗兰属位于树兰亚科吻兰族，是吻兰族其他属的姐妹群[1-3,5,54]。

代表种及其用途：毛梗兰 *E. barbata* (Lindley) Rolfe 用于观赏。

104. *Hancockia* Rolfe 滇兰属

Hancockia Rolfe (1903: 20); Chen & Wood (2009: 286) (Type: *H. uniflora* Rolfe)

特征描述：地生草本。具假鳞茎，<u>假鳞茎肉质</u>，<u>多少貌似叶柄</u>，<u>疏生于根状茎上</u>，<u>圆柱形</u>，<u>顶生 1 叶</u>。叶具关节。花葶顶生单花；萼片和花瓣相似；唇瓣基部贴生于蕊柱中部以下两侧的蕊柱翅上而形成长距，距圆筒状；<u>蕊柱顶端扩大</u>，<u>基部无蕊柱足</u>，<u>具翅</u>；<u>花粉团 8</u>，蜡质，<u>稍压扁</u>，<u>每 4 为一群</u>，<u>附着于 1 黏质物上</u>。

分布概况：1/1 种，**14SJ** 型；分布于从热带喜马拉雅到缅甸，泰国，老挝，越南，日本；中国产华南和西南。

系统学评述：滇兰属被置于树兰亚科吻兰族，姐妹群为带唇兰属 *Tainia*、紫茎兰属 *Risleya* 和金唇兰属 *Chrysoglossum* 共同组成的分支[1-3,5,54]。

DNA 条形码研究：GBOWS 已有 1 种 4 个条形码数据。

代表种及其用途：滇兰 *H. uniflora* Rolfe 可作观赏。

105. *Pachystoma* Blume 粉口兰属

Pachystoma Blume (1825: 376); Chen & Wood (2009: 286) (Type: *P. pubescens* Blume)

特征描述：地生草本或罕为菌类寄生植物。<u>地下具肉质根状茎</u>。叶 1-2，常在花后发出。花葶细长，<u>直立</u>；总状花序具几数稍疏离的小花；萼片相似，<u>侧萼片与蕊柱足合生而形成萼囊</u>；<u>唇瓣基部稍凹陷</u>，<u>前部 3 裂</u>；侧裂片直立，中裂片伸展；<u>唇盘肉质</u>，<u>具龙骨状脊突</u>；<u>花粉团 8</u>，<u>蜡质</u>，<u>近梨形或倒卵形</u>，<u>等大</u>，<u>每 4 为一群</u>，<u>无明显的黏盘和黏盘柄</u>。

分布概况：20/2（1）种，**5（7e）型**；分布于热带亚洲至新几内亚和太平洋岛屿；中国产广东、广西、贵州、云南、海南和台湾。

系统学评述：粉口兰属位于树兰亚科吻兰族，但系统学关系有待深入研究[1,2,5,54,69]。

DNA 条形码研究：BOLD 网站有该属 2 种 2 个条形码数据。

106. *Risleya* King & Pantling 紫茎兰属

Risleya King & Pantling (1898: 246); Chen et al. (2009: 245) (Type: *R. atropurpurea* King & Pantling)

特征描述：<u>菌类寄生草本</u>。不具块茎或假鳞茎。<u>茎无叶</u>，<u>暗紫色</u>，基部具鞘。总状花序具多数密生的小花；花肉质，很小；萼片展开；花瓣常较萼片短而狭；唇瓣凹陷；蕊柱短，圆柱形；<u>花粉团 4</u>，<u>成 2 对</u>，<u>蜡质</u>，<u>无花粉团柄</u>，<u>附着于肥厚的、矩圆形的黏盘上</u>；<u>蕊喙粗大</u>，<u>伸出</u>，<u>高于花药</u>。

分布概况：1/1 种，**14SH 型**；分布于喜马拉雅高海拔地区；中国产西南。

系统学评述：紫茎兰属被置于树兰亚科吻兰族[1,2,5,54]。

107. *Spathoglottis* Blume 苞舌兰属

Spathoglottis Blume (1825: 400); Chen & Bell (2009: 287) (Type: *S. plicata* Blume)

特征描述：<u>地生草本</u>。<u>具鳞茎</u>，顶生 1-5 叶。叶基部收狭为柄，具折扇状脉；叶柄之下具鞘。花葶生于鳞茎基部；总状花序疏生少数花；萼片相似，背面被毛；<u>花瓣与萼片相似而常较宽</u>；<u>侧裂片之间常凹陷呈囊状</u>，中裂片具爪；<u>蕊柱上端扩大而呈棒状</u>，<u>两侧具翅</u>；<u>花粉团 8</u>，<u>蜡质</u>，<u>狭倒卵形</u>，<u>近等大</u>，<u>每 4 为一群</u>，<u>共同附着于 1 三角形的黏盘上</u>。

分布概况：46/3 种，**5（7e）型**；分布于热带亚洲至澳大利亚和太平洋岛屿；中国产长江以南。

系统学评述：苞舌兰属被置于树兰亚科吻兰族，其姐妹群可能为 *Anciostrochilus*[1-3,5,54]。

DNA 条形码研究：BOLD 网站有该属 3 种 7 个条形码数据；GBOWS 已有 1 种 8 个条形码数据。

108. *Tainia* Blume 带唇兰属

Tainia Blume (1825: 354). Chen & Wood (2009: 281) (Type: *T. speciosa* Blume).——*Mischobulbum* Schlechter (1911: 98); *Nephelaphyllum* Blume (1825: 372)

特征描述：地生草本。<u>根状茎具密布灰白色长绒毛的肉质根</u>。假鳞茎肉质，具单节间，罕有多节间的，顶生 1 叶。叶具长柄。花葶侧生于假鳞茎基部；<u>唇瓣贴生于蕊柱足末端，直立，基部具浅囊</u>，不裂或前部 3 裂；中裂片上面具脊突或褶片；蕊柱向前弯曲，两侧具翅；蕊喙不裂；<u>花粉团 8，蜡质，倒卵形至压扁的哑铃形</u>，每 4 为一群，等大或其中 2 较小，无明显的花粉柄和黏盘。

分布概况：12/4 种，**5（7）型**；分布于从热带喜马拉雅东部至日本南部，南至东南亚和其邻近岛屿；中国产长江以南。

系统学评述：带唇兰属位于树兰亚科吻兰族，是多系，应处理为 2 个不同的属，而另一些属应并入狭义的带唇兰属内[1-3,5,54]。

DNA 条形码研究：BOLD 网站有该属 4 种 6 个条形码数据；GBOWS 已有 1 种 4 个条形码数据。

十八、Podochileae 柄唇兰族

109. *Aeridostachya* (J. D. Hooker) Brieger 气穗兰属

Aeridostachya (J. D. Hooker) Brieger (1981: 714); Chen et al. (2009: 351) (Type: *Eria acridostachya* Bentham)

特征描述：假鳞茎密集或稀疏沿根状茎排列，<u>肉质，显著肿胀</u>，基部具苞片。叶近二列，革质。花序从假鳞茎近顶端的鞘腋中发出，<u>遍布星状长毛</u>，密生多花，基部疏生不育苞片；萼片背面均被红色毛，侧萼片基部与蕊柱足合生成长萼囊；<u>花粉团梨形或长圆形，每 4 花粉团具 1 黄色三角形的花粉团柄</u>。

分布概况：15/1 种，**7（4）型**；分布于亚洲热带地区；中国产台湾。

系统学评述：分子系统学研究表明，气穗兰属位于树兰亚科柄唇兰族[3,5]。气穗兰属曾放在广义毛兰属的高脊毛兰组 *Eria* sect. *Trichosma* 内[70]。

110. *Appendicula* Blume 牛齿兰属

Appendicula Blume (1825: 297); Chen & Wood (2009: 363) (Type: *non designatus*)

特征描述：附生或地生草本。茎纤细，丛生，为叶鞘所包。叶二列互生，由于扭转而面向同向。总状花序；<u>花苞片宿存</u>；中萼片离生，<u>侧萼片与唇瓣基部形成萼囊</u>；花瓣小于中萼片；唇瓣不裂或略 3 裂，<u>近基部有 1 附属物</u>；蕊柱短，<u>具长而宽阔的蕊柱足</u>；<u>花药生于蕊柱背侧，直立</u>；花粉团 6，蜡质，每 3 为一群，下部渐狭为花粉团柄。

分布概况：60/4 种，**7 型**；分布于亚洲热带地区至大洋洲，印度尼西亚与新几内亚尤盛；中国产广东、台湾和海南。

系统学评述：分子系统学研究表明，牛齿兰属位于树兰亚科柄唇兰族毛兰亚族 Eriinae[3,5]。

DNA 条形码研究：BOLD 网站有该属 2 种 7 个条形码数据。

111. *Bryobium* Lindley 藓兰属

Bryobium Lindley (1836: 446); Chen et al. (2009: 352) (Type: *B. pubescens* Lindley)

特征描述：<u>附生植物</u>。<u>根状茎被膜质鞘</u>。<u>假鳞茎较紧密排列</u>。<u>花序密被灰白色柔毛</u>；<u>花苞片外面疏被灰白色柔毛</u>；中萼片背面疏被灰白色柔毛，侧萼片背面疏被白色曲柔毛，基部与蕊柱足合生而成较短的萼囊；花瓣无毛；唇瓣轮廓为四菱形或宽椭圆形；蕊柱极短，具蕊柱足；<u>花粉团 8</u>，<u>成 2 组</u>，<u>每组具单独的黏盘</u>，梨形，淡黄色。

分布概况：约 20/1 种，**5 型**；分布于澳大利亚和热带亚洲；中国产华南。

系统学评述：藓兰属位于树兰亚科柄唇兰族毛兰亚族[3,5]。藓兰属曾放在广义毛兰属，但广义毛兰属是 1 个并系[3,5]。

112. *Callostylis* Blume 美柱兰属

Callostylis Blume (1825: 340); Chen & Wood (2009: 359) (Type: *C. rigida* Blume)

特征描述：附生草本。假鳞茎基部有数枚鞘。<u>叶 2-5</u>，<u>生于假鳞茎顶端</u>。<u>总状花序 2-4</u>；<u>萼片两面被毛</u>；花瓣小于萼片；<u>唇瓣基部以活动关节连接于蕊柱足</u>，<u>不裂</u>，<u>唇盘上有 1 垫状凸起</u>；<u>蕊柱长</u>，<u>向前弯曲成钩状或至少近直角</u>，<u>具明显的蕊柱足</u>，<u>蕊柱足上有 1 肉质的胼胝体</u>；花粉团 8，每 4 个成一群，蜡质，无明显的花粉团柄与黏盘。

分布概况：5-6/2 种，**7 型**；分布于东南亚至喜马拉雅；中国产广西和云南。

系统学评述：美柱兰属位于树兰亚科柄唇兰族毛兰亚族[1,63]。

113. *Campanulorchis* Brieger 钟兰属

Campanulorchis Brieger (1981: 750); Chen et al. (2009: 346) [Type: *C. globifera* (Rolfe) Brieger (≡ *Eria globifera* Rolfe)]

特征描述：附生植物。<u>根状茎发达</u>。<u>假鳞茎肉质</u>，<u>基部或多或少肿胀</u>，顶生 1-4 叶。<u>花序着生于假鳞茎顶端</u>，<u>密被红棕色绵毛</u>；<u>花梗和子房长密被红棕色绵毛</u>；<u>萼片外面密被红棕色绵毛</u>，侧萼片基部与蕊柱足合生成萼囊；唇瓣 3 裂；蕊柱具蕊柱足。

分布概况：约 5/1 种，**5 型**；分布于亚洲热带地区；中国产华南。

系统学评述：钟兰属被置于树兰亚科柄唇兰族；传统将钟兰属放在广义毛兰属，但研究表明毛兰属为多系[3,5]。

114. *Ceratostylis* Blume 牛角兰属

Ceratostylis Blume (1825: 304); Chen & Wood (2009: 360) (Lectotype: *C. subulata* Blume)

特征描述：<u>附生草本</u>。具根状茎。<u>茎丛生</u>，<u>较纤细</u>，基部具干膜质鳞片状鞘，鞘红棕色。<u>叶 1</u>。花序顶生，花簇生；花较小；<u>萼片相似</u>，<u>离生</u>，侧萼片与蕊柱足合生成萼囊，<u>包围唇瓣下部</u>；花瓣常比萼片小；<u>唇瓣基部变狭并多少弯曲</u>，<u>无距</u>；蕊柱短，顶端<u>有 2 直立的臂状物</u>，<u>蕊柱足明显</u>；花药顶生，<u>4 室</u>，<u>花粉块 8</u>，蜡质，<u>无蕊喙柄</u>，具小黏盘。

分布概况：100/3（1）种，**7** 型；主要分布于东南亚，向西北到喜马拉雅，向东南到新几内亚和太平洋岛屿；中国产海南、西藏和云南。

系统学评述：牛角兰属位于树兰亚科柄唇兰族毛兰亚族[1,63]。

DNA 条形码研究：BOLD 网站有该属 2 种 3 个条形码数据；GBOWS 已有 1 种 4 个条形码数据。

115. *Conchidium* Griffith 蛤兰属

Conchidium Griffith (1851: 321); Chen et al. (2009: 346) (Type: *C. pusillum* Griffith)

特征描述：附生植物。植株细小，根状茎细长。假鳞茎圆球形或稍扁，外面有时被白色网格状的膜质鞘。叶从对生的假鳞茎之间发出。花序着生于假鳞茎顶端；侧萼片与蕊柱足形成萼囊；唇瓣 3 裂，具爪；花粉团 8，卵状。

分布概况：10/4（1）种，**7（1）**型；分布于热带亚洲和新几内亚；中国产华南和西南。

系统学评述：蛤兰属位于树兰亚科柄唇兰族毛兰亚族[3,5]，未见分子系统学研究。

DNA 条形码研究：BOLD 网站有该属 2 种 44 个条形码数据；GBOWS 已有 1 种 3 个条形码数据。

116. *Cryptochilus* Wallich 宿苞兰属

Cryptochilus Wallich (1824: 36); Chen & Wood (2009: 360) (Type: *C. sanguineus* Wallich)

特征描述：附生草本。假鳞茎聚生。叶 1-3，生于假鳞茎顶端或近顶端处。总状花序具多花；花苞片钻形，规则地排成二列，宿存；花较密集；中萼片与侧萼片合生成筒状或坛状，两侧萼片基部一侧略有浅萼囊；花瓣小，离生，包藏于萼筒内；唇瓣贴生于蕊柱足末端，基部略弯曲，不裂，整个包藏于萼筒之内；蕊柱短，顶端稍扩大，有短的蕊柱足；花粉团 8，每 4 为一群，无花粉团柄，共同附着于 1 黏盘上。

分布概况：约 10/3（1）种，**14SH** 型；分布于亚洲热带地区；中国产华南和西南。

系统学评述：宿苞兰属位于树兰亚科柄唇兰族毛兰亚族[1,63]。

117. *Dendrolirium* Blume 绒兰属

Dendrolirium Blume (1825: 343); Chen et al. (2009: 350) (Type: *non designatus*)

特征描述：附生植物。根状茎发达。假鳞茎肉质，具 2-4 节，顶端着生 3-4 叶。叶较厚，二列着生。花序粗壮，密被绒毛（果时毛变疏）；花苞片卵形或卵状披针形，背面被较密的绒毛，上面被疏的短柔毛；花梗和子房密被黄棕色绒毛；萼片背面密被绒毛，侧萼片基部与蕊柱足合生成萼囊；唇瓣具各种附属物；蕊柱半圆柱状，具蕊柱足；花粉团 8，成 2 组。

分布概况：约 12/2 种，**7（1）**型；分布于亚洲热带地区；中国产华南和西南。

系统学评述：绒兰属位于树兰亚科柄唇兰族；传统将绒兰属放在广义毛兰属，但各种证据表明，毛兰属为多系，属级界限需要进行重新划分[3,5]。

118. *Eria* Lindley 毛兰属

Eria Lindley (1825: 904); Chen et al. (2009: 343) (Type: *E. stellata* Lindley). —— *Cylindrolobus* Blume (1828: 6)

特征描述：附生植物。茎常膨大成假鳞茎，顶生数叶。总状花序被绵毛或无毛；花较小；萼片背面与子房被绒毛或无毛，萼片离生，侧萼片多少与蕊柱足合生成萼囊；花瓣与中萼片相似；唇瓣生于蕊柱足末端，无距，常 3 裂，上面有纵脊；蕊柱短或长；花药为不完全的 4 室；花粉团 8，每 4 成一群，蜡质，基部收狭成柄状，附着于黏盘上。

分布概况：15/7（1）种，**5 型**；分布于亚洲，马来群岛，东到新几内亚；中国产长江流域及其以南。

系统学评述：毛兰属位于树兰亚科柄唇兰族毛兰亚族[1,63,70]。广义毛兰属是并系，狭义毛兰属以前放在广义毛兰属的 *Eria* sect. *Trichosma* 内[1,63,70]。

DNA 条形码研究：BOLD 网站有该属 8 种 30 个条形码数据；GBOWS 已有 1 种 4 个条形码数据。

119. *Mycaranthes* Blume 拟毛兰属

Mycaranthes Blume (1825: 352); Chen et al. (2009: 348) (Type: *non designatus*)

特征描述：附生草本。叶两列互生，套叠。花序顶生，花序柄密生星状毛；花苞片具短星状毛；花奶油色，花梗、子房、萼片背面具绒毛；中萼片椭圆形，侧萼片三角形；花瓣狭长；唇瓣明显 3 裂或不裂，坚硬，垂直于蕊柱足，侧裂片常啮齿状；蕊柱直立，短，蕊柱足长；柱头圆形，花药帽状，腹面扁平，无覆盖物，花粉团裸露；花粉团 8，棍棒状。

分布概况：25/2 种，**7 型**；分布于东南亚至喜马拉雅；中国产贵州、广西、海南、云南和西藏。

系统学评述：拟毛兰属位于树兰亚科柄唇兰族毛兰亚族[3,5,46]，可能是 1 个单系类群。依习性不同，属内可分为 2 组，即 *Mycaranthes* sect. *Strongyleria* 和 *M.* sect. *Mycaranthe*[70]。

120. *Oxystophyllum* Blume 拟石斛属

Oxystophyllum Blume (1825: 335); Chen & Wood (2009: 358) (Type: *non designatus*)

特征描述：附生草本。茎不肿胀，生于两列叶的基部。叶套叠，坚硬。花序近顶生或侧生；花苞片宿存；花不完全开放，肉质；中萼片离生，侧萼片倾斜的三角形，与蕊柱足形成一个明显的囊；唇瓣肉质，与蕊柱足顶端连接，囊在基部，液状蜜腺沿基部及蕊柱足腹面沟槽分泌；蕊柱短；花粉团 4，成 2 对，黏在突出的花粉块柄上；子房几无柄。

分布概况：38/1（1）种，**7 型**；分布于东南亚至新几内亚；中国产海南。

系统学评述：拟石觖属位于树兰亚科柄唇兰族毛兰亚族[3,5,54]。

DNA 条形码研究：BOLD 网站有该属 1 种 2 个条形码数据；GBOWS 已有 1 种 4 个条形码数据。

121. *Phreatia* Lindley 馥兰属

Phreatia Lindley (1830: 63); Chen & Wood (2009: 366) (Type: *P. elegans* Lindley)

特征描述：<u>附生草本</u>。无茎或具假鳞茎。<u>叶 1-3 生于假鳞茎顶端</u>，或多叶近二列聚生于短茎上，或疏生于长茎上部，基部有关节。<u>花葶（或花序）侧生</u>；总状花序具多花；花小；<u>侧萼片常多少着生于蕊柱足上</u>，形成萼囊；花瓣常小于萼片；<u>唇瓣基部具爪，着生于蕊柱足上</u>，基部凹陷或多少呈囊状；蕊柱短，<u>基部具蕊柱足</u>；<u>药帽先端钝，花粉团 8，每 4 一群</u>，蜡质，共同连接一个花粉团柄上，黏盘小。

分布概况：约 200/4（2）种，**5（7e）**型；分布于东南亚至大洋洲；中国产台湾、西藏、海南和云南。

系统学评述：馥兰属位于树兰亚科柄唇兰族矮柱兰亚族 Thelasinae [1,63]。

DNA 条形码研究：BOLD 网站有该属 3 种 4 个条形码数据。

122. *Pinalia* Lindley 苹兰属

Pinalia Lindley (1826: 14); Chen et al. (2009: 352) (Type: *P. alba* Buchanan-Hamilton ex Lindley)

特征描述：<u>陆生或附生草本</u>。茎互相靠近，顶端生叶。叶革质。<u>总状花序腋生，花序轴具有鳞片状的棕色毛</u>；花苞片明显；花颜色多变；<u>萼片背面背稀疏至密毛</u>，中萼片狭三角形，侧萼片三角形，腹面基部加宽，与蕊柱足合生成萼囊；花瓣与中萼片相似；<u>唇瓣 3 裂，生于蕊柱足末端，上面有纵脊或胼胝体</u>；花粉团 8，棍棒状。

分布概况：200/13（2）种，**5** 型；主要分布于喜马拉雅西北部，印度东北部，缅甸，越南，老挝，泰国，马来群岛，澳大利亚西北部及太平洋岛屿；中国产西藏、云南、四川、湖北、湖南、广东、广西、海南和台湾。

系统学评述：苹兰属位于树兰亚科柄唇兰族毛兰亚族[3,5]。分子系统学研究表明，苹兰属是 1 个单系类群，属内可以分为 5 组，即 *Pinalia* sect. *Hymeneria*、*P.* sect. *Urostachya*、*P.* sect. *Secundae*、*P.* sect. *Polyura* 和 *P.* sect. *Pinalia*。

DNA 条形码研究：BOLD 网站有该属 2 种 13 个条形码数据；GBOWS 已有 1 种 3 个条形码数据。

123. *Podochilus* Blume 柄唇兰属

Podochilus Blume (1825: 295); Chen & Wood (2009: 365) (Type: *P. lucescens* Blume)

特征描述：<u>附生草本，较矮小</u>。茎纤细，丛生，多节，全为叶鞘所包。<u>叶基部常扭转</u>，有圆筒状鞘，具关节。总状花序较短；花小；<u>侧萼片基部宽阔并着生于蕊柱足上，形成萼囊</u>；花瓣常略小于中萼片；<u>唇瓣着生于蕊柱足末端，不裂</u>，近基部处常有附属物；

蕊柱较长，具较长的蕊柱足；花粉团 4，蜡质，常为狭倒卵形，分离，下部渐狭为花粉团柄，花粉团柄 1-2，共同附着于一个黏盘上。

分布概况：约 60/2（1）种，（**7d**）型；分布于热带亚洲至太平洋岛屿，以印度尼西亚，菲律宾和新几内亚尤盛；中国产西南和华南。

系统学评述：柄唇兰属位于树兰亚科柄唇兰族毛兰亚族 Eriinae[1,63]。该属未见分子系统学研究。

DNA 条形码研究：BOLD 网站有该属 1 种 3 个条形码数据。

124. *Porpax* Lindley 盾柄兰属

Porpax Lindley (1845: 62); Chen & Wood (2009: 360) (Type: *P. reticulata* Lindley)

特征描述：附生小草本。假鳞茎密集，扁球形，外被白色膜质鞘。叶 2，生于假鳞茎顶端。常只具单花；花近圆筒状，常带红色；3 萼片不同程度地合生成萼管；唇瓣很小，完全藏于萼筒之内，基部着生于蕊柱足末端，上部常外弯；蕊柱有明显的蕊柱足；花粉团 8，蜡质，每 4 着生于 1 黏盘上；蕊喙较大。

分布概况：约 11/1-2 种，（**7a**）型；分布于亚洲大陆热带地区；中国产云南南部。

系统学评述：盾柄兰属位于树兰亚科柄唇兰族毛兰亚族[1,63]。

DNA 条形码研究：BOLD 网站有该属 2 种 27 个条形码数据。

125. *Thelasis* Blume 矮柱兰属

Thelasis Blume (1825: 385); Chen & Wood (2009: 365) (Type: *non designatus*)

特征描述：附生小草本。具假鳞茎或缩短的茎。叶 1-2。总状花序或穗状花序具多花；萼片相似，靠合，仅先端分离，侧萼片背面常有龙骨状凸起；花瓣略小于萼片；唇瓣不裂，着生于蕊柱基部；蕊柱短，无蕊柱足；花粉团 8，每 4 为一群，蜡质，共同连接于 1 细长而上部稍扩大的花粉团柄上，黏盘近狭椭圆形；蕊喙顶生，直立，渐尖，2 裂；柱头较大。

分布概况：约 20/2 种，**5**（**7e**）型；分布于亚洲热带地区，主产东南亚；中国产西南和华南。

系统学评述：矮柱兰属位于树兰亚科柄唇兰族矮柱兰亚族[1,63]。

DNA 条形码研究：BOLD 网站有该属 1 种 2 个条形码数据；GBOWS 已有 1 种 3 个条形码数据。

126. *Trichotosia* Blume 毛鞘兰属

Trichotosia Blume (1825: 342); Chen et al. (2009: 357) (Type: *non designatus*)

特征描述：附生草本。茎长，叶贯穿茎全部，红棕色，具刚毛，有时仅在叶鞘或花序上具毛。花序侧生，从节发出，穿过叶鞘，短，下垂，具多花；花苞片垂直于花序轴，凹陷，具毛；花倒置，不完全开放；萼片背面具红色毛，侧萼片与蕊柱足贴生形成囊；唇瓣全缘至不明显 3 裂，花盘具或不具脊突，有时具瘤状凸起；蕊柱具蕊柱足；花粉团 8。

分布概况：50/4（1）种，**7 型**；主要分布于亚洲大陆热带地区，新几内亚，太平洋岛屿；中国产广西、云南和海南。

系统学评述：毛鞘兰属位于树兰亚科柄唇兰族毛兰亚族[3,5]，可能为单系类群，与 *Epiblastus-Mediocalcar* 支互为姐妹群[44]。

DNA 条形码研究：BOLD 网站有该属 2 种 3 个条形码数据。

十九、Cymbidieae 兰族

127. *Acriopsis* Blume 合萼兰属

Acriopsis Blume (1825: 376); Chen & Wood (2009: 280) (Type: *A. javanica* Blume)

特征描述：附生草本。假鳞茎聚生，顶生 2-3 叶。具发达的根。叶禾叶状。花序疏生多数花；2 侧萼片完全合生而成 1 合萼片，位于唇瓣正后方，中萼片与合萼片相似；唇瓣基部具爪，爪与蕊柱下半部合生而成狭窄的管；蕊柱近直立，上部有 2 臂状附属物；花药上方有巨大的兜状药帽；花粉团 2，具 1 狭黏盘柄和小黏盘。

分布概况：12/1 种，（**7e**）型；分布于热带亚洲至大洋洲；中国产云南南部。

系统学评述：分子系统学研究表明，合萼兰属位于树兰亚科兰族兰亚族 Cymbidiinae[3,5]。

DNA 条形码研究：BOLD 网站有该属 2 种 2 个条形码数据。

代表种及其用途：合萼兰 *A. indica* Wight 可作观赏。

128. *Cymbidium* Swartz 兰属

Cymbidium Swartz (1799: 70); Liu et al. (2009: 260-279) [Lectotype: *C. aloifolium* (Linnaeus) Swartz (≡ *Epidendrum aloifolium* Linnaeus)]. —— *Cyperorchis* Blume (1849: 47)

特征描述：附生或地生草本，罕有菌类寄生。具假鳞茎，假鳞茎包藏于叶基部的鞘之内。叶二列，常带状，基部一般有宽阔的鞘并围抱假鳞茎，有关节。总状花序具数花或多花；唇瓣 3 裂，基部有时与蕊柱合生长 3-6mm；蕊柱较长，两侧有翅，腹面凹陷或有时具短毛；花粉团 2，有深裂隙，或 4 而形成不等大的 2 对，蜡质，以很短的、弹性的花粉团柄连接于近三角形的黏盘上。

分布概况：50/30 种，**5**（**7，14**）型；主要分布于亚洲热带和亚热带地区，向南到新几内亚和澳大利亚；中国产秦岭山脉以南。

系统学评述：兰属位于树兰亚科兰族兰亚族 Cymbidiinae；许多不同的属下系统被提出，然而，分子系统学研究并不支持早期的属下分类[3,5,46,71-75]。

DNA 条形码研究：根据采自印度东北部的兰属种类 DNA 条形码研究，ITS2 具有较高的种间分辨率[76]。BOLD 网站有该属 40 种 169 个条形码数据；GBOWS 已有 4 种 13 个条形码数据。

代表种及其用途：该属植物作观赏，如建兰 *C. ensifolium* (Linnaeus) Swartz、春兰

C. goeringii (H. G. Reichenbach) H. G. Reichenbach、墨兰 *C. sinense* (Jackson ex Andrews) Willdenow 和莲瓣兰 *C. tortisepalum* Fukuyama。

129. *Eulophia* R. Brown 美冠兰属

Eulophia R. Brown (1821: 573), *nom. & orth. cons.*; Chen et al. (2009: 253) (Type: *E. guineensis* Lindlley, *typ. cons.*)

特征描述：地生草本或极罕菌类寄生。具球茎状、块状或其他形状假鳞茎，常具数节。叶多数，基生，有长柄。花葶从假鳞茎侧面节上发出；总状花序极少减退为单花；唇瓣唇盘上常有褶片、鸡冠状脊、流苏状毛等附属物，基部大多有距或囊；蕊柱长或短，常有翅；药帽上常有 2 暗色凸起，花粉团 2，多少有裂隙，蜡质，具短而宽阔的黏盘柄和圆形黏盘。

分布概况：约 200/13（2）种，**2（5，6/3）**型；主要分布于非洲，其次是亚洲热带和亚热带地区，美洲和澳大利亚也产；中国产西南和华南。

系统学评述：美冠兰属位于树兰亚科兰族美冠兰亚族 Eulophiinae[3,5]，为 1 个并系类群[77]。

DNA 条形码研究：BOLD 网站有该属 8 种 26 个条形码数据。

代表种及其用途：黄花美冠兰 *E. flava* (Lindley) J. D. Hooker 可作观赏。

130. *Geodorum* Jackson 地宝兰属

Geodorum Jackson (1811: 626); Chen et al. (2009: 258) (Type: *G. citrinum* Jackson)

特征描述：地生草本。茎膨大成球茎状或块状假鳞茎。叶基生，有长柄；叶柄常互相套叠成假茎。花葶生于假鳞茎侧面的节上，顶端为缩短的总状花序；总状花序俯垂；唇瓣不分裂或不明显的 3 裂，基部着生于短的蕊柱足上，与蕊柱足共同形成各种形状的囊；蕊柱短或中等长，具短的蕊柱足；药帽平滑，花粉团 2，有裂隙，蜡质，具宽阔的黏盘柄和较大的黏盘。

分布概况：10/5（2）种，**4（5）**型；分布于亚洲热带地区至澳大利亚和太平洋岛屿；中国产华南和西南。

系统学评述：地宝兰属位于树兰亚科兰族美冠兰亚族[3,5]。该属未见分子系统学研究。

DNA 条形码研究：BOLD 网站有该属 2 种 19 个条形码数据。

二十、Vandeae 万代兰族

131. *Acampe* Lindley 脆兰属

Acampe Lindley (1853: 1), *nom. cons.*; Chen & Wood (2009: 449) [Type: *A. multiflora* (Lindley) Lindley (≡ *Vanda multiflora* Lindley)]

特征描述：附生草本。茎伸长。叶近肉质或厚革质，二列。花序生于叶腋或与叶对生，比叶短得多，具多花；花质地厚而脆，小或中等大，不扭转；唇瓣贴生于蕊柱足末端，基部具囊状短距；距的入口处具横隔，内侧背壁上方有时具 1 条纵向脊突；蕊柱具短的蕊柱足；花粉团蜡质，近球形，2 个，每个劈裂为不等大的 2 片，或 4 个而每不等大的 2 个组成一对，黏盘柄倒卵状披针形，长约为花粉团直径的 2 倍。

分布概况：约 10/3 种，**6（7a）型**；分布于旧热带地区；中国产华南、西南和台湾。

系统学评述：脆兰属被置于指甲兰亚族 Aeridinae[1,63]，分子系统学研究表明脆兰属的姐妹群为 *Adenoncos*[70,78]。

DNA 条形码研究：BOLD 网站有该属 4 种 19 个条形码数据。

132. *Aerides* Loureiro 指甲兰属

Aerides Loureiro (1790: 525); Chen & Wood (2009: 485) (Type: *A. odorata* Loureiro)

特征描述：附生草本。茎常粗壮。叶先端 2-3 裂，基部具关节和鞘。总状花序或圆锥花序侧生于茎；萼片和花瓣多少相似，侧萼片基部贴生或几乎不贴生于蕊柱足；唇瓣基部具距，3 裂；距狭圆锥形或角状，向前弯曲；蕊柱具长或短的蕊柱足；蕊喙狭长，向下伸展；花粉团蜡质，2 个，近球形，每个具半裂的裂隙，黏盘柄狭长，黏盘较宽。

分布概况：约 20/5（1）种，**7-4 型**；分布于东南亚；中国产华南、西南。

系统学评述：指甲兰属被置于指甲兰亚族[1,63]，分子系统学研究表明指甲兰属可能不是单系，其界限需要进一步的研究[53,79]。指甲兰属属下系统比较混乱，并且分为 3 支，与之前的形态学研究均不完全一致。

DNA 条形码研究：BOLD 网站有该属 20 种 51 个条形码数据；GBOWS 已有 2 种 8 个条形码数据。

代表种及其用途：该属植物的花美丽，在园艺上具重要的观赏价值。

133. *Agrostophyllum* Blume 禾叶兰属

Agrostophyllum Blume (1825: 368); Chen & Wood (2009: 362) (Type: *A. javanicum* Blume)

特征描述：附生草本。无假鳞茎。茎常丛生，细长，具多节，具多叶。叶二列，狭长圆形至线状披针形，基部具叶鞘并有关节。花序顶生，近头状，常由多数小花密集聚生而成；花较小；萼片与花瓣离生；花瓣较狭小；唇瓣常在中部缢缩并有 1 横脊，形成前后唇，后唇基部凹陷呈囊状，内常有胼胝体；花药俯倾，花粉团 8，蜡质，花粉团柄短，共同附着在 1 个黏盘上。

分布概况：约 40/3 种，**5（7e）型**；分布于热带亚洲与大洋洲；中国产西南和华南。

系统学评述：van der Berg 等[3]采用 4 个基因片段的分子系统学研究表明，禾叶兰亚族 Glomerinae 与万代兰族关系较近。

DNA 条形码研究：BOLD 网站有该属 7 种 16 个条形码数据。

134. *Arachnis* Blume 蜘蛛兰属

Arachnis Blume (1825: 365); Chen & Wood (2009: 465) [Type: *A. moschifera* Blume, *nom. illeg.* (=*Aerides arachnites* Swartz)]. ——*Esmeralda* H. G. Reichenbach (1862: 38)

特征描述：附生草本。茎伸长。花序常比叶长；花肉质；萼片和花瓣相似，狭窄，侧萼片和花瓣常向下弯曲；唇瓣基部以 1 可动关节着生于蕊柱足末端，3 裂；侧裂片小，中裂片较大，厚肉质，上面中央具 1 龙骨状脊；距短钝，圆锥形，常近末端稍向后弯曲；花粉团蜡质，4 个，每 2 个成一对，黏盘柄卵状三角形或近梨形。

分布概况：约 13/1 种，（**7d**）型；分布于东南亚至新几内亚和太平洋岛屿；中国产华南和西南。

系统学评述：蜘蛛兰属被置于树兰亚科万代兰族指甲兰亚族[1,63]，分子系统学研究表明蜘蛛兰属与大喙兰属 *Sarcoglyphis* 互为姐妹群[70,78]。

DNA 条形码研究：BOLD 网站有该属 3 种 3 个条形码数据。

135. *Biermannia* King & Pantling 脖胝兰属

Biermannia King & Pantling (1857: 591); Chen & Wood (2009: 487) (Type: *B. quinquecallosa* King & Pantling)

特征描述：小型附生草本。茎短，包在叶鞘内。叶多数，叶尖不等二裂。总状花序相当短；萼片与花瓣相似，侧萼片贴生于蕊柱基部；花瓣短于萼片；唇瓣与蕊柱足呈直角紧密贴生，侧面包围或平行于蕊柱，无距，3 裂；侧裂片平行或包围蕊柱，中裂片线形至狭卵形。蕊柱足短；花粉团 2，蜡质，近球形，具不明显的裂隙或小腔。

分布概况：约 9/1 种，**7-4** 型；分布于亚洲热带地区；中国产广西和云南。

系统学评述：脖胝兰属被置于树兰亚科万代兰族指甲兰亚族[1,63]，分子系统学研究表明脖胝兰属与 *Ascochilus* 互为姐妹群[78,80]。

DNA 条形码研究：BOLD 网站有该属 1 种 2 个条形码数据。

136. *Chamaeanthus* Schlechter ex J. J. Smith 低药兰属

Chamaeanthus Schlechter ex J. J. Smith (1905: 552); Chen et al. (2009: 483) (Type: *C. brachystachys* Schlechter ex J. J. Smith)

特征描述：小型附生草本。茎短。叶多少肉质。花序短，具多花；侧萼片的基部贴生于蕊柱足；花瓣比萼片短；唇瓣着生于蕊柱足末端并且形成活动关节，3 裂；侧裂片直立，质地薄，中裂片肉质；无距，有时基部囊状；蕊柱具向前弯曲的蕊柱足；花粉团蜡质，2 个，近球形，每个具半裂的裂隙，有短而狭的黏盘柄，黏盘不明显。

分布概况：约 6/1 种，（**7ab**）型；分布于喜马拉雅至东南亚和太平洋岛屿；中国产台湾。

系统学评述：低药兰属被置于树兰亚科万代兰族指甲兰亚族[1,63]。

137. *Chiloschista* Lindley 异型兰属

Chiloschista Lindley (1832: 1522); Chen & Wood (2009: 470) [Type: *C. usneoides* (D. Don) Lindley (≡ *Epidendrum usneoides* D. Don)]

特征描述：附生草本。无明显的茎，具多数长而扁的根。常无叶或至少在花期无。侧萼片和花瓣均贴生在蕊柱足上；唇瓣 3 裂，基部以 1 活动关节着生在蕊柱足末端，具明显的萼囊；中裂片其上面具密布绒毛的龙骨脊或胼胝体；蕊柱很短，具长约 2 倍于蕊柱的蕊柱足；药帽两侧各具 1 附属物，稀无，花粉团蜡质，2 个，近球形，每个劈裂为不等大的 2 片，或 4 个而每不等大的 2 个为一对；黏盘柄狭长而扁，上下等宽，黏盘近圆形。

分布概况：约 10/3（3）种，**5（7e）型**；分布于热带亚洲和大洋洲；中国产四川、云南、广东和台湾。

系统学评述：异型兰属被置于树兰亚科万代兰族指甲兰亚族[1,63]，分子系统学研究表明异型兰属是 1 个单系，其姐妹群为羽唇兰属 *Ornithochilus*[70,78]。

DNA 条形码研究：BOLD 网站有该属 5 种 9 个条形码数据。

138. *Cleisostoma* Blume 隔距兰属

Cleisostoma Blume (1825: 362); Chen & Wood (2009: 458) (Lectotype: *C. sagittatum* Blume)

特征描述：附生草本。叶质地厚。总状花序或圆锥花序侧生，具多花；花较花梗和子房短；花小，肉质；侧萼片常歪斜；唇瓣贴生于蕊柱基部或蕊柱足上，基部具囊状的距，3 裂；距内具纵隔膜，在内面背壁上方具 1 形状多样的胼胝体；蕊柱粗短，常金字塔状，具短的蕊柱足或无；花粉团蜡质，4 个，每不等大的 2 个为一对，具形状多样的黏盘柄和黏盘。

分布概况：约 100/17（5）种，**5（7e）型**；分布于热带亚洲至大洋洲；中国产长江以南。

系统学评述：隔距兰属被置于树兰亚科万代兰族指甲兰亚族[1,63]，分子系统学研究表明隔距兰属不是单系，需要对属的界限重新进行界定[63,70,78]。

DNA 条形码研究：BOLD 网站有该属 6 种 7 个条形码数据；GBOWS 已有 4 种 11 个条形码数据。

139. *Cleisostomopsis* Seidenfaden 拟隔距兰属

Cleisostomopsis Seidenfaden (1992: 370); Chen & Wood (2009: 453) [Type: *C. eberhardtii* (Finet) Seidenfaden (≡ *Saccolabium eberhardtii* Finet)]

特征描述：附生草本。叶片圆柱状，基部具鞘，具节。总状花序侧生；苞片小，花梗和子房长于苞片；花小；侧萼片比中萼片略大；花瓣比萼片小；唇瓣贴生于蕊柱基部，具距，3 裂；距明显长于萼片，内部后壁上具 1 "Y" 形胼胝体，无隔膜；蕊柱短，无蕊柱足，蕊喙大；柱头凹陷；花粉团 4，2 对，蜡质，近球形，每对具 1 共同的黏盘柄，其末端附着 1 大黏盘。

    分布概况：1/1 种，**7-4** 型；分布于越南；中国产广西。

    系统学评述：拟隔距兰属被置于树兰亚科万代兰族指甲兰亚族[63]。

140. *Diploprora* J. D. Hooker 蛇舌兰属

Diploprora J. D. Hooker (1890: 26); Chen & Wood (2009: 447) [Type: *D. championii* (Lindley) J. D. Hooker (≡ *Cottonia championii* Lindley)]

    特征描述：<u>附生草本</u>。<u>总状花序侧生于茎</u>，<u>下垂</u>，具少花；萼片相似，伸展，<u>背面中肋呈龙骨状隆起</u>；花瓣比萼片狭，<u>唇瓣基部牢固地贴生在蕊柱的两侧</u>，<u>舟形</u>，<u>尾状 2 裂</u>，<u>上面纵贯 1 龙骨状的脊</u>，<u>基部无距</u>；蕊柱短，<u>无蕊柱足</u>；<u>花粉团蜡质</u>，<u>4 个</u>，<u>近球形</u>，每不等大的 2 个为一对，黏盘柄从基部向顶端变狭，<u>黏盘小</u>，<u>卵状三角形</u>。

    分布概况：2/1 种，**7-1** 型；分布于南亚热带地区；中国产福建、广西、云南、香港和台湾。

    系统学评述：蛇舌兰属被置于树兰亚科万代兰族指甲兰亚族[1,63]。分子系统学研究表明蛇舌兰属的姐妹群为槌柱兰属 *Malleola*[78]。

    DNA 条形码研究：BOLD 网站有该属 1 种 2 个条形码数据。

141. *Gastrochilus* D. Don 盆距兰属

Gastrochilus D. Don (1825: 32); Chen et al. (2009: 491) (Type: *G. calceolaris* D. Don)

    特征描述：<u>附生草本</u>。叶扁平，先端不裂或 2-3 裂。花序比叶短；花小至中等大，多少肉质；萼片和花瓣近相似，<u>多少伸展成扇状</u>；<u>唇瓣分为前唇和后唇（囊距）</u>，<u>前唇垂直于后唇而向前伸展</u>，后唇牢固地贴生于蕊柱两侧，<u>盔状、半球形或近圆锥形</u>，<u>少有长筒形</u>；<u>蕊柱无蕊柱足</u>；<u>药帽半球形</u>，<u>花粉团蜡质</u>，<u>2 个</u>，近球形，<u>具 1 个孔隙</u>，黏盘厚，一端 2 叉裂。

    分布概况：约 47/28（20）种，**7ab（14）**型；分布于亚洲热带和亚热带地区；中国产长江以南，台湾和西南尤盛。

    系统学评述：盆距兰属位于树兰亚科万代兰族指甲兰亚族[1,63]。分子系统学研究表明盆距兰属可能为 1 个单系，与叉子股属 *Luisia* 等形成 1 个复合体[78,80]。吉占和[81]对 46 种盆距兰属的初步修订，基于营养体的形态形状，将该属分为 3 组。

    DNA 条形码研究：BOLD 网站有该属 5 种 7 个条形码数据；GBOWS 已有 1 种 4 个条形码数据。

142. *Grosourdya* H. G. Reichenbach 火炬兰属

Grosourdya H. G. Reichenbach (1864: 297); Chen & Wood (2009: 504) (Type: *G. elegans* H. G. Reichenbach)

    特征描述：<u>附生草本</u>。叶狭长圆形至披针形，<u>先端不等侧 2 尖裂</u>。花序柄纤细，<u>密被皮刺状的毛</u>；花序轴明显较粗，多少缩短，具少花；<u>花小</u>，开展；萼片相似，离生；

唇瓣以 1 活动关节与蕊柱足连接，3 裂；侧裂片直立；距宽阔；蕊柱伸长，与柱头基部交成钝角向前弯，具较长的蕊柱足，蕊喙长喙状，2 裂；花粉团蜡质，2 个，近球形，不裂，黏盘柄楔形或三角状楔形。

分布概况：约 10/1 种，（**7ab**）型；分布于东南亚，向北到越南；中国产台湾。

系统学评述：火炬兰属被置于树兰亚科万代兰族指甲兰亚族[1,63]。分子系统学研究表明火炬兰属可能为 1 个单系，是脆脉兰属 *Biermannia* 和 *Ascochilus* 的姐妹群[70,78]。

DNA 条形码研究：BOLD 网站有该属 1 种 2 个条形码数据。

143. *Haraella* Kudô 香兰属

Haraella Kudô (1930: 26); Chen & Wood (2009: 491) (Lectotype: *H. odorata* Kudô)

特征描述：附生草本。茎短。叶扁平，常镰刀状倒披针形，先端钝并且稍钩转。花序从叶腋长出，常 2-3；花中等大；唇瓣比萼片和花瓣大，中部缢缩而形成近等大的前后唇，后唇不为距囊状或盆状，基部具 1 个指向后方的三角形肉质胼胝体，前唇近圆形，边缘不整齐，上面被毛；蕊柱无蕊柱足，蕊喙 2 尖裂；花粉团蜡质，2 个，球形，每个具 1 个孔隙，黏盘柄线形，黏盘近马鞍形。

分布概况：1/1（1）种，**15** 型；特产中国台湾。

系统学评述：香兰属被置于树兰亚科万代兰族指甲兰亚族[1,63]。分子系统学研究表明香兰属与鹿角兰属 *Pomatocalpa* 是姐妹群[78,80]。

DNA 条形码研究：BOLD 网站有该属 2 种 4 个条形码数据。

144. *Holcoglossum* Schlechter 槽舌兰属

Holcoglossum Schlechter (1919: 285); Jin & Wood (2009: 499) [Type: *H. quasipinifolium* (Hayata) Schlechter (≡ *Saccolabium quasipinifolium* Hayata)]. ——*Penkimia* Phukan & Odyuo (2006: 330)

特征描述：附生草本。茎被宿存的叶鞘所包。叶圆柱形或半圆柱形，近轴面具纵沟，或横切面为 "V" 形的狭带形。花较大；侧萼片较大，常歪斜；花瓣稍较小，或与中萼片相似；唇瓣 3 裂；侧裂片直立，中裂片较大，基部常有附属物；距细长而弯曲，向末端渐狭；蕊柱具翅，蕊喙短而尖，2 裂；花粉团蜡质，2 个，球形，具裂隙。

分布概况：16/15（9）种，**14SJ** 型；分布于亚洲大陆热带高山地区；中国产云南、四川、海南、广西和台湾。

系统学评述：槽舌兰属被置于树兰亚科万代兰族指甲兰亚族，该属与万代兰属 *Vanda*，指甲兰属 *Aerides* 等亲缘关系很近[1,63]；Christenson[82]建立了 'Vanda-Aerides alliance'。Jin[83]基于形态学的研究提出该属分为 2 亚属，即 *Holcoglossum* subgen. *Brachycentron* 和 *H.* subgen. *Holcoglossum*。Fan 等[84]采用 nrITS 及叶绿体基因 *trn*L-F、*mat*K 的研究表明该属是 1 个单系；Xiang 等[6]研究表明槽舌兰属是个并系，鸟舌兰属 *Ascocentrum*、心启兰属 *Penkimia* 等 5 个属应并入槽舌兰属。

DNA 条形码研究：Xiang 等[85]全面评估了槽舌兰属 12 种的候选条形码，推荐 *mat*K 作为核心条形码。BOLD 网站有该属 19 种 126 个条形码数据；GBOWS 已有 12 种 127

个条形码数据。

145. *Luisia* Gaudichaud 钗子股属

Luisia Gaudichaud (1829: 426); Chen & Wood (2009: 488) (Type: *L. teretifolia* Gaudichaud)

特征描述：<u>附生草本</u>。<u>茎簇生</u>。叶肉质，细圆柱形。总状花序侧生，远比叶短，密生少数至多数花；<u>侧萼片在背面中肋常增粗或向先端变成翅，有时收狭呈细尖或变为钻状</u>；<u>唇瓣着生于蕊柱基部，中部常缢缩而形成前后（上下）唇，后唇常凹陷，基部常具围抱蕊柱的侧裂片（耳），前唇上面常具纵皱纹或纵沟</u>；蕊柱无蕊柱足；<u>花粉团蜡质，球形，2 个，具孔隙</u>。

分布概况：约 50/14（4）种，**（7e）型**；分布于热带亚洲至大洋洲；中国产长江以南热带地区。

系统学评述：钗子股属被置于树兰亚科万代兰族指甲兰亚族[1,63]。分子系统学研究表明钗子股属可能为 1 个单系，与盆距兰属 *Gastrochilus* 等形成 1 个复合体[78,80]。

DNA 条形码研究：BOLD 网站有该属 4 种 15 个条形码数据；GBOWS 已有 3 种 8 个条形码数据。

146. *Micropera* Lindley 小囊兰属

Micropera Lindley (1832: 1522); Chen & Wood (2009: 445) [Type: *M. pallida* (Roxburgh) Lindley (≡ *Aerides pallida* Roxburgh)]

特征描述：<u>草本</u>，<u>攀援</u>。<u>茎长</u>。总状花序与叶对生，数花；萼片与花瓣离生；唇瓣明显具距或囊，3 裂；侧裂片宽阔，直立，<u>中裂片较小，肉质</u>；<u>距口常有附属物，内部常具 1 枚纵向隔膜</u>；蕊柱短，无蕊柱足，<u>蕊喙突出，鸟喙状</u>；花粉团 4，2 对，近相等，着生于共同的长黏盘柄上，<u>黏盘很小</u>。

分布概况：约 15/2（1）种，**5 型**；分布于喜马拉雅到东南亚，新几内亚，澳大利亚和所罗门群岛；中国产海南和西藏。

系统学评述：小囊兰属被置于树兰亚科万代兰族指甲兰亚族[1,63]。分子系统学研究表明小囊兰属与脆兰属 *Acampe* 等组成 1 个复合群[80]。

DNA 条形码研究：BOLD 网站有该属 1 种 3 个条形码数据。

147. *Papilionanthe* Schlechter 凤蝶兰属

Papilionanthe Schlechter (1915: 78); Chen & Wood (2009: 477) [Type: *P. teres* (Lindley) Schlechter (≡ *Vanda teres* Lindley)]

特征描述：<u>附生草本</u>。茎伸长，向上攀援或下垂。叶肉质，<u>细圆柱状，近轴面具纵槽</u>。<u>花序在茎上侧生，不分枝</u>，疏生少数花，少有减退为单花的；<u>唇瓣基部与蕊柱足连接，3 裂</u>；侧裂片近直立且与蕊柱平行或围抱蕊柱，中裂片先端扩大而常 2-3 裂；<u>距漏斗状圆锥形或长角状</u>；蕊柱基部具蕊柱足，蕊喙细长；<u>花粉团蜡质，2 个，具沟，黏盘</u>

柄宽三角形或近方形。

分布概况：约 11/2（1）种，（**7a**）**型**；分布于东南亚；中国产云南南部和西藏东南部。

系统学评述：凤蝶兰属被置于树兰亚科万代兰族指甲兰亚族[1,63]。分子系统学研究表明凤蝶兰属为单系，是万代兰属 *Vanda* 和指甲兰属 *Aerides* 复合群的姐妹群[6,84]。

DNA 条形码研究：BOLD 网站有该属 6 种 19 个条形码数据。

148. *Parapteroceras* Averyanov 虾尾兰属

Parapteroceras Averyanov (1990: 723); Chen & Wood (2009: 505) [Type: *P. elobe* (Seidenfaden) Averyanov (≡ *Pteroceras elobe* Seidenfaden)]

特征描述：附生草本。叶狭长，先端不等侧 2 尖裂。花序不分枝；花序柄和花序轴多少肉质，具翅状纵凸纹；中萼片卵状椭圆形，侧萼片倒卵形，较大；唇瓣着生在蕊柱足末端而形成一个可动的关节，3 裂；距多少两侧压扁，中部向前偏鼓，向末端变狭，先端钝并与蕊柱足在同一水平线上，前壁向末端增厚；蕊柱具细长的蕊柱足，蕊喙 2 裂；花粉团蜡质，2 个，近球形，全缘。

分布概况：约 5/1 种，**7-4**（**7ab**）**型**；分布于东南亚；中国产云南南部。

系统学评述：虾尾兰属被置于树兰亚科万代兰族指甲兰亚族[1,63]。

DNA 条形码研究：BOLD 网站有该属 1 种 2 个条形码数据。

149. *Pelatantheria* Ridley 钻柱兰属

Pelatantheria Ridley (1896: 371); Chen & Wood (2009: 456) (Lectotype: *P. ctenoglossum* Ridley)

特征描述：附生草本。茎多少为扁的三棱形。叶片先端钝并且不等侧 2 裂。总状花序从叶腋长出，很短，具少数花；花小，肉质，开展；唇瓣 3 裂；中裂片上面中央增厚呈垫状；距狭圆锥形，内面具 1 纵向隔膜或脊，而背壁上方具 1 骨质的附属物；蕊柱粗短，顶端具 2 长而向内弯曲的蕊柱齿；花粉团 2，近球形，每个劈裂为不等大的 2 片，或 4 个以不等大的 2 个为一对。

分布概况：约 5/3 种，（**7a**）**型**；分布于热带喜马拉雅经印度东北部到东南亚；中国产西南。

系统学评述：钻柱兰属被置于树兰亚科万代兰族指甲兰亚族。分子系统学研究表明钻柱兰属与匙唇兰属 *Schoenorchis* 为姐妹群，聚在隔距兰属 *Cleisostoma* 内[1,63,70,78]。

DNA 条形码研究：BOLD 网站有该属 3 种 9 个条形码数据；GBOWS 已有 1 种 1 个条形码数据。

150. *Pennilabium* J. J. Smith 巾唇兰属

Pennilabium J. J. Smith (1914: 47); Chen & Wood (2009: 505) [Lectotype: *P. angraecum* (Ridley) J. J. Smith (≡ *Saccolabium angraecum* Ridley)]

特征描述：<u>小型附生草本</u>。茎短，具少数密生的叶。<u>叶先端不等侧 2 裂</u>。<u>花序不分枝</u>；花苞片二列互生；<u>花瓣边缘常有齿</u>；唇瓣贴生于蕊柱基部，无关节，<u>3 裂</u>；<u>侧裂片前端边缘具齿或流苏</u>，<u>中裂片肉质</u>；<u>距细长</u>，<u>常向末端膨大</u>，<u>内侧无附属物和隔膜</u>；<u>蕊柱无蕊柱足</u>；<u>花粉团蜡质</u>，<u>2 个</u>，<u>近球形</u>，<u>全缘</u>（不裂），<u>黏盘柄长匙形</u>，上部约为 2 花粉团直径的宽，下部纤细。

分布概况：约 10/2 种，（**7ab**）<u>型</u>；分布于印度东北部，泰国，马来西亚至印度尼西亚和菲律宾；中国产台湾和云南。

系统学评述：巾唇兰属位于树兰亚科万代兰族指甲兰亚族[1,63]。分子系统学研究表明巾唇兰属可能为单系，与 *Saccolabium*、管唇兰属 *Tuberolabium* 等形成 1 个复合群[78,80]。

DNA 条形码研究：BOLD 网站有该属 1 种 2 个条形码数据。

151. *Phalaenopsis* Blume 蝴蝶兰属

Phalaenopsis Blume (1825: 294); Chen & Wood (2009: 478) [Type: *P. amabilis* (Linnaeus) Blume (≡ *Epidendrum amabile* Linnaeus)]. ——*Doritis* Lindley (1833: 178); *Hygrochilus* Pfitzer (1897: 112); *Kingidium* P. F. Hunt (1970: 97); *Lesliea* Seidenfaden (1988: 190); *Nothodoritis* Z. H. Tsi (1989: 58); *Ornithochilus* (Lindley) Wallich ex Bentham (1883: 478); *Sedirea* Garay & Sweet (1974: 149)

特征描述：<u>附生草本</u>。<u>根长而扁</u>。茎短，具少数近基生的叶或无叶。叶扁平。<u>花序侧生于茎的基部</u>；萼片近等大；<u>花瓣基部收狭或具爪</u>；<u>唇瓣基部具爪</u>，<u>3 裂</u>；<u>唇盘在两侧裂片之间或在中裂片基部常有肉突或附属物</u>；蕊柱较长，<u>具翅</u>，<u>基部具蕊柱足</u>，<u>蕊喙狭长</u>，<u>2 裂</u>；<u>花粉团蜡质</u>，<u>2 个</u>，<u>近球形</u>，<u>每个半裂或劈裂为不等大的 2 片</u>，<u>黏盘柄近匙形</u>，上部扩大，向基部变狭。

分布概况：约 50/10（2）种，**5**（**7e**）<u>型</u>；分布于热带亚洲至澳大利亚；中国产长江流域及其以南。

系统学评述：蝴蝶兰属被置于树兰亚科万代兰族指甲兰亚族[1,63]。分子系统学研究表明狭义蝴蝶兰属为 1 个并系，五唇兰属 *Doritis*、象鼻兰属 *Nothodoritis* 等应并入蝴蝶兰属[70,78,86]。

DNA 条形码研究：BOLD 网站有该属 50 种 157 个条形码数据；GBOWS 已有 4 种 7 个条形码数据。

代表种及其用途：该属的花美丽，可供观赏，如蝴蝶兰 *Phalaenopsis aphrodite* H. G. Reichenbach）。

152. *Polystachya* Hooker 多穗兰属

Polystachya Hooker (1824: 103); Chen et al. (2009: 342) [Type: *P. luteola* Hooker, *nom. illeg.* (=*Epidendrum minutum* Aublet)]

特征描述：附生草本。茎短，具 1 至数叶。叶二列。花序顶生，不分枝或分枝，具多数花；中萼片离生，<u>侧萼片基部与蕊柱足合生而形成萼囊</u>；花瓣与中萼片相似或较狭；唇瓣基部着生于蕊柱足末端；<u>蕊柱短</u>，<u>具明显的蕊柱足</u>；<u>花粉团 4</u>，<u>或 2 而每个具深的</u>

裂隙，蜡质，具短的黏盘柄和小的黏盘。

　　分布概况：约 200/1 种，**3** 型；分布于热带地区；中国产长江流域及其以南。

　　系统学评述：多穗兰属被置于万代兰族[1]。

　　DNA 条形码研究：BOLD 网站有该属 88 种 208 个条形码数据；GBOWS 已有 1 种 6 个条形码数据。

153. *Pomatocalpa* Breda 鹿角兰属

Pomatocalpa Breda (1829: 3); Chen & Wood (2009: 455) (Type: *P. spicatum* Breda)

　　特征描述：附生草本。叶扁平，先端钝且具不等侧 2 裂或不整齐的齿。花序密生许多小花；花不扭转，开展，萼片和花瓣相似；唇瓣 3 裂；中裂片肉质，近圆形或卵状三角形；距囊状，内面前壁肉质状增厚，后壁中部或底部具 1 直立而先端 2 裂并且伸出距口的舌状物；药帽前端收狭呈喙状；蕊喙大，锤子形，2 裂；花粉团蜡质，4 个，不等大的 2 个为一对，或 2 个而每个深裂为不等大的 2 个。

　　分布概况：约 13/2 种，**5（7e）** 型；分布于热带亚洲和太平洋岛屿；中国产台湾和海南。

　　系统学评述：鹿角兰属被置于树兰亚科万代兰族指甲兰亚族[1,63]。分子系统学研究表明鹿角兰属与香兰属 *Haraella* 是姐妹群，但鹿角兰属是否为并系，需要进一步研究[78]。

154. *Pteroceras* Hasselt ex Hasskarl 长足兰属

Pteroceras Hasselt ex Hasskarl (1842: 6); Chen & Wood (2009: 486) (Type: *P. radicans* Hasskarl)

　　特征描述：附生草本。叶数枚，扁平、带状，先端尖或稍 2 裂。花序比叶短；花开展；侧萼片常歪斜，其基部多少着生于蕊柱足上；唇瓣 3 裂，基部与蕊柱足末端连接而处于一个水平线上；中裂片肉质，很短小，基部具袋状或囊状的距；蕊柱具长的蕊柱足，蕊柱足与距的末端在同一水平上；蕊喙 2 裂；花粉团蜡质，2 个，近球形，每个具半裂的裂隙，黏盘柄带状。

　　分布概况：约 20/2（1）种，**7d（14SH）** 型；分布于喜马拉雅至东南亚和新几内亚岛；中国产云南。

　　系统学评述：长足兰属被置于树兰亚科万代兰族指甲兰亚族[1,63]。分子系统学研究表明长足兰属姐妹群为带叶兰属 *Taeniophyllum*[78,80]。Pedersen[87]对长足兰属进行了分类修订，其中 19 种得到认可，31 个分类群被移出该属，还有 3 个为存疑种。

　　DNA 条形码研究：BOLD 网站有该属 3 种 5 个条形码数据。

155. *Renanthera* Loureiro 火焰兰属

Renanthera Loureiro (1790: 516); Chen & Wood (2009: 451) (Type: *R. coccinea* Loureiro)

　　特征描述：附生草本。茎长，攀援。叶厚革质，扁平，先端不等侧 2 圆裂。花序较长，常分枝；花中等或大，火红色或有时橘红色带红色斑点；中萼片和花瓣较狭；唇瓣贴生于蕊柱基部，<u>3 裂</u>；<u>侧裂片直立，内面基部各具 1 附属物</u>，<u>中裂片反卷</u>，较小；<u>距圆锥形</u>；<u>蕊柱无蕊柱足</u>；<u>花粉团蜡质</u>，<u>4 个</u>，<u>其基部具 1 弹丝</u>，黏盘柄稍长而宽，<u>黏盘厚，近圆形，宽约为 2 花粉团的直径</u>。

分布概况：约 15/3 种，（**7e**）型；分布于东南亚至热带喜马拉雅；中国产华南和西南。

系统学评述：火焰兰属被置于树兰亚科万代兰族指甲兰亚族[1,63]。分子系统学研究表明火焰兰属的姐妹群为 *Mobilabium*[78]。

DNA 条形码研究：BOLD 网站有该属 2 种 8 个条形码数据。

156. *Rhynchostylis* Blume 钻喙兰属

Rhynchostylis Blume (1825: 285); Chen & Wood (2009: 474) (Type: *non designatus*). —— *Anota* (Lindley)
  Schlechter (1914: 587)

特征描述：<u>附生草本</u>。<u>茎粗壮，具肥厚的根</u>。<u>叶常带状外弯</u>。<u>总状花序密生许多花</u>；<u>花开展</u>；萼片和花瓣相似；<u>唇瓣贴生于蕊柱足末端</u>，<u>不裂和稍 3 裂</u>，<u>基部具距</u>；<u>距两侧压扁，末端指向后方</u>；蕊柱短，<u>具短的蕊柱足</u>；<u>药帽前端收窄</u>，<u>花粉团蜡质</u>，<u>2 个</u>，<u>球形，每个具半裂的裂隙</u>。

分布概况：约 10/2 种，（**7a**）型；分布于热带亚洲；中国产华南和西南。

系统学评述：钻喙兰属被置于树兰亚科万代兰族指甲兰亚族[1,63]。分子系统学研究表明钻喙兰属为 1 个单系，是万代兰属 *Vanda*-槽舌兰属 *Holcoglossum* 复合群的姐妹群[6,80,84]。

DNA 条形码研究：BOLD 网站有该属 3 种 45 个条形码数据。

157. *Robiquetia* Gaudichaud 寄树兰属

Robiquetia Gaudichaud (1829: 426); Chen & Wood (2009: 475) (Type: *R. ascendens* Gaudichaud).
  ——*Malleola* J. J. Smith & Schlechter (1913: 979)

特征描述：<u>附生草本</u>。<u>叶扁平，先端钝并且不等侧 2 裂或斜截而具不整齐的缺刻</u>。<u>花序常与叶对生</u>，<u>斜出或下垂</u>；<u>唇瓣肉质</u>，<u>3 裂</u>；<u>距圆筒形或中部缢缩而末端膨大呈拳卷状，内侧背壁和腹壁上分别具 1 胼胝体或附属物</u>；蕊柱无蕊柱足，<u>蕊喙先端 2 裂</u>；<u>花粉团蜡质</u>，<u>2 个</u>，<u>近球形</u>，<u>每个具半裂的裂隙</u>，<u>黏盘柄细长</u>，<u>上部弯曲</u>，<u>两侧常对折而中央呈沟槽状</u>，黏盘小，近圆形。

分布概况：约 40/2 种，**5**（**7e**）**型**；分布于东南亚至澳大利亚和太平洋岛屿；中国产长江以南。

系统学评述：寄树兰属被置于树兰亚科万代兰族指甲兰亚族[1,63]。分子系统学研究表明，寄树兰属为蛇舌兰属 *Diploprora* 和槌柱兰属 *Malleola* 的姐妹群[80]。

DNA 条形码研究：BOLD 网站有该属 3 种 4 个条形码数据。

158. *Saccolabiopsis* J. J. Smith 拟囊唇兰属

Saccolabiopsis J. J. Smith (1918: 93); Chen & Wood (2009: 476) (Type: *S. bakhuisensii* J. J. Smith)

特征描述：<u>附生草本</u>，植株小。茎短。叶片少，椭圆状披针形，2 钝裂。<u>总状花序纤细</u>，花多数；<u>萼片与花瓣张开</u>；<u>唇瓣紧密贴生于蕊柱基部</u>，<u>具囊或距</u>；<u>距具宽阔距口，无附属物</u>；<u>蕊柱无蕊柱足</u>；柱头大；<u>药帽兜状</u>，<u>花粉团 2</u>，分成不均等两半，具长的黏盘柄。

分布概况：约 15/2（2）种，**7** 型；分布于喜马拉雅到泰国，经马来西亚群岛，向东延伸至新几内亚和澳大利亚；中国产台湾。

系统学评述：拟囊唇兰属被置于树兰亚科万代兰族指甲兰亚族[1]。分子系统学研究表明拟囊舌兰属与 *Rhinerrhiza* 互为姐妹群[80]。

159. *Sarcoglyphis* Garay 大喙兰属

Sarcoglyphis Garay (1972: 200); Chen & Wood (2009: 457) [Type: *S. mirabilis* (H. G. Reichenbach) Garay (≡ *Sarcanthus mirabilis* H. G. Reichenbach)]

特征描述：<u>附生草本</u>。叶先端钝并且不等侧 2 裂。花序下垂；萼片和花瓣近相似；<u>唇瓣 3 裂</u>，贴生于蕊柱基部，中裂片稍肉质，<u>与距交成直角</u>；<u>距内面具隔膜并且在背壁上方具 1 胼胝体</u>；<u>蕊柱无蕊柱足</u>，<u>蕊喙大</u>，耸立在浅狭的药床之前上方；<u>药帽半球形，前端喙状</u>，<u>花粉团蜡质</u>，扁球形，<u>4 个</u>，分离，<u>每个具 1 条弹丝状的短柄</u>，附着于黏盘柄上，黏盘柄长而纤细，<u>沿蕊喙前端边缘弯曲</u>。

分布概况：约 11/2（1）种，**（7a）**型；分布于亚洲热带地区；中国产云南。

系统学评述：大喙兰属被置于树兰亚科万代兰族指甲兰亚族[1,63]。分子系统学研究表明该属的姐妹群为蜘蛛兰属 *Arachnis* [70,78]。

DNA 条形码研究：BOLD 网站有该属 1 种 3 个条形码数据。

160. *Sarcophyton* Garay 肉兰属

Sarcophyton Garay (1972: 201); Chen & Wood (2009: 445) [Type: *S. crassifolium* (Lindley & Paxton) Garay (≡ *Cleisostoma crassifolium* Lindley & Paxton)]

特征描述：<u>附生草本</u>。茎具多数二列的叶。叶厚革质或肉质，先端不等侧的 2 裂。<u>总状花序或圆锥花序侧生于茎</u>，疏生多数花；唇瓣贴生于蕊柱基部，<u>3 裂</u>；侧裂片直立，中裂片下弯，<u>上面具明显的皱纹</u>；<u>距圆筒形，无隔膜</u>，<u>在距口处具 2 胼胝体</u>；蕊柱无蕊柱足；<u>花粉团蜡质</u>，<u>4 个</u>，近球形，几等大，<u>彼此离生</u>，黏盘柄线形，黏盘小。

分布概况：约 3/1（1）种，**（7ab）**型；分布于缅甸，菲律宾；中国产台湾。

系统学评述：肉兰属被置于树兰亚科万代兰族指甲兰亚族[1,63]。

DNA 条形码研究：BOLD 网站有该属 1 种 1 个条形码数据。

161. *Schoenorchis* Blume 匙唇兰属

Schoenorchis Blume (1825: 361); Chen & Wood (2009: 452) (Lectotype: *S. juncifolia* Blume)

特征描述：附生草本。茎下垂或斜立，有时分枝。总状花序或圆锥花序下弯；花肉质；唇瓣厚肉质，贴生于蕊柱基部，基部具圆筒形或椭圆状长圆筒形的距，3 裂；侧裂片直立，中裂片较大，常呈匙形；距大，与子房平行；蕊柱粗短，两侧具伸展的翅；蕊喙 2 裂；药帽半球形，前端伸长并且向上翘，花粉团蜡质，近球形，4 个，每不等大的 2 组成一对，黏盘柄狭长，着生于黏盘中部，黏盘比黏盘柄宽而大。

分布概况：约 24/3 种，**5（7e）型**；分布于热带亚洲至澳大利亚和太平洋岛屿；中国产东南、西南和华南。

系统学评述：匙唇兰属被置于树兰亚科万代兰族指甲兰亚族[1,63]。分子系统学研究表明匙唇兰属与钻柱兰属 *Pelatantheria* 为姐妹群，嵌入在隔距兰属 *Cleisostoma* 中[78]。

DNA 条形码研究：BOLD 网站有该属 6 种 9 个条形码数据；GBOWS 已有 1 种 2 个条形码数据。

162. *Smitinandia* Holttum 盖喉兰属

Smitinandia Holttum (1969: 105); Chen et al. (2009: 450) [Type: *S. micrantha* (Lindley) Holttum (≡ *Saccolabium micranthum* Lindley)]

特征描述：附生草本。茎伸长。叶二列，扁平，狭长。花序下垂具许多花；花稍肉质；萼片明显比花瓣大，唇瓣牢固地贴生于蕊柱基部，具距，距内无附属物，距口前方有 1 高高隆起的肥厚横隔；蕊柱无蕊柱足，蕊喙伸长；柱头位于蕊喙之下；花粉团蜡质，4 个，或 2 个而每个劈裂为不等大的 2 片。

分布概况：约 3/1 种，**7a（14SH）型**；分布于东南亚，经中南半岛至喜马拉雅；中国产云南。

系统学评述：盖喉兰属被置于树兰亚科万代兰族指甲兰亚族[1,63]。分子系统学研究表明盖喉兰属位置较为孤立[78]。

DNA 条形码研究：BOLD 网站有该属 2 种 3 个条形码数据。

163. *Staurochilus* Ridley ex Pfitzer 掌唇兰属

Staurochilus Ridley ex Pfitzer (1900: 16); Chen & Wood (2009: 454) [Type: *S. fasciatus* (H. G. Reichenbach) Ridley ex Pfitzer (≡ *Trichoglottis fasciata* H. G. Reichenbach)]

特征描述：附生草本。叶狭长，先端不等侧 2 裂。花序侧生，常斜立，疏生数花至许多花；花开展；唇瓣肉质，贴生于蕊柱基部，3-5 裂，中裂片上面或两侧裂片之间密生毛，基部具囊状的距，距内背壁上方具 1 个被毛的附属物；蕊柱常被毛，无蕊柱足；药帽前端收窄或三角形；花粉团蜡质，4 个，近球形，每不等大的 2 个成一对，或 2 个而每个分裂为不等大的 2 片。

分布概况：约 7/3 种，**（7ab）型**；分布于亚热带地区；中国产长江以南。

系统学评述：掌唇兰属被置于树兰亚科万代兰族指甲兰亚族[1,63]。分子系统学研究表明掌唇兰属的姐妹群为毛舌兰属 *Trichoglottis*[78]。

DNA 条形码研究：BOLD 网站有该属 3 种 3 个条形码数据。

164. *Stereochilus* Lindley 坚唇兰属

Stereochilus Lindley (1858: 38); Chen & Wood (2009: 463) (Type: *S. hirtus* Lindley)

特征描述：<u>附生草本</u>。叶扁平，革质。总状花序 1-3，<u>腋生</u>，常下垂；侧萼片贴生于唇瓣基部；<u>唇瓣贴生于蕊柱基部</u>，<u>固定</u>，<u>3 裂</u>；中裂片较大；<u>基部具囊状距</u>，<u>内部具纵向隔膜</u>，<u>在其后壁上具 1-2 胼胝体</u>；蕊柱无蕊柱足，蕊喙锥状披针形，<u>相当长</u>；<u>花粉团 4</u>，<u>2 对</u>，等大，<u>椭球形到卵球形</u>，蜡质，具短的明显的花粉块柄。

分布概况：约 6/3 种，**7** 型；分布于亚洲热带地区；中国产云南和海南。

系统学评述：坚唇兰属被置于树兰亚科万代兰族指甲兰亚族[1,63]。分子系统学研究表明坚唇兰属的系统位置不清楚[78]。

DNA 条形码研究：BOLD 网站有该属 1 种 2 个条形码数据。

165. *Taeniophyllum* Blume 带叶兰属

Taeniophyllum Blume (1825: 355); Chen & Wood (2009: 444) (Lectotype: *T. obtusum* Blume). ——*Microtatorchis* Schlechter (1905: 224)

特征描述：<u>小型草本植物</u>。茎几不可见，<u>无绿叶</u>，基部被多数淡褐色鳞片，具许多长而伸展的气生根。<u>总状花序直立</u>，具少数花，<u>花序柄和花序轴很短</u>；花小，<u>开放约 1 天</u>；唇瓣着生于蕊柱基部，<u>基部具距</u>，<u>先端有时具倒向的针刺状附属物</u>；距内无任何附属物；蕊柱粗短，<u>无蕊柱足</u>；<u>药帽前端伸长而收狭</u>，<u>花粉团蜡质</u>，<u>4 个</u>，彼此分离。

分布概况：约 180/2-3 种，**4-1（14SJ）** 型；主要分布于热带亚洲和大洋洲，向北到日本，也见于西非；中国产长江以南。

系统学评述：带叶兰属被置于树兰亚科万代兰族指甲兰亚族[1]。分子系统学研究表明带叶兰属的姐妹群可能为长足兰属 *Pteroceras*[78]；Carlsward 等[70]推测带叶兰属是个单系。

DNA 条形码研究：BOLD 网站有该属 7 种 8 个条形码数据。

166. *Thrixspermum* Loureiro 白点兰属

Thrixspermum Loureiro (1790: 516); Chen & Wood (2009: 466) (Type: *T. centipeda* Loureiro)

特征描述：<u>附生草本</u>。茎具少数至多数近二列的叶。<u>花苞片常宿存</u>；花逐渐开放，常 1 天后凋萎；<u>花苞片二列或呈螺旋状排列</u>，萼片和花瓣多少相似；<u>唇瓣贴生在蕊柱足上</u>，<u>3 裂</u>；侧裂片直立，中裂片较厚，<u>基部囊状或距状</u>，囊的前面内壁上常具 1 胼胝体；蕊柱具宽阔的蕊柱足；<u>花粉团蜡质</u>，<u>4 个</u>，<u>近球形</u>，每不等大的 2 个成一群，黏盘柄短而宽。蒴果细长。

分布概况：约 120/12（3）种，**5（7e）** 型；分布于热带亚洲至大洋洲；中国产长江以南。

系统学评述：白点兰属被置于树兰亚科万代兰族指甲兰亚族[1,63]。分子系统学研究表明白点兰属的姐妹群为 *Dimorphorchis*[70,78]。白点兰属依据其花序轴、花苞片及花的形态特征被划分为 2 组，即 *Thrixspermum* sect. *Thrixspermum* 和 *T.* sect. *Dendrocolla*。

    DNA 条形码研究：BOLD 网站有该属 9 种 11 个条形码数据。

167. *Trichoglottis* Blume 毛舌兰属

Trichoglottis Blume (1825: 359); Chen & Wood (2009: 453) (Lectotype: *T. retusa* Blume)

    特征描述：<u>附生草本</u>。叶稍肉质，狭窄。<u>花序侧生</u>，1 至多数，远比叶短，具 1 至数花；唇瓣肉质，<u>牢固地贴生于蕊柱基部</u>，<u>3 裂；中裂片上面常密被毛或乳突，基部囊状或具距；距内背壁上方具 1 可动而被毛的舌状附属物；蕊柱顶端两侧常有被硬毛的蕊柱齿</u>，<u>无蕊柱足</u>，蕊喙短；药帽前端收狭，药床浅；<u>花粉团蜡质</u>，<u>4 个</u>，不等大的 2 个成一对，或 2 个每个具裂隙。

    分布概况：约 60/2（1）种，**5（7e）型**；分布于东南亚，新几内亚，澳大利亚和太平洋岛屿，向西到斯里兰卡；中国产长江以南。

    系统学评述：毛舌兰属被置于树兰亚科万代兰族指甲兰亚族[1,63]。分子系统学研究表明毛舌兰属为单系类群，掌唇兰属 *Staurochilus* 为其姐妹群，建议将掌唇兰属 *Staurochilus* 并入毛舌兰属[70,78]。

    DNA 条形码研究：BOLD 网站有该属 6 种 8 个条形码数据。

168. *Tuberolabium* Yamamoto 管唇兰属

Tuberolabium Yamamoto (1923: 209); Chen & Wood (2009: 504) (Type: *T. kotoense* Yamamoto)

    特征描述：<u>附生草本</u>。叶先端多少 2 裂。<u>花序长而下垂</u>，<u>不分枝；花序柄和花序轴具翅状肋痕；总状花序密生多数小花；唇瓣基部牢固地与整个蕊柱足合生</u>，<u>无关节</u>，<u>3 裂</u>；中裂片较大上面基部凹陷，<u>前端增厚；距两侧压扁的宽圆锥形，中部向前偏鼓，几乎与子房交成直角</u>，距壁厚而内面无附属物；蕊柱具蕊柱足；<u>花粉团蜡质</u>，<u>2 个</u>，近球形，<u>全缘</u>。

    分布概况：约 10/1（1）种，**5（7e）型**；分布于东南亚，澳大利亚和太平洋岛屿，向北到印度东北部；中国产台湾。

    系统学评述：管唇兰属被置于树兰亚科万代兰族指甲兰亚族[1,63]。分子系统学研究表明管唇兰属可能为并系，*Dyakia* 等属需要并入管唇兰属，并与巾唇兰属 *Pennilabium*、*Saccolabium* 等形成复合群[70,78,80]。

    DNA 条形码研究：BOLD 网站有该属 3 种 4 个条形码数据。

169. *Uncifera* Lindley 叉喙兰属

Uncifera Lindley (1858: 39); Chen & Wood (2009: 475) (Type: *non designatus*)

    特征描述：<u>附生草本</u>。叶先端不等侧 2 裂或 2-3 尖裂。总状花序下垂，密生花；花不甚张开；侧萼片稍歪斜；<u>唇瓣上部 3 裂，侧裂片近直立，中裂片厚肉质；距长而弯曲，向末端变狭，内面无附属物；蕊柱无蕊柱足，蕊喙明显，上举，先端 2 裂，裂片近三角</u>

形；药帽圆锥形，前端伸长而收狭；花粉团蜡质，4 个，每不等大的 2 个成一对，黏盘柄大，细长，上部肩状扩大，远比花粉团宽，向下收狭为线形。

分布概况：约 6/3 种，**7（14SH）型**；分布于喜马拉雅地区，缅甸，泰国，越南；中国产西南。

系统学评述：叉喙兰属被置于树兰亚科万代兰族指甲兰亚族[1,63]。

170. *Vanda* Jones ex R. Brown 万代兰属

Vanda Jones ex R. Brown (1820: 506); Chen & Bell (2009: 471) (Type: *V. roxburghii* R. Brown). —— *Ascocentrum* Schlechter ex J. J. Smith (1914: 49); *Neofinetia* Hu (1925: 107)

特征描述：附生草本。叶二列，彼此紧靠，先端具不整齐的缺刻或啮蚀状。萼片和花瓣近似；唇瓣贴生在蕊柱足末端，3 裂，侧裂片基部下延并且与中裂片基部共同形成短距或罕有呈囊状的；距内或囊内无附属物和隔膜；蕊柱基部具不明显的蕊柱足，蕊喙短钝，2 裂；药帽半球形，花粉团蜡质，近球形，2 个，每个半裂或具裂隙。

分布概况：约 60/18（1）种，**5（7e）型**；分布于亚洲热带地区；中国产长江流域及其以南。

系统学评述：万代兰属被置于树兰亚科万代兰族指甲兰亚族[1,63]，但万代兰属及其近缘属间界限混乱。分子系统学研究表明万代兰属是并系，风兰属 *Neofinetia*、鸟舌兰属 *Ascocentrum* 的部分种类应并入万代兰属[6,84]。

DNA 条形码研究：BOLD 网站有该属 17 种 63 个条形码数据；GBOWS 已有 4 种 14 个条形码数据。

代表种及其用途：该属的花很美丽，如大花万代兰 *V. coerulea* Griffith & Lindley，花期长，是著名的观赏兰花。一些种类是园艺上杂交育种的重要亲本植物。

171. *Vandopsis* Pfitzer 拟万代兰属

Vandopsis Pfitzer (1889: 210); Chen & Wood (2009: 446) [Type: *V. lissochiloides* (Gaudichaud-Beaupré) Pfitzer (≡ *Fieldia lissochiloides* Gaudichaud-Beaupré)]

特征描述：附生草本。茎粗壮，伸长，具多叶。叶肉质或革质，基部具关节和宿存而抱茎的鞘。花序侧生于茎，近直立或下垂，不分枝；唇瓣比花瓣小，牢固地着生于蕊柱基部，基部凹陷呈半球形或兜状，3 裂，侧裂片较小，中裂片较大，长而狭，两侧压扁，上面中央具纵向脊突；蕊柱粗短，无蕊柱足，蕊喙不明显；花粉团蜡质，近球形，2 个，每个劈裂为不等大的 2 片，或 4 个，每不等大的 2 个组成一对，黏盘马鞍形或近肾形，比花粉团的直径宽。

分布概况：约 5/2 种，**（7d）型**；分布于东南亚及新几内亚；中国产广西和云南。

系统学评述：拟万代兰属被置于树兰亚科万代兰族指甲兰亚族[1,63]。分子系统学研究表明拟万代兰属的姐妹群为 *Ventricularia*[78]。

DNA 条形码研究：BOLD 网站有该属 3 种 12 个条形码数据；GBOWS 已有 1 种 3 个条形码数据。

主要参考文献

[1] Dressler RL. Phylogeny and classification of the Orchid family[M]. Cambridge: Cambridge University Press, 1993.

[2] Cameron KM, et al. A phylogenetic analysis of the Orchidaceae: evidence from *rbc*L nucleotide sequences[J]. Am J Bot, 1999, 86: 208-224.

[3] Van der Berg C, et al. An overview of the phylogenetic relationships within Epidendroideae inferred from multiple DNA regions and recircumscription of Epidendreae and Arethuseae (Orchidaceae)[J]. Am J Bot, 2005, 92: 613-624.

[4] Freudenstein JV, et al. An expanded plastid DNA phylogeny of Orchidaceae and analysis of jackknife branch support strategy[J]. Am J Bot, 2004, 91: 149-157.

[5] Górniak M, et al. Phylogenetic relationships within Orchidaceae based on a low-copy nuclear coding gene, *Xdh*: congruence with organellar and nuclear ribosomal DNA results[J]. Mol Phylogenet Evol, 2010, 56: 784-795.

[6] Xiang XG, et al. Monophyly or paraphyly-the taxonomy of *Holcoglossum* (Aeridinae: Orchidaceae) [J]. PLoS One, 2012, 7: e52050.

[7] Cameron KM. On the value of nuclear and mitochondrial gene sequences for reconstructing the phylogeny of vanilloid orchids (Vanilloideae, Orchidaceae) [J]. Ann Bot, 2009, 104: 377-385.

[8] Kocyan A, et al. A phylogenetic analysis of Apostasioideae (Orchidaceae) based on ITS, *trn*L-F and *mat*K sequences [J]. Plant Syst Evol, 2004, 247: 203-213.

[9] de Vogel EF. Monograph of the tribe Apostasieae (Orchidaceae)[J]. Blumea, 1969, 17: 313-350.

[10] Kocyan A, Endress PK. Floral structure and development of *Apostasia* and *Neuwiedia* (Apostasioideae) and their relationships to other Orchidaceae [J]. Int J Plant Sci, 2001, 162: 847-867.

[11] Pridgeon AM, et al. Genera *Orchidacearum*, Vol. 3: Orchidoideae (part two), Vanilloideae [M]. Oxford: Oxford University Press, 2003.

[12] Li JH, et al. Molecular phylogeny of *Cypripedium* (Orchidaceae: Cypripedioideae) inferred from multiple nuclear and chloroplast regions [J]. Mol Phylogenet Evol, 2011, 61: 308-320.

[13] Albert VA, Chase MW. *Mexipedium*: a new genus of slipper orchid (Cypripedioideae: Orchidaceae) [J]. Lindleyana, 1992, 7: 172-176.

[14] Chochai A, et al. Molecular phylogenetics of *Paphiopedilum* (Cypripedioideae; Orchidaceae) based on nuclear ribosomal ITS and plastid sequences [J]. Bot J Linn Soc, 2012, 170: 176-196.

[15] Pridgeon AM, et al. Genera *Orchidacearum*, Vol. 2: Orchidoideae [M]. Oxford: Oxford University Press, 2003.

[16] Bateman RM, et al. Molecular phylogenetics and evolution of Orchidinae and selected Habenariinae (Orchidaceae) [J]. Bot J Linn Soc, 2003, 142: 1-40.

[17] Devos N, et al. On the monophyly of *Dactylorhiza* Necker ex Nevski (Orchidaceae): is *Coeloglossum viride* (L.) Hartman a *Dactylorhiza*? [J]. Bot J Linn Soc, 2006, 152: 261-269.

[18] Bateman R, et al. Phylogenetics of subtribe Orchidinae (Orchidoideae, Orchidaceae) based on nuclear ITS sequences. 2: infrageneric relationships and taxonomic revision to achieve monophyly of *Orchis sensu stricto* [J]. Lindleyana, 1997, 12: 113-141.

[19] Inda LA, et al. Chalcone synthase variation and phylogenetic relationships in *Dactylorhiza* (Orchidaceae) [J]. Bot J Linn Soc, 2010, 163: 155-165.

[20] Pridgeon AM, et al. Genera *Orchidacearum*, Vol. 2: Orchioideae (part 1) [M]. Oxford: Oxford University Press, 2001.

[21] Waterman RJ, et al. Pollinators underestimated: a molecular phylogeny reveals widespread floral convergence in oil-secreting orchids (sub-tribe Coryciinae) of the Cape of South Africa [J]. Mol Phylogenet Evol, 2009, 51: 100-110.

[22] Kurzweil H, Manning JC. A synopsis of the genus *Disperis* Sw. (Orchidaceae) [J]. Adansonia, 2005, 27: 155-207.

[23] Bateman RM, et al. Molecular phylogenetics and morphological reappraisal of the *Platanthera* clade (Orchidaceae: Orchidinae) prompts expansion of the generic limits of *Galearis* and *Platanthera*[J]. Ann Bot, 2009, 104: 431:435.

[24] 金伟涛, 等. 中国兰科植物属的界定: 现状与展望[J]. 生物多样性, 2015, 23: 237-242.

[25] Sundermann H. Europäische und Mediterrane Orchideen. Eine Bestimmungs flora mit Berücksichtigung der Ökologie [M]. Hannover, Germany: Brücke-Verlag Kurt Schmersow, 1970.

[26] Batista JA, et al. Molecular phylogenetics of the species-rich genus *Habenaria* (Orchidaceae) in the New World based on nuclear and plastid DNA sequences [J]. Mol Phylogenet Evol, 2013, 67: 95-109.

[27] Jin WT, et al. Molecular systematics of subtribe Orchidinae and Asian taxa of Habenariinae (Orchideae, Orchidaceae) based on plastid *mat*K, *rbc*L and nuclear ITS [J]. Mol Phylogenet Evol, 2014, 77: 41-53.

[28] Kränzlin FWL. Orchidacearum genera et species [M]. Berlin: Meyer & Müller, 1901.

[29] Lahaye R, et al. DNA barcoding the floras of biodiversity hotspots [J]. Proc Natl Acad Sci USA, 2008, 105: 2923-2928.

[30] Aceto S, et al. Phylogeny and evolution of *Orchis* and allied genera based on ITS DNA variation: morphological gaps and molecular continuity [J]. Mol Phylogenet Evol, 1999, 13: 67-76.

[31] Tyteca D, Klein E. Genes, morphology and biology — the systematics of *Orchidinae* revisited [J]. J Eur Orch, 2008, 40: 501-544.

[32] Hapeman JR, Inoue K. Plant-pollinator interactions and floral radiation in *Platanthera* (Orchidaceae) [M]//Givnish TJ, Sytsma KJ. Molecular evolution and adaptive radiation. Cambridge: Cambridge University Press, 1997: 433-454.

[33] Gamarra R, et al. Seed micromorphology supports the splitting of *Limnorchis* from *Platanthera* (Orchidaceae) [J]. Nord J Bot, 2008, 26: 61-65.

[34] Box MS, et al. Floral ontogenetic evidence of repeated speciation via paedomorphosis in subtribe Orchidinae (Orchidaceae) [J]. Bot J Linn Soc, 2008, 157: 429-454.

[35] Inda LA, et al. Phylogenetics of tribe Orchideae (Orchidaceae: Orchidoideae) based on combined DNA matrices: inferences regarding timing of diversification and evolution of pollination syndromes [J]. Ann Bot, 2012, 110: 71-90.

[36] Jin XH, et al. *Nujiangia* (Orchidaceae: Orchideae): a new genus from the Himalayas [J]. J Syst Evol, 2012, 50: 64-71.

[37] 郎楷永. 中国阔蕊兰属植物的研究[J]. 植物分类学报, 1987, 25: 442-459.

[38] Seidenfaden G. Orchid genera in Thailand V: Orchidoideae[J]. Dansk Botanisk Arkiv, 1977, 31: 1-149.

[39] Hooker JD. The flora of British India[M]. Dehra Dun: Bishen Singh Makendra Pal Singh, 1890.

[40] 郎楷永. 兰科舌唇兰属的一新亚属[J]. 植物分类学报, 1998, 36: 449-458.

[41] Pedersen HÆ, et al. *Sirindhomia*, a new orchid genus from Southeast Asia[J]. Nord J Bot, 2002, 22: 391-404.

[42] Douzery EJ, et al. Molecular phylogenetics of Diseae (Orchidaceae): a contribution from nuclear ribosomal ITS sequences[J]. Am J Bot, 1999, 86: 887-899.

[43] Van Der Niet T, et al. Molecular markers reject monophyly of the subgenera of *Satyrium* (Orchidaceae) [J]. Syst Bot, 2005, 30: 263-274.

[44] Salazar GA, et al. Phylogenetics of Cranichideae with emphasis on Spiranthinae (Orchidaceae, Orchidoideae): evidence from plastid and nuclear DNA sequences [J]. Am J Bot, 2003, 90: 777-795.

[45] Kores PJ, et al. A phylogenetic analysis of Diurideae (Orchidaceae) based on plastid DNA sequence data [J]. Am J Bot, 2001, 88: 1903-1914.

[46] Álvarez-Molina A, Cameron KM. Molecular phylogenetics of Prescottiinae *s.l.* and their close allies (Orchidaceae, Cranichideae) inferred from plastid and nuclear ribosomal DNA sequences [J]. Am J Bot, 2009, 96: 1020-1040.

[47] 羊海军, 等. 海南省兰科植物新记录属——鳔唇兰属[J]. 亚热带植物科学, 2013, 42: 177-180.

[48] Shin KS, et al. Phylogeny of the genus *Goodyera* (Orchidaceae; Cranichideae) in Korea based on nuclear ribosomal DNA ITS region sequences[J]. J Plant Biol, 2002, 45: 182-187.

[49] Pamela BB, Robinson H. Evolution and phylogeny of the *Pelexia* alliance (Orchidaceae: Spiranthoideae: Spiranthinae) [J]. Syst Bot 1983, 263-268.

[50] Dueck LA, Cameron KM. Sequencing re-defines *Spiranthes* relationships, with implications for rare and endangered taxa[J]. Lankesteriana, 2007, 7: 190-195.

[51] Dueck LA, Cameron KM. Molecular evidence on the species status and phylogenetic relationships of *Spiranthes parksii*, an endangered orchid from Texas[J]. Conserv Genet, 2008, 9: 1617-1631.

[52] Chase MW, et al. An updated classification of Orchidaceae[J]. Bot J Linn Soc, 2015, 177: 151-174.

[53] Xiang XG, et al. Phylogenetic placement of the enigmatic orchid genera *Thaia* and *Tangtsinia*: evidence from molecular and morphological characters[J]. Taxon, 2012, 61: 45-54.

[54] Xiang XG, et al. Phylogenetics of tribe Collabieae (Orchidaceae, Epidendroideae) based on four chloroplast genes with morphological appraisal[J]. PLoS One, 2014, 9: e87625.

[55] Zhai JW, et al. A new Orchid genus, *Danxiaorchis*, and phylogenetic analysis of the tribe Calypsoeae[J]. PLoS One, 2013, 8: e60371.

[56] Clayton, D. The genus *Coelogyne*: a synopsis[M]. London: Natural History Publications (Borneo) in association with The Royal Botanic Gardens Kew, 2002.

[57] Gravendeel B, et al. Molecular phylogeny of *Coelogyne* (Epidendroideae; Orchidaceae) based on plastid RFLPS, *matK*, and nuclear ribosomal ITS sequences: evidence for polyphyly[J]. Am J Bot, 2001, 88: 1915-1927.

[58] Barkman TJ. Evolution of *Dendrochilum* subgenus *Platyclinis* section *Eurybrachium* investigated in a phylogenetic context[D]. PhD thesis. Austin: University of Texas, 1998.

[59] Pedersen HÆ, et al. A revised subdivision and bibliographical survey of *Dendrochilum* (Orchidaceae) [J]. Oper Bot, 1997, 130: 1-85.

[60] Pfitzer E, Kraenzlin F. *Coelogyne*[M]//Engler A. Das Pflanzenreich IV, 50. (Heft 32). Berlin: W. Engelmann, 1907, 119-129.

[61] Torelli G, Riccaboni M. Proposal for a new infrageneric classification of the genus *Pleione* (Orchidaceae)[J]. Caesiana, 1998, 10: 1-6.

[62] Cameron KM. Leave it to the leaves: a molecular phylogenetic study of Malaxideae (Epidendroideae, Orchidaceae) [J]. Am J Bot, 2005, 92: 1025-1032.

[63] Chase MW, et al. DNA data and Orchidaceae systematics: a new phylogenetic classification [M]//Dixon KW, et al. Orchid conservation. Kota Kinabalu: Natural History Publications, 2003: 69-89.

[64] Fischer GA, et al. Evolution of resupination in Malagasy species of *Bulbophyllum* (Orchidaceae) [J]. Mol Phylogenet Evol, 2007, 45: 358-376.

[65] Xiang XG, et al. Molecular systematics of *Dendrobium* (Orchidaceae, Dendrobieae) from mainland Asia based on plastid and nuclear sequences [J]. Mol Phylogenet Evol, 2013, 69: 950-960.

[66] Clements MA. Molecular phylogenetic systematics in the Dendrobiinae (Orchidaceae), with emphasis on *Dendrobium* section *Pedilonum* [J]. Telopea, 2003, 10: 247-298.

[67] Clements MA. Molecular phylogentics systematics in Dendrobieae (Orchidaceae) [J]. Aliso, 2006, 22: 465-480.

[68] Schuiteman A. *Dendrobium* (Orchidaceae): to split or not to split? [J]. Gard Bull Singapore, 2011, 63: 245-257.

[69] Goldman DH, et al. Phylogenetics of Arethuseae (Orchidaceae) based on plastid *matK* and *rbcL* sequences [J]. Syst Bot, 2001, 26: 670-695.

[70] Carlsward BS, et al. Molecular phylogenetics of Vandeae (Orchidaceae) and the evolution of leaflessness [J]. Am J Bot, 2006, 93: 770-786.

[71] Hunt PF. Notes on Asiatic orchids: V [J]. Kew Bull, 1970, 24: 75-111.

[72] Schlechter R. Die gattungen *Cymbidium* Sw. und *Cyperorchis* Bl. Feddes [J]. Repert Spec Nov Regni Veg, 1924, 20: 96-110.

[73] Seth CJ, Cribb PJ. A reassessment of the sectional limits in the genus *Cymbidium* Swartz [M]//Arditti J. Orchid Biology: reviews and perspectives. London: Cornell University Press, 1984: 283-322.

[74] Du Puy D, Cribb PJ. The genus *Cymbidium* [M]. Portland, Oregon: Timber Press, 1988.

[75] 张明永, 等. 基于 nrDNA ITS 序列数据的兰属系统发育关系的初步分析(英)[J].植物学报, 2002, 44: 588-592.

[76] Sharma SK, et al. Assessment of phylogenetic inter-relationships in the genus *Cymbidium* (Orchidaceae) based on internal transcribed spacer region of rDNA [J]. Gene, 2012, 495: 10-15.

[77] Martos F, et al. A molecular phylogeny reveals paraphyly of the large genus *Eulophia* (Orchidaceae): a case for the reinstatement of *Orthochilus* [J]. Taxon, 2014, 63: 9-23.

[78] Hidayat T, et al. Phylogeny of subtribe Aeridinae (Orchidaceae) inferred from DNA sequences data: advanced analyses including Australasian genera [J]. J Teknologi, 2012, 59: 87-95.

[79] Kocyan A, et al. Molecular phylogeny of *Aerides* (Orchidaceae) based on one nuclear and two plastid markers: a step forward in understanding the evolution of the Aeridinae[J]. Mol Phylogenet Evol, 2008, 48: 422-443.

[80] Topik H, et al. Molecular phylogenetics of subtribe Aeridinae (Orchidaceae): insights from plastid *mat*K and nuclear ribosomal ITS sequences [J]. J Plant Res, 2005, 118: 271-284.

[81] 吉占和. 兰科盆距兰属 (*Gastrochilus*) 植物的修订[J]. 广西植物, 1995, 16: 123-154.

[82] Christenson EA. An infrageneric classification of *Holcoglossum* Schltr. (Orchidaceae: Sarcanthinae) with a key to the genera of the *Aerides-Vanda* alliance[J]. Notes R Bot Gard Edinb, 1987, 44: 249-256.

[83] Jin XH. Generic delimitation and a new infrageneric system in the genus *Holcoglossum* (Orchidaceae: Aeridinae) [J]. Bot J Linn Soc, 2005, 149: 465-468.

[84] Fan J, et al. Molecular phylogeny and biogeography of *Holcoglossum* (Orchidaceae: Aeridinae) based on nuclear ITS, and chloroplast *trn*L-F and *mat*K[J]. Taxon, 2009, 58: 849-861.

[85] Xiang XG, et al. DNA barcoding of the recently evolved genus *Holcoglossum* (Orchidaceae: Aeridinae): a test of DNA barcode candidates[J]. Mol Ecol Resour, 2011, 11: 1012-1021.

[86] Tsai C, et al. Molecular phylogeny of *Phalaenopsis* Blume (Orchidaceae) based on the internal transcribed spacer of the nuclear ribosomal DNA[J]. Plant Syst Evol, 2005, 256: 1-16.

[87] Pedersen HÆ. The genus *Pteroceras* (Orchidaceae)-a taxonomic revision[J]. Nord J Bot, 1993, 13: 446-446.

Hypoxidaceae R. Brown (1814), *nom. cons.* 仙茅科

特征描述：草本植物。具有块茎或球茎。叶根生或基生，常有显著的平行叶脉或具折扇状叶脉。花生在花茎上，三基数，辐射对称；<u>变形绒毡层</u>、<u>小孢子依次发生</u>；子房下位，蜜腺无，<u>柱头融合或具辐射状 3 裂</u>。果实为蒴果或浆果。种子球形，表面光滑或具小刺。花粉粒单沟，网状纹饰。染色体 x=6-9，11。

分布概况：7-9 属/100-200 种，主要分布于非洲南部，北美洲南部和中南美洲，少数见于澳大利亚；中国 2 属/8 种，产西南至华南及东南。

系统学评述：仙茅科为 1998 年 APG 系统新认可的科，分子证据证实了其为单系类群，位于新设立的天门冬目。它与 Boryaceae 等 5 个小科共同组成 1 个高支持率的单系分支（称为 Astelioid 支）[1,2]，位于天门冬目系统树的近基部位置[3,4]。Kocyan 等[5]利用 4 个叶绿体片段分析表明仙茅科内含 3 个主要分支，即 *Curculigo* 支、*Pauridia-Empodium* 支和 *Hypoxis* 支，与 Rudall 等[1]的研究结果基本一致；但该科已知各属都不是单系，且 3 个大分支间的关系也不明确。Kocyan 等[5]提议仙茅属 *Curculigo* 可以扩展到 *Curculigo* 整个分支，以使其为单系类群；最近发表的中国新属 *Sinocurculigo*[6]也镶嵌在该分支内。该科内的鉴定性状高度同塑，使得传统分类问题较多，与分子证据冲突较为明显，需要进一步的分类修订。

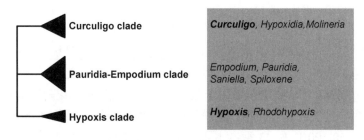

图 57 仙茅科分子系统框架图（参考 Rudall 等[1]; Kocyan 等[5]）

分属检索表

1. 浆果，花序通常具很多花 ·····································**1. 仙茅属 Curculigo**

1. 蒴果，花序通常仅 1 或 2 花 ·····································**2. 小金梅草属 Hypoxis**

1. *Curculigo* J. Gaertner 仙茅属

Curculigo J. Gaertner (1788: 63); Chen (1966: 129-136); Ji & Meerow (2000: 264) (Type: *C. orchiodes* J. Gaertner)

特征描述：多年生草本。常具块状根状茎。叶基生，多数，革质或纸质，通常披针

形，具折扇状脉。花茎从叶腋抽出，直立或俯垂；花两性，黄色，单生或排列成总状或穗状花序，有时花序强烈缩短，呈头状或伞房状；花被管若存在则延伸成近实心的喙；花被裂片 6，近一式，展开；<u>雄蕊 6</u>，<u>着生于花被裂片基部</u>，<u>一般短于花被裂片</u>，花药 2室，纵裂；柱头 3 裂，<u>子房下位</u>，<u>常被毛</u>，<u>顶端有喙或无喙</u>，3 室，每室胚珠 2 至多数。<u>果实为浆果</u>，<u>不开裂</u>。种子小，<u>表面有纵凸纹</u>，<u>具明显凸出的种脐</u>。花粉粒单沟，网状纹饰。染色体 2n=18。

分布概况：约 20/7（2）种，**2** 型；分布于亚洲，非洲，南美洲和大洋洲的热带至亚热带地区；中国产华南和西南。

系统学评述：仙茅属是 1 个并系类群。FRPS 中依据子房顶端有无长喙，将该属划分为仙茅组 *Curculigo* sect. *Curculigo* 和大叶仙茅组 *C.* sect. Molineria。Nordal[7]根据地理分布和形态性状，将 *Curculigo*、*Hypoxidia* 和 *Molineria* 这 3 个属归为 1 个大组。Kocyan等[5]基于 4 个叶绿体片段分析结果支持这 3 个属共同组成 1 个单系分支，并提议将其修订为广义的仙茅属。Liu 等[6]发表的中国新属也应属于广义的仙茅属。

DNA 条形码研究：BOLD 网站有该属 3 种 7 个条形码数据；GBOWS 已有 5 种 29个条形码数据。

代表种及其用途：该属植物常作为园林观叶花卉，其中可供药用的有仙茅 *C. orchioides* Gaertner、大叶仙茅 *C. capitulate* (Loureiro) O. Kuntze 和短葶仙茅 *C.breviscapa* S. C. Chen 等。

2. *Hypoxis* Linnaeus 小金梅草属

Hypoxis Linnaeus (1759: 986); Ji & Meerow (2000: 273) [Lectotype: *H. erecta* Linnaeus, *nom. illeg.* (=*H. hirsuta* (Linnaeus) Coville ≡ *Ornithogalum hirsutum* Linnaeus)]

特征描述：多年生草本。<u>具球茎或近球形的根状茎</u>，<u>有时具块茎</u>。基生叶 3-20，狭长，无柄。花茎纤细，短于叶；花 1 或少数，单生或呈顶生的近伞形花序或<u>总状花序</u>；<u>无花被管</u>，<u>花被片 6</u>，<u>宿存</u>；雄蕊着生于花被片基部，花丝短，花药近基着；<u>子房下位</u>，3 室，花柱较短，柱头 3 裂。蒴果。花粉粒单沟，网状纹饰。染色体 2n=14-200。

分布概况：50-100/1 种，**2 型**；主要分布于热带地区，也见于东南亚及日本；中国产西南、华南及东南。

系统学评述：小金梅草属的系统位置变动较大，在传统分类系统中曾置于石蒜科或鸢尾科内。Kocyan 等[5]研究表明，小金梅草属 *Hypoxis* 不是单系类群，*Rhodohypoxis* 镶嵌在小金梅草属内，与其共同组成了小金梅草分支；此外，还发现该属 2 个种位于其他分支。

DNA 条形码研究：BOLD 网站有该属 7 种 18 个条形码数据；GBOWS 已有 1 种 19个条形码数据。

代表种及其用途：该属植物在非洲传统医学中作为药物使用。中国仅有小金梅草 *H. aurea* Loureiro 作药用。

主要参考文献

[1] Rudall PJ, et al. Microsporogenesis and pollen sulcus type in Asparagales (Lilianae) [J]. Can J Bot, 1997, 75: 408-430.

[2] Graham SW, et al. Robust inference of deep monocot phylogeny using an expanded multigene plastid data set [M]//Columbus JT, et al. Monocots: comparative biology and evolution (excluding Poales). Claremont: Rancho Santa Ana Botanic Garden, 2006: 3-21.

[3] Chen SC, et al. Networks in a large-scale phylogenetic analysis: reconstructing evolutionary history of Asparagales (Lilianae) based on four plastid genes [J]. PLoS One, 2013, 8: e59472.

[4] Pires JC, et al. Phylogeny, genome size, and chromosome evolution of Asparagales [J]. Aliso, 2006, 22: 287-304.

[5] Kocyan A, et al. Molecular phylogenetics of Hypoxidaceae-evidence from plastid DNA data and inferences on morphology and biogeography [J]. Mol Phylogenet Evol, 2011, 60: 122-136.

[6] Liu KW, et al. *Sinocurculigo*, a new genus of Hypoxidaceae from China based on molecular and morphological evidence [J]. PLoS One, 2012, 7: e38880.

Ixioliriaceae Nakai (1943) 鸢尾蒜科

特征描述：多年生草本。具鳞茎。茎直立，中空，叶状。叶片扁平线条状，互生，叶基部鞘状，尖端圆柱形至锥形。聚伞圆锥花序或假伞形花序，花多数至少数；<u>花梗常具侧生先出叶</u>；花两性，辐射状，三基数；花被 6，离生至基部，蓝色、紫色或白色，<u>花被尖端具显著突出物</u>；雄蕊 6，着生在花被基部，花药 4 室基着；花柱细长直立；子房下位，3 室，中轴胎座，具胚珠多数，胚珠倒生。<u>蒴果</u>，<u>顶部开裂</u>。种子多数，<u>黑色</u>，<u>子叶萌出见光后</u>，<u>仍保持白色</u>。花粉粒单沟具沟盖，网状纹饰。染色体 x=12，常为二倍体。

分布概况：1 属/2-4 种，分布于埃及到中亚；中国 1 属/2 种，产新疆北部。

系统学评述：在传统的分类系统中，通常将其列入石蒜科 Amaryllidaceae。根据分子证据，APG 系统中单独提升为 1 个独立的科，位于天门冬目[1]，是该目内最小的科。该科与蓝星科 Tecophilaeaceae 互为姐妹群，位于天门冬目较基部分支[1]。

1. *Ixiolirion* Fischer & Herbert 鸢尾蒜属

Ixiolirion Fischer & Herbert (1821: 37 Appendix); Ji & Meerow (2000: 264) (Type: *non designatus*)

特征描述：同科描述。

分布概况：2-4/2（1）种，**13-1 型**；分布于西亚，中亚；中国产新疆北部。

系统学评述：在传统的分类系统中，鸢尾蒜属为石蒜科 Amaryllidaceae 一员，但是其花序轴上多叶、花蓝色、不含生物碱等特性与石蒜科有明显区别[2]。根据分子证据，APG III 中该属独立为鸢尾蒜科，并证实该科和蓝星科 Tecophilaeaceae 互为姐妹群，位于天门冬目较为靠近基部的分支[1]。该属花粉具带状萌发孔盖和微网状纹饰而显著区别于石蒜科花粉[3]。

DNA 条形码研究： BOLD 网站有该属 1 种 7 个条形码数据；GBOWS 已有 1 种 8 个条形码数据。

代表种及其用途：鸢尾蒜 *I. tataricum* (Pallas) Herbert 花大而美丽，可用于观赏。

主要参考文献

[1] Chen SC, et al. Networks in a large-scale phylogenetic analysis: reconstructing evolutionary history of Asparagales (Lilianae) based on four plastid genes [J]. PLoS One, 2013, 8: e59472.

[2] Takhtajan A. Diversity and classification of flowering plants [M]. New York: Columbia University Press, 1997.

[3] Donmez EO, Isik S. Pollen morphology of Turkish Amaryllidaceae, Ixioliriaceae and Iridaceae [J]. Grana, 2008, 47: 15-38.

Iridaceae Jussieu (1789), *nom. cons.* 鸢尾科

特征描述：多年生、稀一年生草本。具根状茎、球茎或鳞茎。叶多基生，少为互生，基部成鞘状，具平行脉，<u>叶片扁平，在同一平面上</u>。花两性，单生、数花簇生或多花排列成总状、穗状、聚伞及圆锥花序；花或几花序下有 1 至多苞片；<u>花被裂片 6，两轮排列，内轮裂片与外轮裂片同形等大或不等大</u>，花被管常为丝状或喇叭形；<u>雄蕊 3，花药多外向开裂</u>；花柱 1，上部多有 3 分枝，<u>分枝圆柱形或扁平呈花瓣状</u>，柱头 3-6，<u>子房下位</u>，3 室，中轴胎座，胚珠多数。蒴果，成熟时室背开裂。种子多数，表面光滑或皱缩，常有附属物或小翅。花粉粒单沟，稀为 3 沟、带状和螺旋状和无萌发孔，皱波状、穿孔状、负网状或网状纹饰。染色体 2n=6-64。

分布概况：66 属/2035-2085 种，广布热带，亚热带及温带地区，非洲南部及美洲热带尤多；中国 2 属/61 种，产西南、西北及东北。

系统学评述：该科是单子叶植物中的大科之一，包含 2000 余种。在传统的分类系统中，如 Hutchinson 系统将鸢尾科分类为鸢尾目下的 1 个科，Cronquist 系统将鸢尾科分类在百合目下。在 APG 系统中，明确了鸢尾科是个单系类群[1,2]，置于天门冬目下。鸢尾科分成 7 亚科 10 族 66 属。Isophysidoideae 亚科位于该科最基部的分支，是其他所有亚科的姐妹群[3-5]。鸢尾亚科 Iridoideae 和番红花亚科 Crocoideae 这 2 个最大的亚科的系统发育研究较为深入[3,4,6,7]。中国仅有 2 属，即鸢尾属 *Iris* 和番红花属 *Crocus*，原 FOC 记载的射干属 *Belamcanda* 已被归并入鸢尾属[8]。该科下物种的地理分布非常不均匀，

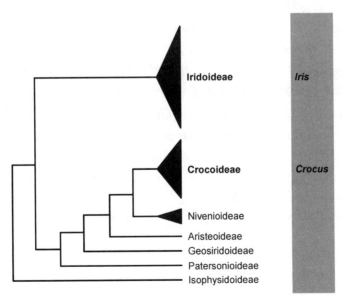

图 58　鸢尾科分子系统框架图（参考 APW; Goldblatt 等[4,14]; Chen 等[15]）

大量的种类集中分布在南非，只有极少的种类分布在北温带[9]。鸢尾科在南非开普敦地区超过 650 种，如此高的物种多样性，可能是花形态多样化导致更多生殖隔离，以及当地生态和气候异质性导致的结果[10]。该科的传粉者种类繁多，花的形态也极为多样化，且同塑进化非常频繁[11-13]。

分属检索表

1. 植株具球茎；叶不互相套叠；花茎甚短，不伸出地面；花被管细长······················ **1. 番红花属** *Crocus*
1. 植株具根状茎；叶 2 列互相套叠；花茎较长；花被管较短······························· **2. 鸢尾属** *Iris*

1. *Crocus* Linnaeus 番红花属

Crocus Linnaeus (1753: 36); Zhao et al. (2000: 297) (Lectotype: *C. sativus* Linnaeus)

特征描述： 多年生草本。球茎圆球形或扁圆形，外具膜质的包被。叶条形，丛生，与花同时生长或于花后伸长，不互相套叠，叶基部包有膜质的鞘状叶。花茎甚短，不伸出出地面；苞片舌状或无；花白色、粉红色、黄色、淡蓝色或蓝紫色；花被管细长，花被裂片 6，2 轮排列；雄蕊 3；花柱 1，上部 3 分枝，柱头楔形或略膨大，子房下位，3 室，中轴胎座，胚珠多数。蒴果小，卵圆形，成熟时室背开裂。花粉粒球形，无萌发孔，稀为螺旋状萌发孔，外壁光滑或穿孔状。染色体 $2n$=6-64。

分布概况： 约 80/2 种，**12 型**；主要分布于欧洲，地中海，中亚；中国产新疆西北部。栽培 1 种。

系统学评述： 番红花属是单系类群。Mathew[16]基于形态学研究将该属分为 *Crocus* subgen. *Crociris* 和 *C.* subgen. *Crocus*，后者进一步划分为 2 组 15 系。Petersen 等[17]首次利用叶绿体片段，全面取样研究了该属的分子系统发育关系，结果显示支持该属是单系，但不支持亚属的划分，系的划分多数得到支持，但包含种类较多的 2 个系（*Crocus* ser. *Reticulati* 和 *C.* ser. *Biflori*）都不是单系类群。Harpke 等[18]进一步利用核基因分析显示，*C.* sect. *Nudiscapus* 内 1/3 种类为异源多倍化起源。染色体研究表明，该属经历了多次多倍化和非整数化事件，B 染色体至少独立起源 5 次。属内种皮纹饰为 3 种类型，在不同分类群间表现出高度的同塑性。番红花 *C. sativus* Linnaeus 是不育的 3 倍体，其起源尚待研究。

DNA 条形码研究： Severg 和 Petersen[19]研究了该属的 DNA 条形码，发现用 *ndh*F+*mat*K 可以鉴定出约 80%的种类，而利用 6 个叶绿片段可以鉴定率可以提升到约 92%。Gismondi 等[20]报道了 DNA 条形码可用于鉴定藏红花及其不同产地来源。BOLD 网站有该属 126 种 152 个条形码数据。

代表种及其用途： 番红花是经济价值极高的栽培植物，花柱头用于制作昂贵香料；盛产地中海及小亚细亚，在我国常见栽培药用。

2. *Iris* Linnaeus 鸢尾属

Iris Linnaeus (1753: 38); Zhao et al. (2000: 297) (Lectotype: *I. germanica* Linnaeus). ——*Belamcanda* Adanson (1763: 60)

特征描述：多年生草本。<u>根状茎长条形或块状</u>，横走或斜伸。<u>叶多基生</u>，<u>相互套叠</u>，<u>排成 2 列</u>，叶剑形，条形或丝状，基部鞘状，顶端渐尖。大多数的种类只有花茎而无明显的地上茎。花序生于分枝的顶端或仅在花茎顶端生 1 花；花及花序基部着生多数苞片；花较大，多色；<u>花被管喇叭形、丝状或甚短而不明显</u>，花被裂片 6，2 轮排列，<u>外轮花被裂片 3</u>，<u>常较内轮的大</u>，<u>上部常反折下垂</u>，<u>基部爪状</u>，<u>多数呈沟状</u>，<u>平滑</u>，<u>无附属物或具有鸡冠状及须毛状的附属物</u>，内轮花被裂片 3；<u>雄蕊 3</u>，<u>着生于外轮花被裂片的基部</u>，花药外向开裂；雌蕊的花柱单一，上部 3 分枝，拱形弯曲，有鲜艳的色彩，呈花瓣状，顶端再 2 裂，柱头生于花柱顶端裂片的基部，子房下位，3 室，中轴胎座，胚珠多数。蒴果，顶端有喙或无，成熟时室背开裂。种子有附属物或无。花粉粒单沟，稀为带状和无萌发孔，穿孔状、疣状和网状纹饰。染色体 2n=22，42。

分布概况：约 300/59 (21) 种，**8 型**；分布于北温带；中国产西南、西北及东北。

系统学评述：鸢尾属是该科的代表属，合并射干属后成为 1 个单系类群。基于分子系统学研究[21,22]，原 FOC 记载的射干属归并入鸢尾属内[8]，把属内唯一的种射干 *Belamcanda chinensis* (Linnaeus) de Candolle，重新命名为 *Iris domestica* (Linnaeus) Goldblatt & Mabberley, *comb. nov.*，并将 *Belamcanda pampaninii* Leveille 和 *B. chinensis* var. *taiwanensis* S. S. Ying，作为该种的异名。Mathew[16]综合了前人的研究，将鸢尾属分为 6 个亚属（鸡冠状附属物亚属 *Iris* subgen. *Crossiris* Spach、须毛状附属物亚属 *I.* subgen. *Iris*、无附属物亚属 *I.* subgen. *Limniris*、尼泊尔鸢尾亚属 *I.* subgen. *Nepalensis*、野鸢尾亚属 *I.* subgen. *Pardanthopsis* 和琴瓣鸢尾亚属 *I.* subgen. *Xyridion*），共 12 组，其中无附属物组 *I.* sect. *Limniris* 进一步分为 16 个系。分子证据表明，2 个最大的亚属 *I.* subgen. *Iris* 和 *I.* subgen. *Limniris* 都是多系类群；如果将 *I.* sect. *Hexapogon* 移除，*I.* subgen. *Iris* 是单系类群但支持率较低。*I.* subgen. *Limniris* 内关系更加复杂，至少包含了 8 个独立起源的分支；Wilson[23]认为现在界定的 *I.* sect. *Limniris* 是个多系类群。Ikinci 等[24]利用 6 个叶绿体片段研究了 *I.* subgen. *Scorpiris* 内的系统发育关系。Martinez 等[25]报道了 *I.* subgen. *Xiphium* 内的染色体演化式样。Guo 等[26]发现鸢尾属植物的花瓣上特有的羽冠性状，来源于多次独立起源。鸢尾属是研究物种杂交渐渗的重要模式类群，开展了大量研究[27]。

DNA 条形码研究：BOLD 网站有该属 210 种 589 个条形码数据；GBOWS 已有 31 种 318 个条形码数据。

代表种及其用途：该属植物大多具有较高的观赏价值和药用价值，如鸢尾 *I. tectorum* Maximowicz 和白花马蔺 *I. lactea* Pallas。

主要参考文献

[1] Fay MF, et al. Phylogenetic studies of Asparagales based on four plastid DNA regions [M]//Wilson KL, Morrison DA. Monocots: systematics and evolution. Melbourne: CSIRO, 2000: 360-371.

[2] Soltis DE, et al. A 567-taxon data set for angiosperms: the challenges posed by Bayesian analyses of large data sets [J]. Int J Plant Sci, 2007, 168: 137-157.

[3] Reeves G, et al. Molecular systematics of Iridaceae: evidence from four plastid DNA regions [J]. Am J Bot, 2001, 88: 2074-2087.

[4] Goldblatt P, Manning JC. The *Iris* family [M]. Portland: Timber Press, 2008.

[5] Chen SC, et al. A Luminescent Silver (I) metal‐organic framework with new (4,6)‐connected topology based on mixed Tetrachloroterephthalate and 2,2'‐Bipyridine Ligands [J]. Z Anorg Allg Chem, 2013, 639: 1726-1730.

[6] Rudall PJ. Unique floral structures and iterative evolutionary themes in Asparagales: insights from a morphological cladistic analysis [J]. Bot Rev, 2002, 68: 488-509.

[7] Karst L, Wilson CA. Phylogeny of the New World genus *Sisyrinchium* (Iridaceae) based on analyses of plastid and nuclear DNA sequence data [J]. Syst Bot, 2012, 37: 87-95.

[8] Goldblatt P, Mabberley DJ. *Belamcanda* included in *Iris*, and the new combination *I. domestica* (Iridaceae: Irideae) [J]. Novon, 2005, 15: 128-132.

[9] Davies TJ, et al. Environment, area, and diversification in the species-rich flowering plant family Iridaceae [J]. Am Nat, 2005, 166: 418-425.

[10] Davies TJ, et al. Environmental causes for plant biodiversity gradients [J]. Philos T Roy Soc B, 2004, 359: 1645-1656.

[11] Goldblatt P, Manning JC. Radiation of pollination systems in the Iridaceae of sub-Saharan Africa [J]. Ann Bot, 2005, 97: 317-344.

[12] Goldblatt P, Manning JC. Floral biology of *Babiana* (Iridaceae: Crocoideae): adaptive floral radiation and pollination [J]. Ann MO Bot Gard, 2007, 94: 709-733.

[13] Chauveau O, et al. Oil-producing flowers within the Iridoideae (Iridaceae): evolutionary trends in the flowers of the New World genera [J]. Ann Bot, 2012, 110: 713-729.

[14] Goldblatt P, et al. Iridaceae 'out of Australasia'? phylogeny, biogeography, and divergence time based on plastid DNA sequences[J]. Syst Bot, 2008, 33: 495-508.

[15] Chen SC, et al. Networks in a large-scale phylogenetic analysis: reconstructing evolutionary history of Asparagales (Lilianae) based on four plastid genes[J]. PLoS One, 2013, 8: e59472.

[16] Mathew B. The *Iris*[M]. London: Batsford, 1989.

[17] Petersen G, et al. A phylogeny of the genus *Crocus* (Iridaceae) based on sequence data from five plastid regions[J]. Taxon, 2008 57: 487-499.

[18] Harpke D, et al. Phylogeny of *Crocus* (Iridaceae) based on one chloroplast and two nuclear loci: ancient hybridization and chromosome number evolution[J]. Mol Phylogenet Evol, 2013, 66: 617-627.

[19] Seberg O, Petersen G. How many loci does it take to DNA barcode a crocus? [J]. PLoS One, 2009, 4: e4598.

[20] Gismondi A, et al. *Crocus sativus* L. genomics and different DNA barcode applications[J]. Plant Syst Evol, 2013, 299: 1859-1863.

[21] Tillie N, et al. Molecular studies in the genus *Iris* L.: a preliminary study[J]. Ann Bot, 2000, 1: 105-112.

[22] Wilson CA. Phylogeny of *Iris* based on chloroplast *mat*K gene and *trn*K intron sequence data[J]. Mol Phylogenet Evol, 2004, 33: 402-412.

[23] Wilson CA. Phylogenetic relationships among the recognized series in *Iris* section *Limniris*[J]. Syst Bot, 2009, 34: 277-284.

[24] Ikinci N, et al. Molecular phylogenetics of the juno irises, *Iris* subgenus *Scorpiris* (Iridaceae), based on six plastid markers[J]. Bot J Linn Soc, 2011, 167: 281-300.

[25] Martinez J, et al. Evolution of *Iris* subgenus *Xiphium* based on chromosome numbers, FISH of nrDNA (5S, 45S) and *trn*L-*trn*F sequence analysis[J]. Plant Syst Evol, 2010, 289: 223-235.

[26] Guo JY, Wilson CA. Molecular phylogeny of crested *Iris* based on five plastid markers (Iridaceae) [J]. Syst Bot, 2013, 38: 987-995.

[27] Arnold ML. Transfer and origin of adaptations through natural hybridization: were Anderson and Stebbins right? [J]. Plant Cell, 2004, 16: 562-570.

Asphodelaceae Jussieu (1892), *nom. cons.* 独尾草科

特征描述： 多年生草本或木本。茎有时木质化，茎高度变化极大，从不露出地面到大树状。叶长线条状，纸质到肉质，丛生在茎的顶端或两列基生，<u>叶鞘闭合</u>。花序具明<u>显花葶</u>，有时为粗柱状并木质化，顶生圆锥花序、总状花序或穗状花序，<u>花梗具关节</u>；花被片 6，离生；雄蕊 6，离生，花药背着或近基着；花柱细长，柱头较小；雌蕊心皮合生，3 室，<u>外珠被超过 3 层细胞，</u><u>胚珠具有承珠盘</u>。果实为蒴果或浆果。种子几至多数，<u>外种皮黑色，</u><u>子叶不能光合作用</u>。根部维管束的导管分子穿孔板为单穿孔板；<u>具柱</u><u>状晶体</u>。花粉粒单沟或 3 歧沟，网状或颗粒状纹饰。

分布概况： 41 属/900 种，主要分布于澳大利亚，欧亚大陆，非洲和南美洲西部；中国 4 属/17 种，部分引种栽培。

系统学评述： APG 系统新界定的独尾草科是单系类群。传统的独尾草科包含约 21 属，Croquest 系统中隶属于百合目。在 APG III 系统中扩展了该科的范围，增加到 35 属，并置于新设立的天门冬目。重新界定的独尾草科是可靠的单系类群[1-3]，包含 3 个分支，独尾草亚科 Asphodeloideae、萱草亚科 Hemerocallidoideae 和刺叶树亚科 Xanthorrhoeoideae。这 3 个亚科都是高支持率的单系类群，三者间的发育关系尚未确定，但多数研究支持刺叶树亚科和萱草亚科互为姐妹群[2,4-6]。

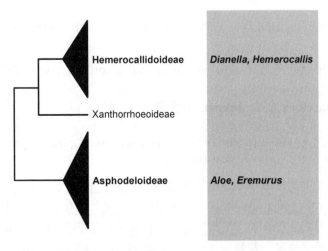

图 59　独尾草科分子系统框架图（参考 APW; Chen 等[3]）

分属检索表

1. 叶厚肉质···**1. 芦荟属** *Aloe*
1. 叶革质或草质，非肉质
　2. 花葶显著高大，大型穗状花序，花极多·····················**3. 独尾草属** *Eremurus*

2. 花葶与叶片高度近似或稍高，非大型穗状花序
　　3. 穗状花序；浆果，蓝色···**2. 山菅属 Dianella**
　　3. 单花或少数几朵顶生；蒴果···**4. 萱草属 Hemerocallis**

1. *Aloe* Linnaeus 芦荟属

Aloe Linnaeus (1753: 319); Chen & Gilbert (2000: 160) (Lectotype: *A. perfoliata* Linnaeus)

特征描述：多年生植物。茎短或明显。叶肉质，呈莲座状簇生或有时二列着生，先端锐尖，边缘常有硬齿或刺。花葶从叶丛中抽出；花多数排成总状花序或伞形花序；花被圆筒状，有时稍弯曲；常外轮 3 花被片合生至中部；雄蕊 6，着生于基部；花丝较长，花药背着；花柱细长，柱头小。蒴果具多数种子。花粉粒舟状，单沟，网状纹饰。鸟类和昆虫传粉。染色体 *x*=7。芦荟素是特有的化学成分。

分布概况：约 400/1 种，6 型；主要分布于非洲大陆南部干旱地区和马达加斯加，亚洲南部也有；中国引种栽培。

系统学评述：Grace 等[7]重新修订的芦荟属是个单系类群。传统上芦荟属曾位于百合科 Liliaceae、芦荟科 Aloaceae 和独尾草科 Asphodelaceae 内，APG 系统中将其移至独尾草科内的独尾草亚科。芦荟属的范围变动很大，如 *Lomatophyllum* 等属，现在都归并到芦荟属，被处理为异名。有些种类曾被误认为是芦荟属植物，如 *Agave americana* Linnaeus 被称为美国芦荟，其实属于天门冬科龙舌兰属。Grace 等[7]综合形态和分子证据对该属做了最新分类修订，缩小了芦荟属的范围，减少了属内的异质性，并使之成为单系类群。

DNA 条形码研究：BOLD 网站有该属 53 种 139 个条形码数据；GBOWS 已有 1 种 3 个条形码数据。

代表种及其用途：芦荟 *A. vera* var. *chinensis* (Haworth) Berger 供观赏或药用。

2. *Dianella* Lamarck ex A. L. Jussieu 山菅属

Dianella Lamarck ex A. L. Jussieu (1789: 41); Chen & Tamura (2000: 161) [Lectotype: *D. ensata* (Thunberg) R. J. F. Henderson (≡ *Dracaena ensata* Thunberg)]

特征描述：多年生常绿草本。根状茎常分枝。叶近基生或茎生，二列，狭长，中脉在背面隆起。花常排成顶生的圆锥花序，有苞片，花梗上端有关节；花被片离生，有 3-7 脉；雄蕊 6，花丝常部分增厚，花药基着，顶孔开裂；子房 3 室，每室有 4-8 胚珠。浆果蓝色，具几数黑色种子。花粉粒 3 歧沟，网状纹饰。染色体 2*n*=16。

分布概况：约 20/1 种，2（3）型；分布于亚洲和大洋洲的热带地区及太平洋岛屿；中国产云南、四川、贵州、广西、广东南部、海南、江西南部、浙江、福建和台湾。

系统学评述：山菅属是个小属，有限取样研究表明该属是单系类群。该属分类位置变动频繁，传统分类中山菅属曾被置于百合科或龙舌兰科；吴征镒将该属独立为山菅兰科 Phormiaceae；Takhtajan 系统中则置于山菅科 Dianellaceae。在 APG II 系统中山菅属

置于萱草科，APG III 中将萱草科合并了其他 2 个科，组成广义的刺叶树科（即独尾草科），山菅属仍然置于萱草亚科内[8]。

DNA 条形码研究：BOLD 网站有该属 7 种 13 个条形码数据；GBOWS 已有 1 种 20 个条形码数据。

代表种及其用途：山菅兰 *D. ensifolia* (Linnaeus) de Candolle 多作为林带下地被；根亦可入药。

3. *Eremurus* M. Bieberstein 独尾草属

Eremurus M. Bieberstein (1818: 61); Chen & Turland (2000: 159) [Type: *E. spectabilis* M. Bieberstein, *nom. illeg.* (=*Asphodelus altaicus* Pallas)]

特征描述：多年生草本。根肉质，肥大。有粗短的根状茎。茎不分枝，无毛或有短柔毛。叶基生，条形，基部有膜质鞘和纤维状残存物。花极多，在花葶上排成多少稠密的总状花序通常花葶在花期比叶短，到果期逐渐伸长而比叶长；苞片常锥形或针状锥形；花被钟形，花被片 6，离生，有 1-5 脉；雄蕊 6，近等长，花丝常基部稍扩大，花药基部二深裂；花柱细长，丝状，柱头极小，子房 3 室。蒴果近球形，表面平滑或有横皱纹，室背开裂。种子每室 3-4，三棱形，棱锐尖或有翅。花粉粒单沟，网状纹饰。染色体 $2n=14$。

分布概况：约 45/4（1）种，**12** 型；分布于中亚及西亚的山地和平原沙漠地区；中国产西南和新疆。

系统学评述：传统分类中独尾草属在百合科，APG 系统中将其单独列为独尾草科，属于天门冬目，经过修订的 APG III 将其置于独尾草树科独尾草亚科[6,9]。独尾草属分为 2 亚属 3 组[10]。属内的研究见形态性状的分支分析，*Eremurus* subgen. *Henningia* 是并系类群，而 *E.* subgen. *Eremurus* 是单系类群[11]。

DNA 条形码研究：BOLD 网站有该属 4 种 8 个条形码数据；GBOWS 已有 4 种 21 个条形码数据。

代表种及其用途：常见的引种栽培观赏植物，有较多的杂交品种。异翅独尾草 *E. anisopterus* (Karelin & Kirilov) Regel、粗柄独尾草 *E. inderiensis* (Steven) Regel 是沙生短命植物。

4. *Hemerocallis* Linnaeus 萱草属

Hemerocallis Linnaeus (1753: 324); Chen & Noguchi (2000: 161) (Lectotype: *H. lilio-asphodelus* Linnaeus)

特征描述：多年生草本。根常多少肉质，或纺锤状膨大。具很短的根状茎。叶基生，二列，带状。花葶从叶丛中央抽出，顶端具总状或假二歧状的圆锥花序，较少花序缩短或只具单花；苞片存在，花梗一般较短；花近漏斗状，下部具花被管；花被裂片 6，明显长于花被管，内 3 花被裂片常比外 3 宽大；雄蕊 6，花药背着或近基着；子房 3 室，每室具多数胚珠，花柱细长，柱头小。蒴果钝三棱状椭圆形或倒卵形，室背开裂。种子黑色，约十数，有棱角。花粉粒单沟，网状或疣状纹饰。染色体 $2n=22$，33。

分布概况：约 15/11（4）种，**10** 型；分布于亚洲温带至亚热带地区，少数见于欧洲；

中国南北均产。

系统学评述：该属的界定清晰，为单系类群。萱草属置于传统分类里是广义百合科。Dahlgren 等[12]则把它从百合科内移出，独立为萱草科。分子证据清晰分辨出其系统位置，但其分类位置仍在不断变化。APG 中萱草属被置于萱草科，APG III 中该属则置于刺叶树科萱草亚科。最近基于分子证据的分类学处理中，又将其恢复为萱草科[6]。Stout 在 1934年撰写了首部萱草属的专著，但属内还存在很多分类学问题。萱草属种间隔离很小，存在天然杂交[13]，加之长期人工杂交栽培，使该属内的分类学问题更加复杂。

DNA 条形码研究：BOLD 网站有该属 9 种 52 个条形码数据；GBOWS 已有 5 种 35个条形码数据。

代表种及其用途：该属为广泛栽培的花卉植物。另外，著名的干菜食品金针菜（又叫黄花菜）就是黄花菜 *H. citrina* Baroni 的花。

主要参考文献

[1] Fay MF, et al. Phylogenetic studies of Asparagales based on four plastid DNA regions[M]//Wilson KL, Morrison DA. Monocots: systematics and evolution. Melbourne: CSIRO, 2000: 360-371.

[2] Wurdack KJ, Dorr LJ. The South American genera of Hemerocallidaceae (*Eccremis* and *Pasithea*): two introductions to the New World[J]. Taxon, 2009, 58: 1122-1132.

[3] Chen SC, et al. Networks in a large-scale phylogenetic analysis: reconstructing evolutionary history of Asparagales (Lilianae) based on four plastid genes[J]. PLoS One, 2013, 8: e59472.

[4] Devey DS, et al. Systematics of Xanthorrhoeaceae sensu Jato, with an emphasis on *Bulbine*[M]//Columbus JT et al. Monocots: comparative biology and evolution (excluding Poales). Claremont: Rancho Santa Ana Botanic Garden, 2006, 22: 345-351

[5] Pires JC, et al. Phylogeny, genome size, and chromosome evolution of Asparagales[J]. Aliso, 2006, 22: 287-304.

[6] Seberg O, et al. Phylogeny of the Asparagales based on three plastid and two mitochondrial genes[J]. Am J Bot, 2012, 99: 875-889.

[7] Grace OM, et al. A revised generic classification for *Aloe* (Xanthorrhoeaceae subfam. Asphodeloideae)[J]. Phytotaxa, 2013, 76: 7-14.

[8] Chase MW, et al. A subfamilial classification for the expanded asparagalean families Amaryllidaceae, Asparagaceae and Xanthorrhoeaceae[J]. Bot J Linn Soc, 2009, 161: 132-136.

[9] Steele PR, et al. Quality and quantity of data recovered from massively parallel sequencing: examples in Asparagales and Poaceae[J]. Am J Bot, 2012, 99: 330-348.

[10] Wendelbo P. Asphodeloideae: *Asphodelus*, *Asphodeline* & *Eremerus*[M]//Rechinger JH. Flora Iranica, No. 151: Liliaceae 1[J]. Graz, 1982: 3-31.

[11] Naderi K, et al. Phylogeny of the genus *Eremurus* (Asphodelaceae) based on morphological characters in the "Flora Iranica" area[J]. Iranian J Bot, 2009, 15: 27-35.

[12] Dahlgren RMT, et al. The families of the monocotyledons[M]. Berlin: Springer, 1985.

[13] Hasegawa M, et al. Bimodal distribution of flowering time in a natural hybrid population of daylily (*Hemerocallis fulva*) and nightlily (*Hemerocallis citrina*) [J]. J Plant Resour, 2006, 119: 63-68.

Amaryllidaceae J. Saint-Hilaire (1805), *nom. cons.* 石蒜科

特征描述: 草本。<u>具收缩根</u>。多具鳞茎。茎退化,<u>导管具梯状穿孔板</u>。叶互生,<u>常 2 列</u>,近基生,具平行脉,基部具鞘。花序由 1 或多个螺旋聚伞花序组成,有时单花顶生于长花葶,<u>常具佛焰苞状总苞</u>;花两性,<u>鲜艳</u>;<u>花被片 6</u>,<u>覆瓦状排列</u>,<u>花瓣状</u>,<u>无斑点</u>,<u>有时有副花冠</u>;<u>雄蕊 6</u>,花丝<u>有时贴生于花被</u>,<u>有时具附属物</u>;子房下位,柱头头状或 3 裂。<u>蒴果多数背裂</u>,<u>偶为浆果状</u>。种皮常有黑或蓝色的壳。花粉粒单沟、2 沟或 3 歧沟,穿孔状、小槽状、条纹和网状纹饰。<u>具特有的"石蒜"生物碱</u>。

分布概况: 68 属/1616 种,分布于温带地区;中国 6 属/161 种,南北均产。

系统学评述: 传统上认为石蒜科是广义百合科中的一员,也有学者将整个 Lilioid monocots 的植物划分成几个目。为了确保分类单位的单系性,Dahlgren 等[1]建议以科组成分类群(狭义分类)。由于这种做法会产生很多不为人们所熟悉的科,因此被广泛采用。在 APG II 中石蒜科隶属天门冬目,与百子莲科 Agapanthaceae 是姐妹群;而葱科 Alliaceae 是前两者的姐妹群。在 APG III 中,将石蒜科、百子莲科、葱科分别处理为石蒜科下的亚科。石蒜亚科与百子莲亚科及葱亚科的区别在于其下位子房。分子系统学研究表明,石蒜亚科又划分为 14 个族,即南非孤挺花族 Amaryllideae、Calostemmateae、垂筒花族 Cyrtantheae、亚马逊百合族 Eucharideae、Eustephieae、雪滴花族 Galantheae、Gethyllideae、火球花族 Haemantheae、孤挺花族 Hippeastreae、蜘蛛百合族 Hymeno-callideae、石蒜族 Lycorideae、水仙族 Narcisseae、全能花族 Pancratieae 和 Stenomesseae。百子莲亚科只有百子莲属是单系类群。葱亚科下划分为 3 个族:葱族 Allieae、Gilliesieae

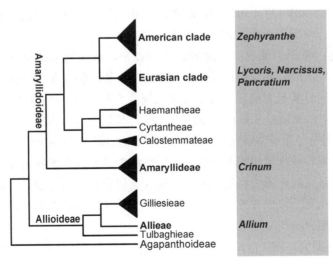

图 60　石蒜科分子系统框架图(参考 APG III; Meerow[2]; Li 等[6]; Lledó 等[7]; Friesen [8])

和 Tulbaghieae，都是单系类群[2-5]。目前关于石蒜科的系统虽研究较为全面，但是很多属的系统位置仍然存在争议。

分属检索表

1. 单花或伞形花序，下有佛焰状总苞；子房上位 ·························· **1. 葱属 Allium**
1. 伞形花序，下有佛焰状总苞；子房下位。
    2. 花具副花冠 ·························· **4. 水仙属 Narcissus**
    2. 花无副花冠
        3. 花丝完全分离
            4. 花单生于每花茎顶端 ·························· **6. 葱莲属 Zephyranthe**
            4. 花数至多数着生于每花茎顶端，花通常大而美丽 ·············· **2. 文殊兰属 Crinum**
        3. 花丝基部合生成一杯状体（雄蕊杯）或至少花丝间有离生鳞片
            5. 花丝基部合生成一杯状体（雄蕊杯） ·············· **5. 全能花属 Pancratium**
            5. 花丝间有离生的鳞片 ·························· **3. 石蒜属 Lycoris**

1. *Allium* Linnaeus 葱属

Allium Linnaeus (1753: 294); Meerow et al. (1999: 1325); Friesen et al. (2006: 372); Li et al. (2010: 709); Xu & Kamelin (2000:166) (Lectotype: *A. sativum* Linnaeus). ——*Milula* Prain (1895: 57)

特征描述：多年生草本。有时根状茎发达，大多具特殊的葱蒜气味。鳞茎形态多样。叶多无柄。花葶从鳞茎基部长出；伞形花序或穗状花序生于花葶的顶端，开放时总苞单侧开裂或 2 至数裂；小花梗无关节，基部有或无小苞片；花两性，极少退化为单性；花被片 6，两轮；雄蕊 6，两轮，花丝全缘或基部扩大而每侧具齿；子房 3 室，每室一至数胚珠，花柱单一，柱头全缘或 3 裂；蒴果室背开裂。种子黑色，多棱形或近球状。花粉粒单沟，多为穿孔状、皱波状和条纹状纹饰。染色体 $2n=14$，16，18，20，22。

分布概况：约 881/137（50）种，**8** 型；广布北半球，从干旱的亚热带地区到北方气候带地区均有；中国产东北、华北、西北和西南。

系统学评述：葱属隶属葱亚科葱族。长期以来，该属的系统位置及其与穗花韭属 *Milula*、蜜蒜属 *Nectaroscordum* 的划分存在争议。最初，穗花韭 *M. spicata* Prain 由于其特有的穗状花序而将其另立成属，且三者都隶属百合科。在 APG II 中，葱属单独成科。在 APG III 系统中，葱属是葱亚科葱族的唯一属，其划分较为自然。穗花韭属、蜜蒜属被并入葱属，且分子系统学研究支持将穗花韭归入葱属的 *Allium* subgen. *Cyathophora* [9]，蜜蒜韭属降为亚属，是葱属的基部类群。分子系统学研究表明葱属进化沿着 3 条主要路线，前 2 条进化路线的亚属大都是单系的，第 3 条进化路线较为复杂，其中一些亚属并不是单系。Friesen 等[8]将世界葱属（约 780 种）分为 15 亚属 72 组；Li 等[6]将中国葱属分为 13 亚属 34 组。

DNA 条形码研究：BOLD 网站有该属 376 种 1075 个条形码数据；GBOWS 已有 38 种 586 个条形码数据。

代表种及其用途：韭 *A. tuberosum* Rottler ex Sprengel、洋葱 *A. cepa* Linnaeus 和蒜

A. sativum Linnaeus（Garlic）具有食用和药用价值。

2. *Crinum* Linnaeus 文殊兰属

Crinum Linnaeus (1753: 291); Meerow et al. (1999: 1325); Ji & Meerow (2000: 265); Meerow & Snijman (2001: 2321); Meerow et al. (2003: 349); Strydom (2005); Meerow & Snijman (2006: 355); Spies et al. (2011: 168) (Type: *C. americanum* Linnaeus)

　　特征描述：多年生草本。具鳞茎。叶基生，带形或剑形，通常较宽阔。花茎实心；伞形花序有数至多花，罕有 1 花，下有佛焰苞状总苞片 2；花被辐射对称或稍两侧对称，高脚碟状或漏斗状；花被管长，圆筒状；雄蕊 6，着生于花被管喉部，花丝丝状，近直立或叉开，花药线形，"丁"字形着生；子房下位，3 室，每室有胚珠数至多枚，有时仅 2，花柱细长。蒴果近球形，不裂。种子大，圆形或有棱角。花粉粒 2 沟，刺状纹饰。染色体 $2n$=18，19，20，20+1B，22，24，30，32，33，44，50，60，66，72，87。

　　分布概况：约 106/4 种，**2 型**；原产南非，遍布热带地区；中国产云南、贵州、广西、广东、台湾和福建等。引种栽培 2 种。

　　系统学评述：文殊兰属为南非孤挺花族文殊兰亚族的 1 个单系分支。该属不开裂的、具喙状凸起的子房，含有叶绿素的胚乳等形态特征及分子系统学研究都表明其是 1 个单系类群，与南非孤挺花族互为姐妹群。文殊兰属下划分为 2 个亚属：花被两侧对称的文殊兰亚属 *Crinum* subgen. *Crinum* 和花被辐射对称的 *C.* subgen. *Codonocrinum*，但这样的划分并不自然。生物地理学研究表明该属起源于南非，经过几次迁徙扩散形成了现代的地理分布格局，据此文殊兰属可划分为 3 个单系支：美洲支（单系的美洲热带种和北非种）、南非支（南非种和澳大利亚的 1 个特有种 *C. flaccidum* Herb），第 3 支包括单系的马达加斯加种、澳大利亚种、东亚-喜马拉雅种及南非种[10]。Meerow 等[10]的分子系统学研究表明，*C. baumii* Harms 与 *Ammocharis* 和 *Cybistetes* 的种类有着更近的亲缘关系，因此该种不再纳入文殊兰属。

　　DNA 条形码研究：BOLD 网站有该属 53 种 85 个条形码数据。

　　代表种及其用途：文殊兰 *C. asiaticum* Linnaeus var. *sinicum* (Roxburgh ex Herbert) Baker 被广泛栽培，用于观赏。

3. *Lycoris* Herbert 石蒜属

Lycoris Herbert (1821: Appendix 20); Ji & Meerow (2000: 266); Shi et al. (2006: 198) (Type: *non designatus*)

　　特征描述：多年生草本。具地下鳞茎。叶于花前或花后抽出，带状。花茎单一，直立，实心；总苞片 2，膜质；顶生一伞形花序，有花 4-8；花被漏斗状，上部 6 裂，基部合生成筒状，裂片倒披针形或长椭圆形；雄蕊 6，着生于喉部，花丝丝状，花丝间有 6 极微小的齿状鳞片，花药"丁"字形着生；雌蕊 1，花柱细长，柱头头状，子房下位，3 室，每室胚珠少数。蒴果具三棱，室背开裂。种子近球形，黑色。花粉粒单沟，网状纹饰。染色体 $2n$=12，16，22，33。

　　分布概况：约 24/15（10）种，**14 型**；主要分布于日本，少数产缅甸和朝鲜；中国产长江以南，尤以温暖地区较多。

系统学评述：石蒜属为欧亚支石蒜族的 1 支。Shi 等[11]研究表明石蒜属下可以划分为 4 支，支持形态学、细胞学及异型酶的研究结果。属下系统分类研究证明该属是单系类群，种间变异不大，但是属下约有 600 个杂交体（包括多倍体）和培育种，造成该属种界定的困难。石蒜 *L. radiata* Herbert 种下有很多遗传异变较大的亚种和变种，说明该属的变异主要在种内[11]。

DNA 条形码研究：BOLD 网站有该属 14 种 42 个条形码数据；GBOWS 已有 3 种 15 个条形码数据。

代表种及其用途：乳白石蒜 *L. albiflora* Koidzumi 等的鳞茎皆含有石蒜碱，具药用价值。

4. *Narcissus* Linnaeus 水仙属

Narcissus Linnaeus (1753: 289); Ji & Meerow (2000: 269); Graham & Barrett (2004: 1007); Strydom (2005) (Type: *N. poeticus* Linnaeus)

特征描述：多年生草本。具膜质有皮鳞茎。基生叶线形或圆筒形，与花茎同时抽出。花茎实心；伞形花序有数花，有时仅 1；佛焰苞状总苞膜质，下部管状；花被高脚碟状，花被管较短，圆筒状或漏斗状，裂片 6，直立或反卷；副花冠长管状，似花被；雄蕊着生于花被管内，花药基着；子房每室具胚珠多数，花柱丝状，柱头小，3 裂。蒴果室背开裂。种子近球形。花粉粒单沟，网状纹饰。染色体 $x=7$，10，11。

分布概况：约 65/2 种，**10-1** 型；分布于地中海，在伊比利亚半岛和非洲西北部尤盛；中国引种栽培。

系统学评述：水仙属是水仙族唯一的 1 支，水仙族与雪花莲族互为姐妹群，2 支一起与黄花石蒜属 *Sternbergia* 互为姐妹群。Graham 等[12]的全面的分子系统学和生物地理学研究支持水仙属是 1 个单系类群，属下划分也支持传统的分类系统，划分为 2 亚属，即 *Narcissus* subgen. *Narcissus* 和 *N.* subgen. *Hermione*，其中 *N.* subgen. *Narcissus* 分为 7 组（*N.* sect. *Apodanthi*、*N.* sect. *Bulbocodii*、*N.* sect. *Ganymedes*、*N.* sect. *Jonquillae*、*N.* sect. *Narcissus*、*N.* sect. *Pseudonarcissi* 和 *N.* sect. *Tapeinanthus*），*N.* subgen. *Hermione* 划分为 3 组（*N.* sect. *Serotini*、*N.* sect. *Aurelia* 和 *N.* sect. *Tazettae*），主要分布在地中海地区，分子系统学研究表明该亚属并不是单系。*Narcissus-Sternbergia* 支的起源和进化与地中海的进化历史有着密切的联系，生物地理学研究表明 *Narcissus* 可能起源西地中海，并且在伊利比亚半岛分化产生几个新的支系，然后向北非等地扩散，*N.* sect. *Apodanthi* 的起源和进化就是典型代表[12]。该属属下有些种间形态学上的差异不明显，并且由于杂交种、多倍体、栽培种的存在，造成物种数确定的困难，有从 16-160 种的差异，Blanchard[13]认为该属有 65 种。*N.* subgen. *Narcissus* 的大部分种的染色体基数为 $x=7$，并且有 3、4、8 倍体的报道；*N.* subgen. *Hermione* 大部分种的染色体是 $x=5$，但一些种 $2n=4x=10$，表现出二倍体特性，也有种染色体为 $x=11$。最新研究表明在 *N. tazetta* Linnaeus（*N.* subgen. *Hermione* 的 1 个组）的不同变种存在不同的染色体 $2x=14$、24、28、32、30，这表明该

种与 *N.* subgen. *Narcissus* 的关系更近，多倍体在水仙属中物种形成起到重要作用[12]。该属属下分类需要囊括更多的种（变种、亚种、杂交种）进行更全面的分子系统学研究。

DNA 条形码研究： BOLD 网站有该属 48 种 280 个条形码数据。

代表种及其用途： 水仙 *N. tazetta* Ker Gauler subsp. *chinensis* (M. Roemer) Masamune & Yanagihara 等是有名的观赏植物。

5. *Pancratium* Linnaeus 全能花属

Pancratium Linnaeus (1753: 290); Meerow et al. (1999: 1325); Ji & Meerow (2000: 266); Meerow & Snijman (2001: 2321); Meerow & Snijman (2006: 355); De Castro et al. (2012: 12) (Lectotype: *P. maritium* Linnaeus)

特征描述： 多年生草本。有鳞茎。叶基生，无柄。<u>花葶较叶短</u>，<u>实心</u>；花白色，大，<u>1 至数花于花葶顶端排成伞形花序</u>，<u>有佛焰状总苞片 2</u>，<u>披针形</u>；<u>花被管圆柱形</u>，长 10-12cm，顶部扩大，裂片狭而广展；雄蕊着生于花被管的喉部，花丝上部头状，稍 3 裂或分枝，基部合生成一杯状体，<u>花药线性</u>，"丁"字形着生；子房下位，<u>每室有上下叠置的胚珠</u>。<u>蒴果</u>，<u>3 裂</u>。<u>种子黑色</u>，<u>有棱角</u>。花粉粒单沟，网状纹饰。染色体 x=9，10，11，12，23。

分布概况： 约 20/1 种，**4 型**；分布于亚洲，非洲，欧洲的热带和温带地区；中国产广东南部沿海岛屿和香港。

系统学评述： 全能花属是全能花族唯一的属，与水仙族等组成欧亚系。该属是 1 个单系类群，属下的划分，关注对象集中在地中海一带的 9 个种，其中 *P. illyricum* Linnaeus 是其他类群的姐妹群，其他类群可以划分为生物地理上相关的 3 支[14]。该属种的界定一直倍受争议，所以属下的划分及种的界定需要更加全面的研究。

DNA 条形码研究： BOLD 网站有该属 14 种 84 个条形码数据。

代表种及其用途： 全能花 *P. biflorum* Roxburgh 等用于观赏。

6. *Zephyranthes* Herbert 葱莲属

Zephyranthes Herbert (1821: Appendix 36); Meerow et al. (1999: 1325); Ji & Meerow (2000: 264); Meerow & Snijman (2001: 2321); Meerow & Snijman (2006: 355) [Type: *Z. atamasco* (Linnaeus) Herbert, *typ. cons.* (≡ *Amaryllis atamasca* Linnaeus)]

特征描述： 多年生矮小禾草状草本。鳞茎球状或卵圆形，直径 2.5-5cm，<u>外皮棕色或黑色</u>。叶亮草绿色到绿灰色，多数，线形至宽条形，簇生，常与花同时开放。<u>花茎纤细</u>，<u>中空</u>；<u>花单生（稀 6）于花茎顶端</u>，佛焰苞状总苞片下部管状，顶端 2 裂；<u>花漏斗状</u>，直立或略下垂，花被管长或极短；<u>花被裂片 6</u>，<u>辐射性对称</u>；<u>雄蕊 6</u>，<u>着生于花被管喉部或管内</u>，<u>3 长 3 短</u>，<u>花药背着</u>；子房每室胚珠多数，<u>柱头 3 裂或凹陷</u>。<u>蒴果近球形</u>，<u>室背 3 瓣开裂</u>。<u>种子黑色</u>，多少扁平。花粉粒单沟，网状纹饰。染色体 x=5，6，7，倍性变化很大，含有 B 染色体。

分布概况： 约 88/2 种，**3 型**；分布于新热带；中国引种栽培。

系统学评述： 葱莲属隶属美洲支孤挺花族葱莲亚族 Zephyranthinae 的 1 支，与燕水仙属 *Sprekelia*、*Habranthus* 有很近的亲缘关系。Al-Qurainy 等[15]分子系统学研究表明该属是 1 个并系类群，分为 2 支：南美种-墨西哥种构成 1 支；阿根廷种-巴西种-古巴种-北美种为 1 支；所以推断该属现存分化中心可能在南美，后来通过不同的迁徙路线传播到北美。

DNA 条形码研究： BOLD 网站有该属 19 种 26 个条形码数据；GBOWS 已有 1 种 8 个条形码数据。

代表种及其用途： 葱莲 *Z. candida* (Lindley) Herbert 含有植物碱，全株入药。

主要参考文献

[1]   Dahlgren RMT, et al. The families of the monocotyledons[M]. Berlin: Springer, 1985.

[2]   Meerow AW, Snijman DA. The never-ending story: multigene approaches to the phylogeny of Amaryllidaceae[J]. Aliso, 2006, 22: 355-366.

[3]   Strydom A. Phylogenetic relationships in the family Amaryllidaceae[D]. PhD thesis. Bloemfontein: University of the Free State, 2005.

[4]   Meerow AW, Snijman DA. Phylogeny of Amaryllidaceae tribe Amaryllideae based on nrDNA ITS sequences and morphology[J]. Am J Bot, 2001, 88: 2321-2330.

[5]   Meerow AW, et al. Systematics of Amaryllidaceae based on cladistic analysis of plastid sequence data[J]. Am J Bot, 1999, 86: 1325-1345.

[6]   Li QQ, et al. Phylogeny and biogeography of *Allium* (Amaryllidaceae: Allieae) based on nuclear ribosomal internal transcribed spacer and chloroplast *rps*16 sequences, focusing on the inclusion of species endemic to China[J]. Ann Bot, 2010, 106: 709-733.

[7]   Lledo MD, et al. Phylogenetic analysis of *Leucojum* and *Galanthus* (Amaryllidaceae) based on plastid *mat*K and nuclear ribosomal spacer (ITS) DNA sequences and morphology[J]. Plant Syst Evol, 2004, 246: 223-243.

[8]   Friesen N, et al. Phylogeny and new intrageneric classification of *Allium* (Alliaceae) based on nuclear ribosomal DNA ITS sequences[J]. Aliso, 2006, 22: 372-95.

[9]   Huang DQ, et al. Phylogenetic reappraisal of *Allium* subgenus *Cyathophora* (Amaryllidaceae) and related taxa, with a proposal of two new sections[J]. J Plant Resour, 2014, 127: 275-286.

[10] Meerow AW, et al. Phylogeny and biogeography of *Crinum* L. (Amaryllidaceae) inferred from nuclear and limited plastid non-coding DNA sequences[J]. Bot Linn Soc, 2003, 141: 349-363.

[11] Shi S, et al. Phylogenetic relationships and possible hybrid origin of *Lycoris* species (Amaryllidaceae) revealed by ITS sequences[J]. Biochem Genet, 2006, 44: 198-208.

[12] Graham SW, Barrett SCH. Phylogenetic reconstruction of the evolution of stylar polymorphisms in *Narcissus* (Amaryllidaceae) [J]. Am J Bot, 2004, 91: 1007-1021.

[13] Blanchard JW 1990. Narcissus: a guide to wild daffodils[M]. Woking: Alpine Garden Society, 1990.

[14] De Castro O, et al. Phylogenetic and biogeographical inferences for *Pancratium* (Amaryllidaceae), with an emphasis on the Mediterranean species based on plastid sequence data[J]. Bot Linn Soc, 2012, 170: 12-28.

[15] Al-Qurainy F, et al. Assessment of phylogenetic relationship of rare plant species collected from Saudi Arabia using internal transcribed spacer sequences of nuclear ribosomal DNA[J]. Genet Mol Resour, 2013, 12: 723.

Asparagaceae Jussieu (1789), *nom. cons.* 天门冬科

特征描述：草本，灌木或攀援植物。<u>茎木质至每年枯萎</u>，<u>常绿色</u>，<u>与鳞叶相连形成叶状茎</u>，或退化。叶互生，<u>螺旋状排列</u>，<u>单生</u>，<u>全缘</u>，常退化，<u>近似鳞片状</u>，<u>基部有刺</u>。有限花序，有时退化成单花，腋生；<u>花被片 6</u>，<u>常分离</u>，<u>花瓣状</u>，覆瓦状排列；雄蕊常6；心皮 3，合生，子房上位，中轴胎座，每室胚珠 1 至多数，柱头 1，头状至 3 裂。<u>浆果</u>，<u>含少数种子</u>。种皮有种皮黑素，<u>沼生目型胚乳</u>。花粉粒单沟，具顶盖或无，穿孔状、皱波状、瘤棒状、颗粒状和网状纹饰。<u>含甾体皂苷和精油</u>。

分布概况：153 属/约 2500 种，除北极外，世界广布；中国 25 属/约 258 种，南北均产。

系统学评述：APG III 中广义天门冬科是基于分子证据重新界定的单系类群，但是形态学上还未能找到明确的共衍征。在 APG III 系统中，广义天门冬科重新整合了很多原有的小科，Chase 等[1]按照 7 个可靠的单系分支，结合形态差异，把天门冬科修订为 7 亚科。该类群的分子系统发育研究较为深入，Fay 等[2]发现星捧月（无叶花）亚科 Aphyllanthoideae 系统位置不稳定[3]，且枝长很长；但随后的多数研究都支持其与绵枣

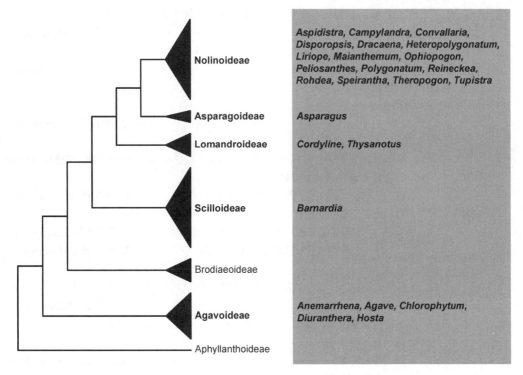

图 61　天门冬科分子系统框架图（参考 APW; Seberg 等[4]; Chen 等[7]）

儿亚科 Scilloideae、紫灯花亚科 Brodiaeoideae 和龙舌兰亚科 Agavoideae 位于同一分支[4,5]，这 4 个亚科共同组成一个单系分支；假叶树亚科 Nolinoideae、天门冬亚科 Asparagoideae 和朱蕉亚科 Lomandroideae 形成另一个单系分支，且相互之间关系得到比较明确的支持[4-7]。分子系统学研究加深了对广义天门冬科的认知，与传统分类的区别很大，也是单子叶植物中系统分类位置变动最多的类群之一，需注意区分新老分类系统的差异。

分属检索表

1. 植株为乔木或灌木
  2. 叶柄长 10-30cm 或更长，叶片具侧脉；子房每室具 2 到多数胚珠 ············ **9. 朱蕉属** *Cordyline*
  2. 叶柄无到 8cm，叶片具平行脉，无侧脉；子房每室具 1 或 2 胚珠 ········ **12. 龙血树属** *Dracaena*
1. 植株为草本
  3. 无鳞茎；花序圆锥形，花被部分合生管状；大型肉质叶，倒披针状线形，叶缘具疏刺 ············
                                                           1. 龙舌兰属 *Agave*
  3. 鳞茎卵球形或球形；花序总状，花被片离生；无大型肉质叶 ············ **5. 绵枣儿属** *Barnardia*
    4. 叶退化至鳞片；具叶状的小枝（叶状枝），针状的或线形，细小，数百枚 ············
                                                             3. 天门冬属 *Asparagus*
    4. 叶不退化为鳞片，较大；无叶状小枝
      5. 叶脉褶扇状，在主脉之间的具横向脉序；花丝合生成一肉质环 ············
                                                         18. 球子草属 *Peliosanthes*
      5. 叶脉平行，在主脉之间无清楚的横向脉序；花丝不形成一肉质环
        6. 花柱三棱柱形
          7. 叶上具白色纵向的条纹；花多少有俯垂，花丝远短于花药；种子蓝色 ············
                                                     17. 沿阶草属 *Ophiopogon*
          7. 叶上无白色条纹；花直立或近直立，花丝长于或与花药等长；种子微黑 ············
                                                     15. 山麦冬属 *Liriope*
        6. 花柱不为三棱柱形
        8. 果实为蒴果
          9. 雄蕊 3 ············ **2. 知母属** *Anemarrhena*
          9. 雄蕊 6
            10. 叶基部渐狭成为一叶柄 ············ **14. 玉簪属** *Hosta*
            10. 叶基部不渐狭成为一叶柄
              11. 叶丝状，约 1mm 宽；伞形花序或单花 ············ **24. 异蕊草属** *Thysanotus*
              11. 叶多少线形，超过 2mm 宽；总状花序或圆锥花序
                12. 花药基部箭形，有两条并行的尾状附属 ······ **11. 鹭鸶兰属** *Diuranthera*
                12. 花药基部不为箭形，也无附属物 ············ **7. 吊兰属** *Chlorophytum*
        8. 果实为浆果
          13. 仅具顶生的花序，总状或圆锥状，具短柔毛，花药着生在花被片基部 ············
                                                 16. 舞鹤草属 *Maianthemum*
          13. 花序具顶生和腋生，有节，总状或近伞形，无毛，花药不着生在花被片基部
            14. 茎拉长；叶茎生
              15. 附生植物 ············ **13. 异黄精属** *Heteropolygonatum*
              15. 非附生植物
                16. 花被没有副花冠，雄蕊贴生于花被筒上 ········ **19. 黄精属** *Polygonatum*

16. 副花冠宿存，雄蕊着生于副花冠·················· **10. 竹根七属** *Disporopsis*
14. 茎非常短；叶基生或近似基生
　17. 花被片离生
　　18. 花梗直立，花被片分离披针形，花药"丁"字状着生··············
　　·················· **22. 白穗花属** *Speirantha*
　　18. 花梗常下弯，花钟状，花药不为"丁"字状着生··············
　　·················· **23. 夏须草属** *Theropogon*
　17. 花被片合生
　　19. 花单生，直接从根状茎抽出，花梗很短，使花接近地面··············
　　·················· **4. 蜘蛛抱蛋属** *Aspidistra*
　　19. 花不单生，排成各种花序，通常从叶丛抽出，高举于地面之上
　　　20. 花序为一总状花序，花下垂；叶基部形成一假茎
　　　·················· **8. 铃兰属** *Convallaria*
　　　20. 花序为一穗状花序，花直立；叶基部无假茎
　　　　21. 花被裂片反折，花药披针形；根状茎纤细··············
　　　　·················· **20. 吉祥草属** *Reineckea*
　　　　21. 花被裂片开展到内折，花药卵形到近圆形；根状茎通常粗壮
　　　　　22. 花被裂片很小，不明显，花被内折···· **21. 万年青属** *Rohdea*
　　　　　22. 花被裂片占花筒部长度的 1/3 -1/2，花被展开或弯曲
　　　　　　23. 花柱短，柱头小，3 浅裂，花药位置超出柱头或等高
　　　　　　·················· **6. 开口箭属** *Campylandra*
　　　　　　23. 花柱长，柱头大，盾形到蘑菇状，花药位置低于柱头
　　　　　　·················· **25. 长柱开口箭属** *Tupistra*

1. *Agave* Linnaeus 龙舌兰属

Agave Linnaeus (1753: 323); Ji & Meerow (2000: 270) (Lectotype: *A. americana* Linnaeus)

特征描述：多年生或一次性结实植物。茎极短或不明显。叶呈莲座式排列，大而肥厚，肉质或稍带木质，边缘常有刺，顶端常有硬尖刺。花茎粗壮高大，具分枝；花序常顶生，穗状花序或圆锥花序，大型；花被管短，裂片 6，狭而相似；雄蕊 6，着生于花被管喉部或管内，花丝细长，常伸出于花被外，花药"丁"字形着生；子房胚珠多数，花柱线形，柱头 3 裂。蒴果长椭圆形，室背开裂。种子多数，薄而扁平，黑色。花粉粒单沟，具顶盖或无，粗网状纹饰。染色体 x=30。

分布概况：约 210/2 种，**3** 型；原产西半球干旱和半干旱的热带地区，尤以墨西哥最多；中国引种栽培。

系统学评述：龙舌兰属是单系类群。传统上该属位于广义百合科 Liliaceae 或石蒜科 Amaryllidaceae。APG II 中该属位于龙舌兰科 Agavaceae，在 APG III 中扩展了天门冬科的范围，使原龙舌兰科降级为龙舌兰亚科。该亚科包括了龙舌兰属在内 18 属，是被高度支持的单系类群。传统分类中，该属曾根据花序形态分为 2 亚属（*Agave* subgen. *Agave* 和 *A.* subgen. *Littaea*），但系统发育研究表明它们都不是单系类群[8]。该属分类十分困难，

种内变异较大。

DNA 条形码研究：BOLD 网站有该属 33 种 69 个条形码数据；GBOWS 已有 1 种 2 个条形码数据。

代表种及其用途：该属植物经济价值较大，有些种类的纤维通称龙舌兰麻类，是世界著名的纤维植物之一；有些种类还含有甾体皂苷元，是生产甾体激素药物的重要原料；另一些种类栽培供观赏。

2. *Anemarrhena* Bunge 知母属

Anemarrhena Bunge (1833: 140); Chen & Turland (2000: 207) (Type: *A. asphodeloides* Bunge)

特征描述：多年生草本。根状茎横走，根较为粗壮。叶基生，禾叶状。花葶从叶丛中或一侧抽出，直立；2-3 花簇生，排成总状花序；花被片 6，在基部稍合生；雄蕊 3，生于内花被片近中部，花丝短，扁平，花药近基着；子房 3 室，每室 2 胚珠，花柱短，柱头小。蒴果室背开裂，每室具 1-2 种子。种子黑色，具 3-4 纵狭翅。花粉粒单沟，网状纹饰。染色体 2*n*=22。

分布概况：1/1 种，**11** 型；分布于蒙古国，朝鲜半岛；中国产河北、山西、山东、陕西、甘肃、贵州、江苏、四川、内蒙古、辽宁、吉林和黑龙江。

系统学评述：知母属是单种属，自成单系类群。传统分类中该属在广义百合科，后移至龙舌兰科，也曾独立为知母科。在 APG III 中置于天门冬科龙舌兰亚科。分子证据表明，其系统位置位于龙舌兰亚科的最基部分支[2,8]。

DNA 条形码研究：Jigden 等[9]报道 *trn*L-F 片段可作为鉴定知母产地的标记。BOLD 网站有该属 1 种 13 个条形码数据；GBOWS 已有 1 种 9 个条形码数据。

代表种及其用途：知母 *A. asphodeloides* Bunge 的根茎可作传统药用。

3. *Asparagus* Linnaeus 天门冬属

Asparagus Linnaeus (1753: 313); Chen & Tamanian (2000: 208) (Lectotype: *A. officinalis* Linnaeus)

特征描述：多年生草本或半灌木，直立或攀援。根状茎短。小枝近叶状，称叶状枝，多成簇。叶退化成鳞片状，基部成距或刺。花小，腋生或多花排成总状或伞形花序，两性或单性，有时杂性，花梗常具关节；花被钟形、宽圆筒形或近球形，花被片离生，少有基部稍合生；雄蕊 6，花丝常多少贴生于花被片上，花药矩圆形、卵形或圆形，基部二裂，背着或近背着，内向纵裂；子房 3 室，每室胚珠少。浆果。种子 1 至几数。花粉粒单沟，多为网状纹饰。染色体 2*n*=20，40，60。

分布概况：160-290/31（15）种，**4（10）型**；除美洲外，温带至热带地区均产；中国南北均产。

系统学评述：天门冬属是单系类群。APG III 中天门冬属位于天门冬亚科。传统上该属分为 3 亚属，即天门冬亚属 *Asparagus* subgen. *Asparagus*、*A.* subgen. *Protasparagus* 和 *A.* subgen. *Myrsiphyllum*。分子系统学研究表明天门冬亚属是单系类群，所有种类均为雌雄异株单性花；而其他 2 个亚属都是并系类群，都是雌雄同株[10]。Fukuda 等[10]的分子系统学研究表明，该属欧亚的种类是单系类群；并推测其起源于非洲，欧亚种类是后期快速辐射分化形成，其独特的叶状枝是对干燥环境的适应特征。Kubota 等[11]也认为该属起源于非洲南部，随后扩散到旧世界；并推测在雌雄异株的天门冬亚属内，种间杂交可能普遍存在。

DNA 条形码研究：BOLD 网站有该属 24 种 142 个条形码数据；GBOWS 已有 10 种 64 个条形码数据。

代表种及其用途：芦笋 *A. officinalis* Linnaeus 可食用和药用。文竹 *A. setaceus* (Kunth) Jessop、非洲天门冬 *A. densiflorus* (Kunth) Jessop 可观赏。

4. *Aspidistra* Ker Gawler 蜘蛛抱蛋属

Aspidistra Ker Gawler (1822: 628); Linag & Tamura (2000: 240) (Type: *A. lurida* Ker Gawler)

特征描述：多年生草本。纤维根较粗，通常密生绵毛。根状茎横走，节密集，上有覆瓦状鳞片。叶单生或 2-4 簇生，直立，叶柄长，基部有 3-4 叶鞘，叶鞘通常紫褐色，叶脉密集。花葶常短，有 2-8 苞片；花两性，1-2 苞片位于基部；花被钟状或坛状，肉质，紫色或带紫色，少有带黄色，顶端常 6-8 裂；雄蕊与花被裂片同数并对生，一般着生在近筒的基部，花丝很短或不明显；子房 3-4 室，每室 2 至多胚珠，柱头多呈盾状膨大。浆果，常具种子 1。花粉粒无萌发孔，皱波状、瘤棒状和颗粒状纹饰。染色体 $x=18$，19。

分布概况：约 55/49（46）种，**14** 型；分布于亚洲亚热带与热带山地；中国产长江以南。

系统学评述：蜘蛛抱蛋属尚缺乏详细研究，初步研究支持该属是单系类群。该属传统分类位置多变，曾经置于广义百合科、铃兰科、假叶树科等；在 APG III 中该属位于天门冬科、假叶树亚科内。蜘蛛抱蛋属一度被忽视，直到 1980 年后，才迅速发表了大量新种。FOC 中采用了狭义种的概念，记载了 55 种，并指出该属尚缺乏深入研究，属内广泛取样的分子系统学研究未见。Yamashita 和 Tamura[12]用 *trn*K 和 *rbc*L 片段分析了该属 6 个种和近缘类群，支持该属是单系类群，并报道了该属内染色体数量和类型的变化。Chen 等[7]对天门冬目的研究结果也支持该属为单系类群，但该属取样不多。

DNA 条形码研究：BOLD 网站有该属 7 种 19 个条形码数据；GBOWS 已有 12 种 34 个条形码数据。

代表种及其用途：该属植物温度适应性强，耐荫蔽，叶终年青翠，故有"万年青"之名，国内外广泛栽培，作常绿盆景。一叶兰 *A. elatior* Blume 是知名的室内绿化植物；一些野生阔叶种类的根状茎供药用。

5. *Barnardia* Lindley 绵枣儿属

Barnardia Lindley (1826: 1029); Chen & Tamura (2000: 203) (Type: *B. scilloides* Lindley)

特征描述：多年生草本。鳞茎具膜质皮。叶基生，条形或卵形。花葶不分枝，直立；具总状花序；花小或中等大，梗有关节，苞片小；花被片 6，离生或基部稍合生；雄蕊 6，着生于花被片基部或中部，花药卵形至矩圆形，背着，内向开裂；子房 3 室，常每室多具 1-2 胚珠，花柱丝状，柱头很小。蒴果室背开裂，常具少数黑色种子。花粉粒单沟，网状纹饰。染色体 2n=16，18，26，27，34，35，36，43。

分布概况：2/1 种，**10-3 型**；分布于巴利阿里群岛，非洲西北部，俄罗斯，韩国，日本；中国南北均产。

系统学评述：绵枣儿属可能是并系类群。该属原放在广义百合科，属名在 FOC 中做了修订；在 APG 中将其重置于风信子科；在 APG III 中扩展了天门冬科范围，合并了原风信子科，使得该属位于天门冬科绵枣儿亚科，风信子族 Hyacintheae 的基部，显示其较早分化[13]。Ali 等[14]基于 *trn*L-F 序列的研究表明，该属的 *B. japonica* (Thunberg) Schultes & J. H. Schultes 和 *B. numidica* (Poiret) Speta 并不是单系，待修订。该属异名较多，在 FRPS 中使用 *Scilla* Linnaeus，需注意区分。

DNA 条形码研究：GBOWS 已有 1 种 14 个条形码数据。

代表种及其用途：绵枣儿 *B. japonica* (Thunberg) Schultes & J. H. Schultes 是常见球茎类的花卉。

6. *Campylandra* Baker 开口箭属

Campylandra Baker (1875: 582); Liang & Tamura (2000: 235) (Type: *C. aurantiaca* J. G. Baker)

特征描述：多年生草本。具根状茎，单轴分枝；根茎升序，稀匍匐，粗厚，有时稍木质化。茎常很短。叶基生或生于短茎上，常二列抱生，时为间隔排列，具柄或无。顶生穗状花序，数至多花；花被片 6，下部 1/2-2/3 联合形成管状，肉质，有时花被喉部具肉质环状体；花被裂片通常平展，有时弯曲，有时边缘具毛；雄蕊 6，花丝多贴生于花被筒上，离生部分短到长，花药背着，着生位置与柱头等高；子房 3 室，每室 2-4 胚珠，花柱不明显，花柱 1，柱头小，3 裂。浆果具 1-3 种子。花粉粒单沟，网状纹饰。染色体 2n=38。

分布概况：16/16（13）种，**14SH 型**；分布于不丹，印度，尼泊尔；中国产长江以南。

系统学评述：该属内的分子系统学研究未见报道。传统上该属曾位于百合科或铃兰科，APG III 中置于天门冬科的假叶树亚科。分子系统学研究支持该属与白穗花属 *Speirantha*、铃兰属 *Convallaria*、吉祥草属 *Reineckea*、开口箭属 *Campylandra*、长柱开口箭属 *Tupistra* 和万年青属 *Rohdea* 共同组成可靠单系分支（原铃兰族和蜘蛛抱蛋族）；并显示该属与长柱开口箭属不是姐妹群。FRPS 中该属与长柱开口箭属合为 1 属，含 2 组：环状开口箭组 *Campylandra* sect. *Metatupistra* 和开口箭组 *C.* sect. *Tupistra*。Tanaka[15]和 Tamura[16]等对该属做了系列修订工作。FOC 中综合 Conran 和 Tamura[17]的处理意见，依据柱头长度、花丝几与花被联合程度、花药与柱头的相对位置等特征，将其恢复为独立的 2 个属。

DNA 条形码研究：BOLD 网站有该属 7 种 24 个条形码数据；GBOWS 已有 2 种 43 个条形码数据。

代表种及其用途：开口箭 *C. chinensis* (Baker) M. N. Tamura, S. Y. Liang & Turland 根茎可药用，也作为园艺栽培植物。

7. *Chlorophytum* Ker Gawler 吊兰属

Chlorophytum Ker Gawler (1808: 1071); Chen & Tamura (2000:205) (Type: *C. inornatum* Ker Gawler)

特征描述：多年生草本。根常稍肥厚或块状。根状茎粗短或稍长。叶基生，通常长条形、条状披针形至披针形，较少更宽，亚二列或束状，有柄或无。花葶直立或弧曲；花序顶生总状花序或圆锥花序；花梗具关节；花被片 6，离生，具 3-7 脉；雄蕊 6，花药近基着，内向纵裂，花丝丝状，中部常多少变宽；子房 3 室，每室具 1 至几胚珠，花柱细长，柱头小。蒴果锐三棱形，室背开裂。种子扁平，具黑色种皮。花粉粒舟形，单沟，颗粒纹饰。染色体 $2n=16$。

分布概况：100-150/4（1）余种，**2 型**；主产非洲和亚洲的热带地区，少数见于南美洲和澳大利亚；中国主产西南、广东和广西，少数从非洲引种栽培。

系统学评述：吊兰属分子系统学研究不多。传统上吊兰属曾置于广义百合科和吊兰科。APG III 中该属位于天门冬科龙舌兰亚科。非洲的种类最多，Kativu 和 Nordal[18]作了较详细的修订。Lekhak 等[19]报道了吊兰属部分种类的染色体数。Katoch 等[20]用 RAPD 标记和叶绿体序列研究了印度少数种类的系统关系。Chen 等[7]的研究中发现该属 3 个种不在单系分支上，其中非洲种 *C. suffruticosum* Baker 系统位置偏离较大，不支持该属为单系类群。该属和鹭鸶草属 *Diuranthera* 非常相似，在形态上很难区分。在国产种类中，可根据鹭鸶草属花长 1.5cm 以上，花药基部有长的附属物，加以区别。

DNA 条形码研究：Katoch 等[20]报道了 *rbc*L 片段可以有效区分印度产吊兰属的 5 个药用种类，而 *rpl*16、*rpl*16-*rpl*14 片段的鉴定效果不佳。BOLD 网站有该属 29 种 69 个条形码数据；GBOWS 已有 2 种 12 个条形码数据。

代表种及其用途：吊兰 *C. comosum* (Thunberg) Jacques 是常见观叶植物。

8. *Convallaria* Linnaeus 铃兰属

Convallaria Linnaeus (1753: 314); Liang & Tamura (2000: 234) (Lectotype: *C. majalis* Linnaeus)

特征描述：多年生草本。根较细。有短根状茎，常发出 1-2 匍匐茎。叶常 2（或 3），具长叶柄，鞘互相套叠成茎状，外面有几数膜质鞘状鳞片。花葶顶端多为总状花序；苞片膜质；花俯垂，偏向一侧，短钟状；花被顶端 6 浅裂；雄蕊 6，着生于花被筒基部，内藏，花丝短，花药基着；子房 3 室，卵球形，每室有胚珠几数。浆果球形，肉质，具几数较小的种子。花粉粒单沟，微穿孔纹饰。染色体 $2n=38$。

分布概况：1/1 种，**8 型**；广布北温带；中国主产西北、东北、华北和华中。

系统学评述：传统上该属位于百合科或铃兰科，APG III 中置于天门冬科的假叶树亚科。Kim 等[6]、Chen 等[7]的分子系统学研究均显示，该属与白穗花属、蜘蛛抱蛋属、吉祥草属、开口箭属、长柱开口箭属和万年青属共同组成可靠单系分支（原铃兰族和蜘蛛抱蛋族），位于假叶树亚科；虽然支持率较低，但都支持铃兰属是该分支中除白穗花属外的最基部类群。铃兰 *C. majalis* Linnaeus 分为 3 个变种，或各成为独立的种。*C. majalis* var. *keiskei* (Miquel) Makino 分布于中国和日本，有红色的果实和铃形的花朵；*C. majalis* var. *majalis* Linnaeus 分布于欧亚大陆，花上有白色中脉；*C. majalis* var. *Montana* (Rafinesque) H. E. Ahles 分布于美国，花上有淡绿色中脉。另外 *C. majalis* var. *rosea* Reichenbach 花为粉红色，不少学者承认这是 1 变种。对铃兰繁育系统的研究较深入，证实了其自交不亲合，存在克隆繁殖和有性繁殖 2 种方式。

DNA 条形码研究：BOLD 网站有该属 2 种 30 个条形码数据；GBOWS 已有 1 种 9 个条形码数据。

代表种及其用途：铃兰 *C. majalis* Linnaeus 含有强心苷类毒素，全株及果实均有高毒性，可药用；叶形和花果漂亮，为芬兰国花，中国常园艺栽培。

9. *Cordyline* Commerson ex R. Brown 朱蕉属

Cordyline Commerson ex R. Brown (1810: 280), *nom. cons.*; Chen & Turland (2000: 204) (Type: *C. cannifolia* R. Brown)

特征描述：乔木状或灌木状。上部的茎多少木质，分枝很少，叶痕明显。叶密集在茎先端，具叶柄或无；叶柄 10-30cm，基部抱茎；叶脉基本上平行，但从中脉下部 1/2 具侧脉分枝。花序生于上部叶腋，通常圆锥状，大，多分枝；花两性，单生，通常管状或近圆筒状；花梗常短，在先端或近先端有节；雄蕊 6，着生于花被的筒部或喉部；花药"丁"字状着生；子房 3 室，每室胚珠 2 至多数，花柱纤细，柱头头状，小。蒴果，革质，1 至几数种子。种皮黑色。花粉粒单沟，网状纹饰。染色体 $x=3$，6，19。

分布概况：约 15/1 种，**2 型**；分布于南亚和东南亚，澳大利亚，太平洋岛屿，南美洲等；中国引种，广泛栽培。

系统学评述：朱蕉属是单系类群。传统上该属曾位于百合科或龙舌兰科，但根据分子和解剖学证据，Chase 等[1,21]对朱蕉属及其近缘类群的分类重新做了界定。APG III 中朱蕉属位于天门冬科朱蕉亚科，该亚科曾称为异蕊草科 Laxmanniaceae。

DNA 条形码研究：BOLD 网站有该属 7 种 17 个条形码数据。

代表种及其用途：朱蕉 *C. fruticosa* (Linnaeus) A. Chevalier 为重要栽培观赏植物。

10. *Disporopsis* Hance 竹根七属

Disporopsis Hance (1883: 278); Liang & Tamura (2000: 232) (Type: *D. fuscopicta* Hance)

特征描述：多年生草本。根状茎肉质，圆柱状或连珠状，横走。茎多拱形，无毛。叶互生，具弧形脉，有短柄，通常下延。花两性，单花或几花簇生于叶腋，常俯垂；花梗在顶端具关节；花被片下部合生成筒，上部离生；近花被筒口部具一副花冠，副花冠裂片 6，与花被裂片对生或互生，肉质或膜质；雄蕊 6，与花被裂片对生，花药线形或基部稍宽，背着，纵裂，<u>花丝极短</u>；子房 3 室，花柱短，柱头头状。浆果。染色体 2*n*=40。

分布概况：6/6（4）种，**7-4** <u>型</u>；分布于老挝，菲律宾，泰国，越南；中国产长江以南。

系统学评述：该属为单系类群。传统上该属位于百合科或铃兰科，APG III 中置于天门冬科假叶树亚科。叶表皮等形态学研究表明竹根七属、黄精属和舞鹤草属的关系密切。Meng 等[22]的分子系统学研究，分析了该属的 2 个种，结果高度支持该属与黄精属为姐妹群关系；Chen 等[7]的研究中对天门冬科各属广泛取样，结果同样支持其姐妹群关系；但在 Kim 等[6]的研究中未能支持其姐妹群关系。

DNA 条形码研究：BOLD 网站有该属 6 种 16 个条形码数据；GBOWS 已有 2 种 12 个条形码数据。

代表种及其用途：该属植物的根茎常作药用。

11. *Diuranthera* Hemsley 鹭鸶兰属

Diuranthera Hemsley (1902: 2734); Chen & Turland (2000: 206) (Type: *non designatus*)

特征描述：多年生草本。根状茎较短。叶基生，簇生或排在莲座内。花葶从叶丛中央抽出，常不分枝，比叶长，下部有几个不育苞片；花两性，常成对，具短梗；花梗具关节或无；花被片 6，离生，具 3-5 脉；雄蕊 6，稍短于花被片，<u>花丝丝状</u>，<u>花药在近基部背着</u>，<u>较长</u>，<u>多少弧曲</u>，<u>基部有 2 个平行的尾状附属物</u>；子房 3 室，每室有多数胚珠（通常 7-12）。<u>蒴果三棱形</u>。<u>种子黑色</u>，<u>圆形</u>，<u>压扁</u>，<u>基部有 2 小耳</u>。染色体 2*n*=56。

分布概况：4/4（4）种，**15** <u>型</u>；中国产西南。

系统学评述：该属和吊兰属非常相似，在形态上难以区分，染色体类型也相似。在国产种类中，可根据鹭鸶兰属花长 1.5cm 以上，花药基部有长的附属物，加以区别。APG III 中该属与吊兰属位置相近，位于天门冬科龙舌兰亚科。

DNA 条形码研究：BOLD 网站有该属 1 种 1 个条形码数据；GBOWS 已有 1 种 12 个条形码数据。

代表种及其用途：该属植物的花形态十分美观，像飞舞的鹭鸶，可供观赏。

12. *Dracaena* Vandelli ex Linnaeus 龙血树属

Dracaena Vandelli ex Linnaeus (1767: 63); Chen & Turland (2000: 215) [Lectotype: *D. draco* (Linnaeus) Linnaeus (≡ *Asparagus draco* Linnaeus)]

特征描述：<u>乔木状或灌木亚灌木状</u>。茎木质，有髓和次生形成层，常具分枝。叶剑形、倒披针形或其他形状，有时较坚硬，<u>常聚生于茎或枝的顶端或最上部</u>，基部抱茎。花序顶生，多分枝；<u>花被圆筒状、钟状或漏斗状</u>；<u>花被片 6</u>；<u>花梗有关节</u>；<u>雄蕊 6</u>，<u>花丝着生于裂片基部</u>，<u>下部贴生于花被筒</u>，<u>花药背着</u>，<u>常"丁"字状</u>，内向开裂；子房 3 室，每室 1-2 胚珠；花柱丝状，柱头头状，3 裂。浆果近球形，具 1-3 种子。花粉粒单沟，穴状、皱波状、网状和瘤棒状纹饰。染色体 *x*=20。

分布概况：约 170/6 种，**2-1** 型；分布于亚洲和非洲的热带和亚热带地区；中国产长江以南。

系统学评述：传统分类中，龙血树属位于百合科；APG III 中该属位于天门冬科假叶树亚科。该属植物形态变异较大，与另外 2 个近缘属界限不清，长期存在分类学争议。分子系统学研究表明，龙血树属、剑叶龙血树属 *Pleomele* 和虎尾兰属 *Sanseviera* 相互套叠[6,23]，但这 3 个属的大部分种类共同组成单系类群；并建议将剑叶龙血树属的所有夏威夷种类独立成新属 *Chrysodracon* (Jankalski) P. L. Lu & Morden[23]，它们位于最基部的单系分支上，是其他种类的姐妹群。APW 建议将这 3 个属合并（除剑叶龙血树属夏威夷种外）为广义龙血树属，使之成为单系类群。

DNA 条形码研究：BOLD 网站有该属 12 种 32 个条形码数据；GBOWS 已有 3 种 9 个条形码数据。

代表种及其用途：龙血树类植物具有红色树脂，被称为血竭，可药用。该属的灌木类可作观赏，如富贵竹 *D. sanderiana* Sander ex Mast.。

13. *Heteropolygonatum* M. N. Tamura & Ogisu 异黄精属

Heteropolygonatum M. N. Tamura & Ogisu (1997: 950); Chen & Tamura (2000: 222) (Type: *H. roseolum* M. N. Tamura & Ogisu)

特征描述：多年生草本。具根状茎，合轴，附生。根茎常具分枝，呈念珠状，肉质。茎直立或下垂，不分枝。叶互生，叶柄短或不明显，全缘。花序顶生和多数腋生，排列成总状或近伞形，常 1-2 花，两性花，下垂，无苞片；花被浅桃色或白色，管状或钟状；花瓣无副花冠；雄蕊 6，2 轮，外轮短于或等于内轮，花丝纤细，光滑或多疣，近似贴生在花冠上；子房椭圆形，3 室，花柱细长，柱头平整或 3 浅裂，细小。浆果橙色。染色体 $x=16$。

分布概况：6/6（6）种，15 型；中国产西南和台湾。

系统学评述：该属下尚缺少分子系统学研究。APG III 中异黄精属位于天门冬科假叶树亚科 Nolinoideae。Tamura 等[24,25]依据附生、花被覆瓦状排列、同时具顶生和腋生花序等性状，将部分原黄精属内的种类移至新成立的异黄精属，随后又有一些种类移入。该属染色体 $x=16$，与黄精属 *Polygonatum* 的 $x=9$-11，14-15 不同。分子证据进一步支持异黄精属与黄精属的划分，并发现它们与竹根七属 *Disporopsis* 关系密切，三者共同组成可靠的单系分支，但其关系尚不确定[26]。

DNA 条形码研究：BOLD 网站有该属 1 种 2 个条形码数据。

代表种及其用途：异黄精 *H. roseolum* M. N. Tamura & Ogisu 可药用。

14. *Hosta* Trattinnick 玉簪属

Hosta Trattinnick (1812: 55); Chen & Boufford (2000: 204) (Type: *H. japonica* Trattinnick)

特征描述：多年生草本。具大的根状茎，有时有走茎。叶基生，成簇，叶柄长。花葶顶生，常生有 1-3 苞片状叶，顶端具总状花序；花常单生，极少 2-3 簇生；花被管状、钟状或近漏斗状；雄蕊 6，离生或下部贴生于花被管上，稍伸出花被之外，花丝纤细，花药背着，内向，纵向开裂；子房 3 室，每室具多数胚珠，花柱细长，柱头头状，小。蒴果室背开裂。种子多数，黑色。花粉粒单沟，网状到颗粒状纹饰。染色体 2*n*=60。

分布概况：约 40/4 种，**14SJ 型**；分布于亚洲温带与亚热带地区，主产日本；中国产长江流域，一些种类从国外引种栽培。

系统学评述：玉簪属是个单系类群。该属曾经置于广义百合科，在 APG III 中位于天门冬科龙舌兰亚科。Liu 等[26]基于该属花粉的外壁纹饰有一定独特性认为该科可单独为科的划分。基于地理分布，玉簪属分为 3 亚属，即 *Hosta* subgen. *Hosta*、*H.* subgen. *Bryocles* 和 *H.* subgen. *Giboshi*。玉簪属内种的区分主要依据花的形态性状[27]。Grenfell[28] 描述了栽培品种的鉴定标准。Sauve 等[29]利用 RAPD 标记研究 37 个种的遗传变异，未能明显支持上述亚属的划分。该属种间杂交容易，分类较为困难。

DNA 条形码研究：BOLD 网站有该属 9 种 36 个条形码数据；GBOWS 已有 3 种 14 个条形码数据。

代表种及其用途：该属多数种类都可作观赏。

15. *Liriope* Loureiro 山麦冬属

Liriope Loureiro (1790: 190); Chen & Tamura (2000: 250) (Type: *L. spicata* Loureiro)

特征描述：多年生草本。根细长，有时近末端呈纺锤状膨大。根状茎很短，常具匍匐茎。叶基生，密集成丛，禾叶状，基部常为具膜质边缘的鞘所包裹。花葶从叶丛中央抽出，常较长；总状花序具多花；花通常较小，几花簇生于苞片腋内；苞片小，干膜质；花梗直立，具关节；花被片 6，分离，两轮，淡紫色或白色；雄蕊 6，着生于花被片基部，花丝稍长，狭条形，花药基着，2 室，近于内向开裂；子房上位，3 室，每室具 2 胚珠，花柱三棱柱形，略具三齿裂。果实发育早期外果皮即破裂，露出种子。种子浆果状。花粉粒单沟，皱波状到穿孔状纹饰。染色体 *x*=18。

分布概况：约 8/6 种，**14SJ 型**；分布于越南，菲律宾，日本；中国产秦岭以南，华北也有。

系统学评述：该属尚缺少全面的系统学研究，初步研究显示其为单系。传统上该属位于百合科或铃兰科，APG III 中置于天门冬科假叶树亚科。形态学研究认为该属和沿阶草属十分相似，核型也较为接近；而分子系统学研究表明该属和沿阶草属、球子草属共同组成可靠的单系分支，并显示该属和沿阶草属的姐妹群关系（缺乏支持率）[6,7,30]。Lattier 和 Ranney[31]用流式细胞技术研究了该属所有种的染色体数量和倍性，证实染色体 *x*=18，发现多倍体普遍存在。Broussard[32]对该属和沿阶草属 8 种 19 个栽培品种开展了研究。

DNA 条形码研究：BOLD 网站有该属 5 种 35 个条形码数据；GBOWS 已有 4 种 42 个条形码数据。

代表种及其用途：山麦冬 *L. spicata* (Thunberg) Loureiro、阔叶山麦 *L. platyphylla* F. T. Wang & T. Tang 等用作园林绿化；块根可药用。

16. *Maianthemum* F. H. Wiggers 舞鹤草属

Maianthemum F. H. Wiggers (1780: 14); Chen & Kawano (2000: 217) [Type: *M. convallaria* F. H. Wiggers, *nom. illeg.* (=*M. bifolium* (Linnaeus) F. W. Schmidt ≡ *Convallaria bifolia* Linnaeus)]. —— *Smilacina* Desfontaines (1807: 51)]

特征描述：多年生草本。具根状茎。茎直立，不分枝。基生叶 1，早凋萎；茎生叶互生，心状卵形，有柄至无柄。总状或圆锥花序顶生；花小，两性或单性；花被片 4 或 6，2 轮；雄蕊 4 或 6，着生于花被片基部，花药背着，花丝丝状；子房 2 或 3 室，每室有 1 或 2 胚珠，花柱粗短，柱头小。浆果球或亚球形。种子 1-3，球形至卵形。花粉粒舟形，单沟，细网状纹饰。染色体 x=18；$2n$=36，72。

分布概况：约 35/19（9）种 1，**8** 型；主要分布于东亚和北美，南亚，中美洲和北欧也产；中国除新疆、内蒙古、青海和宁夏外，南北均产。

系统学评述：舞鹤草属的研究比较深入，为单系类群。传统上该属位于百合科或铃兰科，APG III 中置于天门冬科假叶树亚科。在 FOC 中为 2 个独立的属，具 4 花被片的狭义鹤舞草属和具 6 花被片的鹿药属 *Smilacina*。LaFrankie[33]根据遗传和形态证据做了分类修订，将后者并入鹤舞草属。Kawano 等[34]也对该属的形态解剖等做了系列研究，支持上述处理。Kim 和 Lee[35]利用 *mat*K 和 *trn*K 片段研究了狭义鹤舞草属和鹿药属的界限，分辨率较低，基本支持上述分类处理。Meng 等[22]用更多分子标记和世界范围的较全面的取样研究，支持这 2 个属合并，并发现旧世界种类聚为 1 个单系分支，且中国西南多数种类聚在 1 个分支。

DNA 条形码研究：BOLD 网站有该属 32 种 300 个条形码数据；GBOWS 已有 13 种 309 个条形码数据。

代表种及其用途：鹿药 *M. japonicum* (A. Gray) La Frankie 常药用。

17. *Ophiopogon* Ker Gawler 沿阶草属

Ophiopogon Ker Gawler (1807: 1063), *nom. cons.*; Chen & Tamura (2000: 252) [Type: *O. japonicus* (Linnaeus f.) Ker Gawler (≡ *Convallaria japonica* Linnaeus f.)]

特征描述：多年生草本。根木质或肉质。具根状茎，有时匍匐茎。茎近直立或匍匐，常为叶鞘所包裹。叶基生成丛或散生于茎上，或为禾叶状，或呈矩圆形、披针形及其他形状。花序顶生总状花序或圆锥花序；小苞片很小，位于花梗基部；花梗常下弯，具关节；花两性，钟状或漏斗状，常低垂；花被片 6，分离；雄蕊 6，通常分离，少数花药连合成圆锥形，花丝很短，花药基着，二室，近于内向开裂；子房半下位，上端宽而平，中间稍凹，3 室，每室 2 胚珠，花柱柱状，柱头微三裂。果实发育早期外果皮破裂而露出种子。种子浆果状，成熟后常呈暗蓝色。花粉粒单沟，皱波状或穿孔状纹饰。染色体 x=18。

分布概况：约 65/47（38）种，**14**（7a）型；分布于亚洲温带，亚热带和热带地区；中国产华南和西南，1 种广布秦岭南部、河南、安徽和江苏。

系统学评述：该属尚缺少全面取样的系统学研究。传统上该属位于百合科或铃兰科，

APG III 中置于天门冬科假叶树亚科。形态学研究认为该属和山麦冬属十分相似，染色体核型也较为接近；分子系统学研究表明该属和山麦冬属、球子草属共同组成可靠的单系分支，并显示该属和沿阶草属的姐妹群关系（无支持率）[6,7,30]。Lattier 和 Ranney[31] 用流式细胞技术证实该属染色体 *x*=18，并发现存在多倍体，如麦冬 *O. japonicus* (Linnaeus f.) Ker Gawler 为 4 倍体。Broussard[32] 对该属和山麦冬属 8 种 19 个栽培品种进行了园艺学研究。该属还有部分种类存疑，待进一步研究。

DNA 条形码研究：BOLD 网站有该属 37 种 105 个条形码数据；GBOWS 已有 2 种 21 个条形码数据。

代表种及其用途：麦冬、沿阶草 *O. bodinieri* Léveillé 用于园林绿化。

18. *Peliosanthes* Andrews 球子草属

Peliosanthes Andrews (1810: 605); Chen & Tamura (2000: 261) (Type: *P. teta* Andrews)

特征描述：多年生草本。具根状茎，根厚。茎常短，较少细长或匍匐。叶常基生，具褶扇状主脉 5-7，横脉明显，具叶柄；叶条形到椭圆卵形，亚二列脉。花单生或 2-5 簇生于 1 苞片腋内，苞片内常有 1-5 小苞片，较少缺；花被片下部合生成筒；雄蕊 6，花丝短，合生成一肉质的环（副花冠），贴生于花被筒喉部；子房下位到半下位，3 室，每室具 2-4（或 5）胚珠，花柱短，柱头短 3 裂。蒴果在早期开裂暴露幼嫩种子。种子浆果状，成熟时为蓝色。花粉粒单沟，疣状纹饰。染色体 2*n*=36，54。

分布概况：约 16/6（5）种，**7 型**；分布于孟加拉国，印度，印度尼西亚，老挝，马来西亚，缅甸，尼泊尔，泰国，越南；中国产长江以南。

系统学评述：传统上该属位于百合科或铃兰科，APG III 中置于天门冬科假叶树亚科。形态学研究认为该属和山麦冬属十分相似，染色体核型也较为接近；分子系统学研究表明该属和山麦冬属、沿阶草属组成可靠的单系分支[6,7,30]。该属内种的划分存疑，曾认为该属只有簇花球子草 *P. teta* Andrews 1 种 2 亚种。但 FOC 中根据分子证据采用了狭义种的概念，划分为多个种。该属尚有很多存疑，待一步研究。

DNA 条形码研究：BOLD 网站有该属 13 种 28 个条形码数据。

代表种及其用途：代簇花球子草 *P. teta* Andrews 为可食用蔬菜，亦可药用。

19. *Polygonatum* Miller 黄精属

Polygonatum Miller (1754: 4); Chen & Tamura (2000: 223) [Lectotype: *P. officinale* Allioni (≡ *Convallaria polygonatum* Linnaeus)]

特征描述：多年生草本。根状茎丛生，常在地面，很少附生。茎直立，拱起或有时多少攀援，不分枝。叶茎生，互生、对生或轮生，全缘。花生叶腋间，常集生似成伞形、伞房或总状花序；花被片 6，下部合生成筒，裂片顶端外面通常具乳突状毛，花被筒基部与子房贴生，成小柄状，并与花梗间有一关节；雄蕊 6，花丝下部贴生于花被筒，花药基部 2 裂，内向开裂；子房 3 室，每室有 2-8 胚珠，花柱丝状，柱头小，3 裂。浆果近球形。种子几至 10 余。花粉粒单沟，具疣到网纹状纹饰。染色体 *x*=9-11，14，15。

分布概况：约 60/39（20）种，**8（14）型**；广布北温带，主产喜马拉雅到日本；中国南北均产。

系统学评述：传统上黄精属位于百合科或铃兰科，APG III 中该属位于天门冬科假叶树亚科 Nolinoideae。Tamura[36]依据叶片着生方式、雄蕊花丝形态、花粉外壁纹饰和染色体数等，将该属分为 2 个组，即 *Polygonatum* sect. *Ploygonatum* 和 *P.* sect. *Verticillata*，并将前者进一步划分为 3 个系。分子证据支持该属为单系类群[7,25]，且支持 *P.* sect. *Ploygonatum* 为单系，但 *P.* sect. *Verticillata* 是否为单系仍不明确[25]。黄精属与异黄精属 *Heteropolygonatum* M. N. Tamura & Ogisu 和竹根七属 *Disporopsis* Hance 关系密切，共同组成可靠的单系分支，但三者关系尚不确定[25]。

DNA 条形码研究：BOLD 网站有该属 30 种 227 个条形码数据；GBOWS 已有 22 种 364 个条形码数据。

代表种及其用途：该属有些种类用于园艺栽培、食用、根状茎药用，如中药"玉竹"、"黄精"。

20. *Reineckea* Kunth 吉祥草属

Reineckea Kunth (1844: 29), *nom. cons.*; Liang & Tamura (2000: 235) [Type: *R. carnea* (Andrews) Kunth (≡ *Sansevieria carnea* Andrews)]

特征描述：多年生草本。根状茎匍匐在地，多节。<u>叶簇生在根状茎尖</u>，叶柄不明显。<u>花葶生叶腋间</u>，直立；花序顶生穗状花序，少到多花；苞片卵状三角形，膜质，褐色或紫红色；花两性，无梗；<u>花被片下部合生形成管，上部离生</u>；雄蕊 6，<u>花丝下部贴生于花被筒</u>，<u>花药背着</u>，内向纵裂；子房 3 室，每室胚珠 2，花柱柱状，纤细，柱头 3 裂。浆果，有多数种子。花粉粒单沟，微穿孔状纹饰。染色体 $x=38$，42。

分布概况：1/1 种，**14SJ型**；分布于日本；中国产西南至东南。

系统学评述：吉祥草属为单种属，自成单系类群。传统上该属位于百合科或铃兰科，APG III 中置于天门冬科假叶树亚科。Jang 和 Pfosser[30]用 *rbc*L 和 *trn*L-F 片段分析表明吉祥草属可能与蜘蛛抱蛋属关系最近；Kim 等[6]采用 *mat*K、*rbc*L 和 18S 片段和更全面的取样，研究显示该属与开口箭属、长柱开口箭属和万年青属共同组成单系分支，该分支与蜘蛛抱蛋属互为姐妹群；Chen 等[7]用更多的叶绿体片段分析也支持同样结果。但这些分析结果的支持率均较低。

DNA 条形码研究：BOLD 网站有该属 1 种 6 个条形码数据；GBOWS 已有 1 种 14 个条形码数据。

代表种及其用途：吉祥草 *R. carnea* (Andrews) Kunth 常用作绿化装饰，也作药用。

21. *Rohdea* Roth 万年青属

Rohdea Roth (1821: 196); Liang & Tamura (2000: 239) [Type: *R. japonica* (Thunberg) A. W. Roth (≡ *Orontium japonicum* Thunberg)]

特征描述：多年生草本。<u>具许多纤维根，根上密生白色绵毛</u>。<u>根状茎粗短</u>。叶基生，近两列套叠，成簇，基部稍扩大。花葶腋生，近直立；<u>穗状花序多少肉质，密生多花</u>；苞片短，膜质；<u>花被球状钟形，顶端 6 浅裂；裂片短，内弯，肉质；雄蕊 6，花丝大部分贴生于花被筒上，花药着生于花被筒上端</u>，花药背着，内向开裂；子房球形，3 室，每室 2 胚珠，花柱极短或不明显，柱头 3 裂。<u>浆果球形，种子 1</u>。花粉粒单沟，穿孔状或网状纹饰。染色体 2*n*=34。

分布概况：1/1 种，**14SJ 型**；分布于日本；中国产华东、华中及西南，浙江、江西和湖北尤盛。

系统学评述：传统上该属位于百合科或铃兰科，APG III 中置于天门冬科假叶树亚科。分子系统学研究支持该属和白穗花属、铃兰属、蜘蛛抱蛋属、吉祥草属、开口箭属和长柱开口箭属共同组成单系分支（原铃兰族和蜘蛛抱蛋族）[6,7]，并提示该属与开口箭属和长柱开口箭属关系更近。Yamashita 和 Tamura[12]发现万年青属和开口箭属同为 1 型染色体，而长柱开口箭属为 3 型。Tanaka[37]依据形态学研究，提出了 10 个新组合，将该属扩大到 11 种，但 FOC 未采纳。近期发表了该属的 *Rohdea lihengiana* Q. Qiao & C. Q. Zhang 和 *R. dracaenoides* Averyanov & N. Tanaka 等新种。

DNA 条形码研究：BOLD 网站有该属 1 种 6 个条形码数据；GBOWS 已有 1 种 3 个条形码数据。

代表种及其用途：万年青 *R. japonica* (Thunberg) Roth 为优良的观赏植物。

22. *Speirantha* Baker 白穗花属

Speirantha Baker (1875: 562); Liang & Tamura (2000: 234) (Type: *S. convallarioides* J. G. Baker)

特征描述：多年生草本。根状茎，基部包有鞘，茎斜生，较粗，匍匐。<u>叶基生，几枚，多少成簇，并行脉多而密</u>。<u>花葶侧生，短于叶，顶端有总状花序</u>；苞片近膜质；花梗直，顶端有关节，果熟时从关节处脱落；<u>花被片分离，披针形，反折；雄蕊 6，着生于花被片基部，花药背着，"丁"字状，内向纵裂</u>；子房近球形，3 室，每室有胚珠 3-4，花柱细长，柱头小。<u>果实为 1 浆果</u>。花粉粒单沟，微穿孔型纹饰。染色体 2*n*=38。

分布概况：1/1（1）种，**15 型**；中国产华东。

系统学评述：传统上白穗花属位于百合科或铃兰科，APG III 中置于天门冬科假叶树亚科。Kim 等[6]利用多个叶绿体片段研究表明该属与铃兰属、蜘蛛抱蛋属、吉祥草属、开口箭属、长柱开口箭属和万年青属共同组成单系分支（原铃兰族和蜘蛛抱蛋族），且白穗花属位于该分支的最基部，与其余各属组成姐妹群。Chen 等[7]的研究也支持这一结果。

DNA 条形码研究：BOLD 网站有该属 2 种 5 个条形码数据。

代表种及其用途：白穗花 *S. gardenii* (W. J. Hooker) Baillon 栽培作园艺观赏。

23. *Theropogon* Maximowicz 夏须草属

Theropogon Maximowicz (1870: 89); Liang & Tamura (2000: 234) [Type: *T. pallidus* (Kunth) Maximowicz (≡ *Ophiopogon pallidus* Kunth)]

特征描述：多年生草本。根状茎粗短，有膜质鞘。叶多枚，禾叶状，簇生子根状茎上，外面包有多层膜质鞘。花葶从叶丛中抽出，有棱和窄翅，顶端为总状花序；花白色，单生或很少成对；花梗弯曲；花钟状，花被片分离，卵形；雄蕊 6，着生于花被片基部，花丝短，扁平，膜质，基部稍合生，花药基着；子房 3 室，每室有胚珠 6-10，花柱细长，柱头小。浆果球形。种子少数，近球形，种皮薄。花粉粒单沟，微穿孔纹饰。染色体 2n=40。

分布概况：1/1 种，**14SH** 型；分布于尼泊尔，不丹，印度；中国产西南。

系统学评述：传统上夏须草属位于百合科，APG III 中置于天门冬科假叶树亚科。该属的分子系统学研究较少，仅见 Kim 等[6]和 Chen 等[7]的研究结果都显示其位于假叶树亚科，但准确的系统位置未定。前者倾向支持该属与龙血树属和假叶树属等关系密切，而后者支持该属与黄精属、竹根七属和舞鹤草属关系最近，但两者都未获得可靠的支持。该属的准确系统位置待进一步研究。

DNA 条形码研究：BOLD 网站有该属 1 种 3 个条形码数据。

24. *Thysanotus* R. Brown　异蕊草属

Thysanotus R. Brown (1810: 282); Chen & Tamura (2000: 203) [Type: *T. junceus* R. Brown, *nom. illeg.* (=*T. juncifolius* (Salisbury) J. H. Willis & Court ≡ *Chlamysporum juncifolium* Salisbury)]

特征描述：多年生草本。根纤维状或块状。根状茎短或延长。叶近基生，禾叶状。花葶常近于从叶丛中抽出；花多排成总状花序或圆锥花序；花被片 6，离生，中央具 3-5 脉，宿存，外 3 全缘，内 3 边缘常有流苏状毛；雄蕊 6，有时内轮 3 败育，花丝丝状，花药基着，内向纵裂；子房 3 室，每室 2 胚珠，花柱细长，柱头小。蒴果室背开裂，每室种子 1-2。花粉粒单沟，网状纹饰。

分布概况：50/1 种，**5** 型；主要分布于澳大利亚，少数产亚洲热带；中国产广东和福建。

系统学评述：APG III 中异蕊草属位于天门冬科朱蕉亚科。Sirisena[38]对该属开展了较为全面的系统发育研究，对形态性状做了详细的分支分类研究，属内所有种类共分为 4 个主要的分支；分子证据显示该属不是单系，*Murchisonia* 的 2 个种镶嵌在异蕊草属的分支内。

DNA 条形码研究：BOLD 网站有该属 2 种 4 个条形码数据。

25. *Tupistra* Ker Gawler　长柱开口箭属

Tupistra Ker Gawler (1814: 1655); Liang & Tamura (2000: 239) (Type: *T. squalida* Ker Gawler)

特征描述：多年生草本。具根状茎，单轴分。根茎升序，稀匍匐，粗厚，轻度木质化。茎很短。叶常基生，具柄或无。花葶腋生，顶生穗状花序，具 2 至很多密集的花，顶部无不育苞片；苞片披针形至椭圆形，通常短于花；花被钟状或圆筒状，肉质；裂片平展；雄蕊 6 或 8，花丝几乎完全与管状花被筒合生，花药背着，短于柱头；子房 3 或 4 室，每室 2 胚珠，花柱 1，圆柱状，4-12mm，柱头膨大呈蘑菇状，直径 2-7mm，肉质；浆果具 1 种子。花粉粒单沟，穿孔状或网状纹饰。染色体 2n=38。

分布概况：14/4（3）种，**14SH** 型；分布于不丹，印度，印度尼西亚，马来西亚，缅甸，尼泊尔，泰国，越南；中国产长江以南。

系统学评述：长柱开口箭属内分子系统学研究尚未见报道。传统上该属位于百合科或铃兰科，APG III 中置于天门冬科假叶树亚科。分子系统学研究支持该属和白穗花属、铃兰属、蜘蛛抱蛋属、吉祥草属、开口箭属和万年青属共同组成单系分支（原铃兰族和蜘蛛抱蛋族）[6,7]，位于假叶树亚科。Tanaka[15] 和 Tamura[16] 等对该属做了系列修订。在 FRPS 中为独立成属，将该属作为开口箭属的开口箭组 *Tupistra* sect. *Tupistra*；FOC 中综合 Conran 和 Tamura 等[17]的意见，依据花丝几与花被联合、花药位置低于柱头，花柱较长等特征，将其恢复为独立的属。Qiao 等[39]研究了珍稀濒危种屏边开口箭 *Tupistra pingbianensis* J. L. Huang & X. Z. Liu 的群体遗传多样性和繁育系统。

DNA 条形码研究：BOLD 网站有该属 5 种 38 个条形码数据；GBOWS 已有 3 种 49 个条形码数据。

代表种及其用途：该属植物根茎可药用，也栽培作园艺观赏。

主要参考文献

[1]   Chase MW, et al. A subfamilial classification for the expanded asparagalean families Amaryllidaceae, Asparagaceae and Xanthorrhoeaceae[J]. Bot J Linn Soc, 2009, 161: 132-136.

[2]   Fay MF, et al. Phylogenetic studies of Asparagales based on four plastid DNA regions[M]//Wilson KL, Morrison DA. Monocots: systematics and evolution. Melbourne: CSIRO, 2000: 360-371.

[3]   Pires JC, et al. Phylogeny, genome size, and chromosome evolution of Asparagales[J]. Aliso, 2006, 22: 287-304.

[4]   Seberg O, et al. Phylogeny of the Asparagales based on three plastid and two mitochondrial genes[J]. Am J Bot, 2012, 99: 875-889.

[5]   Steele PR, et al. Quality and quantity of data recovered from massively parallel sequencing: examples in Asparagales and Poaceae[J]. Am J Bot, 2012, 99: 330-348.

[6]   Kim JH, et al. Molecular phylogenetics of Ruscaceae *sensu lato* and related families (Asparagales) based on plastid and nuclear DNA sequences[J]. Ann Bot, 2010, 106: 775-790.

[7]   Chen SC, et al. Networks in a large-scale phylogenetic analysis:reconstructing evolutionary history of Asparagales (Lilianae) based on four plastid genes[J]. PLoS One, 2013, 8: e59472.

[8]   Bogler DJ, et al. Phylogeny of Agavaceae based on *ndh*F, *rbc*L, and ITS sequences: implications of molecular data for classification[J]. Aliso, 2006, 22: 313-328.

[9]   Jigden B, et al. Molecular identification of oriental medicinal plant *Anemarrhena asphodeloides* Bunge ('Jimo') by multiplex PCR[J]. Mol Biol Rep, 2010, 37: 955-960.

[10] Fukuda T, et al. Molecular phylogeny of the genus *Asparagus* (Asparagaceae) inferred from plastid *pet*B intron and *pet*D-*rpo*A intergenic spacer sequences[J]. Plant Spec Biol, 2005, 20: 121-132.

[11] Kubota S, et al. Molecular phylogeny of the genus *Asparagus* (Asparagaceae) explains interspecific crossability between the garden asparagus (*A. officinalis*) and other *Asparagus* species[J]. Theor Appl Genet, 2012, 124: 345-354.

[12] Yamashita J, Tamura MN. Phylogenetic analyses and chromosome evolution in Convallarieae (Ruscaceae *sensu lato*), with some taxonomic treatments[J]. J Plant Res, 2004, 117: 363-370.

[13] Pfosser M, Speta F. Phylogenetics of Hyacinthaceae based on plastid DNA sequences[J]. Ann MO Bot Gard, 1999, 86: 852-875.

[14] Ali SS, et al. Inferences of biogeographical histories within subfamily Hyacinthoideae using S-DIVA and Bayesian binary MCMC analysis implemented in RASP (Reconstruct Ancestral State in Phylogenies) [J]. Ann Bot, 2012, 109: 95-107.

[15] Tanaka N. Inclusion of *Tricalistra* and *Gonioscypha muricata* in *Tupistra* (Convallariaceae) [J]. Novon, 2003, 13: 334-336.

[16] Tamura MN, et al. New combinations in *Campylandra* (Convallariaceae, Convallarieae) [J]. Novon, 2000, 10: 158-160.

[17] Conran JG, Tamura MN. Convallariaceae [M]//Kubitzki K. The families and genera of vascular plants, III. Berlin: Springer, 1998: 186-198.

[18] Kativu S, Nordal I. New combinations of African species in the genus *Chlorophytum* (Anthericaceae) [J]. Nord J Bot, 1993, 13: 59-65.

[19] Lekhak M, et al. Karyotype Analysis of *Chlorophytum kolhapurense* Sardesai, SP Gaikwad & SR Yadav: a rare endemic from Northern Western Ghats[J]. Cytologia, 2010, 75: 261-266.

[20] Katoch M, et al. Identification of *Chlorophytum* species (*C. borivilianum*, *C. arundinaceum*, *C. laxum*, *C. capense* and *C. comosum*) using molecular markers[J]. Ind Crop Prod, 2010, 32: 389-393.

[21] Chase MW, et al. New circumscriptions and a new family of asparagoid lilies: genera formerly included in *Anthericaceae*[J]. Kew Bull, 1996, 51: 667-680.

[22] Meng Y, et al. Phylogeny and biogeographic diversification of *Maianthemum* (Ruscaceae: Polygonatae) [J]. Mol Phylogenet Evol, 2008, 49: 424-434.

[23] Lu PL, Morden CW. Phylogenetic relationships among Dracaenoid genera (Asparagaceae: Nolinoideae) inferred from chloroplast DNA loci[J]. Syst Bot, 2014, 39: 90-104.

[24] Tamura MN, et al. *Heteropolygonatum*, a new genus of the tribe Polygonateae (Convallariaceae) from West China[J]. Kew Bull, 1997, 52: 949-956.

[25] Tamura MN, et al. Biosystematic studies on the genus *Polygonatum* (Convallariaceae) IV: molecular phylogenetic analysis based on restriction site mapping of the chloroplast gene *trn*K[J]. Fedde Rep, 1997, 108: 159-168.

[26] Liu JX, et al. Pollen morphology of *Hosta* Tratt. in China and its taxonomic significance[J]. Plant Syst Evol, 2011, 294: 99-107.

[27] Schmid, W.G. The genus *Hosta*[M]. Portland: Timber Press, 1991.

[28] Grenfell D. The gardener's guide to growing hostas[M]. Portland: Timber Press, 1996.

[29] Sauve RJ, et al. Randomly amplified polymorphic DNA analysis in the genus *Hosta*[J]. Hortscience, 2005, 40: 1243-1245.

[30] Jang CG, Pfosser M. Phylogenetics of *Ruscaceae sensu lato* based on plastid *rbc*L and *trn*L-F DNA sequences[J]. Stapfia, 2002, 80: 333-348.

[31] Lattier JD, Ranney TG. Identification, nomenclature, genome sizes, and ploidy levels of *Liriope* and *Ophiopogon* Taxa[J]. HortSci, 2014, 49: 145-151.

[32] Broussard BC. A horticultural study of *Liriope* and *Ophiopogon*: nomenclature, morphology, and culture[D]. PhD thesis. Baton Rouge: Louisiana State University, 2007.

[33] Lafrankie JV. Transfer of the species of *Smilacina* to *Maianthemum* (Liliaceae) [J]. Taxon, 1986, 35: 584-589.

[34] Kawano S, et al. Biosystematic studies on *Maianthemum* (Liliaceae-Polygonatae) II: geography and ecological life history[J]. Jpn J Bot, 1968, 20: 35-65.

[35] Kim SC, Lee NS. Generic delimitation and biogeography of *Maianthemum* and *Smilacina* (Ruscaceae *sensu lato*): preliminary results based on partial 3' *mat*K gene and *trn*K 3' intron sequences of cpDNA[J]. Plant Syst Evol, 2007, 265: 1-12.

[36] Tamura MN. Biosystematic studies on the genus *Polygonatum* (Liliaceae) III: morphology of staminal filaments and karyology of eleven Eurasian species[J]. Bot Jahrb Syst, 1993, 115: 1-26.

[37] Tanaka N. New combinations in *Rohdea* (Convallariaceae) [J]. Novon, 2003, 13: 329-333.

[38] Sirisena UM. Systematic studies on *Thysanotus* R. Br. (Asparagales: Laxmanniaceae)[D]. PhD thesis. Adelaide: The University of Adelaide, 2010.

[39] Qiao Q, et al. Population genetics and breeding system of *Tupistra pingbianensis* (Liliaceae), a naturally rare plant endemic to SW China[J]. J Syst Evol, 2010, 48: 47-57.

Arecaceae Berchtold & J. Presl (1832), *nom. cons.* 棕榈科

特征描述： 乔木、灌木或藤本，不分枝或少分枝。茎端具一大的顶生分生组织。叶互生螺旋状，常集生成树冠；分裂成羽状至棕榈状，稀为全缘或近全缘；叶柄基部通常扩大成具纤维的鞘。无限花序；萼片 3；花瓣 3，覆瓦状至镊合状；雄蕊 3 或 6 至多数；心皮 3。果实形状颜色多样，光滑或有毛、有刺、粗糙或被以覆瓦状鳞片。胚乳均匀或嚼烂状，胚顶生、侧生或基生。花粉粒多为单沟，或 2-3 沟、2-3 孔或带状萌发孔。甲虫、蜂类和蝇类传粉。种子由哺乳动物、鸟类和水流散布。茎常含单宁酸和多酚。

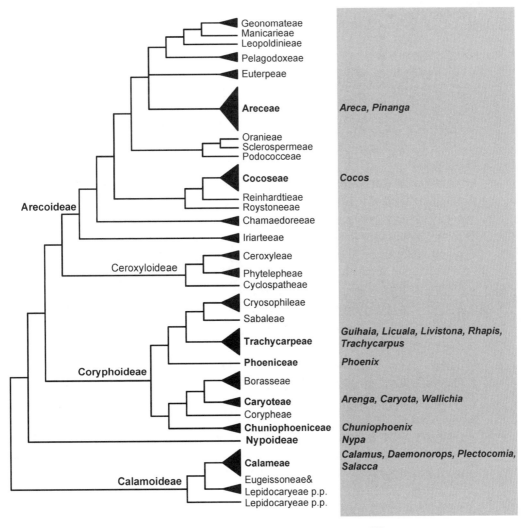

图 62　棕榈科分子系统框架图（参考 Baker 等[10]）

分布概况：183 属/2450 种，广布热带至暖温带地区；中国 18 属/77 种，南北均产，主产西南。

系统学评述：棕榈科在鸭跖草类 Commelinids 的 5 大主要分支（棕榈科、多须草科 Dasypogonaceae、鸭跖草目 Commelinales、姜目 Zingiberales 和禾本目 Poales）中的位置一直不确定。基于叶绿体基因组的数据支持棕榈科与多须草科成姐妹群关系并共同位于鸭跖草分支基部[1-7]。近年来基于分子证据，棕榈科新的分类系统可分为 5 亚科：槟榔亚科 Arecoideae、Ceroxyloideae、Coryphoideae、水椰亚科 Nypoideae 和省藤亚科 Calamoideae[8,9]。其中，省藤亚科是棕榈科所有其他类群的姐妹群；紧接着分化出的为分布在亚洲、西太平洋红树林群落中的水椰属 Nypa（水椰亚科的唯一属），再次之分化的为 Coryphoideae 亚科[9,10]。Asmussen 等[9]选取了所有 Coryphoideae 的 8 个族，证明了所有族均为单系。Baker 等[11]研究了槟榔亚科内部的系统发育关系，也证明各个族均为单系，但槟榔族内部的系统关系尚不清楚。

分属检索表

1. 叶片棕榈型，或者肋掌状
　2. 无叶舌；叶柄具深沟槽 ·· **5. 琼棕属 Chuniophoenix**
　2. 有叶舌；叶柄无沟槽
　　3. 叶柄边缘无刺
　　　4. 叶裂片具 1（或 2）折，背面绿色 ·································· **15. 棕竹属 Rhapis**
　　　4. 叶裂片数折，背面灰色或者银白色 ···························· **8. 石山棕属 Guihaia**
　　3. 叶柄边缘有刺
　　　5. 叶片掌状深裂成数折的楔形截状的裂片，裂片先端有齿 ·········· **9. 轴榈属 Licuala**
　　　5. 叶片不分裂或者很少深裂到基部，裂片单折或数折，不是楔形，先端尖或分裂
　　　　6. 成熟叶片明显的肋掌状，叶柄边缘有坚硬的刺；果实卵球形或椭圆形，无沟槽··············
　　　　 ·· **10. 蒲葵属 Livistona**
　　　　6. 成熟叶片棕榈型，叶柄边缘有小的不明显的刺；果实肾形或长圆状椭圆形，有沟槽········
　　　　 ·· **17. 棕榈属 Trachycarpus**
1. 叶片羽状（如果不分裂，叶脉为羽状）或二回羽状
　7. 羽片内向镊合，基部的退化成绿色的直刺 ···························· **12. 刺葵属 Phoenix**
　7. 羽片外向镊合，基部的不退化成刺状
　　8. 茎、叶片和花序有刺
　　　9. 茎坚硬、直立，有时短和具地下茎，不攀援，没有纤鞭或尾状附属物
　　　　10. 茎通常短，有地下茎，或匍匐；无托叶鞘 ···················· **16. 蛇皮果属 Salacca**
　　　　10. 地下茎或直立；通常具明显的托叶鞘 ······················ **3. 省藤属 Calamus**
　　　9. 茎细并且柔软，攀援，有纤鞭或尾状附属物
　　　　11. 叶鞘无关节；花序在茎的顶端同时伸出，一次开花结实；分枝的小穗被明显的重叠的苞片盖住，花不明显 ·· **14. 钩叶藤属 Plectocomia**
　　　　11. 叶鞘有明显的关节；花序次序开花，多次开花结实；分枝的小穗没有被明显的苞片遮盖，花明显
　　　　　12. 通常具尾状附属物；花序没有纤鞭，通常短于叶片，有船形的苞片，开花后纵向劈裂，并常脱落或宿存被先出叶所覆盖，无锚状刺 ············· **7. 黄藤属 Daemonorops**
　　　　　12. 具尾状附属物或无；花序具纤鞭或无，通常长于叶片，具叶鞘，管状苞片不裂或者

稍微裂开，并宿存，没有被先出叶包裹，通常具有锚状刺 ⋯⋯⋯ **3. 省藤属 *Calamus***

8. 茎、叶片和花序无刺

  13. 羽片具锐尖的顶叶

    14. 茎匍匐，不可见；叶片直立 ⋯⋯⋯⋯⋯⋯⋯⋯⋯⋯⋯⋯⋯⋯⋯ **11. 水椰属 *Nypa***

    14. 茎直立；叶片伸展 ⋯⋯⋯⋯⋯⋯⋯⋯⋯⋯⋯⋯⋯⋯⋯⋯⋯⋯⋯⋯ **6. 椰子属 *Cocos***

  13. 羽片，至少有顶叶的类群，具有浅齿或锯齿状的顶叶

    15. 叶鞘闭合，或形成冠茎；花序着生于冠茎下，具 1 苞片（或苞片痕）；仅顶端羽片叶缘具浅齿

      16. 茎顶端的几节包有红褐色鳞片；顶端的小穗轴不枯萎，雌花和雄花沿小穗轴着生 ⋯⋯⋯⋯⋯⋯⋯⋯⋯⋯⋯⋯⋯⋯⋯⋯⋯⋯⋯⋯⋯⋯⋯⋯⋯⋯ **13. 山槟榔属 *Pinanga***

      16. 茎顶端的几节绿色，没有鳞片；顶端的小穗轴只有雄花，花谢后枯萎⋯⋯⋯⋯⋯⋯⋯⋯⋯⋯⋯⋯⋯⋯⋯⋯⋯⋯⋯⋯⋯⋯⋯⋯⋯⋯⋯⋯⋯⋯ **1. 槟榔属 *Areca***

    15. 叶鞘张开，不形成冠茎；花序着生于叶间，具有多苞片（或苞片痕）；所有羽片边缘具浅齿或锯齿

      17. 二回羽状复叶；羽片背面绿色⋯⋯⋯⋯⋯⋯⋯⋯⋯⋯⋯⋯⋯ **4. 鱼尾葵属 *Caryota***

      17. 羽状叶；羽片背面银灰色

        18. 羽片明显不对称，叶缘稀疏得到具深齿；雄花的萼片基部聚合成杯状⋯⋯⋯⋯⋯⋯⋯⋯⋯⋯⋯⋯⋯⋯⋯⋯⋯⋯⋯⋯⋯⋯⋯⋯ **18. 瓦理棕属 *Wallichia***

        18. 羽片多少对称，叶缘具刻痕，但通常不为齿；雄花萼片分离，覆瓦状排列⋯⋯⋯⋯⋯⋯⋯⋯⋯⋯⋯⋯⋯⋯⋯⋯⋯⋯⋯⋯⋯⋯⋯⋯⋯⋯⋯⋯⋯ **2. 桄榔属 *Arenga***

1. *Areca* Linnaeus 槟榔属

Areca Linnaeus (1753: 1189); Pei et al. (2010: 154) (Type: *A. catechu* Linnaeus)

特征描述：乔木状或灌木状。茎有环状叶痕。叶簇生于茎顶，羽状全裂。花序生于叶丛之下，佛焰苞早落；花单性，雌雄同序；雄花多，单生或 2 花聚生，生于花序分枝上部或整个分枝上，萼片 3，覆瓦状排列，花瓣 3，镊合状排列，雄蕊 3、6、9 或多达 30 或更多，花丝短或无，花药基生；雌花大于雄花，退化雄蕊 3-9 或无，子房 1 室，胚珠 1。胚乳深嚼烂状，胚基生。花粉粒单沟为主，稀为不完全带状萌发孔、3 歧沟和 3 孔，穿孔状到网状纹饰。

分布概况：约 48/1 种，**5 型**；分布于亚洲热带地区和澳大利亚；中国产台湾、海南和云南。

系统学评述：槟榔属位于槟榔亚科槟榔族 Areceae 槟榔亚族 Arecinae[8]。Loo 等[12]利用低拷贝核基因 phosphoribulokinase（PRK）和 RNA 聚合酶 II（RPB2）构建了槟榔亚族 Arecinae 的系统关系。各自为单系的 3 个属：槟榔属、山槟榔属 *Pinanga* 和 *Nenga* 构成槟榔分支。

DNA 条形码研究：BOLD 网站有该属 6 种 29 个条形码数据；GBOWS 已有 1 种 2 个条形码数据。

代表种及其用途：槟榔 *A. catechu* Linnaeus 果实作药用，有促进消化、防止痢疾和固齿的功效；成熟种子内含单宁，可用作红色染料，入药可驱虫。

2. *Arenga* Labillardière 桄榔属

Arenga Labillardière (1800: 162); Pei et al. (2010: 151) (Type: *A. saccharifera* Labillardière)

特征描述：乔木或灌木状。叶奇数羽状全裂，羽片内向折叠，基部楔形。花雌雄同株或雌雄异株，多次开花结实或一次开花结实；花序生于叶腋或脱落的叶腋处，直立或下垂，多分枝；花单生或 3 花聚生；雄花花萼 3，覆瓦状排列，花冠在极基部合生，具 3 裂片，镊合状排列，雄蕊 15 以上，无退化雌蕊；雌花常球形，退化雄蕊 0-3，子房 3 室，能育室 2-3。果实球形至椭圆形，常具三棱，顶端具柱头残留物。种子 1-3，平凸或扁形，胚乳均匀。花粉粒单沟，颗粒或刺状纹饰。

分布概况：约 21/6（2）种，**5** 型；分布于亚洲南部和东南部至大洋洲热带地区；中国产福建、台湾、广东、海南、广西、云南和西藏。

系统学评述：桄榔属位于 Coryphoideae 亚科鱼尾葵族 Caryoteae [8]。该属的单系性受到了 Asmussen 等[9]研究的强烈支持和 Bayton[13]的中等支持，其与瓦理棕属 *Wallichia* 成姐妹群关系得到强烈支持[9,13]。

DNA 条形码研究：鱼尾葵族 Caryoteae 除 2 个核心条形码 *rbc*L 和 *mat*K 外，ITS2 被推荐为补充条形码，这 3 个条码联合分析的鉴定成功率达到了 92%[14]。BOLD 网站有该属 19 种 92 个条形码数据。

代表种及其用途：砂糖椰子 *A. pinnata* (Wurmb) Merrill 在东南亚是重要的经济植物，广泛用来制糖、酿酒、化纤等。

3. *Calamus* Linnaeus 省藤属

Calamus Linnaeus (1753: 325); Pei et al. (2010: 135) (Type: *C. totang* Linnaeus)

特征描述：攀援藤本或直立灌木，丛生或单生。叶轴具刺；叶羽状全裂。雌雄异株；着生于花序主轴上的一级佛焰苞为长管状或鞘状，有刺或无刺；雄花序通常为三回分枝；花萼管状或杯状，3 裂，花冠 3 裂，雄蕊 6；雌花具退化雄蕊 6，子房 3 室，每室胚珠 1。外果皮薄壳质，被以紧贴的覆瓦状排列的鳞片。种子 1 或极少 2-3；胚乳均匀或嚼烂状，胚基生。花粉粒 2 沟，穿孔状、小槽状、疣状、刺状和网状纹饰。

分布概况：约 385/28（15）种，**4** 型；广布亚洲热带和亚热带地区，少数到大洋洲和非洲；中国产东南、华南至西南，主产云南、广东和海南。

系统学评述：省藤属位于省藤亚科省藤族 Calameae 省藤亚族 Calaminae [8]。Baker 等[15]基于 5S 核基因对省藤属、黄藤属 *Daemonorops*、*Ceratolobus*、*Calospatha*、*Pogonotium* 和 *Retispatha* 的分子系统学分析表明，省藤属是多系，其余 5 个属嵌套于该属中。黄藤属、*Ceratolobus* 和 *Pogonotium* 组成 1 个单系支。

DNA 条形码研究：BOLD 网站有该属 49 种 172 个条形码数据；GBOWS 已有 15 种 174 个条形码数据。

代表种及其用途：该属多数种类藤茎质地柔韧，可供编织各种藤器、家具，是手工业的重要原料。

4. *Caryota* Linnaeus 鱼尾葵属

Caryota Linnaeus (1753: 1189); Pei et al. (2010: 150) (Type: *C. urens* Linnaeus)

特征描述：矮小至乔木状。叶大，聚生于茎顶，二回羽状全裂；羽片菱形、楔形或披针形，先端极偏斜而有不规则的齿缺，状如鱼尾；叶柄基部膨大，叶鞘纤维质。佛焰苞 3-5，管状；花序生于叶腋间，有长而下垂的分枝花序；花单性，雌雄同株，常 3 花聚生；雄花具雄蕊 6-150；雌花具退化雄蕊 0-6，子房 3 室，柱头 2-3 裂。果实近球形，种子 1-2。种子直立，胚乳嚼烂状，胚侧生。花粉粒单沟，瘤棒状或刺状纹饰。

分布概况：约 13/4 种，**5 型**；分布于亚洲南部至澳大利亚热带地区；中国产华南至西南。

系统学评述：鱼尾葵属位于 Coryphoideae 亚科鱼尾葵族[8]。该属的单系性受到了 Asmussen 等[9]研究的中等支持和 Bayton[13]的强烈支持，其与桃榔属和瓦理棕属构成的分支成姐妹群关系受到强烈支持[9,13]。

DNA 条形码研究：鱼尾葵族除两个核心条形码 *rbc*L 和 *mat*K 外，nrITS2 被推荐为补充条形码，这 3 个条码联合分析的鉴定成功率达到了 92%[14]。BOLD 网站有该属 10 种 66 个条形码数据；GBOWS 已有 2 种 27 个条形码数据。

代表种及其用途：该属所有种类均可利用，可作建筑用材、绳索、西米等；尤其是 *C. urens* Linnaeus 可用来制作棕榈糖和酒。

5. *Chuniophoenix* Burret 琼棕属

Chuniophoenix Burret (1937: 583); Pei et al. (2010: 149) (Type: *C. hainanensis* Burret)

特征描述：植株小，丛生。茎直立，无刺，具环状叶痕。叶掌状深裂。花两性，多次开花结实；花序生于叶腋，穗状或二回分枝；花单生，或由 1-7 花缩合成的蝎尾状聚伞花序；花萼管状，2-3 浅裂；花冠基部长梗状，顶部 2-3 裂片，肉质；雄蕊 6，花丝延长，基部变宽，"丁"字着药；心皮 3，子房稍具梗，胚珠倒生。果实小，种子 1。胚乳嚼烂状或均匀，胚基生。

分布概况：3/2（2）种，**7-4 型**；分布于越南北部；中国产海南。

系统学评述：琼棕属位于 Coryphoideae 亚科琼棕族 Chuniophoeniceae [8]。琼棕属是 1 个单系受到强烈支持，但其与琼棕的其他 3 个属之间的关系不确定[9,13,16]。

DNA 条形码研究：BOLD 网站有该属 2 种 3 个条形码数据。

6. *Cocos* Linnaeus 椰子属

Cocos Linnaeus (1753: 1188); Pei et al. (2010: 154) (Type: *C. nucifera* Linnaeus)

特征描述：乔木状。叶羽状全裂，簇生于茎顶。花序生于叶丛中，圆锥花序；花单性，雌雄同株；雄花花萼 3 片，覆瓦状排列，花瓣 3，镊合状排列，雄蕊 6，退化雌蕊极小或缺；雌花子房 3 室，每室有胚珠 1，常仅 1 室发育。果实近基部有 3 萌发孔。种子 1，胚乳坚实，<u>中央有一空腔</u>，<u>内藏丰富的浆液</u>，胚基生。花粉粒单沟，极少 3 歧沟，穿孔状纹饰。

分布概况：1/1 种，**2** 型；广布热带沿海地区；中国产福建、台湾、广东、海南和云南。

系统学评述：椰子属位于槟榔亚科椰子族 Cocoseae，是个单系[8,17]。

DNA 条形码研究：BOLD 网站有该属 1 种 15 个条形码数据。

代表种及其用途：椰子 *C. nucifera* Linnaeus 是重要的热带水果。

7. *Daemonorops* Blume 黄藤属

Daemonorops Blume (1830: 1333); Pei et al. (2010: 142) (Type: *D. melanochaetes* Blume)

特征描述：茎直立或攀援。叶羽状全裂，<u>叶轴顶端常延伸为具爪状刺的纤鞭</u>。<u>雌雄异株</u>，<u>多次开花结实</u>。雌雄花序相似，<u>大佛焰苞初时舟状或圆筒状</u>，外面具直刺，<u>开花后脱落</u>。雄花单生，雄蕊 6。雌花序圆锥状；雌花大于雄花，卵形，花萼杯状，花冠长于花萼，退化雄蕊 6，子房不完全 3 室，胚珠 3，倒生。种子 1，<u>胚乳深嚼烂状</u>，胚基生。花粉粒多 2 沟，稀 2 孔，刺状和瘤棒状纹饰。

分布概况：约 100/1 种，**7** 型；分布于中南半岛至马来群岛，巴布亚新几内亚；中国产广东、海南和广西。

系统学评述：黄藤属位于省藤亚科省藤族省藤亚族[8]。Baker 等[15]基于 5S 核基因，对省藤属、黄藤属、*Ceratolobus*、*Calospatha*、*Pogonotium* 和 *Retispatha* 的分子系统学分析表明，黄藤属、*Ceratolobus* 和 *Pogonotium* 组成 1 个单系支，但黄藤属的 *D. periacantha* Miquel 与 *Pogonotium* 属的种类聚在一起，因此不是 1 个单系。

DNA 条形码研究：BOLD 网站有该属 3 种 7 个条形码数据。

代表种及其用途：该属一些种类果实能分泌出红褐色树脂，可作染料和中药"血竭"，如龙血藤 *D. draco* Blume 等。

8. *Guihaia* J. Dransfield, S. K. Lee & F. N. Wei 石山棕属

Guihaia J. Dransfield, S. K. Lee & F. N. Wei (1985: 7); Pei et al. (2010: 144) [Type: *G. argyrata* (S. K. Lee & F. N. Wei) J. Dransfield (≡ *Trachycarpus argyratus* S. K. Lee & F. N. Wei)]

特征描述：植株矮，<u>丛生</u>。<u>茎短或很短</u>。叶掌状分裂，<u>裂片外向折叠</u>，具单折，<u>叶鞘被针刺状或网状纤维</u>。<u>雌雄异株</u>，<u>多次开花结实</u>；<u>花序单生于叶腋间</u>；雄花小，雄蕊 6，花丝不形成雄蕊管，但完全贴生于花冠上；雌花与雄花相似，心皮 3，分离，胚珠基部着生。<u>果实仅由 1 心皮发育而成</u>，蓝黑色。种子一侧稍扁平，<u>具侧生种脐和明显的圆形的珠被侵入物</u>；胚乳均匀，<u>胚侧生</u>。

分布概况：2/2 种，**7-4** 型；分布于越南；中国产广东、广西和云南。

系统学评述：石山棕属位于 Coryphoideae 亚科蒲葵族 Livistoneae 蓝棕榈亚族 Rhapidinae [8]。石山棕属是 1 个单系，Bacon 等[18]利用 3 个叶绿体基因片段（*mat*K、*ndh*F 和 *trn*D-T）和 4 个核基因片段（CISP4、CISP5、MS 和 RPB2）构建了棕榈族 Trachycarpeae[7]

的系统框架，其中棕竹属 *Rhapis*、石山棕属、棕榈属 *Trachycarpus*、*Chamaerops*、*Maxburretia* 和 *Rhapidophyllum* 这 6 个属构成了蓝棕榈亚族。石山棕属与棕竹属构成姐妹支，位于棕榈族的末端[18]。

　　DNA 条形码研究：BOLD 网站有该属 2 种 5 个条形码数据；GBOWS 已有 1 种 3 个条形码数据。

9. *Licuala* Wurmb 轴榈属

Licuala Wurmb (1780: 473); Pei et al. (2010: 148) (Type: *L. spinosa* Wurmb)

　　特征描述：灌木。茎丛生或单生。叶片呈圆形或扇形，掌状深裂成单折至数折的楔形截状的裂片或不分裂。花序生于叶腋，被管状、革质、宿存的佛焰苞；花小，两性；苞片小；花萼杯状或管状；花冠 3 深裂，镊合状排列；雄蕊 6，花丝分离或下部合生成一个明显的管，顶端具等长的 6 齿或具 3 裂的雄蕊环；子房 3 心皮，离生。核果小。种子腹面光滑或有大裂片状的种皮侵入物，胚乳角质，均匀，胚侧生。花粉粒单沟，穿孔状、穴状和网状纹饰。

　　分布概况：约 150/3（2）种，**5 型**；分布于亚洲热带地区，澳大利亚和太平洋群岛；中国产华南和西南。

　　系统学评述：轴榈属位于 Coryphoideae 亚科的蒲葵族蒲葵亚族 Livistoninae[8]。Bacon 等[19]利用 3 个叶绿体基因片段（*mat*K、*ndh*F 和 *trn*D-T）和 4 个核基因片段（CISP4、CISP5、MS 和 RPB2）构建了蒲葵亚族的系统树，结果显示该亚族是个单系，并且该亚族的各属都是单系。

　　DNA 条形码研究：BOLD 网站有该属 37 种 51 个条形码数据；GBOWS 已有 2 种 6 个条形码数据。

10. *Livistona* R. Brown 蒲葵属

Livistona R. Brown (1753: 607); Pei et al. (2010: 147) (Type: *L. humilis* R. Brown)

　　特征描述：乔木状，有环状叶痕。叶大，阔肾状扇形或几圆形，扇状折叠，辐射状（或掌状）分裂成许多具单折或单肋脉的裂片。花序生于叶腋，具有几个管状佛焰苞；花小，两性，单生或簇生；雄蕊 6，花丝下部合生成一肉质环，顶部短钻状，离生；心皮 3，离生。果实常由 1 心皮发育而成，果皮平滑。种子腹面有凹穴，胚乳均匀，胚侧生。花粉粒单沟，网状纹饰。

　　分布概况：约 33/3 种，**5 型**；分布于亚洲和大洋洲热带地区；中国产西南至东南。

　　系统学评述：蒲葵属位于 Coryphoideae 亚科蒲葵族蒲葵亚族[8]。Bacon 等[19]利用 3 个叶绿体基因片段（*mat*K、*ndh*F 和 *trn*D-T）和 4 个核基因片段（CISP4、CISP5、MS 和 RPB2）构建了蒲葵亚族的系统树，结果显示该亚族是 1 个单系。蒲葵属位于该亚族的基部，是 1 个单系[19]。

　　DNA 条形码研究：BOLD 网站有该属 19 种 30 个条形码数据。

代表种及其用途：蒲葵 *L. chinensis* (Jacquin) R. Brown ex Martius 在南方广泛栽培供庭院观赏。

11. *Nypa* Steck 水椰属

Nypa Steck (1757: 15); Pei et al. (2010: 143) (Type: *N. fruticans* Wurmb)

特征描述：大型的具匍匐茎的丛生棕榈植物。叶羽状全裂，直立，外向折叠。花单性，雌雄同株；雌花聚生于顶部的头状花序上，雄花生于侧边的葇荑状花序上；雄花小，萼片 3，离生，花瓣 3，离生，雄蕊 3，花丝和花药合生成 1 实心的梗，花药细长，无退化雌蕊；雌花不同于雄花，萼片 3，离生，不整齐的倒披针形，花瓣 3，心皮 3（-4），离生，胚珠 3，倒生。果实倒卵球状，由 1 心皮发育而成，外果皮光滑，中果皮肉质具纤维。种子阔卵球形，胚乳均匀，中空，胚基生。花粉粒带状萌发孔，刺状纹饰。

分布概况：1/1 种，**5** 型；分布于亚洲东部，南部至澳大利亚等热带海岸地区；中国产海南东南部沿海。

系统学评述：水椰 *N. fructicans* Wurmb 是水椰亚科的唯一种。

DNA 条形码研究：BOLD 网站有该属 1 种 11 个条形码数据。

代表种及其用途：水椰是亚洲和西太平洋红树林群落的独特成分，花序割取汁液可制糖、酿酒，叶片可以用于编织多种工业品。

12. *Phoenix* Linnaeus 刺葵属

Phoenix Linnaeus (1753: 1188); Pei et al. (2010: 143) (Type: *P. dactylifera* Linnaeus)

特征描述：灌木或乔木状。茎单生或丛生。叶羽状全裂，羽片狭披针形或线形，芽时内向折叠，基部的退化成刺状。花序生于叶间；佛焰苞鞘状，革质；花单性，雌雄异株；雄花雄蕊 3 或 6（9），花丝极短或几无；雌花球形，退化雄蕊 6，心皮 3，离生。果实长圆形或近球形，外果皮肉质，内果皮薄膜质。种子 1，腹面具纵沟，胚乳均匀或稍嚼烂状，胚侧生或近基生。花粉粒单沟，网状纹饰。

分布概况：14/3 种，**6** 型；分布于亚洲，非洲的热带和亚热带地区；中国产台湾、广东、海南、广西和云南。

系统学评述：刺葵属位于 Coryphoideae 亚科刺葵族[8]。基于形态性状和 5S DNA 片段的系统学分析，Barrow[20]将刺葵属分为 2 支：第 1 分支包括海枣 *P. dactylifera* Linnaeus、*P. sylvestris* (Linnaeus) Roxburgh、*P. theophrasti* Greuter 和 *P. canariensis* Wildpret 为主的复合群及 *P. atlantica* A. Chevalier；第 2 支包括 *P. paludosa* Roxburgh 和江边刺葵 *P. roebelenii* O'Brien 姐妹种。Pintaud 等[21]基于 *psbZ-trnf*M 和 *rpl*16-*rps*3 片段，将该属划分为 5 个支系。

DNA 条形码研究：Ballardini 等[22]推荐 *psbZ-trnf*M，一段 700bp 的叶绿体基因片段为该属的鉴定条形码，该片段能准确鉴别该属 14 种中的 80%，个体的鉴定成功率为 80%。*P. rupicola* T. Anderson 和 *P. theophrasti* 具有相同的单倍型，以及另外 3 个种 *P. atlantica*、

P. dactylifera 和 *P. sylvestris* 也具有相同的单倍型，因此不能成功的鉴别。BOLD 网站有该属 7 种 143 个条形码数据；GBOWS 已有 1 种 3 个条形码数据。

代表种及其用途：海枣的果实可食用。

13. *Pinanga* Blume 山槟榔属

Pinanga Blume (1838: 65); Pei et al. (2010: 155)[Lectotype: *P. coronata* (Blume) Blume (≡ *Areca coronata* Blume)]

特征描述：灌木状，有环状叶痕。叶羽状全裂，上部的羽片合生，或罕为单叶。花序生于叶丛之下，佛焰苞单生；花雌雄同序，3 花聚生，排成 2-4 或 6 纵列；雄花斜三棱形，萼片急尖，具龙骨凸起，镊合状排列，花瓣卵形或披针形，镊合状排列，雄蕊 6 枚或更多；雌花远比雄花小，卵形或球形，子房 1 室，胚珠 1。胚乳嚼烂状，胚基生。花粉单沟，穿孔状、瘤棒状、刺状和网状纹饰。

分布概况：约 137/5（1）种，**7** 型；分布于亚洲热带地区；中国产西南、华南和华东。

系统学评述：山槟榔属位于槟榔亚科槟榔族槟榔亚族[8]。Loo 等[12]构建了槟榔亚族的系统关系，各自为单系的槟榔属、山槟榔属和 *Nenga* 这 3 个属构成槟榔分支，山槟榔属是 *Nenga* 的姐妹群。

DNA 条形码研究： BOLD 网站有该属 52 种 168 个条形码数据；GBOWS 已有 2 种 6 个条形码数据。

代表种及其用途：多数种类可作庭园绿化树种；种子可作槟榔的代用品。

14. *Plectocomia* Martius ex J. A. Schultes & J. H. Schultes 钩叶藤属

Plectocomia Martius ex J. A. Schultes & J. H. Schultes (1830: 1333); Pei et al. (2010: 134) (Type: *P. elongata* Martius ex J. A. Schultes & J. H. Schultes)

特征描述：攀援藤本，一次开花结实。叶鞘管状，有针状刺；叶羽状全裂，叶轴顶端延伸为具爪状刺的纤鞭。雌雄异株；一级佛焰苞管状，二级佛焰苞为内凹的苞片状，遮掩着小穗轴；雄花每 2 并生于小穗轴上的每个凹痕处，雄蕊 6，具平行的药室；雌花大于雄花，退化雄蕊 6，基部合生，子房被鳞片，3 室，胚珠 3，仅 1 室发育。胚乳均匀，胚基生。花粉粒 2 沟或单沟，穿孔状、穴状和棒状纹饰。

分布概况：约 16/3（1）种，**7** 型；分布于亚洲热带地区和大洋洲；中国产西南和华南。

系统学评述：钩叶藤属位于省藤亚科省藤族钩叶藤亚族 Plectocomiinae [8]。Baker 等[15]基于核基因 ITS 和 *rps*16 构建的省藤亚科的系统发育框架表明，钩叶藤属是单系，与 *Plectocomiopsis* 聚为单系。

DNA 条形码研究：BOLD 网站有该属 3 种 13 个条形码数据；GBOWS 已有 2 种 12 个条形码数据。

15. *Rhapis* Linnaeus f. 棕竹属

Rhapis Linnaeus f. (1789: 473); Pei et al. (2010: 146) [Lecotype: *R. flabelliformis* L'Héritier, *nom. illeg.* (=*R. excelsa* (Thunberg) A. Henry ≡ *Chamaerops excelsa* Thunberg)]

特征描述：丛生灌木。<u>茎小，上部被以网状纤维的叶鞘</u>。叶聚生于茎顶，叶扇状或掌状深裂，<u>裂片数折、截状，内向折叠</u>。花雌雄异株或杂性；<u>花序生于叶间</u>；雄花花萼杯状，雄蕊 6，2 轮，花丝贴生于花冠管上；雌花 3 心皮，离生，每心皮具胚珠 1，退化雄蕊 6。<u>果实通常由 1 心皮发育而成</u>，球形或卵球形，顶端具柱头残留物。<u>种子单生</u>，胚乳均匀，<u>近种脊处有大的球状海绵组织（珠被）侵入物，胚基生或侧生</u>。花粉单沟，网状纹饰。

分布概况：约 11/5（2）种，**7** 型；分布于亚洲东部和东南部；中国产西南至华南。

系统学评述：棕竹属是 1 个单系，位于 Coryphoideae 亚科蒲葵族蓝棕榈亚族[8]。Bacon 等[18]的研究中，棕竹属 *Rhapis*、石山棕属、棕榈属 *Trachycarpus*、*Chamaerops*、*Maxburretia* 和 *Rhapidophyllum* 6 个属构成了蓝棕榈亚族。

DNA 条形码研究：BOLD 网站有该属 7 种 14 个条形码数据。

代表种及其用途：该属大多数种类都是优良的绿化观赏植物。

16. *Salacca* Reinwardt 蛇皮果属

Salacca Reinwardt (1825: 3); Pei et al. (2010: 133) [Type: *S. edulis* Reinwardt, *nom. illeg.* (=*S. zalacca* (Gaertner) Voss ≡ *Calamus zalacca* Gaertner)]

特征描述：<u>植株丛生</u>。<u>短茎或几无茎，有刺</u>。叶羽状全裂。<u>雌雄异株</u>；<u>花序生于叶间</u>；雄花序具分枝，<u>着生几个柔荑状圆柱形的分枝花序</u>；雄蕊 6；雌花序分枝少，较大；退化雄蕊 6，心皮 3，胚珠 3。果实球形、陀螺形或卵球形，顶端具残留柱头，外果皮被覆瓦状反折的鳞片。种子 1-3，肉质种皮厚，<u>胚乳均匀，带有从顶端孔穴深深侵入的种皮</u>，胚基生。花粉粒 2 沟或单沟，穿孔状、刺状和瘤棒状纹饰。

分布概况：约 21/1 种，**7** 型；分布于印度，中南半岛至马来群岛等；中国产云南西部。

系统学评述：蛇皮果属位于省藤亚科省藤族蛇皮果亚族 Salaccinae [8]。Baker 等[15] 的省藤亚科的系统发育研究表明，蛇皮果属与其姐妹属 *Eleiodoxa* 形成单独的分支，即蛇皮果支，且蛇皮果属是个单系。

DNA 条形码研究：BOLD 网站有该属 5 种 11 个条形码数据；GBOWS 已有 1 种 3 个条形码数据。

17. *Trachycarpus* H. Wendland 棕榈属

Trachycarpus H. Wendland (1862: 429); Pei et al. (2010: 145) [Type: *T. fortunei* (Hooker) H. Wendland (≡ *Chamaerops fortunei* Hooker)]

特征描述：乔木状或灌木状，树干被枯叶或部分裸露。<u>叶片掌状分裂成许多具单折的裂片</u>，内向折叠。<u>雌雄异株</u>，偶为雌雄同株或杂性；花序生于叶间，多次分枝或二次分枝；花 2-4 成簇着生；雄花花萼 3 深裂，花冠大于花萼，雄蕊 6，花丝分离；雌花心皮 3。果实有脐或在种脊面稍具沟槽。种子，胚乳均匀，角质，胚侧生或背生。花粉单沟，穴状纹饰。

分布概况：约 8/3（2）种，**14** 型；分布于印度，中南半岛至日本；中国产云南西部至西北部。

系统学评述：棕榈属位于 Coryphoideae 亚科蒲葵族蓝棕榈亚族[8]。Bacon 等[18]的研究中，棕竹属、石山棕属、棕榈属、*Chamaerops*、*Maxburretia* 和 *Rhapidophyllum* 6 个属构成了蓝棕榈亚族；棕榈属是个单系。

DNA 条形码研究：BOLD 网站有该属 4 种 17 个条形码数据；GBOWS 已有 2 种 10 个条形码数据。

代表种及其用途：该属植物材质坚硬，可用于支柱和器具之材料；叶柄基部的纤维用于编织。

18. *Wallichia* Roxburgh 瓦理棕属

Wallichia Roxburgh (1820: 91); Pei et al. (2010: 152) (Type: *W. caryotoides* Roxburgh)

特征描述：灌木或小乔木。叶羽状全裂。花序生于叶间；雌雄同株或杂性异株，一次开花结实；雄花成对着生或单生，花萼圆筒状或杯状，花冠长于花萼，近基部圆筒状，3 深裂，雄蕊（3-）6（-15），花丝基部合生成柱状；雌花单生，螺旋状排列，退化雄蕊 0-3，子房 2-3 室，胚珠 2-3。果实小。种子 1-2（-3），胚乳均匀，胚背生或侧生。花粉粒单沟，刺状纹饰。

分布概况：约 8/5 种，**7-2** 型；分布于印度东北部，不丹，尼泊尔，老挝，缅甸，泰国，越南；中国产湖南、广西、云南和西藏。

系统学评述：桄榔属位于 Coryphoideae 亚科鱼尾葵族 Caryoteae [8]。瓦理棕属的单系性 Bayton[13]的中等支持，其与桄榔属的姐妹群关系得到强烈支持[9]。

DNA 条形码研究：鱼尾葵族除 2 个核心条形码 *rbc*L 和 *mat*K 外，ITS2 被推荐为补充条形码，3 个条码联合分析的鉴定成功率达到了 92%[14]。BOLD 网站有该属 6 种 17 个条形码数据；GBOWS 已有 1 种 6 个条形码数据。

代表种及其用途：该属大多数种类树形美观，可作庭院绿化树种。

主要参考文献

[1] Davis TJ, et al. Environmental energy and evolutionary rates in flowering plants[J]. Proc Roy Soc B, 2004, 271: 2195-2200.

[2] Chase MW, et al. Multigene analyses of Monocot relationships[J]. Aliso, 2006, 22:63-75.

[3] Graham SW, et al. Robust inference of deep monocot phylogeny using an expanded multigene plastid data set[M]//Columbus JT, et al. Monocots: comparative biology and evolution (excluding Poales). Claremont: Rancho Santa Ana Botanic Garden, 2006: 3-21.

[4] Givnish TJ, et al. Assembling the tree of the monocotyledons: plastome sequence phylogeny and evolution of Poales[J]. Ann MO Bot Gard, 2010, 97: 584-616.

[5]   Barrett CF, et al. Plastid genomes and deep relationships among the commelinid monocot angiosperms[J]. Cladistics, 2013, 29: 65-87.

[6]   Davis JI, et al. Contrasting patterns of support among plastid genes and genomes for major clades of the monocotyledons[M]//Wilkin P, Mayo SJ. Early events in monocot evolution. Systematics Association Special Volume Series. Cambridge: Cambridge University Press, 2013: 315-349.

[7]   Ruhfel BR, et al. From algae to angiosperms-inferring the phylogeny of green plants (Viridiplantae) from 360 plastid genomes[J]. BMC Evol Biol, 2014, 14: 23.

[8]   Dransfield J, et al. A new phylogenetic classification of the palm family, Arecaceae[J]. Kew Bull, 2005, 60: 559-569.

[9]   Asmussen, et al. A new subfamily classification of the palm family (Arecaceae): evidence from plastid DNA phylogeny[J]. Bot J Linn Soc, 2006, 151: 15-38.

[10]   Baker WJ, et al. Complete generic-level phylogenetic analyses of palms (Arecaceae) with comparisons of supertree and supermatrix approaches[J]. Syst Biol, 2009, 58: 240-256.

[11]   Baker WJ, et al. Phylogenetic relationships among arecoid palms (Arecaceae: Arecoideae)[J]. Ann Bot, 2011, 108: 1417-1432.

[12]   Loo AHB, et al. Low-copy nuclear DNA, phylogeny and the evolution of dichogamy in the betel nut palms and their relatives (Arecinae; Arecaceae) [J]. Mol Phylogenet Evol, 2006, 39: 598-618.

[13]   Bayton RP. *Borassus* L. and the Borassoid palms: systematics and evolution[D]. PhD thesis. Reading: University of Reading, 2005.

[14]   Jeanson ML, et al. DNA barcoding: a new tool for palm taxonomists? [J]. Ann Bot, 2011, 108: 1445-1451.

[15]   Baker WJ, et al. Molecular phylogenetics of *Calamus* (Palmae) and related rattan genera based on 5S nrDNA spacer sequence data[J]. Mol Phylogenet Evol, 2000, 14: 218-231.

[16]   Dransfield J, et al. Genera *Palmarum*: the evolution and classification of palms[M]. London: Kew Publishing, 2008.

[17]   Gunn BF, et al. The phylogeny of the Cocoeae (Arecaceae) with emphasis on *Cocos nucifera*[J]. Ann MO Bot Gard, 2004, 91: 505-522.

[18]   Bacon CD, et al. Miocene dispersal drives island radiations in the palm tribe Trachycarpeae (Arecaceae) [J]. Syst Biol, 2012, 61: 426-442.

[19]   Bacon CD, et al. Geographic and taxonomic disparities in species diversity: dispersal and diversification rates across Wallace's Line[J]. Evolution, 2013, 67: 2058-2071.

[20]   Barrow SC. A monograph of *Phoenix* L.(*Palmae*: Coryphoideae) [J]. Kew Bull, 1998, 53: 513-575.

[21]   Pintaud JC, et al. Biogeography of the date palm (*Phoenix dactylifera* L., Arecaceae): insights on the origin and on the structure of modern diversity[J]. Acta Hort, 2011, 994: 19-38.

[22]   Ballardini M, et al. The chloroplast DNA locus *psbZ-trnf*M as a potential barcode marker in *Phoenix* L. (Arecaceae)[J]. Zookeys, 2013, 365: 71-82.

Commelinaceae R. Brown (1810), *nom. cons.* 鸭跖草科

特征描述：草本。有的茎下部木质化；茎有明显的节和节间。叶互生、对生或螺旋状排列，无柄或有明显的叶鞘，叶鞘基部闭合。聚伞花序单生或集成圆锥花序；花两性，极少单性；萼片 3，分离或仅在基部连合，常为舟状或龙骨状；无蜜腺；花瓣 3，分离或在中段合生成筒；雄蕊 6，全育或仅 2-3 能育而有 1-3 退化雄蕊，花丝有念珠状长毛或无毛，花药并行或稍稍叉开，纵缝开裂，罕见顶孔开裂，退化花药 4 裂成蝴蝶状，或 3 全裂，或 2 裂成哑铃形，或者全缘；子房上位，中轴胎座，3 室，或退化为 2 室。蒴果室背开裂，稀为浆果状而不裂。种子大，富含胚乳。花粉粒多为单沟。蜜蜂和双翅目昆虫传粉。

分布概况：40 属/650 种，主产热带，少数到亚热带，稀见于温带；中国 15 属/59 种，产云南、广东、广西和海南。

系统学评述：鸭跖草科是 1 个自然的类群，得到了形态学和分子证据的支持[1-4]。Faden 和 Hunt [1] 从形态上把鸭跖草科分为 2 个亚科，即 Cartonematoideae 和鸭跖草亚科 Commelinoidieae，其中 Cartonematoideae 包括 2 个属：*Cartonema* 和 *Triceratella*，每个属作为 1 个族；鸭跖草亚科包括 2 个族：鸭跖草族 Commelineae（包括 25 个属）和紫万年青族 Tradescantieae（包括 13 个属），后者又包括 7 个亚族。分子证据表明 *Cartonema*

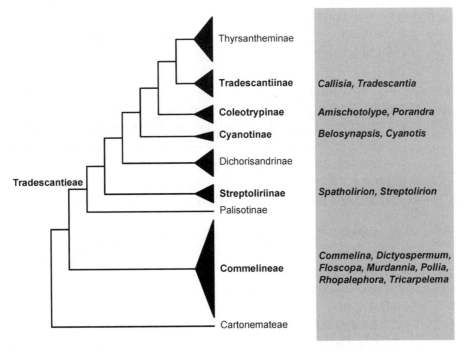

图 63　鸭跖草科分子系统框架图（参考 Wade 等[5]）

位于鸭跖草科的基部并与其他成员构成姐妹群关系[4,5]。*Triceratella* 的位置存在争议，形态上它与 *Cartonema* 明显区别于鸭跖草亚科的成员，Tomlinson[6]认为其处于 *Cartonema* 与鸭跖草科其他属的中间过渡。通过形态分支分析[3]，*Triceratella* 被认为是蓝耳草亚族 Cyanotinae 的姐妹群，该属的分子系统学研究仍需进一步研究。Evans[4]基于 *rbc*L 构建的分子系统树支持了鸭跖草族和紫万年青族（除去 *Palisota*，其与紫万年青族其他的成员加上鸭跖草族构成姐妹群）为单系。Burns[7]基于 *trn*L-F 和 5S NTS 的分子系统学研究也支持了鸭跖草族为单系，但认为紫万年青族非单系，其中的 *Palisota* 和竹叶吉祥草属 *Spatholirion* 与鸭跖草族聚在一起。

分属检索表

1. 花序穿过叶鞘而出，无总梗，呈头状花序，能育雄蕊 6
  2. 直立草本，不分枝，有时在基部匍匐；花药纵向开裂 ·················· **1. 穿鞘花属 *Amischotolype***
  2. 攀援草本，分枝；花药顶孔开裂 ····························· **10. 孔药花属 *Porandra***
1. 花序不穿过叶鞘，具总梗，非头状花序，有的具穿鞘而出的侧枝，能育雄蕊 6 或更少
  3. 攀援草本；总苞片大而成佛焰苞状；圆锥花序中下部蝎尾状聚伞花序上的花为两性花，其余为雄花
    4. 聚伞花序全部具总苞片；侧枝每节生花序；子房每室有胚珠 2········ **13. 竹叶子属 *Streptolirion***
    4. 聚伞花序仅基部 1 个具总苞片；侧枝大部分节上无花序；子房每室有胚珠 8 ·························
    ·· **12. 竹叶吉祥草属 *Spatholirion***
  3. 直立或匍匐草本；总苞片成佛焰苞状或否；花均为两性花
  5. 果浆果状而不裂；花序顶生································ **9. 杜若属 *Pollia***
  5. 果为开裂蒴果；花序顶生或否
    6. 圆锥花序顶生，扫帚状，花小而极多；蒴果小，2 室，每室 1 种子··· **7. 聚花草属 *Floscopa***
    6. 花序顶生或否，非扫帚状；蒴果 3 室，稀 2 室，如 2 室则能育雄蕊 3
      7. 总苞片佛焰苞状（除了鞘苞花 *Cyanotis axillaris*，它的花序包裹在叶鞘中，能育雄蕊 6，花瓣在中间合生）
        8. 花瓣合生，管状，两端分离，雄蕊 6 全育，苞片镰刀状，两行覆瓦状排列·················
        ·· **5. 蓝耳草属 *Cyanotis***
        8. 花瓣完全离生，能育雄蕊 3 或 6，苞片非两行覆瓦状排列
          9. 花两侧对称，能育雄蕊 3，排列在一边，退化雄蕊 4 裂，蝴蝶状；蒴果通常 2 瓣裂，后面的室往往不开裂 ······················ **4. 鸭跖草属 *Commelina***
          9. 花辐射对称，能育雄蕊 6；蒴果 3 瓣裂·············· **14. 紫万年青属 *Tradescantia***
      7. 总苞片有或无，有则不为佛焰苞状，平展或成鞘状
        10. 花序无总梗或极短，花集成头状腋生或簇生于叶鞘内，雄蕊常为 6，全育，较少 1-3
          11. 花瓣粉红、蓝或紫色，花丝胡须状，药隔狭窄，柱头头状·················
          ·· **2. 假紫万年青属 *Belosynapsis***
          11. 花瓣白色，花丝无毛，药隔宽，矩形、三角形或长圆形，很少窄，柱头大多具细毛·· **3. 洋竹草属 *Callisia***
        10. 花序总梗明显，顶生或腋生，能育雄蕊 2 或 3
          12. 退化雄蕊顶端不裂而为箭头状，或 3 全裂，能育雄蕊 3（但有的其中 1-2 败育），全部对萼 ·· **8. 水竹草属 *Murdannia***
          12. 退化雄蕊顶端哑铃状，能育雄蕊 2-3，位于前方或后方

13. 能育雄蕊位于前方；蒴果圆柱状，长为宽的 2-3 倍，每室有 4-8 种子 ···········
·· **15. 三瓣果属** *Tricarpelema*
13. 能育雄蕊位于后方；蒴果圆球状，每室仅含 1 种子
    14. 果实光滑；花瓣不具瓣爪，通常为白色······· **6. 网籽草属** *Dictyospermum*
    14. 果实上黏合着钩状腺毛；上部的花瓣具短爪，淡紫色·····························
·· **11. 钩毛子草属** *Rhopalephora*

1. *Amischotolype* Hasskarl 穿鞘花属

Amischotolype Hasskarl (1863: 391); Hong & Defilipps (2000: 23) (Lectotype: *A. glabrata* Hasskarl)

    特征描述：多年生草本。具根状茎。<u>茎直立，有时在基部平卧</u>。叶互生。<u>花序穿过</u><u>叶鞘基部而出</u>，具短花序总梗，由多个聚伞花序组成，有时为伞房状或圆锥状，无梗；花近辐射对称；萼片 3，分离，龙骨状，草质；<u>花瓣离生，紫色</u>，长椭圆形或倒卵圆形；雄蕊 6，全育，<u>花丝有念珠状长毛，花药纵向开裂</u>；子房无柄，3 室，卵状，每室具 2 胚珠，有时后面 1 室仅具 1 胚珠。蒴果三棱状球形或三棱状卵形，3 片裂，每室有种子 2，稀 1。种子柱状三棱形，具网状纹饰。花粉粒单沟，疣状纹饰。染色体 2*n*=18，20，30，36。

    分布概况：20/2 种，**6** 型；分布于亚洲热带，非洲热带；中国产西南至东南。

    系统学评述：穿鞘花属位于鸭跖草亚科紫万年青族 Coleotrypinae 亚族。该亚族包括穿鞘花属、*Coleotrype* 和孔药花属 *Porandra* 这 3 个属。分子系统学研究表明该属是 *Coleotrype* 的姐妹群，但均并未取样孔药花属[4,5]。Evans[3]的形态学研究表明该属可能与孔药花属更为近缘。目前并未见属下分类系统，分子系统学研究均只取样 1 种，需要进一步研究。

    DNA 条形码研究：BOLD 网站有该属 1 种 1 个条形码数据；GBOWS 已有 1 种 11 个条形码数据。

    代表种及其用途：穿鞘花 *A. hispida* (A. Richard) D. Y. Hong、尖果穿鞘花 *A. hookeri* (Hasskarl) H. Hara 可作为马饲料。

2. *Belosynapsis* Hasskarl 假紫万年青属

Belosynapsis Hasskarl (1871: 259); Hong & Defilipps (2000: 21) (Type: *B. kewensis* Hasskarl)

    特征描述：多年生匍匐草本。根状茎长。蝎尾状聚伞花序，顶生或腋生，<u>总苞片叶</u><u>状，而不为佛焰苞状</u>；萼片多离生，仅基部稍连合；<u>花瓣离生，蓝色或紫色，条形</u>；雄蕊 6，全育，分离而等长，<u>花丝被绵毛，花药纵向裂开</u>；子房 3 室，每室有胚珠 2。蒴果椭圆状，3 片裂，具凹槽。种子每室 2，具网纹。染色体 2*n*=36，40，52。

    分布概况：3/1 种，（**7c**）型；分布于亚洲南部；中国产广东南部、广西南部、海南、台湾和云南。

    系统学评述：假紫万年青属位于鸭跖草亚科紫万年青族蓝耳草亚族，该亚族另一属

为蓝耳草属。该亚族与 Coleotrypinae 亚族构成姐妹群[4,5]。

DNA 条形码研究：BOLD 网站有该属 2 种 3 个条形码数据。

3. *Callisia* Loefling 洋竹草属

Callisia Loefling (1758: 305); Hong & Defilipps (2000: 38) [Neotype: *C. repens* (Jacquin) Linnaeus (≡ *Hapalanthus repens* Jacquin)]

特征描述：多年生草本。无根状茎。茎匍匐或在近端外倾。叶对生或螺旋排列。蝎尾状聚伞花序，<u>总苞片非佛焰苞状</u>，花梗很短；<u>花辐射对称</u>；萼片 2 或 3，分离；<u>花瓣白色</u>，2 或 3 枚，分离，披针形；<u>雄蕊（1-3 或）6</u>，均可育，<u>罕见的会出现 1 个或多个成为退化雄蕊</u>，<u>花丝常无毛</u>，<u>纵向开裂</u>；房长圆形，近三棱，2 或 3 室，每室有 2 胚珠。蒴果 2-3 片裂。种子 1 或 2 或 3 片裂，三棱，皱状或放射条纹状纹饰。花粉粒单沟，网状纹饰。染色体 2n=12-72。

分布概况：20/1 种，（**9**）型；分布于美国；中国香港有引种。

系统学评述：洋竹草属位于鸭跖草亚科紫万年青族紫万年青亚族 Tradescantiinae，是个多系类群。该属在形态上被很好地定义，但分子系统学研究表明该属为多系[4,7,8]。*Callisia* sect. *Cuthbertia* 为 1 个单系，该组的 3 个种的草状线形叶、减少的花序苞片、粉红到玫红色花瓣、雄蕊有毛、子房无毛和丛生习性也很好的将其与洋竹草属其他成员区分开；*C.* sect. *Brachchyphylla* 的 2 个种也构成 1 个单系，形态上该组具小而多汁呈披针形或锥形的叶、顶生花序和发育良好的花区分于该属其他成员；洋竹草组 *C.* sect. *Callisia* 构成 1 个单系，可被处理为 1 个狭义的洋竹草属[8]。

DNA 条形码研究：BOLD 网站有该属 4 种 5 个条形码数据。

代表种及其用途：洋竹草 *C. Repens* (Jacquin) Linnaeus 可观赏；亦可作半阴处的地被植物。

4. *Commelina* Linnaeus 鸭跖草属

Commelina Linnaeus (1753: 40); Hong & Defilipps (2000: 35) (Lectotype: *C. communis* Linnaeus)

特征描述：草本。无根状茎。茎上升或匍匐生根，通常多分枝。叶互生。蝎尾状聚伞花序藏于佛焰苞状总苞片内，<u>总苞片基部开口或合缝而成漏斗状</u>、<u>僧帽状</u>；花两侧对称；萼片披针形或卵圆形，有时窄舟状，内方 2 基部常合生；花瓣离生，<u>常为蓝色</u>，匙形或圆形，其中内方（前方）2 较大，明显具爪；能育雄蕊 3，退化雄蕊 2-3，顶端 4 裂，裂片排成蝴蝶状，<u>花丝均长而无毛</u>。蒴果藏于总苞片内，2-3 室（有时仅 1 室），蒴果常<u>2-3 片裂至基部</u>。种子具网纹或近于平滑。花粉粒单沟，刺状纹饰。染色体 2n=16-180，约 40 种不同数目。

分布概况：170/8 种，**2** 型；世界广布，主产热带和亚热带地区；中国主产长江以南。

系统学评述：鸭跖草属位于鸭跖草亚科的鸭跖草族，可能是 1 个单系。该属为鸭跖草科中的大属，但并无较全面的分子系统学研究，Burns[7]选取 22 种开展研究，支持该属为单系类群[4,7]。Burns[7]并不支持 Clark[9]提出的亚属分类，*Commelina* subgen.

Monoon 和 *C.* subgen. *Didymoon* 混杂在一起。

DNA 条形码研究：BOLD 网站有该属 12 种 41 个条形码数据；GBOWS 已有 3 种 41 个条形码数据。

代表种及其用途：饭包草 *C. benghalensis* Linnaeus、鸭跖草 *C. communis* Linnaeus 和节节草 *C. diffusa* N. L. Burman 可药用，有清热解毒、消肿利尿等功效；节节草的花汁可作青碧色颜料，用于绘画。

5. *Cyanotis* D. Don 蓝耳草属

Cyanotis D. Don (1825: 45); Hong & Defilipps (2000: 21) (Type: *C. barbata* D. Don). ——*Amischophacelus* R. S. Rao & Kammathy (1966: 305)

特征描述：草本，直立或匍匐。无根状茎。叶互生。蝎尾状聚伞花序无总梗，为佛焰苞状总苞片所托；苞片镰刀状弯曲，覆瓦状排列，成 2 列；花辐射对称；萼片离生或仅基部连合；花瓣中部连合成筒，两端分离，紫色、蓝色或白色，条线状到披针形；雄蕊 6，全育，同形，花丝经常在近顶端有膨大，被念珠状长绒毛，极稀无毛；子房 3 室，每室有 2 胚珠。蒴果 3 室，3 片裂，每室 1-2 种子。种子柱状金字塔形，种脐圆形，位于两种子接触处。花粉粒单沟，具皱纹饰。染色体 $2n$=16-78。

分布概况：50/5 种，**4 型**；产亚洲，非洲的热带和亚热带地区；中国主产长江以南。

系统学评述：蓝耳草属位于鸭跖草亚科紫万年青族的蓝耳草亚族，可能为单系。该亚族另一属为假紫万年青属。该亚族与 Coleotrypinae 亚族构成姐妹群[4,5]。Burns[7] 研究的该属 4 个种，构成了 1 支。

DNA 条形码研究：BOLD 网站有该属 2 种 3 个条形码数据；GBOWS 已有 3 种 20 个条形码数据。

代表种及其用途：蛛丝毛蓝耳草 *C. arachnoidea* C. B. Clarke 的根入药，通经活络、除湿止痛，主治风湿关节疼痛；植株含脱皮激素。四孔草 *C. cristata* (Linnaeus) D. Don 可消肿，治毒蛇咬伤。

6. *Dictyospermum* Wight 网籽草属

Dictyospermum Wight (1853: 29); Hong & Defilipps (2000: 34) (Lectotype: *D. montanum* R. Wight)

特征描述：多年生草本。根状茎长。茎直立或上升。叶互生。聚伞花序多花而长，组成顶生圆锥花序；萼片和花瓣各 3，均分离，大小近相等；能育雄蕊 3，位于花后方，中间一枚对瓣；退化雄蕊 3 或缺，位于花前方，顶端 2 裂，横叉开；子房 3 室，每室有胚珠 1。蒴果圆球状，稍三棱形，果皮常硬壳质而光滑，有时被毛。种子具网纹或否，胚盖位于背侧。染色体 $2n$=28。

分布概况：4-5/1 种，（**7a**）型；分布于亚洲热带；中国产海南和云南西南部。

系统学评述：传统上网籽草属位于鸭跖草亚科鸭跖草族。该属的系统位置和属下的系统学研究均未见报道。

DNA 条形码研究：GBOWS 已有 1 种 1 个条形码数据。

7. *Floscopa* Loureiro 聚花草属

Floscopa Loureiro (1825: 45); Hong & Defilipps (2000: 24) (Type: *F. scandens* Loureiro)

特征描述：多年生草本。根状茎长。聚伞花序组成单圆锥花序或复圆锥花序；苞片小；萼片 3，分离，圆形或椭圆形，稍呈舟状，革质，宿存；花瓣 3，分离，倒卵状椭圆形，无柄或有短爪，稍长于萼片；雄蕊 6，全育而相等，花丝无毛，药室连合，下部稍叉开，椭圆状；子房 2 室，稍扁，无毛，每室具 1 胚珠。蒴果小，每面有 1 沟槽，2室，每室具种子 1，室背 2 片裂。种子半球状、半椭圆状，种脐条状，位于腹面，胚盖位于背面。染色体 2*n*=12-54。

分布概况：20/2（1）种，**2** 型；广布热带和亚热带；中国产长江以南。

系统学评述：传统上聚花草属位于鸭跖草亚科鸭跖草族。该属与 *Stanfieldiella* 构成姐妹群[4]，仅取样 1 个种。属下分子系统学研究未见报道。

DNA 条形码研究：BOLD 网站有该属 1 种 2 个条形码数据；GBOWS 已有 2 种 8个条形码数据。

代表种及其用途：聚花草 *F. scandens* Loureiro 全草药用，苦凉，有清热解毒、利尿消肿之效，可治疮疖肿毒、淋巴结肿大、急性肾炎。

8. *Murdannia* Royle 水竹草属

Murdannia Royle (1840: 403); Hong & Defilipps (2000: 25) [Type: *M. scapiflora* (Roxburgh) Royle (≡ *Commelina scapiflora* Roxburgh)]

特征描述：多年生草本，有时为一年生。根部常纺锤状加粗。茎匍匐或上升，有时呈花葶状。叶互生，主茎常不育，叶密集呈莲座状。花序单生或多个组成圆锥花序；萼片 3，浅舟状；花瓣 3，分离，近于相等；能育雄蕊 3，对萼；退化雄蕊 3，对瓣，顶端钝而不裂，戟状 2 浅裂或 3 全裂，花丝常有毛。蒴果 3 室，室背 3 片裂。种脐点状，胚盖位于背侧面，具各式纹饰。花粉粒单沟，穿孔状纹饰，上具均匀分布的瘤状凸起。染色体 2*n*=12-80。

分布概况：50/20（6）种，**4** 型；全球热带及亚热带广布，主产亚洲；中国产长江以南。

系统学评述：水竹草属位于鸭跖草亚科鸭跖草族，可能是 1 个单系。分子系统学研究表明水竹草属和 *Anthericopsis* 构成 1 个分支位于鸭跖草族的基部[4]。在形态学上，这 2个属具有与萼片对生的可育雄蕊和与花瓣对生的不育雄蕊，在该科中为特有的性状[10]。属下深入的系统学研究未见报道。

DNA 条形码研究：BOLD 网站有该属 8 种 10 个条形码数据；GBOWS 已有 8 种 36个条形码数据。

代表种及其用途：水竹叶 *M. triquetra* (Wallich ex C. B. Clarke) Brückner 可用作饲料；幼嫩茎叶可供食用，全草有清热解毒、利尿消肿之效，亦可治蛇虫咬伤。裸花水竹叶 *M. nudiflora* (Linnaeus) Brenan 全草和烧酒捣烂，外敷可治疮疖红肿。

9. *Pollia* Thunberg 杜若属

Pollia Thunberg (1781: 11); Hong & Defilipps (2000: 32) (Type: *P. japonica* Thunberg)

特征描述：多年生草本。根状茎横长。茎直立或上升。叶互生。圆锥花序顶生；蝎尾状聚伞花序有数花；总苞片下部近叶状，上部很小，苞片膜质，抱花序轴；花辐射对称；萼片离生，椭圆形，稍呈舟状，常宿存；花瓣离生，白色、蓝色、紫色或黄绿色，有时具斑点，卵圆形，有时具短爪；雄蕊 6，全育，或仅前方 3 能育，另 3 不育，花丝无毛；子房无柄，3 室，卵状，每室有胚珠 5-10（稀 1-2）。果实不裂，浆果状，果皮黑色或蓝黑色，薄而多少有光泽，3 室，每室有种子 5-8（少 1-2）。种子排成 2 列，稍扁而多角形，种脐在腹面，点状。染色体 2*n*=10，30，32，38。

分布概况：17/8（1）种，**2**（**3**）型；分布于亚洲，非洲和大洋洲的热带及亚热带地区；中国产长江以南。

系统学评述：杜若属位于鸭跖草亚科鸭跖草族。分子系统学研究表明该属与 *Aneilema-Rhopalephora* 为姐妹群[4]，可能为 1 个单系[7]。属下较全面的系统学研究未见。

DNA 条形码研究：BOLD 网站有该属 2 种 2 个条形码数据；GBOWS 已有 4 种 26 个条形码数据。

代表种及其用途：杜若 *P. japonica* Thunberg 全草可入药，治风眼，头晕晕眩，腰腿痛。

10. *Porandra* D. Y. Hong 孔药花属

Porandra D. Y. Hong (1974: 462); Hong & Defilipps (2000: 23) (Type: *P. ramosa* D. Y. Hong)

特征描述：多年生攀援草本。无根状茎。茎细长，下部木质化，上部多分枝。叶互生。花序头状，穿过叶鞘基部而出；花序一般有数花朵；花辐射对称；萼片离生，龙骨状，覆瓦状排列；花瓣离生，粉红色、绿色或白色，椭圆形，覆瓦状排列；雄蕊 6 全育，近相等，花丝伸出，具绵状毛，药室大部连合，长矩圆状或滴水状，顶孔开裂；子房球状三棱形，3 室，每室 2 胚珠。蒴果球状椭圆形，有三棱，3 爿裂，每室有种子 2。种子柱状三棱形，多皱，有细网纹。

分布概况：3/3（2）种，**7-4** 型；广布热带及亚热带地区，主产亚洲；中国产长江以南。

系统学评述：孔药花属位于鸭跖草亚科紫万年青族 Coleotrypinae 亚族，该属缺乏相关的分子系统学研究。Evans [3]的形态学研究表明，该属与穿鞘花属更为近缘。

DNA 条形码研究：GBOWS 已有 1 种 6 个条形码数据。

11. *Rhopalephora* Hasskarl 钩毛子草属

Rhopalephora Hasskarl (1864: 58); Hong & Defilipps (2000: 35) [Type: *R. blumei* Hasskarl, *nom. illeg.* (≡ *Commelina monadelpha* Blume)]

特征描述：多年生草本。无根状茎。茎近端匍匐，在远端上升。叶对生或螺旋排列。

伞房花序。花两侧对称；萼片船形，离生，白色到淡紫色，上部的两个具短爪；可育雄蕊 3，对瓣的 1 枚较小，花丝无毛，不育雄蕊 3 或对萼的 1 枚缺失；子房 1-3 室，每室胚珠 1-2。蒴果近球形，被钩状毛，3 室，上方的 1 室种子 1，下方的无种子或种子 1-20，开裂。种子多皱。染色体 2n=58。

分布概况：4/1 种，**5** 型；分布于非洲大陆，马达加斯加，南亚和太平洋上的岛屿（印度到斐济）；中国产西南、华南和台湾。

系统学评述：钩毛子草属位于鸭跖草亚科鸭跖草族。分子系统学研究表明该属与 *Aneilema* 为姐妹群，*Aneilema* +钩毛子草属为杜若属的姐妹群[4]。属下未见全面的系统学研究。

DNA 条形码研究：BOLD 网站有该属 1 种 1 个条形码数据；GBOWS 已有 1 种 3 个条形码数据。

12. *Spatholirion* Ridley 竹叶吉祥草属

Spatholirion Ridley (1896: 329); Hong & Defilipps (2000: 20) (Type: *S. ornatum* Ridley)

特征描述：多年生缠绕草本。无根状茎。侧枝穿鞘而出。圆锥花序具长柄，与叶对生，并自叶鞘口内伸出，圆锥花序由多个聚伞花序组成；最下一个聚伞花序基部有 1 叶状总苞片，其余聚伞花序基部无总苞片；花在最下一个聚伞花序上为两性，其余均为雄性；萼片 3，分离，舟状，草质；花瓣宽条形；雄蕊 6，相等而且全育，花丝被绵毛；子房 3 室，每室有胚珠 8。果实卵状三棱形，3 片裂。种子成 2 列，多角形，具网纹。染色体 2n=20。

分布概况：3/2 种，**7-4** 型；分布于泰国，越南；中国产西南至东南。

系统学评述：竹叶吉祥草属位于鸭跖草亚科紫万年青族竹叶子亚族 Streptoliriinae。该属的系统位置存在争议，在 Evans[4]的研究中，竹叶吉祥草属与 Dichorisandrinae 亚族的几个属聚在 1 支；在 Wade [5]的研究中，竹叶吉祥草属位于紫万年青族的基部（除 *Palisota* 外）；Burns [7]的研究显示 *Palisota* 和竹叶吉祥草属 *Spatholirion* 与鸭跖草族聚在一起。

DNA 条形码研究：BOLD 网站有该属 1 种 2 个条形码数据；GBOWS 已有 1 种 9 个条形码数据。

13. *Streptolirion* Edgeworth 竹叶子属

Streptolirion Edgeworth (1845: 254); Hong & Defilipps (2000: 20) (Type: *S. volubile* Edgeworth)

特征描述：多年生攀援草本。无根状茎。侧枝穿鞘而出，每节都生花序，基部具叶鞘。叶具长柄，叶片心状卵圆形。圆锥花序与叶对生，自叶鞘口中伸出，每个聚伞花序基部都托有总苞片；花在最下一个聚伞花序上的为两性，其余的为雄性或两性；雄蕊 6，全育，花丝密生念珠状长毛，药室椭圆状，并行；子房无柄，椭圆状三棱形。蒴果椭圆状三棱形，顶端狭尖，3 片裂，每室种子 2。种子多皱。染色体 2n=10，12，48。

分布概况：1/1 种，**14SH** 型；分布于不丹，印度，日本，韩国，老挝，缅甸，泰国，越南；中国南北均产。

系统学评述：竹叶子属位于鸭跖草亚科紫万年青族竹叶子亚族，该属的分子系统学研究未见报道。

DNA 条形码研究：BOLD 网站有该属 1 种 1 个条形码数据；GBOWS 已有 1 种 26 个条形码数据。

代表种及其用途：竹叶子 *S. volubile* Edgeworth 可药用，清热、利水、解毒和化瘀。

14. *Tradescantia* Linnaeus 紫万年青属

Tradescantia Linnaeus (1753: 288); Hong & Defilipps (2000: 38) (Type: *T. virginiana* Linnaeus). —— *Rhoeo* Hance (1852: 659); *Zebrina* Schnizlein (1849: 870)

特征描述：多年生草本。无根状茎。叶对生或螺旋状排列。聚伞花序顶生或侧生，单生，簇生或形成一个圆锥花序；总苞片多佛焰苞状，苞片丝状；花辐射对称，花瓣离生或具爪在基部融合，白色或粉红色，卵形，雄蕊 6，均可育，花丝无毛或有毛；子房 3 室，每室胚珠 2。蒴果 3 瓣裂，卵形，每瓣种子 1-2，具皱纹饰。花粉粒单沟，皱波纹饰。染色体 2n=12-144。

分布概况：70/2 种，（3b）型；分布于美洲热带地区；中国产长江以南。

系统学评述：紫万年青属位于鸭跖草亚科紫万年青族紫万年青亚族。该属根据形态分为 12 组，但较全面的分子系统学研究并未见报道[2,11]；Burns[7]选取 17 种开展研究支持了该属为单系。Evans[4]提出紫万年青属与 *Gibasis* 为姐妹群，而 Burns[7]则认为其与洋竹草属为姐妹群。Owens[12] 建议 *Austrotradescantia* 组可以提升为属，因为其具有蔓生的生长习性和独特的柱头表面性状。Burns[7]只取了该组的 2 种，与该属其他取样的种为姐妹群，但由于取样太少，该组的单系仍需进一步核实。*Tradescantia* sect. *Setcreasea* 和紫万年青组 *T.* sect. *Tradescantia* 中的 *Virginianae* 系作为 1 个单系得到很好的支持[7]。

DNA 条形码研究：BOLD 网站有该属 11 种 27 个条形码数据；GBOWS 已有 1 种 6 个条形码数据。

代表种及其用途：紫背万年青 *T. spathacea* Swartz 和吊竹梅 *T. zebrina* Bosse 可栽培观赏。

15. *Tricarpelema* J. K. Morton 三瓣果属

Tricarpelema J. K. Morton (1966: 436); Hong & Defilipps (2000: 31) [Type: *T. giganteum* (Hasskarl) H. Hara (≡ *Dichoespermum giganteum* Hasskarl)]

特征描述：多年生草本。茎高大而直立。圆锥花序顶生，金字塔状；萼片 3，分离，舟状；花瓣 3，分离，前方 1 枚较窄；能育雄蕊 3，位于前方，中间 1 枚对瓣，其花药略小，花丝也比其两侧的略短；退化雄蕊 3，位于后方，顶端 2 裂，花丝离生，无毛。蒴果圆柱状，顶端有喙，长超过宽 2-3 倍，3 室，3 片裂，每室有种子 1 列，4-7 颗。种子多皱。染色体 2n=46。

分布概况：7/2（2）种，**6（14SH）型**；分布于喜马拉雅到加里曼丹和菲律宾；中国产西南。

系统学评述：紫万年青属位于鸭跖草亚科的鸭跖草族，该属的分子系统学研究未见报道。

主要参考文献

[1] Fade RB, Hunt DR. The classification of the Commelinaceae[J]. Taxon, 1991, 40: 19-31.

[2] Fade RB. Commelinaceae[M]//Kubitzki K. The families and genera of vascular plants, IV. Berlin: Springer, 1998: 109-128.

[3] Evans TM, et al. Phylogenetic relationships in the Commelinaceae, I: a cladistic analysis of morphological data[J]. Syst Bot, 2000, 25: 668-691.

[4] Evans TM, et al. Phylogenetic relationships in the Commelinaceae, II: a cladistic analysis of *rbc*L sequences and morphology[J]. Syst Bot, 2003, 28: 270-292.

[5] Wade DJ, et al. Subtribal relationships in tribe Tradescantieae (Commelinaceae) based on molecular and morphological data[J]. Aliso, 2006, 22: 520-526.

[6] Tomlinson FLS. Notes on the anatomy of *Triceratella* (Commelinaceae)[J]. Kirkia, 1964, 4: 207-212.

[7] Burns JH, et al. Phylogenetic studies in the Commelinaceae subfamily Commelinoideae inferred from nuclear ribosomal and chloroplast DNA sequences[J]. Syst Bot, 2011, 36: 268-276.

[8] Bergamo S. A phylogenetic evaluation of *Callisia* Loefl. (Commelinaceae) based on molecular data[D]. PhD thesis. Athens: The University of Georgia , 2003.

[9] Clarke CB. Commelinaceae[M]//de Candolle A, de Candolle C. Monographiae Phanerogamarum, Vol. 3. Paris: Sumptibus G. Masson, 1881: 113-324.

[10] Faden RB, Inman KE. Leaf anatomy of the African genera of Commelinaceae: *Anthericopsis* and *Murdannia*[M]// vander Maesen LJG, et al. The biodiversity of African plants. London: Kluwer Academic Publishers, 1996: 464-471.

[11] Hunt DR. Sections and series in *Tradescantia*: American Commelinaceae: IX[J]. Kew Bull, 1980, 35: 437-442.

[12] Owens SJ. Self-incompatibility in the Commelinaceae[J]. Ann Bot, 1981, 47: 567-581.

Philydraceae Link (1821), *nom. cons.* 田葱科

特征描述： 多年生草本。具簇生根。根状茎短。叶基生或拥簇在茎基部，二列，或呈螺旋状排列；叶鞘套叠；叶片线形或剑状，平行脉，气孔为平列型。穗状花序；花两性，无柄；花被片 4，排成 2 轮，外轮 2，无蜜腺；雄蕊 1，着生于离轴花被片的基部；子房上位，3 室，中轴胎座，或 1 室，侧膜胎座。蒴果，常室背开裂。种子具顶盖；胚乳丰富于淀粉、脂肪和晶状体；胚直立，线形。花粉粒单粒或四合体，单沟，皱波到网状纹饰。

分布概况： 3 属/6 种，主要分布于澳大利亚，少数到西太平洋群岛及东南亚大陆；中国 1 属/1 种，产福建、广东、广西和台湾。

系统学评述： 从形态学和分子证据都表明田葱科是 1 个单系，包括 3 个属，即 *Helmholtzia s.l.*（包括 *Orthothylax*）、*Philydrella* 和田葱属 *Philydrum*[1,2]。*Helmholtzia* 的范围有一定的变化，Skottsberg [3] 依据 *H. glaberrima* (J. D. Hooker) Caruel 的离生花被、两侧对称雌蕊、部分单室子房和干燥室背开裂的蒴果，将其提升为单型属 *Orthothylax*。*Helmholtzia glaberrima* 和 *H. acorifolia* 作为姐妹群获得了很高的支持率[2]，而且前者和该属其余 2 种的花粉形态也很相似，如大小相近，均为单粒、单沟和网状纹饰[4]，均支持把 *Orthothylax* 并入广义的 *Helmholtzia*。分子证据表明，*Helmholtzia* 和田葱属构成的分支与 *Philydrella* 形成姐妹群[2]。Simpson[4]的研究表明 *Helmholtzia* 和田葱属的花粉粒为网状纹饰，而 *Philydrella* 为皱状纹饰，推测花粉网状纹饰可能是 *Helmholtzia* 和田葱属构成的分支的共衍征[2]。

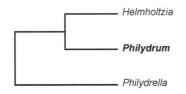

图 64　田葱科分子系统框架图（参考 Saarela 等[2]）

1. *Philydrum* Banks & Gaertner 田葱属

Philydrum Banks & Gaertner (1788: 62); Hong & Defilipps (2000: 43) (Type: *P. lanuginosum* Gaertner)

特征描述： 多年生粗壮草本。茎短。叶剑形，二列。穗状花序，有时分枝，被短柔毛；花多数，黄色，无花梗；花被外轮 2 离生，内轮的在基部多少连合；雄蕊 1，花药常螺旋状扭曲；子房上位，1 室，侧膜胎座。蒴果室背开裂。种皮上有螺旋状条纹。花粉四合体，单沟，粗网状纹饰。染色体 2n=16。

分布概况： 1/1 种，**5 型**；分布于亚洲南部至澳大利亚北部；中国产华东和华南。

系统学评述：田葱属与广义的 *Helmholtzia* 成姐妹群[2]。

DNA 条形码研究：BOLD 网站有该属 1 种 3 个条形码数据；GBOWS 已有 1 种 6 个条形码数据。

代表种及其用途：田葱 *P. lanuginosum* Gaertner 可作药用，清热化湿解毒。

主要参考文献

[1] Hamann U. Embryologische, morphologisch-anatomische und systematische Untersuchungen an Philydraceen [J]. Willdenowia, 1966, 4: 1-178.

[2] Saarela JM, et al. Phylogenetic relationships in the monocot order Commelinales, with a focus on Philydraceae[J]. Botany, 2008, 86: 719-731.

[3] Skottsberg C. Notes on *Orthothylax*[J]. Kew Bull, 1934, 3: 97-99.

[4] Simpson MG. Pollen ultrastructure of the Pontederiaceae[J]. Grana, 1987, 26: 113-126.

Pontederiaceae Kunth (1815), *nom. cons.* 雨久花科

特征描述：<u>水生或沼生草本</u>。<u>具根状茎或匍匐茎</u>。叶披针形至心形，<u>具明显叶柄和叶鞘</u>，丛生或沿茎着生。<u>花茎直立</u>，生于佛焰苞状叶鞘的腋部，<u>顶生总状</u>、穗状或聚伞圆锥花序；<u>花两性</u>；<u>花被片 6，2 轮</u>；<u>雄蕊常 6，2 轮</u>；<u>子房上位，3 室</u>，每室胚珠 1 至多数。蒴果，室背开裂，或小坚果。<u>种子小</u>，具纵肋或平滑。花粉粒 2 沟，疣状到皱波状纹饰。染色体 n=7，8，9，14，15，40，42 等。

分布概况：4 属/33 种，广布热带和亚热带地区；中国 2 属/5 种，南北均产，其中 1 属 1 种为引种栽培。

系统学评述：雨久花科同鸭跖草科 Commelinaceae、Haemodoraceae、Hanguanaceae 和 Philydraceae 一起被置于鸭跖草目[1-5]，然而该科在鸭跖草目内的位置一直有争议。传统上，基于可育子房室的数目将雨久花科分为 3 个族，即 Eichhornieae（子房 3 室）、Pontederieae（子房 1 室 1 种子）和 Heteranthereae（子房 1 室多数种子）[6-8]。基于叶绿体片段分析显示该科有 3 个单系属，即 *Pontederia*、雨久花属 *Monochoria* 和 *Heteranthera*；而凤眼莲属 *Eichhornia* 为并系，且由 4 个不同的支系构成[2,9-11]，这也得到了来自核基因 ETS 证据的支持 [12]。

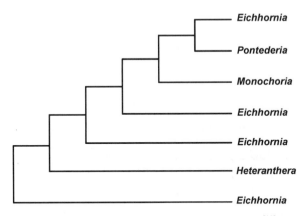

图 65　雨久花科分子系统框架图（参考 Ness 等[12]）

分属检索表

1. 叶柄膨大；花无梗；花被两侧对称，基部合生成花管，顶端裂片具 1 异色的斑块；雄蕊 6，其中 3 长于其他雄蕊 ·· **1. 凤眼莲属 *Eichhornia***
1. 叶柄不膨大；花具明显的花梗；花被辐射对称，分裂至近基部，颜色单一；雄蕊 6，其中 1 长于其他雄蕊 ·· **2. 雨久花属 *Monochoria***

1. *Eichhornia* Kunth 凤眼蓝属

Eichhornia Kunth (1843: 129), *nom. cons.*; Wu and Charles (2000: 41) [Type: *E. azurea* (Swartz) Kunth, *typ. cons.* (≡ *Pontederia azurea* Swartz)]

特征描述：浮水草本。节上生根。叶在基部丛生，莲座状或互生；叶柄长，常膨大，基部具鞘；叶片圆形，宽卵形或宽菱形。穗状或圆锥花序顶生，2 至数花；花两侧对称或近辐射对称；花被漏斗状，中、下部连合呈筒状；雄蕊 6，3 长 3 短，花丝线形，常有毛，花药长圆形；子房无柄，3 室，每室胚珠多数，花柱线形，弯曲，柱头稍膨大或微 3 或 6 浅裂。蒴果卵形、长圆形至线形，室背开裂；果皮膜质。种子多数，卵形，有棱。花粉粒 2 沟，疣状纹饰。染色体 $n=8$。

分布概况：7/1 种，3 型；分布于热带美洲，1 种见于热带非洲；中国引种长江、黄河流域及华南。

系统学评述：因凤眼蓝属具有可育的 3 室子房而被 Schwartz[7,8]置于 Eichhornieae 族。分子证据均显示凤眼蓝属并非单系类群，其分成了 4 个支系，其中 *E. meyeri* 和 *E. crassipes* 分别单独成 1 支[2,10-12]。

DNA 条形码研究：BOLD 网站有该属 8 种 16 个条形码数据。

代表种及其用途：凤眼蓝 *E. crassipes* (Martius) Solms 全草作饲料；花和嫩叶作蔬菜和药用；也用于园艺水体布景，以及污染监测和治理。

2. *Monochoria* C. Presl 雨久花属

Monochoria C. Presl (1827: 127); Wu & Charles (2000: 40) [Lecotype: *M. hastifolia* C. Presl, *nom. illeg.* (=*M. hastata* (Linnaeus) Solms ≡ *Pontederia hastata* Linnaeus)]

特征描述：水生或沼生草本。茎直立或匍匐。叶具长柄，基生或单生于花茎上。总状或近伞形状花序，花序梗基部具鞘状总苞；花无柄或具短柄；花被片 6，2 轮，内轮较宽，深裂至基部，开花时展开，后来螺旋状扭曲；雄蕊 6，着生于花被片的基部，2 型：其中 1 枚较大，花丝的一侧具斜伸的裂齿，其余 5 枚相等；子房 3 室，每室具胚珠多数，花柱线形，柱头近全缘或微 3 裂。蒴果室背开裂成 3 瓣。种子小，多数。花粉粒 2 沟，疣状纹饰。染色体 $2n=14$，30，40，42 等。

分布概况：8/4 种，4 型；分布于非洲，亚洲和大洋洲的热带和亚热带地区；中国南北均产。

系统学评述：Schwartz[7,8]曾将雨久花属置于 Heteranthereae 族，但由于该属子房具有可育的 3 室[13]，应该被置于 Eichhornieae 族[14]。近年来分子系统学研究显示，该属成员能够很好地聚在 1 支成为单系[2,10-12]。目前对于该属 4 个种叶绿体片段分析都得到相似的系统发育树[2,10,11]，*M. cyanea* (F. Mueller) F. Mueller 位于分支基部和其他 3 个种形成姐妹分支。

DNA 条形码研究：BOLD 网站有该属 4 种 7 个条形码数据；GBOWS 已有 2 种 14 个条形码数据。

代表种及其用途：雨久花 *M. korsakowii* Regel & Maack 可作家禽和家畜的饲料；也可药用，清热解毒；园林上用于水体布景。

主要参考文献

[1] Chase MW, et al. Higher-level systematics of the monocotyledons: an assessment of current knowledge and a new classification[M]//Wilson KL, Morrison DA. Monocots: systematics and evolution. Melbourne: CSIRO, 2000: 3-16.

[2] Graham SW, et al. Rooting phylogenetic trees with distant outgroups: a case study from the commelinoid monocots[J]. Mol Biol Evol, 2002, 19: 1769-1781.

[3] Janssen T, Bremer K. The age of major monocot groups inferred from 800+ *rbc*L sequences[J]. Bot J Linn Soc, 2004, 146: 385-398.

[4] Chase MW. Monocot relationships: an overview[J]. Am J Bot, 2004, 91: 1645-1655.

[5] Davis JI, et al. A phylogeny of the monocots, as inferred from *rbc*L and *atp*A, sequence variation, and a comparison of methods for calculating jackknife and bootstrap values[J]. Syst Bot, 2004, 29: 467-510.

[6] Cook CDK. Taxonomic revision of *Monochoria* (Pontederiaceae) [M]//Tan K. The Davis and Hedge Festschrift. Edinburgh: Edinburgh University Press, 1989: 149-184.

[7] Schwartz O. Zur Sytsematik und geographie der Pontederiaceen[J]. Bot Jahrb Syst, 1927, 61, *Beibl.* 139: 28-50.

[8] Schwartz O. Pontederiaceae[M]//Engler A, Prantl K. Die natürlichen pflanzenfamilien, Vol. 15a. 2nd ed. Leipzig: Engelmann, 1930: 181-188.

[9] Graham SW, Barrett SCH. Phylogenetic systematics of Pontederiales: implications for breeding-system evolution[M]//Rudall PJ, et al. Monocotyledons: systematics and evolution. London: Royal Botanic Gardens, 1995: 415-441.

[10] Kohn JR, et al. Reconstruction of the evolution of reproductive characters in Pontederiaceae using phylogenetic evidence from chloroplast DNA restriction-site variation[J]. Evolution, 1996, 50: 1454-1469.

[11] Graham SW, et al. Phylogenetic congruence and discordance among one morphological and three molecular data sets from Pontederiaceae[J]. Syst Biol, 1998, 47: 545-576.

[12] Ness RW, et al. Reconciling gene and genome duplication events: using multiple nuclear gene families to infer the phylogeny of the aquatic plant family Pontederiaceae[J]. Mol Biol Evol, 2011, 28: 3009-3018.

[13] Strange A. Comparative floral anatomy of Pontederiaceae[J]. Bot J Linn Soc, 2004, 144: 395-408

[14] Cook CDK. Pontederiaceae[M]//Kubitzki K. The families and genera of vascular plants, IV. Berlin: Springer, 1998: 395-403.

Lowiaceae Ridley (1924), *nom. cons.* 兰花蕉科

特征描述：多年生草本。茎极短。<u>叶基生</u>，<u>2 列</u>，叶片披针形或长圆形，<u>具明显的方格网脉</u>；<u>叶柄基部具鞘</u>。花两性，左右对称，排成聚伞花序或单生，由根状茎生出，具苞片；花萼 3，近相等；<u>花瓣 3</u>，<u>不等大</u>，<u>中间一枚大而有色彩，称唇瓣</u>，<u>侧生的 2枚很小，顶端具芒状尖头</u>；<u>雄蕊 5</u>，<u>花药 2 室</u>，<u>纵缝开裂</u>；<u>子房下位</u>，<u>3 室</u>，中轴胎座，胚珠 2-4 或多数。<u>蒴果背室间开裂</u>。种子具假种皮。花粉豆状，无萌发孔。染色体 n=9。甲虫传粉。

分布概况：1 属/21 种，分布于南亚；中国 1 属/2 种，分布于广东、广西、海南和云南等。

系统学评述：Johansen[1]利用 3 个叶绿体基因（*mat*K、*trn*L-F 和 *rps*16）和核基因ITS 构建了兰花蕉科和姜目的系统框架，认为兰花蕉科是姜目其他科的姐妹群。APG 系统中该科的系统未定。Johansen[1]基于 6 个 DNA 片段和 14 个种的取样构建了该属系统框架，结果显示加里曼丹的几个种构成了 1 个单系，来自亚洲内陆的几个种形成 1 个支持率较弱的分支。

1. *Orchidantha* N. E. Brown 兰花蕉属

Orchidantha N. E. Brown (1886: 519); Wu & Kress (2000: 319) (Type: *O. borneensis* N. E. Brown)

特征描述：同科描述。

分布概况：21/2 种，**7 型**；分布于南亚热带和亚热带地区；中国产广东、广西和海南等。

系统学评述：兰花蕉属是 1 个单系类群[1]。Johansen[1]分子系统分析结果显示，加里曼丹分布的种（包括了分布于马来西亚沙巴和文莱的种）作为单系得到了显著支持。由于中国分布的种 *O. chinensis* T. L. Wu 系统位置未定，因此亚洲大陆的种类系统关系不清楚。但马来半岛分布的具有白色唇瓣的种类聚为 1 支。

DNA 条形码研究：BOLD 网站有该属 16 种 40 个条形码数据。

主要参考文献

[1] Johansen LB. Phylogeny of *Orchidantha* (Lowiaceae) and the Zingiberales based on six DNA regions[J]. Syst Bot, 2005, 30: 106-117.

Musaceae Jussieu (1789) 芭蕉科

特征描述：多年生粗壮草本，单生不分枝。<u>叶螺旋状排列，叶鞘层层重叠包成假茎</u>，<u>叶柄有一列通气道</u>。花单性或两性，一或二列簇生于大型、常有颜色的苞片内，雄花着生于上部，雌花或两性花着生于下部；外轮花被 5，合生成管状，内轮的 1 花被离生；<u>发育雄蕊 5，花丝丝状，花药 2 室，线形</u>；<u>子房下位 3 室</u>，中轴胎座，胚珠多数。<u>浆果或肉质蒴果，不开裂</u>。种子有厚硬外种皮。花粉粒无萌发孔，外壁近于无。哺乳动物、鸟类和蜂类传粉。种子多由动物散布。染色体 2n=18，20，22。

分布概况：3 属/40 余种，主要分布于亚洲和非洲热带地区；中国 3 属/14 种，分布于秦岭、淮河以南，主产西南至东南及台湾的热带和亚热带地区。

系统学评述：芭蕉科在姜目的系统位置尚不确定。Kress 等[1]利用分子和形态分析，支持芭蕉科为姜目其他类群的姐妹群。姜目的姜科、闭鞘姜科、美人蕉科和竹芋科为 1 个单系，剩余的芭蕉科与蝎尾蕉科 Heliconiaceae、兰花蕉科 Lowiaceae 和旅人蕉科 Streliziaceae 构成 1 个并系，它们之间的系统关系未定。芭蕉科单系起源得到了很好的支持，象腿蕉属和地涌金莲属聚为 1 支，位于系统树的基部，但地涌金莲属的位置存在争议[2,3]。

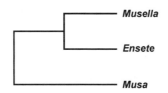

图 66　芭蕉科分子系统框架图（参考 Christelová 等[2]）

分属检索表

1. 单茎草本，结一次果；假茎基部膨大呈坛状；苞片绿色·····························**1. 象腿蕉属 *Ensete***
1. 多年生丛生草本，具根状茎，结多次果；假茎基部不膨大呈坛状；苞片通常非绿色
  2. 花序直立，直接生于假茎上，密集如球穗状；花及苞片宿存，苞片黄···· **3. 地涌金莲属 *Musella***
  2. 花序直立，下垂或半下垂，生于茎的顶端，不密集如球穗状；花及苞片脱落，苞片绿、褐、红或暗紫色，但绝不为黄色 ··**2. 芭蕉属 *Musa***

1. *Ensete* Horaninow 象腿蕉属

Ensete Horaninow (1862: 40); Wu & Kress (2000: 297) [Type: *E. edule* Horaninow (≡ *Musa ensete* J. F. Gmelin)]

特征描述：单茎草本。<u>假茎高大，基部稍膨大或十分膨大呈坛状</u>。叶大型，叶片长

圆形。花序初时呈莲座状，后伸长成柱状，下垂；苞片绿色，通常宿存，每苞片内有花二列，下部苞片内为两性花或雌花，上部苞片内为雄花；合生花被片往往 3 深裂成线形；离生花被片往往较宽，具 3 尖头或全缘；雄蕊 5；子房 3 室，中轴胎座，胚珠多数。浆果厚革质，干瘪，内含少量的种子。种子大，球形或不规则多棱形；种脐明显，不规则且凹入。染色体 $x=9$。

分布概况： 约 20/1 种，**6 型**；主要分布于非洲，延伸至印度，泰国，往南经印度尼西亚至菲律宾；中国产云南南部。

系统学评述： 象腿蕉属是个单系类群，其与地涌金莲属聚为 1 支得到了大量分子和形态证据的支持[2,3]。

DNA 条形码研究： BOLD 网站有该属 3 种 7 个条形码数据；GBOWS 已有 1 种 4 个条形码数据。

代表种及其用途： 象腿蕉 *E. glaucum* (Roxburgh) Cheesm 假茎可作为猪饲料。

2. *Musa* Linnaeus 芭蕉属

Musa Linnaeus (1753: 1043); Wu & Kress (2000: 315) (Lectotype: *M. paradisiaca* Linnaeus)

特征描述： 多年生丛生草本。假茎基部不膨大或稍膨大。叶大型，叶片长圆形，叶柄伸长，且在下部增大成一抱茎的叶鞘。花序直立，下垂或半下垂；苞片扁平或具槽，绿、褐、红或暗紫色，但绝不为黄色，通常脱落，每苞片内有花 1 或 2 列，下部苞片内的花为雌花，上部苞片内的花为雄花；合生花被片管状；离生花被片与合生花被片对生；雄蕊 5；子房下位 3 室。浆果肉质，有多数种子。种子近球形、双凸镜形或形状不规则。染色体 $x=10$ 或 11，稀 7 或 9。

分布概况： 30/11（2）种，**4 型**；主要分布于亚洲东南部；中国长江以南分布和栽培。

系统学评述： 早期的形态学分类把芭蕉属分为 5 组。Li 等[3]选用 36 种 42 个样品代表芭蕉科 3 个属，通过测定核基因 ITS 和 3 个叶绿体片段（*atp*B-*rbc*L、*rps*16 和 *trn*L-F），以及结合 Genbank 中 10 个其他样品的序列数据重建了芭蕉科的系统关系。研究得到芭蕉属的 2 大分支相应的染色体分别为 11 和 10/9/7，前者包括 *Musa* sect. *Musa* 和 *M.* sect. *Rhodochlamys*，而后者则包含其他 3 个组（*Musa* sect. *Callimusa*、*M.* sect. *Australimusa* 和 *M.* sect. *Ingentimusa*），但之前基于形态建立的这 5 个组各自均不能形成单系。Christelová 等[2]利用 19 个基因片段，支持 *M.* sect. *Callimusa* 和 *M.* sect. *Australimusa* 的亲缘关系。

DNA 条形码研究： 叶绿体片段 *rbc*L 和 *trn*L-F，以及核基因 ITS 是较好的备选条码[3,4]。对芭蕉科 ITS 的基因结构和多样性分析表明，ITS 可以作为核心条码[5]。BOLD 网站有该属 44 种 262 个条形码数据；GBOWS 已有 15 种 234 个条形码数据。

代表种及其用途： 香蕉 *M. acuminata* Colla 和芭蕉 *M. basjoo* Siebold 是重要的热带水果。

3. *Musella* (Franchet) H. W. Li 地涌金莲属

Musella (Franchet) H. W. Li (1978: 57); Wu & Kress (2000: 315) [Type: *M. lasiocarpa* (Franchet) H. W. Li

(≡ *Musa lasiocarpa* A. R. Franchet)]. ——*Musa* sect. *Musella* Franchet

特征描述：多年生丛生草本。具根状茎。假茎矮小，基部不膨大；真茎在开花前短小。叶大型，长椭圆形，叶柄下部增大成一抱茎的叶鞘。花序直立，生于假茎上，密集如球穗状；苞片黄色，宿存，每苞片内有花 1 列，下部苞片内的花为两性花或雌花，上部苞片内的花为雄花；合生花被片先端具 5（3+2）齿，离生花被片先端微凹，有短尖头；雄蕊 5；子房 3 室，胚珠多数。浆果三棱状卵形，被极密硬毛。种子大，扁球形，光滑，腹面有明显的种脐。染色体 $x＝9$。

分布概况： 1/1（1）种，**15 型**；狭域分布于云南中部和西部、四川南部。

系统学评述： Liu 等[4]基于核基因 ITS 和叶绿体基因 *trn*L-F 的分析，地涌金莲属是象腿蕉属的姐妹支，因此支持其属的地位。然而最新的多基因分析，显示地涌金莲属与象腿蕉属聚为 1 个单系支，是否为独立的属，或者归并到象腿蕉属仍然存在争议[2,3]。传粉生物学研究表明，地涌金莲 *M. lasiocarpa* (A. R. Franchet) H. W. Li 已出现蜂类传粉的综合征，区别于芭蕉科其他类群[6]。

DNA 条形码研究：BOLD 网站有该属 1 种 3 个条形码数据。

代表种及其用途：地涌金莲为佛教礼仪植物，云南一些地方用作猪饲料。

主要参考文献

[1] Kress WJ, et al. Unraveling the evolutionary radiation of the families of the Zingiberales using morphological and molecular evidence[J]. Syst Biol, 2001, 50: 926-944.

[2] Christelová P, et al. A multi gene sequence-based phylogeny of the Musaceae (banana) family[J]. BMC Evol Biol, 2011, 11: 103.

[3] Li LF, et al. Molecular phylogeny and systematics of the banana family (Musaceae) inferred from multiple nuclear and chloroplast DNA fragments, with a special reference to the genus *Musa*[J]. Mol Phylogenet Evol, 2010, 57: 1-10.

[4] Liu AZ, et al. Phylogenetic analyses of the banana family (Musaceae) based on nuclear ribosomal (ITS) and chloroplast (*trn*L-F) evidence[J]. Taxon, 2010, 59: 20-28.

[5] Hribová E, et al. The ITS1-5.8S-ITS2 sequence region in the Musaceae: structure, diversity and use in molecular phylogeny[J]. PLoS One, 2011, 6: e17863.

[6] Liu AZ, et al. Insect pollination of *Musella* (Musaceae), a monotypic genus endemic to Yunnan, China[J]. Plant Syst Evol, 2002, 235: 135-146.

Cannaceae Jussieu (1789), *nom. cons.* 美人蕉科

特征描述：多年生草本。具块茎。叶大，互生，基部具鞘，叶脉羽状平行。总状或圆锥花序顶生，有苞片；花两性，不对称；萼片 3，离生，宿存；花瓣 3，基部合生成管状；雄蕊 2 轮，外轮 2 雄蕊退化成花瓣状 1 消失，内轮为 2 退化雄蕊和 1 可育雄蕊，可育雄蕊的花丝呈花瓣状，边缘有 1 枚 1 室的花药；子房下位，3 室，每室胚珠多数，花柱大部分与可育雄蕊合生，花瓣状。蒴果 3 裂。种子多数，球形，胚乳丰富。花粉粒无萌发孔，残余的外壁形成刺。染色体 $n=9$。

分布概况：1 属/10 种，产美洲的热带和亚热带地区；中国引种 1 属/1 种，各地均有栽培。

系统学评述：早期的分类学家根据形态特征将美人蕉科放在姜目 Zingiberales（或芭蕉目 Scitamineae）[1-3]，分子证据也支持这一结果[APG III]。对 *rbc*L 的分子序列分析显示，美人蕉科与姜目的竹芋科 Maranthaceae 关系最近，这也得到了形态学研究的支持[1,2]。

1. *Canna* Linnaeus 美人蕉属

Canna Linnaeus (1753: 1); Wu & Kress, (2000: 378) (Lectotype: *C. indica* Linnaeus)

特征描述：同科描述。

分布概况：10/1 种，3 型；产美洲的热带和亚热带地区；中国引种 1 属/1 种，各地均有栽培。

系统学评述：美人蕉属包含 10 种[4]。Prince[5]利用核基因 ITS 和叶绿体非编码区分析了该属的系统关系，即 *C. flaccid* Salisbury 位于该属基部，同时论证了北美为该属起源中心的假说。

代表种及其用途：该属植物的花大而美丽，广泛用于园艺观赏，美人蕉 *C. indica* 在各省区均有栽培；有的种类地下茎在南美等地可作食物。

DNA 条形码研究：BOLD 网站有该属 13 种 192 个条形码数据；GBOWS 已有 1 种 6 个条形码数据。

主要参考文献

[1] Tomlinson BP. Phylogeny of the Scitamineae-morphological and anatomical considerations[J]. Evolution, 1962, 16: 192-213.

[2] Kress WJ. The phylogeny and classification of the Zingiberales[J]. Ann MO Bot Gard, 1990, 77: 698-721.

[3] Smith JF, et al. Phylogenetic analysis of the Zingiberales based on *rbc*L sequences[J]. Ann MO Bot Gard, 1993, 80: 620-630.

[4] Maas PJM. The Cannaceae of the world[J]. Blumea, 2008, 53: 247-318.

[5] Prince LM. Phylogenetic relationships and species delimitation in *Canna* (Cannaceae)[M]//Segerg O, et al. Diversity, phylogeny, and evolution in the monocotyledons. Aarhus: Aarhus University Press, 2010: 307-331.

Marantaceae R. Brown (1814) 竹芋科

特征描述：草本。具有直立的茎和短的块状茎及含淀粉的根状茎。叶常 2 列，叶片和叶柄之间有叶枕，叶片具有羽状平行脉。有限花序；花两性，不对称，成对生于苞片中；花萼 3，离生；花瓣 3，合生，覆瓦状排列；雄蕊 1，部分可育，部分退化，花丝与退化雄蕊合生，花药单室；退化雄蕊 3 或 4，花瓣状；心皮 2，合生，子房下位，中轴胎座，胚珠 1。蒴果室背开裂或浆果。种子常具假种皮。花粉粒无萌发孔，外壁极度退化。蜂类传粉。种子由鸟、蚂蚁和水流散布。植株含迷迭香酸。

分布概况：32 属/550 种，热带和亚热带地区（除大洋洲外）广泛分布；中国 4 属/9 种，各省区广布，主产西南。

系统学评述：分子系统学表明竹芋科与美人蕉科最为近缘，两者是姜科和闭鞘姜科的姐妹群[1]。传统上的竹芋科根据可育子房室的数目分为 2 个族，即柊叶族 Phrynieae

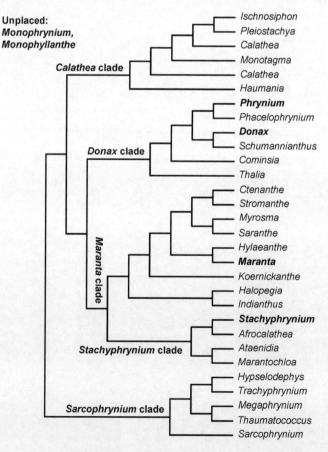

图 67 竹芋科分子系统框架图（参考 Prince 和 Kress[4]; Borchsenius 等[6]）

和竹芋族 Maranteae[2]。Andersson 和 Chase[3]利用 *rps*16 内含子构建了该科的分子系统树，然而并没有解决科内系统发育关系。Prince 和 Kress[4]利用叶绿体基因片段 *mat*K 和其 3′ 基因间区和 *trn*L-F 基因间区的系统学研究将该科分为 5 支，即 *Sarcophrynium*、*Stachyphrynium*、*Maranta*、*Donax* 和 *Calathea*。肖竹芋属 *Calathea*、*Marantochloa*、柊叶属 *Phrynium* 和 *Schumannianthus* 4 个属不是单系。Suksathan[5]等对亚洲分布的 *Stachyphrynium* 和 *Donax* 分支进行了分子系统学分析，发现柊叶属 *Phrynium* 不是单系，而穗花柊叶属 *Stachyphrynium* 为单系，*Schumannianthus virgatus* (Roxburgh) Rolfe 则被移入 1 个新属 *Indianthus*。

分属检索表

1. 圆锥花序或总状花序，顶生；苞片排列稀疏；子房 3 或 1 室
  2. 苞片多数，早落；小苞片存在；花被白色，2.5-4mm；果实球形，白色至乳白色，不裂；植株 1.5-5m，多分枝，似竹类，基部无叶片·· **1. 竹叶蕉属 *Donax***
  2. 苞片 1-3 宿存；小苞片无；花被绿色，7-17mm；果实椭球形，绿色或稍带红棕色，开裂；植株 0.4-1.3m，一次或中等程度分枝，基部一般有叶片·················· **2. 竹芋属 *Maranta***
1. 花序呈头状或者球果状，自叶鞘或单独由根茎生出；苞片排列紧密；子房 3 室
  3. 苞片多数，螺旋排列；茎生叶 1；萼片比花冠管稍短或长于花冠管·············· **3. 柊叶属 *Phrynium***
  3. 苞片 6-8，二列；茎生叶无；萼片长度是花冠管的三分之一········· **4. 穗花柊叶属 *Stachyphrynium***

1. *Donax* Loureiro 竹叶蕉属

Donax Loureiro (1790: 11); Wu & Kennedy (2000: 381) (Type: *D. arundastrum* Loureiro)

特征描述：多年生、亚灌木状草本。有根茎。茎常分枝。叶片卵形或长椭圆形；无叶舌。花成对生于长的苞片内；萼片披针形；花冠管短；退化雄蕊管短，外轮退化雄蕊较内轮的为长，花瓣状，顶端具齿；硬革质的退化雄蕊楔形，中部具 2 个龙骨状凸起，兜状的退化雄蕊一侧浅裂达中部，具椭圆形浅裂片；子房 2-3 室，每室有胚珠 1。果卵形或椭圆形，不开裂，具干燥、肉质、有些海绵质的瓤。种子 1-2 或 3，具槽，有不规则的疣状凸起；无假种皮。

分布概况：3/1 种，**7** 型；分布于印度，东南亚，至瓦努阿图群岛；中国产海南和台湾。

系统学评述：该属位于竹叶蕉分支 *Donax* clade，与 *Schumannianthus* 有着较近的亲缘关系[4,5]。

DNA 条形码研究：BOLD 网站有该属 2 种 4 个条形码数据。

代表种及其用途：竹叶蕉 *D. canniformis* (G. Forster) K. Schumann 叶柄纤维用做编织手工制品和用于乐器的玄。

2. *Maranta* Linnaeus 竹芋属

Maranta Linnaeus (1753: 2); Wu & Kennedy (2000: 381) (Type: *M. arundinacea* Linnaeus)

特征描述：直立或匍匐状、分枝草本。有茎或无茎；地下茎块状。叶基生或茎生，柄基部鞘状。花少数，成对，排成总状花序或圆锥花序；苞片少数，迟落；萼片 3，披针形；花冠管圆柱形，基部常肿胀，裂片 3，近相等；雄蕊管通常短，外轮的 2 枚退化雄蕊花瓣状，倒卵形，长于花瓣，内轮中呈风帽状的 1 枚边缘具外折的附属体；硬革质的 1 枚倒卵形；发育雄蕊 1 枚，花药 1 室；子房 1 室，1 胚珠，花柱粗。果倒卵形或矩圆形，坚果状，不开裂。种子 1。

分布概况：23/2 种，**3 型**；产热带美洲；中国引种栽培 2 种。

系统学评述：竹芋属是 1 个并系，位于竹芋分支 *Maranta* clade，与 *Hylaeanthe* 等构成姐妹群[4]。

DNA 条形码研究：BOLD 网站有该属 4 种 7 个条形码数据；GBOWS 已有 1 种 4 个条形码数据。

代表种及其用途：竹芋 *M. arundinacea* Linnaeus 的地下茎可提取淀粉和药用。一些种类作为林下观叶植物栽培。

3. *Phrynium* Willdenow 柊叶属

Phrynium Willdenow (1797: 17), *nom. cons.*; Wu & Kennedy (2000: 379) [Type: *P. capitatum* Willdenow, *nom. illeg.* (=*Phrynium rheedei* Suresh & Nicolson ≡ *Pontederia ovata* Linnaeus, non *Phrynium ovatum* Nees & Martius)]

特征描述：多年生草本。根茎匍匐。叶基生，长圆形，具长柄及鞘。穗状花序集成头状，由叶鞘内或直接由根茎生出；苞片内有 2 至多花；萼片 3，狭；花冠管略较花萼为长，裂片 3，长圆形，近相等；退化雄蕊管较花冠管为长；外轮退化雄蕊 2 枚，倒卵形，内轮的 2 枚较小；发育雄蕊花瓣状，边缘有 1 个 1 室的花药；子房 3 室，每室 1 胚珠，稀 2 室是空的；花柱基部与退化雄蕊管相连合，分离部分钩状，柱头头状。果球形，果皮坚硬，不裂或迟裂。种子 1-3，具薄膜质假种皮。

分布概况：30/5 种，**6 型**；分布于亚洲及非洲热带地区；中国产华南及西南。

系统学评述：柊叶属是个多系，*Phacelophrynium* 的 1 个种嵌入其中[4]。

DNA 条形码研究：BOLD 网站有该属 7 种 16 个条形码数据；GBOWS 已有 2 种 12 个条形码数据。

代表种及其用途：该属一些种类的叶片用于包裹食品。

4. *Stachyphrynium* K. M. Schumann 穗花柊叶属

Stachyphrynium K. M. Schumann (1902: 45); Wu & Kennedy (2000: 381) [Lectotype: *S. latifolium* (Blume) K. M. Schumann (≡ *Phrynium latifolium* Blume)]

特征描述：多年生直立草本。根茎短。叶基生，具长柄；叶片全缘，中肋背面强烈隆起。花序在多叶或无叶的短枝上顶生；具柄，穗状，不分枝，直立；苞片二列，3 至多数，覆瓦状排列。花白色；萼片 3，分离；花冠萼远长于花萼，裂片 3；雄蕊 6，1 枚能育，具 1 室花药，贴生于紧邻增厚的退化雄蕊上，背部开裂，外轮 2 枚退化雄蕊花瓣状，内轮 2 枚盔状，最后一枚退化雄蕊增厚；<u>子房下位</u>，<u>3 室</u>，<u>每室胚珠 1</u>。果开裂。种子 1-2，光滑，假种皮 2 裂，弯曲。

分布概况： 14/1 种，**7 型**；自斯里兰卡经中南半岛，苏门答腊至爪哇和加里曼丹，向北以我国云南南部为界；中国产云南南部。

系统学评述： 穗花柊叶属的单系得到了 *rps*16 内含子、ITS1 和 5S NTS 基因片段的支持，该属与来自非洲的 *Afrocalathea*、*Marantochloa* 和 *Ataenidia* 几个属接近[4,5]，甚至有学者提议该属应该与 *Afrocalathea* 合并，但 Suksathan 等[5]和 Andersson [3] 均认为该属以一系列形态特征区别于 *Afrocalathea*，因此应保持其属级地位。

DNA 条形码研究： BOLD 网站有该属 6 种 10 个条形码数据。

主要参考文献

[1] Kress WJ, et al. Unraveling the evolutionary radiation of the families of the Zingiberales using morphological and molecular evidence[J]. Syst Biol, 2001, 50: 926-944.

[2] Petersen OG. Marantaceae[M]//Engler A, Prantl K. Die natürlichen pflanzenfamilien. Lepzig: W. Engelmann, 1889, 2: 31-34.

[3] Andersson L, Chase MW. Phylogeny and classification of Marantaceae[J]. Bot J Linn Soc, 2001, 135: 275-287.

[4] Prince LM, Kress WJ. Phylogenetic relationships and classification in Marantaceae: insights from plastid DNA sequence data[J]. Taxon, 2006, 55: 281-296.

[5] Suksathan P, et al. Phylogeny and generic delimitation of Asian Marantaceae[J]. Bot J Linn Soc, 2009, 159: 381-395.

Costaceae Nakai (1941) 闭鞘姜科

特征描述：多年生草本，无芳香味。茎常螺旋状弯曲，不分枝或部分种分枝。叶螺旋状互生或 4 列，叶鞘闭合呈管状。花形成花序，生于枝条顶端或位于从地下茎单独生出的花亭之上，或单生于叶腋；花两侧对称，唇瓣大，侧生退化雄蕊无或齿状；可育雄蕊 1，花丝宽，呈花瓣状，两侧内卷，与唇瓣基部形成一个管状结构；药室顶端常有附属体；子房顶部无蜜腺，具陷入子房的隔膜腺，子房下位，中轴胎座，3 室或 2 室，胚珠 2 列。花粉粒具有 1 个或者 5-16 个萌发孔；萌发孔沟或孔或螺旋。蜂鸟、长舌蜂、木蜂等传粉。染色体 $x=8$，9。

分布概况：7 属/120 种，泛热带分布；中国 1 属/5 种，主要分布于云南、广西、福建和台湾。

系统学评述：闭鞘姜科在较早的分类系统中被包含在姜科中，作为 1 个亚科处理，但由于一些显著的不同特点，现在被认为其是 1 个独立的科[1]，这一处理也得到了分子数据的支持。闭鞘姜科的成员传统上被划分为 4 个属，Specht 等[2,3]的分子证据显示 *Tapeinochilos*、*Monocostus* 和 *Dimerocostus* 这 3 个属为单系类群，而原先的闭鞘姜属 *Costus* 则是多系类群，支持在原先的闭鞘姜属新认出 *Cheilocostus*、*Chamaecostus* 和 *Paracostus* 3 个属；现在的闭鞘姜属 *Costus* 仅包含非洲和美洲的种，仍然是闭鞘姜科最大的属；*Chamaecostus* 仅分布在南美洲，*Paracostus* 包含非洲和东南亚的种，而 *Cheilocostus* 仅分布于东南亚地区，中国南部以及新几内亚地区。这一系统的分类处理得到了广泛的认可，但新建立 *Cheilocostus* 这个属名有很多命名上的争议，Govaerts[4]最近指出，依据现有的命名法规，*Cheilocostus* 是 1 个多余名，该属正确的名称应该用 *Hellenia* Retzius。

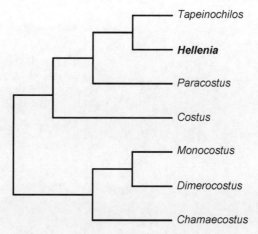

图 68　闭鞘姜科分子系统框架图（参考 Specht[3]; Govaerts[4]）

1. *Hellenia* Retzius 大唇闭鞘姜属

Hellenia Retzius (1791: 18); *Banksea* J. Koenig (1783: 75), *nom. illeg., Cheilocostus* C. D. Specht (2006: 159), *nom. illeg.* [Type: *H. grandiflora* Retzius, *nom. illeg.* (=*H. speciosa* (J. Koenig) Govaerts ≡ *Banksea speciosa* J. Koenig)]

特征描述：植株高大，1.5m 以上，营养体腋下分枝，季节性落叶。花序松果状，或头状，苞片坚硬，木质，先端尖锐，有时撕裂为纤维状，红色或紫红色；唇瓣开放，大，白色、红色或黄色，无斑纹；子房 3 室。果实为木质蒴果，一侧开裂。种子黑色，有棱。

分布概况：7/5（2）种，**2 型**；分布于东南亚及新几内亚地区；中国主产云南、广西、福建和台湾。

系统学评述：大唇闭鞘姜属的成员原先被置于闭鞘姜属 *Costus*，不同学者对闭鞘姜属的属下分类有不同看法[2,3]，Schumann[5]基于形态特征将闭鞘姜属分为 5 亚属；Loesener[6]、Maas[7,8]支持 Schumann 的分类处理，但对部分种进行了调整；Specht 等[2,3,9]利用 ITS、*trn*L-F 和 *mat*K 序列，并结合形态特征，认为原来的闭鞘姜属应该分为 4 属，另外建立了 *Cheilocostus*、*Chamaecostus* 和 *Paracostus* 3 属。将闭鞘姜属 *Costus* 限定在位于热带非洲和美洲地区的一大类具有高大的不分枝的植株，管状唇瓣的分类群；而分布于亚洲的植株高大，并且具有宽大而开放的唇瓣的种类，被 Specht 等[9]命名为 *Cheilocostus*。然而，Govaerts[4]认为 *Cheilocostus* 的名称不合法，该属正确的名称应该是 *Hellenia* Retzius。

代表种及其用途：常作为鲜切花、干花和庭院绿化；根茎可入药，如大唇闭鞘姜 *H. speciosa* (J. König) Retzius。

主要参考文献

[1] Kress WJ, et al. The phylogeny and a new classification of the gingers (Zingiberaceae): evidence from molecular data[J]. Am J Bot, 2002, 89: 1682-1696.

[2] Specht CD, et al. A molecular phylogeny of Costaceae (Zingiberales)[J]. Mol Phylogenet Evol, 2001, 21: 333-345.

[3] Specht CD. Systematics and evolution of the tropical monocot family Costaceae (Zingiberales): a multiple dataset approach[J]. Syst Bot, 2006, 31: 89-106.

[4] Govaerts R. *Hellenia* Retz., the correct name for *Cheilocostus* C. D. Specht (Costaceae)[J]. Phytotaxa, 2013, 151: 63-64.

[5] Schumann K. Zingiberaceae[M]//Engler A. Das pflanzenreich, IV. Leipzig: W. Engelmann, 1904: 1-458.

[6] Loesener TH. Zingiberaceae novae vel minus cognitae[J]. Bot Gart Berl, 1927, 10: 66-68.

[7] Maas PJM. Costoideae (Zingiberaceae)[M]. New York: Haner Publishing Co., 1972.

[8] Maas PJM. Notes on Asiatic and Australian Costoideae[J]. Blumea, 1979, 25: 543-549.

[9] Specht CD, Stevenson DW. A new phylogeny-based generic classification of Costaceae (Zingiberales)[J]. Taxon, 2006, 55: 153-163.

Zingiberaceae Martinov (1820), *nom. cons.* 姜科

特征描述：多年生草本，陆生，很少为附生，有芳香。有块茎状或者非块茎状的地下茎，往往地下茎生根，有时具有块根。地上部分茎通常短，具有由叶鞘形成的假茎。单叶二列，假茎基部通常具无叶片的叶鞘；叶鞘开放，稀为闭合，通常有叶舌；叶柄位于叶片和鞘之间，在姜属中为垫状；叶片在芽期卷曲，边缘全缘，中脉显著，侧脉通常多数，羽状，平行。花单生或组成穗状、总状或圆锥花序，生于具叶的茎上或单独由根茎发出，而生于花葶上，或从假茎中部生出。花两性，两侧对称；花萼通常细管状，一侧开裂，有时佛焰苞状，顶端齿裂；花冠基部管状，上部 3 裂片；雄蕊或者退化雄蕊 6，2 轮；外轮近轴面的 2 退化雄蕊花瓣状，齿状或不存在，远轴面的 1 枚消失；内轮远轴面的 2 联合成一唇瓣，近轴面的 1 枚为可育雄蕊；花丝长或短；花药 2 室，内向，通常纵裂或偶尔孔裂；药隔通常基部延长成距或顶部延长成药隔附属体；子房下位，最初 3 室，成熟后 1 或 3 室；胚珠每室多数；发育花柱 1，非常细，位于药室间的槽中；柱头高于花药，具小乳突，多少湿润，通常具缘毛；子房顶端通常具有多种形态的延伸生长，即上位腺体。果为蒴果，肉质或者干燥，有时浆果状。假种皮经常浅裂或撕裂状。花粉粒多为无萌发孔。

分布概况：51 属/1300 种，泛热带分布，多样性中心位于亚洲南部和东南部，一些种类分布于美洲和亚洲亚热带和暖温带地区；中国 20 属（2 属特有）/216 种（141 种特有，4 种为栽培种），产东南至西南。

系统学评述：早期的姜科分类系统中，闭鞘姜科都作为姜科的 1 个亚科[1-3]，但其有许多显著的特征，如缺乏芳香，叶螺旋状排列，这些特征都与姜科其他族植物有别；现在的闭鞘姜科从姜科中独立为 1 个科，作为姜科的姐妹群[4-6]。传统上的姜亚科根据营养体和花部特征划分为 4 个族：舞花姜族 Globbeae、姜花族 Hedychieae、山姜族 Alpinieae 和姜族 Zingibereae[1-3,7]。Kress 等[8]运用 ITS 和 *mat*K 等片段对姜科 4 族 41 属 104 种进行了系统学研究，建立了姜科新的分类系统，将姜科分为 4 亚科和 6 族，即 Siphonochiloideae（Siphonochileae）、Tamijioideae（Tamijieae）、山姜亚科 Alpinioideae（山姜族和 Riedelieae）和姜亚科 Zingiberoideae（姜族和舞花姜族），其中前 2 个亚科均只有 1 个属，分别为非洲特有的 *Siphonochilus* 和加里曼丹特有的 *Tamijia*，位于姜科的基部；一些大属，如山姜属 *Alpinia*、豆蔻属 *Amomum*、茴香砂仁属 *Etlingera*、姜黄属 *Curcuma* 和舞花姜属 *Globba* 为多系；而另一些大属，如姜花属 *Hedychium*、山柰属 *Kaempferia*、姜属 *Zingiber*、*Aframomum* 和 *Renealmia* 为单系；长果姜属 *Siliquamomum* 和大苞姜属 *Caulokaempferia* 的位置未定，未放入任何一族。姜族中的几个小属，如 *Hitchenia*、*Laosanthus*、*Paracautleya*、*Smithatris* 和土田七属 *Stahlianthus* 也被提出并入到广义的姜黄属[8-12]。近年来，姜科的一些新属如 *Kedhalia*、*Newmania* 等也陆续被发现[13-15]。

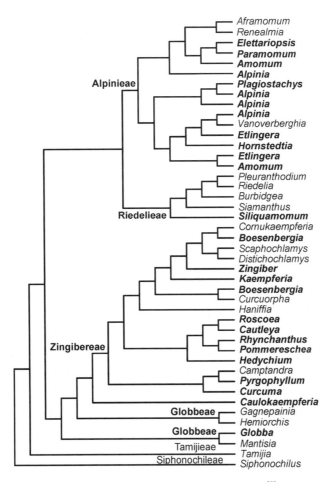

图 69 姜科分子系统框架图（参考 Kress 等[8]）

分属检索表

1. 侧生退化雄蕊在唇瓣的基部形成小齿，或贴生在唇瓣上（形成 3 齿裂结构），或缺失
   2. 侧生退化雄蕊贴生在唇瓣上形成 3 齿裂结构，或完全消失；花柱完全延伸出药室之外；花药附属体钻状，包卷着花柱，具有叶枕····················**20. 姜属 Zingiber**
   2. 侧生退化雄蕊在唇瓣的基部形成小齿或缺失；花柱刚刚延伸到药室；花药附属体无，或不为钻状，不具有叶枕
      3. 花序通常在假茎上顶生，或偶尔位于单独由地下茎发出的花葶上
         4. 花序侧生，穿过叶鞘··························**14. 偏穗姜属 Plagiostachys**
         4. 花序顶生
            5. 唇瓣平展或下垂，宽；花丝通常短于花冠或唇瓣···········**1. 山姜属 Alpinia**
            5. 唇瓣直立，窄，或缺失；花丝伸出到花冠之上
               6. 唇瓣直立，窄匙状，基部与花丝贴生；叶片基部近箭形或心形············
               ·······················**15. 直唇姜属 Pommereschea**
               6. 唇瓣缺失或几近缺失；花丝船状，顶部窄；叶片顶端圆或尖锐············
               ·······················**17. 喙花姜属 Rhynchanthus**
      3. 花序在单独由根茎上发出的花葶上

7. 花序未被一个显著的由不育苞片组成的总苞包围
  8. 小苞片非管状；叶 1-2 ·· **7. 地豆蔻属** *Elettariopsis*
  8. 小苞片管状；叶多数
    9. 花药未着生于花丝的中部 ··· **2. 豆蔻属** *Amomum*
    9. 花药着生于花丝的中部 ·· **13. 拟豆蔻属** *Paramomum*
7. 花序具有不育总苞
  10. 唇瓣基部贴生于花丝，形成了一个独特的管 ························ **8. 茴香砂仁属** *Etlingera*
  10. 唇瓣基部与花丝分离
    11. 花冠筒长度短或等于唇瓣 ··················· **1. 山姜属** *Alpinia*（*Alpinia austrosinense*）
    11. 花冠筒长度为唇瓣的两倍之上 ··· **11. 大豆蔻属** *Hornstedtia*
1. 侧生退化雄蕊在唇瓣的基部形成小齿，或贴生在唇瓣上（形成 3 齿裂结构），或缺失
  12. 子房 1 室，侧膜胎座；花药长；唇瓣贴生于花丝形成一个细长的管 ······ **9. 舞花姜属** *Globba*
  12. 子房 3 室，中轴胎座；花药短；唇瓣与花丝分离
    13. 花药基部有 2 距
      14. 花序圆锥状；苞片在约 1/2 处连生呈囊状，有花 2-7，排成蝎尾状聚伞花序 ············
        ·· **6. 姜黄属** *Curcuma*
      14. 花序穗状；苞片不连生，有花 1
        15. 子房和蒴果椭圆、柱或棒状；蒴果晚开裂；花紫色或白色，很少黄色 ···················
          ·· **18. 象牙参属** *Roscoea*
        15. 子房和蒴果球形；蒴果很快开裂；花黄色或橙色 ················ **5. 距药姜属** *Cautleya*
    13. 花药基部无距
      16. 叶基生或在很短的假茎上；花序顶生在假茎上或根茎单独抽出的花葶上
        17. 唇瓣明显呈凹状 ·· **3. 凹唇姜属** *Boesenbergia*
        17. 唇瓣未呈凹状 ·· **12. 山柰属** *Kaempferia*
      16. 叶生在显著的假茎上；花序顶生在假茎上
        18. 每个花序 1-3 苞片，边缘基部贴生于主轴，顶部有叶状的延伸 ························
          ·· **16. 苞叶姜属** *Pyrgophyllum*
        18. 每个花序 1-10 苞片，特别小或早落
          19. 花丝极长（极少很短）；花药背着，药隔无附属体 ······ **10. 姜花属** *Hedychium*
          19. 花丝短；花药基着，药隔具附属体
            20. 花梗清晰；蒴果圆柱形，链荚状，12-13cm ································
              ·· **19. 长果姜属** *Siliquamomum*
            20. 花梗不清晰；蒴果卵形至椭圆形，非链荚状，约 1cm ···················
              ·· **4. 大苞姜属** *Caulokaempferia*

1. *Alpinia* Roxburgh 山姜属

Alpinia Roxburgh (1810: 350), *nom. cons.*; Wu & Larsen (2000: 333) [Type: *A. galanga* (Linnaeus) Willdenow, *typ. cons.* (≡ *Maranta galanga* Linnaeus)]

特征描述：多年生草本。根状茎匍匐，厚。假茎多，稀无。叶很多，很少 1-4，叶片长圆形或披针形。花序常为圆锥花序，常顶生于假茎顶端，稀于从地下茎单独生出，总状花序或穗状花序，未发育完全时被 1-3 匙形总苞片覆盖；苞片（存在时）打开至基部，很少盔状，每苞片着生 1 花或蝎尾状聚伞花序的 2 到多花；小苞片打开至基部或管

状，很少盔状，有时无。通常管状的花萼，有时一边开裂；花冠中央裂片多少盔状，通常比侧面裂片宽；<u>唇瓣通常艳丽并比花冠裂片大</u>，<u>有时不明显</u>，<u>边缘各种浅裂或全缘</u>；侧生退化雄蕊缺或极小，呈齿状、钻状，且常与唇瓣的基部合生；子房通常 3 室，中轴胎座；柱头常膨大，有时棍棒状，偶尔膝曲；上位腺体通常巨大。蒴果通常球状，干燥或者肉质，不开裂或不规则开裂。种子多数，经常有棱，具假种皮。花粉粒无萌发孔，具长刺。染色体 2n=36，48，50。

分布概况：约 230/51（35）种，**5（7）型**；分布于热带和亚热带的亚洲，澳大利亚和太平洋群岛；中国产东南至西南。

系统学评述：山姜属位于山姜亚科山姜族，为姜科第 1 大属，是个多系。根据 Schumann[3] 的分类处理，将山姜属分为 5 亚属和 19 组（原为 27 组，8 组现在属于其他属），苞片和小苞片的形态为该分类系统最重要的分类性状。Smith[16] 基于唇瓣的类型只认可其中 2 亚属：山姜亚属 *Alpinia* subgen. *Alpinia*（7 组和 10 亚组）和黑果山姜亚属 *A.* subgen. *Dieramalpinia*（4 组和 2 亚组）。在 Smith[16] 的分类系统中，苞片和小苞片的性状用来区分属下组或亚组，同时柱头类型也提供了一定的分类意义，该系统是当今最广泛认可和使用的系统。Rangsiruji 等[17,18] 和 Kress 等[8] 的分子系统学研究中认为山姜属并非单系，分别被分为 9 个和 4 个分支；Kress 等[19] 进行了更广泛的山姜属的内类群和外类群取样，将该属分为 6 个分支，即 Fax 分支、Galanga 分支、Carolinensis 分支、Zerumbet 分支、Eubractea 分支和 Rafflesiana 分支，这些分支与山姜族其他属关系比它们互相之间的关系更紧密。Fax 分支和 Rafflesiana 分支分别对应着 Smith[16] 系统的 *Alpinia* sect. *Fax* 和 *A.* subsect. *Rafflesiana*，Kress 等[19] 认为前者可以被提升为属。

DNA 条形码研究：ITS2 和 *mat*K 可作为山姜属的推荐鉴别条码，特别是高良姜 *A. officinarum* Hance 与其混淆品种[20,21]。BOLD 网站有该属 54 种 257 个条形码数据；GBOWS 已有 28 种 270 个条形码数据。

代表种及其用途：该属多可药用，如山姜 *A. japonica* (Thunberg) Miquel、箭杆风 *A. jianganfeng* T. L. Wu 等；作装饰植物，如艳山姜 *A. zerumbet* (Persoon) B. L. Burtt & R. M. Smith 等；也可用来做调味品，如香姜 *A. coriandriodora* D. Fang。

2. *Amomum* Roxburgh 豆蔻属

Amomum Roxburgh (1820: 75), *nom. cons.*; Wu & Larsen (2000: 347) (Type: *A. subulatum* Roxburgh, *typ. cons.*). ——*Amomum* Linnaeus (1753: 1)

特征描述：根状茎匍匐状。假茎延长。叶鞘长；叶舌全缘或 2 裂。花序由根茎抽出，穗状花序、总状花序或圆锥花序；花序梗短或相当长，覆盖着覆瓦状、鳞状的鞘；<u>总苞无</u>；苞片覆瓦状，常宿存；<u>小苞片常为管状</u>。花萼圆筒状，顶端具 3 齿；花冠管圆筒形，裂片长圆形或线状长圆形，后方的一片直立，常较两侧的为宽；唇瓣显著，通常黄色或橙色的居中，具一些红色的脉或斑点，白色的通常在边缘，通常为倒卵形，明显凹入；侧生退化雄蕊为钻形或线形，小或无；花丝发育良好；药室平行或岔开，药隔附属体延长，全缘或 3 裂；子房 3 室；胚珠多数，叠覆；花柱丝状线形，柱头小，常为漏斗状，具缘毛。蒴果球形或椭球形，不规则开裂或不裂，平滑，具翅或柔刺，硬刺或疣。种子长圆形或多棱；假种皮膜质或肉质，顶端撕裂状。花粉粒无萌发孔，具刺。染色体 2n=24，48，96。

分布概况：150-180/39（29）种，**5（7）型**；亚洲热带和澳大利亚；中国产福建、广东、海南、广西、贵州、云南和西藏等。

系统学评述：豆蔻属位于山姜亚科山姜族，为姜科第 2 大属，是 1 个多系。Schumann[3] 基于花药附属体将豆蔻属分为 2 组和 4 系；Tsai 等基于药隔附属体将豆蔻属分为 2 亚属，即豆蔻亚属 Amomum subgen. Amomum 和草果亚属 A. subgen. Lobulatae[FRPS]；Smith[22,23] 基于苞片中花的数目、小苞片形状和退化雄蕊形状等性状将豆蔻属分为 5 个群组。在 Xia 等[24]基于 ITS 和 matK 片段的分子系统学研究中，发现豆蔻属为多系，与早先对于该属的分类均不一致。该属的系统学研究的取样仍不足，Xia 等[24]的研究中取样有 31 种，需要进一步研究。

DNA 条形码研究：ITS、ITS2 或者联合 matK+rbcL+trnH-psbA 可作为豆蔻属的鉴别条码，特别是中药"砂仁"的来源的 3 个种与其混淆品种[25-27]。BOLD 网站有该属 59 种 209 个条形码数据；GBOWS 已有 20 种 169 个条形码数据。

代表种及其用途：该属植物大多可作药用或香料，能祛风止痛，健胃消食，如砂仁 A. villosum Loureiro、草果 A. tsaoko Crevost & Lemarie 和香豆蔻 A. subulatum Roxburgh 等。

3. *Boesenbergia* Kuntze 凹唇姜属

Boesenbergia Kuntze (1891: 685); Wu & Larsen (2000: 367) [Lectotype: *B. pulcherrima* (Wallich) O. Kuntze (≡ *Gastrochilus pulcherrimus* Wallich)]

特征描述：根茎块状或延长。叶基生或茎生，具叶柄；叶舌 2 裂；叶片披针形或长圆形，或卵形。穗状花序通常顶生，藏于顶部的叶鞘内或单独生于花葶上；苞片多数，2 列，小苞片 1。花萼管状；花冠管突出，细长，裂片近相等；唇瓣倒卵形或宽长圆形，通常内凹呈瓢状；侧生退化雄蕊花瓣状，通常较花冠裂片为宽花丝直立；花药室平行，缝裂或孔裂，具药隔附属体或无，基部无距；子房 3 室（或不完全的 3 室），胚珠少数或多数，基生或生于中轴胎座上。蒴果长圆形，3 瓣裂；种子基部具撕裂状假种皮。花粉无萌发孔，具刺。染色体 2n=20，24，36。

分布概况：80/3（1）种，（**7b**）型；分布于亚洲热带；中国产云南。

系统学评述：凹唇姜属位于姜亚科姜族，可能为多系。郑曼莉和夏永梅[28]、Kress 等[8]和 Ngamriabsakul 等[9]的研究中，凹唇姜属为 1 个并系或多系，但在 Ngamriabsakul 和 Techaprasan[29]、Techaprasan 等[30]的系统学研究中，凹唇姜属为单系；这种结果可能与取样的不足有关，需要进一步研究。凹唇姜属与 Cornukaempferia、姜花属 Hedychium、拟姜黄属 Curcumorpha 或大苞姜属 Caulokaempferia 有着较近的亲缘关系[8,9,28]。

DNA 条形码研究：matK、psbA 和 petA-psbJ 可作为凹唇姜属的潜在的鉴别条码[30]。BOLD 网站有该属 23 种 83 个条形码数据；GBOWS 已有 1 种 4 个条形码数据。

代表种及其用途：凹唇姜 B. rotunda (Linnaeus) Mansfeld 可作调味料，也可治疗肠胃气胀和腹泻。

4. *Caulokaempferia* K. Larsen 大苞姜属

Caulokaempferia K. Larsen (1964: 166); Wu & Larsen (2000: 377) [Type: *C. linearis* (Wallich) K. Larsen (≡ *Kaempferia linearis* Wallich)]

　　特征描述：多年生草本。假茎直立，多叶。叶无柄或具叶柄；叶舌小，2 裂。花序顶生；<u>苞片显著</u>，1-10，2 列，披针形，具花 1-4，<u>边缘分离至基部</u>；每苞片 1 花的种无小苞片。花萼管状，一边非深开裂，顶端通常 2-3 齿裂；花冠管狭长，口部变宽，裂片 3，后方的 1 枚稍较大；唇瓣大，近圆形，全缘或 2 裂，略内凹；侧生退化雄蕊花瓣状；花丝极短或无，生于花冠筒；<u>花药基着</u>，<u>药隔形成一显著反折的脊</u>；子房 3 室；腺体线形，短，离生。花粉粒无萌发孔，具刺。染色体 $2n=20$，24，42。

　　分布概况：大约 25/1（1）种，**7-1 型**；广布于印度，缅甸和泰国；中国产广东和广西。

　　系统学评述：大苞姜属位于姜亚科，可能是个单系。Kress 等[8]的研究显示该属与姜族成姐妹群关系，并未置于姜亚科的任何一族。Ngamriabsakul 等[9]提出该属与凹唇姜属的 2 个种为姐妹群关系。该属的系统学研究需进一步的开展。

　　DNA 条形码研究：BOLD 网站有该属 10 种 13 个条形码数据。

　　代表种及其用途：黄花大苞姜 *C. coenobialis* (Hance) K. Larsen 可作药用，用来治疗蛇咬伤、蚊虫叮咬和疮疖肿毒。

5. *Cautleya* J. D. Hooker 距药姜属

Cautleya J. D. Hooker (1888: 6991); Wu & Larsen (2000: 366) [Lectotype: *C. gracilis* (Smith) Dandy (≡ *Roscoea gracilis* Smith)]

　　特征描述：多年生草本。根茎极短；根粗厚，肉质。叶无柄或具柄；<u>叶鞘闭合</u>，<u>管状</u>；叶舌在叶柄基部；叶披针形或长圆形。<u>花黄色或橙色</u>，单生于每苞片内，组成顶生的穗状花序；苞片有色，宿存，无小苞片。花萼长管状，一侧开裂；花冠筒等或长于花萼，裂片近相等，中间的 1 枚直立，窄，内凹，侧面的合生为唇瓣瓣爪，长约为中裂片的 1/2；唇瓣阔楔形，微凹或裂成 2 瓣；侧生退化雄蕊花瓣状，倒披针形，<u>直立</u>；花丝短，直立；花药室狭，紧靠，<u>花药隔于基部延伸成 2 弯曲</u>、<u>较药室为长的距</u>；<u>子房球形</u>，3 室，每室胚珠多数；中轴胎座；花柱线形，柱头漏斗状，具缘毛。<u>蒴果球形</u>，<u>很早开裂至基部成 3 瓣</u>，果瓣革质，卷曲，露出种子团。种子有棱角或圆球形；假种皮小或无。花粉无萌发孔，具刺。染色体 $2n=24$，26，34。

　　分布概况：2/2 种，其中 1 种具有 2 变种，**14SH 型**；分布于不丹，印度北部，克什米尔，缅甸，尼泊尔，泰国，越南；中国产西藏、云南、四川和贵州。

　　系统学评述：距药姜属位于姜亚科姜族，为单系。分子证据表明，该属与象牙参属 *Roscoea* 为姐妹群[8,9,28,31]。

　　DNA 条形码研究：BOLD 网站有该属 2 种 8 个条形码数据；GBOWS 已有 2 种 18

个条形码数据。

6. *Curcuma* Linnaeus 姜黄属

Curcuma Linnaeus (1753: 2), *nom. cons.*; Wu & Larsen (2000: 359) (Type: *C. longa* Linnaeus, *typ. cons.*).
——*Stahlianthus* Kuntze (1891: 697)

特征描述：根状茎分枝，肉质、芳香，通常具块茎状的地下茎。叶鞘不形成明显的假茎；叶片阔披针形至长圆形，稀为狭线形。穗状花序生于假茎顶端或直接由根茎抽出的花序轴上，有时先于叶出；花序梗直立；苞片合生于其约 1/2 的长度并形成囊状，小苞片裂至基部。花萼通常为短管状，一侧开裂，顶端具 2-3 齿；花冠漏斗状，裂片卵形或长圆形，近相等或中央的 1 枚较长且顶端具小尖头；唇瓣中心部分加厚，薄的侧瓣与侧生退化雄蕊重叠；侧生退化雄蕊花瓣状，基部与短宽的花丝合生；花丝短，宽，花药"丁"字形，基部有距；无药隔附属体；子房 3 室。蒴果椭圆形，3 瓣裂，开裂。花粉无萌发孔，表面近光滑。染色体 2*n*=20，24，28，32，34，36，40，42，46，48，56，63，66，84，92。

分布概况：80/12（6）种，**5**（7）型；分布于热带亚热带亚洲，1 种分布在澳大利亚；中国产东南至西南。

系统学评述：姜黄属位于姜亚科姜族，是个并系。Kress 等[8]提出 1 个姜黄分支，包括 1 个并系的姜黄属和几个小属，如 *Hitchenia*、土田七属 *Stahlianthus* 和 *Smithatris*；随后几项研究又提出将 *Paracautleya*[9,10]、*Kaempferia scaposa*[32]、白花山奈 *K. candida*[33] 和 *Laosanthus*[11]并入广义的姜黄属。Zaveska 等[12]通过密集的取样和多片段分析提出把姜黄属分为 3 亚属，即姜黄亚属 *Curcuma* subgen. *Curcuma*、*C.* subgen. *Hitcheniopsis* 和 *C.* subgen. *Ecomata*，其中 *C.* subgen. *Ecomata* 是基于 Schumann[3]早先划分的前 2 个亚属而新提出的，3 个新的亚属也分别涵盖了前面提到的几个属和种。姜黄属各个亚属内的高度复杂的关系尚需进一步研究。

DNA 条形码研究：*trn*K 和 *psb*A-*trn*H 可能为姜黄属的鉴别条码[34,35]。BOLD 网站有该属 118 种 636 个条形码数据；GBOWS 已有 1 种 4 个条形码数据。

代表种及其用途：姜黄 *C. longa* Linnaeus 和郁金 *C. aromatica* Salisbury 的根茎均可为中药材"姜黄"的来源，供药用，能行气破瘀，通经止痛；还可提取黄色食用染料；所含姜黄素可作分析化学试剂。

7. *Elettariopsis* Baker 地豆蔻属

Elettariopsis Baker (1892: 251); Wu & Larsen (2000: 356) (Lectotype: *E. curtisii* Baker)

特征描述：多年生草本，高达 1m。根状茎匍匐，纤细，节间生假茎。叶 1-8；叶舌全缘或 2 裂；叶柄直立，长；叶片卵形、披针形、椭圆形或长圆形。花序生于假茎基部，花沿着叶轴或有时在一直立、密集的头状花序；花序轴平卧或直立，简单或分枝；苞片具 1 或 2 花；小苞片展开，非管状。花萼白色或粉红色，管状，先端 2 或 3 齿；花冠筒长于花萼，细，裂片 3，卵长圆形或椭圆形；侧生退化雄蕊无或极短；花丝短而宽；药隔附属体多少呈正方形，侧面裂片不开展；子房 3 室，每室胚珠多数；柱头倒锥形，具缘毛，花柱裂片 2，细。蒴果球形，无毛。染色体 2*n*=48。

分布概况： 12/1 种，（**7a**）型；分布于印度尼西亚，老挝，马来西亚，泰国，越南；中国产海南。

系统学评述： 地豆蔻属位于山姜亚科山姜族，可能是个单系。分子证据表明地豆蔻属与拟豆蔻属 *Paramomum* 为姐妹群，再与豆蔻属的部分种构成 1 支[8,19,24]。

DNA 条形码研究： BOLD 网站有该属 8 种 11 个条形码数据。

8. *Etlingera* Giseke 茴香砂仁属

Etlingera Giseke (1792: 209); Wu & Larsen (2000: 356) [Type: *E. littoralis* (J. Koenig) Giseke (≡ *Amomum littorale* J. König)]. —— *Achasma* W. Griffith (1851: 427)

特征描述： 多年生草本。茎粗壮，具匍匐状根茎。叶具叶柄，大，披针形。花序自根茎生出，头状或穗状，花排列在扁平的花托上，形成 3-4 个同心圆，基部有许多不育的总苞片；总花梗较长，明显挺出地面，或埋在地下；苞片内有 1 花；小苞片长管状。花萼管状，膜质，一侧开裂，先端 3 齿；花冠筒等于或长于花萼，裂片 3，远短于花冠管；唇瓣舌形，多少为 3 浅裂，远长于花冠裂片，基部和花丝连合成管；中央裂片有色，先端全缘或 2 裂；侧裂片基部折于雄蕊上方；无侧生退化雄蕊；雄蕊短于唇瓣，花丝的离生部分短而宽；花药前屈，无药隔附属体；子房 3 室，每室胚珠多数。蒴果肉质，不裂，平滑或具纵棱，或具成列的疣突。花粉无萌发孔，表面具不规则短条纹。染色体 2*n*=48，50。

分布概况： 70/3（1）种，**5**（**7**）型；分布于印度，印度尼西亚，马来西亚，泰国，澳大利亚北部；中国产云南和海南。

系统学评述： 茴香砂仁属位于山姜亚科山姜族，是个单系[39,49]。Pedersen[39]的分子证据表明，茴香砂仁属与大豆蔻属 *Hornstedtia* 最为接近，茴香砂仁属分为 2 个分支：一个是 *Geanthus* 分支，包含以前的 *Geanthus* Reinwardt 下所有的种；另一个分支包括剩下的所有的种。

DNA 条形码研究： BOLD 网站有该属 26 种 50 个条形码数据；GBOWS 已有 2 种 18 个条形码数据。

代表种及其用途： 该属许多植物可作为观赏植物，如火炬姜 *E. elatior* (Jack) R. M. Smith，其幼嫩花序也可作蔬菜食用；茴香砂仁 *E. yunnanensis* (T. L. Wu & S. J. Chen) R. M. Smith 的根茎药用，可驱风行气和健胃。

9. *Globba* Linnaeus 舞花姜属

Globba Linnaeus (1771: 143, 170); Wu & Larsen (2000: 358) (Lectotype: *G. marantina* Linnaeus)

特征描述： 根状茎匍匐，纤细。假茎直立，通常可达 1.5m，多叶。叶无柄或柄极短；叶舌全缘；叶片长圆形、椭圆形或披针形。花序顶生，聚伞圆锥花序或总状花序，通常稀松；每苞片着生一蝎尾状聚伞花序，有时花序的花被珠芽所替代；小苞片开裂至基部。花萼钟状或陀螺状，先端钝 3 浅裂；花冠筒纤细，裂片卵形或长圆形，近等长，向外凸；唇瓣基部与花丝联合，形成一个位于侧生退化雄蕊和花冠裂片之上的管，上部反折；侧生退化雄蕊瓣状；花丝长，弯弓；药隔无附属体或每边有 1-2 翼状附属体，雄蕊与延伸至花药或药隔附属体之上的丝状的花柱形成特征性的弓状的结构；子房 1 室，侧膜胎座。蒴果球形或椭圆形，果皮薄，不整齐开裂。种子小，具白色、撕裂状假种皮。花粉无萌发孔，具刺。染色体 2n=16，22，24，28，32，34，48，64，80，96。

分布概况：100/5（2）种，**5（7）型**；分布于亚洲热带，1 种分布在澳大利亚；中国产西南至华南。

系统学评述：舞花姜属位于姜亚科舞花姜族，是个并系。传统的舞花姜属的分类主要集中在花药附属体上，Williams 等[36]根据形态（主要是花药附属体数目和形状，以及花序和果实的形态）和分子证据提出了把舞花姜属分为 3 亚属（*Globba* subgen. *Mantisia*、*G.* subgen. *Ceratanthera* 和 *G.* subgen. *Globba*）7 组（*G.* sect. *Haplanthera*、*G.* sect. *Substrigosa*、*G.* sect. *Mantisia*、*G.* sect. *Ceratanthera*、*G.* sect. *Nudae*、*G.* sect. *Globba* 和 *G.* sect. *Sempervirens*）和 2 亚组（*G.* subsects. *Medio* 和 *G.* subsects. *Nudae*），将 *Mantisia* 并入舞花姜属而成为 1 个单独的组 *G.* sect. *Mantisia*。该属与 *Hemiorchis* 和 *Gagnepainia* 较为近缘。

DNA 条形码研究：BOLD 网站有该属 85 种 192 个条形码数据；GBOWS 已有 2 种 15 个条形码数据。

代表种及其用途：舞花姜 *G. racemosa* J. E. Smith 的根和果实在民间药用，有健胃、消炎的功效，可用于治疗胃炎，消化不良，急慢性肾炎等。

10. *Hedychium* J. Koenig 姜花属

Hedychium J. Koenig (1783: 73-74); Wu & Larsen (2000: 370) (Type: *H. coronarium* J. Koenig)

特征描述：陆生或附生草本。具块状根茎。假茎直立，多叶。叶舌显著；叶片通常为长圆形或披针形。穗状花序顶生，密生多花；苞片覆瓦状排列或疏离，宿存，其内有 1 至数花；小苞片管状。花萼管状，常一侧开裂，顶端具 3 齿或截平；花冠管纤细，极长，裂片在花期反折，线形；唇瓣近圆形，大，先端常 2 裂，具长柄或无；侧生退化雄蕊瓣状，较花冠裂片大；花丝通常较长，罕无；花药背着，基部叉开；无药隔附属体；子房 3 室，中轴胎座。蒴果球状，3 瓣裂。种子多数，假种皮撕裂状。花粉无萌发孔。染色体 2n=34，51，68。

分布概况：50/29（18）种，**6-2（7）型**；分布于非洲大陆，马达加斯加，亚洲热带到暖温带；中国产西南至华南。

系统学评述：姜花属位于姜亚科姜族，是个单系类群。Schumann[3]依据苞片的排列方式将该属分为 2 亚属，即姜花亚属 *Hedychium* subgen. *Hedychium* 和毛姜花亚属 *H.* subgen. *Euosmianthu*；Wu 和 Larsen 也沿用了该种分类[FOC]。Wood 等[37]不认可这种分类，根据该属 29 种的 ITS 片段进行的分子系统学研究，把姜花属分为 4 个分支，同时也得到了其他证据的支持，如每个小苞片小花数目、植株大小、分布范围与生态习性，也得到了高丽霞等[38]基于 SRAP 分子标记对于中国姜花属的聚类分析结果的支持。

DNA 条形码研究：BOLD 网站有该属 24 种 68 个条形码数据；GBOWS 已有 10 种 56 个条形码数据。

代表种及其用途：该属很多植物具药用和观赏价值。姜花 *H. coronarium* J. Koenig 可浸提姜花浸膏，用于调和香精，也可用来盆栽和切花；根茎能解表、散风寒、治头痛、身痛、风湿痛及跌打损伤等症。草果药 *H. spicatum* Smith 的种子供药用，性辛微苦，能宽中理气，消胸膈膨胀，开胃消宿食。

11. *Hornstedtia* Retzius 大豆蔻属

Hornstedtia Retzius (1791: 18); Wu & Larsen (2000: 357) [Lectotype: *H. scyphus* Retzius, *nom. illeg.* (=*H. scyphifera* (J. G. König) Steudel ≡ *Amomum scyphiferum* J. G. König)]

特征描述：根茎匍匐，分枝，木质。假茎粗壮。叶无柄或具柄；叶舌显著；叶片披针形。花序生于近假茎基部的根状茎，一半埋于地下或完全挺出地表，卵形或纺锤形的穗状花序；花序梗通常短，覆盖着 2 列鳞片状的鞘；苞片紧集覆瓦状排列，宿存，外面的总苞片革质，内无花，里面的苞片膜质，内贮黏液，有 1 花；小苞片开放，非管状。花萼管状，上部加宽，一侧开裂，顶端具 3 齿，稀 2 裂；花冠筒纤细，顶端通常呈直角弯曲；裂片 3，后方的 1 枚直立，风帽状，侧生的 2 枚平展，基部与唇瓣相连合；唇瓣狭，与花冠裂片近等长，凹，肉质；侧生退化雄蕊退化呈齿状，位于唇瓣的基部或无；花丝短或无；药隔附属体圆或无；子房长圆形，3 室；花柱纤细，柱头漏斗状；腺体 2-8，分离或连合。蒴果圆柱形或近三棱形，果皮平滑，膜质，稀坚硬，近基部处不规则开裂。种子多角形，基部围以白色的假种皮。花粉无萌发孔，具皱纹饰。染色体 $2n=42$。

分布概况：60/1（1）种，**5（7）型**；分布于亚洲热带；中国产广东和海南。

系统学评述：大豆蔻属位于山姜亚科山姜族，是个并系类群。大豆蔻属与茴香砂仁属最为接近，共同构成 1 个单系[19,39,49]。

DNA 条形码研究：BOLD 网站有该属 9 种 17 个条形码数据。

12. *Kaempferia* Linnaeus 山柰属

Kaempferia Linnaeus (1753: 2); Wu & Larsen (2000: 368) (Lectotype: *K. galanga* Linnaeus)

特征描述：多年生低矮草本。根茎肉质块状；根通常生纺锤形的小块根。假茎短或退化。叶 1 至少数；叶舌通常小或无；叶柄短；叶片近圆形到丝状，有时为杂色或者背面紫色。花序顶生在假茎或在根状茎生出的花葶上（在假茎前出现），头状，多数，螺旋排列；苞片 1 花；小苞片小，顶端 2 齿裂或有时 2 半裂。花萼管状，一侧开裂，顶端 2 或 3 齿；花冠筒与花萼等长或超过很多，裂片平展或反折，披针形，近等长；唇瓣通常白色或淡紫色，有时近基部具不同颜色的斑点，艳丽，顶部 2 裂至中部或至基部；侧生退化雄蕊瓣状；花丝非常短或无；药隔延伸成为蜜腺从花的喉部外露出，全缘或 2 半裂；子房 3 室。蒴果球形或椭圆形，果皮薄。种子近球形到椭圆形；假种皮撕裂状。花粉无萌发孔，光滑、颗粒、具穴或具疣纹饰。染色体 $2n=22$，24，33，36，44，45，54。

分布概况：50/5（1）种，（**7a**）型；分布于亚洲热带；中国产西南至华南。

系统学评述：山柰属位于姜亚科姜族，是个单系类群。Kress 等[8]的研究中，姜族中形成了 1 个山柰分支，包括了 *Haniffia*、姜属、山柰属、*Distichochlamys*、*Scaphochlamys*、凹唇姜属、*Curcumorpha* 和 *Cornukaempferia*，但该分支支持率低，内部的关系也并未解决清楚。白花山柰 *K. candida* Wallich 被并入广义的姜黄属[33]。

DNA 条形码研究：*psbA-trnH* 和 *petA-psbJ* 为山柰属潜在的鉴别条码[40]。BOLD 网站有该属 5 种 55 个条形码数据。

代表种及其用途：山柰 *K. galanga* Linnaeus 为中药材山柰的原植物，根茎为芳香健胃剂，亦可作调味香料，可提芳香油作调香原料。

13. *Paramomum* S. Q. Tong 拟豆蔻属

Paramomum S. Q. Tong (1985: 310); Wu & Larsen (2000: 354) (Type: *P. petaloideum* S. Q. Tong)

特征描述：多年生草本。根茎匍匐而延长。茎直立，基部膨大。叶螺旋状排列；叶片椭圆形或披针形；叶鞘不封闭。穗状花序卵形；花葶从根茎基部抽出，具鞘状鳞片；苞片覆瓦状排列；管状小苞片侧裂。花萼管状，顶端具 3 齿；花冠管顶端具 3 裂片；无侧生退化雄蕊；雄蕊花瓣状，花药着生于花丝的中部；唇瓣倒卵形，雄蕊基部不与唇瓣愈合成短管；子房 3 室，每室胚珠多数；有上位腺体；花柱线形，柱头漏斗状。蒴果半球状，冠以宿存的花萼。种子黑色，具假种皮。花粉粒无萌发孔，具刺。

分布概况：1/1（1）种，**15 型**；特产中国云南南部。

系统学评述：拟豆蔻属位于山姜亚科山姜族。拟豆蔻属为童绍全[41]发表的中国特有的单型属，具花瓣状可育雄蕊、花药着生于花丝中部和叶螺旋状排列，这些性状被认为和闭鞘姜属 *Costus* 相近。Wu[42]将该属归并到豆蔻属内。分子系统学研究中，拟豆蔻属有时与地豆蔻属成为姐妹群[8]，有时嵌在地豆蔻属中[24]，并与豆蔻属的部分种构成 1支，然而由于山姜族的几个大属（山姜属、豆蔻属等）的划分仍需进一步研究，该属的地位也尚待确定。

DNA 条形码研究：BOLD 网站有该属 1 种 2 个条形码数据。

14. *Plagiostachys* Ridley 偏穗姜属

Plagiostachys Ridley (1899: 151); Wu & Larsen (2000: 333) [Type: *P. lateralis* (Ridley) Ridley (≡ *Amomum laterale* Ridley)]

特征描述：根茎生于地上或稍在地下。叶片披针形或线形；叶舌通常 2 深裂。穗状花序或圆锥花序自茎侧穿鞘而出，卵形或长圆形；苞片稠密，全缘或流苏状；小苞片管状，至少在上部会变具黏性并早早衰败。花萼管状或漏斗状，一侧开裂，顶端具 3 齿；花冠肉质，筒部短或等长于花萼，裂片长圆形或卵形，后方的一枚直立、盔状；唇瓣长圆形，平坦，全缘或 2 裂；侧生退化雄蕊齿状或钻状；花丝加厚且短；花药长圆形，微凹；无药隔附属体；子房小；腺体短。蒴果卵球形或椭圆形，果皮脆薄。每室有 3-4 有棱的种子。花粉粒无萌发孔，具刺。

分布概况：19/1（1）种，**（7a）**型；分布于东南亚；中国产广东和广西。

系统学评述：偏穗姜属位于山姜亚科山姜族。偏穗姜属的 2 个种在 Kress 等的分子系统学研究中都被证实和山姜属有着近缘关系[8,19,39]，但这些研究中偏穗姜属的单系性均未得到证实。

DNA 条形码研究：BOLD 网站有该属 17 种 28 个条形码数据。

15. *Pommereschea* Wittmack 直唇姜属

Pommereschea Wittmack (1895: 131); Wu & Larsen (2000: 346) (Type: *P. lackneri* Wittmack)

特征描述：假茎细长。叶具短柄；叶片基部心形或箭形。穗状花序顶生，具苞片及小苞片。花萼管状或棒状，一侧开裂，先端 2 或 3 齿裂；花冠管圆柱形，较萼管为长，裂片披针形，后方的一枚较大；唇瓣直立，狭匙形，小，顶端 2 齿裂或裂成 2 瓣，基部与花丝连合或不联合；无侧生退化雄蕊；花丝突露于花冠之上，上部槽状；花柱线形，柱头杯状，具缘毛；子房 3 室，胚珠多数，2 列，着生于中轴胎座上；腺体 2，线形。蒴果近球形，果皮薄，3 瓣裂或不裂。种子近球形，基部有假种皮。

分布概况：2/2 种，**7-3** 型；分布于缅甸，泰国；中国产云南南部。

系统学评述：直唇姜属位于姜亚科姜族。直唇姜属侧生退化雄蕊缺失，因此形态分类上其一直以来被归入侧生退化雄蕊小或不存在的山姜族[43,44]。然而，分子证据表明直唇姜属位于姜族，与喙花姜属为姐妹群关系[8,19,37]。对于该属的系统学研究均只取样 *P. lackneri* Wittmack，故而其是否为单系需要进一步研究。

DNA 条形码研究：BOLD 网站有该属 1 种 2 个条形码数据。

16. *Pyrgophyllum* (Gagnepain) T. L. Wu & Z. Y. Chen 苞叶姜属

Pyrgophyllum (Gagnepain) T. L. Wu & Z. Y. Chen (1989: 126); Wu & Larsen (2000: 370) [Lectotype: *P. yunnanensis* (Gagnepain) T. L. Wu & Z. Y. Chen (≡ *Kaempferia yunnanensis* Gagnepain)]. —— *Monolophus* Wallich ex Endlicher (1862: 22)

特征描述：根粗壮。根状茎球形。假茎直立。叶舌 2 半裂，膜质；叶柄具沟；叶片卵形或长圆披针形。花序顶生在假茎上；苞片 1-3，大而凹，边缘贴生于花序的主轴上，顶端具叶状的延伸。花无梗，黄色，很快枯萎；花萼管状，一侧深深的开裂，先端 2 齿裂；花冠筒长于花萼，后方裂片比侧生的宽；唇瓣先端 2 裂，裂片卵形；侧生退化雄蕊近线形，与花冠裂片等长；花丝短；花药基着，药隔附属体明显，正三角形、全缘；子房倒卵球形，3 室；腺体 2，线形。蒴果近球形。种子卵球形。

分布概况：1/1（1）种，**15** 型；特产中国四川和云南。

系统学评述：苞叶姜属位于姜亚科姜族。苞叶姜 *P. yunnanensis* (Gagnepain) T. L. Wu & Z. Y. Chen 最初由 Gagnepain 发表于山奈属，置于 *Pyrgophyllum* 亚属（*Kaempferia* subgen. *Pyrgophyllum*）。而后，Gagnepain 将 *Camptandra* Ridley 被组合到山奈属，即 *K.* subgen. *Camptandra*，并将 *K.* subgen. *Pyrgophyllum* 的种全部被移到 *K.* subgen. *Camptandra*；Larsen 和 Smith[45] 认为其形态与 *Caulokaempferia* 接近，而与分布于马来西亚的

Camptandra 较远，因而将其转到 *Caulokaempferia*，并考虑它特殊的苞片和花药形态及上位腺体的存在，将其单独置于 *Caulokaempferia* 下的 1 个组，即 *Caulokaempferia* sect. *Pyrgophyllum*。吴德邻和陈忠毅[46]认为该种与其他的 *Caulokaempferia* 的种在形态，以及孢粉、叶表皮等微形态，染色体数目，地理分布上都与 *Caulokaempferia* 其余成员差别很大，因此将其提升为 1 个属。该属的系统位置尚未有分子系统学的研究[8,47]。

DNA 条形码研究：BOLD 网站有该属 1 种 3 个条形码数据。

17. *Rhynchanthus* J. D. Hooker 喙花姜属

Rhynchanthus J. D. Hooker (1886: 6861); Wu & Larsen (2000: 346) (Type: *R. longiflorus* J. D. Hooker)

特征描述：多年生草本。具块状根茎。叶茎生；无柄或具短柄；叶片长圆披针形或椭圆至长圆形。穗状花序顶生，少花；苞片有颜色；小苞片小。花萼管状，上部一侧开裂，顶端具小尖头；花冠管漏斗状，裂片 3，直立，披针形，后方的 1 枚稍较大；唇瓣退化成小尖齿状，位于花丝的基部或无；无侧生退化雄蕊；花丝延长，突出于花冠之外呈舟状，顶端喙状；花药室平行，无距；药隔无附属体；花柱线形，柱头陀螺状；腺体近纺锤状，2 枚；子房 3 室，胚珠多数，叠生，中轴胎座。花粉无萌发孔，颗粒到具疣纹饰。

分布概况：7/1（1）种，**7-3 型**；分布于印度，缅甸，泰国，印度尼西亚，巴布亚新几内亚；中国产云南。

系统学评述：喙花姜属位于姜亚科姜族。该属侧生退化雄蕊缺失，因此在形态分类上被归入山姜族[43,44]。然而，分子证据表明喙花姜属位于姜族，与直唇姜属为姐妹群关系[8,19,37]。该属的单系性需加大取样进一步研究。

DNA 条形码研究：BOLD 网站有该属 1 种 2 个条形码数据；GBOWS 已有 1 种 3 个条形码数据。

18. *Roscoea* J. E. Smith 象牙参属

Roscoea Smith (1806: 97); Wu & Larsen (2000: 362) (Type: *R. purpurea* Smith)

特征描述：小草本，一年生。根簇生，具有纺锤形的块根。地下茎不显著，假茎直立。叶鞘闭合成管状；叶柄无；叶舌不明显；叶片长圆形或披针形。穗状花序生于假茎顶端；花序梗短且藏于叶鞘到长并外露；苞片宿存，每苞内有 1 花；小苞片无。花萼管状，一侧开裂，先端 2 或 3 齿；花冠筒通常从花萼外露，纤细，喉部较宽；花冠背裂片直立，较大，兜状，两枚侧裂片较狭，平展或下弯，不与唇瓣的爪联合；唇瓣大，下弯，全缘，微凹或 2 裂，基部具爪或无；侧生退化雄蕊瓣状，直立；花丝短，花药室线形，紧贴，花药隔于基部延伸成距状；子房 3 室，圆柱形或椭圆形，胚珠多数，叠生；花柱线形，柱头漏斗状，具缘毛。蒴果圆柱形或棒状，迟裂或微裂成 3 片，果皮膜质。种子卵形，小，具假种皮。花粉粒无萌发孔，具刺。

分布概况：18/13（8）种，**14SH 型**；分布于印度，尼泊尔，不丹，克什米尔，缅甸，越南；中国产云南、四川和西藏。

系统学评述：象牙参属位于姜亚科姜族，是个单系。分子证据表明该属与距药姜属 *Cautleya* 为姐妹群，这 2 个属均为姜科中较为高海拔分布的类群，苞片内都为单花，侧生退化雄蕊椭圆形花瓣状，唇瓣两裂，药隔于基部延伸成距状[8,9,28,31]。Ngamriabsakul 等[31]取样的系统学研究中，把象牙参属分为 2 个分支，中国分支和喜马拉雅分支，前者包含中国的 7 种和缅甸的 1 种，后者包括了 7 个来自喜马拉雅的种；这种划分也得到了形态学上的支持，如叶鞘数目、叶片数目、花冠管长度和附属体形状等。

DNA 条形码研究：ITS 和 *trn*H-*psb*A 对于象牙参有着较高的鉴别率，联合这 2 个片段的鉴别率达到 90%[48]。BOLD 网站有该属 8 种 32 个条形码数据；GBOWS 已有 5 种 45 个条形码数据。

代表种及其用途：该属花大都美丽，可栽培供观赏，如大花象牙参 *R. humeana* I. B. Balfour & W. W. Smith。象牙参为西藏常用中草药之一，有温中散寒，止痛消食的功能。

19. *Siliquamomum* Baillon 长果姜属

Siliquamomum Baillon (1895: 1193); Wu & Larsen (2000: 377) (Type: *S. tonkinense* Baillon)

特征描述：假茎直立。叶具叶柄；叶片披针形或披针长圆形。总状花序顶生，下垂，花少而疏；苞片小。花梗长，近顶端有节；花萼管钟状，一侧开裂，顶端具 2-3 齿；花冠管狭圆柱形，顶部扩大呈钟状，裂片窄，先端钝，背裂片大于 2 侧裂片；唇瓣大，倒卵形，为白色和黄绿色混合，顶端波状；侧生退化雄蕊发育良好，与唇瓣联合；花药线形，花药室顶端有膜质的附属体，但不来自药隔；子房基部 3 室，顶部 1 室；胚珠多数，着生于中轴胎座上，倒生；花柱无毛，柱头顶端具纤毛。蒴果圆柱形，近链荚状。

分布概况：3/1 种，**7-4 型**；分布于越南；中国产云南东南部。

系统学评述：长果姜属位于山姜亚科。长果姜属在山姜亚科中的系统位置一直未得到解决，具有独特的圆筒近链荚状的果实，可能与 *Alpinia* [8,24,49]或 *Siamanthus*[8]较为近缘。该属的系统位置需要进一步的研究。

DNA 条形码研究：BOLD 网站有该属 1 种 2 个条形码数据；GBOWS 已有 1 种 3 个条形码数据。

20. *Zingiber* Miller 姜属

Zingiber Miller (1754: Vol. 3, ed. 4) *nom. & orth. cons.*; Wu & Larsen (2000: 323) [Type: *Z. officinale* Roscoe (≡ *Amomum zingiber* Linnaeus)]

特征描述：地下茎多分枝，块茎状或延长，横走，多具芳香。假茎直立，通常多叶。叶二列，形成与根状茎平行的平面；叶柄膨胀，叶枕状；叶片长圆形、披针形或线形。花序头状、纺锤形至锥形，通常生于由根茎发出的总花梗上，或无总花梗，花序贴近地面，罕花序顶生于具叶的茎上；总花梗被鳞片状鞘；苞片紧密覆瓦状排列，偶尔疏松排列，绿色或其他颜色，每苞片通常包被 1 花，罕包被 1 聚伞花序，宿存；小苞片非管状。花萼管状，一侧开裂，顶端具 3 齿；花冠筒纤细，花冠背裂片白色或米色，通常比侧面裂片宽；唇瓣外翻，全缘，微凹或浅 2 裂，皱波状；<u>侧生退化雄蕊常与唇瓣相连合，形成具有 3 裂片的结构</u>，罕无侧生退化雄蕊；花丝短；<u>药隔附属体延伸成长喙状</u>；子房 3 室，每室胚珠多数，中轴胎座；<u>花柱纤细</u>，<u>延长到药室以外</u>，柱头漏斗形，具缘毛。蒴果室背开裂或者不规则开裂。种子黑色，被假种皮；假种皮白色，边缘不规则撕裂。花粉无萌发孔，为椭球形具斜条纹，或球形具有脑纹或拟负网状纹饰。

分布概况：100-150/42（34）<u>种，**5**（**7**）**型**</u>；分布于亚洲的热带、亚热带地区；中国产西南至东南。

系统学评述：姜属位于姜亚科姜族，是个单系。分子证据表明姜属与凹唇姜属、*Curcumorpha*、山奈属、*Scaphochlamys*、*Distichochlamys*、*Cornukaempferia* 和 *Haniffia* 构成了 1 个三歧分支[8]。传统上的姜属按照花序的位置和形态分为 4 个组，即 *Zingiber* sect. *Zingiber*、*Z.* sect. *Cryptanthium*、*Z.* sect. *Pleuranthesis* 和 *Z.* sect. *Dymczewiczia*[3,50]。Theilade 等[51]通过对姜属 18 种的花粉形态学研究，提出应把 *Z.* sect. *Dymczewiczia* 并入 *Z.* sect. *Zingiber*，它们具有类似的球状、脑纹状纹饰的花粉特征。Theerakulpisut 等[52]基于 ITS 片段的姜属 23 种的系统学研究部分支持传统上的 4 个组的分类，也发现 *Z.* sect. *Dymczewiczia* 和 *Z.* sect. *Zingiber* 聚成 1 个分支。

DNA 条形码研究：BOLD 网站有该属 31 种 110 个条形码数据；GBOWS 已有 7 种 44 个条形码数据。

代表种及其用途：该属多种植物根茎可供调味用或浸渍用，入药，能祛风发表，消肿解毒，如姜 *Z. officinale* Roscoe、蘘荷 *Z. mioga* (Thunberg) Roscoe 等。姜是日常烹饪常用佐料之一。

主要参考文献

[1] Burtt BL. General introduction to papers on Zingiberaceae[J]. Edinb Roy Bot Gard Notes, 1972, 31: 155-165.
[2] Holttum RE. The Zingiberaceae of the Malay Peninsula[J]. Gard Bull Singapore, 1950, 13: 1-249.
[3] Schumann K. Zingiberaceae[M]//Engler A. Das pflanzenreich, IV. Leipzig: W. Engelmann, 1904: 1-458.
[4] Kress WJ. Phylogeny of the Zingiberanae: morphology and molecules[M]//Rudall P. Monocotyledons: Systematics and evolution. London: Royal Botanic Gardens, 1995: 443-460.
[5] Kress WJ. The phylogeny and classification of the Zingiberales[J]. Ann MO Bot Gard, 1990, 77: 698-721.
[6] Kress WJ, et al. Unraveling the evolutionary radiation of the families of the Zingiberales using morphological and molecular evidence[J]. Syst Bot, 2001, 50: 926-944.
[7] Larsen K, et al. Zingiberaceae[M]//Kubitzki K. The families and genera of vascular plants, IV. Berlin: Springer, 1998: 474-496.
[8] Kress WJ, et al. The phylogeny and a new classification of the gingers (Zingiberaceae): evidence from molecular data[J]. Am J Bot, 2002, 89: 1682-1696.
[9] Ngamriabsakul C, et al. The phylogeny of tribe Zingibereae (Zingiberaceae) based on its (nrDNA) and *trn*L-F (cpDNA) sequences[J]. Edinb J Bot, 2004, 60: 483-507.
[10] Leong-Škorničková J, Sabu M. The recircumscription of *Curcuma* L. to include the genus *Paracautleya* R. M. Sm.[J]. Gard Bull Singapore, 2005, 57: 37-46.
[11] Leong-Škorničková J, et al. Chromosome numbers and genome size variation in Indian species of *Curcuma* (Zingiberaceae)[J]. Ann Bot, 2007, 100: 505-526.

[12] Zaveska E, et al. Phylogeny of *Curcuma* (Zingiberaceae) based on plastid and nuclear sequences: proposal of the new subgenus *Ecomata*[J]. Taxon, 2012, 61: 747-763.

[13] Leong-Škorničková J, et al. *Newmania*: a new ginger genus from central Vietnam[J]. Taxon, 2011, 60: 1386-1396.

[14] Lim CK. A new Zingiberaceae genus from Kedah, Peninsular Malaysia[J]. Folia Malaysiana, 2009, 10: 1-10.

[15] Picheansoonthon C, et al. *Jirawongsea*, a new genus of the family Zingiberaceae[J]. Folia Malaysiana, 2008, 9: 1-16.

[16] Smith RM. *Alpinia* (Zingiberaceae): a proposed new infrageneric classification[J]. Edinb J Bot, 1990, 47: 1-75.

[17] Rangsiruji A, et al. Origin and relationships of *Alpinia galanga* (Zingiberaceae) based on molecular data[J]. Edinb J Bot, 2000, 57: 9-37.

[18] Rangsiruji A, et al. A study of the infrageneric classification of *Alpinia* (Zingiberaceae) based on the ITS region of nuclear rDNA and the *trn*L-F spacer of chloroplast DNA[M]//Wilson KL, Morrison DA. Monocots: systematics and evolution. Melbourne: CSIRO, 2000: 695-709.

[19] Kress WJ, et al. The molecular phylogeny of *Alpinia* (Zingiberaceae): a complex and polyphyletic genus of gingers[J]. Am J Bot, 2005, 92: 167-178.

[20] Luo K, et al. Molecular identification of *alpinia officinarum* and its adulterants[J]. World Sci Technol, 2011, 13: 400-406.

[21] 庞启华, 等. 基于 *mat*K 基因序列的高良姜及其混淆品的鉴定[J]. 陕西科技大学学报, 2008, 26: 1187-1189.

[22] Smith RM. Review of Bornean Zingiberaceae, 1. (Alpineae p.p.)[J]. Edinb Roy Bot Gard Notes, 1985, 42: 261-314.

[23] Smith RM. Two additional species of *Amomum* from Borneo[J]. Edinb Roy Bot Gard Notes, 1989, 45: 337-339.

[24] Xia YM, et al. Phylogenetic analyses of *Amomum* (Alpinioideae: Zingiberaceae) using ITS and *mat*K DNA sequence data[J]. Syst Bot, 2004, 29: 334-344.

[25] Han JP, et al. Identification of *Amomi fructus* and its adulterants based on ITS2 sequences[J]. Global Traditional Chinese Medicine, 2011, 4: 99-102.

[26] 杨振艳, 张玲. 姜科砂仁属植物 DNA 条形码序列的筛选[J]. 云南植物研究, 2010: 393-400.

[27] Shi LC, et al. Identification of *Amomum* (Zingiberaceae) through DNA barcodes[J]. World Sci Technol, 2010, 3:473-479.

[28] 郑曼莉, 夏永梅. 利用 ITS(nrDNA) 和 *matK*(cpDNA) 探讨姜族植物的系统发育[J]. 云南大学学报(自然科学版), 2010, 32: 426-432.

[29] Ngamriabsakul C, Techaprasan J. The phylogeny of Thai *Boesenbergia* (Zingiberaceae) based on *petA-psbJ* spacer (chloroplast DNA) [J]. J Sci Technol, 2006, 28: 49-57.

[30] Techaprasan J, et al. Genetic variation and species identification of Thai *Boesenbergia* (Zingiberaceae) analyzed by chloroplast DNA polymorphism[J]. J Biochem Mol Biol, 2006, 39: 361-370.

[31] Ngamriabsakul C, et al. Phylogeny and disjunction in *Roscoea* (Zingiberaceae) [J]. Edinb J Bot, 2000, 57: 39-61.

[32] Leong-Škorničková J, et al. Chromosome numbers and genome size variation in Indian species of *Curcuma* (Zingiberaceae)[J]. Ann Bot, 2007, 100: 505-526.

[33] Techaprasan J, Leong-Škorničková J. Transfer of *Kaempferia candida* to *Curcuma* (Zingiberaceae) based on morphological and molecular data[J]. Nord J Bot, 2011, 29: 773-779.

[34] Deng JB, et al. Authentication of three related herbal species (*Curcuma*) by DNA barcoding[J]. J Med Plants Res, 2011, 5: 6401-6406.

[35] 曹晖, 等. 基于核 18S rDNA 和叶绿体 *trn*K 序列鉴定姜黄属植物[J]. 药学学报, 2010, 45: 926-933.

[36] Williams KJ, et al. The phylogeny, evolution, and classification of the genus *Globba* and tribe Globbeae (Zingiberaceae): appendages do matter[J]. Am J Bot, 2004, 91: 100-114.

[37]   Wood TH, et al. Phylogeny of *Hedychium* and related genera (Zingiberaceae) based on ITS sequence data[J]. Edinb J Bot, 2000, 57: 261-270.

[38]   高丽霞, 等.中国姜花属基于 SRAP 分子标记的聚类分析[J]. 植物分类学报, 2008, 46: 899-905.

[39]   Pedersen LB. Phylogenetic analysis of the subfamily Alpinioideae (Zingiberaceae), particularly *Etlingera* Giseke, based on nuclear and plastid DNA[J]. Plant Syst Evol, 2004, 245: 239-258.

[40]   Techaprasan J, et al. Genetic variation of *Kaempferia* (Zingiberaceae) in Thailand based on chloroplast DNA (*psb*A-*trn*H and *pet*A-*psb*J) sequences[J]. Gen Mol Res, 2010, 9: 1957-1973.

[41]   童绍全. 拟豆蔻属——云南姜科一新属[J]. 云南植物研究, 1985, 7: 309-312.

[42]   Wu TL. Notes on the Lowiaceae, Musaceae, and Zingiberaceae for the Flora of China[J]. Novon, 1997, 7: 440-442.

[43]   Larsen K, et al. Zingiberaceae[M]//Kubitzki K. The families and genera of vascular plants, IV. Berlin: Springer, 1998: 474-495.

[44]   Smith RM. Synoptic keys to the genera of Zingiberaceae pro parte[M]. Edinburgh: Royal Botanic Garden Edinburgh, 1981.

[45]   Larsen K, Smith RM. Notes on *Caulokaempferia*[J]. Edinb Roy Bot Gard Notes, 1972, 31: 287-295.

[46]   吴德邻, 陈忠毅. 中国姜科新属——苞叶姜属[J]. 植物分类学报, 1989, 27: 124-128.

[47]   Ngamriabsakul C, et al. The phylogeny of tribe Zingibereae (Zingiberaceae) based on ITS (nrDNA) and *trn*L-F (cpDNA) sequences[J]. Edinb J Bot, 2003, 60: 483-507.

[48]   Zhang DQ, et al. Application of DNA barcoding in *Roscoea* (Zingiberaceae) and a primary discussion on taxonomic status of *Roscoea cautleoides* var. *pubescens*[J]. Biochem Syst Ecol, 2014, 52: 14-19.

[49]   Kress WJ, et al. An analysis of generic circumscriptions in tribe Alpinieae (Alpinioideae: Zingiberaceae)[J]. Gard Bull Singapore, 2007, 59: 113-128.

[50]   Valeton T. New notes on the Zingiberaceae of Java and the Malayan Archipelago[J]. Bull Jard Bot Buitenzorg, 1918, 2: 1-176.

[51]   Theilade I, et al. Pollen morphology and structure of *Zingiber* (Zingiberaceae)[J]. Grana, 1993, 32: 338-342.

[52]   Theerakulpisut P, et al. Phylogeny of the genus *Zingiber* (Zingiberaceae) based on nuclear ITS sequence data[J]. Kew Bull, 2012, 67: 389-395.

Typhaceae Jussieu (1789), *nom. cons.* 香蒲科

特征描述：多年生水生或沼生<u>草本</u>。具匍匐根状茎。<u>叶互生</u>，直立，二列，<u>基部具鞘</u>。雌雄同株，苞片叶状；<u>许多个雄性和雌性头状花序组成圆锥花序、总状花序或穗状花序，或是单一的穗状花序柱状</u>，雄花在雌花上部。花小而多，<u>花被片 3-6</u>，雄花：<u>雄蕊 1 至多数</u>，花药基着，纵裂；雌花：<u>具小苞片或子房柄基部至下部具白色丝状毛，子房 1 室</u>，稀 2 室，<u>胚珠 1</u>。果实小，坚果状，不裂。种子具外种皮。花粉粒单粒或四合体，远极单孔，网状纹饰。染色体 2n=30。

分布概况：2 属/35 种，世界广布；中国 2 属/23 种，南北均产，以温带地区种类较多。

系统学评述：黑三棱属 *Sparganium* 在 APG II 被单独成为黑三棱科 Sparganiaceae，然而孢粉学、血清学和 DNA 证据显示香蒲属 *Typha* 和黑三棱属之间关系近缘，支持将黑三棱属保留在香蒲科[1-4]；这 2 个属的分化时间大约在 8900 万年前[4]或（7000-）7200（-7600）万年前[5]。在禾本目 Poales 中，凤梨科 Bromeliaceae 和香蒲科最先分化出来[3]。

分属检索表

1. 头状花序球形，单性，多个雄性和雌性头状花序组成大型圆锥花序、总状花序或穗状花序，雄头状花序着生于主轴或侧枝上部，雌头状花序位于下部··················**1. 黑三棱属 *Sparganium***
1. 穗状花序圆柱状，花密集聚生，花序下部为雌花，上部为雄花，两类花之间紧密相连，或有时相互远离··**2. 香蒲属 *Typha***

1. *Typha* Linnaeus 香蒲属

Typha Linnaeus (1753: 971); Sun & Simpson (2010: 161) (Lectotype: *T. angustifolia* Linnaeus)

特征描述：多年生<u>水生或沼生草本</u>。具匍匐根状茎。<u>叶互生</u>，<u>二列</u>，直立，<u>线形</u>，全缘，<u>基部具鞘</u>。雌雄同株，花单性，<u>密集成柱状穗状花序</u>，上部雄花，下部雌花。<u>苞片叶状</u>，<u>花被缺失</u>；<u>雄花</u>：<u>雄蕊 1-3</u>，<u>花丝短</u>，花药基着，2 室，纵裂；<u>雌花</u>：<u>子房 1 室</u>，生于长的子房柄上，子房柄基部至下部具白色丝状毛，孕性雌花柱头单侧。<u>果实小</u>，纺锤形、椭圆形，果皮膜质。<u>种子椭圆形</u>，光滑或具凸起。花粉粒四合体，远极单孔，网状纹饰。染色体 2n=30。

分布概况：16/12（3）种，**1 型**；分布于热带和亚热带地区；中国南北均产。

系统学评述：Kronfeld[6]基于雌花小苞片有无、株高等形态特征将香蒲属分为 2 组，即 *Typha* sect. *Ebracteolatae* 和 *T.* sect. *Bracteolatae*，每组又分成了 2 亚组。Smith[7]基于花柱形态、有无小苞片及花粉细胞单元等特征将该属分为 6 个群。Kim 和 Choi[8]基于核基因 Leafy 和叶绿体基因证据重建了该属的系统发育关系，分为 3 个分支，而 *T. minima*

Funck ex Hoppe 位于系统树基部，与该属其他类群形成姐妹分支。

DNA 条形码研究：BOLD 网站有该属 6 种 52 个条形码数据；GBOWS 已有 8 种 72 个条形码数据。

代表种及其用途：香蒲 *T. orientalis* C. Presl 全草可入药，有利尿之效；花粉名为蒲黄，有止血活淤之效；叶可供织席。该属植物也被大量应用于水体的园艺布景。

2. *Sparganium* Linnaeus 黑三棱属

Sparganium Linnaeus (1753: 971); Sun & Simpson (2010: 161) (Type: *S. erectum* Linnaeus)

特征描述：多年生水生或沼生草本。具匍匐根状茎。叶互生，二列，基部具鞘。许多个雄性和雌性头状花序组成圆锥花序、总状花序或穗状花序，上部雄花序，下部雌花序。花小而多，单性，花被片 3-6，纸质或膜质；雄花：雄蕊 3 至多数，花药基着，纵裂；雌花：具小苞片，子房 1 室，稀 2 室，无柄或有柄，花柱单 1 或分叉，柱头单侧，胚珠 1，悬生。果实坚果状，不裂。种子具薄膜质种皮。花粉单粒，单孔，网状纹饰。染色体 2*n*=30。

分布概况：19/11（3）种，**8-4** 型；分布于北半球温带或寒带；中国南北均产。

系统学评述：黑三棱属曾被提升为科[APG II]，但大部分学者认为其与香蒲属有较近的亲缘关系而置入香蒲科[1-4]。一直以来，黑三棱属被分为 2 亚属，即 *Sparganium* subgen. *Xanthosparganium* 和 *S.* subgen. *Sparganium*[9-12]。Sulman 等[5]利用核基因和叶绿体基因研究了该属的系统关系，结果显示该属分为了 2 个大的分支：一个分支仅包括 *S. erectum* Linnaeus 和 *S. eurycarpum* Engelmann；另一个分支包括该属其他种。这与基于形态学特征划分的 2 个亚属部分一致，仅将 *S. erectum* 和 *S. eurycarpum* Engelmann 保留在 *S.* subgen. *Sparganium*，而该亚属的其他种则移至 *S.* subgen. *Xanthosparganium*。

DNA 条形码研究：BOLD 网站有该属 14 种 48 个条形码数据；GBOWS 已有 2 种 20 个条形码数据。

代表种及其用途：黑三棱 *S. stoloniferum* (Buchanan-Hamilton ex Graebner) Buchanan-Hamilton ex Juzepczuk 的块茎可入药，具破瘀、行气、消积、止痛、通经、下乳等功效；也可用于水体的园艺布景。

主要参考文献

[1] Lee DW, Fairbrothers DE. Taxonomic placement of the Typhales within the monocotyledons: preliminary serological investigation[J]. Taxon, 1972, 21: 39-44.

[2] Punt W. Sparganiaceae and Typhaceae[J]. Rev Palaeobot Palynol, 1975, 19: 75-88.

[3] Chase MW, et al. Multigene analyses of monocot relationships[J]. Aliso, 2006, 22: 63-75.

[4] Janssen T, Bremer K. The age of major monocot groups inferred from 800+ *rbc*L sequences[J]. Bot J Linn Soc, 2004, 146: 385-398.

[5] Sulman JD, et al. Systematics, biogeography, and character evolution of *Sparganium* (Typhaceae): diversification of a widespread, aquatic lineage[J]. Am J Bot, 2013, 100: 2023-2039.

[6] Kronfeld M. Monographie der gattung *Typha* Tourn[J]. Verh Zool-Bot Ges Wien, 1889, 39: 89-192.

[7] Smith SG. *Typha*: its taxonomy and the ecological significance of hybrids[J]. Arch Hydrobiol, 1987, 27:

129-138.

[8] Kim C, Choi HK. Molecular systematics and character evolution of *Typha* (Typhaceae) inferred from nuclear and plastid DNA sequence data[J]. Taxon, 2011, 60(5): 1417-1428.

[9] Holmberg OR. Anteckningar till nya Skandinaviska Floran. II [J]. Botaniska Notiser, 1922, 206-207.

[10] Cook CDK. *Sparganium* in Britain[J]. Watsonia, 1961, 5: 1-10.

[11] Cook CDK, Nicholls MS. A monographic study of the genus *Sparganium* (Sparganiaceae). Part 1: subgenus. *Xanthosparganium* Holmberg[J]. Bot Helvetica, 1986, 96: 213-267.

[12] Cook CDK, Nicholls MS. A monographic study of the genus *Sparganium* (Sparganiaceae). Part 2: subgenus. *Sparganium*[J]. Bot Helvetica, 1987, 97: 1-44.

Bromeliaceae Jussieu (1789), *nom. cons.* 凤梨科

特征描述：多年生草本，极少为灌木；<u>附生、岩生或陆生</u>。<u>单叶螺旋状互生，呈莲座状</u>，<u>基部加宽成鞘状</u>。花序为顶生或侧生的圆锥、总状、穗状或头状花序，有时简化为单花；<u>苞片常显著而鲜艳</u>。花多两性，3 基数，常辐射对称；萼片和花瓣各 3，花瓣基部常有一对鳞片状附属物；雄蕊 6，两轮；心皮 3，合生；<u>子房上位或半下位至下位</u>，3 室，<u>子房壁具蜜腺</u>，中轴胎座，倒生胚珠；花柱 1，柱头常 3 裂。果为室间开裂的蒴果，或为浆果，极少为肉质的聚花果。种子具翅或羽毛，或无。花粉单粒或四合体，具沟、2-4 孔、散孔，网状纹饰。鸟类、昆虫和蝙蝠传粉。

分布概况：57 属/3160 种，除 1 种外均分布于热带美洲；中国 1 属/1 种，引种华南至西南。

系统学评述：传统上凤梨科分为 3 亚科，即 Pitcairnioideae（种子具翅，稀无）、Tillandsioideae（种子具羽毛）和 Bromelioideae（浆果）。基于叶绿体 *ndh*F 片段的分子系统学研究表明，这 3 亚科并不都是单系类群：Pitcairnioideae 是个多系类群；*Brocchinia* 属是该科的基部类群[1]。随后，基于更多类群和 8 个叶绿体片段的研究将凤梨科分为 8 亚科：Brocchinioideae、Lindmanioideae、Tillandsioideae、Hechtioideae、Navioideae、Pitcairnioideae、Puyoideae 和 Bromelioideae[2,3]。但其中的 Puyoideae 有可能是并系类群，需要进一步的研究[3]。

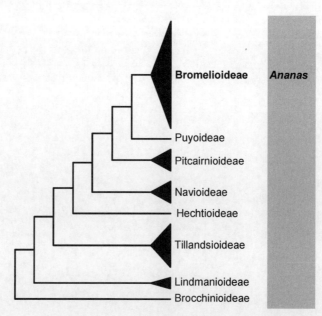

图 70　凤梨科分子系统框架图（参考 Givnish 等[2,3]）

1. *Ananas* Miller 凤梨属

Ananas Miller (1754: 76); Ma & Bruce (2000: 18) [Neotype: *A. sativus* Schultes & J. H. Schultes (≡ *Bromelia ananas* Linnaeus)]

特征描述：<u>陆生草本</u>。叶呈莲座状，全缘或具刺状锯齿。花葶明显；<u>头状花序顶生</u>，<u>顶部冠以一簇莲座状、退化的叶状苞片</u>。花无柄，<u>两侧对称</u>；萼片分离；花瓣分离，基部有 2 细长的舌状鳞片；雄蕊内藏；<u>子房下位</u>。<u>聚花果肉质</u>，<u>呈球果状</u>，由花序轴、苞片和子房联合而成。染色体 2n=50，75。

分布概况：8/1 种，**（3d）型**；分布于南美洲，热带地区广泛栽培；中国引入华南和西南栽培。

系统学评述：凤梨属在 Bromelioideae 亚科[1-3]，是个单系类群。红心凤梨属 *Bromelia* 是该亚科的基部分支，*Deinacanthon*、*Fascicularia*、*Fernseea*、*Ochagavia* 和 *Greigia* 等属构成了 2 个次基部分支，剩余的属一起组成"真凤梨类"（eu-bromelioids）的分支；在真凤梨类分支内，凤梨属和 *Acanthostachys*、*Cryptanthus*、*Neoglaziovia*、*Orthophytum* 等处于相对基部的位置，但它们之间的关系没有得到很好的解决，其他属一起组成 1 个被称为"核心凤梨类"（core bromelioids）的分支[4]。凤梨属与假凤梨属 *Pseudananas* 在形态上最为相近，两者具有相似的花序和聚花果。后者仅包含假凤梨 *P. sagenarius* (Arruda) Camargo 1 种，其与凤梨属的区别在于：花序顶部仅有不明显的叶簇，以匍匐伸长的根状茎繁殖，染色体 2n=100。有的学者认为应将假凤梨属并入凤梨属，但分子系统学研究不支持此观点[3]。最近的凤梨属分类系统认为其下有 8 种[5]。Leal[6]认为 *A. monstrosus* Baker 不成立，因而只包含 7 种。随后 Leal 等[7]再次对凤梨属进行修订，将原先的 7 种降级为凤梨 *A. comosus* (Linnaeus) Merrill 种下的 5 个变种，至此，凤梨属只包含凤梨 1 种。

DNA 条形码研究：有报道巴西凤梨科 46 种的 DNA 条形码（*rbc*L、*mat*K 和 *trn*H-*psb*A）信息，其中 *rbc*L+*mat*K 组合具有 43.48% 的物种鉴别率，再加上 *trn*H-*psb*A 也仅有 44.44% 的物种鉴别率[8]。这一研究表明，常规 DNA 条形码对于凤梨科的鉴定来说并不理想，需要开发一些变异率更高的片段（如 *ndh*F 等）。BOLD 网站有该属 4 种 15 个条形码数据；GBOWS 已有 1 种 3 个条形码数据。

代表种及其用途：凤梨 *A. comosus* (Linnaeus) Merrill 的果实俗称菠萝，为著名热带水果之一；植株可提取菠萝蛋白酶。

主要参考文献

[1] Terry R, et al. Examination of subfamilial phylogeny in Bromeliaceae using comparative sequencing of the plastid locus *ndh*F[J]. Am J Bot, 1997, 84: 664-670.

[2] Givnish TJ, et al. Phylogeny, adaptive radiation, and historical biogeography of Bromeliaceae inferred from *ndh*F sequence data[J]. Aliso, 2007, 23: 3-26.

[3] Givnish TJ, et al. Phylogeny, adaptive radiation, and historical biogeography in Bromeliaceae: insights from an eight-locus plastid phylogeny[J]. Am J Bot, 2011, 98: 872-895.

[4] Schulte K, et al. Phylogeny of Bromelioideae (Bromeliaceae) inferred from nuclear and plastid DNA loci reveals the evolution of the tank habit within the subfamily[J]. Mol Phylogenet Evol, 2009, 51: 327-339.

[5] Smith LB, Downs RJ. Flora neotropica monograph: No. 14, Part 3. Bromelioideae (Bromeliaceae)[M]. New York: New York Botanical Garden, 1979.

[6] Leal F. On the validity of *Ananas monstrosus*[J]. J Bromel Soc, 1990, 40: 246-249.

[7] Leal F, et al. Taxonomy of the genera *Ananas* and *Pseudananas*: an historical review[J]. Selbyana, 1998, 19: 227-235.

[8] Maia VH, et al. DNA barcoding Bromeliaceae: achievements and pitfalls[J]. PLoS One, 2012, 7: e29877.

Xyridaceae C. Agardh (1823), *nom. cons.* 黄眼草科

特征描述：多年生草本。叶基生，二列或螺旋排列，具鞘，叶片剑形、线形或丝状。花梗多数；顶生头状或穗状花序；苞片显著，宿存或果期脱落。花两性，3 数；萼片 3，离生，中萼片 1，侧生萼片 2；花冠放射状，花瓣 3，常黄色，离生，基部具爪；雄蕊 3，与花瓣对生，花丝短，花药 2 室；子房上位；花柱线形，柱头单一或 3 裂。蒴果椭圆形。种子卵球形、椭圆形或球形，胚乳丰富。花粉无萌发孔、单沟或 2 沟，刺状、疣状、瘤棒状、网状、穿孔状或穴状纹饰。染色体 2*n*=18，26，32，34。

分布概况：5 属/225-300 种，广布亚热带和热带地区；中国 1 属/6 种，产西南至华东。

系统学评述：黄眼草科分为 2 个亚科：黄眼草亚科 Xyridoideae 和阿波波达草亚科 Abolbodoideae。黄眼草亚科仅包括黄眼草属 *Xyris*；而阿波波达草亚科包括 4 个属：*Abolboda*、*Achlyphila*、*Aratitiyopea* 和 *Orectanthe*[1]。Michelangeli 等[2]利用形态特征和分子证据综合构建的禾本目及其相关科属的系统发育树显示，黄眼草科并非单系，阿波波达草亚科的 *Abolboda* 和 *Orectanthe* 构成 1 个分支，而 *Xyris* 则与 *Trithuria*（Hydatellaceae）聚在 1 支。同时，该结果显示黄眼草科同其他 4 个科（Rapateaceae、谷精草科 Eriocaulaceae、Mayacaceae 和 Hydatellaceae）聚在 1 支，可以将这几个科单列为目[2-4]。

1. *Xyris* Linnaeus 黄眼草属

Xyris Linnaeus (1753: 42); Wu & Kral (2000: 4) (Type: *X. indica* Linnaeus)

特征描述：多年生草本。叶基生，二列，具叶鞘，叶片线形至剑形。花梗常圆柱状至压扁；头状花序，顶生；苞片多数，覆瓦状排列，具纤毛，流苏状或撕裂状。花萼 3，侧生萼片舟状至匙形，中萼帽兜状，1-3（-5）脉，冠于花冠上；花瓣 3；雄蕊常 3，贴生于花瓣，花丝扁平；退化雄蕊 3；子房（1-）3 室或不完全 3 室；花柱丝状，顶端 3 分枝，柱头常"U"形。花粉粒单沟或 2 沟，网状、穿孔状或穴状纹饰。染色体 2*n*=18，稀 34。

分布概况：约 280/6（1）种，**2** 型；主产美洲热带和亚热带地区；中国产西南至华东。

系统学评述：黄眼草属是该科最大的属，主产巴西[5,6]。Malme[7]将黄眼草属分为 3 组或亚属。该属目前尚缺少全面的分子系统学研究。

DNA 条形码研究：BOLD 网站有该属 6 种 7 个条形码数据；GBOWS 已有 1 种 2 个条形码数据。

代表种及其用途：黄眼草 *X. indica* Linnaeus 全草含对香豆酸、芥子酸、阿魏酸、鞣质、皂甙和花色甙；可药用，主治疥癣。

主要参考文献

[1] Kral R. Xyridaceae[M]//Kubitzki K. The families and genera of vascular plants, IV[M]. Berlin: Springer, 1998: 461-469.

[2] Michelangeli FA, et al. Phylogenetic relationships among Poaceae and related families as inferred from morphology, inversions in the plastid genome, and sequence data from the mitochondrial and plastid genomes[J]. Am J Bot, 2003, 90: 93-106.

[3] Duvall MR, et al. Phylogenetic hypotheses for the monocotyledons constructed from *rbc*L sequence data[J]. Ann MO Bot Gard, 1993: 607-619.

[4] Linder HP, Kellogg EA. Phylogenetic patterns in the commelinid clade[M]//Rudall et al. Monocotyledons: systematics and evolution. Richmond: Royal Botanic Gardens, Kew, 1995: 473-496.

[5] Benko-Iseppon AM, Wanderley MGL. Cytotaxonomy and evolution of *Xyris* (Xyridaceae)[J]. Bot J Linn Soc, 2002, 138: 245-252.

[6] Wanderley MGL. Estudos taxonômicos no gênero *Xyris* L.(Xyridaceae) da Serra do Cipó, Minas Gerais, Brasil[D]. PhD thesis. São Paulo. Brazil: Universidade de São Paulo, 1992.

[7] Malme GOA. Xyridaceae[M]//Engler A, Prantl K. Die natürliche pflanzenfamilien, Vol. 15a. 2nd ed. Lepzig: W. Engelman, 1930.

Eriocaulaceae Martinov (1820), *nom. cons.* 谷精草科

特征描述：一年生或多年生草本。叶狭窄，螺旋状着生在茎上，常呈一密丛，有时散生，基部扩展呈鞘状，<u>叶质薄常半透明</u>，<u>具方格状的"膜孔"</u>。头状花序；<u>总苞片位于花序下面</u>，<u>1 至多列</u>，覆瓦状排列；苞片通常每花 1，较总苞片狭。花单性；3 或 2基数，花被 2 轮，有花萼、花冠之分；<u>雄花：花萼常合生呈佛焰苞状</u>，雄蕊 1-2 轮，每轮 2-3；雌花：萼片离生或合生，子房上位，1-3 室，每室 1 胚珠。<u>蒴果小</u>，<u>果皮薄</u>，室背开裂。种子常椭圆形，<u>棕红色或黄色</u>，<u>表面有六角形网纹</u>。花粉粒具螺旋状或带状萌发孔，小刺或颗粒纹饰。染色体 *n*=8, 9, 15, 20, 25。

分布概况：11 属/约 1400 种，广布热带和亚热带地区，美洲热带尤盛；中国 1 属/约 35 种，除西北外，南北均产。

系统学评述：谷精草科作为禾本目的 1 个单系类群得到了很好的支持，该科与薹草科互为姐妹群，科下的 2 个亚科，即 Eriocauloideae 和 Paepalanthoideae 也被证明为单系[1-4]。传统上谷精草科有 11 属，研究表明，谷精草属 *Eriocaulon* 和 *Leiothrix* 为单系；*Paepalanthus*、*Blastocaulon* 和 *Syngonanthus* 不为单系，*Actinocephalus* 的系统位置尚不确定，其他 5 个属是否为单系有待进一步研究，建议将 *Actinocephalus*、*Blastocaulon*、*Lachnocaulon* 和 *Tonina* 合并到 *Paepalanthus* 中，将 *Syngonanthus* 拆分成 2 个属[1]。

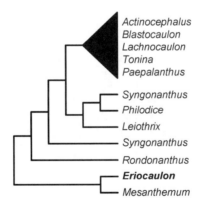

图 71　谷精草科分子系统框架图（参考 Andrade 等[1]）

1. *Eriocaulon* Linnaeus 谷精草属

Eriocaulon Linnaeus (1753: 87); Ma *et al.* (2000: 7) (Lectotype: *E. decangulare* Linnaeus)

特征描述：沼泽生，稀水生草本。叶丛生狭窄，膜质。头状花序；<u>总苞片覆瓦状排列</u>。花 3 或 2 基数，单性，混生；雄花：<u>花萼常合生呈佛焰苞状</u>，花冠下部合生呈柱状，顶端 3-2 裂，<u>内面近顶处常有腺体</u>，雄蕊 6，常 2 轮；雌花：萼片 3 或 2，离生或合生，

花瓣离生，3 或 2 花瓣内面顶端常有腺体，或花瓣缺，子房 1-3 室。蒴果，室背开裂，每室含 1 种子。种子橙红色或黄色，表面常具皮刺。花粉粒螺旋状萌发孔，具小刺或颗粒纹饰。染色体 n=8, 9, 15, 20, 25。

分布概况：约 400/35（13）种，**2 型**；广布热带和亚热带；中国产西南和华南。

系统学评述：分子系统学研究表明，谷精草属作为 1 个单系类群得到很好的支持，并且与 *Mesanthemum* 属互为姐妹群[1]。谷精草属下系统发育关系尚不清楚。

DNA 条形码研究：BOLD 网站有该属 6 种 7 个条形码数据；GBOWS 已有 12 种 37 个条形码数据。

代表种及其用途：谷精草 *E. buergerianum* Körnicke、华南谷精草 *E. sexangulare* Linnaeus 和毛谷精草 *E. australe* R. Brown 供药用，前者用全草，后两者的花序称"谷精珠"入药，有清热祛风、清肝明目之功，用以治疗各种眼疾。

主要参考文献

[1] Andrade MJG, et al. A comprehensive phylogenetic analysis of Eriocaulaceae: evidence from nuclear (ITS) and plastid (*psb*A-*trn*H and *trn*L-F) DNA sequences[J]. Taxon, 2010, 59: 379-388.

[2] Giulietti AM, et al. Multidisciplinary studies on neotropical Eriocaulaceae[M]//Wilson KL, Morrison DA. Monocots: systematics and evolution. Melbourne: CSIRO, 2000: 580-589.

[3] Bremer K. Gondwanan evolution of the grass alliance of families (Poales)[J]. Evolution, 2002, 56: 1374-1387.

[4] Givnish TJ, et al. Assembling the tree of the monocotyledons: plastome sequence phylogeny and evolution of Poales[J]. Ann MO Bot Gard, 2010, 97: 584-616.

Juncaceae Jussieu (1789), *nom. cons.* 灯心草科

特征描述： 多年生或稀为一年生草本，极少为灌木状。叶基生成丛而无茎生叶，或具茎生叶数片；叶片线形、圆筒形、披针形、扁平或稀为毛鬃状；叶鞘开放或闭合，在叶鞘与叶片连接处两侧常形成一对叶耳或无叶耳。花序圆锥状、聚伞状或头状；花小型，两性，稀为单性异株；花被片 6，排成 2 轮；雄蕊 6，有时内轮退化而只有 3；子房上位，1 或 3 室，花柱 1，柱头 3 分叉，胚珠多数或仅 3。蒴果，室背开裂。种子有时两端（或一端）具尾状附属物。染色体 2n=6-84，130。花粉四合体，单孔，外壁光滑或具小颗粒。风媒传粉为主，少数昆虫传粉。

分布概况： 7 属/约 450 种，广布温带和寒带地区，热带山地也有；中国 2 属/92 种，南北均产，主产西南。

系统学评述： 灯心草科作为禾本目的 1 个单系类群，可能是黄眼草科 Xyridaceae 的姐妹群[1]。灯心草科包括 7 属，即 *Juncus*、*Luzula*、*Distichia*、*Marsippospermum*、*Oxychloë*、*Patosia* 和 *Rostkovia*。分子系统学研究表明地杨梅属为单系，灯心草属为多系，南半球分布的几个小属与灯心草属的 2 个组，即 *Juncus* sect. *Graminifolii* 和 *J.* sect. *Juncus* 聚为 1 支[2-4]。

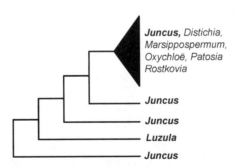

图 72　灯心草科分子系统框架图（参考 Drábková 等[2,3], Drábková 和 Vlček[4]）

分属检索表

1. 叶片边缘无毛；叶鞘开放，边缘稍膜质，有叶耳或无；花有小苞片或缺；蒴果 1 或 3 室，种子多数 ·· **1. 灯心草属 *Juncus***
1. 叶片边缘具缘毛；叶鞘闭合，无叶耳；花有小苞片；蒴果 1 室，具 3 种子 ········· **2. 地杨梅属 *Luzula***

1. *Juncus* Linnaeus 灯心草属

Juncus Linnaeus (1753: 325); Wu & Clemants (2000: 44) (Type: *J. acutus* Linnaeus)

特征描述： 多年生稀为一年生草本。茎圆柱形或压扁，具纵沟棱。叶基生和茎生，

或仅具基生叶；叶片披针形，线形或毛发状。花序为复聚伞花序或头状花序；花被片 6，2 轮，颖状，外轮常有明显背脊；雄蕊 6，稀 3；子房 1 或 3 室，或具 3 个隔膜，柱头 3，胚珠多数。蒴果常为三棱状卵形或长圆形，顶端常有小尖。种子多数，表面常具条纹，有些种类具尾状附属物。花粉四合体，单孔，外壁光滑或具小颗粒。染色体 2n=18-130。

分布概况：约 240/76（27）种，**1**（**8-4**）型；世界广布，主产温带和寒带；中国南北均产，以西南尤盛。

系统学评述：灯心草属有 2 亚属和 10 组(*Juncus* subgen. *Juncus*: *J.* sect. *Juncus*、*J.* sect. *Graminifolii*、*J.* sect. *Caespitosi*、*J.* sect. *Stygiopsis*、*J.* sect. *Iridifolii*、*J.* sect. *Ozophyllum*; *J.* subgen. *Agathryon*: *J.* sect. *Tenageia*、*J.* sect. *Steirochloa*、*J.* sect. *Juncotypus*、*J.* sect. *Forskalina*)，亚属的划分是根据小苞片的有无，聚伞还是总状花序[5-6]。分子系统学研究表明该属不是单系类群，但大部分种都聚在 2 个亚属的分支内，其中灯心草亚属又分成 2 支：一支处于该科的基部，另一支与 *Agathryon* 亚属聚在一起[4]。

DNA 条形码研究：BOLD 网站有该属 102 种 360 个条形码数据；GBOWS 已有 14 种 106 个条形码数据。

代表种及其用途：该属少数种类供药用及编织器具，如灯心草 *J. effusus* Linnaeus 的茎髓供药用或做灯心、枕心等，皮供编织。

2. *Luzula* de Candolle 地杨梅属

Luzula de Candolle (1805: 158); Wu & Clemants (2000: 64) [Type: *L. campestris* (Linnaeus) de Candolle (≡ *Juncus campestris* Linnaeus)]

特征描述：多年生草本。叶基生和茎生，常具低出叶；叶片扁平，线形或披针形；叶鞘闭合，常呈筒状包茎，无叶耳。花序为复聚伞状、伞状或伞房状，或多花紧缩成头状或穗状花序；花单生或簇生，花下具 2 小苞片；花被片 6，2 轮，内、外轮常等长；雄蕊 6，稀 3；子房 1 室，柱头 3 分叉，线形，胚珠 3，着生于子房基部。蒴果 1 室，3 瓣裂。种子 3，基部或顶端常具种阜。花粉四合体，单孔，外壁光滑或具小颗粒。染色体 2n=6-84。

分布概况：约 75/16（6）种，**1**（**8-4**）型；广布温带和寒带地区，北半球尤盛；中国产东北、华北、西北和西南。

系统学评述：地杨梅属为单系类群。传统上地杨梅属被分为 3 亚属 7 组[7]。分子证据表明，地杨梅属属内部亚属和组之间的关系尚不清楚[3-4]。

DNA 条形码研究：BOLD 网站有该属 48 种 126 个条形码数据；GBOWS 已有 7 种 43 个条形码数据。

主要参考文献

[1] Givnish TJ, et al. Assembling the tree of the monocotyledons: plastome sequence phylogeny and evolution of Poales[J]. Ann MO Bot Gard, 2010, 97: 584-616.
[2] Drábková L, et al. Phylogeny of the Juncaceae based on *rbc*L sequences, with special emphasis on *Luzula* DC. and *Juncus* L.[J]. Plant Syst Evol, 2003, 240: 133-147.

[3] DrábkováL, et al. Phylogenetic relationships within *Luzula* DC. and *Juncus* L.(Juncaceae): a comparison of phylogenetic signals of *trn*L-*trn*F intergenic spacer, *trn*L intron and *rbc*L plastome sequence data[J]. Cladistics, 2006, 22: 132-143.

[4] Drábková LZ, Vlček Č. DNA variation within Juncaceae: comparison of impact of organelle regions on phylogeny[J]. Plant Syst Evol, 2009, 278: 169-186.

[5] Kirschner J, et al. Species Plantarum: Flora of the World, Part 7. Juncaceae 2: *Juncus* subgen. *Juncus*[M]. Canberra, Australia: ABRS, 2002.

[6] Kirschner J, et al., Species Plantarum: Flora of the World, Part 8. Juncaceae 3: *Juncus* subg. *Agathryon*[M]. Canberra, Australia: ABRS, 2002.

[7] Kirschner J., Species Plantarum: Flora of the World, Part 6. Juncaceae 1: *Rostkovia* to *Luzula*[M]. Canberra, Australia: ABRS, 2002.

Cyperaceae A. Jussieu (1789), *nom. cons.* 莎草科

特征描述：草本。通常有根状茎；茎横切面常为三角形。叶通常基生，<u>呈 3 列互生</u>，叶片条状、扁平，叶鞘闭合，具平行脉，<u>普遍无叶舌</u>。<u>花序小穗复合排列</u>，常有苞片包被；花两性或单性，<u>均生于苞片的腋内</u>；<u>花被片缺如或退化为 3-6 鳞片、刚毛或丝毛</u>；雄蕊 1-3（6），花丝分离，花药不呈箭头状；心皮 2-3，合生；子房上位，基底胎座，胚珠 1，柱头 2-3。<u>花粉多为假单粒，多为远极单孔和数个侧孔或沟，也包括无萌发孔、单孔和多孔类型</u>。<u>小坚果光滑或具横皱、网纹等纹饰</u>，同刚毛状花被相连。

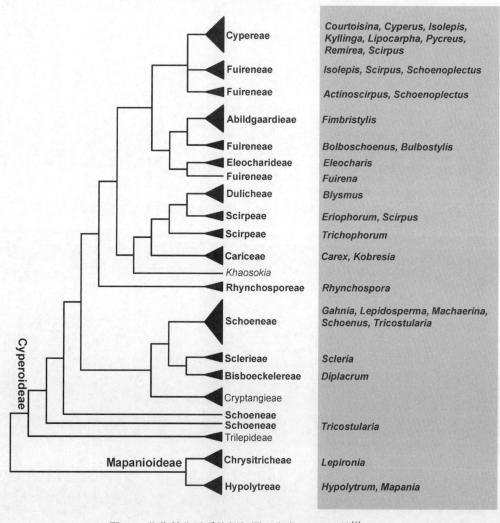

图 73　莎草科分子系统框架图（参考 Muasya 等[6]）

分布概况：106 属/约 5400 种，世界广布，主产北温带；中国 33 属/865 种，南北均产，主产西南和华南。

系统学评述：唐进和汪发瓒[FRPS]依据 Pax 系统[1]，将中国莎草科划分为藨草亚科 Scirpoideae 和薹草亚科 Caricoideae，亚科下划分 6 族，其中薹草亚科仅包含薹草族 Cariceae。最近的基于形态性状的分类系统由 Bruhl[2]和 Goetghebeur[3]提出。Bruhl[2]将莎草科划分为 2 亚科（莎草亚科 Cyperoideae 和薹草亚科 Caricoideae）12 族；Goetghebeur[3]将薹草亚科进一步划分为珍珠茅亚科 Sclerioideae 和擂鼓艻亚科 Mapanioideae，将刺子莞族 Rhynchosporeae 并入赤箭莎族 Schoeneae，从割鸡芒族 Hypolytreae 中分出金毛芒族 Chrysitricheae，从藨草族 Scirpeae 中分出芦莎族 Dulicheae、荸荠族 Eleocharideae 和芙兰草族 Fuireneae，共划分为 15 族。FOC 在亚科界定上依据了 Simpson 等[4]的划分，在族和属上依照了 Goetghebeur 系统[3]，把中国莎草科分为擂鼓艻亚科和莎草亚科，前者包括割鸡芒族，后者包括飘拂草族 Abildgaardieae、薹草族、莎草族 Cypereae、芦莎族、赤箭莎族、藨草族和珍珠茅族 Sclerieae。目前划分的各族的单系性和一些属的系统位置还有待进一步澄清[4-7]。

分属检索表

1. 花序由小具 2 对生的龙骨状或鳞片状苞片的小穗状花序组成，其内部通常还附有 2-10 小苞片，每个小穗状花序外通常覆有 1 大苞片
  2. 叶无叶片；秆具横隔 ·· **21. 石龙刍属 Lepironia**
  2. 叶具叶片；秆无横隔
    3. 小穗状花序具 5-6 鳞片，每小穗具 3 雄蕊 ························ **24. 擂鼓艻属 Mapania**
    3. 小穗状花序具 2 鳞片，每小穗具 2 雄蕊 ···················· **16. 割鸡芒属 Hypolytrum**
1. 花序与上述不同
  4. 所有的花皆为单性
    5. 雌花无先出叶
      6. 花序由沿整个秆间断簇生的小头状花序组成；小坚果由 2 联合的鳞片紧密包被 ···················
      ··· **10. 裂颖茅属 Diplacrum**
      6. 花序圆锥状，或沿秆上部间断簇生的小头状花序组成；小坚果不由 2 联合的鳞片紧密包被
      ··· **31. 珍珠茅属 Scleria**
    5. 雌花有先出叶
      7. 果囊不完全封闭；至少有部分两性小穗为雄花顶生，雌花位于下部 ······ **18. 嵩草属 Kobresia**
      7. 果囊完全封闭；小穗皆为单性 ································· **6. 薹草属 Carex**
  4. 至少部分花为两性
    8. 小穗大为退化，具 0-2 鳞片和 1 苞片，小穗密集成簇，聚生成穗状或头状花序
      9. 多年生；具长匍匐茎；仅生于沿海沙地 ···················· **26. 海滨莎属 Remirea**
      9. 一年生或多年生；无长匍匐茎；见于内陆 ················· **22. 湖瓜草属 Lipocarpha**
    8. 小穗不如上述，细长，鳞片成两列，螺旋状排列
      10. 小穗通常有两性和雄性花
        11. 小坚果双凸，基部具宿存花柱；柱头 2 或合生 ······· **27. 刺子莞属 Rhynchospora**
        11. 小坚果三棱或钝三棱圆筒状，无宿存花柱基部；柱头 3
          12. 鳞片对生，中部每鳞片内具花，最底部者无 ········· **29. 赤箭莎属 Schoenus**
          12. 鳞片螺旋状排列，很少呈两列，通常先端或近先端有花

13. 叶片扁平，中脉明显或不明显；花序圆锥状或为松散小花序；小坚果具喙

    14. 鳞片螺旋状排列；叶片具背腹面·······················**7. 克拉莎属 Cladium**

    14. 鳞片多少两列排列；叶片不分背腹面·············**23. 剑叶莎属 Machaerina**

13. 叶中脉不明显或圆柱状；花序为密集狭窄圆锥状，松散伸展；小坚果无喙

    15. 叶线形或圆柱状，边缘内卷；下位刚毛缺·············**15. 黑莎草属 Gahnia**

    15. 叶片圆柱状或扁平；下位刚毛存在

        16. 叶圆柱状；花被基部合生，无毛；小坚果平滑·················

        ················**20. 鳞籽莎属 Lepidosperma**

        16. 叶片扁平；花被分离，被短柔毛；小坚果具网状皱纹·······

        ················**33. 三肋果莎属 Tricostularia**

10. 小穗通常仅有两性花

  17. 小穗先端鳞片较长·······························**1. 星穗莎属 Actinoschoenus**

  17. 小穗鳞片近等长

    18. 花柱与子房联合，两者有显著界线

    19. 叶无叶片；下位刚毛存在·······················**11. 荸荠属 Eleocharis**

    19. 叶通常具叶片，如无，则花柱基部不宿存；下位刚毛不存在

        20. 叶鞘先端无毛；小坚果无宿存花柱·········**13. 飘拂草属 Fimbristylis**

        20. 叶鞘先端具长绢无毛；小坚果具宿存花柱·····**5. 球柱草属 Bulbostylis**

    18. 花柱与子房无显著界线

    21. 花序穗状，具少数至多数显著呈两列的小穗·············**3. 扁穗草属 Blysmus**

    21. 花序非上述

      22. 鳞片呈两列

        23. 柱头 3，稀 2；小坚果三棱形，极少双凸形，面向小穗轴

          24. 一年生或多年生；鳞片不具翅·············**9. 莎草属 Cyperus**

          24. 一年生；鳞片具翅·················**8. 翅鳞莎属 Courtoisina**

        23. 柱头 2；小坚果双凸形，棱向小穗轴

          25. 小穗具 2 以上鳞片，小穗轴和鳞片宿存·········**25. 扁莎属 Pycreus**

          25. 小穗具 1-2 鳞片，小穗整体脱落·············**19. 水蜈蚣属 Kyllinga**

      22. 鳞片螺旋状排列

        26. 下位刚毛存在，内轮 3 花瓣状·················**14. 芙兰草属 Fuirena**

        26. 下位刚毛不存在或存在但不如上述

          27. 下位刚毛 10-30，丝状，花后极度伸长·············

          ················**12. 羊胡子草属 Eriophorum**

        27. 下位刚毛不存在或至多 6

          28. 花序圆锥状

          29. 秆不具节；叶仅基生·············**2. 大藨草属 Actinoscirpus**

          29. 秆具节；叶基生和茎生·············**30. 藨草属 Scirpus**

          28. 花序有 1-3 小穗或成头状，如为圆锥状，则总长的总苞为秆的延伸，且花序侧生

          30. 苞片鳞片状，短于花序·········**32. 针蔺属 Trichophorum**

          30. 苞片叶状或秆状，长于花序

            31. 小穗长于 4mm；下位刚毛存在；小坚果达 1mm 以上

            31. 小穗达 4mm；下位刚毛不存在；小坚果达 0.9mm（多为 0.5mm）·····**17. 细莞属 Isolepis**

32. 至少 2 总苞超过 1.5cm，最长总苞叶状，直立，伸
展 ·························· **4. 三棱草属 *Bolboschoenus***
32. 仅 1 总苞超过 1.5cm，为秆之延伸，花序侧生········
································**28. 水葱属 *Schoenoplectus***

1. *Actinoschoenus* Bentham 星穗莎属

Actinoschoenus Bentham (1881: 33); Zhang et al. (2010: 252) [Type: *A. filiformis* (Thwaites) Bentham (≡ *Arthrostylis filiformis* Thwaites)]

特征描述：多年生草本。具根状茎或匍匐茎。秆直立，丛生。叶舌状，叶片很短或缺如。总苞片小；花序头状，由 2 至多小穗组成；小穗含 4-7 成 2 列的鳞片，具 1（-2）花；花两性，由倒数第二大的鳞片包被，小穗轴节间短，不同小花之间可能较长；下位刚毛不存在；雄蕊 3；花柱 3 深裂，脱落，基部明显增厚。小坚果倒卵圆形，三棱状，有的具 3 肋，光滑或具小瘤。

分布概况：4/2 种，**4** 型；分布于非洲大陆和马达加斯加，南亚，东南亚，澳大利亚和太平洋岛屿；中国产云南、广东和海南。

系统学评述：国产的星穗莎属被置于薹草亚科薹草族飘拂草属 *Fimbristylis*，作为华飘拂草系 *Fimbristylis* ser. *Chinenses*[FRPS]。在 Goetghebeur 系统[3]中，星穗莎属作为独立的属被置于莎草亚科的 Arthrostylideae 族，分子系统学研究支持其为单系类群，将其转入飘拂草族[5,6]。

DNA 条形码研究：BOLD 网站有该属 2 种 2 个条形码数据。

2. *Actinoscirpus* (Ohwi) R. W. Haines & Lye 大藨草属

Actinoscirpus (Ohwi) R. W. Haines & Lye (1971: 481); Liang et al. (2010: 181) [Type: *A. grossus* (Linnaeus f.) Goetghebeur & D. A. Simpson (≡ *Scirpus grossus* Linnaeus f.)]

特征描述：多年生草本，粗壮。根状茎长而匍匐，纤细，先端具小块茎。秆具不明显的横隔。叶片线形。总苞片叶状，超过花序；大型圆锥花序，具多数辐射枝，有许多小穗；小穗小；鳞片螺旋覆瓦状排列，每鳞片内含 1 两性花；下位刚毛 5 或 6，多长于小坚果，反曲粗糙，与小坚果同时脱落；雄蕊 3；花柱基部不明显增厚，宿存，柱头 3。小坚果倒卵圆形至椭圆形，扁三棱形，光滑，先端具喙。染色体 $2n=82$。

分布概况：1/1 种，**5** 型；分布于东亚，南亚，澳大利亚东北部和太平洋岛屿；中国产云南、广西、广东、海南和台湾。

系统学评述：大藨草属被置于薹草亚科薹草族藨草属下的 1 个组 *Scirpus* sect. *Actinoscirpus*[FRPS]。在 Goetghebeur 系统[3]中，大藨草属被置于莎草亚科芙兰草族。

DNA 条形码研究：BOLD 网站有该属 1 种 3 个条形码数据；GBOWS 已有 1 种 2 个条形码数据。

3. *Blysmus* Panzer ex Schultes 扁穗草属

Blysmus Panzer ex Schultes (1824: 41), *nom. cons.*; Liang & Tucker (2010: 251) [Type: *B. compressus* (Linnaeus) Panzer ex Link (≡ *Schoenus compressus* Linnaeus)]

特征描述：多年生草本。具匍匐根状茎。秆有节或无，三棱形，平滑或粗糙。叶基生或秆生。苞片叶状；小苞片呈鳞片状；穗状花序单一，顶生，具数至 10 余小穗，排成二列或近于二列；小穗具少数两性花；鳞片覆瓦状，近二列；下位刚毛存在或不发育，通常生倒刺；雄蕊 3，药隔突出于花药顶端；花柱基部不膨大，脱落，柱头 2。小坚果平凸状。染色体 $2n=40, 44$。

分布概况：4/3 种，8 型；分布于欧洲，亚洲和北美的温带地区；中国产东北、华北至西部。

系统学评述：扁穗草属被置于藨草亚科藨草族，在 Goetghebeur 系统[3]中，扁穗草属被置于莎草亚科芦莎族。分子系统学研究支持其为单系类群[5,6]。

DNA 条形码研究：BOLD 网站有该属 3 种 9 个条形码数据；GBOWS 已有 2 种 25 个条形码数据。

4. *Bolboschoenus* (Ascherson) Palla 三棱草属

Bolboschoenus (Ascherson) Palla (1905: 2531); Liang et al. (2010: 179) [Type: *B. maritimus* (Linnaeus) Palla (≡ *Scirpus maritimus* Linnaeus)]

特征描述：多年生草本。具匍匐根状茎。秆基部膨大为球状块茎，具多节，具多数秆生叶或同时具茎生叶。叶片线性，平张，叶舌缺。苞片叶状，长于花序，伸展；顶生长侧枝聚伞花序短缩，常具较少辐射枝；小穗较大，具多数花；鳞片螺旋状排列；下位刚毛 6 或较少，针状，为小坚果的一半长或稍长，具倒刺；雄蕊 3；花柱长，花柱基部不明显，稍增厚与否，柱头 2。小坚果倒卵形，双凸，三棱形，较大，先端具喙。染色体 $2n=52, 54$。

分布概况：8/4 种，9 型；分布于北美和东亚；中国南北均产。

系统学评述：三棱草属被置于藨草亚科藨草族，在 Goetghebeur 系统[3]中，三棱草属被置于莎草亚科芙兰草族。分子系统学研究支持其为单系类群[5,6]。

DNA 条形码研究：BOLD 网站有该属 8 种 24 个条形码数据；GBOWS 已有 2 种 33 个条形码数据。

5. *Bulbostylis* Kunth 球柱草属

Bulbostylis Kunth (1837: 205), *nom. cons.*; Liang & Tucker (2010: 218) [Type: *B. capillaris* (Linnaeus) Kunth ex C. B. Clarke, *typ. cons.* (≡ *Scirpus capillaris* Linnaeus)]

特征描述：一年生或多年生草本。秆丛生，细。叶基生，很细；叶鞘顶端有长柔毛或长丝状毛。长侧枝聚伞花序简单或复出或呈头状，有时仅具 1 小穗；苞片极细，叶状；

小穗具多花；花两性；鳞片覆瓦状排列，最下部的 1-2 鳞片内无花；无下位刚毛；雄蕊 1-3；花柱细长，基部呈球茎状或盘状，常为小型，不脱落，柱头 3，细尖，有附属物。小坚果倒卵形、三棱形。花粉粒 1 远极孔 5 侧孔或沟，穿孔状和颗粒纹饰。染色体 2n=10。

分布概况：100/3 种，**1** 型；世界广布，主产热带非洲和热带美洲；中国产长江以南。

系统学评述：球柱草属被置于藨草亚科藨草族，在 Goetghebeur 系统[3]中，球柱草属被置于莎草亚科飘拂草族。分子系统学研究支持其为单系类群[5,6]。

DNA 条形码研究：BOLD 网站有该属 9 种 18 个条形码数据；GBOWS 已有 2 种 23 个条形码数据。

6. *Carex* Linnaeus 薹草属

Carex Linnaeus (1753: 972); Dai et al. (2010: 285) (Lectotype: *C. hirta* Linnaeus). —— *Diplocarex* Hayata (1921: 70)

特征描述：多年生草本。具地下根状茎。秆三棱形。花单性，由 1 雌花或 1 雄花组成 1 个支小穗，雌性支小穗外面包以边缘完全合生的先出叶（果囊）；小穗由多数支小穗组成，小穗 1 至多数，单一顶生或多数时排列成穗状、总状或圆锥花序；雄花具（2-）3 雄蕊；雌花具 1 雌蕊，花柱有时基部增粗，柱头 2-3。果囊三棱形、平凸状或双凸状，具喙。小坚果包于果囊内。花粉粒 1 远极孔 4-5 侧孔，小槽状、穿孔状和颗粒纹饰。染色体 2n=18-112 等。

分布概况：2000/527（260）种，**1** 型；世界广布；中国南北均产，西南尤盛。

系统学评述：薹草属被置于薹草亚科薹草族，在 Goetghebeur 系统[3]中薹草属被置于薹草亚科薹草族。分子系统学研究不支持薹草亚科，薹草族整体嵌入莎草亚科中[8-11]。戴伦凯等将中国的薹草分为 3 亚属 69 组[FRPS]。戴伦凯等对该属组的划分上没有变化，但增加了许多新种和新记录种[FOC]。薹草族的分子系统研究表明薹草属并非单系[8-11]，一些单系组的分子系统也有研究，但其属下系统关系还有待深入。

DNA 条形码研究：BOLD 网站有该属 830 种 3767 个条形码数据；GBOWS 已有 45 种 275 个条形码数据。

代表种及其用途：该属一些种类可作家畜干草，如黑花薹草 *C. melanantha* C. A. Meyer 和干生薹草 *C. aridula* V. Kreczetowicz。

7. *Cladium* P. Browne 克拉莎属

Cladium P. Browne (1756: 114); Liang et al. (2010: 258) (Type: *C. jamaicense* Crantz)

特征描述：多年生草本。根状茎短。叶状苞片具鞘；圆锥花序；小穗通常聚集成小头状花序，有鳞片 4-11，螺旋状覆瓦式排列，具 1-7 花，最下面 1-4 鳞片中空无花，其上面或最上面 1-2 鳞片具两性花，常仅有 1 花结实，其余为雄花；雄蕊 2-3；花柱细长，线形，初期基部膨大，柱头 3（或 2），长而渐尖。小坚果圆柱状，无肋或具 3 肋条而呈三棱形，多少呈核果状，平滑。花粉粒无萌发孔或 1 远极孔 4 侧孔或沟，穿孔状、颗粒纹饰。染色体 2n=36，78。

分布概况：4/1 种，**1 型**；世界广布；中国产西南至华南。

系统学评述：克拉莎属被置于薹草亚科刺子莞族，在 Goetghebeur 系统[3]中，扁穗草属被置于莎草亚科的赤箭莎族。分子系统学研究支持其为单系类群，并且表明克拉莎属系统位置较为特殊，是整个莎草亚科余下类群的姐妹群，且得到了极高的支持率，其系统位置还有待进一步确认[4]。

DNA 条形码研究：BOLD 网站有该属 7 种 16 个条形码数据。

8. *Courtoisina* Soják 翅鳞莎属

Courtoisina Soják (1980: 193); Dai et al. (2010: 241) [Type: *C. cyperoides* (Roxburgh) Soják (≡ *Kyllinga cyperoides* Roxburgh)]

特征描述：一年生草本。具须根。秆散生，下部具叶。叶和苞片均为禾草叶状。长侧枝聚伞花序复出；<u>小穗多数</u>，<u>密聚于辐射枝上端</u>，通常具 1-3 两性花；小穗轴基部有 2 空鳞片，基部上面具关节，后期小穗轴即从关节处脱落；鳞片二列，宿存，<u>背面的龙骨状凸起具较宽的翅</u>；无下位刚毛和鳞片状花被；雄蕊 3；花柱基部不膨大，脱落，<u>柱头 3</u>。小坚果三棱形，面向小穗轴。花粉粒 1 远极孔 4 侧孔或沟，穿孔状、小槽状和颗粒纹饰。

分布概况：3/1 种，**6 型**；分布于非洲大陆和马达加斯加，印度洋诸岛，亚洲；中国产云南和西藏。

系统学评述：翅鳞莎属被置于薹草亚科莎草族，在 Goetghebeur 系统[3]中，翅鳞莎属被置于莎草亚科莎草族。分子系统学研究支持其为单系类群[5,6]。

DNA 条形码研究：BOLD 网站有该属 1 种 1 个条形码数据。

9. *Cyperus* Linnaeus 莎草属

Cyperus Linnaeus (1753: 44); Dai et al. (2010: 219) (Lectotype: *C. esculentus* Linnaeus). ——*Juncellus* (Grisebach) C. B. Clarke (1893: 594); *Torulinium* Desvaux ex W. Hamilton (1825: 14-15)

特征描述：一年生或多年生草本。具根状茎或匍匐茎。秆直立，通常为三棱形。叶基生，三列。<u>花序顶生</u>，<u>由 1 或多数多级辐射枝组成</u>，<u>或聚缩为头状</u>；小穗轴通常有窄翅，宿存；<u>鳞片 2 列</u>，<u>很少螺旋覆瓦状排列</u>，<u>基部 1-2 无花</u>，<u>其余每鳞片内含 1 两性小花</u>；雄蕊 1-3；<u>花柱基部不膨大</u>，<u>柱头 2-3</u>，<u>果期脱落</u>。小坚果三棱形，光滑，具细点或瘤，或很少纹状网眼状。花粉粒 1 远极孔 4-5 侧孔或沟，光滑、穿孔状、皱波和颗粒纹饰。染色体 2n=20-112 等。

分布概况：600/62（8）种，**1 型**；世界广布；中国南北均产。

系统学评述：莎草属被置于薹草亚科莎草族，在 Goetghebeur 系统[3]中，莎草属被置于莎草亚科莎草族。分子系统学研究表明莎草属为多系，整个莎草族的大部分属都嵌入其中，其属下系统关系较为混乱，还有待深入研究[12,13]。

DNA 条形码研究：BOLD 网站有该属 60 种 155 个条形码数据；GBOWS 已有 18

种 169 个条形码数据。

代表种及其用途：香附子 *C. rotundus* Linnaeus 的块茎可供药用，健胃及治疗妇科病症。茳芏 *C. malaccensis* Lamack 和高秆莎草 *C. exaltatus* Retzius 的秆可编席用。

10. *Diplacrum* R. Brown 裂颖茅属

Diplacrum R. Brown (1810: 240); Zhang et al. (2010: 268) (Type: *D. caricinum* R. Brown)

特征描述：一年生细弱草本，偶为多年生。具较纤细的须根。叶秆生，线形，短，具鞘，不具叶舌。聚伞花序短缩成头状，从叶鞘中抽出；小穗较小，花单性，雌雄异穗；雌小穗生于分枝顶端，具 2 鳞片和 1 雌花，鳞片对生，等大，具多脉，顶端通常 3 裂，中裂片较大，具硬尖；雄小穗侧生于雌小穗下面，约具 3 鳞片和 1-2 雄花，鳞片通常质薄而狭，雄蕊 1-3，柱头 3。小坚果小，球形，表面具纵肋或网纹，有时顶部被毛，基部具下位盘。

分布概况：6/2 种，**1** 型；世界广布；中国产华东至华南。

系统学评述：裂颖茅属被置于藨草亚科珍珠茅族，在 Goetghebeur 系统[3]中，裂颖茅属被置于珍珠茅亚科裂鞘茅族 Bisboeckelereae。分子系统学研究表明裂颖茅属为单系类群，但不支持珍珠茅亚科的单系性质，而是嵌入莎草亚科中[5,6]。

DNA 条形码研究： BOLD 网站有该属 2 种 5 个条形码数据。

11. *Eleocharis* R. Brown 荸荠属

Eleocharis R. Brown (1810: 224); Dai & Strong (2010: 188) [Lectotype: *E. palustris* (Linnaeus) Roemer & Schultes (≡ *Scirpus palustris* Linnaeus)]. ——*Heleocharis* T. Lestiboudois (1819: 41)

特征描述：多年生或一年生草本。根状茎不发育或很短，通常具匍匐根状茎。叶退化一般只有叶鞘而无叶片。苞片缺如；小穗 1，顶生，直立，通常有多数两性花；鳞片螺旋状排列，极少近 2 列，最下的 1-2 鳞片中空；下位刚毛一般存在，4-8 条，其上有倒刺；雄蕊 1-3；花柱细，花柱基膨大，不脱落，柱头 2-3。小坚果，三棱形或双凸状，平滑或有网纹，很少有洼穴。花粉无萌发孔或 1 远极孔 5 侧沟，负网状、穿孔状和颗粒纹饰。染色体 2n=16-56 等。

分布概况：250/35（9）种，**1** 型；世界广布；中国南北均产。

系统学评述：荸荠属被置于藨草亚科莎草族，在 Goetghebeur 系统[3]中，荸荠属被置于莎草亚科荸荠族，分子系统学研究支持这一观点[14]。荸荠属的分类历经变动，目前最广为接受的是 González-Elizondo 和 Peterson 系统[15]，他们将荸荠属划分了 4 亚属 7 组 8 系 7 亚系；唐进和汪发瓒依循 Svenson 系统[16-20]将中国的荸荠属分为 2 组 8 系[FRPS]。分子系统学研究表明该属并非单系，目前仅有 2 个亚属，即 *Eleocharis* subgen. *Limnochloa* 和 *E.* subgen. *Scirpidium* 被证明为单系[13,14]。

DNA 条形码研究：BOLD 网站有该属 162 种 356 个条形码数据；GBOWS 已有 13 种 73 个条形码数据。

代表种及其用途：荸荠 *E. dulcis* (N. L. Burman) Trinius ex Henschel 可供食用，球茎

富淀粉；也可供药用，开胃解毒，健肠胃。

12. *Eriophorum* Linnaeus 羊胡子草属

Eriophorum Linnaeus (1753: 52); Liang et al. (2010: 174) (Lectotype: *E. vaginatum* Linnaeus)

特征描述： 多年生草本，丛生或近于散生。具根状茎。秆钝三棱柱状，具基生叶和秆生叶。<u>苞片叶状</u>、<u>佛焰苞状或鳞片状</u>；长侧枝聚伞花序简单或复出，顶生，具几至多数小穗；花两性；鳞片螺旋状排列，通常下面几鳞片内无花；<u>下位刚毛多数</u>，<u>丝状</u>，<u>极少只有 6</u>，<u>开花后延长为鳞片的许多倍</u>；雄蕊 2-3；花柱单一，基部不膨大，<u>柱头 3</u>。小坚果三棱形。花粉粒 1 远极孔 4 侧沟，穿孔状和颗粒纹饰。染色体 2n=26，54，58，60 等。

分布概况： 25/7（1）种，**8 型**；分布于北温带的高寒地区；中国产东北、西南和西北。

系统学评述： 羊胡子草属被置于蔍草亚科莎草族，在 Goetghebeur 系统[3]中，羊胡子草属被置于莎草亚科蔍草族。分子系统学研究支持其为单系类群[5,6]。唐进和汪发瓒将中国的种类分为 2 亚属 3 组[FRPS]，其属下系统关系还有待进一步研究。

DNA 条形码研究： BOLD 网站有该属 20 种 86 个条形码数据；GBOWS 已有 1 种 10 个条形码数据。

13. *Fimbristylis* Vahl 飘拂草属

Fimbristylis Vahl (1805: 285); Zhang et al. (2010: 200) [Type: *F. dichotoma* (Linnaeus) Vahl (≡ *Scirpus dichotomus* Linnaeus)]

特征描述： 一年生或多年生草本。很少有匍匐根状茎。<u>秆丛生或不丛生</u>，<u>较细</u>。<u>花序顶生</u>，<u>为简单、复出或多次复出的长侧枝聚伞花序</u>，<u>少有集合成头状或仅具 1 小穗</u>；小穗单生或簇生；鳞片常为螺旋状或下部鳞片为二列，最下面 1-2（-3）鳞片内无花；无下位刚毛；雄蕊 1-3；花柱基部膨大，<u>柱头 2-3</u>，<u>全部脱落</u>。小坚果倒卵形、三棱形或双凸状，表面有网纹或疣状凸起。花粉无萌发孔，负网状和颗粒纹饰。染色体 2n=10-32 等。

分布概况： 200/53（10）种，**8 型**；世界广布；中国南北均产。

系统学评述： 飘拂草属被置于蔍草亚科蔍草族，在 Goetghebeur 系统[3]中，飘拂草属被置于莎草亚科 Cyperoideae 飘拂草族。分子系统学研究支持这一观点[5,6]。唐进和汪发瓒将中国的荸荠属分为 4 组 17 系[FRPS]，目前分子系统学研究支持其为单系类群，但其属下关系还有待进一步研究[5,6]。

DNA 条形码研究： BOLD 网站有该属 29 种 64 个条形码数据；GBOWS 已有 16 种 157 个条形码数据。

14. *Fuirena* Rottbøll 芙兰草属

Fuirena Rottbøll (1773: 70); Liang et al. (2010: 178) (Type: *F. umbellata* Rottbøll)

特征描述： 一年生或多年生草本，<u>植物体通常被毛</u>。秆丛生或近丛生。长侧枝聚伞花序组成狭圆锥花序；<u>小穗聚生成圆簇，具少数至多数两性花</u>；鳞片螺旋状排列；下位刚毛 3-6，外轮 3，钻状，或缺如，<u>内轮 3 花瓣状</u>，<u>膜质或肉质</u>，<u>下部常收缩成爪或柄</u>，与外轮互生；雄蕊 3；花柱基部与子房连生，不膨大，<u>柱头 3</u>。小坚果三棱形，具子房柄，平滑或具纹理。花粉粒 1 远极孔 4 侧沟，穿孔状、小槽状和颗粒纹饰。染色体 2*n*=26，38，46 等。

分布概况：30/3（1）种，**8** <u>型</u>；世界广布，主产热带非洲和热带美洲；中国南北均产，主产华南。

系统学评述：芙兰草属被置于藨草亚科藨草族，在 Goetghebeur 系统[3]中，芙兰草属被置于莎草亚科芙兰草族。分子系统学研究支持其为单系类群[5,6]。

DNA 条形码研究：BOLD 网站有该属 9 种 17 个条形码数据；GBOWS 已有 1 种 4 个条形码数据。

15. *Gahnia* J. R. Forster & G. Forster 黑莎草属

Gahnia J. R. Forster & G. Forster (1775: 26); Liang *et al.* (2010: 257) (Type: *G. procera* J. R. Forster & G. Forster)

特征描述：多年生草本。匍匐根状茎坚硬，<u>秆圆柱状</u>，有节。<u>叶席卷呈圆柱状或线形</u>。圆锥花序硕大而松散或紧缩呈穗状；<u>小穗具 1-2 花</u>，<u>仅上面 1 两性花可育</u>；鳞片螺旋状覆瓦式排列，最上部的 2-3 鳞片通常异形，其下面 1 鳞片内具雄花，中间者具两性花；无下位刚毛；雄蕊 3-6，通常 4；花柱基部宿存，柱头 3-5。小坚果骨质，卵球形或近纺锤形。花粉粒多孔，穿孔状、小槽状和颗粒纹饰。

分布概况：30/3 种，**7** <u>型</u>；分布于南亚和东南亚；中国产华东、华南至西南。

系统学评述：黑莎草属被置于藨草亚科刺子莞族，在 Goetghebeur 系统[3]中，黑莎草属被置于莎草亚科赤箭莎族。分子系统学研究支持其为单系类群[5,6]。

DNA 条形码研究：BOLD 网站有该属 5 种 8 个条形码数据；GBOWS 已有 2 种 4 个条形码数据。

16. *Hypolytrum* Persoon 割鸡芒属

Hypolytrum Persoon (1805: 70); Dai et al. (2010: 168) (Lectotype: *H. latifolium* Persoon)

特征描述：多年生草本。具匍匐根状茎。<u>基生叶两行排列</u>，<u>互相稍紧抱</u>，近革质。苞片叶状；小苞片鳞片状；<u>穗状花序排列为伞房状圆锥花序、伞房花序或为头状花序</u>，具多数鳞片和小穗；鳞片螺旋状覆瓦式排列；<u>小穗具 2 小鳞片</u>、<u>2 雄花和 1 雌花</u>；雄花具 1 雄蕊，生于小鳞片的腋间，小鳞片舟状，具龙骨状凸起；雌花具 1 雌蕊，生在小穗顶端，无小鳞片，<u>柱头 2</u>。小坚果双凸状，骨质，顶端具喙。花粉粒单孔，网状纹饰。

分布概况：60/4（2）种，**2** <u>型</u>；分布于热带和亚热带地区；中国产西南至华南，主产海南。

系统学评述：割鸡芒属被置于藨草亚科割鸡芒族，在 Goetghebeur 系统[3]中，割鸡芒属被置于莎草亚科割鸡芒族。分子系统学研究支持其为单系类群[5,6]。

DNA 条形码研究：BOLD 网站有该属 3 种 8 个条形码数据；GBOWS 已有 1 种 2 个条形码数据。

17. *Isolepis* R. Brown 细莞属

Isolepis R. Brown (1810: 221); Liang et al. (2010: 219) [Type: *I. setacea* (Linnaeus) R. Brown (≡ *Scirpus setaceus* Linnaeus)]

特征描述：矮小丛生草本，一年生或少为多年生。秆无节，丛生，圆柱形。叶多数，全为基生，线状。总苞片叶状，伸展；头状花序假侧生，简单或复出，具 1 至少数小穗；鳞片螺旋状排列，每鳞片内含 1 小花，有的基部为空；花两性；下位刚毛不存在；雄蕊 1-3；花柱线性，基部不增厚或稍增厚，柱头 2-3。小坚果小，倒卵球形、双凸或三棱形，表面具横长圆状网纹。花粉粒 1 远极孔 4-6 侧孔或沟，穿孔状和颗粒纹饰。染色体 2*n*=28, 54, 66。

分布概况：70/1 种，**1** 型；除非洲和澳大利亚外，世界广布；中国产江西、西北和西南。

系统学评述：细莞属的中国种类被归入薹草亚科刺子莞族的薹草属，在 Goetghebeur 系统中，细莞属被置于莎草亚科莎草族[3]。分子系统学研究表明细莞属并非单系，其中 *I. humillima* (Bentham) K. L. Wilson 的系统位置较为特殊，与 *Eleocharis* 和 *Schoenolectus* 关系密切，而 *I. nodosa* (Rottbøll) R. Brown，*I. marginata* (Thunberg) A. Dietrich 和 *I. trolli* (Kükenthal) Lye 应转移至 *Ficinia*，剩余种类为单系，中国产的细莞 *I. setacea* (Linnaeus) R. Brown 在该核心分支之内[21]。

DNA 条形码研究：BOLD 网站有该属 39 种 71 个条形码数据；GBOWS 已有 1 种 21 个条形码数据。

18. *Kobresia* Willdenow 嵩草属

Kobresia Willdenow (1805: 205); Zhang & Noltie (2010: 269) (Type: *K. caricina* Willdenow)

特征描述：多年生草本。根状茎短或长而匍匐。秆密丛生，基部具宿存叶鞘。小穗单 1 顶生，或多数组成穗状花序或穗状圆锥花序，含多数支小穗；雄花具 1 鳞片，雄蕊 2-3 生于鳞片腋内；雌花亦具 1 鳞片，2 小苞片愈合而成的先出叶生于鳞片腋内并与之对生，雌蕊 1 被先出叶所包，子房上位，柱头 2-3。果为小坚果，三棱形、双凸状或平凸状，完全或不完全为先出叶所包。花粉粒 1 远极孔 4 侧孔，穿孔状和颗粒纹饰。染色体 2*n*=36-122 等。

分布概况：54/44（16）种，**8** 型；分布于北温带；中国南北均产，以西南尤盛。

系统学评述：嵩草属被置于薹草亚科薹草族，在 Goetghebeur 系统[3]中，嵩草属被置于薹草亚科薹草族。分子系统学研究不支持薹草亚科，薹草族整体嵌入莎草亚科中，但为单独 1 支[10]。戴伦凯等将中国的嵩草属划分为 3 组[FRPS]，Zhang 和 Noltie 对中国的嵩草属进行了少量归并，没有采用组的划分[FOC]。Zhang 等[22]对该属修订时，在前人的基础上，重新对该属作了 3 亚属的划分。薹草族的分子系统学研究表明嵩草属并非单系，而与薹草属互相混杂，其属下关系还有待进一步研究[8-11]。

DNA 条形码研究：BOLD 网站有该属 9 种 82 个条形码数据；GBOWS 已有 8 种 44 个条形码数据。

代表种及其用途：嵩草 *K. myosuroides* (Villars) Fiori 再生能力强，适宜放牧用；家畜均喜食。

19. *Kyllinga* Rottbøll 水蜈蚣属

Kyllinga Rottbøll (1773: 12), *nom. cons.*; Dai et al. (2010: 246) [Type: *K. nemoralis* (J. R. Forster & G. Forster) Dandy ex Hutchinson & Dalziel, *typ. cons.* (≡ *Thryocephalon nemorale* J. R. Forster & G. Forster)]

特征描述：多年生草本。秆通常稍细，基部具叶。穗状花序 1-3，头状，无总花梗；小穗压扁，常具 1-2（-5）两性花；小穗轴基部上面具关节；鳞片 2 列，宿存于小穗轴上，后期与小穗轴一齐脱落；最上面 1 鳞片内亦无花，极少具 1 雄花；无下位刚毛或鳞片状花被；雄蕊 1-3；花柱基部不膨大，脱落，柱头 2。小坚果扁双凸状，棱向小穗轴。花粉粒 1 远极孔 4-7 侧孔或沟，穿孔状和微刺纹饰。染色体 $2n$=12，14，18 等。

分布概况：75/7 种，**1** 型；世界广布；中国南北均产。

系统学评述：水蜈蚣属被置于蔗草亚科莎草族，在 Goetghebeur 系统[3]中，水蜈蚣属被置于莎草亚科莎草族。目前分子系统学研究支持其为单系类群[6,13]。

DNA 条形码研究：BOLD 网站有该属 8 种 14 个条形码数据；GBOWS 已有 4 种 39 个条形码数据。

20. *Lepidosperma* Labillardière 鳞籽莎属

Lepidosperma Labillardière (1805: 14); Liang et al. (2010: 260) (Type: *L. elatius* Labillardière)

特征描述：多年生草本。匍匐根状茎粗壮。秆圆柱状，直立，粗壮。叶基生，有叶鞘，叶片圆柱状。圆锥花序具多数小穗；小穗密聚，具鳞片 5-10，最下面的数鳞片中空无花，上面有 2-3 花，通常全部花均能结实，罕仅 1 花结实，最下面的 1 花通常具不完全的雌、雄蕊；下位鳞片 6，稀 3；雄蕊 3；花柱细长，基部无毛或近无毛，柱头 3，细长。小坚果三棱形，平滑，无喙，基部通常为硬化的鳞片所包。染色体 $2n$=108。

分布概况：100 以上/1 种，**6** 型；主产澳大利亚，太平洋诸岛和东南亚；中国产华东至华南。

系统学评述：鳞籽莎属被置于蔗草亚科刺子莞族，在 Goetghebeur 系统[3]中，鳞籽莎属被置于莎草亚科赤箭莎族。分子系统学研究支持其为单系类群[6,13]。

DNA 条形码研究：BOLD 网站有该属 3 种 5 个条形码数据；GBOWS 已有 1 种 3 个条形码数据。

21. *Lepironia* Persoon 石龙刍属

Lepironia Persoon (1805: 70); Dai et al. (2010: 170) (Type: *L. mucronata* Persoon)

特征描述：多年生草本。具木质匍匐根状茎。<u>秆圆柱状</u>，<u>中具横隔膜</u>，干时秆呈多节状。叶缺如。苞片为秆的延长，直立，圆柱状钻形；<u>穗状花序单一</u>，<u>假侧生</u>；小穗两性，具 2 舟形小鳞片和多数线形小鳞片，有 8 或更多雄花和 1 雌花；<u>舟形小鳞片 2 列</u>，<u>背部具龙骨状凸起</u>，<u>沿龙骨状凸起具柔毛</u>，各具 1 雄花，雌花顶生；花柱稍短，柱头 2。<u>小坚果扁</u>，<u>无喙</u>，<u>亦无皱纹</u>。花粉粒单孔或 1 远极孔 4-5 侧孔，穿孔状和颗粒纹饰。

分布概况：1/1 种，**6** 型；分布于热带亚洲，澳大利亚，太平洋诸岛和马达加斯加；中国产广东、海南和台湾。

系统学评述：石龙刍属被置于薹草亚科割鸡芒族，在 Goetghebeur 系统[3]中，石龙刍属被置于擂鼓莇亚科割鸡芒族。分子系统学研究支持其为单系类群[4,6,13]。

DNA 条形码研究：BOLD 网站有该属 1 种 3 个条形码数据。

22. *Lipocarpha* R. Brown 湖瓜草属

Lipocarpha R. Brown (1818: 459), *nom. cons.*; Dai & Tucker (2010: 249) [Type: *L. argentea* R. Brown, *nom. illeg.* (≡ *Hypaelyptum argenteum* Vahl, *nom. illeg.* = *L. senegalensis* (Lamarck) T. Durand & H. Durand ≡ *Scirpus senegalensis* Lamarck)]

特征描述：一年生或多年生草本。叶基生，叶片平张。苞片叶状；<u>穗状花序 2-5 簇生呈头状</u>，<u>少有 1 单生</u>；穗状花序具多数鳞片和小穗；小穗具 2 小鳞片和 1 两性花；小鳞片沿小穗轴的腹背位置排列，互生，膜质，透明，具几条隆起的脉，下面 1 小鳞片内无花，上面 1 小鳞片紧包着 1 两性花；<u>雄蕊 2</u>；<u>柱头 3</u>。小坚果三棱形、双凸状或平凸状，顶端无喙，为小鳞片所包。花粉粒 1 远极孔 4-5 侧孔，穿孔状和微刺纹饰。染色体 2*n*=26，38，58。

分布概况：35/4 种，**8** 型；分布于温带和亚热带地区；中国南北均产，以华南多见。

系统学评述：湖瓜草属被置于薹草亚科割鸡芒族，在 Goetghebeur 系统[3]中，湖瓜草属被置于莎草亚科莎草族。分子系统学研究支持其为单系类群[6,13]。

DNA 条形码研究：BOLD 网站有该属 5 种 15 个条形码数据；GBOWS 已有 2 种 21 个条形码数据。

23. *Machaerina* Vahl 剑叶莎属

Machaerina Vahl (1805: 238); Liang et al. (2010: 259) [Type: *M. restioides* (Swartz) Vahl (≡ *Schoenus restioides* Swartz)]

特征描述：多年生草本。常具多鳞的长根状茎。秆丛生，扁三棱形或圆柱状。<u>叶两列</u>；<u>叶片圆柱形或稍两侧压扁</u>，<u>有时退化仅余叶鞘</u>。花序圆锥状，由几至多数小圆锥花序组成，主轴常扭曲；鳞片二列，基部 1-2 小花为两性，顶生小花为雄性；下位刚毛缺如；雄蕊 3；<u>花柱基部明显增厚</u>，<u>宿存</u>，柱头 3。小坚果卵形、椭圆形或长圆状椭圆形、圆柱状或三棱形，光滑或微皱，先端具喙。花粉粒 3 孔，穿孔状和颗粒纹饰。

分布概况：50/3（2）种，**1** <u>型</u>；分布于温带和热带地区，澳大利亚种类较多；中国产云南、香港和海南。

系统学评述：剑叶莎属被置于薹草亚科割鸡芒族，在 Goetghebeur 系统中，剑叶莎属被置于莎草亚科赤箭莎族[3]。分子系统学研究支持其为单系类群[6,13]。

DNA 条形码研究： BOLD 网站有该属 5 种 6 个条形码数据。

24. *Mapania* Aublet 擂鼓荔属

Mapania Aublet (1775: 47); Dai et al. (2010: 169) (Type: *M. sylvatica* Aublet). ——*Thoracostachyum* Kurz (1869: 75)

特征描述： 多年生粗壮草本。秆侧生，三棱形。叶基生成丛，近革质。穗状花序聚生成头状，少有 1 个单生，具多数鳞片和小穗；小穗两性，具 5-6 小鳞片和 3-4 单性花；小鳞片轮生，下面一轮 2-3 鳞片，其中 2 片位于两侧，舟状，沿背面龙骨状凸起具长硬毛，各具 1 由 1 雄蕊所构成的雄花，上面的一轮 3 鳞片，顶端仅有 1 无小鳞片庇护的雌花；花柱细长，宿存，柱头 3，细长。小坚果干骨质或多汁。花粉粒近球形，单孔，小槽状、穿孔状、刺状和网状纹饰。

分布概况： 85/3 种，**1** 型；分布于温带和热带地区；中国产云南、湖南和华南，主产华南。

系统学评述： 擂鼓荔属被置于薹草亚科割鸡芒族，在 Goetghebeur 系统中，擂鼓荔属被置于擂鼓荔亚科割鸡芒族[3]。在分子系统学研究中得到了进一步支持。分子系统学研究表明该属并非单系，其属下系统关系有待深入研究[4,6,13]。

DNA 条形码研究： BOLD 网站有该属 3 种 4 个条形码数据；GBOWS 已有 1 种 3 个条形码数据。

25. *Pycreus* P. Beauvois 扁莎属

Pycreus P. Beauvois (1816: 48); Dai et al. (2010: 242) [Type: *P. polystachyos* (Rottbøll) P. Beauvois (≡ *Cyperus polystachyos* Rottbøll)]

特征描述： 一年生或多年生草本。秆多丛生，基部具叶。长侧枝聚伞花序疏展或密集成头状；小穗排列成穗状或头状；小穗轴延续，基部无关节，宿存；鳞片二列，基部 1-2 鳞片内无花，其余均具 1 两性花；无下位刚毛或鳞片状花被；雄蕊 1-3；柱头 2。小坚果两侧压扁，棱向小穗轴，双凸状，表面具网纹、微凸起细点、隆起横波纹或皱纹。花粉粒 1 远极孔 5 侧孔，小槽状、穿孔状和颗粒纹饰。染色体 $2n=50$，86，96。

分布概况： 70 以上/11（3）种，**1** 型；分布于非洲、欧洲、亚洲、美洲和太平洋诸岛，其中亚洲和南美洲种类较多；中国产西南、华南和华东。

系统学评述： 扁莎属被置于薹草亚科莎草族，在 Goetghebeur 系统中，扁莎属被置于莎草亚科莎草族[3]。分子系统学研究支持其为单系类群[6,13]。

DNA 条形码研究： BOLD 网站有该属 7 种 16 个条形码数据；GBOWS 有该属 5 种 50 个条形码数据。

26. *Remirea* Aublet 海滨莎属

Remirea Aublet (1775: 44); Liang & Tucker (2010: 241) (Type: *R. maritima* Aublet)

特征描述：多年生草本，矮小。匍匐或斜升的根状茎长，常从节上长出秆，秆具钝棱和多数条纹。苞片叶状；穗状花序 2 至少数簇生，着生于秆的顶端；小穗基部的小苞片鳞片状；小穗小，无柄，具 4 鳞片；鳞片近 2 行排列，基部 3 鳞片中空无花，具脉，最上面鳞片厚而肉质，无脉，具 1 两性花；无下位刚毛；雄蕊 3，花药线状长圆形和线形，药隔顶端伸出于药外成细尖；子房三棱形，柱头 3。小坚果长圆柱形、三棱形，无喙。

分布概况：1/1 种，**1** 型；世界广布；中国产广东、海南和台湾。

系统学评述：传统上海滨莎属被置于薹草亚科莎草族，在 Goetghebeur 系统中，海滨莎属被置于莎草亚科莎草族[3]。分子系统学研究支持其为单系类群[6,13]。

DNA 条形码研究：BOLD 网站有该属 1 种 2 个条形码数据。

27. *Rhynchospora* Vahl 刺子莞属

Rhynchospora Vahl (1805: 229), *nom. & orth. cons.*; Liang & Simpson (2010: 253) [Type: *R. alba* (Linnaeus) Vahl (≡ *Schoenus albus* Linnaeus)]

特征描述：多年生草本。秆丛生，三棱形或圆柱状。苞片叶状，具鞘；圆锥花序由 2 至少数的长侧枝聚伞花序所组成，或有时为头状花序；鳞片紧包，下部的鳞片多少呈 2 列，质坚硬，上部的呈螺旋状覆瓦式排列，质薄，基部 3-4 鳞片内无花，上部的 1-3 鳞片内各具 1 两性花；通常具下位刚毛；雄蕊 3；柱头 2。小坚果扁，具各种花纹或刺状凸起，顶部具宿存而膨大的喙。花粉粒无萌发孔，细网状纹饰。染色体 $2n=10$，12，18，20，30。

分布概况：350/9 种，**1** 型；世界广布，美洲热带和亚热带种类较多；中国南北均产。

系统学评述：刺子莞属被置于薹草亚科刺子莞族，在 Goetghebeur 系统中，刺子莞属被置于莎草亚科 Cyperoideae 赤箭莎族[3]。分子系统学研究表明刺子莞属并非单系，*Pleurostachys* 应并入该属[23]。唐进和汪发瓒将中国的种类划分了 4 组[FRPS]。

DNA 条形码研究：BOLD 网站有该属 15 种 28 个条形码数据；GBOWS 已有 3 种 19 个条形码数据。

28. *Schoenoplectus* (Reichenbach) Palla 水葱属

Schoenoplectus (Reichenbach) Palla (1888: 49), *nom. cons.*; Liang et al. (2010: 181) [Type: *S. lacustris* (Linnaeus) Palla (≡ *Scirpus lacustris* Linnaeus)]

特征描述：一年生或多年生草本。匍匐根状茎存在。秆散生，三棱形或圆柱形，无节。叶通常退化为鞘状或仅有 1 鳞片状叶，位于最上部。苞片秆状；简单长侧枝聚伞花序假侧生，有时复出；小穗具多数花；鳞片螺旋状排列，边缘具缺刻和微毛；下位刚毛不存在或 1-6，针状，具倒刺；雄蕊 1-3；花柱基部不明显增厚。果实较大，表面光滑，先端具喙或否。花粉粒 1 远极孔 4 侧孔，穿孔状和颗粒纹饰。染色体 $2n=42$，44，58。

　　分布概况：77/22（5）种，**1 型**；世界广布；中国南北均产。

　　系统学评述：传统上水葱属被置于藨草亚科藨草族，在 Goetghebeur 系统中，水葱属被置于莎草亚科芙兰草族[3]。目前分子系统学研究支持其为单系类群[6,13]。

　　DNA 条形码研究：BOLD 网站有该属 21 种 61 个条形码数据；GBOWS 已有 7 种 99 个条形码数据。

　　代表种及其用途：水葱 *S. validus* Vahl 可栽培作观赏用；秆可编席。

29. *Schoenus* Linnaeus 赤箭莎属

Schoenus Linnaeus (1753: 42); Liang et al. (2010: 256) (Lectotype: *S. nigricans* Linnaeus). ——*Mariscus* Gaertner (1805: 372)

　　特征描述：多年生丛生草本。秆圆柱状，基部有枯萎的叶鞘或无，鞘红棕色。苞片叶状，具鞘，鞘闭合；圆锥花序、总状花序或头状花序；小穗通常具 1-4 两性花；鳞片 2 列，紧抱，坚硬，上部的较薄，最下面的 2-3 鳞片内无花；下位刚毛通常存在，少有缺如；雄蕊 3；花柱长，柱头 3。小坚果无喙，三棱形，表面通常具网纹，着生于"之"字形小穗轴的凹穴中。染色体 2*n*=8-74 等。

　　分布概况：120 以上/4（1）种，**1 型**；分布于美洲、欧洲、亚洲和太平洋诸岛，主产澳大利亚；中国产西南和华南。

　　系统学评述：传统上赤箭莎属被置于藨草亚科刺子莞族，在 Goetghebeur 系统中，赤箭莎属被置于莎草亚科赤箭莎族[3]。目前分子系统学研究支持其为单系类群[6,13]。

　　DNA 条形码研究：BOLD 网站有该属 18 种 33 个条形码数据。

30. *Scirpus* Linnaeus 藨草属

Scirpus Linnaeus (1753: 47), *nom. cons.*; Liang & Tucker (2010: 171) (Type: *V. sylvaticus* Linnaeus)

　　特征描述：草本。有时具匍匐根状茎或块茎。秆三棱形，很少圆柱状，有时叶片退化只余叶鞘。苞片为秆的延长或呈鳞片状或叶状；长侧枝聚伞花序顶生或几个组成圆锥花序；鳞片螺旋状覆瓦式排列，每鳞片内具 1 两性花，或最下 1 至数鳞片中空无花，极少最上 1 鳞片内具 1 雄花；下鳞刚毛 2-6，很少为 7-9 或不存在，常有倒刺；雄蕊 1-3；柱头 2-3。小坚果三棱形或双凸状。花粉粒 1 远极孔 4 侧孔，负网状、小槽状、穿孔状和颗粒纹饰。染色体 2*n*=18-78。

　　分布概况：35/12（4）种，**8 型**；产北温带；中国南北均产。

　　系统学评述：藨草属被置于藨草亚科藨草族，在 Goetghebeur 系统中，藨草属被置于莎草亚科藨草族[3]。分子系统学研究表明狭义的藨草属依然为多系，分成多支嵌在整个莎草亚科中，其属下系统关系还有待进一步整理[6]。

　　DNA 条形码研究：BOLD 网站有该属 27 种 99 个条形码数据；GBOWS 已有 3 种 47 个条形码数据。

31. *Scleria* P. J. Bergius 珍珠茅属

Scleria P. J. Bergius (1765: 142); Zhang et al. (2010: 260) [Lectotype: *S. flagellum-nigrorum* P. J. Bergius, *nom. illeg.* (=*Scleria lithosperma* (Linnaeus) Swartz ≡ *Scirpus lithospermus* Linnaeus)]

特征描述： 多年生或一年生草本。秆直立，三棱形，具秆生叶或同时具基生叶。圆锥花序顶生，复出，通常粗壮、延长；苞片叶状，具鞘；小苞片通常刚毛状，很少为鳞片状；花全为单性；花序通常为单性小穗占多数；小穗最下面的 2-4 鳞片内无花；雄蕊1-3；花柱基部不扩大，柱头 3。小坚果球形或卵形，常呈钝三棱形，骨质，表面具各种网纹或平滑，通常具 3 裂或全缘的下位盘。花粉粒 1 远极孔 3-4 侧孔，穿孔状和颗粒纹饰。染色体 2*n*=10，20。

分布概况： 200/24（3）种，**1** 型；分布于热带地区，并延伸至非洲南部，东亚和美洲的温带地区；中国产西南和华南。

系统学评述： 珍珠茅属被置于薹草亚科珍珠茅族，在 Goetghebeur 系统中，珍珠茅属被置于珍珠茅亚科珍珠茅族[3]。分子系统学研究不支持珍珠茅亚科的单系，而是嵌入莎草亚科中，且与裂鞘茅族关系密切[6]。唐进和汪发瓒将中国的珍珠茅属划分为 2 亚属 4 组[FRPS]。

DNA 条形码研究： BOLD 网站有该属 8 种 16 个条形码数据；GBOWS 已有 5 种 20 个条形码数据。

32. *Trichophorum* Persoon 针蔺属

Trichophorum Persoon (1805: 69), *nom. cons.*; Liang & Tucker (2010: 176) [Type: *T. alpinum* (Linnaeus) Persoon, *typ. cons.* (≡ *Eriophorum alpinum* Linnaeus)]

特征描述： 多年生草本。秆丛生。总苞片 1，鳞片状，近直立，先端具短尖或芒；花序退化成单一的顶生小穗；小穗椭圆形；鳞片浅棕色，螺旋状排列，膜质，脱落，每鳞片内均有 1 小花；花两性或单性；下位刚毛 6，丝状，柔滑，通常花期后伸长超出鳞片；雄蕊 2（或 3，6）；花柱基部不明显，稍增厚。小坚果倒卵圆形、三棱形或背腹压扁，表面光滑，先端具短喙。花粉粒 1 远极孔 4 侧孔，穿孔状和颗粒纹饰。染色体 2*n*=68，104。

分布概况： 10/6（1）种，**8** 型；分布于高寒地区，并延伸至温带和热带的高山；中国南北均产。

系统学评述： 传统上针蔺属被归入薹草亚科薹草族薹草属，在 Goetghebeur 系统中，水葱属被置于莎草亚科芙兰草族[3]。分子系统学研究支持其为 1 个单系类群[6,13]。

DNA 条形码研究： BOLD 网站有该属 10 种 41 个条形码数据；GBOWS 已有 1 种 12 个条形码数据。

33. *Tricostularia* Nees ex Lehmann 三肋果莎属

Tricostularia Nees ex Lehmann (1844: 50); Liang et al. (2010: 260) (Lectotype: *T. compressa* Nees)

特征描述：多年生草本。根状茎短。秆丛生，<u>直立</u>，圆柱状或三棱形。叶基生。花序圆锥状，通常多分枝，<u>小穗单生或簇生</u>，压缩，狭卵形、长圆形，1-2（或 3）花，<u>基部花通常为雄性</u>，<u>顶花为两性</u>；鳞片 4-6，浅棕色，二列，膜质，无毛，具 1 龙骨状脉；花被片（3-）6，白色，披针形至线形，透明；雄蕊 3，药隔具细尖；柱头 3。<u>小坚果褐色</u>，<u>无柄</u>，<u>倒卵形或梨形</u>、<u>三棱形</u>，具 3 苍白色的凸起，先端具糙硬毛。

分布概况：6/1 种，**6 型**；分布于澳大利亚，其中 1 种延伸至热带亚洲；中国产海南。

系统学评述：三肋果莎属隶属于藨草亚科刺子莞族，为中国新记录属。在 Goetghebeur 系统中，三肋果莎属被置于莎草亚科赤箭莎族[3]。分子系统学研究支持其为 1 个单系类群，该属与 *Costularia*、*Morelotia* 和 *Tetraria* 聚成 *Tricostularia* clade[24]。

DNA 条形码研究： BOLD 网站有该属 1 种 1 个条形码数据。

主要参考文献

[1] Pax F. Cyperaceae[M]//Engler A. Die natürlichen pflanzenfamilien, 2. Leipzig: W. Engelmann, 1897: 47-49.

[2] Bruhl J J. Sedge genera of the world: relationships and a new classification of the Cyperaceae[J]. Aust Syst Bot, 1995, 8: 125-305.

[3] Goetghebeur P. Cyperaceae[M]//Kubitzki K. The families and genera of vascular plants, IV. Berlin: Springer, 1998: 141-190.

[4] Simpson DA, et al. Phylogenetic relationships in Cyperaceae subfamily Mapanioideae inferred from pollen and plastid DNA sequence data[J]. Am J Bot, 2003, 90: 1071-1086.

[5] Simpson D, et al. Phylogeny of Cyperaceae based on DNA sequence data–a new *rbc*L analysis[J]. Aliso, 2007, 23: 72-83.

[6] Muasya A M, et al. Phylogeny of Cyperaceae based on DNA sequence data: current progress and future prospects[J]. Bot Rev, 2009, 75: 2-21.

[7] Hinchliff CE, Roalson EH. Using supermatrices for phylogenetic inquiry: an example using the sedges[J]. Syst Biol, 2012, 62: 205-219.

[8] Waterway MJ, et al. Phylogeny, species richness, and ecological specialization in Cyperaceae Tribe Cariceae[J]. Bot Rev, 2009, 75: 138-159.

[9] Starr JR, et al. Phylogeny of the unispicate taxa in Cyperaceae tribe Cariceae I: generic relationships and evolutionary scenarios[J]. Syst Bot, 2004, 29: 528-544.

[10] Starr JR, Ford BA. Phylogeny and evolution in Cariceae (Cyperaceae): current knowledge and future directions[J]. Bot Rev, 2009, 75: 110-137.

[11] Roalson EH, et al. Phylogenetic relationships in Cariceae (Cyperaceae) based on ITS (nrDNA) and *trn*T-L-F (cpDNA) region sequences: assessment of subgeneric and sectional relationships in *Carex* with emphasis on section *Acrocystis*[J]. Syst Bot, 2001, 26: 318-341.

[12] Larridon I, et al. Affinities in C3 *Cyperus* lineages (Cyperaceae) revealed using molecular phylogenetic data and carbon isotope analysis[J]. Bot J Linn Soc, 2011, 167: 19-46.

[13] Larridon I, et al. Towards a new classification of the giant paraphyletic genus *Cyperus* (Cyperaceae): phylogenetic relationships and generic delimitation in C4 *Cyperus*[J]. Bot J Linn Soc, 2013, 172: 106-126.

[14] Roalson EH, et al. Phylogenetic relationships in *Eleocharis* (Cyperaceae): C4 photosynthesis origins and patterns of diversification in the spikerushes[J]. Syst Bot, 2010, 35: 257-271.

[15] González-Elizondo MS, Peterson PM. A classification of and key to the supraspecific taxa in *Eleocharis* (Cyperaceae)[J]. Taxon, 1997, 46: 433-449.

[16] Svenson HK. Monographic studies in the genus *Eleocharis*[J]. Rhodora, 1929, 31: 121-135, 167-191.

[17] Svenson HK. Monographic studies in *Eleocharis*, III[J]. Rhodora, 1934, 36: 377-389.

[18] Svenson HK. Monographic studies in the genus *Eleocharis*[J]. Rhodora, 1937, 39: 271-272.

[19] Svenson HK. Monographic studies in the genus *Eleocharis*, V (continued)[J]. Rhodora, 1939, 41: 90-110.

[20] Svenson HK. *Eleocharis* (Cyperaceae)[M]//North American Flora, Vol 18. New York: New York Botanical Garden, 1957: 509-540.

[21] Muasya AM, et al. A phylogeny of *Isolepis* (Cyperaceae) inferred using plastid *rbc*L and *trn*L-F sequence data[J]. Syst Bot, 2001, 26: 342-353.

[22] Zhang SR. A preliminary revision of the supraspecific classification of *Kobresia* Willd. (Cyperaceae)[J]. Bot J Linn Soc, 2001, 135: 289-294.

[23] Thomas WW, et al. A preliminary molecular phylogeny of the Rhynchosporeae (Cyperaceae)[J]. Bot Rev, 2009, 75: 22-29.

[24] Verboom GA. A phylogeny of the schoenoid sedges (Cyperaceae: Schoeneae) based on plastid DNA sequences, with special reference to the genera found in Africa[J]. Mol Phylogenet Evol, 2006, 38: 79-89.

Restionaceae R. Brown (1810), *nom. cons.* 帚灯草科

特征描述：多年生草本。茎圆柱形，四方形，多角形或扁平。叶不发达，有时仅有叶鞘而无叶片；叶鞘顶端渐尖或圆形，紧贴于茎或疏松宽大。花单性，雌雄异株，组成小穗或再排成穗状圆锥花序；小穗具 1 至多花，通常在基部有 1 宿存苞片；花被片常 6，排成 2 轮；雄花：多数具 3 或 2 雄蕊，花丝有时联合成柱；雌花：子房 1-3 室，每室胚珠 1，花柱 1-3，柱头有乳头状凸起或羽毛状。果为室背开裂的蒴果或小坚果。种子具 1 双凸镜状或倒卵形的胚和丰富的胚乳。花粉粒单孔，光滑、皱波和疣状纹饰，稀具刺。染色体 *n*=6, 7, 9, 11, 12。

分布概况：55 属/约 500 种，广布南半球，以非洲南部和澳大利亚尤盛；中国 1 属/1 种，产海南和广西。

系统学评述：帚灯草科和刺鳞草科 Centrolepidaceae 的系统发育关系较近，但目前还没有定论，基于 *trn*K 或 *trn*L-F 片段的分析支持刺鳞草科作为帚灯草科的姐妹群，而贝叶斯分析却支持刺鳞草科嵌套在帚灯草科内，与帚灯草科的 Leptocarpoideae 亚科互为姐妹群[1-5]。如果不将刺鳞草科放在帚灯草科，那么帚灯草科目前包括 3 亚科，即 Leptocarpoideae、Sporadanthoideae 和 Restionoideae，其中帚灯草亚科又分成 2 族 Restioneae 和 Willdenowiea [4]。帚灯草科的 3 亚科都是单系类群，但它们之间的系统发育关系尚不确定[4]。

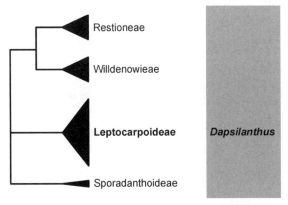

图 74　帚灯草科分子系统框架图（参考 Briggs 和 Linder [4]）

1. *Dapsilanthus* B. G. Briggs & L. A. S. Johnson 薄果草属

Dapsilanthus B. G. Briggs & L. A. S. Johnson (1998: 369); Wu & Larsen (2000: 2) (Type: *D. elatior* B. G. Briggs & L. A. S. Johnson)

特征描述：多年生草本。根状茎常被覆瓦状鳞片和密绵毛。叶几乎由叶鞘组成，无

叶片和叶舌。雌、雄小穗状花序具覆瓦状的苞片，常密集成簇；花单性，雌雄异株，稀为同株或两性；花被片 4-6，或有时不固定而呈各种形状；雄花：雄蕊 3 或 2，稀 1，花丝舌状至丝状，分离，花药 1 室，背着内向；雌花：子房上位，1 室，有 1 悬垂的直生胚珠，花柱 3，稀 2，丝状；两性花：具 1 雌蕊和 1-3 雄蕊。果实狭椭圆形，卵球形或倒卵球形。风媒传粉。

分布概况：4/1 种，**5 型**；分布于东南亚，新几内亚，澳大利亚；中国产海南和广西。

系统学评述：Leptocarpoideae 亚科包括 28 属，大约 117 种。薄果草属是 Leptocarpoideae 亚科的 1 个属，属内各物种间的系统发育关系还不明确。

DNA 条形码研究：BOLD 网站有该属 1 种 1 个条形码数据；GBOWS 已有 1 种 2 个条形码数据。

代表种及其用途：薄果草 *L. disjunctus* Masters 茎可用于编织草席。

主要参考文献

[1] Moline PM, Linder HP. Molecular phylogeny and generic delimitation in the *Elegia* group (Restionaceae, South Africa) based on a complete taxon sampling and four chloroplast DNA regions[J]. Syst Bot, 2005, 30:759-772.

[2] Hardy CR, Linder HP. Phylogeny and historical ecology of *Rhodocoma* (Restionaceae) from the Cape Floristic Region[J]. Aliso, 2007, 23: 213-226.

[3] Hardy CR, et al. A phylogeny for the African Restionaceae and new perspectives on morphology's role in generating complete species phylogenies for large clades[J]. Int J Plant Sci, 2008, 169: 377-390.

[4] Briggs BG, Linder HP. A new subfamilial and tribal classification of Restionaceae (Poales)[J]. Telopea, 2009, 12: 333-345.

[5] Sokoloff DD, et al. Morphology and development of the gynoecium in Centrolepidaceae: the most remarkable range of variation in Poales[J]. Am J Bot, 2009, 96: 1925-1940.

Centrolepidaceae Endlicher (1836), *nom. cons.* 刺鳞草科

特征描述：一年生或多年生小草本，丛生。叶丛生于杆基部或覆瓦状着生于茎上，线形、披针形或刚毛状，基部具膜质、宽阔而开放的叶鞘，顶端常尖锐和透明。穗状或头状花序顶生，稀单花；颖状苞片 2 至多数，对生；花两性或单性，无花被；雄蕊 1，花丝丝状，花药背着，"丁"字药，1 室，纵裂；子房胞囊状，单心皮，1 室，有 1 下垂的直生胚珠，花柱单一，丝状，其上部一侧为柱头。果实小，纵向开裂，果皮膜质。种子具薄种皮和粉质胚乳，胚小。花粉粒单孔，穿孔状、穴状和颗粒纹饰。风媒传粉。染色体 $n=10$。

分布概况：5 属/约 35 种，分布于大洋洲，少数到亚洲东南部及南美洲；中国 1 属/1 种，产海南。

系统学评述：刺鳞草科和帚灯草科的系统发育关系较近，但这 2 个科的系统发育关系目前还没有定论。基于 *trn*K 或 *trn*L-F 片段的分析支持刺鳞草科作为帚灯草科的姐妹群，而贝叶斯分析却支持刺鳞草科嵌套在帚灯草科内，与帚灯草科的 Leptocarpoideae 亚科互为姐妹群[1-5]。刺鳞草科内各属的系统发育关系还不明确，已有的证据表明 *Gaimardia* 是 *Aphelia*+*Centrolepis* 的姐妹群[6]。

1. *Centrolepis* Labillardière 刺鳞草属

Centrolepis Labillardière (1804: 7); Wu & Larsen (2000: 3) (Type: *C. fascicularis* Labillardière)

特征描述：一年生或多年生草本。叶基生或 2 列，线形或丝状。头状花序含 1-13 花，花序下托有 2 近对生的苞片；花两性，无梗；每花由 1-3 小苞片、1 雄蕊和 2-20 心皮组成；小苞片膜质透明，不等长，顶端啮蚀状；雄蕊位于心皮和小苞片之间；心皮 2-20 在不同高度生于线状花托的一面，成 1 或 2 列叠生，每心皮有悬垂的胚珠 1 颗；花柱顶生，分离或基部联合，末端扭曲或卷缩，柱头有乳突。花粉粒单孔，穿孔状和穴状纹饰。风媒传粉。染色体 $n=10$。

分布概况：约 25/1 种，5 型；分布于大洋洲和东亚；中国产海南。

系统学评述：刺鳞草属为单系，与 *Aphelia* 互为姐妹群，这 2 个属的共衍征为一年生和叶片表皮细胞与叶面不垂直并且相邻细胞稍重叠[5,6]。该属下全面的系统发育关系未见报道。

DNA 条形码研究：BOLD 网站有该属 5 种 11 个条形码数据。

主要参考文献

[1] Moline PM, Linder HP. Molecular phylogeny and generic delimitation in the *Elegia* group

(Restionaceae, South Africa) based on a complete taxon sampling and four chloroplast DNA regions[J]. Syst Bot, 2005, 30: 759-772.

[2] Hardy CR, Linder HP. Phylogeny and historical ecology of *Rhodocoma* (Restionaceae) from the Cape Floristic Region[J]. Aliso, 2007, 23: 213-226.

[3] Hardy CR, et al. A phylogeny for the African Restionaceae and new perspectives on morphology's role in generating complete species phylogenies for large clades[J]. Int J Plant Sci, 2008, 169: 377-390.

[4] Briggs BG, Linder HP. A new subfamilial and tribal classification of Restionaceae (Poales)[J]. Telopea, 2009, 12: 333-345.

[5] Sokoloff DD, et al. Morphology and development of the gynoecium in Centrolepidaceae: the most remarkable range of variation in Poales[J]. Am J Bot, 2009, 96: 1925-1940.

[6] Briggs BG, et al. Phylogeny of the restiid clade (Poales) and implications for the classification of Anarthriaceae, Centrolepidaceae and Australian Restionaceae[J]. Taxon, 2014, 63: 24-46.

Flagellariaceae Dumortier (1829), *nom. cons.* 须叶藤科

特征描述：半木质藤本。茎实心，从根状茎发出，茎端常假二叉分枝。叶 2 列，顶端卷须状。圆锥花序顶生；花小，两性，稀为单性；花被片 6，近成花瓣状，白色，排成 2 轮，宿存；雄蕊 6，2 轮；雌蕊由 3 心皮组成；子房上位，3 室，中轴胎座；柱头 3。核果红色或黑色，宽可达 10mm，具 1 种子。花粉粒单孔，具孔。风媒传粉。染色体 2*n*=38。

分布概况：1 属/4 种，广布热带亚洲，非洲，澳大利亚和太平洋岛屿；中国 1 属/1 种，产台湾、广东、广西和海南。

系统学评述：须叶藤科与禾本科 Poaceae、二柱草科 Ecdeiocoleaceae 和拟苇科 Joinvilleaceae 构成 1 个单系[1-2]。

1. *Flagellaria* Linnaeus 须叶藤属

Flagellaria Linnaeus (1753: 333); Wu & Larsen (2000: 1) (Type: *F. indica* Linnaeus)

特征描述：半木质藤本。茎实心，从根状茎发出，茎端常假二叉分枝。叶 2 列，顶端卷须状。圆锥花序顶生；花小，两性，稀为单性；花被片 6，近成花瓣状，白色，排成 2 轮，宿存；雄蕊 6，2 轮；雌蕊由 3 心皮组成；子房上位，3 室，中轴胎座；柱头 3。核果红色或黑色，宽可达 10mm，具 1 种子。花粉粒单孔，具孔。风媒传粉。染色体 2*n*=38。

分布概况：4/1 种，**4** 型；分布于热带亚洲，非洲和澳大利亚；中国产台湾、广东、广西和海南。

系统学评述：该属为单系[2]。属内物种间关系不明确，需要进一步研究。

DNA 条形码研究：BOLD 网站有该属 6 种 22 个条形码数据；GBOWS 已有 1 种 3 个条形码数据。

主要参考文献

[1] Linder HP, Rudall PJ. Evolutionary history of Poales[J]. Annu Rev Ecol Evol Syst, 2005, 36: 107-124.
[2] Givnish TJ, et al. Assembling the tree of the monocotyledons: plastome sequence phylogeny and evolution of Poales[J]. Ann MO Bot Gard, 2010, 97: 584-616.

Poaceae Barnhart (1895) 禾本科

特征描述：草本（或木本状）。叶二列，由叶鞘、叶片、叶舌、叶耳组成，具平行脉。小穗组成穗状、总状或圆锥状等顶生花序；小穗含颖片与小花；颖片为小穗轴上最下 2 苞片；陆续向上为外稃和内稃，与其内含部分构成小花；小花无显著花被，具鳞被（浆片）2 或 3，雄蕊 3，稀 1、2、4、6 或更多，雌蕊 1，胚珠 1，直立于子房室基底且倒生。果实通常为颖果。花粉粒多为单孔，具顶盖和孔纹（部分 *Pariana* 无孔纹），刺状、颗粒、皱波、疣状和负网状纹饰。

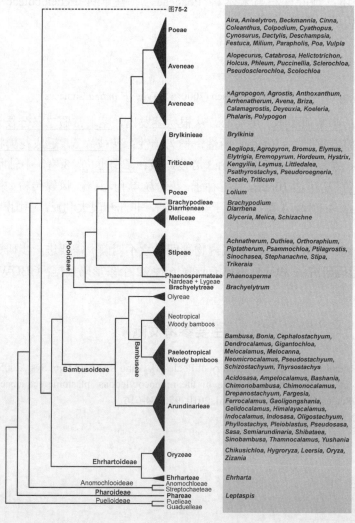

图 75-1　禾本科分子系统框架图（Grass Phylogeny Working Group[2]; Bouchenak-Khelladi[3]; Morrone 等[7]; Peterson 等[8]; Soreng 和 Davis[9]; Davis 和 Soreng [10]; Döring 等[11]; Soreng 等[12]; Bamboo Phylogeny Group[13]）

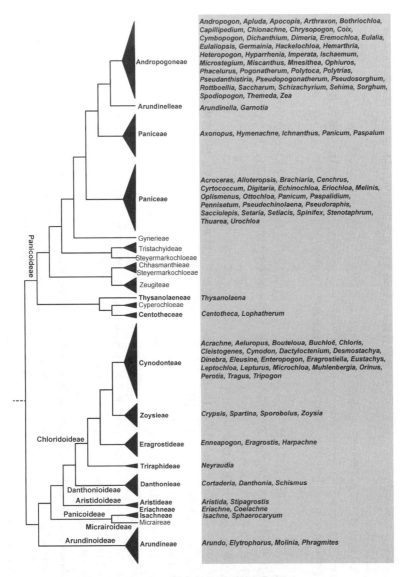

图 75-2　禾本科分子系统框架图

分布概况：700 属/11,000 种，世界广布；中国 227 属/1797 种，南北均产。

系统学评述：禾本科在被子植物 4 个特大科中排第 4 位。与禾本科的系统发育关系最近的类群曾经被认为是莎草科 Cyperaceae[1]，最近的分子系统学和形态学研究发现，禾本科的姐妹群很可能是拟苇科 Joinvilleaceae 或二柱草科 Ecdeiocoleaceae。现在广泛接受禾本科内部 12 个亚科的系统发育框架，主要由 3 个基部的早出分支（Puelioideae、原禾亚科 Pharoideae 和 Anomochlooideae），和 2 个晚出分支，即 BEP 分支（竹亚科 Bambusoideae、稻亚科 Ehrhartoideae 和早熟禾亚科 Pooideae）与 PACMAD 分支（黍亚科 Panicoideae、芦竹亚科 Arundinoideae、虎尾草亚科 Chloridoideae、Micrairoideae、三芒草亚科 Aristidoideae 和扁芒草亚科 Danthonioideae）构成[2-4]，BEP 分支内部 (B, P)E 的关系得到了较高的支持[5,6]，但 PACMAD 分支内部的系统发育关系仍然有待解决。

分属检索表

Key 1

1. 叶片具分叉脉；小穗单性，两型，雌小穗外稃囊状，具钩状毛 ·········1. 囊稃竹属 *Leptaspis*（I. 原禾亚科 **Pharoideae** 一、原禾族 **Phareae**）

1. 叶片具平行脉；小穗两性或单性，雌小穗从不具钩状毛

  2. 植物体木质化；叶二型，即有茎生与营养叶两类型，营养叶的叶片一般为常绿，枯萎时叶片连同叶柄一起自叶鞘上脱落 ·········**Key 2**（III. 竹亚科 **Bambusoideae**）

  2. 植物体多为草质；叶单型，营养叶直接生在秆（或枝条）上，叶片常无叶柄，不易自叶鞘上脱落（某些属，如隐子草属 *Cleistogenes*、固沙草属 *Orinus* 等的禾草可例外）

    3. 小穗含多数乃至 1 小花，顶生小花不存在或已退化（稻亚科和扁穗茅族除外），最上方小花的内稃之后常具细柄或刚毛状延伸出小穗轴，小穗多两侧压扁（某些属可例外），常脱自于颖之上，小穗轴常在各小花之间逐节断落（亦有例外）；当小穗仅含 1 顶生可育小花时，有时无延伸小穗轴，或在稻亚科和扁穗茅族中，顶生可育小花下部具 2 明显的不育外稃

      4. 颖较短小或极退化；小穗两性或单性（孤属 *Zizania*），其中仅 1 小花可育 ·········**Key 3**（II. 稻亚科 **Ehrhartoideae**；IV. 早熟禾亚科 **Pooideae**；VI. 短颖草族 **Brachypodieae**）

      4. 颖 2 或 1，通常明显（莎禾属 *Coleanthus* 无颖为例外），小穗大都为两性，其中可育小花为 1 至多数

        5. 叶片通常呈狭长的带形，同时具小横脉也不明显（个别属种可例外）

          6. 成熟小花的外稃具 5 脉乃至多脉（亦有某些属种可少至 3 脉），或当某些属种仅含 1 小花时，可因外稃质地较厚而使纵脉不明显；叶舌一般为膜质，不具或具稀可见的硬纤毛；中生性禾草，分布多在温暖地区 ·········**Key 4**（II. 稻亚科 **Ehrhartoideae** 二、稃草族 **Ehrharteae**；IV. 早熟禾亚科 **Pooideae**）

          6. 成熟小花的外稃具 3-5 脉（某些属种可多至 9 脉），或当小穗仅含 1 或 2 小花时，可因外稃质地变厚硬而使其纵脉不明显；叶舌边缘常具纤毛或完全以绒毛来代替叶舌（棕叶芦属 *Thysanolaena* 的叶舌无纤毛是个例外） ·········**Key 5**（V. 芦竹亚科 **Arundinoideae**；VI. 三芒草亚科 **Aristidoideae**；VII. 扁芒草亚科 **Danthonioideae**；VIII. 虎尾草亚科 **Chloridoideae**）

        5. 叶片较宽短，呈广披针形或卵形，具明显的小横脉，表面无毛或被疏基小刺毛；外稃具 5-9 脉，分布多在热带及热带的阴湿地区 ·········**Key 6**（IX. 黍亚科 **Panicoideae** 二十三、假淡竹叶族 **Centotheceae**）

    3. 小穗含 2 小花，通常两性，或下方 1 小花为雄性或中性，甚至该小花可退化仅剩外稃，小穗上方顶生小花两性、可育，小穗轴常延伸至顶生小花的内稃之后，脱节于颖之下（野古草属 *Arundinella*、小丽草属 *Coelachne*、柳叶箬属 *Isachne* 等例外）；多分布在热带和亚热带 ·········**Key 7**（IX. 黍亚科 **Panicoideae**）

Key 2
1. 生长于亚热带至温带地区，部分种可延伸至热带地区；地下茎粗型或细型；秆丛生或散生，秆每节具 1 分枝，3 分枝或多分枝；花序类型为单次发生花序或续次发生花序，单次发生花序呈圆锥状或圆锥状；雄蕊 3 或 6（四、青篱竹族 **Arundinarieae**）
　　2. 续次发生花序，呈头状或穗状
　　　　3. 雄蕊 6 ·· **20. 大节竹属 _Indosasa_**
　　　　3. 雄蕊 3
　　　　　　4. 秆在具分枝一侧扁平或具沟槽
　　　　　　　　5. 秆高 3-20m 以上，每节具 2 分枝，不等大 ··················· **22. 刚竹属 _Phyllostachys_**
　　　　　　　　5. 秆高通常在 1m 以下，每节具 3-5 分枝 ··················· **27. 鹅毛竹属 _Shibataea_**
　　　　　　4. 秆圆筒形或方形，在具分枝一侧无明显沟槽
　　　　　　　　6. 箨片退化而极小，呈锥形 ··················· **11. 方竹属 _Chimonobambusa_**
　　　　　　　　6. 箨片较大，呈披针形、三角形或带状
　　　　　　　　　　7. 假小穗基部具佛焰苞 2-4；假小穗具 2-7 小花 ··············· **26. 业平竹属 _Semiarundinaria_**
　　　　　　　　　　7. 假小穗基部具 2 至数多先出叶或苞片似外稃的苞片；假小穗较长，含小花可达 50 以上 ··········· **28. 唐竹属 _Sinobambusa_**
　　2. 单次发生花序，呈总状或圆锥状
　　　　8. 雄蕊 6
　　　　　　9. 灌木状竹类；秆每节具 1 分枝 ··················· **25. 赤竹属 _Sasa_**
　　　　　　9. 乔木状竹类；秆每节具 3-5 分枝 ··················· **8. 酸竹属 _Acidosasa_**
　　　　8. 雄蕊 3
　　　　　　10. 地下茎粗型；秆丛生（玉山竹属 _Yushania_ 因具假鞭而散生）
　　　　　　　　11. 秆每节具 1 分枝，可与主枝等粗，有时为附生 ··················· **16. 贡山竹属 _Gaoligongshania_**
　　　　　　　　11. 秆每节具 3 至多分枝（个别种具单分枝，但比主秆细），不附生
　　　　　　　　　　12. 花序密集，总状
　　　　　　　　　　　　13. 秆芽披针形，每节具分枝 5，近等粗；箨片直立 ··················· **29. 箭竹属 _Thamnocalamus_**
　　　　　　　　　　　　13. 秆芽卵形，每节具分枝 10-20，主枝明显；箨片外翻 ··················· **18. 喜马拉雅箭竹属 _Himalayacalamus_**
　　　　　　　　　　12. 花序开放，圆锥形或镰形
　　　　　　　　　　　　14. 秆在分枝以下各节具刺状气生根 ··················· **12. 香竹属 _Chimonocalamus_**
　　　　　　　　　　　　14. 秆在分枝以下各节不具刺状气生根

15. 地下茎具假鞭，秆散生 ·· 30. 玉山竹属 Yushania
15. 地下茎不具假鞭或秆柄略为延伸，秆丛生 ····························· 14. 箭竹属 Fargesia
　16. 花序下方具佛焰苞
　16. 花序下方不具佛焰苞
　　17. 分枝通常排列成 2-3 行；无箨耳及鞘口缘毛；花序为镰房状圆锥形 ···· 13. 镰序竹属 Drepanostachyum
　　17. 分枝在同一行，有时具明显主枝；箨耳及鞘口缘毛明显；花序为普通圆锥形 ···· 9. 悬竹属 Ampelocalamus
18. 秆每节具 1 分枝，上部各节可具 3 分枝
18. 秆每节具 3-12 分枝
10. 地下茎细型；秆散生
　19. 小乔木状竹类；秆较粗壮，实心 ································· 15. 铁竹属 Ferrocalamus
　19. 灌木状竹类；秆纤细，空心 ···································· 19. 筹竹属 Indocalamus
　20. 秆每节的分枝通常不具二级分枝；节下具一圈黄色绒毛环；末级小枝通常具 1 叶 ···· 17. 短枝竹属 Gelidocalamus
　20. 秆每节的分枝具二级分枝；节下无黄色绒毛环；末级小枝具多叶
　21. 秆在具分枝一侧通常扁平或具一沟槽
　21. 秆呈圆筒形或分枝基部略为扁平
　　22. 秆每节具 1-3 分枝、分枝基部与秆紧贴 ······················ 21. 少穗竹属 Oligostachyum
　　22. 秆每节具 3-7 分枝，分枝基部不贴秆
　　23. 箨环常留有箨鞘基部残留物，而成为木栓质圆环；花序为侧生 ······ 24. 矢竹属 Pseudosasa
　　23. 箨环净秃，无箨鞘基部残留物；花序顶生
　　24. 假小穗通常只含 1 小花，或数花而只有 1 花可育；子房附属物长而硬，中空 ······ 23. 苦竹属 Pleioblastus

1. 生长于热带地区，部分种可延伸至亚热带地区；地下茎为粗型（梨竹属 Melocanna 和泡竹属 Pseudostachyum 因笋柄延伸而具假鞭，秆散生），花序类型为续次发生花序，假小穗单生或簇生于花枝各节上；雄蕊 6（五，箣竹族 Bambuseae）
　　秆每节分枝（单枝竹属 Bonia 每节 1 分枝）；子房附属物长而硬，中空 ·········· 10. 巴山木竹属 Bashania

25. 地下茎延伸较短；秆丛生
　26. 秆表面多具硅质；假小穗呈松散的穗状排列，小穗轴易折断；无颖片；内稃不具脊 ···· 40. 慈竹属 Schizostachyum
　26. 秆表面不具硅质；假小穗呈密集的头状排列，小穗轴不易折断；颖 2 或 3；内稃具脊 ···· 33. 空竹属 Cephalostachyum
25. 地下茎延伸很长；秆散生
　27. 果实硕大如梨，果皮肥厚，顶端具喙状尖头；种子能胎生 ·········· 37. 梨竹属 Melocanna
　27. 果实扁球形，果皮坚脆，顶端不具喙；种子不能胎生 ·············· 39. 泡竹属 Pseudostachyum

24. 假育小穗通常含有多小花；子房附属物短，实心
28. 秆壁厚而坚硬，秆壁厚乃至实心；多分枝，具主枝，该主枝可替代主秆
29. 秆鞘革质而坚硬，箨片与箨鞘近等长或更长；假小穗多数成头状从生于花枝之各节，呈轮生或半轮生状，每假小穗含 2 小花 ....**36. 梨藤竹属 Melocalamus**
29. 秆鞘纸质或软骨质，箨片锥形；假小穗单生于花枝各节，每假小穗含 3-6 孕性小花和 1 顶生不孕小花 ....**38. 新小竹属 Neomicrocalamus**
28. 秆直立，或顶端略呈攀援状或下垂，秆壁薄至中等厚度；多分枝，具主枝或无，通常不能替代主秆（单枝竹属 Bonia 秆为实心，1 分枝）.......**32. 单枝竹属 Bonia**
30. 秆每节具 1 分枝
30. 秆每节具多分枝
31. 分枝甚高；内稃先端深裂 ....**41. 秦竹属 Thyrsostachys**
31. 分枝相对较低；内稃先端不深裂
32. 花序着生于具 2 脊的较宽先出叶内；小穗轴节间明显，易折断 ....**31. 箣竹属 Bambusa**
32. 花序着生于具 1 脊的较窄先出叶内；小穗轴节间不明显，不易折断
33. 最顶端或仅有小花的内稃不具脊，或具不明显 2 脊；花丝分离 ....**34. 牡竹属 Dendrocalamus**
33. 所有小花的内稃均具 2 脊；花丝联合 ....**35. 巨竹属 Gigantochloa**

Key 3

1. 可育小花内稃之后有 1 细长刺毛状延伸小穗轴；多生于林下（六，短颖草族 Brachyelytreae）...**42. 短颖草属 Brachyelytrum**
1. 可育小花内稃之后无延伸小穗轴，或延伸小穗轴；多为水生（挺水或浮水），生长在潮湿处或池塘之中（三，稻族 Oryzeae）
2. 小穗单性，雌雄同株；雌雄小穗的外稃呈圆筒形...**7. 菰属 Zizania**
2. 小穗两性；外稃两侧压扁。
3. 成熟花之下有 2 不孕花外稃，雄蕊 6 ....**6. 稻属 Oryza**
3. 成熟花之下无不孕花外稃
4. 外稃无柄状基盘，小穗自筒短的小穗柄上脱落，雄蕊 6 或 3 假...**5. 假稻属 Leersia**
4. 外稃具柄状基盘，成熟时小穗连同柄状基盘一并脱落
5. 叶片呈卵状披针形，基部圆心形，具横脉，雄蕊 6；浮水禾草...**4. 水禾属 Hygroryza**
5. 叶片线形，不具圆心形基部，叶鞘压扁具脊；湿地生禾草...**3. 山涧草属 Chikusichloa**

Key 4

1. 花序穗状或总状
2. 花序穗状，若花序近穗状，则第一颖除顶生小穗外常不存在（十三，小麦族 Triticeae）
3. 小穗常以2至多数共生于穗轴之每节，有时在赖草属 Leymus 和披碱草属 Elymus 中有单生者
4. 颖缺如或微小，亦可多少成为芒状或锥状；小穗在穗轴上排列较稀疏，成熟时作水平开展或上举；外稃具长芒 ……67. **猬草属 Hystrix**
4. 颖均存在，较短乃至较长于第一小花
5. 小穗含1或2花，以2或3小穗生于穗轴之每节，穗轴（除大麦属 Hordeum 之栽培种外）均具关节而可逐节断落
6. 小穗含1或2花，各含1或2花
6. 小穗2或3同生于一节，以2或3小穗生于穗轴之每节，且均能成熟 ……71. **新麦草属 Psathyrostachys**
6. 小穗以3同生于一节，各仅含1小穗，除栽培之种类外，两侧者常为不孕性而呈芒状，顶生于穗轴之小穗亦常退化 ……66. **大麦属 Hordeum**
5. 小穗含2至数花，以2至数小穗（有时仅1）生于穗轴之每节，穗轴延续而无关节，故不逐节断落
7. 叶片坚硬，颖片细长，呈锥状，具1-3脉 ……69. **赖草属 Leymus**
7. 叶片柔韧，颖披针形，具3-5脉
8. 外稃基部的基盘通常十分明显 ……63. **披碱草属 Elymus**
8. 外稃基部的基盘通常不明显 ……72. **假鹅观草属 Pseudoroegneria**
3. 小穗通常单生于穗轴之每节
9. 侧生小穗以其外稃之背腹面对向穗轴，第一颖缺如（顶生小穗例外）……107. **黑麦草属 Lolium**
9. 侧生小穗以其外稃之侧面对向穗轴，二颖均存在
10. 外稃不具基盘；颖果与外稃及内稃相分离；栽培作物（山羊草属 Aegilops）
11. 颖呈锥形，仅具1脉 ……73. **黑麦属 Secale**
11. 颖呈卵形，具3至数脉
12. 小穗成熟时通常自其基部整个脱落，或其穗轴亦不逐节断落，小穗膨大或呈圆柱形；颖背部扁平或呈圆形而无脊 ……60. **山羊草属 Aegilops**
12. 小穗成熟时并不自基部脱落，其穗轴逐节断落，小穗体扁，颖背部显著有脊 ……74. **小麦属 Triticum**
10. 外稃具基盘；颖果常与外稃及内稃相黏着；野生禾草
13. 小穗彼此微分离或稀疏或稀疏覆瓦状排列于多少延长的穗轴上，顶生小穗大都正常发育；颖及外稃通常背部扁平或呈背部圆形；多年生 ……64. **偃麦草属 Elytrigia**
13. 小穗通常紧密排列于一甚短的穗轴上，顶生小穗不孕或退化；颖及外稃两侧压扁或背部显著有脊；多年生或一年生植物

14. 多年生禾草；穗轴延续而不折断；颖两侧具宽膜质边缘
　15. 顶端小穗通常不育；颖片具脊 ·············· 61. 冰草属 *Agropyron*
　15. 顶端小穗发育良好，或仅在顶端具脊 ·············· 68. 以礼草属 *Kengyilia*
14. 一年生禾草；穗轴具关节而逐节断落；颖两侧在成熟时则多少有些变硬而成角质之边缘 ·············· 65. 早麦草属 *Eremopyrum*
2. 花序总状
　16. 小穗柄具关节与小穗一起脱落，小穗极为两侧压扁，于成熟花下方具 2 或 3 空虚外稃（十二，扁穗茅族 **Brylkinieae**）·············· 59. 扁穗茅属 *Brylkinia*
　16. 小穗柄较短，不随小穗脱落，小穗于成熟花下方无空虚外稃（十，短柄草族 **Brachypodieae**）·············· 57. 短柄草属 *Brachypodium*
1. 花序为疏松或紧密的圆锥花序
　17. 可育小穗伴随着柄状的不育小穗（十五，早熟禾族 **Poaeae**）·············· 103. 洋狗尾草属 *Cynosurus*
　17. 可育小穗无不育小穗伴随
　　18. 小穗下部 2 不育小花仅余革质外稃，偶具横皱纹，顶生可育小花外稃软骨质至革质（二，皱稃草族 **Ehrharteae**）·············· 2. 皱稃草属 *Ehrharta*
　　18. 小穗不如上所述
　　　19. 颖果大型，倒卵形，成熟后露出，先端具喙
　　　　20. 小穗含 2-4 花，雄蕊 2（十一，龙常草族 **Diarrheneae**）·············· 58. 龙常草属 *Diarrhena*
　　　　20. 小穗含 1 花，雄蕊 3（七，显子草族 **Phaenospermateae**）·············· 43. 显子草属 *Phaenosperma*
　　　19. 颖果中小型，成熟后包藏在内外稃间，不外露
　　　　21. 小穗含 1 花（毛蕊草属除外），无延伸小穗轴（三蕊草和冠毛草除外），具明显、常尖锐稀钝圆的基盘，外稃质厚，常较颖坚硬，常纵卷为圆筒形，芒从顶端伸出（八，针茅族 **Stipeae**）
　　　　　22. 小穗含 1-3 小花，具延伸小穗轴；子房密生糙毛，花柱细长 ·············· 45. 毛蕊草属 *Duthiea*
　　　　　22. 小穗含 1 小花，无延伸小穗轴；子房粗糙或光滑，花柱短
　　　　　　23. 外稃顶端完整无裂齿，稀有微裂
　　　　　　　24. 外稃顶端具芒，宿存的芒，扭转，常易落的细芒，背部具毛或无毛，有光泽 ·············· 52. 针茅属 *Stipa*
　　　　　　　24. 外稃顶端具直伸，常易落的细芒，背部具条状或散生的细长毛，基部具长而尖锐的基盘 ·············· 47. 落芒草属 *Piptatherum*
　　　　　　23. 外稃顶端具 2 裂齿至深裂
　　　　　　　25. 外稃背部延伸于内稃之后
　　　　　　　　26. 外稃背部散生细柔毛；雌蕊具 3 花柱 ·············· 50. 三蕊草属 *Sinochasea*
　　　　　　　　26. 外稃背部在 2 裂齿基部具 1 圈冠毛状的柔毛；雌蕊具 2 花柱 ·············· 51. 冠毛草属 *Stephanachne*

25. 小穗轴不延伸于内稃之后
- 27. 外稃顶端具 2 浅裂齿，芒直伸，基部具钝圆的基盘
  - 28. 外稃背部除基部疏生短毛外其余无毛，或稀疏贴地生短毛，芒劲直、粗壮、宿存 ————**46. 直芒草属 *Orthoraphium***
  - 28. 外稃背部密被细柔毛，芒早落 ————**48. 沙鞭属 *Psammochloa***
- 27. 外稃顶端具 2 浅裂至深裂，芒膝曲扭转或弯拱，基部具钝圆或尖锐的基盘
  - 29. 芒全部具羽状柔毛，小穗柄细长而纤弱 ————**49. 细柄茅属 *Ptilagrostis***
  - 29. 芒粗糙或具细刺毛具基部具短柔毛，小穗柄不细长而纤弱
    - 30. 外稃顶端具 2 深裂齿，脉纹分别延伸于两裂片内，不在外稃顶端交汇；植株具横走根茎 ————**53. 三角草属 *Trikeraia***
    - 30. 外稃顶端具 2 浅裂齿，脉于顶部汇合；植株丛生，常具短的鳞芽 ————**44. 芨芨草属 *Achnatherum***

21. 小穗含多花，具延伸小穗轴
- 31. 叶鞘圆筒状，全部或几乎全部闭合；浆片肉质，小穗上部 1 至数花不孕，有时其外稃互相紧密包裹成球形或球形棒状（九，臭草族 Meliceae）
  - 32. 基盘密生髯毛 ————**56. 裂稃茅属 *Schizachne***
  - 32. 基盘光滑无毛或粗糙
    - 33. 小穗上部有 1-3 退化小花，且互相紧抱成球形或棒状；中生植物 ————**55. 臭草属 *Melica***
    - 33. 小穗上部不育小花成球形或棒状，水生或沼生植物 ————**54. 甜茅属 *Glyceria***
- 31. 叶鞘多少开放（雀麦属 Bromus 除外）；小穗上部不孕小花不包裹成球形或棒状
  - 34. 子房先端有毛状附属物（十三，**小麦族 Triticeae**）
    - 35. 叶鞘不闭合，互相重叠 ————**70. 扇穗茅属 *Littledalea***
    - 35. 叶鞘闭合 ————**62. 雀麦属 *Bromus***
  - 34. 子房先端无毛状附物（十四，**燕麦族 Aveneae；十五，早熟禾族 Poeae**）
    - 36. 小穗无柄或几无柄，排列成穗状花序或穗状总状花序
      - 37. 小穗位于穗轴两侧；穗状花序单独顶生，小穗含 1-3 花，嵌生于圆柱形肥厚的穗轴各凹穴内 ————**109. 假牛鞭草属 *Parapholis***
      - 37. 小穗位于穗轴一侧，且沿穗轴作覆瓦状排列为 1 或 2 行，小穗通常仅含 1 花，微呈两侧压扁而几为圆形，穗轴不增厚 ————**98. 菵草属 *Beckmannia***
    - 36. 小穗具柄，稀可无柄或近于无柄，排列为一开展或收缩之圆锥花序，或稀为总状花序
      - 38. 小穗通常仅含 1 花（*Deyeuxia* 中稀可含 2 花），其外稃具 1-5 脉

39. 颖 1 或 2，不同长或同长，颖则等长可等长较长于其外稃（如莎禾属 *Coleanthus*），第一颖多少有些较短于其外稃（看麦娘属 *Alopecurus* 之颖可等长或较长于其外稃）

  40. 颖不存在；低矮的一年生禾草 ……………………………………… **100. 莎禾属 *Coleanthus***

  40. 颖显著，至少第二颖存在

    41. 小穗脱节于颖之下，小穗轴不延伸 ………………………… **77. 看麦娘属 *Alopecurus***

    41. 小穗脱节于颖之上，小穗轴延伸至内稃之后 ……………… **97. 沟稃草属 *Aniselytron***

39. 颖 2，等长或较长于外稃（野青茅属 *Deyeuxia* 之颖可短于外稃）

  42. 外稃质厚于颖，或至少在其背部较颖为坚硬，其脉在先端互相接近或汇合，成熟后紧密包裹颖果；内稃背部通常圆形或钝 ………………………………………………………………… **108. 粟草属 *Milium***

  42. 外稃质薄于颖，大都为膜质，或有时为草质而约与颖的厚度相同，其脉平行或稀可于先端互相接近而汇合，成熟后疏松包裹颖果或几不包裹；内稃明显具二脊（剪股颖属 *Agrostis* 及看麦娘属 *Alopecurus* 等属例外）

    43. 小穗脱节于颖之下，故连同其颖整个脱落

      44. 小穗轴延伸至内稃之后；圆锥花序疏松平展而下垂；雄蕊 1 …………… **99. 单蕊草属 *Cinna***

      44. 小穗轴不延伸至内稃之后

        45. 圆锥花序开展

        45. 圆锥花序收缩或紧密呈穗状

          46. 颖片（指第一颖和第二颖）基部及外稃基部两侧边缘均互相连合；内稃缺如：圆锥花序紧密呈穗状或圆筒形；小穗明显为两侧压扁；颖无芒而脊上有纤毛 ……………………… **102. 杯禾属 *Cyathopus***

          46. 颖片基部及外稃基部两侧边缘均各自分离；内稃存在；圆锥花序呈穗状或金字塔形；小穗多少为两侧压扁，其柄具关节；颖具一脉；颖具芒或颖等长与颖等长的芒 ……………… **77. 看麦娘属 *Alopecurus***

    43. 小穗脱节于颖之上，即颖仍残存于小穗柄上

      47. 圆锥花序呈圆柱状或椭圆形，花柱长，柱头细长，开花时在花顶端露出；颖为两侧压扁而具脊，先端具芒或具小尖头；外稃具芒或无芒，先端钝圆或具裂齿而无芒 ……………… **89. 梯牧草属 *Phleum***

      47. 圆锥花序开展或收缩；花柱甚短或缺如，柱头羽毛状或帚刷状，开花时在花侧方伸出；颖微于上部具脊，先端锐尖或渐尖，有时为钝头，有时具芒尖 ……………… **90. 棒头草属 *Polypogon***

        48. 颖片先端具 0.5-3mm 的芒尖 ……………………… **75. 剪棒草属 ×*Agropogon***

48. 颖片先端锐尖或渐尖
　49. 小穗轴延伸至内稃之后，具柔毛，外稃草质为膜质而不透明 …… **84. 野青茅属 Deyeuxia**
　49. 小穗轴不延伸至内稃之后，或在拂子茅属 *Calamagrostis* 中有时仅于内稃基部残留为一极短而微小之痕迹，外稃通常为膜质而透明 …… **82. 拂子茅属 Calamagrostis**
　　50. 外稃基盘具有长柔毛 …… **76. 剪股颖属 Agrostis**
　　50. 外稃基盘平滑无毛或仅具微毛
38. 小穗通常含 2 至多花
　51. 小穗为 3 花所成，具 1 两性花，如为 1 花则其外稃具数至多脉
　　52. 植物体干燥后无香味；小穗下部 2 不孕花之外稃空虚，退化为小鳞片状而无芒，远较其顶生花之外稃为短。小穗甚为两侧压扁；二颖近于相等；内稃具不明显之 2 脉；雄蕊 3 …… **88. 虉草属 Phalaris**
　　52. 植物体干燥后仍具有香味；小穗下部二不孕花之外稃内含雄蕊或否，并不退化为鳞片状，其背部具芒或否 …… **78. 黄花茅属 Anthoxanthum**
　51. 小穗非为上述情形，通常仅含 1 或更多的两性花，稀可位于不孕花之下，其上端或其上下两端，有时亦可无不孕花的存在
　　53. 第二颖大都等长或长于第一小花，（有时于落草属 *Koeleria* 及三毛草属 *Trisetum* 可稍短）；芒如存在时，大都膝曲而基部扭转，通常位于外稃的背部或其二裂片之间
　　　54. 小穗含 2 花，小穗轴不延伸至第二小花内稃之后
　　　　55. 二小花中仅下部小花为两性花，上部小花雄性 …… **86. 绒毛草属 Holcus**
　　　　55. 二小花均为两性花，可育 …… **96. 银须草属 Aira**
　　　54. 小穗含 1 至数花，小穗轴延伸至上部花内稃之后
　　　　56. 外稃无芒或等长至小尖头或具短芒；小穗轴无毛或具细毛；圆锥花序紧密呈穗状，常为圆柱形 …… **87. 落草属 Koeleria**
　　　　56. 外稃（尤以下部花者）具显著的芒（有时在栽培的燕麦属 *Avena* 种类中可无芒）；如为无芒时，则圆锥花序并不紧密呈穗状
　　　　　57. 小穗长不及 1cm；子房无毛，先端二齿裂，与其内稃易相分离
　　　　　　58. 外稃背部具肾背，先端二齿裂，其芒自其背部的中部以上伸出 …… **95. 三毛草属 Trisetum**
　　　　　　58. 外稃背部呈圆形，先端截平或作齿蚀状，其芒自其背部的中部或下部伸出（有时上部花的芒，可自外稃背部之中部以上伸出）…… **105. 发草属 Deschampsia**

57. 小穗长逾 1cm；子房自中部以上或全部有毛；颖果具腹沟，通常与其内稃相附着 ……………… **79. 燕麦草属 Arrhenatherum**

59. 小穗含 2 或 3 花，下部花通常为雄性 ……………………**80. 燕麦属 Avena**
59. 小穗含 2 至数花，下部花为两性
  60. 一年生草本植物；小穗下垂；颖彼此近于相等，具 7-11 脉 ……………**85. 异燕麦属 Helictotrichon**
  60. 多年生草本植物；小穗直立或开展；颖彼此不同大，具 1-7

53. 第二颖通常短（在早熟禾 Poa 可相等或较长）于第一小花；芒如存在时，劲直或稀可反曲而不扭转，通常自外稃（或其裂齿）的顶端伸出，有时亦可位于其二裂齿间或其裂隙稍下方而非位于其背部
  61. 外稃具 1-3 脉（但小沿沟草属 Colpodium 则具 3-5 脉），其脉通常明显（小沿沟草属 Colpodium 中不明显）
    62. 外稃具 3-5 脉，脉不明显，尤其在外稃上半部分，外稃先端钝或锐尖 ……**101. 小沿沟草属 Colpodium**
    62. 外稃具脉明显 3 脉，先端截平呈齿蚀状 ………………………**84. 沿沟草属 Catabrosa**

  61. 外稃具 5 至多脉（但羊茅属 Festuca 及雀麦属 Bromus 的少数种类则为 3 脉），其脉有时不明显
    63. 小穗紧密排列成覆瓦状或簇生，再聚为穗状或多球形之圆锥花序，圆锥花序,分枝具长短，展开或上举；外稃具五脉 ………………………**104. 鸭茅属 Dactylis**
    63. 小穗（除碱茅属 Puccinellia 少数种类外）通常不呈覆瓦状排列，亦不簇生，排列为疏开或紧缩之圆锥花序，或稀可为总状花序
      64. 外稃具 5-9 脉，稀可为 3 脉或多至 11 脉，其脉明显；花序为 1 顶生穗形总状花序，有时减退为少数或 1 小穗；花柱着生于子房顶端 …………**57. 短柄草属 Brachypodium**
      64. 外稃仅具 3-5 脉，其脉明显或否
        65. 小穗觉约等长于其长，诸小花之排列水平状；外稃无芒，基部心形 ……**81. 凌风草属 Briza**
        65. 小穗长超过其宽，诸小花向上伸展，外稃无芒或有芒，基部不呈心形
          66. 外稃大都具芒或有小尖头
            67. 植株一年生 ……………………………**111. 鼠茅属 Vulpia**
            67. 植株多年生 …………………………**106. 羊茅属 Festuca**
          66. 外稃无芒
            68. 植株具海绵质地的根状茎；水生植物 …………**94. 水茅属 Scolochloa**

68. 植株不具海绵质地的根状茎；陆生植物
  69. 小穗柄粗壮；圆锥花序粗大，具有短分枝或退缩为紧密的总状花序；最下部的穗轴节间变大
    70. 圆锥花序的分枝简单，非常短；颖片 3-9 脉；外稃背部具明显的脊 .... **93. 硬草属 Sclerochloa**
    70. 圆锥花序的分枝复杂，短；颖片 1-3 脉；外稃上半部分具脊 ....**91. 假硬草属 Pseudosclerochloa**
  69. 小穗柄细弱；圆锥花序不为以上所述；最下部的穗轴节间不变大
    71. 外稃先端膜质全缘，背部具脊，其脉明显或脉间脉不显，脊与边脉基部常贴生柔毛，基盘常有绵毛；花盘存在 ....**110. 早熟禾属 Poa**
    71. 外稃先端膜质具有缺刻，背部圆形，无脊，其脉不明显，脊、脉缺如；花柱缺如；碱土生长的禾草；绵毛，但其脉下部常具有贴生短毛 ....**92. 碱茅属 Puccinellia**

Key 5
1. 小穗体型圆或稍作两侧扁；小穗轴常生短柔毛；多为热带及亚热带潮湿环境下生长的高大宽叶禾草（有例外，芦苇属 *Phragmites* 的生态幅度极广泛；总苞草属 *Elytrophorus* 植株较矮小，以每小穗簇托以 3 至数颖状苞片组成的总苞而易与辨认）
  2. 小穗含 1 小花，外稃有 3 芒，或具 1 三分叉的芒 （十七、三芒草族 Aristideae）
    3. 中芒无毛 .... **116. 三芒草属 Aristida**
    3. 中芒有羽状长柔毛 .... **117. 针禾属 Stipagrostis**
  2. 小穗含 2 至多小花，外稃无芒或有 1 芒
    4. 小穗含 2 小花，第一小花不育，第二小花两性 （二十四、粽叶芦族 Thysanolaeneae） .... **153. 粽叶芦属 Thysanolaena**
    4. 小穗含数小花
      5. 第二颖大都等长或较长于第一小花；芒如存在时，大都膝曲而基部扭转，通常位于外稃的背部或其二裂片之间 （十八、扁芒草族 Danthonieae）
        6. 植株为雌雄异株；大型禾草，秆高达 3m .... **118. 蒲苇属 Cortaderia**
        6. 植株两性；小型禾草，秆最高达 50cm
          7. 多年生草本；外稃的芒自裂片间伸出，扭转，扁平 .... **119. 扁芒草属 Danthonia**
          7. 一年生草本；外稃无芒或有小芒尖 .... **120. 齿稃草属 Schismus**

5. 第二颖通常较短于第一小花，芒如存在时，劲直或稀可反曲而不扭转，通常自外稃（或其裂片）的顶端伸出，有时亦可位于其二裂片间或其裂隙稍下方而非位于其背部（十六、芦竹族 Arundineae；十九、类芦族 Triraphideae）

  8. 小花基盘无毛；小穗下托以3以上的锥形苞片 ……113. 总苞草属 Elytrophorus
  8. 小花基盘被毛；小穗下不托以苞片
    9. 外稃革质或硬纸质 ……114. 麦氏草属 Molinia
    9. 外稃膜质或透明膜质
      10. 外稃无毛，其基盘则延长而具有丝状柔毛 ……115. 芦苇属 Phragmites
      10. 外稃被毛
        11. 外稃中部以下端生丝状柔毛，但其基盘简短或呈柄状，具有较短的柔毛或无毛 ……112. 芦竹属 Arundo
        11. 外稃仅于其基近边缘的侧脉上生有柔毛（十九、类芦族 Triraphideae）……121. 类芦属 Neyraudia

1. 小穗含通常为两侧扁，稀可背腹扁，极罕可体圆而不扁者，若小穗无柄或近于无柄时，则小穗常交互排列于较扁的穗轴之一侧面；小穗轴一般无毛；颖大都较短小于其外稃；分布多在热带和亚热带的干旱地区（二十、画眉草族 Eragrostideae；二十一、结缕草族 Zoysieae；二十二、虎尾草族 Cynodonteae）

  12. 花序由1个或几个总状花序指状或近指状排列
    13. 小穗位于穗轴两侧；穗状花序顶生，独生于主杆或稀分枝的顶端 ……144. 细穗草属 Lepturus
    13. 小穗位于穗轴一侧，且沿穗轴覆瓦状排列为1或2行；穗状花序或穗形总状花序为1至多数，再沿一主轴以形成复合花序
      14. 植株为低矮具葡匐茎的多年生草本，雌雄同株或异株 ……132. 野牛草属 Buchloë
      14. 植株具两性花
        15. 花序圆柱状，总状花序短，沿着主轴排列，脱落或单生小穗脱落
          16. 小穗具芒弯曲的长芒
          16. 小穗无芒或具芒尖 ……148. 茅根属 Perotis
            17. 在短小的总状花序分枝上有2或更多的小穗；颖片具有成排的钩刺 ……149. 锋芒草属 Tragus
            17. 小穗在主轴上单生；颖片光滑，有光泽 ……128. 结缕草属 Zoysia
        15. 花序不为圆柱状；总状花序指状，近指状排列，或单生
          18. 外稃明显有芒（格兰马草属 Bouteloua 中可仅具有短芒或无芒）……131. 格兰马草属 Bouteloua
          18. 外稃具三芒；不育小花具芒
            19. 穗状花序2至数枚，总状排列于主轴上或有时仅1枚
              20. 外稃先端锐尖；不育小花和穗轴延伸不存在 ……126. 米草属 Spartina
              20. 外稃先端钝尖；不育小花和穗轴延伸存在

19. 穗状花序呈指状或近指状排列
 21. 外稃两侧压扁，其边缘诸脉上部具柔毛，尤以第一花外稃为甚 ………… 133. 虎尾草属 *Chloris*
 21. 外稃多少背腹压扁，其边缘诸脉上无毛 ………… 140. 肠须草属 *Enteropogon*
18. 外稃无芒
 22. 穗状花序单独一枚，顶生于主轴之上；小穗背腹压扁，其小穗轴不延伸至内稃之后；矮小多年生或一年生禾草 ………… 145. 小草属 *Microchloa*
 22. 穗状花序 2 至数枚，呈指状排列，小穗两侧压扁，其小穗轴延伸至内稃之后
  23. 外稃草质兼膜质，草绿色或幼时带紫色，较颖为长 ………… 135. 狗牙根属 *Cynodon*
  23. 外稃成熟时质地坚硬，棕褐色，与颖长近相等或较长 ………… 142. 真穗草属 *Eustachys*
12. 花序为开展，收缩或穗状的圆锥花序，稀为总状花序
 24. 外稃先端分裂仅具 7-9 芒 ………… 122. 九顶草属 *Enneapogon*
 24. 外稃无芒或具 1-3 芒
  25. 小穗含 1 小花
   26. 叶舌膜质；外稃具 3 脉，顶生一细长芒；颖果 ………… 146. 乱子草属 *Muhlenbergia*
   26. 叶舌为一列纤毛；外稃具 1 脉，无芒；囊果
    27. 圆锥花序开展或紧缩成穗状 ………… 127. 鼠尾粟属 *Sporobolus*
    27. 圆锥花序紧缩成头状，位于宽广苞片腋中 ………… 125. 隐花草属 *Crypsis*
  25. 小穗含 2 或多数小花
   28. 外稃具 7-11 脉 ………… 130. 獐毛属 *Aeluropus*
   28. 外稃具 3 脉（䅟属 *Eleusine* 有次脉）
    29. 外稃先端齿蚀状或 2 齿裂，如果完整，则边缘脉或侧边被毛
     30. 上部叶鞘内含隐藏小穗 ………… 134. 隐子草属 *Cleistogenes*
     30. 叶鞘内无隐藏小穗
      31. 植株具细长坚硬而多节的根茎，且根茎为革质而光滑的鳞片所铺盖 ………… 147. 固沙草属 *Orinus*
      31. 植株不具长根茎
       32. 穗状花序单生于茎顶 ………… 150. 草沙蚕属 *Tripogon*
       32. 穗状花序 2 至多数，沿主轴散生
        33. 总状花序宿存；颖片短于第一小花 ………… 143. 千金子属 *Leptochloa*

33. 总状花序脱落；颖片和小穗等长 ……………………………………………………………………………………………… 138. 弯穗草属 *Dinebra*

29. 外稃先端完整，无毛 ……… 123. 画眉草属 *Eragrostis*

34. 花序圆锥状 ……… 141. 细画眉草属 *Eragrostiella*

34. 花序由 1 个或多个总状花序排列组成

  35. 总状花序单生于茎顶

    36. 小穗直立，外稃脱落，内稃宿存 ………………………………………………………………………………………… 124. 镰穗草属 *Harpachne*

    36. 小穗弯折，和小穗柄一起脱落 …………………………………………………………………………………………………… 137. 羽穗草属 *Desmostachya*

  35. 花序由 2 个或多个总状花序排列而成

    37. 总状花序沿主轴单个着生，排列紧密成簇 ………………………………………………………………………… 136. 龙爪茅属 *Dactyloctenium*

    37. 总状花序指状排列或近轮生

      38. 穗状花序的穗轴延伸于上部小穗之后成一小尖头 …………………………………………………………… 129. 尖稃草属 *Acrachne*

      38. 穗状花序具顶生不孕或不孕小穗，其穗轴不延伸

        39. 穗状花序顶生小穗不孕，内稃宿存

        39. 穗状花序顶生小穗可育，内稃和外稃一起脱落 ………………………………………………………… 139. 穇属 *Eleusine*

Key 6

1. 小穗有柄，脱节于颖之上 ……… 151. 假淡竹叶属 *Centotheca*

1. 小穗几无柄，脱节于颖之下，有时可与其极短之小穗柄一同脱落 ……………………………………… 152. 淡竹叶属 *Lophatherum*

Key 7

1. 小穗稍两侧压扁（二十六，鸥鹋草族 Eriachneae） ……………………………………………………………… 181. 鸥鹋草属 *Eriachne*

1. 小穗常背腹压扁或呈圆筒形

  2. 小穗两性，若为单性，则成熟小穗与不孕小穗同时混生于穗轴上；若为雌雄异穗或异株，则雌小穗排列成星芒状的头状花序

    3. 第二外稃多少呈软骨质而无芒，若为单性，质较硬，厚于第一外稃及颖片

      4. 小穗脱节于颖之上，若自小穗柄关节处整个脱落

        5. 小穗含 1 小花，若有 2 小花，则第一小花两性（二十七，柳叶箬族 Isachneae）

        5. 小穗含 2 小花，脱节于颖之上

          6. 颖宿存，长约小穗之半；第一小花两性，远大于第二小花 ………………………………………… 184. 禅草属 *Sphaerocaryum*

          6. 颖迟缓脱落，等长或稍短于小穗；第一小花通常为雄性，很少两性，与第二小花同大或稍大于第二小花而质较薄 ………………………… 182. 小丽草属 *Coelachne* ………………… 183. 柳叶箬属 *Isachne*

4. 小穗脱节于颖之下，常有 2 小花，第一小花中性或雄性（二十五、黍族 Paniceae）

7. 小穗两性，均为同形

8. 花序中无不育小枝，且穗轴亦不延伸出顶生小穗之上

9. 小穗排列为开展或紧缩的圆锥花序

10. 小穗多少两侧压扁，第二颖与第一外稃两者或至少后者有芒或尖头

10. 小穗背腹压扁，稀稍两侧压扁，但后者的第二颖及第一外稃先端均完整而无芒

11. 圆锥花序通常开展；第二外稃基部不膨大呈囊状 ……165. 糖蜜草属 Melinis

12. 小穗两侧压扁 …………159. 弓果黍属 Cyrtococcum

12. 小穗背腹压扁；第二外稃背部隆起呈驼背状

13. 第二颖长约为小穗长度之半 ……167. 露籽草属 Ottochloa

13. 第二颖等长或稍短于小穗

14. 第二外稃的基部两侧有附属物或凹痕 ……164. 距花黍属 Ichnanthus

14. 第二外稃的基部两侧无附属物，也无凹痕 ……168. 黍属 Panicum

11. 圆锥花序通常紧缩呈穗状；第二颖基部膨大呈囊状 ……174. 囊颖草属 Sacciolepis

9. 小穗排列于穗轴一侧而为穗状或穗形总状花序，再排列成指状或排列在一延伸的主轴上

15. 第二外稃在果实成熟时为膜质或质较革质，多少有些坚硬，通常有狭窄而内卷的边缘，故其内稃露出较多

16. 第二外稃顶端增厚而凸出或具硬刺毛

17. 第二外稃顶具硬刺毛，颖及第一外稃质薄，顶端端增厚 ……176. 刺毛头黍属 Setiacis

17. 第二外稃顶端不具硬刺毛，颖及第一外稃顶端增厚 ……154. 凤头黍属 Acroceras

16. 第二外稃不具上述的凸顶或刺毛

18. 小穗两侧压扁；第二外稃果实成熟后有开展的钩状刚毛 ……172. 钩毛草属 Pseudechinolaena

18. 小穗背腹压扁；第二外稃果实成熟后不具上述钩状刚毛

19. 颖或第一外稃顶端有芒，仅其第二小花顶端游离

20. 小穗自颖上生芒，而以第一颖的芒最长；叶片披针形，质较软并较薄 ……166. 求米草属 Oplismenus

20. 小穗常自第一外稃上生芒或芒状小尖头；叶片线形，质较硬；第二小花顶端游离 ……161. 稗属 Echinochloa

19. 颖及第一外稃均无芒，而第二小花顶端紧包第二内稃

21. 第一颖存在

22. 第二外稃的背部为离轴性 ……157. 臂形草属 Brachiaria

22. 第二外稃的背部为向轴性 ………………………………………………………… **180. 尾稃草属 *Urochloa***

21. 第二颖通常不存在或极退化
　23. 小穗在第一颖下肿胀的小穗轴节间互相愈合成珠状的基盘，以至外形上不见第一颖 …… **162. 野黍属 *Eriochloa***
　23. 小穗基部并无上述的基盘
　　24. 第二外稃的背部为向轴性，通常具扁平质薄的边缘以覆盖其内稃，使后者露出较少 …… **170. 雀稗属 *Paspalum***
　　24. 第二外稃的背部为离轴性 …………………………………………………… **156. 地毯草属 *Axonopus***

15. 第二外稃在果实成熟时成为软骨质或软骨质而有弹性
　25. 小穗在总状花序上多少有些密生成穗状，此等花序再沿一多少有些延伸的主轴作总状排列，使后者露出较少 …… **163. 膜稃草属 *Hymenachne***
　25. 小穗在总状花序上均匀分布或稍疏排列，此等花序再作近指状排列，或有时散生于多少有些缩短的主轴上
　　26. 第二颖的边脉或边缘生纤毛，此毛于成熟时耸起 ………………………… **155. 毛颖草属 *Alloteropsis***
　　26. 第二颖延伸成一直芒或小尖头；第二外稃厚纸质，顶端尖锐或钝圆，但不生芒，亦无小尖头，边缘透明膜质 …… **160. 马唐属 *Digitaria***

8. 花序中具有刚毛状不育小枝
　27. 穗轴细长或缩短乃至某些小穗均托以花序之主轴
　　28. 穗轴细长或缩短乃至某些小穗均托以1刚毛，或小穗着生于主轴上，部分或全部有不育小枝或穗轴延伸所成之刚毛 …… **175. 狗尾草属 *Setaria***
　　28. 穗轴上端以及下方某些小穗均托以1至多数刚毛
　　　29. 刚毛彼此分离，不随小穗脱落，常宿存 …………………………… **171. 狼尾草属 *Pennisetum***
　　　29. 刚毛连合以形成刺苞，或仅基部多少联合，均与小穗同时脱落
　　　　30. 刚毛互相分离，不形成刺苞 ……………………………………… **158. 蒺藜草属 *Cenchrus***
　　　　30. 刚毛互相联合成刺苞状
　27. 穗轴宽扁
　　小穗显著排列于穗轴一侧，其下并无托附之刚毛，仅穗轴顶端延伸于最上端小穗之后方而成1小尖头 …… **173. 伪针茅属 *Pseudoraphis***
　　31. 小穗近于无柄，着生于略呈三棱形的穗轴上，成熟时自其上脱落，果实的表面具横皱纹或小凹 …… **169. 类雀稗属 *Paspalidium***
　　31. 小穗无本柄，嵌生于扁平的穗轴凹穴中，成熟时连同穗轴一同脱落；果实的表面平滑 …… **178. 钝叶草属 *Stenotaphrum***

7. 小穗单性或杂性

32. 单独穗状花序顶生，穗轴扁平，上部着生雄小穗，下部着生两性小穗，成熟时整个花序脱落，其穗轴作钟表发条状旋卷而包裹小穗……179. 蒭蓿草属 Thuarea
32. 花序常为雌雄异株；雌小穗单生于每一穗轴之基部，此等穗轴再作星状芒状聚合为 1 大型而具有佛焰苞之伞形花序……177. 鬣刺属 Spinifex

3. 第二外稃透明膜质至坚纸质，有长短的芒至坚芒尖，若无芒，则第二外稃常为透明膜质；小穗成对着生，一具短柄或一具长柄，另一无柄
3. 第二外稃不为透明膜质而较颖质地为厚（二十八、野古草族 Arundinelleae）
33. 小穗脱轴节于 2 小花之间，第一颖多少短于第一小花……185. 野古草属 Arundinella
34. 小穗具 2 小花，成熟时断开
34. 小穗具 1 小花，完全脱落……186. 耳稃草属 Garnotia
33. 小穗轴脱节于颖之下，颖片均为长于稃片而较稃片质地为厚；第二外稃透明膜质，均较颖质地为薄，或退化成芒的基部（二十九、高粱族 Andropogoneae）
35. 小穗多少两侧压扁，常生于穗轴各节，若为双生，则叶片为披针形
36. 叶片披针形；小穗成对着生于穗轴各节；第二外稃全缘至微具 2 齿，其芒由其背之下部伸出……190. 莠竹属 Arthraxon
36. 叶片线形；小穗单生于穗轴各节；第二外稃 2 裂，裂齿间伸出一芒……198. 觿茅属 Dimeria
35. 小穗大都背腹压扁，常成对或很少 3 个生于穗轴各节
37. 穗轴节间常粗肥，通常圆筒形，小穗均无柄，常不同形；有柄小穗的小穗柄与穗轴分离至完全愈合以形成容纳无柄小穗之腔穴
38. 总状花序排列成圆锥状或伞形；有柄小穗圆形，成对小穗多少有些退化或成为两侧压扁……213. 束尾草属 Phacelurus
38. 总状花序单生或生于成束腋生的分枝顶端；成对小穗大多异形
39. 有柄小穗发育良好，与无柄小穗略为同形；总状花序轴坚韧不易逐节断落……204. 牛鞭草属 Hemarthria
39. 有柄小穗多少退化；总状花序轴易逐节断落
40. 总状花序有背腹之分或压扁，无柄小穗并不嵌入花序轴中
41. 无柄小穗扁平，第二颖表面无蜂窝状花纹，但两侧有脊，脊上常有栉齿状脊……199. 蜈蚣草属 Eremochloa
41. 无柄小穗几呈球形，第一颖表面有蜂窝状花纹，两侧无栉齿状脊，其边缘围抱着总状花序轴节间与小穗相愈合而形成……203. 球穗草属 Hackelochloa
40. 总状花序呈圆柱形；无柄小穗嵌陷于肥厚穗形总状花序轴的各凹穴中
42. 无柄小穗 2 并生于各节……211. 毛俭草属 Mnesithea
42. 无柄小穗单独生于各节
43. 有柄小穗存在，雄性或中性，其柄与总状花序轴节间分离或愈合……220. 筒轴茅属 Rottboellia

55. 无柄小穗的第一颖多少同顶端渐狭窄

56. 总状花序短缩呈头状，花序基部轮生有 4-6 雄性小穗呈总苞状，通常具柄小穗为雌性，无柄小穗为雄性 ………………………………………………………………………… 202. 苔草属 *Germainia*

57. 总状花序的穗轴节间及小穗柄粗短呈三棱形

58. 总状花序常为 2 聚生，且互相紧贴成一圆柱形 …………………… 208. 鸭嘴草属 *Ischaemum*

58. 总状花序单独 1，生于主秆或分枝顶端

59. 总状花序多节，含多数小穗，其下无佛焰苞状总苞 ……………… 223. 沟颖草属 *Sehima*

59. 总状花序仅 1 节，含 3 异形小穗，其下托以佛焰苞状总苞 ……… 188. 水蔗草属 *Apluda*

57. 总状花序不呈上列形状

60. 无柄小穗的基盘钝，其第一颖背常压扁，且在二脊间常有沟，沿二脊常具翼

61. 总状花序通常单生于主秆或分枝近顶端，总状花序轴节间于上部变粗 ……… 222. 裂稃草属 *Schizachyrium*

61. 总状花序通常等生或近指状排列

62. 叶片无香味；总状花序基部圆柱形，常全为异性对小穗所组成，即无柄对小穗为能孕，有柄者不孕，总状花序轴节间线形至倒卵形 ……………………………………………………………… 187. 须芒草属 *Andropogon*

62. 叶片有香味；总状花序下部有一至数对小穗为同性对，即无柄及有柄小穗均不孕，总状花序轴间节常为线形 … 196. 香茅属 *Cymbopogon*

60. 无柄小穗的第一颖背圆

63. 无柄小穗第二外稃薄膜质，线形或长圆形，通常 2 裂，由裂齿间伸出一芒，罕或无芒

64. 总状花序排列呈圆锥状，有延伸的花序轴，总状花序轴节间无纵沟

65. 无柄小穗的第一颖明显背腹压扁

66. 无柄小穗的颖片革质；圆锥花序松散，总状花序具 2-7 对小花，浆片有纤毛 ……… 224. 高粱属 *Sorghum*

66. 无柄小穗的颖片坚骨质；圆锥花序紧密，总状花序具 5-15 对小穗，浆片无毛 ……… 219. 假高粱属 *Pseudosorghum*

65. 无柄小穗的第一颖多少两侧压扁

64. 总状花序单生或近指状排列，若排列状排列，总状花序轴节间及小穗柄的中央有半透明的纵沟 ……… 194. 金须茅属 *Chrysopogon*

67. 总状花序常单生或近指状排列，总状花序轴间及小穗柄基部常有 1 至数同性对 ……… 197. 双花草属 *Dichanthium*

67. 总状花序常排列指状或圆锥状，其上无同性对小穗，总状花序轴节间及小穗中央常有 1 半透明的纵沟

68. 总状花序常排列呈指状，每一总状花序常具无柄小穗 8 以上 ⋯⋯ **191. 孔颖草属 Bothriochloa**
68. 总状花序常排列呈圆锥状，每一总状花序常具无柄小穗 1-5 (-8) ⋯⋯ **192. 细柄草属 Capillipedium**
63. 无柄小穗的第二外稃退化呈棒状而质厚，由其上延伸成芒
  69. 第二外稃先端 2 裂，具有强壮膝曲的芒；芒柱常被短短硬毛 ⋯⋯ **206. 苞茅属 Hyparrhenia**
  69. 第二外稃先端全缘而无 2 齿
    70. 总状花序的同性对小穗不排成总苞状
      71. 总状花序下部无同性对小穗；无柄小穗的基盘短而钝 ⋯⋯ **217. 假铁秆草属 Pseudanthistiria**
      71. 总状花序下部常具一至数对同性对小穗而排列为覆瓦状；无柄小穗对同性对小穗而排列为覆瓦状 ⋯⋯ **205. 黄茅属 Heteropogon**
    70. 总状花序基部有两对同性对小穗所形成的总苞状 ⋯⋯ **226. 菅属 Themeda**

2. 小穗为单性，雌雄小穗分别位于不同的花序上或在同一花序上 ⋯⋯ **（二十九、高粱族 Andropogoneae）**
72. 雌小穗与雄小穗位于同一花序上：通常雄小穗位于总状花序之中上部，雌小穗则位于其下部
  73. 雌小穗裸露，不具有总苞，序轴脆弱，逐节断落；雄穗之序轴延续，整个脱落
    74. 总状花序短，2-4 腋生总苞；雌性小穗第一颖缢缩而形似葫芦 ⋯⋯ **193. 葫芦草属 Chionachne**
    74. 总状花序长，2-4 呈指状排列，顶生；雌性小穗第一颖不呈葫芦形 ⋯⋯ **215. 多落草属 Polytoca**
  73. 雌小穗包藏于念珠状的总苞内；雄小穗排列在由总苞中抽出的细弱而延续的总状花序轴上 ⋯⋯ **195. 薏苡属 Coix**
72. 雌小穗与雄小穗分别形成不同的花序；雄小穗组成顶生圆锥花序，雌小穗组成腋生的为鞘状苞片所包藏的雌花序 ⋯⋯ **227. 玉蜀黍属 Zea**

I. Pharoideae 原禾亚科

一、Phareae 原禾族

1. *Leptaspis* R. Brown 囊稃竹属

Leptaspis R. Brown (1810: 211); Liu et al. (2006: 180) (Type: *L. banksii* R. Brown)

    特征描述：多年生草本。叶片有横脉；具假叶柄。圆锥花序，小枝基部常有线形的苞片；小穗单性，含 1 小花。雄小穗：着生于花序分枝顶端，早落；颖小，膜质；外稃大，具 5-9 脉；鳞被缺；雄蕊 6，花丝短。雌小穗：1 至多数着生于花序分枝下部；2 颖膜质；外稃大而质厚，呈囊状，边缘连合，具 5-9 脉，全体被短钩毛，成熟时肿胀，扩大而变硬，颜色呈白色、粉色或紫色；内稃狭窄，分离或与外稃边缘贴生；柱头 3。染色体 $x=12$。

    分布概况：4-6/1 种，**4（5，6）**型；分布于东半球热带，亚洲东南部；中国产台湾。

    系统学评述：囊稃竹属隶属于原禾亚科原禾族，是个单系类群。分子系统学研究认为原禾亚科和 Anomochlooideae 构成禾本科最基部的 2 个分支[2]。原禾亚科含 1 个族，包括 1 个新世界热带分布的属 *Pharus* 及 2 个旧世界热带分布的囊稃竹属和 *Scrotochloa*，约 14 种[14]。

    DNA 条形码研究：BOLD 网站有该属 2 种 2 个条形码数据。

II. Ehrhartoideae 稻亚科

二、Ehrharteae 皱稃草族

2. *Ehrharta* Thunberg 皱稃草属

Ehrharta Thunberg (1779: 217), *nom. cons.*; Chen et al. (2006: 181) (Type: *E. capensis* Thunberg)

    特征描述：一年或多年生草本。叶片线形；叶舌常膜质。花序总状；小穗具 3 小花，下部 2 小花退化仅余不育外稃，顶生小花可育，两侧压扁，脱节于颖之上，并不在小花间断落，颖片宿存；不育外稃常具横皱纹，上部的不育外稃常在基部成钩状，有时具芒；可育外稃骨质到革质，具脊，无芒；内稃透明膜质；鳞被 2；雄蕊 1-4 或 6；柱头 2。叶片解剖特征无花环结构，无纺锤细胞，无臂细胞。染色体 $x=12$；$2n=24$，48。

    分布概况：7-38/1 种，**（6d）**型；分布于旧世界暖温带，主产澳大利亚和南非；中国产云南。

    系统学评述：皱稃草属隶属于皱稃草亚科皱稃草族，是多系类群。分子系统学研究支持皱稃草族和稻族关系密切，它们同非洲大陆和马达加斯加分布的 Phyllorachideae 共同构成约含 120 种的稻亚科[2,15]。最近根据来自叶绿体全基因组数据[5]和核基因数据[6]，

彻底解决了 BEP 分支的系统发育关系，揭示稻亚科是竹亚科和早熟禾亚科的姐妹群。Clayton 和 Renvoize [16] 认为皱稃草族仅包括广义皱稃草属，将 *Tetrarrhena*、*Microlaena* 和 *Zotovia*（=*Petriella*）均处理为皱稃草属的异名，但 Watson 和 Dallwitz[17]则接受狭义皱稃草属的概念，将上述 4 个属均处理为独立的属，当前普遍的观点认为 *Tetrarrhena*、*Microlaena* 和皱稃草属都是多系类群[15]。

DNA 条形码研究：BOLD 网站有该属 4 种 15 个条形码数据；GBOWS 已有 1 种 4 个条形码数据。

代表种及其用途：皱稃草 *E. erecta* Lamarck 作为牧草被广泛引种，在印度已经逸为野生。

三、Oryzeae 稻族

3. *Chikusichloa* Koidzumi 山涧草属

Chikusichloa Koidzumi (1925: 23); Liu et al. (2006: 185) (Type: *C. aquatica* Koidzumi)

特征描述：多年生水生草本。丛生或具短根状茎。须根发达。秆直立，压扁。叶鞘长于节间，压扁具脊；叶舌较长而厚，纸质；叶片线形至披针状线形。圆锥花序大而疏散；小穗含 1 两性小花，稍两侧压扁，成熟时连同柄状基盘一起脱落；颖不存在；外稃膜质，具 5 脉，顶端有芒或无芒；内稃稍短于外稃，具 2-3 脉，鳞被 2；雄蕊仅 1；花柱 2，分离，子房无毛。颖果坚硬，纺锤形。叶片解剖特征无花环结构，有纺锤细胞，有臂细胞。染色体 x=12；$2n$=24。

分布概况：3/2 种，**14SJ 型**；分布于亚洲东部；中国产广东、广西、海南和江苏。

系统学评述：山涧草属隶属于稻亚科稻族菰亚族 Zizaniinae，在菰亚族的 7 个属中，该属位于最基部，是个单系。菰亚族有 2 个主要的次级分支，一个次级分支由水禾属 *Hygroryza*、南美的单型属 *Rhynchoryza* 和菰属 *Zizania* 构成，另一个次级分支包含南美的 2 个属：*Zizaniopsis* 和 *Luziola*。澳大利亚分布的单型属 *Potamophila* 则位于 2 个次级分支的外部，构成姐妹群关系[18]。

DNA 条形码研究：BOLD 网站有该属 1 种 1 个条形码数据。

4. *Hygroryza* Nees 水禾属

Hygroryza Nees (1833: 38); Liu et al. (2006: 186) [Type: *H. aristata* (Retzius) Nees ex Wright & Arnott (≡ *Pharus aristatus* Retzius)]

特征描述：多年生水生漂浮草本。叶鞘肿胀；叶片卵状披针形，开展，基部圆心形。圆锥花序疏散，基部藏于叶鞘内；小穗含 1 两性花，两侧压扁，披针形，脱节于柄状基盘之下；颖不存在；外稃厚纸质，具 5 脉，脉被纤毛，顶端延伸成细长直芒；内稃具 3 脉，侧脉为外稃的边脉所握，脊具纤毛；鳞被 2，披针形；雄蕊 6；花柱 2。叶片解剖特征无花环结构，有纺锤细胞，有或无臂细胞。染色体 x=12；$2n$=24。

分布概况：1/1 种，**7-1 型**，分布于亚洲热带东南部地区；中国产华南。

系统学评述：水禾属隶属于皱稃草亚科稻族菰亚族，是个单系类群，为稻族内真正的水生植物。该属的系统位置一直没有解决，Tang 等[18]认为水禾属与南美的单型属 *Rhynchoryza* 和菰属系统关系较近。

DNA 条形码研究：BOLD 网站有该属 1 种 3 个条形码数据。

5. *Leersia* Solander ex Swartz 假稻属

Leersia Solander ex Swartz (1788: 21), *nom. cons.*; Liu et al. (2006: 184) [Type: *L. oryzoides* (Linnaeus) Swartz, *typ. cons.* (≡ *Phalaris oryzoides* Linnaeus)]

特征描述：多年生水生或湿生沼泽草本。具长匍匐茎或根状茎。杆具多数节，下部伏卧地面或漂浮水面，上部直立或倾斜。圆锥花序；小穗含 1 小花，两侧极压扁，无芒，自小穗柄的顶端脱落；两颖完全退化；外稃硬纸质，舟状，具 5 脉，脊上生硬纤毛；内稃与外稃同质，脊上具纤毛；鳞被 2；雄蕊 6 或 1-3。叶片解剖特征无花环结构，无纺锤细胞，有或无臂细胞。染色体 $x=12$；$2n=24$, 48 和 60。

分布概况：20/4 种，**2**（**7**，**14**）型；分布于热带至温暖地带；中国主产长江以南，华北、东北和新疆也可见。

系统学评述：假稻属隶属于皱稃草亚科稻族，是个单系类群。假稻属与非洲分布的 2 个小属，即 *Maltebrunia* 和 *Prosphytochloa* 系统发育关系最近，它们在稻亚族 Oryzinae 内共同构成稻属的姐妹分支[18]。

DNA 条形码研究：BOLD 网站有该属 6 种 23 个条形码数据；GBOWS 已有 4 种 22 个条形码数据。

代表种及其用途：李氏禾 *L. hexandra* Swart 和蓉草 *L. oryzoides* (Linnaeus) Swartz 是水湿环境常见杂草。李氏禾可用作饲料，研究还发现其可以富集污染水体中的重金属铬[19]。

6. *Oryza* Linnaeus 稻属

Oryza Linnaeus (1753: 333); Liu et al. (2006: 182) (Type: *O. sativa* Linnaeus)

特征描述：一年生或多年生草本。顶生圆锥花序疏松开展；小穗含 1 两性小花，两侧甚压扁，其下附有 2 退化外稃；颖退化，仅在小穗柄顶端呈 2 半月形之痕迹；孕性外稃硬纸质，具小疣点或细毛，顶端有长芒或尖头；内稃与外稃同质，侧脉接近边缘而为外稃之二边脉所紧握；鳞被 2；雄蕊 6；柱头 2。叶片解剖特征无花环结构，无纺锤细胞，具臂细胞。染色体 $x=12$；$2n=24$, 48。

分布概况：22-24/5 种，**2**（**7**，**14**）型；分布于热带和亚热带；中国产华南和西南。

系统学评述：稻属隶属于皱稃草亚科稻族，是个单系类群。目前的研究普遍认为稻族是很好的单系[2,16]，族下可分为稻亚族和菰亚族[20,21]，稻亚族包括 *Oryza*（包括 *Porteresia*）、*Leersia*、*Maltebrunia* 和 *Prosphytochloa* 4 属，菰亚族包括 *Potamophila*、*Chikusichloa*、*Zizania*、*Rhynchoryza*、*Zizaniopsis*、*Luziola* 和 *Hygroryza* 7 属[18]。大多数研究者采用 Vaughan[22]稻属 22 种 4 个复合体的系统，但复合体的处理并不是分类学上的正式等级。在 Ge 等[23,24]确定稻属第 10 个基因组类型（HK）后，稻属所有物种的基因组类型均已明确,稻属的系统发育关系也逐渐清楚[23,25,26],稻属属下可分为 3 组,*Oryza* sect. *Oryza*,包括稻 *O. sativa* Linnaeus 等 17 种,AA、BB、CC、BBCC、CCDD、EE 6 个基因组类型;*O.* sect. *Ridleyanaev*,包括 *O. brachyantha* A. Chevalier & Roehrich 4 种,FF、HHJJ2 个基因组类型;*O.* sect. *Granulata*,包括 *O. granulata* Nees & Arnott ex G. Watt 等 2 种,GG 基因组类型。

DNA 条形码研究:BOLD 网站有该属 27 种 476 个条形码数据;GBOWS 已有 3 种 25 个条形码数据。

代表种及其用途:该属栽培品种变异极为丰富。稻属主要有 2 个栽培种,一个是世界栽培范围最广的稻,另一个是主要在非洲栽培的光稃稻 *O. glaberrima* Steudel。美洲产的阔叶稻 *O. latifolia* Desvaux 常作为实验材料引入。

7. *Zizania* Linnaeus 菰属

Zizania Linnaeus (1753: 991); Liu et al. (2006: 186) (Lectotype: *Z. aquatica* Linnaeus)

特征描述:一年生或多年生水生草本。顶生圆锥花序大型,雌雄同株;小穗单性,含 1 小花。雄小穗:两侧压扁,大都位于花序下部分枝上,脱节于细弱小穗柄之上;颖退化;外稃膜质,紧抱其同质之内稃;雄蕊 6。雌小穗:圆柱形,位于花序上部的分枝上,脱节于小穗柄之上;颖退化;外稃厚纸质,中脉顶端延伸成直芒;内稃狭披针形,顶端尖或渐尖;鳞被 2。叶片解剖特征无花环结构,有纺锤细胞,有臂细胞。染色体 $x=15$ 或 17;$2n=30$,34。

分布概况:4/1 种,**9** 型;主要分布于东亚,其余产北美;中国南北均产,常见栽培。

系统学评述:菰属隶属于皱稃草亚科稻族菰亚族,是个单系类群。菰属是东亚-北美间断分布的类群,与南美分布的 *Rhynchoryza* 系统关系较近[18]。亚洲分布的菰 *Z. latifolia* (Grisebach) Turczaninow ex Stapf($n=17$)在染色体数目和形态特征上都与北美分布的 3 个种($n=15$)区别明显,分子系统学研究表明,菰属的 4 个种可分为 2 大支,一支为亚洲类群,另一支由北美分布的 3 个种构成[27]。

DNA 条形码研究:BOLD 网站有该属 6 种 37 个条形码数据;GBOWS 已有 1 种 2 个条形码数据。

代表种及其用途:菰 *Z. latifolia* 的茎秆为真菌寄生后,可生产疏食茭瓜;菰和 *Z. palustris* Linnaeus 颖果可作饭食,为牲畜优良饲料,又为固堤的先锋植物。

III. Bambusoideae 竹亚科

四、Arundinarieae 青篱竹族

8. *Acidosasa* C. D. Chu & C. S. Chao ex P. C. Keng 酸竹属

Acidosasa C. D. Chu & C. S. Chao ex P. C. Keng (1982: 31); Zhu et al. (2006: 106) (Type: *A. chinensis* C. D. Chu & C. S. Chao ex P. C. Keng). ——*Metasasa* W. T. Lin (1988: 144)

特征描述：灌木至乔木状竹类。<u>地下茎细型</u>。秆散生；秆芽 1，<u>分枝以 3 为主</u>。<u>秆箨脱落性</u>，常被小刺毛；箨耳有或无；<u>箨片披针形或三角形</u>。叶片中等大小，小横脉明显。<u>单次发生花序</u>，顶生，呈总状或圆锥状；<u>小穗具柄</u>，含小花几至多数；颖片 2-4；<u>外稃较大</u>，先端渐尖或具短芒；内稃短于外稃，具 2 脊；鳞被 3，膜质；<u>雄蕊 6</u>，花药黄色；花柱 1，柱头 3，羽毛状。

分布概况：11/10（10）种，**7-4（15）型**；分布于越南；中国产华南。

系统学评述：酸竹属隶属于竹亚科青篱竹族[28-30]。 Zeng 等[29]利用 8 个叶绿体片段对青篱竹族的分子系统学开展研究，包括 7 种酸竹属类群，结果表明该属为多系，除斑箨酸竹 *A. notata* (Z. P. Wang & G. H. Ye) S. S. You 外，其他种类与苦竹属 *Pleioblastus*、矢竹属 *Pseudosasa* 和大节竹属 *Indosasa* 等亲缘关系较近；基于核基因 GBSSI 的研究显示酸竹属所有 7 个种均与苦竹属等类群聚在同 1 个分支内，但该属的单系未得到支持[31]。

DNA 条形码研究：已报道酸竹属 1 种毛花酸竹 *A. purpurea* (Hsueh & T. P. Yi) P. C. Keng 的 DNA 条形码信息（*rbc*L、*mat*K 和 *trn*H-*psb*A）[32]，通用的 DNA 条形码不能将该种与矢竹属、大节竹属等类群区分开。BOLD 网站有该属 1 种 10 个条形码数据；GBOWS 已有 4 种 36 个条形码数据。

代表种及其用途：该属一些种的秆可用来造纸、编织器皿等；笋可食用。

9. *Ampelocalamus* S. L. Chen, T. H. Wen & G. Y. Sheng 悬竹属

Ampelocalamus S. L. Chen, T. H. Wen & G. Y. Sheng (1981: 332); Li & Stapleton (2006: 99) [Type: *A. actinotrichus* (E. D. Merrill & W. Y. Chun) S. L. Chen, T. H. Wen & G. Y. Sheng (≡ *Arundinaria actinotricha* E. D. Merrill & W. Y. Chun)]

特征描述：灌木状竹类。<u>粗型地下茎</u>。秆丛生，<u>秆上部下垂或呈攀援状</u>，<u>秆中部芽宽卵形</u>；分枝多，膝状弯曲，主枝稍明显。箨鞘脱落性，纸质，短于其节间；箨舌明显；<u>箨耳边缘生放射状长繸毛</u>；箨片线状披针形，外翻。<u>单次发生花序</u>，圆锥花序着生在花枝顶端；每小穗含 2-7 小花；颖片 2；鳞被 3；雄蕊 3，花药黄色；花柱 1，柱头 2，羽毛状。颖果卵状长圆形，光滑无毛。

分布概况：约 13/13（12）种，**7-2 型**；分布于喜马拉雅中部至中国；中国西南、台湾和海南。

系统学评述：悬竹属隶属于竹亚科青篱竹族[28-30]。目前，尚未开展较为完善的悬竹属分子系统学研究，约有半数的种用于青篱竹族的系统发育重建。基于多个叶绿体和核基因 DNA 片段的研究表明，喜马拉雅筱竹属 *Himalayacalamus*、悬竹属与镰序竹属 *Drepanostachyum* 的亲缘关系比较近，为姐妹群[28-30,33]，且其中贵州悬竹 *A. calcareous* C. D. Chu & C. S. Chao 有较为特殊的系统位置[33]。

DNA 条形码研究：已报道坝竹 *A. microphyllus* (Hsueh & T. P. Yi) Hsueh & T. P. Yi 的 DNA 条形码信息(*rbc*L、*mat*K、*trn*H-*psb*A)[32]，这些 DNA 条形码片段能够将该种与其他类群区分开来。BOLD 网站有该属 2 种 12 个条形码数据；GBOWS 已有 1 种 12 个条形码数据。

代表种及其用途：该属一些种的秆可用来编织，作为造纸原料及扭制绳索。

10. *Bashania* P. C. Keng & T. P. Yi 巴山木竹属

Bashania P. C. Keng & T. P. Yi (1982: 722); Li et al. (2013: 607) [Type : *B. fargesii* (E. G. Camus) P. C. Keng & T. P. Yi (≡ *Arundinaria fargesii* E. G. Camus)]

　　特征描述：小型至乔木状竹类。地下茎细型。秆散生兼稀疏丛生，分枝 1-7。秆箨迟落或宿存；箨耳无或不明显；箨片直立或外翻。叶鞘宿存；叶舌发达；叶耳不明显。单次发生花序，圆锥状或总状，开花枝条通常被小苞片；颖片 2；外稃与颖相似；内稃先端钝；鳞被 3；雄蕊 3，黄色或紫色；花柱 1，柱头 2 或 3，羽毛状。颖果卵圆形。

　　分布概况：12/10（10）种，**7-4 型**；分布于喜马拉雅东部；中国产西南。

　　系统学评述：巴山木竹属隶属于竹亚科青篱竹族[28-30]。在 FOC 中，巴山木竹属被并入青篱竹属 *Arundinaria*，属下分为巴山木竹亚属 *Arundinaria* subgen. *Bashania* 和冷箭竹亚属 *A.* subgen. *Sarocalamus*[34]。Stapleton[35] 将冷箭竹亚属的种另立为新属 *Sarrocalamus*。基于核基因 GBSSI 的分子系统学研究表明，巴山木竹属为多系，可以分成 2 大类群，低海拔类群（巴山木竹亚属的种）与箬竹属 *Indocalamus* 和短枝竹属 *Gelidocalamus* 的关系较近，而高海拔类群（冷箭竹亚属的种）聚为 1 个分支，但其近缘类群尚不明确[30]。基于形态学和分子系统学的研究结果，李德铢等[36]对巴山木竹属进行了修订，认为该属目前包括 12 种，中国分布有 10 种，未对属下分类进行划分。值得注意的是，青篱竹属的界定是竹亚科分类史上长期争论不休的问题之一，该属是发表于竹亚科中的第 1 个散生竹属，曾有 400 多个种名发表在该属下，后经不同学者研究，建立了很多新属，澄清了该属的界定[37]。一些学者认为巴山木竹属 *Bashania*、少穗竹属 *Oligostachyum*、苦竹属 *Pleioblastus* 和矢竹属 *Pseudosasa* 应并入青篱竹属，而另一些学者则认为青篱竹属仅分布于美国东南部[38,39]。最近的分子系统学研究表明青篱竹属应仅包括美国的 3 种[28-30,40]，这 3 种之间的关系得到了 AFLP 分子标记研究的进一步支持[41]。

　　DNA 条形码研究：GBOWS 已有 2 种 32 个条形码数据。

　　代表种及其用途：巴山木竹 *B. fargesii* (E. G. Camus) P. C. Keng & T. P. Yi 的秆可用于造纸、劈篾等。冷箭竹 *B. faberi* (Rendle) T. P. Yi、巴山木竹、秦岭巴山木竹 *B. aristata* Y. Ren, Y. Li & G. D. Dang 等为大熊猫主食竹。

11. *Chimonobambusa* Makino 方竹属

Chimonobambusa Makino (1914: 153); Li & Stapleton (2006: 152) [Lectotype: *C. marmorea* (Mitford) Makino (≡ *Bambusa marmorea* Mitford)]. ——*Qiongzhuea* Hsueh & T. P. Yi (1980: 91)

　　特征描述：灌木状竹类。地下茎细型。秆散生，中部以下或仅近基部数节的节内环生有刺状气生根；不具分枝的节间圆筒形或在秆基部者略呈四方形；秆芽每节 3。箨鞘宿存或脱落性；箨耳不发达，鞘口偶具繸毛；箨舌不显著，箨片常极小。续次发生花序，花枝呈总状或圆锥状，假小穗细长；小穗含 3-8 小花；雄蕊 3；柱头 2。坚果状颖果，果皮肉质。花粉粒颗粒纹饰。染色体 2*n*=48。

分布概况：37/34（31）种，**14SJ** 型；分布于日本，越南，缅甸；中国产秦岭以南。

系统学评述：方竹属隶属于竹亚科青篱竹族[28-30]。在 FRPS 中，方竹属被置于倭竹族倭竹亚族 Shlbataeinae，筇竹属 *Qiongzhuea* 与方竹属为 2 个独立的属；但在 FOC 中，筇竹属被归并到方竹属。基于叶绿体 DNA 片段的分子系统学研究表明，方竹属与刚竹属、苦竹属等 16 个属的种构成青篱竹族的第 V 分支，但该属的单系及种间关系未得到解决[28,29]；基于核基因片段的研究支持该属为单系，由于取样较少，筇竹属是否应并入该属尚需进一步研究[30]。此外，基于叶挥发性成分和叶黄酮成分的比较分析结果支持将筇竹属归并到方竹属[42,43]，温太辉[44]基于形态特征，支持将筇竹属并入方竹属。

DNA 条形码研究：已报道方竹属 3 个种的 DNA 条形码（ITS、*rbc*L、*mat*K 和 *trn*H-*psb*A）信息，其中 ITS 具有较高的物种鉴别率，可将方竹属与其他属的竹种区分开来[32]。BOLD 网站有该属 6 种 36 个条形码数据；GBOWS 已有 6 种 66 个条形码数据。

代表种及其用途：该属竹种笋味鲜美，为重要的笋用竹；可种植于庭院观赏；秆材可用于造纸，也可农用和制作工艺美术品。

12. *Chimonocalamus* Hsueh & T. P. Yi 香竹属

Chimonocalamus Hsueh & T. P. Yi (1979: 75); Li & Stapleton (2006: 103) (Type: *C. delicatus* Hsueh & T. P. Yi)

特征描述：灌木状至树木状竹类。粗型地下茎。秆丛生，空腔内常具芳香油液；中下部各节均有一圈刺状气生根，秆中部每节常为 3 分枝。秆箨脱落性；箨鞘一般较其节间为长；箨片披针形至三角形，直立或外翻。单次发生花序，圆锥花序位于具叶小枝的顶端；小穗含 4-12 小花；颖片 2；鳞被 3；雄蕊 3，花药黄色；子房无毛，花柱 1，柱头 2，羽毛状。颖果细长纺锤形。

分布概况：11/9（8）种，**7-2** 型；分布于喜马拉雅东部，缅甸；中国产云南南部和西藏东南部。

系统学评述：香竹属隶属于竹亚科青篱竹族[28-30]。Yang 等[33]基于多个叶绿体和核基因 DNA 片段较完整地研究了香竹属的分子系统学。基于叶绿体片段的结果显示香竹属在青篱竹族中分布于第 III 分支和第 V 分支，香竹属可能不是 1 个单系类群；而基于核基因的研究表明，香竹属为单系，且香竹属与箭竹属 *Fargesia* 及玉山竹属 *Yushania* 的亲缘关系较近。

DNA 条形码研究：已报道香竹属 2 个种的 DNA 条形码（ITS、*rbc*L、*mat*K、*trn*H-*psb*A）信息[32]，其中 3 个叶绿体 DNA 条形码能够将香竹属与其他类群区分开，但不能区分 2 个种，仅有获得 1 个种的 ITS 片段，能够与其他竹种区分开来。BOLD 网站有该属 5 种 23 个条形码数据；GBOWS 已有 2 种 26 个条形码数据。

代表种及其用途：该属竹种笋味美，为著名的笋用竹；秆材坚硬，空腔内含芳香油液，不易为虫蛀，为良好的材用竹。

13. *Drepanostachyum* P. C. Keng 镰序竹属

Drepanostachyum P. C. Keng (1983: 15); Li & Stapleton (2006: 97) [Type: *D. falcatum* (Nees) P. C. Keng (≡ *Arundinaria falcata* Nees)]

特征描述：灌木状竹类。<u>粗型地下茎</u>。秆丛生，末梢下垂，节间圆筒形，光滑，腔内无髓，节隆起，<u>秆中部芽宽卵形</u>；<u>分枝多</u>，小枝轮生，近等粗，纤细。秆箨脱落性；箨鞘纸质，长三角形而上部急尖；箨片钻形。<u>单次发生花序</u>，圆锥花序呈镰形簇生于花枝上；每小穗含 2-6 小花；颖片 2；鳞被 3；<u>雄蕊 3</u>，花药黄色；子房长圆形，花柱 1，柱头 2，羽毛状。颖果长圆形。

分布概况：10/4（4）种，**7-2 型**；分布于不丹，印度，尼泊尔；中国产西南。

系统学评述：镰序竹属隶属于竹亚科青篱竹族[28-30]。目前，尚未开展较为完善的镰序竹属分子系统学研究，仅有少数代表种用于青篱竹族的系统发育重建。基于多个叶绿体和核基因 DNA 片段的研究表明，喜马拉雅筱竹属、悬竹属与镰序竹属的亲缘关系比较近，为姐妹群[28-30,33]。

DNA 条形码研究：BOLD 网站有该属 1 种 2 个条形码数据。

代表种及其用途：该属一些种的秆可用来编织器皿。

14. *Fargesia* Franchet 箭竹属

Fargesia Franchet (1893: 1067); Li et al. (2006: 74) (Type: *F. spathacea* Franchet).——*Sinarundinaria* Nakai (1935: 1)

特征描述：灌木或小乔木状竹类。<u>粗型地下茎</u>。<u>秆柄粗短</u>，<u>两端不等粗</u>；秆丛生或近散生，直立，节间圆筒形；秆芽 1，长卵形贴生，或多枚半圆形，不贴生；<u>分枝多，近等粗</u>。<u>秆箨迟落或宿存</u>，箨耳、叶耳和缝毛有或无，箨片易脱落。<u>叶片小型</u>。<u>单次发生花序</u>，圆锥状或总状，<u>具佛焰苞</u>；<u>小穗柄细长</u>；颖片 2；鳞被 3；雄蕊 3；子房椭圆形，花柱 1-2，柱头 2-3，羽毛状。颖果细长。

分布概况：约 90/78（77）种，**14SH 型**；分布于喜马拉雅东部，越南；中国产西南。

系统学评述：箭竹属隶属于竹亚科青篱竹族[28-30]，是个多系或并系类群[28-30]。易同培[45]依据秆芽特征，将箭竹属分为 2 组 6 系，即圆芽箭竹组 *Fargesia* sect. *Ampullares* 和箭竹组 *F.* sect. *Fargesia*，圆芽箭竹组划分为 2 系，箭竹组划分为 4 系。在基于叶绿体片段的系统树中，箭竹属与玉山竹属 *Yushania*、镰序竹属、刚竹属 *Phyllostachys* 等聚在同 1 个分支内，属间关系未得到解决[28,29]；而基于核基因的系统树表明箭竹属与玉山竹属，以及巴山木竹属部分类群具有较近的亲缘关系[33,46]。

DNA 条形码研究：Cai 等[32]选取了该属 2 个种，即云南箭竹 *F. yunnanensis* Hsueh & T. P. Yi 和西藏箭竹 *F. macclureana* (Bor) Stapleton，分别测得 *mat*K、*rbc*L、*trn*H-*psb*A 和 ITS 条码信息，结果表明，ITS 能够将箭竹属 2 种与其他竹种区分开，且 ITS+*rbc*L 的分辨率最高。BOLD 网站有该属 7 种 32 个条形码数据；GBOWS 已有 5 种 38 个条形码数据。

代表种及其用途：该属近 20 多种是珍稀哺乳动物大熊猫的重要主食竹种；同时，该属几乎所有竹种对山地水土保持、减缓地表径流、涵养水源、调节小气候环境、促进农业稳产丰产等方面起着不同程度的有力作用。

15. *Ferrocalamus* Hsueh & P. C. Keng 铁竹属

Ferrocalamus Hsueh & P. C. Keng (1982: 3); Li & Stapleton (2006: 135) (Type: *F. strictus* Hsueh & P. C. Keng).

特征描述：小乔木状竹类。地下茎细型。秆节间圆筒形，甚长；节下方常有一圈白绒毛；秆壁厚，基部近实心；秆环脊状隆起；秆每节单分枝，与主秆近等粗。秆箨宿存性；箨耳小或无，鞘口繸毛发达。叶片大型；叶耳无或者与鞘口繸毛共存。单次发生花序呈大型圆锥状；每小穗含 3-10 小花，最上方 1 小花不育；颖片 2，小穗轴脱节于颖上；鳞被 3；雄蕊 3，花药黄色；花柱 1，柱头 2，羽毛状。果实浆果状。染色体 $2n$=46。

分布概况：3/2（2）种，**7-4** 型；分布于越南东北部；中国产云南南部。

系统学评述：铁竹属隶属于竹亚科青篱竹族[28-30]。目前，基于多个叶绿体和核基因 DNA 片段的研究表明，该属的近缘类群可能是箬竹属 *Indocalamus* 和短枝竹属 *Gelidocalamus* 的部分类群[28-30]。

DNA 条形码研究：BOLD 网站有该属 1 种 4 个条形码数据；GBOWS 已有 1 种 10 个条形码数据。

代表种及其用途：铁竹 *F. strictus* Hsueh & P. C. Keng 秆可用来做箭，因为严重的生境破坏，目前野生分布地狭小。

16. *Gaoligongshania* D. Z. Li, C. J. Hsueh & N. H. Xia 贡山竹属

Gaoligongshania D. Z. Li, C. J. Hsueh & N. H. Xia (1995: 598); Li & Stapleton (2006: 105) [Type: *G. megalothyrsa* (H. Handel-Mazzetti) D. Z. Li, C. J. Hsueh & N. H. Xia (≡ *Arundinaria megalothyrsa* H. Handel-Mazzetti)]

特征描述：灌木状竹类，有时附生于树干上。粗型地下茎。秆柄粗短；秆丛生，下部直立，上部下垂或攀援，节间圆筒形；秆芽 1，长圆形贴生；分枝 1，与主秆近等粗。箨鞘宿存，革质；箨耳大，镰形，具长繸毛；箨片外翻。小枝具叶 7-9，叶片大型。单次发生花序，大型圆锥花序；小穗柄长，具 4-9 小花，顶生 1 小花不孕；颖片 2；内外稃近等长；内稃具 2 脊，先端短 2 裂；鳞被 3，先端具缘毛；雄蕊 3；子房无毛，柱头 3，羽毛状。

分布概况：1/1（1）种，**15** 型；特产中国云南高黎贡山。

系统学评述：贡山竹属隶属于竹亚科青篱竹族，是个单型属[28-30]。基于叶绿体片段构建的系统树由于信息位点较少，未能表明贡山竹 *G. megalothyrsa* D. Z. Li, C. J. Hsueh & N. H. Xia 的近缘类群[29]；基于 ITS 构建的系统树表明该种与筱竹 *Thamnocalamus spathiflorus* (Trinius) Munro 关系较近，但支持率很低[46]；基于 GBSSI 构建的系统树则与

Oldeania alpina (K. Schumann) Stapleton 聚在一起，但支持率也很低[30,46]。

DNA 条形码研究：BOLD 网站有该属 1 种 4 个条形码数据。

17. *Gelidocalamus* T. H. Wen 短枝竹属

Gelidocalamus T. H. Wen (1982: 21); Zhu & Stapleton (2006: 132) (Type: *G. stellatus* T. H. Wen)

特征描述：灌木状竹类。<u>地下茎细型</u>。秆节间圆筒形；<u>秆每节分枝 7-12，可多达 20</u>，枝纤细，<u>无二级分枝</u>。秆箨宿存性，远短于节间；箨耳无或显著；箨片短锥状或狭披针形。<u>每小枝顶端多仅具 1 叶</u>。单次发生花序呈大型圆锥状，顶生于叶枝之上；小穗形小，大都为淡绿色；每小穗 3-5 小花，颖片 2；<u>外稃两侧扁，背部具脊</u>；内稃背部具二脊，先端截形；鳞被 3；<u>雄蕊 3</u>；花柱 1，<u>柱头 2，羽毛状，或仅为 1 柱头</u>。

分布概况：9/9（9）种，**15** <u>型</u>；中国产江西、浙江和广西。

系统学评述：短枝竹属隶属于竹亚科青篱竹族[28-30]。目前，基于多个叶绿体和核基因 DNA 片段的研究表明，短枝竹属不是单系，大多数类群与箬竹属 *Indocalamus* 关系较近，该属的界定及属内关系尚需进一步研究[28-30]。

DNA 条形码研究：BOLD 网站有该属 1 种 4 个条形码数据；GBOWS 已有 1 种 3 个条形码数据。

代表种及其用途：该属一些种的笋可食用。

18. *Himalayacalamus* P. C. Keng 喜马拉雅筱竹属

Himalayacalamus P. C. Keng (1983: 23); Li & Stapleton (2006: 98) [Type: *H. falconeri* (J. D. Hooker ex Munro) P. C. Keng (≡ *Thamnocalamus falconeri* J. D. Hooker ex Munro)]

特征描述：灌木状至小乔木状竹类。<u>粗型地下茎</u>。秆丛生，秆上部下垂，节间圆筒形，<u>秆中部芽宽卵形</u>；<u>分枝多，主枝明显</u>。箨鞘脱落性；箨片钻形。<u>单次发生花序</u>，总状花序簇生于花枝顶端；每小穗含 1（或 2）小花；颖片 2；鳞被 3；<u>雄蕊 3</u>；花柱 1，柱头 2，羽毛状。颖果长圆形。

分布概况：8/2 种，**7-2 型**；分布于不丹，印度，尼泊尔；中国产西藏。

系统学评述：喜马拉雅筱竹属隶属于竹亚科青篱竹族[28-30]。目前，对喜马拉雅筱竹属的系统学研究较少，仅有 1 代表种（喜马拉雅筱竹 *H. falconeri* (Munro) P. C. Keng 用于青篱竹族的系统发育重建）。基于多个叶绿体和核基因片段的研究表明，喜马拉雅筱竹属、悬竹属与镰序竹属的亲缘关系比较近，为姐妹群[28-30,33]。

DNA 条形码研究：BOLD 网站有该属 2 种 2 个条形码数据；GBOWS 已有 1 种 3 个条形码数据。

代表种及其用途：该属有些种庭园栽培，具观赏价值；有些种的秆可用于编织。

19. *Indocalamus* Nakai 箬竹属

Indocalamus Nakai (1925: 148); Wang & Stapleton (2006: 135) [Lectotype: *I. sinicus* (Hance) Nakai (≡ *Arundinaria sinica* Hance)]

特征描述：灌木状竹类。地下茎细型。节下方有一圈宿存的黄褐色绒毛或刚毛；单分枝，与主秆近等粗。秆箨宿存性；箨耳常发达；箨片披针形。叶片通常大型，小横脉明显。单次发生花序，呈总状或圆锥状；每小穗含数朵至多朵小花；颖片 2 或 3，卵形或披针形；外稃近革质，长圆形或披针形；内稃具 2 脊，短于外稃；鳞被 3；雄蕊 3；子房卵形；花柱 1，柱头 2（但在鄂西箬竹 *I. wilsonii* 中为 3），羽毛状。颖果成熟时黑褐色。染色体 2n=48。

分布概况：约 23/22（22）种，**14-2** 型；分布于日本；中国产长江以南。

系统学评述：箬竹属隶属于竹亚科青篱竹族[28-30]。在 FRPS 中，箬竹属被分为拟赤竹组 *Indocalamus* sect. *Rugosi* 和箬竹组 *I.* sect. *Indocalamus*，而在 FOC 中并未对该属进行属下划分。目前，基于多个叶绿体和核基因 DNA 片段的研究表明，传统上的箬竹属箬竹组和拟赤竹组均不是单系类群，模式种水银竹 *I. sinicus* (Hance) Nakai 及鄂西箬竹 *I. wilsonii* 都处在孤立的系统位置，该属的界定及属内关系尚不明确[28-30]。

DNA 条形码研究：已报道中国箬竹属 3 个种的叶绿体 DNA 条形码（*rbc*L、*mat*K 和 *trn*H-*psb*A）和其中 2 个种的 ITS 条形码信息。叶绿体 DNA 条形码不能够将箬竹属的类群与其他类群区分开来，而 ITS 条形码能够鉴别 1 个种[32]。BOLD 网站有该属 7 种 46 个条形码数据；GBOWS 已有 6 种 73 个条形码数据。

代表种及其用途：该属一些种的秆可用来做筷子和笔架；叶子可编制竹帽和包粽子。

20. *Indosasa* McClure 大节竹属

Indosasa McClure (1940: 28); Zhu & Stapleton (2006: 143) (Type: *I. crassiflora* McClure)

特征描述：乔木状竹类。地下茎细型。秆散生；节间在有分枝之一侧具沟槽；秆芽单生，分枝通常 3；节膨大，秆环甚隆起。秆箨脱落性，背面常被簇生、密集排列或稀疏小刺毛；箨片大，呈三角形或披针形。叶片通常较大。续次发生花序，呈圆锥状或总状；小穗无柄，在花序基部具先出叶及数枚逐渐增大的苞片，苞腋内具芽；颖通常 2；外稃形大而宽；内稃较窄；鳞被 3；雄蕊 6；花柱 1，柱头 3，羽毛状。

分布概况：约 15/13（13）种，**7-4** 型；分布于越南北部；中国产长江以南。

系统学评述：大节竹属隶属于竹亚科青篱竹族[28-30]。传统上，通常认为大节竹属与唐竹属 *Sinobambusa* 关系较近[FRPS]，无论是营养体还是生殖器官均很相似，不同之处在于唐竹属的小花具 3 雄蕊。分子系统学研究表明，大节竹属与唐竹属，以及具有单次发生花序的酸竹属、少穗竹属 *Oligostachyum*、苦竹属 *Pleioblastus* 和矢竹属 *Pseudosasa* 等聚在同 1 个分支，但属间关系尚未得到解决[29,30]。

DNA 条形码研究：Cai 等[32]报道了中华大节竹 *Indosasa sinica* C. D. Chu & C. S. Chao 和摆竹 *Indosasa shibataoides* McClure 的叶绿体片段 *rbc*L、*mat*K 和 *trn*H-*psb*A 及摆

竹的 ITS 的 DNA 条形码信息，叶绿体 DNA 条形码不能鉴别上述 2 个种，而 ITS 则可以将摆竹与其他竹种区分开来。BOLD 网站有该属 2 种 26 个条形码数据；GBOWS 已有 4 种 46 个条形码数据。

代表种及其用途： 该属一些种的秆可用来做棚架、围篱、编织器皿等；笋可食用。

21. *Oligostachyum* Z. P. Wang & G. H. Ye 少穗竹属

Oligostachyum Z. P. Wang & G. H. Ye (1982: 95); Wang & Stapleton (2006: 127) (Type: *O. sulcatum* Z. P. Wang & G. H. Ye).

特征描述： 灌木至乔木状竹类。地下茎细型。秆散生；节间在具分枝一侧扁平或具沟槽；分枝一般 3，枝通常开展。秆箨早落或迟落；箨耳及鞘口䍁毛俱缺。每小枝通常具叶 2-3；叶耳及鞘口䍁毛俱缺，叶片常较窄。单次发生花序，总状，稀圆锥状，花序着生的小枝通常覆以鳞片至鞘状的苞片，每个花序含 2-3（6）小穗；颖 1-3（5）；外稃及内稃背面均具微刺毛；鳞被 3；雄蕊 3-5；花柱 1，柱头 3，羽毛状。

分布概况： 15/15（15）种，**15 型**；中国产华东及华南。

系统学评述： 少穗竹属隶属于竹亚科青篱竹族[28-30]。少穗竹属的营养体特征与酸竹属较为接近，但酸竹属具有 6 雄蕊而与少穗竹属不同[FRPS, FOC]。分子系统学研究表明，少穗竹属与酸竹属、大节竹属、苦竹属 *Pleioblastus* 和矢竹属 *Pseudosasa* 为近缘类群[29,30]。

DNA 条形码研究： 已报道该属糙花少穗竹 *O. scabriflorum* (McClure) Z. P. Wang & G. H. Ye 的 DNA 条形码（*rbc*L、*mat*K、*trn*H-*psb*A 和 ITS）[32]，叶绿体 DNA 条形码不能将该种与其他竹种区分开，ITS 可以将该种与其他种区分开来。BOLD 网站有该属 4 种 19 个条形码数据；GBOWS 已有 3 种 45 个条形码数据。

22. *Phyllostachys* Siebold & Zuccarini 刚竹属

Phyllostachys Siebold & Zuccarini (1843: 745); Wang & Stapleton (2006: 163) (Lectotype: *P. bambusoides* Siebold & Zuccarini)

特征描述： 乔木或灌木状竹类。地下茎为细型。秆散生，圆筒形；节间在分枝的一侧具浅纵沟，秆每节分 2 枝。秆箨早落；箨耳无乃至大形；箨片长三角形或带状。末级小枝具 2 或 3 小叶。续次发生花序，花枝呈穗状至头状，具佛焰苞；假小穗含 1-6 小花；雄蕊 3；柱头 3。染色体 $2n=48$。

分布概况： 约 51/51（49）种，**14（15）型**；仅有少数分布于印度，越南；中国除东北、内蒙古、青海、新疆外，南北均产，长江流域至五岭山脉尤盛。

系统学评述： 刚竹属隶属于竹亚科青篱竹族[28-30]。刚竹属属下划分一直以来存在争议，王正平等依据秆箨、地下茎等形态特征将刚竹属分成 2 个组，但有些种兼具 2 个组的特征，这些种的归置尚存争议[47]。另外，地下茎的解剖特征也显示一些种具有中间过渡形态特征[48]。Hodkinson 等[49]基于 ITS 和 AFLP 数据对该属的 22 种开展研究，结果支持王正平等对该属的划分，并建议将原来的 2 组各分成 2 亚组，某些类群可能是杂交起源。最近的分子系统学研究表明，在叶绿体基因树中，刚竹属与苦竹属 *Pleioblastus*、箭竹属等 10 余属聚在同 1 分支，但属间关系尚不明确[29]；在核基因系统树中，刚竹属与鹅毛竹属 *Shibataea* Makino ex Nakai 具有比较近的关系[30]。

DNA 条形码研究：已报道刚竹属 2 个种的 DNA 条形码（*rbc*L、*mat*K 和 *trn*H-*psb*A）信息，3 个 DNA 条形码的物种鉴别率很低[32]。BOLD 网站有该属 13 种 58 个条形码数据；GBOWS 已有 5 种 43 个条形码数据。

代表种及其用途：刚竹属具有较大的经济价值和食用价值。早竹 *Phyllostachys violascens* (Carrière) Rivière & C. Rivière、毛竹 *P. edulis* (Carrière) J. Houzeau 等为常见笋用竹，毛竹的秆材被用于制造各种家具、竹炭等。龟甲竹 *P. edulis* cv. *heterocycla* (Carrière) Makino、紫竹 *P. nigra* (Loddiges ex Lindley) Munro 等具有较高的观赏价值。

23. *Pleioblastus* Nakai 苦竹属

Pleioblastus Nakai (1925: 145); Zhu & Stapleton (2006: 121) [Lectotype: *P. communis* (Makino) Nakai (≡ *Arundinaria communis* Makino)]

特征描述：灌木或乔木状竹类。地下茎细型。秆散生或稍丛生；节间在分枝一侧微扁平，节下方具白粉环；分枝 3-7（9）。秆箨宿存；箨鞘背面之基部密生一圈毛绒。每小枝通常具 3-5 叶。单次发生花序，总状或圆锥状，小穗具数小花，小花可逐节脱落；颖 2（5）；鳞被 3；雄蕊 3；花柱 1，柱头 3，羽毛状。花粉粒疣状或颗粒纹饰。

分布概况：约 40/17（15）种，**14SJ 型**；分布于东亚，日本最多；中国产长江中下游。

系统学评述：苦竹属隶属于竹亚科青篱竹族[28-30]。苦竹属的分类学主要由日本学者和中国学者做研究，曾发表在该属下的种名达 200 余种[37]。Suzuki[50]将该属进行了修订（仅包括日本的竹种），属下分为 3 组；FRPS 中将该属分为 2 亚属 4 组；FOC 未对该属进行属下划分。基于叶绿体分子片段的研究表明，日本的苦竹属类群与中国的类群聚在不同分支内[28,29]；基于核基因的研究表明，苦竹属与酸竹属、大节竹属和矢竹属 *Pseudosasa* 具有比较近的亲缘关系，该属是否为单系尚需进一步研究[30]。

DNA 条形码研究：已报道该属斑苦竹 *P. maculatus* (McClure) C. D. Chu & C. S. Chao 的 3 个叶绿体 DNA 条形码（*rbc*L、*mat*K 和 *trn*H-*psb*A）信息[32]，叶绿体 DNA 条形码不能将该种与其他竹种区分开。BOLD 网站有该属 5 种 17 个条形码数据；GBOWS 已有 3 种 22 个条形码数据。

代表种及其用途：该属竹种秆壁通常较厚，可作伞柄、帐秆、支架等；有些种可用于庭园绿化，如斑苦竹 *P. maculatus* (McClure) C. D. Chu & C. S. Chao。

24. *Pseudosasa* Makino ex Nakai 矢竹属

Pseudosasa Makino ex Nakai (1925: 150); Zhu, Li & Stapleton (2006: 115) [Lectotype: *P. japonica* (Siebold & Zuccarini ex Steudel) Makino ex Nakai (≡ *Arundinaria japonica* Siebold & Zuccarini ex Steudel)]

特征描述：灌木或乔木状竹类。地下茎细型。秆散生兼为多丛生；秆中部分枝 1-3，上部则可更多，枝上举而基部贴秆较紧。秆箨宿存或迟落；箨鞘质地较厚。叶鞘通常宿存。<u>单次发生花序</u>，总状或圆锥状，花枝下方具苞片；小穗长 2-20cm，含 2-30 小花；小穗轴节间可逐节脱落；颖片 2；鳞被 3；<u>雄蕊 3（4 或 5）</u>；花柱 1，柱头 3。花粉粒疣状纹饰。

分布概况：约 19/18（17）种，**14SJ 型**；分布于日本，韩国，朝鲜；中国产华南和华东南部。

系统学评述：矢竹属隶属于竹亚科青篱竹族[28-30]。矢竹属在 FRPS 中被划分为 2 亚属；FOC 等并未对该属进行属下划分。基于叶绿体片段的分子系统学研究表明，该属的中国类群与酸竹属、少穗竹属等类群具有较近的亲缘关系，而日本的类群则与日本的苦竹属亲缘关系较近[29]；基于核基因片段的分子系统学研究表明，矢竹属类群与酸竹属、苦竹属等具有比较近的亲缘关系，但矢竹属是否为单系、属间及种间关系尚需深入研究[30]。

DNA 条形码研究：目前该属茶秆竹 *P. amabilis* (McClure) P. C. Keng ex S. L. Chen *et al.*和篔竹 *P. hindsii* (Munro) S. L. Chen & G. Y. Sheng ex T. G. Liang 的叶绿体 DNA 条形码（*rbc*L、*mat*K 和 *trn*H-*psb*A）已被报道[32]，叶绿体 DNA 条形码不能将上述 2 种与其他竹种区分开。BOLD 网站有该属 4 种 27 个条形码数据；GBOWS 已有 4 种 54 个条形码数据。

代表种及其用途：矢竹 *P. japonica* (Siebold & Zuccarini ex Steudel) Makino ex Nakai 姿态优美，常被用于庭院栽培观赏；茶秆竹的秆纤维细长而坚韧、耐腐蚀，20 世纪初曾被大量出口，用于制作钓鱼秆、滑雪杆等。

25. *Sasa* Makino & Shibata 赤竹属

Sasa Makino & Shibata (1909: 18); Wang & Stapleton (2006: 109) [Lectotype: *S. albomarginata* (Miquel) Makino & Shibata (≡ *Phyllostachys bambusoides* Siebold & Zuccarini var. *albomarginata* Miquel)].
——*Sasamorpha* Nakai (1931: 180)

特征描述：小型灌木状竹类。<u>地下茎细型</u>。秆节间圆筒形，<u>秆壁厚</u>，秆节隆起或平坦；<u>常单分枝，与主秆近等粗</u>。秆箨宿存性；<u>箨耳常发达</u>；箨片披针形。叶片通常<u>大型</u>。<u>单次发生花序呈圆锥状</u>；<u>小穗成熟时紫色或红色</u>，小穗柄较长，每小穗含 4-8 小花；<u>颖片 2</u>；外稃近革质，先端具短芒；内稃纸质，背部具二脊；<u>鳞被 3</u>；<u>雄蕊 6</u>；花柱 1，<u>柱头 3</u>，羽毛状。颖果成熟时黑褐色。花粉粒颗粒纹饰。

分布概况：50-70/8（8）种，**14-2 型**；分布于日本，朝鲜，俄罗斯东部；中国产华南和华东。

系统学评述：赤竹属隶属于竹亚科青篱竹族[28-30]。在 FRPS 中，赤竹属被置于竹亚科赤竹亚族 Sasinae，而在 FOC 中并未划分亚族，这两本专著中均将该属划分为赤竹亚属 *Sasa* subgen. *Sasa* 和华箬竹亚属 *S.* subgen. *Sasamorpha*。目前，基于多个叶绿体和核基因片段的研究表明，赤竹属为多系，赤竹亚属和华箬竹亚属均不是单系，分布于日本的种形成 1 个分支，并且与青篱竹属可能具有比较近的关系，该属的界定及属内关系尚需进一步研究[28-30]。

DNA 条形码研究：BOLD 网站有该属 5 种 18 个条形码数据；GBOWS 已有 2 种 19 个条形码数据。

代表种及其用途：该属一些种可做盆景；一些种的秆可用来作筷子，叶子可做包装填料用。

26. *Semiarundinaria* Makino ex Nakai 业平竹属

Semiarundinaria Makino ex Nakai (1925: 150); Li & Stapleton (2006: 151) [Lectotype: *S. fastuosa* (Mitford) Makino ex Nakai (≡ *Bambusa fastuosa* Mitford)]. ——*Brachystachyum* Keng (1940: 151)

特征描述：小乔木或灌木状竹类。地下茎细型。节间圆筒形或在分枝一侧的下部微扁平；秆中部每节具 3 芽，起初生 3 枝，以后可增至数枝。秆箨脱落性；箨鞘厚纸质或革质，背部常被稀疏刺毛或毛绒毛；箨耳发达或多不存在，有鞘口繸毛；箨舌显著存在。假小穗 2-7 小花，单独或 2、3 生于各佛焰苞之腋内；雄蕊 3，成熟后伸出花外；柱头 3。花粉粒细颗粒状纹饰。染色体 2*n*=48。

分布概况：约 10/3（2）种，**14SJ** 型；分布于日本；中国长江以南。

系统学评述：业平竹属隶属于竹亚科青篱竹族[28-30]。在 FRPS 中，业平竹属被置于竹亚科倭竹族倭竹亚族，而在 FOC 中则将短穗竹属 *Brachystachyum* 归并到该属。分子系统学研究结果与经典分类存在较大冲突，业平竹属与矢竹属等 8 个属的部分种构成青篱竹族的第 VI 分支，并且与日本的苦竹属、矢竹属等类群关系较近[28]，而短穗竹属则与刚竹属等 10 余属聚在第 V 分支[28,29]。对业平竹属种间关系的研究较少，将短穗竹属归并到业平竹属的处理目前没有得到分子系统学研究支持。

DNA 条形码研究：BOLD 网站有该属 1 种 3 个条形码数据；GBOWS 已有 2 种 11 个条形码数据。

代表种及其用途：该属竹种常栽培供观赏，如业平竹 *S. fastuosa* (Mitford) Makino。

27. *Shibataea* Makino ex Nakai 鹅毛竹属

Shibataea Makino ex Nakai (1933: 83); Wang & Stapleton (2006: 161) [Lectotype: *S. kumasasa* (Zollinger ex Steudel) Nakai (≡ *Bambusa kumasasa* Zollinger ex Steudel)]

特征描述：小型灌木状竹类。地下茎细型。秆高通常在 1m 以下；秆每节具 2 芽；节间在接近枝条的一侧具纵沟槽，秆壁厚，空腔小，秆每节分枝 3-5，枝短而细，常不具次级分枝。箨鞘早落性；箨耳及繸毛均不发达；箨舌较发达；箨片小。枝具 1 或 2 叶。续次发生花序；假小穗生于苞片腋内，基部的 1 或 2 花两性，上方者则为雄性，顶端小花退化为中性；雄蕊 3；柱头 3。颖果。花粉粒颗粒状纹饰。染色体 2*n*=48。

分布概况：7/7（7）种，**14（SJ）**型；分布于日本；中国产东南沿海、安徽和江西。

系统学评述：鹅毛竹属隶属于竹亚科青篱竹族[28-30]。在大多数分类系统中，鹅毛竹属被置于竹亚科倭竹亚族[51]。分子系统学研究表明，在叶绿体基因树中，鹅毛竹属与铁竹属、箬竹属等属的部分类群具有比较近的关系[28,29]；而在核基因系统树中，鹅毛竹属与刚竹属的关系比较近[30]。对鹅毛竹属的种间关系研究较少，目前基于叶绿体和核基因片段的研究支持鹅毛竹属是个单系[28,29]，但种间关系未得到澄清。

DNA 条形码研究： BOLD 网站有该属 2 种 3 个条形码数据。

代表种及其用途： 该属竹种常栽培供观赏，亦可用于制作盆景材料，如鹅毛竹 *S. chinensis* Nakai 等。

28. *Sinobambusa* Makino ex Nakai 唐竹属

Sinobambusa Makino ex Nakai (1925: 152); Zhu, Yang & Stapleton (2006: 115) [Lectotype: *S. tootsik* (Makino) Makino ex Nakai (≡ *Arundinaria tootsik* Makino)]

特征描述： 灌木或乔木状竹类。地下茎细型。秆散生，间或丛生；节间在分枝一侧下半部扁平；箨环木栓质；分枝 3，秆上部有时可多至 5-7。秆箨脱落性，箨鞘背面通常具毛。每小枝具 3-9 叶。续次发生花序，花序下方具苞片；每小穗含小花可达 50；成熟时小穗轴可逐节脱落；颖通常缺；外稃革质，先端具小尖头；鳞被 3；雄蕊 3，偶有 2 或 4；花柱 1，柱头 2 或 3，羽毛状。

分布概况： 10/10（9）种，**7-4 型**；分布于越南；中国产长江以南。

系统学评述： 唐竹属隶属于竹亚科青篱竹族[28-30]。传统上的观点认为唐竹属与大节竹属形态相近，仅雄蕊数目不同[52,53]。温太辉将唐竹属分为 2 组[52]；FRPS 和 FOC 并未对该属进行属下分类。分子系统学研究表明，唐竹属与大节竹属、酸竹属、少穗竹属等具有较近的亲缘关系[29,30]。

DNA 条形码研究： BOLD 网站有该属 1 种 2 个条形码数据。

代表种及其用途： 唐竹 *S. tootsik* (Makino) Makino 秆挺拔，姿态潇洒，可用于庭园观赏；其他竹种可用于编织器皿等。

29. *Thamnocalamus* Munro 筱竹属

Thamnocalamus Munro (1868: 33); Li & Stapleton (2006: 73) [Lectotype: *T. spathiflorus* (Trinius) Munro (≡ *Arundinaria spathiflora* Trinius)]

特征描述： 灌木状竹类。粗型地下茎。秆丛生，秆顶端下垂；秆中部每节常为 5 枝，主枝稍明显。箨鞘脱落性，常短于节间，上部窄圆形；箨片直立，三角形或披针形，不紧密地与箨鞘相连。单次发生花序，总状花序着生于花枝上，生于 1 大型佛焰苞之腋内；颖片 2；鳞被 3；雄蕊 3；子房椭圆形，花柱 1，柱头常 3，羽毛状。

分布概况： 2-4/1 种，**7-2 型**；分布于不丹，印度东北，尼泊尔；中国产西藏南部。

系统学评述： 筱竹属隶属于竹亚科青篱竹族[28-30]。目前，尚未开展较为完善的筱竹属分子系统学研究，仅有少数代表种用于青篱竹族的系统发育重建[28-30]。

DNA 条形码研究： BOLD 网站有该属 1 种 5 个条形码数据。

代表种及其用途： 该属一些种的秆可用来编织器皿。

30. *Yushania* P. C. Keng 玉山竹属

Yushania P. C. Keng (1957: 355); Li et al. (2006: 57) [Type: *Y. niitakayamensis* (Hayata) P. C. Keng (≡ *Arundinaria niitakayamensis* Hayata)]

特征描述：灌木状高山竹。粗型地下茎。<u>秆柄细长</u>，<u>粗细一致</u>，20-50cm；<u>秆散生</u>；<u>秆芽 1</u>，<u>贴生</u>；<u>分枝 1</u>，<u>与秆近等粗</u>，<u>若多数则细弱且各枝间近等粗</u>。箨鞘迟落或宿存。<u>单次发生花序</u>，总状或圆锥状顶生，<u>无佛焰苞</u>；小穗柄细长，具 2-8（14）小花，紫色或紫褐色；颖 2；外稃先端锐尖或渐尖；内稃等长或略短于外稃；鳞被 3；雄蕊 3；花柱 1，短，柱头 2（3），羽毛状。<u>颖果长椭圆形</u>，<u>具腹沟</u>。染色体 2*n*=48。

分布概况：约 80/58（57）种，**14SH（→6d）**型；分布于亚洲东南部及非洲；中国南北均产，横断山脉地区尤盛。

系统学评述：玉山竹属隶属于竹亚科青篱竹族[28-30]。易同培[54]依据秆每节分枝数不同，将玉山竹属分为 2 组，即短锥玉山竹组 *Yushania* sect. *Brevipaniculatae* 和玉山竹组 *Y.* sect. *Yushania*。从形态上来看，玉山竹属与箭竹属比较接近。分子系统学研究表明玉山竹属不是单系，可能为并系或多系[28-30,33,46]。在基于叶绿体片段构建的系统发育树中，玉山竹属与箭竹属、镰序竹属、刚竹属等聚在同 1 个分支内，但属间关系没有得到解决[29]；而核基因构建的系统树则显示，玉山竹属与箭竹属可能具有比较近的亲缘关系[30,33,46]。

DNA 条形码研究：Cai 等[32]利用 4 个 DNA 条形码（*mat*K、*rbc*L、*trn*H-*psb*A 和 ITS）对该属的 4 个种进行鉴别，3 个叶绿体条形码仅成功鉴定 1 种，ITS 鉴定成功 3 种。BOLD 网站有该属 7 种 38 个条形码数据；GBOWS 已有 6 种 70 个条形码数据。

代表种及其用途：该属竹种除一些基本用途（工具或编织器皿）之外，有的种是珍稀哺乳动物大熊猫的主食竹种。

五、Bambuseae 簕竹族

31. *Bambusa* Schreber 簕竹属

Bambusa Schreber (1789: 236), *nom. cons.*; Xia et al. (2006: 9) [Type: *B. arundinacea* (Retzius) Willdenow (≡ *Bambos arundinacea* Retzius)]. ——*Dendrocalamopsis* Q. H. Dai & X. L. Tao (1983: 11), *Lingnania* McClure (1940: 35), *Neosinocalamus* P. C. Keng (1983: 12)

特征描述：灌木或乔木状竹类。<u>粗型地下茎</u>。秆丛生；每节数枝至多枝，<u>簇生</u>，<u>主枝较为粗长</u>，且能再分次级枝，秆下部分枝上所生的小枝或可短缩为硬刺或软刺。秆箨脱落性；<u>常具箨耳 2</u>；<u>箨片通常直立</u>。<u>续次发生花序</u>；小穗含 2 至多小花；小穗轴具关节，易折断；颖片 1-3；鳞被 2 或 3；<u>雄蕊 6</u>；花柱 1，柱头 3，羽毛状。

分布概况：约 100/80（67）种，**2-2** 型；分布于亚洲热带和亚热带地区；中国产华南和西南。

系统学评述：簕竹属隶属于竹亚科簕竹族簕竹亚族 Bambusinae。簕竹族包括 7 个亚族，其中 3 个亚族分布于新世界热带（以南美洲为主），其他 4 个亚族分布于旧世界热带（亚洲，非洲和澳大利亚北部）。簕竹亚族包括簕竹属、牡竹属等 28 属，该亚族与 Hickliinae 亚族、总序竹亚族 Racemobambosinae 具有较近的关系[13,55,56]。基于多个叶绿体和核基因 DNA 片段的分子证据表明簕竹属与牡竹属 *Dendrocalamus*、巨竹属 *Gigantochloa* 具有较近的亲缘关系，共同构成了 BDG 复合群，但属间关系尚未解决，并且存在叶绿体和核基因系统树不一致的情况，该复合群可能有着复杂的进化历史[57,58]；同时，基于少数代表种取样的分子系统学研究尚不能确定簕竹属是否为单系，且传统上其属下 4 个亚属：簕竹亚属 *Bambusa* subgen. *Bambusa*、孝顺竹亚属 *B.* subgen. *Leleba*、绿竹亚属 *B.* subgen. *Dendrocalamopsis* 和单竹亚属 *B.* subgen. *Lingnania* 的划分也没有得到分子系统学的支持[57-61]。

DNA 条形码研究：BOLD 网站有该属 41 种 127 个条形码数据；GBOWS 已有 1 种 2 个条形码数据。

代表种及其用途：该属多数种均具有较高的经济利用价值，如作为建筑用材、提供食用笋等。

32. *Bonia* Balansa 单枝竹属

Bonia Balansa (1890: 29); Xia & Stapleton (2006: 49) (Type: *B. tonkinensis* Balansa). ——*Monocladus* L. C. Chia, H. L. Fung & Y. L. Yang (1988: 211)

特征描述：亚灌木状竹类。粗型地下茎。秆丛生，实心；分枝单一，枝实心，与主秆近等粗。秆箨宿存，革质，箨耳发达，近镰刀形或宽镰刀形，小横脉清晰可见。花枝侧生或自叶枝顶端生出；续次发生花序；假小穗数枚簇生于花枝各节；每小穗含 5-9 小花，仅顶生 1 花不育；颖片 2；鳞被 3；雄蕊 6；子房长圆形，花柱极短，柱头 3，羽毛状。

分布概况：5/4（4）种，**15** 型；分布于越南；中国产华南。

系统学评述：单枝竹属隶属于竹亚科簕竹族簕竹亚族[13]。在大多数分类系统中，单枝竹属被置于簕竹亚族[57]，而 FRPS 中却将该属置于梨竹族（等同于梨竹亚族）。基于多个叶绿体和核基因片段的研究表明，单枝竹属为簕竹亚族的成员，其与新小竹属构成姐妹群[57]，属下分类系统也得到了较好的解决[57]。

DNA 条形码研究：BOLD 网站有该属 4 种 6 个条形码数据；GBOWS 已有 2 种 5 个条形码数据。

代表种及其用途：该属一些种类可以作为造纸的原料，如单枝竹 *B. saxatilis* (L. C. Chia, H. L. Fung & Y. L. Yang) N. H. Xia 等。

33. *Cephalostachyum* Munro 空竹属

Cephalostachyum Munro (1868: 138); Li & Stapleton (2006: 54) (Lectotype: *C. capitatum* Munro)

特征描述：小型乃至大型竹类。粗型地下茎。秆丛生，梢头下垂，有时为半攀援状；节间极长，平滑；秆壁甚薄；每节分枝多数，在节上呈半轮生状，近等粗。秆箨脱落性；箨片外翻，有时直立。续次发生花序；花枝各节着生有多数假小穗，排列成球形的簇丛；

每小穗含 1 小花；颖片 2 或 3；鳞被 3；雄蕊 6；子房卵圆球形，花柱长，柱头 2 或 3，羽毛状。果实呈坚果状，长圆形。

分布概况：9/6 种，**6 型**；分布于南亚和东南亚；中国产云南和西藏墨脱。

系统学评述：空竹属隶属于竹亚科箣竹族梨竹亚族 Melocanninae[13]。基于多个叶绿体和核基因片段的证据表明，空竹属与篌箭竹属 Schizostachyum 为近缘类群，这 2 个属的类群嵌套分布于同 1 分支内，空竹属的单系及其属下分类还有待进一步研究[57,62]。

DNA 条形码研究：BOLD 网站有该属 7 种 10 个条形码数据；GBOWS 已有 1 种 2 个条形码数据。

代表种及其用途：该属一些种类的竹秆节间常被傣族群众用来制作竹筒饭，如香糯竹 C. pergracile Munro 等。

34. *Dendrocalamus* Nees 牡竹属

Dendrocalamus Nees (1835: 476); Li & Stapleton (2006: 39) [Type: *D. strictus* (Roxburgh) Nees (≡ *Bambos stricta* Roxburgh)]

特征描述：乔木状竹类。地下茎粗型。秆丛生，梢端下垂；秆壁厚；节内常被密绒毛。箨鞘脱落性，革质；箨耳不明显或缺；箨舌明显；箨片常外翻。叶耳缺或不明显；叶舌发达；叶片常大型。续次发生花序；假小穗多数时常密集呈头状或球形；苞片 1-4；顶生小花常不孕；小穗轴很短，无关节；颖片 1-3；鳞被缺；雄蕊 6；子房被柔毛，羽状柱头 1，稀 2 或 3。果实囊果状或坚果状。花粉粒颗粒纹饰。

分布概况：40/27（15）种，**6 型**；分布于亚洲热带和亚热带地区；中国产西南。

系统学评述：牡竹属隶属于竹亚科箣竹族箣竹亚族[13]。李德铢和薛纪如[63-65]对中国的牡竹属开展了详细的分类学研究，并提出将牡竹属划分为 2 亚属 5 组，这一观点被FRPS 采纳，而在 FOC 中，仅将牡竹属划分为 2 亚属。郭永兵[66]在综合形态学、分子系统学等多学科研究的基础上，提出国产牡竹属的新分类系统，将牡竹属划分为 3 亚属 7 组。近期的分子系统学研究表明，牡竹属与箣竹属、巨竹属 Gigantochloa 等共同构成BDG 复合群，经典分类中的亚属和组未得到支持[57,58,60]。

DNA 条形码研究：BOLD 网站有该属 18 种 50 个条形码数据；GBOWS 已有 5 种 55 个条形码数据。

代表种及其用途：该属竹种为良好的建筑和篾用竹材；笋经加工漂洗和蒸煮后能制作笋丝和笋干；部分竹种具有很好的观赏价值，可作庭院观赏竹。

35. *Gigantochloa* Kurz ex Munro 巨竹属

Gigantochloa Kurz ex Munro (1868: 123); Li & Stapleton (2006: 46) [Lectotype: *G. atter* (Hasskarl) Kurz ex Munro (≡ *Bambusa thouarsii* Kunth var. *atter* Hasskarl)]

特征描述：乔木状竹类。粗型地下茎。秆丛生，直立，梢端可下垂，常被毛；分枝习性高，每节多分枝，主枝显著。秆箨早落性，坚硬，厚革质，常密被小刺毛；箨耳常不明显；箨片直立或外翻。叶片大型。续次发生花序；假小穗可聚集呈球形簇团；小穗常有能孕与不孕二型；小穗轴节间极短缩；鳞被常不存在；雄蕊 6，花丝幼时连合成 1 较粗短的花丝管；花柱 1，柱头常单一。

分布概况：约 30/6（2）种，**6 型**；分布于东南亚及南亚的热带雨林；中国产云南、香港和台湾。

系统学评述：巨竹属隶属于竹亚科簕竹族簕竹亚族[13]。基于多个叶绿体和核基因片段的证据表明，巨竹属与牡竹属和簕竹属具有较近的亲缘关系，共同构成了 BDG 复合群，但其内部关系尚未解决，并且存在叶绿体和核基因系统树不一致的情况，该复合群可能有着复杂的进化历史，巨竹属的单系问题也尚存疑问[57,58]，且该属仅有少数代表种取样用来进行分子系统学研究，其属下分类问题有待进一步研究。

DNA 条形码研究：BOLD 网站有该属 8 种 12 个条形码数据。

代表种及其用途：该属一些种类的竹材可以用来编制竹器，为常用的篾用竹，如黑毛巨竹 *G. nigrociliata* (Buse) Kurz 等。

36. *Melocalamus* Bentham 梨籐竹属

Melocalamus Bentham (1883: 1212); Li & Stapleton (2006: 48) [Type: *M. compactiflorus* (Kurz) Benth. (≡ *Pseudostachyum compactiflorum* Kurz)]

特征描述：地下茎粗型。秆攀援状，丛生；秆表面略具硅质，秆壁极厚；箨环、秆环明显；秆芽 1，可增大如空中的笋；每节多分枝簇生，有 1-3 粗壮主枝，可取代主秆。箨鞘迟落，革质，坚硬。叶大型。续次发生花序；假小穗多枚成头状丛生于花枝各节；颖 2；鳞被 3；雄蕊 6。果实大型浆果状，近球状，黑褐色，表面呈密集瘤状凸起，果皮厚。种子大，肉质。

分布概况：5/4（3）种，**7 型**；分布于孟加拉国，印度（阿萨姆邦），缅甸；中国产西南。

系统学评述：梨籐竹属隶属于竹亚科簕竹族簕竹亚族[13]。目前，尚未开展较完善的梨籐竹属分子系统学研究，基于叶绿体片段和核基因的分子系统学研究包括了该属 3 个种，研究表明该属与簕竹属、牡竹属等关系较近，但其最近缘属尚不明确[57,60]。在《中国种子植物科属词典》（修订版）中，收录了籐竹属 *Dinochloa* L. H. Buse，但在 FRPS 和 FOC 中并不认为该属在中国有分布，其中 *Dinochloa diffusa* (Blanco) Merrill=*Schizostachyum diffusum* (Blanco) Merrill、*Dinochloa compactiflora* (Kurz) McClure=*Melocalamus compactiflorus* (Kurz) Bentham、*Dinochloa bambusoides* Q. H. Dai=*Melocalamus arrectus* T. P. Yi。McClure F. A.于 1940 年发表的产于海南的 3 个种 *Dinochloa orenuda* McClure、*D. puberula* McClure 和 *D. utilis* McClure 是否为籐竹属的种有待进一步考究，此处暂不收录该属。

DNA 条形码研究：BOLD 网站有该属 4 种 4 个条形码数据。

代表种及其用途：秆材柔韧，适于编织；部分种的果实供食用；竹株观赏价值高。

37. *Melocanna* Trinius 梨竹属

Melocanna Trinius (1821: 43); Xia & Stapleton (2006:56) [Type: *M. bambusoides* Trinius, *nom. illeg.* (=M.

baccifera (Roxburgh) Kurz ≡ *Bambusa baccifera* Roxburgh)]

特征描述：乔木状竹类。地下茎粗型。秆柄延伸成假鞭；秆散生；秆壁甚薄；每节上多枝簇生，近等粗。箨鞘宿存，革质；箨耳无；箨舌低矮；箨片线状三角形。叶耳缺失，鞘口缝毛发达；叶片大型，基部呈不对称楔形。续次发生花序；假小穗作两侧扁，2-4 聚生于花枝各节，簇丛基部有苞片；鳞被 2；雄蕊 5-7；花柱 1，柱头 2-4，羽状。浆果大，梨形，先端具长喙，果皮肉质。种子无胚乳，可在母株上发芽。

分布概况：2/1 种，**7-2 型**；分布于孟加拉国，印度和缅甸；中国引种栽培。

系统学评述：梨竹属隶属于竹亚科箣竹族梨竹亚族[13]。分子系统学研究表明，梨竹属与泡竹属 *Pseudostachyum*、篾箬竹属和空竹属具有较近的亲缘关系，但上述属的属间关系尚未得到解决[57,62]。

DNA 条形码研究：BOLD 网站有该属 1 种 6 个条形码数据。

代表种及其用途：秆为造纸上等原料，劈篾可供编织；竹叶可酿酒，果可食；地下茎的假鞭类似黄藤，可作为黄藤的代用品。

38. *Neomicrocalamus* P. C. Keng 新小竹属

Neomicrocalamus P. C. Keng (1983: 10); Li *et al.* (2013: 605) [Type: *N. prainii* (Gamble) P. C. Keng (≡ *Microcalamus prainii* J. S. Gamble)]

特征描述：攀援状或斜倚竹类。粗型地下茎。秆纤细瘦长，表面光滑，节处肿胀；秆壁厚，常可实心；多分枝，短而近等长，一般不再分枝，有时 1 显著较粗的主枝可替代主秆。秆箨宿存性；箨鞘纸质或软骨质，中部以上渐变窄，先端突出为极窄的尖头；箨片锥形。续次发生花序，花枝可再分枝，呈总状或圆锥状；假小穗单生于花枝各节的苞腋内，含 3-6 小花和 1 顶生不孕小花；鳞被 3；雄蕊 6，花药紫色；花柱 1，柱头 3，羽毛状。

分布概况：4/1 种，**7 型**；分布于不丹，印度东北部，越南；中国产西藏南部和云南西部。

系统学评述：新小竹属隶属于竹亚科箣竹族箣竹亚族[13]。不同的分类学者将新小竹属置于箣竹亚族或总序竹亚族之中，有些学者将该属并入总序竹属 *Racemobambos*[57]。分子系统学研究表明新小竹属应置于箣竹亚族，该属与单枝竹属构成姐妹群[57]。

DNA 条形码研究：BOLD 网站有该属 2 种 2 个条形码数据。

代表种及其用途：新小竹 *N. prainii* (Gamble) P. C. Keng 秆坚韧，为制造毛线针的良好材料。

39. *Pseudostachyum* Munro 泡竹属

Pseudostachyum Munro (1868: 141); Xia & Stapleton (2006: 55) (Type: *P. polymorphum* Munro)

特征描述：灌木状竹类。地下茎粗型。秆柄可延伸成假鞭；秆散生，梢端下垂；节间光滑，秆壁很薄；每节多分枝簇生。箨鞘早落，常长于节间，先端截形或稍弧形下凹；

箨耳微小；箨舌低矮；<u>箨片三角形</u>，<u>直立</u>，易落。<u>续次发生花序</u>；假小穗单生或数枚簇生于花枝各节的苞片腋内，小穗含 1 孕性小花；颖片 1；<u>鳞被 3-5</u>；<u>雄蕊 6</u>；子房无毛，柱头 2，被毛。<u>果实球状</u>，<u>先端具喙</u>，基部宿存颖、稃片和鳞被，果皮质脆。

分布概况：1/1 种，**7-2 型**；分布于不丹，印度东北部，缅甸，越南；中国产广东、广西和云南。

系统学评述：泡竹属为单型属，隶属于竹亚科簕竹族梨竹亚族[13]。分子系统学研究表明泡竹属与空竹属、箣箬竹属 *Schizostachyum* 和梨竹属具有比较近的亲缘关系[57,62]。

DNA 条形码研究：BOLD 网站有该属 1 种 3 个条形码数据。

代表种及其用途：假鞭为编制鱼苗分级筛和鱼箔的材料，秆劈篾用以捆扎柴草或编织篱笆墙壁，新鲜竹筒可盛放糯米蒸食。

40. *Schizostachyum* Nees 箣箬竹属

Schizostachyum Nees (1829: 535); Xia & Stapleton (2006: 50) (Type: *S. blumei* Nees). ——*Leptocanna* L. C. Chia & H. L. Fung (1981: 212)

特征描述：乔木状，有时灌木或攀援状。<u>地下茎粗型</u>。节间表面具硅质而粗糙，秆壁薄；每节多分枝簇生，近等粗。箨鞘迟落，革质至厚纸质，硬脆，鞘口常具缝毛；箨片外翻，腹面密被刺毛。叶片大型。<u>续次发生花序</u>；假小穗有时可直接生于主秆各节；小穗含 1 或 2 孕性小花，小穗轴易折断；<u>颖片缺</u>；内稃背部无脊；<u>鳞被无</u>，有时 1-3；<u>雄蕊 6</u>；子房具柄，羽状柱头 3。<u>颖果纺锤形</u>，先端具宿存花柱。

分布概况：50/9（5）种，**7 型**，分布于亚洲东南部；中国产江西、台湾、广东、海南、广西和云南。

系统学评述：箣箬竹属隶属于竹亚科簕竹族梨竹亚族[13]。基于多个叶绿体片段和核基因片段的分析表明，箣箬竹属并非单系，与空竹属聚在同 1 个分支内，这 2 个属的属间及种间关系尚不明确[57,62]。基于分子系统学研究，对箣箬竹属和空竹属进行了分类修订[67,68]。此外，Yang 等[57]的研究表明薄竹属 *Leptocanna* 与空竹属关系较近，而在 FOC 中，薄竹属被并入箣箬竹属。

DNA 条形码研究：BOLD 网站有该属 14 种 17 个条形码数据；GBOWS 已有 3 种 15 个条形码数据。

代表种及其用途：多作种植观赏用，部分种竹竿可作劈篾编织用，又可作竹篱笆墙，细长节间可制鼻笛。苗竹仔 *S. dumetorum* (Hance) Munro 地下茎可入药。

41. *Thyrsostachys* Gamble 泰竹属

Thyrsostachys Gamble (1894: 1); Li & Stapleton (2006: 38) (Type: *T. oliveri* Gamble)

特征描述：中型乔木状竹类。粗型地下茎。秆丛生，<u>直立</u>，<u>梢头劲直</u>；<u>分枝习性高</u>，<u>每节 3 至多分枝</u>，<u>半轮生状</u>，<u>主枝不甚明显</u>。秆箨宿存，质薄；箨耳缺；<u>箨片形窄长</u>，<u>直立</u>。花枝无叶，为多分枝的大型圆锥花序状。<u>续次发生花序</u>；假小穗松散的排列于花枝各节；每小穗含 3-4 小花；小穗轴具关节；颖片 1 或 2；<u>鳞被常不存在</u>；<u>雄蕊 6</u>；子房小，纺锤形，花柱 1，柱头 1-3，羽毛状。染色体 $2n=70\pm2$。

分布概况：2/2 种，**7-2 型**；分布于缅甸，泰国；中国产云南南部，东南沿海亦有栽培。

系统学评述：泰竹属隶属于竹亚科簕竹族簕竹亚族[13]。在大多数分类系统中，泰竹属被置于簕竹亚族[57]，而 FRPS 中却将该属置于梨竹族（等同于梨竹亚族）。分子系统学研究表明，泰竹属与簕竹亚族的核心类群 BDG 复合群具有较近的亲缘关系，但属间关系尚需进一步研究[57,58]。

DNA 条形码研究：BOLD 网站有该属 2 种 5 个条形码数据。

代表种及其用途：作为园林植物栽培，具有很高的观赏价值。

IV. Pooideae 早熟禾亚科

六、Brachyelytreae 短颖草族

42. *Brachyelytrum* P. Beauvois 短颖草属

Brachyelytrum P. Beauvois (1812: 155); Lu et al. (2006: 187) [Type: *B. erectum* (Schreb.) P. Beauvois (≡ *Muhlenbergia erecta* Schreber)]

特征描述：多年生草本。叶舌膜质；叶片狭线性，有或无不明显的横脉，基部渐狭。圆锥花序狭窄；小穗线形，含 1 小花，背腹压扁，脱节于颖之上，小穗轴延伸于内稃之后成 1 细长刺毛；颖微小，第一颖常缺，第二颖窄狭，常渐尖作芒状；外稃质较硬，具 5 脉，基部具偏斜的基盘，先端延伸成 1 细直芒；内稃与外稃等长；雄蕊 2。叶片解剖无花环结构，无纺锤细胞，无臂细胞。染色体 $x=11$；$2n=22$。

分布概况：3/1 种，**9 型**；分布于亚洲东部与北美；中国产安徽、江苏、江西、云南和浙江。

系统学评述：Clayton 和 Renvoize[16]将该属构成的单型族短颖草族放在竹亚科，但最近的分子系统学研究表明该族属于早熟禾亚科，并且是早熟禾亚科的最基部分支，构成早熟禾亚科所有其他类群的姐妹群[2,3]，是个单系类群。

DNA 条形码研究：BOLD 网站有该属 2 种 14 个条形码数据；GBOWS 已有 1 种 4 个条形码数据。

七、Phaenospermateae 显子草族

43. *Phaenosperma* Munro ex Bentham 显子草属

Phaenosperma Munro ex Bentham (1881: 59); Lu et al. (2006: 187) (Type: *P. globosum* Munro ex Bentham)

特征描述：直立而较高大的草本。叶片宽线形，有小横脉，基部具狭窄假叶柄。圆锥花序顶生，开展；小穗有 1 小花，背腹压扁，无芒，两性，脱节于颖之下；颖膜质；

外稃草质兼膜质，具 3-5 脉，与第二颖等长；内稃与外稃同质而稍短于外稃；鳞被 3；雄蕊 3。颖果倒卵球形，具宿存的部分花柱，成熟时露出于稃外。叶片解剖无花环结构，无纺锤细胞，无臂细胞。染色体 $x=12$；$2n=24$。

分布概况：1/1 种，**14SJ 型**；东亚特产；中国产西北、西南和南部。

系统学评述：Clayton 和 Renvoize[16]将该属构成的单型族显子草族放在竹亚科，最近的分子系统学研究确认该族应置于早熟禾亚科，并且是早熟禾亚科较为早出的类群，与澳大利亚特有的单种属 *Anisopogon* 聚为 1 支[2,3]，但该分支没有得到稳定的支持，目前显子草族的近缘类群仍未解决。显子草属是单系类群。

DNA 条形码研究：BOLD 网站有该属 1 种 6 个条形码数据；GBOWS 已有 1 种 24 个条形码数据。

八、Stipeae 针茅族

44. *Achnatherum* P. Beauvois 芨芨草属

Achnatherum P. Beauvois (1812: 146); Wu et al. (2006: 206) [Lectotype: *A. calamagrostis* (Linnaeus) P. Beauvois (≡ *Agrostis calamagrostis* Linnaeus)]. ——*Timouria* Roshevitz (1916: 173. t. 12)

特征描述：多年生丛生草本。叶片通常内卷，稀扁平。圆锥花序顶生、狭窄或开展；小穗含 1 小花，两性，小穗轴脱节于颖之上；两颖近等长或略有上下，宿存，膜质或兼草质，先端尖或渐尖，稀钝圆；外稃较短于颖，圆柱形，厚纸质，成熟后略变硬，顶端具 2 微齿，背部被柔毛，芒从齿间伸出，膝曲而宿存；基盘钝或较尖，具髯毛；内稃具 2 脉，无脊，脉间具毛，成熟后背部多少裸露；鳞被 3；雄蕊 3，花药顶端具毫毛或稀无毛。

分布概况：50/18（6）种，**9 型**；分布于欧亚温寒地带；中国主产西北。

系统学评述：Jacobs 等[69]根据 ITS 序列分析，提出早熟禾亚科针茅族的广义芨芨草属不是单系类群。Romaschenko 等[70]根据叶绿体基因（*trn*K-*mat*K、*mat*K、*trn*H-*psb*A、*trn*L-F）和核基因 ITS 片段，Barkworth 等[71]根据 ITS、*trn*H-*psb*A、*trn*C-L、*trn*K-*rps*16，进一步证实芨芨草属是个多系类群。目前仍未解决芨芨草属的范畴及属下分类系统划分的问题。

DNA 条形码研究：BOLD 网站有该属 41 种 138 个条形码数据；GBOWS 已有 4 种 46 个条形码数据。

代表种及其用途：该属多数种类用作饲料。

45. *Duthiea* Hackel 毛蕊草属

Duthiea Hackel (1895: 200); Wu et al. (2006: 191) (Type: *D. bromoides* Hackel)

特征描述：多年生。叶片常纵卷。具顶生而常偏于 1 侧的总状花序；小穗较大，两侧压扁或背部稍呈圆形，含 1-3 小花，小穗轴脱节于颖之上及各小花之间；颖等于或短于小穗；外稃背部圆形，被硬毛或柔毛，先端深 2 裂；芒较粗壮，宿存，自外稃裂片间伸出，下部扭转，上部直如针状；内稃具 2 脊，顶端延伸成 2 尖齿；无鳞被；雄蕊 3，顶生小刺毛；子房密生糙毛，花柱 1，柱头 2 或 3，自小穗顶端伸出。

分布概况：3/1 种，**14SH** 型；分布于克什米尔，阿富汗；中国产西南。

系统学评述：毛蕊草属是个单系，为早熟禾亚科的成员，但属于早熟禾亚科的哪个族尚有争议。Clayton 和 Renvoize[16]将该属置于燕麦族毛蕊草亚族 Duthieinae，卢生莲和郭本兆也将该属置于燕麦族[FRPS]，Wu 和 Sylvia 则将该属移至针茅族，并指出该属的系统位置尚不确定[FOC]。GPWG[2]和 Bouchenak-Khelladi 等[3]均未包括毛蕊草属。最近，Schneider[72]发表了包括毛蕊草属和其他 6 个属的新族 Duthieeae 毛蕊草族，提出这个新族属于早熟禾亚科的基部分支。

DNA 条形码研究：BOLD 网站有该属 1 种 3 个条形码数据；GBOWS 已有 1 种 17 个条形码数据。

46. *Orthoraphium* Nees 直芒草属

Orthoraphium Nees (1841: 94); Wu et al. (2006: 211) (Type: *O. roylei* Nees)

特征描述：多年生草本。圆锥花序；小穗含 1 小花，背腹压扁，小穗轴脱节于颖之上；颖具 5-9 脉，脉间有时具横脉；外稃革质，背贴生短毛或先端具倒刺毛，成熟后变褐色，边缘相互覆盖或成熟后露出内稃；芒自外稃顶端或其 2 微齿间伸出，劲直，基部与稃体连接处延续而无关节，基盘短而钝，具短毛；内稃与外稃同质，具 2 脉；鳞被 3；雄蕊 3。

分布概况：1/1 种，**14SH** 型；分布于印度；中国产四川、西藏和云南。

系统学评述：直芒草属是早熟禾亚科针茅族中少有的林缘及林下分布的类群，与三角草属 *Trikeraia* 和细柄茅属 *Ptilagrostis* 系统关系较近[73]，是单系类群。

DNA 条形码研究：GBOWS 已有 1 种 4 个条形码数据。

47. *Piptatherum* P. Beauvois 落芒草属

Piptatherum P. Beauvois (1812: 173); Wu et al. (2006: 192) [Lectotype: *P. coerulescens* (Desfontaines) P. Beauvois (≡ *Milium coerulescens* Desfontaines)]. ——*Oryzopsis* A. Michaux (1803: 51)

特征描述：多年生草本。圆锥花序开展或窄狭似穗状；小穗含 1 小花；颖几相等长，宿存；外稃质地硬，背腹压扁或近于圆形，果期革质，常显褐色或黑褐色，多被贴生柔毛或无毛，且常发亮而有光泽，具短而钝且被毛或光滑无毛的基盘，顶端具细弱、微粗糙、不膝曲也不扭转且易早落的芒（稀不断落）；内稃几全被外稃所包裹或仅边缘被外稃所包；鳞被 3-2。染色体 x=12；$2n$=24。

分布概况：30/9（2）种，**8（12）**型；主要分布于北半球温带和亚热带山地；中国产四川、西藏、云南、新疆、甘肃和青海。

系统学评述：落芒草属是早熟禾亚科针茅族 1 个中等大小的属。Romaschenko 等[74]根据 4 个叶绿体片段和外稃形态特征对广义落芒草属进行了系统学研究，将其中欧亚分布的类群归为狭义落芒草属；将北美分布的类群归入 1 个新属 *Piptatheropsis*；并恢复了 *Patis*，包括欧亚分布的钝颖落芒草 *Patis obtusa* (Stapf) Romasch, P. M. Peterson & Soreng （=*Piptatherum kuoi* S. M. Phillips & Z. L. Wu）、大叶直芒草 *P. coreana* (Honda) Ohwi （≡*Achnatherum coreanum* (Honda) Ohwi）和北美分布的 *P. racemosa* (Smith) Romaschenko, P. M. Peterson & Soreng。狭义落芒草属可能是个单系。

DNA 条形码研究：BOLD 网站有该属 34 种 71 个条形码数据；GBOWS 已有 8 种 59 个条形码数据。

48. *Psammochloa* Hitchcock 沙鞭属

Psammochloa Hitchcock (1927: 140); Wu et al. (2006: 192) (Type: *P. mongholica* Hitchcock)

特征描述：多年生。具长而横走的根茎。圆锥花序紧缩；小穗具短柄，含 1 小花，两性，脱节于颖之上；颖草质，几等长，具 3-5 脉；外稃几等长于颖，纸质，背部密生长柔毛，具 5-7 脉，顶端微 2 裂，基盘无毛，芒自裂齿间伸出，直立，早落；内稃几等长于外稃，背部生柔毛，不为外稃紧密包裹；鳞被 3；花药大形，顶生毫毛。

分布概况：1/1 种，**13-1** 型；分布于蒙古国；中国产内蒙古、甘肃、宁夏、青海、陕西和新疆。

系统学评述：沙鞭属是早熟禾亚科针茅族的 1 个单型属，根据叶绿体、核基因和微形态特征的研究，发现沙鞭与芨芨草 *Achnatherum splendens* (Trinius) Nevski 关系最近，它们与地中海分布的单型属 *Ampelodesmos* 构成姐妹群[73]。

DNA 条形码研究：BOLD 网站有该属 1 种 3 个条形码数据

代表种及其用途：沙鞭 *P. villosa* (Trinius) Bor 为优良固沙植物。

49. *Ptilagrostis* Grisebach 细柄茅属

Ptilagrostis Grisebach (1852: 447); Wu et al. (2006: 204) [Type: *P. mongholica* (Turczaninow) Grisebach (≡ *Stipa mongholica* Turczaninow)]

特征描述：多年生。叶片细丝状。圆锥花序开展或狭窄；小穗具细长的柄，含 1 小花，两性；颖膜质，近等长，基部常呈紫色；外稃纸质，被毛，顶端具 2 微齿，芒从齿间伸出，全部被柔毛，膝曲，芒柱扭转，基盘短钝，具柔毛；内稃膜质，具 1-2 脉，脉间具柔毛，背部圆形，常裸露于外稃之外；鳞被 3；雄蕊 3。

分布概况：11/7（2）种，**9 型**；分布于亚洲北部至喜马拉雅；中国产西北。

系统学评述：细柄茅属曾经被包括在早熟禾亚科针茅族的广义针茅属[16]，Barkworth [75] 通过对北美细柄茅属植物的分类学研究，建议该属应作为 1 个独立的属。最近，Romaschenko 等[76]利用 4 个叶绿体片段（*ndh*F、*rpl*32-*trn*L、*rps*16-*trn*K、*rps*16）和 2 个核基因片段（ITS、At103），结合生物地理学，探讨了细柄茅属和 *Patis*，这 2 个东亚-北美间断分布类群的起源和散布，认为细柄茅属保留了北美起源的已灭绝祖先类群的核基因，在通过白令陆桥从北美向东亚扩散的过程中，发生了杂交渐渗和 2 次叶绿体捕获事件，并将其解释为细柄茅属植物在叶绿体树和核基因树系统位置发生冲突的原因。该属可能是多系类群。

DNA 条形码研究：BOLD 网站有该属 9 种 25 个条形码数据；GBOWS 已有 3 种 14 个条形码数据。

50. *Sinochasea* Keng 三蕊草属

Sinochasea Keng (1958: 115); Wu et al. (2006: 191) (Type: *S. trigyna* Keng)

特征描述：多年生禾草。具狭窄内卷叶片。紧缩的圆锥花序；<u>小穗含 1 小花</u>，脱节于颖之上，<u>小穗轴延伸于小花之后</u>，微小而平滑无毛或疏生柔毛；两颖几等长或第一颖稍长；<u>外稃纸质</u>，短于颖，背部被柔毛，具 5 脉，侧脉不明显，<u>顶端 2 深裂</u>，<u>自裂片间伸出膝曲而扭转的芒</u>，基盘微小，钝圆，生短毛；内稃具 2 脉，脉间被柔毛；鳞被 2；<u>花柱 3，极短，柱头 3</u>，帚刷状。

分布概况：1/1（1）种，**15** 型；中国产青海、四川及西藏。

系统学评述：三蕊草属是个单系类群，为早熟禾亚科的成员，但属于早熟禾亚科的那个族，尚有争议。Clayton 和 Renvoize[16]将该属处理为 *Pseudodanthonia* 异名，置于燕麦族毛蕊草亚族，卢生莲和郭本兆[FRPS]、Wu 和 Sylvia[FOC]则将该属置于针茅族，并指出该属的系统位置尚不确定。GPWG[2]和 Bouchenak-Khelladi 等[3]均未包括三蕊草属。最近，Schneider 等[72]综合形态学、细胞学、生物地理学和分子序列（*mat*K-3'*trn*K、ITS）的证据，指出三蕊草属作为针茅族成员得到很高的支持率。

DNA 条形码研究：BOLD 网站有该属 1 种 5 个条形码数据。

51. *Stephanachne* Keng 冠毛草属

Stephanachne Keng (1934: 134); Wu et al. (2006: 189) (Type: *S. nigrescens* Keng)

特征描述：多年生草本。叶片线形。<u>穗状圆锥花序</u>；<u>小穗含 1 小花</u>，两性，脱节于颖之上，<u>小穗轴微延伸于内稃之后</u>；颖几等长，膜质；<u>外稃短于颖</u>，草质兼膜质，<u>顶端深裂</u>，<u>其 2 裂片先端渐尖成短尖头</u>，或成细弱短芒，<u>裂片的基部则生有 1 圈冠毛状的柔毛</u>，<u>基盘短而钝</u>，<u>具柔毛</u>，<u>芒从裂片间伸出</u>；内稃等于或短于外稃；鳞被 3-2；雄蕊 3-1；子房卵状椭圆形，无毛，花柱不明显，具帚刷状柱头。染色体 *x*=12（或 6）；2*n*=24。

分布概况：3/3（2）种，**13-2** 型；中国产西北和西南寒温带。

系统学评述：冠毛草属是个单系类群，为早熟禾亚科的成员，但属于早熟禾亚科的那个族，尚有争议。Clayton 和 Renvoize[16]将该属置于燕麦族毛蕊草亚族，卢生莲和郭本兆[FRPS]、Wu 和 Sylvia[FOC]则将该属置于针茅族，并指出该属的系统位置尚不确定。GPWG[2]和 Bouchenak-Khelladi 等[3]的工作均未包括冠毛草属。最近，Schneider 等[72]综合形态学、细胞学、生物地理学和分子序列（*mat*K-3'*trn*K、ITS）的证据，对早熟禾亚科的基部分支进行了较密集取样研究，提出了包括 *Anisopogon*、*Danthoniastrum*、毛蕊草属、*Metcalfia*、*Pseudodanthonia*、三蕊草属和冠毛草属共 7 个属的新族——毛蕊草族 Duthieeae。这个新族和显子草族共同构成的分支在叶绿体基因 *mat*K-3'*trn*K 构建的严格一致的系统树上得到较高的支持率，但新族所在分支的支持率很低，而且新族的单系性，以及新族与显子草族的姐妹群关系没有得到核基因 ITS 序列的支持。

DNA 条形码研究：BOLD 网站有该属 3 种 7 个条形码数据。

代表种及其用途：冠毛草属植株柔嫩、色鲜味美、富含营养成分，是我国西部草原、山区牲畜喜食的优良牧草。

52. *Stipa* Linnaeus 针茅属

Stipa Linnaeus (1753: 78); Wu et al. (2006: 196) (Lectotype: *S. pennata* Linnaeus)

特征描述：多年生草本。叶片常纵卷如线。圆锥花序；小穗含 1 小花，两性，脱节于颖之上，圆筒状或微两侧压扁；颖近等长或第一颖稍长；外稃硬革质，紧密包卷内稃，背部散生细毛或毛沿脉呈条状，常具 5 脉，并在外稃顶部结合向上延伸成芒，芒基与外稃顶端连接处具关节，芒一回或两回膝曲，芒柱扭转，基盘尖锐，具髭毛；内稃等长或稍短于外稃，常被外稃包裹几不外露；鳞被 2-3，披针形。染色体 x=9-22；$2n$=22-96。

分布概况：100/23（3）种，**8-4 型**；分布于温带地区，干旱草原尤多；中国主产西北、华北草原地带。

系统学评述：针茅族是早熟禾亚科基部类群[2,3]。针茅属是针茅族的核心类群，广义针茅属包括 300 多种，是多系类群[16]。最近，分子系统学研究表明狭义针茅属，仅包括欧亚分布的约 100 种，为单系[69,73]。对于针茅属这样具有重要植被意义的类群，目前仍然缺乏整个属的系统分类学研究，尚无自然的属下分类系统。

DNA 条形码研究：BOLD 网站有该属 92 种 162 个条形码数据；GBOWS 已有 8 种 68 个条形码数据。

代表种及其用途：该属多数种类在抽穗前和落果以后是草原地区的优良牧草；有些种的秆可作造纸原料；不同种及其地理分布还可作为草原分类的依据，对宜垦地也有一定指示作用。

53. *Trikeraia* Bor 三角草属

Trikeraia Bor (1954: 555); Wu et al. (2006: 190) [Type: *T. hookeri* (Stapf) Bor (≡ *Stipa hookeri* Stapf)]

特征描述：多年生较高大禾草。具粗大而又为鳞芽所覆盖的根状茎。圆锥花序狭窄或开展；小穗柄短；小穗含 1 小花，两性；内稃后仅有小穗轴的痕迹；两颖几等长，草质；外稃微短于颖，薄纸质，背部被长柔毛，顶端 2 裂，裂齿呈刺芒状或膜质，边脉直达于两侧裂齿内，在顶端不与中脉汇合，中脉向上延伸成芒，基盘短钝，具短毛；内稃透明膜质，具 2 脉，脉间有柔毛；鳞被 3，披针形；雄蕊 3；花柱 2，柱头帚刷状。

分布概况：4/3（1）种，**13-2 型**；分布于喜马拉雅高海拔山地；中国产西北、西南等地寒温带。

系统学评述：三角草属隶属于早熟禾亚科针茅族[16,77]，是个单系类群。该属植物外稃薄纸质、顶端两裂，基盘短钝，与典型针茅族植物特化的厚革质外稃、尖锐基盘等形态特征明显不同，可能代表了针茅族植物早期的演化式样。

DNA 条形码研究：BOLD 网站有该属 3 种 6 个条形码数据；GBOWS 已有 1 种 8 个条形码数据。

代表种及其用途：三角草属植株高大、根茎粗壮、根系发达，是保土固沙的重要植物之一。

九、Meliceae 臭草族

54. *Glyceria* R. Brown 甜茅属

Glyceria R. Brown (1810: 179); Wu et al. (2006: 213) [Type: *G. fluitans* (Linnaeus) R. Brown (≡ *Festuca fluitans* Linnaeus)]

特征描述：多年生水生或沼泽地带草本。通常具匍匐根茎。叶鞘全部或部分闭合。圆锥花序开展或紧缩；小穗含数至多小花，两侧压扁或多少呈圆柱形；颖常具 1 脉，稀第二颖具 3 脉，均短于第一小花；外稃草质或兼革质，顶端及边缘常膜质，具平行且常隆起的脉 5-9，基盘钝；内稃稍短，等长或稍长于外稃，具 2 脊；鳞被 2；雄蕊 2-3；子房光滑，花柱 2，柱头羽毛状。染色体 $x=10$；$2n=20, 28, 40, 56$。

分布概况：40/10（1）种，**1（8-4）**型；分布于温带，见于亚热带和热带山地；中国南北均产，湿生环境常见。

系统学评述：甜茅属在 GPWG 系统[2]中归于早熟禾亚科臭草族，属内尚缺乏全面的分子系统学研究。

DNA 条形码研究：BOLD 网站有该属 20 种 128 个条形码数据；GBOWS 已有 2 种 7 个条形码数据。

代表种及其用途：该属植物的鲜干草牲畜喜食。若颖果感染黑粉菌，则含有氢氰酸的苷元，可使牲畜中毒。

55. *Melica* Linnaeus 臭草属

Melica Linnaeus (1753: 66); Wu et al. (2006: 216) (Lectotype: *M. nutans* Linnaeus)

特征描述：多年生草本。最下部茎的节间增厚为储存器官或有时形成鳞茎；叶鞘几乎全部闭合。顶生圆锥花序疏松或紧密呈穗状；小穗柄细长，上部弯曲，自弯转处折断，与小穗一同脱落；小穗含 1 至多数孕性小花，上部 1-3 小花退化，仅具外稃，2-3 者相互紧包成球形或棒状，脱节于颖之上，并在各小花之间断落；颖膜质或纸质；外稃下部革质或纸质，顶端膜质，常无芒；内稃短于外稃；雄蕊 3。花粉粒颗粒纹饰。染色体 $x=9$；$2n=14, 18, 36$。

分布概况：90/23（8）种，**8-4** 型；分布于温带或亚热带和热带山区；中国南北均产。

系统学评述：臭草属在 GPWG 系统中[2]归于早熟禾亚科臭草族，根据小穗包含小花的数目、小穗脱节的方式可将臭草属分为 2 个亚属，即 *Melica* subgen. *Bromelica* 和 *M.* subgen. *Melica*，可能是个多系类群[78]。

DNA 条形码研究：BOLD 网站有该属 18 种 58 个条形码数据；GBOWS 已有 6 种 61 个条形码数据。

代表种及其用途：该属为低质含氢氰酸的有毒饲草。

56. *Schizachne* Hackel 裂稃茅属

Schizachne Hackel (1909: 322); Wu et al. (2006: 223) (Type: *S. fauriei* Hackel)

特征描述：多年生草本。叶鞘闭合或部分闭合。顶生总状圆锥花序紧缩或稍开展；小穗含 3-5 小花，脱节于颖以上及各小花之间；颖膜质，不相等，宽披针形，短于第一小花，顶端锐尖或钝头，第一颖较小；外稃草质兼硬纸质，具 7 脉，顶端有 2 尖锐的齿，背部具直立或向外反折的芒，其芒长于稃体，基盘短钝，密被柔毛；内稃短于外稃，具 2 脊，脊上有柔软纤毛；雄蕊 3。染色体 $x=10$；$2n=20$。

分布概况：1/1 种，**8-2 型**；分布于东亚至俄罗斯的欧洲部分和北美东部；中国产东北、河北、河南、陕西和云南。

系统学评述：裂稃茅属隶属于早熟禾亚科臭草族[79]，是单系类群。

DNA 条形码研究：BOLD 网站有该属 2 种 24 个条形码数据；GBOWS 已有 1 种 4 个条形码数据。

代表种及其用途：裂稃茅 *S. purpurascens* Swallen subsp. *callosa* (Turczaninow ex Grisebach) T. Koyama & Kawano 可作牧场饲料。

十、Brachypodieae 短柄草族

57. *Brachypodium* P. Beauvois 短柄草属

Brachypodium P. Beauvois (1812: 100); Chen et al. (2006: 368) [Lectotype: *B. pinnatum* (Linnaeus) P. Beauvois (≡ *Bromus pinnatus* Linnaeus)]

特征描述：多年生，稀一年生。穗形总状花序顶生，具（1-）3-10 余小穗；小穗具短柄，被微毛，单生于穗轴之各节，含 5-20 小花，两侧压扁或略呈圆柱形；颖片披针形，纸质，第一颖短小；外稃长圆状披针形，厚纸质，有 7-9 脉，顶端具短尖头或延伸成直芒；内稃两脊粗糙或具短纤毛，顶端截平或微凹；雄蕊 3。颖果顶端有绒毛。花粉粒颗粒纹饰。染色体 $x=5$，7，8，9。

分布概况：约 16/5（2）种，**8 型**；分布于欧亚大陆温带，地中海，非洲和美洲热带山地；中国主产西北、西南。

系统学评述：长期以来，依据短柄草属的形态特征，该属被认为和早熟禾亚科的小麦族 Triticeae、雀麦族 Bromeae 和早熟禾族 Poaeae 关系很近，而根据来自核基因和叶绿体基因片段的研究表明，短柄草属不仅是单系，而且是早熟禾亚科中较原始和孤立的属，应单独出来成立短柄草族 Brachypodieae[80,81]。Soreng 和 Davis[9]结合叶绿体基因片段和 67 个形态学性状对早熟禾亚科 9 属 101 种进行了系统学研究，根据系统树的分支，可将早熟禾亚科分为 12 族，每个族都得到较高支持率，其中短柄草族 Brachypodieae 与燕麦

族 Aveneae、早熟禾族 Poaeae、雀麦族 Bromeae、小麦族、臭草族 Meliceae 和龙常草族 Diarrheneae 关系较近，聚为 1 大支。

DNA 条形码研究：利用 ITS、*trn*L-F 片段对该属的 *B. stacei* Catalán, Joch. Müller, L. A. J. Mur & T. Langdon 和 *B. hybridum* Catalán, Joch. Müller, L. A. J. Mur & T. Langdon 开展了研究，表明物种分辨率较高[82]，但对整个短柄草属的条形码研究还有待深入。BOLD 网站有该属 8 种 44 个条形码数据；GBOWS 已有 2 种 31 个条形码数据。

代表种及其用途：该属各种多为优良牧草，如短柄草 *B. sylvaticum* (Hudson) P. Beauvois。

十一、Diarrheneae 龙常草族

58. *Diarrhena* P. Beauvois 龙常草属

Diarrhena P. Beauvois (1812: 142), *nom. cons.*; Liu et al. (2006: 223) [Type: *D. americana* P. Beauvois (≡ *Festuca diandra* Michaux (1803), *non* Moench (1794))]

特征描述：多年生。具短根状茎。叶鞘被短毛；叶片线状披针形。顶生圆锥花序开展，具粗糙分枝。小穗含 2-4 小花，上部小花退化；小穗轴脱节于颖之上与各小花间；颖微小，远短于小穗，具 1（3）脉；外稃厚纸质，具 3 脉，脉平滑或微糙，无脊，顶端钝，无芒，基盘无毛；内稃等长或略短于外稃，脊具纤毛或粗糙；雄蕊 2。颖果顶端具圆锥形喙。叶片解剖特征无花环结构，无纺锤细胞，有臂细胞。染色体 $x=10$, 19; $2n=38$, 60。

分布概况：4/3 种，9 型；3 种分布于东亚，1 种到北美；中国产东北。

系统学评述：Clayton 和 Renvoize[16]根据龙常草属植物胚为竹型，鳞被和颖果类似于竹亚科植物，将该属构成的单型族龙常草族放在竹亚科，但最近的分子系统学研究确认该族应置于早熟禾亚科，是早熟禾亚科较早分化的类群[2,3]，与短柄草属 *Brachypodium*、雀麦族 Bromeae、小麦族 Triticeae、燕麦族 Aveneae 和早熟禾族 Poeae 构成姐妹群关系[79]。该属是个单系类群。

DNA 条形码研究：BOLD 网站有该属 2 种 4 个条形码数据；GBOWS 已有 2 种 6 个条形码数据。

十二、Brylkinieae 扁穗茅族

59. *Brylkinia* F. Schmidt 扁穗茅属

Brylkinia F. Schmidt (1868: 199); Wu et al. (2006: 212) [Type: *B. caudata* (Munro) Schmidt (≡ *Ehrharta caudata* Munro)]

特征描述：中型多年生禾草。叶鞘闭和。小穗具短柄，下垂，顶生总状花序；小穗柄具关节而使小穗整个脱落；小穗两侧压扁，顶生小花为孕性，下部 2-3 小花仅有空虚的外稃；颖片短于外稃，与不孕外稃均为草质，互相跨覆；不孕外稃顶端渐尖，孕性外稃脊的顶端具狭翼，先端延伸成长芒，无毛；内稃狭窄，较外稃短而质薄，具极接近的两脊；鳞被 2，膜质；雄蕊 3；子房无毛，花柱极短。染色体 $x=10$; $2n=40$。

分布概况：1/1 种，**14SJ** 型；分布于俄罗斯萨哈林岛（库页岛），日本；中国产四川、湖北和吉林。

系统学评述：在 GPWG[2]的系统中，扁穗茅族是早熟禾亚科的单型族。Schneider 等[79]根据叶绿体基因 *mat*K-3'*trn*K 和核基因 ITS 的数据建树，发现扁穗茅属和臭草族的甜茅属 *Glyceria*、裂稃茅属 *Schizachne*、臭草属 *Melica* 聚为支持率很高的 1 支，并且构成这 3 个属的姐妹群，因此将扁穗茅族处理为臭草族内的扁穗茅亚族 Brylkiniinae。

DNA 条形码研究：BOLD 网站有该属 3 种 9 个条形码数据；GBOWS 已有 2 种 25 个条形码数据。

十三、Triticeae 小麦族

60. *Aegilops* Linnaeus 山羊草属

Aegilops Linnaeus (1753: 1050), *nom. cons.*; Chen & Zhu (2006: 444) (Type: *A. triuncialis* Linnaeus, *typ. cons.*)

特征描述：一年生草本。叶片常扁平。穗状花序圆柱形，顶生；小穗单生而紧贴于穗轴，含 2-8 小花，穗轴成熟后逐节段落；颖革质或软骨质，扁平无脊，具多脉，顶端平截或具数齿，其齿常向上延伸成芒；外稃披针形，具 5-7 脉，背部圆形无脊，顶端常具 3 齿，并延伸成芒；内稃具 2 脊，脊具纤毛。颖果倒卵状椭圆形，具沟，顶端有毛。染色体 2*n*=14。

分布概况：约 21/1 种，**12** 型；分布于地中海沿岸或中亚；中国产河南、陕西和新疆。

系统学评述：分子系统学研究表明，山羊草属隶属于早熟禾亚科小麦族 Triticeae，不是单系类群[83]。Soreng 和 Davis 结合叶绿体基因片段和 67 个形态学性状对早熟禾亚科 9 属 101 种进行了系统学研究[9]，将早熟禾亚科分为 12 族，每个族都得到较高支持率，其中燕麦族 Aveneae、早熟禾族 Poaeae、雀麦族 Bromeae、小麦族、短柄草族 Brachypodieae、臭草族 Meliceae 和龙常草族 Diarrheneae 关系较近，聚为 1 大支，Ampelodesmeae 族和针茅族 Stipeae 关系较近，它们作为 1 个小分支与前面大支聚在一起，而 Nardeae 族和 Lygeeae 族组成的系统树小分支再和前面的大支聚在一起，最后短颖草族 Brachyelytreae 作为系统树最基部的分支再和以上所有类群形成的系统树分支相聚[9]。山羊草属和小麦属 *Triticum* 及 *Amblyopyrum* 关系较近，而且这些分子证据进一步说明山羊草属并不是单系，除非不考虑分布在欧洲东南部和亚洲西部的种类 *A. speltoides* Tausch[83]。

DNA 条形码研究：BOLD 网站有该属 24 种 322 个条形码数据；GBOWS 已有 1 种 4 个条形码数据。

代表种及其用途：该属与小麦属亲缘关系密切，多为远缘杂交抗病育种的试验材料，如山羊草 *A. tauschii* Cosson。

61. *Agropyron* Gaertner 冰草属

Agropyron Gaertner (1770: 539); Chen & Zhu (2006: 437) [Lectotype: *A. cristatum* (Linnaeus) Gaertner (≡ *Bromus cristatus* Linnaeus)]

特征描述：多年生草本。具横走根茎或丛生。叶鞘常具披针形叶耳。穗状花序顶生；穗轴节间质硬，被毛，每节着生 1 小穗；小穗相互密接呈覆瓦状，无柄，两侧压扁，含 3-10 小花；颖片线形至窄倒卵形，质硬，1-5 脉，主脉形成脊，先端具芒尖或短芒；外稃革质，5-7 脉，中脉成脊，先端常具芒尖或短芒；内稃先端 2 裂；鳞被边缘具纤毛。染色体 $x=7$。

分布概况：约 15/5（1）种，**10 型**；分布于欧亚大陆温寒带；中国产华北和西北居多。

系统学评述：基于核基因的研究表明冰草属隶属于早熟禾亚科小麦族，不是单系类群，并与以礼草属 *Kengyilia* C. Yen & J. L. Yang 关系较近[84]，但其系统位置还有待深入研究。

DNA 条形码研究：BOLD 网站有该属 6 种 28 个条形码数据；GBOWS 已有 3 种 25 个条形码数据。

代表种及其用途：该属植物多为饲用价值很高的牧草，如根茎冰草 *A. michnoi* Roshevitz。

62. *Bromus* Linnaeus 雀麦属

Bromus Linnaeus (1753: 76), *nom. cons.*; Liu et al. (2006: 371) (Type: *B. secalinus* Linnaeus, *typ. cons.*)

特征描述：多年生或一年生草本。叶鞘闭合。圆锥花序开展或紧缩；小穗较大，含 3 至多数小花，上部小花常不孕；颖较短于小穗，顶端尖或长渐尖或芒状；外稃具 5-9 (-11) 脉，草质或近革质，边缘常膜质，顶端全缘或具 2 齿，芒顶生或自裂齿间伸出；内稃两脊生纤毛或粗糙；雄蕊 3；鳞被 2。颖果先端簇生绒毛。淀粉粒单粒。花粉粒颗粒纹饰。染色体 $x=7$。

分布概况：约 150/55（8）种，**8 型**；分布于欧洲，亚洲和美洲的温带，以及非洲，亚洲和南美洲的热带山地；中国南北均产，以西南为多。

系统学评述：分子系统学研究表明，雀麦属隶属于早熟禾亚科 Pooid 分支小麦族[11,79]，是单系类群，然而支持率并不高[9,85]。雀麦属种类较多，分类也比较复杂，曾被分成 6 组[86]7 亚属[87]或 5 亚属[88]，而核基因和叶绿体基因片段的分析表明，雀麦属内部分组或亚属为单系[89-92]。在基于 ITS 和 *mat*K-3' *trn*K 序列构建的分子系统树上，雀麦属与扁穗茅属、*Hordelymus*、黑麦属 *Secale* 和 *Boissiera* 组成 1 支[11,79]，关于雀麦属属下的系统学关系有待深入研究。

DNA 条形码研究：利用 DNA 条形码对意大利伦巴第亚高山地区的植被调查中涉及该属的 1 个种 *B. erectus* Hudson，关于整个雀麦属的条形码研究有待深入[93]。BOLD 网站有该属 72 种 462 个条形码数据；GBOWS 已有 7 种 60 个条形码数据。

代表种及其用途：该属植物是天然草地和人工牧场中有利用价值的牧草资源，如无

芒雀麦 *B. inermis* Leysser 是著名优良牧草，为建立人工草场和环保固沙的主要草种。

63. *Elymus* Linnaeus 披碱草属

Elymus Linnaeus (1753: 83); Chen & Zhu (2006: 400) (Lectotype: *E. sibiricus* Linnaeus). ——*Asperella* Humboldt (1790: 5); *Roegneria* K. Koch (1848: 413)

特征描述：多年生丛生草本。叶扁平或内卷。穗状花序顶生，直立或下垂；小穗常1-2（-4）同生于穗轴的每节，无柄，含 2-10 或更多小花；颖锥形，线形至披针形，先端尖以至形成长芒，具 1-9（-11）脉，脉上粗糙；外稃先端延伸成长芒或短芒至无芒，芒多少反曲；内稃短于或等长于外稃，先端浅凹、近圆形或急尖。颖果常附着于稃片上。花粉粒颗粒纹饰。染色体 *x*=7。

分布概况：约 170/88（62）种，**8 型**；分布于全球温带地区，主产亚洲；中国产温带各省区。

系统学评述：分子系统学研究表明，披碱草属隶属于早熟禾亚科小麦族，是 1 个多系起源的复杂类群，该属中的多倍体种类的起源可能和假鹅观草属 *Pseudoroegneria*、大麦属 *Hordeum*、冰草属和 *Australopyrum* 有关[94-96]。另外，鹅观草属 *Roegneria* 在 FOC 中被并入披碱草属，2 个属在形态上有很多共同点：均丛生、每节着生 1 小穗、外稃披针形至倒卵形、外稃背部圆形、具 5 脉且 5 脉在先端都靠合，而在基于核基因构建的分子系统树上，2 个属的大部分种类相互嵌套聚成 1 大支[97]，但鹅观草属应归并到披碱草属还是独立仍存在争议，关于披碱草属和鹅观草属具体的系统位置和关系还有待深入研究。

DNA 条形码研究：虽然披碱草属的少数种类有过 *rbc*L、*mat*K 及 ITS2 序列的条形码研究[98,99]，但 2 个片段在这几个种类之间的物种鉴别率不高，关于整个披碱草属的条形码研究有待深入。BOLD 网站有该属 92 种 395 个条形码数据；GBOWS 已有 29 种 397 个条形码数据。

代表种及其用途：该属植物多为有价值的牧草，如披碱草 *E. dahuricus* Turczaninow ex Grisebach 性耐旱、耐寒、耐碱、耐风沙，为优质高产的饲草。

64. *Elytrigia* Desvaux 偃麦草属

Elytrigia Desvaux (1810: 190); Chen & Zhu (2006: 400) [Type: *E. repens* (Linnaeus) Desvaux ex B. D. Jackson (≡ *Triticum repens* Linnaeus)]

特征描述：多年生草本。穗状花序直立或下垂；小穗含 3-10 余小花，两侧压扁，无柄，单生于穗轴之两侧；无芒或具短芒，成熟时通常自穗轴上整个脱落；颖披针形或长圆形，无脊，具（3）5-7 彼此接近的脉，基部具横沟；外稃披针形，具 5-7 脉，无毛或被柔毛；内稃两脊上具纤毛。颖果长圆形，顶端有毛，腹面具纵沟。染色体 *x*=7。

分布概况：约 40/2 种，**10 型**；分布于亚热带和寒温带地区；中国产西南、西北和东北。

系统学评述：基于核基因的分子系统学研究表明，偃麦草属隶属于早熟禾亚科小麦族，与假鹅观草属 *Pseudoroegneria* 关系较近[99]，并且和冰草属、披碱草属或和假鹅观草属属间界限不清[100]。偃麦草属被认为含有 2 个 2 倍体复合群种类，一个是 *E. juncea* (Linnaeus) Nevski，另一个是长穗偃麦草 *E. elongata* (Host) Nevski [99]，有关该属具体的系统位置、单系或多系起源问题还有待深入研究。

DNA 条形码研究：BOLD 网站有该属 3 种 16 个条形码数据；GBOWS 已有 1 种 6 个条形码数据。

代表种及其用途：该属种类多为优良牧草，如长穗偃麦草。

65. *Eremopyrum* (Ledebour) Jaubert & Spach 旱麦草属

Eremopyrum (Ledebour) Jaubert & Spach (1851: 360); Chen & Zhu (2006: 440) [Lectotype: *E. orientale* (Linnaeus) Jaubert & Spach (≡ *Secale orientale* Linnaeus)]

特征描述：一年生草本。穗状花序椭圆状或长圆状卵圆形，穗轴具关节而逐节断落；小穗无柄，单生于穗轴的每节，排列于穗轴的两侧呈篦齿状，两侧压扁，具短芒或无芒，含 3-6 小花；颖具脊，边缘在成熟时变厚或呈角质，两颖基部多少相连；外稃背部有脊，先端渐尖或具短芒，具基盘；鳞被边缘须状；雄蕊 3。颖果附着于稃片上。染色体 $x=7$。

分布概况：约 8/4 种，**13 型**；分布于北非和地中海到印度西北部；中国产西北。

系统学评述：分子系统学研究表明，旱麦草属隶属于早熟禾亚科小麦族，并不是个单系起源类群，冰草属和旱麦草属关系较近，冰草属在分子系统树中嵌套在肠须草属 *Enteropogon*，两者形成单系分支[95]，有关旱麦草属具体的系统位置和关系还有待深入研究。

DNA 条形码研究：BOLD 网站有该属 4 种 12 个条形码数据；GBOWS 已有 2 种 15 个条形码数据。

代表种及其用途：该属植物含蛋白质多而纤维少，多为牲畜春季喜食的优良牧草，如东方旱麦草 *E. orientale* (Linnaeus) Jaubert & Spach。

66. *Hordeum* Linnaeus 大麦属

Hordeum Linnaeus (1753: 84); Blattner, (2009: 471) (Lectotype: *H. vulagare* Linnaeus). ——*Critesion* Rafinesque (1819: 103)

特征描述：多年或一年生草本。穗状花序圆柱形至长圆形；每节着生 3 小穗而称为三联小穗，三联小穗同型者皆无柄，均能育，异型者中央小穗无柄，能育，两侧小穗有柄，能育或不育；小穗含 1（-2）小花；颖片线状钻形至披针形，有芒；外稃披针形，背部扁圆形，先端有芒或否；内稃具 2 脊。颖果腹面具纵沟，先端有毛。花粉粒负网状纹饰。染色体 $x=7$。

分布概况：30-40/10（1）种，**8 型**；主要分布于温带地区，亚热带高山地区也有；中国产西北。

系统学评述：基于核基因和叶绿体基因片段的研究表明，大麦属隶属于早熟禾亚科小麦族，是单系类群[101]。大麦属和 *Critesion* 关系较近[102]，有关该属的系统位置和关系还有待于深入研究。根据大麦属的 4 个基因组类群（H、I、Xa、Xu），其属下可分成 2 亚属（*Hordeum* subgen. *Hordeum* 和 *H.* subgen. *Hordeastrum*），其中 *H.* subgen. *Hordeum* 又分成 2 组（*Hordeum* sect. *Hordeum* 和 *H.* sect. *Trichstachys*），而 *H.* subgen. *Hordeastrum* 分成 3 组（*H.* sect. *Marina*、*H.* sect. *Nodosa* 和 *H.* sect. *Stenostachys*）[101,103]。

DNA 条形码研究：BOLD 网站有该属 57 种 842 个条形码数据；GBOWS 已有 4 种 38 个条形码数据。

代表种及其用途：大麦属中除粮食作物外多为优良牧草，如短芒大麦草 *H. brevisubulatum* (Trinius) Link 就为优良的放牧草，其干草中蛋白质及脂肪含量高，家畜喜吃，又耐践踏。

67. *Hystrix* Moench 猬草属

Hystrix Moench (1794: 294); Chen & Zhu (2006: 399) (Type: *H. patula* Moench) ——*Asperella* Humboldt (1790: 5)

特征描述：多年生直立高大的草本。穗状花序细长；小穗常孪生，稀单生，各含 1-3(-4) 小花，顶端小花多不育，小穗轴脱节于颖上，延伸于内稃之后而成细柄；颖退化成短小的芒或缺如；外稃披针形，背圆形，具 5-7 脉，顶端延伸成长芒；内稃具 2 脊，脊具小纤毛；雄蕊 3；花柱极短。颖果顶端具毛。染色体 $x=7$。

分布概况：约 10/4（1）种，**9 型**；分布于亚洲暖温带和北美；中国产东北、西北、华中和西南。

系统学评述：基于叶绿体基因的分子系统学研究表明，猬草属隶属于早熟禾亚科小麦族，不是单系类群，并与披碱草属、赖草属 *Leymus*、*Thinopyrum*、*Lophopyrum* 和假鹅观草属关系较近[104-106]，有关该属的系统位置有待深入研究。

DNA 条形码研究：BOLD 网站有该属 2 种 24 个条形码数据；GBOWS 已有 1 种 7 个条形码数据。

代表种及其用途：该属多数种可用于饲料，如猬草 *H. duthiei* (Stapf) Bor。

68. *Kengyilia* C. Yen & J. L. Yang 以礼草属

Kengyilia C. Yen & J. L. Yang (1990: 1897); Chen & Zhu (2006: 431) (Type: *K. gobicola* C. Yen & J. L. Yang)

特征描述：多年生草本。穗状花序稠密；顶生小穗正常发育，小穗无柄，1（2）着生于每节，含（5-）7-8 小花，穗轴脱落于颖之上；颖背部扁平或呈圆形而无脊，先端无芒或具短芒；外稃背部呈圆形，稀有脊，常具 5 脉，糙涩或被毛，先端无芒或具短芒；内稃先端钝、浅凹，或 2 裂。颖果椭圆形，顶端被毛。染色体 $x=7$。

分布概况：约 30/24（21）种，**15（13-1）型**；分布于亚洲中部；中国产西北和青藏高原。

系统学评述：以礼草属隶属于早熟禾亚科小麦族，不是单系类群，与冰草属、鹅观草属、*Douglasdeweya* 和假鹅观草属关系较近[84,107,108]，有关该属的系统位置还有待深入研究。基于 COXII 内含子序列构建的分子系统树，将以礼草属分成 2 个主要分支，一支由 *K. stenachyra* (Keng ex Keng & S. L. Chen) J. L. Yang, C. Yen & B. R. Baum 等组成，与冰草属关系较近；而另一支（包括 *K. kokonorica* (Keng ex Keng & S. L. Chen) J. L. Yang, C. Yen & B. R. Baum 等）则和鹅观草属及假鹅观草属关系较近，另外 3 个种（*K. batalinii* (Krasnov) J. L. Yang, C. Yen & B. R. Baum、*K. tahelacana* J. L. Yang, C. Yen & B. R. Baum 和 *K. kaschgarica* (D. F. Cui) L. B. Cai）则与 *Douglasdeweya*、鹅观草属及假鹅观草属的几个种较近缘[107]。

DNA 条形码研究：BOLD 网站有该属 21 种 231 个条形码数据；GBOWS 已有 14 种 187 个条形码数据。

代表种及其用途：该属多数种是高原地区草场、牧场引种栽培的好材料，也是麦类作物杂交育种的重要种质资源，如大颖以礼草 *K. grandiglumis* (Keng) J. L. Yang。

69. *Leymus* Hochstetter 赖草属

Leymus Hochstetter (1848: 118); Chen & Zhu (2006: 387) [Type: *L. arenarius* (Linnaeus) Hochstetter (≡ *Elymus arenarius* Linnaeus)]

特征描述：多年生。多具横走和直伸根茎。秆直立。叶鞘分开几达基部；叶片常内卷且质地较硬。圆锥花序穗状，线形；小穗常（1-）2-3（-6）簇生于穗轴的每节，小穗含（1-）3-7 小花；颖自披针形至窄披针形或锥刺状，具 3-5 脉，为锥刺状者仅具 1 脉；外稃披针形，先端渐尖，无芒或具小尖头，具 3-7 脉；鳞被披针形至卵形。颖果扁长圆形，附着于稃片上。

分布概况：约 50/24（11）种，**8 型**；分布于北半球温寒地带；中国产西北、东北和华北。

系统学评述：分子系统学研究表明，赖草属隶属于早熟禾亚科小麦族，是个多系类群，与新麦草属 *Psathyrostachys* 及 *Thinopyrum* 关系较近[107,109]，有关该属的系统位置有待深入研究。

DNA 条形码研究：赖草属的少数种类有 *trn*K-*psb*A、*trn*K-*rps*16 和 ITS 序列条形码的研究[107]，但这些片段的物种鉴别率不高，关于整个赖草属的条形码研究有待深入。BOLD 网站有该属 20 种 150 个条形码数据；GBOWS 已有 10 种 66 个条形码数据。

代表种及其用途：该属多数种为重要牧草，返青期早，生长旺盛，可供作刈草之用，根茎顽强，为护堤及固沙植物，如毛穗赖草 *L. paboanus* (Claus) Pilger。

70. *Littledalea* Hemsley 扇穗茅属

Littledalea Hemsley (1896: pl. 2472); Chen & Phillips (2006: 370) (Type: *L. tibetica* Hemsley)

特征描述：多年生草本。有短根茎。圆锥花序开展、疏松，有时小穗数目较少而呈总状；小穗大，楔形至椭圆形，扁平，含少数至多数小花；颖不等长，远比第一小花短，披针形，先端尖或钝，第一颖具 1-3 脉，第二颖具 3-5 脉；外稃边缘及上部膜质或干膜质，具 7-9 脉，无芒，先端具缺刻或钝圆；内稃比外稃短和窄，脊上具纤毛或微粗糙；

雄蕊 3。

分布概况：约 4/4（3）种，**13** 型；分布于喜马拉雅高海拔山地；中国产西北、西南和青藏高原。

系统学评述：扇穗茅属隶属于早熟禾亚科小麦族 Littledaleinae 亚族，是个多系类群。在基于 ITS 和 *matK-3'trn*K 序列构建的分子系统树上，扇穗茅属作为基部类群，与 *Hordelymus*、黑麦属、*Boissiera* 和雀麦属组成 1 个分支[11,79]，有关该属的系统位置还有待深入研究。

DNA 条形码研究：BOLD 网站有该属 2 种 3 个条形码数据；GBOWS 已有 1 种 4 个条形码数据。

71. *Psathyrostachys* Nevski 新麦草属

Psathyrostachys Nevski (1934: 712); Chen & Zhu (2006: 394) [Lectotype: *P. lanuginosa* (Trinius) Nevski (≡ *Elymus lanuginosus* Trinius)]

特征描述：多年生。具根茎或形成密丛。顶生穗状花序紧密，穗轴脆弱，成熟后逐节断落；小穗 2-3 生于 1 节，无柄，含 2-3 小花，均可育或其 1 顶生小花退化为棒状；颖锥状，具 1 不明显的脉，被柔毛或粗糙；外稃被柔毛或短刺毛，顶端具短尖头或芒；内稃等长或稍长于外稃，具 2 脊。颖果成熟时紧贴与稃片，先端被毛。染色体 *x*=7。

分布概况：约 9/5（2）种，**12** 型；主要分布于中亚；中国产华北和西北。

系统学评述：新麦草属隶属于早熟禾亚科小麦族，不是单系类群，与赖草属关系较近，在基于核基因和叶绿体基因构建的分子系统树上都嵌套于赖草属分支[109]，有关该属的系统位置还有待深入研究。在结合分子和形态证据构建的新麦草属的系统树上，*P. rupestris* (T. Alexeenko) Nevski 作为姐妹支处于系统树基部，其余的类群主要分成 2 支：一支包括 *P. fragilis* (Boissier) Nevski 和 *P. caduca* (Boissier) Melderis，小穗长达 20mm 以上及秆被毛是这个分支的共衍征；另一支包括 *P. juncea* (Fischer) Nevski 等，这个分支的共衍征是外稃上的芒较短，且叶表皮细胞壁薄而直[110]。

DNA 条形码研究：BOLD 网站有该属 10 种 38 个条形码数据；GBOWS 已有 3 种 55 个条形码数据。

代表种及其用途：该属多数种都为多年生牧草，具有抗旱、抗病和耐盐碱等生物学特性，其中华山新麦草 *P. huashanica* Keng 被列为我国珍稀濒危物种和急需保护的农作物野生近缘种。

72. *Pseudoroegneria* (Nevski) Á. Löve 假鹅观草属

Pseudoroegneria (Nevski) Á. Löve (1980: 168); Yu *et al.* (2008: 498) [Type: *P. strigosa* (M. Bieberstein) Á. Löve (≡ *Bromus strigosus* M. Bieberstein)]

特征描述：多年生草本，密丛生。叶片扁平或内卷。穗状花序疏松；穗轴坚韧，无毛或边缘粗糙，每节着生 1 小穗；小穗含 3-6 小花，小穗轴无毛；颖披针形，具 5-7 脉，光滑无毛或沿中脉向上具微刺，先端截形或钝或带尖；外稃线状披针形，具 5 脉，无毛但粗糙，有芒或无芒，基盘通常不明显，芒在成熟时 90° 弯曲；内稃等长于外稃。染色体 $x=7$。

分布概况：约 15/1 种，**8 型**；北半球广布；中国产新疆。

系统学评述：基于核基因的分子系统学研究表明，假鹅观草属隶属于早熟禾亚科小麦族，是个并系类群，与偃麦草属、*Douglasdeweya* 和冰草属关系较近[99,111]。基于分子系统树假鹅观草属可分成 3 个分支：第 1 分支包括 *P. graciilima* (Nevski) Á. Löve 等类群；第 2 分支包括 *P. libanotica* (Hackel) D. R. Dewey、*P. tauri* (Boissier & Balansa) Á. Löve 和 *P. spicata* (Pursh) Á. Löve；第 3 分支包括 *P. geniculata* (Trinius) Á. Löve ssp. *scythica*、*P. geniculata* (Trinius) Á. Löve ssp. *pruinifer*、*Elytriga caespitosa* (K. Koch) Nevski 和 *E. caespitosa* ssp. *nodosa*。研究表明，第 3 分支的前 2 个变种应转移到新属 *Trichopyrum*[99]。

DNA 条形码研究：BOLD 网站有该属 9 种 46 个条形码数据。

代表种及其用途：假鹅观草属植物十分耐干旱，并且可作为优良的饲料，如 *P. spicata* (Pursh) Á. Löve。

73. *Secale* Linnaeus 黑麦属

Secale Linnaeus (1753: 84); Chen & Zhu (2006: 441) (Type: *S. cereale* Linnaeus)

特征描述：一年或多年生草本。穗状花序顶生，穗轴通常不逐节断落；小穗常含 2 花，无柄且单生于穗轴各节，两侧压扁，另 1 极退化的小花位于延伸的小穗轴上；颖片锥形，常具 1 脉，先端渐尖或有芒状细尖头；外稃具 5 脉，背部显著具脊，脊上有小硬纤毛，先端常延伸成芒；内稃与外稃近等长。颖果腹面有沟，先端有毛。花粉粒颗粒纹饰。染色体 $x=7$。

分布概况：约 5/3 种，**12 型**；分布于欧亚大陆温带地区；中国 1 种产新疆，另外 2 种南北都有引种。

系统学评述：基于叶绿体基因的分子系统学研究，黑麦属隶属于早熟禾亚科小麦族，与山羊草属和 *Taeniatherum* 关系较近，不是单系类群[112]，在基于叶绿体基因构建的分子系统树上，三者常聚为 1 支[111]，有关该属的系统位置还有待深入研究。在基于 AFLP 数据构建的分子系统树上，*S. sylvestre* Host 在系统树的最基部，其余类群则分成 2 支：一年生的黑麦属植物聚成一支，多年生的黑麦属植物聚成另一支[113]。

DNA 条形码研究：BOLD 网站有该属 5 种 22 个条形码数据。

代表种及其用途：黑麦 *S. cereale* Linnaeus 是优质饲草；秆可作编帽；其栽培品种是粮食作物。

74. *Triticum* Linnaeus 小麦属

Triticum Linnaeus (1753: 85); Chen & Zhu (2006: 442) (Lectotype: *T. aestivum* Linnaeus)

特征描述：一年生草本。穗状花序两行排列，直立，顶生小穗发育或退化；小穗常单生于穗轴各节，两侧压扁，含（2-）3-9（-11）小花，稀多数；颖草质，不对称，近等长，有脊，先端截形，有 1-2 齿或有芒；外稃革质，背部扁圆或全部或仅上部有脊，先端有齿或否，有芒或无芒；内稃膜质，有 2 脊。颖果卵圆形或长圆形，顶端被毛，腹面具纵沟。花粉粒颗粒或负网状纹饰。染色体 x=7。

分布概况：约 25/4 种，**12** 型；欧亚大陆和北美广为栽培；中国广为栽培。

系统学评述：分子系统学研究表明，小麦属隶属于早熟禾亚科小麦族，是多系类群，与山羊草属关系较近[83]，有关该属的系统位置有待深入研究。在基于核基因构建的分子系统树上，小麦属可主要分为 3 个分支，分别对应于 3 个基因组（A^u、B、D），其中 D 基因组来源于山羊草 *Aegilopis tauschii* Cosson、A^u 基因组则来源于 *T. urartu* Thumanjan ex Gandilyan 、而 B 基因组则来源于 *Aegilops speltoides* Tausch[83]。

DNA 条形码研究：BOLD 网站有该属 34 种 196 个条形码数据；GBOWS 已有 1 种 4 个条形码数据。

代表种及其用途：该属为重要粮食作物，如小麦 *Triticum aestivum* Linnaeus。

十四、Aveneae 燕麦族

75. ×*Agropogon* P. Fournier 剪棒草属

×*Agropogon* P. Fournier, *Agrostis* Linnaeus × *Polypogon* Desfontaines (1934: 50); Lu & Phillips (2006: 348) [Type: ×*Agropogon lutosus* (Poiret) P. Fournier (≡ *Agrostis lutosa* Poiret)]

特征描述：多年生草本。秆基部膝曲或匍匐。叶片线形；叶舌膜质，5-8mm。圆锥花序收缩；小穗长 2-3mm，两侧压扁，含 1 可育小花，无穗轴延伸；颖片宿存，膜质，椭圆形，背部具 1 脉，先端微凹，具芒；外稃椭圆形，透明膜质，5 脉，先端齿状，具 1 芒；内稃透明膜质，2 脉；鳞被 2；雄蕊 3；花柱 2。颖果附着于内稃。

分布概况：约 1/1 种，**10** 型；分布于欧洲，非洲东北部，温带和热带亚洲，大洋洲，北美洲和南美洲；中国产西南。

系统学评述：剪棒草属由剪股颖属和棒头草属杂交而来，隶属于早熟禾亚科燕麦族 Aveneae。最新的分子证据也证实了剪棒草属的属间杂交特性[114]。Soreng 和 Davis[9]结合叶绿体基因片段和 67 个形态学性状对早熟禾亚科 9 属 101 种进行了系统学研究，根据系统树的分支，可将早熟禾亚科分为 12 族，每个族都得到较高支持率，其中燕麦族与早熟禾族 Poaeae、雀麦族 Bromeae、小麦族、短柄草族 Brachypodieae、臭草族 Meliceae 和龙常草族 Diarrheneae 关系较近，聚为 1 支。

DNA 条形码研究：GBOWS 已有 1 种 4 个条形码数据。

代表种及其用途：糙颖剪股颖 *A. lutosus* (Poiret) P. Fournier 耐盐碱，可引种在海滨沙地和泥滩。

76. *Agrostis* Linnaeus 剪股颖属

Agrostis Linnaeus (1753: 61), *nom. cons.*; Lu & Phillips (2006: 340) (Lectotype: *A. canina* Linnaeus, *typ. cons.*)

特征描述：多年或一年生草本。圆锥花序开展或收缩，稀呈穗状；小穗仅含 1 小花；

颖片 2，<u>膜质有光泽</u>，<u>先端急尖或渐尖</u>，<u>无芒</u>，<u>具 1 脉</u>；外稃膜质，无毛或有毛，<u>先端钝圆或截平</u>，<u>侧脉常在先端形成小尖头</u>，<u>背部无芒或有芒</u>；<u>内稃通常微小或不存在</u>，<u>稀与外稃近等长</u>，具 2 脉；鳞被 2；雄蕊 3；子房无毛。花粉粒颗粒纹饰。

分布概况：约 200/25（8）种，**1 型**；分布于北半球寒温带，热带高山也见；中国除华南外，南北均产。

系统学评述：基于叶绿体基因的分子系统学研究表明，剪股颖属隶属于早熟禾亚科燕麦族剪股颖亚族 Agrostidinae，是个并系，与棒头草属 *Polypogon* 关系较近[11,115]，其系统位置还有待深入研究。

DNA 条形码研究：虽然剪股颖属的少数种类有 *rbc*L 和 *mat*K 条形码的研究[98]，但这 2 个片段在这几个种类之间的物种鉴别率不高，关于整个剪股颖属的条形码研究有待深入。BOLD 网站有该属 31 种 226 个条形码数据；GBOWS 已有 8 种 88 个条形码数据。

代表种及其用途：一些种类是非常重要的草坪用草，经常用在温带地区的高尔夫球场，如西伯利亚剪股颖 *A. stolonifera* Linnaeus。

77. *Alopecurus* Linnaeus 看麦娘属

Alopecurus Linnaeus (1753: 60); Lu & Phillips (2006: 364) (Lectotype: *A. pratensis* Linnaeus)

特征描述：一年或多年生草本。<u>圆锥花序圆柱形、长圆形或卵球形</u>；<u>小穗两侧压扁</u>，<u>含 1 两性小花</u>；<u>颖近等长</u>，<u>具 3 脉</u>，<u>常于基部互相联合</u>，<u>脊上有纤毛</u>；<u>外稃膜质透明</u>，先端截形或急尖，具不明显的 5 脉，<u>背部在中部以下有芒</u>，<u>稀无芒</u>，边缘常在下部联合；内稃常缺如；鳞被缺如；子房无毛，花柱通常下部连生。颖果与稃分离。花粉粒颗粒纹饰。

分布概况：40-50/8 种，**8 型**；分布于北半球寒温带；中国产东北和西北。

系统学评述：来自核基因的分子系统学研究表明，看麦娘属隶属于早熟禾亚科燕麦族，是单系类群，与 *Bellardiochloa* 关系较近[10,12,116]，其系统位置还有待深入研究。

DNA 条形码研究：BOLD 网站有该属 15 种 91 个条形码数据；GBOWS 已有 5 种 42 个条形码数据。

代表种及其用途：该属多数种为优良牧草，如大看麦娘 *A. pratensis* Linnaeus 曾引种于温带作为牧草和饲料。

78. *Anthoxanthum* Linnaeus 黄花茅属

Anthoxanthum Linnaeus (1753: 28); Wu & Phillips (2006: 336) (Lectotype: *A. odoratum* Linnaeus). —— *Hierochloë* R. Brown (1810: 208)

特征描述：多年生草本。常有短根茎。<u>圆锥花序紧缩呈穗状</u>；<u>小穗两侧压扁</u>，<u>含 3 小花</u>，<u>2 侧生小花雄性或中性</u>，<u>1 顶生小花两性</u>；<u>颖膜质</u>，<u>明显不等长</u>，<u>边缘宽膜质</u>；<u>侧生小花外稃膜质</u>，<u>先端有齿或 2 钝形裂片</u>，<u>具 3 脉</u>，<u>背部有芒</u>；<u>顶生小花的外稃稍硬化</u>，<u>比 2 侧生小花均短</u>，具 5-7 脉；内稃具 1 脉；鳞被不存在；雄蕊 2。颖果纺锤形。花粉粒颗粒纹饰。染色体 x=5，7。

分布概况：约 50/10（3）种，**8 型**；主要分布于全球寒温带，热带高山地区也产；

中国产南北各地，以西南为多。

　　系统学评述：基于叶绿体基因的分子系统学研究表明，黄花茅属隶属于早熟禾亚科燕麦族，是单系类群，与 *Lagurus* 和异燕麦属 *Helictotrichon* 关系较近[11]，其系统位置还有待深入研究。

　　DNA 条形码研究：虽然黄花茅属的少数种类有过 *rbc*L 和 *mat*K 条形码的研究[11,98]，但这 2 个片段的物种鉴别率不高，关于整个黄花茅属的条形码研究有待深入。BOLD 网站有该属 16 种 65 个条形码数据；GBOWS 已有 4 种 27 个条形码数据。

　　代表种及其用途：茅香 *A. nitens* (Weber) Y. Schouten & Veldkamp 含香豆素，可作香草浸剂；花序及根茎，民间入药，治多种疾病；其根茎蔓延还可巩固坡地以防止水土流失。

79. *Arrhenatherum* P. Beauvois 燕麦草属

Arrhenatherum P. Beauvois (1812: 55); Wu & Phillips (2006: 322) [Lectotype: *A. avenaceum* P. Beauvois ex
　　Boissier, *nom. illeg.* (=*A. elatius* (Linnaeus) P. Beauvois ex J. Presl & C. Presl ≡ *Avena elatior*
　　Linnaeus)]

　　特征描述：多年生草本。顶生圆锥花序狭窄；小穗含 2 小花，第一小花雄性，第二小花两性，小穗轴延伸于顶生小花之后；颖较宽，质薄，边缘近膜质，第一颖具 1 脉，第二颖具 3 脉；外稃具 5-9 脉，先端 2 齿裂，从第一外稃近基部处伸出 1 膝曲扭转的芒，第二外稃近顶端具 1 细直短芒；内稃脊上具纤毛；子房先端被毛。种脐线形。染色体 $x=7$。

　　分布概况：约 7/1 种，**12 型**；分布于亚洲西南部，欧洲和地中海；中国引种栽培。

　　系统学评述：基于叶绿体基因的分子系统学研究表明，燕麦草属隶属于早熟禾亚科燕麦族，目前的研究表明其与 *Pseudarrhenatherum* 和异燕麦属关系较近[11]，其系统位置和单系或多系起源还有待深入研究。

　　DNA 条形码研究：BOLD 网站有该属 10 种 86 个条形码数据。

　　代表种及其用途：燕麦草 *A. elatius* (Linnaeus) P. Beauvois ex J. Presl & C. Presl 为饲料及观赏植物。

80. *Avena* Linnaeus 燕麦属

Avena Linnaeus (1753: 79); Wu & Phillips (2006: 323) (Lectotype: *A. sativa* Linnaeus)

　　特征描述：一年生草本。叶鞘几乎不闭合。圆锥花序开展，稀收缩，具有大而悬垂的小穗；小穗常含 2 至数小花，大都长过 2cm，其柄常弯曲；颖草质，具 7-11 脉，长于下部小花；外稃质地坚硬，顶端软纸质，齿裂，裂片有时呈芒状，具 5-9 脉，常具芒，少数无芒，芒常自稃体中部伸出，膝曲而具扭转的芒柱；雄蕊 3；子房具毛。花粉粒颗粒纹饰。种脐长线形。染色体 $x=7$。

　　分布概况：约 25/5 种，**10 型**；分布于欧亚大陆的温寒带；中国南北均产，云南尤盛。

系统学评述：燕麦属隶属于早熟禾亚科燕麦族，是单系类群，且燕麦属属下可明显根据 A 基因组和 C 基因组及形态特征划分成 2 组[117,118]。另外，在核基因及叶绿体基因构建的系统树上，燕麦属和异燕麦属关系较近[11,119]。

DNA 条形码研究：BOLD 网站有该属 27 种 152 个条形码数据；GBOWS 已有 2 种 51 个条形码数据。

代表种及其用途：该属主产古地中海沿岸，少数种是全球非热带地区（包括热带山区）栽培的粮食作物，如燕麦 *A. sativa* Linnaeus。

81. *Briza* Linnaeus 凌风草属

Briza Linnaeus (1753: 70); Lu & Phillips (2006: 256) (Lectotype: *B. media* Linnaeus)

特征描述：一年生或多年生草本，细弱。圆锥花序顶生，开展；小穗宽，含少数至多花，小花紧密排列成覆瓦状而向两侧水平伸展；两颖几相等，均稍短于第一外稃，宽广，具 3-5 脉，纸质，边缘膜质；外稃具 5-11 脉，呈舟形，下部质厚而凸出，边缘宽膜质而扩展，基部呈心形；内稃短于外稃；雄蕊 1-3。花粉粒颗粒纹饰。颖果宽椭圆形。染色体 x=5，7。

分布概况：约 21/3 种，**8** 型；主产美洲，欧洲，亚洲西北部也有分布；中国原产 1 种，分布于西藏、云南和四川，引种 2 种。

系统学评述：基于核基因、叶绿体片段的分子系统学及形态学研究的证据，凌风草属隶属于早熟禾亚科燕麦族凌风草亚族 Brizinae，并且不是个单系类群[12,120]。狭义凌风草属 *Briza sensu sricto* 和其他 7 属（*Calotheca*、*Chascolytrum*、*Erianthecium*、*Gymnachne*、*Microbriza*、*Poidium* 和 *Rhombolytrum*）之间界限不清，一起被称为凌风草属复合群，最新的分子系统学研究将该复合群划分为 2 大支：South American clade 和 Euro-Asian clade，其中的 South American clade 的系统学关系还有待于深入研究[121]。

DNA 条形码研究：利用多片段的 DNA 条形码对意大利伦巴第亚高山地区的植被调查中涉及该属的 1 个种 *B. media* Linnaeus，关于整个凌风草属的条形码研究有待深入[93]。BOLD 网站有该属 10 种 40 个条形码数据；GBOWS 已有 1 种 3 个条形码数据。

代表种及其用途：大凌风草 *B. maxima* Linnaeus 在国内被引种栽培作观赏植物。

82. *Calamagrostis* Adanson 拂子茅属

Calamagrostis Adanson (1763: 31); Lu & Phillips (2006: 359) (Type: *C. lanceolata* Roth)

特征描述：多年生粗壮草本。圆锥花序紧缩或开展；小穗线形，常含 1 小花；两颖近等长，锥状狭披针形，先端长渐尖，具 1 脉或第二颖具 3 脉；外稃透明膜质，短于颖片，先端有微齿或 2 裂，芒自顶端齿间或中部以上伸出，基盘密生长于稃体的丝状毛；内稃细小而短于外稃；雄蕊 3，稀为 1。花粉粒颗粒纹饰。

分布概况：约 20/6（1）种，**8** 型；分布于北温带和北极；中国产温带地区。

系统学评述：拂子茅属隶属于早熟禾亚科燕麦族剪股颖亚族 Agrostidinae，该属不是个单系，与剪股颖属和野青茅属 *Deyeuxia* 关系较近[122]。

DNA 条形码研究: 虽然黄花茅属的少数种类有 *rbc*L 和 *mat*K 条形码的研究[98], 但这 2 个片段的物种鉴别率不高, 关于整个黄花茅属的条形码研究有待深入。BOLD 网站有该属 44 种 150 个条形码数据; GBOWS 已有 4 种 38 个条形码数据。

代表种及其用途: 拂子茅 *C. epigeios* (Linnaeus) Roth 为牲畜喜食的牧草; 秆可编席、织草垫及覆盖房顶; 其根茎顽强, 抗盐碱土壤, 又耐强湿, 是固定泥沙、保护河岸的良好材料。

83. *Catabrosa* P. Beauvois 沿沟草属

Catabrosa P. Beauvois (1812: 97); Wu & Phillips (2006: 313) [Lectotype: *C. aquatica* (Linnaeus) P. Beauvois (≡ *Aira aquatica* Linnaeus)]

特征描述: 多年生草本。常具匍匐地面或沉水的茎。叶鞘闭合达 1/2-3/4。圆锥花序密集或疏展; 小穗含 (1-) 2 (-3) 小花, 颖膜质, 近圆形至宽卵形, 短于小花, 脉不清晰, 顶端截平或呈蚀齿状; 外稃草质, 宽卵形至长圆形, 顶端钝, 干膜质, 无芒, 具 3 明显的脉; 内稃具 2 脊, 平滑无毛; 鳞被 2; 雄蕊 3。颖果椭圆形。种脐宽椭圆形。染色体 x=5。

分布概况: 2-4/2 种, **8 型**; 分布于全球温带地区; 中国产西北、东北、华北和西南。

系统学评述: 分子系统学研究表明, 沿沟草属隶属于早熟禾亚科燕麦族碱茅亚族 Puccinelliinae, 与碱茅属 *Puccinellia* 和硬草属 *Sclerochloa* 关系较近[12,115,123]。

DNA 条形码研究: BOLD 网站有该属 3 种 17 个条形码数据; GBOWS 已有 2 种 28 个条形码数据。

代表种及其用途: 沿沟草 *C. aquatica* (Linnaeus) P. Beauvois 草质柔软, 适口性较好, 为中等饲草。

84. *Deyeuxia* Clarion ex P. Beauvois 野青茅属

Deyeuxia Clarion ex P. Beauvois (1812: 43); Lu et al. (2006: 348) [Lectotype: *D. montana* P. Beauvois (≡ *Arundo montana* Gaudin, nom. illeg. = *D. arundinacea* (Linnaeus) Jansen, nom. illeg. ≡ *Agrostis arundinacea* Linnaeus)]. —— *Anisachne* Keng (1958: 117)

特征描述: 多年生草本。圆锥花序紧缩或开展; 小穗通常含 1 小花, 稀含 2 小花, 小穗轴延伸于内稃之后而常被丝状柔毛; 颖近等长或第一颖较长, 先端尖或渐尖, 具 1-3 脉; 外稃稍短于颖, 草质或膜质, 具 3-5 脉, 先端 2-4 齿裂状, 中脉自稃体之基部或中部以上延伸成 1 芒, 稀无芒, 基盘两侧的毛通常短于 (稀可长于) 外稃; 内稃质薄, 具 2 脉; 雄蕊 3, 稀 2 或 1。

分布概况: 约 200/34 (15) 种, **8 型**; 主要分布于全球温带地区, 在热带地区高山上也有; 中国南北均产, 主产西南。

系统学评述: 野青茅属隶属于早熟禾亚科燕麦族剪股颖亚族 Agrostidinae, 关于该属和拂子茅属应合并还是各自成属的问题, 一直存在分歧[88,124-127], 这 2 个属常被看作 *Calamagrostis/Deyeuxia* 复合群, 与剪股颖属及其近缘属关系较近[122]。

DNA 条形码研究：GBOWS 已有 12 种 86 个条形码数据。

代表种及其用途：该属多数种于抽穗前收割，是很好的饲料，如大叶章 *D. purpurea* (Trinius) Kunth。

85. *Helictotrichon* Besser ex Schultes & J. H. Schultes 异燕麦属

Helictotrichon Besser ex Schultes & J. H. Schultes (1826: 526); Wu & Phillips (2006: 317) [Lectotype: *H. sempervirens* (Villars) Pilger (≡ *Avena sempervirens* Villars)]

特征描述：多年生草本。具开展或紧缩而有光泽的顶生圆锥花序；小穗含 2 至数小花；颖几相等，等长或短于小花，具 1-5 脉，边缘宽膜质；外稃成熟时下部质较硬，上部薄膜质，常浅裂为 2 尖齿，背部为圆形，具数脉，常于中部附近着生扭转膝曲的芒，基盘钝而具毛；内稃 2 脊具纤毛；雄蕊 3；子房有毛。颖果具线形种脐。

分布概况：约 100/14（7）种，**8** 型；从欧洲东至日本，北美均产，偶见于热带高山；中国主产西南和西北，东北、华北和华中也有。

系统学评述：异燕麦属隶属于早熟禾亚科燕麦族燕麦亚族 Aveninae，并且是多系类群，在分子系统树上，与 *Pseudarrhenatherum*、燕麦草属和发草属 *Deschampsia* 关系较近[11,115]。

DNA 条形码研究：BOLD 网站有该属 22 种 32 个条形码数据；GBOWS 已有 5 种 31 个条形码数据。

代表种及其用途：该属多数种可作饲料，如异燕麦 *H. hookeri* subsp. *schellianum* (Hackel) Tzvelev，适口性良好，为各种家畜所喜食，特别在青鲜时，马和羊均喜食，营养价值较高；耐干旱的能力较强，是有栽培前途的牧草。

86. *Holcus* Linnaeus 绒毛草属

Holcus Linnaeus (1753: 1047), *nom. cons.*; Wu & Phillips (2006: 334) (Type: *H. lanatus* Linnaeus, *typ. cons.*)

特征描述：一年生或多年生草本。圆锥花序开展或紧缩；小穗两侧压扁，含 2 小花，第一小花两性，第二小花雄性，小穗轴脱节于颖下，亦不延伸于第二小花之后；颖几相等，且超过第二小花，第一颖具 1 脉，第二颖具 3 脉；第一外稃果时硬化，革质，光亮，无芒，内稃与外稃等长；第二外稃背部有芒，内稃较短；雄蕊 3；花柱短。

分布概况：约 8/1 种，**12** 型；分布于北非和西南亚；中国产江西、台湾和云南。

系统学评述：绒毛草属隶属于早熟禾亚科燕麦族绒毛草亚族 Holcinae，在分子系统树上，绒毛草属与发草属和 *Vahlodeae* 关系较近[11,115]。

DNA 条形码研究：BOLD 网站有该属 5 种 43 个条形码数据。

代表种及其用途：绒毛草 *H. lanatus* Linnaeus 无饲用价值，因植株密生绒毛，牲畜不喜吃并常引起口腔炎，其所含苷元于某些情况下形成氰酸而有毒。

87. *Koeleria* Persoon 落草属

Koeleria Persoon (1805: 97); Wu & Phillips (2006: 330) [Lectotype: *P. nitida* Lamarck, *nom. illeg.* (= *K.*

nitida (Lamarck) Nuttall ≡ *Poa nitida* Lamarck)]

特征描述：多年丛生草本。分蘖枝的叶鞘常闭合。圆锥花序紧缩，有光泽，分枝常简短，被毛；小穗两侧压扁，含 2 至数小花，小穗轴延伸于顶生内稃之后而呈刺状；颖不等长或等长，具 1-3（-5）脉；外稃纸质，边缘及先端膜质，披针形至卵披针形，有脊，有芒或否，具不明显的 5 脉；内稃较狭，具 2 脊，先端 2 浅裂。颖果长圆状纺锤形。

分布概况：约 35/4 种，**8 型**；分布于温带，偶见于热带高山；中国产西北至西南。

系统学评述：分子系统学研究表明，落草属隶属于早熟禾亚科燕麦族落草亚族 Koeleriinae，与 *Gaudinia*、三毛草属 *Trisetum* 和 *Rostraria* 关系较近[11,115]。

DNA 条形码研究：虽然落草属的少数种类有 *rbc*L 和 *mat*K 条形码的研究[98]，但这 2 个片段的物种鉴别率不高，关于整个落草属的条形码研究有待深入。BOLD 网站有该属 9 种 38 个条形码数据；GBOWS 已有 2 种 30 个条形码数据。

代表种及其用途：该属多数种为山地草原上的牧草，如落草 *K. macrantha* (Ledebour) Schultes。

88. *Phalaris* Linnaeus 虉草属

Phalaris Linnaeus (1753: 54); Wu & Phillips (2006: 335) (Lectotype: *P. canariensis* Linnaeus)

特征描述：一年或多年生草本。圆锥花序紧缩成穗状或卵球形；小穗卵形，两侧压扁，含 1 两性小花及其下 2 退化至仅具稃体的小花；颖片草质，等长，超过而且包着外稃，背部有脊，脊上有翼；能育小花的外稃软骨质，平滑光亮，无芒，有 5 不明显的脉，内稃与外稃同质，具 2 脉；鳞被 2；子房无毛。种脐线形。

分布概况：约 18/5 种，**8 型**；分布于地中海及新世界的暖温带地区；中国主产西北、西南

系统学评述：分子系统学研究表明，虉草属隶属于早熟禾亚科燕麦族虉草亚族 Phalaridinae，是个单系类群，在基于叶绿体基因构建的分子系统树上，虉草属作为基部分支和整个燕麦族聚为 1 支；而在基于核基因构建的分子系统树上，虉草属作为并系和剪股颖亚族及凌风草亚族聚成 1 支[115]。

DNA 条形码研究：BOLD 网站有该属 19 种 105 个条形码数据；GBOWS 已有 1 种 20 个条形码数据。

代表种及其用途：虉草 *P. arundinacea* Linnaeus 在早春幼嫩时为优良的饲料，收割与放牧之后，能生长很多的再生草，并对环境条件要求不高，忍耐性大；其秆可用作编织及造纸。另外，一些植物园将虉草植于花盆中常刈短其秆，令矮生以观赏其叶片。

89. *Phleum* Linnaeus 梯牧草属

Phleum Linnaeus (1753: 59); Lu & Phillips (2006: 367) (Lectotype: *P. pratense* Linnaeus)

特征描述：一年或多年生草本。圆锥花序穗状、卵圆形或圆柱形，分枝常贴靠主轴；小穗含 1 花，两侧压扁，几无柄，脱节于颖之上；颖近等长，具 3 脉，边缘重叠，但不

连生，先端具短芒或尖头；外稃膜质，先端截形或钝形，比颖短，具 3-7 脉，无芒，常有细齿，边缘不连生；内稃与外稃近等长或等长，脊上具小纤毛。颖果椭圆形至倒卵形。

分布概况：约 16/4 种，**8 型**；分布于北半球的温带和寒带地区，在美国沿高山群向南延伸到智利；中国产西部、东北、华北和华东。

系统学评述：基于核基因和叶绿体片段的研究表明，梯牧草属隶属于早熟禾亚科燕麦族看麦娘亚族 Alopecurinae，在基于叶绿体基因构建的系统树上和粟草属 *Milium* 聚成 1 支，关系较近；而在基于核基因构建的系统树上，梯牧草属作为基部类群与早熟禾亚族的其他类群聚成 1 大支[11,128]，有关该属的系统位置和单系或多系起源问题还有待深入研究。

DNA 条形码研究：BOLD 网站有该属 6 种 76 个条形码数据；GBOWS 已有 3 种 28 个条形码数据。

代表种及其用途：该属多数种为优良的饲料植物，其中梯牧草 *P. pratense* Linnaeus 是世界上应用最广而珍贵的牧草，尤其对于马、骡的适口性高，又能增加体力；在草田轮作中亦有重要作用。

90. *Polypogon* Desfontaines 棒头草属

Polypogon Desfontaines (1798: 66); Lu & Phillips (2006: 361) [Type: *P. monspeliensis* (Linnaeus) Desfontaines (≡ *Alopecurus monspeliensis* Linnaeus)]

特征描述：一年或多年生草本。圆锥花序收缩成穗状或金字塔形；小穗含 1 花，稍两侧压扁；颖近等长，具 1 脉，纸质，稍粗糙，比小花略长，上部有脊，先端浅裂或全缘，自裂齿间或先端稍下处伸出一细直芒；外稃膜质透明，光滑，长约为小穗之半，先端截形，具不明显 5 脉，近顶部有一易脱落的短芒；内稃与外稃等长或稍短，膜质透明；雄蕊 1-3。

分布概况：约 25/6（1）种，**8 型**；广布暖温带及热带高山；中国南北均产。

系统学评述：棒头草属隶属于早熟禾亚科燕麦族剪股颖亚族，与剪股颖属关系较近[11,115]。

DNA 条形码研究：BOLD 网站有该属 8 种 54 个条形码数据；GBOWS 已有 4 种 41 个条形码数据。

代表种及其用途：该属多数种用于饲料，如长芒棒头草 *P. monspeliensis* (Linnaeus) Desfontaines 茎叶柔软，适口性好，无论放牧、青刈或调制干草，牛、马、羊、兔均喜食。

91. *Pseudosclerochloa* Tzvelev 假硬草属

Pseudosclerochloa Tzvelev (2004: 840); Liu & Tzvelev (2006: 315) [Type: *P. rupestris* (Withering) Tzvelev (≡ *Poa rupestris* Withering)]

特征描述：一年生草本，稀两年生，丛生。穗状花序着生于花序轴一侧成较紧密的圆锥花序；分枝较硬，从基部开始着生小穗；小穗柄短粗；小穗含 2-7 小花；颖短于外稃，具 1-3 脉，下半部软骨质，先端钝或锐尖；外稃椭圆形至倒卵形，近软骨质，具 3-5

脉，无毛，中上部有明显的脊，先端钝；内稃等长于外稃，脊上粗糙。种脐小，圆形。

分布概况：约 2/1（1）种，**10 型**；1 种分布于西欧，1 种为中国特有；中国产安徽、河南、江苏和江西。

系统学评述：基于叶绿体片段和形态特征相结合的系统学研究表明，假硬草属隶属于早熟禾亚科燕麦族碱茅亚族[12]，有关该属的系统位置和单系或多系起源问题还有待于深入研究。

DNA 条形码研究：GBOWS 已有 1 种 4 个条形码数据。

代表种及其用途：耿氏假硬草 *P. kengiana* (Ohwi) Tzvelev 的根可通窍利水，破血通经，可用于跌打损伤、筋骨痛、经闭、水肿鼓胀。

92. *Puccinellia* Parlatore 碱茅属

Puccinellia Parlatore (1848: 366), *nom. cons.*; Liu et al. (2006: 245) [Type: *P. distans* (Jacquin) Parlatore, *typ. cons.* (≡ *Poa distans* Jacquin)]

特征描述：多年生草本。圆锥花序开展或紧缩；小穗含 2-8 小花，两侧稍压扁或圆筒形，小花覆瓦状排成 2 列；颖披针形至宽卵形，纸质，不等长，常为干膜质；外稃纸质，背部圆形，有平行的 5 脉，顶端钝或稍尖，膜质，具缘毛或不整齐的细齿裂，背部无毛或下部脉与脉间与基部两侧生短柔毛；鳞被 2，常 2 裂；雄蕊 3。颖果长圆形，无沟槽。染色体 x=7。

分布概况：约 200/50（14）种，**8 型**；分布于寒温带；中国产西北、东北、华北、西南和华东。

系统学评述：基于分子系统学研究，碱茅属隶属于早熟禾亚科燕麦族碱茅亚族，在基于叶绿体基因构建的分子系统树上与硬草属为姐妹群，上述 2 属与沿沟草属又构成 1 个较大分支[12,115,123]。

DNA 条形码研究：虽然碱茅属的少数种有过 *rbc*L、*mat*K、*psb*A-*trn*H、*psb*K-I 和 *atp*F-H 条形码的研究[98]，但除了 *atp*F-H 能提高碱茅属的物种分辨率以外，其余片段的物种鉴别率不高，关于整个碱茅属的条形码研究有待深入。BOLD 网站有该属 30 种 231 个条形码数据；GBOWS 已有 5 种 23 个条形码数据。

代表种及其用途：该属植物草质好、营养佳，是马等牲畜喜食的优良牧草，如星星草 *P. tenuiflora* (Grisebach) Scribner & Merrill 的茎叶含蛋白质较高，是家畜和骆驼喜食的优良牧草。

93. *Sclerochloa* P. Beauvois 硬草属

Sclerochloa P. Beauvois (1812: 97); Chen & Phillips (2006: 314) [Lectotype: *S. dura* (Linnaeus) P. Beauvois (≡ *Cynosurus durus* Linnaeus)]

特征描述：一年生。叶鞘下部闭合。圆锥花序坚硬直立，由一侧着生小穗的总状花序组成，分枝粗短，自基部着生小穗；小穗含 3-8 小花，上部小花不育；颖纸质，边缘膜质，卵形，顶端钝，第一颖具 3-5 脉，第二颖 5-9 脉；外稃披针形，纸质，具脊，顶端钝圆，平滑无毛，具平行的 5-7 脉。颖果长圆形，顶端有 2 花柱残存的喙。染色体 $x=7$。

分布概况：约 2/1 种，**10 型**；分布于欧洲中部和南部至中亚；中国产新疆。

系统学评述：根据分子系统学研究，硬草属隶属于早熟禾亚科燕麦族碱茅亚族，在基于叶绿体构建的分子系统树上其与碱茅属为姐妹群，上述 2 属与沿沟草属聚为 1 个较大分支[12,115,123]。

DNA 条形码研究：BOLD 网站有该属 1 种 4 个条形码数据；GBOWS 已有 1 种 4 个条形码数据。

94. *Scolochloa* Link 水茅属

Scolochloa Link (1827: 136); Wu & Phillips (2006: 244) [Type: *S. festucacea* (Willdenow) Link (≡ *Arundo festucacea* Willdenow)]

特征描述：多年生草本。具匍匐根状茎。圆锥花序开展，具稍粗糙的分枝；小穗含 3-4 小花；颖膜质，近相等，顶端撕裂状，第一颖具 1-3 脉，第二颖具 3-5 脉；外稃革质状厚膜质，宽披针形，背部圆，无脊，具 5-7 脉，顶端常有 3 具短芒的齿，基盘稍尖且较长，具髯毛；内稃具 2 脊，顶端具 2 尖齿；鳞被 2；雄蕊 3；子房先端密被毛。染色体 $x=7$。

分布概况：约 2/1 种，**8 型**；分布于北半球温带，1 种世界广布；中国产东北。

系统学评述：水茅属隶属于早熟禾亚科燕麦族 Scolochloinae 亚族，在基于 ITS 和 *trn*T-F 序列构建的分子系统树上，作为基部类群和燕麦族及 *Seslerieae* 聚为 1 支[115]。

DNA 条形码研究：BOLD 网站有该属 1 种 1 个条形码数据。

代表种及其用途：水茅 *S. festucacea* (Willdenow) Link 的植株可刈割饲用，籽实为鸟食。

95. *Trisetum* Persoon 三毛草属

Trisetum Persoon (1805: 97); Wu & Phillips (2006: 325) [Lectotype: *Trisetum flavescens* (Linnaeus) P. Beauvois (≡ *Avena flavescens* Linnaeus)]

特征描述：多年或一年生草本。圆锥花序开展或紧缩成穗状；小穗两侧压扁，含 2-5 小花，小穗轴在诸小花之间有疏柔毛，延伸于顶生内稃之后呈刺毛状或具不育小花；颖草质兼革质，有脊，不等长，第一颖具 1-3 脉，第二颖具 3 脉；外稃纸质而边缘膜质，先端有 2 齿或 2 刚毛，具 5 脉，常在背部约 1/2 略上处生芒，芒常扭转；内稃有 2 脊，先端 2 浅裂。花粉粒颗粒纹饰。

分布概况：约 70/12（5）种，**8 型**；分布于北半球的温带与极地；中国主产东北、西北至西南，少数见于华中和华东。

系统学评述：分子系统学研究表明，三毛草属隶属于早熟禾亚科燕麦族藓草亚族，是多系类群，与藓草属、*Gaudinia* 和 *Rostraria* 关系较近，在基于 ITS 和 *trn*T-F 序列构建的分子系统树上，这几个属聚为 1 支[11,115]，有关该属的系统位置有待于深入研究。

DNA 条形码研究：虽然三毛草属的少数种有过 *rbc*L 和 *mat*K 条形码的研究[98]，但这 2 个片段的物种鉴别率不高，三毛草属的条形码研究有待深入。BOLD 网站有该属 10 种 59 个条形码数据；GBOWS 已有 9 种 60 个条形码数据。

代表种及其用途：该属大多种为饲料植物，如穗三毛 *T. spicatum* (Linnaeus) Richter 为良好牧草。

十五、Poeae 早熟禾族

96. *Aira* Linnaeus 银须草属

Aira Linnaeus (1753: 63), *nom. cons.*; Wu & Phillips (2006: 334) (Lectotype: *A. praecox* Linnaeus, *typ. cons.*)

特征描述：一年生草本。叶纵卷。圆锥花序开展或紧缩，分枝纤细，末端着生较小的小穗；小穗两侧压扁，含 2 两性小花；颖膜质，微粗糙，具 1（-3）脉，顶端急尖；外稃质硬，背部圆形，明显 5 脉，顶端具 2 渐尖的细齿，基盘被细毫毛，自稃体下部或中部伸出芒，芒膝曲，或第一小花无芒；内稃膜质，具 2 脊；鳞被 2。颖果梭形。染色体 2n=14，28。

分布概况：约 8/1 种，**10** 型；分布于欧洲和亚洲温带；中国产西藏西部。

系统学评述：银须草属隶属于早熟禾亚科早熟禾族。基于叶绿体基因的分子系统树，银须草属和发草属关系较近[11]，而基于核基因的分子系统树则表明该属和 *Avenella* 关系较近[10]，其系统位置还有待深入研究。

DNA 条形码研究：BOLD 网站有该属 4 种 42 个条形码数据。

代表种及其用途：银须草 *A. caryophyllea* Linnaeus 是干旱开阔地的先锋类群。

97. *Aniselytron* Merrill 沟稃草属

Aniselytron Merrill (1910: 328); Lu & Phillips (2006: 310) (Type: *A. agrostoides* Merrill). —— *Aulacolepis* Hackel (1906: 241)

特征描述：多年生草本。圆锥花序开展；小穗含 1 花，小穗轴脱节于颖之上，并延伸于内稃之后而成 1 短小的针状细柄；颖不相等，第一颖较小甚至退化，具 1 脉，第二颖具 3 脉；外稃与小穗等长，纸质，先端稍膜质，无芒，具 5 脉；内稃与外稃等长，膜质，具 2 脊，脊间有纵沟；鳞被 2；雄蕊 3；子房无毛。颖果细长，与稃体分离。染色体 x=7。

分布概况：约 2/2 种，**7** 型；分布于印度北部至印度尼西亚和日本；中国产长江以南。

系统学评述：沟稃草属隶属于早熟禾亚科早熟禾族，基于核基因的分子系统学研究表明，沟稃草属和菵草属 *Beckmannia* 关系较近[10,12]，而最近基于核基因和叶绿体基因的研究中，在 *trn*T-*trn*L-*trn*F 系统树上沟稃草属与 *Cinna arundinaceae* Linnaeus 聚为 1 支，而在 ITS 树上则与 *Poa* sect. *Sylvestres* 关系较近，因此被建议并入早熟禾属[116,128]，沟稃草属不是单系类群，有关沟稃草属的系统位置还有待深入研究。Soreng 和 Davis[9]结合叶绿体基因片段和 67 个形态学性状对早熟禾亚科 9 属 101 种进行了系统学研究，分为 12 族，每个族都得到较高支持率，其中早熟禾族 Poeae 与燕麦族 Aveneae、雀麦族 Bromeae、小麦族、短柄草族 Brachypodieae、臭草族 Meliceae 和龙常草族 Diarrheneae 关系较近，聚为 1 支。

DNA 条形码研究：BOLD 网站有该属 1 种 3 个条形码数据；GBOWS 已有 1 种 3 个条形码数据。

98. *Beckmannia* Host 菵草属

Beckmannia Host (1805: 5); Xu et al. (2009: 305) [Type: *B. eruciformis* (Linnaeus) Host (≡*Phalaris erucaeformis* Linnaeus)]

特征描述：一年生草本。圆锥花序狭窄，由多数贴生或斜生的穗状花序组成；小穗含 1 花，稀 2 小花，近圆形，两侧压扁，几无柄，成 2 行覆瓦状排列于穗轴一侧；颖半圆形，等长，草质，有 3 脉，先端钝或锐尖；外稃披针形，具 5 脉，稍露出于颖外，先端尖或具短尖头；内稃具脊；雄蕊 3。颖果圆柱状。染色体 x=7。

分布概况：约 2/1 种，**8 型**；广布北半球温带；中国南北均产。

系统学评述：菵草属是单系类群[116]，自建立以来，其系统位置一直存在争议。该属曾长期因其小穗的外部形态而被放置于虎尾草族 Chlorideae[129-131]，而胚胎学、细胞学和比较形态学研究又认为该属应归于剪股颖族 Agrostideae[132-134]，通常认为剪股颖族应归并入燕麦族，所以菵草属均被放在燕麦族[FRPS]。根据最新的分子系统学研究，菵草属应归于早熟禾亚科早熟禾族，并且该属和看麦娘属的亲缘关系很近[135,136]。

DNA 条形码研究：BOLD 网站有该属 1 种 18 个条形码数据；GBOWS 已有 1 种 28 个条形码数据。

代表种及其用途：菵草 *B. syzigachne* (Steudel) Fernald 是优良牧草，也是难以清除的田间杂草。

99. *Cinna* Linnaeus 单蕊草属

Cinna Linnaeus (1753: 5); Lu & Phillips (2006: 363) (Type: *C. arundinacea* Linnaeus)

特征描述：多年生高大草本。叶片扁平；叶舌膜质。圆锥花序开展；小穗含 1 小花，脱节于颖之下，小穗轴延伸于内稃之后如 1 短刺，有时顶端着生 1 不育小花；颖等长或近等长，具 1-3 脉；外稃等长或稍短于颖，具 3 脉，顶端之下着生短芒；内稃稍短于外稃，两侧压扁，似具 1 脊；雄蕊 1 或 2；子房长圆形，花柱基部联合。

分布概况：约 4/1 种，**8 型**；分布于北半球温带，墨西哥至秘鲁；中国产东北。

系统学评述：单蕊草属隶属于早熟禾亚科早熟禾族早熟禾亚族，基于叶绿体基因构建的分子系统树，单蕊草属与沟稃草属和 *Arctagrostis* 聚为 1 支，而基于核基因的分子系统学研究表明，单蕊草属和 *Arctopoa* 关系较近[128]，该属的系统位置和单系或多系起源问题还有待深入研究。

DNA 条形码研究：BOLD 网站有该属 2 种 21 个条形码数据；GBOWS 已有 1 种 4 个条形码数据。

代表种及其用途：该属植物带有内生真菌，可刺激宿主植物合成生物碱，对放牧家畜有毒性。

100. *Coleanthus* Seidel 莎禾属

Coleanthus Seidel (1817: 11), *nom. cons.*; Chen & Phillips (2006: 40) [Type: *C. subtilis* (Trattinnick) Seidel ex Schultes (≡ *Schmidtia subtilis* Trattinnick)]

特征描述：矮小的一年生草本。短而呈镰刀形的叶片。小型圆锥花序；小穗含 1 小花；颖完全退化；外稃透明膜质，卵形，顶端具短芒；内稃宽，顶端具 2 齿裂，每裂齿顶端具芒状小尖头，其上微具刺毛；无鳞被；雄蕊 2，花柱 2。颖果长圆形，长于外稃。花粉粒负网状纹饰。染色体 $x=7$。

分布概况：约 1/1 种，**8** 型；分布于欧亚大陆的寒温带，北美有引种；中国产东北和江西。

系统学评述：基于形态学特征，莎禾属被认为隶属于早熟禾亚科早熟禾族[12,123]，但尚未有分子证据的支持，关于该属的系统位置和单系或多系起源问题还有待深入研究。

101. *Colpodium* Trinius 小沿沟草属

Colpodium Trinius (1822: 119); Wu & Phillips (2006: 311) [Type: *C. versicolor* (Steven) Schmalh (≡ *Agrostis versicolor* Steven)]. ——*Catabrosella* (Tzvelev) Tzvelev (1965: 1320); *Paracolpodium* (Tzvelev) Tzvelev (1965: 1320)

特征描述：多年生草本。叶鞘闭合达 1/6-1/4，稀分裂几达基部。圆锥花序疏松开展，稀紧缩；小穗含 1-4 小花；颖膜质，卵圆形至披针形，顶端钝或渐尖，具 1-3 脉；外稃草质，约 1/2 以上为膜质，具 3-5 脉，沿脉的下部或所有表面被柔毛，顶端钝或渐尖；内稃具 2 脊，脊上被柔毛或光滑；鳞被 2，2 浅裂；雄蕊 3。染色体 $x=2$，4，5，6，7，9。

分布概况：约 22/5 种，**10** 型；分布于土耳其以东，高加索，喜马拉雅及西伯利亚东部，非洲高山地区也有；中国产新疆和西藏。

系统学评述：基于叶绿体片段的分子系统学研究表明，小沿沟草属隶属于早熟禾亚科早熟禾族[12,123]，而基因组学研究表明该属和 *Zingeria* 关系较近[137]，但关于该属的系统位置和单系或多系起源问题还有待深入研究。

DNA 条形码研究：BOLD 网站有该属 1 种 1 个条形码数据。

102. *Cyathopus* Stapf 杯禾属

Cyathopus Stapf (1895: 2395); Lu & Phillips (2006: 363) (Type: *C. sikkimensis* Stapf)

特征描述：多年生草本，丛生。秆斜升，较粗壮，不分枝。叶片线形，扁平；叶舌膜质。<u>圆锥花序开展</u>；<u>分枝轮生，下部裸露</u>；<u>小穗两侧压扁</u>，<u>含 1 小花</u>，无或几乎无穗轴延伸，脱节于颖之上；<u>颖片等长</u>，<u>披针形</u>，纸质，明显 3 脉，<u>先端有尖头</u>；<u>外稃膜质，微短于颖片</u>，两侧具不明显的脊，5 脉，先端近锐尖，无芒；<u>内稃等长于外稃</u>，<u>2 脊</u>；雄蕊 3。

分布概况：约 1/1 种，**14** 型；分布于不丹，印度；中国产云南西部。

系统学评述：传统上杯禾属被放在早熟禾亚科燕麦族。基于叶绿体基因的分子系统学研究表明，杯禾属和早熟禾族的 *Arctophila*、*Dupontia* 聚为 1 支[11]，并和单蕊草属一起置于 Cinninae 亚族[128]，所以杯禾属应属于早熟禾亚科早熟禾族[73,79]。有关该属的系统位置和单系或多系起源问题还有待深入研究。

DNA 条形码研究：BOLD 网站有该属 1 种 1 个条形码数据。

103. *Cynosurus* Linnaeus 洋狗尾草属

Cynosurus Linnaeus (1753: 72); Chen & Phillips (2006: 245) (Lectotype: *C. cristatus* Linnaeus)

特征描述：多年生或一年生草本。<u>圆锥花序紧缩成穗形或近头状</u>；<u>小穗二型</u>，<u>一为孕性</u>，<u>一为不育</u>，共同着生成一组，<u>孕性者无柄在上方</u>，<u>不育者具短柄在下部</u>，<u>小穗组紧密呈覆瓦状排列于花序主轴一侧</u>；不育小穗具二颖，外稃狭窄，具 1 脉，<u>孕性小穗含 2-5 花</u>，<u>两侧压扁</u>；<u>外稃较宽</u>，<u>背部圆形</u>，<u>顶端具芒尖</u>；内稃具 2 脊，顶端 2 裂齿。花粉粒颗粒纹饰。染色体 $x=7$。

分布概况：约 8/1 种，**12** 型；分布于非洲北部，亚洲西南部和欧洲；中国江西引种栽培。

系统学评述：分子系统学研究表明，洋狗尾草属隶属于早熟禾亚科早熟禾族洋狗尾草亚族 Cynosurinae、*Deschampsia* 和 Parapholiinae 亚族形成并系，是其基部分支[138]，关于该属系统位置及其单系或多系起源问题还有待深入研究。

DNA 条形码研究：BOLD 网站有该属 2 种 39 个条形码数据。

代表种及其用途：洋狗尾草 *C. cristatus* Linnaeus 作为牧草和草坪草被引种。

104. *Dactylis* Linnaeus 鸭茅属

Dactylis Linnaeus (1753: 71); Lu & Phillips (2006: 309) (Lectotype: *D. glomerata* Linnaeus)

特征描述：多年生。<u>具开展或紧缩的圆锥花序</u>；<u>小穗含 2-5 花</u>，<u>两侧压扁</u>，<u>几无柄</u>，紧密排列于圆锥花序分枝上端之一侧；颖几相等，短于第一小花，<u>具 1-3 脉</u>，<u>顶端尖或渐尖</u>；<u>外稃硬纸质</u>，<u>具 5 脉</u>，<u>顶端具短芒</u>，脊粗糙或具纤毛；<u>内稃短于外稃</u>，<u>脊具纤毛</u>；雄蕊 3；花柱顶生分离。颖果长圆而略呈三角形。花粉粒负网状纹饰。

分布概况：约 1/1 种，**10** 型；分布于欧亚大陆温带和非洲北部；中国主产西南和西北，在河北、河南、山东和江苏等有栽培或逸生。

系统学评述：分子系统学研究表明，鸭茅属隶属于早熟禾亚科早熟禾族，系统位置介于宽叶羊茅和细叶羊茅之间[139]，是多系类群[140]。

DNA 条形码研究：BOLD 网站有该属 4 种 53 个条形码数据；GBOWS 已有 1 种 24 个条形码数据。

代表种及其用途：鸭茅 *D. glomerata* Linnaeus 含丰富的脂肪、蛋白质，是优良的牧草，但适于抽穗前收割，花后质量降低。

105. *Deschampsia* P. Beauvois 发草属

Deschampsia P. Beauvois (1812: 91); Wu & Phillips (2006: 332) [Lectotype: *D. caespitosa* (Linnaeus) P. Beauvois (≡ *Aira cespitosa* Linnaeus)]

特征描述：多年生草本。顶生圆锥花序紧缩成穗状或疏松且开展；小穗常含 2-3(-5) 小花；小穗轴脱节于颖以上，具柔毛，并延伸于顶生内稃之后；颖膜质，具 1-3 脉；外稃膜质，顶端常为啮蚀状，基盘具毛，芒自稃体背部伸出，直立或膝曲；内稃薄膜质，几等于外稃；鳞被 2；雄蕊 3；花柱短而不显著，柱头帚刷状。

分布概况：约 40/3 种，**8 型**；分布于温寒带；中国主产西北和西南，台湾也有。

系统学评述：发草属隶属于早熟禾亚科早熟禾族银须草亚族 Airinae 与银须草属和 *Periballia* 关系较近[115]，且不是单系类群[141]，有关该属系统位置还有待深入研究。传统上发草属下分 2 组，而最新的 ITS 和 *trn*L 内含子序列的分子证据显示，这 2 组应该各自成属 *Deschampsia* s.s.和 *Avenella*，而且这 2 个组在鳞被的形态、根的组织学和小穗的结构上也不同[115,142]。

DNA 条形码研究：BOLD 网站有该属 12 种 177 个条形码数据；GBOWS 已有 3 种 35 个条形码数据。

代表种及其用途：该属多数种为饲料植物，如发草 *D. cespitosa* (Linnaeus) P. Beauvois 在结实前为牲畜所喜食，但营养价值不高；秆细长柔韧，适于编织草帽。

106. *Festuca* Linnaeus 羊茅属

Festuca Linnaeus (1753:73); Lu et al. (2006: 225) (Lectotype: *F. ovina* Linnaeus). ——*Leucopoa* Grisebach (1852: 383)

特征描述：多年生草本。叶鞘边缘互相覆盖，偶下部闭合。圆锥花序开展或紧缩；小穗多少两侧压扁，含 2 至多数小花，顶花常退化；外稃披针形，先端或其裂齿间具芒或无芒，常具 5 脉；内稃等长或略短于外稃；雄蕊 3；子房先端有毛或无毛。颖果长圆形或线形。种脐线形稀长圆形。花粉粒颗粒纹饰。染色体 $2n$=14。

分布概况：约 450/55 (25) 种，**1 型**；分布于寒温带和温带及热带高山地区；中国产寒温带、温带和亚热带高山草甸。

系统学评述：羊茅属隶属于早熟禾亚科早熟禾族黑麦草亚族，与黑麦草属 *Lolium*、鼠茅属 *Vulpia* 等关系紧密[143]，有关该属系统位置和单系或多系起源问题还有待深入研究。耿以礼[130]将该属分成羊茅组和鼠茅组，而在 FRPS 中该属又被分成 4 个亚属，鼠茅组独立成属。分子系统学研究表明羊茅属主要分为 2 大分支：细叶羊茅分支和宽叶羊茅分支，其中细叶羊茅为单系，有较高的支持率，而宽叶羊茅分支的支持率不高[143,144]。

DNA 条形码研究：BOLD 网站有该属 73 种 378 个条形码数据；GBOWS 已有 20 种 127 个条形码数据。

代表种及其用途：该属多数种为优良的牧草，如羊茅 *F. ovina* Linnaeus 等。

107. *Lolium* Linnaeus 黑麦草属

Lolium Linnaeus (1753: 83); Liu & Phillips (2006: 243) (Lectotype: *L. perenne* Linnaeus)

特征描述：一年或多年生草本。花序穗状，常单一，两侧压扁；小穗含 3 至多数小花，单生，无柄，两侧压扁；小穗轴脱节于颖之上及各小花之间；颖片革质，第一颖除顶生小穗之外均退化，第二颖存在，线形至长圆形；外稃背部圆形，具 5-9 脉，无芒或有芒；内稃与外稃等长或稍短；雄蕊 3；子房无毛。颖果紧贴于稃片。种脐线形。花粉粒颗粒纹饰。染色体 $x=7$。

分布概况：约 8/6 种，**10** 型；分布于欧亚大陆和北非的温带，尤其是地中海；中国南北均产。

系统学评述：基于核基因的分子系统学研究表明，黑麦草属隶属于早熟禾亚科早熟禾族黑麦草亚族，不是单系类群，与羊茅属关系紧密[145]。黑麦草属和羊茅属在形态上虽易区分，但细胞学、分子系统学研究发现这 2 个属之间界限不清，是 1 个 "*Festuca-Lolium*" 复合群。基于 ITS 构建的分子系统树上，黑麦草属和部分羊茅属种类组成一支，而羊茅属的细叶种类又组成另一支，表明在黑麦属中可能存在网状进化[145]。

DNA 条形码研究：BOLD 网站有该属 10 种 84 个条形码数据；GBOWS 已有 4 种 40 个条形码数据。

代表种及其用途：除毒麦 *L. temulentum* Linnaeus 外，黑麦草属植物为优良的牧草资源。

108. *Milium* Linnaeus 粟草属

Milium Linnaeus (1753: 61); Wu & Phillips (2006: 311) (Lectotype: *M. effusum* Linnaeus)

特征描述：一年或多年生草本。圆锥花序顶生，疏松，开展；小穗同形，含 1 两性小花，稍背腹压扁；颖宿存，膜质，近等长，具 3 脉；外稃椭圆形，比颖稍短或几等长，光滑无毛，革质，先端急尖，果时坚硬而有光泽，具 5 脉，无芒；基盘短而钝，无毛；内稃与外稃同质同长；鳞被 2；雄蕊 3；柱头 2。谷粒具小型胚及线形种脐。

分布概况：约 5/1 种，**8** 型；从欧洲东至日本，北美东部有分布；中国南北均产。

系统学评述：粟草属隶属于早熟禾亚科早熟禾族粟草亚族 Miliinae，在基于叶绿体基因构建的系统树上粟草属和梯牧草属聚成 1 支，关系较近；而在基于核基因的系统树上粟草属和小沿沟草属、*Zingeria* 聚为 1 支[11,128]，有关该属系统位置和单系或多系起源问题有待深入研究。

DNA 条形码研究：BOLD 网站有该属 3 种 19 个条形码数据；GBOWS 已有 1 种 12 个条形码数据。

代表种及其用途：粟草 *M. effusum* Linnaeus 草质柔软，为牲畜爱吃的饲料；谷粒也是家禽的优良饲料；秆为编织草帽的良好材料。

109. *Parapholis* C. E. Hubbard 假牛鞭草属

Parapholis C. E. Hubbard (1946: 14); Wu & Phillips (2006: 315) [Type: *P. incurva* (Linnaeus) C. E. Hubbard (≡ *Aegilops incurva* Linnaeus)]

特征描述：一年生草本。穗状花序圆柱形；小穗含 1 小花，单独嵌生于圆柱形而逐节断落的穗轴中，成熟后与其穗轴节间一同脱落；颖 2，生于小穗正前方，两侧不对称，恰如 1 颖而对分为 2，具 3-7 脉，先端锐尖；外稃短于颖片，具 1 明显中脉，两侧压扁；内稃略短于外稃，以其背部贴向颖片；子房先端浅裂；花柱近于缺无。颖果先端具萎缩的附属物。

分布概况：约 6/1 种，**10 型**；分布于中亚，西南亚，地中海，以及大西洋欧洲沿海，北至波罗的海；中国产浙江和福建。

系统学评述：分子系统学研究表明，假牛鞭草属隶属于早熟禾亚科早熟禾族，与 *Hainardia* 关系较近，*Hainardia* 嵌套在假牛鞭草属中，两者聚成 1 支[146]。

DNA 条形码研究：BOLD 网站有该属 3 种 20 个条形码数据。

代表种及其用途：假牛鞭草 *P. incurva* (Linnaeus) C. E. Hubbard 是重要的海滨牧草，具有重要的生态价值，是海滨沙质沿岸的先锋植物，能耐干旱痔薄、抗海风海雾，还能适应海雾中夹杂的盐分胁迫和短期海潮造成的海侵。

110. *Poa* Linnaeus 早熟禾属

Poa Linnaeus (1753: 67); Zhu et al. (2006: 257) (Lectotype: *P. pratensis* Linnaeus). ——*Eremopoa* Roshevitz (1934: 429)

特征描述：多年生或一年生草本。叶片先端常呈船头形（或凤帽状）。花序为开展或紧缩的圆锥花序；小穗两侧压扁，含（1-）2-8（-10）小花，上部小花常退化或不育；颖有脊；外稃膜质或较厚，向内深凹，背部有脊，先端尖或稍钝，无芒，有膜质边缘，具 5（-7）脉，中脉与边缘常具柔毛；基盘有绵毛或否；内稃脊上粗糙或具纤毛；子房无毛。颖果椭圆形。种脐点状。花粉粒颗粒或负网状纹饰。染色体 $x=7$。

分布概况：500/81（14）种，**1 型**；广布温寒带及热带、亚热带高海拔山地；中国产温寒带。

系统学评述：依据叶绿体基因的分子证据支持早熟禾属是单系类群。分子系统学研究表明，早熟禾属隶属于早熟禾亚科早熟禾族，在分子系统树上，有 9 个小属嵌套在早熟禾属分支内，包括沟稃草属、*Aphanelytrum*、*Bellardiochloa*、*Dissanthelium*、*Eremopoa*、*Hyalopoa*、*Nicoraepoa*、*Neuropoa* 及 *Tovarochloa*，这 9 个和早熟禾属关系较近，被建议并入早熟禾属[128]。基于叶绿体基因对早熟禾属开展的系统学研究中，早熟禾属在系统树上可分成 5 大支，因此将早熟禾属分成了 5 个亚属：*Poa* subgen. *Poa*、*P.* subgen. *Arctopoa*、*P.* subgen. *Pseudopoa*、*P.* subgen. *Ochlopoa* 和 *P.* subgen. *Stenopoa*[123]。

DNA 条形码研究：BOLD 网站有该属 218 种 816 个条形码数据；GBOWS 已有 23

种 206 个条形码数据。

代表种及其用途：该属植物草质优良是重要的牧草资源，也是绿色环保植物，如草地早熟禾 *P. pratensis* Linnaeus 富于营养，为各种牲畜喜食的饲料，宜于抽穗前收割，且其根茎繁生力强，耐牲畜践踏，生长期亦长。

111. *Vulpia* C. C. Gmelin 鼠茅属

Vulpia C. C. Gmelin (1805: 8); Lu & Phillips (2006: 242) [Type: *V. myuros* (Linnaeus) C. C. Gmelin (≡ *Festuca myuros* Linnaeus)]

特征描述：一年生草本。圆锥花序狭窄或紧缩成穗状；小穗含 3-8 小花，两侧压扁；颖片窄披针形，顶端渐尖，第一颖短小，宽卵形至宽披针形，第二颖具 1-3 脉，窄披针形；外稃狭披针形，膜质或薄革质，具 3-5 脉，无脊或微具脊，顶端延伸成芒，芒直或微弯，大多较长于稃体；内稃具 2 脊，脊上有纤毛，顶端具 2 齿；雄蕊 1-3；子房平滑。颖果长圆形。

分布概况：约 26/1 种，**8 型**；分布于北半球温带，延伸到热带高地，少数见于南美；中国产华东、西藏和台湾。

系统学评述：分子系统学研究表明，鼠茅属隶属于早熟禾亚科早熟禾族黑麦草亚族，是个多系类群，与羊茅属、*Psilurus*、*Ctenopsis*、*Cutandia*、*Narduroide*、*Micropyrum* 和 *Wangenheim* 关系紧密，在分子系统树上聚成 1 支[143]。

DNA 条形码研究：BOLD 网站有该属 8 种 69 个条形码数据；GBOWS 已有 1 种 4 个条形码数据。

代表种及其用途：种植鼠茅 *Vulpia myuros* (Linnaeus) C. C. Gmelin 可控制果园中禾本科杂草的发生。

V. Arundinoideae 芦竹亚科

十六、Arundineae 芦竹族

112. *Arundo* Linnaeus 芦竹属

Arundo Linnaeus (1753: 81); Liu & Phillips (2006: 447) (Lectotype: *A. donax* Linnaeus)

特征描述：多年生草本。具长匍匐根状茎。圆锥花序大型，分枝密生，具多数小穗；小穗楔形，两侧压扁，含 2-5 花；两颖近相等，约与小穗等长或稍短，具 3-5 脉；外稃窄，膜质，背部近圆形，具 3-7 脉，中部以下密生白色长柔毛，顶端具尖头或短芒；内稃短，两脊上部无毛或有纤毛；雄蕊 3。颖果较小，纺锤形。染色体 $x=12$。

分布概况：约 3/2 种，**10 型**；分布于地中海至中国；中国产长江以南。

系统学评述：分子系统学研究表明，芦竹属隶属于芦竹亚科芦竹族 Arundineae[3]。芦竹亚科最初包括三芒草族、扁芒草族和芦竹族[119]，随后三芒草族和扁芒草族独立成

三芒草亚科和扁芒草亚科，芦竹亚科目前只包括芦竹族，并且芦竹族不是单系类群[147]。芦竹属在分子系统树上与芦苇属 *Phragmites* 及麦氏草属 *Molinia* 聚成 1 支[3]。

DNA 条形码研究：该属的芦竹 *A. donax* Linnaeus 有 *rpo*C1、*psb*A-*trn*H、*mat*K 和 ITS 片段条形码的研究[148]，且物种鉴别率很高，但对整个芦竹属的条形码研究有待深入。BOLD 网站有该属 2 种 28 个条形码数据；GBOWS 已有 1 种 16 个条形码数据。

代表种及其用途：芦竹 *A. donax* Linnaeus 的秆为制管乐器中的簧片；茎纤维长，长宽比大，纤维素含量高，是制优质纸浆和人造丝的原料；幼嫩枝叶的粗蛋白质达 12%，是牲畜的良好青饲料。

113. *Elytrophorus* P. Beauvois 总苞草属

Elytrophorus P. Beauvois (1812: 67); Chen & Phillips (2006: 450) (Type: *E. articulatus* P. Beauvois)

特征描述：一年生直立草本。穗状圆锥花序顶生，圆柱形，通常由多个小穗组成圆球状的小穗簇，密生或间断着生于延长的花序轴上，每小穗簇托以 3 至数颖状苞片组成的总苞；小穗两侧压扁，无柄或近无柄，含 3-5 小花；颖几相等，膜质，具 1 脉，常呈脊状，顶端延伸成短尖头；外稃具 3 脉；内稃具 2 脊，脊上具宽翼；鳞被 1-2；雄蕊 1-3，花药微小。颖果长圆形。染色体 x=13。

分布概况：约 2/1 种，**4 型**；分布于热带非洲、亚洲和大洋洲；中国产云南和海南。

系统学评述：分子系统学研究表明，总苞草属隶属于芦竹亚科芦竹族，与 *Styppeiochloa* 关系较近[3,149]，关于该属系统位置和单系或多系起源问题还有待深入研究。

DNA 条形码研究：BOLD 网站有该属 2 种 8 个条形码数据；GBOWS 已有 1 种 7 个条形码数据。

114. *Molinia* Schrank 麦氏草属

Molinia Schrank (1920: 100); Liu & Phillips (2006: 447) [Lectotype: *M. varia* Schrank, *nom. illeg.* (=*M. caerulea* (Linnaeus) Moench ≡ *Aira caerulea* Linnaeus)]. —— *Moliniopsis* Hayata (1925: 258)

特征描述：多年生。顶生圆锥花序开展，分枝较长，粗糙；小穗含 2 至数小花，两侧压扁或呈圆柱形，小穗轴脱节于颖之上及各小花之间，节间具微毛；颖披针形，具 1-3 脉，远短于小穗；外稃厚纸质，具 3（-5）脉，背部圆形，无脊，顶端具短尖而无芒，基盘短，具短毛至柔毛；内稃稍短于外稃，具 2 脊；雄蕊 3，花药长约 2mm。染色体 x=9。

分布概况：约 2/1 种，**10 型**；一种从西欧至西伯利亚西部，另一种产东亚；中国产安徽和浙江。

系统学评述：分子系统学研究表明，麦氏草属隶属于芦竹亚科芦竹族，在分子系统树上与芦苇属 *Phragmites* 和芦竹属聚在同 1 分支[3]。

DNA 条形码研究：BOLD 网站有该属 2 种 15 个条形码数据。

115. *Phragmites* Adanson 芦苇属

Phragmites Adanson (1763: 34); Liu & Phillips (2006: 448) [Type: *P. communis* Trinius (≡*Arundo phragmites* Linnaeus)]

特征描述：<u>多年水生或半水生草本</u>。<u>具粗壮根茎</u>。<u>秆直立</u>，<u>中空</u>，<u>粗壮而高大</u>。<u>圆锥花序大型</u>，<u>稠密多枝</u>，<u>最下分枝的基部密生长髯毛</u>；小穗含数小花，最下的小花雄性或不育，上部的小花亦常退化；颖长圆状披针形，具 3-5 脉，<u>第一小花外稃通常不育</u>，有时具雄蕊，<u>能育小花外稃狭披针形</u>，<u>无毛</u>，<u>先端渐尖</u>，具 1-3 脉，<u>基盘细长</u>，<u>两侧有丝状长毛</u>；雄蕊 2-3。花粉粒细网状纹饰。

分布概况：<u>4-5/3 种</u>，**2 型**；广布热带，大洋洲，非洲和亚洲；中国南北均产。

系统学评述：芦苇属隶属于芦竹亚科芦竹族，在分子系统树上与麦氏草属关系最近，其次为芦竹属[3]。

DNA 条形码研究：虽然芦苇属的芦苇 *P. australis* (Cavanilles) Trinius ex Steudel 有 *trn*K-*psb*A、*rbc*L、*rpo*C1 和 *mat*K 序列条形码的研究[150]，但物种鉴别率不高，关于芦苇属的条形码研究有待深入。BOLD 网站有该属 8 种 72 个条形码数据；GBOWS 已有 2 种 23 个条形码数据。

代表种及其用途：芦苇 *P. australis* (Cavanilles) Trinius ex Steudel 的秆为造纸原料或作编席织帘及建棚材料；茎、叶嫩时为饲料；根状茎供药用，为固堤造陆先锋环保植物。

VI. Aristidoideae 三芒草亚科

十七、Aristideae 三芒草族

116. *Aristida* Linnaeus 三芒草属

Aristida Linnaeus (1753: 82); Lu et al. (2006: 453) (Lectotype: *A. adscensionis* Linnaeus)

特征描述：<u>一年或多年生草本</u>。<u>圆锥花序开展或紧缩</u>；<u>小穗含 1 花</u>；<u>颖狭披针形</u>，<u>干膜质</u>，<u>常具 1 脉</u>，稀 3 脉；<u>外稃窄圆筒形或两侧压扁</u>，具芒，<u>芒 3 分枝于外稃先端或芒柱之上</u>，<u>常宿存</u>，<u>有时脱落</u>，<u>芒柱直立或扭转</u>，常粗糙，侧芒较短，有时退化；内稃质薄短小，常退化；鳞被 2，较大；雄蕊 3。颖果圆柱形或有沟。种脐线形。花粉粒粗糙到负网状纹饰。染色体 $x=11$, 12。

分布概况：约 300/10（6）种，**2 型**；广布温带和亚热带的干旱地区；中国南北均产，西北和西南尤多。

系统学评述：分子系统学研究表明，三芒草属隶属于三芒草亚科三芒草族 Aristideae [3]。三芒草亚科其下仅含 1 个三芒草族。在前期研究中，三芒草族与扁芒草族 Danthonieae 和芦竹族 Arundineae 共同组成了芦竹亚科[119]，随后，三芒草族和扁芒草族均被提升为亚科，并且两者关系较近[147]。三芒草族是单系起源类群，其下有 2 属，即三芒草属和针禾属 *Stipagrostis*。三芒草属是单系类群，与针禾属为姐妹群[2,119]。

DNA 条形码研究：BOLD 网站有该属 38 种 86 个条形码数据；GBOWS 已有 2 种 26 个条形码数据。

代表种及其用途：三芒草 *A. adscensionis* Linnaeus 可用作饲料；须根可作刷、帚等用具。

117. *Stipagrostis* Nees 针禾属

Stipagrostis Nees (1832: 290); Chen & Phillips (2006: 455) (Type: *S. capensis* Nees)

特征描述：多年生草本。秆密丛。圆锥花序狭窄呈穗状或疏松，披散；小穗同型，含 1 小花；颖片宿存，膜质，近相等或不相等，具 1-11 脉；外稃革质，具 3 脉，上部狭窄成柱状，具 3 芒，有芒柱或否，3 芒全部有或只有中芒有长柔毛，常易断落；内稃短；基盘强壮，尖利或微 2 裂，无毛或被髯毛；鳞被 2；雄蕊 3；子房无毛，柱头 2。颖果柱状。花粉粒负网状纹饰。

分布概况：50/2 种，6 型，分布于非洲至中亚；中国产西北和西南。

系统学评述：分子系统学研究表明，针禾属隶属于三芒草亚科三芒草族[3]，针禾属和三芒草属关系较近[2,119]，有关针禾属系统位置及其单系或多系起源还有待深入研究。

DNA 条形码研究：BOLD 网站有该属 8 种 14 个条形码数据。

代表种及其用途：羽毛针禾 *S. pennata* (Trinius) De Winter 可作饲料；也可固沙。

VII. Danthonioideae 扁芒草亚科

十八、Danthonieae 扁芒草族

118. *Cortaderia* Stapf 蒲苇属

Cortaderia Stapf (1897: 378), *nom. cons.*; Chen & Phillips (2006: 450) [Type: *C. argentea* (Nees) Stapf (≡ *Gynerium argenteum* Nees)]

特征描述：多年生。秆直立，高大苇状，丛生。雌雄异株；圆锥花序大型，稠密，具有银色光泽或带粉红色；雄花序呈广金字塔形，雌花序较狭窄；小穗单性，含 2 至多数小花；颖长于其下部小花，狭窄，具 1 脉；外稃具 3 脉，顶端延伸成细弱之长芒；雄小穗无毛，含雄蕊 3；雌小穗的稃体下部密生长柔毛；鳞被被毛。花粉粒颗粒纹饰。染色体 $x=12$。

分布概况：约 27/1 种，3 型；主要分布于南美洲，偶见于新西兰和新几内亚；中国各地引种栽培。

系统学评述：长期以来，蒲苇属被置于芦竹亚科扁芒草族[151-153]。随后，扁芒草族被提升为亚科，因此现在蒲苇属隶属于扁芒草亚科扁芒草族[3,147,153]。核基因和叶绿体基因的分子证据显示，蒲苇属不是单系，属下可分成 2 支：一支主产南美，另一支主产大洋洲[154]。

DNA 条形码研究：BOLD 网站有该属 10 种 21 个条形码数据。

代表种及其用途：蒲苇 *C. selloana* (Schultes & J. H. Schultes) Ascherson & Graebner 引种作栽培观赏。

119. *Danthonia* de Candolle 扁芒草属

Danthonia de Candolle (1805: 32), *nom. cons.*; Wu & Phillips (2006: 451) [Type: *D. spicata* (Linnaeus) Beauvois ex Roemer & Schultes, *typ. cons.* (≡ *Avena spicata* Linnaeus)]

特征描述：多年生草本。根粗。具木质化的根茎。圆锥花序开展或紧缩，有时退化几成总状；小穗大型，含4至数小花；颖膜质，几相等，具3-7脉，其长度大都超越于顶花之上；外稃质硬，草质兼纸质，具数脉，顶端2裂，裂片先端锐尖或延伸成芒，裂齿间具1扁平而扭转的芒；基盘硬而具长柔毛；内稃等于或短于外稃；鳞被2。种脐长达颖果的2/3。

分布概况：约20/2种，**8**型；分布于非洲，大洋洲；中国产西南。

系统学评述：传统上扁芒草属被认为是单系类群，并得到分子证据支持，但分辨率不高[140,155]，而基于核基因和叶绿体基因的分子系统学研究表明，扁芒草属隶属于扁芒草亚科扁芒草族，并且与虎尾草亚科的类群关系较近，在分子系统树上形成1支[3]。

DNA 条形码研究：对田纳西州的禾本科进行了 DNA 条形码研究，调查时涉及该属的1个种扁芒草 *D. spicata* (Linnaeus) Beauvois ex Roemer & Schultes [156]，关于整个扁芒草属的条形码研究有待深入。BOLD 网站有该属10种79个条形码数据。

代表种及其用途：四川省木里地区藏民将扁芒草 *D. spicata* (Linnaeus) Beauvois ex Roemer & Schultes 叫"野山"，是优良的饲料。

120. *Schismus* P. Beauvois 齿稃草属

Schismus P. Beauvois (1812: 73); Wu & Phillips (2006: 452) [Lectotype: *S. marginatus* P. Beauvois, *nom. illeg.* (=*S. calycinus* (Loefling) K. Koch ≡*Festuca calycina* Loefling)]

特征描述：一年生草本或短命多年生草本。矮小，密丛。叶片扁平或内卷，窄线形。圆锥花序小型；小穗含数小花，两性，小穗轴脱节于颖之上和各小花之间；颖近相等，具膜质的边缘；外稃较宽，背部圆形，下部被柔毛，顶端膜质，具2裂片；内稃圆形，膜质；鳞被2，具纤毛；雄蕊3，花药小；花柱顶生羽毛状的柱头，子房小。

分布概况：约5/2种，**12**型；分布于南非，中亚及西南亚，在美洲和大洋洲有引种；中国产西藏和新疆。

系统学评述：分子系统学研究表明，齿稃草属隶属于扁芒草亚科扁芒草族，不是单系类群，与 *Merxmuellera* 关系较近，在分子系统树上嵌套于 *Merxmuellera* 中[119]。

DNA 条形码研究：BOLD 网站有该属3种14个条形码数据；GBOWS 已有1种10个条形码数据。

VIII. Chloridoideae 虎尾草亚科

十九、Triraphideae 三针草族

121. *Neyraudia* J. D. Hooker 类芦属

Neyraudia J. D. Hooker (1896: 305); Chen & Phillips (2006: 459) [Type: *N. madagascariensis* (Kunth) J. D. Hooker, *nom. illeg.* (≡ *Arundo madagascariensis* Kunth =*Donax thouarii* P. Beauvois)]

特征描述：芦苇状多年生草本。圆锥花序大型，直立而较紧密，或开展而下弯；小穗含

数小花，第一小花两性或中性，上部小花完全能育，或顶生者退化；<u>颖膜质，不等长，各具</u><u>1-3 脉；外稃披针形，比颖长，具 3 脉，背部有脊或近圆形，侧脉上有白色长柔毛，先端具 2</u><u>微齿，中脉自齿间延伸成短芒，芒常向外反曲</u>；内稃稍短而狭。颖果线形，近圆柱状。

分布概况：约 5/4（2）种，**4 型**；分布于旧世界热带；中国产长江以南。

系统学评述：分子系统学研究表明，类芦属隶属于虎尾草亚科三针草族，在分子系统树上与 *Triraphis* 关系较近，聚成 1 支[8]。对核基因和叶绿体基因分析表明，虎尾草亚科作为 1 个单系具有较高的支持率，其下分为 4 个支，分别代表三针草族、画眉草族 Eragrostideae、结缕草族 Zoysieae 和虎尾草族，并且每个族都是具有支持率较高的单系。其中，虎尾草族和结缕草族关系较近，先聚为 1 支，支持率为 96%，再与画眉草族聚为 1 大支，有 100%的支持率，最后作为基部类群的三针草族再与这 1 大支聚在一起[8]。

DNA 条形码研究：BOLD 网站有该属 1 种 10 个条形码数据；GBOWS 已有 2 种 25 个条形码数据。

代表种及其用途：类芦 *N. reynaudiana* (Kunth) Keng ex Hitchcock 可用作围篱与燃料，又可栽植观赏；因其生于河边且具根茎，可作固堤植物。

二十、Eragrostideae 画眉草族

122. *Enneapogon* Desvaux ex P. Beauvois 九顶草属

Enneapogon Desvaux ex P. Beauvois (1812: 81); Chen & Phillips (2006: 450) (Lectotype: *E. desvauxii* P. Beauvois ex Desvaux)

特征描述：多年生直立草本，偶为一年生。秆密丛生。<u>圆锥花序顶生，紧缩或呈穗</u><u>状；小穗含 2-3（-6）小花，最下部小花两性，第二小花雄性，其余小花退化，仅余外</u><u>稃组成刷子状；颖膜质，近等长，具 1 至数脉，无芒；外稃短于颖，质厚，背部圆形，</u><u>具 9 至多数脉，于顶端形成 9 至多数粗糙或具羽毛的芒，呈冠毛状</u>；内稃具 2 脊，脊上具纤毛；鳞被 2；雄蕊 3。花粉粒负网状纹饰。

分布概况：约 28/2 种，**2 型**；分布于热带和亚热带，非洲和澳大利亚尤盛，向东亚延伸；中国产西南和西北。

系统学评述：九顶草属隶属于虎尾草亚科画眉草族 Eragrostideae 的 Cotteinae 亚族。分子系统学研究表明，虎尾草亚科是单系，得到较高支持率，其下分为 4 个分支：Triraphideae、画眉草族 Eragrostideae、结缕草族 Zoysieae 和虎尾草族，并且每个族都是具有支持率较高的单系。其中，虎尾草族和结缕草族关系较近，先聚为 1 支，再与画眉草族聚为 1 大支，最后作为基部类群的三针草族再与这 1 大支聚在一起[8]。九顶草属、*Cottea* 及 *Schmidtia* 构成 *Cottea-Enneapogon-Schmidtia* 分支，并且九顶草属种类形成 1 个单系类群嵌套在 *Schmidtia* 中[157]。

DNA 条形码研究：BOLD 网站有该属 6 种 14 个条形码数据；GBOWS 已有 1 种 6 个条形码数据。

代表种及其用途：九顶草 *E. borealis* (Grisebach) Honda 可作饲料。

123. *Eragrostis* Wolf 画眉草属

Eragrostis Wolf (1776: 23); Chen & Peterson (2006: 471) [Lectotype: *E. minor* Host (≡ *Poa eragrostis* Linnaeus)]

特征描述：多年生或一年生草本。叶鞘和花序上常具腺点。圆锥花序开展或紧缩；小穗两侧压扁，有数至多小花，小花常疏松地或紧密地覆瓦状排列；小穗轴常作"之"字形曲折，逐渐断落或延续而不折断；颖不等长，通常短于第一小花，具 1（-3）脉；外稃无芒，具 3 明显的脉，或侧脉不明显；内稃具 2 脊，常作"弓"字形弯曲。颖果球形或压扁。花粉粒颗粒纹饰。

分布概况：约 350/32（11）种，**2** 型；分布于热带与亚热带；中国产长江以南。

系统学评述：画眉草属是虎尾草亚科中最大的属，属于画眉草族。基于核基因和叶绿体基因的分子系统学研究表明，如果将 *Acamptoclados*、*Diandrochloa* 和 *Neeragrostis* 并入画眉草属，则画眉草属是 1 个单系起源的类群[158]。画眉草属的属下分类尚不完善，关于该属系统位置和关系有待深入研究[158]。

DNA 条形码研究：BOLD 网站有该属 63 种 152 个条形码数据；GBOWS 已有 8 种 114 个条形码数据。

代表种及其用途：该属植物可作饲料，如大画眉草 *E. cilianensis* (Allioni) Vignolo-Lutati ex Janchen 可作青饲料或晒制牧草。

124. *Harpachne* Hochstetter ex A. Richard 镰稃草属

Harpachne Hochstetter ex A. Richard (1850: 431); Chen & Phillips (2006: 479) [Type: *H. schimperi* Hochstetter ex A. Richard]

特征描述：多年生密丛禾草。总状花序顶生，瓶刷状；小穗柄纤细，通常开展或悬垂，基部尖而常弯曲，且自该处断落；小穗含少至多小花，两侧压扁，上部 1-2 小花常不育；颖不等长，通常第一颖较短，具 1 脉，脊上稍粗糙；外稃有脊，先端急尖至长渐尖；内稃浅囊状，背部内曲呈镰刀状，有脊，脊上有翼。颖果两侧压扁，斜椭圆形。

分布概况：约 3/1（1）种，**6** 型；分布于热带非洲；中国产四川和云南。

系统学评述：分子系统学研究表明，镰稃草属隶属于虎尾草亚科画眉草族画眉草亚族 Eragrostidinae，与 *Ectrosia* 关系较近[8]。

DNA 条形码研究：BOLD 网站有该属 1 种 1 个条形码数据；GBOWS 已有 1 种 4 个条形码数据。

二十一、Zoysieae 结缕草族

125. *Crypsis* Aiton 隐花草属

Crypsis Aiton (1789: 48); Lu & Phillips (2006: 485) [Type: *C. aculeata* (Linnaeus) Aiton (≡ *Schoenus aculeatus* Linnaeus)]

特征描述：一年生。<u>斜生或平卧</u>。叶片披针形。<u>圆锥花序紧密成穗形，头状或圆柱状，花序下托以膨大的苞片状叶鞘</u>；<u>小穗含 1 小花，两侧压扁</u>；颖膜质，顶端钝，<u>具 1 脉</u>，脉上粗糙或具纤毛，不等长；<u>外稃质薄，略长于颖</u>，<u>披针形</u>，<u>具 1 脉</u>，顶端无芒；<u>内稃与外稃同质</u>，<u>具 2 极接近的脉纹</u>，<u>成熟时自中部裂开</u>；鳞被无；雄蕊 2-3。果实成熟时自稃内脱出。

分布概况：9-12/2 种，**12 型**；分布于地中海和亚洲西南部，延伸至非洲中部，欧洲至中国西北和东北。

系统学评述：分子系统学研究表明，隐花草属隶属于虎尾草亚科结缕草族 Zoysieae 鼠尾粟亚族 Sporobolinae[8]。隐花草属和鼠尾粟属 *Sporobolus* 关系较近，在系统树上嵌套于鼠尾粟属中[8]，不是单系类群。

DNA 条形码研究：BOLD 网站有该属 3 种 16 个条形码数据；GBOWS 已有 1 种 7 个条形码数据。

代表种及其用途：隐花草 *C. aculeata* (Linnaeus) Aiton 为盐碱土指示植物；牲畜可食。

126. *Spartina* Schreber 米草属

Spartina Schreber (1789: 43); Sun & Phillips (2006: 493) (Type: *S. schreberi* J. F. Gmelin)

特征描述：多年生直立草本。常有地下茎。叶片质硬。<u>2 至多穗状花序总状着生于主轴</u>；<u>小穗无柄，脱节于颖之下，含 1 小花，显著两侧压扁，覆瓦状排列于穗轴上</u>；<u>颖具 1 脉，顶端尖或有 1 短芒</u>，背部常具脊，<u>第一颖常较短</u>，<u>第二颖有时具 3 脉且较外稃为长</u>；<u>外稃质稍硬，中脉在背面常凸起成脊</u>；<u>内稃 2 脉距离较近，亦可成脊</u>；无鳞被。染色体 x=10。

分布概况：约 17/2 种，**8 型**；分布于欧洲，美洲，主产北美及欧洲海滩；中国引入栽培。

系统学评述：米草属隶属于虎尾草亚科结缕草族鼠尾粟亚族，不是个单系类群，在基于核基因和叶绿体基因构建的分子系统树上，常嵌套在鼠尾粟属 *Sporobolus* 中[8,159]，有关该属系统位置有待深入研究。

DNA 条形码研究：BOLD 网站有该属 7 种 28 个条形码数据。

代表种及其用途：大米草 *S. anglica* C. E. Hubbard 为优良的海滨先锋植物；其秆叶可饲养牲畜，作绿肥、燃料或造纸原料等。互花米草 *S. alterniflora* Loiseleur- Deslongchamps 是啤酒与饮料的原料。

127. *Sporobolus* R. Brown 鼠尾粟属

Sporobolus R. Brown (1810: 169); Wu & Phillips (2006: 482) [Type: *S. indicus* (Linnaeus) R. Brown (≡ *Agrostis indica* Linnaeus)]

特征描述：一年或多年生草本。圆锥花序开展或收缩，稀为穗状；<u>小穗通常小，纺锤形，常含 1 小花，近圆柱形或两侧压扁</u>；<u>颖膜质透明，不相等，具 1 脉或无脉</u>；<u>外稃膜质，有光泽，具 1-3 脉，全缘，无芒，与小穗等长</u>；<u>内稃较宽，具 2 脉，成熟后易自</u>

脉间纵裂；鳞被 2；雄蕊 2-3；花柱二裂，柱头羽毛状。染色体 $x=9$，12。

分布概况：约 160/8 种，**2 型**；分布于热带和亚热带，并向暖温带延伸；中国产长江以南。

系统学评述：分子系统学研究表明，鼠尾粟属隶属于虎尾草亚科结缕草族鼠尾粟亚族，是个多系类群，米草属、*Calamovilfa*、*Crypsis* 和 *Pogoneura* 都嵌套在鼠尾粟属中[8]，这些属都被建议归入到鼠尾粟属中。根据核基因构建的分子系统树，鼠尾粟属分为 13 个分支（clade A-clade M）[160]。

DNA 条形码研究：对美国田纳西州的禾本科进行 DNA 条形码研究，调查时涉及该属在当地的 1 个种 *S. heterolepis* (A. Gray) A. Gray [156]，还有一项研究利用 ITS 片段对鼠尾粟属的 5 个杂草种类进行了分子鉴定[161]。BOLD 网站有该属 27 种 70 个条形码数据；GBOWS 已有 1 种 43 个条形码数据。

代表种及其用途：盐地鼠尾粟 *S. virginicus* (Linnaeus) Kunth 根茎木质而非常发达，蔓延迅速，用作海边或沙滩的防沙固土植物。

128. *Zoysia* Willdenow 结缕草属

Zoysia Willdenow (1801: 440), *nom. cons.*; Chen & Phillips (2006: 496) (Type: *Z. pungens* Willdenow)

特征描述：多年生低矮草本。总状花序穗状圆柱形，稀退化至仅 1 小穗单生；小穗含 1 小花，单生，两侧压扁，以其一侧贴向穗轴而呈覆瓦状；第一颖常缺如，第二颖成熟后革质，无芒或具短芒，两侧边缘基部连合，将小花全部包着；内外稃均膜质，外稃具 1-3 脉，先端急尖或微凹；鳞被常缺如；雄蕊 3。颖果卵圆形。染色体 $x=9$。

分布概况：约 9/5 种，**5 型**；分布于印度洋，西太平洋及大洋洲的热带和亚热带海岸；中国主产华东和华南。

系统学评述：结缕草属隶属于虎尾草亚科结缕草族结缕草亚族 Zoysieae，是个单系类群，与 *Urochondra* 关系较近[8]。

DNA 条形码研究：BOLD 网站有该属 7 种 12 个条形码数据；GBOWS 已有 2 种 21 个条形码数据。

代表种及其用途：该属植物多用作固沙保土、铺建草坪或运动场。沟叶结缕草 *Z. matrella* (Linnaeus) Merrill 是铺建草坪的优良禾草，因草质柔软，尤宜铺建儿童公园。

二十二、Cynodonteae 虎尾草族

129. *Acrachne* Wight & Arnott ex Chiovenda 尖稃草属

Acrachne Wight & Arnott ex Chiovenda (1908: 361); Chen & Phillips (2006: 481) [Type: *A. verticillata* (Roxburgh) Chiovenda (≡ *Eleusine verticillata* Roxburgh)]

特征描述：一年生草本。叶片线形，扁平。总状花序在主轴上近轮生或指状排列；小穗无柄，两侧压扁，沿穗轴一侧作覆瓦状排列，含 6-20 小花；颖片早落，先端具芒状尖头；外稃卵披针形，早落，中脉在背部凸起成脊，且在顶端延伸成短芒，侧脉延伸

成小凸尖头；内稃短小；鳞被缺如；雄蕊 3；花柱 2。染色体 2*n*=36。花粉扁圆球形，萌发孔具环。

分布概况：约 3/1 种，**4** 型；分布于旧世界热带；中国产云南西南部和海南。

系统学评述：分子系统学研究表明，尖稃草属隶属于虎尾草亚科虎尾草族[8]，不是个单系类群。一直以来，尖稃草属被认为是与穇属 *Eleusine* 关系最近的属[16,162,163]，但核基因和叶绿体基因的数据分析表明两者关系相对较远[8,164]，尖稃草属与分布在非洲的 *Apochiton* 和 *Coelachyrum* 关系较近[8]。

DNA 条形码研究：BOLD 网站有该属 1 种 7 个条形码数据。

代表种及其用途：尖稃草 *A. racemosa* (B. Heyne ex Roemer & Schultes) Ohwi 为牲畜的优良饲料。

130. *Aeluropus* Trinius 獐毛属

Aeluropus Trinius (1820: 143); Chen & Phillips (2006: 458) [Type: *Aeluropus laevis* Trinius, *nom. illeg.* (=*A. brevifolius* (Koenig ex Willdenow) Trinius ex Wallich ≡ *Dactylis brevifolia* Koenig ex Willdenow)]

特征描述：多年生。具匍匐茎或具根茎。叶片坚硬，呈针状。圆锥花序常紧密呈穗状或头状；小穗卵状披针形，两侧压扁，含 4 至多数小花；颖短于第一小花，纸质，边缘干膜质，第一颖 1-3 脉，第二颖 5-7 脉；外稃卵形，先端尖或具小尖头，具 7-11 脉；内稃顶端截平，脊上粗糙或具纤毛；雄蕊 3。颖果卵形至长圆形。花粉粒扁球形，萌发孔具环。花粉粒扁球形，萌发孔具环。染色体 *x*=10。

分布概况：约 10/4（2）种，**12** 型；分布于地中海，小亚细亚，喜马拉雅和亚洲北部；中国主产西北、东北和华北。

系统学评述：分子系统学研究表明，獐毛属隶属于虎尾草亚科虎尾草族 CynodonteaeAeluropodinae 亚族，是个单系类群，与固沙草属 *Orinus* 和 *Triodia* 属关系较近[8]。

DNA 条形码研究：BOLD 网站有该属 3 种 7 个条形码数据；GBOWS 已有 3 种 19 个条形码数据。

代表种及其用途：獐毛 *A. sinensis* (Debeaux) Tzvelev 为江苏北部至河北东北部沿海一带优良固沙植物。

131. *Bouteloua* Lagasca 格兰马草属

Bouteloua Lagasca (1805: 134), *nom. & orth. cons.*; Sun & Phillips (2006: 494) (Type: *B. racemosa* Lagasca)

特征描述：多年生或一年生草本。穗状花序 2 至多数，总状排列于主轴上，或单生于秆顶；小穗无柄，栉齿状或较疏地 2 行排列于穗轴一侧，含 1 孕性小花及 1 至数退化小花；颖渐尖或具短芒，1 脉；外稃具 3 脉，中脉延伸成短芒或小尖头，顶端常具裂片或裂齿；内稃具 2 脉，顶端有时裂开而具 2 短芒；不孕外稃多变化，常具 3 芒。染色体 *x*=7, 10。

分布概况：约 40/2 种，**3** 型；分布于美洲；中国引种栽培。

系统学评述：格兰马草属隶属于虎尾草亚科虎尾草族，该属是个多系类群，与野牛

草属 *Buchloe* 关系较近[165,166]。

DNA 条形码研究：对美国田纳西州的禾本科进行 DNA 条形码研究涉及格兰马草属在当地的 1 个种 *B. curtipendula* (Michx.) Torr.[156]。BOLD 网站有该属 15 种 41 个条形码数据。

代表种及其用途：该属植物多为优良牧草，如格兰马草 *B. gracilis* (Kunth) Lag. ex Griffiths。

132. *Buchloë* Engelmann 野牛草属

Buchloë Engelmann (1859: 432), *nom. cons.*; Sun & Phillips (2006: 495) [Type: *B. dactyloides* (Nuttall) Engelmann (≡ *Sesleria dactyloides* Nuttall)]

特征描述：多年生低矮草本。雌雄同株或异株；雄穗状花序 1-4，排列成总状；雌花序呈球形，为上部膨大的叶鞘所包裹。雄性小穗含 2 小花；颖较宽，具 1 脉；外稃长于颖，白色，具 3 脉；内稃具 2 脊。雌性小穗含 1 小花；第一颖质薄，有时退化，第二颖先端有 3 绿色裂片；外稃厚膜质，具 3 脉，亦具 3 绿色裂片；内稃具 2 脉。颖果椭圆形。

分布概况：约 1/1 种，**9 型**；分布于美洲；中国引种栽培。

系统学评述：野牛草属隶属于虎尾草亚科虎尾草族，与格兰马草属关系较近[165,166]。

代表种及其用途：野牛草 *B. dactyloides* (Nuttall) Engelmann 可作水土保持和饲料，或作草坪。

133. *Chloris* Swartz 虎尾草属

Chloris Swartz (1788: 25) [Lectotype: *C. cruciata* (Linnaeus) Swartz (≡ *Agrostis cruciata* Linnaeus)]

特征描述：一年生或多年生草本。花序为穗状花序呈指状簇生于秆顶；小穗含 2-4 小花，第一小花两性，上部其余诸小花退化不孕而包卷成球形；颖狭披针形或具短芒，1 脉，宿存；第一外稃两侧压扁，先端尖或钝，全缘或 2 浅裂，中脉延伸成直芒，基盘被柔毛；内稃 2 脊，脊上具短纤毛；不孕小花仅具外稃，无毛，常具直芒。颖果长圆柱形。染色体 *x*=10。

分布概况：约 55/5 种，**2 型**；分布于热带至温带，美洲尤盛；中国南北均产。

系统学评述：基于叶绿体基因的分子系统学研究，虎尾草属隶属于虎尾草亚科虎尾草族，且该属是多系类群，与肠须草属 *Enteropogon*、*Lintonia*、真穗草属 *Eustachys* 和 *Brachyachne* 关系较近[165]。

DNA 条形码研究：BOLD 网站有该属 13 种 42 个条形码数据；GBOWS 已有 2 种 45 个条形码数据。

代表种及其用途：该属有些种是优良牧草，如虎尾草 *C. virgata* Swartz。

134. *Cleistogenes* Keng 隐子草属

Cleistogenes Keng (1934: 147); Chen & Phillips (2006: 460) [Type: *C. serotina* (Linnaeus) Keng (≡ *Festuca serotina* Linnaeus)]

特征描述：多年生草本。叶片与鞘口相接处有一横痕，易自此处脱落；叶鞘内常有隐生小穗。圆锥花序狭窄或开展，具少数分枝；小穗含 1 至数小花，两侧压扁，具短柄；二颖不等长，质薄，近膜质，第一颖常具 1 脉或稀无脉，第二颖具 3-5 脉，先端尖或钝；外稃常具 3-5 脉，被深绿色的花纹，先端具细短芒或小尖头，两侧具 2 微齿；内稃具 2 脊；雄蕊 3。

分布概况：约 13/10（5）种，**10** 型；分布于欧洲南部，亚洲中部和北部；中国南北均产。

系统学评述：隐子草属隶属于虎尾草亚科虎尾草族。基于核基因的分子系统树显示，隐子草属和固沙草属 *Orinus* 形成 1 支，关系较近，而基于叶绿体基因的分子系统树，则 2 个属关系较远[8]。关于该属的系统位置和单系或多系起源问题有待深入研究。

DNA 条形码研究：BOLD 网站有该属 5 种 6 个条形码数据；GBOWS 已有 4 种 15 个条形码数据。

代表种及其用途：该属多数种为优良牧草，家畜喜采食，如糙隐子草 *C. squarrosa* (Trinius) Keng。

135. *Cynodon* Richard 狗牙根属

Cynodon Richard (1805: 85); Sun & Phillips (2006: 492) [Type: *C. dactylon* (Linnaeus) Persoon (≡ *Panicum dactylon* Linnaeus)]

特征描述：多年生草本。常具根茎及匍匐枝。穗状花序 2 至多数指状着生；小穗覆瓦状排列于穗轴之一侧，无芒，含 1-2 小花；颖狭窄，先端渐尖，近等长，均为 1 脉或第二颖具 3 脉；第一小花外稃舟形，纸质兼膜质，具 3 脉，内稃膜质，具 2 脉，与外稃等长；鳞被甚小；花药黄色或紫色；子房无毛，柱头红紫色。颖果长圆柱形。种脐线形。花粉粒负网状纹饰。染色体 x=9，10。

分布概况：约 10/2 种，**2** 型；分布于旧世界热带，尤其是非洲；中国产黄河以南。

系统学评述：分子系统学研究表明，狗牙根属隶属于虎尾草亚科虎尾草族，与 *Brachyachne* 关系较近[8,165]，不是个单系类群[165]。

DNA 条形码研究：该属目前有 2 种开展了 *mat*K 条形码的研究,物种鉴别率较高[167]，关于狗牙根属的条形码研究有待深入。BOLD 网站有该属 10 种 34 个条形码数据；GBOWS 已有 3 种 25 个条形码数据。

代表种及其用途：狗牙根 *C. dactylon* (Linnaeus) Persoon 可固堤保土；作草坪。

136. *Dactyloctenium* Willdenow 龙爪茅属

Dactyloctenium Willdenow (1809: 1029); Chen & Phillips (2006: 480) [Lectotype: *D. aegyptium* (Linnaeus) Willdenow (≡ *Cynosurus aegyptius* Linnaeus)]

特征描述：一年生或多年生草本。穗状花序短而粗，2 至多数指状排列秆顶，稀单生；小穗无柄，两侧压扁，着生于窄而扁平的穗轴一侧，成 2 行紧贴地覆瓦状排列；颖不等长，背具 1 脉呈脊状；外稃具 3 脉，中脉成脊，顶端渐尖或具短芒，侧脉不甚明显；

内稃较短，具 2 脊，脊上有翼；鳞被 2；雄蕊 3；子房球形，花柱 2，分离，基部联合。种子近球形，表面具皱纹，胚长超过种子的 1/2，种脐点状。染色体 $x=9$，10。

分布概况：约 13/1 种，**2** 型；分布于非洲至印度；中国产长江以南。

系统学评述：分子系统学研究表明，龙爪茅属隶属于虎尾草亚科虎尾草族，是单系类群，与 *Brachychloa* 关系较近[8]，但其系统位置有待深入研究。

DNA 条形码研究：BOLD 网站有该属 3 种 14 个条形码数据；GBOWS 已有 1 种 23 个条形码数据。

代表种及其用途：龙爪茅 *D. aegyptium* (Linnaeus) Willdenow 全草药用，可补虚益气。

137. *Desmostachya* (Stapf) Stapf 羽穗草属

Desmostachya (Stapf) Stapf (1898: 316); Chen & Phillips (2006: 480) [Type: *D. bipinnata* (Linnaeus) Stapf (≡ *Briza bipinnata* Linnaeus)]

特征描述：多年生。有被鳞片的根状茎。秆硬。叶多集生于基部，叶片质硬，线形或内卷。圆锥花序狭长呈穗状，被短硬毛；小穗线形，含数小花，无芒，脱节于颖之下，两侧压扁，无柄或几无柄，于穗轴的一侧排列为 2 行；颖膜质，背具 1 脉成脊；外稃卵形，先端尖或近锐尖，厚膜质，无毛，具 3 脉；内稃具 2 脊。颖果卵形或三棱形。

分布概况：约 1/1 种，**6** 型；分布于北非到西南亚，印度，东南亚；中国产海南。

系统学评述：分子系统学研究表明，羽穗草属隶属于虎尾草亚科虎尾草族 Tripogoninae 亚族，与 *Melanocenchris* 关系较近[168]，关于该属系统位置和单系或多系起源问题有待深入研究。

DNA 条形码研究：BOLD 网站有该属 1 种 2 个条形码数据。

代表种及其用途：羽穗草 *D. bipinnata* (Linnaeus) Stapf 根茎广展，为优良的固沙植物，亦可作为沙荒地的牧草。

138. *Dinebra* Jacquin 弯穗草属

Dinebra Jacquin (1809: 77); Sun & Phillips (2006: 470) [Type: *D. arabica* Jacquin, *nom. illeg.* (=*D. retroflexa* (Vahl) Panzer ≡ *Cynosurus retroflexus* Vahl)]

特征描述：一年生草本。总状圆锥花序顶生，由若干穗状花序沿主轴作不规则排列而成；每小穗含（1-）2 至多数小花，两性，无柄，成 2 行覆瓦状排列于穗状花序轴一侧；小穗轴在颖上及各小花之间具关节，且延伸至上部花内稃之后；颖片 2，长于小花，披针形，具短芒，背具 1 脉成脊；外稃透明膜质，具 3 脉，无芒；内稃透明膜质，具 2 脉成脊；雄蕊 3。

分布概况：约 3/1 种，**6** 型；分布于非洲大陆和马达加斯加至印度；中国福建和云南引种栽培。

系统学评述：弯穗草属隶属于虎尾草亚科虎尾草族穇亚族 Eleusininae，与千金子属 *Leptochloa* 关系较近，在分子系统树上弯穗草属嵌套在千金子属中[8]，不是个单系类群。

DNA 条形码研究：BOLD 网站有该属 20 种 30 个条形码数据；GBOWS 已有 1 种 4 个条形码数据。

代表种及其用途：弯穗草 *D. retroflexa* (Vahl) Panzer 被认为是水牛喜好的草料。

139. *Eleusine* Gaertner 穇属

Eleusine Gaertner (1788: 7); Chen & Phillips (2006: 481) [Lectotype: *E. coracana* (Linnaeus) Gaertner (≡ *Cynosurus coracanus* Linnaeus)]

特征描述：一年生或多年生草本。穗状花序较粗壮，常多数成指状或近指状排列于秆顶，偶有单 1 顶生；小穗无柄，两侧压扁，无芒，覆瓦状排列于穗轴的一侧；小花多数紧密地覆瓦状排列于小穗轴上；颖不等长，颖和外稃背部都具强压扁的脊；外稃顶端尖，具 3 脉，具宽而凸起的脊；内稃具 2 脊；鳞被 2；雄蕊 3。囊果宽椭圆形；种脐点状。染色体 x=9。

分布概况：约 9/2 种，**2 型**；主要分布于热带非洲东部和东北部，一种产泛热带，另一种作为谷物广泛栽培；中国南北均产。

系统学评述：穇属隶属于虎尾草亚科虎尾草族穇亚族，是个单系类群，与 *Coelachyrum* 关系较近[8,164]。穇属的分子系统学研究表明，*E. coracana* (Linnaeus) Gaertner subsp. *coracana*、*E. coracana* subsp. *africana* (Kennedy-O'Byrne) Hilu & de Wet、*E. indica* (Linnaeus) Gaertner 和 *E. kigeziensis* S._M. Phillips 组成 CAIK 分支，而 *E. tristachya* (Lamarck) Lamarck 作为该分支的姐妹群[164]。

DNA 条形码研究：对该属的穇 *E. coracana* 的 ITS 条形码研究表明物种和品种之间鉴别率较高[169]，但关于整个穇属的条形码研究有待深入。BOLD 网站有该属 10 种 168 个条形码数据；GBOWS 已有 2 种 50 个条形码数据。

代表种及其用途：穇 *E. coracana* 的秆可用作编织和造纸或作家畜饲料；种子可食用或供酿造。牛筋草 *E. indica* (Linnaeus) Gaertner 全株可作饲料；又为优良保土植物；全草煎水服，可防治乙型脑炎。

140. *Enteropogon* Nees 肠须草属

Enteropogon Nees (1836: 448); Sun & Phillips (2006: 490) [Type: *E. melicoides* (Koenig ex Willdenow) Nees. (≡ *Ischaemum melicoides* Koenig ex Willdenow)]

特征描述：多年生草本，稀一年生。穗状花序多数指状着生或单独 1 顶生；小穗无柄，狭披针形，含 1-2 小花，两行覆瓦状排列于穗轴之一侧；第一小花外稃多少背腹压扁，具 3 脉，先端具 2 微齿，中脉延伸成细芒，边缘及侧脉上无毛，内稃具 2 脊；第二小花若存在，则常为雄性或退化；颖膜质，短于或第二颖等长于第一外稃。颖果长椭圆形。染色体 x=10。

分布概况：约 19/2 种，**2 型**；广布热带地区；中国产台湾、云南和海南。

系统学评述：肠须草属隶属于虎尾草亚科虎尾草族穇亚族。真穗草属 *Eustachys* 的 *E. distichophylla* (Lagasca) Nees 在分子系统树上嵌套在肠须草属[8]，使得肠须草属成为并系类群。

DNA 条形码研究：BOLD 网站有该属 8 种 13 个条形码数据；GBOWS 已有 1 种 4 个条形码数据。

141. *Eragrostiella* Bor 细画眉草属

Eragrostiella Bor (1940: 269); Chen & Phillips (2006: 479) [Type: *E. leioptera* (Stapf) Bor (≡ *Eragrostis leioptera* Stapf)]

特征描述：多年生。叶片呈线形，坚硬。穗状花序直立；小穗卵形或带矩形，含多数小花，两侧压扁，无柄或近乎无柄；颖近等长，或第二颖较长，具 1-3 脉；外稃卵形或披针形，具 3 脉，主脉具脊，侧脉细弱，成熟后自下而上逐渐脱落；内稃与外稃近等长或稍短，具 2 脊，脊上多少具翼，其上常具小纤毛，脱落迟缓。果实为囊果，椭圆兼三棱形。

分布概况：约 6/1（1）种，4 型；分布于印度至东南亚及北澳大利亚；中国产云南。

系统学评述：细画眉草属隶属于虎尾草亚科虎尾草族 Tripogoninae 亚族，与草沙蚕属 *Tripogon* 关系较近[8]。

DNA 条形码研究：BOLD 网站有该属 2 种 2 个条形码数据。

142. *Eustachys* Desvaux 真穗草属

Eustachys Desvaux (1810: 188); Sun & Phillips (2006: 491) [Type: *E. petraea* (Swartz) Desvaux (≡ *Chloris petraea* Swartz)]

特征描述：多年生草本。穗状花序 2 至多数指状着生于秆顶；小穗无柄，含 2 小花，1-2 行覆瓦状排列于穗轴的一侧；颖具 1 脉，无芒或第二颖具短芒，宿存；第一小花两性，外稃棕色或红棕色，两侧压扁，先端钝或具小尖头，内稃膜质，与外稃近等长；第二小花不育，外稃质薄，较小，先端截平或呈棒状，陷于第一小花腹面的凹槽中。

分布概况：约 11/1 种，2 型；分布于新世界热带和亚热带；中国产广东、海南和台湾。

系统学评述：真穗草属隶属于虎尾草亚科虎尾草族穆亚族，在分子系统树上，该属的部分种类分别嵌套在穆属和肠须草属中[8]。

DNA 条形码研究：BOLD 网站有该属 3 种 10 个条形码数据。

143. *Leptochloa* P. Beauvois 千金子属

Leptochloa P. Beauvois (1812: 71); Chen & Phillips (2006: v469) [Lectotype: *L. virgata* (Linnaeus) P. Beauvois (≡ *Cynosurus virgatus* Linnaeus)]

特征描述：一年或多年生草本。叶舌膜质，常撕裂。圆锥花序开展，由多数偏向一侧的总状花序沿主轴排列而成；小穗含 1 至数小花，两侧压扁，于穗轴一侧覆瓦状排列成 2 行；颖片膜质，近等长或不等长，通常短于外稃，具 1 脉；外稃膜质，具 3 脉，背部有脊，沿脉之下部有毛，先端急尖或钝，全缘或微凹，通常无芒；内稃具 2 脊。染色

体 *x*=10。

分布概况：约 32/3 种，**2** 型；分布于美洲和大洋洲的热带和暖温带；中国产长江以南。

系统学评述：分子系统学研究表明，千金子属隶属于虎尾草亚科虎尾草族穆亚族，不是单系类群，与弯穗草属及 *Trichloris* 关系较近[168]，其中 *Trichloris* 嵌套在狭义千金子属中，而部分千金子属种类则嵌套在弯穗草属中，关于该属系统位置有待深入研究。基于上述研究，广义的千金子属主要包括 5 个属：弯穗草属、双稃草属 *Diplachne*、*Disakisperma*、狭义千金子属和 *Trigonochloa*[168]。

DNA 条形码研究：BOLD 网站有该属 6 种 9 个条形码数据；GBOWS 已有 3 种 51 个条形码数据。

代表种及其用途：千金子 *L. chinensis* (Linnaeus) Nees 可作牧草。

144. *Lepturus* R. Brown 细穗草属

Lepturus R. Brown (1810: 207); Wu & Phillips (2006: v488) [Type: *L. repens* (G. Forster) R. Brown (≡ *Rottboellia repens* G. Forster)]

特征描述：多年生草本，稀一年生。秆匍匐或横走。圆柱形穗状花序顶生；小穗于穗轴的每节上单生，含 1-2 小花，嵌生于圆柱形而逐节断落的穗轴凹穴中，且与其穗轴节间一齐脱落，背腹压扁；颖革质，坚硬，除顶生小穗外，第一颖常极退化，第二颖具 5-12 脉；外稃较短，以其背部贴向穗轴，具 3 脉；鳞被 2，楔形或浅裂；雄蕊 1-3。颖果狭窄，光滑。

分布概况：8-15/1 种，**4** 型；分布于印度洋及西太平洋海岸；中国产台湾。

系统学评述：分子系统学研究表明，细穗草属隶属于虎尾草亚科虎尾草族穆亚族，是个单系类群，与虎尾草属、*Tetrapogon* 和 *Lintonia* 关系较近，并在分子系统树上和虎尾草属、*Tetrapogon* 和 *Lintonia* 聚成 1 支[8]，关于该属系统位置有待深入研究。

DNA 条形码研究：BOLD 网站有该属 4 种 10 个条形码数据。

145. *Microchloa* R. Brown 小草属

Microchloa R. Brown (1810: 208); Sun & Phillips (2006: 491) [Type: *M. setacea* R. Brown, *nom. illeg.* (=*M. indica* (Linnaeus f.) Hackel ≡ *Nardus indica* Linnaeus f.)]

特征描述：一年或多年生草本。秆纤细，稠密丛生。穗状花序常单生于秆顶，线形，稍弯曲；小穗近圆柱形或稍背腹压扁，常含 1 小花，无柄，成 2 行覆瓦状排列于穗轴之一侧；颖片不等长，第一颖有脊，第二颖背部圆形，厚膜质或近革质；外稃短于颖，有脊，薄膜质，先端急尖或具 2 小齿，有时具小凸尖头；鳞被截形。颖果椭圆形。染色体 *x*=10。

分布概况：约 6/1 种，**2** 型；广布热带地区；中国产广东、海南、云南和福建。

系统学评述：分子系统学研究表明，小草属隶属于虎尾草亚科虎尾草族穆亚族，是个单系类群，与细穗草属、虎尾草属、*Tetrapogon* 和 *Lintonia* 关系较近，并在分子系统树上与虎尾草属、*Tetrapogon* 和 *Lintonia* 聚成 1 支[8]。

DNA 条形码研究：BOLD 网站有该属 3 种 8 个条形码数据；GBOWS 已有 2 种 8 个条形码数据。

146. *Muhlenbergia* Schreber 乱子草属

Muhlenbergia Schreber (1789: 44); Peterson et al. (2010: 1532) (Lectotype: *M. schreberi* J. F. Gmelin)

特征描述：多年生草本。常具带鳞片的横走根茎。圆锥花序开展，紧缩或穗状；小穗披针形，稍两侧压扁，常含 1 小花；颖膜质，宿存，比外稃短，常具 1 脉；外稃质地常比颖坚硬，具铅绿色斑纹，下部常疏生柔毛，具 3 脉，先端全缘或有二小齿，常具顶生或近顶生的芒，芒细弱，劲直或稍弯曲；内稃具 2 脊。颖果细长，圆柱形或稍扁压。染色体 x=10。

分布概况：约 155/6 种，**9 型**；分布于北美西南部和墨西哥，中美，南美及东南亚也有；中国南北均产。

系统学评述：乱子草属隶属于虎尾草亚科虎尾草族乱子草亚族 Muhlenbergiinae，不是单系类群，在分子系统树上，乱子草属和 9 个属（*Aegopogon*、*Bealia*、*Blepharoneuron*、*Chaboissaea*、*Lycurus*、*Pereilema*、*Redfieldia*、*Schaffnerella* 和 *Schedonnardus*）组成并系，建议将这 9 个属并入乱子草属[8,170]。乱子草属可分成 5 个支持率较高的支系（*Muhlenbergia* subgen. *Muhlenbergia*、*M.* subgen. *Trichochloa*、*M.* subgen. *Clomena*、*M.* sect. *Pseudosporobolus* 和 *M.* sect. *Bealia*）[170]。

DNA 条形码研究：BOLD 网站有该属 136 种 267 个条形码数据；GBOWS 已有 3 种 36 个条形码数据。

代表种及其用途：该属多数种为良好的牧草，如乱子草 *M. hugelii* Trinius。

147. *Orinus* Hitchcock 固沙草属

Orinus Hitchcock (1933: 136); Chen & Phillips (2006: 464) (Type: *O. arenicola* Hitchcock)

特征描述：多年生草本。具带鳞片的长根茎。圆锥花序由多数单生的总状花序组成；小穗含（1）2 至数小花；颖质薄，先端尖，无毛或多少被柔毛，第一颖稍短，具 1 脉，第二颖具 3 脉；外稃全部或仅于下部及边缘具柔毛；内稃与外稃等长或稍短，具 2 脊，脊上生纤毛或稍糙涩，脊间及其两侧多少具柔毛；鳞被 2；雄蕊 3。颖果长圆形。

分布概况：约 4/4（3）种，**15 型**；分布于克什米尔，尼泊尔；中国产西北和四川。

系统学评述：固沙草属隶属于虎尾草亚科虎尾草族，是个单系类群。基于叶绿体基因构建的分子系统树上，其与 *Triraphis* 关系较近，而在基于 ITS 序列构建的分子系统树上，该属又与隐子草属聚成 1 支[8,170]，关于该属系统位置还有待深入研究。

DNA 条形码研究：BOLD 网站有该属 2 种 5 个条形码数据；GBOWS 已有 4 种 104 个条形码数据。

代表种及其用途：固沙草 *O. thoroldii* (Stapf ex Hemsley) Bor 是良好的固沙植物。

148. *Perotis* Aiton 茅根属

Perotis Aiton (1789: 85); Chen & Phillips (2006: 498) [Type: *P. latifolia* Aiton, *nom. illeg.* (=*P. spicata* (Linnaeus) T. Durand & H. Durand ≡ *Saccharum spicatum* Linnaeus)]. —— *Diplachyrium* Nees (1828: 301)

特征描述：一年或多年生草本。叶片扁平而较短，基部较宽而呈心形。总状花序顶生，圆柱形，直立；小穗同形，含 1 两性小花，单生；颖片不等长，膜质，背部圆形，具 1 脉，脉在先端延伸成细长芒；外稃膜质透明，具 1 脉，比颖片短，无芒；内稃甚小，膜质透明，具 2 脉；鳞被 2；雄蕊 3。颖果线柱形或扁平，与颖近等长。

分布概况：约 13/3 种，**4 型**；分布于旧世界热带；中国主产长江以南。

系统学评述：茅根属隶属于虎尾草亚科虎尾草族。在基于核基因构建的分子系统树上，茅根属与 *Mosdenia* 聚成 1 支；而在基于叶绿体基因构建的分子系统树上，茅根属先和 *Lopholepis* 聚成 1 支，再与 *Mosdenia* 属聚成 1 大支[8]，关于该属系统位置和单系或多系起源问题有待深入研究。

DNA 条形码研究：BOLD 网站有该属 4 种 11 个条形码数据；GBOWS 已有 1 种 4 个条形码数据。

代表种及其用途：茅根 *P. indica* (Linnaeus) Kuntze 可饲用和药用，具有凉血益血、清热降压的功效。

149. *Tragus* Haller 锋芒草属

Tragus Haller (1768: 203), *nom. cons.*; Chen & Phillips (2006: 495) [Type: *T. racemosus* (Linnaeus) Allioni (≡ *Cenchrus racemosus* Linnaeus)]

特征描述：一年或多年生草本。圆锥花序穗状或总状，由多数小总状花序组成；小总状花序有 2-5 小穗，具短梗或近无梗；小穗背腹压扁，含 1 小花；第一颖膜质，微小或完全退化；第二颖近革质，背部圆形，具 5-7 脉，脉在背部形成凸起的肋，肋上具强壮而有钩的皮刺，先端渐尖或急尖；外稃膜质透明，具 3 脉，背部有细小刚毛，先端急尖。颖果细长。

分布概况：约 7/2 种，**2 型**；分布于旧世界暖温带，美洲有引种；中国南北均有，以西北、西南尤盛。

系统学评述：锋芒草属隶属于虎尾草亚科虎尾草族 Traginae 亚族[8]，是个多系类群。在基于核基因和叶绿体基因构建的分子系统树上，*Willkommia* 的 1 个种嵌套在锋芒草属 [8]，并且 *Willkommia* 被认为应该并入锋芒草属中，关于锋芒草属系统位置有待深入研究。

DNA 条形码研究：BOLD 网站有该属 7 种 15 个条形码数据；GBOWS 已有 1 种 7 个条形码数据。

150. *Tripogon* Roemer & Schultes 草沙蚕属

Tripogon Roemer & Schultes (1817: 34); Chen & Phillips (2006: 466) (Type: *T. bromoides* Roemer & Schultes)

特征描述：多年生细弱草本。穗状花序单个顶生；小穗几无柄，线形或椭圆形，成 2 行覆瓦状排列于穗轴一侧，两侧压扁，含 2 至多数小花；颖片膜质，具 1 脉，狭窄，有脊；外稃具 3 脉，背部圆形，膜质，无毛，先端 2 齿裂或近全缘，中脉常自裂齿间延伸成芒，有时齿间有小齿，齿端有凸尖头或短芒，基盘有长柔毛或髯毛；内稃常有翼，边缘有纤毛。

分布概况：约 30/11（5）种，**2 型**；分布于旧世界热带，有 1 种产热带美洲；中国南北均产。

系统学评述：分子系统学研究表明，草沙蚕属隶属于虎尾草亚科虎尾草族 Tripogoninae 亚族，与细画眉草属关系较近[8]。

DNA 条形码研究：BOLD 网站有该属 5 种 16 个条形码数据；GBOWS 已有 3 种 17 个条形码数据。

代表种及其用途：该属多数种可作饲料，如四川草沙蚕 *T. sichuanicus* S. M. Phillips & S. L. Chen。

IX. Panicoideae 黍亚科

二十三、Centotheceae 假淡竹叶族

151. *Centotheca* Desvaux 假淡竹叶属

Centotheca Desvaux (1810: 189), *nom. & orth. cons.*; Liu & Phillips (2006: 445) [Type: *C. lappacea* (Linneaus) Desvaux (≡ *Cenchrus lappaceus* Linneaus)]

特征描述：一年生或多年生草本。叶片宽线形至披针形，基部渐狭，具小横脉。顶端圆锥花序开展；小穗两侧压扁，含 1-4 小花，两颖不相等，短于第一小花，具 3-5 脉，顶端尖或渐尖，背部有脊；外稃背部圆形，具 5-7 脉，两侧边缘贴生疣基硬毛，顶端无芒或有小尖头；内稃边缘内折成 2 脊，脊生纤毛或平滑；雄蕊 2。颖果与稃片分离。染色体 $x=12$。

分布概况：3-4/1 种，**4 型**；分布于非洲西部，热带亚洲和澳大利亚；中国产华东、华南和西南。

系统学评述：假淡竹叶属原置于假淡竹叶亚科 Centothecoideae 假淡竹叶族 Centotheceae[3]，根据分子系统学研究，假淡竹叶亚科被归入广义的黍亚科 Panicoideae *s.l.*[4,7]，因此假淡竹叶属现属于广义黍亚科假淡竹叶族。Centothecoids 原先被放在早熟禾亚科中[171]，或作为 1 个族放在芦竹亚科[172]，直到 1987 年被独立出来作为假淡竹叶亚科[173]。但由于 Centothecoids 与粽叶芦属 *Thysanolaena* 和 *Danthoniopsis* 关系很近，假淡竹

叶亚科的界限和位置被认为应重新界定[2,153]。随后，粽叶芦属作为 1 个新族——粽叶芦族 Thysanolaeneae 被并入假淡竹叶亚科，这个亚科包括 2 个族：假淡竹叶族（含 9 个属）和粽叶芦族（仅含粽叶芦属）[2]。在分子系统学研究中，假淡竹叶亚科和狭义黍亚科 Panicoideae *s.s.*的系统关系一直没有得到解决[174]，Zuloaga 等[147,175]将假淡竹叶亚科作为异名并入广义黍亚科，这一处理后来在 Sánchez-Ken[4]的研究中得到较好的支持。假淡竹叶属和 *Megastachya* 关系较近[115]，形成 1 个单系的小支，再与粽叶芦属 *Thysanolaena* 和 *Cyperochloa* 形成 1 个分支，与假淡竹叶族的其他主要类群关系较远[4,174]。

DNA 条形码研究：BOLD 网站有该属 1 种 9 个条形码数据；GBOWS 已有 1 种 9 个条形码数据。

代表种及其用途：假淡竹叶 *C. lappacea* (Linneaus) Desvaux 是优良的饲料牧草。

152. *Lophatherum* Brongniart 淡竹叶属

Lophatherum Brongniart (1831: 49); Liu & Phillips (2006: 445) (Type: *L. gracile* Brongniart)

特征描述：多年生草本。叶片茎生，窄披针形，有假柄，具小横脉。圆锥花序顶生，开展，由数小穗多少偏生于一侧的总状花序沿主轴稀疏排列而成；小穗近圆柱状，几无柄；颖先端钝圆，具 5-7 脉；第一小花能育，外稃硬纸质，具 7-9 脉，先端钝或具小尖头，内稃脊上部具狭翼，雄蕊 2 或 3，鳞被 2；上部小花均不育，其外稃相互包卷呈球状，先端具短芒。

分布概况：约 2/2 种，**5 型**；分布于亚洲暖温带和热带；中国产长江以南。

系统学评述：淡竹叶属原属于假淡竹叶亚科假淡竹叶族[3]，而分子系统学研究表明，假淡竹叶亚科被归入广义黍亚科[4,7]，因此淡竹叶属现属于广义黍亚科假淡竹叶族。在基于叶绿体基因构建的分子系统树上，淡竹叶属与 *Orthoclada*、*Pohlidium* 和 *Zeugites* 构成 1 支，相互关系较近[4]。

DNA 条形码研究：虽然淡竹叶属的淡竹叶 *L. gracile* Brongniart 有 *rbc*L、*mat*K、*trn*H-*psb*A 及 ITS 序列条形码的研究[176]，但这几个片段的物种鉴别率不高，关于淡竹叶属的条形码研究有待深入。BOLD 网站有该属 1 种 16 个条形码数据；GBOWS 已有 3 种 33 个条形码数据。

代表种及其用途：淡竹叶 *L. gracile* Brongniart 的叶为清凉解热药；小块根作药用。

二十四、Thysanolaeneae 粽叶芦族

153. *Thysanolaena* Nees 粽叶芦属

Thysanolaena Nees (1835: 180); Liu & Phillips (2006: 446) [Type: *T. agrostis* Nees, *nom. illeg.* (=*T. maxima* (Roxburgh) O. Kuntze ≡ *Agrostis maxima* Roxburgh)]

特征描述：多年生灌木状草本。秆高大，芦苇状。圆锥花序顶生，大型，多枝，稠密或稍开展；小穗微小，无芒，颖片无脉，先端钝，每小穗含 2 小花；第一小花不育，外稃薄膜质，先端尖，具 1-3 脉，内稃缺如；第二小花两性，外稃卵形，先端急尖或有

小凸尖头，<u>具 3 脉，边缘有长而直的毛</u>，内稃截平形，雄蕊 2-3。颖果近球形。种脐点状。染色体 x=12。

分布概况：约 1/1 种，**7** 型；分布于热带亚洲，印度洋岛屿；中国产华南、西南和台湾。

系统学评述：粽叶芦属是个单系类群，粽叶芦属原属于芦竹亚科粽叶芦族，粽叶芦属作为 1 个新族——粽叶芦族 Thysanolaeneae 被并入假淡竹叶亚科，这个亚科包括 2 个族：淡竹叶族（含 9 个属）和粽叶芦族（仅含粽叶芦属）[2]。根据分子系统学研究，假淡竹叶亚科被归入广义黍亚科[4,7]，因此粽叶芦属现属于广义黍亚科粽叶芦族。在分子系统树上，粽叶芦属作为基部类群与假淡竹叶族和 Cyperochloeae 族的类群聚成 1 个分支[4]。

DNA 条形码研究：BOLD 网站有该属 1 种 8 个条形码数据；GBOWS 已有 1 种 6 个条形码数据。

代表种及其用途：粽叶芦 *T. latifolia* (Roxburgh ex Hornemann) Honda 的秆高大坚实，作篱笆或造纸；叶可裹粽；花序用作扫帚；还可栽培作绿化观赏用。

二十五、Paniceae 黍族

154. *Acroceras* Stapf 凤头黍属

Acroceras Stapf (1920: 621); Chen & Phillips (2006: 514) [Lectotype: *A. oryzoides* Stapf (≡ *Panicum oryzoides* Swartz (1788), *non* Arduino (1764))]. ——*Neohusnotia* A. Camus (1921: 664)

特征描述：多年生或一年生草本。秆下部通常平卧地面。<u>圆锥花序顶生，由一回总状花序组成</u>；小穗孪生或单生，<u>成不明显的 2 行排列于总状花序轴一侧</u>，背腹压扁，含 2 小花；颖纸质，等长或第一颖略短，<u>颖和外稃的先端具有两侧压扁的坚硬的凸头</u>；第一小花雄性或中性，外稃与第二颖等长；第二小花两性，<u>第二外稃骨质，背面凸起，顶端具两侧压扁、稍扭卷呈凤头状</u>，边缘内卷，包着同质的内稃，<u>内稃具 2 脊，顶端具反卷的 2 凸尖</u>。染色体 x=9。

分布概况：19/2 种，**2**（**6，5/7**）型；分布于热带；中国产海南和云南。

系统学评述：凤头黍属为并系类群。在经典分类中，凤头黍属被置于黍亚科黍族雀稗亚族 Paspalinae[FOC,FRPS]。但是，2013 年 Soreng 等[177]将其归入 Boivinellinae 亚族中。在 FOC 中，山鸡谷草属 *Neohusnotia* 并入凤头黍属。Teerawatananon 等[178]基于 *trn*L-F、*atp*B-*rbc*L 和 ITS 序列的分子系统学研究表明该属与钩毛草属 *Pseudechinolaena* 和弓果黍属 *Cyrtococcum* 关系紧密。

DNA 条形码研究：BOLD 网站有该属 2 种 3 个条形码数据。

代表种及其用途：凤头黍 *A. munroanum* (Balansa) Henrard 茎叶可作牲畜饲料。

155. *Alloteropsis* J. Presl 毛颖草属

Alloteropsis J. Presl (1830: 343); Chen& Phillips (2006: 519) (Type: *A. distachya* J. Presl)

特征描述：一年生或多年生草本。<u>总状花序纤细，多数近指状排列于秆顶</u>；小穗孪生或多数簇生于三棱形的穗轴一侧，卵形至椭圆形，<u>背腹压扁</u>，具不等长的柄，含 2 小花； <u>颖片不等长</u>，<u>具芒锐尖</u>，第一颖短，1/2 小穗长，膜质，3 脉，<u>第二颖长于小穗</u>，<u>草质</u>，<u>具 5 脉</u>，<u>边缘密生纤毛</u>；第一小花雄性，外稃草质，等长于小穗，内稃远短于花药，2 裂；<u>第二小花两性</u>，<u>外稃厚纸质</u>，<u>光滑</u>，<u>边缘质薄</u>，<u>具短芒</u>，第二内稃锐尖。染色体 *x*=9。

分布概况：5/2 种，**2（4）型**；分布于非洲南部，印度，东南亚和热带地区；中国产华东和华南，以海南尤盛。

系统学评述：传统上，毛颖草属置于黍亚科黍族雀稗亚族[FOC,FRPS]。最近 Soreng 等[177] 将该属归入 Boivinellinae 亚族中。

DNA 条形码研究：BOLD 网站有该属 8 种 17 个条形码数据。

代表种及其用途：毛颖草 *A. semialata* (R. Brown) Hitchcock 可作饲料。

156. *Axonopus* P. Beauvois 地毯草属

Axonopus P. Beauvois (1812: 12); Chen & Phillips (2006: 530) [Lectotype: *A. aureus* (Swartz) P. Beauvois (≡ *Milium compressum* Swartz)]

特征描述：多年生，很少一年生草本。<u>秆丛生或有匍匐茎</u>。 叶片顶端圆钝或略尖。<u>穗形总状花序</u>， <u>2 至多数呈指状或总状式排列于花序轴上</u>；小穗单生，<u>互生或成 2 行排列于三棱形的穗轴一侧</u>，长圆形，背腹压扁，<u>近无柄</u>，含 1-2 小花；<u>第一颖缺</u>，<u>第二颖与第一外稃近等长</u>，膜质，4-5 脉；<u>第一内稃缺</u>；第二小花两性，<u>外稃坚硬</u>，腹面对向穗轴，钝头，边缘内卷，包着同质的内稃。花粉粒负网状纹饰，具小刺。染色体 *x*=9，10。

分布概况：110/2 种，**2 型**；分布于热带和亚热带美洲，1 种在非洲；中国引种。

系统学评述：在传统分类中，地毯草属被置于黍亚科黍族雀稗亚族[3,FOC,FRPS]。Soreng 等[177]将地毯草属（包括 *Centrochloa* 和 *Ophiochloa*）归入雀稗亚族中。López 和 Morrone[179]对地毯草属进行了分子系统学和形态学研究，认为该属与 *Centrochloa* 和 *Ophiochloa* 关系密切，形态上比较相近。

DNA 条形码研究：BOLD 网站有该属 31 种 43 个条形码数据；GBOWS 已有 1 种 4 个条形码数据。

代表种及其用途：该属有重要的用于草坪的种类，如地毯草 *A. compressus* (Swartz) P. Beauvois，植株平铺地面如地毯；又因其根有固土作用，也是优良的保土植物。有些种是优良牧草，如地毯草、类地毯草 *A. fissifolius* (Raddi) Kuhlmann 等。

157. *Brachiaria* (Trinius) Grisebach 臂形草属

Brachiaria (Trinius) Grisebach (1853: 469); Chen & Phillips (2006: 520) [Lectotype: *B. holosericea* (R. Brown) Hughes (≡ *Panicum holosericeum* R. Brown)]

特征描述：一年生或多年生草本。圆锥花序顶生，由 2 至多数总状花序组成；<u>总状花序轴三棱或扁平</u>，<u>有时具翅</u>；小穗单生或孪生，<u>交互成 2 行排列于穗轴一侧</u>，<u>近无梗或具短柄</u>，含 1-2 小花； <u>第一颖多为 1/2 小穗</u>，<u>向轴而生</u>，<u>基部包卷小穗</u>，有时作为一短柄向下延伸，<u>第二颖与小穗等长</u>；第一小花雄性或中性，<u>外稃与第二颖相同</u>；第二小花两性，<u>第二外稃革质</u>，<u>先端边缘钝至锐尖</u>，<u>稍内卷</u>，包着同质的内稃。叶片表皮脉间细胞微形态有 4 种类型（国产种类），硅质体多为哑铃形、节结形或十字形；气孔副卫细胞为圆屋顶形。染色体 *x*=7，9。

分布概况：100/9（1）种，**4** 型；分布于旧世界热带和亚热带；中国产长江以南。

系统学评述：在传统分类中，臂形草属被置于黍亚科黍族雀稗亚族[FOC,FRPS]。González 等[180]基于分子系统学和形态学分析表明，臂形草属和尾稃草属 *Urochloa* 是个复合类群，两者与野黍属 *Eriochloa* 和糖蜜草属 *Melinis* 具有较高的相似程度，聚在同 1 个分支。Akiyama 等[181]通过对 25S rDNA 位点的 FISH 研究表明，臂形草属的形成均与染色体倍性有关，存在异源多倍体。

DNA 条形码研究：BOLD 网站有该属 7 种 13 个条形码数据；GBOWS 已有 3 种 20 个条形码数据。

158. *Cenchrus* Linnaeus 蒺藜草属

Cenchrus Linnaeus (1753: 1049); Chen & Phillips (2006: 552) (Lectotype: *C. echibatus* Linnaeus)

特征描述：一年生或多年生草本。<u>穗形总状花序</u>顶生；小穗基部有常部分愈合成球形、刺苞状的刚毛，<u>其下具短而粗的总梗</u>，<u>总梗在基部脱节</u>，<u>连同刺苞一起脱落</u>，<u>刺苞内含簇生小穗 1 至多数</u>，<u>无柄</u>，<u>成熟时与刺苞一起脱落</u>；<u>第一颖常短小或缺</u>，第二颖通常短于小穗；第一小花雄性或中性，具 3 雄蕊，外稃薄纸质至膜质，内稃发育良好；第二小花两性，<u>外稃成熟时变硬</u>，<u>通常肿胀</u>，<u>包卷同质的内稃</u>。颖果椭圆状扁球形。种子常在刺苞内萌发。

分布概况：23/4 种，**2**（**3**，**17**）型；分布于热带和温带，主产美洲和非洲温带的干旱地区；中国产东北、华东和华南。

系统学评述：该属隶属于黍亚科黍族蒺藜草亚族 Cenchrinae[FRPS]，并得到分子证据的支持，如 Morrone 等[7]利用 *ndh*F 序列对黍亚科的研究，将该属置于蒺藜草亚族；Soreng 等[177]也将该属置于黍族蒺藜草亚族。Xu 等[182]、安瑞军[183]对少花蒺藜草 *C. pauciflorus* Benthem 的学名进行了考证，认为我国北方分布的蒺藜草 *C. echinatus* Linneaus、光梗蒺藜草 *C. calyculata* Cavanon 和疏花蒺藜草 *C. pauciflorus* Benthem，都应为少花蒺藜草。

DNA 条形码研究：BOLD 网站有该属 24 种 78 个条形码数据；GBOWS 已有 1 种 8 个条形码数据。

代表种及其用途：倒刺蒺藜草 *C. setiger* Vahl 作为牧草被引入；另有部分种为入侵种，如少花蒺藜草，果实混入牧草还能造成牲畜消化道受伤。

159. *Cyrtococcum* Stapf 弓果黍属

Cyrtococcum Stapf (1917: 15); Chen & Phillips (2006: 513) [Lectotype: *C. setigerum* (P. Beauvois) Stapf (≡ *Panicum setigerum* P. Beauvois)]

特征描述：一年生或多年生草本。<u>秆下部多平卧</u>，<u>节上生根</u>。叶片线状披针形至狭卵形。圆锥花序开展或紧缩；小穗两侧压扁，倒卵形，具 2 小花，第一小花不育，第二小花两性；颖片短于小穗，不等长，3-5 脉，第一颖小，卵形，第二颖舟形；小花外稃与小穗等长，短于舟形的第二颖，5 脉，第一内稃短小或缺，第二外稃花后变硬，背部隆起成驼背状，包裹着同质而背部微凸的内稃；鳞被薄，3 脉，花柱基分离。种脐点状。染色体 $x=9$。

分布概况：11/2 种，**4** 型；分布于旧世界热带；中国主产长江以南。

系统学评述：弓果黍属在传统分类中被置于黍亚科黍族黍亚族 Panicinae[FRPS]。Soreng 等[177]将其归入 Boivinellinae。Teerawatananon 等[178]基于 trnL-F、atpB-rbcL 和 ITS 的分子系统学研究表明，该属与钩毛草属和凤头黍属关系紧密。

DNA 条形码研究：BOLD 网站有该属 5 种 7 个条形码数据；GBOWS 已有 2 种 35 个条形码数据。

160. *Digitaria* Haller 马唐属

Digitaria Haller (1768: 244), *nom. cons.*; Chen & Phillips (2006: 539) [Type: *D. sanguinalis* (Linnaeus) Scopoli, *typ. cons.* (≡ *Panicum sanguinale* Linnaeus)]. ——*Leptoloma* Chase (1906: 191-192)

特征描述：一年生或多年生草本。秆直立或基部横卧地面。总状花序，2 至多数呈指状排列于秆、枝顶端；小穗 2 或 3-4 着生于穗轴之各节，互生或呈 4 行排列于穗轴一侧，穗轴扁平具翼或狭窄呈三棱状线形，柄长短不等，含 1 两性花；第一颖无或退化至一个小鳞片，第二颖易变；第一外稃等长于小穗，第二外稃厚纸质或软骨质，顶端尖，背部隆起，贴向穗轴，边缘膜质扁平，覆盖同质的内稃而不内卷。染色体 $x=9$。

分布概况：250/22（3）种，**2（8-4）**型；分布于热带和暖温带；中国南北均产。

系统学评述：在传统分类中，马唐属被置于黍亚科黍族雀稗亚族[FOC,FRPS]。最近 Soreng 等[177]将该属归入 Anthephorinae 亚族中。在 FRPS 中，中国的马唐属被分为三生组 *Digitaria* sect. *Ischaemum* 和马唐组 *D.* sect. *Digitaria*，而在 FOC 中将薄稃草属 *Leptoloma* 并入该属。Teerawatananon 等[178]通过基于 trnL-F、atpB-rbcL 和 ITS 序列的分子系统学研究表明，该属与 *Walwhalleya* 和黍属 *Panicum* 关系较近。Vega 等[184]对世界范围的马唐属 67 种进行分子和形态学分析，表明马唐属为单系类群，属下可分为 4 种类型。

DNA 条形码研究：BOLD 网站有该属 16 种 77 个条形码数据；GBOWS 已有 11 种 94 个条形码数据。

代表种及其用途：该属某些种具有饲用价值，如三数马唐 *D. ternata* (Hochstetter ex A. Richard) Stapf 和马唐 *D. sanguinalis* (Linnaeus) Scopoli 等。

161. *Echinochloa* P. Beauvois 稗属

Echinochloa P. Beauvois (1812: 161) *nom. cons.*; Chen & Phillips (2006: 515) [Type: *E. crusgalli* (Linnaeus) P. Beauvois (≡ *Panicum crusgalli* Linnaeus)]

特征描述：一年生或多年生草本。圆锥花序由穗形总状花序组成，花序密集；小穗单生或 2-3 不规则地聚集于穗轴的一侧，背腹压扁呈一面扁平，一面凸起；颖具锐尖芒，基部包着小穗，<u>第一颖小</u>，为小穗长的 1/3-1/2（-3/5），三角形，第二颖近等长于或稍短于小穗；<u>第一小花中性或雄性</u>，<u>外稃等长或短于小穗</u>，5-7 脉，<u>革质</u>，<u>常具喙或短芒</u>，内稃膜质或缺；第二小花两性，<u>顶端游离</u>，<u>外稃成熟时变硬</u>，<u>平滑而光亮</u>。花粉粒细网状纹饰。染色体 x=9。

分布概况：35/8 种，**2（8-4）型**；分布于亚热带和暖温带；中国南北均产。

系统学评述：在传统分类中，稗属被置于黍亚科黍族雀稗亚族[FOC,FRPS]。2013 年，Soreng 等[177]将其归入 Boivinellinae 中。陈守良[FRPS]曾将中国产的稗属分为稗组 *Echinochloa* sect. *Echinochloa*、旱稗组 *E.* sect. *Hispidulae*、水稗组 *E.* sect. *Phyllopogon* 和紫穗稗组 *E.* sect. *Utiles*。

DNA 条形码研究：BOLD 网站有该属 20 种 172 个条形码数据；GBOWS 已有 4 种 68 个条形码数据。

代表种及其用途：该属虽然多数种为田间杂草，但某些种可作为优良的饲料或粮食，如湖南稗子 *E. frumentacea* Link 和紫穗稗 *E. esculenta* (A. Braun) H. Scholz。

162. *Eriochloa* Kunth 野黍属

Eriochloa Kunth (1815: 94); Chen & Phillips (2006: 524) (Lectotype: *E. distachya* Kunth)

特征描述：一年生或多年生草本。圆锥花序顶生而狭窄，<u>由多数总状花序组成</u>；小穗<u>单生或孪生</u>，成 2 行覆瓦状排列于穗轴一侧，披针形到椭圆形，<u>背腹压扁</u>，具短柄或近无柄，有 2 小花；<u>第一颖极退化</u>，<u>与第二颖下之穗轴愈合膨大</u>，<u>形成环状或珠状的小穗基盘</u>，第二颖片与小穗等长，通常有芒；第一小花雄性或中性，稃片膜质，外稃包藏内稃或内稃缺；第二小花两性，<u>外稃革质</u>，<u>具小乳突</u>，内卷，包着同质的内稃。染色体 x=9。

分布概况：30/2 种，**2（8-4）型**；分布于热带和暖温带，热带非洲和美洲尤盛；中国产黄河以南。

系统学评述：在传统分类中，野黍属被置于黍亚科黍族雀稗亚族[FOC,FRPS]。Soreng 等[177]将其归入糖蜜草亚族 Melinidinae。González 等[180]运用 ITS1、5.8S 和 ITS2 序列及形态特征分析表明，野黍属与尾稃草属 *Urochloa*、臂形草属 *Brachiaria* 和糖蜜草属 *Melinis* 关系密切。

DNA 条形码研究：BOLD 网站有该属 4 种 17 个条形码数据；GBOWS 已有 1 种 18 个条形码数据。

代表种及其用途：该属有些种茎秆可作饲料，如高野黍 *E. procera* (Retzius) C. E. Hubbard、野黍 *E. villosa* (Thunberg) Kunth；某些种谷粒含淀粉，可食用，如野黍。

163. *Hymenachne* P. Beauvois 膜稃草属

Hymenachne P. Beauvois (1812: 48); Chen & Phillips (2006: 510) [Lectotype: *H. monostachya* (Poiret) P. Beauvois (≡ *Agrostis monostachya* Poiret)]

特征描述：多年生湿生草本。<u>具长匍匐茎</u>。圆锥花序顶生，<u>紧缩呈穗状或较疏散</u>；小穗<u>簇生于穗轴一侧</u>，<u>披针形</u>，<u>背腹压扁</u>，<u>柄极短</u>，含 2 小花；第一小花雄性或中性，第二小花两性；第一颖微小，第二颖与第一外稃草质，近相等，具 5 脉，顶端尖或渐尖呈锥状，乃至短芒状，第二外稃膜质或薄纸质，平滑，顶端尖或渐尖，边缘质薄，稍内卷或扁平，覆盖同质的内稃，花成熟时，内稃不被覆盖。染色体 $x=10$。

分布概况：5/3（1）种，**2**（**7，14**）**型**；分布于热带地区；中国产长江以南，以海南尤盛。

系统学评述：膜稃草属在传统分类中被置于黍亚科黍族雀稗亚族[3,FOC,FRPS]。Soreng 等[177]将该属归入膜稃草亚族 Otachyriinae。

DNA 条形码研究：BOLD 网站有该属 1 种 7 个条形码数据。

代表种及其用途：该属某些种为优良饲料，如膜稃草 *H. amplexicaulis* (Rudge) Nees。

164. *Ichnanthus* P. Beauvois 距花黍属

Ichnanthus P. Beauvois (1812: 56); Chen & Phillips (2006: 504) (Type: *I. panicoides* P. Beauvois)

特征描述：一年生或多年生草本。秆伏地，下部分枝。叶片平展。圆锥花序疏散或紧缩；小穗单生或基部孪生，着生于小穗一侧，小穗柄不等长，脱节于颖之下或第二小花先落，含 2 小花，背腹扁压，颖草质，具 3-7 脉，近等长或第一颖较短；第一小花雄性或中性，外稃与第二颖相似，内稃膜质、狭小；第二小花两性，外稃革质，基部两侧有附属物或凹痕，边缘包裹同质内稃；鳞被 2，具 5 脉；花柱基部分离。种脐点状。染色体 $x=10$。

分布概况：30/1 种，**2**（**3**）**型**；分布于新世界热带和亚热带；中国产华南。

系统学评述：在传统分类中，距花黍属被置于黍亚科黍族黍亚族[3,FOC,FRPS]。Soreng 等[177]将其归入雀稗亚族中。

DNA 条形码研究：BOLD 网站有该属 8 种 11 个条形码数据。

代表种及其用途：该属某些种秆叶可作饲料，如大距花黍 *I. pallens* var. *major* (Nees) Stieber。

165. *Melinis* P. Beauvois 糖蜜草属

Melinis P. Beauvois (1812: 54); Chen & Phillips (2006: 539) (Type: *M. minutiflora* P. Beauvois). —— *Rynchelytrum* Nees (1836: 378)

特征描述：一年或多年生草本。秆丛生。叶片线形。圆锥花序多分枝，序梗纤细；小穗长圆状椭圆形，侧面压扁，有毛或无毛，含 2 小花，脱节于颖之下；颖极不相等，第一颖片小的或无，第二颖片膜质，顶端 2 裂，无芒或裂齿间生 1 短芒；第一小花雄性或中性，外稃常与第二颖片等长、同质、同形，3-7 脉，无内稃；第二小花两性，外稃膜质，脉不明显，无芒，内稃与其等长；鳞被 2，具 3 脉；雄蕊 3。颖果长圆形。花粉粒颗粒纹饰。染色体 $x=9$。

分布概况：22/2 种，（**17**）**型**；分布于热带地区和非洲南部；中国台湾和四川引种。

系统学评述：在传统分类中，糖蜜草属被置于黍亚科黍族糖蜜草亚族[FOC,FPRS]。在 FOC 中，将红毛草属 *Rynchelytrum* 并入糖蜜草属。González 等[180]运用 ITS1、5.8S 和

ITS2 序列及形态特征进行聚类分析，认为糖蜜草属与野黍属 *Eriochloa*、尾稃草属 *Urochloa* 和臂形草属 *Brachiaria* 关系密切。

DNA 条形码研究：BOLD 网站有该属 4 种 17 个条形码数据；GBOWS 已有 1 种 3 个条形码数据。

代表种及其用途：该属某些种可作为牧草，如我国引种的糖蜜草 *M. minutiflora* P. Beauvois 为许多热带国家引种栽培作牧草。

166. *Oplismenus* P. Beauvois 求米草属

Oplismenus P. Beauvois (1810: 14), *nom. cons.*; Chen & Phillips (2006: 501) (Type: *O. africanus* P. Beauvois)

特征描述：多年或一年生草本。秆基部常匍匐。叶片卵形、披针形或线形，常具十字脉。圆锥花序由总状花序组成，狭窄，分枝或不分枝；小穗多数聚生于穗轴一侧，近无柄，对生、簇生或单生，多少两侧压扁，含 2 小花；颖近等长，常具柔毛，第一颖具黏的长芒，第二颖具短芒或无芒；第一小花中性，外稃与小穗等长，无芒或具小尖头，内稃存在或缺；第二小花顶端游离，外稃纸质，后变革质，平滑光亮，锐尖。花粉粒颗粒纹饰。染色体 $x=9$。

分布概况：5-9/4（1）种，**2（8-4）**型；分布于热带和亚热带；中国产长江以南。

系统学评述：在传统分类中，求米草属被置于黍亚科黍族雀稗亚族[FOC,FPRS]。Soreng 等[177]将其归入 Boivinellinae。

DNA 条形码研究：BOLD 网站有该属 9 种 30 个条形码数据；GBOWS 已有 7 种 51 个条形码数据。

167. *Ottochloa* Dandy 露籽草属

Ottochloa Dandy (1931: 54); Chen & Phillips (2006: 512) [Type: *O. nodosa* (Kunth) Dandy (≡ *Panicum nodosum* Kunth)]

特征描述：多年生草本。秆蔓生。叶片平展，披针形。圆锥花序开展，顶生；小穗椭圆形，顶端尖或稍钝，背腹压扁，有短柄，含 2 小花，成熟时整体脱落；颖长约为小穗的一半，具 3-5 脉；第一小花不育，外稃膜质，与小穗等长，具 7-9 脉；第二小花发育，外稃质地坚硬，平滑，顶端尖，极狭的膜质边缘包裹同质的内稃；鳞被薄，具 5 脉；花柱基部分离。种脐点状。染色体 $x=9$。

分布概况：3/1 种，**5（7d）**型；分布于旧世界热带；中国产福建、广东、广西、海南、台湾和云南。

系统学评述：在传统分类中，露籽草属被置于黍亚科黍族黍亚族[FOC,FPRS]。Soreng 等[177]将其归入 Boivinellinae。

DNA 条形码研究：BOLD 网站有该属 2 种 5 个条形码数据；GBOWS 已有 1 种 4 个条形码数据。

168. *Panicum* Linnaeus 黍属

Panicum Linnaeus (1753: 55); Chen & Renvoize (2006: 504) (Lectotype: *P. miliaceum* Linnaeus). —— *Dichanthelium* (Hitchcock & Chase) Gould (1974: 59)

特征描述：一年或多年生草本。圆锥花序顶生，分枝开展；小穗脱节于颖之下，背腹压扁，内含 2 小花；颖草质或纸质，第一颖常短小，有时基部包着小穗，第二颖与第一颖近等长，稍大，且常同形；第一小花雄性或中性，外稃与小穗等长，顶端尖，内稃存在或退化；第二小花两性，外稃硬纸质或革质，有光泽，包裹同质内稃。叶片解剖具花圈型构造。扫描电镜下显示内稃顶部表皮的乳头状凸起为复合的或数个聚生，呈不规则的排列。染色体 $x=9$，10。

分布概况：约 500/21 种，**2（8-4）型**；分布于热带和亚热带，少数至温带；中国南北均产。

系统学评述：黍属被置于黍亚科黍族黍亚族[2,FOC,FPRS]。陈守良将我国产黍属分成 6 个组，即黍组 *Panicum* sect. *Panicum*、二歧黍组 *P.* sect. *Dichotomiflora*、匍匐黍组 *P.* sect. *Repentia*、攀匍黍组 *P.* sect. *Sarmentosa*、皱稃组 *P.* sect. *Maxima* 和点稃组 *P.* sect. *Trichoidea*[FPRS]。 Duvall 等[185]通过对 *rpo*C2 序列分析表明黍属为多系类群。Aliscioni 等[186]研究了黍族 *ndh*F 序列后认为黍属是个复杂类群，其某些种类（*Panicum s. str.*）仍归于黍亚属，一些种类应并入 *Phanopyrum* 和 *Steinchisma*。Morrone 等[187]基于分子和形态证据将黍属中部分种类划分出 1 个新属 *Parodiophyllochloa*。Soreng 等[177]研究表明黍属的 *Laxum* 群归入膜稃草亚族（Otachyriinae）中，而其余部分（包括栽培、引种和逸生的种类）归入黍亚族。

DNA 条形码研究：BOLD 网站有该属 49 种 208 个条形码数据；GBOWS 已有 11 种 75 个条形码数据。

代表种及其用途：该属一些种是重要的粮食作物，如稷 *P. miliaceum* Linnaeus；一些种是饲料作物，如光头黍 *P. coloratum* Linnaeus、大黍 *P. maximum* Jacquin 和柳枝稷 *P. virgatum* Linnaeus。

169. *Paspalidium* Stapf 类雀稗属

Paspalidium Stapf (1920: 582); Chen & Phillips (2006: 537) [Lectotype: *P. geminatum* (Forsskal) Stapf (≡ *Panicum geminatum* Forsskal)]

特征描述：多年生草本。穗状花序组成顶生狭圆锥花序，紧贴主轴；穗轴略呈三棱形，着生小穗的一面有弯曲的龙骨状凸起；小穗沿龙骨状凸起密集交互排列成 2 行，椭圆形，背腹压扁，先端急尖，无芒，近无柄，成熟时自穗轴上脱落，内含 2 花；第一颖微小，第二颖等长于或较短于小穗；第一小花雄性或中性，外稃与第二颖为圆形，内稃存在或缺；第二小花为两性，外稃骨质，背部隆起而对穗轴，先端尖，边缘内卷，包卷同质的内稃。染色体 $2n=18$。

分布概况：40/2 种，**2（3）型**；分布于热带地区，澳大利亚较多；中国产广东、福建、贵州、云南、海南和台湾。

系统学评述：类雀稗属隶属于黍亚科黍族类雀稗亚族 Paspalidiinae[FRPS]。

DNA 条形码研究：BOLD 网站有该属 2 种 2 个条形码数据；GBOWS 已有 1 种 9 个条形码数据。

170. *Paspalum* Linnaeus 雀稗属

Paspalum Linnaeus (1759: 846); Chen & Phillips (2006: 526) [Lectotype: *P. dimidiatum* Linnaeus, *nom. illeg.* (*P. dissectum* (Linnaeus) Linnaeus ≡ *Panicum dissectum* Linnaeus)]

特征描述：多年生或一年生草本。秆丛生，或具匍匐根状茎和匍匐茎。穗形总状花序，2 至多数呈指状或总状排列于茎顶或伸长主轴上；小穗单生或孪生，2 至 4 行互生于扁平的穗轴一侧，含 1 成熟小花，小穗平凸；第一颖片无或稀很小，第二颖片近等长于小穗，很少无；第一外稃类似第二颖，平展，内稃无，第二外稃背部隆起，对向穗轴，成熟后变硬，近革质，顶端圆钝，有光泽，边缘狭窄内卷。花粉粒皱波或疣状纹饰。染色体 $x=10$。

分布概况：330/16（2）种，**2**（**3**）型；分布于热带和暖温带，尤其在新世界；中国南北均产。

系统学评述：雀稗属被置于黍亚科黍族雀稗亚族[FOC,FPRS]。Soreng 等[177]将雀稗属（包括 *Thrasya*）归入雀稗亚族中。Teerawatananon 等[178]通过对 *trn*L-F、*atp*B-*rbc*L 和 ITS 序列的分析，认为该属与蒺藜草属 *Cenchrus*、距花黍属 *Ichnanthus* 和 *Panicum auritum* J. Presl ex Nees 关系密切。

DNA 条形码研究：BOLD 网站有该属 40 种 103 个条形码数据；GBOWS 已有 4 种 45 个条形码数据。

代表种及其用途：该属某些种具有一定的饲用价值，如两耳草 *P. conjugatum* Bergius、百喜草 *P. notatum* Flüggé、毛花雀稗 *P. dilatatum* Poiret 和皱稃雀稗 *P. plicatulum* Michaux 等。

171. *Pennisetum* Richard 狼尾草属

Pennisetum Richard (1805: 72); Chen & Phillips (2006: 548) [Lectotype: *P. orientale* Richard, *nom. illeg.* (=*P. spicatum* (Linnaeus) Körnicke ≡ *Holcus spicatus* Linnaeus)]

特征描述：一年生或多年生草本。圆锥花序呈穗状圆柱形；小穗单生或 2-3 簇生；无柄或具短柄，其下围以总苞状、相互分离的刚毛，随小穗一起脱落，小穗脱节于颖之下；颖不等长，第一颖质薄而微小，第二颖长于第一颖；第一小花雄性或中性，外稃与小穗等长或稍短，常包内稃；第二小花两性，外稃与第一小花外稃等长或较短，厚纸质或革质，平滑，边缘质薄而平坦，包着同质内稃，顶端常游离。染色体 $2n=18$。

分布概况：80/11（4）种，**2**（**6，8-4**）型；分布于热带和亚热带，非洲尤盛；中国产西南和华南。

系统学评述：陈守良将国产狼尾草属分为 3 个组，即狼尾草组 *Pennisetum* sect. *Pennisetum*、莠草组 *P.* sect. *Gymnothrix* 和御谷组 *P.* sect. *Penicillaria*[FRPS]。Soreng 等[177]

根据形态学及分子系统学的研究认为该属应置于黍亚科黍族蒺藜草亚族 Cenchrinae。

DNA 条形码研究： BOLD 网站有该属 9 种 17 个条形码数据；GBOWS 已有 5 种 67 个条形码数据。

代表种及其用途： 该属多数种为优良牧草，我国多有引种，有些种已归化，如铺地狗尾草 *P. cladestinum* Hochstetter ex Chiovenda、御谷 *P. glaucum* (Linnaeus) R. Brown、长序狼尾草 *P. longissimum* S. L. Chen & Y. X. Jin、象草 *P. purpureum* Schumacher 和牧地狗尾草 *P. setosum* (Swartz) Richard 等；此外，在我国分布比较广的种，如狼尾草 *P. alopecuroides* (Linnaeus) Sprengel、白草 *P. centrasiaticum* Tzvelev 等也可作饲料和牧草，而且御谷的谷粒可供食用，紫色品种常被用作观赏。

172. *Pseudechinolaena* Stapf 钩毛草属

Pseudechinolaena Stapf (1919: 494); Chen & Phillips (2006: 500) [Type: *P. polystachya* (Kunth) Stapf (≡ *Echinolaena polystachya* Kunth)]

特征描述： 一年生草本。秆蔓生。圆锥花序；小穗单生于穗轴一侧，斜卵形，两侧压扁，具短柄，含 2 小花，脱节于颖之下；颖片等长或第一颖稍短，第一颖等长于小穗，具 3 脉，第二颖舟形，具 7 脉，脉间排列成纵行的贴生细毛或开展的钩状刺毛；第一小花中性或雄性，外稃纸质，与小穗等长，具 7 脉，内稃与外稃同质，稍旋转；第二小花两性，外稃软骨质，先端尖，背面极隆起，边缘内卷包裹同质内稃。染色体 $x=9$。

分布概况： 6/1 种，**2（5，6）型**；分布于热带地区，马达加斯加特有 5 种；中国产福建、广东、广西、海南、西藏和云南。

系统学评述： 钩毛草属被置于黍亚科黍族雀稗亚族[FOC,FPRS]。Soreng 等[177]将其归入 Boivinellinae 亚族。Teerawatananon 等[178]通过对 *trn*L-F、*atp*B-*rbc*L 和 ITS 序列的分析，表明该属与凤头黍属 *Acroceras* 和弓果黍属 *Cyrtococcum* 关系紧密。

DNA 条形码研究： BOLD 网站有该属 1 种 2 个条形码数据；GBOWS 已有 1 种 15 个条形码数据。

173. *Pseudoraphis* Griffith ex Pilger 伪针茅属

Pseudoraphis Griffith ex Pilger (1928: 210); Chen & Phillips (2006: 547) [Lectotype: *P. spinescens* (R. Brown) Vickery (≡ *Panicum spinescens* R. Brown)]

特征描述： 水生或沼生的多年生草本。圆锥花序顶生；穗轴纤细，延伸于顶生小穗之外成一刚毛；小穗 1 至多数着生于穗轴上，披针形，具极短的柄或近无，成熟后小穗连同整个穗轴自主轴上脱落，有 2 小花；第一颖微小，薄膜质，无脉，第二颖远超出第一颖，先端渐尖或有短尖，具 5 至多脉，背部无毛或有短硬毛；第一小花雄性，外稃长几等于或稍短于第二颖，内有一透明膜质无脉的内稃；第二小花雌性，第二外稃纸质或顶端膜质，与内稃均短于第二颖。染色体 $x=7，9$。

分布概况： 6/3 种，**5（14）型**；分布于亚洲热带和温带至大洋洲；中国产华东和华南。

系统学评述： 陈守良将该属置于黍亚科黍族伪针茅亚族 Pseudoraphidinae[FRPS]。该亚族下仅 1 属。崔大方等[188]利用聚类分析对黍族的研究显示伪针茅属与 *Melinis* 的位置靠近。Morrone 等[7]利用 *ndh*F 序列对黍亚科的研究将该属置于蒺藜草亚族 Cenchrinae，Soreng 等[177]的研究与之相同。

DNA 条形码研究：BOLD 网站有该属 2 种 5 个条形码数据。

代表种及其用途：伪针茅 *P. brunoniana* (Wallich & Griffith) Pilger 可作为草坪草。

174. *Sacciolepis* Nash 囊颖草属

Sacciolepis Nash (1901: 85); Chen & Phillips (2006: 511) [Type: *S. gibba* (Elliott) Nash (≡ *Panicum gibbum* Elliott)]

特征描述：一年生或多年生草本。圆锥花序紧缩成穗状；小穗一侧偏斜，含 2 小花，自膨大似盘状的小穗柄顶端脱落；第一颖较短，具透明的狭边和数条粗脉，第二颖与小穗等长，较宽，三角状卵形，背部圆凸呈浅囊状，具 7-11 脉，脉粗壮；第一小花雄性或中性，第一外稃与第二颖等长，平展或背部略呈圆凸状，第一内稃狭，膜质透明；第二小花两性，第二外稃长圆形，厚纸质或薄革质，背部圆凸，边缘内卷，包裹着同质的内稃。染色体 *x*=9。

分布概况：30/3 种，2（6）型；分布于热带地区，尤其在非洲；中国主产华东、华南、西南和中南。

系统学评述：囊颖草属被置于黍亚科黍族黍亚族[FOC,FPRS]。Teerawatananon 等[178]通过对 *trn*L-F、*atp*B-*rbc*L 和 ITS 序列的分析，认为该属是单系类群。

DNA 条形码研究：BOLD 网站有该属 4 种 12 个条形码数据；GBOWS 已有 3 种 53 个条形码数据。

代表种及其用途：该属某些种茎叶可作牛、羊饲料，如矮小囊颖草 *S. myosuroides* (R. Brown) Chase ex E. G. Camus & A. Camus。

175. *Setaria* P. Beauvois 狗尾草属

Setaria P. Beauvois (1812: 51), *nom. cons.*; Chen & Phillips (2006: 531) [Type: *S. viridis* (Linnaeus) P. Beauvois (≡ *Panicum viride* Linnaeus)]

特征描述：一或多年生草本。圆锥花序，呈穗状或总状圆柱形，少数塔状；小穗具 1-2 小花，小穗柄极短且呈杯状，脱节于颖之下、小穗柄上，全部或部分小穗柄下托以 1 至多数芒状刚毛，刚毛宿存；第一小花雄性或中性，第一外稃与第二颖同质，包着纸质或膜质的内稃；第二小花两性，第二外稃软骨质或革质，平滑或具皱纹，包着同质的内稃。染色体 2*n*=18。

分布概况：168（130）/14（3）种，2（8-4）型；广布热带和温带；中国南北均产。

系统学评述：陈守良将该属置于黍亚科黍族狗尾草亚族 Setariinae[FRPS]。最新的研究认为该属应置于蒺藜草亚族 Cenchrinae，如 Morrone 等[7]利用 *ndh*F 序列对黍亚科的研究，将该属置于蒺藜草亚族；Soreng 等[177]结合形态学及分子系统学研究，也将该属置于蒺藜草亚族。陈守良将国产狗尾草属分为 5 组：折叶组 *Setaria* sect. *Ptychophyllum*、贫毛

组 *S.* sect. *Paurochaetium*、黍毛草组 *S.* sect. *Panicatrix*、狗尾草组 *S.* sect. *Setaria* 和密穗组 *S.* sect. *Pennisetoides*[FRPS]。崔大方等[188] 对黍族进行聚类分析，显示狗尾草属与囊颖草属 *Sacciolepis* 和狼尾草属 *Pennisetum* 较接近。

DNA 条形码研究：BOLD 网站有该属 27 种 140 个条形码数据；GBOWS 已有 9 种 169 个条形码数据。

代表种及其用途：该属多数种具重要的经济价值，最为重要的是栽培作物粱（谷子、小米、粟）*S. italica* (Linnaeus) P. Beauvois。此外，属内某些种的嫩叶、秆和成熟的谷粒可作为优良的饲料和牧草，如粱、狗尾草 *S. viridis* (Linnaeus) Beauvois 等。还有些种可作编织、水土保持、护堤固沙等；少数种，如粱、棕叶狗尾草 *S. palmifoia* (J. Koenig) Stapf 和皱叶狗尾草 *S. plicata* (Lamarck) T. Cooke 等的颖果可食。

176. *Setiacis* S. L. Chen & Y. X. Jin 刺毛头黍属

Setiacis S. L. Chen & Y. X. Jin (1988: 217); Chen & Phillips (2006: 514) [Type: *S. diffusa* (L. C. Chia) S. L. Chen & Y. X. Jin (≡ *Acroceras diffusum* L. C. Chia)]

特征描述：多年生草本。秆下部平卧地面。圆锥花序顶生，<u>其分枝常再数次分出小枝</u>；小穗<u>背腹压扁</u>，具短柄，<u>多单生或近基部孪生</u>，<u>成不明显的 2 行排列于总状花序轴一侧</u>，脱落于颖之下，有 2 小花；颖片草质，第一颖短于小穗，5-7 脉，第二颖几与小穗等长，9-11 脉；<u>第一小花中性</u>，<u>外稃同形同质于第二颖</u>，11 脉，<u>内稃狭窄</u>，<u>具二脊</u>，脊缘具纤毛；第二小花两性，<u>外稃骨质</u>，<u>背部凸起</u>，<u>顶端稍增厚而具硬刺毛</u>，<u>顶端稍撕裂</u>。

分布概况：1/1（1）种，**15** 型；特产中国海南。

系统学评述：刺毛头黍属被置于黍亚科黍族雀稗亚族[FOC,FPRS]。

177. *Spinifex* Linnaeus 鬓刺属

Spinifex Linnaeus (1771: 2163); Chen & Phillips (2006: 553) (Type: *S. squarrosus* Linnaeus)

特征描述：多年生灌木状草本。<u>花单性</u>，<u>雌雄异株</u>。雄小穗 1-2 小花，无柄或具短柄，<u>生于具柄的穗状花序上</u>，<u>再由多数穗状花序集合成有苞片的伞形状花序</u>。雌小穗单<u>生于针状穗轴的基部</u>，<u>再由多数穗轴聚集为一具苞片的星芒状头状花序</u>；颖草质，具数脉。雄小穗的第一颖和第二颖分别长约为小穗的 1/2 和 2/3，外、内稃近等长。雌小穗第一颖与小穗等长或稍短，第一外稃与小穗近等长，先端渐尖，无内稃；第二外稃厚纸质，包裹近等长的同质内稃。染色体 $2n=18$。

分布概况：4/1 种，**5（7ab→14）** 型；分布于亚洲和大洋洲热带；中国产广东、广西、福建、海南和台湾。

系统学评述：Morrone 等[7]利用 *ndh*F 序列对黍亚科的研究，将该属置于黍亚科黍族蒺藜草亚族 Cenchrinae。Soreng 等[177]也将该属置于黍族蒺藜草亚族。

DNA 条形码研究：BOLD 网站有该属 1 种 2 个条形码数据；GBOWS 已有 1 种 4 个条形码数据。

代表种及其用途：该属中老鼠芳 *S. littoreus* (Burman f.) Merrill 的秆平卧地面，能防海浪冲刷，为优良的海边固沙植物。

178. *Stenotaphrum* Trinius 钝叶草属

Stenotaphrum Trinius (1820: 175); Chen & Phillips (2006: 538) [Type: *S. glabrum* Trinius, *nom. illeg.* (=*S. dimidiatum* (Linnaeus) A. Brongniart ≡ *Panicum dimidiatum* Linnaeus)]

特征描述：多年生草本。具匍匐枝。穗状圆锥花序，主轴扁平或呈圆柱状，具翼或否；穗状花序嵌生于主轴一侧的凹穴内，穗轴顶端延伸于顶生小穗之上而成一小尖头；小穗于穗轴的一侧互生，无柄，成熟时连同穗轴一起脱落；颖不等长，第一颖较短小，第二颖大于第一颖；第一小花中性或雄性，外稃与第二颖近等长或较长，先端渐尖，内稃膜质，含雄蕊或否；第二小花两性，外稃质地变硬，平滑，包卷同质的内稃，其内稃顶端外露。染色体 2*n*=18。

分布概况：7/3 种，**2** 型；分布于热带和亚热带；中国产华东、华南和西南。

系统学评述：陈守良将该属置于黍亚科黍族类雀稗亚族 Paspalidiinae[FRPS]。崔大方等[188]研究显示钝叶草属的位置与糖蜜草属 *Melinis*、距花黍属 *Ichnanthus* 等较近。但是，Soreng 等[177]将该属置于黍族蒺藜草亚族 Cenchrinae。

DNA 条形码研究：BOLD 网站有该属 2 种 10 个条形码数据；GBOWS 已有 1 种 4 个条形码数据。

代表种及其用途：盾叶草 *S. helferi* Munro ex J. D. Hooker 在我国长江以南为适用的草坪草。

179. *Thuarea* Persoon 蒭雷草属

Thuarea Persoon (1805: 110); Chen & Phillips (2006: 525) (Type: *T. sarmentosa* Petsoon)

特征描述：多年生匍匐草本。穗状花序单一，顶生，其下托以具鞘佛焰苞；小穗披针形，无柄，单生于扁平穗轴的一侧，穗轴下部具 1-2 宿存的两性或雌性小穗，上部 2-6 开花后不久即脱落的雄性小穗，成熟后穗轴作钟表发条状卷曲而形成一坚硬瘤状构造，整个脱落；第一颖微小或不存在；第一外稃与小穗等长，具发育的内稃，内含雄蕊或否；第二外稃质硬，具宽而内折的膜质边缘，顶端被柔毛，内稃除顶端外全被外稃所包卷。染色体 2*n*=18。

分布概况：2/1 种，**5** 型；分布于东半球热带地区；中国产广东、海南和台湾。

系统学评述：Morrone 等[7]利用 *ndh*F 序列对黍亚科的研究，将该属置于黍亚科黍族蜜糖草亚族 Melinidinae。

DNA 条形码研究：BOLD 网站有该属 1 种 5 个条形码数据。

180. *Urochloa* P. Beauvois 尾稃草属

Urochloa P. Beauvois (1812: 52); Chen & Phillips (2006: 523) (Type: *U. panicoides* P. Beauvois)

　　特征描述：一年或多年生草本。<u>圆锥花序开展，由少数至多数总状花序组成</u>；小穗孪生或单生，成 2 行排列于穗轴一侧，<u>背腹压扁</u>，具短柄或近无柄，有 1-2 小花；颖纸质，<u>第一颖短小，离轴而生，第二颖与小穗等长</u>；第一小花雄性或中性，<u>外稃与第二颖相同</u>；第二小花两性，<u>第二外稃革质，表面具横皱纹，边缘稍内卷，包着同质的内稃</u>。染色体 x=7，10，16。

　　分布概况：12/4 种，**4（6）型**；分布于旧世界热带；中国产云南、海南、四川和贵州等。

　　系统学评述：尾稃草属被置于黍亚科黍族雀稗亚族[3,FOC,FPRS]。Soreng 等[177]将其归入糖蜜草亚族中。González 等[180]运用 ITS1、5.8S 和 ITS2 序列及形态特征进行聚类分析表明，尾稃草属和臂形草属 *Brachiaria* 是 1 个复合类群，两者与野黍属 *Eriochloa* 和糖蜜草属 *Melinis* 近缘。

　　DNA 条形码研究：BOLD 网站有该属 23 种 29 个条形码数据；GBOWS 已有 3 种 13 个条形码数据。

二十六、Eriachneae 鹧鸪草族

181. *Eriachne* R. Brown 鹧鸪草属

Eriachne R. Brown (1810: 183); Wu & Phillips (2006: 561) (Lectotype: *E. squarrosa* R. Brown)

　　特征描述：一年或多年生草本。叶片多数卷曲。<u>圆锥花序开展、紧缩或单生穗状</u>；小穗轴极短，含 2 小花；<u>颖片近等长</u>，背面圆形，<u>长约多数小花的 1/2</u>，透明纸质或边缘膜质；<u>外稃具柔毛，具槽或光滑，顶端常具芒</u>，但有时仅急尖；<u>内稃质地和毛被通常与外稃相似</u>，全缘或具齿，龙骨状圆形，通常疏离，有时延生成芒，边缘透明且包裹颖果；雄蕊 3，极少 2。颖果近椭圆形，背部压扁。

　　分布概况：约 40/1 种，**5（7a）型**；分布于澳大利亚，少数至东南亚，印度，斯里兰卡；中国产福建、广东、广西和江西。

　　系统学评述：鹧鸪草属之前被置于早熟禾亚科燕麦族 Aveneae[FRPS]，但 Wu & Phillips 将该属置于黍亚科的鹧鸪草族 Eriachneae，该族仅含鹧鸪草属 1 属[FOC]。Soreng 等[177]认为鹧鸪草族应包括鹧鸪草属（含 *Massia*）和 *Pheidiochloa*。GPWG[2]通过对该属的 *rbc*L 和 ITS 与其他属分析，表明该属虽属于 PACCAD 分支，但该属单独聚为 1 支，系统地位仍未解决。Bouchenak-Khelladi 等[3]通过对该属 *rbc*L、*mat*K 和 *trn*L-F 序列分析，表明该属与 *Micraira* 单独成 1 分支。Teerawatananon 等[178]通过对 *trn*L-F、*atp*B-*rbc*L 和 ITS1-ITS2 序列分析表明仅有该属和柳叶箬属 *Isachne* 为单系类群。

　　DNA 条形码研究：BOLD 网站有该属 10 种 21 个条形码数据。

　　代表种及其用途：该属一些种干花序可扎扫帚，也是优良的饲草，如鹧鸪草 *E. pallescens* R. Brown。

二十七、Isachneae 柳叶箬族

182. *Coelachne* R. Brown 小丽草属

Coelachne R. Brown (1810: 187) ; Chen & Phillips (2006: 560) (Type: *C. pulchella* R. Brown)

特征描述： 柔弱的直立或匍匐草本。叶片披针形，短而扁平。圆锥花序狭窄；小穗具柄，无芒，通常含 2 小花，均为两性，或第二小花为雌性，脱节于颖之上；两颖几等长，长约为小穗的一半，膜质或草质，先端钝，具不明显的 1-3（5）脉；小花外稃纸质或硬纸质，无脉，边缘稍内卷，内稃和外稃同质、等长，边缘内卷，背部有凹槽；雄蕊 2-3；花柱 2，柱头帚状。颖果卵状椭圆形。染色体 $2n=18$。

分布概况： 11/1 种，**4（5）型**；分布于旧世界热带和亚热带；中国产广东、贵州、四川和云南。

系统学评述： 在传统分类中，小丽草属被置于黍亚科柳叶箬族[177]。目前尚未开展分子系统学研究。

DNA 条形码研究： BOLD 网站有该属 2 种 3 个条形码数据；GBOWS 已有 1 种 7 个条形码数据。

183. *Isachne* R. Brown 柳叶箬属

Isachne R. Brown (1810: 187); Chen & Phillips (2006: 554) (Type: *I. australis* R. Brown)

特征描述： 多年生或一年生草本。圆锥花序疏散，顶生；小穗小，卵圆形或卵状球形，无芒，含 2 小花，均为两性或第一小花为雄性，第二小花为雌性，两小花的节间短；颖常与小花一起脱落，两颖近等长，草质，迟缓脱落；小花背部拱凸，腹面扁平，两小花的内外稃均为革质，或第一小花的内外稃为草质，第二小花为革质，有或无毛；鳞被 2，小；雄蕊 3，花柱 2 叉裂，柱帚状。颖果椭圆形或近球形，与稃分离。

分布概况： 约 90/18（4）种，**2（14）型**；分布于热带地区，主产亚洲；中国产长江以南。

系统学评述： 在传统分类中，柳叶箬属被置于黍亚科柳叶箬族[FOC,FRPS]，但 Sánchez-Ken 等[189]将其归入新的亚科 Micrairoideae。Teerawatananon 等[178]通过分子系统学研究认为该属为单系类群。在 FRPS 中，柳叶箬属分为 2 组，即柳叶箬组 *Isachne* sect. *Isachne* 和假柳叶箬组 *I.* sect. *Paraisachne*。

DNA 条形码研究： BOLD 网站有该属 7 种 19 个条形码数据；GBOWS 已有 6 种 45 个条形码数据。

184. *Sphaerocaryum* Nees ex J. D. Hooker 稗荩属

Sphaerocaryum Nees ex J. D. Hooker (1897: 246); Chen & Phillips (2006: 560) [Type: *S. elegans* (Arnott ex

Steudel) Nees ex Steudel, *nom. illeg.* (≡ *Graya elegans* Arnott ex Steudel, *nom. illeg.* =*S. pulchellum* (Roth) Merrill ≡ *Isachne pulchella* Roth)]

特征描述：一年生草本。叶片卵状心形。小型圆锥花序；小穗小，卵圆形，含 1 小花，两性，无芒，自小穗柄关节处整个脱落，或其颖脱落较易；颖透明膜质，第一颖较短，无脉，第二颖等长或稍短于小穗，具 1 脉；小花稃体均为薄膜质，外稃宽卵形，具 1 脉，背部有微毛，内稃与外稃等长。颖果卵圆形，与稃体分离。叶片表皮组织的硅质体呈哑铃形、方形或十字形，叶肉细胞常为放射状排列。染色体 $2n$=18。

分布概况：1/1 种，（**7a**）型；分布于印度至东南亚；中国产华东和华南。

系统学评述：在传统分类中，稗荩属被置于黍亚科柳叶箬族[FRPS]，世界有 5 属，中国 3 属，即稗荩属、柳叶箬属 *Isachne* 和小丽草属 *Coelachne* [FOC,FRPS]。

DNA 条形码研究：GBOWS 已有 1 种 3 个条形码数据。

二十八、Arundinelleae 野古草族

185. *Arundinella* Raddi 野古草属

Arundinella Raddi (1823: 36); Sun & Phillips (2006: 563) (Type: *A. brasiliensis* Raddi)

特征描述：多年或一年生草本。叶片线形至披针形。圆锥花序开展或紧缩；小穗孪生，近同形，柄不等长，稀单生；颖草质，近等长或第一颖稍短，3-5 (-7) 脉，宿存或迟缓脱落，含 2 小花，小穗轴脱节于小花之间；第一小花常为雄性或中性，外稃膜质至坚纸质，3-7 脉，等长或稍等长于第一颖；第二小花两性，短于第一小花，外稃花时纸质，果时坚纸质且带棕色至褐色，边缘内卷，内稃膜质，为外稃紧抱。颖果长卵形至长椭圆形，背腹压扁。染色体 x=7。

分布概况：约 60/20（8）种，**2**（→**3**，**7**，**14**）型；分布于热带和亚热带，主产亚洲；中国除西北外，南北均产，西南及华南尤盛。

系统学评述：野古草属被置于黍亚科野古草族 Arundinelleae[2,177]。Teerawatananon 等[178]的研究表明，该属和耳稃草属与高粱族聚为 1 支，但仍支持将其单独成亚族，即野古草亚族 Arundinellinae。野古草属属下分类也存在争议，有分为 4 亚属，也有分为 14 组。中国的野古草属分为真野古草亚属 *Arundinella* subgen. *Arundinella*、栗蔗亚属 *A.* subgen. *Miliosacharum* 和野古草亚属 *A.* subgen. *Chalynochlamis*[FRPS]。

DNA 条形码研究：BOLD 网站有该属 5 种 18 个条形码数据；GBOWS 已有 5 种 43 个条形码数据。

代表种及其用途：该属有一些种是良好的纤维、造纸原料、牲畜饲料或水土保持植物，如错立野古草 *A. intricata* Hughes 等。

186. *Garnotia* Brongniart 耳稃草属

Garnotia Brongniart (1829: 132); Wu & Phillips (2006: 562) (Type: *G. stricta* Brongniart)

特征描述：多年或一年生草本。叶片扁平或内卷，常被疣状长柔毛。圆锥花序

开展或紧缩；小穗含 1 两性小花，背腹压扁，基部多具短毛，常孪生，具不等长的小穗柄，脱节于颖之下；颖几等长，具 3 脉，先端渐尖或具芒；外稃与颖等长或稍短，膜质或透明膜质（后期变硬），无毛，具 1-3 脉，先端渐尖或具 2 齿，顶端或齿间常有芒，稀无芒；内稃透明膜质，短于外稃，具 2 脉，两侧边缘在中部以下具耳。染色体 $2n=20$。

分布概况：约 30/5（2）种，**5（7a）型**；分布于印度和尼泊尔，经东南亚至波利尼西亚，夏威夷，澳大利亚（昆士兰）和塞舌尔群岛；中国产华南、华东和西南，以广东和云南尤盛。

系统学评述：耳稃草属被置于黍亚科耳稃草族 Garnotieae[FOC,FRPS]。Wu 等将其并入野古草族，野古草族包括耳稃草属和野古草属 *Arundinella*[FRPS]。Teerawatananon 等[177]的研究表明该属与野古草属和高粱族单独成 1 分支，且支持率较高，但同时表示应单独成族，即耳稃草族。

DNA 条形码研究：BOLD 网站有该属 2 种 3 个条形码数据；GBOWS 已有 2 种 7 个条形码数据。

二十九、Andropogoneae 高粱族

187. *Andropogon* Linnaeus 须芒草属

Andropogon Linnaeus (1753: 1045), *nom. cons.*; Chen & Phillips (2006: 623) (Type: *A. distachyos* Linnaeus, *typ. cons.*)

特征描述：多年生草本。总状花序孪生或指状排列于秆、枝顶端，基部托以鞘状佛焰苞；总状花序全部由无柄能孕的和有柄不孕的异性小穗对组成，序轴易逐节折断。无柄小穗：两性，背部压扁，基盘钝圆，具髯毛；第一颖质坚硬，边缘常内折，中部以上明显具 2 脊；第二颖舟形，主脉常呈脊；第一小花常退化，仅剩 1 透明膜质的外稃，第二小花两性，外稃顶端多少 2 裂，具膝曲状芒，第二内稃很小或缺。有柄小穗：雄性或中性，无芒。染色体 $x=10$。

分布概况：约 100/2 种；**2（8-4）型**；分布于热带和暖温带；中国产华南和西南。

系统学评述：须芒草属隶属于黍亚科高粱族须芒草亚族 Andropogoninae，是 1 个非单系类群。根据不同的形态特征与其系统分类位置，*Diectomis* 被认为是从须芒草属中分出的单型属[177,190]，但 Clayton 等[191]将其置于须芒草属中。Clayton 等[16]曾提出该属与苞茅属 *Hyparrhenia* 和香茅属 *Cymbopogon* 关系密切，这种关系得到分子证据的支持，Teerawatananon 等[178]通过 *trn*L-F+*atp*B-*rbc*L+ITS 组合序列的比较分析认为，该属与苞茅属 *Hyparrhenia* 为姐妹群，并与香茅属和裂稃草属 *Schizachyrium* 聚在一起。

DNA 条形码研究：BOLD 网站有该属 4 种 13 个条形码数据；GBOWS 已有 1 种 3 个条形码数据。

188. *Apluda* Linnaeus 水蔗草属

Apluda Linnaeus (1953: 82); Sun & Phillips (2006: 614) (Type: *A. mutica* Linnaeus)

特征描述：多年生草本。总状圆锥花序，由多数总状花序组成；每总状花序具柄及1舟形总苞；总状花序轴仅含1节，顶部着生3小穗，其中2具扁平的小穗柄，另1无柄。无柄小穗两性，含2小花，通常第二小花结实，其外稃具芒或否，两小花的内外稃常透明膜质。有柄小穗1退化至仅存微小外颖，另1含2小花，通常雄性或有时两性，花后自小穗柄顶端与颖一齐脱落。颖果卵形，无腹沟。染色体 x=（5）10。

分布概况：1/1 种，（**7a-d**）型；分布于亚洲热带地区；中国产西南、华南和台湾。

系统学评述：水蔗草属隶属于黍亚科高粱族鸭嘴草亚族 Ischaeminae。但是，Watson[17]将鸭嘴草亚族并入须芒草亚族。Soreng 等[177]根据形态学及分子系统学研究，将该属置于鸭嘴草亚族。

DNA 条形码研究：BOLD 网站有该属 1 种 2 个条形码数据；GBOWS 已有 1 种 15个条形码数据。

代表种及其用途：水蔗草 *A. mutica* Linnaeus 幼嫩时可作饲料；据报道可入药治蛇伤。

189. *Apocopis* Nees 楔颖草属

Apocopis Nees (1841: 93); Chen & Phillips (2006: 598) (Type: *A. royleanus* Nees). —— *Amblyachyrum* Hochstetter ex Steudel (1855: 413)

特征描述：多年或一年生草本。总状花序常为 2 贴生呈圆柱形，稀多于 2 呈指状排列；小穗单生或对生于序轴的各节，异形。有柄小穗完全退化或存在而为雌性，具膝曲芒。无柄小穗常两性，覆瓦状排列于总状花序轴的一侧，成熟时与着生花序轴一齐断落；第一颖宽平，先端截平或下凹；第二颖主脉大都呈脊；第一小花雄性，常有 2 雄蕊，两稃透明膜质；第二小花常为雌性，少为两性，极少中性，第二外稃先端常具齿，具芒，第二内稃透明膜质，无脉。

分布概况：15/4（1）种，（**7a-c**）型；主要分布于热带亚洲，向北延至亚热带；中国产长江以南。

系统学评述：陈守良将该属置于黍亚科高粱族吉曼草亚族 Germainiinae[FRPS]。最近Soreng 等[177]将该属置于甘蔗族吉曼草亚族。

DNA 条形码研究：BOLD 网站有该属 1 种 1 个条形码数据。

190. *Arthraxon* P. Beauvois 荩草属

Arthraxon P. Beauvois (1812: 111); Chen & Phillips (2006: 616) (Type: *A. ciliaris* P. Beauvois)

特征描述：一年生或多年生草本。叶片基部心形抱秆。总状花序顶生，呈指状或簇生；小穗孪生，一有柄，另一无柄。无柄小穗两侧扁压或第一颖背负扁压，有 1两性小花，第一颖近革质，第二颖有 3 脉，对折而主脉成二脊，顶端尖；第一小花仅存透明膜质外稃；第二小花两性，外稃透明膜质，基部稍厚而自该处伸出 1 芒，内稃甚小或不存在。有柄小穗雄性或中性，或退化而仅残留有柄的痕迹。染色体 x=9。

分布概况：约 26/12（1）种，**4** 型；分布于欧亚大陆热带，美洲有引种；中国南北均产。

系统学评述：荩草属隶属于黍亚科高粱族，是个单系类群[178]。Skendzic 等[190]利用 ITS 和 trnL-F 序列构建系统发育树，发现该属与野古草属 *Arundinella* 形成姐妹群，但两者的关系缺乏形态学的支持。陈守良等在经典分类研究的基础上，结合叶表皮微形态研究，将中国荩草属分成 5 组，即小叶荩草组 *Arthraxon* sect. *Microarthraxon*、荩草组 *A.* sect. *Arthraxon*、三蕊荩草组 *A.* sect. *Triandroarthraxon*、无篦齿组 *A.* sect. *Monostrichi* 和篦齿组 *A.* sect. *Tristichi*[FRPS]。

DNA 条形码研究：BOLD 网站有该属 4 种 12 个条形码数据；GBOWS 已有 8 种 72 个条形码数据。

代表种及其用途：荩草 *A. hispidus* (Thunbger) Makino 的枝、叶可制成染料。

191. *Bothriochloa* Kuntze 孔颖草属

Bothriochloa Kuntze (1891: 762); Chen & Phillips (2006: 607) (Type: *B. anamitica* Kuntze)

特征描述：多年生草本。秆实心。总状花序呈圆锥状、伞房状，或指状排列于秆顶；序轴节间与小穗柄边缘质厚，中间具纵沟；小穗孪生，一有柄，另一无柄。无柄小穗两性，水平脱落，基盘钝，通常具髯毛；第一颖先端渐尖或具小齿，边缘内折，两侧具脊，第二颖舟形，先端尖；第一外稃透明膜质，内稃退化，第二外稃退化成膜质线形，先端延伸成一膝曲的芒。有柄小穗雄性或中性；无第一外稃和内稃。染色体 x=10。

分布概况：约 30/3 种，**2（8-4）型**；分布于热带和亚热带；中国南北均产，主产长江以南。

系统学评述：孔颖草属隶属于黍亚科高粱族，是 1 个非单系类群。Skendzic 等[190]基于 ITS 和 trnL-F 序列构建的分子系统树表明，该属与双花草属 *Dichanthium* 及细柄草属 *Capillipedium* 形成 1 个分支，并且最近 Teerawatananon 等[178]采用 trnL-F+atpB-rbcL+ITS 组合序列构建黍亚科的分子系统树，支持这 3 个属构成单系分支。

DNA 条形码研究：BOLD 网站有该属 4 种 12 个条形码数据；GBOWS 已有 4 种 31 个条形码数据。

代表种及其用途：该属内有的种可作牧草，如白羊草 *B. ischaemum* (Linnaeus) Keng。

192. *Capillipedium* Stapf 细柄草属

Capillipedium Stapf (1917: 169); Chen & Phillips (2006: 605) [Type: *C. parviflorum* (R. Brown) Stapf (≡ *Holcus parviflorus* R. Brown)]

特征描述：多年生或一年生草本。秆实心，细弱或强壮似小竹，常丛生。圆锥花序由具 1 至数节的总状花序组成；序轴节间和小穗柄细长，有纵沟；小穗孪生，或 3 同生于每总状花序顶端。无柄小穗两性，第一颖约等长于小穗，边缘内卷成两脊，第二颖舟形；第一外稃透明膜质，第二外稃退化成线形，先端延伸成一膝曲的芒，无内稃。有柄小穗内稃无或极小。

分布概况：约 14/5（1）种，**4** 型；分布于非洲东部、亚洲热带和澳大利亚；中国南北均产。

系统学评述：孔颖草属隶属于黍亚科高粱族，是 1 个非单系类群。该属与双花草属 *Dichanthium*、孔颖草属 *Bothriochloa* 的关系最近。Skendzic 等[190]基于 ITS 和 *trn*L-F 序列构建的分子系统树表明，三属共同形成 1 个分支，该结果在 Teerawatananon 等[178]用 *trn*L-F+*atp*B-*rbc*L+ITS 组合序列构建黍亚科的分子系统树中得到证实。

DNA 条形码研究：BOLD 网站有该属 3 种 5 个条形码数据；GBOWS 已有 2 种 40 个条形码数据。

代表种及其用途：可作饲料，如绿岛细柄草 *C. kwashotense* (Hayata) C. C. Hsu。

193. *Chionachne* R. Brown 葫芦草属

Chionachne R. Brown (1838: 18); Chen & Phillips (2006: 649) [Type: *C. barbata* (Roxburgh) Aitchison (≡ *Coix barbata* Roxburgh)]. —— *Sclerachne* R. Brown (1838: 15)

特征描述：一或多年生草本。总状花序腋生，常聚生为一复合圆锥花序；无芒小穗对生；雄小穗位于总状花序上部；雌小穗位于下部，雌穗序轴脆弱，序轴节间和小穗柄沿边缘愈合。雌小穗无柄；第一颖包围小穗，中部缢缩呈葫芦状，上部有宽翼，顶端钝，中部具半月形内卷的边缘，抱序轴节间，第二颖嵌生于第一颖内；第一小花不育，第二小花可育。有柄小穗退化，上部穗轴无柄与具柄雄小穗相似，有 2 雄性小花，颖片草质，椭圆状长圆形。

分布概况：9/1 种，**5-1** 型；主要分布于印度，斯里兰卡至东南亚的菲律宾，澳大利亚也产；中国产海南。

系统学评述：陈守良将葫芦草属被置于黍亚科玉蜀黍族 Maydeae 多裔草属 *Polytoca* [FRPS]，随后，陈守良与 Phillips 又恢复其属的分类地位[FOC]，Soreng 等[177]将其置于葫芦草亚族 Chionachninae。

DNA 条形码研究：BOLD 网站有该属 2 种 3 个条形码数据。

194. *Chrysopogon* Trinius 金须茅属

Chrysopogon Trinius (1820: 187), *nom. cons.*; Chen & Phillips (2006: 603) [Type: *C. gryllus* (Linnaeus) Trinius, *typ. cons.* (≡ *Andropogon gryllus* Linnaeus)]. ——*Vetiveria* Bory (1822: 43)

特征描述：多年生草本。顶生圆锥花序，分枝细弱；小穗通常 3 生于每分枝的顶端，居中 1 无柄而为两性，另 2 有柄而为雄性或中性，成熟时 3 小穗一同脱落，基盘略增厚而倾斜，具髯毛；小穗脱节于颖之下。无柄小穗第一颖上部具脊，边缘内卷，第二颖舟形，通常具短芒；第一小花的外稃透明膜质，无内稃，第二小花的外稃线形，全缘或具 2 齿，常具一膝曲的芒，内稃缺，或小而膜质。颖果线形。

分布概况：约 44/4 种，**2-1**（6）型；分布于欧亚大陆的温带和暖温带；中国产华北以南。

系统学评述：金须茅属隶属于黍亚科高粱族，是 1 个单系类群[192,193]。Clayton 等[16]认为金须茅属和香根草属 *Vetiveria* 具有密切的关系，之后，Veldkamp[194]对金须茅属进行了分类修订，将香根草属并入金须茅属。Zuloaga 等[195,196]又将香根草属从金须茅属分出，Skendzic 等[190]基于 ITS 和 *trn*L-F 序列分析构建的分子系统树表明，该属和香根草属形成单系分支。

DNA 条形码研究：BOLD 网站有该属 7 种 10 个条形码数据；GBOWS 已有 1 种 14 个条形码数据。

代表种及其用途：该属有些种常用于绿地、公园、运动场跑道等的草坪建植，如竹节草 *C. aciculatus* (Retzius) Trinius 等。

195. *Coix* Linnaeus 薏苡属

Coix Linnaeus (1753: 972); Chen & Phillips (2006: 648) [Lectotype: *C. lacryma-jobi* Linnaeus]

特征描述：一年或多年生草本。总状花序腋生成束，通常具较长总梗；小穗单性；雄序排列于总状花序之上，伸出念珠状总苞外，雄小穗含 2 小花，2-3 生于一节；雌序常生于总状花序基部，包于骨质或近骨质念珠状总苞内，雌小穗 2-3 生于一节，常仅 1 发育，孕性小穗第一颖下部膜质，上部质厚渐尖。颖果大，近圆形。染色体 $2n=20$。

分布概况：4/2 种，（**7e**）型；分布于热带亚洲；中国南北均产。

系统学评述：陈守良将薏苡属置于黍亚科玉蜀黍族 Maydeae[FRPS]。但 Clayton 等[16]将玉蜀黍族的属移到高粱族，并分到不同的亚族。Soreng 等[177]的研究将其置于薏苡亚族 Coicinae。最近，江忠东等[197]讨论了薏苡属的演化关系，并构建了 42 份薏苡属植物的 STS 指纹图谱和系统演化树。陆平等[198]首次在我国发现了薏苡属中最原始的水生薏苡种，提出广西薏苡属包括 3 种 7 变种。Rao 等[199]将薏苡属分为 9 种。

DNA 条形码研究：BOLD 网站有该属 4 种 17 个条形码数据；GBOWS 已有 1 种 25 个条形码数据。

代表种及其用途：薏苡 *C. lacryma-jobi* Linnaeus 的总苞坚硬、美观，具有较大的工艺价值。薏米 *C. lacryma-jobi* var. *ma-yuen* (Romanet du Caillaud) Stapf 颖果的种仁具有丰富的营养价值，可做保健食品；而且其米仁、叶、根均可供药用。

196. *Cymbopogon* Sprengel 香茅属

Cymbopogon Sprengel (1815: 14); Chen & Phillips (2006: 624) [Lectotype: *C. schoenanthus* (Linnaeus) Sprengel (≡ *Andropogon schoenanthus* Linnaeus)]

特征描述：一年生或多年生草本。成对总状花序由佛焰苞中伸出，组成伪圆锥花序；小穗成对着生，序基部有 1-2 同性对，序上部各节的为异性对。无柄小穗两性，第一颖背部扁平或具凹槽或沟，边缘内折成 2 脊，第二颖舟形，具中脊；第一外稃膜质，第二外稃狭窄，顶端 2 裂，具芒；内稃很小或不存在。有柄小穗无芒。花粉粒负网状纹饰。染色体 $x=10$，20，40，60。

分布概况：约 70/24（7）种，**4（6）型**；分布于非洲，亚洲和澳大利亚的热带和亚热带；中国产华南和西南。

系统学评述：香茅属隶属于黍亚科高粱族须芒草亚族，Skendzic[190]基于 ITS 和 *trn*L-F 序列构建的系统发育树，支持该属为单系类群。Teerawatananon 等[178]利用 *trn*L-F+*atp*B-*rbc*L+ITS 序列构建黍亚科的分子系统树，认为该属与裂稃草属 *Schizachyrium*、苞茅属 *Hyparrhenia* 和须芒草属 *Andropogon* 关系密切。陈守良等依据经典形态分类，将中国的香茅属分成 3 组：香茅组 *Cymbopogon* sect. *Cymbopogon*、鲁沙香茅组 *C.* sect. *Rusae* 和柠檬草组 *C.* sect. *Citrati*[FRPS]。

DNA 条形码研究：BOLD 网站有该属 11 种 32 个条形码数据；GBOWS 已有 5 种 31 个条形码数据。

代表种及其用途：叶片为提取芳香油的原料，供香料与医药用，如辣薄荷草 *C. jwarancusa* (Jones) Schultes。

197. *Dichanthium* Willemet 双花草属

Dichanthium Willemet (1796: 11); Chen & Phillips (2006: 604) [Type: *D. nodosum* Willemet, *nom. illeg.* (=*D. annulatum* (Forsskål) Stapf ≡ *Andropogon annulatus* Forsskål)]. —— *Eremopogon* Stapf (1917: 182)

特征描述：多年生草本。总状花序呈指状或单生于秆顶，序轴节间及小穗柄纤细，中央不具纵沟；小穗成对着生于穗轴各节，一无柄，一具柄。无柄小穗两性，背腹压扁；两颖近等长，薄革质，第一颖边缘窄，内折成 2 脊，第二颖舟形，背常具脊；第一小花常退化，仅剩 1 外稃，第二小花两性，外稃透明膜质，退化成芒的基部，内稃微小或不存在。有柄小穗雄性或中性，无芒。颖果长圆形。染色体 x=10。

分布概况：约 20/3 种，**4 型**；分布于东半球热带和亚热带；中国主产长江以南。

系统学评述：双花草属隶属于黍亚科高粱族。基于宏观形态，有学者认为双花草属与孔颖草属 *Bothriochloa* 和细柄草属 *Capillipedium* 关系密切[200]。这一观点得到分子证据支持，如 Skendzic 等[190]基于 ITS 和 *trn*L-F 序列构建的分子系统树表明，这 3 属形成 1 支；Teerawatananon 等[178]在通过 *trn*L-F+*atp*B-*rbc*L+ITS 组合序列构建的黍亚科分子系统树中，支持其构成单系支。此外，陈守良等将旱茅属 *Eremopogon* 并入该属[FOC]。

DNA 条形码研究：BOLD 网站有该属 6 种 9 个条形码数据；GBOWS 已有 1 种 13 个条形码数据。

198. *Dimeria* R. Brown 觿茅属

Dimeria R. Brown (1810: 204); Chen & Phillips (2006: 614) (Type: *D. acinaciformis* R. Brown)

特征描述：一年或多年生细弱草本。叶片狭线状披针形，最上一叶片特别小，呈钻状。总状花序单生或多数着生于秆顶呈指状；小穗含 1 两性小花和 1 退化小花，两侧压扁，单生于各节，柄甚短，成 2 行互生于序轴的一侧；序轴三棱形，一面较扁平，边缘呈脊状，延续而不逐节断落；颖背有 1 脉成脊，第一颖狭，对折，第二颖稍宽；稃均透明膜质，第一小花外稃小，无内稃，第二小花外稃先端 2 裂，裂齿间伸出 1 芒或无；雄蕊 2。颖果线形。

分布概况：约 40/6（3）种，**5 型**；分布于热带亚洲和大洋洲；中国主产长江以南。

系统学评述：髯茅属隶属于亚科高粱族，是个单系类群。Teerawatananon 等[178]构建的黍亚科分子系统树表明，髯茅属所在的髯茅亚族是个单系类群，与鸭嘴草亚族形成姐妹群。

DNA 条形码研究：BOLD 网站有该属 1 种 1 个条形码数据。

代表种及其用途：秆叶幼嫩时可作饲料。

199. *Eremochloa* Buse 蜈蚣草属

Eremochloa Buse (1854: 357); Sun & Phillips (2006: 645) (Type: *E. horneri* L. H. Buse)

特征描述：多年生细弱草本。叶线形，扁平。总状花序单生于秆顶，背腹压扁；序轴节间常作棒状，迟缓脱落；小穗单生。无柄小穗扁平，但不嵌入序轴中，常覆瓦状排列于穗轴的一侧；有 2 小花，均无芒；第一颖表面平滑，两侧常具栉齿状的刺，第二颖略呈舟形，具 3 脉；第一小花两稃膜质，第二小花两性或雌性，外稃透明膜质，全缘，内稃较狭窄。有柄小穗退化至仅有柄的痕迹。颖果长圆形。染色体 $x=5$。

分布概况：约 11/5 种，**5（14）型**；分布于印度至东南亚和澳大利亚；中国产华南和西南。

系统学评述：蜈蚣草属隶属于黍亚科高粱族筒轴茅亚族 Rottboelliinae，Watson[17] 也将该属置于筒轴茅亚族。Soreng 等[177]结合形态学和分子系统学研究，也同样将该属置于筒轴茅亚族（但隶属于甘蔗族）。Teerawatananon 等[178]认为该属与耳稃草属形成姐妹群，但这 2 个属的形态特征差别较大。

DNA 条形码研究：BOLD 网站有该属 1 种 1 个条形码数据；GBOWS 已有 3 种 17 个条形码数据。

代表种及其用途：可作牧草或草坪材料，如假俭草 *E. ophiuroides* (Munro) Hack.。

200. *Eulalia* Kunth 黄金茅属

Eulalia Kunth (1829: 160); Chen & Phillips (2006: 585) [Type: *E. aurea* (Bory) Kunth (≡ *Andropogon aureus* Bory)]

特征描述：多年生直立草本。总状花序多数呈指状排列于秆顶，总状花序轴节间易折断；总状花序每节具 2 同形小穗，孪生，一无柄，一有柄，其基盘常短钝，具毛；第一颖背部微凹或扁平，第二颖两侧压扁，具脊；第一小花大都退化仅存一外稃，或有些种类具内稃，第二小花两性，第二外稃常较狭窄，先端多少二裂，芒常膝曲，伸出小穗之外，内稃披针形、长圆形或卵状长圆形，或不存在。染色体 $2n=18$，20。

分布概况：30/14（5）种，**4（6）型**；分布于欧亚大陆热带和亚热带；中国产华南到西南。

系统学评述：在 FRPS 中，黄金茅属被置于黍亚科高粱族甘蔗亚族 Saccharinae。

Soreng 等[177]将其置于甘蔗族甘蔗亚族。该属在 FRPS 中被分为 2 组,即异型组 *Eulalia* sect. *Polliniastrum* 和黄金茅组 *E.* sect. *Eulalia*。

DNA 条形码研究:BOLD 网站有该属 2 种 3 个条形码数据;GBOWS 已有 5 种 54 个条形码数据。

201. *Eulaliopsis* Honda 拟金茅属

Eulaliopsis Honda (1924: 56); Chen & Phillips (2006: 592) [Type: *E. angustifolia* (Trinius) Honda, *nom. illeg.* (≡ *Spodiopogon angustifolius* Trinius, *nom. illeg.* = *E. binata* (Retzius) Hubbard ≡ *Andropogon binatum* Retzius)]

特征描述:多年生草本。总状花序排列呈指状或近圆锥状,总状花序轴节间易折断;2 小穗同形,成对着生于各节,一无柄,一有柄,基盘密被淡黄色的丝状柔毛;2 颖片在背面中部以下密生长柔毛,第一颖披针形,先端钝,通常有 2-3 齿,边缘狭窄内折,具 5-9 脉,第二颖具 3-9 脉,先端尖或具 2 齿,由齿间伸出小尖头或芒;小花第一外稃先端钝,无芒,第二外稃先端全缘或具 2 齿,有芒,第二内稃宽卵形,无毛或先端具长纤毛。

分布概况:2/1 种,**7ab（14SH）型**;分布于阿富汗,印度,菲律宾;中国产河南、陕西、湖北、台湾、华南及西南等。

系统学评述:在 FRPS 中,拟金茅属被置于黍亚科高粱族甘蔗亚族。Soreng 等[177]将该属置于甘蔗族下的甘蔗亚族。

DNA 条形码研究:GBOWS 已有 1 种 8 个条形码数据。

代表种及其用途:拟金茅(龙须草)*E. binata* (Retzius) C. E. Hubbard 是我国亚热带地区分布较广的优良纤维植物;也是造纸、人造棉及人造丝的优质原料。

202. *Germainia* Balansa & Poitrasson 吉曼草属

Germainia Balansa & Poitrasson (1873: 344); Chen & Phillips (2006: 599) (Type: *G. capitata* Balansa & Poitrasson)

特征描述:多年或一年生草本。总状花序顶生,短缩呈头状;花序基部具 4-6 雄小穗,轮生成总苞状,其上有 2-3 对小穗,每对有 1 具柄雌小穗及 1-2 无柄雄小穗,或仅具 3 有柄雌小穗而无雄性者;含 2 小花,每小花有 2 雄蕊;第一颖硬革质,顶端截平或微下凹;总苞状雄性小穗无芒,第二颖膜质,狭窄,具 3 脉;第一、二小花外稃皆透明膜质,第一小花内稃通常退化;雌小穗较小,有芒,其基盘尖锐而有毛,第二外稃膜质。

分布概况:9/1 种,**5（7a）型**;分布于东南亚至大洋洲;中国产广东和云南。

系统学评述:在 FRPS 中,吉曼草属被置于黍亚科高粱族吉曼草亚族。Soreng 等[177]的研究将其置于甘蔗族吉曼草亚族。

DNA 条形码研究:BOLD 网站有该属 1 种 2 个条形码数据。

203. *Hackelochloa* Kuntze 球穗草属

Hackelochloa Kuntze (1891: 776); Sun & Phillips (2006: 646) [Type: *H. granularis* (Linnaeus) O. Kuntze (≡ *Cenchrus granularis* Linnaeus)]

　　特征描述：一年生草本。总状花序较短小，串珠形，顶生或腋生；小穗孪生，序轴易逐节脱落。无柄小穗几呈球形，两性；第一颖革质，背面具蜂窝状浅穴，腹面具半圆形的凹口，围抱着序轴节间与小穗柄愈合而成的轴，第二颖厚纸质，紧贴于序轴节间，而一同嵌入第一颖腹面的凹口中；内、外稃均为透明膜质，无脉。有柄小穗卵形，雄性或中性，颖厚纸质。颖果阔椭圆形。染色体 $x=7$。

　　分布概况：2/2 种，**2（7-1）**型；热带地区均有分布；中国产东南至西南。

　　系统学评述：球穗草属隶属于黍亚科高粱族筒轴茅亚族。Teerawatananon 等[178]认为该属与牛鞭草属关系密切。Soreng 等[177]结合形态学和分子系统学研究，将该属并入毛俭草属 *Mnesithea*，毛俭草属属于黍亚科甘蔗族筒轴茅亚族。

　　DNA 条形码研究：GBOWS 已有 1 种 23 个条形码数据。

　　代表种及其用途：可作饲料，如球穗草 *H. granularis* (Linnaeus) Kuntze。

204. *Hemarthria* R. Brown 牛鞭草属

Hemarthria R. Brown (1810: 207); Sun & Phillips (2006: 640) [Lectotype: *H. compressa* (Linnaeus f.) R. Brown (≡ *Rottboellia compressa* Linnaeus f.)]

　　特征描述：多年生草本。秆直立丛生或铺散斜升。叶片扁平，线形。总状花序圆柱形，稍扁，无毛，常单独顶生或 1-3 成束腋生；花序坚韧，不易逐节断落；小穗孪生，同型，或有柄小穗较窄小；无柄小穗嵌生于序轴凹穴中；第一颖背部扁平，先端钝或渐尖，第二颖多少与序轴贴生，先端渐尖至具尾尖；第一小花仅存膜质外稃，第二小花两性，内、外稃透明膜质，无芒；内稃微小。颖果卵圆形或长圆形。花粉粒负网状纹饰。染色体 $x=9$，10。

　　分布概况：约 14/6（1）种，**4（3）**型；分布于旧世界热带和亚热带，美洲有引种；中国产长江以南。

　　系统学评述：牛鞭草属位于黍亚科高粱族筒轴茅亚族[FRPS]，是 1 个单系类群，且与该亚族的球穗草属和毛俭草属近缘。

　　DNA 条形码研究：BOLD 网站有该属 3 种 9 个条形码数据；GBOWS 已有 1 种 5 个条形码数据。

　　代表种及其用途：嫩叶可作饲料，如大牛鞭草 *H. altissima* (Poiret) Stapf & C. E. Hubbard。

205. *Heteropogon* Persoon 黄茅属

Heteropogon Persoon (1807: 533); Chen & Phillips (2006: 637) [Lectotype: *H. glaber* Persoon, *nom. illeg.* (=*H. allionii* (de Candolle) J. J. Roemer & J. A. Schultes ≡ *Andropogon allioni* de Candolle)]

特征描述：一年或多年生草本。总状花序单生秆顶，小穗对排列为覆瓦状，下部常具 1 至数对同性对小穗，上部具异性对小穗。无柄小穗两性或雌性，基盘尖，成熟时偏斜脱落，每小穗含 2 小花；第一颖边缘内卷，包着第二颖，第二颖常具 2 脉；第一小花退化至仅具 1 透明膜质的外稃，第二小花的外稃退化为芒的基部，透明膜质，芒常粗壮，膝曲扭转，内稃小或不存在。有柄小穗雄性或中性，第一颖草质，第二颖膜质，外稃透明。染色体 $x=10$。

分布概况：6/3 种，**2（5）**型；分布于热带和亚热带；中国产西南和华南。

系统学评述：黄茅属隶属于黍亚科高粱族菅亚族 Themedinae。Spangler[192]将该属置于"核心高粱族"中。根据 Clayton[16]和 Kellogg[201]的观点，该属系统位置界于菅属 *Themeda* 和 *Iseilema* 之间。Skendzic 等[190]根据 ITS 和 *trn*L-F 序列构建的分子系统树，支持该属与菅属和 *Iseilema* 聚为 1 支，并与须芒草属、*Diectomis* 和苞茅属 *Hyparrhenia* 等构成姐妹群，共同形成 1 大分支。

DNA 条形码研究：BOLD 网站有该属 3 种 11 个条形码数据；GBOWS 已有 1 种 20 个条形码数据。

代表种及其用途：秆可供造纸、编织，根、秆、花可为清凉剂，如黄茅 *H. contortus* (Linnaeus) P. Beauvois ex Roemer & Schultes。

206. *Hyparrhenia* Andersson ex Fournier 苞茅属

Hyparrhenia Andersson ex Fournier (1886: 51); Chen & Phillips (2006: 631) [Lectotype: *H. foliosa* (Kunth) Fournier (≡ *Anthistiria foliosa* Kunth)]

特征描述：多年或一年生粗壮草本。伪圆锥花序，由总状花序组成，每总状花序又各具短柄，最上一节着生 3 小穗，其下每节生 2 小穗，最下 1-2 对小穗常为无芒同性对。无柄小穗两性或偶为雌性，基盘密生髯毛；颖近等长，第一颖背部扁圆，有时具 1 浅沟，第二颖舟状，边缘常具纤毛；第一小花退化，外稃与第一颖几等长，第二外稃顶端 2 裂，具 1 膝曲旋扭的芒，芒被短硬毛，内稃微小。有柄小穗雄性或中性，常长于无柄小穗。花粉粒负网状-颗粒纹饰。

分布概况：约 64/5 种，**2-2（6）**型；分布于非洲及其他热带地区；中国产西南和华南。

系统学评述：苞茅属位于黍亚科高粱族菅亚族，Teerawatananon[178]等基于 *trn*L-F+*atp*B-*rbc*L+ITS 组合序列构建黍亚科的分子系统树，认为苞茅属是单系，并与须芒草属形成姐妹群。Skendzic[190]等基于建立 ITS 和 *trn*L-F 序列的系统发育树，发现该属和须芒草属、裂稃草属 *Schizachyrium*、*Diectomis* 和 *Hyperthelia* 形成 1 个分支。

DNA 条形码研究：BOLD 网站有该属 1 种 6 个条形码数据。

207. *Imperata* Cyrillo 白茅属

Imperata Cyrillo (1792: 26); Chen & Phillips (2006: 583) [Type: *I. arundinacea* Cyrillo, *nom. illeg.* (= *I. cylindrica* (Linnaeus) P. Beauvois ≡ *Lagurus cylindricus* Linnaeus)]

特征描述： 多年生草本。具发达多节的长根状茎。狭窄的圆锥花序，穗状，顶生；小穗孪生于细长延续的总状花序轴上，基部围以丝状柔毛，具长短不一的小穗柄；两颖近相等，膜质或下部草质，具数脉，背部被长柔毛，有 1 两性小花；小花内、外稃透明膜质，无脉，具裂齿和纤毛，顶端无芒，第一内稃不存在，第二内稃较宽，包围着雌、雄蕊；雄蕊 2 或 1；花柱细长，下部多少连合，柱头 2，线形，自小穗之顶端伸出。染色体 2n=20。

分布概况： 10/3（1）种，**2（8-4）**型；分布于热带和亚热带；中国南北均产。

系统学评述： 在 FRPS 中，该属被置于黍亚科高粱族甘蔗亚族。最新的研究将该属置于甘蔗族甘蔗亚族[177]。

DNA 条形码研究： BOLD 网站有该属 3 种 23 个条形码数据；GBOWS 已有 2 种 40 个条形码数据。

代表种及其用途： 白茅 *I. cylindrica* (Linnaeus) Raeuschel 是良好的牧草；其根茎味甜，可供食用或酿酒，也可入药；本种根茎蔓延甚广，生长力强，可以固沙。

208. *Ischaemum* Linnaeus 鸭嘴草属

Ischaemum Linnaeus (1753: 1049); Sun & Phillips (2006: 609) (Lectotype: *I. muticum* Linnaeus)

特征描述： 一年或多年生草本。总状花序通常 2 贴生呈圆柱形，或多数指状排列于秆顶；序轴节间与小穗柄粗，多呈三棱形或稍压扁，具关节，成熟时易逐节断落；小穗孪生，各含 2 小花。无柄小穗第一颖顶端常扁平呈鸭嘴状，第二颖舟形，质较薄；第一小花雄性或中性，内、外稃通常膜质透明，第二小花两性，外稃顶端常 2 齿裂，齿间具芒，稀无芒。有柄小穗全为雄花。染色体 x=10。

分布概况： 约 70/12（1）种，**2（8-4）**型；分布于热带地区；中国产东南至西南。

系统学评述： 鸭嘴草属隶属于黍亚科高粱族，为 1 个并系类群。细毛鸭嘴草 *I. indicum* (Houttuyn) Merrill 和无芒鸭嘴草 *I. muticum* Linnaeus 与鬣茅亚族 Dimeriinae 构成姐妹群[178]。赵惠如[202]根据外部形态和花部的解剖特征将中国鸭嘴草属的种类分成 3 组：鸭嘴草组 *Ischaemum* sect. *Ischaemum*、纤毛组 *I.* sect. *Ciliaria* 和瘤穗组 *I.* sect. *Rugosa*。

DNA 条形码研究： BOLD 网站有该属 6 种 21 个条形码数据；GBOWS 已有 5 种 28 个条形码数据。

代表种及其用途： 幼嫩时可作饲料，如粗毛鸭嘴草 *I. barbatum* Retzius。

209. *Microstegium* Nees 莠竹属

Microstegium Nees (1836: 447); Chen & Phillips (2006: 593) (Type: *M. willdenowianum* Nees). —— *Ischnochloa* J. D. Hooker (1896: 2466)

特征描述： 多年生或一年生蔓性草本。叶片基部圆形，有时具柄状。总状花序数至多数成指状排列，稀为单生；小穗同型，孪生，一有柄，一无柄，无柄小穗连同穗轴节间及小穗柄一并脱落，有柄小穗自柄上掉落；两颖等长于小穗，第一颖边缘内折成 2 脊，第二颖舟形，具 1-3 脉，中脉成脊，顶端尖或具短芒；第一小花雄性，第一外稃常不存在，第一内稃稍短于颖或不存在，第二小花两性，<u>外稃微小</u>，顶端 2 裂或全缘，<u>芒扭转膝曲或细直</u>。染色体 $2n=20$。

分布概况：20/13（3）种，**6（7，14）型**；分布于东半球热带与暖温带；中国除西北外，南北均产。

系统学评述：在 FRPS 中，莠竹属被置于黍亚科高粱族甘蔗亚族。Soreng 等[177]将其置于甘蔗族甘蔗亚族。在 FOC 中，旱莠竹属 *Ischnochloa* 并入莠竹属。

DNA 条形码研究：BOLD 网站有该属 3 种 16 个条形码数据；GBOWS 已有 5 种 55 个条形码数据。

代表种及其用途：该属有些种是重要的饲料植物，如刚莠竹 *M. ciliatum* (Trinius) A. Camus，牛、羊、马均喜食，是良好的天然牧草。

210. *Miscanthus* Andersson 芒属

Miscanthus Andersson (1856: 165); Chen & Phillips (2006: 583) [Type: *M. capensis* (Nees) Andersson (≡ *Erianthus capensis* Nees)]. ——*Diandranthus* L. Liu (1977: 10); *Tenacistachya* L. Liu, *nom. illeg.* (1989: 89-90); *Triarrhena* Nakai (1950: 7)

特征描述：多年生高大草本。<u>秆粗壮</u>，<u>具髓</u>。<u>大型顶生圆锥花序</u>；<u>小穗孪生</u>，<u>具不等长的小穗柄</u>，<u>基盘具长于至短于小穗的丝状柔毛</u>，<u>小穗同型</u>，<u>披针形</u>，背腹扁压；两颖近相等，<u>第一颖背腹压扁</u>，<u>顶端尖</u>，<u>边缘内折成 2 脊</u>，有 2-4 脉，第二颖舟形，具 1-3 脉；第一小花外稃透明膜质，内空，第二小花两性，外稃具 1 脉，顶端 2 裂，<u>微齿间伸出一扭转膝曲的芒或无芒</u>，内稃微小。染色体 $2n=20$。

分布概况：14/7（2）种，**6（5，7，14）型**；主要分布于东南亚和太平洋岛屿，在非洲也有；中国南北均产。

系统学评述：在 FRPS 中，芒属被置于黍亚科高粱族甘蔗亚族，而最近 Soreng 等[177]的研究将该属置于甘蔗族甘蔗亚族。早期，Honda[203]将芒属分为 2 组。30 年后，耿以礼[130]在研究我国芒属时，将上述 2 个组合并为三药芒组 *Miscanthus* sect. *Triarrhena*，将分布于我国西南地区的芒属种类另立为双药芒组 *M.* sect. *Diandra*；随后，Adati 等[204]认为芒属植物有 17 种，将其分为 4 组，分别为荻组 *M.* sect. *Triarrhena*、真芒组 *M.* sect. *Eumiscanthus*、青茅组 *M.* sect. *Kariyasua* 和双药芒组 *M.* sect. *Diandra*。刘亮[205]在修订禾本科甘蔗亚属的分类时，将荻 *Triarrhena sacchariflora* (Maximowicz) Nakai 从芒属中独立出来，恢复了 Nakai 于 1950 年所建立的荻属 *Triarrhena* (Maximowicz) Nakai，包括荻和南荻 *T. lularioriparia* L. Liou 这 2 个种，并认为南荻是我国的特有种。

但是，在 FOC 中，荻、南荻、红山茅 *Rubimons paniculatus* B. S. Sun 及双药芒属 *Diandranthus* 被归并入芒属，认为全世界芒属共有 14 种，我国有 7 种。陈少风等[206]利用 ITS 序列对荻及其近缘种的系统关系进行了研究，结果支持将荻属植物归并到芒属，不支持将荻属置入白茅属 *Imperata* 或另立 1 属的观点。卢玉飞[207]的研究支持双药芒属、红山茅属 *Rubimons* 成立。

DNA 条形码研究：BOLD 网站有该属 15 种 39 个条形码数据；GBOWS 已有 7 种

61 个条形码数据。

代表种及其用途：芒草 *M. sinensis* Andersson 可作饲料、纤维与建造材料，为水土保持植物，也是良好的能源植物。

211. *Mnesithea* Kunth 毛俭草属

Mnesithea Kunth(1829: 153); Sun & Phillips (2006: 642). [Type: *M. laevis* (Retzius) Kunth (≡ *Rottboellia laevis* Retzius)]. —— *Coelorachis* Brongniart (1929: 64)

特征描述：多年生粗壮草本。秆丛生。叶片扁平。<u>总状花序圆柱状，单生于枝顶；序轴每节间并生 3 小穗，易逐节断落，节间顶端凹陷。</u>无柄小穗，<u>2 个同型</u>，嵌陷于肥厚序轴的各凹穴中；<u>第一颖革质，斜卵形</u>，一侧平直，边缘内折，第二颖舟形，膜质。<u>第一小花常中性</u>，仅存膜质外稃，有时亦具内稃，第二小花两性，内、外稃膜质。有柄小穗退化，<u>仅存棒形小穗柄，位于 2 无柄小穗间</u>。染色体 $x=9$。

分布概况：30/4；**7** 型；分布于全球热带地区；中国产长江以南。

系统学评述：毛俭草属隶属于黍亚科高粱族筒轴茅亚族。Teerawatananon 等[178]根据 *trn*L-F+*atp*B-*rbc*L+ITS 组合序列构建的黍亚科分子系统树表明该属与牛鞭草属和球穗草属聚成 1 支。在 FOC 中，孙必兴等将空轴茅属 *Coelorachis* 并入该属中。

DNA 条形码研究：BOLD 网站有该属 2 种 2 个条形码数据。

212. *Ophiuros* C. F. Gaertner 蛇尾草属

Ophiuros C. F. Gaertner (1805: 3); Sun & Phillips (2006: 647) [Lectotype: *O. corymbosus* (Linnaeus f.) C. F. Gaertner (≡ *Rottboellia corymbosa* Linnaeus f.)]

特征描述：多年生粗壮草本。<u>总状花序圆柱形，单生于秆顶。</u>无柄小穗单生于各节，<u>嵌入轴的凹穴中，在序轴的两侧互生，生于序轴同侧的各小穗均排列在一条直线上</u>；其第一颖顶端指向一直线方向，<u>第一颖革质</u>，长卵形，两侧对称，顶端急尖，基部截平，背面圆拱，第二颖纸质，舟形；第一小花常为雄性，第二小花两性。有柄小穗<u>完全退化，其柄与总状花序轴节间愈合</u>。

分布概况：4/1；**4（6）**型；分布于非洲热带东北部，亚洲热带和澳大利亚；中国产东南。

系统学评述：蛇尾草属隶属于黍亚科高粱族筒轴茅亚族。Soreng 等[177]结合形态学及分子系统学研究，对禾本科进行修订，将该属置于该亚族中（但隶属于甘蔗族）。

DNA 条形码研究：BOLD 网站有该属 1 种 3 个条形码数据。

213. *Phacelurus* Grisebach 束尾草属

Phacelurus Grisebach (1846: 423); Sun & Phillips (2006: 639) [Type: *P. digitatus* (Smith) Grisebach (≡ *Rottboellia digitata* Smith)]. ——*Thyrsia* Stapf (1917:48)

特征描述：多年生草本。叶片扁平，主脉显著。<u>总状花序，指状或伞房状排列于秆</u>

顶，稀单生；序轴节间和小穗柄均为三棱形，无毛；脱节面平截；小穗孪生，同型，背腹压扁，或有柄小穗近两侧压扁，均无芒；无柄小穗含 2 小花：第一小花雄性或中性，有或无内稃，第二小花两性，第一颖膜质至革质，边缘内折成 2 脊，第二颖常为舟形。有柄小穗多少退化。

分布概况： 约 10/3（1）种，**4（5，7→2）型**；分布于欧亚大陆热带至欧洲东南部；中国产华南至东北。

系统学评述： 束尾草属隶属于黍亚科高粱族筒轴茅亚族。Teerawatananon 等[178]根据 *trn*L-F+*atp*B-*rbc*L+ITS 组合序列构建的黍亚科分子系统树，认为该属所在的筒轴茅亚族并非单系类群。在 FOC 中，孙必兴等将锥茅属 *Thyrsia* 并入该属中。

DNA 条形码研究： BOLD 网站有该属 1 种 2 个条形码数据；GBOWS 已有 1 种 4 个条形码数据。

代表种及其用途： 可作为燃料，如束尾草 *P. latifolius* (Steudel) Ohwi。

214. *Pogonatherum* P. Beauvois 金发草属

Pogonatherum P. Beauvois (1812: 56); Chen & Phillips (2006: 591) [Type: *P. saccharoideum* P. Beauvois, *nom. illeg.* (=*P. paniceum* (Lamarck) Hackel ≡ *Saccharum paniceum* Lamarck)]

特征描述： 多年生草本。穗形总状花序，单生于秆顶，序轴易逐节折断；小穗孪生，一有柄，一无柄；无柄小穗有 1-2 小花，第一小花雄性或全退化仅存外稃，第二小花两性；有柄小穗含 1 小花，两性或雌性；第一颖无脊，先端截平或稍下凹，具纤毛，或两侧压扁，具脊而延伸成 1 芒，第二颖背具脊，先端 2 齿裂，裂齿间伸出一细长而稍曲折的芒；小花第一外稃无芒，先端有短纤毛，第一内稃有或无，第二外稃透明膜质，先端 2 裂，有芒；雄蕊 1-2。

分布概况： 4/3（1）种，**7（14）型**；分布于亚洲和大洋洲的热带和亚热带；中国产华东、华南、华中和西南。

系统学评述： 在 FRPS 中，金发草属被置于黍亚科高粱族甘蔗亚族。Soreng 等[177]的最新研究将该属置于甘蔗族甘蔗亚族。

DNA 条形码研究： BOLD 网站有该属 3 种 16 个条形码数据；GBOWS 已有 2 种 29 个条形码数据。

代表种及其用途： 金发草 *P. paniceum* (Lamarck) Hackel 全草入药，也是优良牧草；此外，该种可在风化的岩石表面等极端环境下生长，可用来治理水土流失、恢复植被。

215. *Polytoca* R. Brown 多裔草属

Polytoca R. Brown (1838: 20); Chen & Phillips (2006: 650) (Type: *P. bracteata* R. Brown)

特征描述： 多年生草本。小穗单性，内含 2 小花，雌雄小穗异型。雄序：雄性小穗组成顶生或腋生的总状花序，雌小穗位于腋生总状花序下部或顶生总状花序中部，序轴延续而整个脱落；小穗成对着生，一无柄，一有柄或两者均有柄；无柄小穗为雌性，第一颖革质，以其内折之边缘围抱序轴节间；有柄小穗退化仅具第一颖。雌序：序轴逐节断落，序轴节间与小穗柄互相愈合，雌性者顶端凹陷呈杯状，基部伸入雌小穗基盘内，外稃膜质。染色体 2*n*=20。

分布概况：1/1 种，**7-2 型**；分布于印度东北部至印度尼西亚，新几内亚和菲律宾；中国产长江以南。

系统学评述：在 FRPS 中，多裔草属被置于黍亚科玉蜀黍族 Maydeae。但 Clayton 等[16]将玉蜀黍族的属移至高粱族中，并置于不同的亚族中。Soreng 等[177]的最新研究将其置于甘蔗族葫芦草亚族。

216. *Polytrias* Hackeri 单序草属

Polytrias Hackeri (1887: 24); Chen & Phillips (2006: 592) [Type: *P. praemorsa* (Nees) Hackel (≡ *Pollinia praemorsa* Nees)]

特征描述：低矮匍匐草本植物。总状花序单生于秆、枝顶端，被有光泽的金黄色或铁锈色柔毛，总状花序轴节间在小穗成熟后易逐节折断；每节常具 3 小穗，1 具柄者位于中央，另 2 无柄者位于两侧，小穗均含 1 两性小花，背部稍压扁；颖膜质，先端钝，第一颖两边狭内折成 2 脊，具偶数脉，第二颖有 1-3 脉，主脉几成脊；小花第一外稃不存在，第二外稃下部透明膜质，顶端具钻形的齿或几全缘，具膝曲扭转的芒，内稃很细小。

分布概况：1/1 种，**7 型**；分布于东南亚；中国产香港和海南。

系统学评述：在 FRPS 中，单序草属被置于黍亚科高粱族甘蔗亚族。最近 Soreng 等[177]将该属置于甘蔗族甘蔗亚族。

217. *Pseudanthistiria* (Hackel) J. D. Hooker 假铁秆草属

Pseudanthistiria (Hackel) J. D. Hooker (1896: 219); Chen & Phillips (2006: 638) [Lectotype: *P. heteroclita* (Roxburgh) J. D. Hooker (≡ *Anthistiria heteroclita* Roxburgh)]

特征描述：一年生草本。伪圆锥花序，由具佛焰苞的总状花序组成；总状花序由 5-9 小穗组成，最上一节有 3 小穗，下部各节为 1-3 对孪生，每节仅有 1 个无柄且两性的小穗，余者为有柄雄性或中性小穗；无柄小穗基盘短而钝，具髯毛，颖硬膜质或硬革质，第一颖边缘内卷，包卷着第二颖，第二颖具脊，第一小花外稃常退化，第二小花外稃呈窄柄状，顶端延伸成芒或芒不发育，芒柱常被短毛，第二内稃退化；有柄小穗颖片均披针形，小花均退化。

分布概况：3/1 种。**7-2 型**；分布于印度至泰国；中国可能为引种。

系统学评述：假铁秆草属隶属于黍亚科高粱族菅亚族。Soreng 等[177]结合形态学及分子系统学研究，也将该属置于菅亚族（隶属于甘蔗族）。

218. *Pseudopogonatherum* A. Camus 假金发草属

Pseudopogonatherum A. Camus (1921: 202.); Chen & Phillips (2006: 589). [Lectotype: *P. irritans* (R. Brown) A. Camus (≡ *Saccharum irritans* R. Brown)]

特征描述：一年生草本植物。总状花序呈指状排列于秆顶，总状花序轴节间在成熟时逐节断落或不断落，总状花序每节具 2 同型小穗，2 小穗通常均具柄，或 1 有柄 1 无柄；小穗有 2 小花，第一颖背圆，第二颖舟形；第一小花通常不发育，第二小花两性，第二外稃常极狭长，甚至退化仅为芒的基部，芒一至二回膝曲，芒柱有不同程度的扭转，第二内稃通常不存在。

分布概况：3-5/3（1）种，**5**（**7**）**型**；分布于亚洲东南部，向南延至大洋洲；中国产华东和华南。

系统学评述：在 FRPS 中，假金发草属被置于黍亚科高粱族甘蔗亚族。

DNA 条形码研究：BOLD 网站有该属 1 种 2 个条形码数据。

219. *Pseudosorghum* A. Camus 假高粱属

Pseudosorghum A. Camus (1920: 662); Chen & Phillips (2006: 602) (Type: *non designates*)

特征描述：一年生草本。圆锥花序由一至多数单一或稍有分枝的总状花序组成；总状花序穗状，具 3-16 节；穗轴纤细，有关节，节间有纤毛；无柄小穗成熟后连同穗轴节间及小穗柄一起脱落，基盘钝，第一颖软骨质或纸质，两侧边缘内弯呈圆形，无毛，第二外稃有纤毛，膜质，2 裂，齿间有膝曲芒，鳞被无毛；有柄小穗存在，中性或雄性。

分布概况：1/1 种，**7 型**；分布于亚洲热带；中国产云南。

系统学评述：传统上假高粱属被置于黍亚科高粱族高粱亚族 Sorghinae，且介于高粱属 *Sorghum* 和孔颖草属 *Bothriochloa* 之间[16]。Watson 等[17]将该属连同高粱亚族一起并入须芒草亚族。Soreng 等[177]结合形态学及分子系统学研究，将该属置于黍亚科甘蔗族高粱亚族。

220. *Rottboellia* Linnaeus f. 筒轴茅属

Rottboellia Linnaeus f. (1782: 114); Sun & Phillips (2006: 644) [Type: *R. exaltata* Linnaeus f. (1782), *non* (Linnaeus) Naezen (1779), *nom. illeg., typ. cons.*]

特征描述：一年生或多年生粗壮草本。秆直立，基部常有支柱根。叶片较宽。总状花序圆柱形，较粗壮，易逐节断落；小穗孪生；无柄小穗两性，嵌生于总状花序轴节间的凹穴中，第一颖革质，第二颖舟形，内、外稃均膜质，第一小花中性或雄性，有时仅存内稃，第二小花两性；有柄小穗常雄性或中性，或退化，其柄与序轴节间愈合。颖果卵形或长圆形。染色体 x=9，10。

分布概况：5/2（1）种，**4 型**；分布于欧亚大陆热带，加勒比海有引种；中国产东南至西南。

系统学评述：筒轴茅属隶属于黍亚科高粱族筒轴茅亚族[17,177,195]。Skendzic 等[190]通过 ITS 构建的分子系统树表明，该属与毛俭草属 *Mnesithea*（=空轴茅属 *Coelorachis*）形成单系分支。

DNA 条形码研究：BOLD 网站有该属 1 种 2 个条形码数据；GBOWS 已有 1 种 12 个条形码数据。

221. *Saccharum* Linnaeus 甘蔗属

Saccharum Linnaeus (1753: 54); Chen & Phillips (2006: 576) (Lectotype: *S. officinarum* Linnaeus).
——*Erianthus* Michaux (1803: 54); *Narenga* Bor (1940: 267)

特征描述：多年生草本。秆高大粗壮，有时基部有气生根。大型稠密圆锥花序，由总状花序组成；自总状花序基部即具小穗对，一无柄，一有柄，小穗对多数，基盘多具丝状柔毛，花序轴逐节折断；两颖近等长，第一颖常具2脊，第二颖常为舟形；小花第一外稃内空，有时具1脉，第二外稃窄线形，顶端无芒或具小尖头至长芒，第二内稃常存在。花粉粒具网状纹饰。染色体2*n*=20。

分布概况：35-40/12（2）种，2（14）型；分布于亚洲的热带和亚热带；中国除东北和华北外，南北均产。

系统学评述：在 FRPS 中，甘蔗属被置于黍亚科高粱族甘蔗亚族。Soreng 等[177]将其置于甘蔗族甘蔗亚族。在 FOC 中，河八王属 *Narenga*、蔗茅属 *Erianthus* 被并入甘蔗属。陈辉等[208]测定了甘蔗属及其近缘属的 13 种和狼草 *Pennisetum purpureum* Schumacher 的 ITS 及 5.8S rDNA 基因的序列，提出斑茅 *S. arundinaceum* 不属于甘蔗属。

DNA 条形码研究：BOLD 网站有该属 8 种 13 个条形码数据；GBOWS 已有 4 种 60 个条形码数据。

代表种及其用途：甘蔗 *S. officinarum* Linnaeus 为重要经济植物，可制糖或作为水果食用。

222. *Schizachyrium* Nees 裂稃草属

Schizachyrium Nees (1829: 331); Chen & Phillips (2006: 621) [Lectotype: *S. condensatum* (Kunth) Nees (≡ *Andropogon condensatus* Kunth)]

特征描述：一年或多年生草本。总状花序单生，基部有鞘状总苞，序轴节间和小穗柄具短硬毛或稀无毛，通常于顶端增粗而具齿状附属物；小穗孪生，一无柄，另一具柄；无柄小穗背腹压扁，基盘具短髯毛，具2小花，第一颖边缘窄内折而具2脊，无芒，第二颖窄舟形，第一小花退化，仅存透明膜质外稃，具纤毛，第二小花两性，外稃透明膜质，深2裂，裂齿间具1膝曲的芒，内稃缺或细小；有柄小穗退化，常仅存一具芒颖。颖果狭线形。

分布概况：约 60/4；2（8-4）型；分布于热带和亚热带；中国主产东北南部经华东、华中至华南。

系统学评述：裂稃草属隶属于亚科高粱族须芒草亚族。Spangler 等[192]通过 *ndh*F 序列构建分子系统树，将该属置于"核心高粱族"中，核心高粱族包括裂稃草属及须芒草属、孔颖草属等。虽然 Skendzic[190]基于 ITS 和 *trn*L-F 序列构建的分子系统树表明，须芒草属和裂稃草属不是单系，但是 Teerawatananon 等[178]根据 *trn*L-F+*atp*B-*rbc*L+ITS 组合序列构建的黍亚科分子系统树，认为该属与香茅属、苞茅属和须芒草属关系密切。

DNA 条形码研究：BOLD 网站有该属 2 种 7 个条形码数据；GBOWS 已有 3 种 28 个条形码数据。

代表种及其用途：可作饲料，如裂稃草 *S. brevifolium* (Swartz) Nees ex Buse。

223. *Sehima* Forsskål 沟颖草属

Sehima Forsskål (1775: 178); Sun & Phillips (2006: 609) (Type: *S. ischaemiides* Forsskål)

特征描述：一年或多年生草本。总状花序 1，顶生，序轴扁，具凹槽，侧缘被白色纤毛，成熟时连同小穗柄逐节偏斜脱落；小穗孪生，含 2 小花，两颖几等长；无柄小穗两性，第一颖背面具一纵沟槽，顶端 2 裂而具 2 短尖头，边缘内卷，第二颖舟形，上部具脊并有细直芒，第一小花雄性，无芒，第二小花两性，外稃先端 2 裂，裂齿间伸出膝曲的芒；有柄小穗雄性，无芒，第一颖背部扁平，具强壮而隆起的脉纹。花粉粒粗糙纹饰。染色体 $x=10$，20。

分布概况：5/1 种，**4** 型；分布于欧亚大陆热带，亚洲东南部，澳大利亚和非洲；中国产华南和西南。

系统学评述：传统上沟颖草属被置于黍亚科高粱族鸭嘴草亚族。Watson 等[17]将鸭嘴草亚族并入高粱族须芒草亚族中。然而，Soreng 等[177]结合形态学及分子系统学的研究，支持该属置于鸭嘴草亚族中，只是鸭嘴草亚族被置于甘蔗族中。

DNA 条形码研究：BOLD 网站有该属 1 种 4 个条形码数据；GBOWS 已有 1 种 3 个条形码数据。

224. *Sorghum* Moench 高粱属

Sorghum Moench (1974: 207); Chen & Phillips (2006: 600) [Type: *S. bicolor* (Linnaeus) Moench (≡ *Holcus bicolor* Linnaeus)]

特征描述：高大草本。秆常粗壮。圆锥花序由总状花序组成，顶生，有延伸的花序轴，轴节间无纵沟；小穗孪生，穗轴顶端 1 节有 3 小穗；序轴节间和小穗柄为线形；无柄小穗两性，背腹扁压，第一颖背部凸起或扁平，革质，成熟时变硬而有光泽，边缘内卷，第二颖舟形，具脊，第一外稃膜质，第二外稃长圆形或椭圆状披针形，全缘且无芒，或具 2 齿裂，裂齿间具 1 芒；有柄小穗雄性或中性。叶片表面有哑铃形或 "8" 字形的硅质体。染色体 $2n=10$，20，40。

分布概况：约 30/5 种，**2（4，6）**型；原产欧亚大陆的热带和亚热带，现世界广布；中国南北各省区多有栽培。

系统学评述：高粱属隶属于黍亚科高粱族。Spangler 等[192]通过叶绿体基因 *ndh*F 序列研究表明，高粱属与 *Cleistachne*、芒属及莠竹属中的 1 个种共同构成 1 支，Hodkinson[209]等基于 ITS 片段研究表明，该属是个多系类群，一些种类嵌入甘蔗属复合群 "*Saccharum* complex"。高粱属所在的高粱族被认为是单系，与黍族 Paniceae 中的地毯草属 *Axonopus*、膜稃草属 *Hymenachne*、距花黍属 *Ichnanthus* 和尾稃草属 *Urochloa* 构成姐妹群[3]。有关高粱属的属下分类，Garber[210]采用细胞遗传学与形态学和地理分布相结合的分类方法，将高梁属分为 5 亚属：优高粱亚属 *Sorghum* subgen. *Eusorghum*、拟高粱亚属 *S.* subgen. *Parasorghum*、菵柄高粱亚属 *S.* subgen. *Chaetosorghum*、异高粱亚属 *S.* subgen. *Heterosorghum* 和有柄高粱亚属 *S.* subgen. *Stiposorghum*；在此基础上，Spangler 等[192]通过分子序列研究表明高粱属至少可以分成 3 个不同的谱系；Dillon 等[211]基于 ITS 序列和 *ndh*F 序列构建了高粱属分子系统树，支持将 5 亚属降为 3 亚属；廖芳等[212]基于 *Adh*1 基因分析了高粱属的系统进化关系，将其分为 3 大支：1 支包括菵柄高粱亚属和异高粱亚属，1 支包括优高粱亚属，还有 1 支包括拟高粱亚属和有柄高粱亚属。

DNA 条形码研究： Guo 等[213]运用 ITS 序列研究了高粱属及相关种类，表明 ITS 序列能够很好地划分 6 个种。Dillon 等[214]联合使用 ITS1、*ndh*F 和 *Adh*1 研究了高粱属的系统关系，表明三者的组合比单独运用一段序列能更好地解决属内种间关系。BOLD 网站有该属 6 种 41 个条形码数据；GBOWS 已有 3 种 10 个条形码数据。

代表种及其用途： 该属的品种多，谷粒供食用、制饴糖及酿酒，或榨取其秆汁以制糖，或取其茎叶为家畜的饲料，如高粱 *Sorghum bicolor* (Linnaeus) Moench (=*S. vulgare* Person)等。

225. *Spodiopogon* Trinus 大油芒属

Spodiopogon Trinius (1820: 17); Chen & Phillips (2006: 573) (Type: *S. sibiricus* Trinius). —— *Eccoilopus* Steudel (1854: 123)

特征描述： 多年生较高大草本。具匍匐根状茎。顶生圆锥花序，开展，由多数具 1-3 节的总状花序组成，总状花序具裸露长梗；小穗孪生，或一有柄，一无柄，或两柄不等长；序轴节间及小穗柄的顶端膨大而呈棒状，成熟后逐节断落；颖草质，具多数显著的脉纹，背部具柔毛，基部生短髭毛；第一小花雄形或中性，外、内稃均透明膜质，第二小花皆为两性；第二外稃深 2 裂，裂齿间伸出一扭转膝曲的芒。染色体 2*n*=20。

分布概况： 15/9（6）种，**11**（**14**）型；分布于亚洲；中国南北均产。

系统学评述： 在 FRPS 中，大油芒属被置于黍亚科高粱族甘蔗亚族。Soreng 等[177]的研究也将其置于甘蔗族甘蔗亚族。

DNA 条形码研究： BOLD 网站有该属 2 种 14 个条形码数据；GBOWS 已有 4 种 40 个条形码数据。

代表种及其用途： 大油芒 *S. sibiricus* Trinius 幼嫩时为良好牧草。

226. *Themeda* Forsskål 菅属

Themeda Forsskål (1775: 178); Chen & Phillips (2006: 633) (Type: *T. triandra* Forsskål)

特征描述： 一年或多年生草本。秆坚硬。伪圆锥花序扇形，由总状花序组成，总状花序基部有佛焰苞；内包 7-11 小穗，最下 2 对为雄性或中性的同性对，穗轴顶节着生 3 小穗，小穗若为 11 时，增加 2 对异性对小穗；两性小穗圆筒形，基盘有髯毛，颖革质，果时枣红色，两颖等长，第一颖紧包第二颖，第 1 外稃略短于颖，膜质透明，第 2 外稃退化为芒的基部，内稃不存在；雄性或中性小穗披针形，无芒。染色体 *x*=10。

分布概况：约 27/13（4）种，**4（7，14）型**；分布于欧亚大陆的热带和亚热带；中国主产西南至华南。

系统学评述：菅属隶属于黍亚科高粱族菅亚族，是个单系类群[178]。Skendzic 等[190]根据 ITS 和 *trn*L-F 序列研究，认为菅属与黄茅属 *Heteropogon*、*Iseilema* 形成单系分支。在传统分类中，根据总状花序基部有 2 对总苞状小穗是否位于同一个平面，将菅属分为 2 个组：原菅组 *Themeda* sect. *Primothemedoe* 和菅组 *T.* sect. *Themeda*[215,216]。

DNA 条形码研究：BOLD 网站有该属 6 种 26 个条形码数据；GBOWS 已有 5 种 62 个条形码数据。

代表种及其用途：该属植物幼嫩时大都可作饲料，秆、叶可做造纸原料，如黄背草 *T. triandra* var. *japonica* (Willdenow) Makino。

227. *Zea* Linnaeus 玉蜀黍属

Zea Linnaeus (1753: 971); Chen & Phillips (2006: 650) (Type: *Z. mays* Linnaeus). ——*Euchlaena* Schrader (1832: 3)

特征描述：一年生高大草本。秆直立，具节，下部数节生有支柱根。小穗单性，雌雄异序；雄花序由多数总状花序组成大型顶生圆锥花序，雄小穗含 2 小花，生于一连续的序轴上，一无柄，一具短柄或 2 花具一长一短柄；雌花序生于叶腋，为多数鞘状苞片所包藏，雌小穗含 1 小花，密集成纵行着生于圆柱状海绵质之序轴上，花柱细长，呈丝状伸出苞鞘之外。花粉粒颗粒纹饰。染色体 $2n=10$。

分布概况：5/1 种，**3 型**；原产美洲，1 种世界广泛栽培；中国南北各省区栽培。

系统学评述：在 FRPS 中，玉蜀黍属被置于黍亚科玉蜀黍族 Maydeae。但 Clayton 等[16]将玉蜀黍族的属移到高粱族中，分到不同的亚族中。最近，Soreng 等[177]的研究将其置于甘蔗族 Tripsacinae 亚族。

DNA 条形码研究：王培[217]运用 RAPD 分子标记和 ITS 序列分析对玉蜀黍属中大刍草种和玉米的遗传关系进行了研究，利用 RAPD 技术能较准确地揭示出玉蜀黍属各物种间的遗传关系，该属内各种（亚种）的 ITS 序列信息适用于系统学研究。BOLD 网站有该属 2 种 13 个条形码数据；GBOWS 已有 1 种 6 个条形码数据。

代表种及其用途：玉蜀黍（玉米）*Z. mays* Linnaeus 为世界各地广泛种植的重要粮食作物。

主要参考文献

[1] Cronquist A. An integrated system of classification of flowering plants[M]. New York: Columbia University Press, 1981.

[2] Grass Phylogeny Working Group. Phylogeny and subfamilial classification of the grasses (Poaceae)[J]. Ann MO Bot Gard, 2001, 88: 373-457.

[3] Bouchenak-Khelladi Y, et al. Large multi-gene phylogenetic trees of the grasses (Poaceae): progress towards complete tribal and generic level sampling[J]. Mol Phylogenet Evol, 2008, 47: 488-505.

[4] Sánchez-Ken JG, Clark LG. Phylogeny and a new tribal classification of the Panicoideae *s.l.* (Poaceae)

based on plastid and nuclear sequence data and structural data[J]. Am J Bot, 2010, 97: 1732-1748.

[5] Wu ZQ, Ge S. The phylogeny of the BEP clade in grasses revisited: evidence from the whole-genome sequences of chloroplasts[J]. Mol Phylogenet Evol, 2012, 62: 573-578.

[6] Zhao L, et al. Phylogenomic analyses of nuclear genes reveal the evolutionary relationships within the BEP clade and the evidence of positive selection in Poaceae[J]. PLoS One, 2013, 8: e64642.

[7] Morrone O, et al. Phylogeny of the Paniceae (Poaceae: Panicoideae): integrating plastid DNA sequences and morphology into a new classification[J]. Cladistics, 2012, 28: 333-356.

[8] Peterson PM, et al. A classification of the Chloridoideae (Poaceae) based on multi-gene phylogenetic trees[J]. Mol Phylogenet Evol, 2010, 55: 580-598.

[9] Soreng RJ, Davis JI. Phylogenetic structure in Poaceae subfamily Pooideae as inferred from molecular and morphological characters: misclassification versus reticulation[M]//Jacobs SWL, Everett JE. Grasses: systematics and evolution. Collingwood, Victoria: CSIRO, 2000: 61-74.

[10] Davis JI, Soreng RJ. A preliminary phylogenetic analysis of the grass subfamily Pooideae (Poaceae), with attention to structural features of the plastid and nuclear genomes, including an intron loss in GBSSI[J]. Aliso, 2007, 23: 335-348.

[11] Döring E, et al. Phylogenetic relationships in the Aveneae/Poeae complex (Pooideae, Poaceae) [J]. Kew Bull, 2007, 62: 407-424.

[12] Soreng RJ, et al. A phylogenetic analysis of Poaceae tribe Poeae *sensu lato* based on morphological characters and sequence data from three plastid-encoded genes: evidence for reticulation, and a new classification for the tribe[J]. Kew Bull, 2007: 425-454.

[13] Bamboo Phylogeny Group. An updated tribal and subtribal classification of the bamboos (Poaceae: Bambusoideae)[C]//Gielis J, Potters G. Proceedings of the 9th World Bamboo Congress, April 10-15, 2012. Antwerp, Belgium: World Bamboo Organization, 2012: 3-27.

[14] Judziewicz EJ, Clark LG. Classification and biogeography of New World grasses: Anomochlooideae, Pharoideae, Ehrhartoideae, and Bambusoideae[J]. Aliso, 2007, 23: 303-314.

[15] Kellogg EA. The evolutionary history of Ehrhartoideae, Oryzeae, and Oryza[J]. Rice, 2009, 2: 1-14.

[16] Clayton WD, Renvoize SA. Genera graminum: grasses of the World[M]. Richmond: Royal Botanic Gardens, Kew, 1986.

[17] Watson L, Dallwitz MJ. The grass genera of the world[M]. Wallingford: CAB, 1992.

[18] Tang L, et al. Phylogeny and biogeography of the rice tribe (Oryzeae): evidence from combined analysis of 20 chloroplast fragments[J]. Mol Phylogenet Evol, 2010, 54: 266-277.

[19] 张学洪, 等. 一种新发现的湿生铬超积累植物——李氏禾(*Leersia hexandra* Swartz)[J]. 生态学报, 2006, 26: 950-953.

[20] 郭亚龙, 葛颂. 线粒体 *nad*1 基因内含子在稻族系统学研究中的价值——兼论 *Porteresia* 的系统位置[J]. 植物分类学报, 2004, 42: 333-344.

[21] Guo YL, Ge S. Molecular phylogeny of Oryzeae (Poaceae) based on DNA sequences from chloroplast, mitochondrial, and nuclear genomes[J]. Am J Bot, 2005, 92: 1548-1558.

[22] Vaughan D A. The genus *Oryza* L.: current status of taxonomy[J]. IRPS, 1989, 138: 2-21.

[23] Ge S, et al. Phylogeny of rice genomes with emphasis on origins of allotetraploid species[J]. Proc Natl Acad Sci USA, 1999, 96: 14400-14405.

[24] Ge S, et al. Phylogeny of the genus *Oryza* as revealed by molecular approaches[C]//Khush GS, et al. Rice Genetics, IV: proceedings of the Fourth International Rice Genetics Symposium. Los Banos (the Phillipines): IRRI, 2008: 89-105.

[25] Wang ZY, et al. Polymorphism and phylogenetic relationships among species in the genus *Oryza* as determined by analysis of nuclear RFLPs[J]. Theor Appl Genet, 1992, 83: 565-581.

[26] Aggarwal RK, et al. Phylogenetic relationships among *Oryza* species revealed by AFLP markers[J]. Theor Appl Genet, 1999, 98: 1320-1328.

[27] Xu X, et al. Phylogeny and biogeography of the Eastern Asian-North American disjunct wild-rice genus (*Zizania* L., Poaceae)[J]. Mol Phylogenet Evol, 2010, 55: 1008-1017.

[28] Triplett JK, Clark LG. Phylogeny of the temperate bamboos (Poaceae: Bambusoideae: Bambuseae) with an emphasis on Arundinaria and allies[J]. Syst Bot, 2010, 35: 102-120.

[29] Zeng CX, et al. Large multi-locus plastid phylogeny of the tribe Arundinarieae (Poaceae: Bambusoideae) reveals ten major lineages and low rate of molecular divergence[J]. Mol Phylogenet Evol, 2010, 56: 821-839.

[30] Zhang YX, et al. Complex evolution in Arundinarieae (Poaceae: Bambusoideae): incongruence between plastid and nuclear GBSSI gene phylogenies[J]. Mol Phylogenet Evol, 2012, 63: 777-797.

[31] 张玉霄. 温带木本竹类的系统发育和网状进化——以青篱竹属群为主[D]. 昆明: 中国科学院昆明植物研究所博士学位论文, 2010.

[32] Cai ZM, et al. Testing four candidate barcoding markers in temperate woody bamboos (Poaceae: Bambusoideae)[J]. J Syst Evol, 2012, 50: 527-539.

[33] Yang HM, et al. The monophyly of *Chimonocalamus* and conflicting gene trees in Arundinarieae (Poaceae: Bambusoideae) inferred from four plastid and two nuclear markers[J]. Mol Phylogenet Evol, 2013, 68: 340-356.

[34] Stapleton CMA, et al. New combinations for Chinese bamboos (Poaceae, Bambuseae)[J]. Novon, 2005, 15: 599-601.

[35] Stapleton CMA, et al. *Sarocalamus*, a new sino-himalayan bamboo genus (Poaceae: Bambusoideae)[J]. Novon, 2004: 345-349.

[36] 李德铢, 等. 《中国植物志》(英文版)竹亚科青篱竹属和新小竹属的修订[J]. 植物分类与资源学报, 2013, 35: 605-612.

[37] Ohrnberger D. The bamboos of the world: annotated nomenclature and literature of the species and the higher and lower taxa[M]. New York: Elsevier, 1999.

[38] 杨光耀, 赵奇僧. 中国青篱竹属的整理[J]. 竹子研究汇刊, 1993, 12: 1-6.

[39] 杨光耀, 赵奇僧. 中国青篱竹属的整理 (续前) [J]. 竹子研究汇刊, 1994, 13: 1-23.

[40] Triplett JK, et al. Hill cane (*Arundinaria appalachiana*), a new species of bamboo (Poaceae: Bambusoideae) from the Southern Appalachian Mountains[J]. SIDA, 2006, 22: 79-95.

[41] Triplett JK, et al. Phylogenetic relationships and natural hybridization among the North American woody bamboos (Poaceae: Bambusoideae: Arundinaria)[J]. Am J Bot, 2010, 97: 471-492.

[42] 陈晓亚, 卢山. 广义方竹属叶挥发成份的系统意义[J]. 竹子研究汇刊, 1994, 13: 22-27.

[43] 卢山, 等. 方竹属部分种黄酮类成分比较[J]. 竹子研究汇刊, 1992, 11: 42-48.

[44] 温太辉. 关于几个竹亚科分类群的分类问题[J]. 竹子研究汇刊, 1991, 10: 11-25.

[45] 易同培. 中国箭竹属的研究[J]. 竹子研究汇刊, 1987, 7: 6-15.

[46] Guo ZH, Li DZ. Phylogenetics of the *Thamnocalamus* group and its allies (Gramineae: Bambusoideae): inference from the sequences of GBSSI gene and ITS spacer[J]. Mol Phylogenet Evol, 2004, 30: 1-12.

[47] 王正平, 等. 中国刚竹属的研究 (续) [J]. 植物分类学报, 1980, 18: 168-193

[48] 吴海清, 龚祝南. 刚竹属植物地下茎的比较解剖学研究[J]. 江苏农学院学报, 1997, 18: 63- 67.

[49] Hodkinson TR, et al. A comparison of ITS nuclear rDNA sequence data and AFLP markers for phylogenetic studies in *Phyllostachys* (Bambusoideae, Poaceae)[J]. J Plant Res, 2000, 113: 259-269.

[50] Suzuki S. Index to Japanese Bambusaceae[M]. Tokyo: Gakken Co. Ltd., 1978.

[51] Peng S, et al. Highly heterogeneous generic delimitation within the temperate bamboo clade (Poaceae: Bambusoideae): evidence from GBSSI and ITS sequences[J]. Taxon, 2008, 57: 799-810.

[52] 温太辉. 中国竹亚科一新属与若干新种[J]. 竹子研究汇刊, 1982, 1: 6-30.

[53] 温太辉. 中国唐竹属的研究及其他 (之二) [J]. 竹子研究汇刊, 1983, 2: 57-86.

[54] 易同培. 玉山竹的研究[J]. 竹子研究汇刊, 1986, 5: 8-66.

[55] Kelchner SA, Group BP. Higher level phylogenetic relationships within the bamboos (Poaceae: Bambusoideae) based on five plastid markers[J]. Mol Phylogenet Evol, 2013, 67: 404-413.

[56] Sungkaew S, et al. Non-monophyly of the woody bamboos (Bambuseae; Poaceae): a multi-gene region phylogenetic analysis of Bambusoideae *s.s.*[J]. J Plant Res, 2009, 122: 95-108.

[57] Yang HQ, et al. A molecular phylogenetic and fruit evolutionary analysis of the major groups of the paleotropical woody bamboos (Gramineae: Bambusoideae) based on nuclear ITS, GBSSI gene and plastid *trn*L-F DNA sequences[J]. Mol Phylogenet Evol, 2008, 48: 809-824.

[58] Goh WL, et al. Multi-gene region phylogenetic analyses suggest reticulate evolution and a clade of Australian origin among paleotropical woody bamboos (Poaceae: Bambusoideae: Bambuseae)[J]. Plant Syst Evol, 2013, 299: 239-257.

[59] Goh WL, et al. Phylogenetic relationships among Southeast Asian climbing bamboos (Poaceae: Bambusoideae) and the *Bambusa* complex[J]. Biochem Syst Ecol, 2010, 38: 764-773.

[60] Yang JB, et al. Phylogeny of *Bambusa* and its allies (Poaceae: Bambusoideae) inferred from nuclear GBSSI gene and plastid *psb*A-*trn*H, *rpl*32-*trn*L and *rps*16 intron DNA sequences[J]. Taxon, 2010, 59: 1102-1110.

[61] Sun Y, et al. Phylogenetic analysis of *Bambusa* (Poaceae: Bambusoideae) based on internal transcribed spacer sequences of nuclear ribosomal DNA[J]. Biochem Genet, 2005, 43: 603-612.

[62] Yang HQ, et al. Generic delimitations of Schizostachyum and its allies (Gramineae: Bambusoideae) inferred from GBSSI and *trn*L-F sequence phylogenies[J]. Taxon, 2007, 56: 45-45.

[63] 李德铢, 薛纪如. 中国牡竹属的研究 (之一) [J]. 竹子研究汇刊, 1988, 7(3): 1-19.

[64] 李德铢, 薛纪如. 中国牡竹属的研究 (之二) [J]. 竹子研究汇刊, 1988, 7(4): 1-19.

[65] 李德铢, 薛纪如. 中国牡竹属的研究 (之三) [J]. 竹子研究汇刊, 1989, 8: 25-43.

[66] 郭永兵. 中国牡竹属 (禾本科: 竹亚科) 的分类修订[D]. 广州: 中国科学院华南植物园博士学位论文, 2010.

[67] Yang HQ, Li DZ. Two new combinations in *Cephalostachyum* (Poaceae: Bambusoideae)[J]. Ann Bot Fenn, 2007, 44: 155-156.

[68] Yang HQ, et al. *Cephalostachyum pingbianense* (Poaceae: Bambusoideae), comb. nova[J]. Ann Bot Fenn, 2008, 45: 394-395.

[69] Jacobs S, et al. Systematics of the tribe Stipeae (Gramineae) using molecular data[J]. Aliso, 2007, 23: 349-361.

[70] Romaschenko K, et al. Molecular phylogenetic analysis of the American Stipeae (Poaceae) resolves *Jarava sensu lato* polyphyletic: evidence for a new genus, *Pappostipa*[J]. J Bot Res Inst Texas, 2008, 2: 165-192.

[71] Barkworth ME, et al. Molecules and morphology in South American Stipeae (Poaceae)[J]. Syst Bot, 2008, 33: 719-731.

[72] Schneider J, et al. Duthieeae, a new tribe of grasses (Poaceae) identified among the early diverging lineages of subfamily Pooideae: molecular phylogenetics, morphological delineation, cytogenetics and biogeography[J]. Syst Biodivers, 2011, 9: 27-44.

[73] Romaschenko K, et al. Systematics and evolution of the needle grasses (Poaceae: Pooideae: Stipeae) based on analysis of multiple chloroplast loci, ITS, and lemma micromorphology[J]. Taxon, 2012, 61: 18-44.

[74] Romaschenko K, et al. Phylogenetics of *Piptatherum s.l.* (Poaceae: Stipeae): evidence for a new genus, *Piptatheropsis*, and resurrection of *Patis*[J]. Taxon, 2011, 60: 1703-1716.

[75] Barkworth ME. *Ptilagrostis* in North America and its relationship to other Stipeae (Gramineae)[J]. Syst Bot, 1983: 395-419.

[76] Romaschenko K, et al. Miocene-Pliocene speciation, introgression, and migration of *Patis* and *Ptilagrostis* (Poaceae: Stipeae)[J]. Mol Phylogenet Evol, 2014, 70: 244-259.

[77] Bor NL. Notes on Asiatic grasses: XXII. *Trikeraia* Bor, a new genus of Stipeae[J]. Kew Bull, 1954, 9: 555-557.

[78] Mejia-Saulés T, Bisby FA. Preliminary views on the tribe Meliceae (Gramineae: Pooideae)[M]//Jacobs SWL, Everett J. Grasses: systematics and evolution. Melbourne: CSIRO, 2000: 83-88.

[79] Schneider J, et al. Phylogenetic structure of the grass subfamily Pooideae based on comparison of plastid matK gene-3'trnK exon and nuclear ITS sequences[J]. Taxon, 2009, 58: 405-424.

[80] Hsiao C, et al. Molecular phylogeny of the Pooideae (Poaceae) based on nuclear rDNA (ITS) sequences[J]. Theor Appl Genet, 1995, 90: 389-398.

[81] Catalán P, et al. Molecular phylogeny of the grass genus *Brachypodium* P. Beauv. based on RFLP and RAPD analysis[J]. Bot J Linn Soc, 1995, 117: 263-280.

[82] López-Alvarez D, et al. A DNA barcoding method to discriminate between the model plant *Brachypodium distachyon* and its close relatives *B. stacei* and *B. hybridum* (Poaceae)[J]. PLoS One, 2012, 7: e51058.

[83] Petersen G, et al. Phylogenetic relationships of *Triticum* and *Aegilops* and evidence for the origin of the A, B, and D genomes of common wheat (*Triticum aestivum*)[J]. Mol Phylogenet Evol, 2006, 39: 70-82.

[84] Zeng J, et al. Phylogenetic analysis of Kengyilia species based on nuclear ribosomal DNA internal transcribed spacer sequences[J]. Biol Plantarum, 2008, 52: 231-236.

[85] Verloove F. A revision of *Bromus* section *Ceratochloa* (Pooideae, Poaceae) in Belgium[J]. Dumortiera, 2012, 101: 30-45.

[86] Smith P. Taxonomy and nomenclature of the brome-grasses (*Bromus* L. *s.l.*)[J]. Notes R Bot Gdn Edinb, 1970: 361-375.

[87] Stebbins GL. Chromosomes and evolution in the genus *Bromus* (Gramineae)[J]. Bot Jahrb, 1981, 102: 359-379

[88] Tsvelev NN. Grasses of the Soviet Union[M]. New Delhi: Oxonian Press, 1983.

[89] Pillay M, Hilu KW. Chloroplast-DNA restriction site analysis in the genus *Bromus* (Poaceae) [J]. Am J Bot, 1995, 82: 239-249.

[90] Ainouche ML, Bayer RJ. On the origins of the tetraploid *Bromus* species (section *Bromus*, Poaceae): insights from internal transcribed spacer sequences of nuclear ribosomal DNA[J]. Genome, 1997, 40: 730-743.

[91] Fortune PM, et al. Molecular phylogeny and reticulate origins of the polyploid *Bromus* species from section *Genea* (Poaceae)[J]. Am J Bot, 2008, 95: 454-464.

[92] Saarela JM, et al. Molecular phylogenetics of *Bromus* (Poaceae: Pooideae) based on chloroplast and nuclear DNA sequence data[J]. Aliso, 2007, 23: 450-467.

[93] de Mattia F, et al. A multi-marker DNA barcoding approach to save time and resources in vegetation surveys[J]. Bot J Linn Soc, 2012, 169: 518-529.

[94] Mason-Gamer RJ, et al. Phylogenetic relationships and reticulation among Asian *Elymus* (Poaceae) allotetraploids: analyses of three nuclear gene trees[J]. Mol Phylogenet Evol, 2010, 54: 10-22.

[95] Petersen G, et al. The origin of the H, St, W, and Y genomes in allotetraploid species of *Elymus* L. and *Stenostachys* Turcz.(Poaceae: Triticeae)[J]. Plant Syst Evol, 2011, 291: 197-210.

[96] Dong ZZ, et al. Phylogeny and molecular evolution of the *rbc*L gene of St genome in *Elymus sensu lato* (Poaceae: Triticeae)[J]. Biochem Syst Ecol, 2013, 50: 322-330.

[97] Zhang C, et al. Phylogenetic relationships among the species of *Elymus sensu lato* in Triticeae (Poaceae) based on nuclear rDNA ITS sequences[J]. Russ J Genet, 2009, 45: 696-706.

[98] Saarela JM, et al. DNA barcoding the Canadian Arctic flora: core plastid barcodes (*rbc*L+ *mat*K) for 490 vascular plant species[J]. PLoS One, 2013, 8: e77982.

[99] Kuzmina ML, et al. Identification of the vascular plants of *Churchill, Manitoba*, using a DNA barcode library[J]. BMC Ecol, 2012, 12: 25.

[100] Moustakas M, et al. Genome relationships in the *Elytrigia* group of the genus *Agropyron* (Poaceae) as indicated by seed protein electrophoresis[J]. Plant Syst Evol, 1988, 161: 147-153.

[101] Blattner FR. Phylogenetic analysis of *Hordeum* (Poaceae) as inferred by nuclear rDNA ITS sequences[J]. Mol Phylogenet Evol, 2004, 33: 289-299.

[102] Hsiao C, et al. Phylogenetic relationships of the monogenomic species of the wheat tribe, Triticeae (Poaceae), inferred from nuclear rDNA (internal transcribed spacer) sequences[J]. Genome, 1995, 38: 211-223.

[103] Blattner FR. Progress in phylogenetic analysis and a new infrageneric classification of the barley genus *Hordeum* (Poaceae: Triticeae)[J]. Breeding Sci, 2009, 59: 471-480.

[104] Ellneskog-Staam P, et al. Genome analysis of species in the genus *Hystrix* (Triticeae; Poaceae)[J]. Plant Syst Evol, 2007, 265: 241-249.

[105] Zhou YH, et al. Relationships among species of *Hystrix* Moench and *Elymus* L. assessed by RAPDs[J]. Genet Resour Crop Evol, 2000, 47: 191-196.

[106] Fan X, et al. Phylogenetic analysis among *Hystrix*, *Leymus* and its affinitive genera (Poaceae: Triticeae) based on the sequences of a gene encoding plastid acetyl-CoA carboxylase[J]. Plant Sci, 2007, 172: 701-707.

[107] Zeng J, et al. Molecular phylogeny and maternal progenitor implication in the genus *Kengyilia* (Triticeae: Poaceae): evidence from COXII intron sequences[J]. Biochem Syst Ecol, 2010, 38: 202-209.

[108] Luo X, et al. Phylogeny and maternal donor of *Kengyilia* species (Poaceae: Triticeae) based on three cpDNA (*mat*K, *rbc*L and *trn*H-*psb*A) sequences[J]. Biochem Syst Ecol, 2012, 44: 61-69.

[109] Liu Z, et al. Phylogenetic relationships in *Leymus* (Poaceae: Triticeae) revealed by the nuclear ribosomal internal transcribed spacer and chloroplast *trn*L-F sequences[J]. Mol Phylogenet Evol, 2008, 46: 278-289.

[110] Petersen G, et al. A phylogenetic analysis of the genus *Psathyrostachys* (Poaceae) based on one nuclear gene, three plastid genes, and morphology[J]. Plant Syst Evol, 2004, 249: 99-110.

[111] Mason-Gamer RJ, et al. Phylogenetic analysis of North American *Elymus* and the monogenomic Triticeae (Poaceae) using three chloroplast DNA data sets[J]. Genome, 2002, 45: 991-1002.

[112] Petersen G, et al. An empirical test of the treatment of indels during optimization alignment based on the phylogeny of the genus *Secale* (Poaceae)[J]. Mol Phylogenet Evol, 2004, 30: 733-742.

[113] Chikmawati T, et al. Phylogenetic relationships among *Secale* species revealed by amplified fragment length polymorphisms[J]. Genome, 2005, 48: 792-801.

[114] Zapiola ML, Mallory-Smith CA. Crossing the divide: gene flow produces intergeneric hybrid in feral transgenic creeping bentgrass population[J]. Mol Ecol, 2012, 21: 4672-4680.

[115] Quintanar A, et al. Phylogeny of the tribe Aveneae (Pooideae, Poaceae) inferred from plastid *trn*T-F and nuclear ITS sequences[J]. Am J Bot, 2007, 94: 1554-1569.

[116] Gillespie LJ, et al. Phylogeny and reticulation in Poinae subtribal complex based on nrITS, ETS, and *trn*TLF data[J]. 2010:589-617.

[117] Alicchio R, et al. Restriction fragment length polymorphism based phylogenetic analysis of *Avena* L.[J]. Genome, 1995, 38: 1279-1284.

[118] Rodionov AV, et al. Genomic configuration of the autotetraploid Oat species *Avena macrostachya* inferred from comparative analysis of ITS1 and ITS2 sequences: on the Oat karyotype evolution during the early events of the *Avena* species divergence[J]. Russ J Genet, 2005, 41: 518-528.

[119] Hsiao C, et al. A molecular phylogeny of the subfamily Arundinoideae (Poaceae) based on sequences of rDNA[J]. Aust Syst Bot, 1998, 11: 41-52.

[120] Grebenstein B, et al. Molecular phylogenetic relationships in Aveneae (Poaceae) species and other grasses as inferred from ITS1 and ITS2 rDNA sequences[J]. Plant Syst Evol 213: 233-250.

[121] Essi L, et al. Phylogenetic analysis of the *Briza* complex (Poaceae)[J]. Mol Phylogenet Evol, 2008, 47: 1018-1029.

[122] Saarela JM, et al. Phylogenetics of the grass "aveneae-type plastid DNA clade"[M]//Seborg O, et al. Diversity, phylogeny and evolution in the Monocotyledons. Aarhus: Aarhus University Press, 2010: 557-588.

[123] Gillespie LJ, et al. Phylogeny of Poa (Poaceae) based on *trn*T-*trn*F sequence data: major clades and basal relationships[J]. Aliso, 2007, 23: 420-434.

[124] Bor NL. The grasses of Burma, Ceylon, India and Pakistan[M]. New York: Pergamon Press, 1960.

[125] Koyama T. Grasses of Japan and its neighbouring regions: an identification manual[M]. Tokyo: Kodansha, 1987.

[126] Veldkamp JF. Name changes in *Agrostis*, *Arundinella*, *Deyeuxia*, *Helictotrichon*, *Tripogon* (Gramineae)[J]. Blumea, 1996, 41: 407-411.

[127] Simon BK. A key to Australian grasses. second edition[M]. Brisbane: Department of Primary Industries, 1993.

[128] Gillespie LJ, et al. Phylogenetic relationships in subtribe Poinae (Poaceae, Poeae) based on nuclear ITS and plastid *trn*T-*trn*L-*trn*F sequences [J]. Botany, 2008, 86: 938-967.

[129] Hackel E. Gramineae[M]//Engler A, Prantl K. Die natürliche pflanzenfamilien, 2. 2nd ed. Lepzig: W. Engelman, 1887.

[130] 耿以礼. 中国主要植物图说——禾本科[M]. 北京: 科学出版社, 1959.

[131] Hitchcock AS. Manual of the grasses of the United States. 2nd ed.[M]. New York: Dover Publications, 1971.

[132] Avdulov NP. Karyo-systematische untersuchung der familie Gramineen[J]. Bull Appl Bot Genet Pl Breed, 1931, 44(Suppl): 1-428.

[133] Reeder J R. Affinities of the grass genus *Beckmannia* Host[J]. Bull Torrey Bot Club, 1953, 80: 187-196.

[134] Prat H. La Systématique des Graminées, series 10[J]. Ann Sci Bot, 1936, 18: 165-258.

[135] 许崇梅, 等. 基于 *trn*L-F 序列探讨茵草植物的系统位置[J]. 西北植物学报, 28: 928-932.

[136] Xu CM, et al. Phylogenetic origin of *Beckmannia* (Poaceae) inferred from molecular evidence[J]. J Syst Evol, 2009, 47: 305-310.

[137] Kim ES, et al. The unique genome of two-chromosome grasses *Zingeria* and *Colpodium*, its origin, and evolution[J]. Russ J Genet, 2009, 45: 1329-1337.

[138] Catalán P, et al. Phylogeny of the festucoid grasses of subtribe Loliinae and allies (Poeae, Pooideae) inferred from ITS and *trn*L-F sequences[J]. Mol Phylogenet Evol, 2004, 31: 517-541.

[139] Charmet G, et al. Phylogenetic analysis in the *Festuca-Lolium* complex using molecular markers and ITS rDNA[J]. Theor Appl Genet, 1997, 94: 1038-1046.

[140] Fiasson JL, et al. A phylogenetic groundplan of the specific complex *Dactylis glomerata*[J]. Biochem Syst Ecol, 1987, 15: 225-229.

[141] Souto DPF, et al. Phylogenetic relationships of *Deschampsia antarctica* (Poaceae): insights from nuclear ribosomal ITS[J]. Plant Syst Evol, 2006, 261: 1-9.

[142] Frey L, Paszko B. Remarks on the distribution, taxonomy and karyology of *Calamagrostis* species (Poaceae) with special reference to their representatives in Poland[J]. Fragm Flor Geobot Suppl, 1999, 7: 33-45.

[143] Torrecilla P, Catalán P. Phylogeny of broad-leaved and fine-leaved *Festuca* lineages (Poaceae) based on nuclear ITS sequences[J]. Syst Bot, 2002, 27: 241-251.

[144] Catalán P. Phylogeny and evolution of Festuca L. and related genera of subtribe Loliinae (Poeae, Poaceae)[J]. Plant Genome, 2006, 1: 255-303.

[145] Gaut BS, et al. Phylogenetic relationships and genetic diversity among members of the *Festuca-Lolium* complex (Poaceae) based on ITS sequence data[J]. Plant Syst Evol, 2000, 224: 33-53.

[146] Schneider J, et al. 2012. Polyphyly of the grass tribe Hainardieae (Poaceae: Pooideae): identification of its different lineages based on molecular phylogenetics, including morphological and cytogenetic characteristics[J]. Organi Divers & Evol, 2012, 12: 113-132.

[147] Zuloaga FO, et al. Catalogue of New World grasses (Poaceae), III: subfamilies Panicoideae, Aristidoideae, Arundinoideae, and Danthonioideae[J]. Contr US Natl Herb, 2003, 46: 1-662.

[148] Kool A, et al. Molecular identification of commercialized medicinal plants in Southern Morocco[J]. PLoS One, 2012, 7: e39459.

[149] Barker NP. The relationships of *Amphipogon*, *Elytrophorus* and *Cyperochloa* (Poaceae) as suggested by *rbc*L sequence data[J]. Telopea, 1997, 7: 205-213.

[150] Kirin T, et al. DNA barcoding as an effective tool to complement wetland management: a case study of a protected area in Italy[J]. Plant Biosyst, 2013, 147: 757-766.

[151] Davis JI, Soreng RJ. Phylogenetic structure in the grass family (Poaceae) as inferred from chloroplast DNA restriction site variation[J]. Am J Bot, 1993, 80: 1444-1454.

[152] Barker NP, et al. Polyphyly of Arundinoideae (Poaceae): evidence from *rbc*L sequence data[J]. Syst Bot, 1995, 20: 423-435.

[153] Clark LG, et al. A phylogeny of the grass family (Poaceae) based on *ndh*F sequence data[J]. Syst Bot, 1995: 436-460.

[154] Barker NP, et al. The paraphyly of *Cortaderia* (Danthonioideae; Poaceae): evidence from morphology and chloroplast and nuclear DNA sequence data[J]. Ann MO Bot Gard, 2003, 90: 1-24.

[155] Reimer E. A phylogenetic study of *Danthonia* DC. (Poaceae) in North America[D]. Master thesis. Saskatchewan: University of Saskatchewan, 2006.

[156] Drumwright AM, et al. Survey and DNA barcoding of poaceae in flat rock cedar glades and barrens state natural area, murfreesboro, tennessee[J]. Castanea, 2011, 76: 300-310.

[157] Reutemann AG, et al. Phylogenetic relationships within Pappophoreae *s.l.* (Poaceae: Chloridoideae): additional evidence based on ITS and *trn*L-F sequence data[J]. S Afr J Bot, 2011, 77: 693-702.

[158] Ingram AL, Doyle JJ. *Eragrostis* (Poaceae): monophyly and infrageneric classification[J]. Aliso, 2007, 23: 595-604.

[159] Saarela JM. Taxonomic synopsis of invasive and native *Spartina* (Poaceae: Chloridoideae) in the Pacific Northwest (British Columbia, Washington and Oregon), including the first report of Spartina × townsendii for British Columbia, Canada[J]. Phyto Keys, 2012, 10: 25-82.

[160] Ortiz JJ, Culham A. Phylogenetic relationships of the genus *Sporobolus* (Poaceae: Eragrostideae) based on nuclear ribosomal DNA ITS sequences[M]//Jacobs SWL, Everett J. Grasses: systematics and evolution. Collingwood: CSIRO, 2000: 184-188.

[161] Shrestha S, et al. Molecular identification of weedy *Sporobolus* species by PCR-RFLP[J]. Weed Res, 2010, 50: 383-387.

[162] Phillips SM. A survey of the genus *Eleusine* Gaertn. (Gramineae) in Africa[J]. Kew Bull, 1972: 251-270.

[163] Phillips S. Poaceae (Gramineae)[M]//Hedberg I, Edwards S. Flora of Ethiopia and Eritrea, Vol. 7. Addis Ababa & Uppsala: Addis Ababa University & Uppsala University, 1995.

[164] Neves SS, et al. Phylogeny of *Eleusine* (Poaceae: Chloridoideae) based on nuclear ITS and plastid *trn*T-*trn*F sequences[J]. Mol Phylogenet Evol, 2005, 35: 395-419.

[165] Hilu KW, Alice LA. A phylogeny of Chloridoideae (Poaceae) based on *mat*K sequences[J]. Syst Bot, 2001, 26: 386-405.

[166] Columbus JT, et al. Phylogenetics of *Bouteloua* and relatives (Gramineae: Chloridoideae): cladistic parsimony analysis of internal transcribed spacer (nrDNA) and *trn*L-F (cpDNA) sequences//Jacobs SWL, Everett J. Grasses: systematics and evolution. Collingwood: CSIRO, 2000: 189-194.

[167] Mahadani P, Ghosh SK. DNA Barcoding: a tool for species identification from herbal juices[J]. DNA Barcodes, 2013, 1: 35-38.

[168] Peterson PM, et al. A molecular phylogeny and classification of *Leptochloa* (Poaceae: Chloridoideae: Chlorideae) *sensu lato* and related genera[J]. Ann Bot, 2012, 109: 1317-1330.

[169] Newmaster SG, et al. Genomic valorization of the fine scale classification of small millet landraces in southern India[J]. Genome, 2013, 56: 123-127.

[170] Peterson PM, et al. A phylogeny and classification of the Muhlenbergiinae (Poaceae: Chloridoideae: Cynodonteae) based on plastid and nuclear DNA sequences[J]. Am J Bot, 2010, 97: 1532-1554.

[171] Roshevits RY. Sistema zlakov v svyazi s ikh evolyutsiei[M]. Leningrad: Kamarov Botanical Institute, USSR Academy of Sciences, 1946.

[172] Tateoka T, et al. Miscellaneous papers on the phylogeny of Poaceae (10): proposition of a new phylogenetic system of Poaceae[J]. J Jpn Bot, 1957, 32: 275-287.

[173] Soderstrom TR. Grass subfamily Centostecoideae[J]. Taxon, 1981, 30: 614-616.

[174] Sanchez-Ken JG, Clark LG. Phylogenetic relationships within the Centothecoideae plus Panicoideae clade (Poaceae) based on *ndh*F and *rpl*16 intron sequences and structural data[J]. Aliso, 2007, 23:487-502.

[175] Zuloaga FO, et al. Classification and biogeography of Panicoideae (Poaceae) in the New World[J].

Aliso, 2007, 23:503-529.

[176] Li M, et al. Establishment of DNA barcodes for the identification of the botanical sources of the Chinese 'cooling' beverage[J]. Food Contr, 2012, 25: 758-766.

[177] Soreng RJ, et al. A worldwide phylogenetic classification of Poaceae (Gramineae): catalogue of New World Grasses[EB/OL]. [2013-11-14]. http://www.tropicos.org/projectwebportal.aspx?pagename=% 20ClassificationNWG&projectid=%2010. 2013.

[178] Teerawatananon A, et al. Phylogenetics of Panicoideae (Poaceae) based on chloroplast and nuclear DNA sequences[J]. Telopea, 2011, 13: 115-42.

[179] López A, Morrone O. Phylogenetic studies in *Axonopus* (Poaceae, Panicoideae, Paniceae) and related genera: morphology and molecular (nuclear and plastid) combined analyses[J]. Syst Bot, 2012, 37: 671-676.

[180] González AMT, et al. Molecular and morphological phylogenetic analysis of *Brachiaria* and *Urochloa* (Poaceae)[J]. Mol Phylogenet Evol, 2005, 37: 36-44.

[181] Akiyama Y, et al. Morphological diversity of chromosomes bearing ribosomal DNA loci in *Brachiaria* species[J]. Grassland Sci, 2010, 56: 217-223.

[182] Xu J, et al. Enhanced exudation of DIMBOA and MBOA by wheat seedlings alone and in proximity to wild oat (*Avena fatua*) and flixweed (*Descurainia sophia*)[J]. Weed Sci, 2012, 29: 1-4.

[183] 安瑞军. 外来入侵植物——少花蒺藜草学名的考证[J]. 植物保护, 2013, 39: 82-85.

[184] Vega AS, et al. A morphology-based cladistic analysis of *Digitaria* (Poaceae, Panicoideae, Paniceae)[J]. Syst Bot, 2009, 34: 312-323.

[185] Duvall MR, et al. Phylogenetics of Paniceae (Poaceae)[J]. Am J Bot, 2001, 88: 1988-1992.

[186] Aliscioni SS, et al. A molecular phylogeny of *Panicum* (Poaceae: Paniceae): tests of monophyly and phylogenetic placement within the Panicoideae[J]. Am J Bot, 2003, 90: 796-821.

[187] Morrone O, et al. *Parodiophyllochloa*, a new genus segregated from *Panicum* (Paniceae, Poaceae) based on morphological and molecular data[J]. Syst Bot, 2008, 33: 66-76.

[188] 崔大方, 梁庆. 黍族(禾本科)植物系统分类学研究[C]//中国植物学会七十五周年年会论文摘要汇编(1933-2008). 兰州: 兰州大学出版社, 2008.

[189] Gabriel Sánchez-Ken J, et al. Reinstatement and emendation of subfamily Micrairoideae (Poaceae)[J]. Syst Bot, 2007, 32: 71-80.

[190] Skendzic EM, et al. Phylogenetics of Andropogoneae (Poaceae: Panicoideae) based on nuclear ribosomal internal transcribed spacer and chloroplast *trn*L-F sequences[J]. Aliso, 2007, 23: 530-544.

[191] Clayton WD, et al. GrassBase-The online world grass flora[EB/OL]. [2015-5-1]. http://www.kew.org/data/grasses-db.html. 2015.

[192] Spangler R, et al. Andropogoneae evolution and generic limits in *Sorghum* (Poaceae) using *ndh*F sequences[J]. Syst Bot, 1999: 267-281.

[193] Mathews S, et al. Phylogeny of Andropogoneae inferred from phytochrome B, GBSSI, and *ndh*F[J]. Int J Plant Sci, 2002, 163: 441-450.

[194] Veldkamp JF. A revision of *Chrysopogon* Trin. including *Vetiveria* Bory (Poaceae) in Thailand and Malesia with notes on some other species from Africa and Australia[J]. Austrobaileya, 1999: 503-533.

[195] Zuloaga FO, et al. Catalogue of New World grasses (Poaceae), III: subfamilies Panicoideae, Aristidoideae, Arundinoideae, and Danthonioideae[J]. Contr US Nat Herb, 2003, 46: 1-662.

[196] Zuloaga FO, et al. Classification and biogeography of Panicoideae (Poaceae) in the New World[J]. Aliso, 2007, 23: 503-529.

[197] 江忠东, 等. 薏苡属植物 DNA 多样性分析[J]. 广东农业科学, 2013, 2: 124-127.

[198] 陆平, 左志明. 广西水生薏苡种的发现与鉴定[J]. 广东农业科学, 1996, 1: 18-20.

[199] Rao PN, Nirmala A. Chromosomal basis of evolution in the genus *Coix* L. (Maydeae): a critical appraisal[J]. The Nucleus, 2010, 53: 13-24.

[200] Hackel E. Andropogoneae[M]//de Candolle. Monographiae Phanerogamarurn, VI. Paris: Masson, 1887.

[201] Kellogg EA, Watson L. Phylogenetic studies of a large data set. I: Bambusoideae, Andropogonodae, and Pooideae (Gramineae)[J]. Bot Rev, 1993, 59: 273-343.

[202] 赵惠如. 中国鸭嘴草属的新禾草[J]. 云南植物研究, 1983, 5: 343-354.

[203] Honda M. Monographia poacearum Japonicarum, Bambusoideis exclusis[J]. J Facu Sci, 1930, 3: 1-484.

[204] Adati S, Shiotani I. The cytotaxonomy of the genus Miscanthus and its phylogenic status[J]. Bull Facu Agro Mie Univ, 1962, 25: 1-24.

[205] 刘亮. 禾本科植物资源 II[M]. 北京: 中国科学院植物研究所, 1989.

[206] 陈少凤, 等. 基于 ITS 序列探讨荻属及其近缘植物的系统发育关系[J]. 武汉植物学研究, 2007, 25: 239-244.

[207] 卢云飞. 中国芒属植物系统学研究[D]. 长沙: 湖南农业大学博士学位论文, 2012.

[208] 陈辉, 等. 从核糖体 DNA ITS 区序列研究甘蔗属及其近缘属种的系统发育关系[J]. 作物学报, 2003, 29: 379-385.

[209] Hodkinson TR, et al. Phylogenetics of *Miscanthus, Saccharum* and related genera (Saccharinae, Andropogoneae, Poaceae) based on DNA sequences from ITS nuclear ribosomal DNA and plastid *trn*L intron and *trn*L-F intergenic spacers[J]. J Plant Res, 2002, 115: 381-392.

[210] Garber ED. Cytotaxonomic studies in the genus *Sorghum*[J]. Univ Calif Publ Bot, 1950, 23: 283-362.

[211] Dillon SL, et al. *Sorghum laxiflorum* and *S. macrospermum*, the Australian native species most closely related to the cultivated *S. bicolor* based on ITS1 and *ndh*F sequence analysis of 25 *Sorghum* species[J]. Plant Syst Evol, 2004, 249: 233-246.

[212] 廖芳, 等. 基于 *Adh*1 基因分析高粱属的系统进化关系[J]. 遗传, 2009, 31: 523-530.

[213] Guo QX, et al. Phylogenetic relationships of *Sorghum* and related species inferred from sequence analysis of the nrDNA ITS region[J]. Agr Sci China, 2006, 5: 250-256.

[214] Dillon SL, et al. *Sorghum* resolved as a distinct genus based on combined ITS1, *ndh*F and *Adh*1 analyses[J]. Plant Syst Evol, 2007, 268: 29-43.

[215] Hooker JD. Flora of British India Vol. I-VIII[M]. Allahabad: Lalit Mohan Basu, 1872-1897.

[216] 庄体德, 陈守良. 中国菅属新分类群[J]. 植物研究, 1989, 9: 55-66.

[217] 王培. 玉蜀黍属物种间遗传关系的 RAPD 和 ITS 序列分析[D]. 成都: 四川大学硕士学位论文, 2011.